T0255642

Lexikon der Mathematik: Band 2

Guido Walz
(Hrsg.)

Lexikon der Mathematik: Band 2

Eig bis Inn

2. Auflage

Springer Spektrum

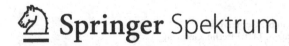

Herausgeber
Guido Walz
Mannheim, Deutschland

ISBN 978-3-662-53503-5 ISBN 978-3-662-53504-2 (eBook)
DOI 10.1007/978-3-662-53504-2

Die Deutsche Nationalbibliothek verzeichnet diese Publikation in der Deutschen Nationalbibliografie; detaillierte bibliografische Daten sind im Internet über http://dnb.d-nb.de abrufbar.

Springer Spektrum
1. Aufl.: © Spektrum Akademischer Verlag GmbH Heidelberg 2001
2. Aufl.: © Springer-Verlag GmbH Deutschland 2017
Das Werk einschließlich aller seiner Teile ist urheberrechtlich geschützt. Jede Verwertung, die nicht ausdrücklich vom Urheberrechtsgesetz zugelassen ist, bedarf der vorherigen Zustimmung des Verlags. Das gilt insbesondere für Vervielfältigungen, Bearbeitungen, Übersetzungen, Mikroverfilmungen und die Einspeicherung und Verarbeitung in elektronischen Systemen.
Die Wiedergabe von Gebrauchsnamen, Handelsnamen, Warenbezeichnungen usw. in diesem Werk berechtigt auch ohne besondere Kennzeichnung nicht zu der Annahme, dass solche Namen im Sinne der Warenzeichen- und Markenschutz-Gesetzgebung als frei zu betrachten wären und daher von jedermann benutzt werden dürften.
Der Verlag, die Autoren und die Herausgeber gehen davon aus, dass die Angaben und Informationen in diesem Werk zum Zeitpunkt der Veröffentlichung vollständig und korrekt sind. Weder der Verlag noch die Autoren oder die Herausgeber übernehmen, ausdrücklich oder implizit, Gewähr für den Inhalt des Werkes, etwaige Fehler oder Äußerungen.

Planung: Iris Ruhmann
Redaktion: Prof. Dr. Guido Walz

Gedruckt auf säurefreiem und chlorfrei gebleichtem Papier

Springer Spektrum ist Teil von Springer Nature
Die eingetragene Gesellschaft ist Springer-Verlag GmbH Germany
Die Anschrift der Gesellschaft ist: Heidelberger Platz 3, 14197 Berlin, Germany

Autorinnen und Autoren im 2. Band des *Lexikon der Mathematik*

Prof. Dr. Sir Micheal Atiyah, Edinburgh
Prof. Dr. Hans-Jochen Bartels, Mannheim
PD Dr. Martin Bordemann, Freiburg
Dr. Andrea Breard, Paris
Prof. Dr. Martin Brokate, München
Prof. Dr. Rainer Brück, Gießen
Prof. Dr. H. Scott McDonald Coxeter, Toronto
Dipl.-Ing. Hans-Gert Dänel, Pesterwitz
Dr. Ulrich Dirks, Berlin
Dr. Jörg Eisfeld, Gießen
Prof. Dr. Dieter H. Erle, Dortmund
Prof. Dr. Heike Faßbender, München
Dr. Andreas Filler, Berlin
Prof. Dr. Robert Fittler, Berlin
Prof. Dr. Joachim von zur Gathen, Paderborn
PD Dr. Ernst-Günter Giessmann, Berlin
Dr. Hubert Gollek, Berlin
Prof. Dr. Barbara Grabowski, Saarbrücken
Prof. Dr. Andreas Griewank, Dresden
Dipl.-Math. Heiko Großmann, Münster
Prof. Dr. Wolfgang Hackbusch, Kiel
Prof. Dr. K. P. Hadeler, Tübingen
Prof. Dr. Adalbert Hatvany, Kuchen
Dr. Christiane Helling, Berlin
Prof. Dr. Dieter Hoffmann, Konstanz
Prof. Dr. Heinz Holling, Münster
Hans Joachim Ilgauds, Leipzig
Dipl.-Math. Andreas Janßen, Stuttgart
Dipl.-Phys. Sabina Jeschke, Berlin
Prof. Dr. Hubertus Jongen, Aachen
Dr. Gerald Kager, Berlin
Prof. Dr. Josef Kallrath, Ludwigshafen/Rh.
Dr. Uwe Kasper, Berlin
Dipl.-Phys. Akiko Kato, Berlin
Dr. Claudia Knütel, Hamburg
Dipl.-Phys. Rüdeger Köhler, Berlin
Dipl.-Phys. Roland Kunert, Berlin
Prof. Dr. Herbert Kurke, Berlin
AOR Lutz Küsters, Mannheim
PD Dr. Franz Lemmermeyer, Heidelberg
Prof. Dr. Burkhard Lenze, Dortmund
Uwe May, Ückermünde
Prof. Dr. Günter Mayer, Rostock
Prof. Dr. Klaus Meer, Odense (Dänemark)
Dipl.-Math. Stefan Mehl, Lorsch
Prof. Dr. Günter Meinardus, Neustadt/Wstr.
Prof. Dr. Paul Molitor, Halle
Dipl.-Inf. Ines Peters, Berlin
Dr. Klaus Peters, Berlin
Prof. Dr. Gerhard Pfister, Kaiserslautern
Dipl.-Math. Peter Philip, Berlin
Prof. Dr. Hans Jürgen Prömel, Berlin
Dr. Dieter Rautenbach, Aachen
Dipl.-Math. Thomas Richter, Berlin
Prof. Dr. Thomas Rießinger, Frankfurt

Prof. Dr. Heinrich Rommelfanger, Frankfurt
Prof. Dr. Robert Schaback, Göttingen
Dipl.-Phys. Mike Scherfner, Berlin
PD Dr. Martin Schlichenmaier, Mannheim
Dr. Karl-Heinz Schlote, Altenburg
Dr. Christian Schmidt, Berlin
PD Dr.habil. Hans-Jürgen Schmidt, Potsdam
Dr. Karsten Schmidt, Berlin
Prof. Dr. Uwe Schöning, Ulm
Dr. Günter Schumacher, Karlsruhe
PD Dr. Günter Schwarz, München
Dipl.-Math. Markus Sigg, Freiburg
Dipl.-Phys. Grischa Stegemann, Berlin
Prof. Dr. Lutz Volkmann, Aachen
Dr. Johannes Wallner, Wien
Prof. Dr. Guido Walz, Mannheim
Prof. Dr. Ingo Wegener, Dortmund
Prof. Dr. Ilona Weinreich, Remagen
Prof. Dr. Dirk Werner, Galway (Irland) / Berlin
PD Dr. Günther Wirsching, Eichstätt
Prof. Dr. Jürgen Wolff v. Gudenberg, Würzburg
Prof. Dr. Helmut Wolter, Berlin
Dr. Frank Zeilfelder, Mannheim
Dipl.-Phys. Erhard Zorn, Berlin

Hinweise für die Benutzer

Gemäß der Tradition aller Großlexika ist auch das vorliegende Werk streng alphabetisch sortiert. Die Art der Alphabetisierung entspricht den gewohnten Standards, auf folgende Besonderheiten sei aber noch explizit hingewiesen: Umlaute werden zu ihren Stammlauten sortiert, so steht also das „ä“ in der Reihe des „a“ (nicht aber das „ae“!); entsprechend findet man „ß“ bei „ss“. Griechische Buchstaben und Sonderzeichen werden entsprechend ihrer deutschen Transkription einsortiert. So findet man beispielsweise das α unter „alpha“. Ein Freizeichen („Blank“) wird *nicht* überlesen, sondern gilt als „Wortende“: So steht also beispielsweise „a priori“ *vor* „Abakus“. Im Gegensatz dazu werden Sonderzeichen innerhalb der Worte, insbesondere der Bindestrich, „überlesen“, also bei der Alphabetisierung behandelt, als wären sie nicht vorhanden. Schließlich ist noch zu erwähnen, daß Exponenten ebenso wie Indizes bei der Alphabetisierung ignoriert werden.

Eigenfunktion, Lösung eines Eigenwertproblems in einem Funktionenraum.

Ist allgemein V ein Vektorraum über einem Körper K und $T : V \to V$ eine lineare Abbildung, so besteht das Eigenwertproblem darin, Lösungen $\lambda \in K$ und $x \in V$ der Gleichung $T(x) - \lambda x = 0$ zu finden. Der Vektor x heißt dann im allgemeinen Eigenvektor und der Skalar λ heißt Eigenwert von T. Ist nun V ein Funktionenraum über $\mathbb{R}$ oder $\mathbb{C}$, so spricht man nicht mehr von Eigenvektoren, sondern von Eigenfunktionen der Abbildung T. Man vergleiche hierzu auch ↗ Eigenwert eines Operators.

Ein wichtiges Gebiet, in dem Eigenfunktionen von Bedeutung sind, sind die Eigenwertprobleme bei Differentialgleichungen. Darunter versteht man Randwertprobleme, bei denen ein Eigenwertparameter λ auftritt. Die Lösungen des Randwertproblems bei gegebenem Parameter λ heißen dann die Eigenfunktionen des Problems. Ist andererseits eine Integralgleichung der Form

$$y(x) = \lambda \cdot \int_a^b K(x,t)y(t)dt$$

gegeben, so heißen die Zahlen λ, für die es von der Nullfunktion verschiedene Lösungen y der Gleichung gibt, Eigenwerte der Gleichung, während die Lösungen selbst die Eigenfunktionen der Gleichung genannt werden.

Eigenkreisfrequenz, Frequenz einer harmonischen Schwingung.

Wird ein Massenpunkt in eine harmonische Schwingung versetzt, so kann man die Auslenkung des Massenpunktes zum Zeitpunkt t beschreiben durch die Funktion $y(t) = A \cdot \sin(\omega t + \phi)$. Dabei ist A die ↗ Amplitude der Schwingung, ω heißt die Kreisfrequenz der Schwingung und ϕ die Phase der Schwingung. Der Wert $\frac{\omega}{2\pi}$ wird dann als Eigenkreisfrequenz bezeichnet.

Eigenpaar, selten gebrauchte Bezeichnung für einen Eigenwert und zugehörigen Eigenvektor einer Matrix.

Eigenraum, ↗ Eigenwert.

Eigenraum eines Operators, ↗ Eigenwert eines Operators.

Eigenschaft einer Menge, in der ↗ axiomatischen Mengenlehre identisch mit einer mengentheoretischen Formel, d. h., jede mengentheoretische Formel stellt eine Eigenschaft einer Menge dar.

Eigensystem, Menge aller ↗ Eigenwerte zu einem gegebenen Endomorphismus bzw. einer gegebenen Matrix.

eigentlich diskontinuierliche Gruppe, Gruppe G von gebrochen linearen Transformationen

$$f_\nu = \frac{a_\nu z + b_\nu}{c_\nu z + d_\nu}$$

$\nu \in \mathbb{N}$, $z \in \mathbb{C}$, für die gilt: Es gibt ein $z_0 \in \mathbb{C}$ und eine Umgebung $U(z_0)$ von z_0 so, daß jede von der Identität verschiedene Transformation aus G alle Punkte von $U(z_0)$ auf Punkte außerhalb von $U(z_0)$ abbildet.

eigentlich orthogonal, Bezeichnung für eine orthogonale Abbildung oder Matrix, deren Determinante den Wert $+1$ hat.

eigentliche Ähnlichkeitsabbildung, eine ↗ Ähnlichkeitsabbildung, deren Streckungsfaktor λ ungleich eins ist.

eigentliche Divergenz, ↗ bestimmte Divergenz einer Folge, ↗ bestimmte Divergenz einer Reihe.

eigentliche Gruppenoperation, Operation der Gruppe G auf der Varietät X so, daß die kanonische Abbildung

$$G \times X \to X \times X,\ (g,x) \mapsto (g(x),x)$$

eigentlich ist.

eigentliche holomorphe Abbildung, wichtiger Begriff in der Theorie der Überlagerungen.

Ein lokalkompakter Raum ist ein Hausdorffraum, in dem jeder Punkt eine kompakte Umgebung besitzt. Eine stetige Abbildung $f : X \to Y$ zwischen zwei lokalkompakten Räumen heißt eigentlich, wenn das Urbild jeder kompakten Menge kompakt ist. Dies ist z. B. stets erfüllt, wenn X kompakt ist. Eine eigentliche Abbildung ist abgeschlossen, d. h. das Bild jeder abgeschlossenen Menge ist abgeschlossen. Dies folgt daraus, daß in einem lokalkompakten Raum eine Teilmenge genau dann abgeschlossen ist, wenn ihr Durchschnitt mit jeder kompakten Menge kompakt ist.

Wir nennen im folgenden einige zentrale Sätze über eigentliche holomorphe Abbildungen.

Satz 1:

Es seien X und Y lokalkompakte Räume und $p : Y \to X$ eine eigentliche Überlagerungsabbildung. Dann gilt:

a) Für jeden Punkt $x \in X$ ist die Menge $p^{-1}(x)$ endlich.

b) Sei $x \in X$ und V eine Umgebung von $p^{-1}(x)$. Dann existiert eine Umgebung U von x mit $p^{-1}(U) \subset V$.

c) Sei X zusammenhängend und Y nicht leer. Dann ist p surjektiv.

Satz 2:

Es seien X und Y lokalkompakte Räume und $p : Y \to X$ eine eigentliche, unverzweigte Überlagerungsabbildung.

Dann ist p eine unbegrenzte Überlagerung.

Seien X und Y Riemannsche Flächen und $f : X \to Y$ eine eigentliche nicht konstante holomorphe Abbildung. Wegen der lokalen Gestalt holomorpher Abbildungen ist die Menge A der Verzweigungspunkte von f abgeschlossen und diskret. Da

f eigentlich ist, ist auch $B := f(A)$ abgeschlossen und diskret. Man nennt B die Menge der kritischen Werte von f.

Sei $Y' := Y \setminus B$ und

$$X' := X \setminus f^{-1}(B) \subset X \setminus A.$$

Dann ist $f \mid X' \to Y'$ eine eigentliche unverzweigte holomorphe Überlagerung, besitzt also eine wohlbestimmte endliche Blätterzahl n (die Mächtigkeit von $f^{-1}(c)$, $c \in Y'$). Das bedeutet, daß jeder Wert $c \in Y'$ genau n-mal angenommen wird.

Um diese Aussage auch auf die kritischen Werte $b \in B$ ausdehnen zu können, müssen wir die Vielfachheit mit berücksichtigen. Für $x \in X$ bezeichnen wir mit $v(f, x)$ die Vielfachheit, mit der f im Punkt x den Wert $f(x)$ annimmt. Wir sagen, daß f auf X den Wert $c \in Y$ mit Vielfachheit gerechnet m-mal annimmt, falls

$$m = \sum_{x \in p^{-1}(c)} v(f, x).$$

Man kann nun folgenden Satz 3 formulieren:

Es seien X und Y Riemannsche Flächen und $f : X \to Y$ eine eigentliche, nicht-konstante holomorphe Abbildung. Dann gibt es eine natürliche Zahl n so, daß f jeden Wert $c \in Y$ mit Vielfachheit gerechnet n-mal annimmt.

Korollare hieraus sind:

Auf einer kompakten Riemannschen Fläche X hat jede nicht-konstante meromorphe Funktion $f : X \to \mathbb{P}_1$ ebenso viele Nullstellen wie Pole (mit Vielfachheit gerechnet).

Dies folgt daraus, daß $f : X \to \mathbb{P}_1$ eine eigentliche Abbildung ist, sowie:

Ein Polynom n-ten Gerades $f(z) = z^n + a_1 z^{n-1} + \ldots + a_n \in \mathbb{C}[z]$ hat mit Vielfachheit gerechnet genau n Nullstellen.

Man vergleiche auch das eng verwandte Stichwort ↗eigentliche meromorphe Abbildung.

[1] Forster, O.: Riemannsche Flächen. Springer-Verlag Berlin/Heidelberg, 1977.

eigentliche Lösung einer Differentialgleichung, nichttriviale Lösung einer Differentialgleichung, also eine solche Lösung y, die nicht $y(x) = 0$ für alle x im Definitionsbereich von y erfüllt.

eigentliche meromorphe Abbildung, eine ↗meromorphe Funktion $f: G_1 \to G_2$ (wobei $G_1, G_2 \subset \mathbb{C}$ ↗Gebiete sind) mit folgender Eigenschaft: Es existiert eine Zahl $k \in \mathbb{N}$ derart, daß jedes $a \in G_2$ genau k Urbilder in G_1 hat, wobei die Vielfachheit zu berücksichtigen ist. Genauer bedeutet dies: Zu jedem $a \in G_2$ gibt es $\ell \le k$ verschiedene Punkte $z_1, \ldots, z_\ell \in G_1$ mit $f(z_j) = a$ für $j = 1, \ldots, \ell$ und

$$\nu(f, z_1) + \cdots + \nu(f, z_\ell) = k,$$

wobei $\nu(f, z_j)$ die Vielfachheit der ↗a-Stelle z_j bezeichnet. Im Fall $a = \infty$ ist $\nu(f, z_j)$ durch die ↗Polstellenordnung von z_j zu ersetzen. Die Zahl k heißt der Abbildungsgrad von f und wird mit $k = \deg f$ bezeichnet. Man schreibt auch $f: G_1 \xrightarrow{k:1} G_2$. Eine eigentliche meromorphe Abbildung $f: G_1 \to G_2$ ist also insbesondere surjektiv.

Einige Beispiele:

Es sei

$$R(z) = \frac{P(z)}{Q(z)} = \frac{a_n z^n + \cdots + a_1 z + a_0}{b_m z^m + \cdots + b_1 z + b_0}$$

eine rationale Funktion mit teilerfremden Polynomen P, Q und $a_n \neq 0$, $b_m \neq 0$. Dann ist R eine eigentliche holomorphe Abbildung von $\widehat{\mathbb{C}}$ auf $\widehat{\mathbb{C}}$ vom Grad $k = \deg R = \max\{m, n\}$. Dabei setzt man $R(z_0) := \infty$, falls $z_0 \in \mathbb{C}$ eine Polstelle von R ist, $R(\infty) := \infty$, falls $n > m$, $R(\infty) := 0$, falls $n < m$ und $R(\infty) := a_n/b_n$, falls $n = m$.

Eine ↗konforme Abbildung von G_1 auf G_2 ist eine eigentliche Abbildung vom Grad Eins.

Eine eigentliche Abbildung $f: G_1 \to G_2$ heißt unverzweigt, falls f keine ↗kritischen Punkte in G_1 besitzt, andernfalls heißt sie verzweigt.

Zur äquivalenten Umformulierung des Begriffs der eigentlichen Abbildung führt man folgende Redewendung ein. Eine meromorphe Funktion $f: G_1 \to G_2$ bildet Randfolgen in Randfolgen ab, falls für jede Folge (z_n) in G_1 mit $\lim_{n\to\infty} z_n = \zeta$ für ein $\zeta \in \partial G_1$ die Bildfolge $(f(z_n))$ alle ihre Häufungspunkte auf ∂G_2 hat. Man beachte dabei, daß die Folge $(f(z_n))$ nicht konvergent sein muß. Dann sind folgende Eigenschaften für eine meromorphe Funktion $f: G_1 \to G_2$ äquivalent:

(a) f ist eine eigentliche Abbildung.
(b) f bildet Randfolgen in Randfolgen ab.
(c) Das Urbild $f^{-1}(K)$ jeder kompakten Menge $K \subset G_2$ ist kompakt in G_1.

Man vergleiche auch das eng verwandte Stichwort ↗eigentliche holomorphe Abbildung.

eigentliche Riemannsche Geometrie, die Theorie der ↗Riemannsche Mannigfaltigkeiten, deren metrischer Fundamentaltensor positiv definit ist.

Der Sprachgebrauch ist nicht einheitlich. Oft setzt man voraus, daß Riemannsche Mannigfaltigkeiten von vornherein einen positiv definiten metrischen Tensor haben und nennt die übrigen pseudoriemannsch.

Aus dem metrischen Fundamentaltensor werden geometrische Grundgrößen abgeleitet, wie die Bogenlänge, der Winkel zwischen zwei Kurven, das Volumen eines Gebietes, die Krümmung, die durch den Riemannschen Krümmungstensor ausgedrückt wird, und schließlich die Parallelübertragung von Vektoren längs Kurven und der Begriff der geodätischen Linie.

Es gibt viele Gemeinsamkeiten zwischen Riemannscher Geometrie und pseudoriemannscher.

Der gravierendste Unterschied besteht darin, daß in pseudoriemannschen Mannigfaltigkeiten geometrische Begriffe, die aus der Bogenlänge und der inneren Metrik abzuleiten sind, nicht mehr in gewohnter Weise definiert werden können. Beispielsweise würde die übliche Definition des Winkels zwischen zwei Kurven verlangen, daß die Längen der Tangentialvektoren der Kurven nicht Null sind.

eigentlicher Morphismus, ein Morphismus $X \xrightarrow{\pi} Y$ von Schemata so, daß X algebraisches Y-Schema ist und für jeden Morphismus $Y' \to Y$ der induzierte Morphismus

$$X \times_Y Y' = X' \xrightarrow{\pi'} Y'$$

abgeschlossen ist (d. h., daß abgeschlossene Teilmengen $V' \subset X'$ stets wieder abgeschlossene Bilder haben).

Beispielsweise sind projektive Morphismen über einem Noetherschen Schema eigentlich.

eigentlicher Reinhardtscher Körper, ↗ Reinhardtsches Gebiet.

Eigenvektor, ↗ Eigenwert.

Eigenvektor eines Operators, ↗ Eigenwert eines Operators.

Eigenvektoren als Basisvektoren, Eigenschaft eines diagonalisierbaren Endomorphismus. Es sei V ein endlichdimensionaler Vektorraum über dem Körper $\mathbb{K}$ und $f : V \to V$ ein Endomorphismus. Dann ist f genau dann diagonalisierbar, wenn V eine Basis aus Eigenvektoren von f besitzt.

Eigenwert, einer der grundlegendsten und zentralen Begriffe innerhalb der Linearen Algebra, wobei man hier in stillschweigender Übereinkunft den Begriff „Eigenwert" als Synonym für „Eigenwert eines Endomorphismus bzw. einer Matrix" benutzt.

Als Eigenwert bezeichnet man einen Skalar $\lambda \in \mathbb{K}$, für den bezüglich eines Endomorphismus f auf einem ↗ Vektorraum V über dem Körper $\mathbb{K}$ gilt: Es existiert ein von Null verschiedener Vektor $v \in V$, so daß

$$f(v) = \lambda v .$$

Jeder derartige Vektor heißt Eigenvektor von f zum Eigenwert λ.

Eigenvektoren zu verschiedenen Eigenwerten sind linear unabhängig.

Die Menge aller Eigenvektoren eines Vektorraumes zu einem Eigenwert λ ergänzt um den Nullvektor wird als Eigenraum von λ bezeichnet; die Eigenräume sind stets Untervektorräume von V. Wird der Endomorphismus f bezüglich einer Basis von V durch die Matrix A repräsentiert, so spricht man auch von Eigenwert, Eigenvektor und Eigenraum von A. Es gilt in diesem Fall also die Beziehung

$$Av = \lambda v .$$

Ist V endlich-dimensional, so sind die Eigenwerte von f gerade die Nullstellen des charakteristischen Polynoms von f sowie des Minimalpolynoms von f, wobei im letzteren Falle die Vielfachheiten nicht übereinstimmen müssen.

Die Eigenräume sind Lösungsräume der homogenen linearen Gleichungssysteme

$$(A - \lambda I)x = 0 ,$$

wobei A eine den Endomorphismus f repräsentierende Matrix darstellt (I bezeichnet die Einheitsmatrix).

Die Dimension des Eigenraumes zum Eigenwert λ des Endomorphismus f bzw. der repräsentierenden Matrix A auf dem n-dimensionalen Vektorraum V ist gleich

$$n - \mathrm{Rg}(A - \lambda I) .$$

Ein Endomorphismus f auf einem endlichdimensionalen Vektorraum V kann genau dann durch eine Diagonalmatrix repräsentiert werden, falls V eine Basis aus Eigenvektoren zu f besitzt.

Eine $(n \times n)$ Matrix A ist genau dann zu einer Diagonalmatrix ähnlich, wenn A n linear unabhängige Eigenvektoren besitzt.

Für weitere Information im Zusammenhang mit Eigenwerten vergleiche man auch das Stichwort ↗ Eigenwertgleichung.

Die Bezeichnung „Eigen" ist auch im angloamerikanischen Sprachraum üblich, wo man beispielsweise vom „Eigenvalue" und „Eigenvector" spricht.

[1] Fischer, G.: Lineare Algebra. Verlag Vieweg Braunschweig, 1978.

[2] Koecher, M.: Lineare Algebra und Analytische Geometrie. Springer-Verlag Berlin/Heidelberg, 1992.

Eigenwert einer Integralgleichung, eine Zahl λ, für die die Integralgleichung

$$y(x) = \lambda \int_a^b K(x,t) \cdot y(t)\, dt$$

von Null verschiedene Lösungen besitzt. Hierbei ist $K(x, t)$ eine vorgegebene Kernfunktion, daher bezeichnet man die Lösungen λ der obigen Gleichung manchmal auch als Eigenwerte des Kerns K.

Eigenwert eines Graphen, Bezeichnung für einen Eigenwert der Adjazenzmatrix eines Graphen (↗ Eigenwert).

Es sei G ein ↗ Graph und $A_G = ((a_{ij}))$ seine Adjazenzmatrix. Ist der Graph G von der Ordnung n, so ist $A_G = ((a_{ij}))$ eine symmetrische

$(n \times n)$-Matrix, deren Hauptdiagonalenelemente a_{ii} sämtlich Null sind. Das charakteristische Polynom $P_G(x) = \det(A_G - xI)$ der Matrix A_G, wobei I die $(n \times n)$-Einheitsmatrix bedeutet, wird auch charakteristisches Polynom von G genannt, und seine Nullstellen heißen Eigenwerte von G.

Als reelle symmetrische Matrix besitzt A_G nur reelle Eigenwerte, die in der Form

$$\lambda_1 \geq \lambda_2 \geq \ldots \geq \lambda_n$$

angeordnet seien. Diese Folge der Eigenwerte wird auch das Spektrum von G genannt.

Natürlich ist das Spektrum eines Graphen unabhängig von der Numerierung seiner Ecken, und isomorphe Graphen haben die gleichen Eigenwerte. Beispielsweise besitzt der vollständige Graph K_n das Spektrum $\lambda_1 = n - 1$ und $\lambda_2 = \lambda_3 = \ldots = \lambda_n = -1$, und der vollständige ↗bipartite Graph $K_{r,s}$ das Spektrum $\lambda_1 = \sqrt{rs}$, $\lambda_2 = \lambda_3 = \ldots = \lambda_{r+s-1} = 0$ und $\lambda_{r+s} = -\sqrt{rs}$.
Wäre die Struktur eines Graphen eindeutig durch sein Spektrum bestimmt, so könnte man das bekannte Graphenisomorphieproblem dadurch lösen, daß man die Eigenwerte der entsprechenden Graphen berechnet. Daß diese Methode im allgemeinen jedoch nicht zum Ziel führt, zeigen schon die nicht isomorphen Graphen $K_{1,4}$ und $K_1 \cup C_4$, die beide das Spektrum $2, 0, 0, 0, -2$ besitzen, wobei C_4 der Kreis der Länge 4 ist.

Darüberhinaus gibt es auch nicht isomorphe ↗zusammenhängende Graphen mit gleichem Spektrum, und mit Hilfe einer Konstruktion von A.J. Hoffman (1972) erhält man sogar das folgende Ergebnis.

Zu jeder natürlichen Zahl m existiert eine Zahl N, so daß für alle ganzen Zahlen n $\geq$ N mindestens m nicht isomorphe reguläre und zusammenhängende Graphen der Ordnung n mit dem gleichen Spektrum existieren.

Sind $G_1, G_2, \ldots, G_\eta$ die Zusammenhangskomponenten eines Graphen G, so liefert der Determinantenmultiplikationsatz die Identität

$$P_G(x) = P_{G_1}(x)P_{G_2}(x)\ldots P_{G_\eta}(x)\,.$$

Folglich erhält man das Spektrum eines Graphen aus den Spektren seiner Zusammenhangskomponenten. Aus der Tatsache, daß die Summe der Eigenwerte (mit Vielfachheit) einer $(n \times n)$-Matrix $((a_{ij}))$ mit deren Spur, also mit $a_{11}+a_{22}+\ldots+a_{nn}$, übereinstimmt, ergibt sich für das Spektrum von G unmittelbar die Aussage

$$\lambda_1 + \lambda_2 + \ldots + \lambda_n = 0\,.$$

Ist G ein zusammenhängender Graph der Ordnung n vom Maximalgrad $\Delta(G)$, so beweist man die meisten der folgenden Eigenschaften mit Hilfe von klassischen Resultaten, die O. Perron 1907 und G. Frobenius 1912 zur allgemeinen Matrizentheorie entwickelt haben.
(i) Für jeden Eigenwert λ von G gilt $|\lambda| \leq \Delta(G)$.
(ii) Der Graph G besitzt genau dann den Eigenwert $\Delta(G)$, wenn G regulär ist.
(iii) Ist $-\Delta(G)$ ein Eigenwert von G, so ist G ein regulärer und bipartiter Graph.
(iv) Ist G bipartit mit dem Eigenwert λ, so ist auch $-\lambda$ ein Eigenwert von G.

Im Jahre 1967 hat H.S. Wilf einen interessanten Zusammenhang zwischen den Eigenwerten eines Graphen G und seiner ↗chromatischen Zahl $\chi(G)$ herausgefunden.

Es sei G ein zusammenhängender Graph und λ_1 sein größter Eigenwert. Dann gilt

$$\chi(G) \leq 1 + \lambda_1\,,$$

und die obere Schranke wird in dieser Abschätzung genau dann erreicht, wenn G der vollständige Graph oder ein Kreis ungerader Länge ist.

Wegen (i) verallgemeinert dieser Satz von Wilf den bekannten Satz von Brooks $\chi(G) \leq 1 + \Delta(G)$, wobei genau dann die Gleichheit gilt, wenn G der vollständige Graph oder ein Kreis ungerader Länge ist.
Vertiefte Informationen zur Theorie der Eigenwerte von Graphen findet man beispielweise in der Monographie [1].

[1] Cvetković, D.M.; Doob, M.; Sachs, H.: Spectra of Graphs. Johann Ambrosius Barth, Heidelberg Leipzig, 3rd edition, 1995.

Eigenwert eines Operators, eine Zahl $\lambda \in \mathbb{C}$, für die

$$\lambda - T := \lambda\,\mathrm{Id} - T\,,$$

T ein gegebener linearer Operator, nicht injektiv ist.

Sei X ein (unendlichdimensionaler) Banachraum und $T : X \supset D(T) \to X$ ein linearer Operator. Ist $\ker(\lambda - T) \neq \{0\}$, heißt λ Eigenwert von T und $\ker(\lambda - T)$ der zugehörige Eigenraum.

Jedes von Null verschiedene Element des Eigenraums heißt Eigenvektor; wenn X ein Raum von Funktionen ist, spricht man auch von einer Eigenfunktion. Definitionsgemäß erfüllt ein Eigenvektor x zum Eigenwert λ also

$$Tx = \lambda x.$$

Gibt es jedoch nur eine Folge (x_n) mit

$$\|x_n\| = 1, \quad \|Tx_n - \lambda x_n\| \to 0,$$

heißt λ ein approximativer Eigenwert.

Eigenwerte und approximative Eigenwerte gehören zum Spektrum von T. Während das Spektrum

$\sigma(T)$ eines beschränkten Operators stets nicht leer ist, braucht es keine Eigenwerte zu geben (z. B. $(Tf)(s) = sf(s)$ auf $L^2[0,1]$); jedoch besteht der Rand von $\sigma(T)$ aus approximativen Eigenwerten.

Ist T ein ↗kompakter Operator oder allgemeiner ein Operator, der eine kompakte Potenz besitzt, z. B. ein p-summierender Operator, so besteht das Spektrum mit der eventuellen Ausnahme der Null nur aus Eigenwerten, und diese bilden eine Nullfolge oder eine endliche Menge. Zur Bestimmung der Vielfachheit eines Eigenwerts λ betrachtet man zuerst den zugehörigen Hauptraum

$$\bigcup_{n\in\mathbb{N}} \ker(\lambda - T)^n,$$

der für potenzkompakte T endlichdimensional ist; seine Dimension heißt die Vielfachheit von λ. In der Eigenwertfolge von T wird nun jeder Eigenwert so häufig aufgeführt, wie seine Vielfachheit angibt. Mit Hilfe der Theorie der p-summierenden Operatoren kann man Aussagen über die Konvergenzgeschwindigkeit der Eigenwertfolge treffen.

Ist T ein abgeschlossener dicht definierter Operator mit einer kompakten Resolvente, so besteht das Spektrum ebenfalls nur aus Eigenwerten; für die Eigenwertfolge gilt diesmal $|\lambda_n| \to \infty$.

[1] Pietsch, A.: Eigenvalues and s-Numbers. Cambridge University Press, 1987.

Eigenwerte in einem unitären Raum, diejenigen Zahlen $\lambda \in \mathbb{C}$, die in einem unitären Raum U zwei verschiedene Skalarprodukte miteinander in Beziehung setzten.

Genauer gilt: In einem unitären Raum U seien zwei Skalarprodukte $\langle\cdot,\cdot\rangle_1$ und $\langle\cdot,\cdot\rangle_2$ definiert. Weiterhin existiere ein von Null verschiedenes Element $\overline{u} \in U$ so, daß die Gleichung

$$\langle\overline{u}, u\rangle_1 = \lambda\langle\overline{u}, u\rangle_2$$

für alle $u \in U$ eine Lösung λ besitzt. Dann heißt λ Eigenwert der beiden Skalarprodukte $\langle\cdot,\cdot\rangle_1$ und $\langle\cdot,\cdot\rangle_2$ in U.

Eigenwertgleichung, Gleichung, mit deren Hilfe ↗Eigenwerte bestimmt werden.

Ist A eine $(n \times n)$-Matrix, so werden die Eigenwerte von A durch die Gleichung $Ax = \lambda x$ beschrieben. Um die Eigenwerte konkret berechnen zu können, verwendet man die charakteristische Gleichung $\det(A - \lambda I) = 0$, wobei I die Einheitsmatrix bezeichnet. Mit Hilfe des charakteristischen Polynoms $p_A(\lambda) = \det(A-\lambda I) = (-1)^n\lambda^n + a_{n-1}\lambda^{n-1} + \cdots + a_1\lambda + a_0$ führt dies zu der algebraischen Gleichung $p_A(\lambda) = 0$.

Eigenwertmethode, Vorgehensweise zur Bestimmung der Nullstellen eines normierten Polynoms $p(x) = x^n + a_1x^{n-1} + a_2x^{n-2} + \ldots + a_n$ mit reellen Koeffizienten a_i durch Betrachtung des äquivalenten Eigenwertproblems seiner Begleitmatrix (↗Begleitmatrix eines Polynoms) $A \in \mathbb{R}^{n\times n}$.

Es gilt nämlich

$$p(x) = (-1)^n \det(A - xI)$$

mit der Einheitsmatrix I.

Da A eine Hessenberg-Matrix ist, läßt sich unter anderem der QR-Algorithmus zur Lösung dieses Eigenwertproblems zur Anwendung bringen.

Eigenwertproblem einer gewöhnlichen Differentialgleichung, gewöhnliche Differentialgleichung, die sich mit einem Differentialoperator D in der Form

$$D[y](x) = \lambda y(x)$$

schreiben läßt. Dabei sind die Zahlen λ, die sog. Eigenwerte und die nicht-trivialen Funktionen y, die sog. Eigenfunktionen zu bestimmen, die diese Differentialgleichung erfüllen.

Eigenzeit, im Sinne der Relativitätstheorie die Zeit, wie sie im mitbewegten Bezugssystem gemessen wird.

Wegen der relativistischen Zeitdilatation stimmt die Eigenzeit nicht mit der Zeit im bewegten Bezugssystem überein.

Eikonal, Bezeichnung für die Größe ψ im Lösungsansatz $f = ae^{i\psi}$ für die d'Alembert-Gleichung.

Für große ψ und kleine Raum-Zeit-Bereiche folgt aus der d'Alembert-Gleichung für ψ die Eikonalgleichung

$$g^{\mu\nu}\frac{\partial\psi}{\partial x^\mu}\frac{\partial\psi}{\partial x^\nu} = 0$$

(↗Einsteinsche Summenkonvention), wobei $g^{\mu\nu}$ die kontravarianten Komponenten des metrischen Tensors einer Pseudo-Riemannschen Mannigfaltigkeit sind. Die Eikonalgleichung ist die Grundgleichung der geometrischen Optik (großes ψ bedeutet kleine Wellenlänge).

Eikonalgleichung, Näherungsgleichung für eine Wellengleichung, speziell in der geometrischen Optik.

Sie ist dann eine gute Näherung an die exakte Gleichung, wenn die Amplitude der Welle nur eine geringe raumzeitliche Schwankung aufweist.

Ein Beispiel: Die Welle sei durch den Skalar ϕ beschrieben, und die Wellengleichung sei einfach $\phi_{;i}^{;i} = 0$ in der Minkowski-Raum-Zeit der speziellen Relativitätstheorie. Wir machen den Ansatz

$$\phi = a \cdot \exp(i\psi)$$

und nehmen an, daß der Gradient von a gegenüber dem Gradienten von ψ vernachlässigbar ist.

Dann lautet die erste Näherung der Wellengleichung $\psi^{;i}\psi_{;i} = 0$, und diese Gleichung wird Eikonalgleichung genannt.

Aus der Eikonalgleichung läßt sich also ablesen, daß der Wellenvektor (hier: $\psi_{;i}$) eines masselosen Teilchens (hier: ϕ) lichtartig ist, also das Teilchen sich in erster Näherung mit Lichtgeschwindigkeit ausbreitet.

Steht dagegen auf der rechten Seite der Wellengleichung noch ein Masseterm (mit positiver Masse), wird der Wellenvektor zeitartig, und das Teilchen bewegt sich mit Unterlichtgeschwindigkeit.

Ferner wird hier deutlich, wie negative Masse zu Überlichtgeschwindigkeit führen kann – beides ist allerdings experimentell noch nicht nachgewiesen.

Einbettung, ↗ Einbettungsabbildung.

Einbettung eines Graphen, Zuordnung eines Graphen zu einem topologischen Raum.

Eine Einbettung des Graphen G in einen topologischen Raum X ordnet jeder Ecke v von G einen Punkt v' in X und jeder Kante k von G einen Bogen k' in X, d. h. das Bild einer stetigen injektiven Abbildung von $[0, 1]$ in X, so zu, daß folgende Bedingungen erfüllt sind:

(i) Verschiedene Ecken werden verschiedenen Punkten zugeordnet, und

(ii) für eine Kante $k = uv$ von G verbindet der Bogen k' die beiden Punkte u' und v' in X.

Die Elemente der Mengen $E' = \{v' | v \in E(G)\}$ und $K' = \{k' | k \in K(G)\}$ heißen Ecken und Kanten der Einbettung und definieren in natürlicher Weise einen zu G isomorphen Graphen G' in X, der selbst oft als Einbettung von G bezeichnet wird.

Ein Schnittpunkt in $X \setminus E'$ zweier Kanten der Einbettung heißt eine Kreuzung (engl. crossing). Eine Einbettung heißt kreuzungsfrei, falls sie keine Kreuzung besitzt. In einer kreuzungsfreien Einbettung schneiden sich also Kanten höchstens in Ecken.

Eine Einbettung heißt normal, falls je zwei Kanten höchstens einen Schnittpunkt besitzen und keine drei Kanten sich in einer Kreuzung schneiden. In einer normalen Einbettung schneiden sich also zwei Kanten nur entweder in höchstens einer Ecke oder in höchstens einer Kreuzung.

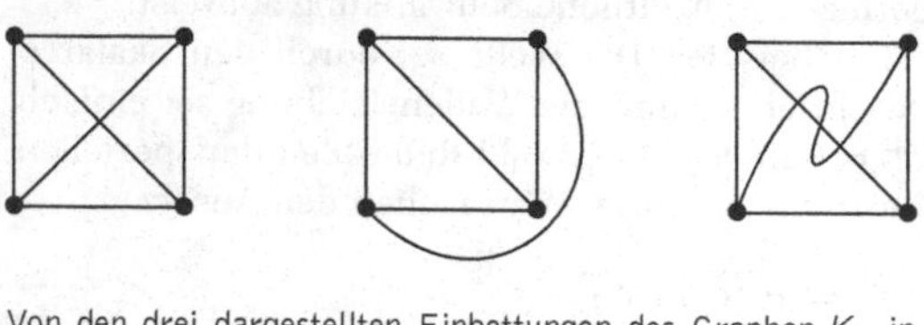

Von den drei dargestellten Einbettungen des Graphen K_4 in die Ebene $\mathbb{R}^2$ ist die linke normal, die mittlere kreuzungsfrei und die rechte weder normal noch kreuzungsfrei.

Wählt man für X den $\mathbb{R}^3$, für die Ecken Punkte der Form (t, t^2, t^3) für $t \in \mathbb{R}$ und für die Kanten die geraden Strecken zwischen den jeweiligen Ecken, so sieht man leicht, daß jeder Graph eine kreuzungsfreie Einbettung in den $\mathbb{R}^3$ besitzt. Üblicherweise werden daher vornehmlich kreuzungsfreie Einbettungen in zweidimensionale Mannigfaltigkeiten und insbesondere die Ebene $\mathbb{R}^2$, oder orientierbare und nicht-orientierbare Flächen beliebigen Geschlechts betrachtet.

Man vergleiche auch das Stichwort ↗ Einbettungsalgorithmus.

Einbettungsabbildung, *Einbettung*, manchmal auch Inklusionsabbildung oder Inklusion genannt, die ↗ Abbildung $i : A \to B, x \mapsto x$, wobei A eine Teilmenge von B ist.

Manchmal spricht man auch im Fall einer injektiven Abbildung $i : A \to B$, wobei A keine Teilmenge von B ist, von einer Einbettungsabbildung.

Einbettungsalgorithmus, ein Algorithmus, der für einen gegebenen Graphen G eine kreuzungsfreie ↗ Einbettung dieses Graphen in einen bestimmten topologischen Raum erzeugt, falls eine solche existiert. Manchmal werden auch Algorithmen so genannt, die lediglich testen, ob eine derartige Einbettung existiert, ohne sie anzugeben.

Eine Vielzahl effizienter Einbettungsalgorithmen wurde für spezielle topologische Räume entwickelt.

Hopcroft und Tarjan gaben 1974 den ersten Planaritätstest mit linearer Laufzeit an, d. h. einen Algorithmus, der testet, ob ein gegebener Graph ein ↗ planarer Graph ist.

Zwei Jahre später wurde ein Algorithmus entwickelt, der in ebenfalls linearer Laufzeit tatsächlich eine kreuzungsfreie Einbettung eines gegebenen Graphen in die Ebene konstruiert, falls eine solche existiert.

Im Jahre 1999 gab Mohar einen Einbettungsalgorithmus mit linearer Laufzeit für orientierbare oder nicht-orientierbare Fläche beliebigen festen Geschlechts an. Er verwendete hierfür einen Einbettungsalgorithmus mit linearer Laufzeit für die projektive Ebene, d. h. die nicht-orientierbare Fläche N_1 vom Geschlecht Eins, und einen ebensolchen Algorithmus für den Torus, d. h. die orientierbare Fläche S_1 vom Geschlecht Eins, von Juvan, Marincek und Mohar (1995).

Es ist i. allg. ein NP-vollständiges Problem, für einen gegebenen Graphen G und eine gegebene natürliche Zahl k zu entscheiden, ob das Geschlecht von G die Zahl k nicht überschreitet. Filotti, Miller und Reif gaben 1979 einen Algorithmus an, der das Geschlecht h eines Graphen mit n Ecken in einer Laufzeit von $O(n^{O(h)})$ bestimmt.

Einbettungsbereich, Gebiet Ω' gewisser regulärer, z. B. quadratischer, Struktur, das ein anderes Gebiet Ω allgemeinerer Struktur beinhaltet. Häufig werden Probleme, die auf Ω zu lösen sind, beispielsweise Differentialgleichungen, durch Einbettung in Ω' besser an Lösungsverfahren angepaßt.

Einbettungssatz, Satz von Urysohn über normale Räume.

Jeder normale Raum mit höchstens abzählbarer Basis ist homöomorph zu einer Punktmenge des Fundamentalquaders des Hilbertschen Raumes.

Dabei heißt ein Hausdorffscher topologischer Raum normal, wenn je zwei disjunkte abgeschlossene Mengen durch zwei offene disjunkte Mengen getrennt werden können.

Einbettungsverfahren, zur Lösung von Randwertproblemen verwendete Methode, die auf der Einbettung des zugrundeliegenden Gebiets in einen einfacheren ↗Einbettungsbereich, wie beispielsweise im zweidimensionalen Fall ein Quadrat, basiert.

eindeutig einbettbarer Graph, ein ↗planarer Graph, dessen kreuzungsfreie Einbettungen in die Ebene $\mathbb{R}^2$ alle äquivalent zueinander sind.

Zwei kreuzungsfreie Einbettungen H_1 und H_2 eines ↗planaren Graphen G in die Ebene heißen dabei äquivalent, falls jeder Teilgraph von G genau dann dem Rand eines Landes in H_1 entspricht, falls er auch dem Rand eines Landes in H_2 entspricht.

Nach einem Satz von H. Whitney aus dem Jahr 1933 sind alle dreifach-zusammenhängenden planaren Graphen eindeutig einbettbar.

eindeutig komplementärer Verband, ein ↗beschränkter Verband, dessen Elemente alle ein eindeutiges Komplement besitzen.

eindeutige Abbildung, *injektive Abbildung*, ↗Abbildung $f : A \to B$, so daß für alle $y \in B$ gilt, daß $\#f^{-1}(\{y\}) \in \{0, 1\}$, das heißt, jedes Element des Bildbereiches von f ist das Bild höchstens eines Elementes des Urbildbereiches von f. Man schreibt dann auch $f : A \hookrightarrow B$.

eindeutige Primfaktorzerlegung, die Tatsache, daß man natürlicher Zahlen in eindeutiger Weise als Produkt von Primzahlen dastellen kann. Es gilt folgender Satz:

Jede natürliche Zahl n kann in eindeutiger Weise als Produkt

$$n = p_1^{\nu_1} \cdots p_r^{\nu_1} \qquad (1)$$

von ↗Primzahlen

$$p_1 < p_2 < \ldots < p_r$$

mit Exponenten $\nu_1, \ldots, \nu_r$ *aus den natürlichen Zahlen geschrieben werden.*

Die Darstellung (1) heißt Primfaktorzerlegung von n, jede der darin vorkommenden Primzahlen nennt man einen Primfaktor von n. Zu einer gegebenen Primzahl p ist der p-Exponent einer ganzen Zahl $a \neq 0$ gegeben durch

$$\nu_p(a) = \begin{cases} \nu_j & \text{falls } p = p_j \text{ in der} \\ & \text{Primfaktorzerlegung von } |a|, \\ 0 & \text{sonst.} \end{cases}$$

Die Zerlegung in Primfaktoren steht zwar nicht in dieser oder ähnlicher Form bei Euklid, wohl aber findet sich in Euklids Buch VII (↗„Elemente“ des Euklid) das entscheidende Argument zum Beweis, nämlich der Satz von Euklid über Primteiler.

Man vergleiche auch ↗Ring mit eindeutiger Primfaktorzerlegung.

eindeutige Primzerlegung, eine Verallgemeinerung der Eindeutigkeit der Primfaktorzerlegung:

Seien $\mathcal{O}$ ein ↗Dedekindscher Ring und $\mathfrak{a}$ ein von Null und $\mathcal{O}$ verschiedenes Ideal in $\mathcal{O}$.

Dann besitzt $\mathfrak{a}$ eine bis auf die Reihenfolge der Faktoren eindeutige Produktdarstellung

$$\mathfrak{a}\hat{E} = \mathfrak{p}_1^{\nu_1} \cdots \mathfrak{p}_r^{\nu_r} \qquad (1)$$

mit Primidealen $\mathfrak{p}_1, \ldots, \mathfrak{p}_r$ in $\mathcal{O}$ und Exponenten $\nu_1, \ldots, \nu_r \in \mathbb{N}$.

Zu einem Primideal $\mathfrak{p}$ ist der $\mathfrak{p}$-Exponent eines Ideals $\mathfrak{a} \neq (0)$ gegeben durch

$$\nu_{\mathfrak{p}}(\mathfrak{a}) = \begin{cases} \nu_j & \text{falls } \mathfrak{p} = \mathfrak{p}_j \text{ in (1),} \\ 0 & \text{sonst.} \end{cases}$$

Dieser Satz heißt auch Hauptsatz der Dedekindschen Idealtheorie.

Die eindeutige Primzerlegung in Dedekindschen Ringen ist eine Weiterentwicklung der Kummerschen Idee von den idealen Zahlen, für die, analog zur Eindeutigkeit der Primfaktorzerlegung, eine eindeutige Zerlegung in „ideale Primzahlen“, in heutiger Sprache Primideale, existieren müsse. Die eindeutige Primzerlegung besitzt eine Verallgemeinerung auf gebrochene Ideale.

eindeutige Sprache, kontextfreie Sprache, zu der eine eindeutige ↗Grammatik existiert.

Die meisten modernen Programmiersprachen sind eindeutig. Eine klassische Mehrdeutigkeit tritt im Zusammenhang mit der Syntax bedingter Anweisungen auf:

Das Konstrukt `if BEDINGUNG then if BEDINGUNG then ANWEISUNG else ANWEISUNG` läßt sich durch die Grammatikregeln r_1 = `(ANWEISUNG,if BEDINGUNG then ANWEISUNG)`, r_2 = `(ANWEISUNG,if BEDINGUNG then ANWEISUNG else ANWEISUNG)` einerseits als `ANWEISUNG` $\Rightarrow^{r_1}$ `if BEDINGUNG then ANWEISUNG` $\Rightarrow^{r}_{2}$ `if BEDINGUNG then if BEDINGUNG then ANWEISUNG else ANWEISUNG` ableiten (was eine Zugehörigkeit des `else` zum zweiten `if` festlegt), und andererseits als `ANWEISUNG` $\Rightarrow^{r_2}$ `if BEDINGUNG then ANWEISUNG else ANWEISUNG` $\Rightarrow^{r_2}$ `if BEDINGUNG then if BEDINGUNG then ANWEISUNG else ANWEISUNG` (was eine Zugehörigkeit des `else` zum ersten `if` festlegt).

In Sprachdefinitionen, die unter dieser Mehrdeutigkeit leiden (z. B. PASCAL oder C) wird die Mehrdeutigkeit durch Zusatzfestlegungen aufgelöst, die nicht Bestandteil der Grammatik selbst sind.

Eindeutigkeit von ℂ, ↗ℂ.

Eindeutigkeit von Fourier-Entwicklungen, bezieht sich auf die Frage, ob eine Funktion durch ihre Fourier-Reihe eindeutig bestimmt ist: Seien f, g 2π-periodisch und auf $[-\pi, \pi]$ Lebesgue-integrierbar. Stimmen die Fourier-Koeffizienten von f und g überein, so gilt $f = g$ fast überall.

Daraus folgt beispielsweise: Sind f und g zusätzlich stetig vorausgesetzt, so gilt $f(x) = g(x)$ für alle $x \in \mathbb{R}$.

Eindeutigkeitsbeweis, Beweis einer ↗Aussage, die die Existenz genau eines Elements mit gegebenen Eigenschaften behauptet, wenn die Existenz wenigstens eines solchen Elements schon gesichert ist.

Eindeutigkeitssatz der Differentialrechnung, besagt, daß zwei auf einem Intervall definierte differenzierbare Funktionen genau dann die gleiche Ableitung haben, wenn sie sich nur um eine additive Konstante unterscheiden, d. h. wenn ihre Differenz konstant ist.

Eindeutigkeitssatz für die Eulersche Γ-Funktion, ↗ Eulersche Γ-Funktion.

Eindeutigkeitssätze, ↗ Existenz- und Eindeutigkeitssätze.

eindimensionale Diffusion, Bezeichnung für eine bedeutende Klasse stochastischer Prozesse. Entsprechend verschiedener Definitionsmöglichkeiten ergeben sich auch verschiedene Klassen von Diffusionsprozessen.

Eine eindimensionale Diffusion wird häufig als (starker) Markow-Prozeß $(X_t)_{t\geq 0}$ mit stetigen Pfaden definiert. Es gilt dann

$$\lim_{h\downarrow 0} \frac{1}{h} P(|X_{t+h} - x| > \varepsilon | X_t = x) = 0 .$$

Weiterhin existieren in der Regel die Grenzwerte

$$\mu(t, x) := \lim_{h\downarrow 0} \frac{1}{h} E(X_{t+h} - X_t | X_t = x)$$

und

$$\sigma^2(t, x) := \lim_{h\downarrow 0} \frac{1}{h} E((X_{t+h} - X_t)^2 | X_t = x) .$$

Dabei wird $\mu(t, x)$ als Driftparameter oder Trendkoeffizient und $\sigma^2(t, x)$ als Diffusionsparameter bezeichnet. Im allgemeinen sind $\mu(t, x)$ und $\sigma^2(t, x)$ stetige Funktionen von t und x.

Einige Autoren nehmen die Existenz von Drift- und Diffusionsparameter explizit mit in die Definition auf: Ist $(X_t)_{t\geq 0}$ ein Markow-Prozeß mit Übergangsfunktion $P(s, x; t, B)$, $s, t \in \mathbb{R}_0^+$, $s \leq t$, $x \in \mathbb{R}$ und $B \in \mathfrak{B}(\mathbb{R})$, so wird $(X_t)_{t\geq 0}$ als Diffusion bezeichnet, wenn die Übergangsfunktion für beliebige $s \geq 0$, $x \in \mathbb{R}$ und $\varepsilon > 0$ die folgenden Bedingungen erfüllt:

$$\lim_{h\downarrow 0} \frac{1}{h} \int\limits_{|y-x|>\varepsilon} P(s, x; s+h, dy) = 0 ,$$

und es existieren die Grenzwerte

$$\mu(t, x) := \lim_{h\downarrow 0} \frac{1}{h} \int\limits_{|y-x|\leq\varepsilon} (y - x) P(s, x; s+h, dy)$$

sowie

$$\sigma^2(t, x) := \lim_{h\downarrow 0} \frac{1}{h} \int\limits_{(y-x)\leq\varepsilon} (y - x)^2 P(s, x; s+h, dy) ,$$

die wieder als Drift- bzw. Diffusionsparameter bezeichnet werden. Die erste dieser Bedingungen garantiert dabei die Stetigkeit der Pfade. Unter gewissen Zusatzvoraussetzungen besitzt die Übergangsfunktion eine Dichte $p(s, x; t, y)$ bezüglich des Lebesgue-Maßes. Diese Dichte stellt eine starke Lösung zweier Differentialgleichungen dar: Der Rückwärtsgleichung von Kolmogorow sowie der Fokker-Planck-Gleichung.

Desweiteren finden sich Definitionen, bei denen unter einer Diffusion eine Lösung einer stochastischen Differentialgleichung verstanden wird.

Ein wichtiges Beispiel für eine eindimensionale Diffusion ist eine normale eindimensionale Brownsche Bewegung, für die gilt $\mu(t, x) = 0$ und $\sigma^2(t, x) = 1$ für alle $t \geq 0$ und $x \in \mathbb{R}$.

eineindeutige Abbildung, sprachlich nicht sehr geglückte, aber in der Mathematik übliche Bezeichnung für eine Abbildung, die sowohl injektiv als auch surjektiv ist (↗bijektive Abbildung).

eineindeutige Relation, ↗Relation, die sowohl linkseindeutig als auch rechtseindeutig ist.

Einerkomplement, Ersetzung aller Ziffern einer Binärzahl durch die jeweils andere Ziffer.

Das Einerkomplement dient der Komplementdarstellung vorzeichenbehafteter Binärzahlen sowie der Vereinheitlichung der Prozeduren zur Addition und Subtraktion (↗$(b-1)$-Komplement).

Einerkomplement-Darstellung, ↗binäre Zahlendarstellung, bei der der Folge

$$(\alpha_n, \alpha_{n-1}, \ldots, \alpha_{-k}) \in \{0, 1, \}^{1+n+k}$$

die Zahl

$$\left(\sum_{i=-k}^{n-1} \alpha_i \cdot 2^i\right) - \alpha_n \cdot (2^n - 2^{-k})$$

zugeordnet wird.

Einermenge, Menge mit genau einem Element.

Einermengenaxiom, Axiom der ↗axiomatischen Mengenlehre, das verlangt, daß es zu jeder Menge x eine Menge X gibt, die x als Element enthält.

einfach zusammenhängender Raum, ein wegzusammenhängender (topologischer) Raum, dessen ↗Fundamentalgruppe trivial ist, also nur aus dem neutralen Element besteht.

einfach zusammenhängendes Gebiet, ein (ebenes) Gebiet, das keine „Löcher" hat.

Es existieren mehrere äquivalente Präzisierungen dieser Aussage; die der Anschauung am besten entprechende ist die folgende: Ein Gebiet G ist einfach zusammenhängend, wenn jeder in G verlaufende einfach geschlossene Polygonzug nur Punkte von G umschließt.

einfache Algebra, eine Algebra A, die keine zweiseitigen Ideale außer $\{0\}$ und A selbst besitzt.

Ist $\phi : A \to B$ ein ↗Algebrenhomomorphismus mit einer einfachen Algebra A und einer beliebigen Algebra B, dann ist ϕ entweder die Nullabbildung oder injektiv.

einfache algebraische Körpererweiterung, ↗einfache Körpererweiterung.

einfache Gruppe, Gruppe mit minimaler Anzahl von Normalteilern.

Eine Gruppe G mit Einselement e heißt einfach, wenn G und $\{e\}$ die einzigen ↗Normalteiler von G sind.

Die einfachen Gruppen spielen in der Gruppentheorie eine Rolle, die analog der der Primzahlen in der Zahlentheorie ist. Die endlichen einfachen Gruppen sind inzwischen klassifiziert, sie sind allerdings keinesfalls „einfach" im anschaulichen Sinn: Eine von ihnen, teilweise „Monstergruppe" genannt, hat etwa 10^{54} Elemente.

einfache Körpererweiterung, eine ↗Körpererweiterung, die durch ein einzelnes Element „erzeugt" werden kann.

Die Körpererweiterung $\mathbb{L}$ über $\mathbb{K}$ heißt einfach, falls $\mathbb{L}$ durch Körperadjunktion eines einzelnen Elementes $\alpha \notin \mathbb{K}$ erhalten wird, $\mathbb{L} = \mathbb{K}(\alpha)$. Der Körper $\mathbb{L}$ heißt einfacher Erweiterungskörper und α primitives Element der Körpererweiterung.

Ist α algebraisches Element über $\mathbb{K}$ (↗algebraisches Element über einem Körper), so heißt $\mathbb{L}$ einfache algebraische Körpererweiterung, ansonsten einfache transzendente Körpererweiterung.

Nach dem Satz vom primitiven Element ist jede endliche und separable Körpererweiterung eine einfache algebraische Körpererweiterung und kann somit durch ein algebraisches primitives Element erzeugt werden.

einfache Lie-Algebra, Lie-Algebra, die weder abelsch (↗abelsche Lie-Algebra) ist noch ein echtes Ideal enthält.

Eine Teilalgebra h der Lie-Algebra g heißt Ideal in g, falls für alle $x \in h$ und alle $y \in g$ das Lie-Produkt $[x, y]$ stets ein Element von h ist.

Ein Ideal mit mindestens zwei Elementen, das von g verschieden ist, heißt echtes Ideal.

einfache Markow-Eigenschaft, ↗elementare Markow-Eigenschaft.

einfache Menge, *simple Menge*, eine ↗rekursiv aufzählbare Menge $A \subseteq \mathbb{N}_0$, deren Komplementmenge immun (↗immune Menge) ist.

einfache Nullstelle, eine Nullstelle einer Funktion mit ↗Nullstellenordnung Eins; man vergleiche auch ↗a-Stelle.

einfache Polstelle, eine Polstelle einer Funktion mit ↗Polstellenordnung Eins.

einfache transzendente Körpererweiterung, ↗einfache Körpererweiterung.

einfache Zufallsvariable, reelle Zufallsvariable, die nur endlich viele Werte annehmen kann. Eine einfache Zufallsvariable ist also eine spezielle ↗diskrete Zufallsvariable mit Werten in $\mathbb{R}$.

einfacher Modul, Modul, der keine vom Nullmodul verschiedenen Untermoduln hat.

einfacher Pol, ↗einfache Polstelle.

einfacher Ring, Ring, der keine vom Nullideal verschiedenen zweiseitigen Ideale hat.

Einfügen in eine Datenbank, Vorgang des Hinzufügens eines Satzes in eine Datenbank.

Hierfür muß zunächst festgestellt werden, in welchen Teilbereich der Datenbank der neue Satz gehört. Verwendet man beispielsweise ein relationales Datenbanksystem, so ist zu klären, in welche Tabelle der neue Satz eingefügt werden soll. Sobald diese Tabelle feststeht, muß auf die Probleme der referentiellen Integrität beim Einfügen von Datensätzen geachtet werden. Wird nämlich ein Satz einer Tabelle hinzugefügt, die einen Fremdschlüssel besitzt, der auf einen Primärschlüssel einer anderen Tabelle verweist, so ist es möglich, daß zu dem Fremdschlüsselwert des neuen Satzes kein Primärschlüsselwert in der referenzierten Tabelle existiert. In diesem Fall wird der Datenbestand in der Datenbank inkonsistent.

In relationalen Datenbanksystemen kann man dieses Problem auf zwei verschiedene Arten lösen. Entweder man sichert die Integrität des Datenbestandes bereits bei der Definition der in der Datenbank auftretenden Tabellen, indem man festlegt, welche Attribute als Fremdschlüssel dienen sollen, und welche Tabellen durch sie referenziert werden. In diesem Fall führt der Versuch des Einfügens eines Satzes mit unpassendem Fremdschlüsselwert automatisch zu einer Fehlermeldung.

Man kann aber auch das Datenbanksystem flexibler lassen und im Rahmen der Einfügekommandos abfragen, ob passende Primärschlüsselwerte existieren, sodaß die Sicherung der Integrität nicht schon bei der Datenbankdefinition, sondern erst bei der Datenmanipulation erfolgt.

Eingabeband, ↗Turing-Maschine.

Eingabefunktion, ↗formales Neuron.

Eingabe-Neuron, (engl. *input neuron*), *Eingangsneuron*, im Kontext ↗Neuronale Netze ein ↗formales Neuron, das ↗Eingabewerte des Netzes übernimmt.

Eingabeschicht, (engl. *input layer*), im Kontext ↗Neuronale Netze die Menge der ↗Eingabe-Neuronen des Netzes.

Implizit bringt dieser Begriff zum Ausdruck, daß die Topologie des Netzes schichtweise organisiert ist.

Eingabewerte, im Kontext ↗Neuronale Netze diejenigen Werte, die dem Netz zur weiteren Verarbeitung im ↗Ausführ-Modus übergeben werden und die ↗Ausgabewerte determinieren.

Eingabewerte können je nach Netz diskret oder kontinuierlich sein und werden von den sogenannten ↗Eingabe-Neuronen übernommen.

Eingangsfunktion, ↗formales Neuron.

Eingangsneuron, ↗Eingabe-Neuron.

eingebetteter stochastischer Prozeß, Teil eines stochastischen Prozesses, bei dem nur eine Teilmenge von Zeitpunkten, die sogenannten eingebetteten Zeitpunkte, betrachtet werden.

Eingebettete Prozesse spielen in der ↗Warteschlangentheorie (Bedienungstheorie) und der ↗Erneuerungstheorie eine Rolle.

Oft ist es interessant, Charakteristiken in Bedienungssystemen nicht in beliebigen Zeitpunkten, sondern nur in besonders interessierenden, den sogenannten eingebetteten Zeitpunkten zu bestimmen. Solche eingebetteten Zeitpunkte sind z. B. die Zeitpunkte des Eintreffens von Forderungen oder der Beendigung von Bedienungen. Untersucht man den Systemzustand in solchen eingebetteten Zeitpunkten, so ergibt sich häufig ein anderer Typ eines zufälligen Prozesses, der leichter mathematisch zu behandeln ist, als wenn man die gesamte Zeitachse betrachtet. Wir haben es dann mit eingebetteten zufälligen Prozessen zu tun.

Zum Beispiel bildet für ein Bedienungssystem mit unabhängigen, identisch, aber nicht notwendigerweise exponentialverteilten Zwischenankunftszeiten und exponentialverteilten Bedienungszeiten die Folge

$$(N(T_n - 0))_{n\geq 1}$$

der Anzahl der Forderungen im System unmittelbar vor dem Zeitpunkt T_n des Eintreffens von Forderungen eine Markowsche Kette. Dagegen ist der Prozeß $(N(t))_{t\geq 0}$ der Anzahl der Forderungen im System zu beliebigen Zeitpunkten kein Markowscher Prozeß mehr.

In der Theorie stochastischer Prozesse geht es dann um die Entwicklung von Methoden zur Herleitung von Beziehungen zwischen den Charakteristiken eingebetteter Prozesse und den Charakteristiken von Prozessen mit beliebigen Zeitpunkten.

Einheit, spezielles Element eines Ringes.

Es sei R ein Ring mit der Verknüpfung $\cdot$ und mit einem von 0 verschiedenen Einselement 1. Dann heißt ein Element $a \in R$ eine Einheit von R, falls es ein Element $b \in R$ gibt mit der Eigenschaft

$$a \cdot b = b \cdot a = 1 .$$

Bezeichnet man die Menge aller Einheiten von R mit $R^\times$, so ist mit $a \in R^\times$ und $b \in R^\times$ auch $a \cdot b \in R^\times$. Zusammen mit der Verknüpfung $\cdot$ bildet $R^\times$ dann eine Gruppe, die ↗Einheitengruppe, deren Einselement das Einselement des Ringes R ist. Der Ring R ist genau dann ein Schiefkörper, wenn $R^\times = R\backslash\{0\}$ gilt.

Im Ring $\mathbb{Z}$ der ganzen Zahlen gibt es genau die beiden Einheiten 1 und -1. Dagegen gibt es im Ring der ganzen Gaußschen Zahlen die vier Einheiten 1, -1, i und $-i$.

Einheit von $C(G)$, nullstellenfreie Funktion aus $C(G)$.

Ist beispielsweise G ein ↗metrischer Raum, so bezeichnet $C(G)$ die Menge der auf G stetigen komplexwertigen Funktionen. Mit punktweise definierten Verknüpfungen wird $C(G)$ kommutative $\mathbb{C}$-Algebra mit Einselement

$$\mathbf{1} : G \ni x \longrightarrow 1 \in \mathbb{C} .$$

Die nullstellenfreien Funktionen aus $C(G)$ sind gerade die Einheiten, d. h. diejenigen Elemente $f \in C(G)$, zu denen ein $g \in C(G)$ mit $fg = \mathbf{1}$, d. h.

$$f(x)g(x) = 1$$

für alle $x \in G$, existiert.

Einheit von $O(D)$, ↗ Algebra der holomorphen Funktionen.

Einheiten imaginär-quadratischer Zahlkörper, aufgrund der vorausgesetzten speziellen Körperstruktur genauer beschreibbare ↗Einheiten.

Ist $K = \mathbb{Q}(\sqrt{d})$ mit einer quadratfreien ganzen Zahl $d < 0$ ein imaginär-quadratischer Zahlkörper, so besitzt K keine reelle Einbettung $K \to \mathbb{R}$ und genau ein Paar konjugiert komplexer Einbettungen $K \to \mathbb{C}$, also ist jede Einheit in seinem Ganzheitsring $\mathcal{O}_K$ eine Einheitswurzel.

Im Fall $d = -1$ ist die ↗Einheitengruppe

$$(\mathcal{O}_K)^\times = \{1, i, -1, -i\} ,$$

die Gruppe der vierten Einheitswurzeln, für $d = -3$ ist

$$(\mathcal{O}_K)^\times = \left\{1, e^{\pi i/3}, e^{2\pi i/3}, -1, e^{4\pi i/3}, e^{5\pi i/3}\right\}$$

die Gruppe der sechsten Einheitswurzeln, und für alle anderen imaginär-quadratischen Zahlkörper $\mathbb{Q}(\sqrt{d})$ ist

$$(\mathcal{O}_{\mathbb{Q}(\sqrt{d})})^\times = \{1, -1\} .$$

Einheiten reell-quadratischer Zahlkörper, aufgrund der vorausgesetzten speziellen Körperstruktur genauer beschreibbare ↗Einheiten.

Ist $K = \mathbb{Q}(\sqrt{d})$ mit einer quadratfreien ganzen Zahl $d > 1$ ein reell-quadratischer Zahlkörper, so besitzt K genau zwei reelle und keine imaginäre Einbettung, also ist die Einheitengruppe seines Ganzheitsrings $\mathcal{O}_K$

$$(\mathcal{O}_K)^\times = \left\{\pm\varepsilon_0^\nu : \nu \in \mathbb{Z}\right\} \qquad (1)$$

mit einer Grundeinheit ε_0, die durch die Forderung $\varepsilon_0 > 1$ eindeutig bestimmt ist.

Die Grundeinheit ε_0 ist mit Hilfe der Kettenbruchentwicklung der Zahl

$$\beta = \begin{cases} \frac{1}{2}(1+\sqrt{d}) & \text{für } d \equiv 1 \mod 4, \\ \sqrt{d} & \text{für } d \equiv 2, 3 \mod 4, \end{cases}$$

berechenbar.

Weiter gilt folgender Satz:

Ist $d \equiv 2, 3 \bmod 4$, so ist $\varepsilon = x + y\sqrt{d}$ genau dann eine Einheit, wenn

$$x^2 - dy^2 = \pm 1 . \qquad (2)$$

Ist $d \equiv 1 \bmod 4$, so ist

$$\varepsilon = \frac{1}{2}(x + y\sqrt{d})$$

genau dann eine Einheit, wenn

$$2 \mid (x - y) \quad \textit{und} \quad x^2 - dy^2 = \pm 4 . \qquad (3)$$

Damit sind die Einheiten eines reell-quadratischen Zahlkörpers mit den Lösungen der sog. Pellschen Gleichung verknüpft.

Einheitengruppe, die multiplikative Gruppe der ↗Einheiten eines assoziativen Rings R mit Eins(element), also

$$\{r \in R \mid \exists a, b \in R : r \cdot a = 1 = b \cdot r\} .$$

Es ist zu beachten, daß das Rechts- mit dem Linksinversen übereinstimmt, falls beide existieren.

Man bezeichnet die Einheitengruppe des Rings R mit $R^\times$ oder auch R^*. Ihre Elemente heißen die Einheiten eines Rings, bzw. die invertierbaren Elemente des Rings.

Beispielsweise hat der Ring $\mathbb{Z}$ der ganzen Zahlen die Einheitengruppe

$$\mathbb{Z}^\times = \{1, -1\} . \qquad (1)$$

In einem Körper K ist jedes Element $x \in K$, $x \neq 0$, invertierbar, also gilt in diesem Fall

$$K^\times = K \setminus \{0\} . \qquad (2)$$

Einheitensysteme der Physik, Gesamtheiten von Einheiten, auf deren Basis „Größen" Zahlenwerte zugeordnet werden. An sie wird die Forderung gestellt, die Größen „möglichst" eindeutig darzustellen. Die Einheiten selbst sollen unveränderlich und reproduzierbar sein.

Die Herausbildung von Einheitensystemen zieht sich durch die Jahrhunderte der Entwicklung von Wissenschaft und Technik und kann nie wie Wissenschaft und Technik selbst als abgeschlossen gelten. Einheitensysteme sind so teilweise aus der geschichtlichen Situation und den nationalen Empfindlichkeiten zu verstehen.

Ein Einheitensystem besteht aus Grund- und abgeleiteten Einheiten. Die zu ihnen gehörenden Grundgrößen sollen unabhängig, also nicht durch Gleichungen verbunden sein.

Auf Gauß und Weber geht das in der Mechanik benutzte cgs- (oder mkgs-)System (Centimeter-Gramm-Sekunde- oder Meter-Kilogramm-Sekunde-System) zurück: Länge, Masse und Zeitintervall sind die Grundgrößen des Systems. Die wechselnden Definitionen von 1m (1 Meter) und 1s (1 Sekunde) zeigen den Wandel in den Vorstellungen von der Unveränderlichkeit der eben definierten Einheit. Ursprünglich basierte die Definition dieser Einheiten auf geologischen und astrophysikalischen Erscheinungen, die sich als nicht unveränderlich herausstellten.

Heute wird ihre Definition an atomare Erscheinungen geknüpft: Ein Meter ist bestimmt als 1.650.763,73 Vakuum-Wellenlängen der Strahlung, die Krypton 86 bei Übergängen zwischen dem $2p_{10}$- und dem $5d_5$-Niveau ausstrahlt. Die Sekunde ist die Dauer von 9.192.631.770 Perioden der Strahlung, die beim Übergang zwischen den beiden Hyperfeinstrukturniveaus des Grundzustandes von Cäsium 133 ausgestrahlt wird. Diese Definitionen setzten die Konstanz der entsprechenden atomaren Vorgänge voraus. Das trifft sicher für irdische Verhältnisse und Zeitintervalle, die für die menschliche Zivilisation charakteristisch sind, im Rahmen der heute möglichen Meßgenauigkeit zu. Es ist aber auch denkbar, daß atomare Erscheinungen mit der Entwicklung des Kosmos gekoppelt sind.

1 Kilogramm ist die Masse eines Platin(90%)-Iridium(10%)-Zylinders mit Durchmesser und Höhe von 39mm.

Das technische Einheitensystem der Mechanik basiert auf den Grundgrößen Länge, Kraft, und Zeitintervall. In diesem System ist also die Masse mit ihrer Einheit eine abgeleitete Größe.

Wenn man Erscheinungen messend verfolgen will, die über den Rahmen der Mechanik hinausgehen (etwa elektromagnetische Phänomene einzubeziehen hat), dann könnte man versuchen, mit dem cgs-System auszukommen. Dazu braucht man eine Kopplung von mechanischen und elektromagnetischen Erscheinungen, beispielsweise die Kraftwirkung (Mechanik) zwischen zwei Ladungen (Elektromagnetismus) oder die Umwandlung der Energieformen. Das führt dann aber dazu, daß z. B. die Elektrizitätsmenge und die Länge in gleichen Einheiten zu messen sind. Um das zu vermeiden, wurde das cgs-System um weitere Basisgrößen und -einheiten wie etwa Stromstärke und Ampere erweitert. In ähnlicher Weise könnte die für die Thermodynamik fundamentale Größe Temperatur mit dem cgs-System dadurch gekoppelt werden, daß die Temperatur ein Maß für die mittlere kinetische Energie (mechanische Größe) ist.

Im „Internationalen Einheitensystem" (Systéme International d'Unités, abgekürzt SI) sind die Grundgrößen (Einheiten): Länge (Meter (m)), Masse (Kilogramm (kg)), Zeitintervall (Sekunde (s)), elektrische Stromstärke (Ampere(A)), Temperatur (Kelvin (K)), Lichtstärke (Candela (cd)) und Stoffmenge (Mol (mol)).

In der theoretischen (mathematischen) Physik wird oft das von Planck eingeführte Einheitensystem benutzt, in dem die Newtonsche Gravitationskonstante G, die Vakuumlichtgeschwindigkeit c und die Plancksche Wirkungskonstante h Basiseinheiten sind. Aber auch hier stellt sich die Frage nach der Unveränderlichkeit. Es gibt theoretische Ansätze, die von einer Variabilität von G ausgehen.

Einheitselement einer Gruppe, dasjenige Element einer Gruppe, das bei Anwendung der zugrundeliegenden Operation auf ein anderes Element dieses unverändert läßt.

Das Einheitselement e einer Gruppe G ist also formal definiert wie folgt: Für jedes $x \in G$ gilt

$$x \cdot e = e \cdot x = x .$$

Beispiele hierzu: Ist G eine Abbildungsgruppe, so ist e die identische Abbildung. Ist G die multiplikative Gruppe der positiven reellen Zahlen, so ist e die Zahl Eins. Vergleiche auch ↗Einheit, ↗Eins.

Einheitsgruppe, die Gruppe, die nur aus dem Einheitselement besteht.

Der Begriff ist nicht zu verwechseln mit dem der ↗Einheitengruppe.

Einheitsintervall, das Intervall $[0, 1]$, das also die Länge 1 hat.

In seltenen Fällen bezeichnet man auch, je nach Anwendung, das Intervall $[-1, 1]$ als Einheitsintervall.

Einheitskern, der für einen Wahrscheinlichkeitsraum $(\Omega, \mathfrak{A}, P)$ durch

$$I : \Omega \times \mathfrak{A} \ni (\omega, A) \to \begin{cases} 1, & \omega \in A \\ 0, & \omega \notin A \end{cases} \in \{0, 1\}$$

definierte Markow-Kern auf $(\Omega, \mathfrak{A})$.

Für jedes $\omega \in \Omega$ ist

$$I(\omega, \cdot\,) : \mathfrak{A} \ni A \to I(\omega, A) \in \{0, 1\}$$

ein Dirac-Maß.

Einheitskreis, in abstrakter Definition die Punktmenge

$$B = \left\{ p \in \mathbb{R}^2 \mid \|p\| < 1 \right\},$$

also der Spezialfall $n = 2$ der ↗Einheitskugel.

Zumeist nimmt man jedoch auch noch den Spezialfall der euklidischen Norm an; der Einheitskreis ist also die Menge $\mathbb{E}$ der Punkte des $\mathbb{R}^2$ mit einem euklidischen Abstand kleiner als 1 vom Nullpunkt, also die offene Einheitskreisscheibe

$$\mathbb{E} = \left\{ (x, y) \in \mathbb{R}^2 \mid x^2 + y^2 < 1 \right\}.$$

Die Menge

$$\overline{\mathbb{E}} = \left\{ (x, y) \in \mathbb{R}^2 \mid x^2 + y^2 \le 1 \right\}$$

ist die abgeschlossene Einheitskreisscheibe, und der Einheitskreisrand

$$\partial\,\mathbb{E} = \left\{ (x, y) \in \mathbb{R}^2 \mid x^2 + y^2 = 1 \right\}$$

ist gerade die zweidimensionale Einheitssphäre S^1. Identifiziert man $\mathbb{R}^2$, versehen mit dem euklidischen Abstand, mit $(\mathbb{C}, |\ |)$, so gilt:

$$\mathbb{E} = \{ z \in \mathbb{C} \mid |z| < 1 \},$$
$$\overline{\mathbb{E}} = \{ z \in \mathbb{C} \mid |z| \le 1 \},$$
$$S^1 = \{ z \in \mathbb{C} \mid |z| = 1 \}.$$

Für einen Punkt $(x, y) \in S^1$ gilt für den Winkel $\varphi \in [0, 2\pi)$ der Strecke $\{t(x, y) : t \in [0, 1]\}$ zur positiven x-Achse:

$$\cos\varphi = x \quad , \quad \sin\varphi = y$$

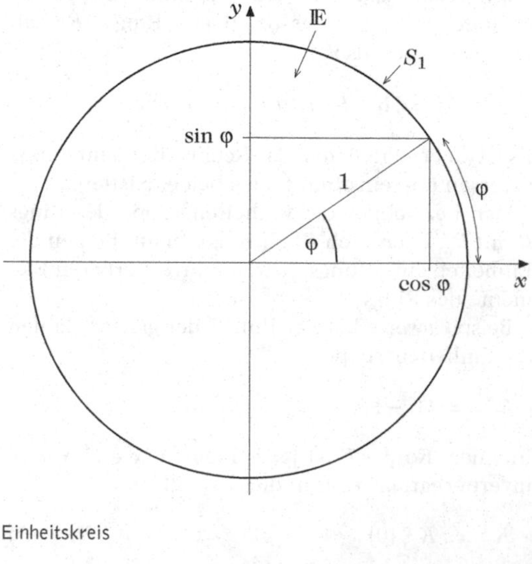

Einheitskreis

φ ist gleich der Länge des Einheitskreisbogens zwischen $(1, 0)$ und $(\cos\varphi, \sin\varphi)$.

Wenn φ den Bereich $[0, 2\pi)$ durchläuft, durchläuft $(\cos\varphi, \sin\varphi)$ den Einheitskreis genau einmal im mathematisch positiven Sinn, also gegen den Uhrzeigersinn, beginnend im Punkt $(1, 0)$.

Insbesondere hat der Einheitskreis den Umfang 2π, und es gilt

$$S^1 = \{(\cos\varphi, \sin\varphi) \mid \varphi \in [0, 2\pi)\}.$$

Sieht man S^1 wieder als Teilmenge von $\mathbb{C}$, so zeigt die Eulersche Formel $\exp(i\varphi) = \cos\varphi + i\sin\varphi$:

$$S^1 = \{\exp(i\varphi) \mid \varphi \in [0, 2\pi)\}$$

Mit Hilfe der Identität $\exp(0) = 1$, des ↗Additionstheorems der Exponentialfunktion und der $2\pi i$-Periodizität der Exponentialfunktion folgt, daß die Abbildung

$$f : \mathbb{R} \longrightarrow S^1 \quad , \quad \varphi \longmapsto \exp(i\varphi)$$

ein 2π-periodischer Epimorphismus der Gruppe $(\mathbb{R}, +)$ auf die Gruppe $(S^1, \cdot)$ ist.

Es sei abschließend noch darauf hingewiesen, daß die Notation in der Literatur zuweilen nicht ganz einheitlich ist, so versteht man unter dem Einheitskreis manchmal auch gerade das, was wir hier als den Rand des Kreises bezeichnet haben, also die Menge S^1.

Um vor solchen Unsicherheiten geschützt zu sein, findet man manchmal auch die präziseren Bezeichnungen Einheitskreisscheibe (für $\mathbb{E}$) und Einheitskreislinie (für S^1). Ähnliches empfiehlt sich bei der ↗Einheitskugel.

Einheitskreislinie, ↗Einheitskreis.

Einheitskreisscheibe, ↗Einheitskreis.

Einheitskugel, die Menge der Punkte des $\mathbb{R}^n$ mit einem Abstand kleiner als 1 vom Nullpunkt, also die offene Menge

$$B = \{p \in \mathbb{R}^n \mid \|p\| < 1\}.$$

Je nach Art der gewählten Norm ergeben sich hierbei – im $\mathbb{R}^3$ – unterschiedliche geometrische Figuren. Die Bezeichnung Einheitskugel kommt daher, daß B im Falle der ↗euklidischen Norm tatsächlich eine Kugel darstellt.

Es muß darauf hingewiesen werden, daß die Notation in der Literatur nicht einheitlich ist; manchmal versteht man unter der Einheitskugel auch die abgeschlossene Kugel $\overline{B}$, oder auch, allerdings nur selten, die ↗Einheitssphäre. Wiederum andere Autoren benutzen den Begriff ausschließlich im Falle der euklidischen Norm.

Man vergleiche zu dieser Problematik auch das Stichwort ↗Einheitskreis.

Einheitsmatrix, quadratische Diagonalmatrix mit Einsen auf der Hauptdiagonalen:

$$\begin{pmatrix} 1 & & 0 \\ & \ddots & \\ 0 & & 1 \end{pmatrix}.$$

Für die $(n \times n)$-Einheitsmatrix sind in der Literatur verschiedene Bezeichnungen als Standards zu finden, etwa

$$E\,,\; E_n\,,\; I\,,\; I_n\,.$$

Sie ist das neutrale Element der Matrizengruppe der regulären $(n \times n)$-Matrizen.

Für jede beliebige Wahl einer Basis des n-dimensionalen Vektorraumes V repräsentiert sie die identische Abbildung $\mathrm{id} : V \to V$, denn es gilt für jede $(n \times n)$-Matrix A:

$$A \cdot I = I \cdot A = A\,.$$

Einheitssphäre, die differenzierbare Mannigfaltigkeit in $\mathbb{R}^n$, gegeben als

$$S^{n-1} := \{x = (x_1, \dots, x_n) \in \mathbb{R}^n \mid \sum_{i=1}^{n} x_i^2 = 1\},$$

und üblicherweise bezeichnet mit S^{n-1}.

Die Einheitssphäre ist eine reell-analytische Mannigfaltigkeit. Im Falle $n = 3$ bildet sie den Rand der ↗Einheitskugel, im Falle $n = 2$ die Einheitskreislinie.

Einheitsvektor, Vektor v in einem euklidischen oder unitären Vektorraum $(V, \langle\cdot,\cdot\rangle)$ mit Norm Eins:

$$\|v\| = 1, \text{ d.h., } \langle v, v\rangle = 1\,.$$

Man nennt einen solchen Vektor normiert.

Zu jedem Vektor $v \neq 0 \in V$ ist durch

$$v' := \frac{v}{\|v\|}$$

ein normierter Vektor gleicher Richtung gegeben.

Einheitswürfel, die Menge

$$\{(x_1, \dots, x_n) \in \mathbb{R}^n\;;\; 0 \le x_i \le 1 \text{ für } i = 1, \dots, n\}$$

im $\mathbb{R}^n$, meist für $n = 3$ benutzt. In diesem Fall stellt die Menge auch anschaulich einen Würfel dar. In seltenen Fällen bezeichnet man auch, je nach Anwendung, die Menge

$$\{(x_1, \dots, x_n) \in \mathbb{R}^n;\; -1 \le x_i \le 1 \text{ für } i = 1, \dots, n\}$$

$[-1, 1]$ als Einheitswürfel.

Einheitswurzel, eine komplexe Zahl ζ mit $\zeta^n = 1$ für ein $n \in \mathbb{N}$.

Eine solche Zahl ζ heißt n-te Einheitswurzel. Es gibt genau n verschiedene Zahlen $\zeta_0, \dots, \zeta_{n-1}$ mit dieser Eigenschaft, nämlich

$$\zeta_k = e^{2k\pi i/n} = \cos \tfrac{2k\pi}{n} + i \sin \tfrac{2k\pi}{n}\,.$$

Geometrisch liegen sie auf der Einheitskreislinie in den Ecken eines regelmäßigen n-Ecks.

Die Zahl $\zeta_1 = e^{2\pi i/n}$ heißt primitive n-te Einheitswurzel. Ist $n \geq 2$ und $\zeta \neq 1$ eine n-te Einheitswurzel, so gilt

$$\sum_{k=0}^{n-1} \zeta^k = 0\,.$$

Die Menge G_n aller n-ten Einheitswurzeln ist eine zyklische Untergruppe der Ordnung n der multiplikativen Gruppe $S^1 := \{z \in \mathbb{C} : |z| = 1\}$. Die Mengen

$$G := \bigcup_{n=1}^{\infty} G_n \quad \text{und} \quad H := \bigcup_{n=0}^{\infty} G_{2^n}$$

sind ebenfalls Untergruppen von S^1, und es gilt $H \subset G$. Weiter sind die Mengen G und H dicht in S^1.

Einhüllende, *Enveloppe*, *Hüllkurve*, eine Kurve, die in jedem ihrer Punkte eine Kurve einer gegebenen einparametrigen ebenen Kurvenschar berührt.

Eine andere Definition erklärt die Einhüllende als geometrischen Ort aller Grenzpunkte der Kurvenschar.

Wenn die Kurvenschar durch eine implizite Kurvengleichung $F(x, y, a) = 0$ gegeben ist, in der a der Scharparameter ist, so erfüllen die Punkte der Einhüllenden das Gleichungssystem

$$F(x, y, a) = 0, \qquad \frac{\partial F(x, y, a)}{\partial a} = 0\,. \tag{1}$$

Dieses Gleichungssystem hat außerdem die singulären Kurvenpunkte als Lösung, d. h., Punktmengen, die in parametrischer Form als Kurven $\alpha(a) = (x(a), y(a))$ gegeben, die drei Gleichungen

$$\begin{aligned} F(x(a), y(a), a) &= 0\,, \\ F_x(x(a), y(a), a) &= 0\,, \text{ und} \\ F_y(x(a), y(a), a) &= 0 \end{aligned}$$

erfüllen. Sie erfüllen dann auch die Gleichung

$$F_a(x(a), y(a), a) = 0\,,$$

was man leicht aus den obigen Gleichungen durch Ableiten von $F(x(a), y(a), a) = 0$ nach a erhält.

Ein Beispiel: Es sei $\alpha(a) = (\xi(a), \eta(a)))$ eine beliebige Kurve C in parametrischer Form. Die Gleichung

$$F(x, y, a) = (x - \xi(a))\,(y - \eta(a)) = 0$$

beschreibt die Schar aller sich in den Punkten von C senkrecht schneidenden und zu den Koordinatenachsen parallelen Geradenpaare. Die Lösung des Gleichungssystems (1) für diese Kurvenschar ist dann gerade die Kurve $x = \xi(a), y = \eta(a)$.

Als weiteres Beispiel betrachte man eine Schar von Kreisen mit festem Radius r, deren Mittelpunkte eine gegebene Kurve $\alpha(a) = (\xi(a), \eta(a))$ beschreiben. Diese hat die implizite Gleichung

$$F(x, y, a) = (x - \xi(a))^2 + (y - \eta(a))^2 - r^2 = 0\,.$$

Dann ergeben die beiden Gleichungen (1)

$$\begin{aligned} x &= \frac{-r\,\eta'(a)}{\sqrt{(\xi')^2(a) + (\eta')^2(a)}}\,, \\ y &= \frac{r\,\xi'(a)}{\sqrt{(\xi')^2(a) + (\eta')^2(a)}}\,, \end{aligned} \tag{2}$$

das ist erwartungsgemäß die Parallelkurve von $\alpha(t)$.

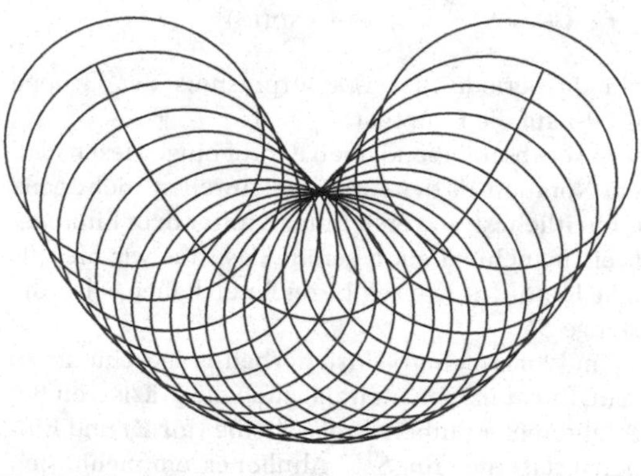

Die Einhüllende dieser Kreisschar besteht aus zwei Parallelkurven einer Parabel

Als Einhüllende von Geradenscharen sind z. B. die ↗Astroide und ↗Kaustiken bekannt. Die Evolute einer beliebigen Kurve ist die Einhüllende der Schar ihrer Normalen.

Manche Kurvenscharen besitzen keine Einhüllende, wie zum Beispiel eine Schar konzentrischer Kreise oder eine Schar paralleler Geraden.

1/9-Vermutung, lange Zeit offene Vermutung in der ↗Approximationstheorie im Zusammenhang mit der rationalen Approximation der Funktion $f(x) = \exp(-x)$ auf $[0, \infty)$.

Die Formulierung benötigt etwas Vorbereitung. Es bezeichne $R_{m,n}$ die Menge der rationalen Funktionen mit Zählergrad m und Nennergrad n und $\varrho_{m,n}$ die ↗Minimalabweichung bei der Approximation von f durch $R_{m,n}$ auf dem Intervall $[0, \infty)$ in der Maximumnorm, also

$$\varrho_{m,n} = \inf_{r \in R_{m,n}} \|r - f\|_\infty\,.$$

Bereits 1973 wurde bewiesen, daß

$$\lim_{n\to\infty} (\varrho_{0,n})^{1/n} = \frac{1}{3},$$

und es entstand die Vermutung, daß

$$\lim_{n\to\infty} (\varrho_{n,n})^{1/n} = \frac{1}{9},$$

die 1/9-Vermutung.

Nachdem hochgenaue numerische Berechnungen bereits Mitte der achziger Jahre den Verdacht aufkommen ließen, daß die Vermutung *falsch* ist, wurde dann zu Ende des gleichen Jahrzehnts auch theoretisch bewiesen, daß

$$\lim_{n\to\infty} (\varrho_{n,n})^{1/n} = \exp\left(\frac{-\pi \cdot K(\sqrt{1-c^2})}{K(c)}\right) \approx \frac{1}{9.289025} \neq \frac{1}{9}.$$

Hierbei ist c die eindeutige Lösung der Gleichung

$$K(c) = 2 \cdot E(c)$$

im Intervall $(0, 1)$, und K und E bezeichnen das vollständige ↗elliptische Integral erster bzw. zweiter Art.

Ein-Parameter-Gruppe von Diffeomorphismen, Familie $\{\phi_t : M \to M\}_{t\in\mathbb{R}}$ von Diffeomorphismen auf einer ↗Mannigfaltigkeit M, für die gilt:
1. $\phi_0 = \mathrm{id}_M$,
2. $\phi_{-t} = \phi_t^{-1}$ für alle $t \in \mathbb{R}$,
3. $\phi_{s+t} = \phi_s \circ \phi_t$ für alle $s, t \in \mathbb{R}$.

Für eine Untermannigfaltigkeit $N \subset M\times\mathbb{R}$ der Form

$$N = \bigcup_{m\in M} (T_-(m), T_+(m))$$

mit $T_-(m), T_+(m) > 0$ für alle $m \in M$ heißt eine Abbildung $\Phi : U \to M$ lokale Ein-Parameter-Gruppe von Transformationen (auf M), falls
1. $\Phi(m, 0) = m$, und
2. $\Phi(\Phi(m, t), s) = \Phi(m, s + t)$

für alle $s, t \in \mathbb{R}$ und alle $m \in M$ gilt, für die beide Seiten definiert sind.

Eine Ein-Parameter-Gruppe von Transformationen (auf M) induziert einen Fluß $(M, \mathbb{R}, \Phi)$ mit $\Phi(m, t) := \phi_t(m)$ für alle $m \in M$, $t \in \mathbb{R}$.

Eine differenzierbare lokale Ein-Parameter-Gruppe von Transformationen induziert ein Vektorfeld

$$M \ni m \mapsto \frac{d}{dt}\Phi(m, t)|_{t=0},$$

den sog. infinitesimalen Erzeuger von Φ. Umgekehrt wird durch jedes differenzierbare Vektorfeld f auf M eine Differentialgleichung auf M induziert, deren (lokale) Lösungen eine lokale Ein-Parameter-Gruppe von Transformationen auf M induzieren.

Einpunkt-Kompaktifizierung, ↗Alexandrow, Satz von.

Einrollengerät, mechanisches Gerät zur Bestimmung der Bogenlänge von Kurven, die mit einer Meßrolle befahren werden. Man vergleiche das Stichwort ↗Kurvenmesser.

Eins, Bezeichnung für das neutrale Element bei einer ↗Multiplikation, wie z. B. die Zahl 1 bei der Multiplikation von Zahlen oder die Einheitsmatrix I_n bei der Multiplikation von $(n \times n)$-Matrizen.

Eins-Abbildung, *Identität*, die ↗Abbildung

$$I_A : A \to A, \quad x \mapsto x.$$

Anstelle von I_A ist auch die Schreibweise Id_A gebräuchlich.

Leider gibt es hier eine leichte Uneinheitlichkeit in der Notation, da manche Autoren die Abbildung $x \mapsto 1$, die also alle Elemente des Urbildbereichs auf die Eins abbildet, als Eins-Abbildung bezeichnen.

einschaliges Hyperboloid, eine Fläche, die in Normallage durch eine implizite Gleichung zweiter Ordnung der Gestalt

$$\frac{x^2}{a^2} + \frac{y^2}{b^2} - \frac{z^2}{c^2} = 1$$

definiert ist.

Das einschalige Hyperboloid ist eine doppelt bestimmte Regelfläche. Zwei verschiedene geradlinige Koordinatennetze, die diese Tatsache belegen, sind die folgenden:

$$\Phi_\pm(u, v) = \begin{pmatrix} a\,(\cos u \mp v \sin u) \\ b\,(\sin u \pm v \cos u) \\ c\,v \end{pmatrix}.$$

einschaliges Rotationshyperboloid, ein ↗einschaliges Hyperboloid, bei dem in der definierenden impliziten Gleichung $x^2/a^2 + y^2/b^2 - z^2/c^2 = 1$ die das Profil bestimmenden Achsen a und b gleich sind.

Ein einschaliges Rotationshyperboloid ist also eine ↗Rotationsfläche, deren erzeugende Kurve eine Hyperbel ist.

Einschließungseigenschaft, eine grundlegende Eigenschaft der Intervallrechnung, die besagt, daß die ↗Intervallauswertung $\mathbf{f}(\mathbf{x})$ einer Funktion $f : D \subseteq \mathbb{R} \to \mathbb{R}$ über einem kompakten Teilintervall $\mathbf{x} \subseteq D$ (sofern sie existiert) den Wertebereich $f(\mathbf{x})$ enthält:

$$f(\mathbf{x}) = \{f(x) | x \in \mathbf{x}\} \subseteq \mathbf{f}(\mathbf{x}).$$

Diese Aussage hängt nicht von der Gestalt des Funktionsausdrucks $f(x)$ ab. Gleichheit gilt z. B., wenn die Variable x in $f(x)$ nur einmal auftritt.

Die Einschließungseigenschaft gilt in analoger Weise bei Funktionen mit mehreren Variablen und bei Funktionen mit Parametern.

Tritt die Variable x in $f(x)$ mehrfach, etwa n-mal, auf, so liefert die Intervallauswertung häufig eine Überschätzung des Wertebereichs. Ersetzt man nämlich x in $f(x)$ beim ersten Auftreten durch x_1, beim zweiten durch x_2 usw., so erhält man einen Funktionsausdruck $g(x_1, \ldots, x_n)$, für den zwar $f(x) = g(x, \ldots, x)$, $x \in \mathbf{x}$, gilt, für dessen Wertebereich über $\mathbf{x} \times \ldots \times \mathbf{x}$ aber im allgemeinen nur

$$f(\mathbf{x}) \subseteq g(\mathbf{x}, \ldots, \mathbf{x}) = \mathbf{f}(\mathbf{x})$$

gezeigt werden kann, da die Variablen in $g(x_1, \ldots x_n)$ unabhängig voneinander variieren.

Eine Möglichkeit, den Wertebereich genauer zu bestimmen, besteht in der Unterteilung von $\mathbf{x}$ in kleinere kompakte Intervalle, denn mit den bisherigen Bezeichnungen gilt der folgende Satz:

Ist $g(x_1, \ldots, x_n)$ Lipschitz–stetig in $\mathbf{x} \times \ldots \times \mathbf{x}$, so existiert ein $\gamma \geq 0$ mit

$$q(f(\mathbf{z}), \mathbf{f}(\mathbf{z})) \leq \gamma \cdot d(\mathbf{z}) \qquad (1)$$

für alle in $\mathbf{x}$ enthaltenen kompakten Teilintervalle $\mathbf{z}$. Dabei bezeichnet q die Hausdorff–Metrik und d den ↗Durchmesser eines Intervalls.

Gilt etwa

$$\mathbf{x} = \bigcup_{j=1}^{k} \mathbf{z}_j$$

mit $d(\mathbf{z}_j) = d(\mathbf{x})/k$, $j = 1, \ldots, k$, und definiert man

$$\mathbf{f}_k(\mathbf{x}) = \bigcup_{j=1}^{k} \mathbf{f}(\mathbf{z}_j),$$

so zieht (1) die Abschätzung

$$q(f(\mathbf{x}), \mathbf{f}_k(\mathbf{x})) \leq \gamma |d(\mathbf{x})|/k \qquad (2)$$

nach sich.

Für die ↗Mittelwertform, die ↗Steigungsform oder eine andere ↗zentrierte Form kann (1) durch die Abschätzung

$$q(f(\mathbf{z}), \mathbf{f}(\mathbf{z})) \leq \hat{\gamma}(d(\mathbf{z}))^2 \qquad (3)$$

ersetzt werden, die für alle in $\mathbf{x}$ enthaltenen kompakten Teilintervalle $\mathbf{z}$ gilt, und in der die Konstante $\hat{\gamma} \geq 0$ wieder nur von $\mathbf{x}$ abhängt.

Einschließungssätze für Eigenwerte, Typus von Aussagen über die Einschließung von Eigenwerten.

Gegeben sei ein selbstadjungiertes volldefinites Eigenwertproblem

$$Lu = \lambda r(x) u, \qquad (1)$$

d. h., alle seine Eigenwerte seien positiv, auf dem Intervall $J = [a, b]$. K sei der Integraloperator des Problems, $s \in \mathbb{N}$ und $\alpha, \beta \in \mathbb{R}$ mit $0 \leq \alpha < \beta$. Sei $V(J)$ der Raum der Vergleichsfunktionen und

$$\{v|w\} := -\int_J vLw\,dx$$

ein Skalarprodukt auf diesem linearen Raum. Dann existiert eine Reihe von Einschließungssätzen, von denen wir die wichtigsten im folgenden auflisten:

Erster Einschließungssatz (Satz von Mertins):

Folgende Aussagen sind äquivalent:

1. *In J liegen mindestens s Eigenwerte des Eigenwertproblems (1).*
2. *Es gibt s linear unabhängige Funktionen $w_1, \ldots, w_s \in V(J)$ so, daß für jedes $w := \sum_{i=1}^{s} c_i w_i$ gilt:*

$$\{\alpha Kw - w \mid \beta Kw - w\} \geq 0\,.$$

Zweiter Einschließungssatz:

Sei $0 \neq v \in V(J)$. Die zugehörige Einschließungsfunktion

$$E := -\frac{1}{r}\frac{Lv}{v}$$

sei auf J definiert, stetig und positiv. Dann befindet sich im Intervall

$$\left(\min_{a \leq x \leq b} E(x)\,,\ \max_{a \leq x \leq b} E(x)\right)$$

ein Eigenwert von (1).

Dritter Einschließungssatz (Satz von Temple):

Für ein $w_1 \neq 0$ aus $V(J)$ lauten die ersten Schwarzschen Konstanten

$$\sigma_0 := \{w_1|w_1\}\,, \quad \sigma_1 := \{Kw_1|w_1\}\,,$$
$$\sigma_2 := \{Kw_1|Kw_1\}\,.$$

Wählt man nun ein $\beta > \frac{\sigma_0}{\sigma_1}$ und setzt

$$\alpha := \frac{\beta\sigma_1 - \sigma_0}{\beta\sigma_2 - \sigma_1}\,,$$

so ist $0 < \alpha < \beta$, und im Intervall $[\alpha, \beta]$ liegt mindestens ein Eigenwert des betrachteten Problems. α heißt Templescher Quotient und σ_1/σ_2 ist der Rayleighsche Quotient.

Vierter Einschließungssatz (Satz von Collatz):

Sei

$$p(\mu) = \sum_{i=0}^{2} \alpha_i \mu_i$$

ein reelles Polynom. Mit dem Skalarprodukt

$$(u|v) := \int_a^b r(x) u(x) v(x) dx$$

auf $C(J)$ mit der Gewichtsfunktion r gilt: Ist für ein $u \neq 0$, $u \in C(J)$

$$\alpha_0 u + \alpha_1 K u + \alpha_2 K^2 u|u) \geq 0,$$

so enthält die Menge $\{\mu \in \mathbb{R} : p(\mu) \geq 0\}$ mindestens einen Eigenwert von K, also auch das Reziproke eines Eigenwertes des Sturm-Liouvilleschen Eigenwertproblems.

[1] Heuser, H.: Gewöhnliche Differentialgleichungen. B.G. Teubner Stuttgart, 1995.

[2] Kamke, E.: Differentialgleichungen, Lösungsmethoden und Lösungen I. B.G. Teubner Stuttgart, 1977.

Einschließungsverfahren, Verfahren, die für ein gegebenes Problem eine Einschließung der Lösungsmenge berechnen.

Darunter fallen sowohl Probleme mit Intervalldaten als auch „klassische" Punktprobleme. Einschließungsverfahren liefern obere und untere Schranken für eine Lösung und somit automatisch eine Fehlerabschätzung unter Einschluß aller Verfahrens- und Rundungsfehler (siehe auch ↗Einschließungseigenschaft, ↗Intervallrechnung).

Einschnürungssatz, gelegentlich auch Sandwich Theorem genannt, einfache Überlegung zum Konvergenznachweis bei reellen Folgen:

Es seien (a_n), (b_n) und (c_n) reelle Folgen. Gilt für alle $n \geq N$

$$a_n \leq c_n \leq b_n$$

mit einer Zahl $N \in \mathbb{N}$, so folgt aus der Konvergenz von (a_n) und (b_n) gegen den gleichen Grenzwert α auch die Konvergenz von (c_n) gegen α.

Man kann sich das auf folgende Weise – wenig mathematisch, aber instruktiv – plausibel machen: Drei Studenten, die ganz schön gebechert haben, machen sich gemeinsam auf den Heimweg ins gleiche Wohnheim. Die beiden, die noch ein klein wenig nüchterner sind, nehmen den dritten, der arge Probleme hat, zwischen sich. Und wenn die beiden das Ziel erreichen, ist so der dritte automatisch auch angekommen.

Einschränkung einer Abbildung, *Restriktion einer Abbildung*, eine ↗Abbildung $g : C \to B$ so, daß gilt:

Es liegt eine Abbildung $f : A \to B$ vor, C ist eine Teilmenge von A, und

$$g(x) = f(x) \text{ für alle } x \in C.$$

g ist dann die Einschränkung von f. Man schreibt $g = f|C$ oder $f_{|C}$ (lies: f eingeschränkt auf C, siehe auch ↗Einschränkung eines Operators).

Einschränkung eines Operators, *Restriktion eines Operators*, für einen Operator $T : X \to Y$ zwischen zwei Räumen und einen Unterraum $U \subset X$ die Abbildung $S : U \to Y$ mit der Eigenschaft

$$S(u) = T(u) \text{ für alle } u \in U.$$

Man schreibt dann $S = T|U$ oder $T_{|U}$ (lies: T eingeschränkt auf U, siehe auch ↗Einschränkung einer Abbildung).

Mit anderen Worten ist $T_{|U}$ die Komposition $T \circ j$ von T mit der Inklusionsabbildung $j : U \to X$, $j(u) = u$.

Einschrittverfahren, Typus von Verfahren zur näherungsweisen (numerischen) Berechnung der Lösung von Anfangswertproblemen gewöhnlicher Differentialgleichungen, bei dem sukzessive Näherungswerte für die exakte Lösung zu diskreten Zeitpunkten berechnet werden unter Verwendung *eines* bereits bestimmten Näherungswertes.

Man betrachte zunächst das einfachste Beispiel für ein Anfangswertproblem einer einzelnen Gleichung der Form $y' = f(x, y)$, $y(x_0) = y_0$.

In der einfachsten Form, dem Verfahren von Euler, wird die Differentialgleichung durch eine Differenzengleichung

$$(y_{i+1} - y_i)/h = f(x_i, y_i)$$

approximiert, wobei die y_i Näherungen von $y(x_i)$ an den äquidistanten Stellen $x_i = x_0 + ih$, $i = 1, 2, \ldots$, sind.

Daraus läßt sich die explizite Formel

$$y_{i+1} := y_i + hf(x_i, y_i) \tag{1}$$

für y_{i+1} herleiten. Das durch die Vorschrift (1) definierte Verfahren benennt man nach Euler; es kann als der Prototyp eines Einschrittverfahrens angesehen werden (↗Eulersches Polygonzug-Verfahren).

In Verallgemeinerung des Euler-Verfahrens betrachtet man Rekursionen der Form

$$y_{i+1} := y_i + h\Phi(x_i, y_i, h),$$

bei denen Φ eine zunächst beliebige Rechenvorschrift bezeichnet, um aus x_i, y_i und der Schrittweite h den neuen Wert y_{i+1} zu bestimmen.

Der Typus des Einschrittverfahrens hängt dabei offensichtlich von der gewählten Funktion Φ ab. Der Zusammenhang zwischen Φ und der Differentialgleichung wird über den Begriff der Konsistenz hergestellt, nach der

$$\lim_{h \to 0} \Phi(x, y, h) = f(x, y)$$

gelten muß. Die Konsistenz ist hinreichend für die Konvergenz des Verfahrens.

Man unterscheidet bei Einschrittverfahren zwischen dem lokalen Diskretisierungsfehler

$$\delta_{i+1} := y(x_{i+1}) - y(x_i) - h\Phi(x_i, y(x_i), h)$$

und dem globalen Fehler

$$\varepsilon_i := y(x_i) - y_i.$$

Ist Φ bezüglich y Lipschitz-stetig mit Lipschitz-Konstanten L, so läßt sich der globale Fehler durch den lokalen Diskretisierungsfehler abschätzen gemäß

$$|\varepsilon_i| \leq \frac{D}{hL} e^{(x_i - x_0)L}$$

mit

$$D \geq \max_{1 \leq k \leq i} \delta_k .$$

Ein Einschrittverfahren besitzt die Fehlerordnung p, falls $D = O(h^{p+1})$ und damit $|\varepsilon_i| = O(h^p)$ ist. Bekannteste Beispiele weiterer Einschrittverfahren sind die ↗Runge-Kutta-Verfahren.

Schließlich kann man die gesamte Vorgehensweise auch auf Systeme von Differentialgleichungen anwenden: Wir betrachten zu stetigem $\mathbf{f} : \mathbb{R}^n \to \mathbb{R}^n$ und $\mathbf{y}_0 \in \mathbb{R}^n$ das Anfangswertproblem

$$\mathbf{y}'(t) = \mathbf{f}(t, \mathbf{y}(t)), \qquad \mathbf{y}(x_0) = \mathbf{y}_0 . \tag{2}$$

Man wählt auch hier eine Schrittweite $h > 0$ und eine Abbildung $\Phi : C^0(\mathbb{R}^n, \mathbb{R}^n) \times \mathbb{R}^n \times \mathbb{R} \to \mathbb{R}^n$ und berechnet Näherungswerte $\mathbf{y}_i$ für die Lösung $\mathbf{y}(x_i)$ von (2), indem man rekursiv definiert

$$\mathbf{y}_{i+1} := \mathbf{y}_i + h\,\Phi(\mathbf{f}, \mathbf{y}_i, x_i) .$$

Eine Fülle weiterer Informationen über derartige Verfahren findet man in der nachfolgend angegebenen Literatur.

[1] Hairer, E.; Norsett, S.P.; Wanner, G.: Solving Ordinary Differential Equations I: Nonstiff Problems. Springer-Verlag Berlin/Heidelberg, 1987.

[2] Lambert, J.D.: Numerical Methods for Ordinary Differential Systems. John Wiley and Sons Chichester, 1991.

[3] Stoer, J.; Bulirsch, R.: Einführung in die Numerische Mathematik II. Springer-Verlag Heidelberg/Berlin, 1978.

einseitig stetig, Eigenschaft einer reellen Funktion, entweder linksseitig stetig oder rechtsseitig stetig zu sein.

Der Begriff läßt sich unter den dortigen Annahmen mit Hilfe ↗einseitiger Grenzwerte einfach wie folgt definieren: Hat man $x_0 \in D$, so heißt f in x_0 genau dann linksseitig stetig, wenn

$$f(x) \longrightarrow f(x_0) \quad (x_0 > x \to x_0)$$

gilt, wenn also der linksseitige Grenzwert von f in x_0 existiert und gleich dem Funktionswert $f(x_0)$ ist. Ohne Bezug auf den Grenzwert lautet die Definition allgemeiner: f in x_0 linksseitig stetig $:\Leftrightarrow$

$$[\forall \varepsilon > 0 \exists \delta > 0 \, \forall x \in D : \\ \big[0 < x_0 - x < \delta \Rightarrow |f(x) - f(x_0| < \varepsilon\big] .$$

Hier wird also nicht verlangt, daß sich x_0 durch (von x_0 verschiedene) Punkte aus D von links aus approximieren läßt. Dabei ist natürlich $D \subset \mathbb{R}$, $f : D \to \mathbb{R}$ und $x_0 \in D$ vorausgesetzt, wobei noch wesentlich allgemeinere Zielbereiche möglich sind.

Entsprechend heißt f rechtsseitig stetig in x_0 genau dann, wenn zu jedem $\varepsilon > 0$ ein $\delta > 0$ so existiert, daß $|f(x) - f(x_0| < \varepsilon$ für alle $x \in D$ mit

$$0 < x - x_0 < \delta$$

gilt.

f ist in x_0 genau dann stetig, wenn f in x_0 rechts- und linksseitig stetig ist.

einseitige Ableitung, Überbegriff für die linksseitige Ableitung f'_- und die rechtsseitige Ableitung f'_+ einer auf einem offenen Intervall $I \subset \mathbb{R}$ definierten Funktion $f : I \to \mathbb{R}$.

An den Stellen $a \in I$, für die sowohl $f'_-(a)$ als auch $f'_+(a)$ existiert und $f'_-(a) = f'_+(a)$ gilt, ist f differenzierbar und hat die Ableitung

$$f'(a) = f'_-(a) = f'_+(a) .$$

Es gibt höchstens abzählbar viele Stellen $a \in I$, für die $f'_-(a)$ und $f'_+(a)$ existieren, aber

$$f'_-(a) \neq f'_+(a)$$

ist.

Das einfachste Beispiel einer Funktion, die an einer Stelle links- und rechtsseitig differenzierbar, aber nicht differenzierbar ist, ist die ↗Betragsfunktion: Die Funktion $|\cdot| : \mathbb{R} \to [0, \infty)$ ist differenzierbar in $\mathbb{R} \setminus \{0\}$ mit $|x|' = -1$ für $x < 0$ und $|x|' = 1$ für $x > 0$. An der Stelle 0 aber gilt

$$|0|'_- = -1 \neq 1 = |0|'_+ .$$

einseitige Zerlegung, ↗ funktionale Dekomposition einer Booleschen Funktion.

einseitiger Grenzwert, Überbegriff für die Ausdrücke linksseitiger Grenzwert oder rechtsseitiger Grenzwert.

Es sei $D \subset \mathbb{R}$ und $f : D \longrightarrow \mathbb{R}$. Unter der Annahme, daß zu einem $x_0 \in \mathbb{R}$ eine Folge (x_n) in D mit $x_n < x_0$ und $x_n \longrightarrow x_0 \quad (n \to \infty)$ existiert (x_0 muß von links aus durch Elemente von D approximierbar sein), ist der linksseitige Grenzwert wie folgt definiert:

$$f(x) \to \ell \ (x_0 > x \to x_0) :\Leftrightarrow \lim_{x_0 > x \to x_0} f(x) = \ell :\Leftrightarrow$$

$$\forall \varepsilon > 0 \, \exists \delta > 0 \, \forall x \in D \ \big[0 < x_0 - x < \delta \Rightarrow f(x) \in \mathcal{U}_\ell^\varepsilon\big].$$

Hierbei ist $\ell \in \mathbb{R} \cup \{-\infty, \infty\}$ zugelassen. Für $\varepsilon \in (0, \infty)$ seien dabei

$$\mathcal{U}_\ell^\varepsilon := \{x \in \mathbb{R} : |x - l| < \varepsilon\}, \quad \text{falls } \ell \in \mathbb{R},$$

und

$$\mathcal{U}_\infty^\varepsilon := \left\{x \in \mathbb{R} : x > \frac{1}{\varepsilon}\right\},$$

$$\mathcal{U}_{-\infty}^\varepsilon := \left\{x \in \mathbb{R} : x < -\frac{1}{\varepsilon}\right\}.$$

Anstelle von

$$\lim_{x_0>x\to x_0} f(x)$$

wird auch

$$\lim_{x\to x_0-} f(x)$$

geschrieben.

Natürlich hat man ganz analog – Übergang $x \mapsto -x$, d. h. Spiegelung an der y-Achse – unter der Voraussetzung, daß nun eine Folge (x_n) in D mit $x_n > x_0$ und $x_n \longrightarrow x_0$ $(n \to \infty)$ existiert, rechtsseitige Grenzwerte. Hier wird entsprechend statt $\lim\limits_{x_0<x\to x_0} f(x)$ auch $\lim\limits_{x\to x_0+} f(x)$ notiert.

Zwei Beispiele dazu:
Die Vorzeichen-Funktion

$$f(x) = \operatorname{sgn}(x).$$

Es ist $f(0)=0$, $\lim\limits_{0<x\to 0} f(x)=1$ und $\lim\limits_{0>x\to 0} f(x)=-1$. Die beiden einseitigen Grenzwerte existieren also, stimmen aber in 0 nicht überein.

Die Funktion

$$f(x) = \frac{1}{x^2-1} \qquad (x \in D := \mathbb{R} \setminus \{1, -1\}).$$

$f(1)$ ist gar nicht erklärt! Es gilt $\lim\limits_{x\to 1+} f(x) = \infty$ und $\lim\limits_{x\to 1-} f(x) = -\infty$.

Für den Beweis etwa der ersten Grenzwertaussage beachtet man, daß für $x \in D$

$$f(x) = \frac{1}{(x-1)(x+1)} = \frac{1}{x-1} \cdot \frac{1}{x+1}$$

geschrieben werden kann. Strebt nun x von rechts $(x > 1)$ gegen 1, so strebt $x-1$ von rechts gegen 0, also $\frac{1}{x-1}$ gegen ∞. Andererseits konvergiert $\frac{1}{x+1}$ gegen $\frac{1}{2}$. So folgt $f(x) \longrightarrow \infty$.

einseitiges gleitendes Mittel, stochastischer Prozeß $(X_t)_{t\in\mathbb{Z}}$, der in der Form

$$X_t = \sum_{k=0}^{\infty} a_k \varepsilon_{t-k}$$

für $t \in \mathbb{Z}$ dargestellt werden kann, wobei die Zufallsvariablen der Folge $(\varepsilon_t)_{t\in\mathbb{Z}}$ unkorreliert sind und den Erwartungswert $E(\varepsilon_t) = 0$ und die Varianz $\operatorname{Var}(\varepsilon_t) = 1$ besitzen. Weiterhin ist $(a_k)_{k\in\mathbb{N}_0}$ eine Folge von in der Regel komplexen Zahlen mit

$$\sum_{k=0}^{\infty} |a_k|^2 < \infty.$$

einseitiges Ideal, Teilmenge in einem (nichtkommutativen) Ring, die bezüglich der Multiplikation von rechts (Rechtsideal) oder von links (Linksideal) ein Untermodul des Ringes ist.

Einselement, Element einer Menge, das, bei Anwendung einer Verknüpfung, „nichts ändert“, oder, anders formuliert, das neutrales Element bezüglich der Multiplikation $\circ$.

Genauer gilt: Gegeben sei eine Verknüpfung $\circ : M \times M \to M$ auf einer Menge M. Ein Einselement ist ein Element e, für das gilt

$$e \circ x = x \circ e = x$$

für alle $x \in M$.

Zumeist benutzt man den Begriff des Einselementes für den des Einselements bezüglich der Gruppenoperation, als weitestgehend synonyme Bezeichnung für das ↗Einheitselement (bezüglich der Gruppenoperation).

Aus methodischen Gründen wird oft zunächst das Linkseinselement e_L definiert durch die Forderung: Für alle Gruppenelemente g gilt $e_L \cdot g = g$. Dann wird analog das Rechtseinselement e_R definiert durch $g \cdot e_R = g$.

Schließlich stellt man fest, daß das Produkt $e_L \cdot e_R$ sowohl gleich e_L als auch gleich e_R ist. Dieses Gruppenelement wird schließlich Einselement genannt und mit e bezeichnet.

Die Bezeichnung wird vor allem bei multiplikativen Gruppen angewandt. Wird die Gruppe als additive Gruppe geschrieben, ersetzt man in Anlehnung an die Identität $x + 0 = x$ den Begriff Einselement durch die Bezeichnung „Nullelement“.

Beispiel: Das Einselement einer Transformationsgruppe ist diejenige Transformation, bei der der Ausgangszustand gleich dem Endzustand ist.

Einselement einer Halbordnung, ↗Halbordnung mit Einselement.

Einselement eines Verbandes, ↗Verband mit Einselement.

1-Faktor, ↗Faktortheorie.

1-Faktorisierungs-Vermutung, besagt, daß ein beliebiger k-regulärer ↗Graph G mit $2n$ Ecken 1-faktorisierbar ist, falls $k \geq n$ gilt.

Der Ursprung dieser schönen, aber schwierigen und bis heute (2000) ungelösten Vermutung ist schon in den fünfziger Jahren zu finden. Die besten Teilergebnisse zu dieser Vermutung wurden in zwei unabhängig entstandenen Arbeiten von A.G. Chetwynd und A.J.W. Hilton (1989) sowie T. Niessen und L. Volkmann (1990) erzielt. In beiden Publikationen wird bewiesen, daß die 1-Faktorisierungs-Vermutung für

$$k \geq (\sqrt{7}-1)n \approx 1,647\,n$$

gültig ist.

1-Faktor-Satz, ↗ Faktortheorie.

Einsiedlerpunkt, ↗Grenzwerte einer Funktion.

Eins-Matrixnorm, ↗Spaltensummennorm.

Einstein, Albert, Physiker und Mathematiker, geb. 14.3.1879 Ulm, gest. 18.4.1955 Princeton (New Jersey).

Einstein, Sohn eines Händlers für elektrotechnische Artikel, wuchs in München auf. Dort besuchte er auch das Gymnasium. Wegen geschäftlicher Schwierigkeiten siedelte die Familie nach Mailand über. 1895 folgte Einstein nach, ohne einen Schulabschluß erlangt zu haben. In Aarau (Schweiz) holte er das Abitur nach und studierte 1896 - 1900 an der ETH Zürich Mathematik und Physik. Fast zwei Jahre nach dem Examen als Physiklehrer blieb Einstein ohne feste Anstellung. Erst 1902 bekam er eine Stelle als Gutachter am Eidgenössischen Amt für geistiges Eigentum (Patentamt) in Bern. In dieser Dienststellung blieb er bis 1909, erwarb während dieser Zeit den philosophischen Doktorgrad (Zürich 1905) und die Lehrbefugnis für theoretische Physik (Bern 1908).

Das Jahr 1905 begründete Einsteins Weltruf. Er gab auf der Basis der statistischem Mechanik in seiner Dissertation „Eine neue Bestimmung der Moleküldimension" an, berechnete die Wärmebewegung mikroskopischer Teilchen (↗Brownsche Bewegung) – ein grundlegender Beitrag zum Beweis der Richtigkeit der Atomtheorie –, übertrug die Plancksche Quantenhypothese auf das Licht und konnte so eine Erklärung des lichtelektrischen Effektes geben. Für diese Arbeiten erhielt Einstein 1921 den Nobelpreis für Physik.

Noch bekannter als diese Untersuchungen wurde, auch von 1905, die Arbeit „Zur Elektrodynamik bewegter Körper". Darin postulierte Einstein

a) die Lichtgeschwindigkeit ist konstant, und
b) die physikalischen Gesetze sind in allen gleichförmig geradlinig zueinander bewegten Koordinatensystemen gleich.

Die spezielle Relativitätstheorie revolutionierte die theoretische Physik und hob die Newtonsche Physik des absoluten Raumes und der absoluten Zeit auf. In einer ergänzenden Arbeit „Ist die Trägheit eines Körpers von seinem Energieinhalt abhängig?" (1905) war auch die weltberühmte ↗Einsteinsche Formel $E = mc^2$ enthalten, die zum Ausgangspunkt der Erschließung der Atomenergie wurde.

Einstein war bemüht, die spezielle Relativitätstheorie auch auf Drehbewegungen anzuwenden und die Gravitation darin einzubeziehen (↗Allgemeine Relativitätstheorie). Die Lösung dieser Probleme gelang ihm 1915/16. Grundaussagen der allgemeinen Relativitätstheorie wurden 1919 bei der englischen Sonnenfinsternisexpedition bestätigt.

Im Jahre 1917 legte Einstein Untersuchungen vor, in denen er die Lehre von einem unbegrenzten, aber räumlich endlichen Kosmos postulierte, und begründete damit die relativistische Kosmologie. Schon seit 1915/16 versuchte er, zu einer nichtlinearen einheitlichen Feldtheorie zu gelangen, konnte jedoch die eminenten Schwierigkeiten mathematischer Art niemals überwinden.

Diese überragenden Leistungen haben oft vergessen lassen, daß Einstein seit 1907 weitere grundlegende Arbeiten zur Quantenphysik (spezifische Wärme fester Körper, Herleitung des Planckschen Strahlungsgesetzes durch statistische Methoden, u. a.) lieferte. Ebenso bedeutsam waren seine philosophischen Aussagen, die ihn als naturwissenschaftlichen Materialisten auswiesen und u. a. gegen die statistische Deutung der Quantenmechanik Bedenken vorbringen ließen.

1909 wurde Einstein zum ordentlichen Professor an der Universität Zürich berufen, ging 1911 als Professor für theoretische Physik nach Prag, dann 1912 an das Polytechnikum Zürich. Ab 1913/14 war er ordentliches und hauptamtliches Mitglied der Preußischen Akademie der Wissenschaften, ab 1914 Direktor des Kaiser Wilhelm-Institutes für Physik und Professor an der Berliner Universität. 1933 kehrte Einstein von einem Auslandsaufenthalt aus politischen Gründen nicht wieder nach Berlin zurück und emigrierte in die USA. Bis 1945 war er Professor für Theoretische Physik am Institute for Advanced Study in Princeton.

Mathematisch gesehen förderten die Einsteinschen Arbeiten vor allem die Entwicklung des Tensorkalküls.

Ende 1999 wurde Albert Einstein vom Magazin „Time" sogar zur „Person des Jahrhunderts" erklärt.

Einstein-Hilbert-Wirkung, die Wirkungsfunktion I_{EH} des gravitativen Anteils in der Einsteinschen ↗Allgemeinen Relativitätstheorie. Es ist

$$I_{EH} = \int L_{EH}\sqrt{-\det g_{ij}}\,d^4x\,,$$

wobei L_{EH} der durch

$$L_{EH} = \frac{R}{16\pi G}$$

definierte Einstein-Hilbert-Lagrangian ist.

Dabei ist R der Krümmungsskalar, und G bezeichnet die Newtonsche Gravitationkonstante. (Diese Schreibweise der Formel gilt in einem System von Maßeinheiten, in dem die Lichtgeschwindigkeit $c = 1$ ist. In der Literatur wird gelegentlich auch ein Minuszeichen auf der rechten Seite geschrieben. Das liegt daran, daß es keine einheitlichen Vorzeichenkonventionen für Metrik und Krümmung gibt. Welches Vorzeichen im konkreten Fall zu verwenden ist, ergibt sich aus nachfolgendem Kriterium.)

Die beiden bekanntesten Lösungen der Einsteinschen Gleichung sind:

1. Die nach dem Potsdamer Astronomen Karl Schwarzschild benannte Schwarzschildlösung von 1916

$$\begin{aligned} ds^2 &= (1 - 2m/r)dt^2 - dr^2/(1 - 2m/r) - \\ &\quad - r^2(d\psi^2 + \sin^2\psi d\phi^2), \end{aligned}$$

die eine kugelsymmetrische Lösung der Masse m darstellt, welche für $m > 0$ ein Schwarzes Loch beschreibt, dessen Horizont bei $r = 2m$ liegt und der von innen nach außen nur durch Überlicht geschwindigkeit oder durch Quanteneffekte überschritten werden kann. (Diese Schreibweise gilt in Einheiten, bei denen $G = c = 1$ ist; im SI-System berechnet sich der Horizont gemäß

$$r = 2Gm/c^2).$$

2. Die nach dem russischen Physiker Alexander Friedmann benannte Friedmannlösung von 1923, hier spezialisiert auf ein räumlich ebenes Modell mit druckfreier Materie von positiver Ruhenergiedichte:

$$ds^2 = dt^2 - t^{4/3}(dx^2 + dy^2 + dz^2).$$

Die Nullstelle $t = 0$ des räumlichen Anteils der Metrik ist hierbei das, was oft mit „Urknall" (↗Big Bang) bezeichnet wird.

Einstein-Podolsky-Rosen-Paradoxon, die von den genannten Autoren aufgezeigte paradoxe Situation, daß sich nach Abschalten einer Wechselwirkung in einem System die Messung von genau einer von zwei nicht-kommutierenden Observablen A und B an dem einen so erhaltenen Teil des Systems zu der Aussage führt, der andere Teil befinde sich in einem Eigenzustand i. a. anderer nicht-kommutierender Observablen (ohne daß dazu eine Messung notwendig wäre).

Einstein-Raum, ↗Einsteinsche Mannigfaltigkeit.

Einsteinsche Feldgleichungen, grundlegendes, das Gravitationsfeld beschreibendes System partieller Differentialgleichungen der ↗Allgemeinen Relativitätstheorie.

Die Einsteinschen Feldgleichungen stellen eine Beziehung zwischen dem metrischen Fundamentaltensor g_{ik} des Raum-Zeit-Kontinuums, der das Gravitationsfeld beschreibt, und dem Energie-Impuls-Tensor T_{ik} her, der die physikalischen Eigenschaften der Materie charakterisiert.

Es sei S_{ij} der Ricci-Tensor, $s = g^{ij} S_{ij}$ die sog. skalare Krümmung, G die Gravitationskonstante und c die Lichtgeschwindigkeit. Die Gleichungen lauten

$$R_{ik} - \frac{1}{2} g_{ik}\, s = \frac{8\pi}{c^4} G T_{ik}.$$

Einsteinsche Formel, eine der auch in populärwissenschaftlichen Publikationen berühmtesten Gleichungen der Mathematik bzw. Theoretischen Pysik. Sie lautet

$$E = m \cdot c^2.$$

Dabei ist E die in einem Bezugssystem gemessene Energie, m die Gesamtmasse und c die Lichtgeschwindigkeit im Vakuum. Deshalb wird diese Formel auch Energie-Masse-Äquivalenz genannt. Es ist zu beachten, daß sowohl E als auch m von der Wahl des Bezugssystems abhängig sind. Dagegen sind die Ruheenergie E_0 und die Ruhemasse m_0 vom Bezugssystem unabhängig.

Wenn sich das Teilchen und das Bezugssystem mit der Geschwindigkeit v gegeneinander bewegen, gilt die Beziehung

$$m = \frac{m_0}{\sqrt{1 - v^2/c^2}}$$

und analog

$$E = \frac{E_0}{\sqrt{1 - v^2/c^2}}.$$

Die Hauptanwendung der Einsteinschen Formel besteht in ihrer Anwendung bei Kernreaktionen: Kommt es bei einer Kernreaktion (z. B. Uranzerfall) zu einem Massendefekt, dann wird gemäß der Einsteinschen Formel eine Energie (z. B. kinetische Energie der Reaktionsprodukte) frei. Da gegenüber den Maßeinheiten des täglichen Lebens die Lichtgeschwindigkeit sehr groß ist, genügt schon ein sehr kleiner Massendefekt, um große Energien freizusetzen. Dieser Effekt wurde mit der Atombombe auf drastische Weise experimentell bestätigt.

Natürlich hat Einstein eine ganze Reihe von Formeln hergeleitet und veröffentlicht, insofern mag die Auswahl der hier beschriebenen Beziehung als „die" Einsteinsche Formel zunächst etwas willkürlich erscheinen; jedoch ist die beschriebene

Gleichung wohl nicht zuletzt auch wegen ihrer Kürze und Prägnanz sicherlich die berühmteste aller seiner Formeln.

Einsteinsche Mannigfaltigkeit, *Einstein-Raum*, eine Riemannsche Mannigfaltigkeit (M, g), deren Ricci-Tensor ein konstantes Vielfaches des metrischen Fundamentaltensors ist.

Sind S_{ij} und g_{ij} die Komponenten des Ricci-Tensors bzw. des metrischen Fundamentaltensors in bezug auf ein lokales Kordinatensystem von M, so ist (M, g) eine Einsteinsche Mannigfaltigkeit, wenn es eine Konstante λ gibt mit

$$S_{ij} = \lambda g_{ij} .$$

Die Zahl λ wird manchmal die mittlere Krümmung von M genannt, darf aber nicht mit der mittleren Krümmung von Flächen im $\mathbb{R}^3$ verwechselt werden.

M ist genau dann eine Einsteinsche Mannigfaltigkeit, wenn die Ricci-Krümmung von M konstant ist.

Der Begriff der Einsteinschen Mannigfaltigkeit ist nur für Dimensionen $n \geq 4$ von eigenständigem Interesse, da er für $n = 2$ und $n = 3$ mit dem des Raumes konstanter Krümmung zusammenfällt. Für $n \geq 2$ ist jede Mannigfaltigkeit M konstanter Schnittkrümmung k eine Einsteinsche Mannigfaltigkeit mit der mittleren Krümmung

$$\lambda = (n-1)k .$$

Das ursprüngliche Interesse an Einsteinschen Mannigfaltigkeiten kommt von der Interpretation der Einsteinschen Bedingung $S = 0$ als Feldgleichung eines massefreien Gravitationsfeldes (↗Einsteinschen Feldgleichungen). Es gibt aber auch innermathematische Gründe für die besondere Rolle der Gleichung $S_{ij} = \lambda g_{ij}$. Diese liegen in der algebraischen Zerlegung des Raumes aller Krümmungstensoren in irreduzible Komponenten mit Methoden der Darstellungstheorie.

Es seien h und k zwei symmetrische Bilinearformen auf einem n-dimensionalen Vektorraum E, und q eine nicht ausgeartete symmetrische Bilinearform auf E. Wir bezeichnen mit $h * k$ die durch

$$(h * k)(x, y, z, t) = h(x, z)\, k(y, t) + h(y, t)\, k(x, z) - h(x, t)\, k(y, z) + h(y, z)\, k(x, t)$$

gegebene Operation, die jedem Paar (h, k) die Multilinearform $h * k$ vierter Stufe zuordnet.

Ferner sei $\mathcal{C}(E) \subset \bigotimes^4 E^*$ der Raum der Multilinearformen vierter Stufe, die die erste ↗Bianchi-Identität erfüllen und die Symmetrieeigenschaften des Riemannschen Krümmungstensors haben. Die Operation $h * k$ ist eine bilineare Abbildung, die jedem Paar symmetrischer Bilinearformen ein Element aus $\mathcal{C}(E)$ zuordnet.

$\mathcal{C}(E)$ ist ein Vektorraum, auf dem die Gruppe $O(q)$ der linearen Abbildungen, die das Skalarprodukt q invariant lassen, wirkt. Dann zerfällt $\mathcal{C}(E)$ in die direkte Summe

$$\mathcal{C}(E) = \mathcal{U}(E) \oplus \mathcal{Z}(E) \oplus \mathcal{W}(E)$$

von drei irreduziblen invarianten Unterräumen. Dabei ist $\mathcal{U}(E) = \{r\, q * q;\, r \in \mathbb{R}\}$, $\mathcal{Z}(E)$ ist die Menge aller möglichen Produkte $q * h$ von q mit einer symmetrischen Bilinearform h auf E, und $\mathcal{W}(E)$ ist der Raum aller Multilinearformen $r(x, y, z, t)$ aus $\mathcal{C}(E)$ mit

$$\sum_{i=1}^{n} r(x, e_i, y, e_i) = 0 ,$$

wobei $e_1, \dots, e_n$ eine in bezug auf q orthogonale Basis von E ist.

Diese Zerlegung überträgt sich auf das entsprechende Tensorbündel einer jeden n-dimensionalen Riemannschen Mannigfaltigkeit (M, g), sodaß der Krümmungstensor R von (M, g) ein analoge invariante Zerlegung

$$R = R_{\mathcal{U}(E)} \oplus R_{\mathcal{Z}(E)} \oplus R_{\mathcal{W}(E)}$$

in drei Komponenten besitzt.

Einsteinsche Mannigfaltigkeiten sind dadurch charakterisiert, daß die $R_{\mathcal{Z}(E)}$-Komponente des Riemannschen Krümmungstensors Null ist.

[1] Besse, A.L.: Einstein Manifolds. Springer-Verlag Heidelberg/Berlin, 1987.

Einsteinsche Summationskonvention, ↗Einsteinsche Summenkonvention.

Einsteinsche Summenkonvention, *Einsteinsche Summationskonvention*, eine Vereinfachung der Formeln beim Rechnen mit Tensoren, vor allem in der Riemannschen Geometrie gebräuchlich.

Das Wesen dieser Vereinfachung besteht im Weglassen der Summenzeichen. Über die Summationsindizes wird generell vereinbart, daß sie von 1 bis zur Dimension n der jeweiligen Mannigfaltigkeit laufen, und daß nur über solche Indizes summiert wird, die zweimal auftreten.

Der Ausdruck $\mathrm{tr}(A) = a_i^i$ steht z. B. als Abkürzung für die Spur $\mathrm{tr}(A) = \sum_{i=1}^{n} a_i^i$ einer quadratischen Matrix $A = \big((a_j^i)\big)$, $i, j = 1, \dots, n$.

Sind T_{kl}^{ij}, S^{lm} und R_i^k die Komponenten von drei Tensoren T, S, R, so wird durch die Gleichung

$$W_i^{kjm} = T_{kl}^{ij} S^{lm} R_i^k = \sum_{k=1}^{n} \sum_{l=1}^{n} T_{kl}^{ij} S^{lm} R_i^k$$

ein neuer Tensor W mit den Komponenten W_i^{kjm} definiert.

Einsteinscher Additionssatz für Geschwindigkeiten, Regel zur „Addition" von Geschwindigkeiten in der speziellen Relativitätstheorie.

Die naive Addition von Geschwindigkeiten nach der Regel $v = v_1 + v_2$ hat unter den Gegebenheiten der Relativitätstheorie keinen Sinn mehr. Vielmehr gilt hier der Einsteinsche Additionssatz, der besagt, daß die Superposition zweier Geschwindigkeiten nach der Formel

$$v = \frac{v_1 + v_2}{1 + \frac{v_1 v_2}{c^2}}$$

erfolgt; wie üblich bezeichnet c hier die Lichtgeschwindigkeit.

Einstein-Tensor, derjenige Anteil der Krümmung einer Raum-Zeit, der in der Einsteinschen Gleichung auftritt, üblicherweise mit E_{ij} bezeichnet.

Es gilt

$$E_{ij} = R_{ij} - \frac{R}{2},$$

dabei ist R_{ij} der Ricci-Tensor, R der Krümmungsskalar, und g_{ij} der metrische Tensor. Der Einstein-Tensor ergibt sich durch Variationsableitung der ↗Einstein-Hilbert-Wirkung nach g_{ij}. Da der Einstein-Hilbert-Lagrangian ein Skalar ist, ist der Einstein-Tensor divergenzfrei, d. h. es gilt

$$E^{ij}_{;j} = 0 .$$

Diese Identität ist die geometrische Grundlage für die infinitesimale Form der Erhaltungssätze für Energie und Impuls.

Eins-Vektornorm, Bezeichnung für die durch (1) definierte Norm auf dem ↗euklidischen Raum $\mathbb{R}^n$ ($x = (x_1, \dots, x_n) \in \mathbb{R}^n$):

$$\|x\|_1 := \sum_{i=1}^{n} |x_i| . \qquad (1)$$

Eine andere Bezeichnung für die Eins-Vektornorm ist Summennorm.

Eintafelprojektion, ↗darstellende Geometrie.

Eintrittszeit, die für jedes $A \in \mathfrak{E}$ durch

$$T_A : \Omega \ni \omega \rightarrow \inf\{t \in T : X_t(\omega) \in A\} \in \overline{\mathbb{R}}_0^+$$

definierte Abbildung, wobei $(X_t)_{t\in T}$ für $T = \mathbb{N}_0$ oder $T = \mathbb{R}_0^+$ ein der Filtration $(\mathfrak{A}_t)_{t\in T}$ adaptierter Prozeß auf dem Wahrscheinlichkeitsraum $(\Omega, \mathfrak{A}, P)$ mit Zustandsraum $(E, \mathfrak{E})$ ist. Ist

$$\{t \in T : X_t(\omega) \in A\}$$

leer, so gilt $T_A(\omega) = \infty$.

T_A gibt den ersten Zeitpunkt an, zu dem X_t in A liegt.

Einzelschaden, ↗ individuelles Modell der Risikotheorie.

Einzelschrittverfahren, ↗Gauß-Seidel-Verfahren.

Einzigkeitssatz für natürliche Zahlen, die Tatsache, daß die natürlichen Zahlen im im folgenden näher definierten Sinn auf nur eine Weise charakterisiert werden können.

Sind A und B Mengen mit ausgezeichneten Elementen $1_A \in A$ bzw. $1_B \in B$ und Nachfolgerfunktionen $N_A : A \rightarrow A$ bzw. $N_B : B \rightarrow B$, dann sind sie kanonisch isomorph: Es gibt genau eine bijektive Abbildung $\varphi : A \rightarrow B$ mit $\varphi(1_A) = 1_B$ und $N_B \circ \varphi = \varphi \circ N_A$. Dies beweist man mit Hilfe des Rekursionssatzes.

Anders gesagt: Die Menge der natürlichen Zahlen ist als Menge mit einem ausgezeichneten Element $1 \in \mathbb{N}$ und Nachfolgerfunktion $N : \mathbb{N} \rightarrow \mathbb{N}$ bis auf Isomorphie eindeutig charakterisiert.

Eisenhart, Luther Pfahler, amerikanischer Mathematiker, geb. 13.1.1876 York (Pennsylvania, USA), gest. 28.10.1965 Princeton (New Jersey, USA).

Eisenhart studierte von 1892 bis 1896 am Gettysburg College und von 1897 bis 1900 an der Johns-Hopkins-Universität. Von 1909 bis 1945 arbeitete an der Princeton University.

Er beschäftigte sich zunächst mit infinitesimalen Flächendeformationen, ab 1921 dann mit Riemannscher Geometrie und deren Verallgemeinerungen. 1949 erschien sein auch heute noch geschätztes Buch „Riemannian Geometry".

1933 veröffentlichte Eisenhart „Continuous Groups of Transformations" und setzte damit seine früheren Arbeiten über Lie-Gruppen und Lie-Algebren fort.

Eisenhart war von 1931 bis 1932 Präsident der American Mathematical Society.

Eisenstein, Ferdinand Gotthold Max, deutscher Mathematiker, geb. 16.4.1823 Berlin, gest. 11.10. 1852 Berlin.

Eisenstein wurde in einer jüdischen Familie geboren, die aber vor seiner Geburt zum Protestantismus übergetreten war. Sein Vater hatte wenig Erfolg bei der Realiserung verschiedener Geschäftsideen. Eisenstein wuchs in ärmlichen Verhältnissen auf und war sehr oft krank. Seine fünf jüngeren Geschwister starben im Kindesalter.

Eisenstein zeigte schon frühzeitig Interesse für Mathematik. Von 1833 bis 1842 besuchte er in Charlottenburg und in Berlin die Schule und hörte als Gymnasiast zusätzlich Vorlesungen an der Berliner Universität bei Dirichlet. Außerdem studierte er die Werke von Euler, Lagrange und Gauß. Im Sommer 1842 begleitete er seine Mutter nach England, wo der Vater seit zwei Jahren versuchte, eine neue Existenz aufzubauen. Über Wales und Irland kehrte er mit der Mutter nach Berlin zurück, zuvor hatte er in Irland die Bekanntschaft Hamiltons gemacht und anknüpfend an Gauß' „Disquisitiones arithmeticae" eigene Forschungen über Formen dritten Grades und elliptische Funktionen begonnen. Nachdem er im September 1843 außerplanmäßig das Abitur ablegen konnte, studierte er an der Berliner Universität Mathematik. Dort habilitierte er sich 1847, nachdem er 1845 ehrenhalber die Promotion an der Universität Breslau erhalten hatte.

Eisenstein war ständig von Stipendien und Zuwendungen abhängig, vor allem wurde er von Humboldt unterstützt, der mehrfach auch seine privaten finanziellen Mittel einsetzte. Es gelang Humboldt jedoch nicht, Eisenstein eine gesicherte Existenz durch eine Professur zu verschaffen. 1852 starb Eisenstein an Lungentuberkulose.

Seine Forschungen gehören hauptsächlich zur Theorie elliptischer Funktionen, zur Zahlentheorie und zur Algebra. Mit 25 Arbeiten im Jahre 1844 eröffnete er die rasche Folge seiner Publikationen, die aber z.T. nur eine Ankündigung von Ergebnissen waren. Neue Beweise formulierte er für das kubische und biquadratische Reziprozitätsgesetz.

1847 begann er mit einem eigenständigen Studium der elliptische Funktionen, die er vom Standpunkt der Doppelreihen entwickelte. Er entdeckte verschiedene neue Relationen und hob bei bekannten Aussagen den allgemeinen Gesichtspunkt hervor.

Das nach ihm benannte Kriterium für die Irreduzibilität eines ganzzahligen Polynoms über dem Körper der rationalen Zahlen bewies er im Rahmen von Untersuchungen zur Teilung der Lemniskate. Zahlreiche Resultate erzielte er über quadratische und kubische Formen, dabei bildete er auch die nach ihm benannten Reihen, die zugleich eine Brücke zu den elliptischen Funktionen und den Modulformen schlug. Weitere Themen der Eisensteinschen Arbeiten waren explizite Auflösungsformeln für Gleichungen höchstens vierten Grades, Kettenbrüche und die Verallgemeinerung des binomischen Satzes.

Eisenstein-Polynom, ↗Eisensteinsches Irreduzibilitätskriterium.

Eisenstein-Reihe, unendliche Reihe ↗meromorpher Funktionen der Form

$$\varepsilon_k(z) := \sum_{n=-\infty}^{\infty} \frac{1}{(z+n)^k},$$

wobei $k \in \mathbb{N}$.

Für $k \geq 2$ ist diese Reihe in $\mathbb{C}$ normal konvergent und stellt daher eine in $\mathbb{C}$ meromorphe Funktion dar. Diese ist in $\mathbb{C} \setminus \mathbb{Z}$ ↗holomorph und hat an $z = n \in \mathbb{Z}$ eine ↗Polstelle der Ordnung k mit dem Hauptteil $(z-n)^{-k}$. Ist $k = 1$, so ist die Reihe in dieser Form nicht konvergent. Benutzt man jedoch die sog. Eisensteinsummation

$$\varepsilon_1(z) = \sum_{n=-\infty}^{\infty}{}_e \frac{1}{z+n} = \lim_{N\to\infty} \sum_{n=-N}^{N} \frac{1}{z+n},$$

so konvergiert die Reihe normal in $\mathbb{C}$ gegen eine in $\mathbb{C}$ meromorphe Funktion mit einfachen Polstellen an $z = n \in \mathbb{Z}$ mit Hauptteil $(z-n)^{-1}$. Es gilt noch

$$\begin{aligned}\varepsilon_1(z) &= \frac{1}{z} + \sum_{n=1}^{\infty}\left(\frac{1}{z+n} + \frac{1}{z-n}\right)\\ &= \frac{1}{z} + \sum_{n=-\infty}^{\infty}{}' \left(\frac{1}{z+n} - \frac{1}{n}\right)\\ &= \frac{1}{z} + \sum_{n=1}^{\infty} \frac{2z}{z^2-n^2},\end{aligned}$$

wobei $\sum'$ bedeutet, daß der Summand mit $n = 0$ in der Summe fehlt.

Die ↗Laurent-Entwicklung von ε_1 um 0 läßt sich explizit angeben und lautet

$$\varepsilon_1(z) = \frac{1}{z} - \sum_{n=1}^{\infty} q_{2n} z^{2n-1}$$

für $0 < |z| < 1$, wobei

$$q_{2n} := 2\zeta(2n) = 2\sum_{k=1}^{\infty} \frac{1}{k^{2n}}.$$

Dabei bezeichnet ζ die ↗Riemannsche ζ-Funktion.

Die Funktionen ε_k sind alle periodisch mit der Periode 1, und sie erfüllen die Differentialgleichung

$$\varepsilon_k' = -k\varepsilon_{k+1}.$$

Hieraus folgt mit vollständiger Induktion nach k

$$\varepsilon_k = \frac{(-1)^{k-1}}{(k-1)!}\varepsilon_1^{(k-1)}.$$

Ebenfalls mit Induktion ergibt sich dann die Laurent-Entwicklung von ε_k um 0 zu

$$\varepsilon_k(z) = \frac{1}{z^k} + (-1)^k \sum_{n\geq k/2} \binom{2n-1}{k-1} q_{2n} z^{2n-k}.$$

Speziell gilt

$$\begin{aligned}\varepsilon_2(z) &= \frac{1}{z^2} + q_2 + 3q_4 z^2 + \cdots,\\ \varepsilon_3(z) &= \frac{1}{z^3} - 3q_4 z - 10 q_6 z^3 - \cdots.\end{aligned}$$

Eisenstein hat mit Hilfe der Funktionen ε_k die Theorie der trigonometrischen Funktionen entwickelt, also auf eine ganz andere Art als heute üblich. Dabei werden nur die Funktionen $\varepsilon_1, \ldots, \varepsilon_4$ benötigt. Dieser Weg wird im folgenden kurz skizziert. Zunächst gilt das Additionstheorem

$$\begin{aligned}\varepsilon_2(w)\varepsilon_2(z) - \varepsilon_2(w)\varepsilon_2(w+z) - \varepsilon_2(z)\varepsilon_2(w+z)\\ = 2\varepsilon_3(w+z)[\varepsilon_1(w) + \varepsilon_1(z)].\end{aligned}$$

Hieraus ergeben sich die Eisensteinschen Grundformeln

$$3\varepsilon_4(z) = \varepsilon_2^2(z) + 2\varepsilon_1(z)\varepsilon_3(z),$$
$$\varepsilon_2^2(z) = \varepsilon_4(z) + 2q_2\varepsilon_2(z).$$

Schließlich folgt

$$\varepsilon_1^2(z) = \varepsilon_2(z) - 3q_2$$

oder als Differentialgleichung geschrieben

$$\varepsilon_1'(z) = -\varepsilon_1^2(z) - 3q_2.$$

Löst man diese Gleichung, so folgt

$$\varepsilon_1(z) = \pi \cot \pi z.$$

Diese Gleichung erlaubt nun den Aufbau der Theorie der trigonometrischen Funktion allein aus der Eisensteinfunktion ε_1. Man definiert π als $\sqrt{3q_2}$ und erhebt die Gleichung $\pi \cot \pi z = \varepsilon_1(z)$ zur Definition der ↗Cotangensfunktion. Alle weiteren Kreisfunktionen lassen sich jetzt auf ε_1 zurückführen.

Wegen

$$\frac{1}{\sin z} = \frac{1}{2}\left(\cot\frac{z}{2} - \cot\frac{z+\pi}{2}\right)$$

definiert man die ↗Sinusfunktion durch

$$\frac{\pi}{\sin \pi z} = \frac{1}{2}\left[\varepsilon_1\left(\frac{z}{2}\right) - \varepsilon_1\left(\frac{z+\pi}{2}\right)\right].$$

Schließlich wird wegen $\cos \pi z = \sin \pi\left(z + \frac{1}{2}\right)$ die ↗Cosinusfunktion durch

$$\frac{\pi}{\cos \pi z} = \frac{1}{2}\left[\varepsilon_1\left(\frac{2z+1}{4}\right) - \varepsilon_1\left(\frac{2z+3}{4}\right)\right]$$

definiert. Auch die ↗Exponentialfunktion läßt sich durch ε_1 ausdrücken, nämlich

$$e^{2\pi i z} = \frac{\varepsilon_1(z) + \pi i}{\varepsilon_1(z) - \pi i}.$$

Abschließend seien noch die expliziten Darstellungen

$$\varepsilon_2(z) = \frac{\pi^2}{\sin^2 \pi z}, \quad \varepsilon_3(z) = \pi^3 \frac{\cot \pi z}{\sin^2 \pi z}$$

erwähnt.

[1] Freitag, E.; Busam, R.: Funktionentheorie. Springer-Verlag Berlin, 1993.

[2] Remmert, R.: Funktionentheorie 1. Springer-Verlag Berlin, 1992.

Eisensteinsches Irreduzibilitätskriterium, eine hinreichende Bedingung an die Koeffizienten eines Polynoms, um die Irreduzibilität des Polynoms zu garantieren:

Gegeben sei ein Polynom

$$f(x) = a_n x^n + \ldots + a_1 x + a_0 \tag{1}$$

mit ganzzahligen Koeffizienten.

Gibt es eine Primzahl p mit

$$p \mid a_k \text{ für } 0 \le k < n,\ p \nmid a_n \text{ und } p^2 \nmid a_0,$$

so ist $f(x)$ irreduzibel in $\mathbb{Q}[x]$.

Erfüllt ein Polynom $f(x)$ mit ganzzahligen Koeffizienten die Bedingungen in diesem Satz für die Primzahl p, so nennt man $f(x)$ ein Eisenstein-Polynom bzgl. der Primzahl p.

Ein typisches Anwendungsbeispiel ist die Irreduzibilität des Kreisteilungspolynoms zu einer Primzahl p:

$$\Phi_p(x) = \frac{x^p - 1}{x - 1} = \sum_{k=0}^{p-1} x^k. \tag{2}$$

In diesem Fall ist das Polynom

$$f(x) = \Phi_p(x+1) = \sum_{k=0}^{p-1}\binom{p}{k+1}x^k \tag{3}$$

ein Eisenstein-Polynom bzgl. p, also irreduzibel. Damit ist auch $\Phi_p(x)$ irreduzibel.

Das Eisensteinsche Irreduzibilitätskriterium läßt sich dahingehend verallgemeinern, daß man anstelle von $\mathbb{Z}$ einen faktoriellen Ring R nimmt und anstelle von $\mathbb{Q}$ den Quotientenkörper von R.

Eisenstein-Weierstraßsche ζ-Funktion, logarithmische Ableitung der ↗Weierstraßschen σ-Funktion. Einzelheiten sind dort zu finden.

Eisenstein-Zahl, eine Zahl der Form $a + \zeta b$ mit ganzen Zahlen a, b, wobei

$$\zeta = e^{2\pi i/3} = \frac{-1+\sqrt{-3}}{2} \tag{1}$$

eine dritte ↗Einheitswurzel ist.

Gauß benutzte die Eisensteinschen Zahlen bei seinem Beweis des Falls $n = 3$ der ↗Fermatschen Vermutung, also der Unmöglichkeit einer Gleichung $x^3 + y^3 = z^3$ mit von Null verschiedenen ganzen Zahlen x, y, z.

elastische Wellen, Wellen in einem elastischen Medium.

Gibt es in einem elastischen Medium ein schwingendes Zentrum, so können sich von diesem Zentrum aus elastische Wellen ausbreiten. Ist das Medium nach allen Richtungen unbegrenzt und besitzt die Dichte ϱ, so kann man den Verschiebungsvektor $\mathbf{u} = (u, v, w)$ mit Hilfe der Wellengleichung

$$\varrho \cdot \frac{\partial^2 \mathbf{u}}{\delta t^2} = G \cdot \left(\Delta \mathbf{u} + \frac{m}{m-2} \operatorname{grad} \operatorname{div} \mathbf{u} \right)$$

beschreiben. Dabei ist m die Querkontraktionszahl und G der Schubmodul.

Im Falle, daß $\mathbf{u}$ nur von einer Koordinaten anhängt, sodaß die Ausbreitung der Welle beispielsweise nur in der x-Richtung stattfindet, kann man durch Koordinatenzerlegung ein System von drei Gleichungen erreichen, die sowohl longitudinale als auch transversale Wellen beschreiben.

elektrische Feldstärke, *Newtonsche Feldstärke*, Maß für die Kraft, die auf eine in ein elektrisches Feld eingebrachte Ladung wirkt.

In der vierdimensionalen Schreibweise der Speziellen Relativitätstheorie handelt es sich um die Komponenten (F_{01}, F_{02}, F_{03}) des elektromagnetischen Feldstärketensors F_{ij}. In dreidimensionaler Schreibweise bilden diese drei Komponenten einen Vektor, dessen Maßeinheit Volt pro Meter (V/m) ist.

elektrische Ladung, Maß für die elektrische Wechselwirkung.

Alle gemessenen Ladungen sind ganzzahlige Vielfache der elektrischen Elementarladung e. Das Elektron ist negativ geladen, und der Betrag seiner Ladung ist gleich e, d. h. gleich $1,602 \cdot 10^{-19}$ Coulomb. Ladungen gleichen Vorzeichens stoßen sich ab, Ladungen ungleichen Vorzeichens ziehen sich an. Das Proton ist positiv geladen und hat ebenfalls den Betrag e als Ladung.

elektrische Spannung, Differenz zweier Werte des ↗ elektrischen Potentials. Sie wird in Volt (V) gemessen.

Beispiel: Damit ein Elektron der Ladung e eine Potentialdifferenz von einem Volt durchlaufen kann, wird eine Energie von einem Elektronenvolt (eV) benötigt. Es gilt:

$$1\,eV = 1,6022 \cdot 10^{-19}\text{Joule}.$$

elektrische Verschiebung, manchmal auch dielektrische Verschiebung genannt, Produkt aus ↗ elektrischer Feldstärke und ↗ Dielektrizitätskonstante.

elektrisches Feld, Teilkomponente des elektromagnetischen Feldes.

Genauer gesagt bildet das elektrische Feld zusammen mit dem magnetischen Feld das elektromagnetische Feld. Die Zerlegung des elektromagnetischen Feldes in das elektrische und das magnetische Feld hängt von der Wahl des Bezugssystems ab. Wird nichts anderes angegeben, wird üblicherweise das Bezugssystem verwendet, in dem der Schwerpunkt der betrachteten Materie ruht.

Jede elektrische Ladung erzeugt in ihrer Umgebung ein entsprechendes elektrisches Feld. Ist die Ladungsverteilung auf kleinem Raum konzentriert, kann man näherungsweise von einer Punktladung ausgehen. Dann ist das erzeugte Feld kugelsymmetrisch, und seine Stärke ist proportional zu $1/r^2$, wobei r den Abstand zur Punktladung bezeichnet.

elektrisches Potential, Größe, deren Gradient die elektrische Feldstärke ist.

Im allgemeinen bezeichnet ein Potential immer eine Größe, deren Gradient ein Feld beschreibt. Das elektrische Potential, auch Newtonsches Potential genannt, ist nun die Größe, deren Gradient die elektrische Feldstärke ist.

Äquipotentiallinien sind Linien, längs derer das Potential konstant ist. (Dies bezieht sich auf zweidimensionale Projektionen des Feldes, im allgemeien Fall handelt es sich um Äquipotentialflächen.) Elektrische Potentialdifferenz wird auch elektrische Spannung genannt.

Längs Äquipotentiallinien besteht keine elektrische Spannung. Das elektrische Potential einer Punktladung ist kugelsymmetrisch und ist proportional zu $1/r$, wobei r den Abstand zur Punktladung bezeichnet.

Elektrodynamik

H.-J. Schmidt

Die Elektrodynamik ist die Lehre der elektromagnetischen Wechselwirkung.

Neben den elektrischen und den magnetischen Eigenschaften der Materie sind die elektromagnetischen Wellen, die den masselosen Photonen entsprechen und je nach Wellenlänge sichtbares Licht, Röntgen- oder γ-Strahlen genannt werden, Hauptanwendungsgebiet der Elektrodynamik.

Sie wird auch „Klassische Elektrodynamik" genannt, um zu bezeichnen, daß die in der Quantenelektrodynamik betrachteten Quanteneffekte unberücksichtigt bleiben. Auch wenn sie historisch in umgekehrter Reihenfolge entwickelt wurde, geht man heute meist wie folgt vor: Zunächst wird die allgemein-relativistische Form der Elektrodynamik hergeleitet, dann vereinfacht man in Bereichen schwacher Gravitationsfelder durch den Grenzwert $G \longrightarrow 0$ zur speziell-relativistischen Form, und schließlich zerlegt man nach Festlegung eines Bezugssystems das elektromagnetische Feld in einen elektrischen und einen magnetischen Anteil.

Allgemein-relativistisch geht man wie folgt vor: Die Gesamtwirkung I ergibt sich als Summe aus der ↗Einstein-Hilbert-Wirkung I_{EH} und der Wirkung I_{mat} des elektromagnetischen Feldes.

Entsprechend ist der Langrangian

$$L = L_{EH} + L_{mat},$$

und es gilt

$$I = \int L\sqrt{-\det g_{ij}}\, d^4x.$$

Die Variation von I nach dem metrischen Tensor ergibt die Einsteinsche Feldgleichung, und die Variation von I nach dem elektromagnetischen Potential A_i liefert die ↗Maxwell-Gleichungen.

Der elektromagnetische Feldstärketensor F_{ij} ist antisymmetrisch und ist definiert durch

$$F_{ij} = A_{i;j} - A_{j;i}.$$

Es gilt die Beziehung

$$L_{mat} = -\frac{1}{16\pi} F_{ij}F^{ij}.$$

Der Energie-Impuls-Tensor T_{ij} des elektromagnetischen Feldes ist symmetrisch und spurfrei, er berechnet sich zu

$$T_{ij} = -\frac{1}{4\pi}\left(F_{ik}F^k{}_j + \frac{1}{4}g_{ij}F_{kl}F^{kl}\right).$$

Die aus den Einsteinschen Gleichungen folgende Identität

$$T^{ij}{}_{;j} = 0$$

liefert den Erhaltungssatz für Energie und Impuls dieses Feldes.

Des weiteren ist das elektromagnetische Feld (wie auch viele andere Felder, die masselosen Teilchen entsprechen) konforminvariant, d. h., wenn die Metrik mit einem beliebigen (auch nichtkonstanten) positiven Faktor multipliziert wird, bleibt das elektromagnetische Feld erhalten.

Für die speziell-relativistische Form der Elektrodynamik muß im vorigen nur die Metrik g_{ij} durch die Minkowski-Metrik ersetzt werden.

Rechnerisch bedeutet das, daß dann die kovariante Ableitung „;“und die partielle Ableitung übereinstimmen.

Wenn man weiterhin ein Bezugssystem festlegt, d. h., eine $(3+1)$-Zerlegung der Raum-Zeit vornimmt, wird das elektromagnetische Feld in das elektrische und das magnetische Feld zerlegt.

Die ↗elektrische Feldstärke besteht dann aus den Komponenten (F_{01}, F_{02}, F_{03}) des elektromagnetischen Feldstärketensors F_{ij}, die magnetische analog aus den Komponenten (F_{23}, F_{31}, F_{12}). Wegen der Antisymmetrie von F_{ij} sind damit tatsächlich die $3+3=6$ unabhängigen Komponenten parametrisiert.

Abgesehen von der Tatsache, daß einzelne magnetische Ladungen (magnetische Monopole) im Gegensatz zu elektrischen Ladungen noch nicht experimentell gefunden wurden, besteht doch mathematisch eine Dualität zwischen der elektrischen und der magnetischen Wechselwirkung: Vertauscht man im System der Maxwellschen Gleichungen überall die elektrischen mit den magnetischen Größen, geht das System wieder in sich selbst über.

In vierdimensionaler Schreibweise ist diese Dualität wie folgt erkennbar: Sei ε_{ijkl} der Levi-Civita-Pseudotensor, der durch $\varepsilon_{0123} = 1$ und die Forderung der Antisymmetrie in allen Indizes vollständig beschrieben ist. Dann ist der duale Feldstärketensor $\tilde{F}_{ij}$ definiert durch

$$\tilde{F}_{ij} = \varepsilon_{ijkl}F^{kl}.$$

[1] Landau, L.; Lifschitz, E.: Klassische Feldtheorie. Akademie Verlag Berlin, 1992.

elektromagnetische Wellen, im allgemeinen eine Bezeichnung für alle nichtstatischen Lösungen der Maxwell-Gleichungen.

Teilweise werden sie auch einfach als „Licht“ bezeichnet; man benötigt dann aber noch den Begriff „sichtbares Licht“, um diejenigen elektromagnetischen Wellen zu bezeichnen, die vom menschlichen Auge ohne Hilfsmittel wahrgenommen werden können.

Spezieller versteht man unter elektromagnetischen Wellen die Vakuumlösungen der Elektrodynamik. Diese haben Wellencharakter, und ihre Ausbreitungsgeschwindigkeit ist unabhängig von ihrer Frequenz. Diese Geschwindigkeit war namensgebend für die mit c bezeichnete Lichtgeschwindigkeit. Da die Maxwell-Gleichungen linear sind, lassen sie sich durch Fouriertransformation lösen.

Es ist vielfach eine Schreibweise in komplexen Zahlen üblich: Sei f irgendeine Komponente des elektromagnetischen Feldes, dann macht man den Ansatz einer ebenen Welle:

$$f = a \cdot \exp(ik_j x^j),$$

dabei ist a die (konstante) Amplitude, k_j der Wellenvektor und i die imaginäre Einheit. Wegen der Beziehung (↗Eulersche Formeln)

$$\exp(i\phi) = \cos\phi + i\sin\phi$$

läßt sich dieser Ansatz auch äquivalent mit Sinusschwingungen ausdrücken.

In der Literatur werden die folgenden beiden Methoden verwendet, um zu erreichen, daß die physikalisch zu messende Größe f reell wird: Zum einen kann einfach postuliert werden, daß generell stets der Realteil der Größe f das ist, was man mißt, zum anderen kann man fordern, daß nur solche Linearkombinationen von Elementarlösungen verwendet werden, bei denen f reell ist.

Es ergibt sich, daß der Wellenvektor k_j im Vakuum lichtartig ist. Durch eine ↗Eichtransformation läßt sich außerdem erreichen, daß der Vektor A_j zur Ausbreitungsrichtung der Welle senkrecht steht, es handelt sich also um eine transversale Welle.

Je nachdem, in welchem Drehsinn sich die Richtung dieses Vektors zeitlich entwickelt, unterscheidet man zwei verschiedene Polarisierungen des Lichts. Im Grenzfall, daß dieser Vektor stets dieselbe Richtung aufweist, spricht man auch von linear polarisiertem Licht.

Die Larmorsche Formel lautet

$$\Omega = \frac{eH}{2mc}.$$

Dabei ist Ω die Larmor-Frequenz und H die Stärke des homogenen Magnetfeldes.

Dann gilt der Larmorsche Satz:

Ein System von Ladungen, das sich in einem kugelsymmetrischen elektrischen Feld unter Einfluß eines homogenen Magnetfeldes bewegt, verhält sich ebenso wie dasselbe System ohne Magnetfeld, jedoch diesmal betrachtet in einem mit Ω rotierenden Bezugssystem.

Je nach ihrer Wellenlänge und ihrem Anwendungsgebiet werden elektromagnetische Wellen auch Röntgenwellen, γ-Strahlen, UV-Strahlung, Radiowellen, Infrarotstrahlung, Wärmestrahlung oder sichtbares Licht genannt.

Bei Ausbreitung in Materie ist die Geschwindigkeit der elektromagnetischen Wellen stets kleiner als c. In Bereichen, in denen sich die Ausbreitungsgeschwindigkeit ändert (z. B. durch Änderung der Materialeigenschaften), breitet sich die Wellenfront meist nicht mehr geradlinig aus, denn es gilt das Fermatsche Prinzip: Der Lichtstrahl verläuft stets so, daß die Lichtlaufzeit vom Anfangs- zum Endpunkt lokal minimal wird.

Elektromagnetismus, gegenseitige Abhängigkeit von Elektrizität und Magnetismus, die man in der ↗Elektrodynamik untersucht, also der Lehre von den zeitlich veränderlichen elektromagnetischen Feldern.

Bei durch Induktion entstandenen langsam veränderlichen elektromagnetischen Feldern ist nicht nur jede bewegte elektrische Ladung von magnetischen Kraftlinien umgeben, sondern umgekehrt auch jeder sich ändernde magnetische Kraftfluß von geschlossenen elektrischen Kraftlinien. Unter Elektromagnetismus versteht man daher die Verschmelzung von Elektrizität und Magnetismus.

Elektron, elektrisch negativ geladenes Elementarteilchen mit Spin 1/2 und positiver Ruhmasse. Sein Anti-Teilchen heißt Positron.

Elektronensee, im Rahmen der Diracschen Elektronentheorie eingeführter Begriff, der ausdrückt, daß virtuell beliebig viele Elektronen-Positronen-Paare existieren können (↗Diracscher Spin-Operator).

elektronische Signatur, Bezeichnung für einen Datensatz in elektronischer Form, der in Daten enthalten ist, Daten beigefügt wird oder logisch mit ihnen verknüpft ist und von einem Unterzeichner zu einem bestimmten Zeitpunkt unter einem bestimmten Namen oder Pseudonym (und optional in einer bestimmten Funktion) verwendet wird, um verbindlich und fälschungssicher zu bestätigen, daß er zu diesen Daten eine eindeutig bestimmte Aussage abgegeben hat.

Die wichtigste mathematische Grundlage für die Bildung einer elektronischen Signatur sind die Verfahren der ↗digitalen Signatur.

Um die Verbindlichkeit und Fälschungssicherheit einer elektronischen Signatur zu gewährleisten, reicht eine einzelne digitale Signatur in der Regel nicht aus. Zusätzlich sind erforderlich:

- Ein vertrauenswürdiger Verzeichnisdienst für Zertifikate und Attribute (Funktionen), bei denen Personen und Attributen eindeutig ein öffentlicher Schlüssel zugeordnet wird,
- verschiedene vertrauenswürdige Zeitstempeldienste, die ihrerseits auf digitalen Signaturen beruhen, um die Signaturzeitpunkte einzugrenzen, sowie
- entsprechende Signatur- und Verifikationsmodelle mit den durch Signierer und Verifizierer einzuhaltenden Bedingungen.

elektronisches Geld, Bezeichnung für verschlüsselte Nachrichten, die Zahlungsvorgänge in einem öffentlichen Datennetz ermöglichen.

Elektronische Zahlungsmittel sollten ähnlichen Sicherheitsanforderungen genügen wie konventionelles Geld, sie sollten nicht fälschbar sein (nicht kopierbar), anonym (nicht verfolgbar und nicht zuzuordnen) und universell verwendbar. Gegenwärtig (Anfang 2000) gibt es noch kein praktikables System, das alle diese Bedingungen erfüllt.

Eine erste beispielhafte Realisierung 1982 durch David Schaum basiert auf blinden ↗digitalen Signaturen. Der Kunde reicht bei seiner Bank einen mit einer Zufallszahl r verdeckten Hashwert h eines Schecks r^eh mod n ein, wobei (n, e) der öffentliche RSA-Schlüssel der Bank ist. Die Bank signiert diesen Wert durch Potenzieren, und der Kunde erhält

$$(r^eh)^d \equiv rh^d \mod n$$

zurück, aus dem er die blinde Signatur h^d selbst berechnen kann. Mit dem zu dieser Signatur gehörigen Scheck, der nun von der Bank beglaubigt ist, kann der Kunde bezahlen.

Zum Schutz der Bank muß der Kunde allerdings mehrere verdeckte Signaturen (etwa 20) einreichen, von denen er 19 von der Bank ausgewählte mit den zugehörigen Nachrichten aufzudecken hat. Erst nach Prüfung durch die Bank (alle 19 sind gleich) wird die blinde Signatur der verbleibenden Nachricht erstellt und das Konto des Kunden entsprechend belastet.

elektroschwache Vereinheitlichung, Theorie, die die elektromagnetische und die schwache Wechselwirkung vereinheitlicht.

Für das Aufstellen dieser Theorie wurde 1979 der Physiknobelpreis an Glashow, Salam und Weinberg verliehen.

Die Eichgruppe der schwachen Wechselwirkung ist $SU(2)$, die der elektromagnetischen ist $U(1)$, und die Reduktion erfolgt durch spontane Symmetriebrechung (Higgsmechanismus genannt) zu $SU(2) \times U(1)$. Alle Elementarteilchen mit Ausnahme des Photons nehmen an der schwachen Wechselwirkung teil, die jedoch, wie auch der Name sagt, (um etwa 10 Größenordnungen) schwächer als die starke Wechselwirkung ist.

Die elektroschwache Wechselwirkung wird durch die ↗Quarks und die Leptonen (das sind u. a. Elektron, Positron und Myon) vermittelt. Jedoch ist die elektroschwache Vereinheitlichung lediglich ein Zwischenschritt zur „Grand Unified Theory", in der außerdem noch die starke Wechselwirkung mit einbezogen wird.

Elektrostatik, Teilgebiet der Elektrodynamik, in dem statische elektrische Felder behandelt werden.

Das durch eine ruhende elektrische Punktladung erzeugte elektrische Feld hat ein Potential, das proportional zu $1/r^2$ ist, wobei r den Abstand zur Punktladung bedeutet.

Bis auf den Proportionalitätsfaktor ist dies dasselbe Potential wie bei der Newtonschen Gravitationstheorie. Folglich sind beide Theorien mathematisch äquivalent, man muß nur entsprechend Ladungen durch Massen ersetzen.

Zum Beispiel gilt in beiden Theorien die Aussage: Das Potential des Außenfelds einer kugelsymmetrischen Massen- bzw. Ladungs-Verteilung ist dasselbe wie das einer im Zentrum dieser Kugel konzentrierten Punktmasse bzw. -ladung.

Der wichtigste Unterschied ist der, daß Massen stets dasselbe Vorzeichen haben (positiv sind), während Ladungen beiderlei Vorzeichens existieren.

elektrostatische Kraft, elektrische Kraft, die zwischen zwei ruhenden Punktladungen besteht. Sie berechnet sich nach dem ↗ Coulomb-Gesetz.

Element einer Menge, ↗ axiomatische Mengenlehre.

Element endlicher Ordnung, ↗Element unendlicher Ordnung.

Element unendlicher Ordnung, ein Element g einer Gruppe $(G, +)$, das nicht von endlicher Ordnung ist.

In der additiv geschriebenen Gruppe G definiert man zunächst eine Multiplikation von $g \in G$ mit einer natürlichen Zahl n induktiv wie folgt:

$g \cdot 1 = g$, sowie

$$g \cdot (n+1) = g \cdot n + g\,.$$

Das Element g hat endliche Ordnung genau dann, wenn es eine natürliche Zahl n gibt, so daß $g \cdot n = g$ gilt.

Beispiele für Elemente unendlicher Ordnung: In der ebenen Drehgruppe sind genau diejenigen Elemente von unendlicher Ordnung, die eine Drehung um ein irrationales Vielfaches von 2π beschreiben. In der Translationsgruppe der Ebene dagegen gibt es nur ein einziges Element endlicher Ordnung, nämlich die identische Transformation.

elementar äquivalente *L*-Strukturen, L-Strukturen $\mathcal{A}, \mathcal{B}$, die sich durch ↗L-Formeln nicht unterscheiden lassen (symbolisch $\mathcal{A} \equiv \mathcal{B}$).

Ist L beispielsweise die Sprache der Körpertheorie, die durch die nichtlogischen Zeichen $+, \cdot, 0, 1$ (Zeichen für die Addition, die Multiplikation, das Nullelement und das Einselement) bestimmt ist, dann sind alle Körper L-Strukturen, und je zwei reell abgeschlossene und je zwei algebraisch abgeschlossene Körper gleicher Charakteristik sind elementar äquivalent bezüglich L. Damit gelten z. B. im Körper der reellen Zahlen die gleichen L-Aussagen wie im Körper der reell-algebraischen Zahlen. Ebenso läßt sich der Körper der komplexen Zahlen nicht vom Körper der algebraischen Zahlen durch L-Aussagen unterscheiden. Mit Hilfe der elementaren Äquivalenz ist die Vollständigkeit eines Axiomensystems Σ wie folgt charakterisierbar:

Σ ist genau dann vollständig, wenn je zwei Modelle von Σ elementar äquivalent sind.

elementare Analysis, der Teil der ↗Analysis, der sich mit der Definition und den Eigenschaften der natürlichen, rationalen und reellen Zahlen beschäftigt, mit Folgen und Reihen von Zahlen und deren Konvergenzeigenschaften und mit der Stetigkeit, Differenzierbarkeit und Integrierbarkeit von Funktionen einer reellen Variablen.

elementare Erweiterung einer *L*-Struktur, folgende Art der Vergrößerung einer ↗L-Struktur.

Sind $\mathcal{A}, \mathcal{B}$ L-Strukturen und ist $\mathcal{A}$ eine Unterstruktur oder Teilstruktur von $\mathcal{B}$ und $L(\mathcal{A})$ die Erweiterung der elementaren Sprache L, die aus L dadurch entsteht, daß für jedes Element a der Trägermenge von $\mathcal{A}$ ein Individuenzeichen $\underline{a}$ zu L hinzugenommen wird, dann heißt $\mathcal{B}$ elementare Erweiterung von $\mathcal{A}$ (und $\mathcal{A}$ elementare Unterstuktur von $\mathcal{B}$), wenn für jede ↗L-Formel $\varphi(x_1, \dots, x_n)$ und alle Elemente $a_1, \dots, a_n$ aus der Trägermenge von $\mathcal{A}$ gilt:

$$\mathcal{A} \models \varphi(\underline{a}_1, \dots, \underline{a}_n) \iff \mathcal{B} \models \varphi(\underline{a}_1, \dots, \underline{a}_n)$$

(symbolisch: $\mathcal{A} \preceq \mathcal{B}$), d. h., $\mathcal{A}$ und $\mathcal{B}$ sind bezüglich der erweiterten Sprache $L(\mathcal{A})$ elementar äquivalent.

Als geordnete Mengen sind die Strukturen $\mathcal{A} := \langle \mathbb{N} \setminus \{0\}, < \rangle$ und $\mathcal{B} := \langle \mathbb{N}, < \rangle$ offenbar isomorph und daher bezüglich der elementaren Sprache für die Ordnung elementar äquivalent. Weiterhin ist $\mathcal{A} \subseteq \mathcal{B}$, aber nicht $\mathcal{A} \preceq \mathcal{B}$, denn die Aussage

$$\varphi := \exists x (x < 1)$$

aus $L(\mathcal{A})$ ist in $\mathcal{B}$ gültig, jedoch nicht in $\mathcal{A}$.

Für abzählbare Sprachen läßt sich mit Hilfe des ↗Endlichkeitssatzes zu jeder algebraischen Struktur mit einer Mächtigkeit $\kappa > \aleph_0$ und jeder Kardinalzahl $\kappa' \geq \kappa$ eine elementare Erweiterung $\mathcal{B}$ von $\mathcal{A}$ finden, deren Mächtigkeit $\geq \kappa'$ ist. Weiterhin existiert für jede unendliche Kardinalzahl $\kappa' \leq \kappa$ eine elementare Unterstruktur $\mathcal{C}$ von $\mathcal{A}$, deren Mächtigkeit κ' ist.

elementare Funktion, Begriff aus der Analysis, der eine gewisse Klasse „einfacher" Funktion auszeichnet.

Welche Funktionen man als elementar bezeichnet, ist gewiß Konvention. Meist wird der Begriff wie folgt präzisiert: All die Funktionen, die durch algebraische Operationen, Verkettungen (Zusammensetzungen) und Umkehrungen aus algebraischen Funktionen und der Exponentialfunktion gewonnen werden können.

Damit gehören dazu u. a. alle rationalen Funktionen, Exponential- und Logarithmusfunktion, die trigonometrischen Funktionen und Hyperbelfunktionen und ihre Umkehrfunktionen.

elementare Markow-Eigenschaft, *einfache Markow-Eigenschaft*, Eigenschaft eines auf dem Wahrscheinlichkeitsraum $(\Omega, \mathfrak{A}, P)$ definierten stochastischen Prozesses $(X_t)_{t \in T}$ mit $T \subseteq \mathbb{R}_0^+$ und Zustandsraum $(\mathbb{R}, \mathfrak{B}(\mathbb{R}))$, wenn für alle $B \in \mathfrak{B}(\mathbb{R})$ und alle $s, t \in T$ mit $s < t$ die Beziehung

$$P(X_t \in B | \mathfrak{A}(X_u; u \leq s)) = P(X_t \in B | X_s)$$

P-fast sicher gilt.

Die elementare Markow-Eigenschaft besagt, daß das wahrscheinlichkeitstheoretische Verhalten des Prozesses zum Zeitpunkt t, vorausgesetzt, daß der Prozeß schon bis zum Zeitpunkt s abgelaufen ist, nur vom Wert des Prozesses zum Zeitpunkt s abhängt.

elementare Sprache, formalisierte Sprache L, deren Ausdrücke oder ↗L-Formeln über einem Alphabet gebildet sind, das folgende Grundzeichen enthält.

1. Individuenvariablen: $x_1, x_2, x_3, \dots$,
2. Funktionszeichen: $f_1, f_2, f_3, \dots$,
3. Relationszeichen: $R_1, R_2, R_3, \dots$,
4. Individuenzeichen: $c_1, c_2, c_3, \dots$,
5. logische Zeichen: $\neg, \wedge, \vee, \rightarrow, \leftrightarrow, \exists, \forall, =$,
6. technische Zeichen: (,).

Die Menge der Individuenvariablen ist stets abzählbar, von den Funktions-, Relations- und Individuenzeichen können in L beliebig viele (endlich viele, abzählbar oder auch überabzählbar viele) vorkommen. Aus diesen Grundzeichen werden durch Aneinanderreihung endliche Zeichenreihen gebildet. Nur bestimmte Zeichenreihen sind sinnvoll, sie werden induktiv als Menge der Terme bzw. der Ausdrücke von L ausgesondert.

Elementare Sprachen sind geeignet, Aussagen über algebraische Strukturen zu machen. Dies setzt voraus, daß die Sprache Namen für die Objekte der Struktur enthält. Ist $\mathcal{A} = \langle A, F^A, R^R, C^A \rangle$ eine algebraische Struktur, dann enthält eine für $\mathcal{A}$ geeignete elementare Sprache für jede Funktion $f_i^A \in F^A$ ein Funktionszeichen f_i (f_i ist ein Name für die Funktion f_i^A), für jede Relation $R_i^A \in R^A$ ein Relationszeichen R_i und für jedes Element $c_i^A \in C^A$ ein Individuenzeichen oder Konstantensymbol c_i. Funktions- und Relationszeichen sind mit den gleichen Stellenzahlen versehen wie die entsprechenden Objekte (Funktionen bzw. Relationen), die durch sie bezeichnet werden.

Das Tripel $\sigma = (F_\sigma, R_\sigma, C_\sigma)$, bestehend aus den Familien F_σ bzw. R_σ aller Stellenzahlen der Funktions- bzw. Relationszeichen und der Anzahl C_σ aller Individuenzeichen von L, heißt Signatur von $\mathcal{A}$. Stimmt die Signatur einer gegebenen algebraischen Struktur $\mathcal{A}$ mit der der elementaren Sprache L überein, dann ist die Sprache geeignet, um Aussagen über die Struktur zu formulieren. Werden den Funktions-, Relations- und Individuenzeichen entsprechende Funktionen, Relationen bzw. Elemente aus C^A zugeordnet, dann ist die Sprache in der Struktur interpretiert.

Verschiedene elementare Sprachen unterscheiden sich höchstens in den Funktions-, Relations- und Individuenzeichen, die häufig die nichtlogischen Zeichen genannt werden. Die Individuenvariablen variieren immer über den Individuenbereich von $\mathcal{A}$, die Gleichheit wird in der Regel zu den logischen Zeichen gezählt, da sie stets als Identität aufgefaßt wird und damit in jeder Struktur vorhanden ist.

Terme (oder L-Terme) werden wie folgt induktiv definiert:

1. Alle Individuenvariablen und Individuenzeichen sind Terme.
2. Ist f ein n-stelliges Funktionszeichen und sind $t_1, \dots, t_n$ Terme, dann ist $f(t_1, \dots, t_n)$ ein Term.
3. Keine weiteren Zeichenreihen sind Terme.

Beispiele für Terme sind $(x + y) \cdot z$ oder $a \cdot x^2 + b \cdot x + c$. Mit Hilfe der Terme werden Ausdrücke (oder L-Formeln) induktiv definiert:

1. Ist R ein n-stelliges Relationszeichen und sind $t_1, \dots, t_n$ Terme, dann ist $R(t_1, \dots, t_n)$ ein Ausdruck; weiterhin sind Termgleichungen der Gestalt $t_1 = t_2$ Ausdrücke.
   (Zeichenreihen dieser Art sind als Ausdrücke nicht weiter zerlegbar, sie heißen daher atomare oder prädikative Ausdrücke).
2. Sind φ und ψ Ausdrücke, dann sind auch $\neg\varphi$, $\varphi \wedge \psi$, $\varphi \vee \psi$, $\varphi \rightarrow \psi$, $\varphi \leftrightarrow \psi$ Ausdrücke.
3. Ist φ ein Ausdruck, in dem die Zeichenreihen $\exists x$ oder $\forall x$ nicht vorkommen, dann sind auch $\exists x\varphi$ und $\forall x\varphi$ Ausdrücke.
4. Keine weiteren Zeichenreihen sind Ausdrücke.

Elementare Sprachen sind dadurch chakterisiert, daß sie Quantifizierungen nur für Elemente und nicht zugleich für beliebige Teilmengen von Elementen zulassen. Zur Quantifizierung von Elementen und Mengen benutzt man Sprachen zweiter Stufe.

Aussagen sind spezielle Ausdrücke, die keine freien Variablen enthalten. Über die Kompliziertheit eines Ausdrucks wird das freie Auftreten einer Variablen induktiv definiert.

Die Individuenvariable x kommt in dem Ausdruck φ genau dann frei vor, wenn

1. φ atomar ist und x in φ vorkommt, oder
2. φ die Gestalt $\neg\psi$ besitzt und x in ψ frei vorkommt, oder
3. φ die Gestalt $\psi \wedge \chi$, $\psi \vee \chi$, $\psi \rightarrow \chi$ oder $\psi \leftrightarrow \chi$ besitzt und x in ψ oder χ frei vorkommt, oder
4. φ die Gestalt $\exists y\psi$ oder $\forall y\psi$ besitzt und x in ψ frei vorkommt, und x, y verschiedene Individuenvariablen sind.

In dem Ausdruck

$$\exists x(x > 0 \wedge x + y = z)$$

kommen z. B. die Variablen y, z frei vor, und x ist durch den Quantor $\exists$ gebunden. Das freie Vorkommen von x in φ wird durch $\varphi(x)$ gekennzeichnet. Die Gültigkeit einer Aussage φ aus einer Sprache L in einer Struktur $\mathcal{A}$ gleicher Signatur wird wiederum induktiv definiert. Dazu wird L durch Hinzunahme neuer Individuenzeichen zu $L(\mathcal{A})$ erweitert, und zwar wird für jedes Element a der Trägermenge von $\mathcal{A}$ ein Zeichen $\underline{a}$ zu L hinzugenommen ($\underline{a}$ ist ein Name für das Element a). Ein Element darf auch zwei Namen tragen, wenn es für a in L schon einen Namen gab. Die Gültigkeit von φ in der Struktur $\mathcal{A}$ wird gekennzeichnet durch $\mathcal{A} \models \varphi$. Damit definiert man:

1. Ist φ eine atomare Aussage, dann ist $\mathcal{A} \models \varphi$ schon durch die Interpretation definiert.
2. $\mathcal{A} \models \neg\varphi \iff \varphi$ gilt nicht in $\mathcal{A}$,
   $\mathcal{A} \models \varphi \wedge \psi \iff \mathcal{A} \models \varphi$ und $\mathcal{A} \models \varphi$,
   $\mathcal{A} \models \varphi \vee \psi \iff \mathcal{A} \models \varphi$ oder $\mathcal{A} \models \varphi$,
   $\mathcal{A} \models \varphi \rightarrow \psi \iff$ wenn $\mathcal{A} \models \varphi$, so $\mathcal{A} \models \varphi$,
   $\mathcal{A} \models \varphi \leftrightarrow \psi \iff \mathcal{A} \models \varphi$ genau dann, wenn $\mathcal{A} \models \varphi$.
3. $\mathcal{A} \models \exists x\varphi(x) \iff$ es gibt ein Element a in $\mathcal{A}$, so daß $\mathcal{A} \models \varphi(\underline{a})$,
   $\mathcal{A} \models \forall x\varphi(x) \iff$ für alle Elemente a in $\mathcal{A}$ ist $\mathcal{A} \models \varphi(\underline{a})$.

Damit sind die Konnektoren $\neg, \wedge, \vee, \rightarrow, \leftrightarrow$ und die Quantoren $\exists, \forall$ der Reihe nach als Negation, Konjunktion, Alternative, Implikation, Äquivalenz, Existenzquantor und Allquantor interpretiert.

Ein Ausdruck $\varphi(x_1, \dots, x_n)$ ist in $\mathcal{A}$ gültig, wenn $\mathcal{A} \models \varphi(\underline{a}_1, \dots, \underline{a}_n)$ für alle Elemente $a_1, \dots, a_n$ in $\mathcal{A}$ zutrifft, d. h., wenn die Aussage

$$\forall x_1 \dots \forall x_n \varphi(x_1, \dots, x_n)$$

in $\mathcal{A}$ gilt.

Eine Menge T von Ausdrücken oder Aussagen aus L, die deduktiv abgeschlossen ist, heißt elementare Theorie. Ist z. B. Σ die Menge der Körperaxiome, formuliert in der Sprache L der Körper, dann ist $T = \{\varphi : \Sigma \models \varphi\}$ die elementare Theorie der Körper.

elementare Umformung, eine der folgenden Umformungen an einer $(n \times m)$-Matrix A über einem Körper $\mathbb{K}$ (es sei dabei $\alpha \neq 0 \in \mathbb{K}$ und $i \neq j \in \{1, \dots, n\}$):

- Multiplikation der i-ten Zeile mit α;
- Addition des α-fachen der i-ten Zeile zur j-ten Zeile;
- Vertauschung der i-ten Zeile mit der j-ten Zeile.

Die dritte Umformung läßt sich dabei auf die beiden ersten zurückführen.

Genauer handelt es sich hierbei um elementare Umformungen in der Zeile (elementare Zeilenumformungen); ebenso spricht man von elementaren Umformungen in der Spalte.

Erhält man aus einer Matrix A durch elementare Zeilenumformungen die Matrix A', so erhält man aus der transponierten Matrix A^t durch die entsprechenden Spaltenumformungen die Matrix A'^t.

elementare Zahlentheorie, derjenige Teil der Zahlentheorie, der mit elementaren Methoden auskommt.

Hierbei bedeutet der etwas verschwommene Begriff „elementar" etwa soviel wie „ohne Hilfsmittel aus der höheren Algebra oder höheren Analysis". Elementare Methoden und Themen sind z. B. das Rechnen mit Restklassen, Teilbarkeitslehre, Kombinatorik, Zahldarstellungen in einem Stellenwertsystem oder durch einen Kettenbruch, Fehlerabschätzungen zur Asymptotik zahlentheoretischen Funktionen, solange keine Hilfsmittel aus der „höheren" Analysis wie z. B. Funktionentheorie oder Integrationstheorie benutzt werden.

„Elementar" darf keineswegs mit „einfach" verwechselt werden: Z.B. gibt es von Erdős und Selberg elementare Beweise des Primzahlsatzes, die aufwendiger sind und deren Struktur weniger leicht durchschaubar ist als das etwa bei den funktionentheoretischen Beweisvarianten der Fall ist.

Zahlreiche klassische Probleme der Zahlentheorie haben eine elementare Problemstellung, während die Methoden zu ihrer Lösung oder zum Beweis von Teilresultaten keineswegs elementar sind. Ein Beispiel für ein unter massivem Einsatz nichtelementarer Mathematik gelöstes Problem ist die ↗Fermatsche Vermutung.

Der Übergang von der elementaren zur „nichtelementaren" oder „höheren" Zahlentheorie ist fließend und läßt sich z. B. in der additiven Zahlentheorie gut verfolgen. Dort kann man zunächst mit kombinatorischen Techniken einiges beweisen, bei weitergehenden Fragestellungen wird es zunehmend interessanter, aus der Funktionentheorie oder der Integrationstheorie stammende Argumentationsweisen zu benutzen, und bei den ungelösten Problemen sieht es so aus, als ob selbst kompliziertere Hilfsmittel nicht ausreichen oder noch nicht weit genug entwickelt sind.

Als Übergang von der elementaren zur algebraischen Zahlentheorie kann man etwa die Gaußschen Untersuchungen über binäre quadratischen Formen anführen, indem dort algebraische Methoden wie etwa Gaußsche Zahlen zur Lösung elementarer Problemstellungen benutzt werden.

elementarer Jordan-Block, eine $(p \times p)$-Matrix $A = (a_{ij})$, für deren Elemente gilt:

$$a_{ii} = \lambda \text{ für } 1 \le i \le p\,,$$
$$a_{i,i+1} = 1 \text{ für } 1 \le i \le p-1\,,$$

und $a_{ij} = 0$ sonst. Hierbei ist λ ein Element des Grundkörpers.

Die Matrix A ist also von folgender Gestalt:

$$A = \begin{pmatrix} \lambda & 1 & & \\ & \ddots & \ddots & \\ & & \ddots & 1 \\ & & & \lambda \end{pmatrix}.$$

Manchmal bezeichnet man einen elementaren Jordan-Block auch als ↗Jordan-Kästchen, vgl. dort.

Elementare Jordan-Blöcke spielen eine zentrale Rolle bei der ↗Jordanschen Normalform einer Matrix.

elementarer Nilpotenzblock, eine $(p \times p)$-Matrix $A = (a_{ij})$, für deren Elemente gilt

$$a_{i,i+1} = 1 \text{ für } 1 \le i \le p-1$$

und $a_{ij} = 0$ sonst.

Die Matrix A ist also von folgender Gestalt:

$$A = \begin{pmatrix} 0 & 1 & & \\ & \ddots & \ddots & \\ & & \ddots & 1 \\ & & & 0 \end{pmatrix}.$$

Ein elementarer Nilpotenzblock ist also der Spezialfall $\lambda = 0$ eines ↗elementaren Jordan-Blocks.

Jeder nilpotente Endomorphismus $\varphi : V \to V$ des p-dimensionalen $\mathbb{K}$-Vektorraumes V (d. h. es gibt ein natürliches p mit $\varphi^p = 0$) läßt sich durch eine blockdiagonale Matrix aus elementaren Nilpotenzblöcken repräsentieren.

elementarer Prozeß, manchmal auch Elementarprozeß oder einfacher Prozeß genannt, ein stochastischer Prozeß $(X_t)_{t\in T}$ mit $T = [0, K]$, $K \in \mathbb{R}^+$ auf einem Wahrscheinlichkeitsraum $(\Omega, \mathfrak{A}, P)$ mit Filtration $(\mathfrak{A}_t)_{t\ge 0}$ in $\mathfrak{A}$ derart, daß es reelle Zahlen $0 = t_0 < \ldots < t_n = K$ und $\mathfrak{A}_{t_k}$-meßbare reelle Zufallsvariablen ξ_k, $k = 0, \ldots, n$ so gibt, daß für alle $t \in T$ und $\omega \in \Omega$ gilt

$$X_t(\omega) = \xi_0(\omega)\chi_{\{0\}}(t) + \sum_{k=1}^{n} \xi_{k-1}(\omega)\chi_{]t_{k-1},t_k]}(t)\,.$$

In der Regel wird noch gefordert, daß die ξ_k gewisse Regularitätseigenschaften besitzen, wie z. B.

$$\int |\xi_k|^2 dP < \infty \quad \text{für alle } k$$

oder auch P-fast sicher

$$\sup_{0\le k\le n} |\xi_k| < C$$

für eine Konstante $C \in \mathbb{R}^+$.

Gelegentlich findet man analoge Definitionen elementarer Prozesse, bei denen statt der t_k Stoppzeiten T_k mit $0 = T_0 \leq \ldots \leq T_n < \infty$ P-fast sicher und statt der σ-Algebren $\mathfrak{A}_{t_k}$ die σ-Algebren $\mathfrak{A}_{T_k}$ der Stoppzeiten verwendet werden.

Elementarereignis, Element ω der Ergebnismenge Ω eines Wahrscheinlichkeitsraumes $(\Omega, \mathfrak{A}, P)$.

Gelegentlich werden auch die einelementigen Teilmengen $\{\omega\}$ von Ω als Elementarereignisse bezeichnet.

Wie das Beispiel der σ-Algebra $\mathfrak{A} = \{\emptyset, \Omega\}$ zeigt, müssen diese Mengen aber nicht immer zur σ-Algebra $\mathfrak{A}$ gehören und sind daher nicht notwendig ↗Ereignisse im Sinne der Wahrscheinlichkeitstheorie.

Elementarfunktion, eine auf einem ↗Meßraum $(\Omega, \mathcal{A})$ definierte $(\mathcal{A} - \mathcal{B}(\mathbb{R}))$-meßbare Funktion $f : \Omega \to \mathbb{R}$, die nichtnegativ ist und nur endlich viele Werte annimmt. Man nennt eine solche Funktion auch nichtnegative Treppenfunktion.

Elementarmatrix, quadratische ↗Matrix A, die durch eine einzige ↗elementare Umformung aus einer ↗Einheitsmatrix hervorgeht.

Jede reguläre Matrix läßt sich als Produkt von Elementarmatrizen darstellen.

elementarsymmetrische Funktion, spezielle Form einer symmetrischen Funktion.

Eine Funktion f in n Variablen heißt symmetrisch, wenn sie bei jeder Permutation π dieser Variablen in sich selbst übergeht, das heißt, wenn gilt:

$$f(x_1, \ldots, x_n) = f(x_{\pi_1}, \ldots, x_{\pi_n}).$$

Eine Funktion in n Variablen heißt elementarsymmetrisch, wenn sie aus den Summen aller Produkte

$$x_{k_1} \cdots x_{k_i}$$

mit $k_1 < k_2 < \cdots < k_i$ besteht. So lautet zum Beispiel die erste elementarsymmetrische Funktion

$$s_1(x_1, \ldots, x_n) = \sum_{\nu=1}^{n} x_\nu$$

und die zweite elementarsymmetrische Funktion

$$s_2(x_1, \ldots, x_n) = \sum_{\nu<\mu} x_\nu \cdot x_\mu .$$

Dagegen besteht die n-te elementarsymmetrische Funktion nur noch aus dem Produkt

$$s_n(x_1, \ldots, x_n) = x_1 \cdot x_2 \cdots x_n .$$

Nach dem Vietaschen Wurzelsatz gibt es einen engen Zusammenhang zwischen den elementarsymmetrischen Funktionen und den Koeffizienten des Polynoms, das die Nullstellen $x_1, \ldots, x_n$ hat.

Nach dem Hauptsatz über symmetrische Funktionen kann man jedes symmetrische Polynom in n Variablen darstellen als Polynom der elementarsymmetrischen Funktionen $s_1, \ldots, s_n$.

Elementarteiler, die im folgenden sogenannten Elementarteilersatz auftretenden ganzen Zahlen $e_1, \ldots, e_r \in \mathbb{Z}$:

Sei A eine $(m \times n)$-Matrix über $\mathbb{Z}$. Dann existieren eine $(m \times m)$-Matrix Q über $\mathbb{Z}$ und eine $(n \times n)$-Matrix P^{-1} über $\mathbb{Z}$, die Produkte von Elementarmatrizen über $\mathbb{Z}$ sind, welche nur durch Vertauschen zweier Zeilen oder zweier Spalten oder durch Addition eines ganzzahligen Vielfachen einer Zeile bzw. Spalte zu einer anderen Zeile bzw. Spalte aus einer Einheitsmatrix entstehen, und so, daß gilt: $A' := QAP^{-1}$ hat Diagonalgestalt:

$$A' = \begin{pmatrix} e_1 & & & \\ & \ddots & & \\ & & e_r & \\ & & & 0 \end{pmatrix};$$

die Diagonalelemente e_i, $1 \leq i \leq r-1$, sind nichtnegativ und haben die Teilbarkeitseigenschaft $e_i \mid e_{i+1}$. Die Elemente e_i sind dabei eindeutig bestimmt.

Anstelle von $\mathbb{Z}$ kann in diesem Satz auch ein beliebiger ↗euklidischer Ring genommen werden.

Sei $A \neq 0$ eine quadratische Matrix über dem Polynomring $\mathbb{K}(\lambda)$. Sei r die größte natürliche Zahl so, daß A eine von 0 verschiedene r-reihige Unterdeterminante besitzt. Dann besitzt A für jedes $i \in \{1, \ldots, r\}$ eine von 0 verschiedene i-reihige Unterdeterminante.

p_i bezeichne den größten gemeinsamen Teiler aller von 0 verschiedenen i-reihigen Unterdeterminanten von A $(1 \leq i \leq r)$; dann gilt: p_i teilt p_j für $i < j$. Durch q_i mit

$$q_i = \frac{p_{i+1}}{p_i}$$

für $i \neq 1$ und $q_1 = p_1$ sind dann die Elementarteiler gegeben.

Elementarteilersatz, ↗Elementarteiler.

„Elemente" des Euklid, ein aus einzelnen „Büchern" bestehendes Lehrbuch der Mathematik, verfaßt von ↗Euklid von Alexandria.

Die eigentlichen „Elemente" umfassen 13 Bücher. Ein vierzehntes Buch hat Hypsikles (um 175 v. Chr.) hinzugefügt, ein fünfzehntes möglicherweise Damaskios.

Die Bücher I–IV behandeln die Planimetrie, Buch V die allgemeine Proportionentheorie, Buch VI wendet die Proportionentheorie auf ähnliche Figuren an, Buch VII bis Buch IX behandeln die Zahlentheorie, Buch X untersucht irrationale Linien, d. h. Linien, die mit der Einheitslinie weder nach Länge noch Quadrat kommensurabel sind, die Bücher XI bis XIII bearbeiten stereometrische Aufgaben. Die Bücher der „Elemente" rühren inhaltlich her von den Pythagoräern (I–IV, VII–IX), aus der ionischen Periode (I–IV,XI), von Eudoxos (V, VII) und von Theaitetos (X, XIII).

Aus den Büchern sollen einige Einzelheiten erwähnt werden: Buch I, Postulat 5 gibt das Parallelenpostulat, Buch V, Definition 5, bietet die Definition der Gleichheit von Verhältnissen und weist Ähnlichkeiten zur Definition der reellen Zahlen durch Dedekind auf. Buch IX, Satz 20 behauptet die Existenz unendlich vieler Primzahlen. Buch XIII zeigt die Konstruktierbarkeit und Berechenbarkeit der fünf regulären Polyeder.

Die „Elemente" umfassen nicht etwa alle Ergebnisse der griechischen Mathematik. Es fehlen die Lehre von den Kegelschnitten, die Untersuchungen über spezielle Kurven, die Konstruktionen mit Hilfsmitteln außer Zirkel und Lineal, die sphärische Geometrie. Die „Elemente" stellen also keine Enzyklopädie der antiken Mathematik dar, sondern bildeten ein Lehrwerk, das das Eindringen in spezielle höhere mathematische Gebiete erleichtern sollte. Sie haben jedoch die Lehrwerke anderer Mathematiker aus dem 5. und 6. Jahrhundert v. Chr. so gründlich verdrängt, daß man von deren Existenz nur aus Sekundärquellen weiß.

Die Anzahl der Ausgaben, Übersetzungen, Bearbeitungen und Kommentare der „Elemente" ist unübersehbar. Sie sind nach verschiedenen Quellenangaben das bekannteste und erfolgreichste Lehrbuch aller Zeiten; bis ins 19. Jahrhundert unserer Zeitrechnung hinein galten sie, nach der Bibel, als das meistverkaufte Werk der Welt.

[1] Euklid: Die Elemente (nach Heibergs Text aus dem Griechischen übersetzt und herausgegeben von Clemens Thar). Akademische Verlagsgesellschaft Leipzig, 1933–1937.

elementefremde Mengen, ↗disjunkte Mengen.

Elementrelation, ↗ axiomatische Mengenlehre.

Elferprobe, eine Rechenregel zum Testen der Teilbarkeit durch 11 bei einer in Dezimaldarstellung gegebenen natürlichen Zahl. Ist

$$n = (z_k \ldots z_1 z_0)_{10} = \sum_{j=0}^{k} z_j \cdot 10^j$$

die Dezimaldarstellung von n mit den Ziffern

$$z_0, \ldots, z_k \in \{0, \ldots, 9\},$$

so ist n genau dann durch 11 teilbar, wenn ihre alternierende ↗Quersumme (zur Basis 10)

$$Q'(n) = Q'_{10}(n) = \sum_{j=0}^{k} (-1)^j z_j$$

durch 11 teilbar ist.

Noch genauer gilt

$$Q'(n) \equiv n \mod 11\,, \qquad (1)$$

d. h., n und $Q'(n)$ lassen bei Division durch 11 den gleichen Rest.

Ist die Zahl 542718 durch 11 teilbar? Die alternierende Quersumme ist

$$Q'(542718) = 8 - 1 + 7 - 2 + 4 - 5 = 11\,.$$

Weil 11 durch 11 teilbar ist, ist also auch 542718 durch 11 teilbar.

Bei längeren Zahlen kommt es vor, daß die alternierende Quersumme wieder eine mehrstellige Zahl ist (wie im Beispiel 542718). In solchen Fällen kann man den Prozeß des Bildens der alternierenden Quersumme solange wiederholen, bis eine einstellige Zahl herauskommt. Wegen (1) wird dadurch die Ermittlung des Rests bei Division durch 11 nicht beeinträchtigt, z. B.: $Q'(92713) = 16$, $Q'(16) = 5$, also läßt 92713 bei Division durch 11 den Rest 5.

Die Elferprobe kann auch zum Überprüfen von Rechenaufgaben, insbesondere von Multiplikationen und Divisionen eingesetzt werden. Man kann damit manche falschen Ergebnisse entlarven, aber umgekehrt ist eine positive Elferprobe noch kein Beweis für die Richtigkeit einer Rechnung.

Ein Beispiel: Ist die Gleichung

$$768 \cdot 453 \stackrel{?}{=} 347894 \qquad (2)$$

richtig? Bildet man die alternierenden Quersummen, so ergibt sich auf der linken Seite

$$9 \cdot 2 = 18 \equiv 7 \mod 11\,,$$

während die rechte Seite zu

$$Q'(347894) = -3 \not\equiv 7 \mod 11$$

führt; also ist die Elferprobe negativ, woraus folgt, daß Gleichung (2) falsch ist.

Bei der Gleichung

$$768 \cdot 453 \stackrel{?}{=} 347893 \qquad (3)$$

ist die Elferprobe positiv, trotzdem ist Gleichung (3) falsch, wie man mittels der ↗Zehnerprobe (oder durch direktes Nachrechnen) leicht beweisen kann.

Weitere häufig erwähnte Rechenregeln dieser Art sind die ↗Dreierprobe und die ↗Neunerprobe.

ElGamal-Verfahren, eine ↗asymmetrische Verschlüsselung, die das Potenzieren in einem endlichen Körper $\mathbb{Z}_p$ benutzt, und bei der die Sicherheit auf der algorithmischen Schwierigkeit der Bestimmung des ↗diskreten Logarithmus in diesem Körper beruht.

Die Grundidee des von Taher ElGamal entwickelten Verfahrens ist ähnlich wie die des ↗Diffie-Hellman-Verfahrens. Öffentlicher Schlüssel sind hier eine große Primzahl p (beispielsweise 1024 Bit), ein Element g mit hoher Ordnung aus dem endlichen Körper $\mathbb{Z}_p$ (beispielsweise ein primitives Element) und ein Element $g^a \bmod p$. Der Exponent a ist der zugehörige geheime Schlüssel.

Will Bob eine Nachricht m für Alice verschlüsseln, so wählt er eine Zufallszahl r und berechnet

$$c_1 = g^r \bmod p \quad \text{und} \quad c_2 = m(g^a)^r \bmod p$$

mit Hilfe des öffentlichen Schlüssels von Alice. Beide Werte bilden zusammen das ↗Chiffrat (c_1, c_2), aus dem Alice durch Berechnung von

$$((c_1)^a)^{-1} c_2 \bmod p \;=\; m$$

den Klartext entschlüsselt.

Um das ElGamal-Verfahren brechen zu können, reicht es aus, wenn man den diskreten Logarithmus berechnen kann. Der beste dafür gegenwärtig bekannte Algorithmus hat allerdings eine Laufzeit von

$$e^{(1+O(1))(\ln p)^{0.5}(\ln \ln p)^{0.5}},$$

so daß das Problem für hinreichend große Zahlen p faktisch unlösbar ist.

Elimination von Quantoren, Verfahren, mit dessen Hilfe ein logischer Ausdruck aus einer ↗elementaren Sprache unter Zugrundelegung einer elementaren Theorie (↗deduktiver Abschluß) äquivalent ersetzt werden kann durch einen Ausdruck derselben Sprache, der jedoch keine Quantoren enthält.

Eine elementare Theorie T, formuliert in der elementaren Sprache L, erlaubt die Elimination der Quantoren, wenn es zu jeder ↗L-Formel φ eine quantorenfreie L-Formel ψ gibt, so daß aus T der Ausdruck $\varphi \leftrightarrow \psi$ folgt, d. h., wenn jedes Modell von T auch ein Modell von $\varphi \leftrightarrow \psi$ ist.

Elimination von Variablen, Problemstellung der folgenden Art:

Sei I ein Ideal im Polynomenring $K[x_1, \ldots, x_n]$ über dem Körper K. Das Problem der Elimination von Variablen besteht darin,

$$I \cap K[x_\ell, \ldots, x_n]$$

zu berechnen. Das kann man unter anderem auf die folgende Weise lösen. Wir wählen als Monomenordnung die lexikographische Ordnung $x_1 > \cdots > x_n$ und berechnen eine ↗Gröbner-Basis G von I bezüglich dieser Ordnung.

Dann wird $I \cap K[x_\ell, \ldots, x_n]$ von

$$G \cap K[x_\ell, \ldots, x_n]$$

erzeugt.

Eliminationsverfahren für Differentialgleichungssysteme, Methode, um aus einem ↗Differentialgleichungs*system* (erster Ordnung) *eine* Differentialgleichung höherer Ordnung zu gewinnen, die unter Umständen einfacher zu lösen ist als das gesamte Differentialgleichungssystem. Eine gefundene Lösung dieser Differentialgleichung wird dann in das ursprüngliche Differentialgleichungssystem eingesetzt, um dieses schließlich zu lösen.

Bei linearen Differentialgleichungssystemen läßt sich diese Methode systematisch einsetzen analog der Lösung eines linearen Gleichungssystems durch den ↗Gaußschen Algorithmus. Wir erläutern die Vorgehensweise an einem Beispiel: Wir betrachten das lineare Differentialgleichungssystem

$$\dot{x}(t) \;=\; -3x(t) - y(t) + t\,, \qquad (1)$$
$$\dot{y}(t) \;=\; x(t) - y(t) + t^2\,. \qquad (2)$$

Durch Ableiten der ersten Differentialgleichung und Einsetzen von $\dot{x}$ und $\dot{y}$ erhält man die Differentialgleichung

$$\ddot{x}(t) + 4\dot{x}(t) + 4x(t) \;=\; 1 + t - t^2\,.$$

Die Lösung x kann man in (1) einsetzen, um die Lösung y abzulesen.

[1] Heuser, H.: Gewöhnliche Differentialgleichungen. B.G. Teubner Stuttgart, 1995.

Eliminationsverfahren für lineare Gleichungssysteme, ↗Gaußscher Algorithmus.

Ellipse, Schnittfigur einer Ebene ε und eines ↗Doppelkegels K, wobei ε nicht durch die Spitze von K verlaufen darf und der Winkel β zwischen ε und der Kegelachse größer sein muß als der halbe Öffnungswinkel α des Kegels (↗Kegelschnitt).

Die sog. Ortsdefinition der Ellipse lautet: Eine Ellipse ist die Menge (der geometrische Ort) aller Punkte, für welche die Summe der Abstände

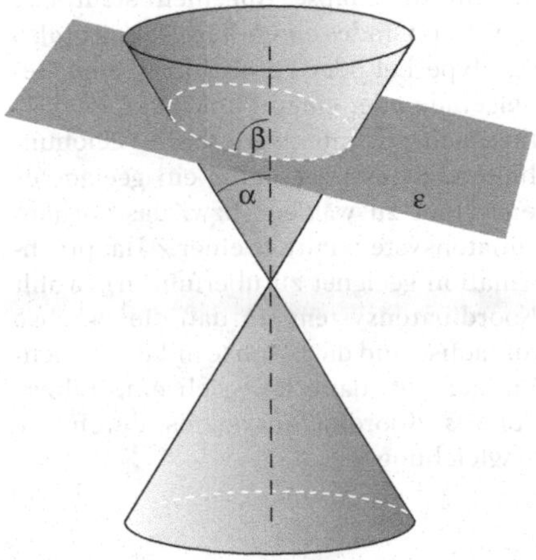

zu zwei festen Punkten F_1 und F_2 gleich einer Konstanten $2a$ ist (wobei $2a > |F_1F_2|$ sein muß). Dabei heißen F_1 und F_2 Brennpunkte, ihr Abstand $|F_1F_2|$ lineare Exzentrizität $2e$ und der Mittelpunkt der Strecke $\overline{F_1F_2}$ Mittelpunkt der Ellipse. Die längere Achse der Ellipse (die durch die Brennpunkte verläuft) wird als Hauptachse und die dazu senkrechte Achse als Nebenachse bezeichnet. Die Schnittpunkte der Ellipse mit der Hauptachse sind ihre Hauptscheitel, die mit der Nebenachse die Nebenscheitel. Die Hauptachse einer Ellipse hat die Länge $2a$, die Länge $2b$ der Nebenachse ergibt sich aus der Hauptachsenlänge und der linearen Exzentrizität durch $b = \sqrt{a^2 - e^2}$.

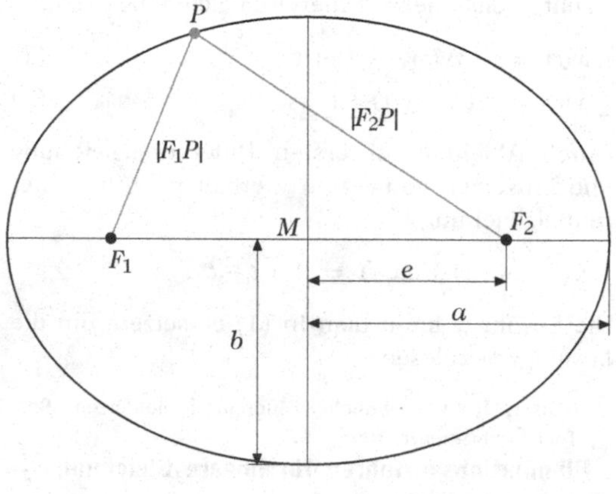

Die Ortsdefinition steht im Zusammenhang mit einer Konstruktionsmöglichkeit der Ellipse, der sogenannten ↗Gärtnerkonstruktion. Dabei wird an einer Schnur, deren Enden an zwei Pflöcken befestigt sind, entlanggezeichnet. Für jeden der dabei gezeichneten Punkte ist die Summe der Abstände von den beiden Pflöcken gerade die Gesamtlänge der Schnur.

Es existieren eine Fülle von Gleichungen in Zusammenhang mit der Ellipse. Allgemein stellt jede Gleichung zweiten Grades einen Kegelschnitt (also eine Ellipse, Hyperbel oder Parabel bzw. eine Gerade, Doppelgerade oder einen Punkt) dar.

Um geometrisch gut interpretierbare Gleichungen zu erhalten, ist es notwendig, ein geeignetes Koordinatensystem zu wählen (bzw. das vorhandene Koordinatensystem mittels einer ↗Hauptachsentransformation geeignet zu überführen). Wählt man das Koordinatensystem so, daß die x-Achse mit der Hauptachse und die y-Achse mit der Nebenachse zusammenfällt, dann läßt sich eine Ellipse bezüglich dieses Koordinatensystems durch die Mittelpunktsgleichung

$$\frac{x^2}{a^2} + \frac{y^2}{b^2} = 1$$

oder die Parametergleichung

$$\begin{pmatrix} x \\ y \end{pmatrix} = \begin{pmatrix} a \cdot \cos t \\ b \cdot \sin t \end{pmatrix} \quad \text{mit} \quad 0 \le t < 2\pi$$

darstellen. Verläuft die x-Achse parallel zur Hauptachse und die y-Achse parallel zur Nebenachse einer Ellipse, und hat der Mittelpunkt dieser Ellipse die Koordinaten $M(x_M; y_M)$, so wird sie durch eine Gleichung in achsenparalleler Lage beschrieben:

$$\frac{(x - x_M)^2}{a^2} + \frac{(y - y_M)^2}{b^2} = 1 .$$

Weiterhin gilt, falls die x-Achse mit der Hauptachse und der Koordinatenursprung mit einem Hauptscheitel der Ellipse zusammenfällt, die Scheitelgleichung der Ellipse:

$$y^2 = 2px - \frac{p}{a} \cdot x^2 \text{ mit } p = \frac{b^2}{a} .$$

(p heißt Halbparameter der Ellipse.)

Schließlich lassen sich die folgenden Ellipsengleichungen in Polarkoordinaten (r, ϕ) angeben:

$$r^2 = \frac{b^2}{1 - \varepsilon^2 \cos^2 \phi} \quad \text{und} \quad r^2 = \frac{p}{1 + \varepsilon \cos \phi} ,$$

wobei der Koordinatenursprung (Pol) bei der ersten Gleichung dem Mittelpunkt der Ellipse entspricht, und bei der zweiten Gleichung in einen der Brennpunkte gelegt wird. Dabei ist $\varepsilon := \frac{e}{a}$ die numerische Exzentrizität der Ellipse.

Das Bild eines jeden Kreises bei einer injektiven affinen Abbildung ist eine Ellipse. So überführt z. B. die affine Abbildung ϕ der Ebene mit den Abbildungsgleichungen

$$\phi_1(x) = a \cdot x \text{ und } \phi_2(y) = b \cdot y$$

den Einheitskreis in eine Ellipse mit der Hauptachsenlänge $2a$ und der Nebenachsenlänge $2b$. Umgekehrt läßt sich jede Ellipse mittels einer geeigneten affinen Abbildung auf einen Kreis abbilden.

Im Sinne der affinen Geometrie besteht zwischen einem Kreis und einer Ellipse überhaupt kein Unterschied, da nur metrische Eigenschaften Kreise als besondere Ellipsen auszeichnen. Die Definition des Kreises als Menge aller Punkte, die von einem gegebenen Punkt gleiche Abstände haben, beruht auf der Existenz einer Metrik und kann in der affinen Geometrie nicht gegeben werden.

Eine Gleichung für den Flächeninhalt A der Ellipse läßt sich anhand der o. g. Abbildung ϕ aus der Gleichung für den Kreisflächeninhalt ableiten:

$$A = a \cdot b \cdot \pi .$$

Ellipsensektor, durch den von zwei Punkten P_1 und P_2 einer ↗Ellipse begrenzten Ellipsenbogen und die beiden „Radien" dieser Ellipse (Verbindungsstrecken des Ellipsenmittelpunktes M mit P_1 bzw. P_2) begrenzte Fläche.

Ellipsenzirkel, *Ellipsograph*, Gerät zum Zeichnen von Ellipsen. Es benutzt die Parameterdarstellung der Ellipse $x = a\cos t$, $y = b\sin t$ und arbeitet auf dem Prinzip der kardanischen Bewegung. Der Ellipsenzirkel ist ein ↗ Kurvenzeichner.

Ellipsograph, ↗ Ellipsenzirkel ↗ Kurvenzeichner.

Ellipsoid, nichtentartete Fläche zweiter Ordnung, die bezüglich eines geeigneten (durch Hauptachsentransformation zu findenden) Koordinatensystems durch eine Gleichung der Form

$$\frac{x^2}{a^2} + \frac{y^2}{b^2} + \frac{z^2}{c^2} = 1 \qquad (1)$$

(Mittelpunktsgleichung) beschrieben werden kann.

Sind in (1) zwei der Konstanten a, b und c gleich, so beschreibt (1) ein Rotationsellipsoid (eine Fläche, die durch Rotation einer ↗ Ellipse um eine ihrer Achsen entsteht). Ist sogar $a = b = c$, so handelt es sich bei dem Ellipsoid um eine Kugel.

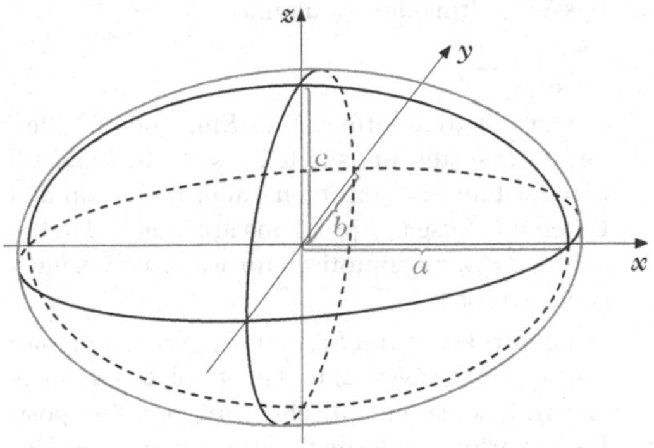

Ellipsoid

Die Gleichung der Tangentialebene an ein Ellipsoid mit der Gleichung (1) im Punkt $P_0(x_0; y_0; z_0)$ lautet

$$\frac{x_0 x}{a^2} + \frac{y_0 y}{b^2} + \frac{z_0 z}{c^2} = 1 .$$

Ellipsoidmethoden

H.Th. Jongen und K. Meer

Die Ellipsoidmethoden bilden eine Klasse von Verfahren zur Lösung linearer (und konvexer) Optimierungsprobleme. Grundidee ist dabei die folgende: Zunächst wird das Optimierungsproblem umformuliert als Entscheidungsproblem, ob ein Polyeder

$$P = \{x | A \cdot x \leq b\}$$

nicht-leer ist. Dies geschieht durch Anwendung des Dualitätssatzes der linearen Optimierung.

Dabei werden ein primales Problem

$$c^T \cdot v \to \min\,,\; E \cdot v \geq f\,,\; v \geq 0$$

und das zugehörige duale Problem

$$d^T \cdot y \to \max\,,\; E^T \cdot y \leq c\,,\; y \geq 0$$

zum System

$$\begin{aligned} -E \cdot v &\leq -f\,, \quad -v \leq 0\,, \\ E^T \cdot y &\leq c\,, \quad -y \leq 0\,, \\ c^T \cdot v - d^T \cdot y &\leq 0 \end{aligned}$$

zusammengefaßt. Dies liefert das P definierende System $A \cdot x \leq b$ (mit $x := (v, y)$ und entsprechender Festsetzung von A und b).

Die Äquivalenz der Aufgabe, für dieses Problem einen zulässigen Punkt zu finden, zur ursprünglichen Optimierungsaufgabe folgt daraus, daß die ↗ Dualitätslücke $c^T \cdot x - b^T \cdot y$ nur in Extremalpunkten verschwindet, aber sonst positiv ist.

Das eigentliche Verfahren beginnt nun mit der Konstruktion eines speziellen Ellipsoids $E_0 = (z_0, B_0)$. Dabei heißt eine Teilmenge $E(z, B)$ des $\mathbb{R}^n$ ein (spezielles) Ellipsoid mit Mittelpunkt $z \in \mathbb{R}^n$, falls sie in der Form

$$\{x \in \mathbb{R}^n | (x - z)^T \cdot B^{-1} \cdot (x - z) \leq 1\}$$

schreibbar ist. Hierbei sei B eine positiv definite (n, n)-Matrix. Das erste Ellipsoid E_0 wird dabei so gewählt, daß es im Fall $P \neq \emptyset$ einen Lösungspunkt von P enthält (s. unten).

Nun wird schrittweise eine Familie $\{E_i(z_i, B_i)\}_i$, $1 \leq i \leq s$ von Ellipsoiden konstruiert, die folgende Eigenschaften erfüllt:

i) $E_i(z_i, B_i) \cap P \subseteq E_{i+1}(z_{i+1}, B_{i+1}) \cap P$; diese Bedingung besagt, daß man beim Übergang von E_i zu E_{i+1} keinen der bereits eingefangenen Punkte von P verliert.

ii) Falls $P \neq \emptyset$, so gilt $P \cap E_s(z_s, B_s) \neq \emptyset$; im Falle der Lösbarkeit enthält also E_s eine Lösung.

iii) Das Verhältnis der Volumina
$$\frac{\mathrm{vol}(E_{i+1})}{\mathrm{vol}(E_i)}$$
zweier aufeinanderfolgender Ellipsoide ist kleiner einer festen Konstanten $\lambda < 1$, die lediglich von der Raumdimension n , aber nicht von den Daten des Ausgangsproblems abhängt. (Man beachte, daß λ asymptotisch für wachsendes n gegen 1 strebt.)

Zur Konstruktion von E_{i+1} aus E_i betrachtet man den Mittelpunkt z_i von E_i und prüft, ob $z_i \in P$. Falls dies zutrifft, so ist das Entscheidungsproblem positiv beantwortet. Andernfalls findet man eine Ungleichung $a_j^T \cdot x \le b_j$ von P, die von z_i verletzt wird. Nun wird die Hyperebene $\{x|a_j^T \cdot x = b_j\}$ in Richtung des Halbraums $\{x|a_j^T \cdot x \ge b_j\}$ parallel verschoben, bis sie E_i noch in einem Punkt P_i tangiert. Man wählt dann z. B. E_{i+1} als dasjenige Ellipsoid minimalen Volumens, das
$$E_i \cap \{x|a_j^T \cdot x \ge a_j^T \cdot z_i\}$$
ganz enthält und P_i ebenfalls als Randpunkt mit derselben Tangentialebene wie E_i besitzt. Es läßt sich zeigen, daß E_{i+1} durch diese Forderungen eindeutig bestimmt ist. Die neue Matrix B_{i+1}, die das nächste Ellipsoid festlegt, entsteht dabei durch Störung von B_i mit einer Matrix vom Rang 1.

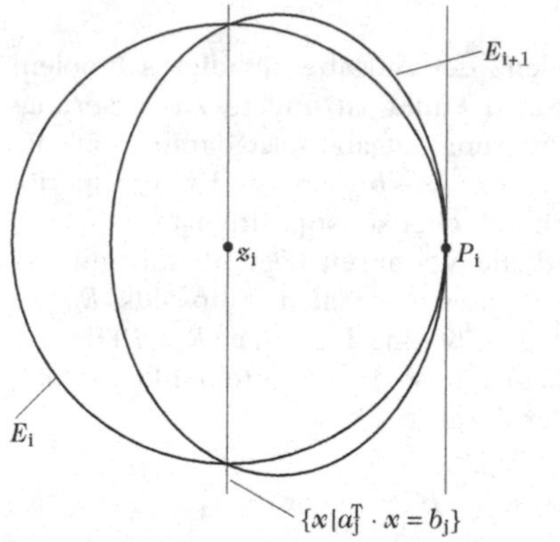

Konstruktion des neuen Ellipsoids

Das Verfahren wird fortgesetzt, bis man entweder einen Mittelpunkt $z \in P$ findet oder garantieren kann, daß $P = \emptyset$ ist. Letzteres gelingt durch einen Vergleich des Volumens der Ellipsoide E_i mit einer Abschätzung des Mindestvolumens von $P \cap E_0$.

Wesentliche historische Bedeutung kommt den Ellipsoidverfahren deswegen zu, weil sie die ersten Polynomzeitverfahren für die lineare Programmierung im Turingmodell waren. Dabei betrachtet man solche Probleme, die nur aus rationalen Eingabedaten bestehen. Ohne Einschränkung nimmt man hier an, das Ausgangssystem bestehe sogar nur aus ganzzahligen Daten (was nach Multiplikation des Systems mit dem gemeinsamen Hauptnenner aller rationalen Daten erreicht werden kann).

Nun betrachtet man statt $A \cdot x \le b$ ein System strikter Ungleichungen
$$A \cdot x < b + 2^{-L} \cdot e,$$
wobei $e = (1, \ldots, 1)^T$ ist und L die Bitgröße des Ausgangsproblems bezeichnet. Das neue System ist genau dann lösbar, wenn es das alte war. Diese Beziehung zwischen den beiden Systemen basiert wesentlich auf der Ganzzahligkeit der Eingangsdaten und einer dadurch möglichen Abschätzung (nach oben) von der Bitgröße gewisser Lösungen mittels der Cramerschen Regel. Damit läßt sich aus den Ausgangsdaten zum einen ein geeignetes Startellipsoid E_0 mit ($P \ne \emptyset \Rightarrow E_0 \cap P \ne \emptyset$) finden; zum anderen kann man eine untere Schranke für das Volumen V der Schnittmenge von E_0 mit der Lösungsmenge $\tilde{P}$ von $A \cdot x < b + 2^{-L} \cdot e$ bestimmen. Man wendet jetzt das Verfahren auf $\tilde{P}$ an und iteriert solange, bis
$$\mathrm{vol}(E_s) \le \lambda^s \cdot \mathrm{vol}(E_0) < V$$
ist (was wegen $\lambda < 1$ eintreten muß). In dieser Situation gilt $\tilde{P} \ne \emptyset$ genau dann, wenn der Mittelpunkt z_s von E_s in $\tilde{P}$ liegt. Nach dem entsprechenden Test bricht das Verfahren ab. Die speziellen Werte für E_0 und λ beweisen dann die Polynomialität des Verfahrens in Abhängigkeit der Bitgröße der Eingabedaten. Dieser Nachweis der Polynomialität gelang erstmals Khachiyan 1979. Ellipsoidmethoden wurden bereits vorher von Nemirovskiĭ-Yudin und Shor verwendet.

Trotz seiner Überlegenheit gegenüber der Simplexmethode im worst-case-Verhalten zeigten praktische Versuche, daß die Ellipsoidmethode i. allg. nicht effizienter als die Simplexmethode ist und numerische Instabilitäten zeigt. Dies hat die Suche nach weiteren Verfahren initiiert, die sowohl theoretisch mit polynomialem Aufwand (im Turingmodell) arbeiten, als auch praktisch schnell ausführbar sind. Als Ergebnis dieser Suche stehen heute ↗innere-Punkte Methoden im Zentrum des Interesses.

Abschließend sei bemerkt, daß es keine Funktion nur in der geometrischen Dimension $n \cdot m$ eines linearen Optimierungsproblems $\{x|A \cdot x \le b, A \in \mathbb{R}^{m \times n}\}$ gibt, die die Anzahl der arithmetischen Operation der bekannten Ellipsoidmethoden nach oben beschränkt. Ellipsoidverfahren sind daher nicht polynomial in algebraischen Rechenmodellen (Ergebnis von Traub und Woźniakowski (1982)).

[1] Grötschel, M.; Lovász, L.; Schrijver, A.: Geometric Algorithms and combinatorial optimization. Springer-Verlag Heidelberg, 1988.

[2] Khachiyan, L.G.: A polynomial algorithm in linear programming. Soviet Mathematics Doklady 20, 1979.

elliptische Bilinearform, eine Bilinearform $b(\cdot,\cdot)$ auf einem Vektorraum V, für die die Ungleichung

$$b(u,u) \;\geq\; c\|u\|_V^2$$

für alle $u \in V$ und eine feste Zahl $c > 0$ gilt.

Die Elliptizität einer Bilinearform spielt eine entscheidende Rolle für die eindeutige Lösbarkeit von Variationsaufgaben.

elliptische Differentialgleichung, ↗Klassifikation partieller Differentialgleichungen.

elliptische Funktion, *doppelt-periodische Funktion*, eine in $\mathbb{C}$ ↗meromorphe Funktion f mit zwei über $\mathbb{R}$ linear unabhängigen Perioden.

Zur genauen Definition benötigt man zunächst den Begriff des Gitters. Es seien $\omega_1, \omega_2 \in \mathbb{C} \setminus \{0\}$ linear unabhängig über $\mathbb{R}$, d. h. $\omega_1/\omega_2 \notin \mathbb{R}$. Dann heißt die Menge

$$L := \mathbb{Z}\omega_1 + \mathbb{Z}\omega_2 = \{\, m\omega_1 + n\omega_2 : m, n \in \mathbb{Z}\,\}$$

ein Gitter. Eine elliptische Funktion zum Gitter L ist eine in $\mathbb{C}$ meromorphe Funktion f mit

$$f(z + \omega) = f(z)$$

für alle $\omega \in L$ und $z \in \mathbb{C}$. Es genügt, diese Eigenschaft nur für die Erzeugenden ω_1 und ω_2 von L zu fordern, d. h.

$$f(z + \omega_1) = f(z + \omega_2) = f(z)$$

für alle $z \in \mathbb{C}$. Die Menge L heißt auch Periodengitter von f, und die Menge

$$P := \{\, t_1\omega_1 + t_2\omega_2 : t_1, t_2 \in [0, 1)\,\}$$

heißt Periodenparallelogramm. Jede Menge der Form

$$F := \{\, a + t_1\omega_1 + t_2\omega_2 : t_1, t_2 \in [0, 1)\,\}$$

mit $a \in \mathbb{C}$ heißt ein Fundamentalbereich des Gitters L. Das Periodenparallelogramm ist ein Fundamentalbereich, aber nicht umgekehrt.

Ist L ein Gitter und $w, z \in \mathbb{C}$ mit $w - z \in L$, so heißen w und z kongruent bezüglich des Gitters L. Man schreibt dafür $w \equiv z \pmod{L}$.

Die grundlegenden Eigenschaften elliptischer Funktionen werden durch die Liouvilleschen Sätze beschrieben.

(1. Liouvillescher Satz): *Eine elliptische Funktion ohne Polstellen ist konstant.*

(2. Liouvillescher Satz): *Es sei f eine elliptische Funktion zum Gitter L. Dann hat f nur endlich viele Polstellen $a_1, \dots, a_n$ im Periodenparallelogramm P, und für die ↗Residuen gilt*

$$\sum_{\nu=1}^{n} \operatorname{Res}(f, a_\nu) = 0\,.$$

Ist f eine nichtkonstante elliptische Funktion zum Gitter L und sind $a_1, \dots, a_n$ die Polstellen von f im Periodenparallelogramm P mit den ↗Polstellenordnungen $m(f, a_1), \dots, m(f, a_n)$, so heißt die natürliche Zahl

$$\operatorname{Ord} f := m(f, a_1) + \cdots + m(f, a_n)$$

die Ordnung der elliptischen Funktion f. Aus dem 2. Liouvilleschen Satz folgt, daß eine nichtkonstante elliptische Funktion f im Periodenparallelogramm P mindestens zwei Polstellen oder mindestens eine mehrfache Polstelle besitzt. Insbesondere gilt $\operatorname{Ord} f \geq 2$.

(3. Liouvillescher Satz): *Es sei f eine nichtkonstante elliptische Funktion zum Gitter L.*

Dann nimmt f im Periodenparallelogramm P jeden Wert $a \in \mathbb{C}$ genau m-mal an, wobei $m = \operatorname{Ord} f$ und die Vielfachheit zu berücksichtigen ist, d. h. zu jedem $a \in \mathbb{C}$ gibt es genau $k \leq m$ verschiedene Punkte $z_1, \dots, z_k \in P$ mit $f(z_j) = a$ für $j = 1, \dots, k$ und

$$\nu(f, z_1) + \cdots + \nu(f, z_k) \;=\; m\,,$$

wobei $\nu(f, z_j)$ die Vielfachheit der ↗a-Stelle z_j bezeichnet.

Es gilt ferner der wichtige Satz:

Eine elliptische Funktion eines gegebenen Gitters ist bis auf eine multiplikative Konstante durch die Angabe ihrer Pole und Nullstellen, nebst der Ordnungen, eindeutig bestimmt.

Es soll nun eine nichtkonstante elliptische Funktion f zu einem Gitter L konstruiert werden. Als einfachster Kandidat kommt eine Funktion der Ordnung 2 in Frage, und zwar

1. eine Funktion mit genau einer Polstelle in P der Ordnung 2 und Residuum 0, oder
2. eine Funktion mit genau zwei einfachen Polstellen in P und Residuensumme 0.

Es wird hier i.w. nur die 1. Möglichkeit betrachtet. Die Idee ist, eine unendliche Reihe der Form

$$\sum_{\omega \in L} \frac{1}{(z - \omega)^2}$$

zu betrachten. Diese Reihe ist jedoch nicht konvergent. Daher fügt man sog. konvergenzerzeugende Summanden an und setzt

$$\wp(z) := \frac{1}{z^2} + \sum_{\omega \in L \setminus \{0\}} \left[\frac{1}{(z - \omega)^2} - \frac{1}{\omega^2} \right].$$

Dies ist dann tatsächlich eine elliptische Funktion mit der gewünschten Eigenschaft. Sie wurde von Weierstraß (1863) eingeführt und heißt daher auch Weierstraßsche elliptische Funktion oder ↗Weierstraßsche $\wp$-Funktion. Sie ist in einem gewissen Sinne die wichtigste elliptische Funktion, und eine ausführliche Behandlung ist unter dem letztgenannten Stichwort zu finden.

Die Menge aller elliptischen Funktionen zu einem Gitter L bildet bezüglich der punktweisen Addition, Subtraktion, Multiplikation und Division von Funktionen einen Körper, den man mit $K(L)$ bezeichnet. Der Körper $K(L)$ enthält alle konstanten Funktionen, und ist $f \in K(L)$, so ist auch $f' \in K(L)$. Es ist möglich, diesen Körper algebraisch genau zu charakterisieren.

In der modernen Literatur wird die Theorie der elliptischen Funktionen in der Regel auf der Weierstraßschen $\wp$-Funktion aufgebaut. Der historisch erste Zugang erfolgte jedoch über die ↗Jacobischen elliptischen Funktionen cosinus amplitudinis, delta amplitudinis und sinus amplitudinis (siehe hierzu auch das Stichwort ↗Amplitudinisfunktion) bzw. über Thetafunktionen. Die Jacobischen elliptischen Funktionen sind Lösungen der o. g. zweiten Möglichkeit, denn sie haben genau zwei einfache Polstellen in P und Residuensumme 0.

Literatur

[1] Fischer, W.; Lieb, I.: Ausgewählte Kapitel aus der Funktionentheorie. Friedr. Vieweg&Sohn Braunschweig, 1988.

[2] Freitag, E.; Busam, R.: Funktionentheorie. Springer-Verlag Berlin, 1993.

[3] Tricomi, F.: Elliptische Funktionen. Akademische Verlagsgesellschaft Leipzig, 1948.

Elliptische Geometrie

A. Filler

I. Unter der elliptischen Geometrie versteht man die Geometrie von Räumen konstanter positiver Krümmung. Oft wird für die elliptische Geometrie auch die Bezeichnung *Riemannsche Geometrie* verwendet.

In seiner berühmten Vorlesung „Über die Hypothesen, welche der Geometrie zugrundeliegen" [4] führte Bernhard Riemann (1826–1866) aus, daß die innere Geometrie einer Fläche durch das sogenannte Linien- bzw. Bogenelement ds charakterisiert wird. (Ein Ausgangspunkt für diese Überlegungen war der bereits von Gauß eingeführte Begriff der inneren Geometrie einer Fläche.) Für die Kenntnis der inneren Geometrie ist nicht die äußere Form oder die Gleichung einer Fläche erforderlich, sondern es genügt, die Koeffizienten E, F und G zu kennen, die das Bogenelement mittels der Gleichung

$$ds^2 = Edu^2 + 2Fdudv + Gdv^2$$

bestimmen (wobei u und v Parameter der Fläche sind). Die Krümmung und alle anderen interessierenden Größen auf einer Fläche können anhand des Bogenelements berechnet werden.

Riemann untersuchte die Geometrien auf *Flächen konstanter Krümmung*, die sich in drei Kategorien einordnen lassen:

1. *Riemannsche bzw. elliptische Geometrie* als Geometrie auf einer Fläche konstanter positiver Krümmung,
2. *Euklidische Geometrie* als Geometrie auf einer Fläche der Krümmung Null,
3. *Lobatschewskische bzw. hyperbolische Geometrie* als Geometrie auf einer Fläche konstanter negativer Krümmung.

II. Die einfachste Fläche konstanter positiver Krümmung ist eine Kugeloberfläche (Sphäre) im dreidimensionalen euklidischen Raum. (Die Krümmung k einer Sphäre mit dem Radius r beträgt in jedem ihrer Punkte $k = \frac{1}{r^2}$.) Somit ist die sog. sphärische Geometrie ein einfaches *Modell für eine elliptische Geometrie*, wobei jedoch zwei gegenüberliegende Punkte jeweils identifiziert werden müssen, d. h. ein Punkt der sphärisch-elliptischen Geometrie wird definiert als Paar gegenüberliegender (diametraler) Punkte der Sphäre. Gleichbedeutend damit, da nur innere Punkte der Sphäre (also der Kugel*oberfläche*) betrachtet werden, kann ein Punkt auch als Durchmesser der Kugel aufgefaßt werden. Der sphärische Abstand zweier Punkte ist der (euklidische) Winkel zwischen den zugehörigen Durchmessern. Sphärische Geraden sind im euklidischem Sinne die Großkreise der Sphäre, eine Definition, die auch praktisch sehr einleuchtend ist, denn die kürzeste Verbindung zweier Punkte auf der Kugeloberfläche ist ein Großkreisbogen zwischen diesen beiden Punkten.

III. Um zu einem weiter gefaßten Begriff der elliptischen Geometrie zu gelangen, läßt sich die sphärische Geometrie verallgemeinern. Man betrachtet dazu einen $(n+1)$-dimensionalen euklidischen Raum $\mathbb{E}^{n+1}$ und definiert als elliptischen (also nichteuklidischen) Raum $\mathbb{P}$ den zu $\mathbb{E}^{n+1}$ gehörigen projektiven Raum $\mathbb{P}(\mathbb{E}^{n+1})$ aller Geraden durch den Koordinatenursprung. Punkte des elliptischen Raumes $\mathbb{P}$ sind also die Ursprungsgeraden des euklidischen Raumes. Der n-dimensionale elliptische Raum läßt sich gleichbedeutend damit auch als

Menge aller diametralen Punktepaare auf einer Hypersphäre des $\mathbb{E}^{n+1}$ auffassen.

Der Abstand zweier Punkte G_1 und G_2 von $\mathbb{P}$ wird definiert als Winkel der zu G_1 und G_2 gehörenden Geraden g_1 und g_2 des euklidischen Raumes $\mathbb{E}^{n+1}$:

$$d(G_1, G_2) := \angle(g_1, g_2) \; ; \; d(G_1, G_2) \in \left[0; \frac{\pi}{2}\right] .$$

In der elliptischen Geometrie sind somit (im Gegensatz sowohl zur euklidischen als auch zur ↗ hyperbolischen Geometrie) Abstände und somit Längen von Strecken beschränkt, es existieren keine Strecken, die länger sind als $\frac{\pi}{2}$.

Geraden des elliptischen Raumes $\mathbb{P}$ sind Mengen von Punkten G, deren zugehörige Geraden g in $\mathbb{E}^{n+1}$ in einer Ebene liegen. Da diese Ebenen stets durch den Koordinatenursprung gehen müssen, haben zwei voneinander verschiedene elliptische Geraden h_1 und h_2 stets genau einen gemeinsamen Punkt G, welcher der Schnittgeraden der beiden entsprechenden euklidischen Ebenen ε_1 und ε_2 entspricht. Der Winkel zweier Geraden h_1 und h_2 wird auf den Schnittwinkel der zugehörigen euklidischen Ebenen zurückgeführt:

$$\angle(h_1, h_2) := \angle(\varepsilon_1, \varepsilon_2) \; ; \; \angle(h_1, h_2) \in \left[0; \frac{\pi}{2}\right] .$$

Die Beziehungen zwischen den Seitenlängen und Winkelgrößen eines Dreiecks in der elliptischen Geometrie sind durch die Sätze der ↗ sphärischen Trigonometrie gegeben. Weiterhin gilt, daß die Innenwinkelsumme eines jeden Dreiecks größer ist als ein gestreckter Winkel. Der Flächeninhalt eines Dreiecks läßt sich als Überschuß seiner Innenwinkelsumme über π berechnen. Dieser Überschuß wird als sphärischer bzw. elliptischer Exzeß bezeichnet. Für Dreiecke mit sehr kleinen Abmesungen ist der elliptische Exzeß nahezu Null, es gilt also näherungsweise der euklidische Innenwinkelsatz. Auch alle anderen metrischen Eigenschaften der elliptischen Geometrie, inklusive der trigonometrischen Beziehungen, nähern sich bei Betrachtung sehr kleiner Ausdehnungen denen der euklidischen Geometrie an.

IV. Eine besonders interessante Eigenschaft der elliptischen Geometrie ist die Dualität von Punkten und Geraden (in der 2–dimensionalen elliptischen Geometrie) bzw. allgemein die Dualität von Punkten und Hyperebenen. In der elliptischen Ebene (bzw. in der sphärischen Geometrie) schneiden sich alle zu einer gegebenen Geraden g senkrechten Geraden in einem Punkt, dem Pol von g. Umgekehrt gibt es zu jedem Punkt P eine Polare, d. h. eine Gerade, zu der P Pol ist. (Auf der Erdoberfläche ist beispielsweise der Äquator die Polare zu Nord- und Südpol, welche im Sinne der elliptischen Geometrie einen einzigen Punkt bilden.) Dies bedeutet, daß durch jede Gerade eindeutig ein Punkt und zu jedem Punkt eindeutig eine Gerade bestimmt wird. Interpretiert man nun die Winkel zwischen den Geraden der elliptischen Ebene als Abstände und bezeichnet die Punkte als Geraden und umgekehrt, so entsteht wiederum ein Modell der elliptischen Ebene. Punkte und Geraden sind also gewissermaßen vertauschbar. Für einen dreidimensionalen elliptischen Raum besteht eine vergleichbare Dualität zwischen Punkten und Ebenen, allgemein ist die Polare eines Punktes im n–dimensionalen elliptischen Raum $\mathbb{P}(\mathbb{E}^{n+1})$ eine Hyperebene von $\mathbb{P}$, hat also die Dimension $n-1$.

V. Die elliptische Geometrie muß nicht, wie in II. und III. beschrieben, als in den euklidischen Raum eingebettete Struktur aufgefaßt, sondern kann durch eine eigenständige Axiomatik fundiert werden. Die oben beschriebenen Strukturen stellen Modelle des im folgenden skizzierten Axiomensystems dar.

Gegenüber dem Hilbertschen Axiomensystem der euklidischen Geometrie (↗ Axiome der Geometrie) sind für einen axiomatischen Aufbau der elliptischen Geometrie Veränderungen in allen Axiomengruppen, vor allem jedoch bei den Inzidenz- und Anordnungsaxiomen nötig. Die Inzidenzaxiome sind um das folgende wichtige Axiom zu ergänzen:

- *Zwei voneinander verschiedene Geraden haben stets genau einen Punkt gemeinsam.*

Dieses Axiom verdient deshalb besondere Beachtung, da es beinhaltet, daß in der elliptischen Geometrie keine parallelen Geraden existieren. Ein zusätzliches Parallelenaxiom ist aus diesem Grunde nicht erforderlich.

Der größte Unterschied zwischen den Axiomen der euklidischen und der elliptischen Geometrie besteht bei den Anordnungsaxiomen. In der euklidischen Geometrie befinden sich die Punkte auf einer Geraden in einer linearen Anordnung, in der elliptischen Geometrie sind sie zyklisch angeordnet, was sich durch durch die Einführung einer Unterteilungsrelation für Punktepaare (siehe [1]) oder die folgenden Axiome der zyklischen Ordnung axiomatisieren läßt.

- *Stehen drei Punkte P, Q und R einer Geraden g in zyklischer Ordnung, so sind P, Q und R verschiedene Punkte von g.*
- *Sind P, Q und R drei verschiedene Punkte einer Geraden g und stehen P, Q und R nicht in zyklischer Ordnung, so stehen die Punkte R, Q und P in zyklischer Ordnung.*
- *Stehen P, Q und R in zyklischer Ordnung, so stehen auch Q, R und P sowie R, P und Q in zyklischer Ordnung.*

- *Stehen P, Q und R sowie P, R und S in zyklischer Ordnung, so stehen auch P, Q und S in zyklischer Ordnung.*
- *Zu zwei verschiedenen Punkten P und Q existiert stets ein Punkt R, so daß P, Q und R in zyklischer Ordnung stehen.*

Als Axiom, das die Anordnung der Punkte in der elliptischen Ebene bestimmt, ist z. B. das Pasch-Axiom (↗Axiome der Geometrie) hinzuzufügen.

Die Axiome der Kongruenz bzw. die Bewegungsaxiome (falls ein abbildungsgeometrischer axiomatischer Aufbau der elliptischen Geometrie durchgeführt wird) unterscheiden sich von den entsprechenden Axiomen der euklidischen Geometrie weniger stark als die Inzidenz- und Anordnungsaxiome. Im Unterschied zur euklidischen Geometrie ist als Stetigkeitsaxiom nur das Cantor-Axiom (oder ein dazu äquivalentes Axiom, z. B. Axiom des ↗Dedekind-Schnitts) erforderlich. Das Archimedes-Axiom wird für den axiomatischen Aufbau der elliptischen Geometrie nicht benötigt.

Literatur

[1] Bogomolov, S. A.: Vvedenije V Neevklidovu Geometriju Rimana. Onti Gosudarstvennoe Techniko-Teoretitscheskoe Isdatelstvo Moskau, Leningrad, 1934.

[2] Efimov, N. W.: Höhere Geometrie. Deutscher Verlag der Wissenschaften Berlin, 1960.

[3] Gans, D.: An Introduction to Non-Euclidean Geometry. Academic Press Inc. San Diego, 1973.

[4] Riemann, B.: „Über die Hypothesen, welche der Geometrie zugrunde liegen", in: Das Kontinuum und andere Monographien (Reprint). Chelsea, 1973.

---

elliptische Kettenlinie, ↗Delaunaysche Kurve.

elliptische Koordinaten, Koordinaten, die auf konfokalen Flächen bzw. Kegelschnitten beruhen. Eine konfokale Mittelpunktsfläche ist durch die Gleichung

$$\frac{x^2}{a^2-\lambda}+\frac{y^2}{b^2-\lambda}+\frac{z^2}{c^2-\lambda}=1$$

mit $a > b > c$ gegeben. Man unterscheidet dabei zwischen Ellipsoiden, einschaligen Hyperboloiden, zweischaligen Hyperboloiden und imaginären Flächen. Ist dann P ein Punkt allgemeiner Lage im Raum, so schneiden sich in P bei gegebener Flächenschar ein Ellipsoid, ein einschaliges Hyperboloid und ein zweischaliges Hyperboloid unter jeweils rechten Winkeln. Die zu diesen Flächen gehörenden Werte des Parameters λ werden als die elliptischen Koordinaten des Raumpunktes P bezeichnet.

Befindet man sich dagegen in der Ebene, so sind die grundlegenden Objekte die konfokalen Mittelpunktskegelschnitte, die man mit der Gleichung

$$\frac{x^2}{a^2-\lambda}+\frac{y^2}{b^2-\lambda}=1$$

beschreiben kann. Bei gegebener Schar läuft durch jeden Punkt allgemeiner Lage der Ebene eine Ellipse und eine Hyperbel. Die zu diesen Kurven gehörenden Werte des Parameters λ werden als die elliptischen Koordinaten des Punktes P bezeichnet.

elliptische Kurve, eine glatte projektive ↗algebraische Kurve C vom Geschlecht 1, bei der ein Punkt ausgezeichnet ist.

Durch die Auszeichnung eines Punktes 0 erhält man eine Addition so, daß C zu einer abelschen Mannigfaltigkeit wird. Die Summe von zwei Punkten P, Q ist durch

$$\{P+Q\} \in | \{P\}+\{Q\}-\{0\} |$$

definiert, wobei hier $\{P\}$ den Punkt P als Element der Divisorengruppen bezeichnet. Die Kurve läßt sich in $\mathbb{P}^2$ so als kubische Kurve einbetten, daß 0 ein Wendepunkt ist. Die Addition ist dann charakterisiert durch die Eigenschaft

$$P+Q+R=0 \iff P, Q, R \text{ auf einer Geraden in } \mathbb{P}^2.$$

Durch geeignete Wahl von Koordinaten läßt sich die Gleichung der Kurve auf Normalform $y^2 = f(x)$ bringen (in affinen Koordinaten), mit einem normierten Polynom dritten Grades, falls die Charakteristik des Körpers ungleich 2 ist, (und $f = x^3 + ax + b$, falls $\text{char}(k) \neq 2, 3$), und zwar so, daß 0 der „im Unendlichen" liegende Punkt der Kurve ist. Umgekehrt definiert jede solche Gleichung eine elliptische Kurve, wenn f keine mehrfache Nullstelle hat.

Für $f = x^3 + ax + b$ ist $\Delta = 4a^3 + 27b^2$ die Diskriminante, und $j = 1728\frac{4a^3}{\Delta}$ die sog. absolute Invariante der Kurve. Bis auf Isomorphie ist die Kurve durch j bestimmt (über algebraisch abgeschlossenen Körpern).

Für $k = \mathbb{C}$ ist die Theorie zuerst mit analytischen Methoden entwickelt worden. Bei verschiedenen geometrischen oder physikalischen Problemen treten beispielsweise ↗elliptische Integrale auf (z. B. bei der Berechnung der Bogenlänge auf Ellipsen). So ist z. B.

$$z = \int_{u_0}^{u} \frac{dx}{y}$$

als Funktion von u eine (mehrdeutige) analytische Funktion, und die Umkehrfunktion $z(u)$ ist eine eindeutige meromorphe Funktion mit zwei unabhängigen Perioden. In dieser Form sind „elliptische Funktionen" zuerst aufgetreten.

Seit dem Ende des 19. Jahrhunderts stehen arithmetische Aspekte im Zentrum der Theorie. Wenn die Kurve und der Punkt 0 über einem Körper k_0 definiert sind, so lassen sich auch a, b bzw. die Koeffizienten von f über k_0 definieren, ebenso das Gruppengesetz. Ist $E|k_0$ ein Schema, welches die Kurve definiert, und so, daß $0 \in E(k_0)$, so ist einiges über die Gruppe bekannt, z. B. der Satz von Mordell:

Wenn k_0 ein algebraischer Zahlkörper ist, so ist $E(k_0)$ endlich erzeugt.

Weiterhin gilt der Satz von Lutz-Nagell:

Sei $k_0 = \mathbb{Q}$ und $y^2 = x^3 + ax + b$ Gleichung für E, wobei o.B.d.A. $a, b \in \mathbb{Z}$.

Für Torsionspunkte der Ordnung 2 ist $y = 0$ (also $x^3 + ax + b = 0$), für die anderen Torsionspunkte P aus $E(\mathbb{Q})$ gilt

$$x(P), y(P) \in \mathbb{Z} \text{ und } y(P)^2 \text{ teilt } a^3 + 27b^2,$$

und der Satz von Mazur:

Wenn $k_0 = \mathbb{Q}$, so ist die Torsionsuntergruppe von $E(\mathbb{Q})$ entweder zyklisch von der Ordnung ≤ 10 oder 12, oder direkte Summe einer zyklischen Gruppe der Ordnung 2 mit einer zyklischen Gruppe der Ordnung 2, 4, 6 oder 8.

Schwieriger und bisher ungelöst ist die Bestimmung des Ranges r von $E(\mathbb{Q})$ (oder $E(k_0)$, $[k_0 : \mathbb{Q}] < \infty$). Vermutet wird, daß r gleich der Ordnung ist, mit der die zugehörige L-Reihe $L_{E|k_0}(s)$ in $s = 1$ verschwindet.

Die L-Reihe ist a priori nur für $Re(s) > \frac{3}{2}$ definiert, nur in gewissen Fällen ist eine analytische Fortsetzung bekannt. Vermutet wird, daß sie sich immer zu einer ganzen Funktion fortsetzen läßt (Hasse-Weil-Vermutung).

In den letzten Jahren sind elliptische Kurven im Zusammenhang mit dem Beweis der ↗Fermatschen Vermutung in den Mittelpunkt des Interesses gerückt. Einer nicht-trivialen, relativ primen ganzahligen Lösung (α, β, γ) der Gleichung $X^l + Y^l + Z^l = 0$ ($l \geq 5$ Primzahl), bis auf Permutation o.B.d.A. β gerade und $\alpha^l \equiv -1 \mod 4$, wird die Kurve

$$y^2 = x(x - \alpha^l)(x - \beta^l)$$

zugeordnet (G.Frey). Diese Kurve hätte aber so ungewöhnliche arithmetische Eigenschaften, daß sie nicht existiert (A.Wiles).

elliptische Quadrik, die Quadrik vom Index $\frac{d-1}{2}$ im projektiven Raum der ungeraden Dimension d. Die Punkte einer elliptischen Quadrik lassen sich in homogenen Koordinaten beschreiben durch die Gleichung

$$f(x_0, x_1) + x_2x_3 + x_4x_5 + \cdots + x_{d-1}x_d = 0,$$

wobei f eine irreduzible quadratische Form ist.

Im dreidimensionalen euklidischen Raum entsprechen der elliptischen Quadrik das Ellipsoid, das Paraboloid und das zweischalige Hyperboloid.

elliptische Transformation, ein Symplektomorphismus Φ von

$$(\mathbb{R}^{2n}, \sum_{i=0}^{n} dq_i \wedge dp_i),$$

der den Ursprung festläßt, und dessen Linearisierung $T_0\Phi$ diagonalisierbar ist mit Eigenwerten, die alle im Einheitskreis enthalten sind.

elliptischer Operator, ein linearer Operator

$$D : C^\infty(M) \to C^\infty(M)$$

mit einer kompakten reellen n-dimensionalen Mannigfaltigkeit M, der in lokalen Koordinaten die Form

$$Df(x) := \sum_{|\alpha| \leq k} A_\alpha(x) f_\alpha(x)$$

für alle $x \in U \subset \mathbb{R}^n$ hat.

Dabei ist $f : U \to \mathbb{C}^m$ eine glatte Funktion und $A_\alpha(x)$ eine komplexe $(m \times m)$-Matrix. Für die Abbildung

$$\sigma(x, \xi) := \sum_{|\alpha| = k} A_\alpha(x) \xi^\alpha,$$

wobei die partiellen Ableitungen in der Gleichung für $Df(x)$ durch die reellen Variablen ξ^i ersetzt wurden, muß gelten, daß $\sigma(x, \xi) : \mathbb{C}^m \to \mathbb{C}^m$ für alle $x \in U$ und $\xi \in \mathbb{R}^n$ mit von Null verschiedenem ξ bijektiv ist.

elliptischer Punkt, ein Punkt $P \in \mathcal{F}$ einer regulären Fläche $\mathcal{F} \subset \mathbb{R}^3$, in dem die Gaußsche Krümmung positiv ist.

Insbesondere ist jeder Nabelpunkt elliptisch, sofern er kein ↗Flachpunkt ist.

Die ↗Dupinsche Indikatrix der Fläche in einem elliptischen Punkt ist ein Kreis oder, allgemeiner, eine Ellipse, woraus sich die Bezeichnung „elliptischer Punkt" ableitet.

elliptischer Zylinder, die Regelfläche, deren Basiskurve eine Ellipse und deren Erzeugenden untereinander parallele, zur Ebene der Ellipse orthogonale Geraden sind.

Die implizite Gleichung des elliptischen Zylinders in Normallage lautet

$$\frac{x^2}{a^2} + \frac{y^2}{b^2} = 1,$$

und eine Parameterdarstellung ist durch

$$\Phi(u,v) = (a\cos(u), b\sin(u), v)$$

gegeben.

elliptisches Integral, ein unbestimmtes Integral der Gestalt

$$\int R(x, \sqrt{P(x)})\,dx\,,$$

wobei $R(x,y)$ eine rationale Funktion in x und y und

$$P(x) = a_4x^4 + a_3x^3 + a_2x^2 + a_1x + a_0$$

ein Polynom dritten oder vierten Grades mit lauter verschiedenen Nullstellen ist.

Sind die Koeffizienten $a_0, \dots, a_4$ von P reell, so kann die Berechnung eines elliptischen Integrals mit rein algebraischen Methoden auf die Berechnung von drei kanonischen Typen von Integralen zurückgeführt werden. Dies sind die Legendreschen Normalintegrale erster, zweiter und dritter Gattung:

$$F(\varphi,k) = \int_0^{\varphi} \frac{dt}{\sqrt{1-k^2\sin^2 t}}\,,$$

$$E(\varphi,k) = \int_0^{\varphi} \sqrt{1-k^2\sin^2 t}\,dt\,,$$

$$\Pi(\varphi,n,k) = \int_0^{\varphi} \frac{dt}{(1+n\sin^2 t)\sqrt{1-k^2\sin^2 t}}\,.$$

Dabei ist $0 < \varphi < \frac{\pi}{2}$, $0 < k < 1$ und $n > -1$. Man nennt diese Integrale auch unvollständige elliptische Integrale. Setzt man für die obere Integrationsgrenze $\varphi = \frac{\pi}{2}$, so heißen sie vollständige elliptische Integrale. Substituiert man $x = \sin t$, so nehmen sie die folgende Form an:

$$\int_0^{\xi} \frac{dx}{\sqrt{(1-x^2)(1-k^2x^2)}}\,,$$

$$\int_0^{\xi} \sqrt{\frac{1-k^2x^2}{1-x^2}}\,dx\,,$$

$$\int_0^{\xi} \frac{dx}{(1+nx^2)\sqrt{(1-x^2)(1-k^2x^2)}}\,,$$

wobei $\xi = \sin\varphi$. In der Praxis führt die Berechnung des Umfangs einer Ellipse auf ein elliptisches Integral zweiter Gattung.

Elliptische Integrale erster Gattung stehen in engem Zusammenhang mit ↗elliptischen Funktionen. Dazu betrachtet man das komplexe Integral

$$\int_0^{z} \frac{d\zeta}{\sqrt{P(\zeta)}}$$

mit einem Polynom P der obigen Form. Sein Wert hängt von der Wahl der Wurzel und der Wahl des Integrationsweges von 0 nach z ab. Es gilt aber:

Zu jedem Polynom P dritten oder vierten Grades mit lauter einfachen Nullstellen existiert eine nichtkonstante elliptische Funktion f mit folgender Eigenschaft: Ist $D \subset \mathbb{C}$ eine offene Menge, auf der f umkehrbar ist, und ist $g: f(D) \to \mathbb{C}$ die Umkehrfunktion von f, so gilt nach geeigneter Wahl der Wurzel

$$g'(z) = \frac{1}{\sqrt{P(z)}}\,.$$

Für D kann man z. B. eine hinreichend kleine Kreisscheibe um einen Punkt $a \in \mathbb{C}$, der keine Polstelle von f und keine Nullstelle von f' ist, nehmen.

Kurz, wenn auch etwas unpräzise, kann man also sagen: Die Umkehrfunktion eines elliptischen Integrals erster Gattung ist eine elliptische Funktion.

elliptisches Paraboloid, die Fläche, die durch die implizite Gleichung zweiter Ordnung

$$z = \frac{x^2}{a^2} + \frac{y^2}{b^2}$$

(bis auf Kongruenz) definiert ist.

Emden-Gleichung, die folgende nichtlineare gewöhnliche Differentialgleichung zweiter Ordnung für die Funktion $y(x)$:

$$y'' + \frac{2}{x}\cdot y' + y^{\alpha} = 0$$

mit $\alpha > 0$, $\alpha \neq 1$.

Durch die Variablentransformation $\xi = \frac{1}{x}$ bzw. $\eta = xy$ kann man die Emden-Gleichung auch in der Form

$$\frac{d^2y}{d\xi^2} + \frac{y^{\alpha}}{\xi^4} = 0$$

bzw.

$$\frac{d^2\eta}{dx^2} + \frac{\eta^{\alpha}}{x^{\alpha-1}} = 0$$

schreiben.

E-Methode, *selbst validierendes Verfahren*, numerisches Verfahren, welches die Existenz einer Lösung des zugrunde liegenden Problems beweist, eine Einschließung berechnet und oft auch die Eindeutigkeit der Lösung innerhalb des Einschließungsintervalls sicherstellt.

E-Methoden berechnen eine Lösungsverifikation, sie prüfen durch Anwendung von ↗Intervallarithmetik während ihrer Ausführung nach, ob die Voraussetzungen für ihre Anwendbarkeit gegeben sind. In vielen Fällen, wie z. B. der Lösungsverifikation bei linearen Gleichungssystemen oder Lösungsverifikation bei nichtlinearen Gleichungssystemen, geschieht dies durch Anwendung von auf dem Rechner überprüfbaren Folgerungen aus bekannten Fixpunktsätzen.

Gilt für eine in Maschinenintervallarithmetik berechnete Intervallauswertung $\mathbf{f}_\diamond$ *einer stetigen Funktion* $f : \mathbb{R}^n \to \mathbb{R}^n$

$$\mathbf{f}_\diamond(\mathbf{x}) \subseteq \mathbf{x}, \qquad (1)$$

so bildet f den ↗Intervallvektor $\mathbf{x}$ *in sich ab und besitzt deshalb nach dem ↗Brouwerschen Fixpunktsatz einen Fixpunkt* $x^* = f(x^*) \in \mathbf{f}_\diamond(\mathbf{x})$.

In der Praxis ist es günstiger, nicht den Fixpunkt, sondern die Differenz zu einer bekannten Näherung $\tilde{x}$ einzuschließen. Außerdem wird die ↗ε-Inflation angewendet. Ein geeignetes Einschließungsintervall kann durch Iteration bestimmt werden.

$$\left\{\begin{array}{rcl}\mathbf{x}^{(0)} &=& \mathbf{x} - [\tilde{x}, \tilde{x}],\\ \mathbf{x}^{(k+1)} &=& \mathbf{f}_\diamond(\mathbf{x}_\varepsilon^{(k)}),\ k = 0, 1, \ldots,\end{array}\right. \qquad (2)$$

solange bis

$$\mathbf{x}^{(k_0+1)}) \subseteq \mathbf{x}_\varepsilon^{(k_0)} \qquad (3)$$

für ein k_0. Dann ist die Existenz eines Fixpunkts

$$x^* \in \tilde{x} + \mathbf{x}^{(k_0+1)}$$

verifiziert. E-Methoden berechnen also eine a posteriori-Einschließung, die von einer Näherung ausgehend bestimmt wird. Der Erfolg dieser Iteration hängt von der Güte der Startnäherung $\tilde{x}$ ab, die mit einem beliebigen Verfahren berechnet werden kann.

Hat man anstelle von (1) oder (3) komponentenweise echtes Enthaltensein oder Enthaltensein im Innern, so lassen sich auch Eindeutigkeitsaussagen treffen. Durch Nachiteration lassen sich die Schranken der Intervalleinschließung verbessern, so daß (für Probleme mit exakt gegebenen Daten) möglichst viele führende Ziffern der Intervalluntergrenze mit den entsprechenden der Intervallobergrenze übereinstimmen. Durch die Berechnung werden also Ziffern der Lösung x^* garantiert.

E-Methoden können auch verwendet werden, um zu zeigen, daß ein gegebenes Intervall keinen Fixpunkt enthält.

Ist $\mathbf{f}(\mathbf{x}) \cap \mathbf{x} = \emptyset$, *so hat f keinen Fixpunkt in* $\mathbf{x}$.

[1] Herzberger, J. (ed.): Topics in Validated Computations. North-Holland Amsterdam, 1994.

empirische Autokorrelationsfunktion, ↗Statistik stochastischer Prozesse.

empirische Dichte, ↗Dichteschätzung.

empirische Kovarianzfunktion, ↗Statistik stochastischer Prozesse.

empirische Kovarianzmatrix, konkrete Schätzung der Kovarianzmatrix eines zufälligen Vektors.

Es sei $\vec{X} = (X_1, \ldots, X_k)$ ein k-dimensionaler zufälliger Vektor und es sei

$$(\vec{x}^{(1)}, \vec{x}^{(2)}, \ldots, \vec{x}^{(n)}) \text{ mit } \vec{x}^{(i)} = (x_1^{(i)}, \ldots, x_k^{(i)})$$

eine konkrete Stichprobe von $\vec{X}$ vom Umfang n. Dann heißt die Matrix

$$s := \frac{1}{n-1}\sum_{i=1}^{n}(\vec{x}^{(i)} - \bar{\vec{x}})^T(\vec{x}^{(i)} - \bar{\vec{x}})$$

mit

$$\bar{\vec{x}} := \frac{1}{n}\sum_{i=1}^{n}\vec{x}^{(i)}$$

die empirische Kovarianzmatrix von $\vec{X}$. Die Elemente

$$s_{lm} := \frac{1}{n-1}\sum_{i=1}^{n}(x_l^{(i)} - \bar{x}_l)(x_m^{(i)} - \bar{x}_m),$$

$l, m = 1, \ldots, k$, heißen für $l \neq m$ empirische Kovarianzen zwischen den Komponenten X_l und X_m; s_{ll} ist die empirische Streuung der Komponente X_l.

Ersetzt man in s die konkrete Stichprobe durch eine mathematische Stichprobe $\vec{X}^{(1)}, \vec{X}^{(2)}, \ldots, \vec{X}^{(n)}$, so erhält man die Stichprobenkovarianzmatrix

$$S := \frac{1}{n-1}\sum_{i=1}^{n}(\vec{X}^{(i)} - \bar{\vec{X}})^T(\vec{X}^{(i)} - \bar{\vec{X}})$$

mit dem Stichprobenmittel

$$\bar{\vec{X}} := \frac{1}{n}\sum_{i=1}^{n}\vec{X}^{(i)}.$$

Diese Stichprobenkovarianzmatrix ist eine (elementweise) erwartungstreue ↗Punktschätzung der Kovarianzmatrix von $\vec{X}$.

empirische Standardabweichung, die positive Quadratwurzel der ↗empirischen Streuung s^2 von n Stichprobendaten einer Zufallsgröße X, also

$$s = \sqrt{s^2} = \sqrt{\frac{1}{n-1}\sum_{i=1}^{n}(x_i - \bar{x})^2}.$$

empirische Streuung, *empirische Varianz*, der mittlere quadratische Abstand von n Beobachtungen $(x_1, x_2, \ldots, x_n)$ einer Zufallsgröße X vom arithmetischen Mittel:

$$s^2 = \frac{1}{n-1}\sum_{i=1}^{n}(x_i - \bar{x})^2$$

mit

$$\overline{x} = \sum_{i=1}^{n} x_i .$$

Die empirische Streuung ist das mit $\frac{n}{n-1}$ multiplizierte empirische zentrale Moment zweiter Ordnung (↗ empirisches Moment). Handelt es sich um eine mathematische Stichprobe $(X_1, X_2, \ldots, X_n)$ aus einer Grundgesamtheit, deren zugehörige Verteilung den Erwartungswert μ und die Varianz σ^2 besitzt, so ist s^2 als Realisierung der Schätzfunktion

$$S^2 = \frac{1}{n-1} \sum_{i=1}^{n} (X_i - \overline{X})^2$$

ein Schätzwert (↗ Punktschätzung) für σ^2.

S^2 wird auch als Stichprobenvarianz oder Stichprobenstreuung bezeichnet. Während das zweite zentrale Stichprobenmoment

$$S^* := \frac{1}{n} \sum_{i=1}^{n} (X_i - \overline{X})^2$$

nicht erwartungstreu für σ^2 ist, da gilt

$$ES^* = \frac{n-1}{n}\sigma^2 ,$$

ist S^2 eine konsistente Schätzfunktion für die Varianz σ^2, d. h. es gilt $ES^2 = \sigma^2$, und die Standardabweichung $\sqrt{V(S^2)}$ strebt für $n \to \infty$ gegen Null.

empirische Varianz, ↗ empirische Streuung.

empirische Verteilungsfunktion, Näherung an die Verteilungsfunktion einer konkreten Stichprobe.

Sei X eine Zufallsgröße mit der Verteilungsfunktion F und sei $(x_1, x_2, \ldots, x_n)$ eine konkrete Stichprobe von X vom Umfang n. Unter der empirischen Verteilungsfunktion dieser Stichprobe versteht man die Funktion

$$F_n(x) = \frac{H_n(x)}{n} , \quad x \in \mathbb{R} ,$$

wobei $H_n(x)$ die Anzahl der Werte aus der Stichprobe ist, die kleiner als x sind.

Betrachtet man die mathematische anstelle der konkreten Stichprobe, so erhält man mit

$$F_n(x) = \frac{B_n(x)}{n} ,$$

wobei $B_n(x)$ die zufällige Anzahl der Stichprobenvariablen ist, die kleiner als x sind, eine erwartungstreue und konsistente Schätzfunktion für $F(x)$.

Speziell gilt für alle $x \in \mathbb{R}$:

$$EF_n(x) = F(x) \text{ und}$$
$$V(F_n(x)) = \frac{1}{n} F(x)(1 - F(x)) .$$

Der Satz von Gliwenko (auch als Hauptsatz der Mathematischen Statistik bezeichnet), besagt sogar, daß die Differenz

$$D_n := \sup_{x \in \mathbb{R}^1} | (F_n(x) - F(x)) |$$

für $n \to \infty$ mit Wahrscheinlichkeit 1 gegen 0 konvergiert. Die Größe $T_n = \sqrt{n} D_n$ wird als Teststatistik im ↗ Kolmogorow-Test zur Verteilungsprüfung verwendet.

Kolmogorow hat gezeigt, daß für eine beliebige stetige Verteilungsfunktion F die Größe T_n gegen die Verteilungsfunktion

$$K(x) := \begin{cases} \sum_{i=-\infty}^{\infty} (-1)^i e^{-2i^2 x^2} & \text{für } x > 0 \\ 0 & \text{für } x \le 0 \end{cases}$$

der sogenannten Kolmogorow-Verteilung konvergiert. Die Kolmogorow-Verteilung wird ebenfalls im ↗ Kolmogorow-Smirnow-Test verwendet.

empirischer Korrelationskoeffizient, Realisierung des Stichprobenkorrelationskoeffizienten aufgrund einer konkreten Stichprobe.

Sei (X, Y) ein (zweidimensionaler) zufälliger Vektor und $((X_1, Y_1), \ldots, (X_n, Y_n))$ eine zugehörige mathematische Stichprobe von (X, Y), d. h., die Komponenten (X_i, Y_i) sind unabhängige zufällige Vektoren mit der gleichen Wahrscheinlichkeitsverteilung wie der zufällige Vektor (X, Y).

Eine Punktschätzung für die Korrelation ϱ zwischen X und Y liefert der sogenannte Stichprobenkorrelationskoeffizient

$$\widehat{\varrho} = \frac{\sum_{i=1}^{n} (X_i - \overline{X})(Y_i - \overline{Y})}{\sqrt{\sum_{i=1}^{n} (X_i - \overline{X})^2 \sum_{i=1}^{n} (Y_i - \overline{Y})^2}}$$

mit

$$\overline{X} = \frac{1}{n} \sum_{i=1}^{n} X_i , \quad \overline{Y} = \frac{1}{n} \sum_{i=1}^{n} Y_i .$$

Eine Realisierung von $\widehat{\varrho}$ aufgrund einer konkreten Stichprobe $((x_1, y_1), \ldots, (x_n, y_n))$ heißt empirischer Korrelationskoeffizient. Er wird auch als Pearsonscher Korrelationskoeffizient bezeichnet und in der beschreibenden bzw. deskriptiven Statistik zur informellen Beschreibung des Zusammenhangs zwischen zwei zufälligen Merkmalen verwendet.

Unter der Annahme, daß (X, Y) eine zweidimensionale Normalverteilung besitzt und X, Y unkorreliert sind, also $\varrho = 0$ ist, ist $\widehat{\varrho}$ eine erwartungstreue Schätzfunktion für ϱ.

Mehr noch, die Größe

$$T = \sqrt{n-2} \cdot \frac{\widehat{\varrho}}{\sqrt{1 - \widehat{\varrho}^2}}$$

besitzt unter diesen Annahmen eine t–Verteilung mit $n-2$ Freiheitsgraden.

T wird als Testgröße zum Testen der Hypothese $H_0 : \varrho = 0$ (also zum Prüfen, ob X und Y unkorreliert, bzw. wegen der Normalverteilung, unabhängig sind) verwendet.

empirischer Mittelwert, arithmetisches Mittel aus n Beobachtungen $(x_1, x_2, ..., x_n)$ einer Zufallsgröße X, also

$$\overline{x} := \frac{1}{n}\sum_{i=1}^{n} x_i .$$

Der empirische Mittelwert ist das empirische Anfangsmoment erster Ordnung (↗empirisches Moment).

Handelt es sich um eine mathematische Stichprobe $(X_1, X_2, ..., X_n)$ aus einer Grundgesamtheit, deren zugehörige Verteilung den Erwartungswert μ und die Varianz σ^2 besitzt, so ist $\overline{X}$ als Realisierung der Schätzfunktion

$$\overline{X} = \frac{1}{n}\sum_{i=1}^{n} X_i$$

ein Schätzwert (↗Punktschätzung) für μ. Der Wert $\overline{x}$ wird auch als Stichprobenmittel bezeichnet.

$\overline{X}$ ist eine konsistente Schätzfunktion für μ, d. h. es gilt $E\overline{X} = \mu$, und die Standardabweichung

$$\sqrt{V(\overline{X})} = \frac{\sigma}{\sqrt{n}}$$

strebt für $n \to \infty$ gegen Null.

empirisches Moment, Näherung an das Moment einer konkreten Stichprobe.

Sei X eine Zufallsgröße und sei $(x_1, x_2, \dots, x_n)$ eine konkrete Stichprobe von X vom Umfang n. Um aufgrund der Stichprobe Aussagen über die Verteilungsfunktion der Zufallsgröße X zu gewinnen, betrachtet man neben der ↗empirischen Verteilungsfunktion die sogenannten empirischen Momente. Die Größe

$$m_k^c := \frac{1}{n}\sum_{i=1}^{n}(x_i - c)^k$$

heißt empirisches Moment der Ordnung k bezüglich (der reellen Zahl) c.

Das empirische Moment k-ter Ordnung bezüglich $c = 0$,

$$m_k := \frac{1}{n}\sum_{i=1}^{n} x_i^k ,$$

wird auch als empirisches Anfangsmoment k-ter Ordnung bezeichnet. Verwendet man für c das arithmetische Mittel

$$c = \overline{x} = \frac{1}{n}\sum_{i=1}^{n} x_i ,$$

so bezeichnet man das Moment auch als empirisches zentrales Moment der Ordnung k,

$$m_{\overline{x}} := \frac{1}{n}\sum_{i=1}^{n}(x_i - \overline{x})^k .$$

Ein spezieller Vertreter des empirischen Anfangsmomentes ist für $k = 1$ der ↗empirische Mittelwert, und ein spezieller Vertreter des empirischen zentralen Momentes ist für $k = 2$ die ↗empirische Streuung.

Geht man anstelle der konkreten Stichprobe von der mathematischen Stichprobe $X_1, ..., X_n$ aus, so erhält man die sogenannten Stichprobenmomente:

Das Stichprobenmoment der Ordnung k bezüglich c

$$M_k^c := \frac{1}{n}\sum_{i=1}^{n}(X_i - c)^k ,$$

das Stichproben-Anfangsmoment k-ter Ordnung

$$M_k := \frac{1}{n}\sum_{i=1}^{n} X_i^k ,$$

und das zentrale Stichprobenmoment k-ter Ordnung

$$M_{\overline{x}} := \frac{1}{n}\sum_{i=1}^{n}(X_i - \overline{X})^k .$$

Im Sinne der Schätztheorie sind die Stichprobenmomente ↗Punktschätzungen für die theoretischen Momente einer Zufallsgröße.

empirisches Quantil, innerhalb der Mathematischen Statistik verwendeter Begriff für eine Größe, die eine geordnete Stichprobe so zerlegt, daß eine gewissen Anzahl der Daten kleiner als sie selbst ist.

Sei X eine Zufallsgröße und sei $(x_{[1]}, x_{[2]}, \dots, x_{[n]})$ eine geordnete konkrete Stichprobe

$$(x_{[1]} \le x_{[2]} \le \dots \le x_{[n]})$$

von X vom Umfang n.

Unter dem (unteren) empirischen p-Quantil Q_p, $(0 < p < 1)$ versteht man die Größe, die die geordnete Stichprobe so zerlegt, daß $p * 100\%$ der n Daten kleiner als Q_p sind. Sie ist exakt wie folgt definiert:

$$Q_p = \begin{cases} x_{[k]} & k = pn \text{ ist ganzzahlig,} \\ \dfrac{x_{[k]} + x_{[k+1]}}{2} & \begin{cases} pn \text{ ist nicht ganzzahlig,} \\ k \text{ ist die kleinste auf} \\ pn \text{ folgende ganze Zahl.} \end{cases} \end{cases}$$

Speziell werden $Q_{0.5}$ als empirischer Median und $Q_{0.25}$ und $Q_{0.75}$ als unteres bzw. oberes Quartil bezeichnet.

Bei Verwendung der mathematischen anstelle der konkreten Stichprobe erhält man mit Q_p eine Schätzfunktion zur Schätzung des theoretischen p-Quantils der Verteilung von X. Man spricht dann vom Stichprobenquantil Q_p.

Ist X stetig und liegt nur eine Klasseneinteilung der Daten, aber nicht mehr die Daten selbst vor, so werden die empirischen Quantile unter Verwendung der empirischen Verteilungsfunktion approximiert.

Die empirischen Quantile werden u. a. bei ↗Box-Plots, Q-Q-Plots und P-P-Plots verwendet.

Endecke, Ecke eines Graphen, die den Grad 1 hat.

Der Grad einer Ecke a eines Graphen ist die Anzahl der Kanten des Graphen, die a als Endpunkt besitzen, wobei die Kanten $\{a, a\}$ doppelt gerechnet werden.

Endemie, ↗Epidemiologie.

endlich erzeugte abelsche Guppe, abelsche Gruppe, die durch endlich viele ihrer Elemente erzeugt wird.

Eine formale Definition dieses Sachverhaltes kann man wie folgt geben: Die Gruppe G ist eine endlich erzeugte abelsche Gruppe, wenn es für eine natürliche Zahl n und für jedes $i \in \{1, \dots, n\}$ ein $x_i \in G$ gibt so, daß folgendes gilt:

G selbst ist die kleinste Untergruppe von G, die alle x_i enthält.

endlich erzeugte Garbe, eine analytische Garbe $\mathcal{S}$ über einem Bereich $B \subset \mathbb{C}^n$, für die es zu jedem Punkt $\zeta \in B$ eine offene Umgebung $W(\zeta) \subset B$, eine natürliche Zahl q und einen Garbenepimorphismus $\phi : \mathcal{O}^q \mid W \twoheadrightarrow \mathcal{S} \mid W$ gibt. Dabei sei

$$\mathcal{O}^q := \underbrace{\mathcal{O} \oplus \cdots \oplus \mathcal{O}}_{q\text{-mal}}.$$

Seien e_i die Einheitsschnittflächen in $\mathcal{O}^q$ und $s_i := \phi \circ (e_i \mid W)$ ihre Bilder bezüglich ϕ. Ist nun $\sigma \in \mathcal{S}_\zeta$, so kommt σ von einem Element $(a_1, \dots, a_q) \in \mathcal{O}^q$ her, d. h.

$$\sigma = \phi(a_1, \dots, a_q) = \sum_{i=1}^{q} a_i s_i(\zeta) .$$

Die Schnitte $s_1, \dots, s_q$ erzeugen also simultan über ganz W den $\mathcal{O}_\zeta$-Modul $\mathcal{S}_\zeta$.

Ist $\mathcal{S}$ analytisch über B, so nennt man die Menge $Tr(\mathcal{S}) := \{\zeta \in B : \mathcal{S}_\zeta \neq 0_\zeta\}$ den Träger von $\mathcal{S}$ (0_ζ bezeichne das Nullelement von $\mathcal{S}_\zeta$). Ist $\mathcal{S}$ endlich erzeugt, so ist $Tr(\mathcal{S})$ abgeschlossen in B.

endlich erzeugte Gruppe, Gruppe, die durch endlich viele ihrer Elemente erzeugt wird (↗endlich erzeugte abelsche Guppe).

endlich erzeugte Ringerweiterung, eine ↗Ringerweiterung $S \supset R$, für die folgendes gilt:

Es existieren Elemente $x_1, \dots, x_n \in S$ so, daß

$$R[x_1, \dots, x_n] = S ,$$

d. h. jedes Element in S ist ein Polynom in $x_1, \dots, x_n$ mit Koeffizienten aus R.

endlich erzeugter Modul, ein Modul, der ein endliches Erzeugendensystem besitzt (↗Erzeugendensystem eines Moduls).

endlich erzeugter Vektorraum, ein Vektorraum V, der ein ↗Erzeugendensystem $\{e_1, \dots, e_n\}$ aus endlich vielen Elementen besitzt. Jeder endlich erzeugte Vektorraum besitzt eine endliche ↗Basis und ist von endlicher Dimension.

Untervektorräume endlich erzeugter Vektorräume sind selbst endlich erzeugt.

endlich erzeugtes Ideal, ein Ideal, das ein endliches Erzeugendensystem hat (↗Erzeugendensystem eines Ideals).

endlich-additives Inhaltsproblem, Überbegriff für den im folgenden angerissenen Problemkreis in der ↗Maßtheorie.

Banach (1923) zeigte, daß der Lebesgue-Inhalt auf der ↗Borel-σ-Algebra $\mathcal{B}(\mathbb{R}^n)$ mit $n = 1$ oder $n = 2$ auf die Potenzmenge von $\mathbb{R}^n$ fortgesetzt werden kann, Hausdorff (1914), daß dies für $n \geq 3$ nicht geht (↗Banach-Hausdorff-Tarski-Paradoxon), wie auch nicht für das Lebesgue-Maß auf $\mathcal{B}(\mathbb{R}^n)$ mit $n \geq 1$, und von Neumann (1929), warum dies so ist. Solovay (1964) zeigte, daß das Auswahlaxiom in der naiven Mengenlehre durch das Axiom:

Alle Teilmengen von $\mathbb{R}$ sind ↗Lebesgue-meßbar

ersetzt werden kann, ohne dadurch Widersprüche zu erzeugen. Das Auswahlaxiom ist also notwendig, um in $\mathbb{R}^n$ für $n \geq 1$ die Existenz nicht Lebesgue-meßbarer Mengen nachzuweisen.

endlich-additives Wahrscheinlichkeitsmaß, auf der Potenzmenge $\mathfrak{P}(\Omega)$ einer endlichen Ergebnismenge Ω definierte Abbildung mit Werten in $[0, 1]$, welche die Eigenschaften

(i) $P(\emptyset) = 0$, und

(ii) $P(A \cup B) = P(A) + P(B)$ für alle $A, B \in \mathfrak{P}(\Omega)$ mit $A \cap B = \emptyset$

besitzt. P ist dann ein Wahrscheinlichkeitsmaß. Die Eigenschaft (ii) wird als endliche Additivität von P bezeichnet.

Bei der allgemeinen Definition des Wahrscheinlichkeitsmaßes auf einer σ-Algebra $\mathfrak{A}$ mit in der Regel unendlich vielen Elementen muß die endliche Additivität durch die σ-Additivität ersetzt werden.

Einführungen in die Wahrscheinlichkeitstheorie verwenden den Begriff des endlich-additiven Wahrscheinlichkeitsmaßes aus rein didaktischen Gründen, da die Eigenschaft (ii) im Vergleich zur σ-Additivität als leichter vermittelbar angesehen wird.

endlichdimensionale Verteilungen eines stochastischen Prozesses, die Gesamtheit der Verteilungen der zufälligen Vektoren $(X_t)_{t\in S}$, wobei $X = (X_t)_{t\in T}$ ein stochastischer Prozeß auf einem Wahrscheinlichkeitsraum $(\Omega, \mathfrak{A}, P)$, und S eine beliebige endliche Teilmenge von T ist.

Bezeichnet $(E_t, \mathfrak{E}_t)$ für $t \in T$ den Bildraum von X_t und

$$\pi_S : \prod_{t\in T} E_t \ni (x_t)_{t\in T} \to (x_t)_{t\in S} \in \prod_{t\in S} E_t$$

für jede endliche Teilmenge S von T die Projektion von $\times_{t\in T} E_t$ auf $\times_{t\in S} E_t$, so sind die endlichdimensionalen Verteilungen von X die Mitglieder der Familie der induzierten Verteilungen

$$(P_{\pi_S \circ X})_{S\subseteq T:|S|<\infty} \,.$$

endlichdimensionaler Operator, ein linearer Operator zwischen normierten Räumen mit endlichdimensionalem Bild.

Zum Problem der Approximation kompakter Operatoren durch endlichdimensionale findet man noch mehr Informationen unter dem Stichwort ↗Approximationseigenschaft eines Banachraums.

endliche Abbildung, eigentliche diskrete Abbildung.

Seien X und Y lokal kompakte Räume. Eine stetige Abbildung $f : X \to Y$ heißt diskret, wenn ihre Fasern $f^{-1}(y)$, $y \in Y$, diskrete topologische Unterräume sind. Eine eigentliche diskrete Abbildung heißt endlich.

endliche Axiomatisierbarkeit, ↗ axiomatische Mengenlehre.

endliche Darstellbarkeit von Banachräumen, Konzept der lokalen Banachraumtheorie zum Vergleich der endlichdimensionalen Teilräume zweier Banachräume.

Seien X und Y Banachräume; Y heißt endlich darstellbar in X, wenn es zu jedem $\varepsilon > 0$ und jedem endlichdimensionalen Unterraum F von Y einen endlichdimensionalen Unterraum gleicher Dimension E von X mit ↗Banach-Mazur-Abstand

$$d(E,F) \le 1+\varepsilon$$

gibt.

Der Satz von Dvoretzky (↗Dvoretzky, Satz von) impliziert, daß ℓ^2 in jedem unendlichdimensionalen Banachraum endlich darstellbar ist, und das Prinzip der lokalen Reflexivität liefert, daß der Bidualraum X'' von X stets in X endlich darstellbar ist.

endliche Folge, eine ↗Abbildung (bzw. das Bild dieser Abbildung) $f : A \to B$, deren Definitionsbereich A linear geordnet und endlich ist (↗Ordnungsrelation).

Häufig gilt $A = \{1, 2, \ldots, n\}$, $n \in \mathbb{N}$, und man schreibt f in der Form $(b_1, b_2, \ldots, b_n)$.

Endliche Geometrie

J. Eisfeld

Eine endliche Inzidenzstruktur ist ein Tripel $(\mathcal{P}, \mathcal{B}, I)$, wobei

- $\mathcal{P}$ eine endliche Menge ist, deren Elemente *Punkte* genannt werden,
- $\mathcal{B}$ eine endliche Menge ist, deren Elemente *Blöcke* genannt werden,
- $I \subseteq \mathcal{P} \times \mathcal{B}$ eine Relation ist, die sog. Inzidenzrelation.

Ist $(P, B) \in I$, so sagt man, der Punkt P ist mit dem Block B inzident. Man kann den Block $B \in \mathcal{B}$ auch mit der Punktmenge $\{P \in \mathcal{P} \mid (P, B) \in I\}$ identifizieren. Anstelle von $(P, B) \in I$ schreibt man dann auch $P \in B$ und sagt, der Punkt P ist in dem Block B enthalten. Je nach anschaulichem Zusammenhang sagt man an Stelle von „Block" auch „Gerade", „Ebene" etc.

Die endliche Geometrie (oder *Inzidenzgeometrie*) untersucht endliche Inzidenzstrukturen. Hierbei geht es einerseits darum, Inzidenzstrukturen mit bestimmten Zusatzeigenschaften zu suchen und zu klassifizieren, und andererseits darum, Eigenschaften bekannter Inzidenzstrukturen zu untersuchen.

Um diese Definition mit Leben zu füllen, betrachten wir ein Problem, das als einer der Grundpfeiler der endlichen Geometrie angesehen wird. Das Kirkmansche Schulmädchenproblem lautet: Ein Lehrer will mit einer Gruppe von 15 Schulmädchen täglich eine Wanderung machen, wobei die Mädchen in fünf Reihen zu je drei Mädchen angeordnet werden sollen. Dies soll so geschehen, daß im Laufe von 7 Tagen jedes Mädchen mit jedem anderen Mädchen genau einmal in derselben Reihe läuft. Ist dies möglich?

Angenommen, es gibt eine solche Aufstellung, dann kann man sie folgendermaßen als Inzidenzstruktur auffassen: Sei $\mathcal{P}$ die Menge der Mädchen, und sei $\mathcal{B}$ die Menge der Dreierreihen, die im Laufe der Woche vorkommen. Die Inzidenz wird so definiert, daß der „Punkt" $P \in \mathcal{P}$ genau dann auf dem „Block" $B \in \mathcal{B}$ liegt, wenn das Mädchen P in der Reihe B ist. Dann hat die Inzidenzstruktur $(\mathcal{P}, \mathcal{B}, I)$ folgende Eigenschaften:

- Es gibt genau $v = 15$ Punkte.
- Jeder Block enthält genau $k = 3$ Punkte.

- Je zwei Punkte sind in genau einem Block enthalten.
- Es gibt einen Parallelismus von $\mathcal{B}$, d. h. eine Partition $\mathcal{B} = \bigcup_i \mathcal{B}_i$ der Menge der Blöcke, so daß jedes $\mathcal{B}_i$ eine Partition der Menge der Punkte ist. ($\mathcal{B}_i$ entspricht den Reihen des i-ten Tages.)

Dies besagt, daß $(\mathcal{P}, \mathcal{B}, I)$ ein auflösbarer ↗Blockplan mit Parametern 2-(15,3,1) ist. Das Kirkmansche Schulmädchenproblem ist also ein Problem der endlichen Geometrie, das lautet: Gibt es einen auflösbaren 2-(15,3,1)-Blockplan? Die Antwort lautet: Ja (siehe Abbildung; die anderen Tage erhält man durch Rotation um den Mittelpukt).

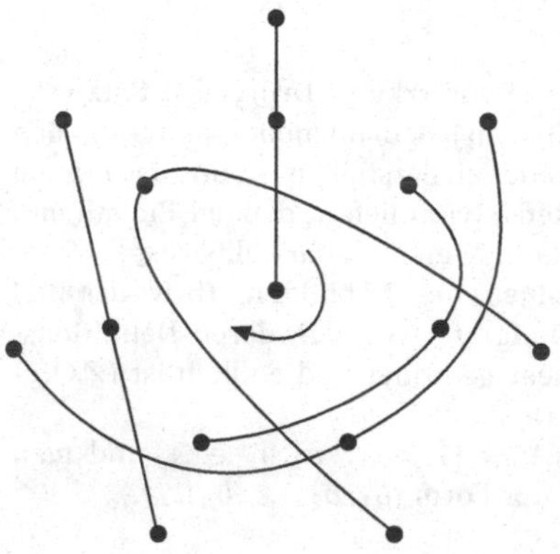

Lösung des Kirkmanschen Schulmädchenproblems

Mit diesem Problem ist auch ein zentrales Gebiet der endlichen Geometrie angesprochen: die Theorie der ↗Blockpläne (Designs). Eine elementare Einführung in dieses Gebiet bietet [3]; ein Standardwerk ist [2].

Ein anderes klassisches Problem ist das Eulersche Problem der 36 Offiziere: Aus sechs Regimentern werden je sechs Offiziere derart ausgewählt, daß jeder von sechs Dienstgraden vertreten ist. Diese 36 Offiziere sollen nun derart in einem Quadrat aufgestellt werden, daß in jeder Reihe und in jeder Spalte (=Kolonne) jeder Dienstgrad und jedes Regiment genau einmal vertreten ist. Ist dies möglich?

Bei diesem Problem geht es darum, zwei orthogonale ↗lateinische Quadrate der Ordnung 6 zu finden. Man kann es aber auch folgendermaßen umformulieren: Sei $\mathcal{P}$ die Menge der 36 Positionen im Quadrat, in dem die Offiziere aufgestellt werden. Die Menge $\mathcal{B}$ setzt sich aus vier Arten von Blöcken zusammen, die alle jeweils sechs Elemente haben: $\mathcal{B}_1$ enthält als Blöcke die sechs Zeilen des Quadrates. $\mathcal{B}_2$ enthält als Blöcke die sechs Spalten des Quadrates. $\mathcal{B}_3$ enthält sechs Blöcke, die jeweils den Offizieren eines Regimentes entsprechen. $\mathcal{B}_4$ enthält sechs Blöcke, die jeweils den Offizieren eines Dienstgrades entsprechen. Zusammen ergibt dies eine Inzidenzstruktur mit folgenden Eigenschaften:

- Durch je zwei Punkte geht höchstens ein Block.
- Ist B ein Block und P ein Punkt, der nicht in B enthalten ist, dann gibt es genau einen Block durch P, der mit B keinen Punkt gemeinsam hat.
- Jeder Block enthält genau sechs Punkte. Jeder Punkt liegt auf vier Geraden.

Eine geometrische Struktur mit den ersten beiden Eigenschaften ist ein ↗Netz. Man kann zeigen, daß es kein Netz gibt, das auch die dritte Eigenschaft hat. Wenn man dagegen nur drei Punkte pro Block haben will (was drei Regimentern und drei Dienstgraden entspricht), dann existiert ein solches Netz – die ↗affine Ebene der Ordnung 3.

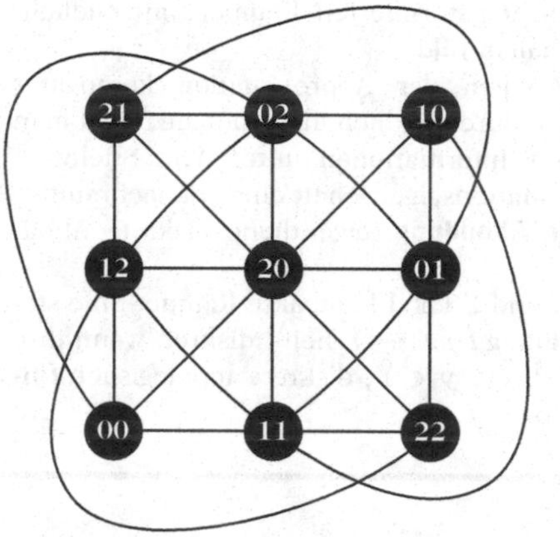

Affine Ebene und griechisch-lateinisches Quadrat der Ordnung 3

Dies waren Beispiele für die Richtung der endlichen Geometrie, die sich mit der Suche nach Inzidenzstrukturen mit gewissen numerischen Eigenschaften befaßt. Andere Fragestellungen dieser Art sind:

- Wieviele Tippreihen muß man im Lotto mindestens abgeben, um mit Sicherheit mindestens einmal drei Richtige zu haben?
- Wie kann man ein Fußballturnier so planen, daß jeder gegen jeden spielt und jeder ungefähr gleich häufig auf jedem Platz gespielt hat?

Anwendungsorientiertere Fragen dieser Art ergeben sich aus der statistischen Versuchsplanung („Design of experiments"), die dadurch einer der Grundpfeiler der endlichen Geometrie war. Weitere Beispiele finden sich in [1]. Eine Übersicht über solche Strukturen bietet [7].

Die andere Hauptrichtung der endlichen Geometrie befaßt sich mit der Untersuchung von Inzidenzstrukturen mit bestimmten geometrischen Eigenschaften. Diese hatte ihren Ausgangspunkt bei den endlichen projektiven Ebenen und projektiven Räumen. Eine projektive Ebene ist eine Inzidenzstruktur aus Punkten und Geraden, die folgende Axiome erfüllt:

- Durch je zwei Punkte geht genau eine Gerade.
- Je zwei Geraden schneiden sich in einem Punkt.
- Es gibt vier Punkte, von denen keine drei auf einer gemeinsamen Geraden liegen.

Von einem projektiven Raum spricht man, wenn statt des zweiten Axioms folgendes allgemeinere Axiom erfüllt ist:

- Sind A, B, C, D vier Punkte, so daß die Geraden AB und CD einen Punkt gemeinsam haben, so haben auch AC und BD einen Punkt gemeinsam. (Veblen-Young-Axiom).

Sind die Mengen der Punkte und Geraden endlich, so spricht man von einer endlichen projektiven Ebene bzw. einem endlichen projektiven Raum.

Man kann endliche projektive Räume folgendermaßen konstruieren: sei $n \geq 3$, und sei V ein n-dimensionaler Vektorraum über einem endlichen Körper K. Sei $\mathcal{P}$ die Menge der eindimensionalen Unterräume von V, und sei $\mathcal{L}$ die Menge der zweidimensionalen Unterräume von V. Ein Punkt $P \in \mathcal{P}$ sei mit einer Geraden $l \in \mathcal{L}$ inzident, wenn $P \subset l$ gilt. Dann ist $(\mathcal{P}, \mathcal{L}, I)$ ein endlicher projektiver Raum. Falls $n = 3$ ist, so handelt es sich um eine projektive Ebene. Jeder endliche projektive Raum, der keine projektive Ebene ist, geht auf diese Konstruktion zurück.

Jede Gerade eines endlichen projektiven Raumes enthält die gleiche Anzahl $q + 1$ von Punkten. Die Zahl q heißt Ordnung des projektiven Raumes. Obige Konstruktion liefert projektive Räume für alle Ordnungen q, die Potenzen von Primzahlen sind. Ein zentrales Problem der endlichen Geometrie ist die Frage, ob es eine endliche projektive Ebene gibt, deren Ordnung keine Potenz einer Primzahl ist. Der Satz von Bruck und Ryser lautet: *Ist* $q \equiv 1$ *oder* 2 (mod 4), *und ist q nicht die Summe zweier Quadratzahlen, so gibt es keine projektive Ebene der Ordnung q.*

Ferner ist bekannt, daß keine projektive Ebene der Ordnung 10 existiert. Alle anderen Fälle sind offen.

In endlichen projektiven Räumen gibt es viele interessante Strukturen. Zentrale Bedeutung haben die Quadriken, die die wichtigsten Beispiele der ↗Polarräume sind. Weitere Untersuchungsgegenstände sind z. B. ↗Bögen, ↗Kappen, ↗Unitale, ↗blockierende Mengen und ↗Faserungen.

Anwendungen der endlichen projektiven Geometrie gibt es u. a. in der ↗Codierungstheorie und der ↗Kryptologie. Eine elementare Einführung findet sich in [4]. Ein grundlegendes Werk über projektive Ebenen ist [11]. Ein umfassendes Werk über projektive Geometrie über endlichen Körpern bilden die Bände [8], [9], [10].

Eine gemeinsame Verallgemeinerung von projektiven Räumen und Polarräumen sind ↗Gebäude. Die Theorie der Gebäude wurde von Jacques Tits [12] entwickelt, um den einfachen Lie-Gruppen, später den Chevalley-Gruppen, eine geometrische Interpretation zu geben. Es handelt sich um Geometrien, auf denen diese Gruppen als Automorphismengruppen operieren. Die Theorie der Gebäude stellt einen Verbindungspunkt zwischen der endlichen Geometrie und der Gruppentheorie dar. Eine Einführung in die Theorie der Gebäude findet sich in [5] und in [6].

Eine weitere Verallgemeinerung stellt die ↗Diagrammgeometrie dar. Diese dient der allgemeinen Untersuchung geometrischer Strukturen, die sich aus mehr als zwei Arten von Objekten (etwa Punkten, Geraden und Ebenen) zusammensetzen. Auch hier spielen gruppentheoretische Aspekte eine zentrale Rolle.

Eine Zusammenstellung der wichtigsten Gebiete der endlichen Geometrie findet sich in [6].

Literatur

[1] Anderson, I.: Combinatorial Designs and Tournaments. Oxford University Press, New York, 1997.

[2] Beth, T., Jungnickel, D., Lenz, H.: Design Theory, 2nd ed. (2 Bde.). Cambridge University Press, Cambridge, 1999.

[3] Beutelspacher, A.: Einführung in die endliche Geometrie I, II. B.I.-Wissenschaftsverlag, Zürich, 1982,1983.

[4] Beutelspacher, A., Rosenbaum, U.: Projektive Geometrie. Vieweg, Braunschweig/Wiesbaden, 1992.

[5] Brown, K.S.: Buildings. Springer, Heidelberg, 1980.

[6] Buekenhout, F. (ed.): Handbook of Incidence Geometry. Elsevier Science, Amsterdam, 1995.

[7] Colbourn, C.J., Dinitz, J.H. (ed.): The CRC Handbook of Combinatorial Designs. CRC Press, Boca Raton, 1996.

[8] Hirschfeld, J.W.P.: Projective Geometries over Finite Fields. Oxford University Press, New York, 1998^2.

[9] Hirschfeld, J.W.P.: Finite Projective Spaces of Three Dimensions. Oxford University Press, New York, 1985.

[10] Hirschfeld, J.W.P., Thas, J.W.P.: General Galois Geometries. Oxford University Press, New York, 1991.

[11] Hughes, D.R., Piper, F.C.: Projective Planes. Springer, Berlin, 1973.

[12] Tits, J.: Buildings of Spherical Type and finite BN-Pairs, Springer Lecture Notes in Mathematics, Vol. 386. Springer, Heidelberg, 1974.

endliche Gruppe, Gruppe mit endlich vielen Elementen.

endliche Kardinalzahl, auch finite oder natürliche Kardinalzahl, Kardinalzahl, die echt kleiner ist als die Kardinalität der natürlichen Zahlen (↗Kardinalzahlen und Ordinalzahlen).

endliche Körpererweiterung, eine ↗Körpererweiterung $\mathbb{L}$ über $\mathbb{K}$, deren Grad endlich ist.

Äquivalent hierzu ist, daß $\mathbb{L}$ ein endlich-dimensionaler Vektorraum über $\mathbb{K}$ ist.

endliche Markow-Kette, ↗diskrete Markow-Kette.

endliche Menge, Menge, deren Kardinalität echt kleiner ist als die Kardinalität der natürlichen Zahlen.

Eine Menge M ist genau dann endlich, wenn es eine bijektive Abbildung $\varphi : M \to \mathbb{N}_n$ gibt, wobei man unter $\mathbb{N}_n$ den durch die natürliche Zahl n bestimmten Abschnitt der Menge $\mathbb{N}$ der natürlichen Zahlen versteht.

Dazu äquivalent ist die Bedingung, daß es keine echte Teilmenge M' von M gibt, so daß eine bijektive Abbildung $f : M \to M'$ existiert.

Ist beispielsweise $M = \mathbb{N}$ die Menge der natürlichen Zahlen, so kann man die Menge der geraden Zahlen

$$M' = \{n \in \mathbb{N} | n = 2m, m \in \mathbb{N}\}$$

bilden und findet mit $f(n) = 2n$ eine bijektive Abbildung von M nach M'. Folglich ist M nicht endlich.

endliche Nichtstandard-Zahl, ↗Nichtstandard-Analysis.

endliche Partition, eine Partition mit endlich vielen Blöcken.

Ist $\pi = A_1|A_2 \cdots |A_{b(\pi)}$ eine endliche Partition einer Menge, so ist die ↗Blockzahl $b(\pi)$ von π eine natürliche Zahl.

endliche Ringerweiterung, eine Ringerweiterung $S \supset R$, wenn S als R–Modul aufgefaßt ein ↗endlich erzeugter Modul ist. Endliche Erweiterungen sind ↗ganze Erweiterungen.

endliche Überdeckung, Überdeckung einer Menge, die aus nur endlich vielen Umgebungen besteht.

Beispielsweise besitzt jede beschränkte abgeschlossene Teilmenge des $\mathbb{R}^n$ eine endliche Überdeckung.

endlicher Akzeptor, Tupel $A = (Z, X, S_0, F, \delta)$ der im folgenden beschriebenen Art. Hierbei sind Z und X endliche Mengen. Z ist die Menge der Zustände und X die Menge der Eingabesymbole. $S_0 \subseteq Z$ ist die Menge der Anfangszustände des endlichen Akzeptors. $F \subseteq Z$ die Menge der Endzustände.

$$\delta : Z \times X \to \mathfrak{P}(Z)$$

ist eine Abbildung, die angesetzt auf einen Zustand $s \in Z$ und ein Eingabesymbol $x \in X$ angibt, in welche Zustände der sich im Zustand s befindliche endliche Akzeptor bei Eingabe von x übergehen kann.

Die von einem endlichen Akzeptor erkannte (akzeptierte) Sprache ist die Menge $L(A)$ der Folgen von Eingabesymbolen, die den endlichen Akzeptor ausgehend von einem Anfangszustand in einen Endzustand überführen.

Die Sprache $L(A)$ ist formal definiert durch

$$L(A) := \{w \in X^\star : \exists s_0 \in S_0 : F \cap \delta^\star(s_0, w) \neq \emptyset\}$$

mit

$$\delta^\star(s, x_1 \dots x_k) = \delta(\delta^\star(s, x_1 \dots x_{k-1}), x_k)$$

und $\delta^\star(s, x_1) = \delta(s, x_1)$ für alle $x_1, \dots, x_k \in X$. Wie bei ↗endlichen Automaten unterscheidet man auch bei endlichen Akzeptoren zwischen nichtdeterministischen und deterministischen endlichen Akzeptoren.

endlicher Automat, *Mealy-Automat*, ein im folgenden näher definiertes Tupel $A = (Z, X, Y, S_0, \delta)$. Hierbei sind Z, X und Y endliche Mengen. Z ist die Menge der Zustände, X die Menge der Eingabesymbole und Y die Menge der Ausgabesymbole. $S_0 \subseteq Z$ ist die Menge der Anfangszustände des endlichen Automaten.

$$\delta : Z \times X \to \mathfrak{P}(Z \times Y)$$

ist eine Abbildung, die angesetzt auf einen Zustand $s \in Z$ und ein Eingabesymbol $x \in X$ die Menge der möglichen Übergänge (t, y) des endlichen Automaten angibt.

Ist $(t, y) \in \delta(s, x)$, so kann der sich im Zustand s befindliche endliche Automat bei Eingabe des Symbols x in den Zustand t übergehen und bei diesem Übergang das Symbol y ausgeben.

Ist $|S_0| > 1$, oder sind mehrere Übergänge für einen Zustand $s \in Z$ und ein Eingabesymbol $x \in X$ möglich, d. h. gilt $|\delta(s, x)| > 1$, so spricht man von einem nichtdeterministischen endlichen Automaten.

Ist $|S_0| = 1$ und $|\delta(s, x)| = 1$ für alle $s \in Z$ und $x \in X$, so spricht man von einem deterministischen endlichen Automaten.

In diesem Fall beschreibt man in der Regel den endlichen Automaten durch ein 6-Tupel $(Z, X, Y, S_0, \delta, \lambda)$, wobei $\delta : Z \times X \to Z$ die Übergangsfunktion und $\lambda : Z \times X \to Y$ die Ausgabefunktion des endlichen Automaten darstellt.

Gilt für alle Zustände s und alle Eingabesymbole $x_1, x_2 \in X$, daß aus $(t_1, y_1) \in \delta(s, x_1)$ und $(t_2, y_2) \in \delta(s, x_2)$ schon $y_1 = y_2$ folgt, d. h. ist das auszugebende Symbol nur abhängig von dem aktuellen Zustand des endlichen Automaten, so spricht man von einem Moore-Automaten.

endlicher Darstellungstyp, Eigenschaft einer Algebra.

Sei A eine assoziative Algebra mit Eins über einem Körper $\mathbb{K}$. Sie besitzt endlichen Darstellungstyp, falls sie nur endlich viele Äquivalenzklassen unzerlegbarer Darstellungen besitzt. Dabei versteht man unter einer Darstellung einen Algebrenhomomorphismus von A in die Matrizenalgebra $M_n(\mathbb{K})$.

endlicher Filter, ein Filter

$$h(\omega) = \sum_{k\in\mathbb{Z}} h_k e^{ik\omega},$$

der nur endliche viele von Null verschiedene Koeffizienten h_k hat.

endlicher Inhalt, ein Inhalt μ auf einem Ring R so, daß $\mu(A) < \infty$ für alle $A \in R$ gilt.

endlicher Körper, ein Körper mit nur endlich vielen Elementen. Man bezeichnet einen solchen Körper manchmal auch als Galois-Feld.

Die Charakteristik eines solchen Körpers $\mathbb{K}$ ist eine Primzahl p. Die Anzahl der Elemente von $\mathbb{K}$ ist eine Potenz $q = p^r$ der Charakteristik. Der Exponent r gibt den Körpergrad über dem Primkörper $\mathbb{F}_p$ an.

$\mathbb{K}$ entsteht durch Adjunktion aller Nullstellen des Polynoms $x^q - x$ zu $\mathbb{F}_p$. Insbesondere gibt es zu p und r bis auf Isomorphie genau einen endlichen Körper mit p^r Elementen.

Man verwendet auch die Notation $GF(p^r)$, um diesen eindeutig bestimmten Körper zu bezeichnen. Diese Körper sind von Bedeutung in der ↗Codierungstheorie.

endlicher Morphismus, ein Ringhomomorphismus, der eine endliche Erweiterung induziert.

Eine stetige Abbildung zwischen topologischen Räumen heißt endlich, wenn die Fasern der Abbildung aus endlich vielen Punkten bestehen und die Abbildung abgeschlossen ist (die Bilder von abgeschlossenen Mengen sind abgeschlossen).

endlicher Verband, ein ↗Verband V, wobei V eine endliche Menge ist.

Neben den Verbandsaxiomen gelten für endliche Verbände weitere Regeln. So ist zum Beispiel jeder endliche Verband ein ↗vollständiger Verband und somit auch ein ↗beschränkter Verband.

endlicher vollständiger Automat, ein ↗Automat mit endlich vielen Zuständen, bei dem jeder Zustand bei jedem Eingabezeichen mindestens einen Nachfolgezustand besitzt.

Zu jedem ↗endlichen Automaten kann ein äquivalenter vollständiger konstruiert werden, indem ein neuer Zustand q^* eingeführt wird, der kein Endzustand ist. Für alle Zustands-/Eingabepaare ohne Nachfolgezustand wird dann q^* als Nachfolgezustand gesetzt. Besonders für deterministische Automaten erleichtert die Vollständigkeit viele Konstruktionen.

endlicher Zeitwechsel, ein Zeitwechsel $(T_s)_{s\geq 0}$ auf einem Wahrscheinlichkeitsraum $(\Omega, \mathfrak{A}, P)$, bei dem für alle $s \geq 0$ P-fast sicher $T_s < \infty$ gilt.

endliches Spiel, ein Spiel, bei dem allen beteiligten Spielern endliche Strategiemengen bzw. Aktionsräume zugeordnet sind.

Endlichkeit, die Eigenschaft einer Menge, eines Vorgangs, eines Prozesses, o.ä., endlich zu sein.

Man vergleiche hierzu die zahlreichen Stichwörter zum Themenkreis „endlich“.

Endlichkeitssatz, eine grundlegende Aussage in der Logik über die Widerspruchsfreiheit von Mengen von Ausdrücken.

Um die wichtigsten syntaktischen und semantischen Versionen des Endlichkeitssatzes formulieren zu können, benötigt man einige grundlegende Begriffsbildungen.

Es sei L eine ↗elementare Sprache und Σ eine Menge von Ausdrücken in L. Ein Modell von Σ ist eine algebraische Struktur, in der alle Ausdrücke aus Σ gültig sind (symbolisch $\mathcal{A} \models \Sigma$ bzw. $\mathcal{A} \models \varphi$, gelesen $\mathcal{A}$ ist ein Modell von Σ bzw. von φ).

Eine Menge Σ, die ein Modell besitzt, heißt widerspruchsfrei. Ein Ausdruck folgt aus Σ, wenn jedes Modell von Σ auch ein Modell von φ ist (symbolisch $\Sigma \models \varphi$, gelesen aus Σ folgt φ; das Zeichen $\models$ ist also in der mathematischen Logik doppeldeutig!).

Entsprechend den oben gegebenen semantischen Begriffsbildungen betrachten wir jetzt Begriffe, die der Syntax zuzurechnen sind.

Ein Ausdruck φ ist aus Σ ableitbar oder formal beweisbar, wenn ein (formaler) ↗Beweis $(\varphi_1, \dots, \varphi_n)$ für φ aus Σ existiert, dies kennzeichnet man durch $\Sigma \vdash \varphi$. Eine Menge Σ heißt konsistent, wenn es keinen Ausdruck φ gibt, so daß $\Sigma \vdash \varphi \wedge \neg\varphi$.

Wir können jetzt die verschiedenen Versionen des Endlichkeitssatzes formulieren.

Endlichkeitssatz, semantische Version a)
$\Sigma \models \varphi$ *genau dann, wenn eine endliche Teilmenge* Σ_0 *von* Σ *existiert, so daß* $\Sigma_0 \models \varphi$.

Endlichkeitssatz, semantische Version b)
Σ *besitzt genau dann ein Modell, wenn jede endliche Teilmenge* Σ_0 *von* Σ *ein Modell besitzt.*

Endlichkeitssatz, syntaktische Version a)
$\Sigma \vdash \varphi$ *genau dann, wenn eine endliche Teilmenge* Σ_0 *von* Σ *existiert, so daß* $\Sigma_0 \vdash \varphi$.

Endlichkeitssatz, syntaktische Version b)
Σ *ist genau dann konsistent, wenn jede endliche Teilmenge* Σ_0 *von* Σ *konsistent ist.*

Der Endlichkeitssatz wird auch häufig Kompaktheitssatz genannt. K. Gödel hat gezeigt, daß für die Prädikatenlogik das inhaltliche Folgern $\models$ mit dem formalen Beweisen $\vdash$ übereinstimmt, d. h.,

$$\Sigma \models \varphi \;\Leftrightarrow\; \Sigma \vdash \varphi .$$

Damit sind die verschiedenen Versionen des Endlichkeitssatzes zueinander äquivalent.

Der Endlichkeitssatz ist ein wichtiges Hilfsmittel der mathematischen Logik insbesondere beim Nachweis der Existenz gewisser Modelle mit z.T. verblüffenden Eigenschaften.

Endomorphismenring, der Ring (End(V), $+$, $\cdot$) der ↗Endomorphismen $f : V \to V$ eines Vektorraumes V mit den durch

$$(f+g)(v) := f(v)+g(v)$$

(Addition) und

$$(f \cdot g)(v) := (g \circ f)(v) := g(f(v))$$

(Multiplikation) definierten Verknüpfungen, wobei $f, g \in \text{End}(V)$.

Das Einselement in (End(V), $+$, $\cdot$) ist die Identität (↗Eins-Abbildung)

$$\text{Id} : V \to V\,;\ v \mapsto v\,.$$

End(V) ist i. allg. nicht kommutativ.

Endomorphismus, eine ↗lineare Abbildung $\varphi : V \to V$ eines Vektorraumes V auf sich.

Anstelle von Endomorphismus sagt man auch linearer Operator.

Der ↗Endomorphismenring End(V) des n-dimensionalen $\mathbb{K}$-Vektorraumes V ist isomorph zum Ring der $(n \times n)$-Matrizen über $\mathbb{K}$, denn jeder Endomorphismus kann durch eine solche Matrix dargestellt werden.

Zwei Endomorphismen $f_1, f_2 \in \text{End}\, V$ heißen vertauschbar, falls gilt:

$$f_1 \circ f_2 = f_2 \circ f_1\,.$$

Endstück einer Folge, „Abschnitt“ der Form $(a_N, a_{N+1}, \cdots)$ (für ein $N \in \mathbb{N}$) einer Folge (a_n).

Dieser Begriff wird gelegentlich z. B. zur Beschreibung von Folgenkonvergenz herangezogen.

energetischer Raum, ein zu einem halbbeschränkten Operator assoziierter Hilbertraum.

Sei $T : H \supset D(T) \to H$ ein symmetrischer halbbeschränkter Operator, der

$$\langle Tx, x\rangle \geq c\|x\|^2 \quad \forall x \in D(T)$$

erfüllt.

Sei $\lambda > -c$. Das energetische Skalarprodukt und die energetische Norm auf $D(T)$ sind durch

$$[x,y]_\lambda = \langle Tx, y\rangle + \lambda\langle x,y\rangle,$$
$$\|x\|_\lambda = [x,x]_\lambda^{1/2}$$

erklärt. Ist auch $\mu > -c$, so sind $\|\,.\,\|_\lambda$ und $\|\,.\,\|_\mu$ äquivalent.

Der energetische Raum H_T ist die Vervollständigung von $D(T)$ unter $\|\,.\,\|_\lambda$; diese hängt also nicht von der Wahl von λ ab, und H_T kann mit $\{x \in H :$ es existiert eine $\|\,.\,\|_\lambda$-Cauchy-Folge (x_n) in $D(T)$ mit $\|x_n - x\| \to 0\}$ identifiziert werden.

Der energetische Raum spielt eine wichtige Rolle bei der Konstruktion der ↗Friedrichs-Fortsetzung.

Energieerhaltungssatz, *Erhaltungssatz*, ganz allgemein ein Typus von Aussagen über das Prinzip der Energieerhaltung in der mathematischen Physik. Dieses Prinzip kann man so formulieren.

In einem abgeschlossenen System ist die Summe aus kinetischer und potentieller Energie konstant.

Meist verwendet man den Terminus „Energieerhaltungssatz“ als Synonym für den ↗Energieerhaltungssatz der Thermodynamik.

Energieerhaltungssatz der Elektrodynamik, Spezialfall des Energieerhaltungssatzes für den Fall, daß nur das elektromagnetische Feld eine Rolle spielt.

Energieerhaltungssatz der Thermodynamik, in differentieller Form der Ausdruck

$$dU = \delta Q - \delta W\,.$$

Dabei ist die Energie des Systems, U, eine Funktion der das System beschreibenden inneren und der die Umgebung beschreibenden äußeren Parameter sowie der Temperatur.

δW ist die differentielle Form der vom System geleisteten Arbeit, und δQ die der Energie, die dem System zugeführt wird, genannt Wärmemenge (δ, um darauf hinzuweisen, daß es sich nicht immer um vollständige Differentiale handeln muß).

Die differentiellen Formen der Wärmemenge und der Arbeit (wenn die Kräfte kein Potential haben) sind keine vollständigen Differentiale. Jedoch ist es ihre Differenz. Die genannte Eigenschaft der Arbeit bildet die Grundlage der Wärmekraftmaschinen. Dieser Sachverhalt macht die Formulierung des Energieerhaltungssatzes mit globalen Größen sehr umständlich. Es müssen immer die Wege angegeben werden, über die das System geführt wird.

Eine andere, populäre und anschauliche Formulierung des Energieerhaltungssatz der Thermodynamik ist, daß Energie weder aus nichts gewonnen noch zerstört werden kann, sondern nur eine Umwandlung von einer Form in eine oder mehrere andere möglich ist.

Daher kann auch keine Maschine gebaut werden, die nach einmaligem Starten ohne weitere Energiezufuhr immer in Bewegung bleibt.

Das Problem des perpetuum mobile ist deshalb unlösbar.

Energiefunktional, im Kontext ↗Neuronale Netze ein vom jeweiligen Netz abhängiges und auf dem Raum der Ein- und Ausgabewerte erklärtes Funktional, welches in vielen Fällen im Ausführ-Modus bei sich ändernden Netzzuständen abnimmt.

Häufig wird das Energiefunktional herangezogen um nachzuweisen, daß das jeweilige Netz im Ausführ-Modus nach endlich vielen Iterationen in einen sogenannten stabilen Zustand übergeht (vgl. z. B. ↗bidirektionaler assoziativer Speicher oder ↗Hopfield-Netz).

Energiehyperfläche, Menge aller Punkte in einer ↗symplektischen Mannigfaltigkeit, auf denen eine gegebene Hamilton-Funktion H einen gegebenen festen Wert E annimmt.

Energiehyperflächen sind sog. koisotrope Untermannigfaltigkeiten der Kodimension 1, falls E ein regulärer Wert von H ist. Ihre ↗charakteristischen Richtungen werden durch das Hamilton-Feld von H aufgespannt.

Energie-Impulsabbildung, die Kombination $H \times J$ aus der ↗Hamilton-Funktion H und der ↗Impulsabbildung J eines mechanischen Systems mit Symmetrien.

Durch die Analyse der Bifurkationsmengen der Energie-Impulsabbildung versucht man Aufschluß über die Topologie der (reduzierten) ↗Energiehyperflächen des Systems zu erlangen, als Beispiel möge die ↗Brezelfläche dienen.

Energie-Impuls-Tensor, relativistische Vereinigung der Größen Energiedichte, Impulsdichte, Energiestromdichte und Impulsstromdichte, üblicherweise bezeichnet mit T_{ij}.

Der Energie-Impuls-Tensor ist symmetrisch, d. h.

$$T_{ij} = T_{ji}.$$

In Form des Energie-Impuls-Tensors geht die nichtgravitative Materie in die Einsteinschen Gleichungen ein. Der Energie-Impuls-Tensor für das Gravitationsfeld verschwindet identisch; es läßt sich jedoch ein sogenanter Energie-Impuls-Pseudotensor für das Gravitationsfeld definieren, der zumindest im asymptotisch flachen Gravitationsfeld sinnvoll ist. Die Spur T des Energie-Impuls-Tensors ist

$$T = g^{ij} T_{ij}.$$

In einem Bezugssystem, in dem $x^0 = t$ die Zeit bezeichnet, und x^α mit $\alpha = 1, 2, 3$ die räumlichen Koordinaten darstellen, sowie die Lichtgeschwindigkeit c den Wert 1 hat, ist der Energie-Impuls-Tensor T_{ij} mit $i, j = 0, 1, 2, 3$ wie folgt zusammengesetzt:

$T_{00} = \varrho$ ist die Energiedichte, $T_{\alpha 0}$ die Impulsdichte, $T_{0\alpha}$ die Energiestromdichte und $T_{\alpha,\beta}$ die Impulsstromdichte.

Letzteres entspricht dem räumlichen Spannungstensor; ist dieser isotrop, ist er zum Druck p proportional und es gilt

$$T = \varrho - 3p.$$

Beim elektromagnetischen Feld gilt $T = 0$. Der Energieerhaltungssatz läßt sich hier wie folgt ausdrücken:

$$T^{0j}_{\ \ ;j} = 0,$$

analog ist der Impulssatz durch die Gleichung $T^{\alpha j}_{\ \ ;j} = 0$ ausdrückbar.

Energiemaß einer unscharfen Menge, von de Luca und Termini eingeführter Index

$$E(\widetilde{A}) = \int\limits_X h(\mu_A(x))\, dP(x),$$

wobei h eine monoton wachsende Funktion auf $[0, 1]$ ist und P ein in X definiertes Maß.

Ist h die identische Abbildung, so ist $E(\widetilde{A})$ die Kardinalität von $\widetilde{A}$.

Energie-Masse-Äquivalenz, Umschreibung für die Ausage der ↗ Einsteinschen Formel.

Energie-Methode, häufig verwendete Beweistechnik für die Frage der Eindeutigkeit der Lösung gewöhnlicher oder partieller Differentialgleichungen. Sie ist anwendbar bei allen zeitabhängigen Problemen, bei denen in der physikalischen Interpretation Energie erhalten bleibt.

Die übliche Vorgehensweise beruht auf der Idee, für zwei potentielle Lösungen v und w die Funktion $u := v - w$ zu betrachten und mit dieser eine Energiefunktion $E(u, t)$ zu finden mit $E_t(u, t) = 0$. Diese Beziehung wird dann genutzt, um $u = 0$ abzuleiten, und damit die Eindeutigkeit zu zeigen.

Als illustratives Beispiel betrachte man das Anfangsrandwertproblem

$$\begin{aligned} u_{tt} - u_{xx} &= f(x,t), \quad 0 < x < 1, \quad t > 0 \\ u(0,t) &= \phi_0(t), \ u(1,t) = \phi_1(t), \\ u(x,0) &= u_0(x), \ u_t(x,1) = u_1(x), \end{aligned}$$

mit vorgegebenen Funktionen ϕ_0, ϕ_1, u_0 und u_1.

Gefunden seien zwei Lösungen v und w. Für die Differenzfunktion $u := v - w$ ist dann

$$u_{tt} - u_{xx} = 0$$

sowie

$$u(0,t) = u(1,t) = 0$$

und

$$u(x,0) = u_t(x,1) = 0.$$

Als Energie definiert man nun

$$E(u,t) = \int\limits_0^1 \frac{1}{2}\left(u_t(x,t)^2 + u_x(x,t)^2\right) dx.$$

Durch partielle Integration zeigt man zunächst $E_t(u, t) = 0$, außerdem ist $E(0) = 0$. Daraus folgt schließlich $E \equiv 0$ und somit $u_t = u_x = 0$, also u konstant. Da u am Rand verschwindet, folgt $u \equiv 0$ und somit

$$v \equiv w,$$

also die Eindeutigkeit der Lösung.

Energieniveaulinie, ↗ elektrisches Potential.

Energienorm, durch einen (Differential-) Operator A in einem Hilbertraum H induzierte Norm $\|\cdot\|_A = \langle\cdot,\cdot\rangle_A$, wobei

$$\langle u, v\rangle_A = \langle Au, v\rangle_H$$

für $u, v \in H$.

Energie-Zeit-Unschärferelation, formal die Aussage $\Delta E \Delta t \approx h$: Ist ein Zustand eines quantenphysikalischen Systems mit einer bestimmten Energie gegeben, dann ist der Zeitpunkt, zu dem das System diese Energie hat, vollkommen unbestimmt. Legt man andererseits eine Umgebung Δt eines Zeitpunktes fest, dann läßt sich die Energie nur noch mit einer Unbestimmtheit ΔE angeben.

Aus der (wenn auch geringen) Unschärfe von Spektrallinien folgt, daß die Energiezustände der Atome ebenfalls unscharf sind. Dieser Unschärfe entspricht ein Zeitintervall von etwa 10^{-8}s, in dem das Atom in einen Zustand niederer Energie unter Austrahlung eines Photons übergeht.

Wollte man dieses Zeitintervall um etwa eine Größenordnung einengen, dann würde die Unbestimmtheit der Energie größer als die Energie des Zustandes werden.

Engel, Satz von, gruppentheoretisches Theorem, das wie folgt lautet:

Eine n-dimensionale Lie-Algebra $\mathfrak{g}$ ist genau dann nilpotent, wenn für jedes $x \in \mathfrak{g}$ die adjungierte Darstellung ad x die Null als n-fache charakteristische Wurzel besitzt.

Eine Lie-Algebra ist definitionsgemäß dann nilpotent, wenn es eine Zahl r gibt, so daß das Lie-Produkt von r Elementen der Lie-Algebra stets gleich Null ist.

Enigma, (griech. Rätsel), bedeutende deutsche elektromechanische Chiffriermaschine, seit 1928 Grundlage des ersten automatischen Ver- und Entschlüsselungssystems.

Die ersten Modelle dieser Rotormaschine wurden von polnischen Mathematikern bereits vor 1937 gebrochen. Während des 2. Weltkrieges hat darauf aufbauend eine Gruppe britischer Mathematiker unter Leitung von Alan Turing in Bletchley Park die aktuellen Modelle analysiert und sie 1942 mit Hilfe von eigens dafür konstruierten Maschinen („Turing-Bombe") auch gebrochen.

[1] Hodges, A.: Alan Turing: Enigma. Springer-Verlag Berlin, 2. Auflage 1994.

[2] Kahn, D.: Seizing the Enigma. Houghton Mifflin Co. Boston, 1991.

Enriques, Frederigo, italienischer Mathematiker, geb. 5.1.1871 Livorno, gest. 14.6.1946 Rom.

Enriques studierte an der Universität Pisa, Scuola Normale in Pisa, in Rom und in Turin. Seine Lehrer waren u. a. Betti, Bianchi, Dini, Segre, Volterra und Castelnuovo, auf dessen Rat hin er über algebraische Flächen arbeitete.

Nach dem Studium lehrte er in Bolgona projektive und darstellende Geometrie und ab 1923 in Rom höhere Geometrie. 1938 bis 1946 trat er aus politischen Gründen von seinem Lehramt zurück.

Zusammen mit Segre, Cremona, Bertini, Castelnuovo, Severi und anderen war Enriques ein herausragender Vertreter der italienischen Schule der algebraischen Geometer. In einer Reihe von Arbeiten gelang ihnen eine Klassifikation der algebraischen Flächen („Le superficie algebraiche", 1949). Ein Mittel dafür war die Untersuchung von Divisoren und Systemen von Kurven.

Neben diesen theoretischen Arbeiten bemühte sich Enriques auch sehr um die Grundlagen der Mathematik. So hielt er 1912 auf dem Internationalen Mathematikerkongreß in Cambridge einen Hauptvortrag zum Thema: „Die Bedeutung der Kritik der Grundlagen in der Entwicklung der Mathematik".

Auf Anregung von Klein schrieb er Artikel zu den Grundlagen der Geometrie. Das heutige Axiomensystem der projektiven Geometrie beruht auf seinen Arbeiten. 1906 erschien sein Buch „Problemi della scienza".

Er war von 1907 bis 1913 Präsident der Italienischen Philosophischen Gesellschaft und organisierte 1911 den vierten internationalen Philosophiekongreß.

Enriques-Fläche, ein spezieller Typus von algebraischen Flächen, benannt nach ↗Enriques, Frederigo.

Für die recht komplizierte exakte Definition muß auf die Spezialliteratur, z. B. [1], verwiesen werden.

[1] Cossec, F.R.; Dolgachev, I.V.: Enriques Surfaces. Birkhäuser-Verlag Boston, 1989.

entartete Ecke, Ecke $\bar{x}$ eines Polyeders $P \subseteq \mathbb{R}^n$, in der mindestens $(n+1)$ Ungleichungen aktiv sind und den $\mathbb{R}^n$ aufspannen.

Hat P speziell die Form

$$P = \{x \in \mathbb{R}^n | Ax = b, x \geq 0\}$$

mit Rang $A = m < n$, so ist $\bar{x}$ entartet, falls weniger als m Komponenten ungleich 0 sind. Andernfalls ist $\bar{x}$ eine nicht-entartete Ecke.

entartetes Bose-Gas, Bose-Gas in einem Zustand, der sich wesentlich vom Zustand nach der klassischen Statistik bei gleichen makroskopischen Parametern unterscheidet.

Die Entartung tritt bei niederen Temperaturen oder hohem Druck auf und wird begünstigt, wenn die ↗Bosonen kleine Ruhmasse haben. Meistens tritt vor der Entartung eine Verflüssigung der Gase ein. Jedoch können Wasserstoff und Helium das Gebiet der Entartung erreichen. Allerdings wird das Phänomen dann schon von der Wechselwirkung der Teilchen überlagert.

Beim entarteten Bose-Gas sammeln sich die Teilchen mit wachsender Zahl in ihrem niedrigsten Energiezustand. Das Gas bildet dann ein Zweiphasensystem: Ein „Kondensat" und die restlichen Teilchen. Fügt man ihm Teilchen hinzu, gehen diese in das Kondensat ein, und der von den restlichen Teilchen erzeugte Druck ändert sich im Grenzfall nicht mehr.

entartetes Fermi-Gas, Zustand eines Gases aus Fermionen (↗Bosonen, ↗Fermi-Dirac-Statistik), der bei gleichen makroskopischen Parametern wesentlich vom Zustand nach der klassischen Statistik abweicht.

Die Entartung wird bei tiefen Temperaturen oder hohem Druck erreicht und begünstigt, wenn die Teilchen kleine Ruhemasse haben.

Wegen des ↗Pauli-Verbots sind am absoluten Nullpunkt der Temperatur, $T = 0$, die niedrigsten Energieniveaus der Teilchen bis zu einer Grenzenergie aufgefüllt. Da die Teilchen positive Energie haben, gibt es einen Nullpunktsdruck. Bei steigender Temperatur werden die Niveaus in der Umgebung der Grenzenergie angeregt.

Ein Elektronengas in Metallen ist schon bei normalen Temperaturen stark entartet.

Entfernen aus einer Datenbank, Vorgang des Löschens eines Satzes aus einer Datenbank.

Hierfür muß zunächst festgestellt werden, in welchen Teilbereich der Datenbank der Satz gehört. Verwendet man beispielsweise ein relationales Datenbanksystem, so ist zu klären, aus welcher Tabelle der Satz entfernt werden soll. Sobald diese Tabelle feststeht, muß auf die Probleme der referentiellen Integrität beim Entfernen von Datensätzen geachtet werden. Wird nämlich ein Satz aus einer Tabelle entfernt, deren Primärschlüssel als Fremdschlüssel in einer anderen Tabelle vorkommt, so wird aus dieser anderen Tabelle ein Satz referenziert, der nicht mehr in der Datenbank existiert. In diesem Fall wird der Datenbestand in der Datenbank inkonsistent.

Entfernen von Ecken, ↗ Teilgraph.

Entfernen von Kanten, ↗ Teilgraph.

Entfernung, ↗Abstand.

Entierfunktion, ↗Ganzteilfunktion.

Entropie, informationstheoretische, *Informationsmaß*, ein in der ↗Informationstheorie benutztes Maß zur Quantifizierung der ↗Information, genauer gesagt des Informationsgewinns.

Hierbei geht die Informationstheorie von dem Szenario aus, daß ein Versuch F gegeben ist. Bevor der Versuch ausgeführt wird, herrscht Unsicherheit über seinen Ausgang. Die Entropie ist ein Maß zur Quantifizierung dieser Unsicherheit. Sie wird über die Anstrengung gemessen, die aufgebracht werden muß, um den Ausgang des Versuches zu erfahren.

Hier kann man sich zur Anschauung folgendes Szenario überlegen. Man stellt sich vor, daß der Versuch F schon ausgeführt wurde, daß eine Person A den Ausgang des Versuches kennt, eine Person B aber nicht. Wieviel ist nun das Wissen von Person A wert? Oder anders formuliert, wieviele ja/nein-Fragen muß Person B der Person A wenigstens durchschnittlich stellen, bis sie über das Wissen über den Ausgang des Versuchs F verfügt?

Die geringste Unsicherheit über den Ausgang eines Experimentes F herrscht, wenn es sich um einen deterministischen Versuch handelt, bei dem also nur ein Ausgang möglich ist. Die Entropie $H(F)$ eines solchen Versuches ist 0, da in diesem Fall Person B überhaupt keine Frage stellen muß.

Im allgemeinen ist die Entropie $H(F)$ eines Versuches größer oder gleich 0. Steht ein Versuch F an, bei dem $n \geq 2$ Ausgänge möglich sind, dann ist die Unsicherheit dann am größten, wenn alle Ausgänge gleichwahrscheinlich sind.

Formal ist die Entropie eines Versuches wie folgt definiert. Es sei F ein Versuch mit n Ausgängen, wobei der Ausgang i mit einer Wahrscheinlichkeit p_i eintritt. Die Entropie $H(F)$ von F ist dann gegeben durch

$$H(F) = -\sum_{i=1}^{n} p_i \cdot \log_2 p_i \,.$$

Zwischen Entropie und Information, d. h. Informationsgewinn, besteht ein sehr enger Zusammenhang. Vor der Ausführung eines Versuches F haben wir keinerlei Information über den Ausgang des Versuchs, und die Entropie ist $H(F)$. Nach der Ausführung des Versuchs kennen wir den Ausgang des Versuchs und es herrscht keine Unsicherheit mehr über dessen Ausgang, sodaß die gewonnene

Informationsmenge durch den Verlust an Entropie gemessen werden kann.

Die Entropie H einer Informationsquelle bestimmt, wieviele Bitstellen zur Übertragung der von der Informationsquelle erzeugten Nachrichten im Mittel wenigstens benötigt werden.

[1] Topsoe, F.: Informationstheorie. Teubner, Stuttgart, 1974.

Entropie, physikalische, additive Zustandsfunktion S des thermodynamischen Systems.

Ein beliebiger Kreisprozeß wird durch eine Folge von infinitesimalen Carnotschen Kreisprozessen (↗Carnotscher Kreisprozeß) angenähert. Zu dem eigentlichen Prozeß wird also eine Folge von reversiblen Kreisprozessen angegeben, die das System in den Ausgangszustand zurückführen. Dann gilt

$$\oint \frac{\delta Q}{T} = 0 .$$

In den Beweis dieser Beziehung geht die Claussiussche Fassung des zweiten Hauptsatzes der Thermodynamik ein, die hier als Axiom genommen wird.

Daraus folgt für einen einfach zusammenhängenden Raum der das System beschreibenden Variablen die Existenz der Zustandsfunktion S mit dem Differential

$$dS = \frac{\delta Q}{T}$$

(zu beachten ist dabei, daß sich δQ auf einen reversiblen und i. a. nicht den interessierenden Prozeß bezieht).

Die Abnahme der Entropie bei einem Vorgang in einem abgeschlossenen System würde die Konstruktion eines perpetuum mobile (zweiter Art) möglich machen und ist somit ausgeschlossen.

Die Entropie ist bis jetzt nur bis auf eine additive Konstante bestimmt. Der sog. Nernstsche Wärmesatz beseitigt diese Unbestimmtheit.

Geht ein adiabatisch abgeschlossenes System quasistatisch von einem Gleichgewichtszustand in einen anderen über, ändert sich seine Entropie nicht. Für ein System, das durch Druck p, Volumen V und Temperatur T vollständig beschrieben wird, ist die Entropie eine zweidimensionale Fläche im Raum der angegebenen Variablen (Entropiefläche). Ist das System jedoch komplexer, „bewegt" sich das System auf einer Entropiemannigfaltigkeit.

Werden thermodynamische Systeme mit statistischen Methoden beschrieben, läßt sich die Entropie S mit dem statistischen Gewicht W eines Makrozustandes über die Boltzmannsche Gleichung $S = k \ln W$ (k die sogenannte Boltzmann-Konstante) in Beziehung setzen. Sie ist hier als ein Mittelwert anzusehen.

Der zweite Hauptsatz der Thermodynamik läßt eine Richtung im zeitlichen Ablauf der Prozesse in einem abgeschlossenen System erkennen. Nach der phänomenologischen Thermodynamik ist sie durch das Anwachsen der Entropie gegeben. Zufolge der Statistik ist die wahrscheinlichste Veränderung des Systems in Richtung einer monotonen Zunahme der Entropie. Schwankungen, die auch zeitweilig zu einer Abnahme der Entropie führen können, sind äußerst unwahrscheinlich.

Nach der klassischen Mechanik ist dagegen zu einem gegebenen zeitlichen Ablauf auch der Vorgang möglich, bei dem alle Zustände in umgekehrter Reihenfolge durchlaufen werden. Eine auf der klassischen Mechanik gegründete Statistik sollte diese Eigenschaft widerspiegeln und auch die monotone Abnahme der Entropie zulassen. Siehe hierzu sowie allgemein zur Bedeutung der Quantenmechanik die Bemerkungen in [1].

[1] Landau, L. D., Lifschitz, E. M.: Lehrbuch der Theoretischen Physik Bd. V. Akademie-Verlag Berlin, 1979.

[2] Sommerfeld, A.: Thermodynamik und Statistik. Akademische Verlagsgesellschaft Leipzig, 1962.

Entropiebedingung, ↗ Entropielösung.

Entropiefläche, ↗ Entropie, physikalische.

Entropielösung, spezielle schwache Lösung nichtlinearer hyperbolischer Differentialgleichungen, die durch eine sogenannte Entropiebedingung charakterisiert ist.

Die Verwendung des Begriffs Entropie wird durch die physikalische Interpretation solcher Gleichungen nahegelegt, deren Standardtyp in ↗Erhaltungsform

$$u_t(t,x) + f(u(t,x))_x = 0$$

lautet und eine zeitliche Massenverteilung auf der x-Achse darstellt. u ist darin die Massendichte, f die Massenstromdichte oder Flußfunktion.

Eine schwache Lösung genügt im Falle einer Anfangsbedingung $u(0,x) = u_0(x)$ der Relation

$$\int_0^\infty \int_{\mathbb{R}} (\phi_t u + \phi_x f(u))dxdt = -\int_{\mathbb{R}} \phi(0,x)u_0 dx$$

für alle differenzierbaren Testfunktionen $\phi = \phi(t,x)$ mit beschränktem Träger. Durch diese Relation ist die schwache Lösung allerdings im Falle von Unstetigkeiten nicht mehr eindeutig bestimmt.

Mit den Charakteristiken

$$(t, v_0 t + x_0)\,, \quad v_0 := f'(u_0(x_0))\,,$$

gelangt man zur (physikalisch) sinnvollen Lösung durch Hinzunahme einer Entropiebedingung, die in der einfachsten Form

$$f'(u_l) > v_0 > f'(u_r)$$

lautet, entlang des Sprungs auf der entsprechenden Charakteristik und den dortigen links- und rechtsseitigen Grenzwerten

$$u_l := u(t, x(t) - 0)$$

bzw.

$$u_r := u(t, x(t) + 0)\,.$$

Die Bedingung leitet sich aus der physikalischen Überlegung ab, daß nur solche Prozesse möglich sind, bei denen die Entropie nicht abnimmt.

Für die ↗Burger-Gleichung $u_t + uu_x = 0$ mit der Anfangskurve

$$u(0, x) = \begin{cases} 1 \text{ für } x \le x_0 \\ 0 \text{ für } x > x_0 \end{cases}$$

entspricht beispielsweise die Entropiebedingung der Relation

$$u_r > 1/2 > u_l\,.$$

Entropiemaß unscharfer Mengen, ein von de Luca und Termini 1972 eingeführtes Maß für die Fuzzines einer unscharfen Menge.

Die Entropie $d(\widetilde{A})$ einer ↗Fuzzy-Menge

$$\widetilde{A} = \{(x, \mu_A(x)) \mid x \subset X\}$$

ist definiert als

$$d(\widetilde{A}) = H(\widetilde{A}) + H(C(\widetilde{A}))\,.$$

Für eine endliche Menge X ist

$$H(\widetilde{A}) = -K \cdot \sum_i \mu_A(x_i) \cdot \ln(\mu_A(x_i))\,,$$

wobei die Summe über alle Elemente x_i aus dem Träger $\text{supp}(\widetilde{A})$ gebildet wird.

Ist X überabzählbar, so ist

$$H(\widetilde{A}) = -K \cdot \int_{\text{supp}(\widetilde{A})} \mu_A(x) \cdot \ln(\mu_A(x))\, dx.$$

Mit der Entropiefunktion

$$S(x) = -x \cdot \ln x - (1 - x) \cdot \ln(1 - x)$$

läßt sich die Entropie einer unscharfen Menge $\widetilde{A}$ schreiben als

$$H(\widetilde{A}) = -K \cdot \sum_i S(\mu_A(x_i))$$

für eine endliche Menge X, bzw. als

$$H(\widetilde{A}) = -K \cdot \int_{\text{supp}(\widetilde{A})} S(\mu_A(x))\, dx$$

für eine überabzählbare Menge X.

entscheidbare Theorie, eine logische Theorie, die, als Menge von Formeln aufgefaßt, entscheidbar ist.

Intuitiv heißt dies, daß es es einen Algorithmus gibt, der bei Eingabe einer Formel in endlich vielen Schritten entscheidet, ob die Formel zur betreffenden Theorie gehört oder nicht.

Ein Beispiel für eine entscheidbare Theorie ist $Th(\mathbb{N}, +)$, die sog. Presburger-Arithmetik.

Unentscheidbar ist dagegen $Th(\mathbb{N}, +, *)$, die elementare Zahlentheorie, oder PL_1, die Menge aller wahren Formeln der Prädikatenlogik erster Stufe.

entscheidbares Prädikat, eine k-stellige Relation über den natürlichen Zahlen ($k \ge 1$), deren charakteristische Funktion berechenbar ist (↗berechenbare Funktion).

Dies bedeutet, daß es einen Algorithmus gibt, der für jede Eingabe $(n_1, \dots, n_k)$ in endlich vielen Schritten entscheidet, ob die Relation auf die Eingabe zutrifft oder nicht.

Entscheidbarkeit, Eigenschaft einer Menge $A \subseteq \mathbb{N}_0$, wenn deren charakteristische Funktion ↗total berechenbar ist.

Intuitiv heißt dies, daß das der Menge A zugeordnete Entscheidungsproblem algorithmisch in endlich vielen Schritten (z. B. mit Hilfe einer ↗Turing-Maschine oder ↗Registermaschine) gelöst werden kann.

Entscheidungsbaum, im graphentheoretischen Sinne ein bewerteter gerichteter Baum zur formalen Beschreibung von Entscheidungsprozessen.

Entscheidungsbereich, bei einem dynamischen Optimierungsproblem der Zulässigkeitsbereich, aus dem man eine Kontrolle k_i wählen darf.

Entscheidungsfunktion, ein zentrales Hilfsmittel innerhalb der ↗Entscheidungstheorie.

In der Kontrolltheorie versteht man darunter auch die zu einer optimalen Politik gehörenden Kontrollen.

Entscheidungsproblem, ein Problem, bei dem als Ergebnisse nur „ja" bzw. 1 und „nein" bzw. 0 möglich sind.

Es muß entschieden werden, ob die Eingabe akzeptiert oder verworfen wird. Entscheidungsprobleme werden auch als Sprachen bezeichnet.

Optimierungsprobleme haben Entscheidungsvarianten, bei denen entschieden werden muß, ob der optimale Wert einer Lösung des Optimierungsproblems für eine Schranke s, die zur Eingabe gehört, bei Maximierungsproblemen mindestens und bei Minimierungsproblemen höchstens den Wert s hat.

Algorithmen für Optimierungsprobleme lösen auch die Entscheidungsvarianten. Für viele Probleme, z. B. ↗Cliquenproblem, ↗Rucksackproblem und TSP (Traveling-Salesman-Problem), gilt, daß es eine ↗Turing-Reduktion von dem Optimierungsproblem auf die Entscheidungsvariante gibt. Aus Sicht der ↗Komplexitätstheorie genügt es dann, die Entscheidungsvarianten zu untersuchen (↗Entscheidungstheorie).

Entscheidungsregel, in einem n-Personen-Spiel

$$S := \prod_{i=1}^{n} S_i$$

eine Menge $C_1, \ldots, C_n$ mengenwertiger Abbildungen

$$C_i : S_i^* \to \mathfrak{P}(S_i)\,.$$

Bei Spielen in Normalform heißen die speziellen Entscheidungsregeln

$$\bar{C}_i(x_i^*) := \{x_i \in S_i | g_i(x_i, x_i^*) = \max_{x \in S_i} g_i(x, x_i^*)\}$$

kanonische Entscheidungsregeln.

Entscheidungstheorie

B. Grabowski

Unter dem (Ober-)Begriff Entscheidungstheorie, manchmal auch genauer Statistische Entscheidungstheorie genannt, werden alle statistischen Methoden zusammengefaßt, die aufgrund einer Stichprobe eine Entscheidung hinsichtlich der Verteilung einer zufälligen Variablen treffen. Die Entscheidungsvorschrift wird dabei durch die sogenannte Entscheidungsfunktion gegeben, die jeder konkreten Stichprobe eine bestimmte Entscheidung zuordnet.

Wichtige Beispiele für Entscheidungsfunktionen sind (nichtrandomisierte) Hypothesentests, ↗Punktschätzungen und ↗Bereichsschätzungen. Das Auffinden von in einem gewissen Sinne optimalen Entscheidungsfunktionen und deren genaue Analyse ist der Gegenstand der von A. Wald begründeten statistischen Entscheidungstheorie.

Allgemein läßt sich diese Aufgabe wie folgt formalisieren. Sei X eine zufällige Variable mit der Wahrscheinlichkeitsverteilung P_γ, die bis auf γ bekannt ist. Von γ ist lediglich bekannt, daß es zu einer Menge Γ gehört: $\gamma \in \Gamma$. Sei Δ die Menge möglicher Entscheidungen über das unbekannte γ und $[\Delta, \mathfrak{D}]$ die Erweiterung von Δ zu einem meßbaren Raum.

Sei nun $\vec{x} = (x_1, \ldots, x_n)$ eine konkrete Stichprobe von X mit Werten im Stichprobenraum $[M, \mathfrak{M}]$. Unter einer Entscheidungsfunktion δ versteht man eine meßbare Abbildung von $[M, \mathfrak{M}]$ in $[\Delta, \mathfrak{D}]$, die jeder konkreten Stichprobe $\vec{x}$ eine Entscheidung $d := \delta(\vec{x}) \in \Delta$ zuordnet.

Zur Beurteilung der Güte der Entscheidungsfunktion δ wird eine reellwertige Verlustfunktion L

$$L(\gamma, d) = \Gamma \times \Delta \to \mathbb{R}^1$$

definiert, wobei $L(\gamma, d)$ der konkrete Verlust ist, wenn γ vorliegt und die konkrete Entscheidung $d = \delta(\vec{x})$ getroffen wird.

Eine Beurteilung der Güte der Entscheidungsfunktion δ hinsichtlich aller möglichen Stichproben wird durch die sogenannte Risikofunktion R getroffen:

$$\begin{aligned} R(\gamma, \delta) &= E_\gamma L(\gamma, \delta(X_1, \ldots, X_n)) \\ &= \int_{\vec{x} \in M} L(\gamma, \delta(\vec{x})) Q_\gamma(d\vec{x})\,, \end{aligned}$$

die den erwarteten Verlust bei Vorliegen von γ darstellt. (Q_γ ist die im Stichprobenraum $[M, \mathfrak{M}]$ vorliegende Verteilung, wenn X die Verteilung P_γ besitzt.)

Beispiel: Angenommen, X ist eine normalverteilte Zufallsgröße mit unbekanntem Erwartungswert $\mu \in \mathbb{R}^1$ und unbekannter Varianz $\sigma^2 > 0$. Dann ist

$$\Gamma = \mathbb{R}^1 \times \mathbb{R}^+\,.$$

Die Aufgabe besteht darin, die Hypothese

$$H: \ \mu = \mu_0$$

mit Hilfe eines Signifikanztests, und zwar des t-Tests, zu prüfen.

Die Menge der Entscheidungen, die Entscheidungsfunktion dieses Tests mit der entsprechenden Testgröße T und dem kritischen Bereich K^*, die Verlust- und die Risikofunktion sind dann offensichtlich gegeben durch:

$$\Delta = \{d_1, d_2\}$$

mit

d_1: Ablehnung von H, und
d_2: keine Ablehnung von H,

$$\delta(\vec{x}) = \begin{cases} d_1, & \text{falls } T(\vec{x}) \in K^* \\ d_2, & \text{falls } T(\vec{x}) \notin K^*, \end{cases}$$

$$L(\gamma, d) = \begin{cases} 0, & \text{falls } \gamma = (\mu, \sigma^2) \\ & \text{mit } \mu = \mu_0, d = d_2 \\ & \text{oder } \mu \neq \mu_0, d = d_1, \\ 1, & \text{falls } \gamma = (\mu, \sigma^2) \\ & \text{mit } \mu = \mu_0, d = d_1 \\ & \text{oder } \mu \neq \mu_0, d = d_2, \end{cases}$$

$$R(\gamma,\delta) = \begin{cases} Q_\gamma(\vec{x}|T(\vec{x}) \in K^*) & \text{falls } \gamma = (\mu,\sigma^2) \\ & \text{mit } \mu = \mu_0, \\ Q_\gamma(\vec{x}|T(\vec{x}) \notin K^*) & \text{falls } \gamma = (\mu,\sigma^2) \\ & \text{mit } \mu \neq \mu_0. \end{cases}$$

R ist für $\mu = \mu_0$ also gerade gleich der Irrtumswahrscheinlichkeit erster Art des Signifikanztests und andernfalls gleich der Irrtumswahrscheinlichkeit zweiter Art.

In der statistischen Entscheidungstheorie versucht man in gewissen wohldefinierten Sinne optimale Entscheidungsfunktionen zu konstruieren. Die Güte von Entscheidungsfunktionen wird dabei nach folgenden Gesichtspunkten beurteilt:

1. δ_1 heißt gleichmäßig besser bzw. nicht schlechter als δ_2, falls gilt:

$$R(\gamma,\delta_1) < (\leq) R(\gamma,\delta_2) \quad \text{für alle } \gamma \in \Gamma.$$

2. Sei D_1 eine Teilmenge der Menge D aller Entscheidungsfunktionen, für die das Risiko R existiert, $D_1 \subseteq D$. $\delta_0 \in D_1$ heißt in D_1 zulässige Entscheidungsfunktion, falls es in D_1 keine gleichmäßig bessere Entscheidungsfunktion als δ_0 gibt.

Häufig ist es nicht möglich, Entscheidungsfunktionen zu finden, die in ganz D zulässig sind. Durch Einschränkungen von D auf eine Teilmenge D_1 findet man dann zulässige Funktionen. Solche Einschränkungen stellen beispielsweise die Forderung der Erwartungstreue einer Punktschätzung oder die Forderung gewisser Symmetrie- oder Invarianzeigenschaften eines Tests dar. Andere Methoden zur Beurteilung der Güte von Entscheidungsfunktionen, die die Forderung der gleichmäßigen Optimalität in Γ abschwächen, bilden die Grundlage der Minimax- und der Bayesschen Entscheidungsstrategie:

3. δ_0 heißt Minimax-Entscheidungsfunktion, wenn gilt:

$$\sup_{\gamma\in\Gamma} R(\gamma,\delta_0) = \inf_{\delta\in D}\sup_{\gamma\in\Gamma} R(\gamma,\delta).$$

Eine Minimax-Entscheidungsfunktion minimiert das Risiko nicht für alle, wohl aber für die ungünstigste Verteilung P_γ.

4. Bei der Bayesschen Entscheidungsfunktion geht man davon aus, daß Γ Grundmenge eines meßbaren Raums ist, und definiert über diesem eine Verteilungsfunktion τ, die sogenannte a priori-Verteilung. Diese stellt praktische eine Vorinformation darüber dar, mit welcher Wahrscheinlichkeit das unbekannte γ gleich einem der Werte aus Γ ist. Dann definiert man durch

$$r(\tau,\delta) = \int_\Gamma R(\gamma,\delta)\tau(d\gamma)$$

das sogenannte Bayessche Risiko einer Entscheidungsfunktion $\delta \in D$ bzgl. der a-priori-Verteilung τ. δ_0 heißt Bayessche Entscheidungsfunktion bzgl. τ, wenn gilt:

$$r(\tau,\delta_0) = \inf_{\delta\in D} r(\tau,\delta).$$

Literatur

[1] Ferguson, T.S.: Mathematical statistics - a decision theoretic approach. New York-London, 1967.

Entscheidungsvektor, die Kontrollen $k_1,\ldots,k_N$ bei einem dynamischen Optimierungsproblem.

Entwicklung einer Determinante, ↗Determinantenberechnung.

Entwicklung in eine Cosinusreihe, Möglichkeit der Reihenentwicklung einer geraden periodischen Funktion.

Ist $f:\mathbb{R} \twoheadrightarrow \mathbb{R}$ 2π-periodisch mit $f(x) = f(-x)$, $x \in \mathbb{R}$, und läßt sich f in eine Fourier-Reihe entwickeln (↗Entwicklung in eine Fourier-Reihe), so besitzt f die Darstellung

$$f(x) = \frac{a_0}{2} + \sum_{k=1}^{\infty} a_k \cos kx, \qquad (1)$$

wobei

$$a_k = \frac{2}{\pi}\int_0^\pi f(t)\cos kt dt$$

ist.

Anwendung: Sei $f:[0,\pi] \twoheadrightarrow \mathbb{R}$ stetig und in $(0,\pi)$ differenzierbar. Durch die entsprechende Fortsetzung zu einer geraden 2π-periodischen Funktion läßt sich f in eine Cosinus-Reihe entwickeln, d. h. es gilt (1) für $x \in [0,\pi]$.

Entwicklung in eine Fourier-Reihe, Darstellung einer Funktion durch ihre Fourier-Reihe.

Der folgende Satz zeigt beispielhaft Voraussetzungen, unter denen eine Funktion mit ihrer Fourier-Reihe übereinstimmt.

Sei $f:\mathbb{R} \twoheadrightarrow \mathbb{R}$ eine stetige 2π-periodische Funktion, d. h.

$$f(x+2\pi) = f(x)$$

für $x \in \mathbb{R}$. Ferner existiere eine Unterteilung $0 = t_0 \leq t_1 \leq \ldots \leq t_n = 2\pi$ von $[0,2\pi]$, so daß $f|_{(t_{j-1},t_j)}$ für $j = 1,\ldots,n$ stetig differenzierbar ist.

Dann konvergiert die Fourier-Reihe von f gleichmäßig gegen f.

Insbesondere besitzt f die Darstellung

$$f(x) = \frac{a_0}{2} + \sum_{k=1}^{\infty}(a_k \cos kx + b_k \sin kx)$$

für $x \in \mathbb{R}$, mit den reellen Fourier-Koeffizienten a_k, b_k, $k \in \mathbb{N}$.

Unter gleichen Voraussetzungen an eine komplexwertige Funktion $f : \mathbb{R} \twoheadrightarrow \mathbb{C}$ ergibt sich die Darstellung

$$f(x) = \sum_{k=-\infty}^{\infty} c_k e^{ikx}$$

für $x \in \mathbb{R}$, mit den komplexen Fourier-Koeffizienten c_k, $k \in \mathbb{Z}$.

Man vergleiche hierzu auch ↗Fourier-Reihe.

Entwicklung in eine Sinusreihe, Möglichkeit der Reihenentwicklung einer ungeraden periodischen Funktion.

Ist $f : \mathbb{R} \twoheadrightarrow \mathbb{R}$ 2π-periodisch mit $f(x) = -f(-x)$, $x \in \mathbb{R}$, und läßt sich f in eine Fourier-Reihe entwickeln (↗Entwicklung in eine Fourier-Reihe), so besitzt f die Darstellung

$$f(x) = \sum_{k=1}^{\infty} b_k \sin kx\,, \qquad (1)$$

wobei

$$b_k = \frac{2}{\pi}\int_0^{\pi} f(t)\sin kt\,dt$$

ist.

Anwendung: Sei $f : [0, \pi] \twoheadrightarrow \mathbb{R}$ stetig und in $(0, \pi)$ differenzierbar. Durch die entsprechende Fortsetzung zu einer ungeraden 2π-periodischen Funktion läßt sich f auf $(0, \pi)$ in eine Sinus-Reihe entwickeln, d. h. es gilt (1) für $x \in (0, \pi)$.

Entwicklungslemma, wichtige Aussage innerhalb der Funktionentheorie; es lautet:

Es sei $\gamma \subset \mathbb{C}$ ein rektifizierbarer Weg, $f\colon \gamma \to \mathbb{C}$ eine stetige Funktion und $F\colon \mathbb{C} \setminus \gamma \to \mathbb{C}$ definiert durch

$$F(z) := \frac{1}{2\pi i}\int_{\gamma} \frac{f(\zeta)}{\zeta - z}\,d\zeta\,.$$

Dann ist F eine ↗holomorphe Funktion in $\mathbb{C} \setminus \gamma$. Ist $z_0 \in \mathbb{C} \setminus \gamma$, so konvergiert die Potenzreihe $\sum_{n=0}^{\infty} a_n(z - z_0)^n$ mit

$$a_n := \frac{1}{2\pi i}\int_{\gamma} \frac{f(\zeta)}{(\zeta - z)^{n+1}}\,d\zeta$$

in jeder offenen Kreisscheibe $B_r(z_0) \subset \mathbb{C}\setminus\gamma$ gegen F. Die Funktion F ist in $\mathbb{C}\setminus\gamma$ unendlich oft ↗komplex differenzierbar, und es gilt für $n \in \mathbb{N}_0$ und $z \in \mathbb{C}\setminus\gamma$

$$F^{(n)}(z) = \frac{n!}{2\pi i}\int_{\gamma} \frac{f(\zeta)}{(\zeta - z)^{n+1}}\,d\zeta\,.$$

Das Entwicklungslemma spielt eine wichtige Rolle beim Beweis des ↗Cauchyschen Entwicklungssatzes.

Entwicklungssatz, fundamentaler Satz von Laplace über die Entwicklung einer Determinante nach Unterdeterminanten.

Der Entwicklungssatz führt das Problem, eine $(n \times n)$-Determinante zu berechnen, zurück auf n $((n-1) \times (n-1))$-Determinanten. Damit kommt man zu einer rekursiven Berechnung von Determinanten. Man vergleiche hierzu ↗Determinantenberechnung.

Entwicklungssatz von Shannon, ↗Shannon, Entwicklungssatz von.

Enumerator, durch $\gamma(S) = \sum_{a\in S} w(a)$ definierter Wert, wobei w eine auf der Menge S definierte Gewichtsfunktion ist.

S wiederum ist hierbei eine Menge von Objekten, die (im Sinne der Kombinatorik) abgezählt werden soll.

Enveloppe, ↗Einhüllende.

Enveloppenlösung, ↗Clairaultsche Differentialgleichung.

Epidemie, ↗Epidemiologie.

Epidemiologie, Lehre von der Ausbreitung von Seuchen.

Als die Dynamik infektiöser Krankheiten ist die Epidemiologie eines der frühesten Beispiele mathematischer Modellbildung. Sie führt zu gewöhnlichen Differentialgleichungen für die Klassen der suszeptiblen, der infektiösen Individuen (u.U. noch weiterer Gruppen wie Geimpfter), oder auf Integralgleichungen und partielle Differentialgleichungen, falls räumliche Ausbreitung und Kontaktverteilungen berücksichtigt werden. Grundlegende Modelle gehen auf von Kermack und Mckendrick zurück.

Der sog. Schwellensatz besagt, daß der uninfizierte Zustand der Population stabil ist, solange die Infektionsrate einen Schwellenwert nicht überschreitet. Im anderen Fall bricht eine Epidemie aus, die, je nach den Bedingungen, abklingen oder in einen endemischen Zustand übergehen kann (Endemie).

In anderer Sicht kann eine Epidemie zum Stillstand kommen, wenn der Anteil der Suszeptiblen zu gering wird (↗Basisreproduktionszahl).

Epigraph einer Funktion, die zu einer Funktion $f : X \to \mathbb{R}$ mit $X \subset \mathbb{R}^n$ durch

$$\mathrm{epi}(f) = \{(x_1, \ldots, x_n, y) \mid x \in X, y \geq f(x)\}$$

(wobei $x = (x_1, \ldots, x_n)$) definierte Teilmenge von $\mathbb{R}^{n+1}$, also gerade die Menge aller Punkte „über" dem (und einschließlich des) Graphen von f.

Ist X konvex, so ist $\mathrm{epi}(f)$ genau dann konvex, wenn f eine ↗konvexe Funktion ist.

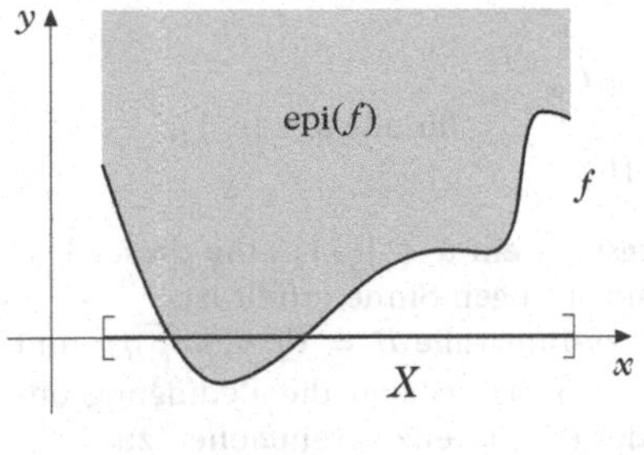

Epigraph einer Funktion

Epimorphiesatz, Homomorphiesatz für Epimorphismen.

Es seien G_1 und G_2 Gruppen und $\varphi : G_1 \to G_2$ ein Gruppenepimorphismus, das heißt, ein surjektiver Gruppenhomomorphismus.

Dann ist die Abbildung $\bar{\varphi} : G_1/\ker(\varphi) \to G_2$, definiert durch $\bar{\varphi}(x \cdot \ker(\varphi)) = \varphi(x)$ für alle $x \in G_1$, ein Gruppenisomorphismus. Die Gruppen $G_1/\ker(\varphi)$ und G_2 sind daher isomorph.

Epimorphismus, surjektive ↗lineare Abbildung $\varphi : V \to W$ zwischen zwei Vektorräumen V und W.

Es existiert also zu jedem $w \in W$ ein $v \in V$ so, daß $f(v) = w$ ist.

Epimorphismus, kategorieller, heißt ein Morphismus $f : X \to Y$ in einer Kategorie C, falls für beliebige $g_1, g_2 : Y \to Z$ gilt: aus $g_1 \circ f = g_2 \circ f$ folgt $g_1 = g_2$.

Dies bedeutet: f ist rechtskürzbar. In der Kategorie der Mengen sind die Epimorphismen genau die surjektiven Abbildungen.

Epitrochoide, ↗Epizykloide.

Epizyklen des Hipparchos, auch als Epizyklentheorie in die Geschichte eingegangener Irrtum des Astronomen Hipparchos (180–125 v. Chr.).

Er glaubte, die Planetenbahnen als ↗Epizykloiden erklären zu können, was nicht richtig ist.

Epizykloide, *Epitrochoide*, Kurve, die ein mit einem Kreis fest verbundener Punkt P beschreibt, der ohne zu gleiten außen auf einem anderen festen Kreis rollt.

Ist r der Radius des rollenden Kreises, a der Abstand des Punktes P zu dessen Mittelpunkt und R der Radius des festen Kreises, so ist eine Parametergleichung der Epizykloide durch

$$\alpha(t) = \begin{pmatrix} (r+R)\cos(t) - a\cos\left(t + \frac{Rt}{r}\right) \\ (r+R)\sin(t) - a\sin\left(t + \frac{Rt}{r}\right) \end{pmatrix}$$

gegeben.

Man unterscheidet gemeine, verlängerte (verschlungene) und verkürzte (gestreckte) Epizykloiden. Die gemeine Epizykloide ergibt sich für $r = a$, die verlängerte für $r < a$, und die verkürzte für $r > a$.

Ist das Verhältnis R/r eine rationale Zahl, so ist die Epizykloide eine geschlossene Kurve, d. h., es gibt eine Zahl $T > 0$ derart, daß $\alpha(t + T) = \alpha(t)$ gilt. Verkürzte Epizykloiden sind glatte Kurven, gemeine und verlängerte Epizykloiden haben singuläre Punkte.

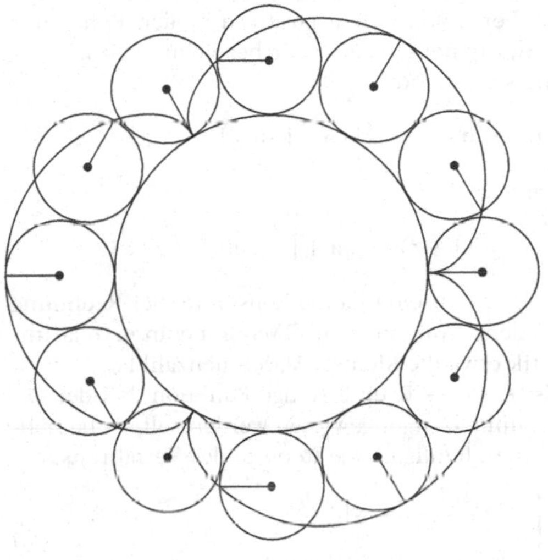

Gemeine Epizykloide

EPM-Problem, ↗ exact-perfect-matching-Problem.

ε-Algorithmus, numerisches Verfahren zur Transformation einer gegebenen Folge (meist reeller Zahlen) in andere, mit dem Ziel, daß die so gewonnenen Folgen schneller konvergieren als die Ausgangsfolge. Der ε-Algorithmus kann als Verallgemeinerung von ↗Aitkens Δ^2-Verfahren interpretiert werden.

Die Angabe der genauen Berechnungsvorschrift würde den Rahmen dieses Nachschlagewerkes sprengen, es muß daher auf weiterführende Literatur, z. B. [1], verwiesen werden.

[1] Brezinski, C.; Redivo Zaglia, M.: Extrapolation Methods. North-Holland, Amsterdam, 1992.

ε-Aufblähung, ↗ε-Inflation.

ε-freie Grammatik, ↗ Grammatik.

ε-freie Substitution, Operation auf Wörtern über einem endlichen Alphabet Σ, die jeden Buchstaben des Argumentwortes durch ein nichtleeres Wort ersetzt.

τ ist eine ε–freie Substitution, falls es eine Abbildung $\tau' : \Sigma \mapsto \Sigma^*$ gibt mit $\tau'(x) \neq \varepsilon$ für alle $x \in \Sigma$ und

$$\tau(a_1 a_1 \ldots a_n) = \tau'(a_1)\tau'(a_2)\ldots\tau'(a_n)$$

sowie $\tau(\varepsilon) = \varepsilon$.

Die Operation kann zu einer Sprachoperation erweitert werden, indem

$$\tau(L) = \{\tau(w) \mid w \in L\}$$

gesetzt wird.

ε-Inflation, *ε-Aufblähung*, in der Intervallrechnung Übergang von einem reellen Intervall $\mathbf{a} = [\underline{a}, \overline{a}]$ zu einem reellen Intervall $\mathbf{a}_\varepsilon = [\underline{a}_\varepsilon, \overline{a}_\varepsilon]$, das $\mathbf{a}$ im Innern enthält. Dabei hängt die Aufweitung gegenüber $\mathbf{a}$ von einem positiven reellen Parameter ab, der üblicherweise mit ε bezeichnet wird.

Beispiele sind

$$\mathbf{a}_\varepsilon = \mathbf{a} + [-\varepsilon, \varepsilon] \cdot \mathbf{a} + [-\eta, \eta]$$

oder

$$\mathbf{a}_\varepsilon = (1+\varepsilon)\mathbf{a} - \varepsilon\mathbf{a} + [-\eta, \eta],$$

wobei $\eta > 0$ eine kleine Konstante, bei Rechnung auf dem Computer in ↗Maschinenintervallarithmetik etwa die kleinste Maschinenzahl ist.

Ist $f : \mathbb{R} \to \mathbb{R}$ eine stetige Funktion, bei der ein Fixpunkt x^* nachgewiesen werden soll, so berechnet man häufig einige Iterierte des Verfahrens

$$\left\{ \begin{array}{rcl} \mathbf{x}^{(0)} &=& [\tilde{x}, \tilde{x}], \\ \mathbf{x}^{(k+1)} &=& \mathbf{f}(\mathbf{x}_\varepsilon^{(k)}), \; k = 0, 1, \ldots, \end{array} \right. \tag{1}$$

in dem $\tilde{x}$ eine auf herkömmliche Weise berechnete Näherung von x^* und $\mathbf{f}(\mathbf{x})$ die Intervallauswertung von f über dem Intervall $\mathbf{x}$ bezeichnen. Gilt dabei $\mathbf{x}^{(k_0+1)} \subseteq \mathbf{x}_\varepsilon^{(k_0)}$ für ein k_0, so bricht man (1) ab. Wegen der ↗Einschließungseigenschaft der Intervallrechnung bildet f in diesem Fall $\mathbf{x}_\varepsilon^{(k_0)}$ in sich ab, und der Brouwersche Fixpunktsatz garantiert die Existenz eines Fixpunkts in $\mathbf{x}_\varepsilon^{(k_0)}$.

Die Definition der ε-Aufblähung kann auf analoge Weise auf Intervallvektoren und ↗Funktionenschläuche erweitert werden. Eine Iteration wie in (1), verbunden mit einem geeigneten Fixpunktsatz, ist dann ebenfalls möglich.

ε-Präferenz, eine Präferenzrelationen von Fuzzy-Mengen.

Eine Fuzzy-Menge $\widetilde{B}$ wird einer Fuzzy-Menge $\widetilde{C}$ auf dem Niveau $\varepsilon \in [0, 1]$ vorgezogen, und man schreibt $\widetilde{B} \succ_\varepsilon \widetilde{C}$, wenn ε die kleinste reelle Zahl ist, so daß

$$\begin{array}{cc} \sup B_\alpha \ge \sup C_\alpha & \\ \text{und} & \text{für alle } \alpha \in [\varepsilon, 1], \\ \inf B_\alpha \ge \inf C_\alpha & \end{array}$$

und für wenigstens ein $\alpha \in [\varepsilon, 1]$ eine dieser Ungleichungen im strengen Sinne erfüllt ist.

Für L-R-Fuzzy-Intervalle $\widetilde{B} = (\underline{b}; \overline{b}; \underline{\beta}; \overline{\beta})_{LR}$ und $\widetilde{C} = (\underline{c}; \overline{c}; \underline{\gamma}; \overline{\gamma})_{LR}$ lassen sich die Bedingungsungleichungen der ε-Präferenz vereinfachen zu

$$\widetilde{B} \succ_\varepsilon \widetilde{C} \quad \Rightarrow \quad \left\{ \begin{array}{c} \underline{b} - \underline{\beta} L^{-1}(\varepsilon) \ge \underline{c} - \underline{\gamma} L^{-1}(\varepsilon) \\ \underline{b} \ge \underline{c} \\ \overline{b} \ge \overline{c} \\ \overline{b} + \overline{\beta} R^{-1}(\varepsilon) \ge \overline{c} + \overline{\gamma} R^{-1}(\varepsilon). \end{array} \right.$$

Für Fuzzy-Intervalle

$$\widetilde{X}_i = (\underline{x}_i^\varepsilon; \underline{x}_i^\lambda; \underline{x}_i^1; \overline{x}_i^1; \overline{x}_i^\lambda; \overline{x}_i^\varepsilon)^{\varepsilon,\lambda}$$

des ε-λ-Typs lassen sich die Bedingungsungleichungen der ε Präferenz vereinfachen zu

$$\widetilde{X}_i \succ_\varepsilon \widetilde{X}_j \quad \Rightarrow \quad \begin{array}{c} \underline{x}_i^\alpha \ge \underline{x}_j^\alpha \\ \text{und} \\ \overline{x}_i^\alpha \ge \overline{x}_j^\alpha \end{array} \quad \text{für} \alpha = \varepsilon, \lambda, 1.$$

Epsilon-Tensor, weitestgehend synonyme Bezeichnung für ↗ Levi-Civita-Tensor.

Da es sich aber hierbei nicht um einen Tensor im strengen Sinne handelt, wäre eigentlich die Bezeichnung Epsilon-Pseudotensor bzw. Levi-Civita-Pseudotensor vorzuziehen.

Epsilontik, Verfahren für die exakte Behandlung u. a. von Grenzwerten und Stetigkeit.

Hierbei werden Redeweisen wie „unendlich klein" präzisiert durch „kleiner als jede vorgegebene positive Zahl". Eine solche vorgegebene positive Zahl wird häufig mit ε bezeichnet. Man spricht von $\varepsilon/2$-Argumenten, etwa beim Nachweis, daß die Summe zweier Nullfolgen wieder Nullfolge ist, von $\varepsilon/3$-Argumenten, so beim Beweis des Satzes von Weierstraß, und ε-δ-Definition der Stetigkeit.

Die ε-δ-Sprache wurde wesentlich von Weierstraß geprägt, findet sich aber in Ansätzen auch schon bei Cauchy.

Gelegentlich wird das Wort Epsilontik auch leicht abwertend benutzt, wenn der Routinecharakter

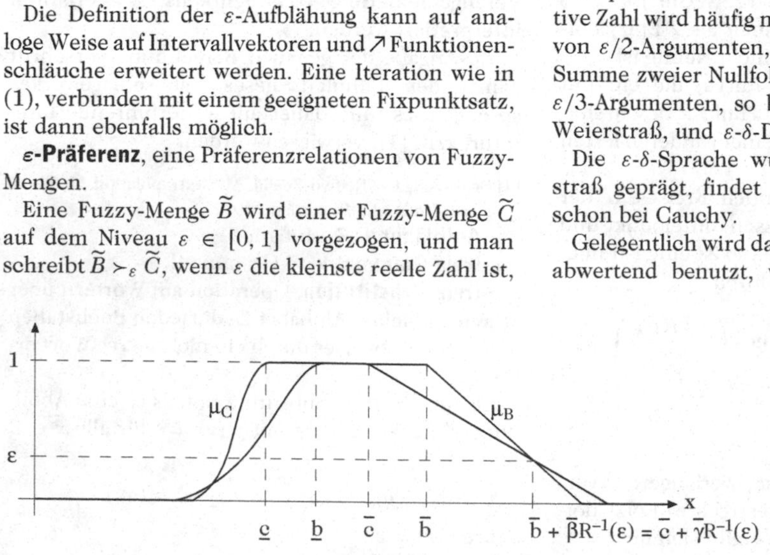

ε-Präferenz zwischen zwei L-R-Fuzzy-Intervallen $\widetilde{B} = (\underline{b}; \overline{b}; \underline{\beta}; \overline{\beta})_{LR}$ und $\widetilde{C} = (\underline{c}; \overline{c}; \underline{\gamma}; \overline{\gamma})_{LR}$

von Beweisen betont werden soll. So etwa in Formulierungen wie „der Rest ist Epsilontik“, wenn die Idee eines Beweises nur skizziert ist.

ε-treue Grammatik, ↗ Grammatik.

ε-Umgebung, Umgebung eines Punktes mit dem Radius ε.

Es seien M ein metrischer Raum mit der Metrik d und $x_0 \in M$ ein Punkt. Ist $\varepsilon > 0$ beliebig, so versteht man unter der ε-Umgebung von x_0 die Menge

$$\{x \in M | d(x, x_0) < \varepsilon\}$$

(↗ Epsilontik).

ε-Verknüpfung, ein parameterabhängiger kompensatorischer Operator zur Verknüpfung unscharfer Mengen, der auf dem Minimum- und Maximumoperator basiert.

Als ε-Verknüpfung zweier unscharfer Mengen $\widetilde{A}$ und $\widetilde{B}$ auf X, geschrieben $\widetilde{A} \|_{\varepsilon} \widetilde{B}$, bezeichnet man die unscharfe Menge mit der Zugehörigkeitsfunktion

$$\begin{aligned}\mu_{A\|_{\varepsilon}B}(x) = (1-\varepsilon) \cdot \min(\mu_A(x), \mu_B(x)) \\ + \varepsilon \cdot \max(\mu_A(x), \mu_B(x))\end{aligned}$$

für alle $x \in X$, dabei ist $\varepsilon \in [0, 1]$ ein festzulegender Kompensationsgrad.

Der Kompensationsgrad läßt sich in der Praxis mit Hilfe von (Vor-)Tests ermitteln. Dann ist die vorstehende Formel für mehrere x nach ε aufzulösen, woraus folgt

$$\varepsilon(x) = \frac{\mu_{A\|_{\varepsilon}B}(x) - \min(\mu_A(x), \mu_B(x))}{\max(\mu_A(x), \mu_B(x)) - \min(\mu_A(x), \mu_B(x))},$$

und ε ist zu schätzen als

$$\varepsilon = \frac{1}{|X_0|} \sum_{x \in X_0} \varepsilon(x).$$

Eratosthenes, Sieb des, eine Methode, alle Primzahlen unterhalb einer gegebenen Schranke N zu finden.

Man schreibt zunächst die natürlichen Zahlen von 2 bis N auf. Von diesen markiert (oder streicht) man alle Vielfachen von 2, die größer als 2 sind. Sodann markiert man alle Vielfachen von 3, die größer als 3 sind. Anschließend sucht man die nächste nichtmarkierte Zahl, das ist jetzt 5, und markiert alle Vielfachen davon, die größer als 5 sind. So fährt man fort, indem man bei jedem Schritt die nächstgrößere nichtmarkierte Zahl p sucht, und alle Vielfachen von p, die größer als p sind, markiert. Ist die nächstgrößere nichtmarkierte Zahl $p > \sqrt{N}$, so kann man aufhören, denn alle Vielfachen kp mit

$$p < kp \leq N$$

waren bereits in den vorangegangenen Schritten markiert worden.

Die am Ende übrig gebliebenen (nichtmarkierten) Zahlen sind genau die Primzahlen $p \leq N$.

Wir illustrieren das Verfahren für $N = 61$. Man erhält:

2	3	▶ 4	5	▶ 6
7	▶ 8	▶ 9	▶ 10	11
▶ 12	13	▶ 14	▶ 15	▶ 16
17	▶ 18	19	▶ 20	▶ 21
▶ 22	23	▶ 24	▶ 25	▶ 26
▶ 27	▶ 28	29	▶ 30	31
▶ 32	▶ 33	▶ 34	▶ 35	▶ 36
37	▶ 38	▶ 39	▶ 40	41
▶ 42	43	▶ 44	▶ 45	▶ 46
47	▶ 48	▶ 49	▶ 50	▶ 51
▶ 52	53	▶ 54	▶ 55	▶ 56
▶ 57	▶ 58	59	▶ 60	61

Die Primzahlen bis 61 sind also 2, 3, 5, 7, 11, 13, 17, 19, 23, 29, 31, 37, 41, 43, 47, 53, 59, 61. Übrigens folgt aus dem ↗ Dirichletschen Primzahlsatz, daß jede der Spalten in obiger Liste – außer der vorletzten – unendlich viele Primzahlen enthält!

Diese Methode läßt sich recht einfach auf einem Computer programmieren, sie ist für große Werte von N jedoch nicht sehr effizient. Durch einige kleinere Tricks (z. B. indem man sich von vorne herein auf Restklassen ± 1 mod 6 beschränkt) kann man den Algorithmus ein bißchen effizienter machen.

Will man jedoch große Primzahlen konstruieren, wie sie etwa beim RSA-Verfahren zur Codierung benötigt werden, so ist es sinnvoller, auf andere Primzahltests zurückzugreifen.

Eratosthenes von Kyrene, Universalgelehrter, geb. um 284 v. Chr. Kyrene (Shabat, Libyen), gest. um 202 v. Chr. Alexandria.

Nach einer Ausbildung in Athen wurde Eratosthenes um 246 v. Chr. nach Alexandria berufen. Dort war er als Leiter der Bibliothek und als Erzieher tätig.

Eratosthenes war außerordentlich vielseitig, arbeitete u. a. über Mathematik, Astronomie und Geographie. Von seinen Werken sind nur wenige überliefert. Daraus und aus Sekundärquellen weiß man, daß er das Problem der Würfelverdoppelung mathematisch und mechanisch auf die Konstruktion zweier mittlerer Proportionalen zurückführte, eine Bestimmung des Erdumfanges vornahm, nach Nikomachos das „Sieb des Eratosthenes“ zur Ermittlung der Primzahlen erfand und die Kartographie nachhaltig förderte.

Erdbeschleunigung, ↗ Beschleunigung.

Erdős, Paul, Mathematiker, geb. 26.3.1913 Budapest, gest. 20.9.1996 Warschau.

Erdős wuchs als Kind jüdischer Eltern in Budapest auf. Bereits mit drei Jahren zeigte sich sein mathematisches Talent. Er wurde zuächst vor allem von seiner Mutter unterrichtet und besuchte ab 1922 ein Gymnasium. Mit 17 Jahren begann er sein Mathematikstudium an der Budapester Universität, das er 1934 abschloß. Forschungsstipendien ermöglichten ihn 1934–1938 den Aufenthalt in Manchester, 1938/39 in Princeton und an weiteren Universitäten der USA.

Damit begann ein sehr unstetes Leben, Erdős reiste außerordentlich viel und strebte keine feste Anstellung an. Gewöhnlich blieb er an den jeweiligen Institut einige Monate, arbeitete mit den dortigen Mathematikern und reiste dann weiter. Auf diese Weise hat er mit über 450, teilweise sehr bedeutenden Mathematikern zusammengearbeitet und der mathematischen Welt viele anregende Ideen und Probleme vermittelt (↗Erdős-Zahl).

Nach Schwierigkeiten mit den US-Behörden verließ Erdős 1954 die USA und ging nach Israel. Er erhielt dort eine Anstellung an der Hebräischen Universität und war in den folgenden Jahren vor allem in Europa unterwegs, kehrte auch nach Ungarn zurück und weilte ab 1959 wieder in Übersee. Ab 1964 reiste er stets mit seiner Mutter, deren Tod 1971 ihn in tiefe Depressionen stürzte. Erdős starb während eines Tagungsaufenthalts in Warschau.

Seine Forschungen konzentrierten sich auf Kombinatorik, Zahlentheorie, Wahrscheinlichkeitsrechnung, Approximationstheorie, Analysis und Mengenlehre. Das erste Resultat erzielte Erdős in seinem ersten Jahr als Student, es war ein einfacher Beweis des Bertrandschen Postulats, daß zu jeder natürliche Zahl n eine Primzahl p existiert mit $n < p \leq 2n$. Im folgenden Jahr vereinfachte er den Beweis einer Verallgemeinerung dieses Postulats auf arithmetische Folgen und dehnte das Ergebnis auf weitere Folgen aus. Die Ergebnisse bildeten den Gegenstand seiner Dissertation, die er 1934 publizierte. Damit begann eine Fülle von Arbeiten, mit denen Erdős den elementaren Methoden in der Zahlentheorie einen neuen Stellenwert verschaffte. Wichtige Aussagen erzielte er dann in der Abschätzung der Differenz zweier aufeinanderfolgender Primzahlen. Ein weiterer eindrucksvoller Nachweis für die Leistungsfähigkeit der elementaren zahlentheoretischen Methoden war der Beweis des Primzahlensatzes ohne Rückgriff auf analytische Hilfsmittel, der E. und A. Selberg 1948 gelang. Auch das Problem, die Anzahl verschiedener Partitionen für eine natürliche Zahl n abzuschätzen, sowie weitere asymptotische Formeln wurden von Erdős in den 40er und 50er Jahren erfolgreich bearbeitet.

Grundlegende Beiträge leistete Erdős zu zentralen Sätzen der Wahrscheinlichkeitsrechnung. 1942 konnte die Aussage des Satzes vom iterierten Logarithmus verschärfen und den Beweis wesentlich vereinfachen. Zusammen mit Kac schuf er die wahrscheinlichkeitstheoretische Zahlentheorie und konnte mit diesen Methoden interessante wahrscheinlichkeitstheretische Aussagen ableiten. Weitere Sätze betrafen 1950 die ↗Brownsche Bewegung und die Existenz von Doppelpunkten für Bewegungen im zwei- bzw. dreidimensionalen Raum. Zu den Beiträgen zur Analysis zählen Beweise von Tauberschen Sätzen, etwa die Angabe von Bedingungen, unter denen eine Eulersummierbare Reihe im gewöhnlichen Sinne konvergent ist, und die Ausdehnung von Relationen zwischen Nullstellen eines komplexen Polynoms auf die Nullstellen seiner Ableitung (1948).

Unabhängig von Ramsey entdeckte Erdős mit seinem Mitarbeiter die Ramseyschen Sätze auf völlig anderen, einfacheren Wege und fügte in späteren Jahren mehrere Verbesserungen an. In diesen Themenkreis gehört auch die Schaffung eines Kalküls für Partitionen in der Mengenlehre (1956) und eine Theorie von Partitionsrelationen für Kardinalzahlen (1965) mit Rado u. a.. Viele Resultate wurden 1984 in der Monographie über kombinatorische Mengenlehre zusammengefaßt.

Zahlreiche weitere Ergebnisse waren der Graphentheorie gewidmet, u. a. der Struktur extremaler Graphen und den Hypergraphen, wobei erste Studien dazu bis 1938 zurückreichten. Dies führte schließlich zur Theorie der Zufallsgraphen (stochastische Graphen) und zur statistischen Gruppentheorie, die in den 60er und 70er Jahren einen Schwerpunkt seiner Forschungen bildeten.

Erdős war außerordentlich produktiv und verfaßte über 1500 Arbeiten. Seine Beiträge wurden durch zahlreiche Auszeichnungen weltweit gewürdigt und anerkannt.

Erdős-Fajtlowicz, Satz von, sagt aus, daß fast alle ↗Graphen Gegenbeispiele zur ↗Hajós-Vermutung sind.

Hierbei ist der der Ausdruck „fast alle Graphen" im Sinne der Theorie der Zufallsgraphen oder probabilistischen Graphentheorie zu verstehen und bedeutet, daß in einem geeigneten Wahrscheinlichkeitsmodell die Wahrscheinlichkeit, daß ein Graph der Ordnung n der Hajós-Vermutung nicht genügt, für $n \to \infty$ gegen 1 strebt.

Erdős-Gallai, Satz von, ↗ Gradfolge eines Graphen.

Erdős-Simonovits, Satz von, sagt aus, daß für $r, s \in \mathbb{N}$ ein $n_0 \in \mathbb{N}$ existiert, so daß für $n \geq n_0$ der ↗ Graph

$$G = K_{s-1} + T_r(n-s+1)$$

der eindeutige kantenmaximale Graph der Ordnung n ist, der keine s disjunkten vollständigen Graphen K_{r+1} der Ordnung $r+1$ als Teilgraphen enthält.

Dabei bezeichnet $T_r(n-s+1)$ den nach dem Satz von Turán eindeutig bestimmten kantenmaximalen Graphen der Ordnung $n-s+1$, der keinen vollständigen Graphen K_{r+1} der Ordnung $r+1$ als Teilgraphen enthält.

Der Graph $K_{s-1} + T_r(n-s+1)$ entsteht, indem man alle Ecken aus $T_r(n-s+1)$ mit allen Ecken eines vollständigen Graphen K_{s-1} durch Kanten verbindet.

P. Erdős und M. Simonovits veröffentlichten diesen und eine Reihe ähnlicher Sätze in den Jahren 1967 und 1968.

Erdős-Stone, Satz von, sagt aus, daß für $\varepsilon \to 0$ und $r \in \mathbb{N}$ ein $n_0 \in \mathbb{N}$ existiert, so daß jeder ↗ Graph der Ordnung $n \geq n_0$ mit mindestens

$$\left(1 - \frac{1}{r} + \varepsilon\right)\binom{n}{2}$$

Kanten einen Graphen $K_{r+1}(t)$ mit $t \to \infty$ für $n \to \infty$ als Teilgraphen enthält.

Dabei ist $K_{r+1}(t)$ der vollständige $(r+1)$-partite Graph mit t Ecken in jeder Partitionsmenge.

P. Erdős und A.H. Stone bewiesen diesen zentralen Satz der sog. extremalen Graphentheorie bereits 1946.

B. Bollobás und P. Erdős verschärften die Aussage 1973, indem sie zeigten, daß obiges t für $n \to \infty$ mindestens wie $c \cdot \log n$ für ein konstantes c wächst.

Erdős-Wilson, Satz von, ↗ Kantenfärbung.

Erdős-Zahl, scherzhaft betrachtete Maßzahl für die „Nähe" eines Mathematikers oder einer Mathematikerin zu Paul ↗ Erdős.

Dieser im folgenden näher beschriebene Prozeß hat seinen Urspung in der Person von Paul Erdős, der sehr weitgereist und produktiv war und mit Hunderten von Kollegen gemeinsame Forschungsarbeiten („papers") veröffentlichte.

Zur Definition der Erdős-Zahl: Man stelle sich die Menge aller Mathematiker als Ecken eines Graphen, des sog. Zusammenarbeits-Graphen, vor. Zwei Ecken sind genau dann durch eine direkte Kante verbunden, wenn die beiden betreffenenden Personen bereits eine gemeinsame Arbeit publiziert haben. Die Erdős-Zahl einer Ecke (also eines Mathematikers) ist nun die kleinste Anzahl von Kanten, die diese Ecke mit der „Ecke" Erdős verbindet.

Erdős selbst hat also die Erdős-Zahl 0. Alle Ko-Autoren einer seiner Arbeiten haben die Erdős-Zahl 1. Ko-Autoren dieser Autoren wiederum (,die nicht selbst gemeinsam mit Erdős publizierten,) haben die Erdős-Zahl 2, usw.

Die Menge aller Mathematiker, die auf diese Weise graphentheoretisch verbunden sind und eine endliche Erdős-Zahl besitzen, nennt man die Erdős-Komponente des Zusammenarbeits-Graphen. Es wird vermutet, daß fast-alle Mathematiker in der Erdős-Komponente enthalten sind, daß jedoch auch einige wichtige Größen, wie etwa Gauß, nicht darinnen sind.

Ereignis, *zufälliges Ereignis*, in der Wahrscheinlichkeitstheorie jedes Element der σ-Algebra eines Wahrscheinlichkeitsraumes $(\Omega, \mathcal{A}, P)$.

Diese axiomatische Definition eines Ereignisses, die auf eine inhaltliche Interpretation verzichtet, läßt sich folgendermaßen motivieren: Bei der Durchführung von Versuchen mit zufälligem Ausgang interessiert man sich häufig dafür, ob bestimmte, jeweils durch beobachtbare Eigenschaften der Versuchsausgänge eindeutig definierte, sogenannte Ereignisse eintreten. So kann man z. B. beim Würfeln an den Ereignissen A: „gerader Wurf" oder B: „Wurf größer als drei" interessiert sein. Ist Ω die Menge aller möglichen Ausgänge eines Versuchs, so wird jedes der interessierenden Ereignisse mit jeweils genau einer Teilmenge von Ω identifiziert, in dem Sinne, daß ein bestimmtes Ereignis genau dann eintritt, wenn der Versuchsausgang ein Element der entsprechenden Menge ist. Setzt man im Beispiel $\Omega := \{1, 2, \ldots, 6\}$, so tritt das Ereignis A bzw. B genau dann ein, wenn das Wurfergebnis ω Element der (hier wie das Ereignis bezeichneten) Menge $A := \{2, 4, 6\}$ bzw. $B := \{4, 5, 6\}$ ist.

Die Menge $\mathcal{A}$ aller Ereignisse ist in dieser Betrachtungsweise eine Menge von Teilmengen von Ω. Es ist zweckmäßig anzunehmen, daß Ω selbst ein Ereignis ist und daß für zwei beliebige Ereignisse C, D das gleichzeitige Eintreten von C und D (also der Durchschnitt der Ereignisse C und D) und das Eintreten von C oder D oder C und D (also die Vereinigung der Ereignisse C und D), sowie das Nichteintreten von C (also die Menge $\Omega \setminus C$) wieder Ereignisse sind. Damit ist $\mathcal{A}$ eine Mengenalgebra, die Ereignisfeld, Algebra der Ereignisse oder Ereignisalgebra genannt wird.

Zur quantitativen Beschreibung der Zufälligkeit des Eintretens von Ereignissen wird jedem Element A des Ereignisfeldes $\mathcal{A}$ eine reelle Zahl $P(A) \in [0, 1]$

zugeordnet, so daß $P(\Omega) = 1$ und $P(C \cup D) = P(C) + P(D)$ für $C, D \in \mathcal{A}$ mit $C \cap D = \emptyset$ gilt. Man nennt $P(A)$ Wahrscheinlichkeit des Ereignisses A, und ein Ereignisfeld $\mathcal{A}$ versehen mit einer Wahrscheinlichkeit P heißt Wahrscheinlichkeitsalgebra. Die Untersuchung von Versuchen mit unendlich vielen zufälligen Ausgängen führt schließlich zum Begriff des Wahrscheinlichkeitsraumes und damit zu dem des Ereignisses gemäß der eingangs gegebenen Definition.

Die aus der anschaulichen Interpretation des Begriffs „Ereignis" stammenden Sprechweisen werden zum Teil auch in der axiomatisch begründeten Wahrscheinlichkeitstheorie verwendet. Neben den bereits genannten (z. B. „ein Ereignis $A \in \mathcal{A}$ tritt ein" bedeutet „$\omega \in A$") sind folgende Bezeichnungen üblich, wobei $(\Omega, \mathcal{A}, P)$ ein Wahrscheinlichkeitsraum ist: Die Menge Ω wird als sicheres Ereignis und die leere Menge $\emptyset$ als unmögliches Ereignis bezeichnet. Entsprechend heißt $A \in \mathcal{A}$ fast sicheres Ereignis bzw. fast unmögliches Ereignis, falls $P(A) = 1$ bzw. $P(A) = 0$ ist.

Es seien $A, B \in \mathcal{A}$ zwei Ereignisse. Ist $A \cap B = \emptyset$, so nennt man A und B unvereinbare Ereignisse oder disjunkte Ereignisse und die Vereinigung $A \cup B$ wird dann auch als Summe $A + B$ der Ereignisse A und B bezeichnet. Die Differenz $A \setminus B$ der Ereignisse A und B nennt man auch „das Eintreten von A, aber nicht von B". Das Eintreten von Ω, aber nicht von A, also die Menge $\Omega \setminus A$, wird das zu A komplementäre Ereignis oder auch „Nichteintreten von A" genannt.

Unter der symmetrischen Differenz der Ereignisse A und B versteht man „das Eintreten von A oder B, aber nicht von A und B", also die symmetrische Differenz $(A \cup B) \setminus (A \cap B)$ der Mengen A und B.

Ereignisalgebra, ↗ Ereignis.

Ereignisfeld, ↗ Ereignis.

Ereignishorizont, einer der Typen eines ↗ Horizonts im Rahmen der Relativitätstheorie.

Sein Pendant ist der Partikelhorizont.

Erfahrungstarifierung, ↗ Credibility-Theorie.

erfüllbare *L*-Formel, Ausdruck aus einer elementaren Sprache L, der in einer algebraischen Struktur $\mathcal{A}$ durch eine Belegung (↗ Belegung einer Variablen) der Individuenvariablen mit Elementen der Trägermenge A von $\mathcal{A}$ wahr wird.

Ist $\varphi(x_1, \dots, x_n)$ eine L-Formel und F eine Belegung mit $F(x_i) := a_i \in A$, dann wird $\varphi(x_1, \dots, x_n)$ durch F in A erfüllt (und $\varphi(x_1, \dots, x_n)$ heißt erfüllbar), wenn

$$\mathcal{A} \models \varphi(\underline{a}_1, \dots, \underline{a}_n)\,.$$

erfüllbarer Boolescher Ausdruck, ein ↗ Boolescher Ausdruck $w \in \mathfrak{A}_n$, der eine Boolesche Funktion $\phi(w)$ darstellt (↗ Boolescher Ausdruck), für die es wenigstens eine Variablenbelegung $\alpha \in \{0, 1\}^n$ mit

$$\phi(w)(\alpha_1, \dots, \alpha_n) = 1$$

gibt.

Die ↗ ON-Menge der Booleschen Funktion $\phi(w)$ heißt Erfüllbarkeitsmenge des Booleschen Ausdrucks w. Ein Verfahren, das entscheidet, ob die Erfüllbarkeitsmenge eines Booleschen Ausdrucks w nicht leer ist, wird Erfüllbarkeitstest genannt.

Erfüllbarkeit, Eigenschaft eines Ausdrucks aus einem logischen Kalkül.

Ein aussagenlogischer Ausdruck φ ist erfüllbar, wenn es eine Belegung der Aussagenvariablen mit Wahrheitswerten gibt, so daß φ bei dieser Belegung wahr wird.
Ein prädikatenlogischer Ausdruck $\varphi(x_1, \dots, x_n)$ ist erfüllbar, wenn es eine algebraische Struktur $\mathcal{A}$ und Elemente $a_1, \dots, a_n$ in der Trägermenge der Struktur gibt, so daß

$$\mathcal{A} \models \varphi(\underline{a}_1, \dots, \underline{a}_n)$$

(↗ elementare Sprache).

Erfüllbarkeitsmenge, ↗ erfüllbarer Boolescher Ausdruck.

Erfüllbarkeitsproblem, das Problem, für eine Darstellung einer Booleschen Funktion f zu entscheiden, ob es eine Eingabe a gibt, die die Boolesche Funktion erfüllt, d. h. für die $f(a) = 1$ ist.

Erfüllbarkeitsprobleme spielen in der Geschichte der ↗ Komplexitätstheorie eine herausragende Rolle, da das erste Problem, das Cook (↗ Cook, Satz von) als NP-vollständig nachwies, ein Erfüllbarkeitsproblem war. Aus praktischer Sicht sind Verifikationsprobleme Erfüllbarkeitsprobleme. Der Nachweis, daß eine Spezifikation S und eine Realisierung R dieselbe Boolesche Funktion beschreiben, ist äquivalent zum Erfüllbarkeitsproblem für das EXOR (↗ EXOR-Funktion) von S und R.

Erfüllbarkeitstest, ↗ erfüllbarer Boolescher Ausdruck.

Erfüllungsmenge, die Teilmenge (einer gegebenen Grundmenge), deren Elemente nach Einsetzen in eine ↗ Aussageform diese zu einer wahren Aussage machen.

Ergänzungssätze, ↗ Eulersche Γ-Funktion, ↗ quadratisches Reziprozitätsgesetz.

Ergodeneigenschaft, die Eigenschaft einer stationären Markow-Kette, daß die Grenzwerte

$$p_j := \lim_{n \to \infty} p_{ij}^{(n)}$$

der Übergangswahrscheinlichkeiten vom Zustand i in den Zustand j in n Schritten für alle j unabhängig von i existieren, positiv sind und eine Wahrscheinlichkeitsverteilung bilden, also $\sum_j p_j = 1$ erfüllen.

Die durch die Familie (p_j) definierte Wahrscheinlichkeitsverteilung heißt dann ergodische Verteilung.

Die Ergodeneigenschaft besagt im wesentlichen, daß sich die Kette, nachdem einige Zeit vergangen ist, unabhängig von ihrer Anfangsverteilung ungefähr mit Wahrscheinlichkeit p_j im Zustand j befindet.

Eine stationäre Markow-Kette mit endlichem Zustandsraum, etwa $\{1, \dots, N\}$, besitzt die Ergodeneigenschaft, wenn es eine ganze Zahl $\nu \geq 1$ und eine nicht-leere Menge $J \subseteq \{1, \dots, N\}$ derart gibt, daß

$$\min_{\substack{1\leq i\leq N \\ j\in J}} p_{ij}^{(\nu)} > 0 .$$

Ergodenhypothese, Hypothese von Boltzmann, nach der der Bildpunkt einer mikrokanonischen Gesamtheit die Fläche konstanter Energie so durchläuft, daß die relative Dauer für den Aufenthalt in einem Element der Energiefläche seiner Größe proportional ist.

Mit dieser Hypothese konnte Boltzmann zeigen, daß der Zeitmittelwert einer Observablen f (Funktion auf dem Phasenraum)

$$\lim_{t\to\infty} \int_0^T f(q(t), p(t))dt$$

gleich dem Scharmittelwert

$$\int f(q, p)\varrho(q, p)dqdp$$

ist (q, p fassen die Sätze kanonisch konjugierter Variablen zusammen, ϱ ist die Verteilungsfunktion der mikrokanonischen Gesamtheit).

Die Ergodenhypothese hat sich nicht für alle solche Systeme als richtig erwiesen. Sie ist der Ausgangspunkt für die ↗Ergodentheorie gewesen.

Ergodentheorem, ↗statistische Ergodensätze.

Ergodentheorie, Theorie, die sich allgemein mit dem Studium von Strömungen, insbesondere im Hinblick auf deren asymptotisches Verhalten befaßt.

Ursprung der Ergodentheorie war die Problematik, die aus der für die statistische Mechanik grundlegenden Hypothese der Gleichheit von Raum- und Zeitmittel eines mechanischen Systems entstand. Historisch diente als Begründung dieser Hypothese die allerdings aus topologischen Gründen falsche ↗Ergodenhypothese von Boltzmann, nach der ein System unabhängig vom Zustand, in dem es sich zu einem bestimmten Zeitpunkt befindet, irgendwann in jeden Zustand gleicher Gesamtenergie übergeht.

Ergodentheorie auf Julia-Mengen, dient zur Beschreibung der Dynamik der Folge (f^n) der Iterierten einer rationalen Funktion f auf der ↗Julia-Menge $\mathcal{J}(f)$.

Es sei (X, μ) ein Maßraum und $T: X \to X$ eine μ-meßbare Abbildung. Setzt man

$$\mu_T(A) := \mu(T^{-1}(A))$$

für jede μ-meßbare Menge $A \subset X$, so wird hierdurch ein Maß μ_T auf X definiert. Man nennt μ T-invariant, falls $\mu_T = \mu$ gilt.

Das Maß μ heißt T-quasi-invariant, falls μ_T und μ äquivalent sind, d. h. es gilt $\mu_T(A) = 0$ genau dann, wenn $\mu(A) = 0$. Ist μ T-quasi-invariant, so heißt T ergodisch bezüglich μ, falls für alle μ-meßbaren Mengen $A \subset X$ mit $T^{-1}(A) = A$ gilt: $\mu(A) = 0$ oder $\mu(A) = 1$.

Ist $f: \widehat{\mathbb{C}} \to \widehat{\mathbb{C}}$ eine rationale Funktion vom Grad $d \geq 2$ und σ das normalisierte Lebesgue-Maß auf $\widehat{\mathbb{C}}$, d. h. $\sigma(\widehat{\mathbb{C}}) = 1$, so ist σ f-quasi-invariant.

Für die Julia-Menge von f gilt $\mathcal{J}(f) = \widehat{\mathbb{C}}$ genau dann, wenn f ergodisch bezüglich σ ist.

Für $d \in \mathbb{N}, d \geq 2$ sei $\mathcal{R}^d$ die Menge aller rationalen Funktionen vom Grad d. Die Menge $\mathcal{R}^d$ kann als Teilmenge von $\mathbb{C}^{2d+2}$ aufgefaßt werden. Bezeichnet $\mathcal{E}^d$ die Menge aller $f \in \mathcal{R}^d$ mit $\mathcal{J}(f) = \widehat{\mathbb{C}}$ und λ_d das $(2d + 2)$-dimensionale Lebesgue-Maß auf $\mathbb{C}^{2d+2}$, so gilt

$$\lambda_d(\mathcal{E}^d) > 0 .$$

Es sei f eine rationale Funktion vom Grad $d \geq 2$ und $\mathcal{E}(f)$ die Menge aller $z_0 \in \widehat{\mathbb{C}}$ derart, daß

$$\bigcup_{n=1}^{\infty} \{ \zeta \in \widehat{\mathbb{C}} : f^n(\zeta) = z_0 \}$$

eine endliche Menge ist. Die Menge $\mathcal{E}(f)$ enthält höchstens zwei Elemente. Ist z. B. f ein Polynom, so ist $\infty \in \mathcal{E}(f)$, und für $f(z) = z^d$ gilt $\mathcal{E}(f) = \{0, \infty\}$. Für $a \in \widehat{\mathbb{C}}$ und $n \in \mathbb{N}$ sei

$$\mu_n^a := \frac{1}{d^n} \sum_{f^n(z)=a} \delta_z .$$

Dabei bezeichnet δ_z das ↗Diracsche δ-Maß, das im Punkt $z \in \widehat{\mathbb{C}}$ konzentriert ist, d. h. für $E \subset \widehat{\mathbb{C}}$ gilt $\delta_z(E) = 1$, falls $z \in E$, und $\delta_z(E) = 0$, falls $z \notin E$. Summiert wird über alle $z \in \widehat{\mathbb{C}}$ mit $f^n(z) = a$, wobei die Vielfachheit der ↗a-Stelle z zu berücksichtigen ist. Dann ist μ_n^a ein Wahrscheinlichkeitsmaß auf $\widehat{\mathbb{C}}$.

Es existiert ein nur von f abhängiges Wahrscheinlichkeitsmaß μ_f auf $\widehat{\mathbb{C}}$ derart, daß die Folge (μ_n^a) für jedes $a \in \widehat{\mathbb{C}} \setminus \mathcal{E}(f)$ schwach gegen μ_f konvergiert für $n \to \infty$. Schwache Konvergenz bedeutet dabei, daß für jede Borel-Menge $E \subset \widehat{\mathbb{C}}$ mit $\mu_f(\partial E) = 0$ gilt

$$\lim_{n\to\infty} \mu_n^a(E) = \mu_f(E) .$$

Für den Träger von μ_f gilt $\operatorname{supp} \mu_f = \mathcal{J}(f)$. Dabei ist $\operatorname{supp} \mu_f$ die Menge aller $z \in \widehat{\mathbb{C}}$ derart, daß für jede offene Umgebung U von z gilt $\mu_f(U) > 0$. Für jedes

$z \in \widehat{\mathbb{C}}$ gilt $\mu_f(\{z\}) = 0$. Weiterhin sind μ_f und σ singulär zueinander, d. h. es existiert eine σ-meßbare Menge $A \subset \widehat{\mathbb{C}}$ mit $\sigma(A) = 0$ und $\mu_f(\widehat{\mathbb{C}} \setminus A) = 0$. Ist f ein Polynom, so ist μ_f das sog. Equilibrium-Maß auf $\mathcal{J}(f)$. Schließlich ist μ_f f-invariant und f ergodisch bezüglich μ.

Aus dem sog. Ergodensatz von Birkhoff erhält man als Folgerung: Ist $A \subset \widehat{\mathbb{C}}$ eine μ_f-meßbare Menge und bezeichnet $\chi_A : \widehat{\mathbb{C}} \to \{0, 1\}$ die charakteristische Funktion von A, d. h. $\chi_A(z) = 1$, falls $z \in A$ und $\chi_A(z) = 0$, falls $z \notin A$, so gilt

$$\lim_{n\to\infty} \frac{1}{n} \sum_{k=0}^{n-1} \chi_A(f^k(z)) = \mu_f(A)$$

für μ_f-fast alle $z \in \widehat{\mathbb{C}}$.

ergodische Folge, eine stationäre Folge $(X_n)_{n\in\mathbb{N}}$ von Zufallsvariablen auf einem Wahrscheinlichkeitsraum $(\Omega, \mathfrak{A}, P)$ derart, daß für jedes invariante Ereignis $A \in \mathfrak{A}$ gilt: $P(A) = 0$ oder $P(A) = 1$.

ergodische Markow-Kette, ↗Ergodeneigenschaft.

ergodische Verteilung, ↗Ergodeneigenschaft.

Ergodizität, Eigenschaft einer Transformation, ergodisch zu sein.

Es seien (M, μ) und (M', μ') Maßräume. Eine Transformation $T : M \to M'$ heißt meßbar, wenn für jede μ'-meßbare Menge $B' \subseteq M'$ das Urbild $T^{-1}(B')$ auch μ-meßbar ist. Gilt weiterhin $\mu(T^{-1}(B')) = \mu'(B')$, so heißt die Transformation maßtreu. Man nennt dann eine maßtreue Transformation von M in sich ergodisch, wenn M nicht in zwei disjunkte invariante Mengen von positivem Maß zerlegt werden kann. Dabei heißt eine meßbare Menge $B \subseteq M$ invariant, wenn $T^{-1}(B) = B$ gilt.

Erhaltung der Energie, ↗Energieerhaltungssatz.

Erhaltungsform, spezielle Darstellung einer partiellen Differentialgleichung, bei der alle Terme, in denen Ableitungen der gesuchten Funktionen auftreten, die Form von Divergenzausdrücken haben.

Dies entsteht meist bei Gleichungen mit physikalischen Hintergrund, in denen Erhaltungsgesetze ausgenutzt oder dargestellt werden (z. B. Energie, Impuls, Masse).

Mit Hilfe von Erhaltungsformen lassen sich schwache Lösungen definieren. Beispielsweise ist das Anfangswertproblem

$$\begin{aligned} u_t + (a(u))_x + b(x, u) &= 0\,, \quad u(x, 0) = u_0 \\ -\infty < x < \infty\,, &\quad t \geq 0 \end{aligned}$$

in Erhaltungsform.

Für eine beliebige differenzierbare Funktion $w(x, t)$ mit kompaktem Träger in $\mathbb{R} \times [0, \infty)$ ist stets

$$0 = \int_0^\infty \int_{\mathbb{R}} w(u_t + (a(u))_x + b(x, u))dxdt\,.$$

Partielle Integration ergibt

$$\begin{aligned} 0 = & \int_0^\infty \int_{\mathbb{R}} w_t u + w_x a(u) - wb(x, u))dxdt \\ & + \int_{\mathbb{R}} w(x, 0)u_0(x)dx\,. \end{aligned}$$

Man nennt $u(x, t)$ eine schwache Lösung, falls u beschränkt ist und es für jedes zugelassene w diese Relation erfüllt.

Erhaltungsgröße, stetig differenzierbare Funktion, die konstant entlang der Lösungen einer Differentialgleichung ist (↗ Erhaltungssätze).

Erhaltungssatz, ↗Energieerhaltungssatz.

Erhaltungssätze, im allgemeinen ein Überbegriff für alle Arten von Aussagen darüber, daß eine bestimmte (physikalische) Größe konstant ist, also „erhalten" bleibt. Meist verwendet man den Begriff als Sammelbezeichnung für Energiesatz, Impulssatz und Drehimpulssatz (↗Energieerhaltungssatz).

Die nach Emmy Noether benannten sog. Noetherschen Sätze geben eine Beziehung zwischen Symmetrien und Erhaltungssätzen: Jede in einem System enthaltene Symmetrie erzeugt einen Erhaltungssatz der zugehörigen physikalische Größe. Die Kenntnis von Erhaltungssätzen vereinfacht die Bestimmung des Verlaufs eines physikalischen Prozesses oft erheblich.

Das wichtigste und bekannteste Beispiel für einen Erhaltungssatz ist der Energie(erhaltungs)satz: Wenn ein abgeschlossenes System invariant gegenüber Zeittranslationen ist, dann ist die Energie des Systems eine Konstante. Mathematisch zeigt sich die Invarianz gegenüber Zeittranslationen darin, daß in den unterliegenden physikalischen Gesetzen stets nur Zeitdifferenzen (z.T. explizit, z.T. implizit in Form von zeitlichen Ableitungen) auftreten. Historisch war der Energiesatz besonders dadurch von Bedeutung, als mit ihm die Unmöglichkeit eines „perpetuum mobile", also eines Geräts, das ständig sich zu bewegen in der Lage ist, bewiesen wurde.

Analog ergeben sich die anderen klassischen Erhaltungssätze: Translationsinvarianz in räumlicher x-Richtung ergibt die x-Komponente des Impulssatzes, Rotationssymmetrie entspricht dem Drehimpuls. Hieraus ergibt sich sofort: In einer Theorie, in der die Annahme gemacht wird, daß bestimmte Naturkonstanten (z. B. die Gravitationskonstante) eben nicht ganz konstant sind, sondern sich im Laufe der kosmischen Entwicklung ändern können, braucht der Energiesatz nicht mehr im strengen Sinne zu gelten.

Das Erlanger Programm von Felix Klein

H.S.M. Coxeter

Mit dem Erlanger Programm von 1872 [7] formulierte Felix Klein seine Idee, mit Hilfe von Transformationsgruppen verschiedene Geometrien voneinander zu unterscheiden.

Für jede Geometrie gibt es eine Hauptgruppe, unter welcher deren Lehrsätze richtig bleiben, und eine spezielle Untergruppe, welche ihre Begriffe ungeändert läßt.

Da beispielsweise die Sätze Euklids gültig bleiben, wenn irgendeine Bewegung, Spiegelung oder Dilatation durchgeführt wird, besteht die Hauptgruppe der euklidischen Geometrie aus der Gruppe der Ähnlichkeiten, die durch Spiegelungen und Dilatationen erzeugt wird. Dilatationen können Längen oder Abstände ändern, wohingegen sämtliche Bewegungen durch Kompositionen von Spiegelungen erhalten werden können; deshalb besteht die spezielle Untergruppe aus der Gruppe der Isometrien, welche durch Spiegelungen erzeugt wird.

Da es in den nichteuklidischen Geometrien keine Entsprechung für die Ähnlichkeit gibt, fallen in einem solchen Fall die Hauptgruppe und die spezielle Untergruppe zusammen. Die sphärischen und hyperbolischen Geometrien unterscheiden sich von elliptischen Geometrien durch topologische Betrachtungen: Die elliptische Ebene (die aus einer Kugel durch Gleichsetzung von Gegenpunkten entsteht) ist nicht orientierbar, ebenso wie der elliptische Raum.

Die projektive Geometrie [2, Kapitel 14; 9] handelt von Punkten, Geraden und Ebenen, deren einzige Beziehung die der Inzidenz ist. Ihre Abstände und Winkel werden nicht gemessen und ihre Sätze bleiben richtig, wenn sie dualisiert werden. Ihre Hauptgruppe ist deshalb die Gruppe der Kollineationen und Korrelationen, von denen beide projektiv und antiprojektiv sind. Die spezielle Untergruppe, die von den Projektivitäten erzeugt wird, ist die Gruppe der projektiven Kollineationen.

Indem man eine Gerade der projektiven Ebene (oder eine Ebene des projektiven Raumes) auszeichnet, leitet man die affine Geometrie her. Ihr geht es um Parallelität und Flächen (und Volumen), Winkel werden jedoch nicht gemessen. Die Hauptgruppe ist die Gruppe der Affinitäten [3], die spezielle Untergruppe ist die Gruppe der Äquiaffinitäten.

Die inversive Geometrie, welche Klein „Die Geometrie der reciproken Radien" nannte, handelt von Punkten und Kreisen (oder Kugeln). Ihre Hauptuntergruppe wird durch Inversionen erzeugt. Orthogonalität kann man mit dem Begriff der Berührung definieren, und aufgrund der Stetigkeit können Winkel gemessen werden. Anstelle des bekannten Abstands zwischen Punktepaaren gibt es den inversiven Abstand zwischen Paaren von Kreisen (oder Kugeln).

Ein Vergleich mit der euklidischen Geometrie zeigt, daß wir nur einen Punkt im Unendlichen unterscheiden können; die Kreise, die durch diesen Punkt gehen, werden mit den euklidischen Geraden gleichgesetzt. Zwei beliebige disjunkte Kreise können in konzentrische Kreise invertiert werden, und der inversive Abstand zwischen zwei disjunkten Kreisen kann durch $\log(a/b)$ beschrieben werden, wobei a und b (mit $a > b$) die Radien von zwei beliebigen konzentrischen Kreisen sind, in welche die beiden disjunkten Kreise invertiert werden können.

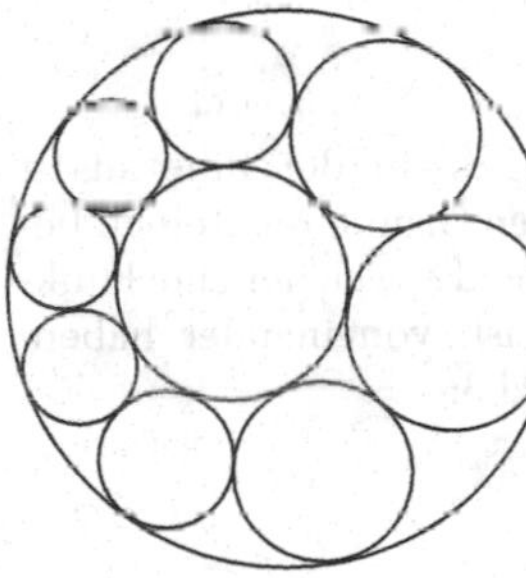

Bild 1

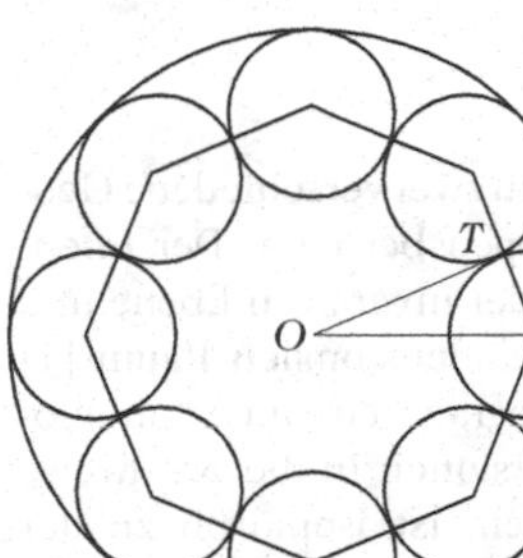

Bild 2

Ein gutes Beispiel für die Nützlichkeit des Erlanger Programms liefert der Schließungssatz von Steiner [2]. Angenommen, wir haben zwei (sich nicht schneidende) Kreise, deren einer im Inneren des anderen liegt, und einen Ring von Kreisen, die sowohl einander der Reihe nach als auch die beiden

Ursprungskreise berühren (siehe Bild 1). Es kann dann vorkommen, daß der letzte Kreis den ersten berührt, so daß sich der Ring schließt. Wenn dies einmal auftritt, tritt dies immer auf, wie auch die Lage des ersten Kreises im Ring sein mag.

Da dieses Theorem nur Kreise und ihre Tangenteneigenschaften betrifft (zwei Kreise berühren sich, wenn sie nur einen gemeinsamen Punkt haben), ist es Teil der inversiven Geometrie. Man kann den Satz beweisen, indem man die beiden ursprünglichen Kreise in konzentrische invertiert, für welche die Behauptung offensichtlich gilt, wie in Bild 2 dargestellt.

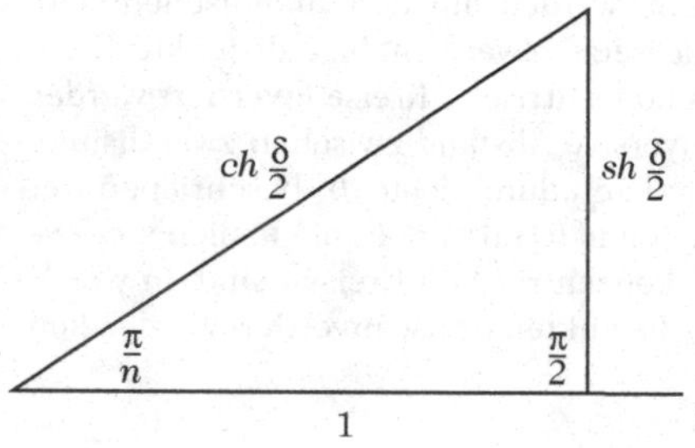

Bild3

Genauer ausgedrückt: Besteht der Ring aus n Kreisen, müssen die beiden Grundkreise einen bestimmten inversiven Abstand δ, welcher eine Funktion von n [5, S. 127] ist, voneinander haben. Tatsächlich gilt wie in Bild 3:

$$\mathrm{sh}\frac{\delta}{2} = \tan\frac{\pi}{n},$$
$$\mathrm{ch}\frac{\delta}{2} = \sec\frac{\pi}{n},$$
$$\mathrm{th}\frac{\delta}{2} = \sin\frac{\pi}{n}.$$

Es kann vorkommen, daß zwei verschiedene Geometrien isomorphe Gruppen besitzen. Der offensichtlichste Fall liegt bei der inversiven Ebene und dem hyperbolischen dreidimensionalen Raum [1] vor. Die Gruppe der Homographien und Antihomographien, die durch Inversionen in die ∞^3 Kreise der Ebene erzeugt werden, ist isomorph zu der Gruppe der hyperbolischen Isometrien, die ihrerseits durch Spiegelungen in die ∞^3 Ebenen des hyperbolischen Raumes erzeugt werden. Dieser Isomorphismus läßt sich übersichtlich in einer Art „Wörterbuch" [8, S. 60-89; 4, S. 266] darstellen:

inverse Ebene	hyperbolischer Raum
Inversion	Spiegelung in einer Ebene
elliptische Homographie	Drehung um eine Gerade
Möbius-Involution	Halbdrehung
parabolische Homographie	Parallelverschiebung
eigentliche hyperbolische Homographie	Verschiebung
elliptische Antihomographie	Drehspiegelung
Anti-Inversion	zentrale Inversion
parabolische Antihomographie	Spiegelung an Parallelen
hyperbolische Antihomographie	Gleitspiegelung
loxodromische Homographie	Schraubung
uneigentliche hyperbolische Homopraphie	Halbschraubung

Als eine Transformation komplexer Zahlen [8, S. 85] entspricht die loxodromische Homographie

$$z' = e^{\alpha+i\beta}z$$

der Schraubung, die aus einer Verschiebung um den Abstand α und einer Drehung (um dieselbe Achse) um den Winkel β hervorgeht. Insbesondere gleicht die uneigentliche hyperbolische Homographie

$$z' = -e^{\alpha}z$$

einer Halbschraubung um α.

Die bemerkenswerte Leistungsfähigkeit des Erlanger Programms zeigt sich in seiner Anwendbarkeit auf Situationen, die Klein selbst sich noch nicht vorzustellen vermochte. So sind die verschiedenen endlichen Geometrien mit einer wichtigen Familie von Gruppen [6, S. 93] verbunden.

Genauer ausgedrückt: Klein schien sich im Jahr 1872 noch nicht darüber bewußt gewesen zu sein, daß von Staudt 1857 [10, S. 87–88] geäußert hatte, es gebe (q^2+q+1) Punkte in der projektiven Ebene und (q^3+q^2+q+1) Punkte im dreidimensionalen Raum, vorausgesetzt, es liegen $(q+1)$ Punkte auf einer Geraden. Obwohl von Staudt die Möglichkeit einer endlichen Geometrie in Erwägung zog und damit die Ergebnisse von G. Fano vorwegnahm, hatte er nicht die leiseste Ahnung einer Beziehung zur Gruppentheorie: Er sollte niemals erfahren, daß q eine Potenz einer Primzahl sein sollte!

(Übersetzung: Brigitte Post)

Literatur

[1] Coxeter, H.S.M.: The inversive plane and hyperbolic space. Abh. Math. Sem. Univ. Hamburg **29**, 1966.

[2] Coxeter, H.S.M.: Unvergängliche Geometrie (2. Auflage). Birkhäuser, Basel, 1981.

[3] Coxeter, H.M.S.: Affine regularity. Abh. Math. Sem. Univ. Hamburg **62**, 1992.

[4] Coxeter, H.M.S.: Non-Euclidean Geometry (6. Auflage). Mathematical Association of America, Washington, DC, 1998.
[5] Coxeter, H.M.S., Greitzer S.L.: Geometry Revisted. Mathematical Association of America, Washington, DC, 1967.
[6] Coxeter, H.M.S., Moser W.O.J.: Generators and Relations for Discrete Groups (4. Auflage). Springer-Verlag, Berlin, 1980.
[7] Klein, F.: The Erlanger Program. The Math. Intelligencer 0, 1977.
[8] Schwerdtfeger, Hans: The Geometry of Complex Numbers. University of Toronto Press, 1962.
[9] Staudt von, G.K.C.: Geometrie der Lage. Nürnberg, 1847.
[10] Staudt von, G.K.C.: Beiträge zur Geometrie der Lage. Nürnberg, 1856.

Erlangsche Phasenmethode, Methode in der ↗Warteschlangentheorie (Bedienungstheorie) zur Zurückführung von Bediensystemen mit allgemeinen, speziell erlangverteilten Pausen- und Bedienzeiten auf Bediensysteme mit exponentialverteilten Pausen- und Bedienzeiten.

Die stochastische Theorie zur Berechnung der Kenngrößen in Bediensystemen mit ausschließlich exponentialverteilten Pausen- und Bedienzeiten ist gut entwickelt. Die Frage ist, wie man diese Theorie verallgemeinern kann, wenn die zufälligen Zeiten nicht mehr alle exponentialverteilt sind. Erlang verwendete in seinen Arbeiten zunächst eine Klasse von Verteilungen, die nach ihm benannten ↗Erlang-Verteilungen.

Diese Verteilungen sind Verteilungen von Summen von exponentialverteilten Zufallsgrößen, so daß durch einen Kunstgriff Bediensysteme mit erlangverteilten Pausen und Bedienzeiten ebenfalls mit den Methoden exponentialverteilter Bediensysteme behandelt werden können. Dazu werden die Pausen und Bedienungen durch künstlich eingeführte Phasen modelliert, von denen jede eine exponentialverteilte Dauer besitzt.

Die gleiche Erlangsche Phasenmethode läßt sich in etwas variierter Form anwenden, wenn Pausen- und Bedienzeiten vorliegen, die einer sogenannten Hypererlangverteilung genügen, die eine Mischung von Erlangverteilungen darstellt (↗Mischen von Verteilungsfunktionen).

Schließlich läßt zeigen, daß sich beliebige Verteilungsfunktionen unter bestimmten Stetigkeitsbedingungen durch eine Hypererlangverteilung approximieren lassen. Ausgehend von diesem Approximationssatz ist es mit Hilfe der Erlangschen Phasenmethode auch möglich, für die Kenngrößen in Bediensystemen mit beliebigen Verteilungsfunktionen Näherungs- bzw. Grenzwertausdrücke zu gewinnen.

Erlang-Verteilung, Verteilung einer stetigen Zufallsgröße.

Eine stetige Zufallsgröße X genügt einer sogenannten Erlang-Verteilung der Ordnung p mit dem Parameter λ, wenn sie die Dichtefunktion

$$f(x) = \begin{cases} \frac{\lambda^p}{(p-1)!} x^{p-1} e^{-\lambda x} & \text{für } x \geq 0 \\ 0 & \text{für } x < 0 \end{cases}$$

mit $\lambda > 0$ und $p \in \mathbb{N}, p > 0$ besitzt.

Für den Erwartungswert und die Varianz einer solchen Zufallsgröße X ergibt sich

$$EX = \frac{p}{\lambda} \text{ und } V(X) = \frac{p}{\lambda^2}.$$

Für $p = 1$ erhält man die Exponentialverteilung mit dem Parameter λ.

Die Erlang-Verteilung ist die Faltung von p Exponentialverteilungen mit dem gleichen Parameter λ.

Sie ist ein Spezialfall der Gamma-Verteilung für natürliche Zahlen p.

Die Erlang-Verteilung wird vor allem in der Warteschlangentheorie angewendet zur Beschreibung von zufälligen Bedienzeiten und Zwischenankunftszeiten zwischen zwei aufeinanderfolgenden Forderungen des Ankunftsstromes (↗Erlangsche Phasenmethode).

Erlebensfallversicherung, ↗ Deterministisches Modell der Lebensversicherungsmathematik

Erneuerungsgleichung, eine Integralgleichung vom Volterraschen Typ, deren Lösung für eine durch das Alter strukturierte Population die Zahl der Geburten pro Zeiteinheit liefert.

Erneuerungssätze besagen, daß die Lösungen asymptotisch exponentiell sind.

Erneuerungsproblem, ein meist innerhalb der ↗Erneuerungstheorie behandelter Typus von Problemen.

Ein typisches Erneuerungsproblem ist etwa das folgende: Sei $T_1, T_2, \cdots$ eine Folge unabhängiger, identisch verteilter Zufallsvariablen mit Werten in $\mathbb{N}$. T_i ist beispielsweise die Lebensdauer einer Glühbirne, die, nachdem sie durchgebrannt ist, durch eine weitere Glühbirne mit der Lebensdauer T_{i+1} ersetzt wird usw.. Die k-te Glühbirne muß dann genau zum Zeitpunkt $T_1 + \cdots + T_k$ erneuert werden. Ist allgemein $f_m = P(T_i = m)$ und

$$u_n = P(\exists k \geq 0 \text{ mit } \sum_{i=1}^{k} T_i = n), \quad u_0 := 1,$$

so ist

$$u_n = \sum_{m=1}^{n} P(T_1 = m, \exists k \geq 1 \text{ mit } \sum_{i=1}^{k} T_i = n)$$

$$= \cdots = \sum_{m=1}^{n} f_m u_{n-m} \qquad (1)$$

eine sogenannte Erneuerungsgleichung. In dem Beispiel der Lebensdauer von Glühbirnen ist u_n gerade die Wahrscheinlichkeit, daß im Zeitpunkt n eine Erneuerung stattfindet. Im stetigen Fall tritt anstelle der Gleichung (1) eine Integralgleichung vom Faltungstyp

$$u(t) = a(t) = \int_0^t u(t-\tau)p(\tau)d\tau$$

auf.

Erneuerungsprobleme und Erneuerungsgleichungen werden auch bei Schadenzählprozessen in der Ruintheorie verwendet.

[1] Feller,W.: An Introduction to Probability Theory and Its Applications Vol.II, Kapitel XI. Wiley New York, 1966.
[2] Gerber,H.: An Introduction to Mathematical Risk Theory, Kapitel 8. Philadelphia, 1979.

Erneuerungsprozeß, in der ↗Erneuerungstheorie betrachteter stochastischer Prozeß.

Erneuerungstheorie

B. Grabowski

Die Erneuerungstheorie beschäftigt sich mit Untersuchungen über das Ausfallen und Ersetzen bzw. Reparieren von Teilen (Elementen) eines arbeitenden Systems mit statistischen Methoden und ist so ein Teilgebiet der Zuverlässigkeitstheorie.

Dabei werden die Lebensdauer der Elemente sowie die Reparaturzeiten als Zufallsgrößen angesehen. Man unterscheidet in der wahrscheinlichkeitstheoretischen Modellbildung verschiedene Typen von Erneuerungs- bzw. Ersatzmodellen.

Bei der sogenannten „unverzüglichen Erneuerung" wird ein fehlerhaftes Element sofort ohne Zeitverzögerung durch ein neues, mit dem alten identisches Element, ersetzt. Demgegenüber gibt es die „verzögerte Erneuerung", bei der ein Element nach dem Auftreten eines Fehlers einer Reparatur mit bestimmter zufällig modellierter Zeit unterzogen wird, in deren Ergebnis das Element wieder gebrauchsfähig ist.

In der Erneuerungstheorie beschäftigt man sich mit der Verteilung und den charakteristischen Eigenschaften insbesondere zweier stochastischer Prozesse, der zufälligen Zeit S_k, die bis zur k-ten Erneuerung verstreicht, und der zufälligen Anzahl $N(t)$ der Erneuerungen bis zum Zeitpunkt t.

$(S_k)_{k=1,2,\dots}$ heißt Erneuerungsprozeß und ist ein stochastischer Prozeß aus der Klasse der Punktprozesse.

1. Unverzügliche Erneuerung. Sei T_i die Lebensdauer eines bestimmten Elements nach der $(i-1)$-ten Erneuerung. Dann ist in diesem Modell die Folge $(T_i)_{i=1,2,\dots}$ eine Folge unabhängiger positiver Zufallsgrößen mit der identischen Lebensdauerverteilung

$$F(t) = P(T_i < t), \quad i = 1, 2, \dots .$$

Für den Erneuerungsprozeß (S_k) gilt:

$$S_k = X_1 + \dots + X_k .$$

(S_k) wird einfacher Erneuerungsprozeß genannt. Die Verteilung des Zählprozesses $(N(t))_{t\geq 0}$ kann für jedes $T > 0$ mit Hilfe der Verteilung des Erneuerungsprozesses $(S_k)_{k\geq 1}$ angegeben werden; es gilt:

$$P(N(t) < n) = P(S_n \geq t) = 1 - P(S_n < t). \quad (1)$$

Die Verteilungsfunktion $F_k(t)$ der Zufallsgröße S_k, $k = 1, 2, \dots$ erhält man rekursiv durch Faltung von $F_{n-1}(t)$ und $f(t)$:

$$F_n(t) = \int_0^t F_{n-1}(t-y)f(y)dy, \quad (2)$$

wobei $f(y) = F'(y)$ die Dichte von $F(t)$ ist; man vergleiche hierzu auch die Erläuterungen zu ↗Erneuerungsproblem.

Wichtige Kenngrößen bei Erneuerungsprozessen sind der Erwartungswert für die zufällige Anzahl $N(t)$ der bis zum Zeitpunkt t stattfindenden Erneuerungen, die sogenannte Erneuerungsfunktion

$$H(t) = E(N(t)) = \sum_{n=0}^{\infty} n[F_n(t) - F_{n+1}(t)] = \sum_{n=1}^{\infty} F_n(t)$$

(dieser Wert existiert immer, d. h. es ist $H(t) < \infty$ für alle $t > 0$), und die die sogenannte Erneuerungsdichte

$$h(t) := \frac{dH(t)}{dt},$$

die unter Verwendung von (1) und (2) berechnet werden können.

Allgemein läst sich für jeden stationären Erneuerungsprozeß mit $E(T_i) = \mu$ zeigen, daß gilt:

$$H(t) = \frac{t}{\mu}\,, \quad h(t) = \frac{1}{\mu}\,.$$

Um den Beginn eines Prozesses ($t = 0$) beliebig, d. h. nicht notwendig bei einer Erneuerung, wählen zu können, ist es oft zweckmäßig, für T_1 eine andere Verteilung anzusetzen als für die übrigen T_i, $i = 2, 3, \ldots$. Ein solcher Erneuerungsprozeß wird auch als modifizierter oder allgemeiner Erneuerungsprozeß bezeichnet.

Einige Grenzwertsätze der Erneuerungstheorie besagen, daß sich auch beliebige modifizierte Erneuerungsprozesse unter bestimmten Bedingungen wie stationäre Erneuerungsprozesse verhalten. So besagt das elementare Erneuerungstheorem:

$$\lim_{t\to\infty} \frac{H(t)}{t} = \frac{1}{\mu}\,,$$

und das Theorem von Blackwell (1948):

$$\lim_{t\to\infty} (H(t+\alpha) - H(t)) = \frac{\alpha}{\mu}\,, \quad \alpha > 0\,.$$

Beispiel: Sind die zufälligen Zeiten T_i exponentialverteilt mit dem Parameter $\lambda > 0$, so gilt

$$F(t) = P(T_i < t) = 1 - e^{-\lambda t}\,,$$
$$f(t) = \lambda e^{-\lambda t}\,,$$
$$E(T_i) = \frac{1}{\lambda}\,,$$

und man erhält

$$F_n(t) = \sum_{k=n}^{\infty} \frac{(\lambda t)^k}{k!} e^{-\lambda t}\,,$$

woraus wiederum folgt:

$$P(N(t) = n) = F_n(t) - F_{n+1}(t) = \frac{(\lambda t)^n}{n!} e^{-\lambda t}\,.$$

Folglich ist die Anzahl der Erneuerungen bis zum Zeitpunkt t ein Poissonprozeß mit dem Erwartungswert und der Erneuerungsdichte:

$$H(t) = \lambda t\,, \quad h(t) = \lambda\,.$$

2. Verzögerte Erneuerung. Sei T_i die Lebensdauer eines bestimmten Elements nach der $(i-1)$-ten Erneuerung und R_i die zufällige Reparaturzeit des i-ten Elements. In diesem Modell sind $(T_i)_{i=1,2,\ldots}$ und $(R_i)_{i=1,2,\ldots}$ Folgen unabhängiger positiver identisch verteilter Zufallsgrößen mit der Lebensdauerverteilung

$$F(t) = P(T_i < t)\,, \quad i = 1, 2, \ldots\,,$$

und der Reparaturzeitverteilung

$$G(t) = P(R_i < t)\,, \quad i = 1, 2, \ldots\,.$$

Dann repräsentiert die Summenfolge

$$S_k = (T_1 + R_1) + (T_2 + R_2) + \cdots + (T_k + R_k)$$

einen sogenannten alternierenden Erneuerungsprozeß, wobei S_n die (zufällige) Zeit bis zur erfolgten Instandsetzung nach dem n-ten Ausfall bedeutet. Durch die Zusammenfassung

$$Z_i = T_i + R_i\,, \quad i = 1, 2, \ldots$$

gelangt man zu einem einfachen Erneuerungsprozeß in Z_i und kann dadurch Aussagen dieser Erneuerungsprozesse auf alternierende Erneuerungsprozesse übertragen.

In Verbindung mit dem alternierenden Erneuerungsprozeß spielt in der Praxis die sogenannte Verfügbarkeit $V(t)$ eine Rolle, die gleich der Wahrscheinlichkeit ist, daß ein Element zu einem vorgegebenen Zeitpunkt t ordnungsgemäß arbeitet.

Literatur

[1] Cox, D.; Smith, W.: Erneuerungstheorie (russ.). Moskau, 1967.

[2] Gnedenko, B.W.; Beljajew, J.,K.; Solowjew,A.D.: Mathematische Methoden der Zuverlässigkeit. Akademie-Verlag Berlin, 1968.

Ernte, im Sinne der ↗Mathematischen Biologie bei Populationsmodellen die Entnahme (harvesting, culling) eines Teils der Population.

Dies geschieht kontinuierlich oder in diskreten Zeitpunkten, typischerweise nach Optimalitätskriterien.

erreichbare Ecke, Ecke e eines Graphen, für welche es einen Weg von einer anderen Ecke a nach e gibt.

erreichbarer Zustand, ein Zustand, den ein abstrakter deterministischer Automat erreichen kann.

Unter einem abstrakten deterministischen Automaten versteht man ein Quintupel (X, Y, Z, f, g). Dabei ist X die Menge aller Inputs, Y die Menge aller Outputs und Z die Menge aller inneren Zustände des Automaten. Weiterhin sind $f : Z \times X \to Z$ und $g : Z \times X \to Y$ Abbildungen. Man geht davon aus, daß der Automat in abzählbar vielen Schritten arbeitet, das heißt, es gibt abzählbar viele Takte $t = 1, 2, 3, \ldots$, wobei jeder Takt einem Zeitintervall entspricht und pro Takt ein Verarbeitungsschritt ausgeführt wird. Bei jeder Erhöhung des Taktes t um 1 wird das Inputsignal x_t auf x_{t+1} gesetzt.

Die Arbeitsweise des Automaten ist dann die folgende. Liegt im Takt t der Zustand z_t vor, und ist x_t das zum Takt t gehörende Inputsignal, so gibt der Automat im Takt t den Output $y_t = g(z_t, x_t)$ aus. Im Takt $t+1$ wird er dann den Zustand $z_{t+1} = f(z_t, x_t)$ annehmen. Ein Zustand $z \in Z$ heißt dann erreichbar, wenn es eine Folge von Verarbeitungsschritten und einen Takt t gibt mit $z_t = z$.

erreichbares Nichtterminal, ein ↗Nichtterminalzeichen einer ↗Grammatik, das in mindestens einer aus dem Startsymbol ableitbaren Satzform vorkommt.

Nicht erreichbare Nichtterminale können im Zuge der Reduzierung einer Grammatik gestrichen werden, ohne die Sprache selbst zu ändern. Solche Nichtterminale entstehen manchmal bei der automatischen Konstruktion von Grammatiken.

Ersatzzielfunktion, bei einem Vektoroptimierungsproblem

$$\max f : M \subseteq \mathbb{R}^n \rightarrow \mathbb{R}^m$$

eine Linearkombination

$$g(x) := \sum_{i=1}^{n} \lambda_i \cdot f_i(x)$$

($\lambda_i > 0$) der Komponentenfunktionen f_i von f.

Bei geeigneter Wahl der λ_i hofft man, daß ein Maximum von $g : M \rightarrow \mathbb{R}$ möglichst optimale effiziente Punkte von f liefert (wobei der Begriff optimal hier von Fall zu Fall problemspezifisch anders zu fassen ist).

Ersetzen fehlender Werte, Ersetzen von nichtverfügbaren Beobachtungen bzw. Werten von zufälligen Merkmalen in statistischem Datenmaterial durch solche reellen Zahlen, die im Wertebereich der beobachteten Zufallsgrößen nicht auftreten.

In den gängigen Statistik-Software-Paketen, etwa SPSS, kann man so fehlende Beobachtungen als 'fehlend' markieren und vermeidet, daß das System sie behandelt, als hätten sie den Wert Null.

Ersetzungsaxiom, ↗ axiomatische Mengenlehre.

erste Bairesche Kategorie, ↗Bairesches Kategorieprinzip.

erste Durchgangszeit, die für $a \in \mathbb{R}_0^+$ durch

$$\tau_a : \Omega \ni \omega \rightarrow \inf\{t \in T : X_t(\omega) \geq a\} \in \overline{\mathbb{R}_0^+}$$

definierte Abbildung, wobei $(X_t)_{t\in T}$ für $T = \mathbb{N}_0$ oder $T = \mathbb{R}_0^+$ ein auf dem Wahrscheinlichkeitsraum $(\Omega, \mathfrak{A}, P)$ definierter und der Filtration $(\mathfrak{A}_t)_{t\in T}$ adaptierter stochastischer Prozeß mit Zustandsraum $\mathbb{R}$ ist. τ_a heißt dann auch genauer erste Durchgangszeit von $(X_t)_{t\in T}$ durch a.

Ist $X_t(\omega) < a$ für alle $t \in T$, so gilt $\tau_a(\omega) = \infty$.

erste Fundamentalform, positiv definite Differentialform der im folgenden beschriebenen Art.

Es sei (M, f) eine Immersion einer $(n-1)$-dimensionalen Mannigfaltigkeit M der Klasse C^r in den n-dimensionalen euklidischen Raum E^n. Auf M kann man eine positiv definite Differentialform g vom Grad 2 definieren, die vom inneren Produkt auf E^n induziert wird durch

$$g_x(X, X) = (df_x(X), df_x(X)) \quad X \in M .$$

Dadurch wird M zu einer Riemannschen Mannigfaltigkeit mit der Riemannschen Metrik g. Man nennt dann g die erste Fundamentalform von (M, f).

Man vergleiche hierzu auch ↗erste Gaußsche Fundamentalform.

erste Gaußsche Fundamentalform, die die innere Geometrie einer Fläche $\mathcal{F} \subset \mathbb{R}^3$ bestimmende differentielle Invariante.

Invariant und begrifflich einfach wird die erste Gaußsche Fundamentalform als Einschränkung des gewöhnlichen Skalarpoduktes von $\mathbb{R}^3$ auf die Tangentialräume $T_P(\mathcal{F})$ definiert. Sie ist also die Einschränkung der Riemannschen Metrik von $\mathbb{R}^3$ auf $\mathcal{F}$.

Die aus einer Parameterdarstellung $\Phi(u, v)$ von $\mathcal{F}$ gewonnene Matrix

$$\mathrm{I(u, v)} := \begin{pmatrix} E(u,v) & F(u,v) \\ F(u,v) & G(u,v) \end{pmatrix}$$

liefert eine analytische Beschreibung der ersten Gaußschen Fundamentalform.

Die Koeffizienten der ersten Gaußschen Fundamentalform sind durch

$$E = \Phi_u \cdot \Phi_u, \quad F = \Phi_u \cdot \Phi_v, \quad G = \Phi_v \cdot \Phi_v$$

definiert.

erste Variation, grundlegende Größe in der Variationsrechnung.

Gegeben sei das Minimierungsproblem

$$\min J(y) = \int_{x_0}^{x_1} F(x, y(x), y'(x))dx .$$

Um eine optimale Lösung zu finden, setzt man oft die Methoden der Variationsrechnung ein. Dabei führt man eine neue Funktion

$$Y(x, \varepsilon) = y(x) + \varepsilon \cdot \eta(x)$$

ein, wobei η eine feste Funktion ist, die sowohl bei x_0 als auch bei x_1 verschwindet. Ist y eine Lösung des Optimierungsproblems, so muß $J(Y)$ als Funktion von ε bei $\varepsilon = 0$ ein Minimum haben. Man betrachtet deshalb die Größe

$$\partial J = \left(\frac{\partial J(Y(x, \varepsilon))}{\partial \varepsilon} \right)_{\varepsilon=0} d\varepsilon$$

und bezeichnet sie als erste Variation des Funktionals J.

erster Dedekindscher Hauptsatz, die Verbindung zwischen Differente und Diskriminante eines algebraischen Zahlkörpers:

Die Absolutnorm der Differente eines algebraischen Zahlkörpers K ist gleich dem Betrag der Diskriminante von K: $\mathfrak{N}(\mathfrak{D}_K) = |d_K|$.

Erwartungskern, ↗bedingte Wahrscheinlichkeit bezüglich einer Unter-σ-Algebra.

erwartungstreue Schätzung, eine Punktschätzung mit zusätzlicher Eigenschaft. Man vergleiche hierzu den Eintrag ↗Punktschätzung.

Erwartungswert, zentraler Begriff in der Wahrscheinlichkeitstheorie.

Für eine auf dem Wahrscheinlichkeitsraum $(\Omega, \mathfrak{A}, P)$ definierte numerische Zufallsvariable X ist der Erwartungswert durch

$$E(X) := \int\limits_{\Omega} X(\omega)P(d\omega)$$

definiert, sofern das Integral $\int_\Omega |X(\omega)|P(d\omega) < \infty$ oder $X \geq 0$ ist. Man sagt dann auch, daß der Erwartungswert von X existiert.

Der Transformationssatz für Integrale gestattet die Darstellung des Erwartungswertes mit Hilfe der Verteilung P_X von X. Es gilt

$$E(X) = \int\limits_{X(\Omega)} x P_X(dx).$$

Ist X eine absolut stetige Zufallsvariable mit Werten in $\mathbb{R}$, so besitzt P_X eine Dichte f_X bezüglich des Lebesguemaßes λ. Es gilt dann

$$E(X) = \int\limits_{\mathbb{R}} x f_X(x)\lambda(dx).$$

Ist X eine diskrete Zufallsvariable mit Werten in $\mathbb{R}$, so besitzt P_X eine Dichte p_X bezüglich des sog. Zählmaßes. Es gilt dann

$$E(X) = \sum_{x\in X(\Omega)} x p_X(x) = \sum_{x\in X(\Omega)} x P(X = x).$$

Der Erwartungswert besitzt die folgenden Eigenschaften:

1. Ist X eine Zufallsvariable, deren Erwartungswert existiert, so gilt für beliebige $a, b \in \mathbb{R}$
$$E(aX + b) = aE(X) + b.$$
2. Für zwei auf dem gleichen Wahrscheinlichkeitsraum definierte Zufallsvariablen X und Y mit Erwartungswerten $E(X)$ und $E(Y)$ gilt
$$E(X + Y) = E(X) + E(Y).$$
3. Sind X und Y zwei auf dem gleichen Wahrscheinlichkeitsraum definierte unkorrelierte Zufallsvariablen mit Erwartungswerten $E(X)$ und $E(Y)$, so gilt
$$E(XY) = E(X)E(Y).$$
4. Ist X eine Zufallsvariable und g eine meßbare reelle Abbildung, für die die Komposition $g \circ X$ definiert ist, so gilt
$$E(g \circ X) = \int\limits_{X(\Omega)} g(x)P_X(dx),$$
falls $\int_{X(\Omega)} |g(x)|P_X(dx) < \infty$.

Für eine Zufallsvariable $X = \operatorname{Re} X + i \operatorname{Im} X$ mit Werten in $\mathbb{C}$ wird der Erwartungswert analog durch

$$E(X) = \int\limits_{\Omega} \operatorname{Re} X(\omega)P(d\omega) + i \int\limits_{\Omega} \operatorname{Im} X(\omega)P(d\omega)$$

definiert.

Erweitern eines Bruchs, gleichzeitiges Multiplizieren des Zählers und des Nenners eines Bruchs $\frac{x}{y}$ mit einer Zahl $z \neq 0$. Dabei ändert sich der Wert des Bruchs nicht:

$$\frac{x}{y} = \frac{xz}{yz}$$

erweiterte Backus-Naur-Form, *erweiterte Backus-Normalform*, aus der ↗Backus-Naur-Form hervorgegangene Sprache zur Beschreibung kontextfreier ↗Grammatiken.

Nichtterminalzeichen werden direkt als Begriff, Terminalzeichen in " eingeschlossen notiert.

Für jedes Nichtterminalzeichen wird eine Gleichung notiert, wobei auf der linken Seite das Nichtterminalzeichen und auf der rechten Seite ein Ausdruck steht, in dem Terminal- und Nichtterminalzeichen durch folgende Operationen verknüpft sind:

`[ X ]`: (X ist optional), eine durch X definierte Zeichenreihe darf einmal oder keinmal auftreten;
`{X }`: (X wird iteriert), eine durch X definierte Zeichenreihe darf beliebig oft (auch 0 mal) auftreten;
`X | Y`: (Alternative), eine durch X definierte oder eine durch Y definierte Zeichenreihe wird verlangt.

Runde Klammern dürfen zur Strukturierung benutzt werden. Ein Ausdruck wird durch einen Punkt abgeschlossen.

Ein Beispiel (arithmetische Operationen auf vorzeichenbehafteten ganzen Zahlen):

```
ausdruck = term {( "+" | "-" ) term } .
term = faktor {( "*" | "/" ) faktor } .
faktor = [ "-" ] ( zahl | "(" ausdruck ")" .
zahl = ( "1" | "2" | ... | "9" ) {"0" | "1" |
... | "9" } .
```

erweiterte Backus-Normalform, ↗erweiterte Backus-Naur-Form.

erweiterte Intervallarithmetik, Überbegriff für alle Ansätze, die ↗Intervallarithmetik zu erweitern.

Hierzu gehören beispielsweise:

- Zulassen von abgeschlossenen, zusammenhängenden Mengen als Intervalle (↗verallgemeinerte Intervallarithmetik).
- Abschluss der reellen Zahlen durch $\pm\infty$ und konsequente Einschließung von Punktmengen (↗strikt einschließende Intervallarithmetik).
- ↗algebraische Vervollständigung der Intervallarithmetik nach Kaucher/Markow.

erweiterte Zufallsvariable, ↗numerische Zufallsvariable.

erweiterter Erzeuger einer Halbgruppe, ein Operator der folgenden Art.

Gegeben sei eine Halbgruppe von Operatoren (T_t) auf dem Raum $B(S, \Sigma)$ der bzgl. der σ-Algebra Σ meßbaren beschränkten Funktionen auf S. Für diese Halbgruppe, die nicht stark stetig zu sein braucht, nennt man den durch

$$(Af)(x) = \lim_{h\to 0} \frac{(T_h f)(x) - f(x)}{h} \qquad (1)$$

erklärten Operator den erweiterten Erzeuger; sein Definitionsbereich besteht aus denjenigen $f \in B(S, \Sigma)$, für die der Grenzwert in (1) punktweise existiert und eine Funktion in $B(S, \Sigma)$ definiert. Solche Halbgruppen treten u. a. in der Theorie der ↗Markow-Prozesse auf, nämlich als

$$(T_t f)(x) = \mathbb{E}^x f(X_t) .$$

erweiterter Phasenraum, Phasenraum $M \subset \mathbb{R}^{n+1}$ des im folgenden erklärten ↗dynamischen Systems.

Sei eine nichtleere, offene Menge $G \subset \mathbb{R}^n \times \mathbb{R}$ und eine genügend glatte Funktion $f : G \to \mathbb{R}^n$ gegeben, die nichttrivial vom letzten Eingang abhänge.

Die Lösungen der explizit zeitabhängigen gewöhnlichen ↗autonomen Differentialgleichung

$$\dot{x} = f(x, t)$$

können kein dynamisches System bilden, da die Flußaxiome (↗dynamisches System) nicht erfüllt werden können.

Durch Einführen der neuen Variablen $x_{n+1} := t$ kann diese Differentialgleichung in das zeitunabhängige Differentialgleichungssystem

$$\dot{x} = f(x, t) , \quad \dot{x}_{n+1} = 1$$

überführt werden. Seine Lösungen geben Anlaß zu einem dynamischen System, dessen Phasenraum eine geeignete Teilmenge $M \subset \mathbb{R}^{n+1}$ ist; er heißt erweiterter Phasenraum.

Erweiterung einer Booleschen Funktion, Bildung einer Booleschen Funktion mit größerem Definitionsbereich.

Ist $f : D \to \{0, 1\}$ mit $D \subseteq \{0, 1\}^n$ eine ↗Boolesche Funktion, so heißt eine Boolesche Funktion $F : D' \to \{0, 1\}$ mit $D \subseteq D'$ und $F(\alpha) = f(\alpha)$ für alle $\alpha \in D$ Erweiterung von f. Eine Erweiterung F von f heißt vollständige Erweiterung der Booleschen Funktion f, wenn F eine vollständig spezifizierte Boolesche Funktion ist, also $D' = \{0, 1\}^n$ gilt.

Erweiterung einer Ordnung, spezielle Ordnung auf einer Menge.

Sind $(N, <)$ und $(N, <<)$ zwei Ordnungen auf derselben Menge N, so ist $(N, <<)$ eine Erweiterung von $(N, <)$, falls aus $a < b$ stets $a << b$ folgt.

Eine Kette, welche selbst eine Erweiterung einer Ordnung ist, nennt man auch totale Erweiterung. Jede Ordnung besitzt eine totale Erweiterung.

Erweiterung von Permutationen, Gesamtheit spezieller ↗Permutationen einer n-elementigen Menge.

Es sei N eine n-elementige Menge und $(N, <)$ eine Ordnung auf N. Wählt man für N die Numerierung $N = \{a_1, a_2, \dots, a_n\}$ derart, daß die Kette $\{a_1 << a_2 << \cdots << a_n\}$ eine totale Erweiterung von $(N, <)$ darstellt, so kann man jeder totalen Erweiterung $\{a_{i_1} << a_{i_2} << \cdots << a_{i_n}\}$ von $(N, <)$ die Permutation

$$\begin{pmatrix} 1 & \cdots & n \\ i_1 & \cdots & i_n \end{pmatrix}$$

zuordnen. Die Gesamtheit $E(N)$ dieser Permutationen heißt die Erweiterung von Permutationen der n-elementigen Menge N.

Erweiterungsideal, Ideal der folgenden Art.

Es sei $S \supset R$ eine ↗Ringerweiterung, und $I \subseteq R$ ein Ideal. Das von I in S erzeugte Ideal IS heißt dann Erweiterungsideal von I in S.

Erweiterungskörper, ein Körper $\mathbb{L}$, den man durch ↗Körpererweiterung aus einem Körper $\mathbb{K}$ erhält.

Erweiterungsprinzip, grundlegendes Prinzip im Zusammenhang mit der Behandlung unscharfer Mengen, von Zadeh im Jahre 1975 eingeführt.

Die große Bedeutung des Erweiterungsprinzips liegt darin, daß es eine Übertragung des Abbildungsbegriffes auf unscharfe Mengen ermöglicht. Dabei bleibt für den Spezialfall einer scharfen Teilmenge der übliche Abbildungsbegriff erhalten.

Gegeben seien

- die klassischen Mengen $X_1, \dots, X_n, Z$,
- n unscharfe Mengen $\widetilde{A}_i$ auf X_i, $i = 1, \dots, n$,
- eine Abbildung
$$\begin{aligned} g : X_1 \times \cdots \times X_n &\longrightarrow Z, \\ (x_1, \dots, x_n) &\longmapsto z = g(x_1, \dots, x_n). \end{aligned}$$

Dann wird durch die Abbildung g eine unscharfe Bildmenge $\widetilde{B}$ auf Z induziert mit der Zugehörigkeitsfunktion

$$\mu_B(z) = \sup_{(x_1, \dots, x_n) \in g^{-1}(z)} \min\{\mu_{A_1}(x_1), \dots, \mu_{A_n}(x_n)\},$$

falls $g^{-1}(z) \neq \emptyset$, wobei $g^{-1}(z)$ die Urbildmenge von z symbolisiert.

Falls $g^{-1}(z) = \emptyset$, wird $\mu_B(z) = 0$ gesetzt.

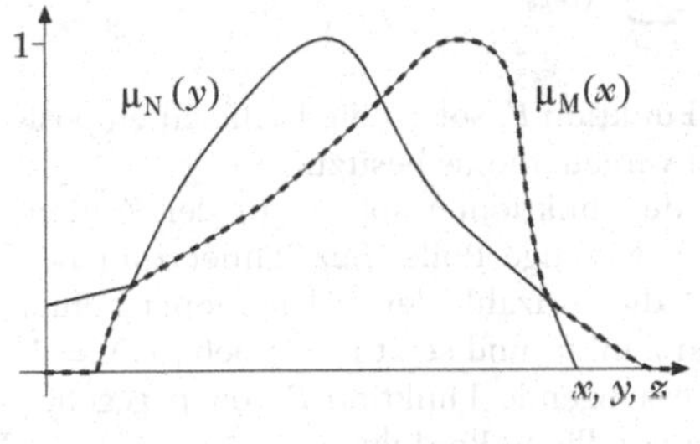

Erweitertes Maximum zweier Fuzzy-Zahlen; es ist $\mu_{max}(z) = \sup\limits_{(x,y)} \min(\mu_M(x), \mu_N(y))$ mit $z = \max(x, y)$

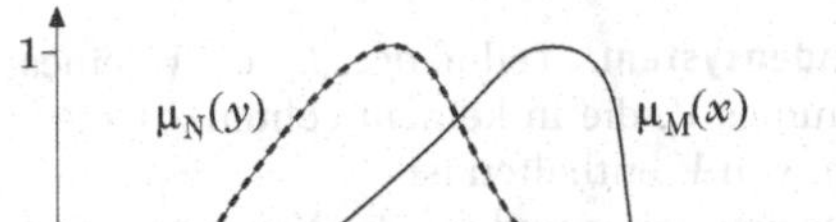

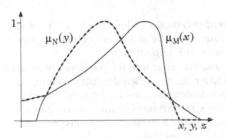

Erweitertes Minimum zweier Fuzzy-Zahlen; es ist $\mu_{min}(z) = \sup\limits_{(x,y)} \min(\mu_M(x), \mu_N(y))$ mit $z = \min(x, y)$

Das Erweiterungsprinzip von Zadeh ist die übliche, aber offensichtlich nicht die einzige Möglichkeit, Abbildungen auf unscharfe Mengen zu übertragen.

Jain schlägt vor, die Supremumbildung durch die algebraische Summe zu ersetzen (↗algebraische Summe unscharfer Mengen).

Dubois und Prade weisen darauf hin, daß der Minimum-Operator durch das algebraische Produkt ersetzt werden könnte (↗algebraisches Produkt unscharfer Mengen).

Ein flexibles Konzept ist der Vorschlag von Rommelfanger und Keresztfalvi, den Minimum-Operator durch die parameterabhängige ↗T-Norm von Yager zu ersetzen.

Erweiterungsring, ↗Ringerweiterung.

erzeugende Funktion, auch momenterzeugende Funktion genannt, innerhalb der Wahrscheinlichkeitstheorie häufig benutztes Hilfsmittel zur Untersuchung von ↗Wahrscheinlichkeitsmaßen auf $\mathbb{N}_0 := \{0, 1, 2, \dots\}$, wobei die σ-Algebra auf $\mathbb{N}_0$ hier und im folgenden die Potenzmenge $\mathfrak{P}(\mathbb{N}_0)$ von $\mathbb{N}_0$ ist.

(Für die Bedeutung der erzeugenden Funktionen innerhalb der Zahlentheorie vergleiche man ↗erzeugende Funktion einer zahlentheoretischen Funktion).

Ist P ein Wahrscheinlichkeitsmaß auf $\mathbb{N}_0$ und $p_k := P(\{k\})$, $k = 0, 1, \dots$, so heißt die durch

$$G(s) := \sum_{k=0}^{\infty} p_k s^k$$

im Konvergenzbereich der Reihe erklärte Funktion G erzeugende Funktion von P.

Ist X eine Zufallsvariable mit Werten in $\mathbb{N}_0$ und $p_k := P(X = k)$, $k = 0, 1, \dots$, so heißt die erzeugende Funktion der Verteilung von X, also die Funktion

$$G(s) := \sum_{k=0}^{\infty} p_k s^k = E(s^X)$$

erzeugende Funktion von X. $E(s^X)$ bezeichnet dabei den ↗Erwartungswert von s^X.

Ein Wahrscheinlichkeitsmaß auf $\mathbb{N}_0$ ist durch seine erzeugende Funktion eindeutig bestimmt.

Mit Hilfe der erzeugenden Funktion kann man die Momente einer Zufallsvariablen berechnen:

Ist X eine $\mathbb{N}_0$-wertige Zufallsvariable mit der erzeugenden Funktion $G(s)$, so ist

$$\begin{aligned} E(X(X-1)\dots(X-n+1)) &= \lim_{s\uparrow 1} G^{(n)}(s) \\ &=: G^{(n)}(1-) \end{aligned}$$

für alle $n \in \mathbb{N}$. Dabei ist die Gleichung so zu verstehen, daß der Erwartungswert auf der linken Seite genau dann existiert, also endlich ist, wenn $G^{(n)}(1-) < \infty$.

Insbesondere existiert der Erwartungswert $E(X)$ bzw. die Varianz $V(X)$ genau dann, wenn $G'(1-) < \infty$ bzw. $G''(1-) < \infty$, und dann ist $E(X) = G'(1-)$ bzw.

$$V(X) = G''(1-) + G'(1-) - G'(1-)^2 .$$

Erzeugende Funktionen erlauben eine einfache Bestimmung der Verteilung der Summe unabhängiger Zufallsvariablen:

Seien X und Y unabhängige $\mathbb{N}_0$-wertige Zufallsvariablen mit den erzeugenden Funktionen G_X und G_Y, und sei G_{X+Y} die erzeugende Funktion von $X + Y$. Dann ist

$$G_{X+Y}(s) = G_X(s) G_Y(s) .$$

Auch zur Bestimmung der Verteilung der Summe einer zufälligen Anzahl unabhängiger, identisch verteilter Zufallsvariablen sind erzeugende Funktionen nützlich:

Seien $X_1, X_2, \dots$ unabhängige, identisch verteilte $\mathbb{N}_0$-wertige Zufallsvariablen mit der (für alle X_i identischen) erzeugenden Funktion G, und sei

N eine von $X_1, X_2, \ldots$ unabhängige, $\mathbb{N}_0$-wertige Zufallsvariable mit der erzeugenden Funktion G_N. Ist G_S die erzeugende Funktion der Summe

$$S := \sum_{i=1}^{N} X_i ,$$

so gilt

$$G_S(s) = G_N(G(s)) .$$

Schließlich besteht ein Zusammenhang zwischen der Konvergenz von Wahrscheinlichkeitsmaßen und der Konvergenz ihrer erzeugenden Funktionen:

Für alle $n \in \mathbb{N}$ sei $p_k(n)$, $k = 0, 1, \ldots$, ein Wahrscheinlichkeitsmaß auf $\mathbb{N}_0$ (d. h. $p_k(n) \geq 0$ und $\sum_{k=0}^{\infty} p_k(n) = 1$) mit erzeugender Funktion G_n.
Dann existiert der Grenzwert

$$p_k := \lim_{n\to\infty} p_k(n)$$

genau dann für alle $k \in \mathbb{N}_0$, wenn der Grenzwert $G(s) := \lim_{n\to\infty} G_n(s)$ für alle $s \in (0, 1)$ existiert. In diesem Falle ist $p_k \geq 0$, $\sum_{k=0}^{\infty} p_k \leq 1$ und

$$G(s) = \sum_{k=0}^{\infty} p_k s^k .$$

erzeugende Funktion einer kanonischen Transformation, wie folgt konstruierte Funktion.

Für eine gegebene ↗kanonische Transformation $(q, p) \mapsto (Q(q, p), P(q, p))$ des $\mathbb{R}^{2n}$ betrachte man z. B. die 1-Form

$$\sum_{i=1}^{n} (P_i(q, p) dQ_i(q, p) - p_i dq_i) ,$$

die identisch mit dem Differential dS einer auf $\mathbb{R}^{2n}$ definierten reellwertigen C^∞-Funktion S sein muß. Diese Funktion S, die oft über einer geeigneten kleineren offenen Teilmenge in der Form $S(q, p) =: S_1(Q(q, p), p)$ oder als ↗Legendre-Transformierte

$$S_2(q, P(q, p)) = \sum_{i=1}^{n} P_i(q, p) Q_i(q, p) - S(q, p)$$

geschrieben wird, heißt erzeugende Funktion von (Q, P).

Durch Vorgabe geeigneter erzeugender Funktionen lassen sich umgekehrt kanonische Transformationen konstruieren, zum Beispiel $Q_i := \partial S_2/\partial P_i$ und $p_i = \partial S_2/\partial q_i$. In der Nähe von Fixpunkten der Transformation hat man unter bestimmten Bedingungen die ↗Invarianz erzeugender Funktionen unter Wechsel von ↗Darboux-Koordinaten.

erzeugende Funktion einer zahlentheoretischen Funktion, zu einer zahlentheoretischen Funktion $f : \mathbb{N}_0 \to \mathbb{C}$ die durch die Potenzreihe

$$F(z) := \sum_{n=0}^{\infty} f(n) z^n$$

definierte Funktion F, sofern die Reihe einen positiven ↗Konvergenzradius besitzt.

Erzeugende Funktionen spielen in der Zahlentheorie eine wichtige Rolle. Bezeichnet zum Beispiel $p(n)$ die Anzahl der ↗Partitionen einer natürlichen Zahl n, und setzt man noch $p(0) := 1$, so ist die erzeugende Funktion F von p gegeben durch das unendliche Produkt

$$F(z) = \prod_{n=1}^{\infty} \frac{1}{1 - z^n}, \quad |z| < 1 .$$

Erzeugendensystem, Teilmenge $E \subset V$ eines ↗Vektorraumes V, die in keinem echten ↗Untervektorraum von V enthalten ist.

Etwas anschaulicher und für die Namensgebung verständlicher ist die folgende Formulierung: Ist E Erzeugendensystem von V, dann läßt sich jedes $v \in V$ als Linearkombination von endlich vielen Elementen aus E darstellen. Es existieren also $\alpha_i \in \mathbb{K}$ und $e_i \in E$ so, daß

$$v = \sum_{i=1}^{n} \alpha_i e_i .$$

Man sagt auch: E spannt den Vektorraum V auf und bezeichnet V als die lineare Hülle von E. Eine Familie $(e_i)_{i\in I}$ von Vektoren irgendeines Vektorraums V wird als Erzeugendensystem bezeichnet, wenn

$$L((e_i)_{i\in I}) = V$$

gilt, wobei L die lineare Hülle bezeichnet. Jeder Vektorraum besitzt ein Erzeugendensystem.

Ein linear unabhängiges Erzeugendensystem heißt Basis des Vektorraums V. Ist E ein Erzeugendensystem, so gibt es stets eine Teilmenge $B \subseteq E$, die Basis von V ist.

Erzeugendensystem eines Ideals, Spezialfall eines ↗Erzeugendensystems eines Moduls, denn ein Ideal ist ein Modul.

Erzeugendensystem eines Moduls, Teilmenge eines Moduls, deren Elemente durch endliche Linearkombination alle Elemente des Moduls erzeugen.

Es sei R ein kommutativer Ring und M ein R–Modul. Eine Teilmenge $E \subseteq M$ heißt Erzeugendensystem von M, wenn jedes Element aus M als Linearkombination von endlich vielen Elementen aus E mit Koeffizienten aus R geschrieben werden kann.

erzeugender Baum, ↗ spannender Baum.

erzeugender Untergraph, ↗ Teilgraph.

Erzeuger einer Gruppe, Teilmenge einer Gruppe, die in keiner echten Untergruppe enthalten ist.

Eine Teilmenge B der Gruppe G ist also ein Erzeuger der Gruppe G, wenn G selbst die einzige Untergruppe der Gruppe G ist, die die Teilmenge B enthält.

Man ist meist bestrebt, eine möglichst kleine derartige Menge B zu finden, um die Beschreibung der Gruppe G zu vereinfachen.

Erzeuger einer Operatorhalbgruppe, auch als Generator einer Operatorhalbgruppe bezeichnet, ein einer ↗Operatorhalbgruppe zugeordneter i. allg. unbeschränkter linearer Operator.

Sei $(T_t)_{t\geq 0}$ eine stark stetige Operatorhalbgruppe auf einem Banachraum X. Der Erzeuger von (T_t) ist der durch

$$Ax = \lim_{h\to 0} \frac{T_h x - x}{h} \qquad (1)$$

definierte Operator auf dem Definitionsbereich all der $x \in X$, für die der Grenzwert in (1) existiert; man erhält denselben Definitionsbereich, wenn man in (1) lediglich die schwache Konvergenz verlangt. Der Erzeuger A ist stets abgeschlossen und dicht definiert; A ist genau dann beschränkt, wenn (T_t) normstetig ist.

Für Anwendungen ist die umgekehrte Fragestellung, nämlich welche dicht definierten abgeschlossenen Operatoren Erzeuger von stark stetigen Operatorhalbgruppen sind, wichtig. Diese Frage wird in den Sätzen von Hille-Yosida und Lumer-Phillips beantwortet.

Erzeugnis, die Menge

$$\overline{A} \ := \ \{v \in V,\ v \leq_{L(V)} \sup_{L(V)}(A)\},$$

wobei A eine beliebige Menge des endlich-dimensionalen Vektorraumes V und $L(V)$ der Unterraumverband von V ist.

Erzeugungssatz für orthogonale Gruppen, besagt, daß die orthogonale Gruppe $O(n)$ erzeugt wird durch Spiegelungen im $\mathbb{R}^n$.

ESPRESSO, an der UC Berkeley entwickeltes Softwarepaket zur zweistufigen ↗Logiksynthese. Eine genaue Beschreibung findet man in [1].

[1] Brayton, R.; Hachtel, G.; McMullen, C.; Sanviovanni-Vincentelli, A.: Logic Minimization Algorithms for VLSI Synthesis. Kluwer Academic Publishers Boston Dordrecht London, 1984.

Esscher-Approximation, Methode zur approximativen Berechnung von Gesamtschadenverteilungen $G(x) = P(S \leq x)$, $x \in \mathbb{R}$, in der Versicherungsmathematik.

Dabei wird die ↗Edgeworth-Approximation an Stelle von S auf die Esscher-Transformierte S_h von S zum Parameter h angewendet; der Parameter h wird dabei so gewählt, daß

$$E(S_h) \ = \ \frac{\varphi'(h)}{\varphi(h)} \ = x$$

gilt, wenn φ die momenterzeugende Funktion von S ist. Man erreicht damit, daß die Ungenauigkeiten der Edgeworth-Approximation für „große" Werte nicht ins Gewicht fallen, da nur „kleine" Werte im Bereich $\{S_h \leq E(S_h) = x\}$ betrachtet werden. Da die Auflösung der Gleichung zur Bestimmung von h die Kenntnis der momenterzeugenden Funktion von S voraussetzt, ist das Esscher-Verfahren ein verteilungsabhängiges Approximationsverfahren, im Gegensatz zur Edgeworth- oder Normal-Power-Approximation.

Esscher-Prinzip, ↗ Esscher-Transformation.

Esscher-Transformation, Transformation einer Verteilungsfunktion.

Ist F die Verteilungsfunktion einer Zufallsvariablen mit zugehöriger momenterzeugender Funktion φ, so bezeichnet für $h \in \mathbb{R}$

$$F_h(x) \ = \ \frac{1}{\varphi(h)} \int_{-\infty}^{x} e^{hy} F(dy)$$

die Esscher-Transformierte von F zum Parameter h. Die zugehörige momenterzeugende Funktion ist

$$\varphi_h(t) \ = \frac{\varphi(t+h)}{\varphi(h)} \,.$$

Besitzt F eine Wahrscheinlichkeitsdichte f, so hat die Esscher-Transformierte die Dichte

$$f_h(x) \ = \ \frac{1}{\varphi(h)} e^{hx} f(x)\,.$$

Die Esscher-Transformion wird verwendet bei der Approximation von Gesamtschadenverteilungen, insbesondere in dem Fall, in dem die ↗Edgeworth-Approximation schlechte Werte liefert. Die Esscher-Transformation findet auch Anwendung bei einem speziellen Prämienkalkulationsprinzip, dem sogenannten Esscher-Prinzip, welches einer ein Risiko repräsentierenden Zufallsvariablen X den Prämienwert

$$\frac{E(X \cdot e^{cX})}{E(e^{cX})}$$

zuordnet. Man berechnet also den Erwartungswert der Zufallsvariablen X_c, die sich aus X durch Anwendung der Esscher-Transformation zum Parameter c ergibt.

Esséen, Ungleichung von, auch als Fundamentalungleichung von Esséen bezeichnete Abschätzung der maximalen Abweichung zweier Verteilungsfunktionen nach oben durch einen Ausdruck, der im wesentlichen nur von der Differenz der zugehörigen charakteristischen Funktionen abhängt.

Seien F und G zwei Verteilungsfunktionen mit charakteristischen Funktionen f und g. Die Funktion G möge die Ableitung G′ besitzen, und es gelte

$$|G'(x)| \leq m < \infty$$

für alle $x \in \mathbb{R}$. *Dann ist für jedes* $T > 0$ *die Ungleichung*

$$\sup_{x\in\mathbb{R}} |F(x) - G(x)| \leq \frac{1}{\pi} \int_{-T}^{T} \left| \frac{f(t) - g(t)}{t} \right| dt + \frac{24m}{\pi T}$$

erfüllt.

etal, eine eine lokale Eigenschaft von Morphismen $p : X \longrightarrow Y$ von Schemata.

Wenn $x \in X$, so heißt p etal im Punkt x, wenn es eine Umgebung U von x und eine Umgebung V von $p(x)$ in Y mit $U \subset p^{-1}V$ gibt derart, daß U eine abgeschlossene Einbettung in ein offenes Unterschema $W \subset V \times \mathbb{A}^n$ (für ein n) besitzt, so daß das Ideal von U in W durch n Polynome $f_i \in \mathcal{O}_Y(V)[T_1, \cdots T_n]$ erzeugt wird; schließlich muß noch gelten:

$$\det(\partial f_i/\partial T_j) \neq 0 \mathrm{in} X\,.$$

Dies ist äquivalent zu folgenden Bedingungen:

(i) p ist lokal von endlicher Darstellung in einer Umgebung von X,

(ii) p ist flach in x (d. h. $\mathcal{O}_{X,x}$ ist flache Erweiterung von $\mathcal{O}_{Y,p(x)}$),

(iii) x ist isoliert in seiner Faser,

(iv) $\mathcal{O}_{X,x}/\mathfrak{m}_{Y,p(x)}\mathcal{O}_{X,x}$ ist eine separable Körpererweiterung von $\mathcal{O}_{Y,y}/\mathfrak{m}_{Y,p(x)}$.

Die Eigenschaft "etal“ ist offen, d. h. wenn p in $x \in X$ etal ist, so auch in einer Umgebung von x. p heißt Etalmorphimus, wenn p in jedem Punkt von X etal ist. Das komplex-analytische Analogon ist biholomorph in einer Umgebung von X.

Etalerweiterung, eine ↗Ringerweiterung, die lokal von folgendem Typ ist:

$$B = A[t_1, \ldots, t_n]/(f_1, \ldots, f_n)\,,$$

und

$$\det\left(\frac{\partial f_i}{\partial t_j}\right)$$

ist eine Einheit in B.

Etalmorphismus, ↗etal.

Ethnomathematik, Bezeichnung für die mathematische Entwicklung in Abhängigkeit vom jeweiligen Kulturkreis.

Seit den großen Entdeckungsreisen des 15. Jahrhunderts eröffneten sich auch neue Einblicke in die kulturelle Entwicklung der Menschheit. Der europazentristische Standpunkt war zum Verständnis der kulturellen Entwicklungen fremder Völker wenig hilfreich. Das traf auch auf den sich anschließenden kolonialen Prozeß zu, der sich seit den Entdeckungsreisen über große Teile der Welt erstreckte. Gleichzeitig führte dieser Prozeß aber auch zur Erforschung der Eigenheiten fremder Kulturen. Während auf vielen Gebieten der materiellen Kultur (z. B. Nahrungsmittelgewinnung usw.), der politischen Organisation, der Sprachen, Musik, Religion der „Naturvölker“ und der „marginaler Kulturen“ (z. B. der baskischen Kultur) weitreichende Erkenntnisse vorliegen, fehlen aber bis heute Erklärungsmuster für die unterschiedlichen kulturellen Entwicklungen verschiedener Völker. Insbesondere trifft dies auch zu für die Entwicklung wissenschaftlichen und speziell mathematischen, astronomischen und metrologischen Wissens und Könnens bei verschiedenen Völkern und in verschiedenen Kulturkreisen.

Die Forschung erstreckt sich daher heute ebenso auf Grundlagen der Zahlen- und Maßsysteme, die Rechentechnik, die praktische Geometrie sowie auf astronomische, astrologische und kosmologische Vorstellungen.

Von großem Interesse ist zudem die Frage, wie die (mathematischen) Erkenntnisse dominanter Kulturen in marginalen Kulturen in der Vergangenheit aufgenommen und verarbeitet worden sind, welche wissenschaftlichen Einflüsse von den verschiedenen Kulturen ausgehen, und wie sich kulturelle Traditionen auf die Forschung der Gegenwart auswirken.

Eudoxos, Satz von, besagt, daß es zu jeder positiven reellen Zahl ε eine natürliche Zahl n gibt mit $\frac{1}{n} < \varepsilon$. Äquivalent hierzu ist der Satz von Archimedes (↗Archimedes, Satz von). Es folgt, daß die rationalen Zahlen dicht in den reellen Zahlen liegen: Zu je zwei reellen Zahlen $x < y$ gibt es eine rationale Zahl r mit

$$x < r < y\,.$$

Eudoxos von Knidos, Mathematiker, Astronom, Geograph, Philosoph und Politiker, geb. um 400 v. Chr. Knidos, gest. um 350 v. Chr. Knidos.

Eudoxos studierte Mathematik und Medizin u. a. in Süditalien. Weitere Studien folgten in Athen und Ägypten. Anschließend gründete er im kleinasiatischen Kyzikos eine eigene wissenschaftliche Schule. Nach einem zweiten Aufenthalt in Athen ließ sich Eudoxos in seiner Heimatstadt nieder, hielt Vorlesungen und legte seine wissenschaftlichen Vorstellungen nieder. In seinen philosophischen Lehren scheint Eudoxos stark von Anaxagoras (um 500–428 v. Chr.) beeinflußt, weniger von dem ihm persönlich bekannten Platon (427–347 v. Chr.).

Die Werke des Eudoxos sind nur fragmentarisch erhalten. Die Titel von sechs Schriften sind überliefert. Aus den Fragmenten und späteren Quellen kann man grob den Inhalt seiner Schriften rekonstruieren. Eine geographische Schrift gab eine Beschreibung der damals bekannten Welt von Asien über Nordafrika bis Nordeuropa. Die fünf astronomischen Schriften behandelten wahrscheinlich das Kalenderwesen, Finsternisse, Fixsternbeobachtungen und die Theorie der Planetenbewegung („Über die Geschwindigkeiten"). Das Planetenmodell des Eudoxos, das eine konstante Entfernung aller Planeten von der Erde annahm, krankte vor allem an der Deutung der rückläufigen Planetenbewegung.

Man hat später diese Grundvorstellungen eines geozentrischen Weltbildes überarbeitet und mehr oder weniger erfolgreich zu korrigieren versucht. Bis in die Renaissance sind die astronomischen Ideen des Eudoxos auch philosophisch äußerst einflußreich geblieben.

Aus Zitaten griechischer Gelehrter (u. a. Archimedes) und aus deren Anmerkungen zu den ↗„Elementen" des Euklid kann das mathematische Schaffen des Eudoxos rekonstruiert werden. Danach gilt als sicher, daß von ihm wichtige Weiterentwicklungen der Verhältnis- und Proportionenlehre stammen und die Exhaustionsmethode von ihm ebenfalls entwickelt wurde.

Als sicher gilt die Zuschreibung des Buches XII der „Elemente" des Euklid an Eudoxos. Darin bewies er tiefliegende Sätze über Inhaltsbestimmungen in Ebene und Raum. Die Beweise werden indirekt geführt und benutzen oft das Bisektionsprinzip. Die Sätze des Buches V der „Elemente" scheinen nach neueren Forschungen auf Schüler und Nachfolger des Eudoxos zurückzugehen.

Euklid, Höhensatz des, Satz über den Zusammenhang zwischen der Höhe eines rechtwinkligen Dreiecks und den beiden Hypotenusenabschnitten:

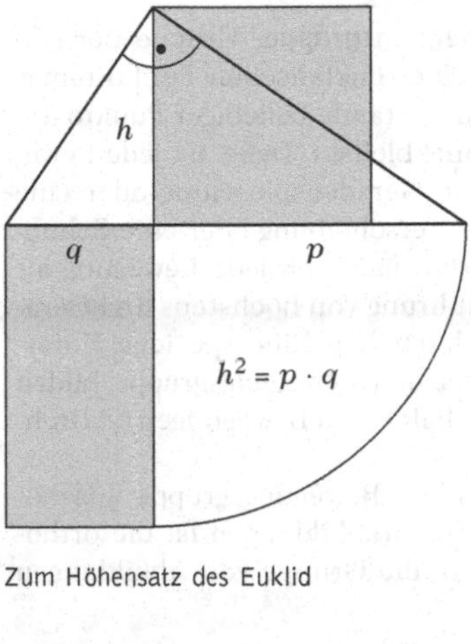

Zum Höhensatz des Euklid

In jedem rechtwinkligen Dreieck ist der Flächeninhalt des Quadrates über der Höhe gleich dem Flächeninhalt des Rechtecks, das aus den beiden Hypotenusenabschnitten gebildet wird.

In einem wie in der Abbildung bezeichneten Dreieck gilt also

$$h^2 = p \cdot q .$$

Euklid, Satz von, über Primteiler, ein fundamentaler Satz im VII. Buch der ↗„Elemente" des Euklid:

Seien a, b natürliche Zahlen und p eine Primzahl mit

$$p \mid ab .$$

Dann gilt entweder $p \mid a$ oder $p \mid b$ (oder beides).

Dieser Satz beinhaltet den wesentlichen Schritt zum Beweis der Eindeutigkeit der Primfaktorzerlegung.

Euklid, Satz von, über Primzahlen, fundamentale Ausage über die Existenz unendlich vieler Primzahlen.

Bei Euklid findet sich der erste Beweis für folgenden Satz:

Es gibt unendlich viele Primzahlen.

In moderner Formulierung liest sich Euklids Beweis so: Ist $A = \{p_1, \dots, p_k\}$ eine beliebige gegebene endliche Menge von Primzahlen, so ist die Zahl

$$n = p_1 \cdot \ldots \cdot p_k + 1 \equiv 1 \mod p_j$$

für jedes $p_j \in A$, also durch keine der Primzahlen aus A teilbar. Da es aber sicher eine Primzahl p gibt, die n teilt, enthält A noch nicht alle Primzahlen. Weil aber A eine beliebige endliche Menge von Primzahlen war, kann die Menge aller Primzahlen nicht endlich sein.

Dieser Beweis wird häufig als einer der ältesten „eleganten" Beweise der Mathematik zitiert.

Euklid, Satz von, über Pythagoräische Tripel, die folgende zahlentheoretische Aussage, für die sich ein Beweis tatsächlich schon in Euklids Büchern findet:

Jedes primitive (d. h. aus teilerfremden natürlichen Zahlen bestehende) Pythagoräische Zahlentripel (x, y, z) mit geradem y hat die Darstellung

$$x = a^2 - b^2, \quad y = 2ab, \quad z = a^2 + b^2$$

mit teilerfremden natürlichen Zahlen $a > b > 0$, deren Differenz $a - b$ ungerade ist.

Die in diesem Satz enthaltene Methode zur Konstruktion primitiver Pythagoräischer Tripel war vermutlich schon den Babyloniern bekannt.

Interessant ist die Umkehrung, nämlich daß man dadurch alle primitiven Pythagoräischen Zahlentripel erhält. Damit ist dieser Satz von Euklid der wesentliche Bestandteil zur Beschreibung der Menge aller ganzzahligen Lösungen der ↗diophantischen Gleichung

$$x^2 + y^2 = z^2 .$$

Euklid von Alexandria, Mathematiker, lebte um 300 v. Chr..

Über die Person des Euklid und dessen Leben ist fast nichts bekannt. Was man über ihn weiß, sind Anekdoten aus der Spätantike oder sind Schlußfolgerungen aus seinem Werk. Man nimmt an, daß er seine Jugend in Athen verbracht hat. Um 307 v. Chr. wurde das Museion in Alexandria gegründet und man vermutet, daß Euklid, wohl schon als angesehener Gelehrter, um 320 auf Einladung der Ptolomäerdynastie nach Alexandria kam. In Alexandria sind die Werke des Euklid entstanden, möglicherweise für den Lehrbetrieb am Museion. Zwischen 290 und 260 v. Chr. ist Euklid in Alexandria(?) gestorben.

Euklid sind sieben mathematische Werke, eine astronomische, eine optische und eine musiktheoretische Schrift zuzuschreiben. Oft wurde er noch als Verfasser einer Schrift über Spiegel und von Abhandlungen über Mechanik benannt, beides möglicherweise unrichtig. Die „Optika“ ist ein elementares Werk über Perspektive. Die astronomische Schrift („Phainomena“) behandelt die Geometrie der Bewegung der Himmelskörper und enthält vielleicht die Meinung des Eudoxos zur Himmelsmechanik.

Die sieben mathematischen Werke sind:

Data. Sie lehnen sich eng an die planimetrischen Bücher der Elemente an und betonen konstruktive Aspekte der ebenen Geometrie.

Über die Teilung von Figuren. Die Schrift ist arabisch erhalten und behandelt spezielle Konstruktionsaufgaben.

Porisma. Der Inhalt, Sätze über geometrische Örter mit dem Satz von Desargues, ist durch Pappos (um 320) überliefert.

Kegelschnitte. Die Schrift ist verloren.

Oberflächenörter. Diese verlorengegangene Schrift beschäftigte sich möglicherweise mit Flächen im Raum als geometrische Örter oder mit Örtern auf gekrümmten Flächen.

Pseudaria. Das verlorengegangene Werk behandelte Trugschlüsse.

Elemente. Dieses Werk des Euklid ist das bekannteste Mathematikbuch aller Zeiten. Man vergleiche hierzu ↗„Elemente“ des Euklid.

Das erste große Verdienst des Euklid bestand in der Zusammenstellung wichtigen historischen mathematischen Materials. Diese Materialzusammenstellung war bei ihm keine unkritische Aneinanderreihung erreichter Ergebnisse, sondern er hat das Material systematisch bearbeitet. Er präsentierte es in Form von Definitionen, Axiomen, Postulaten, Sätzen, Aufgaben und Beweisen. Hierin liegt wohl das Hauptverdienst des Euklid und der Höhepunkt der Mathematik der frühen Kulturen.

Man darf allerdings an den deduktiven Aufbau gerade der „Elemente“ nicht die Meßlatte moderner Mathematik anlegen. Eine Reihe von „Definitionen“ des Euklid sind „nicht zur Sache gehörig“ – man kann mit ihnen nichts beweisen. Desgleichen entspricht die Unterscheidung von Axiomen und Postulaten bei ihm – wohl stark von Aristoteles beeinflußt – durchaus nicht modernen Ansprüchen (↗Euklidische Geometrie).

Die Werke des Euklid, insbesondere die „Elemente“, sind seit dem 9. Jh. ins Arabische übersetzt worden - im mittelalterlichen Europa waren seit dem 6.Jh. nur spärliche lateinische Fragmente der „Elemente“ in der Übersetzung des Boethius (um 480 - 524) bekannt. Seit dem 12. Jh. wurden durch Rückübersetzungen aus dem Arabischen auch dem mittelalterlichen Europa die „Elemente“ in immer besseren und vollständigeren Versionen bekannt. Seit dieser Zeit gehörten sie bis ins 19. Jh. zum festen Bestand der Schul- und Universitätsbildung. Der erste (lateinische) Druck erschien 1482 in Venedig.

euklidische Bewegungsgruppe, Gruppe derjenigen Abbildungen eines euklidischen Punktraumes auf sich, bei denen Abstände beliebiger Punkte unverändert (invariant) bleiben. Dabei ist jede Bewegung entweder eine Geradenspiegelung oder eine Drehung oder eine Verschiebung oder eine Schubspiegelung. Weiterhin läßt sich jede Bewegung als Nacheinanderausführung von höchstens drei Geradenspiegelungen darstellen. Eine spezielle Untergruppe der euklidischen Bewegungsgruppe bilden die orientierungserhaltenden Bewegungen (↗Drehgruppe).

Die zur euklidischen Bewegungsgruppe zugehörige Gruppe von Vektorabbildungen ist die orthogonale Gruppe, d. h. die Gruppe von Abbildungen eines euklidischen Vektorraumes auf sich, für die das Skalarprodukt eine Invariante ist.

Die euklidische Bewegungsgruppe ist eine Untergruppe der affinen Gruppe und ferner eine Untergruppe der äquiaffinen Gruppe (Gruppe der volumentreuen affinen Abbildungen) sowie der äquiformen Gruppe, wobei sie genau die Schnittmenge der äquiaffinen mit der äquiformen Gruppe bildet, d. h. jede affine Abbildung, die volumen- *und* winkeltreu ist, ist eine Bewegung.

euklidische Ebene, der Spezialfall $n = 2$ eines ↗euklidischen Raumes.

euklidische Entfernung, ↗ euklidischer Abstand.

Euklidische Geometrie

A. Filler

I. ↗Euklid von Alexandria stellte in seinem 13-bändigen Werk „Die Elemente" [1] erstmalig die Geometrie als abgeschlossenes deduktives System dar. Dieses Werk wurde zu dem (nach der Bibel) am zweithäufigsten gedruckten Buch der Weltgeschichte und war bis zum Beginn des neunzehnten Jahrhunderts wichtigste Grundlage für die Ausbildung in Geometrie (↗„Elemente" des Euklid).

Euklid teilte seine Grundlagen in drei Kategorien, die Erklärungen (Definitionen) der auftretenden Begriffe, die Axiome (Grundaussagen, die für alle Wissenschaften interessant sind), und die Postulate (Grundaussagen, die sich speziell auf die Geometrie beziehen).

Im folgenden sind die Definitionen von Euklid auszugsweise und seine Axiome sowie Postulate vollständig aufgeführt:

Definitionen:

1. *Was keine Teile hat, ist ein Punkt.*
2. *Eine Länge ohne Breite ist eine Linie.*
3. *Die Enden einer Linie sind Punkte.*
4. *Eine Linie ist gerade, wenn sie gegen die in ihr befindlichen Punkte auf einerlei Art gelegen ist.*
5. *Was nur Länge und Breite hat, ist eine Fläche.*

Axiome:

1. *Dinge, die demselben Dinge gleich sind, sind einander gleich.*
2. *Fügt man zu Gleichem Gleiches hinzu, so sind die Summen gleich.*
3. *Nimmt man von Gleichem Gleiches hinweg, so sind die Reste gleich.*
4. *Was zur Deckung miteinander gebracht werden kann, ist einander gleich.*
5. *Das Ganze ist größer als sein Teil.*

Postulate:

1. *Es soll gefordert werden, daß sich von jedem Punkte nach jedem Punkte eine gerade Linie ziehen lasse.*
2. *Ferner, daß sich eine begrenzte gerade Linie stetig in gerader Linie verlängern lasse.*
3. *Ferner, daß sich mit jedem Mittelpunkt und Halbmesser ein Kreis beschreiben lasse.*
4. *Ferner, daß alle rechten Winkel einander gleich seien.*
5. (Parallelenpostulat) *Endlich, wenn eine gerade Linie zwei gerade Linien trifft und mit ihnen auf derselben Seite innere Winkel bildet, die zusammen kleiner sind als zwei Rechte, so sollen die beiden geraden Linien, ins Unendliche verlängert, schließlich auf der Seite zusammentreffen, auf der die Winkel liegen, die zusammen kleiner sind als zwei Rechte.*

Diese Definitionen, Axiome und Postulate halten heutigen Anforderungen an logische Korrektheit nicht mehr stand. Zum einen erweist sich die Trennung nach Axiomen und Postulaten als nicht sinnvoll. Die Axiome erhalten nämlich nur dann eine Relevanz für die Geometrie, wenn konkrete geometrische Begriffe eingesetzt werden. Dann handelt es sich aber wiederum um geometrische Aussagen, also im Sinne Euklids um Postulate. In neueren Arbeiten wird daher nicht mehr zwischen Axiomen und Postulaten unterschieden, sondern nur von Axiomen gesprochen, worunter alle unbewiesenen Grundaussagen verstanden werden. Vor allem jedoch genügen die von Euklid gegebenen „Erklärungen" nicht den logischen Ansprüchen an Definitionen. Vielmehr ist es unmöglich, alle auftretenden Objekte und Relationen zu definieren, da Definitionen nur auf Grundlage bereits bekannter Begriffe möglich sind. Einige grundlegende Begriffe (wie z.B. Punkt, Gerade usw.) müssen also als undefinierte Grundbegriffe an den Anfang gestellt werden. Ein logisch völlig korrekter axiomatischen Aufbau der Geometrie wurde von David Hilbert gegen Ende des 19. Jahrhunderts vorgestellt (↗Axiome der Geometrie).

II. Lange Zeit umstritten war die Frage, ob das Parallenpostulat auf Grundlage der anderen Axiome und Postulate bewiesen werden kann. Dieses sog. Parallelenproblem beschäftigte Generationen von Mathematikern und brachte unzählige Beweisversuche hervor, die jedoch alle daran scheiterten, daß unbemerkt Aussagen verwendet wurden, die nicht aus den übrigen Axiomen und Postulaten ableitbar sind und vielmehr zum 5. Postulat äquivalente Aussagen darstellten.

Erst als in der ersten Hälfte des 19. Jahrhunderts Gauß, Bolyai und Lobatschewski zeigen konnten, daß auch die Theorie, die aus den übrigen Axiomen und Postulaten sowie der Verneinung des 5. Postulats besteht, eine widerspruchsfreie Theorie (nämlich eine ↗ nichteuklidische Geometrie) ist, war das Problem – wenn auch in einer völlig unerwarteten Weise – gelöst.

Als Euklidische Geometrie im Sinne eines axiomatischen Aufbaus der Geometrie wird seitdem die Geometrie bezeichnet, in der alle ↗ Axiome der Geometrie, also sowohl diejenigen der ↗ absoluten Geometrie als auch das 5. Postulat von Euklid bzw. das euklidische Parallelenaxiom gelten.

III. Einen gänzlich anderen als den axiomatischen Weg zur Beschreibung verschiedener Geometrien stellt das ↗ Erlanger Programm dar, welches Felix Klein in seiner Antrittsvorlesung 1872 darlegte. Danach kann eine Geometrie als Invariantentheorie bezüglich einer Transformationsgruppe auf einer Menge aufgefaßt werden. Die der euklidischen Geometrie zugrundeliegende (Punkt-) Menge ist dabei der euklidische Punktraum: Ein affiner Punktraum mit einem dazugehörigen Vektorraum, auf dem eine positiv definite symmetrische Bilinearform (Skalarprodukt) definiert ist. Die Transformationsgruppe, welche die euklidische Geometrie charakterisiert, ist die Gruppe der Bewegungen (↗ euklidische Bewegungsgruppe), die zugehörige Transformationsgruppe des euklidischen Vektorraumes die Gruppe der orthogonalen Abbildungen, d. h. derjenigen Abbildungen, die das Skalarprodukt zweier Vektoren unverändert lassen. Somit sind Bewegungen abstandstreue Abbildungen des euklidischen Punktraumes auf sich.

Die Euklidische Geometrie im Sinne des Erlanger Programms ist somit die Theorie der Invarianten bezüglich der Bewegungen eines euklidischen Punktraumes. Zu diesen Invarianten zählen u. a. Streckenlängen, Streckenverhältnisse, Flächeninhalte bzw. Volumina und die Maße von Winkeln, wobei die Invarianz von Streckenlängen die Euklidische Geometrie von anderen (allgemeineren) Geometrien unterscheidet.

Man vergleiche hierzu auch das ↗ Erlanger Programm von Felix Klein.

Literatur

[1] Euklid: Die Elemente (nach Heibergs Text aus dem Griechischen übersetzt und herausgegeben von Clemens Thar). Akademische Verlagsgesellschaft Leipzig, 1933–1937.

[2] Klein F.: Das Erlanger Programm (1872) – Vergleichende Betrachtungen über neuere geometrische Forschungen. Goest & Portig Leipzig, 1974.

---

euklidische Gruppe, eine Untergruppe der affinlinearen Abbildungen eines Vektorraums X in sich selbst.

Für das Beispiel $X = \mathbb{R}^n$ betrachtet man zunächst die Abbildung $\phi : \text{Aff}(\mathbb{R}^n, \mathbb{R}^n) \to \text{GL}(\mathbb{R}^n)$, die durch $\phi(A \cdot x + b) := A$ definiert ist.

Die Untergruppe des Urbildes $\phi^{-1}(\text{SGL}(\mathbb{R}^n))$, wobei $\text{SGL}(\mathbb{R}^n)$ die spezielle lineare Gruppe des $\mathbb{R}^n$ ist, heißt dann euklidische Gruppe.

Entsprechend definiert man diese für allgemeine Vektorräume X.

euklidische Hartogs-Figur, ↗ allgemeine Hartogs-Figur.

euklidische Länge, Länge eines Vektors in einem euklidischen Vektorraum.

Ein reeller Vektorraum V, der mit einem Skalarprodukt $< x, y >$ versehen ist, heißt ↗ euklidischer Vektorraum. In einem euklidischen Vektorraum kann man mit Hilfe des Skalarprodukts jedem $x \in V$ eine Länge zuordnen und nennt den Wert $\sqrt{< x, x >}$ die euklidische Länge des Vektors x.

Ist beispielsweise $V = \mathbb{R}^n$ der n-dimensionale ↗ euklidische Raum, so ergibt sich für einen Vektor $(x_1, ..., x_n) \in \mathbb{R}^n$ die Länge

$$\sqrt{x_1^2 + x_2^2 + \cdots + x_n^2}.$$

Man vergleiche hierzu auch ↗ euklidische Norm.

euklidische Metrik, eine der Standardmetriken auf der Menge $\mathbb{R}^n$. Sind $x = (x_1, ..., x_n)$ und $y = (y_1, ..., y_n)$ zwei Elemente des $\mathbb{R}^n$, so heißt die Metrik

$$d(x, y) = \sqrt{(x_1 - y_1)^2 + \cdots (x_n - y_n)^2}$$

die euklidische Metrik.

Sie überträgt den intuitiven Abstandsbegriff aus dem $\mathbb{R}^2$ und dem $\mathbb{R}^3$ in die allgemeinere Situation des $\mathbb{R}^n$.

euklidische Norm, die durch

$$\|v\| := \sqrt{\langle v, v \rangle}$$

definierte Norm $\| \cdot \| : V \to \mathbb{R}$ auf dem ↗ euklidischen Vektorraum $(V, \langle \cdot, \cdot \rangle)$.

Für die euklidische Norm $\| \cdot \|$ gilt die Cauchy-Schwarzsche Ungleichung:

$$|\langle v_1, v_2 \rangle| \leq \|v_1\| \cdot \|v_2\| \;\forall\, v_1, v_2 \in V.$$

Die euklidische Norm $\|\cdot\|_2$ auf dem $\mathbb{R}^n$ ist gegeben durch ($x = (x_1, \ldots, x_n) \in \mathbb{R}^n$):

$$\|x\|_2 := \sqrt{x_1{}^2 + x_2{}^2 + \cdots + x_n{}^2}\,.$$

euklidischer Abstand, *euklidische Entfernung*, Abstand zweier Vektoren eines ↗ euklidischen Vektorraumes $(V, \langle\cdot,\cdot\rangle)$, gemessen mit der durch das Skalarprodukt $\langle\cdot,\cdot\rangle$ induzierten ↗ euklidischen Metrik d, also

$$\begin{aligned} d : V \times V &\to \mathbb{R}\,, \\ (v, v') &\mapsto \sqrt{(\langle v - v', v - v'\rangle)}\,. \end{aligned}$$

euklidischer Algorithmus, eine geometrisch motivierte Methode zur Konstruktion des ggT zweier ganzer Zahlen $a > b > 0$.

Man setzt $r_0 = a$ und $r_1 = b$ und definiert r_2 als Rest bei Division von r_0 durch r_1 (↗ Division mit Rest):

$$r_0 \;=\; c r_1 + r_2$$

mit ganzen Zahlen c, r_2 und $0 \le r_2 < r_1$.

Solange $r_k \ne 0$ berechnet man induktiv r_{k+1} als Rest bei Division von r_{k-1} durch r_k. Wegen $0 \le r_{k+1} < r_k$ ist irgendwann $r_{k+1} = 0$; dann stoppt man das Verfahren, und es gilt $r_k = \text{ggT}(a, b)$.

Die notwendigen algebraischen Voraussetzungen an den Rechenbereich, damit der euklidische Algorithmus durchführbar ist und nach endlich vielen Schritten zu einem Ergebnis kommt, sind im Begriff des ↗ euklidischen Rings kondensiert.

Der euklidische Algorithmus ist seinem Ursprung nach eine geometrische Methode zur Konstruktion eines gemeinsamen Teilers zweier (evtl. durch geometrische Konstruktionen gegebenen) Streckenlängen a, b. Man nennt diesen Algorithmus auch einen Divisionsalgorithmus.

euklidischer Raum, der Raum $\mathbb{R}^n$, versehen mit der euklidischen Metrik und dem kartesischen Koordinatensystem.

Der euklidische Raum besteht also aus den n-Tupeln $(x_1, \ldots, x_n)$ mit $x_i \in \mathbb{R}$. Er ist ein spezieller ↗ euklidischer Vektorraum.

Manchmal versteht man unter dem Begriff „euklidischer Raum" auch nur den Spezialfall $n = 3$, also den „Anschauungsraum".

euklidischer Ring, Integritätsbereich, in dem ein Divisionsalgorithmus möglich ist.

Es sei R ein Integritätsbereich. Dann heißt R ein euklidischer Ring, falls es eine Abbildung $d : R\backslash\{0\} \to \mathbb{N}$ gibt, so daß gelten:

(1) $d(a \cdot b) \ge d(a)$ für alle $a, b \in R$.

(2) Für je zwei Elemente $a, b \in R$ gibt es eine Darstellung $a = q \cdot b + r$, wobei q und r Elemente von R sind und entweder gilt $r = 0$ oder $d(r) < d(b)$.

Das einfachste Beispiel eines euklidischen Ringes ist der Ring der ganzen Zahlen $\mathbb{Z}$ mit der Abbildung $d(n) = |n|$. Aber auch der Ring der Polynome $K[x]$ über einem Körper K wird zu einem euklidischen Ring, wenn man als $d(p)$ den Grad des Polynoms p wählt. Ein in der Zahlentheorie wichtiges Beispiel eines euklidischen Ringes ist der Ring der ganzen Gaußschen Zahlen

$$\mathbb{Z}[i] \;=\; \{m + in \in \mathbb{C} | m, n \in \mathbb{Z}\}\,,$$

versehen mit der Abbildung $d(m + in) = m^2 + n^2$.

Wesentlich an einem euklidischen Ring ist, daß man mit dem ↗ euklidischen Algorithmus, der auf Eigenschaft (2) beruht, den größten gemeinsamen Teiler zweier Elemente $a, b \in R$ bestimmen kann.

euklidischer Vektorraum, ein endlich-dimensionaler reeller Vektorraum, auf dem ein Skalarprodukt gegeben ist.

Man kann jeden endlich-dimensionalen reellen Vektorraum V auf folgende Art und Weise zu einem euklidischen machen: Man wähle eine Basis $B = \{b_1, \ldots, b_n\}$ von V, und definiere dann das Skalarprodukt $< \cdot, \cdot >$ durch

$$< b_i, b_j > := \begin{cases} 1 & \text{falls } i = j\,, \\ 0 & \text{sonst.} \end{cases}$$

Da jedes Element des Vektorraums eindeutig mit Hilfe der Basis B dargestellt werden kann, definiert dies bereits das gewünschte Skalarprodukt auf ganz V.

euklidisches Parallelenaxiom, Axiom, das die Eindeutigkeit der Parallelen zu einer gegebenen Geraden g durch einen nicht auf g liegenden Punkt P festlegt (↗ Axiome der Geometrie).

Durch Euklid selbst wurde zunächst das Parallelenpostulat (↗ Euklidische Geometrie) formuliert, das jedoch auf Grundlage der Axiome der ↗ absoluten Geometrie zu dem heute bekannten Parallelenaxiom äquivalent ist.

Die Gültigkeit des euklidischen Parallelenaxioms unterscheidet die euklidische Geometrie von den ↗ nichteuklidischen Geometrien.

Während es in der sog. nichteuklidischen hyperbolischen Geometrie zu jeder Geraden durch jeden nicht auf ihr liegenden Punkt mindestens zwei parallele Geraden gibt, existieren in der sog. nichteuklidischen elliptischen Geometrie überhaupt keine parallelen Geraden. (Allerdings gelten in der elliptischen Geometrie nicht alle Axiome der absoluten Geometrie.)

euklidisches Skalarprodukt, ↗ euklidischer Vektorraum.

Euler, Leonhard, Mathematiker und Physiker, geb. 15.4.1707 Basel, gest. 18.9.1783 St. Petersburg.

Euler wurde als Sohn eines Pfarrers geboren. Beide Eltern waren sehr gebildet und mit mehreren bedeutenden Mathematikern freundschaftlich verbunden. Euler wurde zunächst von seinem Vater unterrichtet, später besuchte er die Lateinschule und erhielt, als der Vater sein mathematisches Talent erkannt hatte, von Johann I Bernoulli (↗Bernoulli-Familie) mathematische Unterweisungen zusammen mit dessen Söhnen Daniel und Niklas.

Im Herbst 1720 begann Euler sein Studium an der philosophischen Fakultät der Universität Basel, 1723 an der theologischen Fakultät, widmete sich dann aber verstärkt der Mathematik. 1727 ging er nach St. Petersburg, wo Daniel und Niklas Bernoulli an der Akademie tätig waren. 1730 wurde er dort Professor für Physik und drei Jahre später Professor für Mathematik. Damit begann eine erste erfolgreiche Schaffensperiode im Leben Eulers.

Innenpolitische Unsicherheiten veranlaßten ihn, 1741 einen Ruf an die Berliner Akademie anzunehmen. Ab 1746 war er dort Direktor der mathematischen Klasse und leitete faktisch nach dem Tod des Akademiepräsidenten de Maupertuis die Akademie. Zunehmende Differenzen mit dem König von Preußen bewogen Euler, seine Entlassung zu betreiben und 1766 wieder nach Petersburg zurückzukehren. Noch 1766 erblindete Euler, trotzdem war er, unterstützt von seinem Sohn und von Fuß, bis zu seinem Tod schöpferisch tätig.

Euler hat wohl wie kein zweiter Gelehrter die Mathematik und die mathematischen Naturwissenschaften des 18. Jahrhunderts beeinflußt. Seine umfangreichen Schriften reichen von den verschiedenen Teilgebieten der Mathematik, über die Hydromechanik und die Astronomie bis zur Physik, und schließen dabei Geodäsie, Kartographie und Navigation ebenso ein, wie die Theorie der Turbinen und die Schiffswissenschaften. Mit mehr als 850 Veröffentlichungen zählt Euler zu den produktivsten Mathematikern aller Zeiten.

Euler war ein typischer Geometer des 18. Jahrhunderts, der neben der mathematischen Theorie auch stets die Anwendungen im Blick hatte. Viele seiner mathematischen Methoden entwickelte er zur Lösung von Problemen der Mechanik, Astronomie, Geodäsie oder Physik. Dabei strebte er stets danach, das vorgelegte Problem mathematisch zu erfassen, und scheute sich nicht, über die eigentliche Fragestellung hinaus weitergehende theoretische Überlegungen durchzuführen.

Den ersten Platz in Eulers mathematischen Schaffen nimmt die ↗Analysis ein. Mit den Lehrbüchern zur Analysis des Unendlichen (1748), zur Differential- (1755) und Integralrechnung (1768–70) gab er eine erste systematische Darstellung der Theorie, wobei er viele heute übliche Begriffe und Bezeichnungen einführte. Dazu gehörten u. a. die Bezeichnung für die trigonometrischen Funktionen, die Schreibweise $f(x)$ für eine Funktion der Veränderlichen x, die Buchstaben ↗e für die Basis der natürlichen Logarithmen und i für die imaginäre Einheit, sowie das Summenzeichen $\sum$.

Ausgehend von einem gründlichen Studium der Funktionen formulierte er eine klare Definition des Funktionsbegriffs und entwickelte die Analysis als eine Lehre von den Funktionen, rückte den Funktionsbegriff also in den Mittelpunkt der Betrachtungen. Wichtigstes Mittel zur Darstellung und Untersuchung von Funktionen waren Potenzreihen. So stellte er die Potenzreihenentwicklung für die elementaren Funktionen auf und leitete durch z.T. virtuoses Rechnen mit den Reihen wichtige Eigenschaften der Funktionen und Beziehungen zwischen ihnen ab, etwa die nach ihm benannte Relation $e^{ix} = \cos x + i \sin x$ (1743). Man muß jedoch beachten, daß die Mathematiker des 18. Jahrhunderts, auch Euler, zwar zwischen konvergenten und divergenten Reihen unterschieden, aber keine allgemeine Grenzwerttheorie besaßen und durch teilweise intuitiven Gebrauch divergenter Reihen richtige Ergebnisse erzielten.

Als weitere Formen zur Darstellung von Funktionen benutzte Euler auch unendliche Produkte und Reihen von Partialbrüchen, Verfahren, die im 19. Jahrhundert wesentlich weiterentwickelt wurden. Doch Euler hat auch die Kenntnisse über transzendente Funktionen wesentlich bereichert. Die von ihm analysierten Beta- und Γ-Funktionen (↗Eulersche Γ-Funktion), die ζ-Funktion und die heute als Bessel-Funktionen bekannten Funktionen gehören zu den wichtigsten transzendenten Funktionen. Von allen enthüllte Euler zahlreiche Eigenschaften und wurde einer der Begründer des Studiums spezieller Funktionen.

Verschiedene Fragestellungen führten Euler zur Betrachtung komplexer Zahlen. Etwa zeitgleich mit d'Alembert, aber unabhängig von diesem, gab er mehrere Anwendungen der Funktionen einer komplexen Variablen und kam zu ersten Ergebnissen über analytische Funktionen. Doch obwohl er geschickt mit verschiedenen Darstellungen komplexer Zahlen umging, sah er in den imaginären Zahlen nur eine formale Bildung zur Vereinfachung der Rechnungen ohne reale Bedeutung. Wie d'Alembert folgerte er (in moderner Terminologie formuliert) die algebraische Abgeschlossenheit der Menge der komplexen Zahlen (1751) und leitete die Cauchy-Riemannschen Differentialgleichungen ab. Beide Mathematiker formulierten und bewiesen auch den Fundamentalsatz der Algebra, die Beweise waren jedoch noch lückenhaft.

Grundlegende Fortschritte gelangen Euler bei der Lösung von Differentialgleichungen. So löste er homogene lineare Differentialgleichungen mit konstanten Koeffizienten mit Hilfe des Ansatzes $y = e^{\lambda x}$, und die zugehörige inhomogene Gleichung mit der Methode des integrierenden Faktors. Er formulierte notwendige Bedingungen für die Existenz eines totalen Differentials und schuf 1768 mit seiner Polygonzugmethode ein Verfahren zur numerischen Lösung der Gleichung $y' = f(x, y)$ bei vorgegebenen Anfangswerten $y(x_0) = y_0$, das er dann auf Gleichungen zweiter Ordnungen ausdehnte. Auch die Methode der Variation der Konstanten findet sich in Ansätzen bei Euler (1741).

Umfangreiche Forschungen führte er zur Theorie der partiellen Differentialgleichungen durch, meist verbunden mit der Untersuchung physikalischer Probleme. Eine für die Mathematikentwicklung äußerst anregende Frage war die Untersuchung der schwingenden Saite. Bezüglich der Lösung der zugehörigen Differentialgleichung kam es zu einem längeren Streit zwischen Euler, d'Alembert und D. Bernoulli, aus dem sich letztlich das Problem herauskristallisierte, welche Funktionen durch trigonometrische Reihen darstellbar sind. Diese Fragestellung spielte in Verbindung mit der Theorie der Fourier-Reihen im 19. Jahrhundert eine wichtige Rolle bei der Präzisierung von Grundbegriffen der Analysis, wie Funktion und Integral, und war ein Ausgangspunkt für die Schaffung der Mengenlehre.

Ein völlig neues Gebiet innerhalb der Analysis schuf Euler mit der Variationsrechnung. Zwar wurden auch vor Euler Variationsprobleme gelöst, doch stellte er die Theorie von einheitlichen Gesichtspunkten her dar und begründete sie als eigenständiges Teilgebiet. Er formulierte das allgemeine Variationsproblem $\int F(x, y, y')dx \rightarrow$ Extremum mit einer gegebenen Funktion F und leitete die nach ihm benannte notwendige Bedingung für eine Extremale $y(x)$ ab.

In den 60er Jahren gab Euler der von Lagrange entwickelten Methode zur Behandlung von Variationsproblemen eine klare Darstellung, übernahm dabei auch die Lagrangesche Bezeichnungsweise und demonstrierte an zahlreichen Beispielen die Anwendung der Methoden der Variationsrechnung. Zu diesen Anwendungen zählen auch eine Formulierung des Prinzips der kleinsten Aktion, die Behandlung der Schwingungen von Membranen und die Herleitung der Knicklastformel in der Elastizitätstheorie, die er bereits 1744 angegeben hatte (↗ Eulersche Knicklast).

In der Mechanik ist mit dem Namen Eulers eine völlige Umgestaltung des Gebietes verbunden. Durch die systematische Anwendung der Analysis verlieh er den genialen Ideen Newtons eine neue Form und machte sie besser handhabbar. In den Mittelpunkt rückte er die als Differentialgleichung formulierte Bewegungsgleichung eines Körpers, aus der dann alles weitere analytisch abgeleitet wurde. Die zuvor von Newton und anderen verwendete synthetisch-geometrische Darstellung der Mechanik war schwerfällig und erforderte für viele Probleme eine separate Lösung. Fast dreißig Jahre später, 1765, hat Euler erneut eine analytische Ausarbeitung der Mechanik vorgelegt, dabei seine Ideen auf Massepunktsysteme und starre Körper übertragen und sich insbesondere dem Studium von Rotationsbewegungen gewidmet (Kreiseltheorie).

Eine umfassende Anwendung seiner Erkenntnisse zur Mechanik wie zur Theorie der Differentialgleichungen demonstrierte Euler in der Astronomie bei der mathematischen Beschreibung der Planetenbewegungen. Er beschäftigte sich mit der Bestimmung der Kometen- bzw. Planetenbahnen aus wenigen Beobachtungen, studierte insbesondere die Bewegung von Saturn und Jupiter einschließlich deren Störungen, gab Methoden zur Berechnung der Sonnenparallaxe an und diskutierte den Einfluß des kosmischen Äthers auf die Planetenbewegung. Intensiv behandelte er die Mondbewegung und fand in seiner ersten Mondtheorie von 1751 (publiziert 1753) ein gute Näherungslösung für das Drei-Körper-Problem. Er bestätigte damit ein von Clairaut vorgelegtes Resultat, das die zeitweilig aufgekommenen Zweifel an der Newtonschen Gravitationstheorie entkräftete.

Ein anderes Gebiet, das Euler mit zahlreichen Anwendungen verknüpfte, war die Geometrie. Viele seiner Entdeckungen auf diesen Gebiet erzielte er durch die Anwendung analytischer bzw. algebraischer Methoden. In den Lehrbüchern zur Analysis präsentierte er u. a. eine detaillierte Analyse der Kurven zweiter Ordnung, die er dann auf Kurven dritter Ordnung übertrug. Neben der analytischen Ausarbeitung der sphärischen Trigonometrie sind vor allem die differentialgeometrischen Untersuchungen von Kurven und Flächen hervorzuheben, wo er speziell beim Studium der Krümmung von Flächen ab 1763 wichtige Fortschritte erreichte. Zwei weitere Einzelergebnisse, die Lösung des Königsberger Brückenproblems und die nach ihm benannte Polyederformel sind heute Bestandteil der ↗Graphentheorie bzw. der kombinatorischen Topologie.

Wie viele andere Mathematiker auch hatte Euler ein besonderes Interesse an zahlentheoretischen Fragen. Ausführlich beschäftigte er sich mit den von Fermat hinterlassenen ungelösten Problemen. Umfangreiche Studien zur Teilbarkeitslehre führten Euler zu drei verschiedenen Beweisen des sog. kleinen Fermatschen Satzes, den er in Verbindung mit seinem dritten Beweis 1763 durch die Einführung der nach ihm benannten Funktion ϕ verallgemeinerte (↗Eulersche ϕ-Funktion).

Höhepunkt all der Teilbarkeitsuntersuchungen war 1783 die Entdeckung des quadratischen Reziprozitätsgesetzes, für das Euler allerdings keinen Beweis angab und das von Zeitgenossen unbeachtet blieb. Auch am Beweis des Großen Fermatschen Satzes hat sich Euler versucht und war 1753 für der Fall $n = 3$ erfolgreich. Die von ihm benutzten Methoden lieferten wichtige Anregungen bei der Herausbildung der algebraischen Zahlentheorie. Eng damit verbunden waren Eulers Studien zu diophantischen Gleichungen und zur Darstellung von Zahlen durch binäre quadratische Formen mit ganzzahligen Koeffizienten. Euler bereicherte diesbezüglich die Zahlentheorie um neue Lösungsmethoden und schuf erste wichtige Ansätze für die allgemeine Theorie der binären quadratischen Formen. Mehrfach hat Euler sich mit der Umwandlung unendlicher Produkte in Reihen befaßt und diese Ergebnisse zur Lösung zahlentheoretischer Fragen benutzt, etwa um die Frage nach der Anzahl der möglichen Partitionen einer natürlichen Zahl n in positive Zahlen zu beantworten.

Eulers Beschäftigung mit der ζ-Funktion begann 1735, als er das nahezu spektakuläre Ergebnis verkündete, die der ζ-Funktion entsprechende Reihe $\sum_{s=1}^{\infty} n^{-s}$ für $s = 2$ und weitere geraden Zahlen summieren zu können. In den folgenden Jahren bestimmte er die Funktionalgleichung der ζ-Funktion, die schon erwähnte Produktdarstellung (1737) und kam zu einigen Verallgemeinerungen. Weitere wichtige Ergebnisse betreffen Aussagen über Primzahlen, wo er z. B. die Fermatsche Primzahl als zusammengesetzte Zahl erkannte, und die Theorie transzendenter Zahlen.

Viele der Eulerschen Erkenntnisse könnten noch genannt werden, z. B. in der Hydromechanik, in der er den Begriff der idealen Flüssigkeit einführte und die Bewegung einer solchen Flüssigkeit im Raum in Gleichungen erfaßte. In mehreren Gebieten reichten seine Ergebnisse bis zu einer möglichen technischen Umsetzung.

Obwohl Euler nie an einer Universität lehrte, wurde er vor allem durch seine zahlreichen Lehrbücher von vielen Mathematikern der nachfolgenden Generationen als ihr Lehrmeister angesehen. Mit den Lehrbüchern begründete er jenen neuen Typ der systematischen Darstellung, die von den einfachen Grundlagen bis zu den Problemen der Forschung hinleitet und die dann zum Standard wurde.

Ausdruck der Vielseitigkeit und der Schöpferkraft Eulers sind die zahlreichen Begriffe, Verfahren und Sätze, die mit seinem Namen verbunden sind.

Euler, Satz von, über homogene Funktionen, eine Beziehung zwischen den Werten einer ↗homogenen Funktion und ihren partiellen Ableitungen, die wie folgt lautet:

Es sei $D \subseteq \mathbb{R}^n$ offen und $f : D \to \mathbb{R}$ eine total differenzierbare homogene Funktion vom Homogenitätsgrad m, das heißt, es gelte

$$f(t \cdot x) = t^m \cdot f(x)$$

für $t \in \mathbb{R}$ und $x \in D$, sofern $t \cdot x \in D$.

Dann ist

$$m \cdot f(x_1, \dots, x_n) = x_1 \cdot \frac{\partial f}{\partial x_1} + \cdots + x_n \cdot \frac{\partial f}{\partial x_n} .$$

Euler, Zwei-Quadrate-Satz von, zahlentheoretische Aussage über die Darstellbarkeit von Primzahlen als Summen zweier Quadrate:

Eine Primzahl p ist genau dann in der Form

$$p = a^2 + b^2$$

mit zwei natürlichen Zahlen a, b darstellbar, wenn

$$p = 2 \text{ oder } p \equiv 1 \bmod 4 .$$

Die Frage, welche Zahlen als Summe zweier Quadrate darstellbar sind, wurde schon von Diophantus aufgeworfen.

Fermat behauptete als erster, obigen Satz bewiesen zu haben (ohne allerdings einen Beweis anzugeben), daher heißt dieser Satz manchmal Fermatscher Zwei-Quadrate-Satz.

Einige Jahre vor Fermat hatte Girard (1595–1632) diesen Satz schon im Rahmen einer Bestimmung derjenigen ganzen Zahlen, die sich als Summe von Quadraten darstellen lassen, aufgeschrieben; daher nennen ihn manche Autoren auch Satz von Girard. Euler gab schließlich 1749 einen Beweis.

Euler-Cauchysches Polygonzug-Verfahren, ↗Eulersches Polygonzug-Verfahren.

Euler-Darstellung der Hydrodynamik, Darstellung aller Größen der Hydrodynamik als Funktionen der

Ortskoordinaten eines dreidimensionalen euklidischen Raums und der Zeit.

Zu jedem Zeitpunkt wird also die gesamte Flüssigkeit beschrieben. Es ist auch eine andere Darstellung möglich, die sich an die Mechanik endlich vieler Teilchen anlehnt. Man kann sich die Flüssigkeit als aus kleinen Elementen bestehend vorstellen und ihre Bewegung verfolgen (Lagrange-Darstellung der Hydrodynamik).

Ein solches Element wird durch drei Koordinaten a, b, c, die es zu einem bestimmten Zeitpunkt t_0 hatte und die konstant bleiben, und den Zeitpunkt t raum-zeitlich lokalisiert.

Aus mathematischer Sicht ist die Euler-Darstellung der Lagrange-Darstellung vorzuziehen.

Seien x^i $(i = 1, 2, 3)$ rechtwinklige Koordinaten des dreidimensionalen euklidischen Raums. Eine ideale Flüssigkeit mit der Massendichte ϱ, die unter der Wirkung einer gegebenen Kraftdichte mit den Komponenten k^i steht, wird durch die auf Euler zurückgehenden Gleichungen

$$\varrho\left(\frac{\partial u^i}{\partial t} + u^k \frac{\partial u^i}{\partial x^k}\right) + \delta^{ik}\frac{\partial p}{\partial x^k} = k^i$$

(↗ Einsteinsche Summenkonvention) beschrieben. Dabei sind die u^i die Komponenten der Geschwindigkeit, die die Flüssigkeit im Punkt mit den Koordinaten x^i hat, und δ^{ik} bezeichnet das Kronecker-Symbol.

Euler-Diagramm, ↗ naive Mengenlehre.

Euler-Faktor, ein Faktor der Form

$$(1 - p^{-s})^{-1}$$

im ↗ Euler-Produkt.

Euler-Hierholzer, Satz von, ↗ Eulerscher Graph.

Euler-homogene Differentialgleichung, eine ↗ gewöhnliche Differentialgleichung erster Ordnung der Form

$$y' = h\left(\frac{y}{x}\right)$$

mit einer stetigen Funktion h.

Die Substitution $z(x) := \frac{y(x)}{x}$ führt zur Differentialgleichung mit getrennten Veränderlichen

$$z' = \frac{h(z) - z}{x}.$$

Das Lösen dieser Differentialgleichung mit anschließender Rücksubstitution liefert die Lösung der Euler-homogenen Differentialgleichung.

Euler-Lagrange, Satz von, Aussage über die Ordnung von Untergruppen einer endlichen Gruppe.

Es sei G eine endliche Gruppe und H eine Untergruppe von G. Dann ist die Ordnung von H ein Teiler der Ordnung von G.

Bezeichnet man mit G/H die Menge der linken Nebenklassen von G bezüglich H, so heißt

$$[G : H] = \text{ord}[G/H]$$

der Index von H in G. Mit Hilfe des Indexes läßt sich der Satz von Euler-Lagrange dahingehend präziser fassen, daß für eine endliche Gruppe G stets

$$\text{ord}(G) = \text{ord}(H) \cdot [G : H]$$

gilt.

Euler-Lagrange-Gleichung, *Lagrange-Gleichung*, die quasilineare elliptische Differentialgleichung zweiter Ordnung

$$\left(1 + \left(\frac{\partial z}{\partial x}\right)^2\right)\frac{\partial^2 z}{\partial y^2} - 2\frac{\partial z}{\partial x}\frac{\partial z}{\partial y}\frac{\partial^2 z}{\partial x \partial y} + \left(1 + \left(\frac{\partial z}{\partial y}\right)^2\right)\frac{\partial^2 z}{\partial x^2} = 0.$$

Sie wurde vermutlich erstmals von Lagrange (1760) hergeleitet und zeigt, daß die mittlere Krümmung der beschriebenen Minimalfläche $z = z(x, y)$ gleich Null ist.

Euler-Maclaurinsche Summenformel, stellt eine Verbindung her zwischen den Werten einer genügend glatten reellen Funktion f in endlich vielen diskreten Punkten eines Intervalls, und dem Integral dieser Funktion über dem Intervall.

Ist f im Intervall $[0, m]$ $(2r + 1)$–mal stetig differenzierbar, so gilt die Beziehung

$$\frac{1}{2}f(0) + \sum_{\nu=1}^{m-1} f(\nu) + \frac{1}{2}f(m) =$$

$$= \int_0^m f(x)dx + \sum_{\mu=1}^{r} c_\mu(f) + R_r(f)$$

mit Koeffizienten der Form

$$c_\mu(f) = B_\mu(f^{(2\mu-1)}(m) - f^{(2\mu-1)}(0)),$$

wobei $B_\mu \in \mathbb{R}$ die ↗ Bernoullischen Zahlen sind, und einem explizit angebbaren Restglied $R_r(f)$.

Die Euler-Maclaurinsche Summenformel ist das Hauptinstrument beim Nachweis der Existenz einer ↗ asymptotischen Entwicklung für die ↗ Trapezregel. Sie liefert somit die theoretische Rechtfertigung für die Tatsache, daß man durch Anwendung von ↗ Extrapolation die Güte der Trapezregel nachhaltig verbessern kann (↗ Romberg-Verfahren).

[1] Walz, G.: Asymptotics and Extrapolation. Akademie-Verlag Berlin, 1996.

Euler-Mascheroni-Konstante, ↗ Eulersche Konstante γ,

Euler-Poincaré-Charakteristik, Kennzahl einer Garbe über einem Raum, die im folgenden eingeführt wird.

Sei X ein parakompakter topologischer Raum, $\mathbb{K}$ ein Körper und $\mathcal{F}$ eine Garbe von $\mathbb{K}$-Vektorräumen. Die Kohomologiegruppen $H^q(X, \mathcal{F})$ sind dann $\mathbb{K}$-Vektorräume.

$\mathcal{F}$ erfülle die folgenden Endlichkeitseigenschaften (F)

1. $\dim H^q(X, \mathcal{F}) < \infty$ für alle q,
2. $H^q(X, \mathcal{F}) = 0$ für $q >> 0$.

Unter diesen Voraussetzungen ist die Euler-Poincaré-Charakteristik (der Garbe $\mathcal{F}$ über dem Raum X) definiert als

$$\chi(X, \mathcal{F}) = \sum_{q=0}^{\infty} (-1)^q \dim H^q(X, \mathcal{F}) .$$

Als Spezialfall ergibt sich für $\mathbb{K} = \mathbb{R} = \mathcal{F}$ die ↗ Eulersche Charakteristik

$$\chi(X) = \sum_{q=0}^{\infty} (-1)^q b^q(X)$$

mit $b^q(X) = \dim H^q(X, \mathbb{R})$, der q-ten Betti-Zahl.

Die Euler-Poincaré-Charakteristik ist von fundamentaler Bedeutung. Ist etwa X eine kompakte komplexe Mannigfaltigkeit der Dimension n und E ein holomorphes Vektorbündel (d. h. eine lokalfreie Garbe vom endlichen Rang), so ist die Bedingung (F) erfüllt. Genauer gilt dann (über $\mathbb{C}$)

$$\chi(X, E) = \sum_{q=0}^{n} (-1)^q \dim H^q(X, E) ,$$

und der Satz von Riemann-Roch-Hirzebruch drückt $\chi(X, E)$ unter Benützung topologischer Klassen aus. Noch genauer gilt mit dem Chern-Charakter $\mathrm{ch}(E)$ des Bündels E und der Todd-Klasse $\mathrm{td}(X)$ der Mannigfaltigkeit

$$\chi(X, E) = \int_X (\mathrm{ch}(E)\mathrm{td}(X))_n .$$

Hierbei bezeichnet $(...)_n$ den homogenen Anteil vom Grad n des Produkts der Klassen.

Euler-Poincarésche Formel, stellt eine Beziehung zwischen dem Geschlecht einer Fläche und der Ordnung n, Kantenzahl m und der Anzahl l der Länder einer kreuzungsfreien ↗ Einbettung eines Graphen G in diese Fläche her, für die alle Länder homöomorph zur Ebene $\mathbb{R}^2$ sind. Eine solche Einbettung nennt man 2-Zellen Einbettung.

Die Länder einer kreuzungsfreien Einbettung eines Graphen in eine orientierbare oder nichtorientierbare Fläche beliebigen Geschlechts werden dabei analog zu den Ländern eines ↗ ebenen Graphen definiert.

Für die orientierbare Fläche S_h vom Geschlecht h gilt nach der Euler-Poincaréschen Formel unter den gegebenen Voraussetzungen

$$n - m + l = 2 - 2h ,$$

für die nicht-orientierbare Fläche N_k vom Geschlecht k gilt

$$n - m + l = 2 - k .$$

Im speziellen Fall einer Einbettung in die Kugel, d. h. die orientierbare Fläche S_0 vom Geschlecht Null, heißt die Euler-Poincarésche Formel auch ↗ Eulersche Polyederformel und wurde bereits 1750 von L. Euler für die Ecken, Kanten und Seitenflächen eines konvexen Polyeders bewiesen.

Eine einfache und nützliche Folgerung aus der Euler-Poincaréschen Formel ist die Aussage, daß jeder planare Graph mit Taillenweite g und der Ordnung n höchstens

$$\frac{g}{g-2}(n-2)$$

Kanten enthält.

Insbesondere besitzt jeder planare Graph der Ordnung n also höchstens $3n - 6$ Kanten.

Weiterhin kann man schließen, daß es in jedem planaren Graphen mindestens eine Ecke vom Grad kleiner oder gleich fünf gibt.

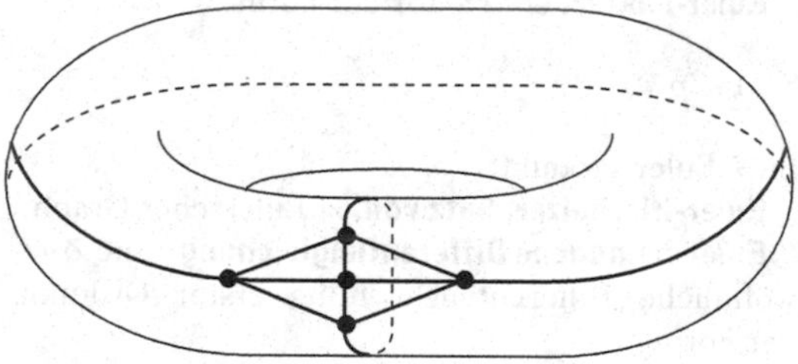

Eine 2-Zellen Einbettung des vollständigen Graphen K_5 mit 5 Ecken, 10 Kanten und 5 Ländern in den Torus (Geschlecht 1). Die Euler-Poincarésche Formel liefert $5 - 10 + 5 = 2 - 2 \cdot 1$.

Euler-Polynome, die über die erzeugende Funktion

$$\frac{2e^{xt}}{e^t + 1} = \sum_{n=0}^{\infty} E_n(x) \frac{t^n}{n!}$$

definierten Polynome $E_n(x)$.

Die Euler-Polynome erfüllen die Relationen

$$\sum_{k=1}^{m} (-1)^{m-k} k^n = \frac{E_n(m+1) - (-1)^m E_n(0)}{2} ;$$

ferner gelten folgende Formeln für die Ableitung und die Entwicklung um einen Punkt:

$$E'_n(x) = nE_{n-1}(x) \quad (n \geq 1),$$

$$E_n(x+h) = \sum_{k=0}^{n} \binom{n}{k} E_k(x)h^{n-k}.$$

Es gelten die folgenden Symmetrierelationen und Multiplikationsformeln:

$$2x^n = E_n(x) + E_n(x+1),$$

$$E_n(1-x) = (-1)^n E_n(x),$$

$$E_n(mx) = m^n \sum_{k=0}^{m-1} (-1)^k E_n\left(x + \frac{k}{m}\right)$$

falls m ungerade,

$$E_n(mx) = -\frac{2m^n}{n+1} \sum_{k=0}^{m-1} (-1)^k B_{n+1}\left(x + \frac{k}{m}\right)$$

falls m gerade.

Hierbei bezeichnen $B_n(x)$ die ↗Bernoulli-Polynome. Ferner hat man folgende Integralbeziehungen:

$$\int_a^x E_n(t)dt = \frac{E_{n+1}(x) - E_{n+1}(a)}{n+1},$$

$$\int_0^1 E_n(t)E_m(t) = (-1)^n 4 \cdot (2^{m+n+2} - 1) \cdot \frac{m!n!}{(m+n+2)!} B_{m+n+2}(0).$$

Einige spezielle Funktionswerte sind:

$$E_{2n+1} = 0,$$

$$E_n(0) = -E_n(1) = -2\frac{2^{n+1}-1}{n+1}B_{n+1}, \quad n \geq 1,$$

$$E_n\left(\frac{1}{2}\right) = 2^{-n}E_n,$$

$$E_{2n-1}\left(\frac{1}{3}\right) = -E_{2n-1}\left(\frac{2}{3}\right),$$

$$= -\frac{1-3^{1-2n}}{2n}(2^{1n-1})B_{2n}(0).$$

[1] Abramowitz, M.; Stegun, I.A.: Handbook of Mathematical Functions. Dover Publications, 1972.

Euler-Produkt, die Darstellung

$$\prod_p \frac{1}{1-p^{-s}}, \tag{1}$$

wobei sich das Produkt über alle Primzahlen p erstreckt.

Aufgrund der ↗Eulerschen Identität

$$\sum_{n=1}^{\infty} \frac{1}{n^s} = \prod_p \frac{1}{1-p^{-s}}$$

stellt (1) die ↗Riemannsche ζ-Funktion für reelles Argument $s > 1$ dar.

Euler erwähnte diese Produktdarstellung in seiner „Introductio in analysin infinitorum" für reelle Werte von s und wandte sie insbesondere auf den interessanten Fall $s = 1$ an.

Aus der Divergenz der harmonischen Reihe schloß er damit auf die Divergenz des Produkts

$$\prod_p \frac{1}{1-p^{-1}},$$

woraus er die bemerkenswerte Gleichung

$$\sum_p \frac{1}{p} = \log\log\infty \tag{2}$$

gewann; die Summe ist hierbei über alle Primzahlen p zu erstrecken.

Aus Eulers Überlegungen läßt sich durchaus ein Beweis (im modernen Sinn) der Divergenz der Summe gewinnen. Eulers Gleichung (2) ist interessant, da sie die Divergenzgeschwindigkeit richtig angibt.

Mit Hilfe des Primzahlsatzes kann man beweisen, daß die Summe der Kehrwerte der ersten n Primzahlen für $n \to \infty$ asymptotisch gleich $\log\log n$ ist.

Euler-Reihe, die Reihe

$$\sum_{n \geq 0} a_n \frac{t^n}{\prod_{i=1}^n (1-q^i)},$$

wobei q eine Primpotenz ist.

Es sei $V_\infty(q)$ ein Vektorraum mit abzählbarer Basis über dem Galois-Feld GL(q), und $L_\infty(q)$ der Unterraumverband von $V_\infty(q)$. Dann ist die Algebra der Euler-Reihe isomorph zur Standardalgebra $\mathfrak{S}(L_\infty(q))$ von $L_\infty(q)$.

Eulersche Beta-Funktion, ↗ Beta-Funktion.

Eulersche Charakteristik, Kenngröße algebraischer oder geometrischer Strukturen.

Sie ist etwa für eine differenzierbare Mannigfaltigkeit M als alternierende Summe

$$\chi(M) = \sum_{i=0}^{n} (-1)^i B_i.$$

der ↗Betti-Zahlen B_i definiert.

Eine Triangulierung von M ist ein Paar $(\psi, \mathcal{K})$, bestehend aus einem simplizialen Polyeder $\mathcal{K}$, d. h., einem aus n-dimensionalen Simplizes zusammengesetzten topologischen Raum, und einem Homöomorphismus $\psi : \mathcal{K} \to M$. Bezeichnet a_i die Anzahl der i-dimensionalen Teilsimplizes von $\mathcal{K}$, d. h., a_0

ist die Anzahl der Ecken, α_1 die Anzahl der Kanten usw., so gilt

$$\chi(M) = \sum_{i=0}^{n}(-1)^i \alpha_i .$$

Den Begriff der Eulerschen Charakteristik gibt es auch in der algebraischen Topologie und der homologischen Algebra. Man definiert ihn dort für allgemeinere Kettenkomplexe in analoger Weise.

Die Eulersche Charakteristik kann als Spezialfall der ↗Euler-Poincaré-Charakteristik interpretiert werden.

Eulersche Charakteristik einer Fläche, eine topologische Invariante, die mit dem ↗Geschlecht der Fläche durch die Gleichung $\chi(\mathcal{F}) = 2-2g$ verbunden ist.

Die Eulersche Charakteristik $\chi(\mathcal{F})$ einer Fläche $\mathcal{F}$ ergibt sich als Spezialfall des allgemeinen Begriffs der ↗Eulerschen Charakteristik.

Eulersche Darstellung von Cosinus und Sinus, Darstellung der Cosinus- und Sinusfunktion durch unendliche Produkte.

Für $z \in \mathbb{C}$ gilt

$$\sin \pi z = \pi z \prod_{n=1}^{\infty}\left(1-\frac{z^2}{n^2}\right)$$

und

$$\cos \pi z = \prod_{n=1}^{\infty}\left(1-\frac{4z^2}{(2n-1)^2}\right).$$

Durch Einsetzen spezieller Werte für z im Sinusprodukt ergeben sich einige interessante Formeln. Für $z = \frac{1}{2}$ erhält man die Wallissche Produktformel

$$\begin{aligned}\frac{\pi}{2} &= \frac{2}{1}\cdot\frac{2}{3}\cdot\frac{4}{3}\cdot\frac{4}{5}\cdot\frac{6}{5}\cdot\frac{6}{7}\cdots \\ &= \prod_{n=1}^{\infty}\frac{2n}{2n-1}\cdot\frac{2n}{2n+1}.\end{aligned}$$

Im Fall $z = 1$ entsteht die Gleichung

$$\prod_{n=2}^{\infty}\left(1-\frac{1}{n^2}\right) = \frac{1}{2}.$$

Hingegen folgt für $z = i$

$$\prod_{n=1}^{\infty}\left(1+\frac{1}{n^2}\right) = \frac{1}{\pi}\sinh \pi .$$

Eulersche Differentialgleichung, eine ↗gewöhnliche Differentialgleichung der Form

$$a_n x^n y^{(n)} + a_{n-1}x^{n-1}y^{(n-1)} + \cdots + a_0 y = 0$$

mit konstanten Koeffizienten $a_i \in \mathbb{R}$, $i = 1, \ldots, n$.

Für $x > 0$ führt die Substitution $t := \ln x$ mit $x = e^t$, $u(t) := y(e^t)$ und den daraus folgenden Ableitungen $u' = y'x$, $u'' = y''x^2 + y'x$ usw. auf eine lineare Differentialgleichung mit konstanten Koeffizienten für u.

Ohne die Beschränkung $x > 0$ ist mit der Funktion $y(\cdot)$ auch $y(-\cdot)$ Lösung der Differentialgleichung.

[1] Heuser, H.: Gewöhnliche Differentialgleichungen. B.G. Teubner Stuttgart, 1995.

Eulersche Folge, eine Polynomfolge $\{p_n,\ n \in \mathbb{N}_0\}$ mit $p_0 \equiv 1$ und

$$p_n(xy) = \sum_{k=0}^{n}\binom{n}{k}_q p_k(x)y^k p_{n-k}(y)$$

für alle $x, y \in \mathbb{R}$ und $n \in \mathbb{N}_0$, wobei $\binom{n}{k}_q$ die Gaußschen Koeffizienten für eine Primpotenz q sind.

Ein Operator P auf $\mathbb{R}[x]$ heißt Euler-Operator, falls

$$E^a P = q^{-a} P E^a$$

für alle $a \in \mathbb{R}$, und $Px^n \neq 0$ für alle $n \in \mathbb{N}$, wobei E^a die ↗Euler-Translation ist. Ein Operator P auf $\mathbb{R}[x]$ ist der zu der Eulerschen Folge $\{p_n,\ n \in \mathbb{N}_0\}$ gehörender Basisoperator, falls

$$Pp = (q^n - 1)p_{n-1}.$$

Die Folge $\{p_n,\ n \in \mathbb{N}_0\}$ ist die zu P gehörende Basisfolge. Der Basisoperator einer Eulerschen Folge ist ein Euler-Operator. Zu jedem Euler-Operator existiert eine eindeutige Basisfolge.

Eulersche Formeln, von L. Euler im Jahre 1743 veröffentlichte fundamentale Beziehung zwischen der ↗Exponentialfunktion und der ↗Cosinus- sowie der ↗Sinusfunktion.

Die „eigentliche“ Eulersche Formel ist die Beziehung

$$e^{iz} = \cos z + i \sin z, \tag{1}$$

gültig für alle $z \in \mathbb{C}$.

Die sich aus (1) unmittelbar ergebenden Beziehungen

$$\cos z = \frac{e^{iz}+e^{-iz}}{2} \quad \text{und}$$

$$\sin z = \frac{e^{iz}-e^{-iz}}{2i}$$

werden manchmal auch zusammen mit (1) als Eulersche Formeln bezeichnet.

Eulersche Funktion, ↗Eulersche ϕ-Funktion.

Die Eulersche Γ-Funktion

R. Brück

Die Eulersche Gamma-Funktion ist sicherlich eine der wichtigsten Funktionen in der Mathematik. Sie wird heute mit Γ bezeichnet und ist eine in $\mathbb{C}$ ↗meromorphe Funktion mit der Eigenschaft $\Gamma(n+1) = n!$ für $n \in \mathbb{N}$. Die Motivation zur Definition der Γ-Funktion war, die Funktion $n!$, $n \in \mathbb{N}$ auf reelle und sogar komplexe Argumente auszudehnen. Euler (1729) löst das Problem durch das unendliche Produkt

$$\Gamma(z+1) := \prod_{n=1}^{\infty}\left(1+\frac{1}{n}\right)^{z}\left(1+\frac{z}{n}\right)^{-1},$$

wobei er nur reelle Argumente betrachtet. Gauß (1811) läßt auch komplexe Argumente zu und gibt die Funktion

$$\Pi(z) := \lim_{n\to\infty}\frac{n!n^{z}}{(z+1)(z+2)\cdots(z+n)}$$

an. Es gilt $\Gamma(z+1) = \Pi(z)$. Weierstraß (1854) wählt den Kehrwert

$$Fc(z) := \frac{1}{\Gamma(z)} = z\prod_{n=1}^{\infty}\left(\frac{n}{n+1}\right)^{z}\left(1+\frac{z}{n}\right) = z\prod_{n=1}^{\infty}\left(1+\frac{z}{n}\right)e^{-z\log\frac{n+1}{n}}$$

als Ausgangspunkt der Theorie und nennt diese Funktion Factorielle. Die Bezeichnung Γ wurde von Legendre (1817) eingeführt.

Definition und grundlegende Eigenschaften

Wie bereits an der historischen Entwicklung sichtbar ist, gibt es mehrere Möglichkeiten der Definition der Γ-Funktion, die jedoch alle zum gleichen Ziel führen. Zum Beispiel kann man ähnlich wie Weierstraß mit der Funktion

$$\Delta(z) := ze^{\gamma z}\prod_{n=1}^{\infty}\left(1+\frac{z}{n}\right)e^{-z/n},$$

wobei γ die ↗Eulersche Konstante bezeichnet, starten. Es ist Δ eine ↗ganze Funktion mit Nullstellen der Ordnung 1 an $z = -n$, $n \in \mathbb{N}_0$. Es gilt

$$\overline{\Delta(z)} = \Delta(\bar{z})$$

für $z \in \mathbb{C}$ und $\Delta(x) > 0$ für $x > 0$. Weiter erhält man

$$\Delta(1) = 1, \quad \Delta(z) = \lim_{n\to\infty}\frac{z(z+1)\cdots(z+n)}{n!n^{z}},$$

woraus sofort die Funktionalgleichung

$$\Delta(z) = z\Delta(z+1)$$

folgt. Schließlich besteht noch ein Zusammenhang mit der ↗Sinusfunktion, und zwar

$$\pi\Delta(z)\Delta(1-z) = \sin\pi z.$$

Definiert man nun die Γ-Funktion durch

$$\Gamma(z) := \frac{1}{\Delta(z)},$$

so erhält man sofort ihre wichtigsten Eigenschaften. Es ist Γ eine in $\mathbb{C}$ meromorphe Funktion, sie besitzt keine Nullstellen, und sie hat ↗Polstellen der Ordnung 1 an $z = -n$, $n \in \mathbb{N}_0$ mit ↗Residuen

$$\operatorname{Res}(\Gamma, -n) = \frac{(-1)^n}{n!}.$$

Aus der Definition folgt weiter $\overline{\Gamma(z)} = \Gamma(\bar{z})$ und $\Gamma(x) > 0$ für $x > 0$. Außerdem gilt

$$|\Gamma(x+iy)| \leq \Gamma(x)$$

für $x > 0$. Insbesondere ist Γ in jedem Vertikalstreifen

$$\{z = x + iy \in \mathbb{C} : r \leq x \leq s\}$$

mit $0 < r < s < \infty$ beschränkt.

Es gilt die Funktionalgleichung

$$\Gamma(1) = 1, \quad \Gamma(z+1) = z\Gamma(z).$$

Hieraus folgt für $n \in \mathbb{N}$

$$\Gamma(z+n) = z(z+1)\cdots(z+n-1)\Gamma(z)$$

und speziell

$$\Gamma(n) = (n-1)!.$$

Die Γ-Funktion ist also tatsächlich eine Fortsetzung der Fakultät. Man nennt sie daher manchmal auch verallgemeinerte Fakultät.

Der Eulersche Ergänzungssatz lautet

$$\Gamma(z)\Gamma(1-z) = \frac{\pi}{\sin\pi z}.$$

Für $z = \frac{1}{2}$ ergibt sich hieraus die Eulersche Relation der Γ-Funktion

$$\Gamma\left(\tfrac{1}{2}\right) = \sqrt{\pi}.$$

Allgemeiner gilt für $n \in \mathbb{N}_0$

$$\Gamma\left(n+\tfrac{1}{2}\right) = \frac{(2n)!}{4^n n!}\sqrt{\pi}.$$

Weitere Folgerungen aus dem Ergänzungssatz sind

$$\Gamma\left(\tfrac{1}{2}+z\right)\Gamma\left(\tfrac{1}{2}-z\right) = \frac{\pi}{\cos \pi z},$$
$$\Gamma(z)\Gamma(-z) = -\frac{\pi}{z \sin \pi z}$$

und

$$|\Gamma(iy)|^2 = \frac{\pi}{y \sinh \pi y},$$
$$\left|\Gamma\left(\tfrac{1}{2}+iy\right)\right|^2 = \frac{\pi}{\cosh \pi y}.$$

Schließlich gilt die Formel von Raabe (1843)

$$\int_0^1 \log \Gamma(t)\, dt = \log \sqrt{2\pi}.$$

Produktdarstellungen

Aus der Definition der Γ-Funktion ergibt sich sofort die Weierstraßsche Produktdarstellung

$$z\Gamma(z) = e^{-\gamma z} \prod_{n=1}^{\infty} \frac{e^{z/n}}{1+z/n}.$$

Ebenso gilt die Eulersche Produktdarstellung

$$z\Gamma(z) = \prod_{n=1}^{\infty} \left(1+\frac{1}{n}\right)^z \left(1+\frac{z}{n}\right)^{-1}$$

und die Gaußsche Produktdarstellung (Gaußsche Produktformel)

$$\Gamma(z) = \lim_{n\to\infty} \frac{n!n^z}{z(z+1)\cdots(z+n)},$$

woraus folgt

$$\lim_{n\to\infty} \frac{\Gamma(z+n)}{\Gamma(n)n^z} = 1.$$

Logarithmische Ableitung

Die logarithmische Ableitung der Γ-Funktion ist definiert durch

$$\psi := \Gamma'/\Gamma$$

und heißt auch Digamma-Funktion. Sie ist ebenfalls eine in $\mathbb{C}$ meromorphe Funktion und erfüllt die Gleichungen

$$\psi(z+1) = \psi(z) + \tfrac{1}{z},$$
$$\psi(1-z) - \psi(z) = \pi \cot \pi z.$$

Die Partialbruchdarstellung der logarithmischen Ableitung der Γ-Funktion lautet

$$\psi(z) = -\gamma - \frac{1}{z} - \sum_{n=1}^{\infty}\left(\frac{1}{z+n} - \frac{1}{n}\right).$$

Hieraus erhält man $\Gamma'(1) = \psi(1) = -\gamma$ und für $k \in \mathbb{N}, k \geq 2$

$$\psi(k) = 1 + \frac{1}{2} + \cdots + \frac{1}{k-1} - \gamma.$$

Für die Partialbruchdarstellung von ψ' ergibt sich

$$\psi'(z) = \sum_{n=0}^{\infty} \frac{1}{(z+n)^2}.$$

Die Funktion ψ und ihre Ableitungen $\psi^{(n)}$, $n \in \mathbb{N}$ heißen auch Polygamma-Funktionen. Speziell nennt man ψ' auch Trigamma-Funktion und ψ'' Tetragamma-Funktion.

Logarithmus der Γ-Funktion

Da Γ in der geschlitzten Ebene $\mathbb{C}^- := \mathbb{C} \setminus (-\infty, 0]$ keine Nullstellen besitzt, existiert in $\mathbb{C}^-$ ein holomorpher Logarithmus der Γ-Funktion $\log \Gamma$ mit $\log \Gamma(1) = 0$. Da $(\log \Gamma)' = \psi$, folgt für $z \in \mathbb{C}^-$

$$\log \Gamma(z) = -\gamma z - \log z + \sum_{n=1}^{\infty}\left[\frac{z}{n} - \log\left(1+\frac{z}{n}\right)\right].$$

Für $x > 0$ gilt

$$(\log \Gamma)''(x) = \psi'(x) = \sum_{n=0}^{\infty} \frac{1}{(x+n)^2} > 0.$$

Daher ist $\log \Gamma$ eine konvexe Funktion auf $(0, \infty)$. Man nennt solche Funktionen auch logarithmisch konvex.

Die Taylor-Reihe von $\log \Gamma(z+1)$ hat den Konvergenzradius 1 und lautet

$$\log \Gamma(z+1) = -\gamma z + \sum_{n=2}^{\infty} \frac{(-1)^n}{n} \zeta(n) z^n,$$

wobei ζ die ↗Riemannsche ζ-Funktion bezeichnet. Für $z = 1$ ergibt sich speziell die Beziehung

$$\gamma = \sum_{n=2}^{\infty} \frac{(-1)^n}{n} \zeta(n)$$

für die Eulersche Konstante γ.

Eindeutigkeitssätze

Auf den ersten Blick scheint die Fortsetzung der Funktion $n!$, $n \in \mathbb{N}$ durch die Γ-Funktion willkürlich zu sein. Die folgenden Eindeutigkeitssätze zeigen jedoch, daß dies nicht der Fall ist.

Der Eindeutigkeitssatz von Wielandt (1939) lautet:

Es sei F eine in der rechten Halbebene $H = \{z \in \mathbb{C} : \operatorname{Re} z > 0\}$ holomorphe Funktion, die in dem Vertikalstreifen $S = \{z \in \mathbb{C} : 1 \leq \operatorname{Re} z < 2\}$ beschränkt ist. Weiter gelte $F(z+1) = zF(z)$ für $z \in H$ und $F(1) = 1$.

Dann ist $F(z) = \Gamma(z)$ für $z \in H$.

Der Eindeutigkeitssatz von Bohr-Mollerup (1922) charakterisiert die reelle Γ-Funktion ohne Differenzierbarkeitsbedingungen mit Hilfe der logarithmischen Konvexität.

Es sei $F: (0, \infty) \to (0, \infty)$ *eine auf* $(0, \infty)$ *logarithmisch konvexe Funktion mit* $F(x+1) = xF(x)$ *für* $x > 0$ *und* $F(1) = 1$.

Dann ist $F(x) = \Gamma(x)$ *für* $x > 0$.

Aus dem Eindeutigkeitssatz von Wielandt erhält man die Multiplikationsformeln

$$\Gamma(z)\Gamma\left(z+\tfrac{1}{k}\right)\Gamma\left(z+\tfrac{2}{k}\right)\cdots\Gamma\left(z+\tfrac{k-1}{k}\right) = (2\pi)^{\frac{1}{2}(k-1)} k^{\frac{1}{2}-kz}\Gamma(kz)$$

für $k \in \mathbb{N}$, $k \geq 2$. Speziell ergibt sich für $k = 2$ die Legendresche Verdopplungsformel

$$\sqrt{\pi}\,\Gamma(2z) = 2^{2z-1}\Gamma(z)\Gamma\left(z+\tfrac{1}{2}\right).$$

Diese Formel führt zu einem weiteren Eindeutigkeitssatz.

Es sei F eine in $\mathbb{C}$ *meromorphe Funktion mit* $F(x) > 0$ *für* $x > 0$. *Weiter gelte* $F(z+1) = zF(z)$ *und*

$$\sqrt{\pi}\,F(2z) = 2^{2z-1}F(z)F\left(z+\tfrac{1}{2}\right).$$

Dann gilt $F = \Gamma$.

Aus den Multiplikationsformeln der Γ-Funktion erhält man noch die Multiplikationsformeln für die Sinus-Funktion. Für $k \in \mathbb{N}$, $k \geq 2$ gilt

$$\sin k\pi z = 2^{k-1}\sin\pi z \sin\pi\left(z+\tfrac{1}{k}\right) \times \sin\pi\left(z+\tfrac{2}{k}\right)\cdots\sin\pi\left(z+\tfrac{k-1}{k}\right).$$

Eulersche Integraldarstellung

Neben den Produktdarstellungen sind auch Integraldarstellungen der Γ-Funktion von Wichtigkeit. Für $\operatorname{Re} z > 0$ gilt die Eulersche Integraldarstellung

$$\Gamma(z) = \int_0^\infty t^{z-1}e^{-t}\,dt.$$

Dabei ist das uneigentliche Integral auf der rechten Seite in jedem Vertikalstreifen

$$\{z \in \mathbb{C} : a \leq \operatorname{Re} z \leq b\}$$

mit $0 < a < b < \infty$ gleichmäßig und absolut konvergent. Es heißt auch Eulersches Integral 2. Art. Mit Hilfe dieser Integraldarstellung lassen sich viele wichtige Integrale berechnen. Zum Beispiel erhält man für $\alpha > 0$

$$\int_0^\infty e^{-x^\alpha}\,dx = \tfrac{1}{\alpha}\Gamma\left(\tfrac{1}{\alpha}\right)$$

und speziell

$$\int_0^\infty e^{-x^2}\,dx = \tfrac{1}{2}\sqrt{\pi}.$$

Durch partielle Integration und vollständige Induktion ergibt sich für $n \in \mathbb{N}_0$

$$\int_0^\infty x^{2n}e^{-x^2}\,dx = \tfrac{1}{2}\Gamma\left(n+\tfrac{1}{2}\right).$$

Außerdem erhält man aus der Eulerschen Integraldarstellung noch die Partialbruchdarstellung der Γ-Funktion

$$\Gamma(z) = \sum_{n=0}^{\infty}\frac{(-1)^n}{n!}\frac{1}{z+n} + \int_1^\infty t^{z-1}e^{-t}\,dt$$

für $z \in \mathbb{C} \setminus \{0, -1, -2, \ldots\}$.

Hankelsche Integraldarstellung

Die Eulersche Integraldarstellung hat den Nachteil, daß sie nur für $\operatorname{Re} z > 0$ gilt. Hankel (1863) betrachtet das Integral

$$h(z) := \frac{1}{2\pi i}\int_\gamma w^{-z}e^w\,dw,$$

wobei über den in der Abbildung dargestellten „uneigentlichen Schleifenweg" $\gamma := \gamma_1 + \delta + \gamma_2$ integriert wird. Die Funktion h ist eine ganze Funktion,

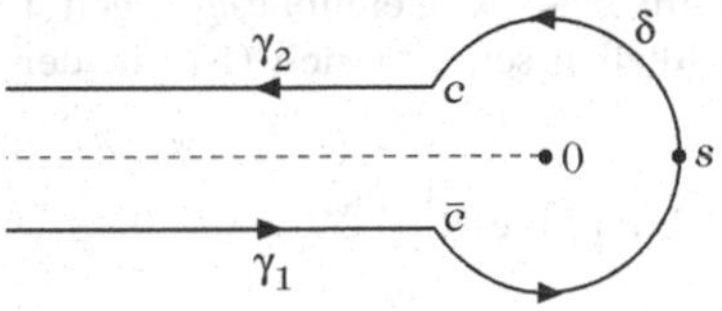

Hankelsches Schleifenintegral

und man nennt sie heute Hankelsches Schleifenintegral. Es gelten dann die Hankelschen Formeln

$$\frac{1}{\Gamma(z)} = \frac{1}{2\pi i}\int_\gamma w^{-z}e^w\,dw, \quad z \in \mathbb{C},$$

$$\Gamma(z) = \frac{1}{2i\sin\pi z}\int_\gamma w^{z-1}e^w\,dw, \quad z \in \mathbb{C} \setminus (-\mathbb{N}_0).$$

Die zweite Formel heißt Hankelsche Integraldarstellung der Γ-Funktion.

Stirlingsche Formel und Gudermannsche Reihe

Für Anwendungen und numerische Zwecke ist es nützlich, das Wachstum der Γ-Funktion zu kennen.

Dazu approximiert man Γ in der geschlitzten Ebene $\mathbb{C}^-$ durch „einfachere" Funktionen. Setzt man

$$\mu(z) := \log\Gamma(z) - \left(z - \tfrac{1}{2}\right)\log z + z - \tfrac{1}{2}\log 2\pi ,$$

so ist μ holomorph in $\mathbb{C}^-$, und es gilt

$$\Gamma(z) = \sqrt{2\pi}z^{z-\frac{1}{2}}e^{-z}e^{\mu(z)} . \qquad \text{(ST)}$$

Auf den ersten Blick erscheint diese Gleichung nutzlos, da μ mit Hilfe von Γ definiert wurde. Aber man kann zeigen, daß $\lim_{z\to\infty} \mu(z) = 0$ gleichmäßig in jedem Winkelraum

$$W_\delta := \{z = re^{i\varphi} \in \mathbb{C} : r > 0,\ |\varphi| \le \pi - \delta\},$$

$0 < \delta \le \pi$. Genauer gilt sogar

$$|\mu(z)| \le \frac{1}{12}\frac{1}{\sin^2\frac{\delta}{2}}\frac{1}{|z|}, \quad z \in W_\delta .$$

Die Formel (ST) heißt allgemeine Stirlingsche Formel. Sie wird häufig auch in der asymptotischen Form

$$\Gamma(z) \sim \sqrt{2\pi}z^{z-\frac{1}{2}}e^{-z}$$

oder

$$\Gamma(z+1) \sim \sqrt{2\pi z}\left(\tfrac{z}{e}\right)^z$$

geschrieben, wobei das Zeichen $\sim$ bedeutet, daß der Quotient aus linker und rechter Seite in jedem Winkelraum W_δ für $z \to \infty$ gleichmäßig gegen 1 konvergiert. Im Reellen schreibt sich (ST) in der Form

$$\Gamma(x+1) = \sqrt{2\pi x}\left(\tfrac{x}{e}\right)^x e^{\vartheta(x)/(12x)}, \quad x > 0 ,$$

wobei $0 < \vartheta(x) < 1$.

Setzt man speziell $x = n \in \mathbb{N}$, so ergibt sich die klassische Stirlingsche Formel

$$n! = \sqrt{2\pi n}\left(\tfrac{n}{e}\right)^n e^{\vartheta(n)/(12n)}$$

mit $0 < \vartheta(n) < 1$. Aus der Stirlingschen Formel (ST) folgt noch, daß $|\Gamma(x+iy)|$ für $|y| \to \infty$ exponentiell gegen Null geht. Genauer gilt für festes $x \in \mathbb{R}$

$$|\Gamma(x+iy)| \sim \sqrt{2\pi}|y|^{x-\frac{1}{2}}e^{-\frac{\pi}{2}|y|}, \quad |y| \to \infty .$$

Schließlich kann die Funktion μ durch die Gudermannsche Reihe dargestellt werden. Es gilt

$$\mu(z) = \sum_{n=0}^{\infty}\left[\left(z+n+\tfrac{1}{2}\right)\log\left(1+\frac{1}{z+n}\right) - 1\right],$$

wobei die Reihe in $\mathbb{C}^-$ normal konvergiert.

Unvollständige Γ-Funktion

Für $\varrho \in \mathbb{C}$, $\varrho \neq 0$ sei

$$Q(z,\varrho) := \int_\varrho^\infty e^{-t}t^{z-1}\,dt .$$

Dabei ist der Integrationsweg so zu wählen, daß er nicht durch den Nullpunkt verläuft und $\lim_{t\to\infty} \arg t = \beta$ mit $|\beta| < \frac{\pi}{2}$ erfüllt. Dann ist $Q(\cdot,\varrho)$ eine ganze Funktion. Weiter sei

$$P(z,\varrho) := \Gamma(z) - Q(z,\varrho) .$$

Diese Funktion heißt unvollständige Γ-Funktion. oder P-Funktion. Sie ist eine in $\mathbb{C}$ meromorphe Funktion mit denselben Polstellen und Residuen wie Γ. Die Funktion $Q(\cdot,\varrho)$ heißt komplementäre unvollständige Γ-Funktion oder Q-Funktion. Für festes $z = n \in \mathbb{N}$ sind $P(n,\cdot)$ und $Q(n,\cdot)$ ganze Funktionen (von ϱ), und es gilt

$$P(n,\varrho) = (n-1)!e^{-\varrho}\sum_{k=n}^{\infty}\frac{\varrho^k}{k!},$$

$$Q(n,\varrho) = (n-1)!e^{-\varrho}\sum_{k=0}^{n-1}\frac{\varrho^k}{k!}.$$

Literatur

[1] Remmert, R.: Funktionentheorie 2. Springer-Verlag Berlin, 1991.

Eulersche Gerade, ausgezeichnete Gerade am Dreieck. Es gilt folgender Satz:

Der Schwerpunkt eines Dreiecks, der Mittelpunkt seines Umkreises, sowie der Schnittpunkt seiner Höhen liegen auf einer Geraden.

Diese Gerade nennt man Eulersche Gerade.

Eulersche Identität, häufig verwendete Bezeichnung für die Beziehung

$$\sum_{n=1}^{\infty}\frac{1}{n^s} = \prod_p \frac{1}{1-p^{-s}},$$

wobei sich das Produkt auf der rechten Seite der Identität, das sog. ↗Euler-Produkt, über alle Primzahlen erstreckt.

Die Eulersche Identität ist gültig für alle komplexen Zahlen s mit $Re(s) > 1$.

Eulersche Integraldarstellung, ↗ Eulersche Γ-Funktion.

Eulersche Knicklast, kleinste Last P_0, am oberen Ende einer im Boden verankerten Säule der Länge l (mit Elastizitätsmodul E und konstantem Flächenträgheitsmoment I_0) angebracht, bei der sie aus ihrer vertikalen Ausgangslage seitlich ausweicht.

Diese Erscheinung hängt mit der Instabilität des elastischen Gleichgewichtes zusammen.

Mathematisch wird dieses System durch das (Sturm-Liouvillesche) Eigenwertproblem

$$u'' + \lambda u = 0\,,\; u'(0) = u(l) = 0\,,\; \lambda := \frac{P}{EI_0}$$

beschrieben. Dieses führt zu den Eulerschen Knicklasten

$$P_n \;=\; EI_0(2n+1)^2\frac{\pi^2}{4l^2}\,,$$

für $n \subset \mathbb{N}_0$, von denen allerdings lediglich die kleinste (P_0) von praktischer Bedeutung ist.

Eulersche Konstante γ, *Euler-Mascheroni-Konstante*, ist definiert als der Grenzwert

$$\gamma := \lim_{n\to\infty} \gamma_n := \lim_{n\to\infty}\left(\sum_{\nu=1}^{n}\frac{1}{\nu} - \log n\right) \in \mathbb{R}\,.$$

Die Folge $\{\gamma_n\}$ ist streng monoton fallend und beschränkt, also konvergent. Es gilt

$$\gamma \;\approx\; 0,5772156\,,$$

und es ist nicht bekannt, ob γ eine rationale oder irrationale Zahl ist. Die Zahl γ spielt eine wichtige Rolle im Zusammenhang mit der ↗Eulerschen Γ-Funktion und der ↗Riemannschen ζ-Funktion.

Eulersche ϕ-Funktion, *Eulersche Funktion*, zahlentheoretische Funktion, die wie folgt definiert werden kann.

Zu einer natürlichen Zahl m bezeichnet man mit $\phi(m)$ die Anzahl der zu m teilerfremden natürlichen Zahlen, die kleiner als m sind.

Es ist z. B. $\phi(6) = 2$, da 1 und 5 die einzigen natürlichen Zahlen < 6 sind, die zugleich zu 6 teilerfremd sind, und $\phi(10) = 4$.

Für eine Primzahl p ist $\phi(p) = p - 1$, da eine Primzahl außer der 1 keine echten Teiler besitzt.

Für jedes m ist $\phi(m)$ die Ordnung der primen Restklassengruppe modulo m.

Euler führte 1760 die ϕ-Funktion ein; sie spielt eine Rolle bei seiner Verallgemeinerung des kleinen Satzes von Fermat zum Satz von Fermat-Euler.

Die Eulersche ϕ-Funktion ist eine multiplikative Funktion, d. h., es gilt $\phi(mn) = \phi(m)\phi(n)$, wenn m und n teilerfremd sind, und besitzt die geschlossene Darstellung

$$\phi(m) = m\prod_{p|m}\left(1-\frac{1}{p}\right),$$

wobei sich das Produkt über alle Primteiler von m erstreckt. Eine andere wichtige Formel ist

$$m = \sum_{d|m}\phi(d)\,,$$

wobei über alle Teiler von m summiert wird, sowie die Beziehung $\phi(n^2) = n\phi(n)$, die sich aus der oben genannten Multiplikativität ergibt.

Interessant ist die Frage nach der Werteverteilung der ϕ-Funktion. Man bezeichne mit $V_\phi(n)$ die Eulersche Vielfachheit von n, d. h., $V_\phi(n)$ ist die Anzahl derjenigen natürlichen Zahlen m, die die Gleichung $\phi(m) = n$ erfüllen. Die ↗Carmichaelsche Vermutung besagt, daß $V_\phi(n) \neq 1$ für alle $n \in \mathbb{N}$; Sierpinski vermutete, daß es zu jedem $k \geq 2$ eine Zahl $n \subset \mathbb{N}$ mit $V_\phi(n) = k$ gibt. Beide Vermutungen sind noch offen.

Ein anderes Problem zur Werteverteilung ist die Frage nach der Asymptotik der Anzahlfunktion der Wertemenge von ϕ: Es bezeichne $W(x)$ die Anzahl der Zahlen $n \leq x$ mit $V_\phi(n) \geq 1$. Ford konnte 1998 die Divergenzordnung von $W(x)$ für $x \to \infty$ durch eine komplizierte Funktion bestimmen.

Eulersche Polyederformel, *Eulerscher Polyedersatz*, Satz über den Zusammenhang zwischen den Anzahlen der Ecken, der Kanten und der Seitenflächen eines Polyeders:

Ist e die Anzahl der Ecken, k die der Kanten und f die Anzahl der Seitenflächen eines einfachen Polyeders des Geschlechts p, so gilt:

$$f + e - k \;=\; 2 - 2p\,.$$

Unter einem einfachen Polyeder vom Geschlecht p wird dabei ein Polyeder ohne Selbstüberschneidungen mit p durch das Polyeder durchgehenden Löchern verstanden. Für Polyeder ohne durchgehende Löcher (Polyeder vom Geschlecht Null), insbesondere also für konvexe Polyeder gilt:

$$f + e - k \;=\; 2\,.$$

Beispiele: Bei einem Tetrader ist $f = 4$, $e = 4$ und $k = 6$, bei einem Würfel $f = 6$, $e = 8$ und $k = 12$.

Eulersche Reihentransformation, ↗Konvergenzbeschleunigung bei Reihen.

Eulersche Substitutionen, Methoden der Analysis, um Integrale der Form

$$\int R\left(x, \sqrt{\alpha x^2 + \beta x + \gamma}\right) dx$$

mit einer rationalen Funktion R (von zwei Variablen) und reellen Konstanten $\alpha \neq 0, \beta, \gamma$ auf die Integration rationaler Funktionen (in τ) zurückzuführen. Man unterscheidet drei Typen solcher Substitutionen:

Erste Eulersche Substitution: Ist $\alpha > 0$, dann setzt man

$$\sqrt{\alpha x^2 + \beta x + \gamma} \;=\; \tau - x\sqrt{\alpha}\,.$$

Zweite Eulersche Substitution: Zerfällt

$$\alpha x^2 + \beta x + \gamma \;=\; \alpha(x - x_1)(x - x_2)$$

mit reellen Zahlen $x_1 \neq x_2$, so substituiert man

$$\sqrt{\alpha x^2 + \beta x + \gamma} \;=\; \tau(x - x_1)\,.$$

Dritte Eulersche Substitution: Für $\gamma > 0$ führt die Substition

$$\sqrt{\alpha x^2 + \beta x + \gamma} \;=\; \sqrt{\gamma} + x\tau$$

zum Ziel.

Durch diese Substititionen können x und $\sqrt{\alpha x^2 + \beta x + \gamma}$ jeweils rational durch die neue Variable τ ausgedrückt werden.

Eulersche Summenformel, ↗ Euler-Maclaurinsche Summenformel.

Eulersche Tour, ↗ Eulerscher Graph.

Eulersche Vielfachheit, ↗ Eulersche ϕ-Funktion.

Eulersche Zahl, ↗ e.

Eulersche Zahlen, sind im wesentlichen die Koeffizienten der Taylor-Reihe der Funktion

$$f(z) \;=\; \frac{1}{\cos z}\,.$$

Genauer gilt für $|z| < \frac{\pi}{2}$

$$\frac{1}{\cos z} = \sum_{n=0}^{\infty} \frac{E_{2n}}{(2n)!} z^{2n}\,,$$

wobei E_{2n} die $2n$-te Eulersche Zahl ist.

Man erhält $E_{2n} \in \mathbb{N}$ für alle $n \in \mathbb{N}_0$. Zum Beispiel gilt

$$E_0 \;=\; E_2 = 1\,, \quad E_4 = 5\,, \quad E_6 = 61\,,$$
$$E_8 \;=\; 1385\,, \quad E_{10} = 50521\,.$$

Es besteht ein Zusammenhang zu den ↗ Bernoullischen Zahlen, nämlich

$$E_{2n} = (-1)^n \frac{4^{2n+1}}{2n+1}\left(B_n - \frac{1}{4}\right)^{2n+1}$$

für $n \in \mathbb{N}$.

Es sei ausdrücklich darauf hingewiesen, daß es hier aus historischen Gründen zu einer Notationsschwierigkeit kommt: Die Eulersche Zahl e gehört natürlich nicht zur Menge der hier, wie in der Literatur üblich, mit großen Buchstaben bezeichneten Eulerschen Zahlen E_{2n}.

Eulerscher Ansatz, ↗ Exponentialansatz.

Eulerscher Digraph, ein Digraph D, der einen geschlossenen gerichteten Kantenzug W besitzt, welcher alle Bogen des Digraphen enthält, für den also $B(W) = B(D)$ gilt.

Dieser geschlossene gerichtete Kantenzug W wird gerichtete Eulersche Tour genannt. Ein (nicht notwendig geschlossener) gerichteter Kantenzug W von D mit $B(W) = B(D)$ heißt gerichteter Eulerscher Kantenzug.

Analog zu den Sätzen von Euler-Hierholzer und Veblen für ↗ Eulersche Graphen kann man die Eulerschen Digraphen wie folgt charakterisieren.

Ein zusammenhängender Digraph D ist genau dann Eulersch, wenn $d_D^+(x) = d_D^-(x)$ für alle Ecken x aus D gilt, oder wenn sich D in bogendisjunkte gerichtete Kreise zerlegen läßt.

Auch der Algorithmus von Hierholzer ist anwendbar, um eine gerichtete Eulersche Tour in einem Eulerschen Digraphen zu bestimmen.

Eulerscher Ergänzungssatz, ↗ Eulersche Γ-Funktion.

Eulerscher Graph

L. Volkmann

Ein ↗ Graph (oder auch ↗ Pseudograph) G, der einen geschlossenen Kantenzug W besitzt, welcher alle Kanten des Graphen enthält, für den also $K(W) = K(G)$ gilt, heißt Eulerscher Graph, und W wird dann Eulersche Tour genannt. Ein (nicht notwendig geschlossener) Kantenzug W von G mit $K(W) = K(G)$ heißt Eulerscher Kantenzug.

Angeregt durch das bekannte Königsberger Brückenproblem (↗ Graphentheorie) hat L.Euler 1736 folgende verblüffend einfache Charakterisierung der nach ihm benannten Graphen entdeckt.

Ein zusammenhängender Graph ist genau dann Eulersch, wenn jede Ecke geraden Grad hat.

Da der erste vollständige Beweis dieser Charakterisierung erst 1873 von C.Hierholzer gegeben wurde, wird er auch Satz von Euler-Hierholzer genannt. Aus diesem Satz ergibt sich leicht, daß ein zusammenhängender Graph genau dann einen Eulerschen Kantenzug besitzt, wenn er zwei Ecken oder keine Ecke ungeraden Grades hat. Im Fall, daß der Graph genau zwei Ecken ungeraden Grades aufweist, muß der Eulersche Kantenzug in einer dieser Ecken beginnen und in der anderen enden. Diese Folgerung zeigt nun unmittelbar, daß es in dem Multigraphen *KBP* des Königsberger Brückenproblems keinen Eulerschen Kantenzug geben kann, da alle seine vier Ecken von ungeradem Grad sind. Jedoch, der weltweit bekannteste aller Graphen, der skizzierte Graph *HVN* mit fünf Ecken, das sogenannte „Haus vom Nikolaus", besitzt, wie jedes Kind weiß, einen Eulerschen Kantenzug.

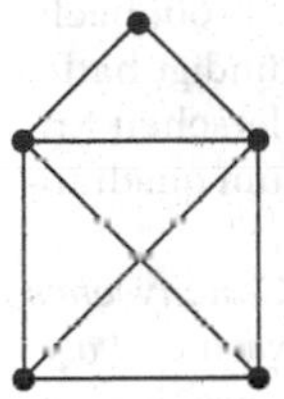

Das „Haus vom Nikolaus" (HVN)

Der oben erwähnte Beweis von Hierholzer führt zu einem nach ihm benannten Algorithmus der Komplexität $O(|K(G)|)$, der in einem Eulerschen Graphen G eine Eulersche Tour liefert. Ist G ein Eulerscher Graph, so verläuft der Algorithmus von Hierholzer wie folgt.

Man wähle eine beliebige Ecke x_1 des Graphen und konstruiere von x_1 ausgehend einen beliebigen Kantenzug Z_1 von G, den man nicht mehr fortsetzen kann. Da nach dem Satz von Euler-Hierholzer jede Ecke geraden Grad hat, endet Z_1 notwendig in der Ecke x_1. Ist Z_1 noch keine Eulersche Tour von G, so betrachte man den Faktor

$$G_1 = G - K(Z_1)$$

und wähle eine Ecke $x_2 \in E(Z_1)$, die mit einer Kante von G_1 inzidiert. Von x_2 ausgehend konstruiere man einen beliebigen Kantenzug Z_2 in G_1, den man nicht mehr fortsetzen kann.

Da Z_2 in x_2 endet, kann man Z_1 und Z_2 zu einem geschlossenen Kantenzug von G wie folgt zusammensetzen. Man beginne in x_1, laufe entlang Z_1 bis x_2, durchlaufe nun ganz Z_2 bis x_2, und durchlaufe danach die verbliebenen Kanten von Z_1 bis x_1. Durch Fortsetzung dieses Verfahrens erhält man nach endlich vielen Schritten schließlich eine Eulersche Tour des Graphen G.

Die nächste interessante notwendige und hinreichende Bedingung für Eulersche Graphen wurde 1912 von O.Veblen gegeben.

Ein zusammenhängender Graph ist genau dann Eulersch, wenn er sich als Vereinigung von kantendisjunkten Kreisen darstellen läßt.

Ausgehend von diesem Ergebnis bewiesen J.A. Bondy und F.Y. Halberstam 1986, daß ein zusammenhängender Graph genau dann Eulersch ist, wenn die Anzahl solcher Kreiszerlegungen ungerade ist.

Man nennt eine Familie von nicht notwendig verschiedenen Kreisen in einem beliebigen Graphen H eine doppelte Kreisüberdeckung von H, wenn jede Kante von H zu genau zwei dieser Kreise gehört. Nach dem Satz von Veblen hat jeder Eulersche Graph natürlich eine doppelte Kreisüberdeckung. Eine bis heute ungelöste Vermutung von G.Szekeres aus dem Jahre 1973, die sogenannte „cycle-double-cover"-Vermutung, besagt, daß jeder Graph ohne Brücken eine doppelte Kreisüberdeckung besitzt.

Eine weitere neuere Charakterisierung der Eulerschen Graphen geht auf S.Toida (1973) und T.A.McKee (1984) zurück. Ein zusammenhängender Graph ist genau dann Eulersch, wenn jede Kante des Graphen zu einer ungeraden Anzahl von Kreisen gehört.

Eng verbunden mit den Eulerschen Graphen ist das äußerst wichtige „chinesischer Postmann-Problem", kurz CP-Problem, das darin besteht, daß z. B. ein Postbote nach der kürzesten Route in seinem Zustellbereich sucht. Graphentheoretisch kann dieses Problem wie folgt formuliert werden. In einem zusammenhängenden ↗bewerteten Graphen G mit positiver Bewertung $\varrho(k) \geq 0$ für alle $k \in K(G)$ wird eine geschlossene Kantenfolge W von minimaler Gesamtlänge mit $K(W) = K(G)$ gesucht. Eine solche Kantenfolge nennen wir optimal. Der Name dieses Problems weist auf den chinesischen Mathematiker M.-K.Kwan hin, der 1962 die erste Arbeit zu diesem Problem veröffentlicht hat. Wenn G ein Eulerscher Graph ist, dann liefert jede Eulersche Tour eine optimale Lösung. Ist der Graph G jedoch nicht Eulersch, so müssen einige Kanten zweimal durchlaufen werden. Aber welche? Im Jahre 1973 haben J. Edmonds und E.L. Johnson ganz überraschend einen polynomialen Algorithmus zur Lösung des CP-Problems entdeckt, bei dem sie etwa wie folgt vorgegangen sind.

Es sei U die Menge der Ecken ungeraden Grades von G. Da $|U|$ nach dem Handschlaglemma gerade ist, setzen wir im folgenden $|U| = 2p$.

1. Für alle Paare $u, v \in U$ berechne man (z. B. mit den Algorithmen von ↗Dijkstra oder ↗Floyd-Warshall) die Länge $d_\varrho(u, v)$ eines kürzesten Weges von u nach v in G.

2. Man betrachte den vollständigen bewerteten Graphen K_{2p} mit der Eckenmenge U und der Bewertung $\sigma(uv) = d_\varrho(u,v)$. In diesem vollständigen Graphen bestimme man dann ein perfektes Matching $M = \{u_1v_1, u_2v_2, \ldots, u_pv_p\}$ von minimaler Bewertung. Man kann ein solches Matching mit der Komplexität $O(p^3)$ berechnen. Allerdings würde die Beschreibung dieses schwierigen Verfahrens die Grenzen des vorliegenden Lexikons überschreiten, und daher sei der Leser z. B. auf das ausführliche Lehrbuch [3] verwiesen.

3. Verdoppelt man nun in G die Kanten der kürzesten Wege von u_i nach v_i (mit gleicher Bewertung) für $i = 1, 2, \ldots, p$, so entsteht ein bewerteter Eulerscher Multigraph G^*, dessen Eulersche Tour eine optimale Kantenfolge in G induziert (Verdopplung von Kanten bedeutet für den Briefträger, daß er diese Kanten (Straßen) zweimal durchlaufen muß).

Vertiefte Informationen zur Theorie der Eulerschen Graphen findet man in den umfassenden Monographien von H.Fleischner [1], [2].

Literatur

[1] Fleischner, H.: Eulerian Graphs and Related Topics, Part 1, Vol 1. Ann. Discrete Math. 45, North-Holland Amsterdam, 1990.

[2] Fleischner, H.: Eulerian Graphs and Related Topics, Part 1, Vol 2. Ann. Discrete Math. 50, North-Holland Amsterdam, 1991.

[3] Lovász, L.; Plummer, M.D.: Matching Theory. Ann. Discrete Math. 29, North-Holland Amsterdam, 1986.

Eulerscher Kantenzug, ↗ Eulerscher Graph.

Eulerscher Kreis, ↗ Eulerscher Graph.

Eulerscher Multiplikator, Hilfsmittel zur Behandlung gewisser Differentialgleichungen.

Ist beispielsweise die gewöhnliche Differentialgleichung

$$a(x,y) + b(x,y) \cdot y' = 0$$

vorgelegt, und existiert eine Funktion $E = E(x,y)$, so daß

$$E(x,y) \cdot a(x,y) + M(x,y) \cdot b(x,y) \cdot y' \;=\; 0$$

eine ↗ exakte Differentialgleichung ist, so heißt $E(x,y)$ Eulerscher Multiplikator der Ausgangsdifferentialgleichung. Eine andere Bezeichnung ist integrierender Faktor.

Eulerscher Pfad, ↗ Eulerscher Graph.

Eulerscher Polyedersatz, ↗ Eulersche Polyederformel.

Eulerscher Weg, ↗ Eulerscher Graph.

Eulersches Brückenproblem, auch bekannt als Königsberger Brückenproblem, ein fundamentales Problem der ↗ Graphentheorie; ausführliche Information findet man dort.

Eulersches Kriterium, gibt eine äquivalente Bedingung dafür, ob eine ganze Zahl c ein quadratischer Rest modulo einer ungeraden Primzahl p ist oder nicht:

Für jede ganze Zahl c und jede ungerade Primzahl p mit $p \nmid c$ gilt

$$\left(\frac{c}{p}\right) \equiv c^{(p-1)/2} \mod p\,,$$

wobei der Ausdruck auf der linken Seite auch als das Legendre-Symbol bezeichnet wird:

$$\left(\frac{c}{p}\right) = \begin{cases} +1, & \text{falls } c \text{ quadrat. Rest } \mod p\,, \\ -1, & \text{falls } c \text{ quadrat. Nichtrest } \mod p\,. \end{cases}$$

Euler publizierte dieses Resultat ca. 1760, nachdem er es ca. zehn Jahre zuvor angekündigt hatte.

Eine unmittelbare Folgerung des Eulerschen Kriteriums ist der erste Ergänzungssatz zum quadratischen Reziprozitätsgesetz.

Eulersches Polygonzug-Verfahren, *Cauchysches Polygonzug-Verfahren*, *Euler-Cauchysches Polygonzug-Verfahren*, *Euler-Verfahren*, eines der einfachsten und ältesten ↗ Einschrittverfahren zur näherungsweisen (numerischen) Lösung eines Anfangswertproblems für gewöhnliche Differentialgleichungen.

Für $\mathbf{f} : \mathbb{R}^{n+1} \to \mathbb{R}^n$ und $\mathbf{x}_0 \in \mathbb{R}^n$ betrachtet man das Anfangswertproblem

$$\mathbf{x}'(t) \;=\; \mathbf{f}(\mathbf{x}(t), t)\,, \quad \mathbf{x}(0) \;=\; \mathbf{x}_0\,. \tag{1}$$

Man wählt eine Schrittweite $h > 0$ und berechnet Näherungswerte Werte $\mathbf{x}_i$ für die Lösung $\mathbf{x}(ih)$ von (1) an den Stellen ih, indem man rekursiv definiert

$$\mathbf{x}_{i+1} \;:=\; \mathbf{x}_i + h\,\mathbf{f}(\mathbf{x}_i, ih)\,,$$

wobei $\mathbf{x}_0$ durch den Anfangswert bereits gegeben ist.

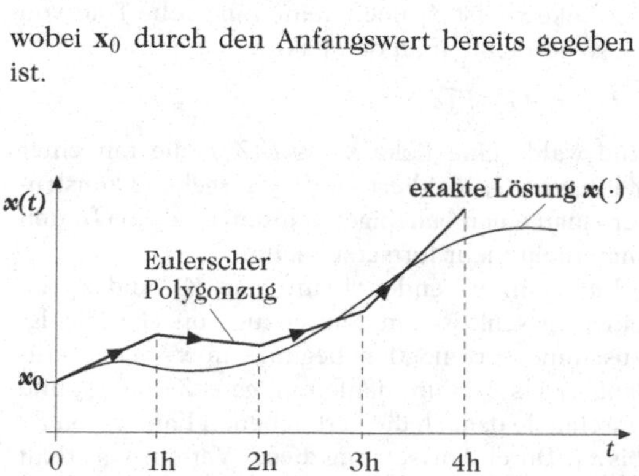

Eulersches Polygonzug-Verfahren

Zeichnet man diese Näherungswerte für $n = 1$ und verbindet die Punkte (x_i, ih) sukzessive durch Geraden, erhält man einen Polygonzug, der zur Bezeichnung dieses Verfahrens führte.

[1] Stoer, J.; Bulirsch, R: Einführung in die Numerische Mathematik II. Springer-Verlag Berlin, 1978.

Eulersches Problem der 36 Offiziere, ↗endliche Geometrie.

Euler-Transformation, Integral-Transformation, gegeben durch

$$(Ef)(t) := \int_C (t-z)^\alpha f(z)\,dz,$$

wobei C ein einfach geschlossener Weg in der $\mathbb{C}$-Ebene ist. Ef heißt die Euler-Transformierte von f.

Euler-Translation, der Endomorphismus E^a auf dem Raum der Polynome $\mathbb{R}[x]$, $a \in \mathbb{R}$, der definiert ist durch

$$E^a p(x) = p(q^a x)$$

für alle $p(x) \in \mathbb{R}[x]$.

Euler-Verfahren, ↗Eulersches Polygonzug-Verfahren.

Evaluation, ganz allgemein das Problem der Auswertung von Termen.

Innerhalb der (Computer-)Algebra versteht man darunter insbesondere das Einsetzen von Zahlen in symbolische Ausdrücke.

Evolute, der geometrische Ort der Krümmungsmittelpunkte einer ebenen Kurve $\alpha(s)$.

Eine parametrische Gleichung der Evolute ist die folgende: Es sei $\alpha(s) = (\xi(s), \eta(s))$, s der Bogenlängenparameter von α, und $\kappa(s)$ ihre Krümmung. Dann hat die Evolute die parametrische Gleichung

$$\xi^*(s) = \xi(s) - \frac{\eta''(s)}{\kappa(s)}, \quad \eta^*(s) = \eta(s) + \frac{\xi''(s)}{\kappa(s)}.$$

Eine gleichwertige Charakterisierung gibt der folgende Satz:

Die Evolute einer Kurve ist die ↗Einhüllende der Schar aller ihrer Normalen.

Als Beispiel geben wir die Evolute einer Ellipse mit den Halbachsen a und b; sie hat die Parametergleichung

$$\xi^*(t) = \frac{(a^2-b^2)\cos^3 t}{a},$$
$$\eta^*(t) = -\frac{(a^2-b^2)\sin^3 t}{b}$$

und stellt eine Astroide dar, die in Richtung der Koordinatenachsen um die Faktoren a bzw. b gestaucht worden ist.

Die beiden Operationen, die einer ebenen Kurve die Evolute bzw. die ↗Evolvente zuordnen, stehen

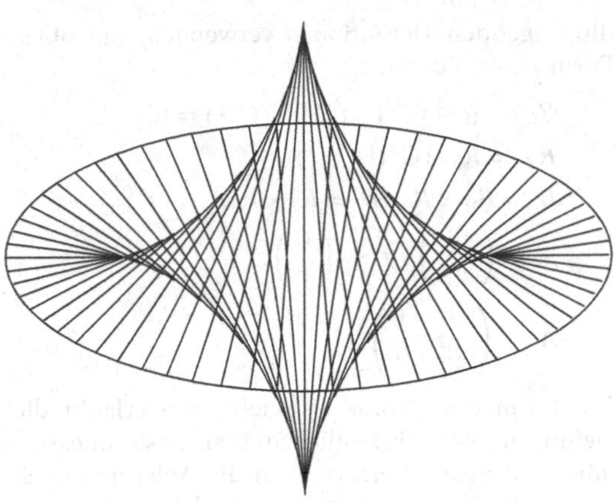

Evolute einer Ellipse

zueinander in einem ähnlichen Verhältnis wie Differentiation und Integration reeller Funktionen:

Die Evolute der Evolvente einer ebenen Kurve α ist wieder α. Für die umgekehrte Reihenfolge gilt: Bei geeigneter Wahl eines Anfangspunktes (↗Evolvente) stimmt die Evolvente der Evolute von α mit α überein.

evolutionärer Algorithmus, ein Algorithmus, der die Grundmechanismen der biologischen Evolution auf abstrahierter Ebene zur Lösung von Optimierungsproblemen benutzt.

Ein spezieller Vertreter dieses Typs und gleichzeitig ein gutes Beispiel für die allgemeine Vorgehensweise ist der sogenannte ↗genetische Algorithmus.

Evolutionsgleichung, abstraktes System gewöhnlicher Differentialgleichungen der Form

$$u_t - A(t)u = f, \quad u(0) = g,$$

bei dem $A(t)$ selbst ein durch t parametrisierter linearer Operator ist.

Für einen allgemeinen Banachraum B mit linearem Unterraum D und einer reellen Konstanten $T > 0$ seien $L(D, B)$ die Menge der linearen Abbildungen von D nach B, $f : [0, T] \to B$ eine stetige Funktion, $g \in B$ und $A : [0, T] \to L(D, B)$.

Gesucht wird dann eine Funktion $u : [0, T] \to B$, die obiger Gleichung genügt mit

$$u_t := \lim_{h\to 0} \frac{u(t+h) - u(t)}{h}$$

in B.

Mit Evolutionsgleichungen lassen sich einige Klassen partieller Differentialgleichungen in einheitlicher Weise darstellen. Beispielsweise kann man für die Wellengleichung

$$v_{tt} - v_{xx} = r,$$
$$v(x,0) = v_0,\ v_t(x,0) = v_1,\ v(\pm 1, t) = 0$$

die folgenden Definitionen verwenden, um obige Form zu erreichen:

$$R_0 := \{f \in C^0([-1,1]) \,|\, f(\pm 1) = 0\},$$
$$R_2 := R_0 \cap C^2([-1,1]),$$
$$B := R_0 \times R_0,\ D := R_2 \times R_0,$$
$$g := \begin{pmatrix} v_0 \\ v_1 \end{pmatrix},\ f := \begin{pmatrix} 0 \\ r \end{pmatrix},$$
$$A := \begin{pmatrix} 0 & 1 \\ \frac{\partial^2}{\partial x^2} & 0 \end{pmatrix}.$$

Die Form der Evolutionsgleichungen erlaubt die Definition von einheitlichen Diskretisierungsverfahren. Zunächst ersetzt man die Ableitung nach t durch Differenzenquotienten, und dann den Operator A durch einen geeigneten Differenzenoperator.

Evolvente, auch Fadenevolvente oder Filarevolvente genannt, in anschaulicher Definition diejenige Kurve, die ein Punkt P eines straff gespannten, einer gegebenen Kurve $\alpha(t)$ fest anliegenden Fadens beschreibt, wenn dieser abgewickelt wird.

Die Evolvente hängt von der Wahl des Punktes P, des sog. Anfangspunktes, ab. Jede Evolvente schneidet die Schar der Normalen der Kurve $\alpha(t)$ orthogonal. Man vergleiche auch den Eintrag zu ↗Evolute.

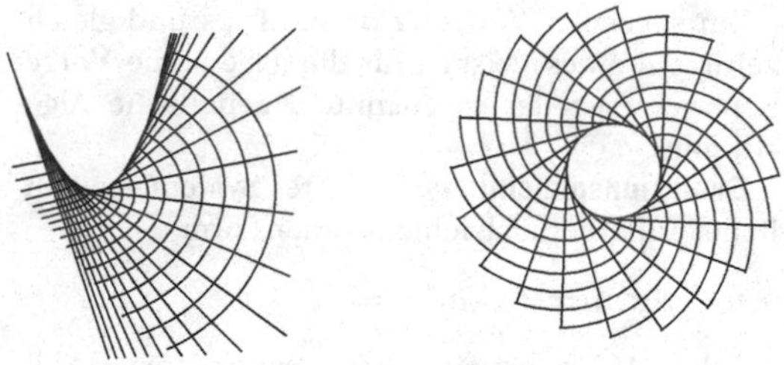

Evolvente einer Parabel und eines Kreises mit orthogonalen Trajektorien

Evolventenzirkel, Gerät zum Zeichnen einer ↗Evolvente. Hierbei „rollt" eine Gerade, als Tangentenschiene ausgebildet, auf dem Grundkreis ab.

exact-perfect-matching-Problem, *EPM-Problem*, Problemstellung innerhalb der Graphentheorie.

Das exact-perfect-matching-Problem fragt danach, ob es in einem ↗Graphen G zu einer vorgegebenen Teilmenge $K \subseteq K(G)$ und einer gegebenen natürlichen Zahl p ein perfektes Matching M mit $|M \cap K| = p$ gibt.

Es ist bislang nicht bekannt, ob dieses Problem polynomial lösbar ist. F. Barahona und W.R. Pulleyblank konnten 1985 nachweisen, daß dies jedenfalls für ↗planare Graphen gilt.

exakte Differentialgleichung, spezielle gewöhnliche Differentialgleichung erster Ordnung.

Es sei $G \subset \mathbb{R}^2$ ein Gebiet und $g, h : G \to \mathbb{R}$ stetige Funktionen. Die Differentialgleichung der Form

$$g(x,y) + h(x,y)y' = 0$$

für $(x,y) \in G$ heißt exakt, wenn eine stetig differenzierbare Funktion $F : G \to \mathbb{R}$, genannt Stammfunktion der exakten Differentialgleichung, existiert mit

$$\frac{\partial}{\partial x}F(x,y) = g(x,y) \text{ und } \frac{\partial}{\partial y}F(x,y) = h(x,y)$$

für alle $(x,y) \in G$.

Durch Auflösen der Gleichung $F(x,y) = c$ ($c \in \mathbb{R}$) erhält man die Lösungen der exakten Differentialgleichung.

Zur Prüfung der Exaktheit einer Differentialgleichung oben genannter Form verwendet man häufig den folgenden Satz:

Ist $G \subset \mathbb{R}^2$ ein einfach zusammenhängendes Gebiet, und sind $g, h : G \to \mathbb{R}$ stetig differenzierbare Funktionen, so gilt:

$$g(x,y) + h(x,y)y' = 0 \qquad \textit{ist exakt}$$
$$\Leftrightarrow\ \frac{\partial}{\partial y}g(x,y) \ = \ \frac{\partial}{\partial x}h(x,y)\,.$$

[1] Heuser, H.: Gewöhnliche Differentialgleichungen. B.G. Teubner Stuttgart, 1995.

exakte Garbensequenz, Übertragung des Begriffes der ↗exakten Sequenz auf Garben.

Unter einer Sequenz von Garben (von $\mathcal{A}$-Moduln) über einem topologischen Raum X versteht man ein Diagramm

$$\ldots \mathcal{F}_i \stackrel{h_i}{\to} \mathcal{F}_{i+1} \stackrel{h_{i+1}}{\to} \mathcal{F}_{i+2} \ldots =: \mathcal{F}_.\,,$$

in welchem die $\mathcal{F}_i$ Garben (von $\mathcal{A}$-Moduln) und die h_i entsprechende Homomorphismen sind. Dabei darf die Sequenz $\mathcal{F}_.$ einseitig oder beidseitig abbrechen. Die Sequenz $\mathcal{F}_.$ heißt exakt an der Stelle $\mathcal{F}_i$ oder an der Stelle i, wenn $\mathrm{Im}\,(h_{i-1}) = \mathrm{Ker}\,(h_i)$. Ist $\mathcal{F}_.$ an allen möglichen Stellen exakt, so spricht man von einer exakten Sequenz von Garben. Eine exakte Garbensequenz der Form

$$0 \to \mathcal{F}_1 \stackrel{h_1}{\to} \mathcal{F}_2 \stackrel{h_2}{\to} \mathcal{F}_3 \to 0$$

heißt kurze exakte Garbensequez. Ist $p \in X$, so nennt man

$$\ldots\ (\mathcal{F}_i)_p \stackrel{(h_i)_p}{\to} (\mathcal{F}_{i+1})_p \stackrel{(h_{i+1})_p}{\to} (\mathcal{F}_{i+2})_p\ \ldots =: (\mathcal{F}_.)_p$$

die durch $\mathcal{F}_.$ „in den Halmen über p induzierte Sequenz". Die Sequenz $\mathcal{F}_.$ ist genau dann exakt an der Stelle i, wenn die induzierte Sequenz $(\mathcal{F}_.)_p$ exakt ist an der Stelle i für alle $p \in X$.

exakte Kohomologiesequenz, Anwendung des Kofunktors $H^q(-;G)$ auf Kettenkomplexe, wobei G eine feste ↗ abelsche Gruppe ist. Es sei

$$0 \to C' \xrightarrow{f} C \xrightarrow{g} C'' \to 0$$

eine exakte Sequenz von Kettenkomplexen, wobei zusätzlich vorausgesetzt werde, daß C'' ein freier Kettenkomplex ist. Dann ist die Sequenz

$$0 \to \mathrm{Hom}\left(C''_q, G\right) \xrightarrow{\tilde{g}} \mathrm{Hom}\left(C_q, G\right) \xrightarrow{\tilde{f}} \\ \xrightarrow{\tilde{f}} \mathrm{Hom}\left(C'_q, G\right) \to 0$$

exakt (↗ exakte Sequenz). Mit der Neubezeichnung

$$D_{-q} := \mathrm{Hom}\left(C_q, G\right), \; D'_{-q} := \mathrm{Hom}\left(C'_q, G\right), \\ D''_{-q} := \mathrm{Hom}\left(C''_q, G\right)$$

erhält man also eine exakte Sequenz von Kettenkomplexen

$$0 \to D'' \xrightarrow{\tilde{g}} D \xrightarrow{\tilde{f}} D' \to 0, \qquad (1)$$

wobei die Randoperatoren hier die dualen Homomorphismen zu den Randoperatoren von C'', C, C' seien. Zu dieser exakten Sequenz gehört eine exakte Homologiesequenz. Weil jedoch $H_{-q}(D) = H^q(C;G)$ usw. gilt, sieht diese Sequenz so aus:

$$\ldots \xrightarrow{\delta^*} H^q\left(C'';G\right) \xrightarrow{g^*} H^q\left(C;G\right) \xrightarrow{f^*} H^q\left(C';G\right) \\ \xrightarrow{\delta^*} H^{q+1}\left(C'';G\right) \xrightarrow{g^*} \ldots .$$

Dabei ist δ^* der verbindende Homomorphismus, der zu der Sequenz (1) gehört. Es liegt also eine exakte Kohomologiesequenz vor.

exakte Rekonstruktion, vollständige Wiedergewinnung eines in verschiedene Skalen oder Frequenzen zerlegten Signals.

Beispielsweise ist bei orthogonaler oder biorthogonaler Wavelet-Zerlegung die exakte Rekonstruktion sichergestellt.

exakte Sequenz, (begrenzte oder unbegrenzte) Folge linearer Abbildungen

$$\varphi_i : V_i \to V_{i+1}$$

zwischen Vektorräumen V_i, die bei jedem V_i exakt ist, die also für jedes i die folgende Beziehung zwischen Kern und Bild der jeweiligen linearen Abbildung erfüllt:

$$\mathrm{Im}(\varphi_{i-1}) = \mathrm{Ker}(\varphi_i).$$

exakter Funktor, Übertragung des Begriffs der ↗ exakten Sequenz auf Funktoren.

Gegeben sei in einer ↗ abelschen Kategorie eine kurze ↗ exakte Sequenz

$$0 \longrightarrow A' \longrightarrow A \longrightarrow A'' \longrightarrow 0$$

von Morphismen.

Ein additiver kovarianter Funktor heißt linksexakt, falls die Sequenz

$$0 \longrightarrow F(A') \longrightarrow F(A) \longrightarrow F(A'')$$

exakt ist. Er heißt rechtsexakt, falls die Sequenz

$$F(A') \longrightarrow F(A) \longrightarrow F(A'') \longrightarrow 0$$

exakt ist. Er heißt exakt, falls er sowohl links- als auch rechtsexakt ist. Die analogen Definitionen gelten für kontravariante Funktoren.

Exhaustionsmethode, das von den Griechen, vermutlich i.w. von ↗ Eudoxos von Knidos entwickelte Verfahren, den Flächeninhalt krummlinig berandeter Gebiete bzw. das Volumen krummflächig begrenzter Körper durch „Ausschöpfen" mit einfachen Figuren, wie Dreiecken, Quadraten oder Würfeln, immer genauer anzunähern.

Das bekannteste Beispiel ist der ↗ Archimedes-Algorithmus zur Berechnung von π, und allgemein geht auf Archimedes die Grundidee zurück, die darin besteht, einen Flächen- oder Rauminhalt als Grenzwert einer konvergenten Folge von Teilflächen bzw. Teilkörpern zu berechnen. Die Methode ist aber nicht nur nötig bei der Bestimmung von Kreisflächen, sondern findet ihre Anwendungen auch schon bei der Berechnung der Rauminhalte von Vielflachen wie etwa der Pyramide.

Die Exhaustionsmethode war eine frühe Vorläuferin der modernen Integralrechnung, insbesondere der numerischen Berechnung von Integralen. Die Bezeichnung „Exhaustionsmethode" wurde vermutlich erst im 17. Jahrhundert eingeführt.

existentielle Quantifikation, ↗ Boolesche Funktion, die durch die ↗ Disjunktion der ↗ Kofaktoren einer Booleschen Funktion nach einer ↗ Booleschen Variablen gegeben ist.

Für eine Boolesche Funktion $f : \{0,1\}^n \to \{0,1\}$ und eine Boolesche Variable x_i ist die existentielle Quantifikation von f nach x_i die Boolesche Funktion $f_{x_i} \vee f_{\overline{x_i}}$. Hierbei bezeichnet f_{x_i} und $f_{\overline{x_i}}$ den positiven und negativen Kofaktor von f nach x_i.

Existenz des Integrals, eine der grundlegenden Fragestellungen der Analysis.

Die Existenz des Integrals – als Riemann-Integral – ist zumindest gesichert, falls $f : [a,b] \longrightarrow \mathbb{R}$ stetig ist (mit $-\infty < a < b < \infty$). Dies folgt ganz leicht aus der – hier gegebenen – gleichmäßigen Stetigkeit von f.

Aufwendiger ist der Beweis der allgemeineren Aussage:

Eine Funktion $f : [a,b] \longrightarrow \mathbb{R}$ ist genau dann Riemann-integrierbar, wenn sie beschränkt und fast überall stetig ist, d. h. die Menge der Unstetigkeitspunkte von f eine Nullmenge im Lebesgueschen Sinne ist.

Damit hat man die Existenz des Integrals z. B. auch für stückweise stetiges und für stückweise monotones f.

Existenz- und Eindeutigkeitssatz im Komplexen, auf die Gegebenheiten im Komplexen abgestimmte Aussage über Existenz und Eindeutigkeit der Lösung eines ↗ Anfangswertproblems:

Sei $M > 0$, $D \subset \mathbb{C}^2$ ein Gebiet, das den Dizylinder

$$Z = \{(z, w) \; ; \; |z - z_0| \le r, \; |w - w_0| \le R\}$$

enthält, und f eine holomorphe Funktion mit $|f(z, w)| \le M$ in Z.

Dann existiert genau eine holomorphe Lösung w des Anfangswertproblems

$$w' = f(z, w), \qquad w(z_0) = w_0,$$

und zwar mindestens im Kreis

$$K = \left\{ (z \in \mathbb{C} \; ; \; |z - z_0| < \min\left(r, \frac{R}{M}\right) \right\}.$$

[1] Walter, W.: Gewöhnliche Differentialgleichungen. Springer-Verlag Berlin, 1976.

Existenz- und Eindeutigkeitssätze, Aussagen über die Lösbarkeit und eindeutige Lösbarkeit von mathematischen Problemen verschiedenster Art, etwa Approximations- oder Optimierungsproblemen sowie von gewöhnlichen Differentialgleichungen und Differentialgleichungssystemen bzw. den entsprechenden ↗ Anfangswertproblemen.

Wir erläutern exemplarisch den zuletzt genannten Fall etwas näher. Für die Existenz einer lokalen Lösung der Differentialgleichung

$$y^{(n)} = f(x, y, y', \dots, y^{(n-1)})$$

bzw. des Differentialgleichungssystems

$$\mathbf{y}' = f(x, \mathbf{y}) \tag{1}$$

genügt die Stetigkeit der rechten Seite, also der Abbildung f. Genau das ist i.w. die Aussage des Existenzsatzes von Peano.

Eine Aussage über die Existenz einer Lösung des allgemeinen Anfangswertproblems

$$\mathbf{y}' = f(x, \mathbf{y}), \quad \mathbf{y}(x_0) = \mathbf{y}_0 \tag{2}$$

in einer Umgebung um den Anfangswert x_0 liefert der lokale Existenzsatz:

Seien $a, b > 0$, $x_0 \in \mathbb{R}$, $\mathbf{y}_0 \in \mathbb{R}^n$,

$$G := \left\{ (x, \mathbf{y}) \in \mathbb{R}^{n+1} \mid |x - x_0| \le a, \|\mathbf{y} - \mathbf{y}_0\| \le b \right\},$$

$f \in C^0(G, \mathbb{R}^n)$, $M := \max\limits_{(x,\mathbf{y}) \in G} \{\|f(x, \mathbf{y})\|\}$ und $\varepsilon := \min\left\{a, \frac{b}{M}\right\}$.

Dann hat das Anfangswertproblem (2) mindestens eine Lösung

$$\mathbf{y} : [x_0 - \varepsilon, x_0 + \varepsilon] \to \mathbb{R}^n.$$

Die Existenz einer maximal fortgesetzten Lösung des Anfangswertproblems (2) liefert der globale Existenzsatz:

Sei $G \subset \mathbb{R}^{n+1}$ ein ↗ Gebiet, $f \in C^0(G, \mathbb{R}^n)$ und $(x_0, \mathbf{y}_0) \in G$. Dann besitzt das Anfangswertproblem (2) eine maximal fortgesetzte Lösung.

Diese Sätze liefern bisher lediglich die bloße Existenz von Lösungen und machen keine Aussage über deren Eindeutigkeit.

Um eindeutig bestimmte Lösungen zu erhalten, müssen Zusatzbedingungen gestellt werden, genau das geschieht in den verschiedenen Eindeutigkeitssätzen. Der bekannteste von ihnen ist der von Picard-Lindelöf, welcher in Kurzform besagt:

Falls die rechte Seite des Differentialgleichungssystems (1), also f, bezüglich $\mathbf{y}$ einer Lipschitz-Bedingung genügt, so besitzt es eine eindeutig bestimmte Lösung.

Dieser Satz liefert mit etwas genaueren Voraussetzungen auch den lokalen Eindeutigkeitssatz, der wie oben die Existenz einer eindeutig bestimmten lokalen Lösung des Anfangswertproblems (2) garantiert, sowie den globalen Eindeutigkeitssatz, der die Existenz und Eindeutigkeit einer maximal fortgesetzten Lösung von (2) liefert.

Eine entsprechende Aussage über die eindeutige Lösbarkeit des Problems (2) in einem Gebiet in $\mathbb{C}$ liefert der ↗ Existenz- und Eindeutigkeitssatz im Komplexen.

[1] Timmann, S.: Repetitorium der gewöhnlichen Differentialgleichungen. Binomi Hannover, 1995.
[2] Walter, W.: Gewöhnliche Differentialgleichungen. Springer-Verlag Berlin, 1972.
[3] Wüst, R.: Höhere Mathematik für Physiker, Teil 2. Walter de Gruyter Berlin, 1995.

Existenz von Lösungen eines linearen Gleichungssystems, eine der zentralen Frage bei der Lösung linearer Gleichungssysteme.

Das ↗ lineare Gleichungssystem

$$Ax = b$$

mit der $(m \times n)$-Matrix A über $\mathbb{K}$, dem gesuchten Vektor $x \in \mathbb{K}^n$ und dem Vektor $b \in \mathbb{K}^n$ ist genau dann lösbar, wenn die Rangbedingung (1) erfüllt ist:

$$\mathrm{Rg}A = \mathrm{Rg}(A|b). \tag{1}$$

(↗ Rang einer Matrix.) Dabei bezeichnet $(A|b)$ die $(m \times (n+1))$-Matrix, die durch Hinzufügen des Vektors b als $(n+1)$-te Spalte zur Matrix A entsteht.

Das Gleichungssystem ist genau dann eindeutig lösbar, wenn Bedingung (2) erfüllt ist:

$$\mathrm{Rg}A = \mathrm{Rg}(A|b) = n. \tag{2}$$

Die Lösungsgesamtheit (d. h. die Menge aller Lösungen) eines homogenen Gleichungssystems

$$Ax = 0$$

bildet einen Untervektorraum von $\mathbb{K}^n$, die eines inhomogenen Systems $Ax = b$ einen affinen Unterraum von $\mathbb{K}^n$.

Dieser ist entweder leer, oder gegeben durch $a+U$ mit einer speziellen Lösung a, d. h. $Aa = b$, und dem Lösungsraum U des zugeordneten homogenen Systems $Ax = 0$.

Existenzaussage, eine Aussage, in der die Existenz eines oder mehrerer (mathematischer) Objekte behauptet wird.

Eine formalisierte Existenzaussage hat die Gestalt

$$\exists x_1 \cdots \exists x_n \, \varphi(x_1, \dots, x_n)$$

wobei $\exists$ der ↗Existenzquantor und $\varphi(x_1, \dots, x_n)$ ein Ausdruck mit den freien Variablen $x_1, \dots, x_n$ ist.

Variieren beispielsweise die Variablen x, y, z über den natürlichen Zahlen, und ist n eine fixierte natürliche Zahl, die größer als 2 ist, dann behauptet die Existenzaussage

$$\exists x \exists y \exists z (x \neq 0 \wedge y \neq 0 \wedge z \neq 0 \wedge x^n + y^n = z^n),$$

daß die diophantische Gleichung $x^n + y^n = z^n$ eine nichttriviale Lösung besitzt.

Existenzaxiom, fordert die Existenz einer Menge (↗axiomatische Mengenlehre).

Existenzbeweis, Beweis einer ↗Aussage, die die Existenz (wenigstens) eines mathematischen Objekts (Lösung eines Gleichungssystems, Modell einer Theorie, ...) mit gegebenen Eigenschaften behauptet.

Existenzquantor, Grundzeichen des Prädikatenkalküls oder ↗elementarer Sprachen zur Bezeichnung der Partikularisierung.

Hierfür werden meistens die Symbole $\exists$ oder $\bigvee$ benutzt, gelesen *„es gibt ein ...“* oder *„es existiert ein ...“*. Die Redeweise „es gibt ein ... “ ist in der Mathematik immer als *„es gibt wenigstens ein ...“* zu verstehen, ansonsten benutzt man die Redeweise *„es gibt genau ein ...“*.

Existenzsatz von Peano, ↗ Peano, Existenzsatz von, ↗Existenz- und Eindeutigkeitssätze.

Exklusion, kompetitive, in der Ökologie die Vorstellung, daß von mehreren um ein erneuerbares Substrat konkurrierenden Arten nur eine überleben kann.

EXOR-Funktion, *XOR-Funktion*, ↗Boolesche Funktion f mit

$$f : \{0,1\}^2 \to \{0,1\}$$
$$f(x_1, x_2) = 1 \iff (x_1 \neq x_2).$$

Das Symbol $\oplus$ wird zur Darstellung des entsprechenden binären Operators benutzt.

expansive Funktion, eine Funktion $f : I \mapsto I$, wobei I ein reelles Intervall ist, mit folgender Eigenschaft:

Es gibt ein $\varepsilon > 0$ so, daß für jedes Paar $x, y \in I$, $x \neq y$, ein $n \in \mathbb{N}_0$ existiert mit

$$|f^n(x) - f^n(y)| > \varepsilon.$$

explizite Differentialgleichung, gewöhnliche Differentialgleichung, die nach der höchsten auftretenden Ableitung der zu bestimmenden Funktion aufgelöst ist.

Es sei $G \subset \mathbb{R}^{n+2}$ offen, $G \neq \emptyset$ und $f : G \to \mathbb{R}$ stetig. Weiter sei M die Menge aller auf einem reellen Intervall $\mathcal{D}(y(\cdot))$ definierten n-mal stetig differenzierbaren reellwertigen Funktionen y, sowie

$$(x, y(x), y'(x), \dots, y^{(n)}(x)) \in G$$

für $x \in \mathcal{D}(y(\cdot))$.

Die Aussageform über M,

$$y^{(n)} = f(x, y, y', y'', \dots, y^{(n-1)})$$

heißt explizite Differentialgleichung n-ter Ordnung.

Man nennt diese Differentialgleichung explizit (im Gegensatz zu implizit), weil die höchste auftretende Ableitung $y^{(n)}$ isoliert auf einer Seite der Gleichung steht. Die Theorie der expliziten Differentialgleichungen bietet mehr Möglichkeiten der Aussage über Existenz und Eindeutigkeit der Lösungen (↗Existenz- und Eindeutigkeitssätze) als die über implizite Differentialgleichungen.

[1] Wüst, R.: Höhere Mathematik für Physiker. Walter de Gruyter Verlag Berlin, 1995.

explizite Flächengleichung, eine Parameterdarstellung einer Fläche der Form

$$\Phi(u, v) = (u, v, f(u, v)).$$

Explizite Flächengleichungen sind stets regulär. Sie beschreiben Graphen von differenzierbaren Funktionen $z = f(x, y)$.

Die Koeffizienten der ↗ersten Gaußschen Fundamentalform einer expliziten Flächengleichung haben die Form $E = 1 + f_u^2$, $F = f_u f_v$, $G = 1 + f_v^2$. Die zweite Gaußsche Fundamentalform ist durch

$$\mathrm{II} = \frac{1}{\sqrt{1 + f_u^2 + f_v^2)}} \begin{pmatrix} f_{uu} & f_{uv} \\ f_{vu} & f_{vv} \end{pmatrix}$$

gegeben. Für die Gaußsche Krümmung k und die mittlere Krümmung h erhält man die Ausdrücke

$$k = \frac{f_{uu} f_{vv} - f_{uv}^2}{(1 + f_u^2 + f_v^2)^2},$$

$$h = \frac{(1 + f_v^2) f_{uu} - 2 f_u f_v f_{uv} + (1 + f_u^2) f_{vv}}{2\,(1 + f_u^2 + f_v^2)^{3/2}}.$$

explizite Kurvengleichung, Parametergleichung einer ebenen Kurve der Form

$$\alpha(t) = (t, f(t)).$$

Explizite Kurvengleichungen sind stets regulär. Sie beschreiben Graphen von differenzierbaren Funktionen $y = f(x)$.

Die Krümmung einer durch eine explizite Kurvengleichung dargestellten Kurve hat die Gleichung

$$\kappa(x) = f''(x)\left(1 + (f')^2(x)\right)^{3/2}.$$

explorative Datenanalyse, auch EDA genannt, Sammelbegriff für Verfahren der ↗deskriptiven Statistik.

Exponent, die Größe y in einer ↗Potenz x^y. Ist insbesondere y eine natürliche Zahl, so bedeutet der Ausdruck x^y das $y-$fache Produkt von x mit sich selbst.

Für die Verwendung des Begriffs Exponent im Sinne der Zahlendarstellung in Computern siehe auch ↗Gleitkommadarstellung.

Exponent einer Gruppe, kleinste natürliche Zahl n so, daß in der gegebenen Gruppe die Identität $x^n = 1$ gilt.

Exponentenbewertung, *Exponentialbewertung*, eine Abbildung v eines Körpers $\mathbb{K}$ nach $\mathbb{R} \cup \{\infty\}$ mit

$$v : \mathbb{K} \setminus \{0\} \to \mathbb{R}, \quad v(0) = \infty,$$

welche die Eigenschaften

1. $v(a \cdot b) = v(a) + v(b)$,
2. $v(a + b) \geq \min(v(a), v(b))$

besitzt.

Ist $\mathbb{K}$ ein nichtarchimedisch bewerteter Körper mit Bewertung φ, so definiert $v(a) = -\ln \varphi(a)$ eine Exponentenbewertung.

Umgekehrt definiert jede Exponentenbewertung für $r \in \mathbb{R}$, $r > 1$ durch $\varphi(a) := r^{-v(a)}$ eine nichtarchimedische Bewertung.

Exponentenüberlauf, Überschreitung des größten darstellbaren Exponenten bei einer Operation auf Zahlen, meist gebraucht im Zusammenhang mit Zahlen in halblogarithmischer Zahlendarstellung.

Als Reaktion auf einen Überlauf kann das Ergebnis auf die größte darstellbare Zahl gesetzt, ein abfragbares Register gesetzt oder eine anwenderdefinierte Behandlungsroutine gerufen werden.

Zur Vermeidung eines Exponentenüberlaufs in Zwischenergebnissen versucht man, die Reihenfolge von Berechnungen geeignet zu sortieren oder durch Normalisierung in einen unkritischen Zahlenbereich (z. B. die Umgebung der 1) zu transformieren.

Exponentenunterlauf, Unterschreitung des kleinsten darstellbaren (negativen) Exponenten bei einer Operation auf Zahlen, meist gebraucht im Zusammenhang mit Zahlen in halblogarithmischer Zahlendarstellung.

Als Reaktion kann das Ergebnis auf 0 gesetzt werden. Zusätzlich wird oft ein abfragbares Register gesetzt.

Exponentialabbildung, andere Bezeichnung für die ↗Exponentialfunktion.

Exponentialansatz, *Eulerscher Ansatz*, Lösungsansatz $y(x) = e^{\lambda x}$ für homogene lineare Differentialgleichungen mit konstanten Koeffizienten a_i, also für Differentialgleichungen vom Typ

$$y^{(n)} + a_{n-1}y^{(n-1)} + \ldots + a_1 y' + a_0 y = 0. \qquad (1)$$

Einsetzen des Exponentialansatzes $y(x) = e^{\lambda x}$ in die Differentialgleichung (1) liefert

$$\lambda^n e^{\lambda x} + a_{n-1}\lambda^{n-1}e^{\lambda x} + \ldots + a_1\lambda e^{\lambda x} + a_0 e^{\lambda x} = 0.$$

Daraus folgt sofort die charakteristische Gleichung der linearen Differentialgleichung

$$\chi(\lambda) := \lambda^n + a_{n-1}\lambda^{n-1} + \ldots + a_1\lambda + a_0 = 0.$$

Dabei ist $\chi(\lambda)$ das ↗charakteristische Polynom der Differentialgleichung (1), mit dessen Nullstellen sich ein komplexes oder reelles Fundamentalsystem der homogenen Gleichung (1) angeben läßt.

Exponentialbewertung, ↗Exponentenbewertung.

Exponentialfamilie, Menge $(P_\gamma)_{\gamma \in \Gamma}$ von absolut stetigen Wahrscheinlichkeitsverteilungen, deren Dichtefunktionen sich in einer bestimmten Form darstellen lassen.

Es sei $(P_\gamma)_{\gamma \in \Gamma}$ eine Menge (auch Familie genannt) von absolut stetigen Wahrscheinlichkeitsverteilungen. Diese Familie gehört zur Exponentialfamilie, wenn eine Zahl $k \in \mathbb{N}$ und Funktionen

$$W_j : \Gamma \to \mathbb{R}^1 \text{ und } T_j : \mathbb{R}^1 \to \mathbb{R}^1$$

für $j = 1, \ldots, k$ existieren, so daß sich die Dichte $f_\gamma(x)$ jeder Verteilung P_γ der Familie in der Form

$$f_\gamma(x) = e^{\left(\sum_{j=1}^k W_j(\gamma)T_j(x) + W_0(\gamma) + T_0(\gamma)\right)} \qquad (1)$$

für $x \in \mathbb{R}^1$ und $\gamma \in \Gamma$ darstellen läßt.

Die Exponentialfamilie umfaßt beispielsweise die Familien der ↗Exponential-, der ↗χ^2- und der ↗Gamma-Verteilung.

Die Exponentialverteilungsdichte erhalten wir beispielsweise aus (1) offensichtlich bei einer Wahl von $\gamma = \lambda$, $k = 1$, sowie

$$W_0(\gamma) = \ln(\lambda), \; W_1(\gamma) = -\lambda,$$
$$T_0(x) = 0, \; T_1(x) = x.$$

Die Dichte der Normalverteilung ergibt sich mit $\gamma = (\mu, \sigma^2)$, $k = 2$, sowie

$$W_0(\gamma) = \frac{\mu^2}{2\sigma^2} - \ln(\sigma) - \frac{1}{2}\ln(2\pi),$$

$$W_1(\gamma) = \frac{\mu}{\sigma^2}, \quad W_2(\gamma) = -\frac{1}{2\sigma^2},$$

$$T_0(x) = 0, \quad T_1(x) = x, \quad T_2(x) = x^2.$$

Exponentialfunktion, *e-Funktion*, *Exponentialabbildung*, eine der zentralen Funktionen innerhalb der (reellen wie auch komplexen) Analysis. Sie ist definiert durch die Potenzreihe

$$\exp z := \sum_{n=0}^{\infty} \frac{z^n}{n!}. \tag{1}$$

Diese Reihe heißt auch Exponentialreihe. Sie ist in ganz $\mathbb{C}$ normal konvergent, und daher ist exp eine ↗ganz transzendente Funktion.

Durch gliedweises Differenzieren der Potenzreihe in (1) ergibt sich für die Ableitung von exp

$$\exp' z = \exp z. \tag{2}$$

Ersetzt man in (1) z durch iz und benutzt die Potenzreihendarstellungen für Cosinus und Sinus, so ergibt sich die Eulersche Formel

$$\exp iz = \cos z + i \sin z. \tag{3}$$

Mit Hilfe des ↗Cauchy-Produkts für Potenzreihen ergibt sich für $w, z \in \mathbb{C}$ die Beziehung

$$\exp(w + z) = \exp w \cdot \exp z, \tag{4}$$

das ↗Additionstheorem der Exponentialfunktion, auch als Funktionalgleichung der Exponentialfunktion bezeichnet.

Für $w = -z$ ergibt sich speziell $(\exp z)^{-1} = \exp(-z)$, und daher besitzt exp keine Nullstellen. Jedoch wird jeder Wert $a \in \mathbb{C}^* = \mathbb{C} \setminus \{0\}$ abzählbar unendlich oft angenommen, d. h. 0 ist der einzige ↗Ausnahmewert von exp.

Algebraisch ausgedrückt bedeutet das Additionstheorem: Die Abbildung $\exp\colon \mathbb{C} \to \mathbb{C}^*$ ist ein Gruppenhomomorphismus (sogar ein Epimorphismus) der additiven Gruppe $\mathbb{C}$ in die multiplikative Gruppe $\mathbb{C}^*$.

Die Exponentialfunktion kann auch dargestellt werden durch die Eulersche Folge

$$\exp z = \lim_{n\to\infty} \left(1 + \frac{z}{n}\right)^n,$$

wobei diese Folge in $\mathbb{C}$ kompakt konvergent ist.

Aus (4) ergibt sich für $z = p/q \in \mathbb{Q}$

$$\exp z = e^{p/q} = \sqrt[q]{e^p},$$

wobei

$$e = \exp 1 = \sum_{n=0}^{\infty} \frac{1}{n!} = \lim_{n\to\infty} \left(1 + \frac{1}{n}\right)^n$$

die Eulersche Zahl ↗e bezeichnet. Daher schreibt man auch $\exp z = e^z$ für $z \in \mathbb{C}$ und nennt die Exponentialfunktion auch e-Funktion.

Damit wird das Additionstheorem zu einer Potenzrechenregel:

$$e^{w+z} = e^w e^z.$$

Aus (4) und der Eulerschen Formel (3) erhält man die Zerlegung der Exponentialfunktion in Real- und Imaginärteil:

$$e^z = e^x e^{iy} = e^x \cos y + i e^x \sin y, \quad z = x + iy.$$

Weitere wichtige Eigenschaften der Exponentialfunktion sind:

1. $e^{z+2\pi i} = e^z$, d. h. exp ist eine $2\pi i$-periodische Funktion.
2. $|e^z| = e^{\operatorname{Re} z}$.
3. $e^x > 0$ für $x \in \mathbb{R}$.

Von Interesse sind auch die Abbildungseigenschaften der Exponentialfunktion. Für $y \in \mathbb{R}$ wird die horizontale Gerade $\{x + iy : x \in \mathbb{R}\}$ bijektiv auf den Strahl $\{re^{iy} : r > 0\}$ von 0 nach ∞ abgebildet, während für $x \in \mathbb{R}$ die vertikale Gerade $\{x + iy : y \in \mathbb{R}\}$ auf die Kreislinie mit Mittelpunkt 0 und Radius $r = e^x > 0$ abgebildet wird, wobei diese unendlich oft „durchlaufen" wird. Insbesondere wird $\mathbb{R}$ streng isoton auf das Intervall $(0, \infty)$, und die imaginäre Achse auf die Einheitskreislinie abgebildet. Schließlich bildet exp den Horizontalstreifen $\{x + iy : |y| < \pi\}$ ↗konform auf die geschlitzte Ebene $\mathbb{C} \setminus (-\infty, 0]$ ab.

Die Exponentialfunktion kann durch die Differentialgleichung (2) oder das Additionstheorem (4) charakterisiert werden. Es gelten die beiden folgenden Sätze.

1. Es sei $G \subset \mathbb{C}$ ein ↗Gebiet mit $0 \in G$ und f eine in G ↗holomorphe Funktion mit

$$f'(z) = f(z)$$

für alle $z \in G$ und $f(0) = 1$. Dann ist $f(z) = e^z$ für $z \in G$.

2. Es sei $G \subset \mathbb{C}$ ein Gebiet mit $0 \in G$ und f eine in G holomorphe Funktion mit

$$f(w + z) = f(w) \cdot f(z)$$

für alle w, z, $w + z \in G$, $f(0) \neq 0$ und $f'(0) = 1$. Dann ist $f(z) = e^z$ für $z \in G$.

Abschließend sei noch eine interessante zahlentheoretische Eigenschaft der Exponentialfunktion erwähnt. Eine Zahl $\alpha \in \mathbb{C}$ heißt eine algebraische Zahl, falls $p(\alpha) = 0$ für ein Polynom

$$p(z) = a_n z^n + \cdots + a_1 z + a_0,$$

$a_n \neq 0$, $n \in \mathbb{N}$ mit Koeffizienten $a_0, a_1, \ldots, a_n \in \mathbb{Z}$. Ist nun α eine algebraische Zahl, so ist e^α eine transzendente Zahl, d. h. e^α ist nicht algebraisch.

Exponentialfunktion einer Matrix, ↗Matrix-Exponentialfunktion.

Exponentialfunktion zu allgemeiner Basis, die zu einer Zahl $a \in (0, \infty)$, der Basis, durch

$$a^x = \exp_a(x) = \exp(x \ln a) \quad (x \in \mathbb{R}) \tag{1}$$

definierte Funktion $\exp_a : \mathbb{R} \to (0, \infty)$.

Diese Definition ist konsistent mit der Definition der Potenzen a^k für $k \in \mathbb{Z}$ durch iterierte Multiplikation, insbesondere gilt $a^{-1} = \frac{1}{a}$, $a^0 = 1$ und $a^1 = a$.

Ferner gilt $e^x = \exp(x)$ für alle x. Aus der Differenzierbarkeit von exp und der Kettenregel folgt die Differenzierbarkeit von $\exp_a$, und mit $\exp' = \exp$ erhält man die Beziehung

$$(\exp_a)' = \ln a \cdot \exp_a .$$

Daher ist die Exponentialfunktion zur Basis a streng antiton für $a < 1$, konstant für $a = 1$ und streng isoton für $a > 1$. Für $a < 1$ gilt $a^x \to \infty$ für $x \to -\infty$ und $a^x \to 0$ für $x \to \infty$, für $a > 1$ hat man $a^x \to 0$ für $x \to -\infty$ und $a^x \to \infty$ für $x \to \infty$.

Aus den Eigenschaften der Exponentialfunktion erhält man für $a, b \in (0, \infty)$ und $x, y \in \mathbb{R}$ die Identitäten $(a^x)^y = a^{xy}$, $a^x b^x = (ab)^x$ und $a^{-x} = \frac{1}{a^x}$ sowie die Funktionalgleichung

$$a^{x+y} = a^x \cdot a^y , \tag{2}$$

mit der man unter Beachtung von $\exp_a(0) = 1$ sieht, daß $\exp_a : (\mathbb{R}, +) \to ((0, \infty), \cdot)$ ein Gruppenisomorphismus ist.

Die Exponentialfunktion zu allgemeiner Basis wird durch die Funktionalgleichung charakterisiert: Ist $f : \mathbb{R} \to \mathbb{R}$ stetig an der Stelle 0 und nicht die Nullfunktion, und gilt

$$f(x+y) = f(x) \cdot f(y)$$

für alle $x, y \in \mathbb{R}$, dann ist $f = \exp_a$ mit $a = f(1)$. Für $a \neq 1$ existiert die Umkehrfunktion zu $\exp_a$, die ↗Logarithmusfunktion zur Basis a. Die Exponentialfunktion zur Basis $a \in (0, \infty)$ läßt sich auch für komplexe Argumente durch (1) definieren, und bei Wahl etwa des Hauptzweigs der Logarithmusfunktion kann auch $a \in \mathbb{C} \setminus (-\infty, 0]$ zugelassen werden. Die damit definierte Exponentialfunktion $\exp_a : \mathbb{C} \to \mathbb{C} \setminus \{0\}$ zur Basis a erfüllt dann wieder $(\exp_a)' = \ln a \cdot \exp_a$ und die Funktionalgleichung (2).

Eigenschaften von exp, wie Periodizität und Abbildungseigenschaften, übersetzen sich zu entsprechenden Eigenschaften von $\exp_a$.

Exponentialprinzip, ↗ Prämienkalkulationsprinzipien.

Exponentialreihe, ↗ Exponentialfunktion.

Exponentialsumme, eine Funktion der Form

$$f(x) = \sum_{\nu=0}^{k} \eta_\nu e^{\lambda_\nu x} .$$

Ist hierbei die Menge der Parameter $\{\lambda_0, \ldots, \lambda_k\}$ fest vorgegeben, d. h., betrachtet man die Menge von Funktionen

$$E := \operatorname{span}\{e^{\lambda_0 x}, \ldots, e^{\lambda_k x}\},$$

so handelt es bei E offenbar um einen linearen Raum.

Läßt man hingegen die Parametermenge $\{\lambda_0, \ldots, \lambda_k\}$ auch noch frei, so ist die entstehende Funktionenmenge kein linearer Raum mehr.

Exponentialverteilung, Verteilung einer stetigen Zufallsgröße.

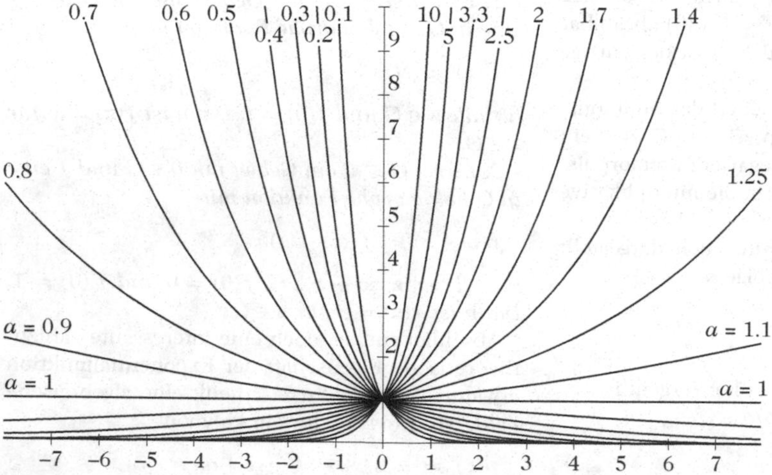

Exponentialfunktion zu allgemeiner Basis

Eine stetige Zufallsgröße X genügt der Exponentialverteilung mit dem Parameter $\lambda > 0$, wenn sie die Dichtefunktion

$$f_\lambda(x) = \begin{cases} \lambda e^{-\lambda x} & \text{für } x \geq 0 \\ 0 & \text{für } x < 0 \end{cases}$$

und damit die Verteilungsfunktion

$$F_\lambda(x) = \int_{-\infty}^{x} f(t)dt = \begin{cases} 1 - e^{-\lambda x} & \text{für } x \geq 0 \\ 0 & \text{für } x < 0 \end{cases}$$

mit Werten in $[0, 1]$ besitzt. Der Parameter λ beschreibt die Geschwindigkeit des Abklingens der Exponentialverteilungsdichte gegen Null und heißt auch Intensitätsparameter der Verteilung.

Für den Erwartungswert und die Varianz einer exponentialverteilten Zufallsgröße X ergibt sich

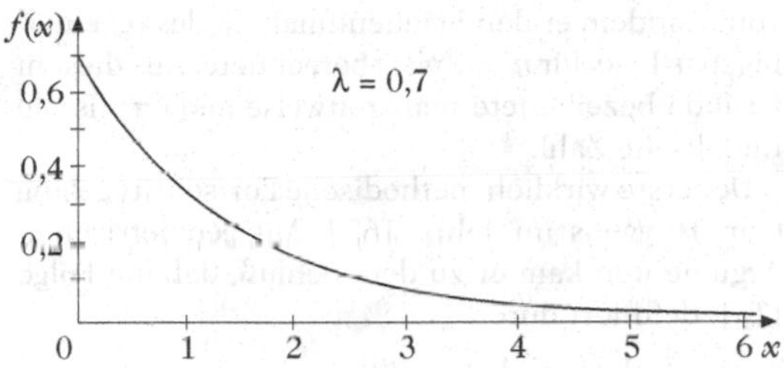

Dichte der Exponentialverteilung

$$EX = \frac{1}{\lambda} \text{ und } V(X) = \frac{1}{\lambda^2}.$$

Die Exponentialverteilung wird in der Praxis häufig zur Modellierung von Wartezeiten verwendet, insbesondere bei der Beschreibung von Vorgängen der folgenden Art: Dauer von Telefongesprächen, Lebensdauer von Bauelementen, Zeit zwischen zwei eintreffenden Signalen oder Kunden bzw. allgemein zwischen zwei eintreffenden Forderungen in Bedienungssystemen.

Eine charakteristische Eigenschaft dieser Verteilung ist ihre Gedächtnislosigkeit.

Die Exponentialverteilung spielt eine große Rolle in der Bedienungs- oder ↗Warteschlangentheorie; es gibt folgenden Zusammenhang zwischen der Exponential- und der Poissonverteilung:

Es sei X die zufällige Anzahl eintreffender Forderungen in einer Bedienstation pro Zeiteinheit, und es sei T die zufällige Zeit zwischen zwei Forderungen.

Dann gilt: X ist poissonverteilt mit dem Parameter λ genau dann, wenn T exponentialverteilt mit dem gleichen Parameter λ ist.

exponentiell diophantische Gleichung, ↗diophantische Gleichung.

Extensionalitätsaxiom, Axiom der ↗axiomatischen Mengenlehre, das besagt, daß zwei Mengen, die genau die gleichen Elemente enthalten, gleich sind.

Extrapolation: Von der Antike bis zur Gegenwart.

G. Walz

Unter Extrapolation, auch *Extrapolation zum Grenzwert* oder *Extrapolationsverfahren* genannt, versteht man eine Klasse von Verfahren zur Beschleunigung der Konvergenz einer gegebenen Folge gegen den gesuchten Grenzwert.

Abhängig von der Struktur der zu beschleunigenden Folge kann man aus einer Vielzahl von Extrapolationsverfahren auswählen. Die Grundidee ist aber stets die gleiche: Unter der Voraussetzung, daß eine zugrundeliegende Folge von (explizit berechenbaren) Werten eine gewisse Struktur aufweist (s. u.), insbesondere gegen einen i. allg. nicht explizit berechenbaren Grenzwert konvergiert, will man die Konvergenz dieser Folge beschleunigen, um so den gewünschten Wert schneller bzw. in besserer Näherung zu erhalten. Die Extrapolation ist also in diesem Sinne ein Teilgebiet der ↗Numerischen Mathematik.

Sehr weit verbreitet ist wegen ihrer Einfachheit und somit Effizienz die lineare Extrapolation, hier etwa als historisch besonders wichtige Spezialfälle die ↗Richardson-Extrapolation oder das ↗Romberg-Verfahren.

In neuerer Zeit wendet man aber auch in zunehmendem Maße nichtlineare Extrapolationsverfahren an, hier sind der ε–Algorithmus oder der ↗E-Algorithmus gebräuchlich. Im Gegensatz zur linearen Extrapolation können jedoch die nichtlinearen Varianten nicht ohne weiteres auf Folgen von Vektoren oder Matrizen angewandt werden, sondern bedürfen hierfür der Modifikation; weitere Informationen findet man in [1].

Wir geben hier als instruktives Beispiel die Rechenvorschrift für die lineare Extrapolation bei ganzzahligen Exponenten an: Die zu beschleunigende Folge $\{s(n)\}$ reeller oder komplexer Zahlen besitze eine ↗asymptotische Entwicklung der Form

$$s(n) = c_0 + \sum_{\nu=1}^{\infty} \frac{c_\nu}{n^{\varrho\nu}}$$

mit festem $\varrho \in \mathbb{R}_+$.

Die Iterationsvorschrift zur Extrapolation dieser Folge lautet nun

$$y_i^{(0)} = s(2^i)\,,\ i = 0, 1, \ldots\,, \qquad (1)$$

$$y_i^{(k)} = \frac{2^{\varrho k} y_{i+1}^{(k-1)} - y_i^{(k-1)}}{2^{\varrho k} - 1}\,,\ \begin{cases} k = 1, 2, \ldots, K, \\ i = 0, 1, \ldots\,. \end{cases} \qquad (2)$$

Dann besitzt jede der Folgen $\{y_i^{(k)}\}$ eine asymptotische Entwicklung der Form

$$y_i^{(k)} = c_0 + \sum_{\nu=k+1}^{\infty} \frac{c_\nu^{(k)}}{n^{\varrho\nu}}\,,$$

konvergiert also insbesondere schneller gegen den Grenzwert c_0 als $\{y_i^{(k-1)}\}$.

Die berechneten Werte werden üblicherweise in einem (halbunendlichen) dreieckförmigen Schema notiert (vgl. Abb.), das man auch Romberg-Schema nennt.

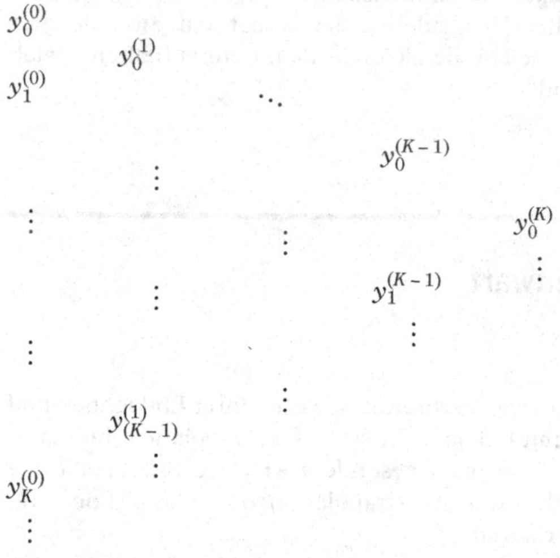

Romberg-Schema

Die o. g. Aussage über die Konvergenz der einzelnen Folgen $\{y_i^{(k)}\}$ bedeutet gerade, daß im Romberg-Schema jede Spalte schneller konvergiert als ihre Vorgängerspalte, und insbesondere schneller als die erste, die die Werte der ursprünglichen Folge $y_i^{(0)}$ enthält.

Die Bezeichnung Extrapolation oder Extrapolation zum Grenzwert leitet sich aus folgender Sichtweise ab: Interpretiert man die Zahlen $s(n)$ als Werte einer Funktion an den natürlichen Zahlen, so ist $y_i^{(k)}$ der Wert eines geeigneten diese Werte interpolierenden verallgemeinerten Polynoms an der Stelle ∞. Man extrapoliert also durch den o. g. Prozeß das Verhalten dieses Polynoms nach Unendlich.

Eines der wichtigsten Anwendungsgebiete von Extrapolation ist die ↗Extrapolationsmethode für Anfangswertprobleme.

Ein kurzer historischer Abriß soll zeigen, daß Extrapolation seit vielen Jahrhunderten bis in die Neuzeit hinein zu den aktuellen Themen der Mathematik gehört:

In gewissem Sinne beginnt die Geschichte der Extrapolation bereits mit ↗Archimedes und seiner ↗Exhaustionsmethode zur Berechnung des Flächeninhalts des Einheitskreises und damit von π; Archimedes' Ideen benutzend, berechnete Ludolf van Ceulen im Jahre 1610 die ersten 35 Stellen von π, indem er den Flächeninhalt A_n des regelmäßigen n-Ecks für $n = 2^{62}$(!) berechnete. Aus diesem Grunde bezeichnete man zeitweise auch π als die Ludolfsche Zahl.

Der erste wirklich methodische Fortschritt gelang Chr. Huygens im Jahre 1654: Mit geometrischen Argumenten kam er zu dem Schluß, daß die Folge $\{T_n\}$, definiert durch

$$T_n = \frac{4A_{2n} - A_n}{3}\,,$$

schneller gegen π konvergiert als die Ausgangsfolge $\{A_n\}$. Huygens gab somit den ersten Schritt der Extrapolationsvorschrift (2) (für $\varrho = 2$) an.

Den nächsten wirklichen Meilenstein in der Entwicklung hin zum Extrapolationsverfahren stellt zweifellos ein – damals allerdings wenig beachtetes – Büchlein von J.F.Saigey ([3]) aus dem Jahr 1859 dar; hier bewies der Autor mit rein analytischen Argumenten die Existenz einer asymptotischen Entwicklung der Form (in moderner Notation)

$$A_n = \pi + \frac{c_1}{n^2} + \frac{c_2}{n^4} + \frac{c_3}{n^6} + \cdots\,,$$

wobei die c_ν feste Koeffizienten sind, und leitete hieraus seine „höheren Approximationen" an π ab, die aus heutiger Sicht nichts anderes sind als ein erster Spezialfall der o. g. Extrapolationsvorschrift: Bezeichnet man die Ausgangsfolge $\{A_n\}$ als die Folge der *ersten Approximationen*, so definiert Saigey die *zweiten Approximationen* durch

$$\widetilde{A}_n = A_{2n} + \frac{A_{2n} - A_n}{3}\,,$$

die *dritten Approximationen* durch

$$B_n = \widetilde{A}_{2n} + \frac{\widetilde{A}_{2n} - \widetilde{A}_n}{15}\,,$$

die *vierten Approximationen* durch

$$C_n = B_{2n} + \frac{B_{2n} - B_n}{63},$$

und so weiter. Saigey war also der erste, der einen Spezialfall des Extrapolationsprozesses (2) in *iterativer Form* angab, und das bereits 100 Jahre vor Romberg's bahnbrechender Arbeit.

Erwähnt sei hier auch noch das Buch [2] von K.Kommerell aus dem Jahre 1936, worin ebenfalls bereits ein Berechnungsalgorithmus für π, ein Spezialfall von (2), in iterativer Form angegeben wird.

Abseits der Berechnung von π gibt es noch ein zweites, bis heute hochaktuelles Anwendungsgebiet für Extrapolation: Die numerische Lösung von Differentialgleichungen.

Hier ist es eine Arbeit aus dem Jahre 1927 von Richardson und Gaunt, die als Keimzelle aller Extrapolationsverfahren gesehen wird; aus diesem Grunde spricht man manchmal auch von „Richardson-Extrapolation".

In dieser Arbeit wurde – wiederum für den Spezialfall $\varrho = 2$ – der *erste Schritt* der Vorschrift (2) angegeben. In einer Anmerkung notieren die Autoren, daß es wohl keinen Sinn macht, das Verfahren in iterativer Form zu formulieren, da der entsprechende Genauigkeitsgewinn wohl nur marginal wäre. Aus heutiger Sicht eine Fehleinschätzung.

Der große, bis heute andauernde Durchbruch der Extrapolationsverfahren kam dann im Jahre 1955 mit einer kurzen, mittlerweile berühmten Arbeit von Werner Romberg über „Vereinfachte Numerische Integration". Wenngleich Romberg selbst keine iterative Formulierung „seines" Verfahrens angab (er formulierte lediglich, ausgehend von der Trapezregel, verbesserte Formeln zur numerischen Integration, die sich dann wiederum als explizite Formulierungen der sich durch den Extrapolationsprozeß ergebenden neuen Folgen herausstellten), so gab diese Arbeit doch den Anstoß zu einer heute nicht mehr zu überblickenden Anzahl von Publikationen bzw. Untersuchungen zum Thema Extrapolation. Viele Autoren sprechen daher auch anstelle von Extrapolation vom „Rombergschen Prinzip" oder vom „verallgemeinerten Romberg-Verfahren".

Abschließend sei noch auf die Monographien [1] und [4] hingewiesen, in denen man eine Fülle von Informationen zum hier behandelten Thema findet.

Literatur

[1] Brezinski, C.; Redivo Zaglia, M.: Extrapolation Methods: Theory and Practice. North-Holland Amsterdam, 1991.

[2] Kommerell, K.: Das Grenzgebiet der elementaren und höheren Mathematik. Köhler Leipzig, 1936.

[3] Saigey, J.F.: Problèmes d'arithmétique et exercises de cacul du second degré avec les solutions raisonnées. I. Hachette Paris, 1859.

[4] Walz, G.: Asymptotics and Extrapolation. Akademie-Verlag Berlin, 1996.

Extrapolation zum Grenzwert, ↗ Extrapolation.

Extrapolationsmethode für Anfangswertprobleme, Anwendung von ↗Extrapolation auf ↗Diskretisierungsverfahren für Anfangswertaufgaben gewöhnlicher Differentialgleichungen, meist in der Form $y' = f(x, y)$, $y(x_0) = y_0$.

Voraussetzung dafür ist, daß das zugrundeliegende Verfahren eine asymptotische Entwicklung von der Art

$$\tilde{y}(x; h) = y(x) + A_1 h + A_2 h^2 + A_3 h^3 + \cdots$$

besitzt, wobei $\tilde{y}(x; h)$ der Näherungswert von y an der Stelle x ist, wenn mit Schrittweite h gerechnet wird.

Anfangswertprobleme für gewöhnliche Differentialgleichungen sind mit die häufigsten Anwendungsgebiete für Extrapolation.

Extrapolationsverfahren, ↗ Extrapolation.

Extremale, Lösung eines Variationsproblems.

Gegeben sei ein Variationsproblem

$$\min J(y) = \int_{x_0}^{x_1} F(x, y(x), y'(x))dx.$$

Dann heißt eine optimale Lösung des Problems, also eine Funktion y_0, für die $J(y_0) \le J(y)$ für alle zulässigen Vergleichsfunktionen y gilt, Extremale des Funktionals J.

Extremalpunkt, für eine Funktion $f : A \to \mathbb{R}$ ein Punkt $x \in A$ mit

$$f(x) \le f(y) \quad \forall y \in A$$

(globaler Minimalpunkt) bzw.

$$f(x) \ge f(y) \quad \forall y \in A$$

(globaler Maximalpunkt).

Gelten die obigen Ungleichungen nur lokal um x, so heißt x lokaler Extremalpunkt (lokaler Minimal- oder Maximalpunkt).

Gilt weiterhin in einer Umgebung von x für alle $y \ne x$ das strenge Ungleichungszeichen, so heißt x auch isolierter Extremalpunkt.

Ist A ein reelles Intervall, und ist f differenzierbar, so gilt in einem isolierten Extremalpunkt x im Innern von A

$$f'(x) = 0.$$

Diese Bedingung ist also notwendig für die Eigenschaft, ein solcher Extremalpunkt zu sein. Sie ist allerdings allein nicht hinreichend, hierfür müssen weitere Bedingungen erfüllt sein, beispielsweise

$$f''(x) > 0 \quad (< 0)$$

für einen isolierten Minimal- bzw. Maximalpunkt, wobei natürlich hier höhere Differenzierbarkeit von f vorausgesetzt wird.

Extremalpunkt einer konvexen Menge, Punkt in einer konvexen Menge, der nicht auf einer echten offenen Strecke in der Menge liegt.

Ist also M eine konvexe Teilmenge eines reellen oder komplexen Vektorraums V, und ist für $x, y \in V$ die offene Strecke $S(x, y)$ definiert durch

$$S(x,y) = \{\lambda x + (1-\lambda)y \mid 0 < \lambda < 1\},$$

so heißt ein Punkt x_0 Extremalpunkt von M, falls aus $x, y \in M$ und $x_0 \in S(x, y)$ stets folgt:

$$x = y = x_0 .$$

Ist zum Beispiel V der reelle Vektorraum $\mathbb{R}^2$ und M ein beliebiges Quadrat in der Ebene, so besteht die Menge der Extremalpunkte von M genau aus den vier Ecken des Quadrats.

Extremalwert, ↗Extremum.

Extremum, *Extremalwert*, *Extremwert*, Maximum oder Minimum einer reellwertigen Funktion.

Es sei f eine auf einer beliebigen Menge D (oft $D \subset \mathbb{R}^n$, speziell $D \subset \mathbb{R}$) definierte reellwertige Funktion:

Für $a \in D$ heißt $f(a)$ Maximum, genauer globales Maximum (oder auch absolutes Maximum) genau dann, wenn $f(x) \le f(a)$ für alle $x \in D$ gilt. Andere Sprechweisen dafür sind: f hat in a ein globales Maximum oder f nimmt an der Stelle a ein globales Maximum (mit Wert $f(a)$) an.

Entsprechend sind die Begriffe Minimum, globales Minimum, absolutes Minimum und damit dann (globale oder absolute) Extremwerte definiert. Statt Zielbereich $\mathbb{R}$ können allgemeiner Funktionen mit Werten in einer Menge mit geeigneter Ordnungsstruktur betrachtet werden.

Neben der Frage nach absoluten Extremwerten ist auch die Frage nach lokalen – Vergleich nur in einer geeigneten Umgebung von a – und die Betrachtung von Extrema unter Nebenbedingungen wichtig.

Anstelle von Minimum und Maximum sagt man gelegentlich auch Tiefpunkt bzw. Hochpunkt, statt von lokalen spricht man auch von relativen Extremwerten.

Die Suche nach Extremwerten hat von der Fragestellung her zunächst *nichts* mit Ableitungen zu tun. Wer sucht denn schon das schnellste Auto oder den leckersten Nachtisch über Differentiation! Doch *wenn* die zu untersuchende Funktion – bei geeignetem D – differenzierbar ist, liefern die Nullstellen der Ableitung Kandidaten für lokale Extrema und damit auch für globale.

Drei Beispiele dazu:

- Die Funktion $f(x) := |x|$ $(x \in \mathbb{R})$ hat im Punkt 0 offenbar ein absolutes Minimum mit Wert 0; denn alle anderen Funktionswerte sind größer als 0. f ist jedoch in 0 nicht differenzierbar!
- Die Ableitung der Funktion $f(x) := x^3$ $(x \in \mathbb{R})$ ist 0 im Punkte 0. Die Funktion f hat jedoch in 0 kein Extremum (nicht relativ und erst recht nicht absolut), denn sie ist auf ganz $\mathbb{R}$ streng isoton.
- Die Funktion der nachfolgenden Abbildung hat relative Extrema im „Innern" des Bereichs – mit waagerechter Tangente, also über Nullstellen der Ableitung auffindbar. Die absoluten Extremwerte liegen jedoch am „Rande".

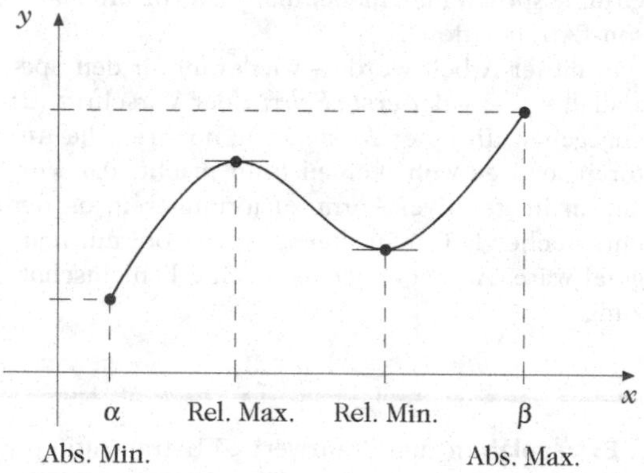

Extrema

Extremwert, ↗Extremum.

Extremwertstatistik, eine Statistik für das Maximum bzw. Minimum einer Menge von Zufallsgrößen, in der Regel einer Stichprobe.

Sei $(X_1, \ldots, X_n)$ eine mathematische Stichprobe einer Zufallsgröße X mit der (nicht notwendigerweise bekannten) Verteilungsfunktion F. Seien

$$W_n = \max(X_1, \ldots, X_n) \text{ und}$$

$$V_n = \min(X_1, \ldots, X_n)$$

die Extremwerte der Stichprobe.

Die Extremwertstatistik beschäftigt sich mit dem Feststellen bzw. Prüfen der Verteilung von W_n bzw. V_n. Man kann zeigen, daß für $n \to \infty$ die Verteilung von W_n bzw. V_n gegen eine von drei möglichen Typen von Extremwertverteilungen konvergiert. Der Typ hängt von der Verteilungsfunktion

F ab. Die jeweils zutreffende Extremwertverteilung hängt noch von Parametern ab. Die Extremwertstatistik beschäftigt sich auch mit der Schätzung dieser Parameter.

Gleichfalls ist Gegenstand der Extremwertstatistik das Schätzen von Werten c_u bzw. c_o, den sogenannten Minimal- bzw. Maximalwerten, für die die Wahrscheinlichkeit des Unter- bzw. Überschreitens

$$P(V_n < c_u) \text{ bzw. } P(W_n > c_o)$$

sehr gering ist. Die Extremwertstatistik entstand im Zusammenhang mit dem Studium von sogenannten ↗Ausreißern, siehe auch ↗Ausreißerproblem.

Ein Beispiel: In der Wasserwirtschaft interessiert man sich für den maximalen täglichen Wasserstand X_i, $i = 1, \dots, 365$ innerhalb eines Jahres an einer bestimmten Stelle des Flusses.

Um Hochwasserschutzmaßnahmen treffen zu können, ist die Aufgabe zu lösen, den Wert c_o zu schätzen, der nur mit geringer Wahrscheinlichkeit α (z. B. $\alpha = 0.001$) vom jährlichen Maximum W_n ($n = 365$) an dieser Stelle des Flusses überschritten wird.

Um diese Aufgabe zu lösen, wird der Verteilungstyp von W_n bestimmt und die zugehörigen Parameter geschätzt. Der Wert c_o ist dann das α-Quantil dieser Extremwertverteilung, sagen wir G, und wird folglich durch Lösung der Gleichung $G(c_o) = \alpha$ berechnet.

Extremwertverteilungen, Wahrscheinlichkeitsverteilungen, die zu einem der folgenden drei mit Hilfe der Verteilungsfunktion G charakterisierten Typen von Verteilungen gehören:

Typ 1:

$$G(x) = \exp(-e^{-(x-\xi)/\vartheta}),$$

Typ 2:

$$G(x) = \begin{cases} 0, & x < \xi \\ \exp(-(\frac{x-\xi}{\vartheta})^{-k}), & x \geq \xi, \end{cases}$$

Typ 3:

$$G(x) = \begin{cases} \exp(-(\frac{\xi-x}{\vartheta})^{k}), & x \leq \xi \\ 1, & x > \xi, \end{cases}$$

mit Parametern $\xi \in \mathbb{R}$, $\vartheta \in \mathbb{R}^+$ und $k \in \mathbb{R}^+$.

Die Verteilungen vom Typ 1 werden auch als Fisher-Tippett-, Gumbel- oder log-Weibull-Verteilungen, die vom Typ 2 als Fréchet-Verteilungen und die vom Typ 3 als Weibull-Verteilungen bezeichnet.

Die Verteilungen vom Typ 1 werden mit Abstand am häufigsten verwendet, weshalb manche Autoren den Typ 1 auch als *die* Extremwertverteilung bezeichnen.

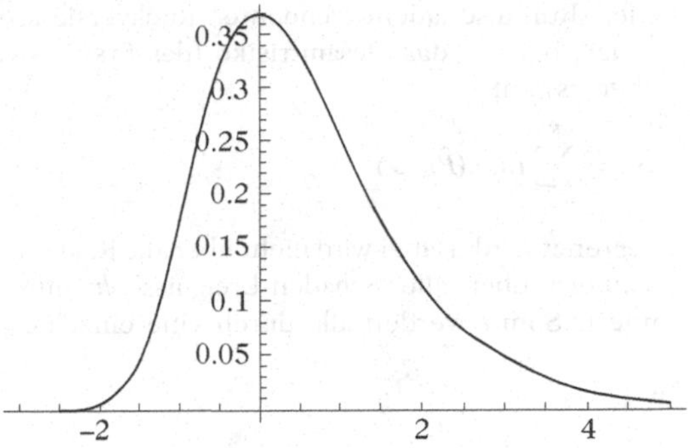

Dichte der Gumbel-Verteilung mit $\xi = 0$ und $\vartheta = 1$

Die Bezeichnung Extremwertverteilung rührt daher, daß sich nur eine der o. g. Verteilungen ergeben kann, wenn man die Grenzverteilung für $n \to \infty$ des geeignet affin linear transformierten Maximums oder Minimums von n unabhängig identisch verteilten Zufallsvariablen mit Verteilungsfunktion F bestimmt. Ob und gegen welche Verteilung die Verteilung des Extremwerts konvergiert, hängt allein von F ab. Gnedenko hat notwendige und hinreichende Bedingungen an F für die Konvergenz gegen jeden der drei Typen von Extremwertverteilungen angegeben.

exzellenter Ring, Noetherscher universeller ↗Kettenring R mit folgenden Eigenschaften:

1. Für jede endliche Erweiterung $S \supset R$ ist der sog. reguläre Ort, Reg(S), offen (bezüglich der Zariskitopologie) in Spec(S).
2. Für jedes Primideal $\mathfrak{p} \subset R$ sind die Fasern der kanonischen Abbildung der ↗Lokalisierung nach $\mathfrak{p}$ in die Komplettierung der Lokalisierung nach $\mathfrak{p}$, $A_\mathfrak{p} \to (A_\mathfrak{p})^\wedge$, geometrisch regulär, d. h., für jede endliche Körpererweiterung L des Körpers $A_\mathfrak{p}/\mathfrak{p}A_\mathfrak{p}$ ist $(A_\mathfrak{p})^\wedge \otimes_{A_\mathfrak{p}} L$ ein regulärer Ring.

Beispiele für exzellente Ringe sind Restklassenringe von Polynomenringen und analytische Algebren.

Exzendent, ↗Exzeß.

Exzentrizität, ↗ Ellipse, ↗ Durchmesser eines Graphen.

Exzentrizitätswinkel, ↗ Ellipse.

Exzeß, *Exzendent*, Anteil α des versicherungstechnischen Risikos, das auf eine Rückversicherung übertragen wird. Man unterscheidet:

1. Die „Schadenexzendenten-Rückversicherung", bei der für jedes einzelne Risiko R_j (aus einem Kollektiv der Größe J) ein Schadenbedarf oberhalb eines Grenzwertes α transferiert wird. Das (beim Erstversicherer) verbleibende Gesamtrisiko ergibt sich als Zufallsvariable

$$S = \sum_{j=1}^{J} \max(R_j, \alpha).$$

2. Die „Kumulschadenexzendenten-Rückversicherung“, bei der das Gesamtrisiko (des Erstversicherers) auf

$$\hat{S} = \sum_{k=1}^{K} \max(\hat{R}_k, \alpha)$$

begrenzt wird. Dabei wird nicht über alle Risiken, sondern über alle Schaden-Ereignisse k summiert. Somit werden alle durch eine einzelnes Elementarereignis (z. B. Naturkatastrophe) ausgelösten Schäden zusammengefaßt.

3. Die „Stop-Loss-Rückversicherung“, bei der der vom Erstversicherer zu tragende Gesamtschaden pauschal auf

$$S^* = \max\left(\sum_{j=1}^{J} R_j, \alpha\right).$$

maximiert wird.

F

Faber-Polynome, auf einem Kompaktum in $\mathbb{C}$ wie folgt definierte Polynome.

Es sei $K \subset \mathbb{C}$ eine kompakte Menge derart, daß K und $K^c = \mathbb{C} \setminus K$ zusammenhängend sind. Dann existiert genau eine ↗konforme Abbildung ψ von $\Delta := \{w \in \mathbb{C} : |w| > 1\}$ auf K^c mit

$$\psi(w) = cw + c_0 + \sum_{k=1}^{\infty} \frac{c_k}{w^k}, \quad w \in \Delta$$

und $c > 0$. Dabei ist c die Kapazität von K. Die Umkehrabbildung von ψ sei φ. Dann existiert ein $r > 0$ mit

$$\varphi(z) = dz + d_0 + \sum_{k=1}^{\infty} \frac{d_k}{z^k}, \quad |z| > r$$

und $cd = 1$. Weiter gilt für $n \in \mathbb{N}$ die ↗Laurent-Entwicklung

$$[\varphi(z)]^n = d^n z^n + \sum_{k=-\infty}^{n-1} d_{nk} z^k, \quad |z| > r.$$

Der Polynomanteil dieser Laurent-Entwicklung heißt dann das n-te Faber-Polynom bezüglich K und wird mit F_n bezeichnet. Man setzt noch $F_0(z) = 1$.

Wegen $d \neq 0$ ist F_n ein Polynom vom genauen Grad n. Manche Autoren benutzen die Bezeichnung Faber-Polynome für die normierten Polynome

$$p_n(z) = \frac{1}{d^n} F_n(z).$$

Die explizite Berechnung von F_n ist nur in Sonderfällen möglich. Für

$$K = \{z \in \mathbb{C} : |z - z_0| \leq r\}$$

mit $z_0 \in \mathbb{C}$ und $r > 0$ gilt

$$F_n(z) = \frac{1}{r^n}(z - z_0)^n$$

für $n \in \mathbb{N}_0$.

Ist $K = [-1, 1]$ und $n \in \mathbb{N}$, so ist $\frac{1}{2}F_n$ das n-te Tschebyschew-Polynom (1. Art).

Aus der Definition erhält man sofort

$$F_n(\psi(w)) = w^n + \sum_{k=1}^{\infty} n b_{nk} w^{-k}, \quad w \in \Delta.$$

Die Zahlen b_{nk} heißen Grunsky-Koeffizienten.

Weiter folgt hieraus für $m, n \in \mathbb{N}_0$ und $R > 1$

$$\frac{1}{2\pi i} \int_{|R|=1} \frac{F_m(\psi(w))}{w^{n+1}} \, dw = \begin{cases} 1 & \text{für } m = n, \\ 0 & \text{für } m \neq n. \end{cases}$$

Es existiert eine erzeugende Funktion für die Faber-Polynome. Dazu sei $R > 1$, $C_R := \{z \in \mathbb{C} : |\varphi(z)| = R\}$ eine äußere Niveaulinie von K und G_R das Innere von C_R. Dann gilt für $|w| = R$ und $z \in G_R$ die Integraldarstellung

$$F_n(z) = \frac{1}{2\pi i} \int_{|w|=R} \frac{w^n \psi'(w)}{\psi(w) - z} \, dw,$$

und hieraus folgt

$$\frac{w\psi'(w)}{\psi(w) - z} = \sum_{n=0}^{\infty} \frac{F_n(z)}{w^n}.$$

Es existieren Konstanten $A > 0$ und $\alpha \in \left(0, \frac{1}{2}\right)$ (die nicht von K abhängen) mit

$$\max_{z \in K} |F_n(z)| \leq A n^{\alpha}.$$

Weiter gilt für $w \in \Delta$

$$\lim_{n \to \infty} |F_n(\psi(w))|^{1/n} = |w|,$$

wobei die Konvergenz in jeder abgeschlossenen Teilmenge von Δ gleichmäßig ist. Hieraus folgt, daß es zu jedem $R > 1$ ein $n_0 = n_0(R)$ gibt derart, daß für $n > n_0$ alle Nullstellen von F_n in G_R liegen. Ist speziell K eine konvexe Menge mit inneren Punkten, so gilt genauer

$$|F_n(\psi(w)) - w^n| < 1, \quad w \in \Delta.$$

Daher liegen in diesem Fall alle Nullstellen von F_n im Innern von K.

Faber-Polynome spielen eine wichtige Rolle bei der Darstellung ↗holomorpher Funktionen durch ↗Faber-Reihen.

Faber-Reihen, wie folgt definierte Verallgemeinerung von Potenzreihen.

Es sei $K \subset \mathbb{C}$ eine kompakte Menge derart, daß K und $K^c = \mathbb{C} \setminus K$ zusammenhängend sind und F_n das n-te ↗Faber-Polynom bezüglich K (wobei sämtliche Bezeichnungen aus diesem Stichwort übernommen werden). Ist (a_n) eine Folge komplexer Zahlen, so heißt die formale unendliche Reihe

$$\sum_{n=0}^{\infty} a_n F_n(z) \tag{1}$$

eine Faber-Reihe.

Gilt

$$\limsup_{n \to \infty} \sqrt[n]{|a_n|} = \frac{d}{R} \tag{2}$$

und ist $R > 1$, so ist die Reihe (1) in G_R kompakt konvergent gegen eine in G_R ↗holomorphe Funktion f. In diesem Fall gilt für $n \in \mathbb{N}_0$

$$a_n = \frac{1}{2\pi i} \int_{|w|=r} \frac{f(\psi(w))}{w^{n+1}}\, dw\,, \qquad (3)$$

wobei $1 < r < R$. Falls $\limsup_{n\to\infty} \sqrt[n]{|a_n|} = 0$, so ist die Reihe (1) in ganz $\mathbb{C}$ kompakt konvergent. Ist umgekehrt $R > 1$, f eine in G_R holomorphe Funktion und definiert man die Zahlen a_n durch (3), so ist die zugehörige Faber-Reihe (1) in G_R kompakt konvergent gegen f. Besitzt f mindestens eine Singularität auf C_R, so gilt außerdem (2). Die Reihe (1) heißt dann die Faber-Reihe von f, und die Zahlen a_n nennt man die Faber-Koeffizienten von f. In diesem Sinne sind Faber-Reihen eine natürliche Verallgemeinerung von Potenzreihen.

Nun sei speziell $K = \overline{G}$ mit einem Jordan-Gebiet G, d. h. $C = \partial G$ ist eine Jordan-Kurve. Dann ist die konforme Abbildung ψ zu einem Homöomorphismus von $\overline{\Delta}$ auf $\mathbb{C} \setminus G$ fortsetzbar. Weiter sei $f \in A(\overline{G})$, d. h. $f\colon \overline{G} \to \mathbb{C}$ ist eine in $\overline{G}$ stetige und in G holomorphe Funktion. Dann kann man ebenfalls die Faber-Koeffizienten a_n von f gemäß (3) bilden, wobei $r = 1$ ist. Es entsteht die Frage, ob bzw. unter welchen Voraussetzungen die Faber-Reihe (1) von f gleichmäßig auf $\overline{G}$ gegen f konvergiert. Dieses schwierige Problem konnte bisher nicht vollständig gelöst werden. Im folgenden werden einige Teilergebnisse erwähnt. Wesentlich dabei ist die Geometrie der Randkurve C und die „Glattheit" von f auf C.

Dazu sei Π_n die Menge aller Polynome vom Grad höchstens $n \in \mathbb{N}_0$ und $E_n(f, K)$ der Fehler bei der ↗besten Approximation von f auf K durch Polynome aus Π_n, d. h.

$$E_n(f, K) = \min_{p_n \in \Pi_n} \max_{z \in K} |f(z) - p_n(z)|\,.$$

Weiter sei S_n die n-te Teilsumme der Faber-Reihe von f, d. h.

$$S_n(z) = \sum_{k=0}^{n} a_k F_k(z)\,.$$

Dann existieren Konstanten $A > 0$ und $\alpha \in \left(0, \frac{1}{2}\right)$ (die nicht von K oder f abhängen) mit

$$\max_{z \in K} |f(z) - S_n(z)| \le A n^{\alpha} E_n(f, K)\,.$$

Um genauere Ergebnisse für spezielle kompakte Mengen K zu formulieren, sei C eine rektifizierbare Jordan-Kurve, L die Länge von C und $\gamma\colon [0, L] \to C$ die Parameterdarstellung von C bezüglich der Bogenlänge. Dann besitzt C für fast alle $s \in (0, L)$ eine Tangente im Punkt $\gamma(s)$, und $\vartheta(s)$ bezeichne den Winkel der Tangente mit der positiven reellen Achse.

Falls sich die Funktion ϑ derart auf $[0, L]$ fortsetzen läßt, daß eine Funktion von beschränkter Variation entsteht, so heißt C von beschränkter Drehung. Dies ist zum Beispiel der Fall, wenn C ein Polygonzug oder allgemeiner aus endlich vielen konvexen Teilbögen zusammengesetzt ist; Ecken sind dabei erlaubt. Ist nun C von beschränkter Drehung, so existieren Konstanten $A > 0$ und $B > 0$ (die nur von K, aber nicht von f abhängen) mit

$$\max_{z \in K} |f(z) - S_n(z)| \le (A + B \log n) E_n(f, K)\,.$$

Besitzt C außerdem keine einspringenden Spitzen und erfüllt f zusätzlich die Dini-Bedingung

$$\int_0^h \frac{\omega_f(x)}{x}\, dx < \infty \qquad (4)$$

für ein $h > 0$, wobei ω_f den Stetigkeitsmodul von f auf K bezeichnet, d. h.

$$\omega_f(\delta) := \max_{\substack{z_1, z_2 \in K \\ |z_1 - z_2| \le \delta}} |f(z_1) - f(z_2)|\,,$$

so konvergiert die Faber-Reihe von f gleichmäßig auf K gegen f. Die Dini-Bedingung (4) ist zum Beispiel erfüllt, wenn f einer Lipschitz-Bedingung genügt, d. h. es existieren Konstanten $\alpha \in (0, 1]$ und $M > 0$ mit

$$|f(z_1) - f(z_2)| \le M |z_1 - z_2|^{\alpha}$$

für alle $z_1, z_2 \in K$. In diesem Fall gilt nämlich

$$\omega_f(\delta) \le M \delta^{\alpha}\,.$$

Faber-Schauder-System, ein System von auf einem reellen Intervall $[a, b]$ definierten Funktionen $\{f_n\}_{n \in \mathbb{N}}$, das wie folgt konstruiert wird.

Es sei $\{w_n\}_{n \in \mathbb{N}}$ eine in $[a, b]$ dicht liegende Menge paarweise verschiedener Punkte mit $w_1 = a$ und $w_2 = b$. Dann definiert man für $x \in [a, b]$ zunächst $f_1(x) \equiv 1$ und $f_2(x) = (x - a)/(b - a)$. Zur Konstruktion von f_n für $n \ge 3$ wird zunächst dasjenige Intervall $[w_\nu, w_\mu]$ bestimmt, das w_n enthält. Dann setzt man

$$f_n(x) = \begin{cases} (x - w_\nu)/(w_n - w_\nu) & \text{für } w_\nu \le x \le w_n, \\ (x - w_\mu)/(w_n - w_\mu) & \text{für } w_n \le x \le w_\mu, \\ 0 & \text{sonst.} \end{cases}$$

Damit ist f_n eine auf ganz $[a, b]$ stetige und stückweise lineare Funktion.

Das Funktionensystem $\{f_n\}_{n \in \mathbb{N}}$ ist eine Basis von $C[a, b]$.

Fabry, Honoré, französischer Mathematiker und Theologe, geb. 5.4.1607 Virieu-le-Grand (Dauphin, Frankreich), gest. 8.3.1688 Rom.

Fabry stammt aus einer Juristenfamilie und trat 1626 dem Jesuitenorden bei. Nach zwei Jahren in Avignon begann er 1628 ein Philosophie- und 1632 ein Theologiestudium in Lyon. 1636 erhielt er eine Professur für Logik am Jesuitenkolleg in Arles. Er leitete das College Aix-en-Provence ab 1638 und erhielt 1640 eine Professur für Logik und Mathematik in Lyon. 1646 nach Rom beordert, lernte er dort Ricci kennen. Fabry wurde in Rom Mitglied der Inquisition und sogar Großinquisitor.

In seinem mathematischen Hauptwerk „Opusculum geometricum" (1659) finden sich Quadraturen von Zykloiden und Volumina von Rotationskörpern. Seine Methoden ähnelten denen Newtons. Neben mathematischen Schriften verfaßte er auch Werke zur Naturphilosphie und zur Geschichte. Er entdeckte unabhängig von W. Harvey den Blutkreislauf und 1665 den Andromeda-Nebel.

Zu Fabrys Schülern zählen Cassini und La Hire. Er arbeitete gemeinsam mit Dechales und pflegte einen regen Schriftwechsel u. a. mit Huygens, Leibniz, Descartes, Pascal und Mersenne.

Fabry-Reihe, eine Potenzreihe der Form

$$\sum_{n=0}^{\infty} a_n z^{m_n},$$

wobei (m_n) eine Folge natürlicher Zahlen ist mit

$$m_0 < m_1 < m_2 < \cdots \text{ und } \frac{m_n}{n} \to \infty \quad (n \to \infty).$$

Zum Beispiel liefert die Folge $m_n = n^2$ eine Fabry-Reihe. Siehe auch ↗Fabryscher Lückensatz.

Fabryscher Lückensatz, Satz aus der Funktionentheorie, der wie folgt lautet:

Es sei $f(z) = \sum_{n=0}^{\infty} a_n z^{m_n}$ eine ↗Fabry-Reihe mit ↗Konvergenzkreis $B_R(0)$, $R \in (0, \infty)$, also der Kreis um Null mit Radius R.

Dann ist $B_R(0)$ das ↗Holomorphiegebiet von f.

Pólya hat gezeigt, daß auch die Umkehrung des Fabryschen Lückensatzes gilt:

Es sei (m_n) eine Folge natürlicher Zahlen mit $m_0 < m_1 < m_2 < \cdots$, und für jede Reihe $f(z) = \sum_{n=0}^{\infty} a_n z^{m_n}$ mit Konvergenzradius $R \in (0, \infty)$ sei $B_R(0)$ das Holomorphiegebiet von f.

Dann gilt $m_n/n \to \infty$ $(n \to \infty)$.

Facette, Seitenfläche eines ↗Polyeders.

Facetten von Polyedern sind ebene n-Ecke (Polygone). Der Zusammenhang zwischen den Anzahlen der Ecken, der Kanten und der Facetten (Seitenflächen) eines Polyeders ist durch die ↗Eulersche Polyederformel bestimmt.

Faddeev-Popow-Geist, (unerwünschter) Nebeneffekt bei der Einführung eines eichbrechenden Terms (↗Eichfeldtheorie).

Bei der Quantisierung von physikalischen Feldern bricht man, um die Rechnungen zu vereinfachen, die Eichinvarianz durch Hinzufügung eines eichbrechenden Terms. Damit erhält man jedoch als unerwünschte Nebenwirkung, daß die S-Matrix (Streumatrix) nicht mehr unitär ist und deshalb die Wahrscheinlichkeitsinterpretation nicht ohne weiteres möglich ist. Dieses Problem kann man zwar durch das Hinzufügen von Geisterfeldern beheben; deren kinetische Energie ist jedoch negativ, sodaß Stabilitätsprobleme entstehen. Diese Probleme werden in den verschiedenen Eichfeldtheorien auf verschiedene Weise gelöst.

Fadenevolvente, andere Bezeichnung für ↗Evolvente.

Fadenkonstruktion einer Ellipse, ↗Gartnerkonstruktion.

Fahne, aufsteigende Folge

$$\{0\} = V_0 \subset V_1 \subset \cdots \subset V_{n-1} \subset V_n$$

von Unterräumen eines ↗Vektorraumes V der Dimension n mit $\dim V_i = i$ für $0 \le i \le n$ (per Definition hat der Vektorraum $\{0\}$ die Dimension 0.)

Die Fahne heißt invariant unter dem Endomorphismus $F : V \to V$, falls alle V_i $(0 \le i \le n)$ (F)-invariant sind (↗invarianter Unterraum); eine solche Fahne existiert genau dann, wenn sich F durch eine obere Dreiecksmatrix repräsentieren läßt, d. h. falls F trigonalisierbar ist.

Im Sinne der ↗endlichen Geometrie ist eine Fahne auch zu verstehen als eine Menge paarweise inzidenter Elemente einer ↗Inzidenzstruktur höheren Ranges.

Ist beispielsweise P ein Punkt, g eine Gerade und E eine Ebene eines projektiven oder affinen Raumes mit $P \in g$ und $g \subseteq E$, so sind

$$\{P\},\ \{g\},\ \{E\},\ \{P,g\},\ \{P,E\},\ \{g,E\},\ \{P,g,E\}$$

Fahnen.

Die Menge der Fahnen einer Inzidenzstruktur bildet einen numerierten simplizialen Komplex, den sog. Fahnenkomplex. Siehe auch ↗Fahnenmannigfaltigkeit.

Fahnenbasis, eine ↗Basis $B = (b_1, \ldots, b_n)$ des ↗Vektorraumes V, für welche die n Unterräume

$$U_1 := L(b_1),\ \ldots,\ U_n := L(b_1, \ldots, b_n)$$

(↗lineare Hülle) alle invariant unter φ sind; es gilt also:

$$\varphi(U_i) \subseteq U_i \text{ für } 1 \le i \le n.$$

In diesem Fall bildet B eine Fahnenbasis für den ↗Endomorphismus $\varphi : V \to V$.

Ein Endomorphismus auf einem endlich-dimensionalen Vektorraum ist genau dann trigonalisierbar, wenn eine Fahnenbasis für ihn existiert.

Fahnenkomplex, ↗Fahne.

Fahnenmannigfaltigkeit, eine Mannigfaltigkeit, deren Elemente Fahnen sind.

Eine Fahne ist hierbei die Vereinigungsmenge einer Halbebene mit einer sie berandenden Halbgeraden. Es gilt: Jede Fahne im n-dimensionalen euklidischen Raum läßt sich durch Bewegungen des Raums in folgende Punktmenge der (x, y)-Ebene überführen:

$$\{(x,y) \mid y > 0 \quad \text{oder} \quad y = 0 \quad \text{und} \quad x > 0\}.$$

Es handelt sich hierbei also um die Menge derjenigen Punkte, die in der lexikographischen Ordnung größer als der Koordinatenursprung sind.

In allgemeinerer Form versteht man unter einer Fahnenmannigfaltigkeit ein algebraisches Schema mit zusätzlichen Eigenschaften.

Sei V ein n-dimensionaler Vektorraum über einem Körper K und $0 < a_1 < \cdots < a_l \leq n$ eine Folge ganzer Zahlen.

Die Fahnenmannigfaltigkeit $\mathbb{F}(a_1, a_2, \cdots, a_l; V)$ (oder $\mathbb{F}(a_1, a_2, \cdots, a_l; n)$) ist ein algebraisches Schema über K, dessen zugrundeliegende Punktmenge mit Koordinaten aus einem Erweiterungskörper L aus allen Folgen von L-Unterräumen

$$(U_1 \subseteq U_2 \subseteq \ldots \subseteq U_l \subseteq V \otimes_K L)$$

des Vektorraumes $V \otimes_K L$ besteht, wobei

$$\dim(U_j) = a_j\,, \quad j = 1, \cdots, l\,.$$

Es ist glatt und projektiv und läßt sich wie folgt als Schema beschreiben, ausgehend von ↗ Graßmannschen Varietäten.

Es sei G_j die Graßmannsche Varietät der a_j-dimensionalen Unterräume von V und $G = G_1 \times \cdots \times G_k$ (Faserprodukt über K). Weiterhin sei $\mathcal{O}_{G_j} \otimes V \longrightarrow Q_j^0$ der universelle Quotient von V, $p_j : G \longrightarrow G_j$ die Projektion auf G_j und $Q_j = p_j^* Q_j^0$. Dann sind $\mathcal{O}$ und $R_j = \operatorname{Ker}(\mathcal{O}_G \otimes V \xrightarrow{\tau_j} Q_j)$ (induziert durch $\mathcal{O}_{G_j} \otimes V \longrightarrow Q_j^0$ und p_j) Vektorgarben auf G, und τ_{j+1} induziert einen Homomorphismus

$$R_j \xrightarrow{\sigma_j} Q_{j+1}\,.$$

Ist $Z(\sigma_j) \subset G$ ein sog. Nullstellenschema von σ_j, so ist

$$\mathbb{F} = \mathbb{F}(a_1, a_2, \cdots, a_l; V) = \bigcap_{j=1}^{l-1} Z(\sigma_j) \subset G\,,$$

und ist $U_j = R_j | \mathbb{F}(a_1, a_2, \cdots, a_l; V)$ die Einschränkung, so ist $U_1 \subset U_2 \subset \cdots \subset U_l \subset \mathcal{O}_{\mathbb{F}} \otimes V$ universelle Fahne in folgendem Sinne: Für jedes K-Schema S und jede Fahne vom Typ $(a_1, \cdots, a_l, n)$ auf S, $U_1' \subset U_2' \subset \cdots \subset U_l' \subset \mathcal{O}_S \otimes V$ (Untervektorgarben) mit $rg(U_j') = a_j$ gibt es genau einen K-Morphismus $f : S \longrightarrow \mathbb{F}$ mit $f^* U_j = U_j'$.

Die Gruppe $G = GL(V)$ wirkt transitiv auf $\mathbb{F}$, sodaß $\mathbb{F}$ als homogener Raum G/P dargestellt werden kann. Die Isotropiegruppen P sind Zariski-abgeschlossene Untergruppen von G, u. a. (bei geeigneter Basiswahl) die Gruppe der oberen Dreiecksmatrizen.

faires Spiel, ein Matrixspiel, dessen Spielwert $v = 0$ ist.

Faktor, Multiplikator oder Multiplikand bei einer ↗ Multiplikation, also eine der Größen x oder y im Ausdruck $x \cdot y$.

Siehe auch ↗ Faktorgruppe.

Faktor eines Graphen, ↗ Teilgraph.

Faktorenanalyse

B. Grabowski

Die Faktorenanalyse ist eine Methode zur Analyse von Beziehungen von untereinander abhängigen zufälligen Merkmalen.

Dabei versucht man, diese Merkmale auf gemeinsame wenige Ursachenkomplexe, die sogenannten Faktoren zurückzuführen. Die Methode wurde von Hotelling (1933), Lawley (1940) und Thurstone (1947) im Rahmen der mathematischen Statistik begründet und findet insbesondere in der Psychologie und Soziologie breite Anwendung.

Mathematisch formuliert ist die Faktorenanalyse eine Methode zur Untersuchung der Kovarianzmatrix eines reellen zufälligen Vektors $\vec{X} = (X_1, \ldots, X_m)$, dessen Komponenten X_i, $i = 1, \ldots, m$ die zufälligen Merkmale beschreiben. Hierbei legt man das folgende Modell zugrunde:

$$X_i = \sum_{j=1}^{s} a_{ij} F_j + \varepsilon_i, \; i = 1, \ldots, m (s \leq m);$$

X_i – sind die vorher standardisierten zufälligen Merkmale, d. h., es gilt $EX_i = 0$ und $V(X_i) = 1, i = 1, \dots, m$; (diese Standardisierung erreicht man immer durch die lineare Transformation $X_i := \frac{X_i - EX_i}{\sqrt{V(X_i)}}$)

F_j – sind die sogenannten zufälligen Faktoren mit $EF_j = 0$ und $V(F_j) = 1, j = 1, \dots, s$;

a_{ij} – sind reelle Koeffizienten, die den Einfluß des Faktors F_j auf das Merkmal X_i wiedergeben und als Ladungen bzw. Faktorladungen bezeichnet werden, $i = 1, \dots, m; j = 1, \dots, s$;

ε_i – sind untereinander und mit $F_j, j = 1, \dots, s$, unkorrelierte Zufallsgrößen mit $E\varepsilon_i = 0$ und $V(\varepsilon_i) = \sigma_i^2, i = 1, \dots, m$; diese werden häufig als die durch die s Faktoren nicht erklärbaren Reste bezeichnet.

Für die Kovarianzmatrix $\Sigma_{\vec{X}} = Cov(\vec{X})$ des Merkmalsvektors $\vec{X}$ ergibt sich unter diesen Modell-Annahmen:

$$\Sigma_{\vec{X}} := AC_{\vec{F}}A^T + D_{\vec{\varepsilon}}, \tag{1}$$

wobei

$$A = \begin{pmatrix} a_{11} & a_{12} & \cdots & a_{1s} \\ a_{21} & a_{22} & & a_{2s} \\ \vdots & \vdots & \ddots & \vdots \\ a_{m1} & a_{m2} & \cdots & a_{ms} \end{pmatrix}$$

die Matrix der Faktorladungen,

$$D_{\vec{\varepsilon}} = \begin{pmatrix} \sigma_1^2 & 0 & \cdots & 0 \\ 0 & \sigma_2^2 & \cdots & 0 \\ \vdots & \vdots & \ddots & \vdots \\ 0 & 0 & \cdots & \sigma_m^2 \end{pmatrix}$$

die Kovarianzmatrix von $\vec{\varepsilon}$, und

$$C_{\vec{F}} = Cov(\vec{F})$$

die Kovarianzmatrix des Vektors der zufälligen Faktoren $\vec{F} = (F_1, \dots, F_s)$ sind.

Die Gleichung (1) wird als Hauptgleichung der Faktorenanalyse bezeichnet. Häufig fordert man (aus Gründen der Vereinfachung des Problems), daß die Faktoren unkorreliert sind, daß also $C_{\vec{F}}$ gleich der Einheitsmatrix ist; die Hauptgleichung der Faktorenanalyse lautet dann:

$$\Sigma_{\vec{X}} := AA^T + D_{\vec{\varepsilon}} \tag{2}$$

Dies bedeutet, daß die Kovarianzen $\sigma_{X_iX_j}$ von X_i und X_j und die Varianzen von X_i sich wie folgt beschreiben lassen:

$$\sigma_{X_iX_j} = EX_iX_j = \sum_{l=1}^{s} a_{il}a_{jl} \text{ für } i \neq j \tag{3}$$

und

$$1 = \sum_{l=1}^{s} a_{il}^2 + \sigma_i^2 . \tag{4}$$

Man bezeichnet

$$h_i^2 := \sum_{l=1}^{s} a_{il}^2$$

als Kommunalität von X_i bzgl. der s Faktoren. h_i^2 ist der durch die Faktoren erklärte Anteil an der Varianz von X_i. Die Aufgabenstellung der Faktorenanalyse besteht nun darin, eine derartige Zerlegung der Kovarianzmatrix $\Sigma_{\vec{X}}$ zu finden. Da die Matrix $\Sigma_{\vec{X}}$ unbekannt ist wird sie durch die ↗empirische Kovarianzmatrix

$$S_{\vec{X}} = (s_{ij})_{i=1,\dots,m}^{j=1,\dots,m}, \quad s_{ij} = \frac{1}{n-1} \sum_{k=1}^{n} x_{ik}x_{jk}$$

der standardisierten Merkmale X_i ersetzt, die auf der Basis einer konkreten Stichprobe $\vec{x}_k = (x_{1k}, \dots, x_{mk}), k = 1, \dots, n$ von $\vec{X}$ vom Umfang n berechnet werden. (Im allgemeinen sind die Merkmale X_i nicht von vornherein standardisiert. In diesem Fall werden die Beobachtungen x_{ik} von X_i zunächst gemäß der Transformation

$$x_{ik} := \frac{x_{ik} - \overline{x}_i}{s_i}$$

standardisiert, wobei $\overline{x}_i$ und s_i der empirische Mittelwert und die empirische Streuung der Beobachtungen von X_i sind.)

Die Aufgabe der Faktorenanalyse lautet damit: Finde die Zahl s der Faktoren, A und σ_i^2 so, daß gilt

$$S_{\vec{X}} := AA^T + D_{\vec{\varepsilon}} , \tag{5}$$

bzw. finde s und A so, daß gilt:

$$s_{ij} = \sum_{l=1}^{s} a_{il}a_{jl} \quad \text{für } i \neq j, i, j = 1, \dots, m. \tag{6}$$

Gemäß (4) ergibt sich dann als Schätzung für σ_i^2:

$$\sigma_i^2 := 1 - h_i^2 \quad \text{mit } h_i^2 := \sum_{l=1}^{s} a_{il}^2 .$$

Die Aufgabe ist so, wie sie gestellt ist, nicht eindeutig lösbar, auch dann nicht, wenn die Zahl s der Faktoren gegeben ist. Es gibt zur Lösung der Aufgabe verschiedene Verfahren, die unterschiedliche Nebenbedingungen fordern, um die Lösung eindeutig zu machen.

Die am häufigsten verwendeten Methoden der Faktorenanalyse sind die Maximum-Likelihood-Methode, die Hauptkomponentenmethode und die Zentroidmethode.

Bei dem durch Lawley und Maxwell [1] in die Faktorenanalyse eingeführten Maximum-Likelihood-

Schätzprinzip wird vorausgesetzt, daß sowohl der zufällige Merkmalsvektor $\vec{X}$ als auch der Vektor der Reste $\vec{\varepsilon}$ einer m-dimensionalen Standardnormalverteilung genügen und voneinander unabhängig sind. Die Anzahl s der Faktoren wird fest vorgegeben. Aufgrund der Kenntnis der Verteilung der Kovarianzmatrix $S_{\vec{X}}$ (↗Wishart-Verteilung) erhält man für eine mathematische Stichprobe $\vec{X}_k = (X_{1k}, \dots, X_{mk}), k = 1, \dots, n$ vom Umfang n die folgende Likelihoodfunktion:

$$L(\Sigma_{\vec{X}}; a_{ij}, \varepsilon_i, i = 1, \dots, m, j = 1, \dots, s) =$$

$$K|\Sigma_{\vec{X}}|^{-\frac{m}{2}} |S_{\vec{X}}|^{\frac{n-m-1}{2}} \exp\left(-\frac{n}{2} Sp(S_{\vec{X}} \Sigma_{\vec{X}}^{-1})\right).$$

Dabei sind K eine (nur von m und n abhängige) Konstante, Sp der Spuroperator (Summe der Hauptdiagonalelemente), und $|\cdot|$ bezeichnet die Determinante. Man erhält durch Maximierung der Likelihoodfunktion (Ableitung nach a_{ij}) und Berücksichtigung der Beziehung (4) folgende Schätzgleichungen:

$$A^T(A^T D_{\vec{\varepsilon}}^{-1} A) = A^T D_{\vec{\varepsilon}}^{-1} S_{\vec{X}} - A^T, \qquad (7)$$

$$\sigma_i^2 = 1 - \sum_{l=1}^{s} a_{il}^2. \qquad (8)$$

Um die Eindeutigkeit der Schätzungen a_{ij} und σ_i^2 zu sichern, fordern Lawley und Maxwell, daß die Matrix $A^T D_{\vec{\varepsilon}}^{-1} A$ diagonal ist. Die Schätzwerte für a_{ij} erhält man dann mit geeigneten numerischen Verfahren zur Lösung des nichtlinearen Gleichungssystems (7), (8).

Zur Bestimmung der Anzahl s der Faktoren wird dieses Verfahren in der Regel mehrmals für $s = 2, 3, \dots$ angewendet. Der Vektor der Faktorladungen $\vec{a}_j = (a_{1j}, \dots, a_{mj})$ zu einem neu hinzukommenden Faktor F_j soll dabei wenigstens in zwei Elementen stark von 0 verschieden sein, d. h. der Faktor F_j soll wenigstens zwei Merkmale beeinflussen, andernfalls bricht das Verfahren ab. Ansonsten bricht das Verfahren mit dem kleinsten s ab, ab dem sich die Kommunalitäten nicht mehr wesentlich voneinander unterscheiden, d. h. man wählt die kleinste Anzahl s von Faktoren, durch die die Varianz der Merkmale erklärt werden kann und die wenigstens zwei Merkmale beeinflussen. Unter der obigen Voraussetzung der Normalverteilungen ist auch ein ↗χ^2-Test zum Testen der Anzahl s entwickelt worden (siehe auch [1]).

Bei der Hauptkomponentenmethode wird schrittweise ein orthogonales Koordinatensystem von Faktoren konstruiert. Dabei wird in jedem Schritt versucht, die verbliebene Reststreuung maximal auszuschöpfen, d. h. zu verringern. Numerisch führt dieses auf die schrittweise Lösung eines Eigenwertproblems.

Bei der Zentroidmethode handelt es sich ebenfalls um ein iteratives, geometrisch motiviertes Extraktionsverfahren der Faktoren auf der Basis der Kovarianzmatrix der Merkmale, dessen Ergebnisse (Ladungen) nicht eindeutig sind. Dabei wird versucht, durch schrittweise Konstruktion eines orthogonalen Koordinatensystems der Faktoren die Kommunalitäten zu maximieren.

Bei der Anwendung der Faktorenanalyse in der Praxis erweist sich häufig die Vorgabe der Anzahl s der Faktoren als auch deren Interpretation als kompliziert. Deshalb wird oft wie oben beschrieben durch schrittweise Erhöhung der Faktorenzahl – dem entspricht eine Änderung des Modells – versucht, interpretierbare Lösungen zu erhalten.

Beispiel. Es ist zu untersuchen, ob sich die Leistung (erreichte Punktzahl X_i, $i = 1, \dots, 5$) in den 5 Fächern Mechanik (Me), Analytische Geometrie (AG), Lineare Algebra (LA), Analysis (An) und elementare Statistik (St) auf wenige gemeinsame Faktoren zurückführen läßt. Von $n = 88$ Studenten wurden die jeweils erreichten Punktzahlen bei den 5 Klausuren Me, AG, LA, An und St erfaßt. Auf die Angabe der Datenmatrix $x_{il}, i = 1, \dots, 5$, $l = 1, \dots, 88$ sei hier verzichtet. Bei der Durchführung der Faktorenanalyse werden zunächst für jedes Merkmal X_i, $i = 1, \dots, 5$ aus den beobachteten Daten $x_{il}, l = 1, \dots, 88$ der ↗empirische Mittelwert $\overline{x}_i$ und die ↗empirische Streuung s_i^2 des Merkmals berechnet. Anschließend werden alle Beobachtungen gemäß

$$x'_{il} := \frac{x_{il} - \overline{x}_i}{s_i}$$

standardisiert und mit den standardisierten Daten die ↗empirische Kovarianzmatrix $S_{\vec{X}}$ berechnet:

$$s_{ij} := \frac{1}{87} \sum_{l=1}^{88} x'_{il} x'_{jl}$$

In unserem Beispiel erhalten wir als Ergebnis für $S_{\vec{X}}$ die Matrix:

i \ j	1	2	3	4	5
1	1.000	0.553	0.547	0.410	0.389
2	0.533	1.000	0.610	0.485	0.437
3	0.547	0.610	1.000	0.711	0.665
4	0.410	0.485	0.711	1.000	0.607
5	0.389	0.437	0.665	0.607	1.000

Werden $s = 2$ Faktoren angesetzt, so ergibt sich als geschätzte Ladungsmatrix nach der Maximum-Likelihood-Methode die in folgender Tabelle angegebene Matrix:

Merkmal i \ Faktor F_k	F_1 a_{i1}	F_2 a_{i2}
1	0.630	0.377
2	0.696	0.308
3	0.893	-0.048
4	0.782	-0.205
5	0.729	-0.201

Aus dieser Matrix ergeben sich für die Kommunalitäten der 5 Merkmale:

$$h_1^2 = a_{11}^2 + a_{12}^2 = 0.630^2 + 0.377^2 = 0.539,$$
$$h_2^2 = 0.579, h_3^2 = 0.800, h_4^2 = 0.654, h_5^2 = 0.572.$$

Wir stellen die 5 Merkmale im orthogonalen Koordinatensystem der beiden Faktoren dar; das erste Merkmal (Me) wird dort zum Beispiel durch den Punkt mit den Koordinaten (a_{11}, a_{12}) dargestellt, siehe Abbildung.

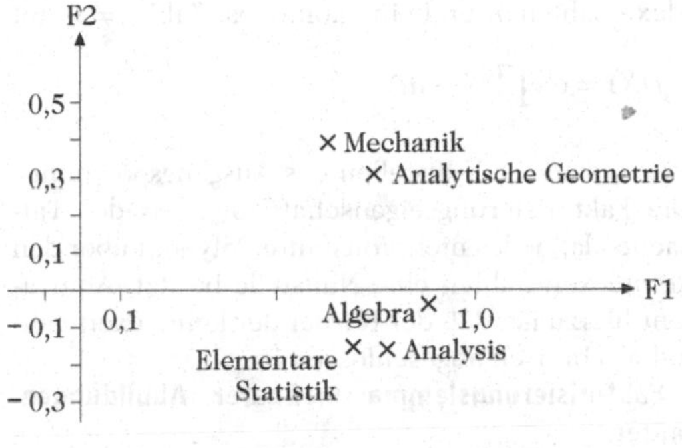

Darstellung der 5 Merkmale (Klausurpunkte in 5 Fächern) im Koordinatensystem von 2 Faktoren.

Der Ladungsmatrix A in obiger Tabelle sieht man an, daß sich die Ladungen auf die erste Spalte, d. h. den ersten Faktor, konzentrieren. Dies ist ein Hinweis darauf, daß als Ursache für die erreichten Leistungen in den 5 Fächern schon ein Faktor ausreichend wäre. Führt man die Maximum-Likelihoodschätzung mit $s = 1$ durch, so ergibt sich für den Ladungsvektor

$$\vec{a}_1 = (a_{11}, \ldots, a_{51})$$
$$= (0.599, 0.668, 0.915, 0.773, 0.724).$$

Die Kommunalitäten für diesen Fall $(h_i^2 = a_{i1}^2)$ unterscheiden sich (in der Summe) nicht wesentlich vom Fall $s = 2$. In einem anschließenden χ^2-Test wäre die Vermutung $H_0 : s = 1$ zu überprüfen.

Literatur

[1] Hartung, J., Elpelt, B.: Multivariate Statistik. R. Oldenbourg Verlag, München Wien 1989.

[2] Jahn, W., Vahle, H.: Die Faktorenanalyse. Verlag Die Wirtschaft, Berlin 1970.

[3] Lawley, D.N., Maxwell, A.E.: Factor Analysis as a Statistical Method. Butterworths, London 1971.

[4] Überla, K.: Faktorenanalyse. Springer Verlag, Berlin 1968.

Faktorenanzahl, ↗ Faktorenanalyse.

Faktorgruppe, die Gruppe der Nebenklassen einer Gruppe.

Praktisch wird dieser Begriff nur dann verwendet, wenn die Gruppenoperation als Multiplikation geschrieben wird. Die Gruppenoperation wird hier mit dem Symbol „·" bezeichnet.

Seien G eine Gruppe und $N \subset G$ ein Normalteiler. Dann ist die Menge G/N der Nebenklassen von G bezüglich N eine Gruppe, die Faktorgruppe genannt wird.

Eine Untergruppe $U \in G$ heißt Normalteiler, wenn jede Linksnebenklasse $gU = \{g \cdot u \mid u \in U\}$ zugleich die Rechtsnebenklasse $Ug = \{u \cdot g \mid u \in U\}$ ist. Für diesen Fall werden Linksnebenklassen und Rechtsnebenklassen einfach als Nebenklassen bezeichnet.

Die Gruppenoperation in der Faktorgruppe wird durch die Vorschrift $gN \cdot fN = (g \cdot f)N$ definiert, dabei sind f und g Elemente von G. Aus der Kenntnis von Normalteiler und Faktorgruppe läßt sich die Ausgangsgruppe wieder rekonstruieren, sodaß zur Klassifikation von Gruppen lediglich die ↗ einfachen Gruppen behandelt werden müssen.

Es gilt: Die Projektion $\phi : G \longrightarrow G/N$ ist ein ↗ Gruppenhomomorphismus, dessen Kern gerade der Normalteiler N ist. Dabei ist der Kern der Abbildung das Urbild $\phi^{-1}(e)$ des neutralen Elements $e \in G/N$. Auf dieser Basis gibt es auch einen anderen Zugang zu dieser Begriffsbildung: Eine Untergruppe heißt Normalteiler, wenn sie der Kern eines Gruppenhomomorphismus ist.

faktorielle Analyse zur Datenreduktion, eine Methode der mathematischen Statistik zur Zurückführung zufälliger Merkmale auf gemeinsame wenige Ursachenkomplexe, die sogenannten Faktoren (↗ Faktorenanalyse).

faktorielle Methode, ↗ Faktorenanalyse.

faktorieller Cartanscher Raum, ein ↗ Cartanscher Raum X so, daß jeder lokale Ring $\mathcal{O}_{X,x}$ faktoriell ist.

Wenn X normales Noethersches Schema ist, so hat man eine kanonische Einbettung $\text{Div}(X) \longrightarrow Z^1(X)$. Wenn

$$\mathbb{Q} \otimes \text{Div}(X) \simeq \mathbb{Q} \otimes Z^1(X)$$

ist, heißt X faktoriell oder auch $\mathbb{Q}$-faktoriell.

faktorieller Ring, Ring mit einer Zerlegungseigenschaft.

Es sei R ein Integritätsring und R^* die Menge aller Einheiten von R, das heißt, die Menge aller Elemente $x \in R$, für die es ein $y \in R$ gibt mit $x \cdot y = 1$. Dann heißt R ein faktorieller Ring, wenn es zu jedem $x \in R \backslash R^*$ mit $x \neq 0$ Primelemente $p_1, \ldots, p_r \in R$ gibt, so daß $x = p_1 \cdots p_r$ gilt.

Äquivalent dazu ist die Bedingung: Zu jedem $x \in R \setminus R^*$ mit $x \neq 0$ gibt es irreduzible Elemente $q_1, ..., q_r \in R$, so daß $a = q_1 \cdots q_r$ gilt, wobei jedes irreduzible Element von R ein Primelement ist.

Jeder Hauptidealring ist ein faktorieller Ring. Insbesondere ist jeder Polynomring in einer Unbestimmten über einem Körper ein faktorieller Ring.

Faktorisierung des Konfigurationsraumes, Satz von der, lautet:

Gegeben sei eine freie und eigentliche Wirkung einer Lie-Gruppe G auf einer Mannigfaltigkeit Q. Man betrachte den Kotangentiallift dieser Wirkung auf das ↗Kotangentialbündel T^*Q zusammen mit der kanonischen ↗Impulsabbildung.

Dann ist der reduzierte Phasenraum zu einem Impulsabbildungswert μ, der unter der koadjungierten Darstellung von G invariant bleibt, diffeomorph zum Kotangentialbündel des Quotientenraumes Q/G des ↗Konfigurationsraums Q unter der anfänglichen G-Wirkung. Die symplektische 2-Form auf $T^*(Q/G)$ ist die Summe aus der ↗kanonischen 2-Form und der 2-Form $\tau^*(\langle \mu, F \rangle)$, wobei

$$\tau : T^*(Q/G) \to Q/G$$

die Bündelprojektion und F die Krümmungsform eines Zusammenhangs im Hauptfaserbündel $Q \to Q/G$ bedeuten.

Die Voraussetzungen über den Impulsabbildungswert μ sind in den Spezialfällen $\mu = 0$ oder abelscher Lie-Gruppen erfüllt. Für allgemeinere Werte der Impulsabbildung nimmt der reduzierte Phasenraum die Struktur eines Faserbündels über $T^*(Q/G)$ an, dessen typische Faser identisch mit der koadjungierten Bahn von G durch μ ist. Die hier auftretende Modifikation der kanonischen 2-Form auf $T^*(Q/G)$ kann in der Physik als Magnetfeld interpretiert werden.

Faktorisierung einer Ordnung, Darstellung einer Ordnung als Produktordnung, d. h. als ↗direktes Produkt von Ordnungen.

Faktorisierung komplexer Polynome, ↗Faktorisierung von Polynomen.

Faktorisierung natürlicher Zahlen, das Zerlegen von natürlichen Zahlen in Produkte von Primzahlen.

Die wichtigsten modernen Faktorisierungsverfahren sind die elliptische Kurvenmethode, das quadratische Sieb und das Zahlkörpersieb.

Das quadratische Sieb basiert auf der Bestimmung quadratischer Kongruenzen: Seien x, y ganze Zahlen und $x^2 \equiv y^2 \mod N$ und $x \not\equiv \pm y \mod N$, dann teilt n die Zahl $x^2 - y^2$, aber nicht $x + y$ und $x - y$. Damit ist der größte gemeinsame Teiler von N und $x - y$ ein echter Teiler von N.
Die Schwierigkeit, große Zahlen zu faktorisieren, ist die Grundlage einiger Kryptosysteme.

Faktorisierung von Polynomen, das Zerlegen von Polynomen (in einer oder mehreren Veränderlichen über einem Körper $\mathbb{K}$) in Produkte von irreduziblen Polynomen.

Die Faktorisierung von Polynomen über den rationalen Zahlen wird etwa mit Hilfe der Hensel-Lifting-Methode (Zassenhaus) auf die Faktorisierung über einem endlichen Körper zurückgeführt. Hier ist eine Methode der ↗Berlekamp-Algorithmus. Von zentraler Bedeutung ist der ↗Faktorisierungssatz.

Die Faktorisierung komplexer Polynome ist immer möglich. Ist f ein komplexes Polynom vom Grad n, so gibt es n (nicht notwendig verschiedene) komplexe Zahlen a_i und eine komplexe Zahl $c \neq 0$ mit

$$f(X) = c \cdot \prod_{i=1}^{n} (X - a_i).$$

Die a_i sind die Nullstellen des Ausgangspolynoms. Die Faktorisierungseigenschaft folgt aus der Tatsache, daß jedes nichtkonstante Polynom über den komplexen Zahlen eine Nullstelle besitzt. Äquivalent hierzu ist, daß der Körper der komplexen Zahlen algebraisch abgeschlossen ist.

Faktorisierungslemma meßbarer Abbildungen, lautet:

Es seien Ω eine Menge, $(\Omega', \mathcal{A}')$ ein ↗Meßraum und $h : \Omega \to \Omega'$ und $f : \Omega \to \overline{\mathbb{R}}$ Abbildungen.

Dann ist f genau dann $h^{-1}(\mathcal{A}')$-$\mathcal{B}(\overline{\mathbb{R}})$-meßbar, wenn es eine $\mathcal{A}'$-$\mathcal{B}(\overline{\mathbb{R}})$-meßbare Abbildung $g : \Omega' \to \overline{\mathbb{R}}$ gibt mit $f = g \circ h$.

Faktorisierungssatz, Satz über die Produktdarstellung eines Polynoms.

Es sei p ein Polynom vom Grad $n \geq 1$ mit den paarweise verschiedenen reellen Nullstellen $x_1, ..., x_r$, wobei x_ν eine Nullstelle der Vielfachheit m_ν sei. Dann gibt es ein Polynom q vom Grad $n - m_1 - \cdots - m_r$, so daß gilt:

$$p(x) = (x - x_1)^{m_1} \cdots (x - x_r)^{m_r} \cdot q(x),$$

wobei q keine reellen Nullstellen besitzt. Die komplexen Nullstellen von p stimmen einschließlich Vielfachheit mit den Nullstellen von q überein.

Faktorladung, ↗Faktorenanalyse.

Faktormenge, Menge der Äquivalenzklassen einer ↗Äquivalenzrelation.

Faktorring, der Restklassenring $Q := R/I$, gebildet aus der Menge der Nebenklassen eines Rings R nach einem Ideal I.

Die Elemente von Q sind die Äquivalenzklassen

$$\overline{x} := \{y \in R \mid \exists u \in I \text{ mit } y = x + u\}.$$

Die Operationen $+$ und $\cdot$ auf Q sind über Repräsentanten der Äquivalenzklassen definiert:

$$\overline{x} + \overline{y} := \overline{x + y}, \quad \overline{x} \cdot \overline{y} := \overline{x \cdot y}\,.$$

Es gibt einen kanonischen, surjektiven Ringhomomorphismus $\pi : R \to R/I$, $\pi(r) = [r]$. Wenn I ein Maximalideal ist, ist R/I ein Körper.

Faktortheorie

L. Volkmann

Ist G ein Multigraph mit der Eckenmenge $E(G)$, $f: E(G) \to \mathbb{N}_0$ eine Abbildung und H ein Faktor von G mit der Eigenschaft $d_H(x) = f(x)$ für alle $x \in E(G)$, so nennen wir H einen *f-Faktor* von G. Im Fall $f(x) \equiv k$ sprechen wir auch von einem *k-Faktor*.

Es seien $H_1, H_2, \ldots, H_r$ Faktoren von G mit

$$K(G) = \bigcup_{i=1}^{r} K(H_i) \quad \text{und}$$

$$K(H_i) \cap K(H_j) = \emptyset \quad \text{für } 1 \le i < j \le r.$$

Dann heißt G faktorisierbar durch die Faktoren $H_1, H_2, \ldots, H_r$. Sind dabei alle H_i sogar k-Faktoren, so nennt man G auch k-faktorisierbar.

Zum besseren Verständnis der neuen Begriffe geben wir zunächst ein paar einfache Beispiele.

1. Jeder Kreis gerader Länge ist 1-faktorisierbar.
2. Der vollständige Graph K_5 ist 2-faktorisierbar.
3. Ein 3-regulärer ↗Hamiltonscher Graph ist nach dem Handschlaglemma von gerader Ordnung und daher 1-faktorisierbar.

Da jeder 1-Faktor einem perfekten Matching entspricht und umgekehrt, sind die Faktortheorie und die Matchingtheorie eng miteinander verbunden. Einer der ältesten Sätze der Faktortheorie geht auf T.P.Kirkman (1847) und M.Reiß (1859) zurück und spielt eine wichtige Rolle bei der Erstellung von Spielplänen (z. B. Fußballbundesliga).

Jeder vollständige Graph K_{2n} ist 1-faktorisierbar.

Das allgemeine Faktorisierungsproblem wurde jedoch erst von Julius Petersen in Angriff genommen. Petersen publizierte 1891 in der „Acta Mathematica 15" eine Arbeit mit dem Titel „Die Theorie der regulären graphs". Diese an Tiefe und Auswirkung bemerkenswerte Abhandlung ist wirklich ein Markstein in der Graphentheorie.

Im Anschluß an ein von P.Gordan und D.Hilbert behandeltes Problem der Invariantentheorie betrachtete Petersen folgende Aufgabe:

Gegeben sei ein homogenes Polynom P in n Veränderlichen $x_1, x_2, \ldots, x_n$ von der Form:

$$P = (x_1 - x_2)^{m_{1,2}} (x_1 - x_3)^{m_{1,3}} \ldots (x_{n-1} - x_n)^{m_{n-1,n}}.$$

Dabei seien m_{ij} nicht negative ganze Zahlen, und in jeder der n Veränderlichen sei der Grad von P dieselbe positive Zahl k. Es wird verlangt, P als Produkt von Polynomen derselben Art – aber von kleinerem konstantem Grad in jeder Veränderlichen – darzustellen.

Die fundamentale Idee von Petersen bestand darin, die oben geschilderte Aufgabe in ein graphentheoretisches Problem zu transformieren. Dazu lassen wir nun Petersen selbst zu Wort kommen.

„Man kann der Aufgabe eine geometrische Form geben, indem man $x_1, x_2, \ldots, x_n$ durch beliebige Punkte der Ebene repräsentiert, während der Factor $x_m - x_p$ durch eine beliebige Verbindungslinie zwischen x_m und x_p dargestellt wird. Man erhält so für das Product eine Figur, welche aus n Punkten besteht, die so verbunden sind, dass in jedem Punkte gleich viele Linien zusammenlaufen. Dieselben zwei Punkte können durch mehrere Linien verbunden sein. Als Beispiel betrachte man die Figur I, die das Product

$$(x_1 - x_2)^2 (x_3 - x_4)^2 (x_1 - x_3)(x_2 - x_4)(x_1 - x_4)(x_2 - x_3)$$

darstellt.

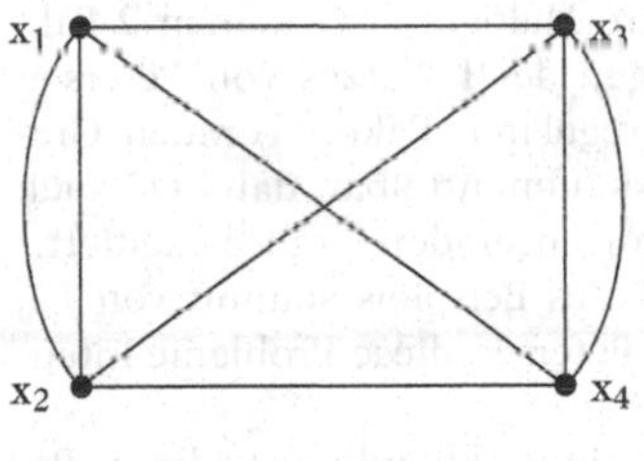

„Figur I"

Englische Verfasser haben für ähnliche Figuren den Namen *graph* eingeführt; ich werde diesen Namen beibehalten und nenne den *graph* regulär, weil in jedem Punkte gleich viele Linien zusammenlaufen.

Durch die *Ordnung* eines *graphs* werde ich die Anzahl der Punkte (die Ordnung der binären Grundform) verstehen, durch den *Grad* die Anzahl der in jedem Punkt zusammenlaufenden Linien (den Grad der entsprechenden Invariante). Durch G^n_α oder einfach G_α werde ich einen *graph* von der Ordnung n und vom Grade α verstehen. Ein solcher lässt sich zerlegen oder in Factoren auflösen, wenn man andere *graphs* von derselben Ordnung aber niedrigerem Grade finden kann, die durch Überlagerung den gegebenen *graph* herstellen. Ein *graph*, der sich nicht in solcher Weise auflösen lässt, heisst *primitiv*. Unsere Aufgabe geht auf die Bestimmung aller primitiven *graphs* aus."

Wir beobachten, daß die von Petersen benutzten Bezeichnungen Graph, Faktor, regulärer Graph, Ordnung eines Graphen und Grad auch heute noch aktuell sind. Außerdem erkennen wir nun deutlich, wie der Name Faktor entstanden ist.

Im Fall regulärer Multigraphen geraden Grades gab Petersen durch seinen I. Satz eine vollständige Lösung des oben gestellten Problems.

Ein Multigraph G ist genau dann 2-faktorisierbar, wenn er 2p-regulär ist.

Einen k-regulären Multigraphen mit keinem r-Faktor für $1 \leq r \leq k-1$ nennt Petersen *primitiv*. Aus dem I. Satz von Petersen folgt, daß ein $2p$-regulärer Multigraph G genau dann primitiv ist, wenn $p = 1$ gilt, und G einen Kreis ungerader Länge besitzt.

Die folgenden Beispiele von Petersen zeigen, daß die Situation wesentlich schwieriger wird, wenn man $(2p+1)$-reguläre Multigraphen betrachtet. Für jedes $p \in \mathbb{N}$ liefert die folgende Konstruktion einen primitiven $(2p+1)$-regulären Multigraphen.

Die Ecke u sei zu $2p+1$ verschiedenen Ecken $x_1, x_2, \ldots, x_{2p+1}$ adjazent. Jede Ecke x_i sei mit zwei weiteren Ecken y_i und z_i durch p parallele Kanten verbunden, und schließlich gebe es noch $p+1$ parallele Kanten zwischen y_i und z_i für $i = 1, 2, \ldots, 2p+1$.

Da die Ecke u auf keinem Kreis liegt, besitzt dieser $(2p+1)$-reguläre Multigraph G keinen 2-Faktor, und daher wegen des I. Satzes von Petersen überhaupt keinen regulären Faktor geraden Grades. Daraus ergibt sich unmittelbar, daß in G auch kein regulärer Faktor ungeraden Grades existiert.

Der Fall $p = 1$ dieses Beispiels stammt von J.J. Sylvester, mit dem Petersen diese Probleme intensiv diskutiert hat.

Den zweiten Teil seiner Abhandlung widmete Petersen dem Studium der 3-regulären Multigraphen, und er bewies den folgenden fundamentalen Satz.

Ist G ein zusammenhängender 3-regulärer Multigraph mit höchstens zwei Brücken, so besitzt G einen 1-Faktor.

Für $p = 1$ zeigt das oben angegebene Beispiel, daß dieser II. Satz von Petersen im allgemeinen nicht gilt, wenn man mehr als zwei Brücken zuläßt. Bezugnehmend auf die Ergebnisse von Petersen schrieb D.König 1936 in seinem Buch [1]:

„Diese Abhandlung von Petersen, an der auch Sylvester beteiligt ist, ist sicherlich eine der bedeutendsten Arbeiten über Graphentheorie, scheint aber mehr als 25 Jahre lang fast gänzlich unbeachtet geblieben zu sein.

Es ist nichts darüber bekannt, wie sich der Petersensche Satz auf reguläre Graphen vom Grad 5, 7, 9, ... ausdehnen läßt. Petersen hat die Vermutung ausgesprochen, daß auch diese Graphen nur dann primitiv sein können, wenn sie Brücken enthalten."

Nur zwei Jahre später gab F. Bäbler eine Antwort auf das von König gestellte Problem, und er bewies die Vermutung von Petersen.

Es sei G ein $(2p+1)$-regulärer und $\nearrow k$-fach kantenzusammenhängender Multigraph. Ist $t \in \mathbb{N}_0$ mit $2t \leq k$, so besitzt G einen 2t-Faktor.

Der große Durchbruch in der Faktortheorie erfolgte dann im Jahre 1947, als W.T. Tutte seine erstaunliche und tiefgreifende notwendige und hinreichende Bedingung für die Existenz eines 1-Faktors vorstellte.

Ein Multigraph G besitzt genau dann einen 1-Faktor, wenn für alle $A \subseteq E(G)$ die Bedingung

$$q(G-A) \leq |A|$$

erfüllt ist, wobei $q(G-A)$ die Anzahl der Zusammenhangskomponenten ungerader Ordnung in $G-A$ bedeutet.

Aus diesem sogenannten 1-Faktor-Satz lassen sich viele vorher bekannte, aber auch interessante neue Resultate mühelos gewinnen. Das allgemeine f-Faktorproblem wurde fünf Jahre später wiederum von Tutte durch den äußerst schwer zu beweisenden f-Faktor-Satz gelöst.

Es sei G ein Multigraph und $f : E(G) \to \mathbb{N}_0$ eine Abbildung. Der Multigraph G besitzt genau dann einen f-Faktor, wenn für alle disjunkten Teilmengen X und Y von E(G) gilt:

$$\sum_{x \in X} f(x) + \sum_{y \in Y} (d_{G-X}(y) - f(y)) - q_G(X, Y) \geq 0 .$$

Dabei bedeutet $q_G(X, Y)$ die Anzahl der Komponenten U in dem Multigraphen $G - (X \cup Y)$ mit

$$m_G(Y, E(U)) + \sum_{u \in E(U)} f(u) \equiv 1 \pmod 2 ,$$

wobei $m_G(Y, E(U))$ die Anzahl der Kanten von Y nach E(U) in G angibt.

Zwei Jahre vor Tutte, also 1950, hatte H.-B. Belck den f-Faktorsatz schon für konstantes f entdeckt. Als wichtige Erweiterung des f-Faktorsatzes präsentierte L.Lovasz 1970 den sogenannten (g,f)-Faktor-Satz. Sind $g, f : E(G) \longrightarrow \mathbb{N}_0$ zwei Abbildungen mit $g(x) \leq f(x)$ für alle $x \in E(G)$, so heißt ein Faktor H des Multigraphen G ein (g,f)-Faktor, falls

$$g(x) \leq d_H(x) \leq f(x)$$

für alle $x \in E(G)$ erfüllt ist.

Ein Multigraph G besitzt genau dann einen (g, f)-Faktor, wenn für alle disjunkten Teilmengen X und Y von E(G) gilt:

$$\sum_{x \in X} f(x) + \sum_{y \in Y} (d_{G-X}(y) - g(y)) - q_G^*(X, Y) \geq 0 .$$

Dabei bedeutet $q^*_G(X, Y)$ die Anzahl der Komponenten U in dem Multigraphen $G - (X \cup Y)$ mit $g(x) = f(x)$ für alle $x \in E(U)$ und

$$m_G(Y, E(U)) + \sum_{u \in E(U)} f(u) \equiv 1 \pmod 2 .$$

Die beiden Sätze von Petersen sowie der Satz von König (1916), daß jeder reguläre ↗bipartite Graph 1-faktorisierbar ist, zählen zu den Keimzellen der Faktor- und Matchingtheorie, die heute zu den am weitesten entwickelten Teilgebieten der Graphentheorie gehören.

Der interessierte Leser sei auf das umfassende Werk von L.Lovász und M.D.Plummer [2] hingewiesen, das eine Fülle von Resultaten zu diesem Thema enthält.

Die wichtigsten Ergebnisse der Faktortheorie bis 1985, die fast ausschließlich auf den Faktorsätzen von Belck, Tutte und Lovász basieren, findet man in dem Übersichtsartikel „Factors and factorizations of graphs – a survey" von J.Akiyama und M.Kano in „J. Graph Theory 9 (1985)".

Die Entwicklung der Faktortheorie von den Anfängen bis 1995, mit besonderer Würdigung der Petersenschen Sätze, wurde in der 1995 erschienenen Arbeit „Regular graphs, regular factors, and the impact of Petersen's Theorems" von L.Volkmann in den „Jahresber. Deutsch. Math.-Verein. 97" beschrieben.

Literatur

[1] König, D.: Theorie der endlichen und unendlichen Graphen. Akademische Verlagsgesellschaft M.B.H. Leipzig, 1936.

[2] Lovász, L.; Plummer, M.D.: Matching Theory. Ann. Discrete Math. 29, North-Holland Amsterdam, 1986.

[3] Volkmann, L.: Fundamente der Graphentheorie. Springer Wien New York, 1996.

Fakultät, Anzahl der Permutationen einer endlichen Menge.

Ist N eine n elementige Menge, so ist die Anzahl der Permutationen von N gleich

$$1 \cdot 2 \cdot 3 \cdot \dots \cdot (n-1) \cdot n =: n! ,$$

und man nennt diese Zahl „n Fakultät". Es wird hierbei vereinbart, daß $0! = 1$ ist.

Eine Fortsetzung der Fakultät stellt die ↗Eulersche Γ-Funktion dar.

Fall, die durch die Gravitation eines Körpers, i. allg. der Erde, gleichmäßig beschleunigte Bewegung.

Vernachlässigt man dabei den Luftwiderstand, so spricht man vom ↗freien Fall.

Fallbeschleunigung, ↗ Beschleunigung.

fallende Faktorielle, zusammen mit den Standardpolynomen und den ↗steigenden Faktoriellen eine der drei fundamentalen Polynomfolgen von Zählfunktionen.

Ist x eine reelle Zahl und $n \in \mathbb{N}_0$, so ist die fallende Faktorielle der Länge n von x durch

$$x(x-1) \dots (x-n+1) =: [x]_n$$

definiert, wobei $[x]_0 = 1$. Für $i \in \mathbb{N}_0$ ist $[i]_n$ die Anzahl der injektiven Abbildungen einer i-elementigen Menge in eine n-elementige Menge.

Falte, Menge der singulären Werte der Orthogonalprojektion des Flächenstücks

$$\{(z^2, y, z) | y, z \in \mathbb{R}\}$$

im $\mathbb{R}^3$ auf die (x, y)-Ebene, neben der sog. Whitneyschen Schnabelspitze die einzige generische Singularität einer C^∞-Abbildung eines Flächenstücks in die Ebene.

Faltings, Gerd, deutscher Mathematiker, geb. 28.7.1954 Gelsenkirchen-Buer.

Nach dem Studium der Mathematik an der Universität Münster, das er 1978 mit der Promotion abschloß, weilte Faltings ein Jahr an der Harvard Universität in Cambridge (Mass.). Danach war er 1979–1982 als Assistent an der Universität Münster und nach der Habilitation (1981) ab 1982 als Professor an der Universität Wuppertal tätig. 1985 erhielt er eine Professur an der Universität Princeton und ist seit 1995 Leiter des Max-Planck-Instituts für Mathematik in Bonn.

Faltings forschte erfolgreich auf den Gebieten der algebraischen Zahlentheorie und der algebraischen Geometrie. Sein bedeutendstes Resultat erzielte er 1983, als er unter Rückgriff auf arithmetische Methoden aus dem letztgenannten Gebiet einen allgemeinen Beweis für die Mordellsche Vermutung angab, daß jede über dem Körper der rationalen Zahlen definierte Kurve vom Geschlecht $g > 1$ nur endlich viele rationale Punkte besitzt. Als eine Folgerung leitete er daraus ab, daß für jeden Exponenten $n > 2$ die Fermatsche Gleichung $x^n + y^n = z^n$ höchstens endlich viele Lösungen haben kann. Außerdem bewies er die Vermutungen von Tate und Schafarewitsch. 1994/95 war er dann an der Vereinfachung von einigen Teilschritten in Wiles' Beweis der Fermatschen Vermutung beteiligt. 1986 wurde Faltings für den Beweis der

Mordellschen Vermutung mit der Fields-Medaille geehrt, 1996 erhielt er den Leibniz-Preis.

Faltung, ↗Faltung, diskrete, ↗Faltung von Lebesgue-integrierbaren Funktionen, ↗Faltung von Maßen, ↗Faltung von Verteilungsfunktionen.

Faltung, diskrete, auch (diskrete) Konvolution genannt, diskrete Verknüpfung von Funktionen.

Es sei $P_<$ eine lokal-endliche Ordnung, K ein Körper der Charakteristik 0 und

$$\mathbb{A}_K(P) := \{f : P^2 \longrightarrow K : x \not\leq y \Rightarrow f(x,y) = 0\}.$$

Das diskrete Faltprodukt $f * g$ von $f, g \in \mathbb{A}_K(P)$ ist definiert durch

$$(f * g)(x,y) := \sum_{z \in P, x \leq z \leq y} f(x,z) \cdot g(z,y).$$

Die Summe auf der rechten Seite ist wegen der lokalen Endlichkeit von $P_<$ wohldefiniert. Ist $x \not\leq y$, d. h. ist der Intervall $[x,y]$ leer, so setzt man die rechte Seite des Faltprodukts gleich 0. Für alle $f, g \in \mathbb{A}_K(P)$ gilt $f * g \in \mathbb{A}_K(P)$. $\mathbb{A}_K(P)$ heißt die Inzidenzalgebra von P und ist eine assoziative K-Algebra mit der Kronecker-Deltafunktion δ als beidseitigem Einheitselement.

Faltung von Lebesgue-integrierbaren Funktionen, spezielle Verknüpfung von Funktionen.

Es seien f_1 und f_2 Lebesgue-integrierbare Funktionen auf $\mathbb{R}^d$. Dann ist, abgeleitet aus der ↗Faltung von Maßen, mit dem Lebesgue-Maß λ^d auf $\mathcal{B}(\mathbb{R}^d)$ die Faltung $f_1 * f_2$ auf $\mathbb{R}^d$ definiert durch

$$\begin{aligned}(f_1 * f_2)(x) &:= \int f_1(x-y) f_2(y) d\lambda^d(y) \\ &= \int f_2(x-y) f_1(y) d\lambda^d(y).\end{aligned}$$

Die Faltung ist assoziativ, distributiv bzgl. der Addition und kommutativ.

Faltung von Maßen, Verknüpfung von zwei und, hieraus abgeleitet, endlich vielen Maßen.

Sind μ und ν endliche Maße auf der σ-Algebra $\mathfrak{B}(\mathbb{R}^p)$ der Borelschen Mengen des $\mathbb{R}^p$, so ist die Faltung $\mu * \nu$ von μ und ν durch

$$\mu * \nu : \mathfrak{B}(\mathbb{R}^p) \ni B \to \int_{\mathbb{R}^p} \mu(B-y)\nu(dy) \in \mathbb{R}_0^+$$

mit $B - y := \{x - y : x \in B\}$ definiert. Aufgrund von $\mu * \nu(\mathbb{R}^p) = \mu(\mathbb{R}^p)\nu(\mathbb{R}^p)$ ist die Faltung $\mu * \nu$ ebenfalls ein endliches Maß. Durch die Definition

$$\mu_1 * \ldots * \mu_{n+1} := (\mu_1 * \ldots * \mu_n) * \mu_{n+1}$$

für $n > 1$ kann der Begriff der Faltung auf mehr als zwei Maße verallgemeinert werden. Die Faltung besitzt die folgenden Eigenschaften:

$$\begin{aligned}\nu_1 * \nu_2 &= \nu_2 * \nu_1 \\ (\nu_1 * \nu_2) * \nu_3 &= \nu_1 * (\nu_2 * \nu_3) \\ \nu_1 * (\nu_2 + \nu_3) &= \nu_1 * \nu_2 + \nu_1 * \nu_3 \\ \nu_1 * (\alpha\nu_2) &= \alpha(\nu_1 * \nu_2)\end{aligned}$$

für alle endlichen Maße ν_1, ν_2 und ν_3 auf $\mathfrak{B}(\mathbb{R}^p)$ sowie $\alpha \in \mathbb{R}^+$. Besitzen die endlichen Maße ν_1, ν_2 Dichten f_1, f_2 bezüglich des Lebesgue-Maßes λ^p auf $\mathfrak{B}(\mathbb{R}^p)$, so besitzt auch $\nu_1 * \nu_2$ eine λ^p-Dichte $f_1 * f_2$, die als Faltung von f_1 und f_2 bezeichnet wird, und es gilt

$$f_1 * f_2 : \mathbb{R}^p \ni x \to \int_{\mathbb{R}^p} f_1(x-y) f_2(y) \lambda^p(dy) \in \mathbb{R}_0^+.$$

Für die Faltung von Dichten gelten zu den genannten Eigenschaften der Faltung von Maßen analoge Regeln.

Sind X_1 und X_2 auf dem Wahrscheinlichkeitsraum $(\Omega, \mathfrak{A}, P)$ definierte unabhängige reelle Zufallsvariablen oder unabhängige zufällige Vektoren mit Werten in $\mathbb{R}^p$, so ist die Verteilung der Summe $X_1 + X_2$ durch die Faltung der Verteilungen von X_1 und X_2 gegeben, d. h. es gilt

$$P_{X_1+X_2} = P_{X_1} * P_{X_2}.$$

Faltung von Verteilungsfunktionen, spezielle Faltung, Verknüpfung von von zwei und, hieraus abgeleitet, endlich vielen Verteilungsfunktionen.

In der Analysis bezeichnet man die Funktion

$$f(t) = \int_{-\infty}^{\infty} f_1(t-u) f_2(u) du =: (f_1 * f_2)(t)$$

als Faltung der beiden Funktionen $f_1(t)$ und $f_2(t)$ (↗Faltung von Lebesgue-integrierbaren Funktionen).

Die Verteilungsfunktion $F_Z(t)$ und die Verteilungsdichte $f_Z(t)$ der Summe $Z = X + Y$ zweier unabhängiger stetiger Zufallsgrößen X und Y erhält man gerade durch Faltung der Verteilungsfunktionen $F_X(t)$, $F_Y(t)$ und Dichtefunktionen $f_X(t)$, $f_Y(t)$ von X und Y. Sei $f_{(X,Y)}(t_1, t_2)$ die zweidimensionale Dichtefunktion des zufälligen Vektors (X, Y). Es gilt zunächst nach Definition der Verteilungsfunktion von Funktionen von Zufallsgrößen

$$\begin{aligned}F_Z(t) &= P(Z < t) \\ &= \iint_{t_1+t_2<t} f_{(X,Y)}(t_1,t_2) dt_1 dt_2. \qquad (1)\end{aligned}$$

Berücksichtigt man in (1) die aus der Unabhängigkeit von X und Y folgende Gleichung

$$f_{(X,Y)}(t_1,t_2) = f_X(t_1) f_Y(t_2).$$

und formt die Integrationsgrenzen um, so erhält

man

$$F_Z(t) = \int_{t_1=-\infty}^{\infty} \int_{t_2=-\infty}^{t-t_1} f_Y(t_2)dt_2 f_X(t_1)dt_1$$
$$= \int_{-\infty}^{\infty} F_Y(t-t_1)f_X(t_1)dt_1 \quad (2)$$
$$= (F_Y * F_X)(t).$$

Durch Differentiation der Gleichung (2) erhält man die entsprechende Faltungsformel für die Dichtefunktion $f_Z(t)$:

$$f_Z(t) = \int_{-\infty}^{\infty} f_Y(t-t_1)f_X(t_1)dt_1 \quad (3)$$
$$= (f_Y * f_X)(t).$$

Im Falle unabhängiger diskreter Zufallsgrößen X und Y mit den Werten $\dots, -2, -1, 0, 1, 2, \dots$ können wir die Einzelwahrscheinlichkeiten der Summe $Z = X + Y$ mit den Werten $\dots, -2, -1, 0, 1, 2, \dots$ durch eine zu (2) bzw. (3) analoge Formel berechnen. Es gilt:

$$P(Z=k) = \sum_{i,j:i+j=k} P(X=i, Y=j)$$
$$= \sum_{i,j:i+j=k} P(X=i)P(Y=j)$$
$$= \sum_i P(X=i)P(Y=k-i) \quad (4)$$

für $k = 0, \pm 1, \pm 2, \dots$.

Wird die Verteilung der Summe von n unabhängigen Zufallsgrößen X_i, $i = 1, \dots, n$ mit identischer Verteilung

$$F_{X_i}(t) = F_X(t), i = 1, \dots, n$$

gesucht, so spricht man von der n-fachen Faltung der Verteilung von X. Diese wird schrittweise unter Anwendung der Formeln (2), (3) bzw. (4) berechnet.

Beispiel. Die Faltung von Verteilungsfunktionen spielt unter anderem in der ↗Erneuerungstheorie eine große Rolle, aus der folgendes Beispiel stammt. Die zufälligen Reparaturzeiten X_i $(i = 1, \dots, 10)$ seien identisch exponentialverteilt mit dem Parameter λ, d. h. es ist

$$F_{X_i}(t) = \begin{cases} 1 - e^{-\lambda t} & \text{für } t \geq 0 \\ 0 & \text{für } t < 0 \end{cases}$$

und

$$f_{X_i}(t) = \begin{cases} \lambda e^{-\lambda t} & \text{für } t \geq 0 \\ 0 & \text{für } t < 0. \end{cases}$$

Gesucht ist die Verteilung der Gesamtreparaturzeit $Z = \sum_{i=1}^{10} X_i$. Dazu haben wir die 10-fache Faltung der Exponentialverteilung vorzunehmen. Wir erhalten eine sogenannte ↗Erlangverteilung der Ordnung 10 mit der Verteilungsfunktion

$$F_Z(t) = \begin{cases} 1 - \sum_{k=0}^{9} \frac{(\lambda t)^k}{k!} e^{-\lambda t} & \text{für } t > 0 \\ 0 & \text{für } t \leq 0 \end{cases}$$

und der Verteilungsdichte

$$f_Z(t) = \begin{cases} \frac{\lambda^{10} t^9}{9!} e^{-\lambda t} & \text{für } t > 0 \\ 0 & \text{für } t \leq 0. \end{cases}$$

Bei der Summation von unabhängigen Zufallsgrößen bleibt der Verteilungstyp i.allg. nicht erhalten. Verteilungen, bei denen der Verteilungstyp erhalten bleibt, sind die Binomialverteilung, die Poissonverteilung und die Normalverteilung.

Faltungscode, Verfahren zur Codierung von Nachrichten (↗Codierungstheorie), bei dem die Teile der Nachricht nicht unabhängig voneinander, sondern kontextabhängig codiert werden.

Während bei Blockcodes die eineindeutige Zuordnung von Informations- und Codeblöcken charakteristisch ist, werden Faltungscodes durch die Funktionen beschrieben, die Informationsfolgen beliebiger Länge auf die entsprechenden Codefolgen abbilden. Sie werden durch lineare Schieberegister der Tiefe m (lineare Funktionen von m Variablen) realisiert.

Damit kann (während eines Taktes des Schieberegisters) jeder Informationsfolge $a_1 \dots a_k$ der Länge k ein Codewort $c_1 \dots c_n$ der Länge n zugeordnet werden (Informationsrate n/k). Die fehlerkorrigierenden Eigenschaften werden durch das Schieberegister bestimmt.

Ein Beispiel für $k = 1, n = 2, m = 6$:
Die Codierung

$$a_i \to \begin{cases} c_{i1} = a_{i-6} + a_{i-5} + a_{i-3} + a_{i-2} + a_i \\ c_{i2} = a_{i-6} + a_{i-3} + a_{i-2} + a_{i-1} + a_i \end{cases}$$

bildet die Informationsfolge

$$\dots, 0, 0, 0, 1, 0, 1, 1, 0, 1, 1, 1, \dots$$

auf die Folge

$$\dots, 00, 11, 01, 00, 01, 10, 01, 10, 10, \dots$$

ab.

Die Decodierverfahren (die bekanntesten sind der Viterbi- und der Fano-Algorithmus) lassen sich leicht implementieren und haben robuste Korrektureigenschaften. Schwere Übertragungsfehler lassen sich in guten Phasen wieder sicher korrigieren.

Faltungshalbgruppe, eine Familie $(P_t)_{t \in \mathbb{R}^+}$ von auf der σ-Algebra der Borelschen Mengen des

$\mathbb{R}^p$ definierten Wahrscheinlichkeitsmaßen mit der Eigenschaft

$$P_{s+t} = P_s * P_t$$

für alle $s, t \in \mathbb{R}^+$.

Dabei bezeichnet $P_s * P_t$ die Faltung der Wahrscheinlichkeitsmaße P_s und P_t.

Faltungsoperator, der zu zwei (beispielsweise) stetigen Funktionen (oder $f, g \in L_1(\mathbb{R})$) durch

$$T_f g = f * g := \int f(x-y)g(y)dy$$

definierte Operator T_f. Man vergleiche hierzu auch die zahlreichen Stichwörter zum Themenkreis „Faltung".

Faltungssatz der Fourier-Transformation, Aussage über den Zusammenhang zwischen der Faltung zweier Funktionen und ihrer Fouriertransformation.

Für zwei hinreichend glatte Funktionen f und g (beispielsweise $f, g \in L_1(\mathbb{R}^n)$ oder $f, g \in L_2(\mathbb{R}^n)$) gilt

$$\widehat{(f * g)}(\omega) = (2\pi)^{n/2}\hat{f}(\omega)\hat{g}(\omega).$$

Durch Anwendung der Fourier-Transformation wird also aus dem Faltungsprodukt ein punktweises Produkt.

Faltungssatz der Laplace-Transformation, besagt, daß die Laplace-Transformierte der Faltung zweier Funktionen identisch ist mit dem Produkt ihrer Laplace-Transformierten.

Bezeichnet $\mathcal{R}$ die Menge der stetigen komplexwertigen Funktionen, die auf $\mathbb{R}_0^+$ definiert sind, $* : \mathcal{R} \times \mathcal{R} \to \mathcal{R}$ die Faltung, und $\mathcal{L}$ die Laplace-Transformation, so gilt der Faltungssatz der Laplace-Transformation:

$$\mathcal{L}(f * g) = \mathcal{L}(f)\mathcal{L}(g) \quad (f, g \in \mathcal{R}).$$

Familie, Zusammenfassung einer Menge gleichartiger Objekte.

Ein wichtiges und instruktives Beispiel ist eine ↗Familie von Mengen.

Familie von Mengen, eine ↗ Abbildung (bzw. das Bild dieser Abbildung) $\mathcal{F} : I \to \mathcal{M}$ von einer Indexmenge I in eine Menge von Mengen $\mathcal{M}$.

Man schreibt auch $\mathcal{F} = (M_i)_{i \in I}$, wobei $M_i := \mathcal{F}(i)$ gesetzt wird.

fan-in, für einen Baustein in einem logischen Schaltkreis die Anzahl der direkten Vorgänger und damit die Anzahl der Variablen, von denen die am Baustein realisierte Funktion abhängt.

Für die ↗Schaltkreiskomplexität wird zwischen (i.allg. durch 2) beschränktem und unbeschränktem fan-in unterschieden.

Nur bei unbeschränktem fan-in ist es möglich, Funktionenfolgen in konstanter Tiefe zu realisieren.

Fano-Ebene, die ↗projektive Ebene der Ordnung 2.

Diese besteht aus 7 Punkten und 7 Geraden.

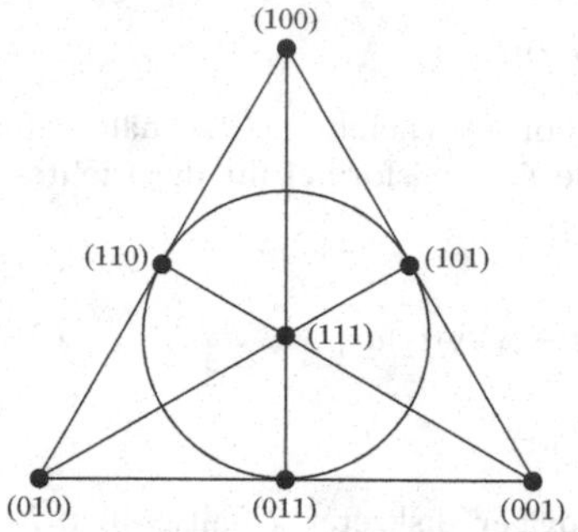

Die Fano-Ebene

fanout layer, im Kontext ↗Neuronale Netze die Zusammenfassung einer gewissen Menge ↗formaler Neuronen, die lediglich ↗fanout neurons sind.

Implizit bringt dieser Begriff zum Ausdruck, daß die Topologie des Netzes schichtweise organisiert ist.

fanout neuron, im Kontext ↗Neuronale Netze ein ↗formales Neuron, das genau einen diskreten oder kontinuierlichen Eingabewert x besitzt und diesen in m identische Ausgabewerte

$$y_1 = x, \ldots, y_m = x$$

auffächert; formal handelt es sich also um ein Neuron κ mit identischer Transferfunktion sowie Ridge-Typ-Aktivierung mit Gewicht $w = 1$ und Schwellwert $\Theta = 0$.

In vielen Fällen sind die Eingabe-Neuronen eines neuronalen Netzes reine fanout neurons.

Fano-Varietät, eine glatte komplette algebraische Varietät V mit der Eigenschaft, daß das antikanonische Bündel K_V^{-1} ↗ampel ist.

Jede Fano-Varietät ist rational zusammenhängend (Campana 1992) und daher einfach zusammenhängend.

Die Picard-Gruppe ist eine endlich erzeugte freie abelsche Gruppe, die größte natürliche Zahl r mit $K_V \in r\mathrm{Pic}(V)$ heißt Index $i(V)$ der Fano-Varietät.

Ein wichtiges allgemeines Resultat ist der folgende Satz von Kobayashi-Ochiai:

Wenn V eine Fano-Varietät ist, so gilt:

(1) $i(V) \le \dim(V) + 1$,

(2) $i(V) = \dim(V) + 1 = n + 1$, *dann ist* $V \simeq \mathbb{P}^n$,

(3) $i(V) = \dim(V) = n$, *dann ist V eine Quadrik in* $\mathbb{P}^{n+1}$.

Ein weiteres fundamentales Resultat besagt, daß es zu jeder gegebenen Dimension nur endlich viele Klassen von deformationsäquivalenten Fano-Varietäten gibt. Fano-Varietäten der Dimension 2 sind die ↗del Pezzo-Flächen.

Faraday, Michael, englischer Physiker und Naturphilosoph, geb. 22.9.1791 Newington Butts (Surrey, England), gest. 25.8.1867 Hampton Court (Middlesex, England).

Nach einer Buchbinderlehre bildete sich Faraday als Autodidakt in Chemie und Physik weiter. 1813 kam er als Laborgehilfe an die Royal Institution in London. 1824 wurde er Mitglied der Royal Society und war ab 1825 bis 1858 Direktor des Laboratoriums der Royal Institution. 1827–1861 hatte er verschiedene Professuren für Chemie inne.

Faraday war einer der bedeutendsten Naturphilosophen des 19. Jahrhunderts. Auf dem Gebiet der Chemie entdeckte er um 1820 mehrere Chlor-Kohlenwasserstoffe (1825 Benzol und Buten), entwickelte rostfreien Stahl und forschte über Kolloide. In der Physik untersuchte er 1821 Drehungen von Magnetpolen um stromdurchflossene Leiter und von Stromleitern um magnetische Pole (Dynamoprinzip). In der Folgezeit entwickelte er aus diesen Beobachtungen und der Entdeckung des Prinzips der elektromagnetischen Induktion die Theorie des elektromagnetischen Feldes, die dann von W. Thomson (Kelvin) und Maxwell mathematisch formuliert wurde. Er erfand den Dynamo, einen Elektromotor und das Voltmeter. Er prägte Begriffe wie Elektrode, Anode, Kathode und Ion, fand die Faradayschen Gesetze der Elektrolyse, baute 1836 den Faradayschen Käfig. Nach ihm benannt ist die Einheit der elektrischen Kapazität, das Farad. Sein wichtigstes Werk war „Experimental Researches in Electricity" (1853).

Faradaysches Induktionsgesetz, die folgende Aussage aus der mathematischen Physik.

Die Kraft auf eine im Magnetfeld bewegte Ladung steht sowohl senkrecht auf der Bewegungsrichtung als auch senkrecht zum Vektor der magnetischen Induktion.

Die Lorentzsche Regel besagt weiterhin, daß dann ein geladenes Teilchen im homogenen Magnetfeld eine Schraubenlinie als Bahnkurve hat.

Farbenklasse, ↗Eckenfärbung.

Farbladung, analog zur elektrischen Ladung gebildete Größe, nach der sich die einzelnen Quarks unterscheiden lassen.

Die Farbladung nimmt drei Werte an, da sie nach den 3-dimensionalen Darstellungen der Gruppe SU(3) klassifiziert werden.

Mit den optischen Farben hat die Bezeichnung aber nichts zu tun, sodaß eine Benennung der 3 Farben im Grunde nicht sinnvoll ist.

Die Farbladung impliziert das Quarkconfinement (↗confinement), also die Eigenschaft, daß einzelne Quarks nicht beobachtet werden.

Wie bei der elektrischen Ladung ist die Farbladung eines Körpers aus den einzelnen Farbladungen seiner Bestandteile additiv zusammengesetzt.

Farey-Folgen, geordnete Folgen echter Brüche.

Für eine natürliche Zahl n ist die Farey-Folge $\mathcal{F}_n$ der Ordnung n die aufsteigend geordnete Folge der gekürzten Brüche zwischen 0 und 1, deren Nenner $\leq n$ sind. Z.B. ist

$$\mathcal{F}_5 = \left(\frac{0}{1}, \frac{1}{5}, \frac{1}{4}, \frac{1}{3}, \frac{2}{5}, \frac{1}{2}, \frac{3}{5}, \frac{2}{3}, \frac{3}{4}, \frac{4}{5}, \frac{1}{1}\right).$$

Diese Folgen sind nach dem Geologen Farey benannt, der sie 1816 erwähnte. Allerdings waren diese Folgen schon 1802 von Haros eingeführt und untersucht worden. Dabei bewies Haros folgende Resultate:

1. *Sind $\frac{a}{b}$ und $\frac{a'}{b'}$ zwei aufeinanderfolgende Brüche in einer Farey-Folge $\mathcal{F}_n$, so gilt*
   $|a'b - b'a| = 1$.
2. *Sind $\frac{a}{b}, \frac{a'}{b'}, \frac{a''}{b''}$ drei aufeinanderfolgende Brüche in einer Farey-Folge $\mathcal{F}_n$, so gilt*
   $$\frac{a'}{b'} = \frac{a + a''}{b + b''}.$$

Farkas, Gyula, ↗Farkas, Julius.

Farkas, Julius, *Farkas, Gyula*, ungarischer Mathematiker, geb. 28.3.1847 Sárosd (Ungarn), gest. 27.12.1930 Pestzentlörine (bei Budapest).

Farkas promovierte 1881 in Budapest und war 1887–1915 Professor für mathematische Physik in Cluj-Napoca (Rumänien).

Farkas arbeitete besonders auf dem Gebiet der linearen Ungleichungen und bewies das Minkowski-Farkas-Theorem, das zu einem Schlüssel in der Theorie der linearen Ungleichungen und darüber hinaus für die lineare und nichtlineare Optimierung wurde. Darüber hinaus befaßte er sich mit algebraischen Gleichungen, elliptischen Funktionen und Integralen sowie Fragestellungen aus der Physik.

Farkas, Satz von, besagt, daß man jeden Vektor, der nicht in einem endlich erzeugten Kegel liegt, durch eine Hyperebene von diesem trennen kann.

Die präzise Formulierung ist wie folgt:

Sind $a_1, \dots, a_m \in \mathbb{R}^n$ und $b \in \mathbb{R}^n$, dann trifft genau eine der beiden folgenden Alternativen i) oder ii) zu:

i) Das System

$$a_i^T \cdot y \le 0\,,\ i = 1, \dots, m\,;\ b^T \cdot y > 0$$

besitzt eine Lösung $y \in \mathbb{R}^n$; die Menge

$$\{x \in \mathbb{R}^n | x^T \cdot y = 0\}$$

beschreibt dann die trennende Hyperebene.

ii) Es gibt reelle Zahlen $\lambda_1 \ge 0, \dots, \lambda_m \ge 0$ so, daß

$$b = \sum_{i=1}^{m} \lambda_i \cdot a_i$$

gilt (d. h., b gehört zum endlich erzeugten Kegel $K(a_1, \dots, a_m)$).

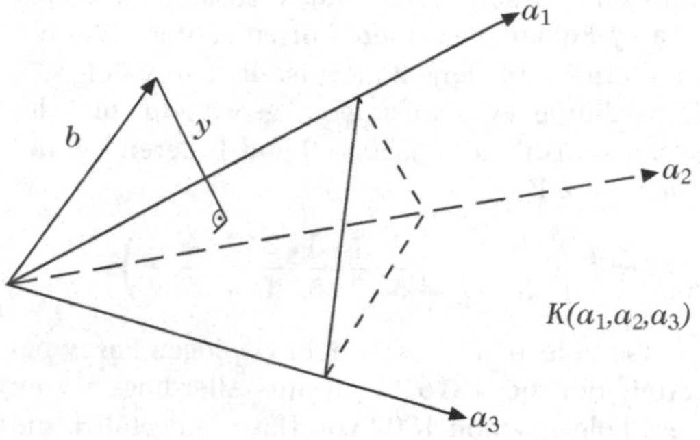

Zum Satz von Farkas

Der Satz von Farkas (sowie weitere, ähnliche Alternativsätze) spielt eine wesentliche Rolle bei der Lösungstheorie von Systemen linearer Gleichungen und Ungleichungen. Er kann u. a. zum Beweis des Dualitätssatzes der linearen Programmierung verwendet werden.

Faser, ↗ Äquivalenzklasse, ↗ Äquivalenzrelation.

Faser einer Abbildung, zu einer Abbildung $\pi : X \to Y$ die Menge $X_y = \pi^{-1}(y)$; genauer heißt X_y die Faser von π im Punkt y.

Wenn $\varphi : A \to B$ ein Ringhomomorphismus ist, $\pi = \text{Spec}(\varphi) : \text{Spec}(B) \to \text{Spec}(A)$, dann ist für $\wp \in \text{Spec}(A)$ die Faser

$$\pi^{-1}(\wp) = \text{Spec}(B \otimes_A A_\wp / \wp A_\wp)\,.$$

Von speziellem Interesse in der Funktionentheorie sind die ↗Fasern einer holomorphen Abbildung.

Faser einer holomorphen Abbildung, spezieller Fall der ↗Fasern einer Abbildung.

Ein Morphismus (in der Kategorie der ↗geringten Räume)

$$\left(\varphi, \varphi^0\right) : (X, {}_X\mathcal{O}) \to (Y, {}_Y\mathcal{O})$$

von komplexen Räumen heißt holomorphe Abbildung. I.allg. schreibt man dann X anstelle von $(X, {}_X\mathcal{O})$ und φ anstelle von $\left(\varphi, \varphi^0\right)$.

Sei $\varphi : X \to Y$ eine holomorphe Abbildung und $(B, {}_B\mathcal{O}) \hookrightarrow Y$ ein komplexer Unterraum, dann ist das Urbild $\varphi^{-1}(B) \hookrightarrow X$ ein komplexer Unterraum. Insbesondere werden die Fasern $\varphi^{-1}(u)$ einer holomorphen Abbildung dadurch mit einer (nicht notwendig reduzierten) komplexen Struktur versehen.

Faserbündel, ein Bündel (E, B, p, G) der folgenden Art:

(E, B, p) ist ein Tripel bestehend aus zwei topologischen Räumen E und B und einer stetigen surjektiven Abbildung $p : E \to B$ sowie einer topologischen Gruppe G von Homöomorphismen eines Raums F auf sich selbst, und einer offenen Überdeckung $(U_i)_{i \in I}$ des sogenannten Basisraumes B so, daß folgendes gilt:

- Das Bündel ist lokal trivial, d. h. für jedes U_i ist $p^{-1}(U_i)$ homöomorph zum topologischen Produkt $U_i \times F$. Der Homöomorphismus ϕ_i von $p^{-1}(U_i)$ auf $U_i \times F$ ist dabei von der Form

  $$\phi_i(e) = \left(p(e), h_i^P(e)\right),$$

  wobei e ein Element von $p^{-1}(P)$ ist, $P = p(e)$ ein Element von B und h_i^P ein Homöomorphismus von der Faser $p^{-1}(P)$ auf F.
- Ist ein Element P von B in zwei offenen Mengen U_i und U_j enthalten, so ist der Homöomorphismus $h_i^P((h_j^P)^{-1})$ von F auf F ein Element der Gruppe G, wobei h_i^P und h_j^P Homöomorphismen von $p^{-1}(P)$ auf F sind.
- Die Abbildungen, welche jedem Element P von $U_i \cap U_j$ das Element $h_i^P((h_j^P)^{-1})$ von G zuweisen, sind stetig.

Faserdimension, Dimension der ↗Fasern einer Abbildung.

Fasermenge, Menge der Äquivalenzklassen einer ↗Äquivalenzrelation

Faserprodukt, Begriff im Kontext der Kategorien.

Ist in einer Kategorie $\mathcal{C}$ ein kommutatives Diagramm von Morphismen gegeben wie in Abbildung 1 dargestellt, so heißt das Diagramm kartesisches Diagramm, und (Z, p, q) heißt Faserprodukt von X, Y über S, wenn es für jedes kommutative Diagramm von Morphismen in $\mathcal{C}$ wie in Abbildung 2 dargestellt genau einen Morphismus $Z' \xrightarrow{h} Z$ gibt mit

$$p' = p \circ h\,,\ q' = q \circ h\,.$$

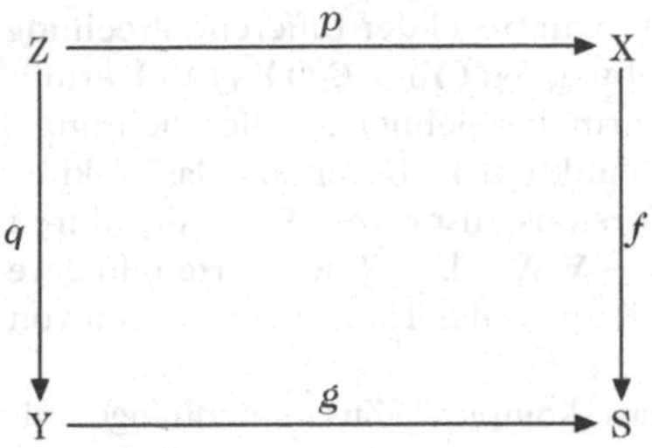

Abbildung 1

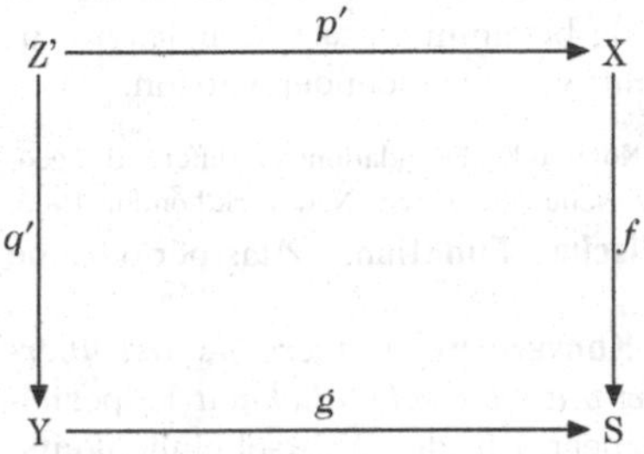

Abbildung 2

Ist das Diagramm kartesisch, so ist (Z, p, q) durch (X, Y, S, f, g) bis auf kanonische Isomorphie eindeutig bestimmt. Es wird meist mit $Z = X \times_S Y$ bezeichnet.

Fasersumme, dualer Begriff zu dem des ↗Faserprodukts.

Die Bezeichnung der Fasersumme zu $Y \overset{g}{\leftarrow} S \overset{f}{\rightarrow} X$ ist

$X \sqcup_S Y$ oder $X \oplus_S Y$.

Das in der Abbildung dargestellte Diagramm heißt dann kartesisches Diagramm.

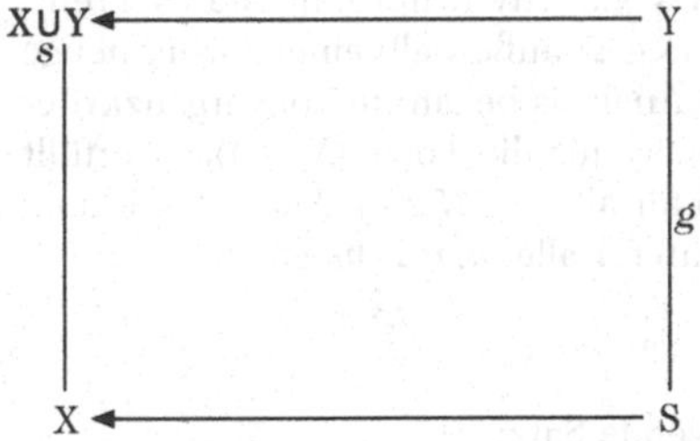

Als Spezialfall erhält man die Vereinigung von Mengen.

Faserung, auch Spread genannt, in der endlichen Geometrie eine Menge $\mathcal{S}$ von Blöcken einer ↗Inzidenzstruktur so, daß jeder Punkt in genau einem Block aus $\mathcal{S}$ enthalten ist.

Insbesondere ist eine t-Faserung eines projektiven Raumes $\mathcal{P}$ eine Menge $\mathcal{S}$ von t-dimensionalen Unterräumen, so daß jeder Punkt von $\mathcal{P}$ in genau einem Element von $\mathcal{S}$ enthalten ist.

Eine t-Faserung eines endlichen projektiven Raumes der Dimension n existiert genau dann, wenn $(t+1)$ ein Teiler von $(n+1)$ ist. Faserungen projektiver Räume stehen im Zusammenhang mit Translationsebenen.

In der algebraischen Geometrie sind verschiedene Begriffe von Faserungen gebräuchlich. Zum einen versteht man darunter einen eigentlichen Morphismus $\varphi : X \longrightarrow Y$ mit zusammenhängenden Fasern, dessen allgemeine Faser glatt ist (z. B. in der Klassifikationstheorie).

Im engeren Sinne versteht man darunter Morphismen, die lokal trivial bzgl. Y sind, d. h. lokal durch die Projektiven eines Produktes

$$X = Y \times F \longrightarrow Y$$

auf Y gegeben sind. „Lokal" kann sich dabei auf verschiedene ↗Grothendieck-Topologien beziehen. Am striktesten ist der Begriff „lokal trivial" im Sinne der Zariski-Topologie.

fast Hermitesche Mannigfaltigkeit, eine mit einer ↗Hermiteschen Metrik versehene ↗fast komplexe Mannigfaltigkeit.

Meist wird diese einfach nur Hermitesche Mannigfaltigkeit genannt. Man verwendet den Zusatz „fast", um zu betonen, daß die zugehörige ↗fast komplexe Struktur nicht notwendig integrabel sein muß.

fast identische Transformation, spezielle Transformation zwischen Maßräumen.

Es seien X und Y Maßräume mit den Maßen μ und ν. Dann heißt eine Transformation $f : X \to Y$ fast identisch, falls für μ-fast alle $x \in X$ die Gleichung $f(x) = x$ gilt.

fast invariante Menge, eine Menge, die sich unter einer Transformation im folgenden Sinne fast nicht ändert.

Ist $(\Omega, \mathfrak{A}, P)$ ein Wahrscheinlichkeitsraum und T eine auf $(\Omega, \mathfrak{A}, P)$ wirkende maßtreue Transformation, so heißt eine Menge $A \in \mathfrak{A}$ fast invariant unter T, wenn sich A und das Urbild $T^{-1}(A)$ nur um eine P-Nullmenge unterscheiden, d. h. wenn für die symmetrische Differenz der beiden Mengen

$$P(A \Delta T^{-1}(A)) = 0$$

gilt. Im Falle der Gleichheit $A = T^{-1}(A)$ nennt man A unter T invariant.

fast invariante zufällige Größe, ↗invariante zufällige Größe.

fast komplexe Mannigfaltigkeit, eine mit einer ↗fast komplexen Struktur versehene differenzierbare Mannigfaltigkeit.

fast komplexe Struktur, eine Familie J von komplexen Strukturen $J_x : T_x(M) \to T_x(M)$ auf den

Tangentialräumen einer differenzierbaren Mannigfaltigkeit M.

Die Familie von linearen Abbildungen $J_x : T_x(M) \to T_x(M)$ muß hierbei differenzierbar vom Punkt $x \in M$ abhängen und die Gleichung $J_x \circ J_x = -\mathrm{id}_x$ erfüllen, in der id_x die identische Abbildung des Tangentialraumes $T_x(M)$ ist.

In einem lokalen Koordinatensystem $(x_1, \dots, x_n)$ auf einer offenen Teilmenge $\mathcal{U} \subset M$ wird eine fast komplexe Struktur durch eine matrixwertige Funktion $\widetilde{J} : \mathcal{U} \to \mathrm{Gl}(n, \mathbb{R})$ dargestellt, derart daß $\widetilde{J}^2(x)$ für alle $x \in \mathcal{U}$ die negative Einheitsmatrix ist.

Ist M selbst eine komplexe Mannigfaltigkeit, so besitzt jeder Tangentialraum eine von dem komplexen Atlas von M herrührende ↗ komplexe Struktur.

Die fast komplexe Struktur J heißt integrabel, wenn sie auf diesem Wege durch eine komplexe Struktur auf M definiert ist. Eine notwendige und hinreichende Bedingung für die Integrabilität einer fast komplexen Struktur J ist das Nullwerden des sog. Nijenhuis-Tensors $N(J, J)$. Dieser ist ein Feld von antisymmetrischen bilinearen Abbildungen $N(J, J) : T(M) \times T(M) \to T(M)$, das durch

$$N(J,J)(X,Y) = [J(X), J(Y)] - J([X, J(Y)]) - J([J(X), Y]) - [X, Y]$$

definiert ist. Dabei sind X und Y zwei Vektorfelder, und $J(X)$ und $J(Y)$ ihre Bilder unter der linearen Abbildung J.

Der Kommutator $[.,.]$ von Vektorfeldern, der in dieser Formel auftritt, ist eine $\mathbb{R}$-lineare Abbildung, die zwei Vektorfeldern X und Y ein neues Vektorfeld $[X, Y]$ zuordnet. Man kann X und Y als Derivationen der Algebra $C^\infty(M)$ aller beliebig oft differenzierbaren reellwertigen Funktionen auf M ansehen, d. h., als $\mathbb{R}$-lineare Abbildung $X : f \in C^\infty(M) \to Xf \in C^\infty(M)$, die in bezug auf die Multiplikation von Funktionen $f, g \in C^\infty(M)$ die verallgemeinerte Produktregel

$$X(fg) = (Xf)g + f(Xg)$$

erfüllt. Diese Eigenschaft hat die Verknüpfung $X \circ Y$ zweier Derivationen nicht mehr, jedoch ihr Kommutator

$$[X, Y]f = X(Yf) - Y(Xf) = (X \circ Y - Y \circ X)f .$$

fast komplexer Zusammenhang, ein Zusammenhang ∇ auf einer ↗ fast komplexen Mannigfaltigkeit M, der für alle Vektorfelder X und Y auf M die Bedingung $\nabla_X(J(Y)) = J(\nabla_X Y)$ erfüllt, wobei J die ↗ fast komplexe Struktur von M ist.

Der Zusammenhang ∇ ist eine Abbildung, die jedem Paar (X, Y) von Vektorfeldern ein neues Vektorfeld $\nabla_X Y$ zuordnet, wobei für alle differenzierbaren Funktionen f und g auf M die Gleichung

$$\nabla_{fX_1+gX_2} Y = f\,\nabla_{X_1} Y + g\,\nabla_{X_2} Y$$

sowie die der Produktregel der Differentialrechung ähnelnde Gleichung $\nabla_X(fY) = (Xf)Y + f\,\nabla_X Y$ erfüllt sein sollen. Darin bezeichnet Xf die Richtungsableitung der Funktion in bezug auf das Vektorfeld X. Der Torsionstensor von ∇ ist die durch $T(X, Y) = \nabla_X Y - \nabla_Y X - [X, Y]$ definierte bilineare Abbildung des Raumes der Tangentialvektoren von M in sich.

Man kann fast komplexe Zusammenhänge mit dem ↗ Levi-Civita-Zusammenhang einer Riemannschen Mannigfaltigkeit vergleichen. Jedoch gibt es im Gegensatz zum Levi-Civita-Zusammenhang i. a. keinen eindeutig bestimmten fast komplexen Zusammenhang mit verschwindender Torsion.

[1] Kobayashi,S; Nomizu,K.: Foundations of Differential geometry II. Interscience Publishers, New-York/London 1963.

fast periodische Funktion, ↗ fastperiodische Funktion.

fast sichere Konvergenz, *Konvergenz fast überall*, *Konvergenz mit Wahrscheinlichkeit* 1, spezieller Konvergenzbegriff in der Wahrscheinlichkeitstheorie.

Eine Folge $(X_n)_{n\in\mathbb{N}}$ von auf dem Wahrscheinlichkeitsraum $(\Omega, \mathfrak{A}, P)$ definierten reellen Zufallsvariablen konvergiert P-fast sicher (kurz: P-f.s.), P-fast überall (kurz: P-f.ü.) oder mit Wahrscheinlichkeit 1 gegen eine ebenfalls auf $(\Omega, \mathfrak{A}, P)$ definierte reelle Zufallsvariable X, wenn

$$P(\{\omega \in \Omega : \lim_{n\to\infty} X_n(\omega) = X(\omega)\}) = 1$$

gilt.

Man schreibt $X_n \to X$ (P-f.s.), $X_n \xrightarrow{\text{f.s.}} X$ bzw. $X_n \to X$ (P-f.ü.), $X_n \xrightarrow{\text{f.ü.}} X$. Die P-fast sichere Konvergenz $X_n \xrightarrow{\text{f.s.}} X$ impliziert die stochastische Konvergenz $X_n \xrightarrow{P} X$, nicht aber umgekehrt.

Zum Nachweis der fast sicheren Konvergenz kennt man das Cauchy-Kriterium; dieses greift, wenn für alle $\omega \in \Omega$ außerhalb einer P-Nullmenge N das aus der Analysis bekannte Konvergenzkriterium von Cauchy für die Folge $(X_n(\omega))_{n\in\mathbb{N}}$ erfüllt ist, d. h. wenn für alle $\omega \notin N$ zu jedem $\varepsilon > 0$ ein n_0 existiert, so daß für alle $m, n > n_0$ gilt

$$|X_m(\omega) - X_n(\omega)| < \varepsilon .$$

Es gilt der folgende Satz:

Eine Folge $(X_n)_{n\in\mathbb{N}}$ reeller Zufallsvariablen auf einem Wahrscheinlichkeitsraum $(\Omega, \mathfrak{A}, P)$ konvergiert genau dann P-fast sicher gegen eine Zufallsvariable X auf dem gleichen Wahrscheinlichkeitsraum, wenn sie das Cauchy-Kriterium für die fast sichere Konvergenz erfüllt.

Für alle $\omega \in \Omega$ außerhalb einer P-Nullmenge gilt dann $X(\omega) = \lim_{n\to\infty} X_n(\omega)$.

fast sicheres Ereignis, ↗ Ereignis.

fast überall gültige Eigenschaften, Eigenschaften, beispielsweise einer Funktion, die für fast alle Elemente ihres Definitionsbereichs, d. h. mit Ausnahme höchstens einer Nullmenge, zutreffen.

So heißt etwa eine Funktion fast überall stetig, wenn die Menge ihrer Unstetigkeitsstellen eine Nullmenge ist.

Eine maßtheoretisch exakte Definition lautet wie folgt: Es sei Ω eine Menge, $\mathcal{M} \in \mathcal{P}(\Omega)$ eine Teilmenge der Potenzmenge $\mathcal{P}(\Omega)$ über Ω, μ ein ↗Maß auf $\mathcal{M}$ und E eine Eigenschaft, die für jeden Punkt $\omega \in \Omega$ definiert, ob sie für ihn zutrifft oder nicht. Dann sagt man, daß die Eigenschaft E μ-fast überall auf Ω oder für μ-fast alle $\omega \in \Omega$ gilt, wenn sie bis auf eine Menge vom Maß Null gilt.

Oft kann man Eigenschaften von Funktionen nicht für den ganzen Definitionsbereich erschließen, aber immerhin fast überall, d. h. die Ausnahmestellen sind in einem gewissen Sinn zu vernachlässigen. Der Ableitungssatz von Fubini z. B. besagt (unter anderem), daß die punktweise konvergente Reihe einer Folge isotoner oder antitoner Funktionen fast überall differenzierbar ist.

fast überall stetige Funktion, bis auf eine Nullmenge stetige Funktion, d. h., die Menge der Punkte, in denen die betrachtete Funktion unstetig ist, bilden eine Nullmenge (im Lebesgueschen Sinne). Auf Henri Lebesgue geht die folgende Charakterisierung von Riemann-Integrierbarkeit zurück:

Eine Funktion f ist auf einem beschränkten Intervall genau dann Riemann-integrierbar, wenn sie dort beschränkt und fast überall stetig ist.

Fast-Eigenschwingung, auch Quasimode genannt, asymptotische Lösung im Rahmen der quasiklassischen Asymptotik einer zumeist linearen Wellengleichung, die einem Eigenwertproblem entspricht.

Eine typische Anwendung ist die Betrachtung der Eigenschwingungen einer Membran. Allerdings ist die Konvergenz der asymptotischen Reihe oft nicht gegeben, wie man durch Symmetrieüberlegungen bei dreieckigen Membranen zeigen kann. Fast-Eigenschwingungen werden auch in der Magnetohydrodynamik und in der klassischen allgemeinen Relativitätstheorie betrachtet.

Fast-Metrik, Abstandsstruktur auf einer Menge, die bis auf eine Eigenschaft einer Metrik entspricht.

Es sei M eine Menge. Dann heißt eine Abbildung $d : M \times M \to \mathbb{R}$ eine Fast-Metrik, falls die folgenden drei Eigenschaften erfüllt sind.

(1) $d(x, x) = 0$ für alle $x \in M$;
(2) $d(x, y) = d(y, x)$ für alle $x, y \in M$;
(3) $d(x, y) \leq d(x, z) + d(z, y)$ für alle $x, y, z \in M$.

Gilt auch noch $d(x, y) > 0$ für $x \neq y$, so spricht man von einer Metrik.

Fastperiode, ↗fastperiodische Funktion.

fastperiodische Funktion, eine stetige Funktion $f : \mathbb{R} \to \mathbb{C}$, die die folgenden, zueinander äquivalenten Bedingungen erfüllt:

1. Für jedes $\varepsilon > 0$ ist die Menge der ε-Fastperioden von f relativ dicht in $\mathbb{R}$. Man nennt $t \in \mathbb{R}$ eine ε-Fastperiode von f, wenn $|f_t(x) - f(x)| < \varepsilon$ gilt für alle $x \in \mathbb{R}$, und eine Menge $M \subset \mathbb{R}$ heißt relativ dicht, wenn es ein $\ell > 0$ so gibt, daß jedes Intervall in $\mathbb{R}$ mit einer Länge $\geq \ell$ einen Punkt aus M enthält. $f_t : \mathbb{R} \to \mathbb{R}$ für $t \in \mathbb{R}$ ist die Translation von f um t, d. h. $f_t(x) = f(t + x)$ für $x \in \mathbb{R}$.
2. f läßt sich gleichmäßig durch trigonometrische Polynome approximieren, d. h. zu jedem $\varepsilon > 0$ gibt es $n \in \mathbb{N}$, $c_1, \dots, c_n \in \mathbb{C}$ und $\lambda_1, \dots \lambda_n \in \mathbb{R}$ mit $|f(x) - \sum_{k=1}^{n} c_k e^{i\lambda_k x}| < \varepsilon$ für alle $x \in \mathbb{R}$.
3. Für jede Folge $(\alpha_n) \in \mathbb{R}^{\mathbb{N}}$ besitzt die Funktionenfolge (f_{α_n}) eine gleichmäßig konvergente Teilfolge.

Jede fastperiodische Funktion ist beschränkt und gleichmäßig stetig. Fastperiodische Funktionen als Verallgemeinerung periodischer Funktionen wurden 1925 von Harald August Bohr über 1. eingeführt. Die Äquivalenz von 1. und 3. hat 1927 Salomon Bochner bewiesen, und diejenige von 1. und 2. (Approximationssatz von Bohr) besagt, daß die Menge der fastperiodischen Funktionen gerade der Abschluß des Unterraums der trigonometrischen Polynome im Raum der beschränkten stetigen Funktionen $\mathbb{R} \to \mathbb{C}$ bzgl. der Supremumsnorm ist, sie bildet insbesondere – im Gegensatz zu den stetigen periodischen Funktionen $P = P(\mathbb{R})$ – einen Vektorraum $AP = AP(\mathbb{R})$. Dieser ist also ein abgeschlossenenr Unterraum des Banachraums $C^b(\mathbb{R})$ aller stetigen beschränkten Funktionen auf $\mathbb{R}$, man nennt ihn auch Bohr-Raum. Unter der punktweisen Multiplikation ist AP sogar eine C^*-Algebra, deren Raum der maximalen Ideale Bohr-Kompaktifizierung genannt wird.

Offensichtlich gilt $P \subset AP$, und das trigonometrische Polynom $e^{ix} + e^{i\pi x}$ zeigt $P \subsetneq AP$. Für jedes $f \in AP$ und $a \in \mathbb{R}$ existiert das Mittel

$$m_B(f) = \lim_{T \to \infty} \frac{1}{2T} \int_{a-T}^{a+T} f(t)\, dt$$

und ist unabhängig von a. Für $f \geq 0$ ist $m_B(f) = 0$ genau für $f = 0$. Durch $\langle f, g \rangle_B := m_B(f\bar{g})$ wird ein Skalarprodukt $\langle\ ,\ \rangle_B$ auf AP definiert mit zugehöriger Norm $\|\ \|_B$. Man bezeichnet Konvergenz bzgl. $\|\ \|_B$ als Konvergenz im Bohrschen Mittel. Die für $\lambda \in \mathbb{R}$ durch $e_\lambda(x) = e^{i\lambda x}$ $(x \in \mathbb{R})$ gegebenen Funktionen $e_\lambda \in AP$ bilden bzgl. $\langle\ ,\ \rangle_B$ ein Orthonormalsystem. Daher gilt für $f \in AP$ die Bessel-Ungleichung:

$$\|f\|_B^2 \geq \sum_{\lambda \in \mathbb{R}} |\langle f, e_\lambda \rangle_B|^2$$

Die Zahlen $\langle f, e_\lambda \rangle_B$, genannt Fourier-Koeffizienten von f, sind eine Verallgemeinerung der Fourier-Koeffizienten periodischer Funktionen. Man nennt die (höchstens abzählbare) Menge $\{\lambda \in \mathbb{R} \mid \langle f, e_\lambda \rangle_B \neq 0\}$ das Bohr-Spektrum von f. Eine fastperiodische Funktion ist durch ihre Fourier-Koeffizienten eindeutig bestimmt. Aus dem Approximationssatz von Bohr folgt, daß $(e_\lambda)_{\lambda \in \mathbb{R}}$ eine Orthonormalbasis von AP ist und somit für $f \in AP$ die Parseval-Gleichung

$$\|f\|_B^2 = \sum_{\lambda \in \mathbb{R}} |\langle f, e_\lambda \rangle_B|^2$$

gilt sowie $f = \sum_{\lambda \in \mathbb{R}} \langle f, e_\lambda \rangle_B e_\lambda$, wobei die Reihenkonvergenz bzgl. $\| \ \|_B$ zu verstehen ist.

Es gibt mehrere andere Definitionen für fastperiodische Funktionen, die sich von der obigen durch eine andere oder allgemeinere Definition von Fastperioden und Translationen und vor allem durch die Benutzung anderer Metriken beim Bilden des Abschlusses der trigonometrischen Polynome unterscheiden. So lassen sich fastperiodische Funktionen auch auf allgemeineren Gruppen anstelle von $(\mathbb{R}, +)$ als Definitionsbereich und mit einem Banachraum anstelle von $\mathbb{C}$ als Zielbereich betrachten:

Eine Funktion $f \in C^b(\mathbb{R})$ ist genau dann fastperiodisch, wenn die Menge der Translate $\{f_h : h \in \mathbb{R}\}$, wo $f_h(x) = f(x+h)$, relativ kompakt im Banachraum $C^b(\mathbb{R})$ ist. Daher definiert man eine fastperiodische Funktion auf einer Gruppe G als eine beschränkte Funktion, deren Translate $_gf_h : x \mapsto f(gxh)$ relativ kompakt im Banachraum der beschränkten Funktionen auf G liegen.

[1] Besicovitch, A. S.: Almost Periodic Functions. Dover Publ. New York, 1954.

[2] Bohr, H.: Fastperiodische Funktionen. Springer Berlin, 1932.

[3] Corduneanu, C.: Almost Perdiodic Functions. Interscience Publ. New York, 1968.

[4] Maak, W.: Fastperiodische Funktionen. Springer Berlin, 1950.

Fatio-Verfahren, ↗Konvergenzbeschleunigung bei Reihen.

Fatou, Lemma von, eine Aussage über die Integrale einer Folge meßbarer Funktionen.

Es sei $(\Omega, \mathcal{A}, \mu)$ ein ↗Maßraum, $(f_n : \Omega \to \overline{\mathbb{R}} \mid f_n$ $\mathcal{A}$-$\mathcal{B}(\overline{\mathbb{R}})$−meßbar für alle $n \in \mathbb{N})$ eine Folge meßbarer Funktionen, und es existiere das μ-Integral der Funktion $f : \Omega \to \overline{\mathbb{R}}$.

Dann gilt

(a) Ist $\int f d\mu > -\infty$ und $f_n \geq f$ fast überall für alle $n \in \mathbb{N}$, so gilt

$$\int \underline{\lim} f_n d\mu \leq \underline{\lim} \int f_n d\mu .$$

(b) Ist $\int f d\mu < \infty$ und $f_n \leq f$ fast überall für alle $n \in \mathbb{N}$, so gilt

$$\int \overline{\lim} f_n d\mu \geq \overline{\lim} \int f_n d\mu .$$

Fatou, Pierre Joseph Louis, französischer Mathematiker und Astronom, geb. 28.2.1878 Lorient (Frankreich), gest. 9.8.1929 Pornichet (Frankreich).

Fatou studierte 1898 bis 1900 an der Ecole Normale Superieure und wirkte ab 1901 am Observatorium in Paris.

Neben seinen astronomischen Arbeiten (er untersuchte die Bewegung der Planeten) leistete er viele Beiträge zur Mathematik. Auf dem Gebiet der Funktionentheorie untersuchte er den Grenzwert einer im Einheitskreis beschränkten Funktion bei radialer Annäherung an den Rand, die Konvergenz von Potenzreihen holomorpher Funktionen (↗Fatou-Riesz, Konvergenzsatz von) und Iterationen von rationalen komplexen Funktionen.

Fatous Dissertation (1906) war die erste systematische Untersuchung von Randeigenschaften analytischer Funktionen. Sie stellte den Ausgangspunkt für die Theorie der Clustermengen dar und war Basis für weitere fundamentale Untersuchungen über das Randverhalten analytischer Funktionen von F. and M. Riesz, Lusin, Privalow, Nevanlinna, Plessner, Smirnow und anderen.

In der Theorie der Lebesgue-Integration ist das Lemma von Fatou über die Integrierbarkeit der Grenzfunktion einer Folge meßbarer Funktionen bekannt.

Fatou, Satz von, Aussage in der Funktionentheorie, die wie folgt lautet:

Es sei f eine in $\mathbb{E} = \{z \in \mathbb{C} : |z| < 1\}$ beschränkte, ↗holomorphe Funktion.

Dann existiert für fast alle $t \in [0, 2\pi)$ der radiale Grenzwert

$$f^*(e^{it}) := \lim_{r\to 1} f(re^{it}), \qquad (1)$$

und es gilt $f^* \in L^\infty(\mathbb{T})$, *wobei* $\mathbb{T} = \partial\mathbb{E}$. *Weiter gilt*

$$\|f\|_\infty = \sup_{z\in\mathbb{E}} |f(z)| = \|f^*\|_\infty = \operatorname{ess\,sup}_{\zeta\in\mathbb{T}} |f^*(\zeta)|.$$

Schließlich gilt für $z \in \mathbb{E}$ *die Cauchysche Integralformel*

$$f(z) = \frac{1}{2\pi i} \int_{\mathbb{T}} \frac{f^*(\zeta)}{\zeta - z} d\zeta.$$

Ist umgekehrt $f^* \in L^\infty(\mathbb{T})$ gegeben, so existiert eine in $\mathbb{E}$ beschränkte, holomorphe Funktion f derart, daß (1) gilt genau dann, wenn

$$\int_0^{2\pi} f^*(e^{it})e^{int}\,dt = 0$$

für alle $n \in \mathbb{N}$.

Dieser Satz von Fatou (1906) war eine der ersten Anwendungen der Lebesgueschen Integrationstheorie.

Fatou-Hurwitz-Pólya, Satz von, Aussage in der Funktionentheorie, die wie folgt lautet.

Es sei $f(z) = \sum_{n=0}^\infty a_n z^n$ *eine Potenzreihe mit* ↗*Konvergenzkreis* $B_R(0)$, $R \in (0,\infty)$. *Für jede Folge* $\varepsilon = (\varepsilon_n)$ *mit* $\varepsilon_n \in \{-1, +1\}$ *sei*

$$g_\varepsilon(z) := \sum_{n=0}^\infty \varepsilon_n a_n z^n.$$

Weiter sei $\mathcal{F}$ *die Menge aller Funktionen* g_ε *derart, daß* $B_R(0)$ *das* ↗*Holomorphiegebiet von* g_ε *ist.*

Dann hat $\mathcal{F}$ *die Mächtigkeit des Kontinuums, d. h., die Mächtigkeit von* $\mathbb{R}$.

Hausdorff hat unter der zusätzlichen Voraussetzung

$$\limsup_{n\to\infty} \sqrt[n]{|a_n|} = \lim_{n\to\infty} \sqrt[n]{|a_n|}$$

gezeigt, daß es dann sogar höchstens abzählbar viele Funktionen g_ε gibt, die nicht in $\mathcal{F}$ liegen.

Fatou-Menge, Normalitätsmenge der Folge (f^n) der Iterierten einer rationalen Funktion f (↗Iteration rationaler Funktionen, ↗iterierte Abbildung).

Noch genauer ist die Fatou-Menge $\mathcal{F}$ von f die Menge aller $z \in \widehat{\mathbb{C}}$ derart, daß die Folge (f^n) in einer offenen Umgebung von z eine ↗normale Familie ist. Es ist $\mathcal{F}$ stets eine offene Menge, aber es kann vorkommen, daß $\mathcal{F}$ leer ist.

Ausführliche Informationen sind unter dem Stichwort ↗Iteration rationaler Funktionen zu finden, siehe auch ↗ Julia-Menge.

Fatou-Riesz, Konvergenzsatz von, Aussage aus der Funktionentheorie über die Konvergenz einer Potenzreihe.

Es sei

$$f(z) = \sum_{n=0}^\infty a_n z^n$$

eine Potenzreihe mit $\lim_{n\to\infty} a_n = 0$ *und* ↗*Konvergenzkreis* $B_R(0)$, $R \in (0,\infty)$. *Weiter sei* $L \subset \partial B_R(0)$ *ein Holomorphiebogen von* f, *d. h.* L *ist ein abgeschlossener Kreisbogen, und* f *ist in jeden Punkt von* L ↗*holomorph fortsetzbar.*

Dann konvergiert die Potenzreihe gleichmäßig auf L *gegen die holomorphe Fortsetzung von* f *nach* L.

Man beachte, daß wegen der Voraussetzung $\lim_{n\to\infty} a_n = 0$ automatisch $R \geq 1$ gilt.

Aus dem Satz von Fatou-Riesz folgt zum Beispiel, daß die Potenzreihe

$$\sum_{n=1}^\infty \frac{z^n}{n}$$

auf $\partial\mathbb{E} \setminus \{1\}$ kompakt konvergent ist, denn es gilt

$$\log(1 - z) = -\sum_{n=1}^\infty \frac{z^n}{n},$$

und die Logarithmusfunktion ist in jeden Punkt $c \in \partial\mathbb{E} \setminus \{1\}$ holomorph fortsetzbar.

Faulhaber, Johannes, deutscher Mathematiker, Ingenieur und Festungsbaumeister, geb. 5.5.1580 Ulm, gest. 1635 Ulm.

Faulhaber erlernte zunächst das Weberhandwerk, erhielt aber auch Unterricht bei einem Rechenmeister. Mit 20 Jahren wurde er als Rechenmeister, Eichmesser, Feldvermesser und Lehrer der Stadt Ulm angestellt. Er unterrichtete aber auch in Basel, Frankfurt am Main, Schaffhausen und Fürstenberg. Neben diesen Tätigkeiten war vor allem sein Talent beim Festungsbau gefragt. Er verbesserte auch mathematische Instrumente und Feldmeßgeräte.

Seine mathematischen Leistungen liegen in der Bestimmung der Summenformeln der Potenzen der natürlichen Zahlen,

$$S(n,p) := \sum_{i=1}^{n} i^p ,$$

bis $p = 13$. Er gab für diese Summenformeln Polynome an, konnte aber nicht beweisen, daß für alle Potenzen p ein solches Polynom existiert.

Faulhaber trug zur Verbreitung der Logarithmen bei und arbeitete mit Kepler, van Ceulen und Descartes zusammen.

fault tree analysis, ↗Fehlerbaumanalyse.

Fedosow-Mannigfaltigkeit, eine ↗symplektische Mannigfaltigkeit zusammen mit einer torsionsfreien symplektischen kovarianten Ableitung.

Fedosow-Mannigfaltigkeiten spielen eine wichtige Rolle in der ↗Deformationsquantisierung.

Feed-Back-Netz, *rekursives Netz*, *rückgekoppeltes Netz*, Bezeichnung für ein ↗Neuronales Netz, dessen zugrundeliegender schlichter gerichteter ↗Graph G mindestens einen geschlossenen gerichteten Pfad enthält.

Feed-Forward-Netz, *vorwärtsgekoppeltes Netz*, *vorwärtsgerichtetes Netz*, Bezeichnung für ein ↗Neuronales Netz, dessen zugrundeliegender schlichter gerichteter ↗Graph G keinen geschlossenen gerichteten Pfad enthält.

Fefferman, Charles Louis, amerikanischer Mathematiker, geb. 18.4.1949 Washington (D.C.).

Fefferman gilt als Wunderkind, bereits mit 12 Jahren soll er die Differential- und Integralrechnung beherrscht haben. Im Alter von 17 Jahren, 1966, schloß er sein Studium an der Universität von Maryland ab. Er ging dann an die Universität Princeton, promovierte dort 1969 und lehrte dort bis 1970. Er wechselte dann an die Universität Chicago, an der er 1971 der jüngste jemals in den USA berufene ordentliche Professor wurde. Seit 1973 wirkt er wieder als Professor an der Universität Princeton und nahm viele Gastprofessuren, u. a. an den Universitäten in Maryland und Paris, am Courant-Institut in New York und am Mittag-Leffler-Institut in Stockholm an.

Fefferman erzielte wichtige neue Erkenntnisse zur mehrdimensionalen komplexen Anlysis. Er untersuchte die Konvergenz mehrdimensionaler Fourier-Reihen und andere Probleme der harmonischen Analyse sowohl im $\mathbb{R}^n$ als auch auf dem n-dimensionalen Torus, löste Probleme aus der Theorie partieller Differentialgleichungen, über Hardy-Räume bzw. singuläre Integrale. Oft gelang ihm eine geschickte Verallgemeinerung von klassischen Ergebnissen für niedrige Dimensionen auf höherdimensionale Räume. Ein herausragendes Forschungsgebiet Feffermans ist die Theorie der Funktionen mehrerer komplexer Variabler, in der er ab 1973 über Bergmann-Kerne, biholomorphe Abbildungen und die Struktur pseudokonvexer Gebiete grundlegende Resultate vorlegte und in Zusammenarbeit mit mehreren anderen Mathematikern zahlreiche Anwendungen seiner Ideen gab.

Für seine tiefliegenden mathematischen Leistungen wurde Fefferman mehrfach geehrt. 1978 erhielt er die ↗Fields-Medaille für seine Untersuchungen zum Verhalten mehrdimensionaler Fourier-Reihen und singulärer Integraloperatoren sowie für seine Beiträge zur komplexen Analysis, 1992 den Bergman-Preis für seinen Arbeiten zum Bergman-Kern.

fehlende Werte, ↗Ersetzen fehlender Werte.

Fehler erster Art, Begriff aus der Testtheorie.

Als Fehler erster Art bezeichnet man dort die Fehlentscheidung, die in der Ablehnung einer richtigen Nullhypothese besteht. Die Wahrscheinlichkeit für den Fehler erster Art wird auch als Irrtumswahrscheinlichkeit bezeichnet (↗Signifikanztest).

Fehler zweiter Art, Begriff aus der Testtheorie.

Als Fehler zweiter Art bezeichnet man dort die Fehlentscheidung, die in der Annahme einer falschen Nullhypothese besteht.

Fehleranalyse, Untersuchung und Quantifizierung des Fehlers, mit dem ein numerisches Verfahren (↗Numerische Mathematik) behaftet sein kann.

Ziel ist es, Vorhersagen über die Abweichung des berechneten Resultats von der exakten Lösung zu machen. Als potentielle Fehlerquellen unterscheidet man den Verfahrensfehler, d. h. den analytischen Fehler der Methode, den Eingabefehler, der durch nicht ausreichend bekannte Eingabedaten entsteht, und den Rundungsfehler, falls auch der Einfluß der endlichen Zahlendarstellung einer Rechenanlage mit berücksichtigt wird.

Als weitere Fehlerquellen wären noch Fehler systematischer Art in der praktischen Umsetzung zu nennen, wie etwa Programmierfehler oder Überlauf der verwendeten Gleitkommaarithmetik. Solche Fehler lassen sich nur schwer erfassen und werden in der quantitativen Fehleranalyse nicht berücksichtigt.

Bei den eigentlichen Techniken unterscheidet man zwischen der ↗Vorwärts- und der ↗Rückwärtsfehleranalyse.

Fehlerbaum, ↗Fehlerbaumanalyse.

Fehlerbaumanalyse, *fault tree analysis*, eine in der ↗Zuverlässigkeitstheorie angewendete Methode, die Wahrscheinlichkeit für einen Systemausfall bzw. für die Lebensdauer komplexer Systeme auf der Basis der ↗Ausfallwahrscheinlichkeit bzw. ↗Lebensdauerverteilung von Systemelementen oder Teilsystemen zu berechnen. Unter einem Fehlerbaum versteht man ein Modell, welches graphisch und logisch die verschiedenen Kombinationen von Ereignissen, die in einem Hauptereignis gipfeln, darstellt. Die Ereignisse entsprechen dabei Element- und Teilsystemausfällen; das Hauptereignis ist der Systemausfall. Zur Darstellung von Fehlerbäumen verwendet man bestimmte Symbole, siehe Abbildung 1.

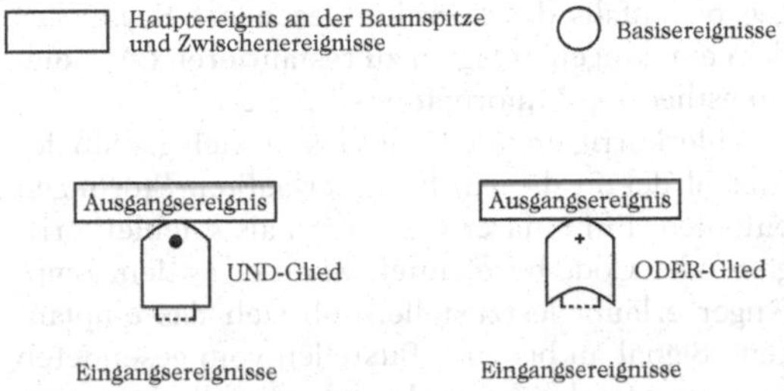

Abbildung 1: Symbole zur Konstruktion von Fehlerbäumen

Abbildung 2 zeigt ein sogenanntes 2-aus-3-System als Fehlerbaum. Ein solches Sytem funktioniert genau dann, wenn mindestens 2 der 3 Systemkomponenten funktionieren. Dies ist etwa bei einem mit 3 Triebwerken ausgerüsteten Flugzeug der Fall, das auch noch fliegt, wenn nur 2 Triebwerke intakt sind, und erst dann ausfällt, wenn nur ein oder kein Triebwerk mehr funktioniert.

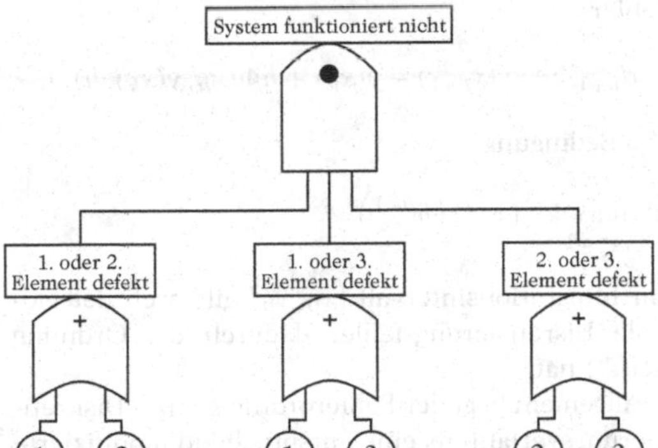

Abbildung 2: Fehlerbaumdarstellung eines 2-aus-3-Systems

Die Aufstellung von Fehlerbäumen erweist sich bei komplexen Systemen oft als sehr zeitaufwendig. Man versucht deshalb, durch Softwaresysteme die Aufstellung der Bäume und die nachfolgende Berechnung der Ausfallwahrscheinlichkeiten von Teilsystemkomponenten zu automatisieren.

Ziel der Fehlerbaumanalyse ist es, herauszufinden, welche Ereignisse mit hoher Wahrscheinlichkeit zum Systemausfall führen. Man versucht dann durch geeignete Änderung des Systems die Ausfallwahrscheinlichkeit zu verringern (in unserem Beispiel könnte man die Ausfallwahrscheinlichkeit des Flugzeugs etwa durch Einbau eines vierten Triebwerks verringern).

Die Zuverlässigkeitstheorie stellt auch Methoden zur Änderung des Systems bereit, die zur Verringerung der Ausfallwahrscheinlichkeit von Teilsystemen und des Gesamtsystems führen.

[1] Hartung, J., Elpelt, B., Klösener, K.-H.: Statistik. R. Oldenbourg Verlag, München/Wien 1989.

Fehlerdifferentialgleichung, eine für die Korrektur einer Approximation einer gewöhnlichen Differentialgleichung gewonnene neue Differentialgleichung.

Ist z. B. die Anfangswertaufgabe

$$\begin{aligned} Ty(t) &:= y'(t) - f(t, y(t)) = 0, \ t \in [0, \bar{t}], \\ y(0) &= \eta \end{aligned}$$

gegeben, und $\tilde{y}$ eine irgendwie berechnete Näherung, dann läßt sich für den Fehler $e := y - \tilde{y}$ die Fehlerdifferentialgleichung

$$e'(t) = y'(t) - \tilde{y}'(t) = f(t, y) - f(t, \tilde{y}) - T\tilde{y}(t)$$

herleiten. Aus dieser folgt bei hinreichender partieller Differenzierbarkeit von f bzgl. des zweiten Arguments die Differentialgleichung

$$e'(t) = \sum_{i=1}^{n-1} \frac{e^i(t)}{i!} \frac{\partial^i f}{\partial y^i}(t, \tilde{y}) + R_n(t) - T\tilde{y}(t)$$

mit dem Restglied

$$R_n(t) = \frac{e^n(t)}{n!} \frac{\partial^n f}{\partial y^n}(t, \tilde{y} + \xi e), \ \xi \in [0, 1].$$

Durch spezielle Wahl von n (i.allg. $n = 1$ oder 2) und entsprechende Abschätzungen lassen sich verschiedene Differentialungleichungen gewinnen, deren Lösungen Schranken für den Fehler e ergeben. Daraus erhält man unmittelbar Schranken für die Lösung des ursprünglichen Problems.

Die Methodik läßt sich auf Systeme von Differentialgleichungen ebenso anwenden. Außerdem gibt es bei fehlender Differenzierbarkeit von f weitere Möglichkeiten, aus der Fehlerdifferentialgleichung Schranken für e zu gewinnen.

fehlererkennender Code, ein Code, der es dem Empfänger erlaubt, verschiedene während der Übertragung durch einen Kanal erfolgte Störungen des übertragenen Signals zu erkennen (↗Codierungstheorie, ↗Informationstheorie).

Fehlererkennende Codes lassen sich gemäß der Anzahl der in diesem Sinne erlaubten Störungen einteilen. Ein binärer Code wird als k-fehlererkennender Code bezeichnet, wenn er es dem Empfänger erlaubt festzustellen, ob sich das empfangene Signal an bis zu k Bitstellen vom gesendeten Signal unterscheidet, wobei dem Empfänger das gesendete Signal nicht bekannt ist.

Beispiele für 1-fehlerkennende Codes sind die Codierung durch ↗Parity Bits und die ↗CRC Codes.

Fehlerfortpflanzung, die Tatsache, daß sich bei einem Berechnungsverfahren jedweder Art, beispielsweise in der ↗Numerischen Mathematik, ein Fehler fortschreibt und dabei u.U. anwächst, aber auch abklingen kann.

Eine quantitative Aussage hierüber geht auf C.F. Gauß zurück (↗Gauß, Fehlerfortpflanzungsgesetz von).

Fehlerfunktion, im Sinne der ↗Approximationstheorie diejenige Funktion, die die Differenz zwischen der zu approximierenden Funktion und ihrer (besten) Approximation angibt.

Ist also beispielsweise p die beste Approximation von $f \in C[a, b]$, so ist die zugehörige Fehlerfunktion e definiert durch

$$e(x) = f(x) - p(x).$$

Das Alternatenverhalten der Fehlerfunktion charakterisiert im Falle ↗Haarscher Räume die beste Approximation (↗Alternantensatz).

In der Theorie spezieller Funktionen verwendet man den Begriff der Fehlerfunktion auch als abkürzendes Synonym für die durch das Integral

$$\operatorname{erf}(z) := \frac{2}{\sqrt{\pi}} \int_0^z e^{-t^2}\, dt \quad (z \in \mathbb{C})$$

definierte ↗Gaußsche Fehlerfunktion; man vergleiche dort für weitere Information.

Fehlerindikator, Funktion, die bei ↗adaptiven Diskretisierungsverfahren jedem Gitterbereich einen Wert zuweist, der als „Ersatz" (Indikator) für den unbekannten lokalen ↗Diskretisierungsfehler dient.

Anhand dieses Wertes soll dann entschieden werden, ob der Gitterbereich weiter verfeinert werden muß, um die vorgegebene Zielgenauigkeit zu erreichen.

Sei etwa zur Lösung eine partiellen Differentialgleichung $Lu = f$ die Finite-Elemente-Methode angewandt, welche mit einer Triangulation B eine Näherung $\tilde{u}$ ergäbe. Einen Fehlerindikator $\tau(E)$ für die Elemente $E \in B$ kann man z. B. aus dem Residuum

$$r := Lu - f$$

ableiten, von dem man annehmen darf, daß es zumindest lokal proportional zum Fehler $e := u - \tilde{u}$ ist. Die Verfeinerung der Elemente wird dann je nach Heuristik aus den unterschiedlichen Werten der $\tau(E)$ abgeleitet, um die jeweilen Indikatorwerte zu verringern. Einfachstes Beispiel ist die Festlegung auf eine globale Obergrenze für die $\tau(E)$.

fehlerkorrigierender Code, ein Code, der es dem Empfänger erlaubt, verschiedene während der Übertragung durch einen Kanal erfolgte Störungen des übertragenen Signals zu erkennen und gegebenenfalls das korrekte gesendete Signal aus dem empfangenen Signal zu restaurieren (↗Codierungstheorie, ↗Informationstheorie).

Fehlerkorrigierende Codes lassen sich gemäß der Anzahl der in diesem Sinne erlaubten Störungen einteilen. Ein binärer Code wird als k-fehlerkorrigierender Code bezeichnet, wenn er es dem Empfänger erlaubt festzustellen, ob sich das empfangene Signal an bis zu k Bitstellen vom gesendeten Signal unterscheidet, und gegebenenfalls das gesendete Signal aus dem empfangenen Signal zu restaurieren.

Ein Beispiel für einen 1-fehlerkorrigiendem Code stellt der ↗Hamming-Code dar.

Fehlerordnung, Klassifizierungsbegriff von ↗Diskretisierungsverfahren zur näherungsweisen Lösung von Differentialgleichungen.

Im einfachsten Fall sei $y_{k+1} = h\Phi(x_k, y_k, h)$, $k = 0, 1, 2, \ldots$ ein explizites ↗Einschrittverfahrens für gewöhnliche Differentialgleichungen der Form $y' = f(x, y)$. Dann hat dieses die Fehlerordnung p, wenn für seinen lokalen Diskretisierungsfehler

$$d_{k+1} := y(x_{k+1}) - y(x_k) + h\Phi(x_k, y(x_k), h)$$

die Bedingung

$$\max_{1 \le k \le n} |d_k| = O\left(h^{p+1}\right)$$

im Integrationsintervall $[x_0, x_n]$ gilt, weil der globale Disretisierungsfehler dadurch die Ordnung $O\left(h^p\right)$ hat.

Allgemein liegt der Fehlerordnung eines Diskretisierungsverfahrens eine entsprechend modifizierte Definition zu Grunde, die einem globalen Diskretisierungsfehler der Form $O\left(h^p\right)$ die Ordnung p zuordnet.

Fehlerquellen, ↗Fehleranalyse.

Fehlerrate, Maß für den Anteil von Fehlern bei einem Prozeß, beispielsweise einer Datenübertragung.

Treten bei n Informationsbits k Fehler auf, so beträgt die Fehlerrate k/n, die Informationsrate $(n - k)/n$.

Fehlerrückführungsnetz, allgemein ein ↗Neuronales Netz, das im ↗Lern-Modus dadurch konfiguriert wird, daß seine Fehler auf den jeweiligen

Trainingswerten zur Korrektur der Netzparameter ins Netz zurückgeführt werden.

Bisweilen wird der Begriff Fehlerrückführungsnetz auch als synonyme Bezeichnung für ↗Backpropagation-Netz verwendet.

Fehlerschätzer, ↗Fehlerindikator.

Feigenbaum-Bifurkation, einfaches Beispiel einer Bifurkation, bei der Periodenverdopplung auftritt.

Wir betrachten die Abbildung

$$f : \mathbb{R} \to \mathbb{R},\ x \mapsto rx(1-x)$$

mit $r > 0$, die ↗logistische Parabel. Durch Iteration erhält man ein diskretes ↗dynamisches System, indem man den Zustand des Systems zum Zeitpunkt $n \in \mathbb{N}_0$ mit x_n bezeichnet, und rekursiv definiert

$$x_{n+1} := f(x_n) = rx_n(1-x_n)\,.$$

Durch numerische Experimente erkennt man im sog. Feigenbaum-Diagramm, daß dieses dynamische System sehr empfindlich von der Wahl des Parameters r abhängt. Es gibt einen kritischen Parameter $r_1 > 0$ so, daß für $r \in (0, r_1)$ jeweils genau ein Fixpunkt existiert, der ab dem kritischen Wert r_1 in zwei stabile Grenzzyklen aufspaltet. Bei einem weiteren kritischen Parameter r_2 verdoppeln sich diese wieder, usw. Für $r \in (r_n, r_{n+1})$ gibt es 2^n stabile Grenzzykel und einen periodischen Orbit der Periode 2^n. Für $r \le r_\infty$ geht das dynamische System schließlich ins Chaos über. Dieses Verhalten wird als Feigenbaum-Phänomen bezeichnet.

Feigenbaum berechnete numerisch den heute als Feigenbaum-Konstante bezeichneten Grenzwert

$$\lim_{k\to\infty} \frac{r_k - r_{k-1}}{r_{k+1} - r_k} = 4,669201609\cdots =: \delta\,.$$

Die sog. Universalitätshypothese von Feigenbaum besagt, daß in allen Übergängen zum Chaos, die auf Periodenverdopplung beruhen, diese Konstante δ auftritt. Diese Hypothese wurde bisher lediglich mittels Computerunterstützung für viele diskrete dynamische Systeme in $\mathbb{R}$, die durch Iteration definiert sind, gezeigt.

Feigenbaum-Diagramm, ↗Feigenbaum-Bifurkation.

Feigenbaum-Phänomen, ↗Feigenbaum-Bifurkation.

feine Garbe, wichtiger Begriff in der Garben-Kohomologie-Theorie.

Sei D ein parakompakter Hausdorffraum und $\mathcal{S}$ eine Garbe von abelschen Gruppen über D. Sei weiterhin $\{U_i\}$ eine lokal endliche offene Überdeckung von D. Eine Partition der Eins der Garbe $\mathcal{S}$ „passend" zu der Überdeckung $\{U_i\}$ ist eine Menge von Garbenhomomorphismen $\eta_i : \mathcal{S} \to \mathcal{S}$ mit den folgenden Eigenschaften:

(i) η_i ist in einer offenen Umgebung des Komplementes von U_i die Nullabbildung.

(ii) $\sum_i \eta_i = 1$, die identische Abbildung der Garbe $\mathcal{S}$.

Eine Garbe von abelschen Gruppen $\mathcal{S}$ heißt fein, wenn es zu jeder lokal endlichen offenen Überdeckung eine in diesem Sinne „passende" Partition der Eins gibt.

feiner Modulraum, Lösung eines Modulproblems, bei dem der Modulfunktor darstellbar ist.

feinere Topologie, Beziehung zwischen zwei topologischen Strukturen.

Sind M_1 und M_2 zwei Systeme offener Mengen und T_1 bzw. T_2 die durch sie definierten Topologien, so heißt M_1 feiner als M_2 (bzw. M_2 gröber als M_1), wenn $T_2 \subset T_1$ gilt.

Feinstruktur der Energieniveaus, Struktur in den Energieniveaus der Atome, die ihren Ursprung in relativistischen Effekten hat.

Die Vielfalt der Spektren kann durch die Berechnung der Energieniveaus eines Atoms erklärt werden: Die Frequenz einer Spektrallinie ergibt sich aus der Differenz der Energien zweier Niveaus, wobei gewisse Auswahlregeln für die Terme zu berücksichtigen sind.

Die Feinstruktur der Energieniveaus konnte in gewissen Zügen schon vor der Entdeckung der Quantenmechanik durch Heisenberg und Schrödinger aufgeklärt werden und führte direkt zur Postulierung des Eigendrehimpulses (Spin) der Elektronen. Heute erfolgt die Darstellung angemessen im Rahmen der ↗Dirac-Gleichung für Elektronen in einem vorgegebenen elektromagnetischen Feld.

Am Beispiel des Wasserstoffatoms und der wasserstoffähnlichen Ionen wird hier das Verfahren erläutert. Eine Entwicklung des Hamilton-Operators nach Potenzen von c^{-2} (c ist die Vakuumlichtgeschwindigkeit) ist ausreichend. Sie ergibt

$$\begin{aligned}\hat{H} &= \frac{\hat{\mathfrak{p}}^2}{2m} - \frac{Ze^2\mathfrak{r}}{r^2} - \frac{\hat{\mathfrak{p}}^4}{8m^3c^2} \\ &\quad + \frac{Z\alpha}{2r^3m^2} < \hat{\mathfrak{l}}, \hat{\mathfrak{s}} > + \frac{\pi\alpha Z}{2m^2}\delta(\mathfrak{r}).\end{aligned}$$

Dabei sind m und $-e$ die Masse und Ladung des Elektrons, das sich in einem kugelsymmetrischen Feld der Ladung Ze bewegt. Der Abstandsvektor vom Zentrum ist $\mathfrak{r}$, sein Betrag r. $\mathfrak{p}$ ist der Impuls des Elektrons, α steht für die Sommerfeldsche Feinstrukturkonstante $\frac{e^2}{\hbar c}$. δ ist das Symbol für die Diracsche Deltafunktion. Schließlich sind $\hat{\mathfrak{l}}$ und $\hat{\mathfrak{s}}$ die Operatoren für Drehimpuls und Spin des Elektrons.

Die drei letzten Terme des Hamilton-Operators sind die relativistischen Korrekturen (in der Quantenmechanik) zum Anteil, der aus der Newtonschen Mechanik bekannt ist. Der erste von ihnen ergibt sich aus der Entwicklung der relativistischen kinetischen Energie

$$c\sqrt{\mathfrak{p}^2 + m^2c^2} - mc^2$$

nach Potenzen von $\mathfrak{p}^2$, wenn nach dem dritten Term abgebrochen wird. Der erste Ausdruck dieser Entwicklung ist die aus der Newtonschen Physik bekannte kinetische Energie. Der zweite relativistische Korrekturterm ergibt sich aus der Wechselwirkung der magnetischen Eigenschaften des Elektrons, die mit dem Spin (die sich drehende Ladung erzeugt ein Magnetfeld) und dem Bahndrehimpuls (die sich um dem Kern bewegende Ladung erzeugt ein Magnetfeld) verbunden ist. Man spricht hier von Spin-Bahn-Kopplung.

Im Rahmen der quantenmechanischen Störungstheorie errechnet man die durch relativistische Effekte bedingte Korrektur der sich aus der Quantisierung des Newtonschen Wasserstoffmodells ergebenden Energieniveaus zu

$$-\frac{m(Z\alpha)^4}{2n^3}\left(\frac{1}{j+1/2} - \frac{3}{4n}\right).$$

Dabei ist n die Hauptquantenzahl und l die Bahndrehimpulsquantenzahl. Sie nimmt ganzzahlige Werte in $[0, n-1]$ an. j ist der „Gesamtdrehimpuls" mit der Einschränkung

$$\frac{1}{2} \leq j + \frac{1}{2} \leq n.$$

Feinstruktur-Konstante, Synonym für die dimensionslose Sommerfeldsche Feinstruktur-Konstante.

Sie ist ein Maß für die Stärke der elektromagnetischen Wechselwirkung. Ihr Wert ist annähernd gleich 1/137. Die Tatsache, daß dieser Wert klein gegen 1 ist, hat zur Folge, daß die Quantenelektrodynamik mit sehr guter Näherung störungstheoretisch behandelt werden kann.

Fejér, Leopold, ↗Fejér, Lipót.

Fejér, Lipót, *Fejér, Leopold*, ungarischer Mathematiker, geb. 9.2.1880 Pécs, gest. 15.10.1959 Budapest.

Fejér studierte in Budapest und Berlin. Unter dem Einfluß von H.A. Schwarz wandte er sich der Untersuchung der Fourier-Reihen zu. Bereits 1900 veröffentlichte er erste Arbeiten auf diesem Gebiet. 1902 promovierte er über die Theorie der Fourier-Reihen in Budapest, wo er auch von 1911 bis 1955 als Professor lehrte.

Die Besonderheit von Fejérs Methode in der Untersuchung der Fourier-Reihen bestand in der Verwendung des arithmetischen Mittels (↗Fejér-Summe).

Neben den Fourier-Reihen beschäftigte sich Fejér mit Orthonormalsystemen von Polynomen, der Konvergenz von Potenzreihen, harmonischer Analysis und Potentialtheorie.

Fejér, Satz von, Aussage über die Konvergenz der ↗Fejér-Summe einer Fourier-Reihe.

Es sei

$$\sum_{k\in\mathbb{Z}} c_k e^{ikx}$$

die ↗Fourier-Reihe einer 2π-periodischen und über $[-\pi, \pi]$ Lebesgue- oder Riemann-integrierbaren Funktion f. Die Fejér-Summe ist durch

$$\sigma_N f(x) = \frac{1}{N+1}\sum_{n=0}^{N} s_n f(x)$$

gegeben, wobei $s_n f(x) = \sum_{|k|\leq n} c_k e^{ikx}$. Es gilt der Satz von Fejér:

i) Ist f im Punkt $x \in [-\pi, \pi]$ stetig, so gilt

$$\lim_{N\to\infty} \sigma_N f(x) = f(x).$$

ii) Ist f (überall) stetig, so konvergiert $\sigma_N f$ gleichmäßig gegen f.

Fejér-Kern, Integralkern für die Berechnung von ↗Fejér-Summen.

Es sei $s_n f(x) = \sum_{|k|\leq n} c_k e^{ikx}$ die n-te symmetrische Partialsumme der (komplexen) ↗Fourier-Reihe einer 2π-periodischen Funktion f und

$$\sigma_N f(x) = \frac{1}{N+1}\sum_{n=0}^{N} s_n f(x)$$

die Fejér-Summe. Dann gilt

$$\sigma_N f(x) = \frac{1}{2\pi}\int_{-\pi}^{\pi} K_N(x-t)f(t)dt$$

mit dem Fejér-Kern $K_N : [-\pi, \pi] \twoheadrightarrow \mathbb{R}$,

$$K_N(x) = \frac{1}{N+1}\left(\frac{\sin((N+1)x/2)}{\sin(x/2)}\right)^2, \quad x \neq 0,$$

und $K_N(0) = N+1$. Der Kern K_N ist eine sog. approximative Identität, denn es gilt:

i) $K_N \geq 0$,

ii) $\displaystyle\frac{1}{2\pi}\int_{-\pi}^{\pi} K_N(t)dt = 1$,

iii) $\displaystyle\lim_{N\to\infty} K_N(t) = 0$ für $t \neq 0$,
und für $\delta > 0$ konvergiert K_N auf $[-\pi, \pi] \setminus (-\delta, \delta)$ gleichmässig.

Fejér-Summe, ein Summations-Verfahren für die ↗Fourier-Reihe $\sum_{k\in\mathbb{Z}} c_k e^{ikx}$ einer Funktion f.

Die Fejér-Summe ist das arithmetische Mittel

$$\sigma_N f(x) = \frac{1}{N+1}\sum_{n=0}^{N} s_n f(x)$$

der symmetrischen Partialsummen

$$s_n f(x) = \sum_{|k| \le n} c_k e^{ikx}$$

(↗Fejér, Satz von).

Feld von Krümmungstensoren, die Abbildung, die jedem Punkt x einer ↗Riemannschen Mannigfaltigkeit M den Wert $R(x)$ des Riemannschen Krümmungstensors R im Punkt x zuordnet.

$R(x)$ ist eine multilineare Abbildung des Tangentialraumes $T_x(M)$ in sich und hängt somit vom Punkt ab. In einem lokalen Feld von Basisvektoren wird R als vierdimensionale Matrix dargestellt, deren Elemente Funktionen des Punktes x sind.

Feldliniendichte, ↗ Dichte (im Sinne der mathematischen Physik).

Feldoperatoren, in der Quantenfeldtheorie Operatoren, die einen Quantenzustand in einen anderen überführen. Die bekanntesten Beispiele sind Erzeuger und Vernichter.

Der Erzeugungsoperator überführt einen Zustand mit n Teilchen in einen Zustand mit $n+1$ Teilchen. Der Vernichtungsoperator ist der entsprechende Umkehroperator, d. h., der n-Teilchenzustand wird durch ihn in den $(n-1)$-Teilchenzustand überführt.

Der 0-Teilchenzustand wird als Vakuum bezeichnet, und dieses kann auch dadurch definiert werden, daß es derjenige Zustand ist, in dem der Vernichtungsoperator nicht definiert ist. (Bei Verwendung dieser Definition des Vakuums ist es möglich, daß innerhalb einer Theorie verschiedene Vakuumzustände existieren, man unterscheidet dann richtige und „falsche" Vakua.)

Die Zähloperatoren sind solche Feldoperatoren, deren Eigenwerte gerade die Anzahl der Teilchen einer bestimmten Sorte darstellt.

Feller-Dynkin-Halbgruppe, eine stark stetige Operatorhalbgruppe $(T_t)_{t\ge 0}$ auf $C(\mathbb{R}^d)$ mit der Eigenschaft

$$f \ge 0 \quad \Rightarrow \quad T_t f \ge 0 \; \forall t \ge 0;$$

allgemeiner kann $\mathbb{R}^d$ durch einen lokalkompakten σ-kompakten Raum ersetzt werden.

Feller-Dynkin-Halbgruppen stehen in engem Zusammenhang mit (zeitlich homogenen) Markow-Halbgruppen von Übergangskernen (P_t); für solch eine Markow-Halbgruppe definiert nämlich

$$(T_t f)(x) = \int_{\mathbb{R}^d} f(y)\, dP_t(x, dy) \qquad (1)$$

eine Feller-Dynkin-Halbgruppe, falls mit f auch Tf stetig ist und im Unendlichen verschwindet, sowie für alle ε-Kugeln und alle x die Glattheitsbedingung

$$\lim_{t\to 0} P_t(x, U_\varepsilon(x)) \;\to\; 1$$

erfüllt ist. Umgekehrt liefert der Rieszsche Darstellungssatz zu jeder Feller-Dynkin-Halbgruppe (T_t) eine Markow-Halbgruppe mit (1).

Ein dicht definierter Operator A ist genau dann Erzeuger einer Feller-Dynkin-Halbgruppe, wenn $\lambda - A$ für ein $\lambda > 0$ surjektiv ist und das folgende positive Maximumprinzip gilt:

$$f \in D(A),\; 0 \le f(x_0) = \sup_x f(x) \;\Rightarrow\; (Af)(x_0) \le 0.$$

Ist (T_t) eine Feller-Dynkin-Halbgruppe zu (P_t) und bezeichnet (X_t) den von (P_t) erzeugten ↗Markow-Prozeß (in diesem Fall heißt (X_t) Feller-Dynkin-Prozeß), so kann man (1) auch als

$$(T_t f)(x) = \mathbb{E}^x f(X_t)$$

schreiben. Ferner gilt die Dynkin-Formel

$$\mathbb{E}^x f(X_T) - f(x) = \mathbb{E}^x \int_0^T (Af)(X_s)\, ds$$

für alle $f \in D(A)$ und alle Stoppzeiten T mit $\mathbb{E}^x(T) < \infty$.

Besitzt (X_t) stetige Pfade und gilt $\mathcal{D}(\mathbb{R}^d) \subset D(A)$ (in diesem Fall heißt (X_t) Feller-Diffusion), so ist A ein semi-elliptischer Differentialoperator zweiter Ordnung mit stetigen Koeffizienten, d. h. für $f \in \mathcal{D}(\mathbb{R}^d)$ ist

$$Af = \frac{1}{2} \sum_{i,j=1}^{d} a_{ij} \frac{\partial^2 f}{\partial x_i\, \partial x_j} + \sum_{j=1}^{d} b_j \frac{\partial f}{\partial x_j} - cf$$

mit positiv-semidefiniten Matrizen $(a_{ij}(x))$.

[1] Lamperti, J.: Stochastic Processes. Springer Heidelberg/Berlin, 1977.

[2] Williams, D.: Diffusions, Markov Processes, and Martingales I. Wiley New York, 1979.

Fell-Flachsmeyer-Topologie, Topologie im Raum der nichtleeren abgeschlossenen Teilmengen eines topologischen Raums.

Sei X ein topologischer Hausdorffraum und 2^X die Menge seiner nichtleeren abgeschlossenen Teilmengen. Zu jedem offenen $U \subset X$ werde

$$)U(= \{A | A \in 2^X,\; A \cap U \ne \emptyset\},$$

und zu jedem abgeschlossenen $B \subset X$ werde

$$]B[= \{A | A \in 2^X,\; A \cap B = \emptyset\}$$

definiert. Dann bildet die Menge aller dieser $)U($ und $]B[$ eine Subbasis der Vietoris-Topologie. Die Fell-Flachsmeyer-Topologie ergibt sich, wenn man zusätzlich die Mengen B als kompakt voraussetzt. Es gilt: In der Vietoris-Topologie kann eine Folge von Kreislinien niemals gegen eine Gerade konvergieren, in der Fell-Flachsmeyer-Topologie ist dies dagegen möglich.

FEM, ↗Finite-Elemente-Methode.

Fermat, kleiner Satz von, häufig auch einfach als Satz von Fermat bezeichnet, ein Vorläufer des Satzes von ↗Fermat-Euler:

Sei p eine Primzahl. Dann gilt für jede nicht durch p teilbare ganze Zahl a die Beziehung

$$a^{p-1} \equiv 1 \mod p.$$

Fermat, Pierre, franz. Mathematiker und Jurist, geb. 20.8.1601 Beaumont-de-Lomagne, bei Toulouse gest. 12.1.1665 Castres bei Toulouse.

Der Sohn eines Lederhändlers muß eine hervorragende Ausbildung genossen haben. Genaueres wissen wir darüber nicht. Fermat beherrschte nicht nur die klassischen Sprachen Latein und Griechisch, sondern auch mehrere moderne Sprachen. In französischer und spanischer Sprache schrieb er Gedichte. Fermat studierte Rechtswissenschaften in Toulouse, wurde Anwalt und bekleidete dann verschiedene juristische Ämter am obersten Gerichtshof (parlement) in Toulouse. Er galt als unbestechlich, von großer Gelehrsamkeit und als „konfus" (Bericht von 1663). Seine juristische Tätigkeit brachte ihm einen Adelstitel ein, sein voller Name sollte also Pierre de Fermat lauten; dies findet man in der Fachliteratur aber selten.

Schon sehr früh scheint sich Fermat für mathematische Probleme begeistert zu haben. Sein Forscherdrang wandte sich erst der antiken Mathematik zu. Aus Bemerkungen und Andeutungen bei antiken Schriftstellern versuchte er, verlorengegangene Schriften des Euklid und des Apollonios zu rekonstruieren. Dadurch wurde er auf das Studium geometrischer Örter geführt und auf die Methodik und die Bezeichnungsweise aufmerksam, die Francois Viete zum Studium algebraischer Probleme eingeführt hatte. Bereits vor 1637 scheint er seine Schrift „Ad locos planos et solidos isagoge" fertiggestellt zu haben. Sie enthielt die Grundlagen der analytischen Geometrie der Ebene und des Raumes. Sein Hauptinteresse galt der Theorie der Kegelschnitte. Zu ihrem Studium führte er (in der Ebene) eine Art Koordinatensystem ein und definierte die ebenen Örter erst durch geometrische Erzeugung, aus der er dann die entsprechende Gleichung in zwei Variablen ermittelte: „Sobald in einer Schlußgleichung zwei unbekannte Größen auftreten, hat man einen (geometrischen) Ort, und der Endpunkt der einen Größe beschreibt eine gerade oder krumme Linie .... Die Gleichungen kann man aber bequem versinnlichen, wenn man die beiden unbekannten Größen in einem gegebenen Winkel (den wir meist gleich einem rechten nehmen) aneinandersetzt und von der einen die Lage und den einen Endpunkt gibt." Diese Methodik ermöglichte es Fermat nicht nur, die antiken geometrischen Resultate neu zu beweisen, sondern auch alles Nachzuholen, „was die Alten ... unerklärt gelassen haben". Von gleicher herausragender Bedeutung für die Entwicklung der Mathematik wurde Fermats Schrift „Über Maxima und Minima" (um 1629?). In ihr erläuterte er seine (unbewiesene) Methode, durch kleine Veränderungen der Variablen in geometrischen Problemen zu einer Lösung der Aufgabe zu kommen, eine Art verkappte Differentialrechnung. In dieser Schrift findet sich auch das Brechungsgesetz, das mit dem „Fermatschen Prinzip" bewiesen wurde. Viele Resultate Fermats sind nur aus seiner umfangreichen Korrespondenz und aus seinem Nachlaß bekannt. Das trifft auf Fragen der Wahrscheinlichkeitsrechnung (gerechte Verteilung der Einsätze beim Glücksspiel, Briefwechsel mit Pascal 1654), aber auch auf seine Methode zur Tangentenbestimmung (Auseinandersetzung mit Descartes), Flächenberechnungen, die Lösung spezieller geometrischer und besonders zahlentheoretischer Aufgaben zu.

Geradezu legendär ist noch heute die zahlentheoretische Intuition Fermats. Er fand den „kleinen Fermatschen Satz", untersuchte Primzahlformeln, diophantische Gleichungen, die Zerlegung von Primzahlen in Summen von Quadraten. Obwohl fast alle seiner Vermutungen sich als richtig herausstellten, kann man hier über seine Forschungsmethodik nur vage Vermutungen anstellen. Aus seinem Nachlaß wurde 1670 der „große Fermatsche Satz" bekannt. Nach eigenen Angaben besaß er dafür einen Beweis, aber erst nach jahrhundertelangen Bemühungen vieler Mathematiker gelang es 1995 Andrew J. Wiles, einen vollständigen Beweis dafür zu erstellen (↗Fermatsche Vermutung).

Fermat, Satz von, als solcher wird häufig der kleine Satz von ↗Fermat bezeichnet. Manchmal versteht man unter dem Satz von Fermat allerdings auch den Zwei-Quadrate-Satz von Euler (↗Euler, Zwei-Quadrate-Satz von).

Fermat-Catalansche Gleichung, eine gemeinsame Verallgemeinerung der Gleichungen, die der ↗Fermatschen Vermutung und der ↗Catalanschen Vermutung zugrunde liegen.

Seien $a, b, c \in \mathbb{Z}$ gegebene Konstanten. Man bestimme alle (insbes. die nichttrivialen) ganzzahligen Lösungen x, y, z, k, ℓ, m der Gleichung

$$ax^k + by^\ell + cz^m = 0.$$

Die Fermat-Catalansche Gleichung enthält die Fermatsche Gleichung $x^n + y^n = z^n$ und die Catalansche Gleichung $x^m - y^n = 1$ als Spezialfälle.

Fermat-Euler, Satz von, eine von Euler bewiesene Verallgemeinerung des kleinen Satzes von Fermat:

Sei $m \geq 2$ eine natürliche Zahl. Dann gilt für jede zu m teilerfremde ganze Zahl a die Beziehung

$$a^{\phi(m)} \equiv 1 \mod m;$$

hierbei ist ϕ die ↗Eulersche ϕ-Funktion.

Ist $m = p$ eine Primzahl, so gilt $\phi(p) = p - 1$; daher ist der kleine Satz von Fermat ein Spezialfall dieses Satzes.

Der Beweis des Satzes von Fermat-Euler ist mit moderner Algebra sehr schnell erbracht, da $\phi(m)$ gerade die Ordnung der primen Restklassengruppe modulo m ist.

Fermat-Gleichung, eine Gleichung, die zwei ↗ganze Funktionen zueinander in Beziehung setzt.

Die Fermat-Gleichung für die ganzen Funktionen f und g lautet

$$f^n + g^n = 1,$$

wobei $n \in \mathbb{N}, n \geq 2$.

Offensichtlich liefern die Funktionen $f(z) = \cos(z)$ und $g(z) = \sin(z)$ Lösungen der Gleichung für $n = 2$. Dies sind auch im wesentlichen die einzigen Lösungen.

Genauer gilt: Für $n = 2$ sind alle ganzen Lösungen der Fermat-Gleichung von der Form $f = \cos \circ h$ und $g = \sin \circ h$ mit einer ganzen Funktion h.

Für $n \geq 3$ sind alle ganzen Lösungen konstante Funktionen. Diese Aussage gilt auch noch, wenn man in $\mathbb{C}$ ↗meromorphe Funktionen f und g ohne gemeinsame Polstellen zuläßt.

Jedoch existieren für $n = 3$ nichtkonstante meromorphe Lösungen f und g mit gemeinsamen Polstellen. Diese lassen sich z. B. mit Hilfe der ↗Weierstraßschen $\wp$-Funktion konstruieren. Wählt man die $\wp$-Funktion zum Gitter

$$\{m + ne^{2\pi i/3} : m, n \subset \mathbb{Z}\}$$

und Konstanten a, b mit

$$a := \frac{\left(\Gamma\left(\frac{1}{3}\right)\right)^6}{8\pi^2}, \quad b := \frac{1}{\sqrt{24a}},$$

so sind die Funktionen

$$f := \frac{a + b\wp'}{\wp} \quad \text{und} \quad g := \frac{a - b\wp'}{\wp}$$

Lösungen der Gleichung $f^3 + g^3 = 1$. Dabei ist Γ die ↗Eulersche Γ-Funktion.

Fermat-Kurve, ebene projektive Kurve mit der Gleichung $X^n + Y^n + Z^n = 0$ $(X, Y, Z$ homogene Koordinaten$)$.

Es handelt sich hierbei um glatte algebraische Kurven vom Geschlecht

$$g = \frac{(n-1)(n-2)}{2},$$

definiert über $\mathbb{Q}$; für $n \geq 3$ besitzen sie nur die offensichtlichen $\mathbb{Q}$-rationalen Punkte, wobei eine Koordinate gleich 0 ist.

Fermatsche Primzahl, ↗Fermat-Zahl.

Die Fermatsche Vermutung

G.J. Wirsching

Der Ursprung der Fermatschen Vermutung ist ziemlich gut dokumentiert. 1621 publizierte Bachet de Méziriac eine lateinische Übersetzung des Buchs *Arithmetika* von Diophantos. Dieses Buch enthält mehr als hundert einfache und weniger einfache Rechenaufgaben, bei denen Brüche (rationale Zahlen) als Lösungen gesucht sind. Pierre de Fermat studierte dieses Buch gegen Ende der 1630er Jahre, wobei er häufig den großzügigen Rand dazu benutzte, Kommentare, Ideen oder Erweiterungen zu Diophantos' Aufgaben aufzuschreiben. Das von Fermat benutzte Exemplar ist verloren gegangen, aber sein Sohn Samuel de Fermat kümmerte sich nach dem Tod seines Vaters 1665 um dessen Nachlaß, und gab 1670 eine umfangreiche Edition der Werke Fermats heraus. Diese enthält auch die berühmte Randnotiz neben Problem 8 des zweiten Bandes von Diophantos' *Arithmetika*, die Fermat um 1637 herum so aufschrieb:

Cubum autem in duos cubos, aut quadratoquadratum in duos quadrato-quadratos, et generaliter nullam in infinitum ultra quadratum potestatem in duos ejusdem nominis fas est dividere; cujus rei demonstrationem mirabilem sane detexi. Hanc marginis exiguitas non caperet.

Hier eine deutsche Übersetzung: „Es ist aber unmöglich, einen Kubus in zwei Kuben, oder ein Biquadrat in zwei Biquadrate, und allgemein bis ins Unendliche irgendeine Potenz jenseits des Quadrats in zwei ebensolche zu zerlegen; ich habe einen wirklich wunderbaren Beweis dieser Tatsache entdeckt. Diesen kann die Enge des Randes nicht fassen."

In heutiger Schreibweise behauptete Fermat also: Gegeben eine natürliche Zahl $n \geq 3$, dann hat die Gleichung $X^n + Y^n = Z^n$ keine Lösung bestehend aus von Null verschiedenen ganzen Zahlen X, Y, Z. Zur Abkürzung nennt man ein Lösungstripel (X, Y, Z) *trivial*, wenn wenigstens eine der drei Zahlen X, Y, Z gleich Null ist. Damit lautet die Fermatsche Vermutung:

Zu jedem ganzen Exponenten $n \geq 3$ besitzt die Gleichung

$$X^n + Y^n = Z^n \tag{1}$$

keine nicht-triviale ganzzahlige Lösung.

Fermats Nachlaß ist eine Fundgrube der Zahlentheorie. Er enthält zahllose Bemerkungen, Behauptungen und Beweisansätze, von denen einige Anlaß zu weitreichenden Untersuchungen gaben. Mittlerweile kann man jede Idee in Fermats Nachlaß in das Gebäude der Mathematik einordnen, also entweder beweisen oder widerlegen (widerlegt wurde z. B. eine Behauptung Fermats über Primzahlen, ↗Fermat-Zahl). Das Problem, das am längsten (bis 1995) offenstand, ist gerade die obenstehende Fermatsche Vermutung. Daher bekam diese im Laufe der Zeit mehr und mehr die Namen „Großer Satz von Fermat" oder auch „Fermat's Last Theorem", obwohl die Randnotiz in der zeitlichen Abfolge der Fermatschen Notizen eher am Anfang als am Ende stand.

Zu „Fermats Letztem Satz" enthält der Nachlaß keine weiteren Bemerkungen. Insbesondere hat sich der „wirklich wunderbare Beweis" von Fermat nirgends gefunden, und die meisten vermuten, daß Fermat beim Beweis seiner Behauptung zumindest gravierende Fehler unterlaufen sind. Möglicherweise hatte Fermat einen fehlerhaften Beweis, und vielleicht hat er die Fehlerhaftigkeit sogar später selbst bemerkt. Da sich die Randnotiz nur in seinen privaten Unterlagen befand, kam er nicht auf die Idee, eine Korrektur anzufügen. Auch vergaß er, seinen Sohn zu bitten, diese Randnotiz nicht zu publizieren. Diese These wird durch die Tatsache unterstützt, daß Fermat einerseits nie die volle Behauptung in seinen Briefen erwähnte, aber andererseits die Fälle $n = 4$ und $n = 3$ in mehreren Briefen erwähnte bzw. als Problem stellte. Der Fall $n = 4$ findet sich in einem für Sainte-Croix bestimmten Brief an Mersenne 1636 und in zwei weiteren Briefen an Mersenne 1638 und 1640. Den Fall $n = 3$ erwähnte Fermat in Briefen an Mersenne 1636, 1638 und 1643, an Sainte-Martin 1643, an Pascal 1654, an Digby (für Wallis) 1658 und an Carcavi 1659.

Durch Diophantos und Bachet übertragen, reichen die historischen Wurzeln der Fermatschen Gleichung (1) bis vor Pythagoras zurück. Ganzzahlige Lösungen der Gleichung für $n = 2$ heißen heute *Pythagoräische Tripel* und wurden auch schon vor Pythagoras studiert.

Seit ihrer Publikation hat die Fermatsche Vermutung sehr häufig das Interesse von Amateuren ebenso wie von renommierten Mathematikern erweckt. Dies hat, unter anderem, zu zahlreichen fehlerhaften Beweisen geführt. In [1] findet man eine mehrseitige Liste von publizierten Arbeiten mit falschen Beweisen der Fermatschen Vermutung. Darüberhinaus gibt es noch zahlreiche Autoren, die ihren falschen Beweis in kleinen Büchern oder Broschüren selbst herausgaben.

Am 27. Juni 1908 lobte die Königliche Gesellschaft der Wissenschaften zu Göttingen den *Wolfskehl-Preis* für einen Beweis der Fermatschen Behauptung aus. Dieser sollte aus dem Nachlaß von Paul Wolfskehl bezahlt werden und betrug einhunderttausend Mark. Allein im ersten Jahr nach der Auslobung des Preises wurden 621 falsche Beweise eingereicht.

Die Geschichte der Versuche, die Fermatsche Vermutung oder wenigstens Teilresultate zu beweisen, ist ein guter Leitfaden zum Studium großer Teile der Zahlentheorie [1, 3]. Ein technisch sehr aufwendiger Beweis gelang schließlich Andrew Wiles in einer 1995 publizierten Arbeit, die wesentlichen Gebrauch von Arbeiten zahlreicher anderer Mathematiker macht, vor allem Taniyama, Shimura, Frey, Serre, Ribet, und Taylor.

Doch nun zur historischen Entwicklung der Beweisansätze. Den Beweis für den Spezialfall $n = 4$ kann man aus Fermats Nachlaß rekonstruieren. In seiner Notiz zu Problem 20, Buch VI von Diophantos' *Arithmetika*, betrachtete er die Frage, ob die Fläche eines Pythagoräischen Dreiecks eine Quadratzahl sein kann. Er kam so zu der Gleichung

$$X^4 - Y^4 = Z^2, \tag{2}$$

von der er mit seiner ↗Deszendenzmethode bewies, daß sie keine ganzzahlige Lösung $X \neq 0$, $Y \neq 0$ und $Z \neq 0$ besitzt. Daraus folgt, daß es kein Pythagoräisches Dreieck gibt, dessen Fläche eine Quadratzahl ist [1]. Zudem kann man aus (2) verhältnismäßig leicht herleiten, daß auch die Gleichung

$$X^4 + Y^4 = Z^4$$

keine aus von Null verschiedenen ganzen Zahlen bestehende Lösung besitzt.

Vielleicht hatte Fermat auch einen Beweis für den Fall $n = 3$, jedoch fand man keinen solchen in seinem Nachlaß. Euler unternahm 1770 einen Anlauf, den Fall der kubischen Gleichung

$$X^3 + Y^3 = Z^3$$

zu behandeln, wobei er wieder die Fermatsche Deszendenzmethode anwandte. Eulers Beweis enthielt eine Lücke, auf die Schumacher 1894 explizit hinwies. Man kann jedoch zeigen, daß es mit Eulers Methoden möglich ist, diese Lücke zu schließen.

Gauß bewies den Fall $n = 3$ mit anderen Methoden, nämlich mittels Eisenstein-Zahlen.

Der erste Beweis für den Fall $n = 5$ stammt von Dirichlet (publiziert 1828); unabhängig davon und etwa gleichzeitig bewies auch Legendre diesen Fall. Ein wesentliches Argument in Dirichlet's Beweis ist die Tatsache, daß der Ganzheitsring des quadratischen Zahlkörpers $\mathbb{Q}(\sqrt{5})$ eine (bis auf Einheiten) eindeutige Primfaktorzerlegung zuläßt. Lamé bewies 1839 die Fermatsche Behauptung für $n = 7$; Lebesgue (V.A., nicht Henri) publizierte 1840 einen einfacheren Beweis, und Genocchi 1876 einen noch einfacheren.

Die erste Reduktion des allgemeinen Falls ist die auf Primzahlen $p > 2$. Für eine Zerlegung $n = pq$ gilt offenbar

$$X^n + Y^n = Z^n \iff (X^q)^p + (Y^q)^p = (Z^q)^p\,;$$

also könnte man aus einer Lösung für den Exponenten n sofort eine Lösung für jeden Exponenten $p \mid n$ gewinnen. Damit genügt es, die Fermatsche Vermutung für Primzahlexponenten $p > 2$ zu beweisen.

Traditionsgemäß sagt man, der *erste Fall* der Fermatschen Behauptung sei richtig für eine Primzahl $p > 2$, wenn für ganze Zahlen x, y, z, die keine Vielfachen von p sind, stets gilt

$$x^p + y^p \neq z^p.$$

Etwas allgemeiner sagt man, der erste Fall der Fermatschen Behauptung gelte für den Exponenten $n = 2^k u$ (mit $k \geq 0$ und u ungerade), wenn für nicht-verschwindende ganze Zahlen x, y, z mit $\mathrm{ggT}(u, xyz) = 1$ stets gilt

$$x^n + y^n \neq z^n.$$

Komplementär hierzu sagt man, der *zweite Fall* der Fermatschen Behauptung gelte für den Exponenten $n = 2^k u$ (mit $k \geq 0$ und u ungerade), wenn für paarweise teilerfremde ganze Zahlen x, y, z mit $\mathrm{ggT}(u, xyz) \neq 1$ stets gilt

$$x^n + y^n \neq z^n.$$

Legendre publizierte 1823 einen Satz von Sophie Germain, der „d'un trait de plume" den ersten Fall der Fermatschen Behauptung für alle Primzahlen $p < 100$ erledigt.

Lamé behauptete 1847, er habe den allgemeinen Fall beweisen. Es stellte sich jedoch heraus, daß er von der falschen Annahme ausgegangen war, daß es im Ganzheitsring eines beliebigen Kreisteilungskörpers eine eindeutige Primfaktorzerlegung gäbe.

Ebenfalls 1847 legte Kummer seine tiefgehenden Untersuchungen über Kreisteilungskörper und insbesondere deren Ganzheitsringe vor. Dabei war sein Hauptaugenmerk auf Verallgemeinerungen der Reziprozitätsgesetze gerichtet:

> „Der Fermatsche Satz ist zwar mehr ein Curiosum als ein Hauptpunkt der Wissenschaft."

Dennoch bewies er – in Anwendung seiner Untersuchungen – folgenden Satz:

Ist $p > 2$ eine reguläre Primzahl, so ist die Fermatsche Behauptung für den Exponenten p richtig.

Auf die formale Definition einer *regulären Primzahl* kann hier verzichtet werden; erwähnenswert ist: Die kleinste irreguläre Primzahl ist 37, und man kann zeigen, daß es unendlich viele irreguläre Primzahlen gibt. Andererseits ist die Frage, ob es unendlich viele reguläre Primzahlen gibt, ein noch ungelöstes Problem.

In Boston fand 1995 eine Konferenz über Fermat statt, bei der ein T-Shirt verkauft wurde, auf dem eine Kurzfassung des Wilesschen Beweises der Fermatschen Vermutung aufgedruckt war [3]. Darin sind fünf mathematische Aufsätze zitiert, nämlich von Frey 1986, Ribet 1990, Serre 1987, Taylor und Wiles 1995, und schließlich Wiles 1995. Hier eine deutsche Übersetzung des Kurzbeweises auf dem T-Shirt:

> *Fermats Letzter Satz:*
> Seien $n, a, b, c \in \mathbb{Z}$ mit $n > 2$. Falls $a^n + b^n = c^n$, dann ist $abc = 0$.
> *Beweis:* Der Beweis folgt einem Programm, das um 1985 herum von Frey und Serre formuliert wurde. Nach klassischen Resultaten von Fermat, Euler, Dirichlet, Legendre und Lamé können wir annehmen, daß $n = p$ eine Primzahl ≥ 11 ist. Angenommen, es gäbe $a, b, c \in \mathbb{Z}$ mit $abc \neq 0$ und $a^p + b^p = c^p$. Ohne Beschränkung der Allgemeinheit können wir $2 \mid a$ und $b \equiv 1 \bmod 4$ annehmen. Frey bewies, daß die elliptische Kurve E mit der Gleichung
> $$y^2 = x(x - a^p)(x - b^p)$$

folgende bemerkenswerten Eigenschaften hat: (1) E ist semi-stabil mit dem Führer $N_E = \prod_{\ell|abc} \ell$, and (2) $\overline{\varrho}_{E,p}$ ist unverzweigt außerhalb $2p$ und flach an der Stelle p.

Nach dem Modularitätssatz von Wiles und Taylor-Wiles gibt es eine Eigenform $f \in S_2(\Gamma_0(N_E))$ derart, daß $\varrho_{f,p} = \varrho_{E,p}$. Ein Satz von Mazur impliziert, daß $\overline{\varrho}_{E,p}$ irreduzibel ist, also folgt aus einem Satz von Ribet die Existenz einer Heckeschen Eigenform $g \in S_2(\Gamma_0(2))$ mit $\varrho_{g,p} \equiv \varrho_{f,p} \bmod \mathfrak{p}$ für ein $\mathfrak{p} \mid p$. Aber $X_0(2)$ hat Geschlecht Null, also ist $S_2(\Gamma_0(2)) = 0$. Das ist ein Widerspruch, und Fermats Letzter Satz ist bewiesen. Q.E.D.

Fernando Gouvêa bemerkte hierzu: „It doesn't fit the margin, but it does go on a shirt."

Literatur

[1] Ribenboim, P.: Fermat's Last Theorem for Amateurs. Springer New York, 1999.

[2] Singh, S.: Fermat's Last Theorem. Fourth Estate London, 1997.

[3] van der Poorten, A.: Fermat's Last Theorem. Wiley New York, 1996.

Fermatscher Punkt, einer der charakteristischen Punkte am ebenen Dreieck.

Zeichnet man über jede Seite eines Dreiecks D ein gleichseitiges Dreieck und verbindet die Spitzen dieser Dreiecke mit der gegenüberliegenden Ecke von D, so schneiden sich die drei so konstruierten Geraden in einem gemeinsamen Punkt, dem Fermatschen Punkt von D; der Schnittwinkel ist dabei jeweils 60°.

Fermatsches Prinzip, das Prinzip der kürzesten Lichtlaufzeit.

In einem homogenen Medium ist demnach der Lichtstrahl geradlinig, bei inhomogenem Medium ist der Lichtstrahl so gekrümmt, daß die Lichtlaufzeit vom Emissionspunkt E zum Absorptionspunkt A minimal wird, d. h., der Strahl ist in Abhängigkeit von der jeweiligen lokalen Lichtgeschwindigkeit gekrümmt. Beispielsweise ist der Sonnenstrahl beim Eintritt in die Erdatmosphäre in Richtung Erdoberfläche leicht gekrümmt.

Auch die Reflexion des Lichts läßt sich so erklären:

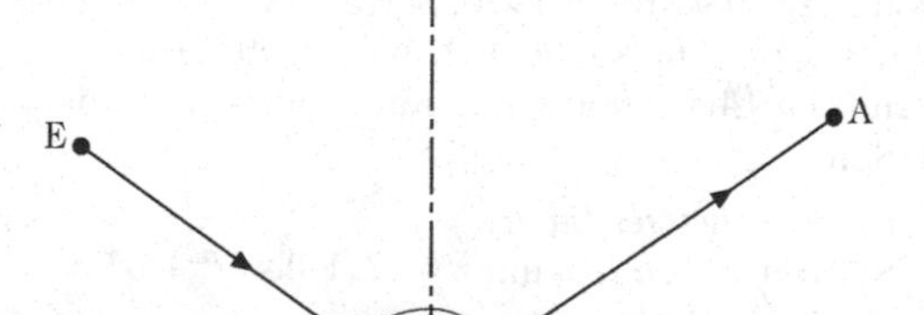

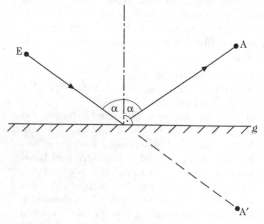

Zum Fermatschen Prinzip: A' ist der Spiegelpunkt zu A bzgl. der Geraden g. Das Brechungsgesetz (Einfallswinkel α gleich Ausfallswinkel) ergibt sich daraus, da EA' eine Stecke ist.

Der Lichtstrahl wird so am Spiegel (g) reflektiert, daß jeder andere Weg von A nach E, der g berührt, länger als die Strecke EA' ist.

Fermat-Spirale, die ebene Kurve mit der Polarkoordinaten-Darstellung

$$r = \pm a\sqrt{\varphi}\,,$$

wobei a eine reelle Konstante ist. Zu jedem Wert von φ gehören also zwei Werte von r, ein positiver und ein negativer.

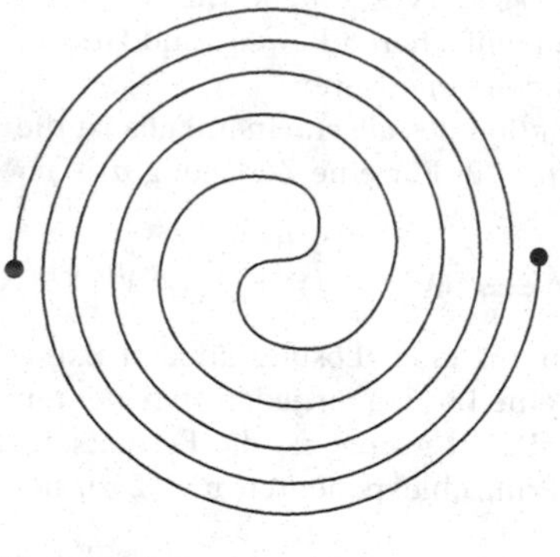

Fermat-Spirale

Fermat-Zahl, eine Zahl der Form

$$F_n \;:=\; 2^{2^n} + 1\,,$$

wobei $n \in \mathbb{N}_0$. Die Zahl F_n wird genauer als als n-te Fermat-Zahl bezeichnet.

Fermat behauptete 1640 in einem Brief an Frenicle de Bessy, daß alle diese Zahlen F_n Primzahlen seien, wobei er allerdings einräumte, keinen Beweis für diese Behauptung zu besitzen. In der Tat sind $F_0 = 3, F_1 = 5, F_2 = 17, F_3 = 257$ und $F_4 = 65537$ Primzahlen, aber bereits

$$F_5 = 2^{2^5} + 1 = 2^{32} + 1 = 4\,294\,967\,297$$

ist durch 641 teilbar, wie Euler 1732 durch eine kurze Rechnung mit Kongruenzen bewies: Wegen $5 \cdot 2^7 = 640$ gilt

$$5^4 \cdot 2^{28} = \left(5 \cdot 2^7\right)^4 \equiv (-1)^4 = 1 \mod 641;$$

andererseits gilt $641 = 2^4 + 5^4$, also

$$5^4 \equiv -2^4 \mod 641.$$

Daraus folgt

$$1 - F_5 = -2^{32} = -2^4 \cdot 2^{28} \equiv 1 \mod 641,$$

also ist $F_5 \equiv 0 \mod 641$. Euler erhielt die Zerlegung

$$F_5 = 641 \cdot 6700417.$$

Ein Beitrag zum tieferen Verständnis von Eulers Argument ist folgender Satz über die Primfaktoren der Fermat-Zahlen, den Lucas 1877 bewies:

Ist p eine Primzahl, die die n-te Fermat-Zahl ($n \geq 2$) teilt, so gilt

$$p \equiv 1 \mod 2^{n+2}.$$

Setzt man hier $n = 5$, so kommen als Primteiler von F_5 nur die Primzahlen $p \equiv 1 \mod 128$ in Frage, also $p = 257, 641, 769, \ldots$. Nun ist aber $257 = F_3$, und man beweist leicht:

Sind $m \neq n$ nicht-negative ganze Zahlen, so sind F_n und F_m teilerfremd.

Daher sind auch F_3 und F_5 teilerfremd; also ist 641 die erste Primzahl, die als Teiler von F_5 in Frage kommt.

Bis heute ist es eine offene Frage, ob es außer $F_0, \ldots, F_4$ noch eine weitere Fermatsche Primzahl, d. h. eine Fermat-Zahl, die zugleich Primzahl ist, gibt. Die Schwierigkeit liegt darin, daß Fermat-Zahlen sehr schnell sehr groß werden, z. B. hat F_{22} bereits mehr als 1.25 Millionen Dezimalstellen. Selbst für solche Zahlen nützlich ist das 1877 bewiesene Pepinsche Kriterium:

Für $n \geq 1$ ist F_n genau dann eine Primzahl, wenn

$$3^{\frac{1}{2}(F_n - 1)} \equiv -1 \mod F_n.$$

1995 publizierten Crandall, Doenias, Norrie und Young einen darauf beruhenden Beweis, daß F_{22} zusammengesetzt ist.

Gauß entwickelte bereits in jungen Jahren eine Konstruktion des regelmäßigen 17-Ecks mit Zirkel und Lineal. Später bewies er ganz allgemein, daß ein regelmäßiges n-Eck genau dann mit Zirkel und Lineal konstruierbar ist, wenn

$$n = 2^r \cdot p_1 \cdot p_2 \cdot \ldots \cdot p_k,$$

wobei $r \geq 0$ eine ganze Zahl und $p_1, \ldots, p_k$ verschiedene Fermatsche Primzahlen sind. Eine Beschreibung der Konstruktion des regelmäßigen n-Ecks für $n = F_4 = 65537$ befindet sich am Mathematischen Institut der Universität Göttingen in einem Handkoffer, den Hermes (aus Königsberg) 1879 dort hinterlegte.

Fermi, Enrico, italienisch-amerikanischer Physiker, geb. 29.9.1901 Rom, gest. 28.11.1954 Chicago.

Fermi studierte Physik an der Scuola Normale Superiore in Pisa und promovierte dort 1922. Nach Aufenthalten in Göttingen und Florenz erhielt er 1926 eine Professur für theoretische Physik in Rom. 1939 emigrierte er in die USA und arbeitete an der Columbia University in New York und an der Universität von Chicago.

1925 wandte er Paulis Ausschließungsprinzip (↗Pauli-Verbot) auf die Theorie idealer Gase an und zeigte, daß das Pauli-Verbot für alle Teilchen mit halbzahligem Eigendrehimpuls gelten muß (↗Fermi-Dirac-Statistik).

1933 erarbeitete er eine Theorie des β-Zerfalls, führte dazu die „schwache Kraft" ein und postulierte eine neues Teilchen — das Neutrino. Durch den Beschuß von chemischen Elementen mit verlangsamten Neutronen versuchte er, Transurane, also Elemente mit einer Ordnungszahl größer als der des Urans, zu erzeugen. Hierfür erhielt er 1938 den Nobelpreis.

In den USA arbeitete Fermi an der Einleitung und Aufrechterhaltung einer geregelten Kettenreaktion. Dies gelang ihm am 2.12.1942.

Ab 1946 wandte er sich am Institute for Nuclear Studies der Universität Chicago der Elementarteilchenphysik zu und untersuchte die Wechselwirkung von Mesonen und Protonen.

Fermi-Dirac-Statistik, Statistik für ein System identischer Teilchen, die dem ↗Pauli-Verbot folgen.

Die Quantenstatistik für Gesamtheiten identischer Teilchen unterscheidet sich von der klassischen Statistik zunächst einmal dadurch, daß das Volumen einer Elementarzelle im Phasenraum nicht kleiner als h^f (h Plancksche Konstante, f Zahl der Freiheitsgrade der Teilchen) sein kann.

Nach dem Pauli-Verbot kann sich dann in jeder Elementarzelle kein oder ein Fermion aufhalten. Dies sind entscheidende Einschränkungen für die Berechnung der Zustandsfunktion, aus der wesentliche Eigenschaften eines thermodynamischen Systems abgeleitet werden können.

Fermi-Energie, die mittlere Energie eines Fermi-Gases (↗Fermi-Dirac-Statistik) am absoluten Nullpunkt der Temperatur.

Dieser Mittelwert ist wegen des ↗Pauli-Verbots von Null verschieden.

Fermi-Funktion, bezeichnet im Kontext ↗Neuronale Netze die spezielle sigmoidale Transferfunktion $T : \mathbb{R} \to \mathbb{R}$ eines ↗formalen Neurons mit $T(\xi) := 1/(1 + \exp(-\xi))$.

Der Name ist historisch dadurch begründet, daß die Funktion T genau die Verteilungsfunktion der Fermi-Dirac-Verteilung ist, die bei der Analyse der temperatur- und energieabhängigen Eigenschaften idealer Gase unter Berücksichtigung quantentheoretischer Aspekte auftritt.

Fermi-Kopplungskonstante, in der schwachen Wechselwirkung die Größe der Kopplungskonstante der 4-Fermion-Wechselwirkung, sie ist gleich

$$\frac{m_p^2 c^2}{\hbar^2}.$$

Dabei ist m_p die Protonmasse.

Der numerische Wert ist etwa 10^{-5}.

Fermionen, ↗Bosonen.

Ferrari, Lodovico, *Ferraro, Ludovico*, italienischer Mathematiker, geb. 2.2.1522 Bologna, gest. Oktober 1569 Bologna.

1536 trat Ferrari eine Stelle als Diener im Hause Cardanos an. Dieser unterrichtete ihn in alten Sprachen und Mathematik und zog ihn als Gehilfen zu eigenen Arbeiten heran. 1540 wurde Ferrari Mathematiklehrer in Mailand. 1542 bis 1550 führte er Vermessungsarbeiten im Dienste des Kardinals von Mantua durch, und ab 1564 hatte er eine Professur für Mathematik in Bologna inne.

1540 entdeckte er in Zusammenarbeit mit Cardano die Lösungsformel für Gleichungen vierten Grades. Da diese aber auf der Lösungsformel für Gleichungen dritten Grades beruhte und Tartaglia sich das Recht vorbehalten hatte, diese als erster zu veröffentlichen, konnte Ferrari sein Ergebnis nicht publizieren.

1545 lernte Ferrari die Arbeiten von dal Ferro kennen und erkannte, daß nicht Tartaglia, sondern dal Ferro als erster die Lösungsformel für kubische Gleichungen gefunden hatte. Damit war für Ferrari der Weg für eine Veröffentlichung frei. Das führte zu heftigen Kontroversen mit Tartaglia.

Ferrari soll durch seine Schwester mit Arsen vergiftet worden sein.

Ferraro, Ludovico, ↗Ferrari, Lodovico.

Ferrer-Diagramm, Darstellung einer Zerlegung oder Partition einer natürlichen Zahl in natürliche Summanden oder, äquivalent, einer Partition einer endlichen Menge.

Ist $n = a_1 + \ldots + a_m$ mit $a_1 \geq \cdots \geq a_m$ eine Partition von $n \in \mathbb{N}$ in den natürlichen Summanden $a_i, i = 1, \ldots, m$, so besteht das Ferrer-Diagramm dieser Partition aus m Reihen von Punkten mit a_i Punkten in der i-ten Reihe. Z.B. ist

```
• • • • • •
• • • •
• •
• •
•
```

das Ferrer-Diagramm der Partition $15 = 6+4+2+2+1$.

Festkommaarithmetik, das Rechnen mit Zahlendarstellungen reeller Zahlen durch zwei Ziffernfolgen z_1 uns z_2 fester Länge, wovon z_1 die Vorkomma- und z_2 die Nachkommastellen der zu speichernden Zahl in einem festgelegten Zahlensystem beschreiben.

Negative Zahlen werden mittels ↗Betrags-Vorzeichen-Code oder (häufiger) ↗Komplementdarstellung gespeichert. Beim Addieren von Festkommazahlen treten grundsätzlich Überlaufprobleme auf, die dem Programmierer üblicherweise durch spezielle Prozessorbits oder Behandlungsroutinen signalisiert werden. Bei der Division treten Überlaufprobleme (sehr kleine Divisoren) und Unterlaufprobleme (sehr große Divisoren) auf. Rundungsprobleme bei der Multiplikation treten bei nichtleerem z_2 auf. Überlaufprobleme bei der Multiplikation treten bei nichtleerem z_1 auf.

Verbreitet ist die Festkommaarithmetik vor allem für ganze Zahlen (z_2 leer) und Zahlen zwischen 0 und 1 (z_1 leer).

Festkommadarstellung, die Zahlendarstellung

$$\phi^{(n,k)} : \{0, d-1\} \times \{0, 1, \ldots, d-1\}^{n+k} \to \mathbb{Q}$$

zur Basis d, bei der für jedes Argument $\alpha = (\alpha_n, \ldots, \alpha_{-k})$ der Funktionswert $\phi^{(n,k)}(\alpha)$ nur von α_n und

$$\sum_{i=-k}^{n-1} \alpha_i \cdot d^i$$

abhängt.

Der Wert k gibt die Anzahl der Stellen hinter dem Komma und der Wert n die Anzahl der Stellen vor dem Komma an, die dargestellt werden.

Die am meisten verwendeten Festkommadarstellungen sind die ↗Betrag-und-Vorzeichen-Darstellung, die ↗Einerkomplement-Darstellung und die ↗Zweierkomplement-Darstellung.

fette Menge, ↗Bairesches Kategorieprinzip.

Feuerbach, Karl Wilhelm, deutscher Mathematiker, geb. 30.5.1800 Jena, gest. 12.3.1834 Erlangen.

Karl Feuerbach war der Sohn des Kriminalisten und Juristen Johann Paul Anselm von Feuerbach und Bruder des Philosophen Ludwig Feuerbach. Er studierte in Erlangen und in Freiburg (Breisgau) und wurde 1823 Professor am Gymnasium in Erlangen. 1824/25 war er wegen politischer Äußerungen in Haft. 1828 mußte er seine Lehrtätigkeit wegen schwerer Krankheit aufgeben.

Feuerbach arbeitet auf dem Gebiet der Geometrie, er entdeckte den ↗Feuerbach-Kreis. 1926/27 erschienen Arbeiten über das Tetraeder, in denen Feuerbach homogene Koordinaten einführte. Seine Untersuchen nahmen damit einige Ergebnisse aus Möbius' Arbeit „Baryzentrisches Kalkül" vorweg.

Feuerbach-Kreis, auch Euler-Kreis oder Neunpunktekreis genannt, derjenige Kreis in einem Dreieck, der durch die Fußpunkte der drei Höhen und durch die Mittelpunkte der Seiten geht und außerdem den Inkreis und die drei Ankreise berührt.

feuern, im Kontext ↗Neuronale Netze die Bezeichnung für die (spontane) Weitergabe eines Ausgabewerts bzw. mehrerer identischer Ausgabewerte durch ein ↗formales Neuron.

Der Begriff stammt ursprünglich aus der Biologie und bezeichnet dort die durch eine hinreichend große Erregung einer Nervenzelle initiierte Aussendung eines elektro-chemischen Signals.

Feynman, Richard Phillips, amerikanischer Physiker, geb. 11.5.1918 New York, gest. 15.2.1988 Los Angeles.

Feynman studierte von 1935 bis 1942 am Massachusetts Institute of Technology und an der Princeton University. Danach arbeitete er bis 1946 in Los Alamos am Manhattan-Projekt mit. Anschließend hatte er Professuren an der Cornell University in Ithaca (New York) und am California Institute of Technology.

1965 erhielt er zusammen mit J. Schwinger und S.-I. Tomonaga den Nobelpreis für Physik für die Begründung der Quantenelektroynamik. Diese Quantenelektroynamik wurde das Vorbild aller späteren Elementarteilchentheorien bis hin zum heutigen Standardmodell. Feynman entwickelte die Methode der ↗Feynman-Diagramme zur Darstellung der Wechselwirkungen von Elementarteilchen in einem Koordinatensystem von Zeit und Ort. Weitere Hilfsmittel zur Beschreibung der Quantenbewegung eines Teilchens sind das Feynmansche Pfadintegral und die ↗Feynman-Kac-Formel.

Feyman arbeitete auch über den Spin von Elementarteilchen und die Theorie der Hadronen. Seine wichtigsten Werke waren „Quantum Electrodynamics" (1961), „The Theory of Fundamental Processes" (1961), „The Feynman Lectures on Physics" (1963-65), „The Character of Physical Law" (1965) und „Electrodynamics: The Strange Theory of Light and Matter" (1985).

Feynman-Diagramm, *Feynman-Graph*, spezieller endlicher Graph.

Ein Feynman-Diagramm besteht aus endlich vielen Punkten $V_j, j = 1, ..., n'$, die man die Ecken des Diagramms nennt, endlich vielen eindimensionalen Segmenten $L_1, ..., L_N$, die interne Geraden genannt werden, und endlich vielen Halbgeraden $L_1^e, ..., L_n^e$, die man die externen Geraden nennt, wobei alle Größen in einem vierdimensionalen affinen Raum liegen.

Jeder Endpunkt w_l^- und w_l^+ von L_l und jeder Endpunkt von L_r^e ist auch eine Ecke V_j. Mit jeder externen Geraden L_r^e ist ein vierdimensionaler Vektor $p_r = (p_{r,0}, ..., p_{r,4})$ assoziiert, mit jeder internen Geraden L_l eine Zahl $m_l \geq 0$. Alle Linien von G sind orientiert. G selbst ist als Graph zusammenhängend.

Von besonderer Bedeutung ist das Feynman-Diagramm in der mathematischen Physik, wo man es als graphische Darstellung von Summanden der Streumatrixelemente, die nach einem kleinen Parameter entwickelt werden können, benutzt.

Dies wird im folgenden näher erläutert: Für die Beschreibung des Übergangs von einem Zustand in der unendlich fernen Vergangenheit in einen Zustand in der unendlich fernen Zukunft wird das Wechselwirkungsbild herangezogen, in dem die zeitliche Entwicklung des Zustandes eines Systems von wechselwirkenden Quantenfeldern durch den Wechselwirkungsanteil $\hat{V}^W$ im Hamilton-Operator $\hat{H}^W = \hat{H}_0 + \hat{V}^W$ bedingt ist. Der Streuoperator S ist dann formal durch den Ausdruck

$$T \exp\left(-i \int_{-\infty}^{+\infty} \hat{V}^M(t) dt\right)$$

gegeben, wobei T der sog. chronologische Operator ist. $\hat{V}^W$ hängt von einem Produkt der wechselwirkenden Felder und möglicherweise einem kleinen Parameter (wie der Sommerfeldschen Feinstrukturkonstanten $e^2/4\pi\hbar c$) ab. Dies ermöglicht es, S als (Störungens-)Reihe zu schreiben, deren Terme durch Feynman-Graphen dargestellt werden können. Dazu werden die Quantenfelder durch Erzeugungs- und Vernichtungsoperatoren (↗Fock-Raum) ausgedrückt.

Den einzelnen Faktoren in einem Element der Reihe von S werden in bestimmter Weise strukturierte Linien zugeordnet. Fermionen mit einem bestimmten Impuls werden ausgezogene Linien mit einem Pfeil in der Richtung, wie das Diagramm gelesen wird, und ihren Antiteilchen solche mit entgegengesetzter Pfeilrichtung zugeordnet. Bosonen mit einem bestimmten Impuls werden mit Wellenlinien dargestellt. Linien laufen in Leserichtung in einen Punkt (Vertex) ein. Das bedeutet Vernichtung der Teilchen. Laufen die Linien in Leserichtung aus einem Vertex heraus, werden ihnen Erzeugungsoperatoren zugeordnet. Eine zwei Vertizes verbindende Linie repräsentiert eine Ausbreitungsfunktion.

Den äußeren Linien entsprechen reale und den inneren, also zwischen zwei Vertizes gelegenen Linien, virtuelle Teilchen. Einem Vertex wird vor allem der kleine Parameter im Wechselwirkungsoperator zugeordnet, sodaß die Zahl der Vertizes mit der Ordnung des entsprechenden Terms in der Störungsreihe übereinstimmt. Die Impulse der in einen Vertex ein- und auslaufenden Linien haben einem Erhaltungssatz zu genügen.

Die Abbildung zeigt als Beispiel den Graphen (gelesen von links nach rechts) für die Streuung zweier Elektronen mit den Anfangsimpulsen p_1 und p_2, den Endimpulsen p_3 und p_4 und dem Austausch eines Photons mit dem Impuls k.

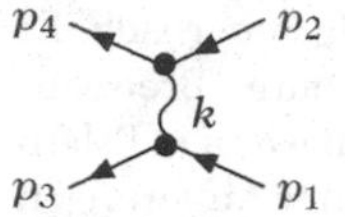

Feynman-Diagramm für die Streuung zweier Elektronen

Feynman-Graph, ↗Feynman-Diagramm.

Feynman-Kac-Formel, Darstellung der Lösungen der Schrödinger-Gleichung und der Diffusionsgleichung mit Hilfe von Pfadintegralen (↗Feynmansche Pfadintegral-Methode).

Die Anwendung des Operators $e^{-i\hat{H}t/\hbar}$ auf einen Anfangszustand liefert formal eine Lösung der Schrödinger-Gleichung. Feynman hat für den Kern dieses Operators den formalen Ausdruck

$$\int_{\mathcal{W}(q,q',t)} e^{i\int_{-t/2}^{t/2}[\frac{1}{2}\dot{q}(s)^2 - V(q(s))]ds} \prod_{-t/2<s<t/2} dq(s)$$

angegeben. Einfachheitshalber ist die Masse des Teilchens im Potential V mit der Geschwindigkeit $\dot{q}$ gleich 1 gesetzt worden. $\mathcal{W}(q, q', t)$ ist die Menge aller Wege zwischen $q(-t/2)$ und $q' = q(t/2)$. Auf die Frage, ob und wie dem komplexen Maß ein wohldefinierter Sinn gegeben werden kann, soll hier nicht eingegangen werden. Wenn man jedoch in dem Integral s durch $-is$ (Übergang zur Diffusionsgleichung) und damit $\dot{q}^2$ durch $-\dot{q}^2$ ersetzt, wird man auf einen wohldefinierten Ausdruck geführt.

Mit dem Hamilton-Operator $\hat{H}_0$ für ein freies Teilchen kann man auf dem Raum der Wege ein bedingtes Wiener-Maß $dW^t_{q,q'}$ definieren und dann die Feynman-Kac-Formel für den Integralkern in der Form

$$\exp\left(-\int_{-t/2}^{t/2} V(q(s))ds\right) dW^t_{q,q'}$$

schreiben.

Feynman-Kleinert-Methode, Variationsstörungsmethode zur effektiven Behandlung von Pfadintegralen in der Quantenfeldtheorie, eingeführt von R.Feynman und H.Kleinert 1986.

Im Gegensatz zur Störungstheorie, bei der der Entwicklungsparameter eine feste Größe ist, wird in der Feynman-Kleinert-Methode der Entwicklungsparameter zunächst variabel gelassen und erst am Ende der Rechnung durch Variation der Konstanten optimal gewählt.

Feynmansche Pfadintegral-Methode, ursprünglich eine der äquivalenten Darstellungen der Quantenmechanik zur Bestimmung der Zustandsfunktion, die nach Feynman auf den folgenden zwei Postulaten beruht:

I. Wenn eine *ideale Messung* durchgeführt wird, um zu bestimmen, ob der Weg eines Teilchens in einem Raumzeit-Gebiet liegt, dann ist die Wahrscheinlichkeit dafür das absolute Quadrat einer Summe komplexer Beiträge von jedem Weg in dem Gebiet.

II. Der Betrag dieser Beiträge ist für jeden Weg gleich, aber ihre Phase ist das Zeitintegral der Lagrangefunktion L über diesen Weg in Einheiten von $\hbar := h/2\pi$.

Das Raumzeit-Gebiet R sei derart, daß zu jedem Weg ein endliches Zeitintervall gehört. Es wird in endlich viele kleine Intervalle der Länge $\varepsilon = t_{i+1} - t_i$ unterteilt. Für jeden Weg gehört dann zu jedem Zeitpunkt t_i ein Ort x_i. Außerdem habe R eine solche Form, daß es sich in drei Gebiete zerlegen läßt: Für $t_i < t'$ ist R' als Teil von R räumlich beschränkt; zwischen $t' < t''$ ist R unbeschränkt; und für $t'' < t_k$ ist R'' als Teil von R wieder räumlich beschränkt.

Auf der Basis der Postulate I und II wird dann die Wellenfunktion, d. h. die Wahrscheinlichkeitsamplitude dafür, daß das Teilchen zum Zeitpunkt $t \in (t', t'')$ in x_k gefunden wird, durch

$$\psi(x_k, t) = \lim_{\varepsilon \to 0} \int_{R'} \exp\left[\frac{i}{\hbar} \sum_{l}^{k-1} S(x_{l+1}, x_l)\right] \frac{dx_{k-1}}{A} \frac{dx_{k-2}}{A} \dots$$

definiert, wobei R' anzeigen soll, daß die Integrationen der Koordinaten über R' und für t_l zwischen t' und t über den ganzen Raum zu nehmen ist. Die Konstante A ergibt sich zu $(2\pi i\hbar\varepsilon/m)^{1/2}$ (m ist die Masse eines Teilchens) aus der Forderung, daß die Wellenfunktion Lösung der Schrödinger-Gleichung sein soll.

Die Feynmansche Pfadintegral-Methode ist auf die Quantenfeldtheorie ausgedehnt worden. Durch die Orientierung an Wegen in der Raumzeit kann diese Methode vorteilhaft sein, wenn die Topologie der Raumzeit komplizierter als in der speziellen Relativitätstheorie (wie etwa in der allgemeinen Relativitätstheorie) ist.

[1] Ramond, P: Field Theory, A Modern Primer. The Benjamin/Cummings Publishing Company, 1981.

f-Faktor-Satz, ↗ Faktortheorie.

FFT, ↗ schnelle Fourier-Transformation.

Fibonacci, *Leonardo von Pisa*, italienischer Mathematiker, geb. um 1170 Pisa, gest. nach 1240 Pisa.

Fibonacci, Sohn eines Notars und Leiters der Niederlassung pisanischer Kaufleute in Bougie (Algerien), lernte Mathematik in Bougie und auf ausgedehnten Reisen im Mittelmeerraum. Um 1200 kehrte er nach Pisa zurück. Er wirkte in seiner Heimatstadt als Privatgelehrter und mathematischer Schriftsteller. Fibonacci gilt als der erste bedeutende Mathematiker des europäischen Mittelalters.

Von ihm sind fünf Werke überliefert. Grundlegend wurde davon sein „Liber abbaci" (1202, 1228). Darin verwendete Fibonacci die indisch-arabischen Ziffern und das dezimale Stellenwertsystem. Er ließ die Null als Wurzel einer quadratischen Gleichung zu, deutete die Möglichkeit der Einführung negativer Zahlen an, untersuchte irrationale Zahlen, verbreitete arabische Methoden zur Lösung von (linearen) Gleichungen und (linearen) Gleichungssystemen und stellte die berühmte „Kaninchenaufgabe" (↗ Fibonacci-Folge). In weiteren Werken behandelte er, immer im Gewand konkreter Problemstellungen oder von „Denksportaufgaben", elementare geometrische Fragen. Aufgaben des Typs

$$x^2 \pm a = y^2 \quad (a, x, y \text{ positiv ganzzahlig}),$$

die Lösung einer „nichttrivialen" kubischen Gleichung und kaufmännische Rechenaufgaben.

Fibonacci-Algorithmus, ein Verfahren zur Approximation eines bestimmten Punktes $\bar{x}$ in einem endlichen Intervall $[a_1, b_1]$. Dabei kann $\bar{x}$ z. B. Nullstelle einer stetigen Funktion oder Extremalpunkt einer unimodalen Funktion $f : [a_1, b_1] \to \mathbb{R}$ sein.

Es wird eine Anzahl von Iterationspunkten erzeugt, unter denen schließlich einer das gesuchte $\bar{x}$ mit einer vorgegebenen Genauigkeit annähert. Die benötigte Anzahl von Iterationen liegt mit der Kenntnis der Approximationsgüte vor.

Man beginnt mit dem Intervall $[a_1, b_1]$ und berechnet in der k-ten Iteration aus den aktuellen Intervallrändern a_k und b_k neue Intervallpunkte

$$x_k := a_k + \frac{f_{n-k-1}}{f_{n-k+1}} \cdot (b_k - a_k)$$

und

$$y_k := a_k + \frac{f_{n-k}}{f_{n-k+1}} \cdot (b_k - a_k).$$

Hier bezeichnet f_j die j-te Fibonacci-Zahl (↗ Fibonacci-Folge).

Nach Auswertung der Zielfunktion f in x_k und y_k werden a_{k+1} und b_{k+1} nach gewissen Kriterien aktualisiert, und zwar entweder zu $a_{k+1} := x_k$ und $b_{k+1} := b_k$, oder zu $a_{k+1} := a_k$ und $b_{k+1} := y_k$.

Wesentliche Eigenschaft des Verfahrens ist, daß die Länge des neuen Intervalls um den Faktor

$$\frac{f_{n-k}}{f_{n-k+1}}$$

verkürzt wird. Deshalb läßt sich die notwendige Anzahl von Iterationen vor Beginn des Algorithmus bestimmen.

Fibonacci-Folge, die Folge $(f_n)_{n\in\mathbb{N}}$ natürlicher Zahlen, die durch die Anfangswerte $f_1 = f_2 = 1$ und die Rekursionsformel

$$f_{n+2} = f_{n+1} + f_n$$

definiert ist. Die Fibonacci-Folge, deren Elemente auch Fibonacci-Zahlen genannt werden, beginnt mit den Werten

$$1, 1, 2, 3, 5, 8, 13, 21, 34, 55, 89, 144, \ldots .$$

Leonardo von Pisa, genannt ↗Fibonacci, stellte in seinem 1202 erschienen Buch *Il liber abbaci* die berühmte Kaninchenaufgabe, die in heutiger Formulierung etwa so lautet:

Wir nehmen an:

1. Jedes Kaninchenpaar wird im Alter von 2 Monaten gebärfähig,
2. jedes Kaninchenpaar bringt (ab dem dritten Monat) jeden Monat ein neues Paar zu Welt,
3. alle Kaninchen leben ewig (oder wenigstens lange genug).

Beginnen wir nun mit einem frischgeborenen Kaninchenpaar. Wie viele Kaninchenpaare, die von diesem einen Paar abstammen, leben im n-ten Monat?

Im ersten Monat haben wir 1 Paar, im zweiten Monat immer noch 1 Paar, das gerade gebärfähig wird, im dritten Monat haben wir dann 2 Paare, usw.. Bezeichnen wir mit f_n die Anzahl der Kaninchenpaare im n-ten Monat. Die Anzahl der im $(n+1)$-ten Monat lebenden Kaninchenpaare besteht gerade aus denen, die schon im n-ten Monat da waren, plus den frisch geborenen. Letztere sind gerade so viele, wie die Anzahl der Paare, die schon im $(n-1)$-ten Monat lebten. So kommt man zu der Rekursionsformel

$$f_{n+1} = f_n + f_{n-1} .$$

Die sog. Binetsche Formel zur direkten Berechnung der Fibonacci-Zahlen lautet

$$f_n = \frac{1}{\sqrt{5}}\left(\left(\frac{1+\sqrt{5}}{2}\right)^n - \left(\frac{1-\sqrt{5}}{2}\right)^n\right).$$

Sie ergibt sich aus der Potenzreihe

$$\sum_{n=0}^{\infty} f_{n+1} z^n = \frac{1}{1-z-z^2} ;$$

mittels Partialbruchzerlegung ist die Reihenentwicklung der rechten Seite leicht zu ermitteln, und der Identitätssatz für Potenzreihen liefert dann die Behauptung.

Eine wichtige Eigenschaft der Fibonacci-Zahlen ist die Konvergenz

$$\lim_{n\to\infty} \frac{f_n}{f_{n-1}} = \frac{1}{2}\left(1+\sqrt{5}\right) ;$$

in der Tat ist die Folge der Quotienten f_n/f_{n-1} gerade die Folge der Näherungsbrüche der Kettenbruchentwicklung des ↗Goldenen Schnitts.

Fibonacci-Zahl, Element der ↗Fibonacci-Folge.

Fichtenholz, Satz von, macht eine Aussage über Vertauschbarkeit bei iterierter Riemann-Integration:

Auf dem beschränkten und abgeschlossenen Rechteck $[a, b] \times [c, d]$ *sei die Funktion* f *beschränkt. Existieren dann die eigentlichen Riemann-Integrale*

$$\int_a^b f(x,y)\,dx \qquad \textit{für alle} \quad y \in [c, d]$$

und

$$\int_c^d f(x,y)\,dy \qquad \textit{für alle} \quad x \in [a, b],$$

so existieren – wieder als eigentliche Riemann-Integrale – auch die Doppelintegrale

$$\int_c^d \left(\int_a^b f(x,y)\,dx\right) dy, \qquad \int_a^b \left(\int_c^d f(x,y)\,dy\right) dx$$

und sind gleich.

Der Satz ergibt sich einfach aus der Charakterisierung des Riemann-Integrals über Zwischensummen und einem Konvergenzsatz von Arzelà-Osgood, der wiederum unmittelbar aus dem Satz von Lebesgue über majorisierte Konvergenz folgt.

Fiduzialschätzung, eine von R.A.Fisher vorgeschlagene, jedoch wenig gebräuchliche Form der ↗Bereichsschätzung für einen unbekannten Parameter.

Ein prinzipieller Unterschied zur herkömmlichen Methode der Bereichschätzung besteht darin, daß bei der Fiduzialschätzung dem unbekannten Parameter durch die Angabe einer Dichtefunktion, der sogenannten Fiduzialdichte, eine Wahrscheinlichkeitsverteilung zugeordnet wird und ein Bereich (Fiduzialbereich) I_α konstruiert wird, in dem der (zufällige) Parameter mit Wahrscheinlichkeit α liegt. Demgegenüber besteht das Prinzip der Bereichsschätzung darin, den zu schätzenden Parameter als nicht zufällig anzusehen und bei vorgegebenen Konfidenzniveau α das zugehörige Konfidenzintervall so zu bestimmen, daß bei wiederholter Stichprobenentnahme die relative Häufigkeit der Überdeckung des unbekannten Parameters α ist oder gegen α konvergiert. In vielen Fällen erhält man eine formale Übereinstimmung des Fiduzialbereiches mit dem entsprechenden Konfidenzintervall.

Fields, John Charles, kanadischer Mathematiker, geb. 14.5.1863 Hamilton (Ontario, Kanada), gest. 9.8.1932 Toronto.

Fields studierte von 1880 bis 1884 an der University of Toronto Mathematik und promovierte dort 1887. Danach studierte er in Europa und kam mit Fuchs, Frobenius, Hensel, H.A.Schwarz und Planck zusammen. Ab 1902 lehrte er an der Universität von Toronto. Sein Hauptforschungsgebiet waren algebraische Funktionen.

1932 regte er die Schaffung einer Medaille für herausragende mathematische Leistungen an (↗Fields-Medaille) und stellte in seinem Testament die notwendigen Mittel zur Verfügung. Die Medaille wird von der Internationalen Mathematischen Union seit 1936 auf ihren Kongressen vergeben. Die ersten Medaillen gingen in Oslo an ↗Ahlfors and ↗Douglas.

Fields-Medaille, die höchste mathematische Auszeichnung, quasi der „Nobelpreis in Mathematik“.

Die Auszeichnung ist nach John Charles Fields benannt, der 1932 die Schaffung einer Medaille für herausragende mathematische Leistungen vorgeschlagen. Der Vorschlag wurde auf dem 9. Internationalen Mathematiker- Kongreß 1932 angenommen, und seit 1936 wird die Medaille von der Internationalen Mathematiker-Union jeweils auf den Internationalen Mathematiker-Kongressen verliehen. Eine wichtige Nebenbedingung für die Preisvergabe ist, daß die Preisträger nicht älter als 40 Jahre sein dürfen.

Filarevolute, andere Bezeichnung für die ↗Evolute.

Filarevolvente, andere Bezeichnung für die ↗Evolvente.

fill-in, ↗direkte Lösung linearer Gleichungssysteme.

Filter, in verschiedenen Bereichen der Mathematik unterschiedlich interpretierter Begriff.

In der Topologie ist ein Filter ein nicht-leeres System $\mathcal{F}$ von Teilmengen eines topologischen Raumes X, welches den folgenden Bedingungen genügt:

- Ist $A \in \mathcal{F}$ und $A \subset B$, so ist auch $B \in \mathcal{F}$.
- Sind $A, B \in \mathcal{F}$, so ist auch $A \cap B \in \mathcal{F}$.
- Die leere Menge ist nicht in $\mathcal{F}$ enthalten.

Sind $\mathcal{F}_1$ und $\mathcal{F}_2$ zwei Filter, so heißt $\mathcal{F}_1$ feiner als $\mathcal{F}_2$, wenn jede Menge von $\mathcal{F}_2$ zu $\mathcal{F}_1$ gehört.

Der Filter $\mathcal{F}_2$ heißt dann auch gröber als $\mathcal{F}_1$.

- Die Obermengen einer nicht-leeren Menge $A \subset X$ bilden einen Filter.
- Die Umgebungen eines Punktes $p \in X$ bilden den sogenannten Umgebungsfilter.

In der Signalverarbeitung werden dagegen Filter zur Trennung oder Hervorhebung bestimmter Frequenzbereiche eines Signals verwendet. Dazu wird das Signal klassischerweise mit Hilfe der Fouriertransformation in seine einzelnen Frequenzen zerlegt. Gebräuchliche Filter sind die linearen Faltungsfilter, die als Faltung $f * h$ des Signals f mit einer Maske h dargestellt werden können.

In der Wavelettheorie wird auch die Folge $\{h_k\}$ der Koeffizienten in der Skalierungsgleichung

$$\phi(x) = \sqrt{2} \sum_{k=-\infty}^{\infty} h_k \phi(2x - k)$$

als Filter bzw. Maske bezeichnet.

Siehe auch ↗Filter auf einer partiell geordneten Menge, ↗Filterbasis, ↗Filterkonvergenz.

Filter auf einer partiell geordneten Menge, Teilmenge F einer mit einer Partialordnung „$\le$“ versehenen Menge M so, daß die folgenden Bedingungen (i) und (ii) erfüllt sind:

$$\text{(i)} \quad \bigwedge_{f,g \in F} \bigvee_{h \in F} h \le f \wedge h \le g.$$

$$\text{(ii)} \quad \bigwedge_{f \in F} \bigwedge_{x \in M} f \le x \Rightarrow x \in F$$

(↗ Ordnungsrelation).

Filterbasis, nicht-leeres System $\mathcal{B}$ von Teilmengen eines topologischen Raumes X, welches folgende Eigenschaften hat:

- Zu je zwei Mengen $U, V \in \mathcal{B}$ existiert ein $C \in \mathcal{B}$ mit $C \subset U \cap V$.
- Die leere Menge ist nicht in $\mathcal{B}$ enthalten.

Zu jeder Filterbasis $\mathcal{B}$ erhält man eindeutig einen ↗Filter, wenn man zu den Mengen aus $\mathcal{B}$ zusätzlich alle Obermengen hinzunimmt.

Filterkonvergenz, liegt für einen ↗Filter $\mathcal{F}$ auf einem topologischen Raum X für $x \in X$ vor, wenn $\mathcal{F}$ feiner als der Umgebungsfilter (↗Filter) von x ist.

Filtration, gelegentlich auch Filtrierung oder Filterung genannt, Familie von Mengen mit zusätzlicher Eigenschaft.

Ist $(\Omega, \mathfrak{A})$ ein meßbarer Raum und I eine mittels einer Relation $\leq$ total geordnete Menge, so heißt jede Familie $(\mathfrak{A}_t)_{t \in I}$ von σ-Algebren $\mathfrak{A}_t \subseteq \mathfrak{A}$ eine Filtration in $\mathfrak{A}$, wenn sie isoton ist, d. h. wenn für alle $s, t \in I$ die Beziehung

$$s \leq t \Rightarrow \mathfrak{A}_s \subseteq \mathfrak{A}_t$$

gilt.

finales Ereignis, ↗terminales Ereignis.

Final-σ-Algebra, Begriff aus der Maßtheorie.

Es sei $((\Omega_i, \mathcal{A}_i) | i \in I)$ eine Familie von ↗Meßräumen, Ω eine weitere Menge und $(f_i : \Omega_i \to \Omega \mid i \in I)$ eine Familie von Abbildungen.

Dann existiert eine feinste σ-Algebra $\mathcal{A}$ auf Ω, bzgl. der alle f_i meßbar sind. Es ist

$$\mathcal{A} = \sigma\big(f_i \mid i \in I\big) = \bigcap_{i \in I} \big\{A \subseteq \Omega \mid f_i^{-1}(A) \in \mathcal{A}_i\big\},$$

und $\mathcal{A}$ heißt die Final-σ-Algebra auf Ω.

Finanzmathematik, Teilbereich der ↗Angewandten Mathematik, der sich mit Fragen aus der Finanztheorie beschäftigt.

Mathematische Modelle gewinnen zunehmend Bedeutung bei Banken, Investmentgesellschaften und Versicherungen. Die Finanzmathematik stand lange im Schatten der ↗Versicherungsmathematik und beschränkte sich auf elementare Zinsrechnungen. Tiefere Konzepte finden sich aber bereits bei Louis Bachelier („Théorie de la Speculation", 1900) und bilden einen der Ausgangspunkte der Theorie stochastischer Prozesse. Das Anwendungspotential stochastischer Modelle im Finanzbereich wurde erst in den 60er Jahren erkannt (Ökonomie-Nobelpreis 1970: P.A.Samuelson). Daneben entwickelte sich die Portfoliotheorie, bei der ein Bestand von Kapitalanlagen mit mathematischen Methoden bezüglich Risiko und Rendite optimiert wird (Ökonomie-Nobelpreis 1990: H.M.Markowitz, M.H.Miller & W.F.Sharpe).

Jüngster Zweig ist die Theorie der Finanzderivate und Zinsmodelle. Ausgehend von einer analytischen Methode zur Berechnung von Aktienoptionen (Black-Scholes-Formel, 1972) entwickelte sich aus stochastischer Analysis und ökonomischer Theorie ein neuer Zweig der Angewandten Mathematik (Ökonomie-Nobelpreis 1997: R.C. Merton & M.S. Scholes).

finit, in der Mathematik übliches Synonym zum Begriff „endlich".

Finite Elemente, Teilmengen einer gegebenen Menge, die zur Approximation bzw. Interpolation einer gegebenen Funktion und somit als Ausgangspunkt für die ↗Finite-Elemente-Methode dienen.

Es sei $T \subseteq \mathbb{R}^2$ abgeschlossen und $f : \mathbb{R}^2 \to \mathbb{R}$ eine Funktion. Die Idee der Methode der finiten Elemente besteht darin, den Definitionsbereich T in kleine Bereiche aufzuteilen, auf denen dann die Funktion f in geeigneter Weise approximiert wird. Wichtiges Hilfsmittel ist dabei der Raum der zweidimensionalen Polynome $\Pi_m^2 = \text{Span}\{x^i y^j \mid 0 \leq i, j \text{ und } i + j \leq m\}$. Es seien also $T_1, ..., T_k$ offene Teilmengen von T, so daß gelten:

$$T_i \cap T_j = \emptyset \text{ für } i \neq j,\ i, j = 1, ..., k$$

und

$$T = \bigcup_{i=1}^{k} \overline{T}_i.$$

Dann heißt $(T_1, ..., T_k)$ eine Partition der Menge T. Falls die Partition aus Dreiecken oder aus Rechtecken besteht, so nennt man die Mengen $T_1, ..., T_k$ finite Elemente. Ist nun eine Partition aus finiten Elementen gegeben, so versucht man, die Funktion f auf jedem einzelnen Dreieck oder Rechteck T_i in geeigneter Weise zu interpolieren bzw. approximieren, so daß die daraus entstehende approximierende Funktion auf T bestimmte Stetigkeits- und Differenzierbarkeitsbedingungen erfüllt.

Ist beispielsweise T ein Polygon und $(T_1, ..., T_k)$ eine aus Dreiecken bestehende Partition von T, so daß keine Ecke eines vorkommenden Dreiecks T_i im Innern einer Kante eines anderen Dreiecks liegt, dann gibt es genau ein lineares Polynom p_i auf dem Dreieck T_i, das an den drei Ecken $z_{i,1}, z_{i,2}, z_{i,3} \in \mathbb{R}^2$ von T_i die Werte $f(z_{i,1}), f(z_{i,2}), f(z_{i,3})$ annimmt. Definiert man dann die Funktion $s : T \to \mathbb{R}$ durch $s(x, y) = p_i(x, y)$ falls $(x, y) \in T_i$, so erhält man eine stetige Funktion s, die die gegebene Funktion f an den Ecken der Dreiecke T_i interpoliert. Aufwendigere Methoden führen zu interpolierenden Funktionen, die auf den finiten Elementen ebenfalls Polynome sind, aber höheren Differenzierbarkeitsklassen angehören

finite Kardinalzahl, ↗ Kardinalzahlen und Ordinalzahlen.

finite Ordinalzahl, ↗ Kardinalzahlen und Ordinalzahlen.

Finite-Differenzen-Methode, ↗Differenzenverfahren.

Finite-Elemente-Matrix, die Steifigkeitsmatrix der ↗Finite-Elemente-Methode als spezieller Ritz-Galerkin-Methode.

Finite-Elemente-Methode, *FEM*, Approximationsverfahren, meist für ↗lineare partielle Differentialgleichungen nach der Ritz-Galerkin-Methode mit speziellen Ansatzräumen, den Finiten Elementen.

Man zerlegt dazu den Definitionsbereich in geometrische Elemente und definiert über diesen Elementen Ansatzfunktionen. Im Zweidimensionalen werden typischerweise Dreiecke für die Zerlegung gewählt als sogenannte Triangulierung, je nach Gegebenheiten kommen auch Vierecke als geometrische Grundelemente in Betracht. Als Ansatzfunktionen verwendet man meist stückweise konstante, stückweise lineare oder stückweise quadratische Funktionen. Man vergleiche hierzu ↗Finite Elemente.

Eine Finite-Elemente-Methode heißt konform, wenn die Ansatzfunktionen einen Teilraum des Funktionenraums des zugehörigen Ritz-Galerkin-Ansatzes darstellen.

Eine Triangulierung heißt zulässig, wenn der Schnitt zweier Dreiecke entweder leer, eine gemeinsame Seite oder ein gemeinsamer Eckpunkt ist. Bei einer quasiuniformen Triangulierung bleibt außerdem das Verhältnis der Dreiecksgrößen beschränkt, während man bei einer formregulären Triangulierung das Verhältnis von Außen- zu Innenkreisradius gleichmäßig beschränkt. Eine Möglichkeit der Gittererzeugung (Triangulation) besteht darin, mit einer groben Triangulierung zu beginnen und diese anschließend zu verfeinern, indem die vorhandenen Dreiecke weiter unterteilt werden. Die Verfeinerung selbst kann problemabhängig adapativ gesteuert sein.

Wir geben ein Beispiel: Ein deformierbarer fester Körper ist gewissen Belastungen ausgesetzt. Weil das Materialgesetz (z. B. das Hookesche Gesetz für linear-elastisches Material) eine analytische Lösung nicht oder zumindest nur mit sehr hohem Aufwand zuläßt, wird der Körper in endlich viele kleine Teile (die „Elemente") unterteilt, und zwar so, daß die Deformationen jedes einzelnen Teiles gut durch eine Linearkombination einer kleinen Anzahl von Basisfunktionen angenähert werden können, und daß der Zusammenhang zwischen der Belastung und dieser approximativen Verformung, die nurmehr von einer endlichen Anzahl von Parameter abhängt, durch einfache, möglichst lineare, Gleichungen beschrieben werden kann. Aus diesen, zusammen mit dem Gleichgewicht der Spannungen und dem Zusammenstimmen der Verformungen an den Elementgrenzen, können die Verschiebungen jedes einzelnen Elements und damit die Verformung des ursprünglichen Körpers bestimmt werden.

Analog verwendet man im dreidimensionalen Fall Tetraeder statt Dreiecken oder Quader statt Rechtecken. Grundsätzlich ist jedes geometrische Element durch ein gewissen Anzahl von Punkten, den Knoten, charakterisiert (zumeist die Eckpunkte oder Punkte auf dem Rand). Die Anzahl der Knoten pro Element ist gleich der Anzahl der unbestimmten Koeffizienten des Formelausdruckes, der die Näherung der Lösung auf diesem Element bestimmt.

Für die ↗geometrische Datenverarbeitung wichtig sind Finite Elemente-Methoden dort, wo es um die Triangulierung von großen mehr oder weniger regelmäßigen Punktmengen und ihre lokale Interpolation durch Freiformflächen geht (vgl. auch ↗scattered data-Interpolation).

[1] Marsal, D.: Finite Differenzen und Elemente. Springer-Verlag Berlin, 1989.

***F*-invarianter Unterraum**, ↗invarianter Unterraum.

Fischer, Ernst Sigismund, österreichischer Mathematiker, geb. 12.7.1875 Wien, gest. 14.11. 1954 Köln.

Fischer studierte von 1894 bis 1899 in Wien und Berlin. Nach der Promotion ging er nach Zürich und Göttingen zu Minkowski. Ab 1902 arbeitete er an der Universität in Brünn (Brno). Von 1911 bis 1920 war er in Erlangen und danach in Köln tätig. 1938 wurde er auf Grund der nationalsozialistischen Rassengesetze vorzeitig emeritiert.

Fischer untersuchte den Raum L^2 der quadratisch integrierbaren Funktionen, führte den Begriff der Konvergenz im Mittel ein und bewies die Vollständigkeit des L^2. Er beschäftigte sich mit Orthonormalsystemen von Funktionen und Fourier-Koeffizienten.

Fischer-Riesz, Struktursatz von, besagt, daß jeder Hilbertraum für eine geeignete Indexmenge I zu einem $\ell^2(I)$-Raum (↗Hilbertraum) isometrisch isomorph ist:

Ist H ein Hilbertraum und $(e_i)_{i\in I}$ eine Orthonormalbasis von H, so ist die lineare Abbildung

$$\Phi : H \to \ell^2(I), \quad x \mapsto (\langle x, e_i\rangle)_{i\in I}$$

ein isometrischer und folglich skalarprodukterhaltender Isomorphismus.

Ist speziell H separabel und unendlichdimensional, so ist H zum Folgenraum ℓ^2 isometrisch isomorph.

Fisher, Sir Ronald Aylmer, Mathematiker, Statistiker, geb. 17.2.1890 The Upplands (Middlesex), gest. 29.7.1962 Adelaide.

Nach dem Studium in Cambridge arbeitete Fisher in einem Büro, auf einer Farm, als Mathematik- und Physiklehrer und erst ab 1919 als Statistiker an einer landwirtschaftlichen Versuchsstation in Rothamsted. Ab 1933 war er Professor für Eugenik in London, seit 1943 Professor für Genetik in Cambridge. Seit 1959 hatte er eine Forschungsprofessur in Adelaide inne. Im Jahre 1952 erhielt er den persönlichen Adelstitel.

Fisher war einer der Begründer der modernen mathematischen Statistik. Sein besonderes Interesse galt ihrer Anwendung auf Biologie (Evolutionstheorie) und Medizin (Genetik).

Neben Standardwerken zur Statistik (1925, 1935, 1956) verfaßte er mehr als 300 Zeitschriftenartikel, in denen sich Fundamentales zur Statistik findet: 1915 Verteilung des Korrelationskoeffizienten, 1924 Verteilung des partiellen Korrelationskoeffizienten, 1922 Regressionskoeffizienten, 1924 F-Verteilung, 1928 Verteilung des multiplen Korrelationskoeffizienten. Er entwickelte die Maximum-Likelihood-Methode, die Varianz-, Kovarianz-, und Diskriminanzanalyse und arbeitete über Randomisierung.

Fishersche Differentialgleichung, Differentialgleichung der Form

$$\frac{\partial}{\partial t}u = D\frac{\partial^2}{\partial x^2}u + f(u) \quad \text{mit } f(u) = au(1-u),$$

mit dem Diffusionskoeffizienten $D > 0$ und der Konstanten $a > 0$. $u(x, t)$ kann als Teilchenzahldichte im Punkt $x \in \mathbb{R}$ zur Zeit t aufgefaßt werden.

Diese Differentialgleichung beschreibt z. B. biologische Objekte, die einem Auswahlprozeß unterliegen. In der Nähe von $u = 0$ und $u = 1$ (Unter- bzw. Überbevölkerung) ist $f(u)$ klein, d. h. nur wenige Objekte überleben den Auswahlprozeß.

Fishersche *Z*-Transformation, ↗Z-Transformation.

Fisher-Verteilung, ↗*F*-Verteilung.

Fisher-Wright-Haldane-Modell, das klassische Modell der Populationsgenetik für ein autosomales Gen mit mehreren Allelen in einer diploiden Population. Bei getrennten Generationen ist es ein diskretes dynamisches System mit der mittleren Fitness als Ljapunow-Funktion. Deren Anwachsen beschreibt das Fundamentaltheorem der Populationsgenetik.

Es existieren zahlreiche Verallgemeinerungen, z. B. für überlappende Populationen (Fishersche Gleichung), geschlechtsgebundene Gene, oder mehrere Genorte (↗Genetik).

Fisher-Yates-Test, spezieller ↗Signifikanztest, der in (2, 2)-Kontingenztafeln (↗Kontingenztafel) anstelle des χ^2-Unabhängigkeitstests zum Prüfen der stochastischen Unabhängigkeit zwischen zwei Zufallsvariablen X und Y verwendet wird, wenn die beobachteten absoluten Zellhäufigkeiten H^B_{ij}, $(i, j = 1, 2)$ klein sind. Die zu prüfende Hypothese lautet

$$H_0: X \text{ und } Y \text{ sind stochastisch unabhängig,}$$

wobei der Wertebereich für X und Y jeweils nur aus zwei Werten bzw. zwei Klassen nach einer ↗Klasseneinteilung besteht. Die verwendete Testgröße besitzt eine hypergeometrische Verteilung, wenn H_0 wahr ist. Zur Festlegung des kritischen Bereiches und damit der Entscheidungsregel werden Tafeln verwendet.

[1] Weber, E.: Grundriß der biologischen Statistik. G. Fischer Verlag Jena, 1980.

Fittingindex, die zu einem ↗Endomorphismus $\varphi : V \to V$ auf einem endlich-dimensionalen Vektorraum V eindeutig existierende natürliche Zahl k mit der Eigenschaft:

$$\varphi^k(V) = \varphi^{k+i}(V) \text{ und } \mathrm{Ker}(\varphi^k) = \mathrm{Ker}(\varphi^{k+i})$$

für alle $i \in \mathbb{N}$, sowie

$$\varphi^{k-1}(V) \neq \varphi^k(V) \text{ und } \mathrm{Ker}(\varphi^{k-1}) \neq \mathrm{Ker}(\varphi^k).$$

(↗Kern einer linearen Abbildung.)

Die aufsteigende Folge $\mathrm{Ker}(\varphi)$, $\mathrm{Ker}(\varphi^2)$, ..., $\mathrm{Ker}(\varphi^k)$ (k ist der Fittingindex von φ) wird als Kernsequenz bezeichnet. Ist k der Fittingindex des Endomorphismus $\varphi : V \to V$, so läßt sich V zerlegen in die direkte Summe

$$V = \varphi^k(V) \oplus \mathrm{Ker}(\varphi^k).$$

Eine solche Zerlegung wird als Fittingzerlegung bezeichnet.

Fittingzerlegung, ↗Fittingindex.

Fitzhugh-Nagumo-System, eine vereinfachte Form des ↗Hodgkin-Huxley-Modells, bei dem die drei Variablen für Ionenkanäle zu einer Variablen „Membran-Aktivierung" zusammengefaßt sind. Es kann auch als Modell für Musterbildung gedeutet werden.

Fix, John Lassiter, amerikanischer Mathematiker, geb. 2.12.1849 Houston (Texas), gest. 14.2. 1894 New York.

Fix wurde als Sohn reicher Eltern geboren und genoß eine exzellente Schulbildung. Er studierte Mathematik und Geosomologie an der Universität von West Upper Northend.

Seine größte wissenschaftliche Leistung bestand in der Entdeckung des ↗Fixpunktes sowie, damit eng verbunden, der ↗Fixpunktsätze.

Fix starb, ähnlich wie ↗Galois, an den Folgen eines Duells, bei dem ein anderer noch fixer war.

Fixpunkt, Punkt ζ im Definitionsbereich einer Funktion f, der durch f wieder auf sich selbst abgebildet wird, für den also gilt $f(\zeta) = \zeta$.

Es existieren eine ganze Reihe von ↗Fixpunktsätzen, die das Auftreten von Fixpunkten charakterisieren und auch Möglichkeiten zu ihrer konstruktiven Bestimmung aufdecken (↗Banachscher Fixpunktsatz).

Von besonderen Interesse sind ↗Fixpunkte holomorpher Funktionen; siehe auch ↗ asymptotisch stabiler Fixpunkt.

Fixpunkt einer diskreten Transformationsgruppe, ein Punkt, der für jedes Element der diskreten Transformationsgruppe einen ↗Fixpunkt darstellt.

Beispiel: Eine Spiegelung g in der Ebene an einer Spiegelungsachse A erzeugt eine 2-elementige diskrete Transformationsgruppe, $G = \{g,\ id\}$; dabei ist id die identische Transformation. Ein Punkt der Ebene ist genau dann Fixpunkt dieser diskreten Transformationsgruppe, wenn er Element der Spiegelungsachse A ist.

Fixpunkt einer holomorphen Funktion, Punkt ζ in einer in einer offenen Menge $D \subset \mathbb{C}$ zu einer ↗holomorphen Funktion f so, daß $f(\zeta) = \zeta$ ist.

Ist f in $\{z \in \mathbb{C} : |z| > R \geq 0\}$ holomorph und ∞ eine Polstelle von f, so nennt man auch ∞ einen Fixpunkt von f. Dies ist zum Beispiel der Fall, wenn f ein Polynom ist.

Der Multiplikator $\lambda = \lambda(\zeta)$ eines Fixpunktes $\zeta \in \mathbb{C}$ von f ist definiert durch $\lambda := f'(\zeta)$. Im Fall $\zeta = \infty$ setzt man $\lambda := g'(0)$, wobei $g(z) := 1/f(1/z)$.

Ein Fixpunkt ζ von f heißt
(a) superattraktiv, falls $\lambda = 0$,
(b) attraktiv, falls $0 < |\lambda| < 1$,
(c) indifferent oder neutral, falls $|\lambda| = 1$,
(d) abstoßend oder repulsiv, falls $|\lambda| > 1$.
Indifferente Fixpunkte werden nochmals genauer klassifiziert. Gilt $\lambda^n = 1$ für ein $n \in \mathbb{N}$, so heißt ζ rational indifferent; andernfalls heißt ζ irrational indifferent.

Fixpunkte holomorpher Funktionen spielen z. B. eine zentrale Rolle bei der ↗Iteration rationaler Funktionen.

Fixpunkt eines dynamischen Systems, *Gleichgewichtspunkt*, Punkt $x_0 \in M$ für ein ↗dynamisches System (M, G, Φ), dessen Orbit $\mathcal{O}(x_0) = \{x_0\}$ ist.

Jeder Punkt $x \in M$, der nicht Fixpunkt ist, heißt regulärer Punkt (des dynamischen Systems).

Fixpunkt eines Vektorfeldes, *Gleichgewichtspunkt*, Punkt $x_0 \in W$ für ein auf einer offenen Teilmenge $W \subset \mathbb{R}^n$ definiertes Vektorfeld $f : W \to \mathbb{R}^n$, für den $f(x_0) = 0$ gilt.

Jeder Punkt $x \in W$ des Vektorfeldes, der nicht Fixpunkt ist, heißt regulärer Punkt (des Vektorfeldes).

Für einen Fixpunkt $x_0 \in W$ des Vektorfeldes f ist eine auf ganz $\mathbb{R}$ definierte Lösung der gewöhnlichen Differentialgleichung $\dot{x} = f(x)$ gegeben durch $x(t) = x_0$ $(t \in \mathbb{R})$.
Ein Fixpunkt x_0 eines Vektorfeldes f heißt entartet, falls die Linearisierung von f bei x_0 (↗Linearisierung eines Vektorfeldes) den Eigenwert 0 besitzt. Ein nicht-entarteter Fixpunkt eines Vektorfeldes ändert bei kleiner Änderung des Vektorfeldes seine Lage, verschwindet jedoch nicht (Satz über implizite Funktionen). Entartete Fixpunkte dagegen können sich in mehrere (nicht-entartete) teilen bzw. verschwinden. Dieser Begriff ist daher zur Charakterisierung sog. strukturstabiler Vektorfelder nützlich.

[1] Arnold, V.I.: Geometrische Methoden in der Theorie der gewöhnlichen Differentialgleichungen. Deutscher Verlag der Wissenschaften Berlin, 1987.

[2] Hirsch, M.W.; Smale, S.: Differential Equations, Dynamical Systems, and Linear Algebra. Academic Press, Inc. Orlando, 1974.

Fixpunktiteration, spezielle Iteration der Form

$$x_{k+1} := f(x_k),\ k = 0, 1, 2, \ldots$$

zur sukzessiven Berechnung eines Fixpunktes $\hat{x} = f(\hat{x})$ von f, ausgehend von einem Startwert x_0. Im allgemeinen ist $f : M \to M$ eine Selbstabbildung einer Menge M in sich, zumeist liegen aber speziellere Räume und Eigenschaften vor, sodaß weitergehende Konvergenzaussagen der Fixpunktiteration möglich sind.

Der in der ↗Numerischen Mathematik am häufigsten anzutreffende Fall ist der eines Operators $f : M \to M$ eines Banachraumes M in sich. In diesem Fall gilt der ↗Banachsche Fixpunktsatz mit seiner inhärenten a priori Aussage über den Abstand $||x_k - \hat{x}||$ (↗Fixpunktsätze).

Häufig versucht man, andere Probleme auf ein äquivalentes Fixpunktproblem zu transformieren, um dann mittels einer Fixpunktiteration eine Näherung zu ermitteln. Bekanntestes Beispiel hierfür ist das Newtonverfahren zur Lösung einer Gleichung $g(x) = 0$. Ist g differenzierbar, so geht das Problem durch $f(x) := x - g(x)/g'(x)$ über in eine äquivalente Fixpunktgleichung $x = f(x)$.

Fixpunktsätze, Sätze, die die Existenz von ↗Fixpunkten für gewisse Klassen von Abbildungen garantieren.

Statt eine Gleichung der Form $F(x) = y$ zu lösen, kann man in vielen Anwendungen zu einer äquivalenten Fixpunktgleichung übergehen. Entstammen x und y demselben Banachraum, so würde die obige Gleichung etwa mittels

$$f(x) = \lambda(F(x) - y) + x\,,$$

wobei $\lambda \neq 0$ ein reeller oder komplexer Parameter, in

$$f(x) = x \qquad (1)$$

überführt. Fixpunktsätze sichern also die Lösbarkeit gewisser Gleichungen.

Dieses Prinzip wird insbesondere in der Theorie der Differentialgleichungen angewandt; z. B. kann ein Anfangswertproblem für eine gewöhnliche Differentialgleichung

$$x' = k(t, x)\ ,\quad x(t_0) = x_0$$

in das Fixpunktproblem (1) für die Abbildung

$$\big(f(x)\big)(t) = x_0 + \int_{t_0}^{t} k(s, x(s))\, ds \qquad (2)$$

transformiert werden.

Einer der einfachsten, aber auch bedeutendsten Fixpunktsätze ist der ↗Banachsche Fixpunktsatz, der hier nochmals formuliert wird: Ist $f : M \to M$ eine stetige Abbildung auf einem vollständigen metrischen Raum, für die eine Zahl $q < 1$ mit

$$d\big(f(x_1), f(x_2)\big) \leq q\, d(x_1, x_2) \quad \forall x_1, x_2 \in M \qquad (3)$$

existiert (also eine kontrahierende Abbildung), so besitzt f genau einen Fixpunkt. Dieser kann konstruktiv als Grenzwert der Iterationsfolge $x_{n+1} = f(x_n)$ bei beliebigem Startpunkt x_0 gewonnen werden.

Im Kontext von (2) kann man zeigen, daß, für eine geeignete Funktionenmenge

$$M \subset C[t_0 - \delta, t_0 + \delta]$$

mit hinreichend kleinem δ, f eine kontrahierende Selbstabbildung ist, falls k stetig ist und einer Lipschitz-Bedingung bzgl. des zweiten Arguments genügt. Man erhält so einen Beweis des Existenz- und Eindeutigkeitssatzes von Picard-Lindelöf.

Jenseits der Existenzaussage ist der konstruktive Aspekt des Banachschen Fixpunktsatzes bedeutsam. Die theoretisch triviale Divisionsaufgabe $x = b/a$ ist zur Lösung der Fixpunktgleichung

$$f(x) := (1 - \lambda a)x + \lambda b = x$$

äquivalent. Die Berechnung der Iterationsfolge $x_{n+1} = f(x_n)$ ist jedoch auch praktisch einfach; durch geschickte Wahl von $\lambda = \pm 2^{-k}$ erreicht man

$$0 < 1 - \lambda a \leq 1/2,$$

sodaß die Iterationen schnell gegen b/a konvergieren. Diese Ideen werden im Newtonverfahren ausgebeutet.

Weitere fundamentale Fixpunktsätze sind der ↗Brouwersche Fixpunktsatz im $\mathbb{R}^d$ und dessen unendlichdimensionale Verallgemeinerung, der ↗Schaudersche Fixpunktsatz: Ist M eine kompakte konvexe Teilmenge eines Banachraums (oder eines lokalkonvexen Raums), so besitzt jede stetige Abbildung $f : M \to M$ einen Fixpunkt. Dieser Satz ist von topologischer statt metrischer Natur, und die Fixpunkte werden nicht mehr konstruktiv gewonnen. Man hat auch keine Eindeutigkeitsaussage mehr; mit Hilfe des Konzepts des Fixpunktindex erhält man Aufschluß über die Anzahl der Fixpunkte. Der Schaudersche Fixpunktsatz kann auf (2) angewandt werden, wenn k nur stetig ist; man bekommt so einen Beweis des Existenzsatzes von Peano.

Andere wichtige Fixpunktsätze sind der Fixpunktsatz von Browder-Göhde-Kirk, der den Fall $q = 1$ in (3) diskutiert, der Darbo-Sadowskische Fixpunktsatz über verdichtende Operatoren und der Fixpunktsatz von Kakutani über mengenwertige Abbildungen.

[1] Goebel, K.; Kirk, W. A.: Topics in Metric Fixed Point Theory. Cambridge University Press, 1990.

[2] Zeidler, E.: Nonlinear Functional Analysis and Its Applications I. Springer, 1986.

Fläche, im anschaulichen Verständnis eine zweidimensionale Teilmenge $\mathcal{F} \subset \mathbb{R}^3$, insbesondere die Begrenzungsfläche eines Körpers.

Analytische Beschreibungen erfahren Flächen entweder durch lokale Parameterdarstellungen $\Phi(u_1, u_2)$ oder als Niveauflächen

$$\mathcal{N}_c = \left\{(x, y, z)^\top \in \mathbb{R}^3; f(x, y, z) = c\right\}$$

von Funktionen $f(x, y, z)$, d. h., durch eine ↗implizite Flächengleichung.

Ist $f(x, y, z)$ ein Polynom in x, y, z, so ist die Fläche $\mathcal{N}_c$ algebraisch. In diesem allgemeinen Kontext ist es noch zugelassen, daß die Flächen singuläre Punkte enthalten, beispielsweise Spitzen, Kanten und Ecken. Für die Differentialgeometrie sind vor allem glatte Flächen von Interesse, bei denen keine Singularitäten auftreten. Diese sind analytisch dadurch gekennzeichnet, daß in der impliziten Darstellung die partiellen Ableitungen der Funktion $f(x, y, z)$ in den Punkten von $\mathcal{F}$ nicht gleichzeitig Null werden, oder dadurch, daß die Parameterdarstellung $\Phi(u_1, u_2)$ zulässig ist.

Aus mathematischer Sicht ist es eine unnötige Einschränkung des Flächenbegriffs, wenn man nur zweidimensionale Gebilde betrachtet, die in den $\mathbb{R}^3$ eingebettet sind. Man versteht unter einer Fläche eine zweidimensionale Mannigfaltigkeit, d. h., eine Menge $\mathcal{M}$, die in einen beliebigen umgebenden Raum eingebettet ist, und die sich ähnlich wie $\mathcal{F}$ lokal durch Parameterdarstellungen beschreiben läßt.

Für tiefergehende Information zu Flächen mit speziellen Eigenschaften vergleiche man die nachfolgenden Stichworte.

Fläche konstanter Gaußscher Krümmung, eine Fläche, deren Gaußsche Krümmung in allen Flächenpunkten denselben Wert k_0 hat.

Für $k_0 = 0$ sind das gerade die sog. Torsen. Für positive Werte von k_0 sind neben der Oberfläche der Kugel vom Radius $r = 1/k_0$ noch Drehflächen bekannt. Andere Beispiele haben eine kompliziertere Beschreibung.

Flächen negativer Gaußscher Krümmung $k_0 < 0$ nennt man auch Pseudosphären. Bekanntestes Beispiel ist die gewöhnliche Pseudosphäre, die sich als Rotationsfläche einer Traktrix ergibt. Pseudosphären wurden im 19. Jahrhundert intensiv bei der Suche nach einem euklidischen Modell der hyperbolischen Geometrie studiert. Darunter versteht man eine Fläche des $\mathbb{R}^3$, deren innere Geometrie die Axiome der hyperbolischen Geometrie erfüllt.

Für jede Pseudosphäre der Krümmung $k_0 = -a^2$ gibt es eine Parameterdarstellung durch Koordinaten (u, v), sogenannte Tschebyschew-Koordinaten, in der das Bogenelement die Form

$$ds^2 = a^2 \left(\cos^2 \varphi\, du^2 + \cos^2 \varphi\, dv^2\right)$$

hat, und $\varphi(u, v)$ der halbe Winkel zwischen den asymptotischen Richtungen ist, der als Funktion der Koordinaten (u, v) die partielle Differentialgleichung

$$\frac{\partial^2 \varphi}{\partial^2 u} - \frac{\partial^2 \varphi}{\partial^2 v} = -k_0 \sin \varphi \cos \varphi \qquad (1)$$

erfüllt.

Umgekehrt läßt sich zu jeder Lösung φ von (1) eine Pseudosphäre so berechnen, daß φ der halbe Winkel zwischen deren asymptotischen Richtungen ist.

In ähnlicher Weise lassen sich Flächen konstanter positiver Gaußscher Krümmung, die nicht nur aus Nabelpunkten bestehen, durch die Lösungen einer Differentialgleichung klassifizieren.

Fläche konstanter mittlerer Krümmung, eine reguläre Fläche $\mathcal{F} \subset \mathbb{R}^3$, deren mittlere Krümmung in allen Flächenpunkten einen konstanten Wert h_0 hat.

Flächen konstanter mittlerer Krümmung treten in der Physik als Seifenblasen und ↗Kapillarflächen auf. Eine besondere Bedeutung haben Minimalflächen. Diese entsprechen dem Fall $h_0 = 0$ und in der Anschauung den Seifenlamellen, die sich in Drähten aufspannen, welche in eine Seifenlösung getaucht wurden.

Ist $\Phi(u, v)$ eine konforme Parameterdarstellung von $\mathcal{F}$, so gilt für die Koeffizienten E, F, G der ↗ersten Gaußschen Fundamentalform $E = F$ und $G = 0$, und die mittlere Krümmung $h(u, v)$ ist durch

$$h = \frac{L+N}{2E} \qquad (1)$$

gegeben, wobei L, M, N die Koeffizienten der ↗zweiten Gaußschen Fundamentalform sind. Weiterhin vereinfachen sich in einem solchen Koordinatensystem die Gleichungen von Mainardi-Codazzi zu

$$\frac{\partial L}{\partial v} - \frac{\partial M}{\partial u} = h\,\frac{\partial E}{\partial u} \quad \text{und} \quad \frac{\partial M}{\partial v} - \frac{\partial N}{\partial u} = h\,\frac{\partial E}{\partial v}. \qquad (2)$$

Aus (1) und (2), folgt, daß h genau dann konstant ist, wenn die Funktionen $L-N$ und $2M$ die Cauchy-Riemannschen Gleichungen

$$\frac{\partial(L-N)}{\partial u} = -2\,\frac{\partial M}{\partial v} \quad \text{und} \quad \frac{\partial(L-N)}{\partial v} = 2\,\frac{\partial M}{\partial u}$$

erfüllen. Somit ist

$$\varphi(u, v) = L(u, v) - N(u, v) - 2\,i M(u, v)$$

eine komplex-analytische Funktion, das Hopf-Differential von $\mathcal{F}$. In der Funktion φ sind viele Informationen über die Fläche codiert. Der Betrag von φ ist z. B. durch $|\varphi| = E\,|k_1 - k_2|$ als Vielfaches des Absolutbetrages der Differenz der Hauptkrümmungen gegeben, so daß die Nullstellen von φ mit den ↗Nabelpunkten, der Fläche zusammenfallen. Ferner läßt sich die Differentialgleichung der ↗Krümmungslinien in der Form $\operatorname{Im}\{\varphi\,(dw)^2\} = 0$ angeben, wobei $w = u + i v$ ein komplexer Flächenparameter ist und $dw = du + i\,dv$.

Das Geschlecht g einer geschlossenen Fläche $\mathcal{F}$ kann man anschaulich als Anzahl der 'Löcher' von $\mathcal{F}$ beschreiben. Läßt sich $\mathcal{F}$ z. B. topologisch in eine Kugeloberfläche deformieren, so hat sie das Geschlecht $g = 0$. Ein Torus, den man sich z. B. als Fahrradschauch vorstellen kann, hätte nach dieser Vorstellung das Geschlecht $g = 1$. Von H. Hopf stammt das folgende Resultat der globalen Flächentheorie.

Jede geschlossene Fläche konstanter mittlerer Krümmung vom Geschlecht $g = 0$ ist eine Sphäre.

Dieses Resultat führte ihn auf die Frage nach der Existenz von kompakten Flächen konstanter mittlerer Krümmung im $\mathbb{R}^3$ vom Geschlecht $g \geq 1$.

Eine positive Antwort wurde im Jahre 1986 von H. C. Wente gegeben. Er konstruierte Beispiele von differenzierbaren zweifach periodischen regulären Abbildungen von $\mathbb{R}^2$ in $\mathbb{R}^3$, deren Bildmengen geschlossene Flächen konstanter mittlerer Krümmung sind. Diese Flächen haben allerdings Selbstschnitte und sind topologisch äquivalent zum Torus.

[1] Dierkes, U.; Hildebrandt, S.; Küster, A.; Wohlrab, O.: Minimal Surfaces, Vol. 1. Springer-Verlag Heidelberg/Berlin, 1992.

Fläche zweiten Grades, ↗Fläche zweiter Ordnung.

Fläche zweiter Ordnung, manchmal auch Fläche zweiten Grades genannt, Menge aller Punkte eines dreidimensionalen Raumes, deren Koordinaten bezüglich eines affinen Koordinatensystems eine quadratische Gleichung (Gleichung zweiten Grades) der Form

$$a_{11}x^2 + a_{22}y^2 + a_{33}z^2 + 2a_{12}xy + 2a_{23}yz + \\ +2a_{13}xz + 2a_{10}x + 2a_{20}y + 2a_{30}z + a_{00} = 0 \quad (1)$$

(mit a_{11}, a_{22}, a_{33}, a_{12}, a_{23}, a_{13}, a_{10}, a_{20}, a_{30} und $a_{00} \in \mathbb{R}$) erfüllen, wobei a_{11}, a_{22}, a_{33}, a_{12}, a_{23} und a_{13} nicht zugleich Null sein dürfen.

Die Gleichung (1) läßt sich auch in der Matrizenform

$$x^T \mathbf{A} x + 2a^T x + a_{00} = 0 \qquad (2)$$

mit

$$\mathbf{A} = \begin{pmatrix} a_{11} & a_{12} & a_{13} \\ a_{12} & a_{22} & a_{23} \\ a_{13} & a_{23} & a_{33} \end{pmatrix}, \; b = \begin{pmatrix} a_{10} \\ a_{20} \\ a_{30} \end{pmatrix} \text{ und } x = \begin{pmatrix} x \\ y \\ z \end{pmatrix}$$

beziehungsweise

$$\tilde{x}^T \tilde{\mathbf{A}} \tilde{x} = 0 \qquad (3)$$

mit $\tilde{\mathbf{A}} = (a_{ij})_{i=0,1,2,3}^{j=0,1,2,3}$, $\tilde{\mathbf{A}}^T = \tilde{\mathbf{A}}$, und $\tilde{x} = \begin{pmatrix} 1 \\ x \\ y \\ z \end{pmatrix}$

darstellen.

Die Flächen zweiter Ordnung können anhand der Determinante der Matrix $\tilde{\mathbf{A}}$ in zwei Klassen eingeteilt werden. Diejenigen Flächen zweiter Ordnung, für welche det $\tilde{\mathbf{A}}$ von Null verschieden ist, sind die nicht entarteten Flächen zweiter Ordnung, also ↗Ellipsoide, ↗Hyperboloide und ↗Paraboloide, sowie die sogenannten nullteiligen Flächen (bei denen durch (1), (2) bzw. (3) keine Punkte mit reellen Koordinaten beschrieben werden).

Bei Flächen zweiter Ordnung mit $det\, \tilde{\mathbf{A}} = 0$ handelt es sich um die entarteten Flächen zweiter Ordnung: ↗Doppelkegel, elliptische, hyperbolische, parabolische und nullteilige Zylinder sowie Paare paralleler Ebenen und Doppelebenen.

Um welche der genannten Flächen es sich bei einer gegebenen Fläche zweiter Ordnung handelt, läßt sich durch die Überführung in ein geeignetes Koordinatensystems mit Hilfe einer Hauptachsentransformation ermitteln.

Flächendichte, ↗Dichte (im Sinne der mathematischen Physik).

Flächengeschwindigkeit, ↗ Geschwindigkeit.

Flächeninhalt, ein Maß für den Inhalt A einer ↗Fläche $\mathcal{F}$.

Für viele Flächen, die sich elementargeometrisch durch Größen wie Kantenlängen, Radien, Höhen und Winkel beschreiben lassen, existieren Flächeninhaltsformeln, die A analytisch durch diese Größen ausdrücken. Ist $\mathcal{F}$ durch eine ↗zulässige Parameterdarstellung $\Phi : U \subset \mathbb{R}^2 \to \mathbb{R}^3$ gegeben, so erhält man A als Gebietsintegral

$$A = \int_U dO \quad \text{mit } dO = \left\| \frac{\partial \Phi}{\partial u} \times \frac{\partial \Phi}{\partial v} \right\| du\, dv.$$

dO heißt Oberflächenelement von $\mathcal{F}$.

So erhält man beispielsweise für den Flächeninhalt der Oberfläche einer Kugel vom Radius r den Wert $A = 4\pi r^2$. Siehe auch ↗Flächeninhalt eines Kreises.

Flächeninhalt eines Kreises, eine der Hauptkenngrößen eines Kreises.

Der Flächeninhalt F eines Kreises vom Radius r ist $F = \pi r^2$, was man aus der allgemeineren Formel für das Volumen der n-dimensionalen Kugel für $n = 2$ erhält, oder direkt durch Ausrechnen des Integrals

$$F = 2 \int_{-r}^{r} \sqrt{r^2 - x^2}\, dx\,.$$

Man kann sich die Flächenformel mittels der Formel $U = 2\pi r$ für den Umfang eines Kreises vom Radius r verdeutlichen, indem man sich den Kreis in k gleich große Sektoren zerlegt denkt. Für großes k nähert sich der Sektorinhalt F_k dem Inhalt eines rechtwinkligen Dreiecks mit der Grundseite r und der Höhe $h \approx \frac{U}{k} = \frac{2\pi r}{k}$ an, was

$$F \approx kF_k \approx kr\,\frac{h}{2} \approx \pi r^2$$

ergibt. Noch einfacher ist es, die Sektoren nebeneinanderzulegen, wie man an der Abbildung erkennt.

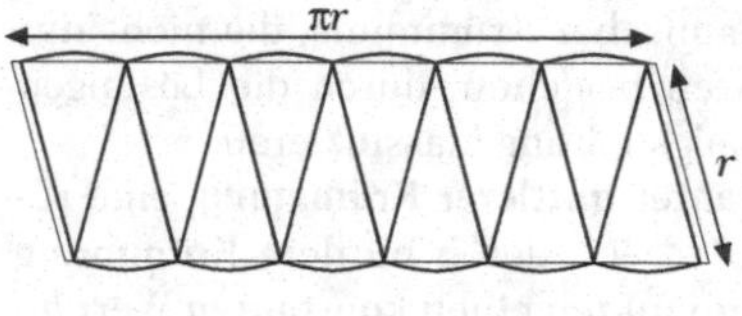

Für großes k nähert sich die bedeckte Fläche einem Parallelogramm bzw. sogar einem Rechteck mit den Seitenlängen πr und r, also der Fläche πr^2, an. Mit der ↗Exhaustionsmethode kann man den Flächeninhalt eines Kreises annähern, ohne π zu benutzen, oder umgekehrt (z. B. mit dem ↗Archimedes-Algorithmus) π selbst annähern.

Flächensystem, dreifach orthogonales, ein Flächensystem bestehend aus drei einparametrigen Familien $\mathfrak{A}$, $\mathfrak{B}$ und $\mathfrak{C}$ von Flächen derart, daß durch jeden Punkt $x \in \mathbb{R}^3$ genau eine Fläche jeder Familie geht und daß sich je zwei Flächen aus zwei dieser Familien rechtwinklig schneiden.

Dreifach orthogonale Flächensysteme finden z. B. als elliptische Koordinatensysteme Anwendung zur mathematischen Beschreibung von physikalischen Objekten, die die Form von Ellipsoiden oder Hyperboloiden haben. Sie sind die durch

$$x^2 = \frac{(u-a)(v-a)(w-a)}{(b-a)(c-a)}$$

$$y^2 = \frac{(u-b)(v-b)(w-b)}{(a-b)(c-b)}$$

$$z^2 = \frac{(u-c)(v-c)(w-c)}{(a-c)(b-c)}$$

definierten Abbildungen $(u,v,w)^\top \in \mathbb{R}^3 \to (x,y,z)^\top \in \mathbb{R}^3$, wobei in jedem der acht Oktanten des $\mathbb{R}^3$ andere Vorzeichen für die Quadratwurzeln zu wählen sind. Die Größen a, b, c sind reelle Zahlen mit $a > b > c$.

Die drei Flächenfamilien $u = \text{const}$ $v = \text{const}$ und $w = \text{const}$ sind die ↗Konfokalen der Quadrik

$$\frac{x^2}{a} + \frac{y^2}{b} + \frac{z^2}{c} = 1\,.$$

Flächenverband, eine aus einzelnen ↗Freiformflächen zusammengesetzte Fläche.

In Anwendungen tritt das Problem auf, ↗Bézier-, ↗B-Spline- und andere Freiformflächen, die z. B. über dreieckigen oder rechteckigen Parameterbereichen definiert sind, dergestalt zusammenzukleben, daß eine Fläche bestimmter Glattheit entsteht, und daß vorgegebene Punkte und Kurven interpoliert werden. Dabei sind besonders die Punkte interessant, in denen eine größere Anzahl von Teilflächen zusammenstoßen (siehe Abbildung).

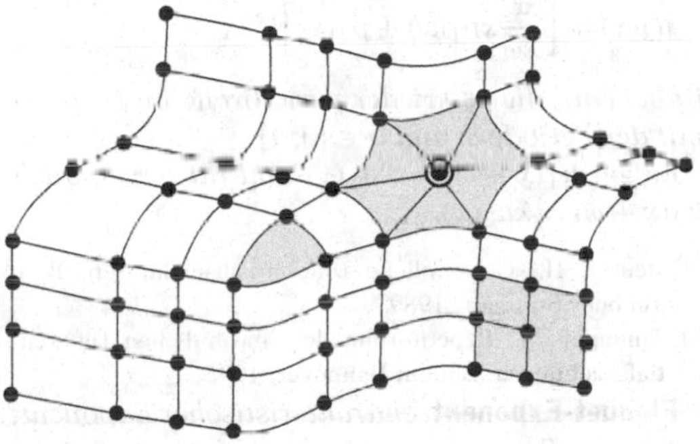

Flächenverband

Probleme dieser Art sind Gegenstand der ↗geometrischen Datenverarbeitung.

flacher Modul, ein R-Modul M so, daß der Funktor $M \otimes_R$-exakt ist, d. h. wenn

$$0 \to N_1 \to N_2 \to N_3 \to 0$$

eine exakte Folge von R-Moduln ist, dann ist

$$0 \to M \otimes_R N_1 \to M \otimes_R N_2 \to M \otimes_R N_3 \to 0$$

exakt. Projektive und insbesondere freie Moduln sind flach.

Für die algebraische Geometrie ist folgender Spezialfall wichtig: Sei $\varphi : X \longrightarrow Y$ ein Morphismus ↗Cartanscher Räume und $\mathcal{F}$ eine Garbe von $\mathcal{O}_X$-Moduln. Über den Komorphismus $\mathcal{O}_{Y,\varphi(x)} \xrightarrow{\varphi^*} \mathcal{O}_{X,x}$ wird jeder Halm $\mathcal{F}_x$ zu einem $\mathcal{O}_{Y,\varphi(x)}$-Modul, und $\mathcal{F}$ heißt flach über Y, wenn jeder dieser Halme $\mathcal{F}_x$ $(x \in X)$ flacher $\mathcal{O}_{Y,\varphi(x)}$-Modul ist. Der Morphismus φ heißt flacher Morphismus, wenn $\mathcal{O}_X$ (als $\mathcal{O}_X$-Modul) flach über Y ist.

Wichtige Konsequenzen aus der Flachheit sind Stetigkeits- oder Halbstetigkeitseigenschaften numerischer Invarianten.

flacher Raum, eine ↗Riemannsche Mannigfaltigkeit M mit lokal flacher Metrik.

Gleichwertig dazu ist, daß jeder Punkt $x \in M$ eine zu einer offenen Menge im euklidischen Raum $\mathbb{R}^n$ isometrische Umgebung besitzt. M wird konform flacher Raum genannt, wenn die konforme Klasse (↗konforme Struktur) der Riemannschen Metrik g von M eine lokal flache Metrik enthält. Konform flach sind z. B. alle Räume konstanter Schnittkrümmung.

Flachpunkt, *algebraischer Flachpunkt*, ein Punkt einer regulären Fläche $\mathcal{F} \subset \mathbb{R}^3$, in dem die beiden Hauptkrümmungen (↗Hauptkrümmungen einer Fläche) gleich Null sind.

Gleichwertig damit ist das Nullwerden der zweiten Gaußschen Fundamentalform. In einem Flachpunkt ist die ↗Dupinsche Indikatrix nicht definiert.

Flavour, Kurzbezeichnung für Flavourfreiheitsgrad. Die Flavourfreiheitsgrade im Quarkmodell der Quantenchromodynamik sind: Charm, Beauty und Truth.

Fleischner, Satz von, ↗Potenz eines Graphen.

Fletcher-Reeves, Verfahren von, ein Minimierungsverfahren, das eine Verallgemeinerung der konjugierten Gradientenmethode auf beliebige (nicht nur quadratische) differenzierbare Zielfunktionen darstellt (Optimierung ohne Nebenbedingungen).

Eine Folge (x_k) von Iterationspunkten wird dabei wie folgt konstruiert: Beginnend mit einem Startwert x_0 setzt man

$$d_0 := -\operatorname{grad} f(x_0)\,.$$

Im k-ten Schritt minimiere t_k dann die Funktion

$$t \to f(x_k + t \cdot d_k)\,,\ t \geq 0\,.$$

Schließlich setzt man $x_{k+1} := x_k + t_k \cdot d_k$ sowie

$$d_{k+1} := -\operatorname{grad} f(x_{k+1}) + \beta_k \cdot d_k\,,$$

wobei die Schrittweite β_k der Gleichung

$$\beta_k = \frac{\|\operatorname{grad} f(x_{k+1})\|^2}{\|\operatorname{grad} f(x_k)\|^2}$$

genügt. Ein Vorteil der Methode liegt im geringen Speicherbedarf, da man jeweils nur die Gradienten in x_k, x_{k+1} sowie die Richtung d_k speichern muß.

flexible Algebra, ist eine (nicht notwendig assoziative) Algebra A mit

$$(ab)a = a(ba) \quad \forall a, b \in A\,.$$

Von besonderer Bedeutung sind die Lie-zulässigen flexiblen Algebren.

Flexion, ↗Krümmung von Kurven.

Fließpunktzahl, ↗Maschinenzahl.

Flips und Flops, im Sinne der algebraischen Geometrie spezielle birationale Korrespondenzen von normalen Varietäten X, Y, X^+ der Form

$$X \xrightarrow{f} Y \xleftarrow{f^+} X^+,$$

wobei f und f^+ eigentlich, birational und „klein" sind, und weitere, sehr spezielle Eigenschaften besitzen müssen.
Dabei bedeutet „klein", daß f bzw. f^+ biregulär sind auf dem Komplement einer algebraischen Menge $E \subset X$ bzw. $E^+ \subset X^+$ der Kodimension mindestens 2. Im Falle einer glatten Varietät Y folgt daraus schon, daß f und f^+ Isomorphismen sind.

Vermutet wird (Flip-Vermutung), daß ein Flip zu gegebenem $X \xrightarrow{f} Y$ stets existiert, wenn X $\mathbb{Q}$-faktoriell ist und nur terminale Singularitäten hat. Es ist bekannt, daß ein Flip eindeutig bestimmt ist, die Existenz ist bisher (2000) im Falle der Dimension 3 bewiesen.

Wenn Y $\mathbb{Q}$-Gorensteinsch ist und $K_X = f^*K_Y$, D ein Cartier-Divisor so, daß D ampel relativ f ist, so heißt f^+ ein D-Flop, wenn $K_{X^+} = \left(f^+\right)^* (K_Y)$, und das birationale Bild D^+ des Divisors D ampel relativ f^+ ist.

floor-Funktion, bezeichnet mit $\lfloor\ \rfloor$, einstellige Operation, die einer reellen Zahl r die größte ganze Zahl zuordnet, die kleiner oder gleich r ist. Beispiele: $\lfloor \pi \rfloor = 3$, $\lfloor -\pi \rfloor = -4$, $\lfloor 0 \rfloor = 0$.

Floquet, Satz von, beschreibt die Struktur der Fundamentalsysteme linearer Differentialgleichungen mit periodischen Koeffizienten.

Sei $A \in C^0(\mathbb{R}, \mathbb{C}^{n\times n})$ periodisch mit der Periode $\omega > 0$. Dann sagt der Satz von Floquet für das allgemeine homogene lineare Differentialgleichungssystem

$$\mathbf{y}' = A(t)\mathbf{y} \qquad (1)$$

folgendes aus:

Sei Y ein Fundamentalsystem des periodischen Differentialgleichungssystems (1). *Dann ist Y von der Form $Y(t) = P(t) \cdot e^{tK}$. Dabei ist $P \in C^1(\mathbb{R}, \mathbb{C}^{n\times n})$ eine periodische reguläre Matrix mit derselben Periode ω und $K \in \mathbb{C}^{n\times n}$ eine konstante Matrix. Mit $C := e^{\omega K}$ gilt $Y(t+\omega) = Y(t) \cdot C$ für alle $t \in \mathbb{R}$.*

Die Eigenwerte der nicht eindeutig bestimmten Matrix K heißen auch charakteristische Exponenten.

Betrachtet man die Differentialgleichung zweiter Ordnung

$$y'' + a_1(x)y' + a_0(x)y = 0, \qquad (2)$$

wobei die $a_i \in C^0(\mathbb{R})$ periodisch mit der Periode $\omega > 0$ sein mögen, so lautet der Satz von Floquet für Differentialgleichungen zweiter Ordnung:

Sei $\{y_1, y_2\}$ ein Fundamentalsystem von (2) *und $C \in \mathbb{R}^{2\times 2}$ die Matrix mit*

$$\begin{pmatrix} y_1(x+\omega) \\ y_2(x+\omega) \end{pmatrix} = C^T \begin{pmatrix} y_1(x) \\ y_2(x) \end{pmatrix}.$$

Seien λ_1, λ_2 die Eigenwerte von C und $r_1, r_2 \in \mathbb{C}$ mit $\lambda_k = e^{r_k \omega}$ die charakteristischen Exponenten.

Im Falle $\lambda_1 \neq \lambda_2$ besitzt die Gleichung (2) *zwei linear unabhängige (eventuell komplexwertige) Lösungen der Form*

$$u_k(x) = p_k(x)e^{r_k x},$$

dabei sind die p_k periodische Funktionen mit der Periode ω. Diese u_k sind periodische Lösungen zweiter Art, d. h. für sie gilt $u_k(x+\omega) = \lambda_k u_k(x)$.

Für den Fall $\lambda_1 = \lambda_2 =: \lambda$ ist $r_1 = r_2 =: r$, und die Gleichung (2) *besitzt dann zwei linear unabhängige reelle Lösungen der Form*

$$u_1(x) = p_1(x)e^{rx}$$

und

$$u_2(x) = \left[\frac{\alpha}{\lambda\omega} x p_1(x) + p_2(x)\right] e^{rx}.$$

Dabei sind die p_k wieder periodische Funktionen mit der Periode ω und $\alpha \in \{0, 1\}$.

Es gilt $u_1(x+\omega) = \lambda u_1(x)$ und für $\alpha = 0$ auch $u_2(x+\omega) = \lambda u_2(x)$.

[1] Heuser, H.: Gewöhnliche Differentialgleichungen. B. G. Teubner Stuttgart, 1989.

[2] Timmann, S.: Repetitorium der gewöhnlichen Differentialgleichungen. Binomi Hannover, 1995.

Floquet-Exponent, *charakteristischer Exponent*, ↗Floquet, Satz von.

Floquet-Theorie, Theorie, die Lösungen eines linearen Differentialgleichungssystems mit periodischen Koeffizienten untersucht. Das Hauptresultat ist als Satz von Floquet (↗Floquet, Satz von) bekannt.

Florentiner Problem, elementargeometrische Problemstellung der folgenden Art.

Gegeben sei eine Halbkugel vom Radius r, aus der zwei Zylinder vom Radius $\frac{r}{2}$ so herausgenommen werden, daß sie sich im Mittelpunkt der Halbkugel gerade berühren.

Das Florentiner Problem besteht nun darin, den Inhalt des verbleibenden Körpers zu bestimmen. Die Lösung ist

$$\frac{8}{9}r^3.$$

Floyd-Warshall, Algorithmus von, liefert in einem ↗zusammenhängenden und ↗bewerteten Graphen G ohne Kreise negativer Länge mit einer Komplexität $O(|E(G)|^3)$ die kürzesten Wege zwischen allen Eckenpaaren des Graphen.

Die Algorithmen von Dijkstra und Moore-Bellman-Ford haben den Nachteil, daß man dabei immer nur kürzeste Wege erhält, die von einer Anfangsecke zu allen anderen Ecken führen. Will man jedoch die Entfernungen zwischen je zwei beliebigen Ecken ermitteln, so bietet sich der Algorithmus von Floyd-Warshall (1962) an, der aus der bewerteten Adjazenzmatrix eines Graphen die Distanzmatrix $D_G = ((d_{ij}))$ produziert, wobei d_{ij} die Länge eines kürzesten Weges von der Ecke x_i zur Ecke x_j angibt, falls $E(G) = \{x_1, x_2, \dots, x_n\}$ gilt.

Besitzt G die Bewertung $\varrho : K(G) \to \mathbb{R}$, so nennt man die $(n \times n)$-Matrix $B_G = (\varrho_{ij})$ mit $\varrho_{ij} = \varrho(x_i x_j)$, falls $x_i x_j \in K(G)$, und $\varrho_{ij} = \infty$, falls x_i und x_j nicht adjazent sind, bewertete Adjazenzmatrix.

Im ersten Schritt des Floyd-Warshall Algorithmus wird nun die direkte Verbindung zweier Ecken mit der Länge eines Weges verglichen, der zusätzlich die Ecke x_1 verwendet, und das Minimum in einer Matrix D^1 abgespeichert. Im nächsten Schritt wird jeder Wert aus D^1 mit der Länge eines entsprechenden Weges verglichen, der zusätzlich die Ecke x_2 oder die Ecken x_1 und x_2 verwendet, und das Minimum in einer Matrix D^2 abgespeichert, bis man schließlich im n-ten Schritt alle Ecken des Graphen berücksichtigt hat.

Wird zusätzlich in jedem Schritt in einer zweiten Matrix vermerkt, welche neue Ecke für den Aufbau des kürzesten Weges genutzt wurde, so lassen sich am Ende die dem Minimum entsprechenden kürzesten Wege an dieser Matrix ablesen.

Fluchtgeschwindigkeiten, ↗ kosmische Geschwindigkeiten.

Fluchtlinientafel, zur Darstellung funktionaler Beziehungen zwischen drei Variablen unter Benutzung von drei Skalen verwendete Tafel.

Man kennt folgende Grundtypen: Drei gradlinig und parallel verlaufende Skalen, drei gradlinige sich in einem Punkt schneidende Skalen, oder zwei gradlinig parallel verlaufende Skalen und eine krummlinige Skala. Die Ablesevorschrift ist: Jedes Wertetripel (u, v, w), das einer Beziehung $F(u, v, w) = 0$ genügt, entspricht Skalenpunkten, die auf einer Geraden, der sog. Fluchtgeraden, liegen müssen.

Fluchtpunktschiene, Gerät zur Zeichnung von Bildern paralleler gerader Linien in der Perspektive. Die Linien haben dabei denselben Fluchtpunkt.

Fluente, ↗ Fluxionsrechnung.

Fluß, auch Phasenfluß genannt, ein ↗ dynamisches System (M, G, Φ) mit der Gruppe $G := \mathbb{R}$. Die Elemente in $\mathbb{R}$ werden dabei als Zeitpunkte interpretiert, in denen sich das System entwickelt, als dessen mögliche Zustände die Punkte im sog. Phasenraum M interpretiert werden. Wird nur $G := \mathbb{R}^+$ bzw. $G := \mathbb{N}$ verwendet, spricht man von einem Halbfluß bzw. diskreten Halbfluß.

Die Punkte des Phasenraumes M können als Teilchen in einer Flüssigkeit interpretiert werden, die im Laufe der Zeit mit der Strömung im Phasenraum mitgeführt werden. Ein Teilchen, das sich zur Zeit 0 bei m befindet, wird dabei von der Strömung bis zur Zeit $t \in \mathbb{R}$ zum Ort $\Phi(m, t)$ mitgeführt. Aus dieser Interpretation rührt der Begriff der Flußaxiome bei ↗ dynamischen Systemen. Man beachte, daß das daraus resultierende Strömungsgesetz weder zeitabhängig ist noch Wechselwirkungskräfte innerhalb der Flüssigkeit berücksichtigt werden; dadurch könnte also nur eine ↗ ideale Flüssigkeit beschrieben werden.

Oftmals interessiert man sich für die zeitliche Entwicklung eines Gebietes D des Phasenraumes. Der folgende Satz von Liouville macht eine Aussage über die zeitliche Entwicklung des Volumens eines Gebietes im Phasenraum:

Auf einer offenen Menge $M \subset \mathbb{R}^n$ sei ein Vektorfeld $f : W \to \mathbb{R}^n$ gegeben. Es bezeichne $\Phi : M \times \mathbb{R} \to M$ den zugehörigen (lokalen) Fluß. Für ein Gebiet $D \subset M$ bezeichne $D(t) := \Phi(D, t)$ und $V(t) := |D(t)|$ das Volumen von $D(t)$. Dann gilt:

$$\frac{dV}{dt} = \int_{D(t)} \operatorname{div} f(x)\, dx .$$

Insbesondere läßt für ein divergenzfreies f (↗ Divergenz eines Vektorfeldes) der zugehörige Fluß das Volumen eines Gebietes im Phasenraum invariant; dieser Fluß ist als Strömung einer inkompressiblen Flüssigkeit interpretierbar. Läßt ein Fluß jedes Gebiet des Phasenraumes invariant, so heißt er volumentreu.

Für ein konstantes lineares Vektorfeld $f(x) = Ax$ im $\mathbb{R}^n$ mit einer konstanten Matrix A gilt die Liouvillesche Formel:

$$V(t) = V(0)\, e^{t\, \mathrm{tr} A},$$

wobei $\mathrm{tr}A$ die Spur von A bezeichnet. Der zu einem solchen dynamischen System gehörende Fluß ist also volumentreu, falls $\mathrm{tr}A = 0$ gilt.

Fluß-Äquivalenz, ↗ Äquivalenz von Flüssen.

Flußaxiome, ↗ dynamisches System.

Flußchiffre, Verschlüsselungsverfahren, bei dem sich die Verschlüsselungsfunktion für die einzelnen Teile der Nachricht laufend ändert.

Ist diese Änderung regelmäßig, so spricht man auch von periodischer Verschlüsselung oder polyalphabetischer Verschlüsselung (↗ symmetrisches Verschlüsselungsverfahren).

Flußchiffren mit zufälliger (und nicht nur pseudozufälliger) Änderung der Verschlüsselung sind bei ein(!)maliger Verwendung absolut sichere Systeme, wenn der Schlüssel die gleiche Länge wie die Nachricht selbst hat (One-Time-Pad). Damit sind nämlich für den unberufenen Entschlüsseler alle Klartexte gleich wahrscheinlich, und er kann dem Chiffrat höchstens eine obere Schranke für die Länge des Klartextes entnehmen.

Flußdichte, ↗ Dichte (im Sinne der mathematischen Physik).

Fluxion, ↗ Fluxionsrechnung.

Fluxionsrechnung, von Isaac Newton ab 1665 entwickelte Vorläuferin der Differential- und Integralrechnung.

Newton betrachtete variable Größen als zeitabhängig und bezeichnete sie als Fluenten (fließende Größen). Die Änderungsgeschwindigkeit einer Fluente y nannte er deren Fluxion (Fluß) $\dot{y}$. Die Aufgabe der Fluxionsrechnung sah Newton darin, aus Beziehungen zwischen Fluenten Beziehungen zwischen ihren Fluxionen herzuleiten, was heute der Gegenstand der Differentialrechnung ist, und umgekehrt von den Fluxionen auf die Fluenten zu schließen, was dem Aufsuchen von Stammfunktionen (Antidifferentiation) entspricht. Er definierte dabei die Bedeutung von „Geschwindigkeit" nicht präzise und kannte die heutigen Grenzwert- und Stetigkeitsbegriffe nicht. Statt dessen arbeitete er intuitiv und aus jetziger Sicht naiv und sorglos mit „unendlich kleinen" Größen, erreichte damit aber aufgrund seines Gespürs und seiner physikalischen Anschauung eine Fülle bedeutender Ergebnisse.

F_σ-Menge, Untermenge eines topologischen Raumes, die sich als Vereinigung einer Folge abgeschlossener Mengen darstellen läßt.

Fock-Bargmann-Darstellung, ↗ Bargmann-Darstellung.

Fock-Darstellung, Darstellung in der Quantenfeldtheorie, in der die ↗ Fock-Zustände Eigenzustände sind (↗ Fock-Raum).

Fock-Raum, *Besetzungszahlraum*, Zustandsraum in der Quantenmechanik und insbesondere Quantenfeldtheorie, dessen Basisvektoren (in Diracscher Notation) durch $|\ldots, n_a, \ldots, n_b, \ldots>$ gegeben sind, die die Zustände von $\ldots, n_a, \ldots, n_b, \ldots$ wechselwirkungsfreien Teilchen mit den Charakteristika $\ldots, a, \ldots, b, \ldots$ beschreiben.

Die Charakteristika sind Eigenwerte eines vollständigen Satzes von kommutierenden Observablen.

Der Fock-Raum ist Teil der Fock-Darstellung. Dazu gehören auch die Erzeugungs- und Vernichtungsoperatoren. Sie lassen sich am einfachsten über die Quantisierung des eindimensionalen Oszillators bespielhaft erläutern: Sein Hamilton-Operator $\hat{H}$ ist

$$\frac{1}{2}(\hat{p}^2 + \omega^2\hat{q}^2)$$

(wobei die Masse auf 1 normiert ist). Mit dem Ortsoperator $\hat{q}$ und dem Impulsoperator $\hat{p}$ werden die Operatoren a und a^+ durch

$$a = \sqrt{\frac{\omega}{2}}\left(\hat{q} + \frac{i\hat{p}}{\omega}\right)$$

und

$$a^+ = \sqrt{\frac{\omega}{2}}\left(\hat{q} - \frac{i\hat{p}}{\omega}\right)$$

definiert. Für die Energie-Eigenfunktionen mit $\hat{H}\psi_n = E_n\psi_n$ und $E_n = \omega(n + \frac{1}{2})$ gilt dann

$$a^+\psi_n = \sqrt{n+1}\psi_{n+1}$$

und

$$a\psi_n = \sqrt{n}\psi_{n-1}\,.$$

a^+ führt also zum nächst höheren und a zum nächst niedrigeren Energieniveau. Für den Grundzustand gilt $a\psi_0 = 0$. Da die Energieniveaus in diesem Fall gleichen Abstand haben, kann man das n-te Energieniveau auch durch einen Zustand mit n Quanten der Energie ω beschreiben, die durch n-malige Anwendung von a^+ auf ψ_0 erzeugt werden. Entsprechend vernichtet a ein solches Quant.

Mit a^+ und a wird nun der sog. Besetzungszahloperator $\hat{n} := a^+a$ definiert. Er hat die Eigenschaft $\hat{n}\psi_n = n\psi_n$. ψ_n ist also ein Zustand, der mit n Quanten besetzt ist. a und a^+ genügen den Vertauschungsrelationen (↗ Kommutator) $[a, a^+] = 1$ und $[a, a] = [a^+, a^+] = 0$.

Für ein System mit $N > 1$ Freiheitsgraden werden N harmonische Oszillatoren und entsprechend N Erzeugungs- und Vernichtungsoperatoren a_k^+ und a_k mit dem entsprechenden Satz von Vertauschungsrelationen eingeführt.

Dieses Verfahren läßt sich auf wechselwirkungsfreie Felder ausdehnen, da solche Felder als Überlagerungen von Oszillatoren dargestellt werden können. Die Erzeugungs- und Vernichtungsoperatoren genügen Kommutatorrelationen im Fall von Bose-Feldern und Antikommutatorrelationen im Fall von Fermi-Feldern (↗ Bosonen, ↗ Bose-Einstein-Statistik, ↗ Fermi-Dirac-Statistik).

Fock-Zustand, in der Quantenfeldtheorie Bezeichnung für einen Quantenzustand, der ein Eigenzustand des Teilchenzahloperators ist, d. h., ein Zustand, in dem die Teilchenzahl eine scharf definierte Größe ist.

Die zugehörige Darstellung heißt Fock-Darstellung. Beispiel: Besteht das System aus n identischen Fermionen, so wird zu dessen Beschreibung die Slater-Determinante verwendet.

Der Vernichtungsoperator ist ein Operator, der einen Fock-Zustand mit Teilchenzahl n in der einen Fock-Zustand mit Teilchenzahl $n - 1$ überführt. Der Vakuum-Zustand ist derjenige Zustand, in dem der Vernichtungsoperator nicht definiert ist.

Fokker-Planck-Gleichung, auch Vorwärtsgleichung genannt, die Differentialgleichung

$$\begin{aligned}\frac{\partial}{\partial t}p(s,x;t,y) &= \frac{1}{2}\frac{\partial^2}{(\partial y)^2}(\sigma^2(t,y)p(s,x;t,y)) \\ &\quad -\frac{\partial}{\partial y}(\mu(t,y)p(s,x;t,y)),\end{aligned}$$

wobei $\mu(t,y)$ den Drift- und $\sigma^2(t,y)$ den Diffusionsparameter einer eindimensionalen Diffusion bezeichnet.

Die Fokker-Planck-Gleichung gilt bei fest gewählten $s \geq 0$ und $x \in \mathbb{R}$ für $s < t$ und $y \in \mathbb{R}$. Besitzt die Übergangsfunktion der Diffusion eine Dichte $p(s,x;t,y)$ bezüglich des Lebesgue-Maßes, so stellt diese eine sogenannte Fundamentallösung der Gleichung dar. Der Name Vorwärtsgleichung rührt daher, daß auf ihrer linken Seite im Gegensatz zur Rückwärtsgleichung nach der Variablen t differenziert wird, die man als Zeitpunkt in der Zukunft auffaßt.

Folge, in formaler Definition eine ↗ Abbildung f, deren Definitionsbereich aus den natürlichen Zahlen besteht.

Man schreibt dann auch

$$f = (a_n)_{n\in\mathbb{N}_0} = (a_0, a_1, a_2, \ldots).$$

Mitunter werden auch Abbildungen, deren Definitionsbereich zwar abzählbar, jedoch von den natürlichen Zahlen verschieden ist, als Folge bezeichnet.

Manchmal bezeichnet man auch eine endliche Menge

$$f = (a_0, a_1, \ldots, a_n)$$

als (endliche) Folge.

Anschaulich ist eine Folge eine geordnete Menge von Elementen, etwa Zahlen oder Punkten.

Folgenkompaktheit, liegt für einen topologischen Raum X vor, wenn jede Folge in X eine konvergente Teilfolge hat.

Folgenkriterium für Stetigkeit, äquivalente Beschreibung der Stetigkeit durch ↗ Folgenstetigkeit:

Eine Funktion f ist in einer Stelle x_0 ihres Definitionsbereiches $\mathcal{D}$ genau dann stetig, wenn für jede Folge (x_n) in $\mathcal{D}$ die Konvergenz $x_n \longrightarrow x_0$ die Konvergenz der Folge der Bilder $\big(f(x_n)\big)$ gegen $f(x_0)$ nach sich zieht.

Dies ergibt sich einfach direkt oder aus der Beschreibung des ↗ Grenzwertes von Funktionen durch Folgenkonvergenz und der der Stetigkeit über Grenzwerte.

Bei diesem Satz ist zunächst an reellwertige Funktionen einer reellen Variablen gedacht. Er gilt aber entsprechend auch für eine Abbildung von einem metrischen Raum in einen anderen (und noch allgemeiner auf topologischen Räumen) mit dem ersten Abzählbarkeitsaxiom).

Der Satz ist in *beiden* Richtungen nützlich: Weiß man schon etwas über entsprechende Folgenkonvergenz, so kann man Stetigkeit erschließen. Hat man andererseits die Stetigkeit einer Funktion, so erhält man Konvergenzaussagen für passende Folgen.

Folgenräume, diskrete Analoga der ↗ Funktionenräume.

Im engeren Sinn versteht man darunter aus Folgen reeller oder komplexer Zahlen bestehende Banachräume, für die die linearen Funktionale $(s_n) \mapsto s_k$ stetig sind (BK-Räume).

Beispiele für Folgenräume sind der Raum der konvergenten Folgen c, der Raum der Nullfolgen c_0 und der Raum der beschränkten Folgen ℓ^∞, die, jeweils mit der Supremumsnorm

$$\|(s_n)\|_\infty = \sup_n |s_n|$$

versehen, Banachräume sind:

$$\begin{aligned} c &= \{(s_n) : (s_n) \text{ konvergent}\}, \\ c_0 &= \{(s_n) : s_n \to 0\}, \\ \ell^\infty &= \{(s_n) : (s_n) \text{ beschränkt}\} \end{aligned}$$

Die diskreten Analoga der L^p-Räume sind die Folgenräume

$$\ell^p = \left\{(s_n) : \sum_{n=1}^{\infty} |s_n|^p < \infty\right\};$$

formal ist das der Spezialfall eines Raums $L^p(\mu)$, wenn μ das zählende Maß auf der Potenzmenge von $\mathbb{N}$ ist. Für $p \geq 1$ sind dies Banachräume mit der Norm

$$\|(s_n)\|_p = \left(\sum_{n=1}^{\infty} |s_n|^p\right)^{1/p}.$$

Der Dualraum von c_0 ist isometrisch isomorph zu ℓ^1, der Dualraum von ℓ^1 ist isometrisch isomorph zu ℓ^∞, und für $1 < p < \infty$ und $1/p + 1/q = 1$ ist der Dualraum von ℓ^p isometrisch isomorph zu ℓ^q.

Für $1 < p < \infty$ ist ℓ^p reflexiv; der Raum ℓ^2 ist ein Hilbertraum, und nach dem Satz von Fischer-Riesz ist jeder unendlichdimensionale separable Hilbertraum zu ℓ^2 isometrisch isomorph.

Jeder Banachraum, der eine Schauder-Basis besitzt, kann als Folgenraum aufgefaßt werden. Weitere Beispiele sind ↗ Lorentz-Räume.

[1] Dunford, N.; Schwartz, J. T.: Linear Operators. Part I: General Theory. Wiley, 1958.

[2] Werner, D.: Funktionalanalysis. Springer, 1995.

Folgenstetigkeit, Stetigkeit einer Abbildung zwischen metrischen Räumen.

Es seien M und N metrische Räume und $f : M \to N$ eine Abbildung. Dann heißt f folgenstetig in $x_0 \in M$, falls für jede Folge (x_n) in M mit $x_n \to x_0$ auch $f(x_n) \to f(x_0)$ folgt. Folgenstetige Abbildungen übertragen also ↗Grenzwerte in metrischen Räumen. Der Begriff der Folgenstetigkeit ist die Grundlage des ↗Folgenkriteriums für Stetigkeit.

Betrachtet man auf M und N die von den jeweiligen Metriken induzierte Topologie, so ist f genau dann folgenstetig, wenn f als Abbildung zwischen den topologischen Räumen M und N stetig ist.

Folgenvollständigkeit lokalkonvexer Räume, Vollständigkeit lokalkonvexer Räume bezüglich der Folgenkonvergenz.

Es sei V ein lokalkonvexer topologischer Vektorraum. Dann heißt V folgenvollständig, falls jede Cauchy-Folge in V konvergiert.

Dabei heißt eine Folge (x_n) in V eine Cauchy-Folge, falls für je zwei Teilfolgen (x_{i_n}) und (x_{j_n}) stets gilt: $x_{i_n} - x_{j_n} \to 0$. Äquivalent dazu ist die Bedingung, daß für jede Nullumgebung U ein $n_U \in \mathbb{N}$ existiert, so daß für alle $n, k \geq n_U$ gilt: $x_n - x_k \in U$.

Forcing, *Erzwingungsmethode*, von Cohen entwickeltes Verfahren zur Durchführung von Konsistenz- und Unabhängigkeitsbeweisen in der ↗axiomatischen Mengenlehre.

Man geht dabei von einem abzählbaren ↗transitiven Modell M einer endlichen Teilmenge Φ von Axiomen aus ZFC aus, dem sogenannten Grundmodell. Das Grundmodell ist also stets eine abzählbare transitive Menge.

Da es für das Forcing wesentlich ist, daß das Grundmodell eine Menge und keine echte Klasse ist und man in ZFC keine Menge produzieren kann, die ein Modell von ZFC ist, ist es notwendig, die Menge Φ einzuführen.

Anstatt mit einem Grundmodell zu beginnen, das ein Modell von ganz ZFC darstellt, führt man die Argumentation gleichzeitig für alle endlichen Mengen $\Phi \supseteq \Phi_0$ von Axiomen aus ZFC aus, wobei Φ_0 ein fixiertes Axiomensystem bezeichnet, das reichhaltig genug ist, alle für den konkreten Beweisgang benötigten Aussagen zu liefern.

Dabei wird benutzt, daß sich in ZFC abzählbare transitive Modelle für jede endliche Menge Φ von Axiomen aus ZFC konstruieren lassen.

Ist ϕ ein Axiom, dessen Konsistenz mit ZFC bewiesen werden soll, so wird nun aus dem Grundmodell M ein Modell N von $\Phi \cup \{\phi\}$ produziert. N wird dann auch Forcingmodell genannt.

Ein Beweis der Konsistenz des Axioms ϕ mit ZFC durch Forcing hat die folgende formale Struktur:

Angenommen, es läßt sich in ZFC $\cup \{\phi\}$ ein Widerspruch produzieren; dann gibt es eine endliche Menge von Axiomen $\Phi \subseteq$ ZFC, $\Phi \supseteq \Phi_0$, so daß sich der Widerspruch schon aus $\Phi \cup \{\phi\}$ produzieren läßt. Da jedoch mit Hilfe des Forcing gezeigt wurde, daß $\Phi \cup \{\phi\}$ ein Modell hat, hat man einen Widerspruch in ZFC produziert. Die Annahme der Konsistenz von ZFC impliziert also die Konsistenz von ZFC $\cup \{\phi\}$.

Zu einem Grundmodell M und einem Axiom ϕ ein Forcingmodell N zu konstruieren, ist die eigentliche Schwierigkeit des Forcing.

Die Konstruktion von N erfolgt mit Hilfe einer geeigneten Partialordnung $P \in M$. Man nennt eine Menge G P-generisch über M genau dann, wenn G ein Filter in P ist und für alle dichten Teilmengen D von P gilt: $D \in M \Rightarrow G \cap D \neq \emptyset$ (↗Ordnungsrelation).

Sind eine Partialordnung $P \in M$ und eine P-generische Menge G gegeben, so ist die zu P und G gehörige generische Erweiterung $M[G]$ die kleinste Erweiterung von M (d. h. $M \subseteq M[G]$) zu einem abzählbaren transitiven Modell von Φ, welches G enthält. Die Partialordnung P steuert dabei, welche zusätzlichen Axiome in $M[G]$ gelten. Die Kunst des Forcing besteht also darin, zu einem gegebenen Axiom ϕ, dessen Konsistenz mit ZFC gezeigt werden soll, eine geeignete Partialordnung P zu finden, so daß ϕ in $M[G]$ erfüllt ist.

Die formale Konstruktion von $M[G]$ ist recht kompliziert und soll hier nur skizziert werden. Man definiert zu gegebenem P eine Klasse $\mathbf{V}_P$ sogenannter P-Namen. Dabei heißt eine Menge τ P-Name genau dann, wenn τ eine Relation ist und für alle $(\sigma, p) \in \tau$ gilt, daß σ ein P-Name ist und $p \in P$. Diese Definition der P-Namen ist als transfinite Rekursion zu verstehen. Für die Menge der P-Namen in M schreibt man $M_P := M \cap \mathbf{V}_P$.

Man definiert schließlich $M[G] := \{\tau_G : \tau \in M_P\}$, wobei die Mengen τ_G durch transfinite Rekursion als

$$\tau_G := \left\{ \sigma_G : \bigvee_{p \in G} (\sigma, p) \in \tau \right\}$$

definiert sind.

Bei manchen Konsistenzbeweisen ist es notwendig, den beschriebenen Prozeß zur Konstruktion generischer Erweiterungen zu iterieren. Dabei wird zu einer Ordinalzahl α eine Kette von Modellen

$$M = M_0 \subseteq M_1 \subseteq \ldots M_\xi \subseteq \cdots \subseteq M_\alpha$$

so konstruiert, daß jeweils $M_{\xi+1} = M_\xi[G_\xi]$ mit G_ξ P_ξ-generisch über M_ξ, $P_\xi \in M_\xi$. Man spricht dann von iteriertem Forcing.

[1] Kunen, K.: Set Theory. An Introduction to Independence Proofs. Amsterdam, 1980.

Forcingmodell, ↗ Forcing.

Form, in älterem Sprchgebrauch ein homogenes Polynom mit n Variablen.

Eine Form vom Grad 1 heißt demnach Linearform.

formale Funktionen, ↗formales Schema.

formale Potenzreihe, fundamentaler Begriff in der Funktionentheorie mehrerer Variabler.

Die Menge der formalen Potenzreihen in n Unbestimmten über $\mathbb{C}$, bezeichnet mit

$$\mathbb{C}\,[[X_1, ..., X_n]] = \mathbb{C}\,[[X]] = {}_n\mathcal{F},$$

besteht aus allen Ausdrücken der Form

$$P := \sum_{\nu\in\mathbb{N}^n} a_\nu X^\nu := \sum_{\nu\in\mathbb{N}^n} a_{\nu_1...\nu_n} X_1^{\nu_1} ..X_n^{\nu_n},$$

mit $a_\nu \in \mathbb{C}$ für jedes $\nu \in \mathbb{N}^n$. Mit den Operationen Addition,

$$\sum a_\nu X^\nu + \sum b_\nu X^\nu := \sum (a_\nu + b_\nu) X^\nu\,,$$

Multiplikation,

$$\left(\sum a_\nu X^\nu\right)\left(\sum b_\nu X^\nu\right) := \sum_\lambda \left(\sum_{\nu+\mu=\lambda} a_\nu b_\mu\right) X^\lambda\,,$$

und Skalarmultiplikation

$$t\left(\sum a_\nu X^\nu\right) := \sum (ta_\nu) X^\nu$$

ist $\mathbb{C}\,[[X]]$ eine $\mathbb{C}$-Algebra, die die Polynom-Algebra $\mathbb{C}\,[X] = \mathbb{C}\,[X_1, ..., X_n]$ enthält.

Jede Familie $(P_j)_{j\in\mathbb{N}}$ homogener Polynome $P_j = \sum_{|\nu|=j} a_\nu X^\nu$ vom Grad j ist summierbar; jedes $P \in \mathbb{C}\,[[X]]$ besitzt eine eindeutige Darstellung durch homogene Polynome $P = \sum_{j=0}^{\infty} P_j$.

Für $P, Q \in \mathbb{C}\,[[X]]$ gilt die Gleichung

$$P \cdot Q = \sum_{l=0}^{\infty} \sum_{j+k=l} P_j \cdot Q_k\,.$$

Die einzigen Einheiten von $\mathbb{C}\,[X]$ sind die von Null verschiedenen konstanten Polynome. In $\mathbb{C}\,[[X]]$ ist jede formale Potenzreihe $P = \sum a_\nu X^\nu$ mit von Null verschiedenem „Wert" $P(0) := a_0$ eine Einheit.

$\mathbb{C}\,[[X]]$ ist ein Ring, sogar eine lokale Algebra ohne Nullteiler, ihr maximales Ideal ist

$$\mathfrak{m}_{[[X]]} = \{P \in \mathbb{C}\,[[X]]\,;\, P(0) = 0\}\,.$$

Eine formale Potenzreihe $P = \sum a_\nu X^\nu$ heißt konvergent, wenn es ein $r \in \mathbb{R}^n_{>0}$ gibt, so daß die Pseudonorm $\|P\|_r := \sum |a_\nu|\, r^\nu < \infty$ ist. Die Menge der konvergenten Potenzreihen wird bezeichnet mit

$$\mathbb{C}\,\{X_1, ..., X_n\} = \mathbb{C}\,\{X\} = {}_n\mathcal{O}_0\,.$$

Für ein festes $a \in \mathbb{C}^n$ bestimmt jede konvergente Potenzreihe $P = \sum c_\nu X^\nu$ eine holomorphe Funktion auf einem Polyzylinder $P^n(a; r)$ durch die Zuordnung $z \mapsto \sum c_\nu (z-a)^\nu$ (und umgekehrt, dabei hängt r natürlich von P ab). Die Menge ${}_n\mathcal{O}_a$ solcher Funktionen bildet offensichtlich eine Algebra. I. allg. betrachtet man nur ${}_n\mathcal{O}_0$, da die Translation $\tau : \mathbb{C}^n \to \mathbb{C}^n$, $z \mapsto z - a$, einen Algebrenisomorphismus $\tau^0 : {}_n\mathcal{O}_0 \to {}_n\mathcal{O}_a$ bestimmt. ${}_n\mathcal{O}_0$ ist eine lokale Algebra mit maximalem Ideal

$$\begin{aligned} {}_n\mathfrak{m}_0 &:= {}_n\mathfrak{m} := \{P \in {}_n\mathcal{O}_0;\, P(0) = 0\} \\ &= \mathfrak{m}_{[[X]]} \cap {}_n\mathcal{O}_0 =: \mathfrak{m}_{\{X\}} \end{aligned}$$

(siehe auch ↗Algebra der formalen Potenzreihen).

formale Sprache, Menge von Wörtern über einem endlichen Alphabet, die durch Angabe einer Vorschrift gewonnen werden.

Beispiele für solche Vorschriften sind ↗Grammatiken, ↗Automaten, reguläre Ausdrücke oder Programme, die die Elemente der Sprache aufzählen bzw. die Zugehörigkeit von Wörtern zur Sprache entscheiden.

Formale Sprachen werden zum Informationsaustausch verwendet. Der Einsatz formaler Sprachen ist mindestens dann notwendig, wenn einer der Kommunikationspartner ein Computer ist (z. B. Programmier- und Kommandosprachen, Dateiformate, Suchmuster von Textverarbeitungsprogrammen). Weiterhin entstehen formale Sprachen als Verhaltensbeschreibung diskreter dynamischer Systeme (↗Automat). Das Alphabet der Sprache ist dann die Menge der im System auftretenden verschiedenen Ereignisse, und die Sprache entsteht als die Menge der im System möglichen endlichen Ereignisabfolgen.

formale Synapse, *Synapse*, auch Verbindung oder Link, im Kontext ↗Neuronale Netze die Bezeichnung für die die ↗formalen Neuronen eines Netzes verbindenden Vektoren.

Der Begriff der Synapse stammt ursprünglich aus der Biologie und bezeichnet dort eine Axon-Dendrit-Kopplung oder einen ähnlichen Übergang zum Informationsaustausch von Nervenzellen.

formale Theorie, ↗ axiomatische Mengenlehre.

formaler Beweis, Beweis einer – in der Regel in einer ↗elementaren Sprache formulierten – mathematischen Aussage allein mit Hilfe von fixierten formalen Schlußregeln.

Zur Präzisierung des mathematischen Beweisbegriffs benötigt man eine formale Sprache L (↗elementare Sprache), ein in der Sprache formuliertes System logischer Axiome Ax (↗logisches Axiom), die als logische Voraussetzungen bei jedem Beweis uneingeschränkt benutzt werden dürfen und ein für die beabsichtigten Anwendungen geeignetes System logischer Schlußregeln (:= Beweisregeln; ↗logische Ableitungsregeln). Ist Σ eine beliebige Menge von Ausdrücken oder Aussagen aus L und φ ein Ausdruck, dann ist φ aus Σ formal beweisbar (oder ableitbar), wenn es eine endliche Folge $(\varphi_1, \ldots, \varphi_n)$ von Ausdrücken aus L so gibt, daß $\varphi_n = \varphi$, und für jedes φ_i mit $i = 1, \dots, n$ eine der folgenden Bedingungen erfüllt ist:

1. $\varphi_i \in \mathsf{Ax}$ (φ ist ein logisches Axiom), oder
2. $\varphi_i \in \Sigma$ (φ_i gehört zur Menge der Voraussetzungen, aus denen φ bewiesen werden soll), oder
3. φ_i ist eine direkte Konsequenz aus vorhergehenden Folgegliedern, entsprechend der zulässigen Beweisregeln.

$(\varphi_1, \dots, \varphi_n)$ heißt dann Ableitungsfolge oder formaler Beweis von φ aus Σ. In der klassischen zweiwertigen Logik sind (bei geeignetem Axiomensystem Ax) die folgenden beiden Beweisregeln ausreichend:

i. ↗Modus ponens (es gibt Indizes $j, k < i$, so daß $\varphi_k = \varphi_j \to \varphi_i$).
ii. Generalisierung (es gibt ein $j < i$ und eine Variable x, so daß $\varphi_i = \forall x \varphi_j$).

Vernünftige Beweisregeln sind so zu wählen, daß sie von wahren Voraussetzungen zu wahren Behauptungen führen. Das Axiomensystem Ax und die Beweisregeln sollten nach Möglichkeit so gestaltet sein, daß alle Aussagen, die aus Σ inhaltlich folgen, auch formal beweisbar sind (↗Beweismethoden).

formaler Potenzreihenring, über einem Ring R gebildeter Ring aus ↗formalen Potenzreihen, üblicherweise bezeichnet mit $R[[x_1, \dots, x_n]]$.

Wenn R ein Körper ist, dann ist $R[[x_1, \dots, x_n]]$ ein Noetherscher kompletter ↗lokaler Ring.

$R[[x_1, \dots, x_n]]$ ist die Komplettierung des Polynomenringes $R[x_1, \dots, x_n]$ bezüglich des Ideales $(x_1, \dots, x_n)$.

Für den wichtigen Fall $R = \mathbb{C}$ siehe auch ↗formale Potenzreihe.

formales Neuron, *Neuron, processing unit, unit, processing element, Verarbeitungseinheit*, Basisbaustein zum Aufbau (künstlicher oder formaler) ↗Neuronaler Netze.

Im einfachsten Fall der Beschränkung auf die diskrete Situation und bei Vernachlässigung spezifischer Update- und Speichereigenschaften im Netz-Kontext läßt sich ein formales Neuron im mathematischen Sinne folgendermaßen definieren (vgl. auch die Abbildung):

Ein formales Neuron ist im diskreten Fall eine spezielle Funktion $\kappa : \mathbb{R}^n \to \mathbb{R}^m$, die durch die Verkettung einer sogenannten Transferfunktion (auch transfer function, Ausgabefunktion oder Ausgangsfunktion genannt) $T : \mathbb{R} \to \mathbb{R}$ mit einer sogenannten Aktivierungsfunktion (auch Aktivitätsfunktion, activation function, Eingabefunktion, Eingangsfunktion oder effektiver Eingang genannt) $A : \mathbb{R}^n \to \mathbb{R}$ definiert ist als

$$\kappa : \mathbb{R}^n \to \mathbb{R}^m ,$$
$$x \mapsto \big(T(A(x)), T(A(x)), \dots, T(A(x))\big).$$

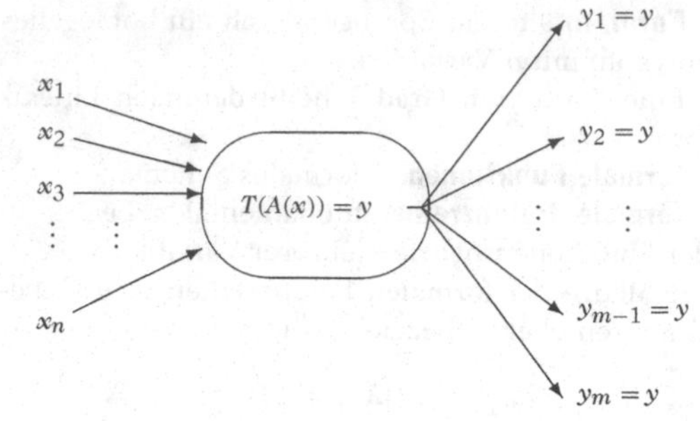

Skizze eines formalen Neurons

Häufig verwendete Transferfunktionen sind sigmoidale Transferfunktionen T, die dadurch ausgezeichnet sind, daß sie beschränkt sind und den Grenzwertbeziehungen

$$\lim_{\xi \to -\infty} T(\xi) = a \;\text{ und }\; \lim_{\xi \to \infty} T(\xi) = b$$

mit $a < b$ genügen (Beispiel: $T(\xi) := 1/(1 + \exp(-\xi))$), ferner glockenförmige Transferfunktionen T, die ebenfalls beschränkt sind, aber den Grenzwertbeziehungen

$$\lim_{\xi \to -\infty} T(\xi) = 0 \;\text{ und }\; \lim_{\xi \to \infty} T(\xi) = 0$$

genügen (Beispiel: $T(\xi) := \exp(-\xi^2)$), und schließlich die identische Transferfunktion T, $T(\xi) := \xi$.

Als Aktivierungsfunktionen haben sich die sogenannten Ridge-Typ-Aktivierungen

$$A_{w,\Theta} : \; x \mapsto \sum_{i=1}^{n} w_i x_i - \Theta ,$$

die Radial-Typ-Aktivierungen

$$A_{d,\varrho} : \; x \mapsto \varrho \sum_{i=1}^{n} (x_i - d_i)^2 ,$$

die hyperbolischen (Sigma-Pi-Typ-)Aktivierungen

$$A_{d,\varrho} : \; x \mapsto \varrho \prod_{i=1}^{n} (x_i - d_i)$$

oder ganz allgemein die multilinearen (Sigma-Pi-Typ-)Aktivierungen

$$A_{w,\varrho} : \; x \mapsto \varrho \sum_{R \subset \{1,\dots,n\}} w_R \prod_{i \in R} x_i$$

bewährt. Für die bei der Definition der verschiedenen Aktivierungsfunktionen auftauchenden Parameter haben sich in der Literatur folgende Bezeichnungen durchgesetzt: Schwellwert Θ; Gewichtsvektor oder Gewichte w; Dilatations- oder Skalierungsparameter ϱ; Translationsvektor oder Differenzgewichte d.

Der Vollständigkeit halber sei erwähnt, daß im kontinuierlichen Fall lediglich die Eingabevektoren $x \in \mathbb{R}^n$ durch vektorwertige Eingabefunktionen $x : \mathbb{R}^k \to \mathbb{R}^n$ zu ersetzen sind (entsprechend bei der Ausgabe die in m identische Ausgabedaten auffächernden Skalare $y \in \mathbb{R}$ mit $y := T(A(x))$ durch die in m identische Ausgabefunktionen auffächernden reellwertigen Funktionen $y : \mathbb{R}^k \to \mathbb{R}$ mit $y(t) := T(A(x(t)))$, $t \in \mathbb{R}^k$) sowie Differential- und Integraloperatoren zur Erzeugung geeigneter Transfer- und Aktivierungsfunktionen ins Spiel gebracht werden können.

Ein formales Neuron ist im kontinuierlichen Fall also eine spezielle Funktion κ,

$$\kappa : Abb(\mathbb{R}^k, \mathbb{R}^n) \to Abb(\mathbb{R}^k, \mathbb{R}^m),$$
$$x \mapsto \big(T(A(x)), T(A(x)), \ldots, T(A(x))\big),$$

mit exakt demselben prinzipiellen Aufbau wie im diskreten Fall; insbesondere gelten dieselben Bezeichnungen.

formales Schema, spezieller ↗ Cartanscher Raum.

Sei X ein Noethersches Schema und $Y \subset X$ ein abgeschlossenes Unterschema. Dann definiert man einen Cartanschen Raum $\hat{X}_Y$ auf folgende Weise: Der zugrundeliegende topologische Raum sei der von Y. Ist $J \subset \mathcal{O}_X$ die Idealgarbe von Y, so sind alle Garben $\mathcal{O}_X/J^{\nu+1}$ $(\nu = 0, 1, 2, \cdots)$ Garben von lokalen Ringen auf Y, und $\mathcal{O}_{\hat{X}_Y}$ wird definiert als $\varprojlim_{\nu} (\mathcal{O}_X/J^{\nu+1})$. Der Halm in $y \in Y$ ist also die I-adische Komplettierung des lokalen Ringes $\mathcal{O}_{X,y}, I = J_y$.

Ist z. B. $X = \mathbb{A}^n = \mathbb{A}^p \times \mathbb{A}^q$, $Y = \mathbb{A}^p \times 0$ (über einem Körper K), $y = (0, 0)$, so ist $\mathcal{O}_{\hat{X}_{y,y}} = \mathcal{O}_{\mathbb{A}^p,0}\|x_{p+1}, \cdots, x_n\|$ (formale Potenzreihen in $x_{p+1}, \cdots, x_n$ mit Koeffizienten in $\mathcal{O}_{\mathbb{A}^p,0}$). Die Schnitte von $\mathcal{O}_{\hat{X}_y}$ heißen daher auch formale Funktionen von X längs Y. Formale Schemata sind Cartansche Räume, die lokal vom Typ $\widehat{X}_Y$ sind.
Die Bedeutung der Konstruktion liegt darin, daß $\widehat{X}_Y$ alle infinitesimalen Informationen über die Einbettung von Y in X enthält.
Die Inklusionen $\mathcal{O}_{X,y} \to \mathcal{O}_{\widehat{X}_{Y,y}}$ liefern einen flachen Morphismus Cartanscher Räume $\widehat{X}_Y \to X$ und induzieren einen exakten Funktor $\mathrm{Coh}(X) \to \mathrm{Coh}\,(\widehat{X}_Y)$ für kohärente ↗ Garben.

Ein wichtiges Resultat ist Grothendiecks Existenzsatz:

Ist X ein eigentliches Schema über einen Noetherschen Ring A und I ein Ideal in A so, daß A I-adisch komplett ist, und $Y \subset X$ Urbild von Spec $(A/I) \subset$ Spec (A), so ist der Funktor $Coh(X) \to Coh(\widehat{X}_Y)$ eine Äquivalenz von Kategorien.

Eine wichtige Anwendung ist der Zariskische Zusammenhangssatz:

Ist $\varphi : X \to Y$ ein eigentlicher Morphismus Noetherscher Schemata und ist $\varphi_* \mathcal{O}_X = \mathcal{O}_Y$, so sind die Fasern von φ zusammenhängend.

Der Beweis dieses Satzes war der erste systematische Gebrauch formaler Funktionen in der algebraischen Geometrie.

Formel, Darstellung eines mathematischen Zusammenhangs in Kurzform, häufig als Gleichung.

Manchmal auch synonym zum Begriff ↗ logischer Ausdruck gebraucht.

Formel von Cramer-Lundberg, *Cramer-Lundberg-Formel*, Beziehung aus der Risikotheorie zur Bestimmung von Ruinwahrscheinlichkeiten.

Grundlagen der Risikotheorie gehen auf Filip Lundberg (1903) zurück: Das Modell der aggregierten Gesamtschäden beschreibt das Risiko einer Versicherung als einen stochastischen Prozeß. Die Schadenfall-Anzahl $N(t)$ im Zeitintervall $[0, t]$ wird durch einen homogenen Poisson-Prozess mit

$$P(N(t)=k) = e^{-\lambda t}\frac{(\lambda t)^k}{k!},$$

und die Schadenhöhen mit unabhängigen identisch verteilten Risiken Y_i mit Dichte $q(y)$ modelliert.

Sei $S(t) = \sum_{i=1}^{N(t)} Y_i$ der Gesamtschadenprozess, μ der Erwartungswert von Y_i und

$$\hat{q}(r) = \int_0^\infty e^{rx} q(x)dx$$

die momenterzeugende Funktion von Y_i. Das Cramer-Lundberg-Modell untersucht den Risikoprozess

$$U(t) = U_0 + \beta t - S(t)$$

mit der Anfangsreserve U_0 und Prämie β. Für $\beta > \lambda\mu$ existiert eine eindeutige positive Lösung r der Gleichung $\hat{q}(r) = \beta/\lambda$, der Anpassungskoeffizient (Lundberg-Exponent). Dann gilt:

Die Ruinwahrscheinlichkeit

$$\psi_\beta(U_0) = P(\exists t > 0 \; : \; U(t) < 0)$$

ist beschränkt durch

$$\psi_\beta(U_0) \le e^{-rU_0} < 1.$$

formerhaltende Approximation, Approximation unter geometrischen Nebenbedingungen. Der Begriff gehört zum Grenzgebiet von ↗ Approximationstheorie und ↗ geometrischer Datenverarbeitung.

Ein Beispiel dafür ist die Approximation von Datenpunkten durch eine konvexe ↗ B-Splinekurve oder eine Fläche mit beschränkten Krümmungen. Für verschiedenen Bedeutungen von 'Form' vergleiche man auch das Stichwort ↗ formerhaltende Interpolation.

formerhaltende Interpolation, ein Begriff der ↗geometrischen Datenverarbeitung, der die Interpolation unter geometrischen Nebenbedingungen bedeutet.

Beispiele dafür sind die Interpolation der Punkte eines konvexen Polygons durch eine geschlossene konvexe ↗B-Splinekurve, oder die Interpolation von Punkten

$$(x_1, y_1),\ (y_2, y_2),\ (y_3, y_3),\ldots$$

mit $x_1 < x_2 < \ldots$ und $y_1 < y_2 < \ldots$ mit Hilfe einer monotonen Splinefunktion f so, daß für alle i $f(x_i) = y_i$ gilt. Da Interpolanten leicht zu Oszillationen neigen, ist es besonders bei Interpolationsproblemen notwendig, Formkriterien einzuhalten.

Der Begriff 'Form' kann *qualitativ* bei Folgen y_i von reellen Zahlen und reellwertigen Funktionen $f(t)$ über die Anzahl der Vorzeichenwechsel der ersten Differenzfolgen $y_{i+1} - y_i$, $2y_i - y_{i+1} - y_{i-1}, \ldots$ bzw. Ableitungsfunktionen $f'(t)$, $f''(t), \ldots$ präzisiert werden. Formbegriffe bei Polygonen und Kurven sind beispielweise die Windungszahl und die Anzahl der Wendepunkte – bei geschlossenen Polygonen bzw. Kurven mit Windungszahl Eins bedeutet Konvexität, daß keine Wendepunkte vorhanden sind.

Quantitativ kann die Form von Kurven oder Flächen beispielsweise durch deren Krümmungen gemessen werden.

formreguläre Triangulierung, ↗Finite-Elemente-Methode.

Fortsetzung einer Abbildung, eine Abbildung g, die auf einer Teilmenge ihres Definitionsbereichs mit einer gegebenen Abbildung f übereinstimmt.

Exakt gilt: Die ↗Abbildung $f : A \to B$ heißt Fortsetzung der Abbildung $g : C \to B$ genau dann, wenn C eine Teilmenge von A ist und

$$g(x) = f(x) \text{ für alle } x \in C$$

gilt.

Fortsetzung einer Lösung einer Differentialgleichung, Lösung einer Differentialgleichung, die eine bereits gegebene Lösung (als Menge betrachtet) umfaßt.

Ist y eine auf einem Intervall $I \subset \mathbb{R}$ definierte Lösung einer Differentialgleichung, so heißt eine auf einem Intervall $\tilde{I} \supset I$ definierte Lösung $\tilde{y}$ dieser Differentialgleichung mit $\tilde{y}(x) = y(x)$ $(x \in I)$ eine Fortsetzung der Lösung y.

ϕ heißt maximal fortgesetzte Lösung, wenn für jede Lösung ψ gilt $\psi \supset \phi \Rightarrow \psi = \phi$.

Es sei $\mathcal{D} \subset \mathbb{R}^{n+1}$ und f stetig.

- Ist ϕ im Intervall $\xi \le x < b$ eine Lösung der Differentialgleichung $y^{(n)} = f(x, y, y', \ldots, y^{(n-1)})$, welche ganz in der kompakten Menge $A \subset \mathcal{D}$ verläuft, dann läßt sich ϕ auf das abgeschlossene Intervall $[\xi, b]$ als Lösung fortsetzen.
- Ist ϕ eine Lösung im Intervall $[\xi, b]$, ψ eine Lösung im Intervall $[b, c]$ und ist $\phi(b) = \psi(b)$, dann ist die Funktion
$$\lambda(x) := \begin{cases} \phi(x) & \text{für } \xi \le x \le b \\ \psi(x) & \text{für } b \le x \le c \end{cases}$$
Lösung im Intervall $[\xi, c]$.

[1] Walter, W.: Gewöhnliche Differentialgleichungen. Springer-Verlag Heidelberg/Berlin, 1996.

Fortsetzung eines Operators, Ausdehnung eines linearen Operators auf einen größeren Definitionsbereich.

Während nach dem Satz von Hahn-Banach (↗Hahn-Banach-Sätze) jedes stetige lineare Funktional von einem Unterraum U eines Banachraums X normgleich auf X fortgesetzt werden kann, ist für lineare Operatoren i. allg. nicht einmal eine stetige Fortsetzung möglich; beispielsweise kann der identische Operator $\mathrm{Id} : c_0 \to c_0$ nicht zu einem stetigen Operator $T : \ell^\infty \to c_0$ fortgesetzt werden.

Ein positives Resultat kann für L^∞-wertige Operatoren bewiesen werden:

Ist U ein Unterraum des Banachraums X und $S : U \to L^\infty(\mu)$ ein stetiger linearer Operator, so existiert eine normgleiche Fortsetzung

$$T : X \to L^\infty(\mu).$$

Ist X separabel, gilt ein entsprechendes Resultat auch für c_0-wertige Operatoren, allerdings mit der Normbedingung $\|T\| \le 2\|S\|$; das folgt aus dem obigen Satz und dem Satz von Sobczyk.

[1] Lacey, H. E.: The Isometric Theory of Classical Banach Spaces. Springer Heidelberg/Berlin, 1974.

Fortsetzung von Maßen, Fortsetzung zweier Maße auf die Produkt-σ-Algebra der zugrundeliegenden σ-Algebren.

Es seien X_1 und X_2 Maßräume mit den zugehörigen σ-Algebren $\mathfrak{A}_1$, $\mathfrak{A}_2$ und den σ-endlichen Maßen μ_1 und μ_2. Dann gibt es genau ein Maß μ auf der Menge $X_1 \times X_2$, versehen mit der Produkt-σ-Algebra $\mathfrak{A}_1 \otimes \mathfrak{A}_2$, mit der Eigenschaft

$$\mu(A_1 \times A_2) = \mu_1(A_1) \cdot \mu_2(A_2)$$

für alle $A_1 \in \mathfrak{A}_1, A_2 \in \mathfrak{A}_2$. Weiterhin gilt für jedes $A \in \mathfrak{A}_1 \otimes \mathfrak{A}_2$:

$$\mu(A) = \int \mu_2(A_{x_1}) d\mu_1(x_1) = \int \mu_1(A_{x_2}) d\mu_2(x_2).$$

Dabei ist $A_{x_1} = \{x_2 \in X_2 | (x_1, x_2) \in A\}$.

Fortsetzungssatz von Choquet, lautet:

Es sei Ω topologischer Raum, $\mathcal{K}(\Omega)$ die Menge seiner kompakten Teilmengen und $\mu_0 : \mathcal{K}(\Omega) \to \overline{\mathbb{R}}_+$ eine Funktion auf $\mathcal{K}(\Omega)$ mit folgenden Eigenschaft:

(a) $\{K_1, K_2\} \subseteq \mathcal{K}(\Omega), K_1 \subseteq K_2 \Rightarrow \mu_0(K_1) \leq \mu_0(K_2) < +\infty$,
(b) $\{K_1, K_2\} \subseteq \mathcal{K}(\Omega) \Rightarrow \mu(K_1 \cup K_2) \leq \mu_0(K_1) + \mu_0(K_2)$,
(c) $\{K_1, K_2\} \subseteq \mathcal{K}(\Omega), K_1 \cap K_2 = \emptyset \Rightarrow \mu_0(K_1 \cup K_2) = \mu_0(K_1) + \mu_0(K_2)$,
(d) *für alle* $K_1 \in \mathcal{K}(\Omega)$ *und für alle* $\varepsilon > 0$ *gibt es eine offene Umgebung* O *von* K_1 *mit der Eigenschaft: Für alle* $K_2 \in \mathcal{K}(\Omega)$ *mit* $K_2 \subseteq O$ *ist* $\mu_0(K_2) \leq \mu_0(K_1) + \varepsilon$.

Dann existiert genau ein Radon-Maß μ *auf* $\mathcal{B}(\Omega)$ *mit* $\mu(K) = \mu_0(K)$ *für alle* $K \in \mathcal{K}(\Omega)$.

Fourier, Jean Baptist Joseph, französischer Mathematiker, geb. 21.3.1768 Auxerre, gest. 16.5. 1830 Paris.

Fourier, Sohn eines Schneiders, verlor sehr früh seine Eltern. Ausgebildet und erzogen wurde er erst in einer Militärschule, danach in einer Benediktinerschule. Ab 1789 war Fourier Lehrer für Mathematik in Auxerre. Während der Revolution wurde er 1794 verhaftet und kam erst nach der Hinrichtung von Robespierre wieder frei. Fourier wirkte dann als Lehrer an der École Normale, ab 1795 an der École Polytechnique in Paris. Ab 1798 nahm er am Ägyptenfeldzug Napoleons teil, wurde Sekretär des „Institut d'Egypte" und erfüllte diplomatische Aufgaben. Im Jahre 1802 wurde Fourier Präfekt des Departements d'Isere, 1815 des Departements de Rhone. Aus politischen Gründen verzichtete er aber nach kurzer Zeit auf Amt und verliehenen Grafentitel, ging nach Paris und arbeitete in einem statistischen Büro. Ab 1817 war er an der Pariser Akademie der Wissenschaften angestellt und leitete sie praktisch ab 1822 als „ständiger Sekretär".

Die zum Teil bedeutenden frühen Arbeiten Fouriers über algebraische Gleichungen (1790) und über die „Mathematische Theorie der Wärme" (1807) wurden nicht veröffentlicht. Erst mit der „Théorie analytique de chaleur" (1822) gelang ihm der „große Wurf". Eigentlich dem Problem der Wärmeleitung in einem homogenen Körper gewidmet, wurde Fourier mathematisch dabei auf die Frage geführt, eine „beliebige" (periodische) Funktion in eine trigonometrische Reihe zu entwickeln. Fourier löste das Problem weitgehend, Lücken füllte u. a. Dirichlet aus. Durch die Einführung von „Fourier-Integral" und „Fourier-Transformation" gelang ihm auch die Darstellung nichtperiodischer Funktionen in trigonometrischen Reihen. Sein zweites Arbeitsgebiet, die Theorie der algebraischen Gleichungen, führte ihn zu einer Verallgemeinerung der Descarteschen Zeichenregel und zur Abschätzung der Zahl der reellen Wurzeln eines Polynoms in einem gegebenen Intervall.

Fourier-Analyse

Chr. Schmidt

Die Fourier-Analyse, deren Ursprung bis in das 18. Jahrhundert zurückreicht, ist die Theorie der Fourier-Reihen und Fourier-Integrale mit ihren Anwendungen. Sie hat nicht nur die Entwicklung von Mathematik und Physik grundlegend gefördert, sondern besitzt bis heute zahlreiche Anwendungen in Naturwissenschaften und Technik.

Es sei $f : \mathbb{R} \twoheadrightarrow \mathbb{C}$ eine auf $[0, 2\pi]$ Lebesgue-integrierbare 2π-periodische Funktion. Die ↗Fourier-Reihe $\mathcal{FR}(f)$ von f ist durch

$$\mathcal{FR}f(x) = \sum_{k\in\mathbb{Z}} \hat{f}(k)e^{ikx} \qquad (1)$$

mit Fourier-Koeffizienten

$$\hat{f}(k) = \frac{1}{2\pi}\int_0^{2\pi} f(t)e^{-ikt}dt$$

definiert. Es bezeichne im folgenden $s_n : \mathbb{R} \twoheadrightarrow \mathbb{C}$,

$$s_n(x) = \sum_{|k|\leq n} \hat{f}(k)e^{ikx}$$

die n-te symmetrische Partialsumme. Dann kann die Darstellung von f als Fourier-Reihe punktweise

(d. h. $f(x) = \lim_{n\to\infty} s_n f(x)$ für $x \in \mathbb{R}$), oder bzgl. eines normierten Funktionenraums H (d. h. $f = \lim_{n\to\infty} s_n f$ in H) betrachtet werden. Die Vorzüge dieser funktionalanalytischen Sicht werden im Fall des Hilbertraums $H = L^2 = L^2([0, 2\pi])$ deutlich: Für $f, g \in H$ ist

$$\langle f, g\rangle = \int_0^{2\pi} f(t)\overline{g}(t)dt$$

das Skalarprodukt und $\|f\| = <f, f>^{1/2}$ die Norm in L^2. Damit bilden die Funktionen

$$e_k(x) = (2\pi)^{-1/2} e^{ikx}, \quad k \in \mathbb{Z},$$

ein vollständiges Orthonormalsystem. Allein aus dieser Tatsache folgt: Jede Funktion $f \in L^2$ läßt sich eindeutig in eine trigonometrische Reihe entwickeln,

$$f = \sum_{k\in\mathbb{Z}} \hat{f}(k)e_k$$

mit Fourier-Koeffizienten $\hat{f}(k) = <f, e_k>$. Es gilt

$$\lim_{n\to\infty} \|f - s_n f\|^2 = \lim_{n\to\infty} \int_0^{2\pi} |f(t) - s_n(t)|^2 dt = 0$$

(Konvergenz im quadratischen Mittel). Die Approximation s_n besitzt die folgende Minimaleigenschaft: Ist

$$T_n = \{\sum_{|k|\le n} \alpha_k e^{ikx} | \alpha_k \in \mathbb{C}\}$$

der Unterraum der trigonometrischen Polynome höchstens n-ten Grades, so ist

$$\|f - t\| > \|f - s_n\|$$

für alle $t \in T_n$ mit $t \neq s_n$.

Es gilt die Parsevalsche Gleichung

$$\langle f, g\rangle = \sum_{k\in\mathbb{Z}} \hat{f}(k)\overline{\hat{g}(k)},$$

insbesondere ist $\sum_{k\in\mathbb{Z}} |\hat{f}(k)|^2 < \infty$ und $\|f\|^2 = \sum_{k\in\mathbb{Z}} |\hat{f}(k)|^2$. Der Satz von Fischer-Riesz liefert die Umkehrung: Für eine Folge komplexer Zahlen $(c_k)_{k\in\mathbb{Z}}$ mit $\sum_{k\in\mathbb{Z}} |c_k|^2 < \infty$ ist $\sum_{k\in\mathbb{Z}} c_k e^{ikx} \in \mathrm{L}^2$.

Da diese Eigenschaften für ein beliebiges Orhonormalsystem $\{\phi_k\}$ eines Hilbertraums gültig bleiben, heißt $\sum <f, \phi_k> \phi_k$ die Fourier-Reihe von f bzgl. $\{\phi_k\}$.

Die Frage nach punktweiser Konvergenz besitzt eine lange Tradition: Bereits ab 1740 diskutierten Mathematiker wie Bernoulli und d'Alembert die Möglichkeit, beliebige periodische Funktionen mittels trigonometrischer Reihen darzustellen. Die Reihenentwicklung (1) ist verbunden mit dem Namen des französischen Mathematikers Fourier, der sie (heuristisch) zur Lösung der Wärmeleitungsgleichung nutzte. Das exakte Studium der Fourier-Reihen, einhergehend mit einer Analyse des Funktionen-Begriffs, wurde von Dirichlet eingeleitet, der auch das erste Konvergenzkriterium beweisen konnte (1829): Ist f auf $[0, 2\pi]$ integrierbar und in x differenzierbar, so gilt $\lim_{n\to\infty} s_n f(x) = f(x)$. Riemann, der für die Berechnung von Fourier-Koeffizienten seinen Integral-Begriff entwickelte, entdeckte das Lokalisationsprinzip (1853): Die Konvergenz bzw. Divergenz sowie gegebenenfalls der Wert der Fourier-Reihe einer Funktion f bei x ist durch das Verhalten von f in einer beliebig kleinen Umgebung von x eindeutig bestimmt.

P. du Bois-Reymond stellte eine stetige Funktion f mit $\lim_{n\to\infty} s_n f(0) = +\infty$ vor (1876). Deshalb wurde der Satz von Fejér(1904) mit Erleichterung aufgenommen: Ist f in x stetig, so gilt $\lim_{N\to\infty} \sigma_N f(x) = f(x)$, wobei $\sigma_N f(x)$ die ↗Fejér-Summe bezeichnet.

Konvergiert die Fourier-Reihe einer stetigen Funktion, oder allgemeiner von $f \in \mathrm{L}^2$, zumindest fast überall (Problem von Lusin, 1915)? Erst 1966 konnte Carleson diesen Sachverhalt beweisen. Hunt verallgemeinerte das Ergebnis (1968): Für $f \in L^p, p > 1$, gilt $\lim_{n\to\infty} s_n f(x) = f(x)$ fast überall. Die Voraussetzung $p > 1$ ist wesentlich, wie Kolmogorows Beispiel (1926) einer integrierbaren Funktion mit überall divergenter Fourier-Reihe zeigt.

Heute kann die Theorie der Entwicklung einer Funktion von einer Variablen in eine trigonometrische Reihe als weitgehend abgeschlossen gelten. Fourier-Reihen von Funktionen mehrerer Variablen sind weniger gut untersucht. Ferner lassen sich Fourier-Reihen für Distributionen erklären.

Die lineare Abbildung, die jeder integrierbaren 2π-periodischen Funktion f die Folge ihrer Fourier-Koeffizienten $(\hat{f}(k))_{k\in\mathbb{Z}}$ zuweist, heißt diskrete Fourier-Transformation. Dieses Konzept wird verallgemeinert durch die (kontinuierliche) ↗Fourier-Transformation, die jeder (i. allg. nicht-periodischen) Funktion $\xi : \mathbb{R} \twoheadrightarrow \mathbb{C}$ aus einem geeigneten Funktionen-Raum ihre Fourier-Transformierte $\hat{\xi}$,

$$\hat{\xi}(x) = (2\pi)^{-1/2} \int_{-\infty}^{\infty} \xi(t)e^{-itx}dt, \quad x \in \mathbb{R}$$

zuordnet.

Eine weithin bekannte Anwendung der Fourier-Analyse ist die Zerlegung eines T-periodischen Vorgangs $f : \mathbb{R} \twoheadrightarrow \mathbb{R}$, wie das Schwingen einer Saite oder ein periodisch auftretendes Signal, in (harmonische) Grund- und Ober-Schwingungen,

$$f(t) = \frac{a_0}{2} + \sum_{n=1}^{\infty}(a_n \cos 2\pi n\nu t + b_n \sin 2\pi n\nu t)$$

mit der Frequenz $\nu = 1/T$. Die Amplituden entsprechen den Fourier-Koeffizienten.

Der Ansatz, Funktionen bzgl. eines Orthonormalsystems zu entwickeln, dient wie vor 250 Jahren auch heute der Untersuchung zahlreicher gewöhnlicher und partieller Differentialgleichungen (z. B. sind Fourier-Reihen bei Sturm-Liouville-Gleichungen oder dem Dirichlet-Problem auf dem Kreis von Bedeutung). Auch die kontinuierliche Fourier-Transformation, oder allgemeiner die sog. Fourier-Integral-Operatoren, finden bei Differentialgleichungen wie z. B. der Schrödinger-Gleichung Anwendung.

Darüber hinaus bewährt sich die Fourier-Analyse als wichtiges 'Werkzeug' in vielen Bereichen der mathematischen Analysis. Mit der schnellen Fourier-Transformation (Cooley/Tukey 1965) steht zudem ein effizienter numerischer Algorithmus zur Berechnung der Fourier-Koeffizienten eines Signals für Anwendungen in der modernen Technik (Signalverarbeitung, Spektroskopie, u. v. m.) zur Verfügung.

Eine Weiterentwicklung aus den 1980er Jahren ist die Wavelet-Theorie, die u. a. in der Bildverarbeitung sehr erfolgreich eingesetzt wird.

Es ist angesichts dieser praxisnahen Anwendungen bemerkenswert, daß fundamentale Eigenschaften von Fourier-Reihen auf folgendem abstrakten Sachverhalt beruhen: Die 2π-periodischen Funktionen $f : \mathbb{R} \twoheadrightarrow \mathbb{C}$ können identifiziert werden mit Abbildungen auf der kompakten abelschen Gruppe $\mathbb{R}/2\pi\mathbb{Z}$ mit der durch $\mathbb{R}$ induzierten Quotienten-Topologie. Die Fourier-Reihen von Funktionen auf allgemeinen (lokal-) kompakten Gruppen sind Gegenstand der Harmonischen Analyse.

Literatur

[1] Edwards, R.E.: Fourier Series, A Modern Introduction, Vol. I und II. Springer-Verlag New York, 1979.

[2] Stein, E. M.; Weiss, G.: Fourier Analysis On Euclidean Spaces. Princeton University Press Princeton, 1971.

[3] Zygmund, A.: Trigonometric Series, Vol. I und II. Cambridge University Press Cambridge, 1977.

Fourier-Bessel-Integral, ↗Hankel-Integral.

Fourier-Bessel-Transformation, ↗Hankel-Transformation.

Fourier-Cosinus-Transformation, ↗Fourier-Transformation.

Fourier-Filter, die aus Filterkoeffizienten h_k gebildete Fourier-Reihe

$$h(\omega) = \frac{1}{\sqrt{2}} \sum_{k=-\infty}^{\infty} h_k e^{-ik\omega};$$

anstelle der Bezeichnung Fourier-Filter sagt man auch manchmal Symbol.

Speziell bei der Konstruktion von Wavelets spielen diese eine große Rolle und lassen sich direkt aus der Fourier-Transformation $\hat{\phi}$ des Generators ϕ mittels

$$\hat{\phi}(\omega) = h(\omega/2)\hat{\phi}(\omega/2)$$

berechnen.

Fourier-Integraloperator, ein Integraloperator A von der Form

$$Af(x) := (2\pi)^{-(n+N)/2} \int_{\mathbb{R}^N}\int_{\mathbb{R}^n} e^{i\phi(x,\vartheta,y)} a(x,\vartheta,y)f(y)\, d^n y\, d^N\vartheta\,,$$

typischerweise definiert als Abbildung von $C_0^\infty(\mathbb{R}^N)$ in die Distributionen $\mathcal{D}'(\mathbb{R}^N)$, wobei man a als die Amplitudenfunktion oder das Symbol und ϕ als die Phasenfunktion von A bezeichnet. Man fordert weiterhin für die Regularität von A für die Amplitudenfunktion

$$|D_x^\alpha D_\vartheta^\beta D_y^\gamma a(x,\vartheta,y)| \le C_{\alpha,\beta,\gamma}(1+|\vartheta|)^{m-\varrho|\beta|+\delta(|\alpha|+|\gamma|)}$$

für ein geeignetes $m \in \mathbb{Z}$, $0 < \varrho \le 1$, $0 \le \delta < 1$ und für Multiindizes $\alpha, \gamma \in \mathbb{N}^n$, $\beta \in \mathbb{N}^N$. Dabei ist

$$|\alpha| := \sum_{i=1}^n \alpha_i \quad \text{und} \quad D_x^\alpha := (-i)^{|\alpha|}\frac{\partial^{|\alpha|}}{\partial x^{\alpha_1}\dots\partial x^{\alpha_n}}\,.$$

Von der Phasenfunktion fordert man $\phi \in C^\infty$ für $\vartheta \neq 0$, $\operatorname{Im}\phi(x,\vartheta,y) \ge 0$ sowie $\phi(x,\lambda\vartheta,y) = \lambda\phi(x,\vartheta,y)$ für alle $\lambda > 0$, d. h. ϕ ist in ϑ homogen vom Grade eins, sowie

$$\sum_{j=1}^n\left|\frac{\partial\phi(x,\vartheta,y)}{\partial x^j}\right|^2 + \sum_{j=1}^n\left|\frac{\partial\phi(x,\vartheta,y)}{\partial y^j}\right|^2 + \sum_{j=1}^N\left|\frac{\partial\phi(x,\vartheta,y)}{\partial\vartheta^j}\right|^2 > 0$$

für $\vartheta \neq 0$.

Wir bezeichnen die Menge C_ϕ, definiert durch

$$C_\phi := \{(x,\vartheta,y) \in \mathbb{R}^n \times \mathbb{R}^N\setminus\{0\}\times\mathbb{R}^n \;|\; d_\vartheta\phi(x,\vartheta,y) \neq 0\},$$

als die kritische Menge der Phasenfunktion. Aufgrund der Homogenität von ϕ ist diese Menge kegelförmig, d. h. ist $(x, \vartheta, y) \in C_\phi$, so folgt $(x, \lambda\vartheta, y) \in C_\phi$ für alle $\lambda > 0$.

Betrachtet man die Menge aller $(x, y) \in \mathbb{R}^{2n}$ so, daß für alle $\vartheta \neq 0$ $(x, \vartheta, y) \notin C_\phi$, so läßt sich auf dieser Menge A als ein Integraloperator mit glattem Kern $K(x, y)$ schreiben,

$$K(x,y) = (2\pi)^{-(n+N)/2} \int_{\mathbb{R}^N} e^{i\phi(x,\vartheta,y)} a(x,\vartheta,y) d^N\vartheta.$$

Man bezeichnet die Phasenfunktion als nichtdegeneriert, wenn die Differentiale $d_{x,\vartheta,y}\partial\phi/\partial\vartheta_j$, $j = 1, \cdots, N$ linear unabhängig über $\mathbb{C}$ sind. In diesem Falle ist C_ϕ eine glatte Mannigfaltigkeit der Dimension n und die Abbildung

$$\begin{aligned} \Phi : C_\phi &\to T^*(\mathbb{R}^n \times \mathbb{R}^n) \setminus \{0\} \\ (x, \vartheta, y) &\mapsto (x, y, \xi, \eta) \quad \text{mit} \\ \xi := d_x\phi(x, \vartheta, y) & \qquad \eta := d_y\phi(y, \vartheta, y) \end{aligned}$$

ist eine Immersion von C_ϕ in $T^*(\mathbb{R}^n \times \mathbb{R}^n) \setminus \{0\}$, das Kotangentialbündel von $\mathbb{R}^n \times \mathbb{R}^n$ ohne den Nullschnitt. Das Bild Λ von C_ϕ unter Φ ist dann eine konische Lagrange-Mannigfaltigkeit, d. h. es gibt eine Gruppenwirkung von $\mathbb{R}^+$ auf Λ, und die kanonische Zwei-Form

$$\sigma := \sum_{j=1}^{n} d\xi_j \wedge dx_j - \sum_{j=1}^{n} d\eta_j \wedge dy_j$$

verschwindet auf Λ. Die lokalen Koordinaten $\lambda_1, \cdots, \lambda_{2n}$ zusammen mit $\partial\phi/\partial\vartheta_1, \cdots, \partial\phi/\partial\vartheta_N$ bilden dann ein System lokaler Koordinaten von $\mathbb{R}^{n+N+n}$ in einer Umgebung von C_ϕ. Ist J die Jacobi-Determinante

$$J := \det Q, \qquad (Q_{i,j}) = \left(\frac{\partial l_i}{\partial X_j}\right),$$

$$\begin{aligned} l_{1,\cdots,2n} &:= \lambda_{1,\cdots,2n}, \\ l_{2n+1,\cdots,2n+N} &:= \frac{\partial\phi}{\partial\vartheta_{1,\cdots,N}}, \\ X_{1,\cdots,n} &:= x_{1,\cdots,n}, \\ X_{n+1,\cdots,n+N} &:= \vartheta_{1,\cdots,N}, \\ X_{n+N+1,\cdots,2n+N} &:= y_{1,\cdots,n}, \end{aligned}$$

dann bezeichnet man die Funktion

$$a_\Lambda := \sqrt{J} a_{|C_\phi} \circ \Phi^{-1} e^{i\pi M/4}$$

auch als das Symbol von A. Dabei ist $M \in \mathbb{Z}$ eine durch die Matrix Q bestimmte ganze Zahl, die der Maslow-Index von A genannt wird. Stellt man den gleichen Operator mit einer anderen Amplituden- und (nicht-degenerierten) Phasenfunktion dar, so bleibt hierbei die Lagrange-Mannigfaltigkeit Λ sowie der Maslow-Index unverändert. Die Singularitäten des Integralkernes von A hängen nun nur von dem Verhalten des Symboles a_Λ und von der Lagrange-Mannigfaltigkeit Λ ab.

Umgekehrt kann man durch Vorgabe einer konischen Lagrange-Mannigfaltigkeit und eines Symboles a_Λ auf Λ immer lokal einen Fourier-Integraloperator A so definieren, daß dessen Symbol und Langrange-Mannigfaltigkeit den vorgegebenen Objekten entsprechen, für eine globale Konstruktion muß aber der Maslow-Index in Betracht gezogen werden.

Fourier-Integraloperatoren enstehen typischerweise beim Studium asymptotischer Entwicklungen stark oszillierender Lösungen von partiellen Differentialgleichungen, beim Studium der Singularitäten der Fundamentallösungen hyperbolischer Gleichungen, sowie bei der Behandlung von Pseudodifferentialoperatoren auf Mannigfaltigkeiten. Genauer, jeder Pseudodifferentialoperator ist ein Fourier-Integraloperator, die Phasenfunktion ist hierbei durch

$$\phi(x, \vartheta, y) = \langle \vartheta, x - y \rangle$$

gegeben.

Umgekehrt läßt sich ein Fourier-Integraloperator dann und nur dann als Pseudodifferentialoperator schreiben, wenn die Lagrange-Mannigfaltigkeit Λ der Graph der Identität von $T^*(\mathbb{R}^n)$ ist.

[1] Hörmander, L.: The Analysis of Linear Partial Differential Operators I-IV. Springer-Verlag Heidelberg/Berlin, 1985.

[2] Maslow, V.P.: Théorie des pertubations et méthodes asymptotiques. Dunod, 1972.

[3] Peterson, B.E.: Introduction to the Fourier transform and pseudo-differential operators. Pitman, 1983.

[4] Robert, D.: Autour de l'Approximation Semi-Classique. Birhäuser Basel, 1987.

[5] Taylor, M.E.: Pseudodifferential operators. Princeton Univ. Press, 1981.

Fourier-Koeffizient, Koeffizient einer ↗Fourier-Reihe.

Ist $f : \mathbb{R} \to \mathbb{R}$ (bzw. $\mathbb{C}$) 2π-periodisch und über $[0, 2\pi]$ integrierbar mit der Fourier-Reihe

$$f(x) = \frac{a_0}{2} + \sum_{k=1}^{\infty} (a_k \cos kx + b_k \sin kx), \, x \in \mathbb{R},$$

so sind die Fourier-Koeffizienten durch

$$a_k = \frac{1}{\pi} \int_0^{2\pi} f(x) \cos kx dx, \quad k \geq 0,$$

und

$$b_k = \frac{1}{\pi} \int_0^{2\pi} f(x) \sin kx dx, \quad k \geq 1,$$

gegeben. In der komplexen Darstellung $f(x) = \sum_{k\in\mathbb{Z}} c_k e^{ikx}$ gilt

$$c_k = \frac{1}{2\pi}\int_0^{2\pi} f(x)e^{-ikx}dx.$$

Fourier-Koeffizient bezüglich eines Orthonormalssystems, *verallgemeinerter Fourier-Koeffizient*, eine Verallgemeinerung der gewöhnlichen ↗Fourier-Koeffizienten.

Es sei H ein Hilbert-Raum mit Skalarprodukt $\langle\cdot,\cdot\rangle$ und Orthonormal-Basis $\{e_k\}_{k\in I}$ mit einer abzählbaren Indexmenge I. Dann besitzt jedes $f \in H$ die Darstellung

$$f = \sum_{k\in I}\langle f, e_k\rangle e_k$$

mit den verallgemeinerten Fourier-Koeffizienten $\langle f, e_n\rangle$.

Für $H = L^2([-\pi,\pi])$ und $e_k(x) = (2\pi)^{-1/2}e^{ikx}$, $k \in \mathbb{Z}$, erhält man die üblichen Koeffizienten der Fourier-Reihe von f.

Fourier-Laplace-Transformation, eine Verallgemeinerung der ↗Fourier-Transformation auf die komplexe Ebene, definiert durch die Integraltransformation

$$F(\zeta) := \frac{1}{\sqrt{2\pi}}\int_{-\infty}^{\infty} f(x)e^{-i\zeta x}\,dx \quad \zeta \in \mathbb{C}$$

für $f \in L^1(-\infty,\infty)$ auf Funktionen auf der komplexen Ebene $\mathbb{C}$. Hat f insbesondere kompakten Träger, so ist F eine ganze Funktion.

Folgender Satz von Paley und Wiener charakterisiert die Fourier-Laplace-Transformierten:

Eine ganze Funktion F ist dann und nur dann die Fourier-Laplace-Transformierte einer C^∞-Funktion f mit Träger in einem beschränkten Intervall $[-B,B]$, wenn es für jedes $N \in \mathbb{N}$ Konstanten $C_N > 0$ gibt so, daß

$$|F(\zeta)| \le C_N(1+|\zeta|)^{-N}e^{B|\operatorname{Im}\zeta|} \quad \textit{für alle } \zeta.$$

Fourier-Motzkin, Verfahren von, Methode zum Auffinden einer Lösung eines Systems

$$a_i^T \cdot x \le b_i\,,\quad i = 1,\dots,s$$

linearer Ungleichungen.

Dabei werden die einzelnen Variablen schrittweise eliminiert. Um beispielsweise x_1 zu eliminieren, werden in allen Ungleichungen der jeweilige Koeffizient von x_1 zu $0, -1$ oder 1 normiert (durch Multiplikation der entsprechenden Ungleichung mit einer geeigneten positiven Zahl). Das so entstehende System laute

$$x_1 + \tilde{a}_i^T \cdot (x_2,\dots,x_n) \le \tilde{b}_i\,,\ i = 1,\dots,m_1\,;$$
$$-x_1 + \tilde{a}_i^T \cdot (x_2,\dots,x_n) \le \tilde{b}_i\,,\ i = m_1+1,\dots,m_2\,,$$
$$\tilde{a}_i^T \cdot (x_2,\dots,x_n) \le \tilde{b}_i\,,\ i = m_2+1,\dots,m_3\,.$$

Aus den Ungleichungen für $i = 1,\dots,m_2$ folgt die Beziehung

$$\max\{\tilde{a}_j^T \cdot (x_2,\dots,x_n) - \tilde{b}_j;\, m_1+1 \le j \le m_2\}$$
$$\le x_1 \le \min\{-\tilde{a}_i^T \cdot (x_2,\dots,x_n) + \tilde{b}_i;\, 1 \le i \le m_1\}.$$

Hier wird x_1 beseitigt, indem man nurmehr die Ungleichungen

$$\tilde{a}_j^T \cdot (x_2,\dots,x_n) - \tilde{b}_j \le -\tilde{a}_i^T \cdot (x_2,\dots,x_n) + \tilde{b}_i$$

für alle $1 \le i \le m_1$; $m_1+1 \le j \le m_2$, sowie weiterhin

$$\tilde{a}_i^T \cdot (x_2,\dots,x_n) \le \tilde{b}_i$$

für $i = m_2+1,\dots,m_3$ betrachtet.

Analog verfährt man mit den restlichen Variablen weiter. Geometrisch entspricht dieses Vorgehen einer Projektion. Das Verfahren ist im worst case-Verhalten nicht effizient, da bei jedem Eliminationsschritt die Anzahl der Ungleichungen auf $m_1 \cdot m_2 + m_3$ anwächst, was sich auf eine exponentielle Anzahl auswachsen kann.

Fourier-Polynom, ganz allgemein ein Element eines orthogonalen Polynomsystems $\{\phi_k\}$.

Die Entwicklung einer Funktion f der Form $\sum c_k\phi_k$ mit Koeffizienten c_k heißt ↗Fourier-Reihe von f bzgl. der Fourier-Polynome $\{\phi_k\}$.

Im Sinne der ↗Approximationstehorie sieht man ein Fourier-Polynom auch an als das Polynom bester Approximation bei Approximation in einem Hilbertraum H. Ist $\{v_0,\dots,v_n\}$ eine Orthonormalbasis eines Unterraums V von H, so ist das Fourier-Polynom t_n zu $f \subset H$ definiert als

$$t_n = \sum_{\nu=0}^{n}\langle f, v_\nu\rangle v_\nu,$$

wobei $\langle\cdot,\cdot\rangle$ das Skalarprodukt auf H ist.

Häufig bezeichnet man auch den Spezialfall der trigonometrischen Polynome als Fourier-Polynome: Das trigonometrische Polynom t_n vom Grad n zu einer Funktion f ist gegeben durch

$$t_n(x) = \frac{a_0}{2} + \sum_{\nu=1}^{n}(a_\nu\cos(\nu x) + b_\nu\sin(\nu x))$$

mit den Fourier-Koeffizienten

$$a_\nu = \frac{1}{\pi}\int_0^{2\pi} f(x)\cos(\nu x)dx$$

und

$$b_\nu = \frac{1}{\pi}\int_0^{2\pi} f(x)\sin(\nu x)dx.$$

Fourier-Reihe, Entwicklung einer periodischen Funktion in eine trigonometrische Reihe oder, allgemeiner, bzgl. eines beliebigen Orthogonalsystems.

Sei $f : \mathbb{R} \twoheadrightarrow \mathbb{R}$ (bzw. $\mathbb{C}$) eine auf dem Intervall $[0, 2\pi]$ integrierbare 2π-periodische Funktion, d. h. $f(x + 2\pi) = f(x)$ für $x \in \mathbb{R}$. Die Fourier-Reihe $\mathcal{FR}(f)$ von f ist definiert durch

$$\mathcal{FR}(f)(x) = \frac{a_0}{2} + \sum_{k=1}^{\infty}(a_k \cos kx + b_k \sin kx), x \in \mathbb{R}$$

mit den ↗Fourier-Koeffizienten a_k und b_k.

Häufig ist die dazu äquivalente (komplexe) Darstellung $f(x) = \sum_{k\in\mathbb{Z}} c_k e^{ikx}$ mit Fourier-Koeffizienten

$$c_k = \frac{1}{2\pi}\int_0^{2\pi} f(x)e^{-ikx}dx$$

($c_0 = a_0/2, c_k = (a_k - ib_k)/2, c_{-k} = (a_k + ib_k)/2$ für $k \geq 1$) vorzuziehen. In Abhängigkeit vom Integralbegriff wird auch von Fourier-Lebesgue-Reihen, Fourier-Riemann-Reihen, etc., gesprochen.

Die Konvergenz der Partialsummen $s_nf : \mathbb{R} \twoheadrightarrow \mathbb{C}$,

$$s_nf(x) = \sum_{|k|\leq n} c_k e^{ikx}, x \in \mathbb{R},$$

kann punktweise für jedes $x \in \mathbb{R}$ oder im Mittel, bzgl. einer L^p-Norm betrachtet werden.

Der Jordan-Test liefert ein einfaches Kriterium für den Nachweis punktweiser Konvergenz. Sei f in $[0, 2\pi]$ von beschränkter Variation, d. h. es gibt ein $M > 0$ mit

$$\sum_{i=0}^{r-1} |f(\xi_{i+1}) - f(\xi_i)| \ < \ M$$

für jede Zerlegung $0 \leq \xi_0 < \ldots < \xi_r \leq 2\pi$. Existieren außerdem die Grenzwerte $f(x \pm 0) = \lim_{\varepsilon\searrow 0} f(x \pm \varepsilon)$, so gilt

$$\lim_{n\to\infty} s_nf(x) = \frac{f(x+0) + f(x-0)}{2}$$

für $x \in \mathbb{R}$. Ist f zusätzlich auf einem abgeschlossenen Intervall I stetig, so konvergiert s_nf auf I gleichmäßig gegen f. Für andere Kriterien vgl. ↗Dinis Konvergenztest und ↗Lipschitz-Kriterium für Fourier-Reihen.

Methoden der Summierbarkeit sind auch im Fall divergenter Fourier-Reihen anwendbar. Neben dem Satz von Fejér ist das Abel-Summationsverfahren

$$A_rf(x) = \sum_{k\in\mathbb{Z}} r^{|k|} c_k e^{ikx}, 0 \leq r < 1,$$

gebräuchlich: Ist f auf $[0, 2\pi]$ Lebesgue-integrierbar und existieren die Grenzwerte $f(x \pm 0)$, so gilt $\lim_{r\nearrow 1} A_rf(x) = (f(x+0) + f(x-0))/2$. Für weitere Resultate über punktweise Konvergenz und Divergenz siehe auch ↗Fourier-Analyse.

Konvergenz im Mittel bedeutet die Konvergenz der Partialsummen s_nf in einem Banachraum $L^p = L^p([0, 2\pi]), 1 \leq p < \infty$ mit Norm $\|\cdot\|_p$. Ist $f \in L^p$ mit $p > 1$ oder $f \in L^1$ mit $f \log^+ |f| \in L^1$, so folgt

$$\lim_{n\to\infty} \|f - s_nf\|_p =$$

$$\lim_{n\to\infty} \left(\int_0^{2\pi} |f(x) - s_nf(x)|^p \right)^{1/p} = 0.$$

Von besonderer Bedeutung ist der Hilbertraum L^2 mit Skalarprodukt

$$\langle f, g\rangle_2 = \int_0^{2\pi} f(x)\bar{g}(x)dx\,.$$

Die Funktionen $e_k = e^{ikx}/\sqrt{2\pi}$ bilden ein vollständiges Orthonormalsystem. Daraus folgt

$$\lim_{n\to\infty} \|f - \sum_{|k|\leq n} \langle f, e_k\rangle e_k\|_2 = 0.$$

(Konvergenz im quadratischen Mittel).

Verallgemeinernd wird die Entwicklung einer Funktion bzgl. eines beliebigen vollständigen Orthogonalsystems ebenfalls als Fourier-Reihe bezeichnet.

Fourier-Sinus-Transformation, ↗Fourier-Transformation.

Fourier-Stieltjes-Transformation, ↗Bochner, Satz von.

Fourier-Transformation, eine der wichtigsten ↗Integral-Transformationen.

Sei $\mathcal{S}(\mathbb{R}^n)$ der sog. Schwartz-Raum der unendlich oft differenzierbaren und schnell abfallenden Funktionen. Die Fourier-Transformierte $\hat{f} : \mathbb{R}^n \twoheadrightarrow \mathbb{C}$ einer Funktion $f \in \mathcal{S}(\mathbb{R}^n)$ ist durch

$$\hat{f}(\xi) = \frac{1}{(2\pi)^{n/2}} \int_{\mathbb{R}^n} f(x)e^{-ix\cdot\xi}d^nx \qquad (1)$$

erklärt, wobei $x\cdot\xi = x_1\xi_1 + \ldots + x_n\xi_n$. Mit $f \in \mathcal{S}(\mathbb{R}^n)$ ist auch $\hat{f} \in \mathcal{S}(\mathbb{R}^n)$ und es gilt:

i) $\widehat{D^\alpha f} = (ix)^\alpha \hat{f}$ für jeden Multiindex $\alpha = (\alpha_1, \ldots, \alpha_n) \in \mathbb{N}^n$ und

$$D^\alpha f = \frac{\partial^{\alpha_1}}{\partial x_1^{\alpha_1}} \cdots \frac{\partial^{\alpha_1}}{\partial x_n^{\alpha_n}} f,$$

bzw.

$$(ix)^\alpha = (ix_1)^{\alpha_1} \ldots (ix_n)^{\alpha_n}\,.$$

ii)

$$\widehat{f \star g} = (2\pi)^{n/2} \hat{f}\hat{g}$$

für $g \in \mathcal{S}(\mathbb{R}^n)$ und das Faltungsprodukt

$$f \star g(x) = \int_{\mathbb{R}^n} f(x-y)g(y)d^n y\,.$$

iii)

$$\int_{\mathbb{R}^n} |f(x)|^2 d^n x = \int_{\mathbb{R}^n} |\hat{f}(x)|^2 d^n x\,.$$

Die Fourier-Transformation $\mathcal{F}$ ist die lineare und bijektive Abbildung

$$\mathcal{F} : \mathcal{S}(\mathbb{R}^n) \twoheadrightarrow \mathcal{S}(\mathbb{R}^n), \quad \mathcal{F}f = \hat{f}.$$

Die Umkehrabbildung $\mathcal{F}^{-1}$ heißt inverse Fourier-Transformation, für $\tilde{f} = \mathcal{F}^{-1}f$ gilt die Umkehrformel

$$\tilde{f}(\xi) = \frac{1}{(2\pi)^{n/2}} \int_{\mathbb{R}^n} f(x) e^{+ix\cdot\xi} d^n x.$$

Die Fourier-Transformierte kann mittels (1) auch für Lebesgue-integrierbare Funktionen definiert werden. Es gilt das Lemma von Riemann-Lebesgue: Für $f \in L^1(\mathbb{R}^n)$ ist $\hat{f} \in C_\infty(\mathbb{R}^n)$, d. h. $\hat{f}$ ist stetig und $\lim_{|\xi|\to\infty} \hat{f}(\xi) = 0$.

Es bezeichne $\|\cdot\|_p$ die Norm des Banach-Raums

$$L^p(\mathbb{R}^n) = \{f \text{ meßbar} \mid \|f\|_p^p = \int_{\mathbb{R}^n} |f(x)|^p d^n x < \infty\}.$$

Dann gilt für $f \in L^1 \cap L^p$, $1 \le p \le 2$ und q mit $1/p + 1/q = 1$ die Hausdorff-Young-Ungleichung $\|\mathcal{F}f\|_q \le \|f\|_p$. Damit läßt sich $\mathcal{F}$ eindeutig zu einer stetigen linearen Abbildung von $L^p(\mathbb{R}^n)$ nach $L^q(\mathbb{R}^n)$ fortsetzen. Diese Fortsetzung nennt man ebenfalls Fourier-Transformation.

Für $f \in L^p$ sei $f_R(x) = f(x)$, falls $|x| \le R$, und $f_R(x) = 0$, falls $|x| > R$. Dann ist $f_R \in L^1$ und $\widehat{f_R}$ durch (1) definiert. Die Fourier-Transformierte $\hat{f} \in L^q$ von f ist der Grenzwert $\lim_{R\to\infty} \widehat{f_R}$ bzgl. der $\|\cdot\|_q$-Norm, man schreibt

$$\hat{f}(\xi) = \mathcal{F}f(\xi) = \text{l.i.m.}_{R\to\infty} \frac{1}{(2\pi)^{n/2}} \int_{|x|\le R} f(x) e^{-ix\cdot\xi} d^n x.$$

(l.i.m. für limit in mean). Im Fall des Hilbert-Raums L^2 ist $\mathcal{F}$ ein unitärer Operator, insbesondere gilt $\|\mathcal{F}f\|_2 = \|f\|_2$ für $f \in L^2$ (Satz von Plancherel).

Neben der besprochenen „allgemeinen" Fourier-Transformation betrachtet amn noch die folgenden beiden speziellen Transformationen:

Die Integral-Transformation, gegeben durch

$$F_c(\omega) := \sqrt{\frac{2}{\pi}} \int_0^\infty f(t) \cos \omega t\, dt$$

mit $\omega \in \mathbb{R}$ heißt Fourier-Cosinus-Transformation oder auch einfach Cosinus-Transformation, und analog

$$F_s(\omega) := \sqrt{\frac{2}{\pi}} \int_0^\infty f(t) \sin\omega t\, dt$$

mit $\omega \in \mathbb{R}$ Fourier-Sinus-Transformation oder einfach Sinus-Transformation.

Fourier-Transformation eines Maßes, die für ein endliches Maß μ auf der σ-Algebra $\mathfrak{B}(\mathbb{R}^p)$ der Borelschen Mengen des $\mathbb{R}^p$ definierte komplexwertige Abbildung

$$\hat{\mu} : \mathbb{R}^p \ni t \to \int_{\mathbb{R}^p} e^{i\langle t,x\rangle} \mu(dx) \in \mathbb{C},$$

wobei $\langle\cdot,\cdot\rangle$ das übliche Skalarprodukt auf dem $\mathbb{R}^p$ bezeichnet. Die Abbildung $\hat{\mu}$ wird auch als die Fourier-Transformierte von μ bezeichnet.

Diese Fourier-Transformation stellt ein wichtiges analytisches Hilfsmittel der Wahrscheinlichkeitstheorie dar, mit dem sich insbesondere viele die Faltung von Maßen betreffende Probleme lösen lassen. Für beliebige auf $\mathfrak{B}(\mathbb{R}^p)$ definierte endliche Maße μ, ν und $\alpha \in \mathbb{R}^+$ besitzt die Fourier-Transformation folgende Eigenschaften:

$$\begin{aligned} \widehat{\mu + \nu} &= \hat{\mu} + \hat{\nu}, \\ \widehat{\alpha\mu} &= \alpha\hat{\mu}, \\ \widehat{\mu * \nu} &= \hat{\mu}\cdot\hat{\nu}, \end{aligned}$$

wobei $\mu * \nu$ die Faltung von μ und ν bezeichnet. Weiterhin gilt für das Bildmaß $T(\mu)$ von μ unter einer beliebigen linearen Abbildung T des $\mathbb{R}^p$ in sich mit transponierter Abbildung T^t die Beziehung

$$\widehat{T(\mu)} = \hat{\mu} \circ T^t,$$

und für das Bildmaß $T_a(\mu)$ von μ unter der Translation $T_a(x) := x + a$ mit $a \in \mathbb{R}^p$

$$\widehat{T_a(\mu)} = \hat{\varepsilon}_a \cdot \hat{\mu},$$

wobei ε_a das Dirac-Maß in a bezeichnet.

Fractional Calculus, ↗gebrochene Analysis.

Fraenkel, Adolf Abraham Halevi, deutscher Mathematiker, geb. 17.2.1891 München, gest. 15.10.1965 Jerusalem.

Fraenkel studierte in München, Marburg, Berlin und Breslau (Wroclaw) Mathematik. Von 1916 bis 1928 war er an der Universtät von Marburg tätig. Während des ersten Weltkrieges arbeitete er als Krankenpfleger. Ab 1928 wirkte er an der Universität Kiel und ab 1933 an der Universität von Jerusalem.

Als Schüler Hensels arbeitete er zunächst über p-adische Zahlen und die Theorie der Ringe. Er wandte sich aber später der ↗axiomatischen Mengenlehre zu. Hier verbesserte und verallgemeinerte er das von Zermelo 1908 vorgelegte axiomatische System.

1922 verallgemeinerte Fraenkel Zermelos Aussonderungsaxiom zum Ersetzungsaxiom und bewies 1925 die Unabhängigkeit des Auswahlaxioms. Fraenkels Axiomensystem wurde später von Skolem zum Zermelo-Fraenkel-Skolem-Axiomsystem der Mengenlehre (↗Axiomatische Mengenlehre) modifiziert.

In Jerusalem engagierte Fraenkel sich sehr für den Aufbau des israelischen Bildungssystems.

Fragmentation, im Kontext der mathematischen Biologie die Zersplitterung eines Habitats in isolierte Kleinbiotope, insbesondere durch menschlichen Einfluß.

Fraktal, *fraktale Menge*, eine Menge, die durch folgende Eigenschaften charakterisiert werden kann:

- Sie besitzt eine Feinstruktur auf beliebig kleinen Skalen.
- Sie hat oft nicht ganzzahlige ↗fraktale Dimension, die üblicherweise größer als ihre topologische Dimension ist.
- Sie wird im Gegensatz zu ihrer scheinbaren Komplexität auf einfache Weise definiert, vielfach rekursiv.
- Oftmals zeigt sie Selbstähnlichkeit.

Im strengen Sinne heißt bisweilen eine Menge Fraktal, wenn ihre fraktale Dimension größer als ihre topologische Dimension ist.

Das Wort „Fraktal" wurde von Mandelbrot in seiner grundlegenden Arbeit eingeführt.

Für tiefergehende Informationen zum Thema verweisen wir auf die bekanntesten Beispiele von Fraktalen, nämlich den ↗Barnsley-Farn, die ↗Cantor-Fläche, die ↗Cantor-Menge, die ↗Julia-Menge, die ↗Koch-Kurve, und die ↗Mandelbrot-Menge. Weiterhin vergleiche man die Artikel zu den Themen ↗invariante Maße auf Julia-Mengen und ↗Iteration rationaler Funktionen.

[1] Falconer, K.J.: Fraktale Geometrie: Mathematische Grundlagen und Anwendungen. Spektrum Akademischer Verlag Heidelberg, 1993.

[2] Peitgen, H.-O.; Jürgens, H.; Saupe, D.: Chaos and fractals: new frontiers of science. Springer-Verlag New York, 1992.

fraktale Dimension, Oberbegriff für Dimensionen, die im Gegensatz zur topologischen Dimension auch nicht ganzzahlige Werte annehmen können.

Fraktale Dimensionen werden so definiert, daß offene beschränkte Teilmengen des $\mathbb{R}^n$ und n-dimensionale, stetig differenzierbare Mannigfaltigkeiten die fraktale Dimension n erhalten. Dadurch wird sichergestellt, daß die fraktalen Dimensionen Erweiterungen des topologischen Dimensionsbegriffs darstellen. Weitere, von den meisten fraktalen Dimensionen erfüllten Eigenschaften, sind:

- Monotonie: $\dim E \leq \dim F$ für $E \subset F$.
- Stabilität: Es gilt
  $\dim(E \cup F) = \max\{\dim E, \dim F\}$.
- Invarianz gegenüber geometrischen Transformationen wie Translation, Rotation, Ähnlichkeitstransformation, affine Transformation.

Wichtige Beispiele für fraktale Dimensionen sind die ↗Hausdorff-Dimension und die ↗Kapazitätsdimension. Dabei gilt für eine Menge F, für die diese Dimensionen definiert sind, stets die Beziehung $\dim_T F \leq \dim_H F \leq \dim_{Kap} F$ für ihre topologische, Hausdorff- und Kapazitätsdimension. Die Hausdorff-Dimension hat den Vorteil, daß sie mittels eines Maßes definiert wird, das mathematisch relativ einfach zu handhaben ist, während sie konkret bei Mengen nur schwer berechnet werden kann. Die Kapazitätsdimension kann dagegen durch das log-log-Verhältnis in ihrer Definition bei jeder Menge empirisch abgeschätzt werden. (Ein klassisches Beispiel dafür ist die Küstenlinie Großbritanniens, deren Kapazitätsdimension etwa 1,2 beträgt.) Weitere Beispiele für fraktale Dimensionen sind die ↗Informationsdimension und die ↗Ljapunow-Dimension.

Einige Autoren verwenden den Begriff der fraktalen Dimension als Synonym für die Kapazitätsdimension.

[1] Falconer, K.J.: Fraktale Geometrie: Mathematische Grundlagen und Anwendungen. Spektrum Akademischer Verlag Heidelberg, 1993.

[2] Peitgen, H.-O.; Jürgens, H.; Saupe, D.: Chaos and fractals: new frontiers of science. Springer-Verlag New York, 1992.

fraktale Kurve, ↗invariante Maße auf Julia-Mengen.

fraktale Menge, ↗Fraktal.

Frame, eine Menge von Vektoren eines Hilbertraums, die in dem Sinne redundant ist, daß keiner der Vektoren orthogonal zu allen anderen ist (↗ allgemeiner Frame).

Ein Funktionensystem

$$\{\psi^{(a,b)_{m,n}} | m, n \in \mathbb{Z}\}$$

mit $a > 1, b > 0$ und $\psi \in L_2(\mathbb{R})$ heißt Wavelet-Frame, wenn Konstanten $A, B > 0$ so existieren, daß

$$A\|f\|_{L_2}^2 \leq \sum_{m\in\mathbb{Z}} \sum_{n\in\mathbb{Z}} |\langle \psi_{m,n}^{(a,b)}, f\rangle_{L_2}|^2 \leq B\|f\|_{L_2}^2$$

gilt. Man sagt, das Tripel (ψ, a, b) erzeugt den Frame. Ist $A = B$, so heißt der Frame fest oder straff (engl. tight). Im Hinblick auf effiziente Synthese von f aus den Koeffizienten in der Framedarstellung sind feste Frames oder solche mit A/B nahe bei 1 günstig. Eine Riesz-Basis mit Konstanten $B \geq A > 0$ ist automatisch ein Frame mit A und B als Framekonstanten.

Frameoperator, zu einem ↗ allgemeinen Frame $\{\phi_k | k \in \mathbb{Z}\}$ in einem Hilbertraum H assoziierter Operator

$$T : H \to H,\ Tf := \frac{2}{A+B} \cdot \sum_{k\in\mathbb{Z}} \langle f, \phi_k\rangle_H \cdot \phi_k\,.$$

Dabei garantiert die Gültigkeit der oberen Abschätzung

$$\sum_{k\in\mathbb{Z}} |\langle f, \phi_K\rangle_H|^2 \leq B \cdot \|f\|_H^2$$

die Beschränktheit des Frameoperators, und die untere Abschätzung

$$A \cdot \|f\|_H^2 \leq \sum_{k\in\mathbb{Z}} |\langle f, \phi_k\rangle_H|^2$$

die Injektivität von T. Beispielsweise kann die Wavelettransformation als Frameoperator interpretiert werden.

Franchise, ↗ Selbstbehalt.

Frank, Philipp, österreichisch-amerikanischer Physiker, Mathematiker und Philosoph, geb. 20.3.1884 Wien, gest. 21.7.1966 Cambridge (Massachusetts, USA).

Frank studierte in Wien unter anderem bei Boltzmann. Ab 1912 arbeitete er an der Deutschen Universität in Prag. 1938 emigrierte in die USA, wo er an der Harvard Universität in Cambridge Physik und Mathematik lehrte.

Frank beschäftigte sich mit Variationsrechnung, Fourier-Reihen und der Theorie der Hilberträume. Daneben schrieb er 1949 eine Einstein-Biographie und befaßte sich als logischer Positivist mit der Philosophie der Wissenschaften.

F-Raum, ↗ Fréchet-Raum.

Fréchet, Maurice René, französischer Mathematiker, geb. 2.9.1878 Maligny (Frankreich), gest. 4.6.1973 Paris.

Durch Empfehlung von Hadamard wurde Fréchet 1900 an der Ecole Normale aufgenommen. Dort promovierte er 1906 mit einer Arbeit, in der er das Konzept der metrischen Räume einführte, wenn auch der Begriff selbst erst von Hausdorff stammt. 1910 – 1919 unterrichtete er Mechanik an der Universität von Poitiers, von 1920 bis 1927 war er Professor für höhere Analysis an der Universität Strasbourg; danach war er an der Ecole Normale und am Institut Poincaré tätig. Von 1941 bis zu seiner Emeritierung 1949 hatte er den Lehrstuhl für Wahrscheinlichkeitstheorie und mathematische Physik an der Sorbonne inne.

Fréchet arbeitete auf dem Gebiet der Topologie von Mengen. In seiner Dissertation untersuchte er den metrischen Raum und dessen Funktionale auf eine völlig abstakte und axiomatische Weise. Er führte die Begriffe separabel und relativ folgenkompakt ein. Durch seine Arbeiten (z. B. ↗ Fréchet-Raum, ↗ Fréchet-Ableitung, ↗ Fréchet-Metrik, Darstellung der Funktionale des Raumes der quadratisch integrierbaren Funktionen als Integrale) wurde die moderne nichtlineare Funktionalanalysis stark beeinflußt.

Neben der Funktionalanalysis arbeitete Fréchet auch auf dem Gebiet der Variationsrechnung und der Statistik.

Seine wichtigsten Werke waren unter anderem „Les Espaces abstrait" (1928), „Récherchés théoretiques modernes sur la théorie des probabilités" (1937-38), „Pages choisies d'analyse générale" (1953) und „Les Mathématiques et le concret" (1955). Darüber hinaus schrieb er über 300 weitere Abhandlungen.

Fréchet-Ableitung, Ableitungsbegriff für Funktionen auf normierten Räumen.

Es seien V und W normierte Räume, $f : V \to W$ eine Abbildung und $x_0 \in V$. Die Abbildung f heißt im Punkt x_0 Fréchet-differenzierbar, falls es eine lineare stetige Abbildung $Df(x_0) : V \to W$ gibt, so daß gilt:

$$\lim_{x\to 0} \frac{f(x_0+x)-f(x_0)-Df(x_0)(x)}{||x||} = 0.$$

In diesem Fall heißt die lineare Abbildung $Df(x_0)$ die Fréchet-Ableitung oder auch das Fréchet-Differential von f in x_0.

Die Fréchet-Ableitung verallgemeinert den aus dem $\mathbb{R}^n$ bekannten Begriff der Differenzierbarkeit auf allgemeine normierte Räume. Man vergleiche für weitere Information das Stichwort ↗höhere Fréchet-Ableitung.

Fréchet-Differential, der Wert

$$df(x;h) := f'(x)h$$

für eine in x Fréchet-differenzierbare Abbildung f für den ‚Zuwachs' (oder in ‚Richtung') h (↗Fréchet-Ableitung).

Fréchet-Kurve, ↗Fréchet-Metrik.

Fréchet-Metrik, Metrik auf der Menge der Fréchet-Kurven.

Es sei M ein metrischer Raum mit der Metrik d. Dann heißen zwei stetige Abbildungen $\gamma : [a,b] \to M$ und $\gamma' : [a',b'] \to M$ Fréchet-äquivalent, wenn zu jedem $\varepsilon > 0$ ein Homöomorphismus $h : [a,b] \to [a',b']$ existiert, so daß für jedes $t \in [a,b]$ gilt:

$$d(\gamma(t), \gamma'(h(t))) < \varepsilon .$$

Eine Klasse Fréchet-äquivalenter stetiger Abbildungen abgeschlossener Intervalle in den Raum M heißt eine Fréchet-Kurve. Eine Fréchet-Kurve ist durch jede beliebige ihrer Darstellungen γ charakterisiert.

Bezeichnet man dann bei gegebenem metrischem Raum M die Menge aller Fréchet-Kurven mit $\Gamma(M)$, so kann man auf $\Gamma(M)$ einen Abstand definieren. Sind Γ und Γ' Fréchet-Kurven mit den Darstellungen $\gamma : [a,b] \to M$ und $\gamma' : [a',b'] \to M$, so definiert man $d_\Gamma(\Gamma,\Gamma')$ als das Infimum aller Zahlen δ, für die es einen Homöomorphismus $h : [a,b] \to [a',b']$ gibt mit der Eigenschaft, daß für jedes $t \in [a,b]$ die Ungleichung $d(\gamma(t),\gamma'(h(t))) \le \delta$ gilt.

Dieser Abstand ist von den gewählten Darstellungen unabhängig und immer endlich. Zusammen mit dem Abstand d_Γ wird die Menge $\Gamma(M)$ zu einem metrischen Raum, dessen Metrik man als Fréchet-Metrik bezeichnet.

Fréchet-Montel-Raum, ein ↗Fréchet-Raum, der gleichzeitig ein ↗Montel-Raum ist.

Fréchet-Raum, *F-Raum*, topologischer Vektorraum, der mit Hilfe einer Metrik wie folgt beschrieben werden kann.

Es sei V ein lokalkonvexer topologischer Vektorraum. Dann heißt V ein Fréchet-Raum, wenn es eine Metrik d auf V gibt, die die Topologie auf V induziert, wobei (V,d) ein vollständiger metrischer Raum ist.

Falls eine solche Metrik existiert, gibt es auch eine translationsinvariante Metrik, die die Topologie auf V induziert, das heißt, eine Metrik d mit der Eigenschaft

$$d(x+z, y+z) = d(x,y)$$

für alle $x, y, z \in V$.

Jeder ↗Banachraum ist ein Fréchet-Raum, aber es gibt Beispiele von Fréchet-Räumen, die keine Banachräume sind.

Fréchet-Riesz, Satz von, zentraler Satz in der Hilbertraumtheorie über die Darstellung des Dualraums eines Hilbertraums H:

Zu jedem stetigen linearen Funktional ℓ auf einem Hilbertraum H existiert ein eindeutig bestimmtes Element $y \in H$ mit

$$\ell(x) = \langle x, y\rangle \qquad \forall x \in H.$$

Ferner gilt $\|\ell\| = \|y\|$.

Daher kann der Dualraum H' von H kanonisch mit H identifiziert werden; der Isomorphismus $y \mapsto \langle\,.\,,y\rangle$ ist isometrisch und konjugiert-linear.

Fredholm, Eric Ivar, schwedischer Mathematiker, geb. 7.4.1866 Stockholm, gest. 17.8.1927 Stockholm.

Als Sohn eines wohlhabenden Kaufmanns geboren, wuchs Fredholm in einer kulturell anregenden Atmosphäre auf. Er erhielt eine ausgezeichnete Schulbildung und begann 1885 ein Studium am Polytechnischen Institut in Stockholm. Aus dieser Zeit bewahrte er sich ein lebenslanges Interesse für Probleme der praktischen Mechanik. 1886 setzte er das Studium in Uppsala fort, der einzigen schwedischen Universität, die das Graduierungsrecht besaß. Ab 1888 studierte er in Stockholm,

u. a. bei G. Mittag-Leffler (1846–1927), und promovierte 1898 in Uppsala. In gleichen Jahr erhielt er eine Anstellung an der Universität Stockholm und wurde 1906 zum Professor für Mechanik und mathematische Physik berufen. Diese Position bekleidete er bis zum Lebensende.

In seiner Dissertation löste Fredholm Differentialgleichungen, die beim Studium der Deformation anisotroper Medien auftreten. Diese Methode konnte er 1908 auf allgemeine elliptische partielle Differentialgleichungen mit konstanten Koeffizienten ausdehnen. Fredholms Hauptwerk war jedoch die Lösung der Integralgleichung 2. Art, die heute nach ihm benannt ist:

$$x(s) - \int_a^b k(s,t)x(t)dt = b(s),$$

wobei k der stetige Kern und b die gesuchte Funktion ist.

Diese Gleichung spielte eine bedeutende Rolle bei der Lösung physikalischer Aufgaben und war bereits zuvor von N.H. Abel, C. Neumann und V. Volterra für Spezialfälle gelöst worden. Grundlage des Verfahrens war Fredholms einzigartige Idee, die Analogie zur Lösung des linearen Gleichungssystems $(I + F)X = V$ auszunutzen. Er definierte eine verallgemeinerte Determinante, übertrug das Cramersche Verfahren formal auf das Unendliche und zeigte, daß die so erhaltene Funktion die Ausgangsgleichung löste. Exakt wurde der Grenzübergang erst 1904 von D. Hilbert begründet.

Nach einer vorläufigen Mitteilung im Jahre 1900 publizierte Fredholm die vollständige Theorie 1903 in den „Acta mathematica". Darin formulierte er auch die Fredholm-Alternative und eine entsprechende Lösungstheorie für die Integralgleichung mit dem Kern λf. Letzteres lieferte u. a. eine Entwicklung der Lösungsfunktion ϕ als meromorphe Funktion in eine Potenzreihe nach λ, und schloß damit eine von H. Poincaré bei der Behandlung der schwingenden Membran gelassene Lücke. Fredholms Arbeit enthielt wichtige Ansätze zum Begriff des Operators (Transformation) im Funktionenraum und bildete eine der Quellen, aus denen D. Hilbert sowie E. Schmidt und F. Riesz bei der Schaffung der Hilbertraum-Theorie schöpften.

Fredholm-Alternative, Satz über den Zusammenhang der Lösung einer Operatorgleichung mit der Lösung ihres zugehörigen dualen Problems.

Im einfachsten Fall eines linearen Gleichungssystems $Ax = b$ besagt der Satz, daß dieses genau dann eindeutig für x lösbar ist, wenn für alle Lösungen y der homogenen dualen Gleichung $A^T y = 0$ die Bedingung $b^T y = 0$ erfüllt ist.

Die Fredholm-Alternative wurde zuerst für Intergralgleichungen der Form

$$x(s) - \int_a^b k(s,t)x(t)dt = b(s)$$

mit stetigem Kern k auf $[a,b] \times [a,b]$ und gesuchter Funktion $x(s)$ in $C[a,b]$ angewandt. Entsprechend ist diese genau dann eindeutig lösbar, wenn für alle Lösungen des dualen homogenen Problems

$$y(s) - \int_a^b k(t,s)y(t)dt = 0$$

die Bedingung

$$\int_a^b b(t)y(t)dt = 0$$

erfüllt ist.

Der Begriff „Alternative" beruht auf dem Umstand, daß entweder die Gleichung selbst *und* ihr duales Problem für jede von Null verschiedene rechte Seite eindeutig lösbar ist oder beide nicht. Das Prinzip läßt sich unter anderem anwenden bei Existenzaussagen über Lösungen von Randwertaufgaben gewöhnlicher oder partieller Differentialgleichungen unter Verwendung der zugehörigen ↗ Greenschen Funktion.

Man vergleiche hierzu auch ↗ Fredholm-Theorie.

Fredholm-Operator, ein stetiger linearer Operator $T : X \to Y$ zwischen ↗ Banachräumen mit abgeschlossenem Bild $\mathrm{im}(T)$, für den $\ker(T)$ und $Y/\mathrm{im}(T)$ endlichdimensional sind.

Die ganze Zahl

$$\mathrm{ind}(T) := \dim\ker(T) - \dim Y/\mathrm{im}(T)$$

heißt der Fredholm-Index (kurz Index) von T.

Die Menge $\Phi(X,Y)$ aller Fredholm-Operatoren bildet eine offene Teilmenge des Banachraums aller stetigen linearen Operatoren von X nach Y, und $\mathrm{ind} : \Phi(X,Y) \to \mathbb{Z}$ ist stetig. Das Produkt zweier Fredholm-Operatoren ist wieder ein Fredholm-Operator, und es gilt $\mathrm{ind}(T_1T_2) = \mathrm{ind}(T_1) + \mathrm{ind}(T_2)$.

Für einen kompakten Operator $K : X \to X$ ist $\mathrm{Id} + K$ ein Fredholm-Operator mit Index 0.

Nach dem Satz von Atkinson ist ein Operator $T : X \to Y$ genau dann ein Fredholm-Operator, wenn T modulo kompakter Operatoren invertierbar ist, d. h., wenn es Operatoren S_1 und S_2 von Y nach X gibt, so daß $S_1T - \mathrm{Id}_X$ und $TS_2 - \mathrm{Id}_Y$ kompakt sind.

[1] Zeidler, E.: Nonlinear Functional Analysis and Its Applications I. Springer Berlin/Heidelberg, 1986.

Fredholmsche Integral-Gleichung, ↗Integralgleichung in einer der folgenden Formen:

$$\int_D k(x,y)\,\varphi(y)\,dy = f(x)\,, \tag{1}$$

$$\varphi(x) - \int_D k(x,y)\,\varphi(y)\,dy = f(x)\,, \tag{2}$$

$$A(x)\varphi(x) - \int_D k(x,y)\,\varphi(y)\,dy = f(x)\,. \tag{3}$$

Dabei sind $D \subset \mathbb{R}^n$ sowie f, A auf D und k auf $D \times D$ definierte Funktionen; die Funktion φ ist zu bestimmen.

Man spricht von einer Fredholmschen Integralgleichung erster (1), zweiter (2) bzw. dritter (3) Art. Die Funktion k heißt (Integral-)Kern der Fredholmschen Integralgleichung. Für einen stetigen Kern läßt sich z. B. die Fredholmsche Integralgleichung (1) mittels des Fredholm-Operators

$$K : C^0(D) \to C^0(D), \quad (K\varphi)(x) := \int_D k(x,y)\,\varphi(y)\,dy$$

schreiben als $K\varphi = f$.

Fredholmsche Integral-Gleichungen können als kontinuierliche Analoga linearer Gleichungssysteme angesehen werden.

[1] Heuser, H.: Funktionalanalysis. B.G. Teubner Stuttgart, 1992.

Fredholmscher Integral-Operator, ↗Fredholmsche Integral-Gleichung.

Fredholm-Theorie, Theorie zur Lösung linearer Integralgleichungen. Gegeben sei die lineare Integralgleichung zweiter Art

$$y(s) - \lambda \int_a^b K(s,t)y(t)dt = f(s)$$

mit der unbekannten Funktion y. Dabei heißt $K(s,t)$ der Kern der Integralgleichung. Bezeichnet $D(\lambda)$ die Fredholmsche Determinante des Kerns und $R(s,t,\lambda)$ die Resolvente des Kerns, so kann man die Lösbarkeit der Integralgleichung durch die drei Fredholmschen Sätze beschreiben.

Ist $D(\lambda) \neq 0$, so besitzt die Integralgleichung

$$y(s) - \lambda \int_a^b K(s,t)y(t)dt = f(s)$$

genau eine Lösung, die man darstellen kann als

$$y(s) = f(s) + \int_a^b R(s,t,\lambda)f(t)\,dt.$$

Ist λ eine Nullstelle m-ter Ordnung von D, so hat die homogene Gleichung

$$y(s) - \lambda \int_a^b K(s,t)y(t)dt = 0$$

mindestens eine und höchstens m linear unabhängige Lösungen. Weiterhin besitzt die sogenannte transponierte homogene Gleichung

$$z(t) - \lambda \int_a^b K(s,t)z(s)ds = 0$$

die gleiche Anzahl linear unabhängiger Lösungen.

Ist λ eine Nullstelle von D, so existieren genau dann Lösungen der inhomogenen Gleichung

$$y(s) - \lambda \int_a^b K(s,t)y(t)dt = f(s),$$

wenn $f(s)$ mit allen linear unabhängigen Lösungen $z_\nu(s)$ der transponierten homogenen Integralgleichung die Beziehung

$$\int_a^b f(s)z_\nu(s)\,ds = 0$$

erfüllt. In diesem Fall erhält man die allgemeine Lösung der Integralgleichung, indem man zu einer beliebig gewählten speziellen Lösung die allgemeine Lösung der zugehörigen homogenen Integralgleichung addiert.

(↗Fredholm-Alternative).

Freedman, Michael Hartley, amerikanischer Mathematiker, geb. 21.4.1951 Los Angeles.

Freedman begann sein Mathematikstudium 1968 an der Universität von Kalifornien in Berkeley und wechselte ein Jahr später an die Universität von Princeton, an der er 1972 promovierte. Nach zweijähriger Lehrtätigkeit an der Universität in Berkeley (1972–1974) und einem Aufenthalt am Institute for Advanced Study in Princeton ging er an die Universität von Kalifornien in San Diego, wo er rasch zum ordentlichen Professor aufstieg.

Freedmans Forschungsgebiet war zunächst die algebraische Topologie. Ausgehend von den von H. Poincaré begründeten Studien zur Klassifikation n-dimensionaler Mannigfaltigkeiten reihte sich Freedman in die Schar der Mathematiker ein, die sich um einen Beweis der Poincaréschen Vermutung bemühten.

Nachdem S. Smale 1960 die Vermutung für $n > 4$ bewiesen hatte, widmete sich Freedmann den drei- und vierdimensionalen Mannigfaltigkeiten und erzielte tiefliegende Resultate. 1982 wies er schließlich nach, daß die vierdimensionale Sphäre die einzige geschlossene vierdimensionale Mannigfaltigkeit mit verschwindender erster Homotopiegruppe ist.

Neben diesem Beweis der Poincaréschen Vermutung für $n = 4$ gab er eine vollständige Klassifikation der einfach zusammenhängenden vierdimensionalen Mannigfaltigkeiten und entdeckte mehrere neue Mannigfaltigkeiten, u. a. homöomorphe vierdimensionale Mannigfaltigkeiten ohne äquivalente Triangulierungen. Letzteres war eine Widerlegung der Hauptvermutung der kombinatorischen Topologie. Mit seinen Arbeiten zur Struktur drei- und vierdimensionaler Mannigfaltigkeiten verdeutlichte er, wie außerordentlich kompliziert das Studium dieser Objekte im Vergleich mit höherdimensionalen Mannigfaltigkeiten ist, und daß viele Methoden in diesen Dimensionen nicht anwendbar sind.

Ende der 80er Jahre begann sich Freedman stärker für eine Beschäftigung der Mathematiker mit globalen Themen wie Bildung, Ökonomie, Technik, Frieden u. a. zu engagieren. Er wandte sich insbesonder Fragen der Berechenbarkeit und der Einteilung der Probleme in gewisse Kategorien der Berechenbarkeit zu.

Für die fundamentalen Ergebnisse über vierdimensionale Mannigfaltigkeiten erhielt Freedman zahlreiche Ehrungen, u. a. 1986 die Fields-Medaille.

Frege, Friedrich Ludwig Gottlob, deutscher Logiker und Mathematiker, geb. 8.11.1848 Wismar, gest. 26.7.1925 Bad Kleinen.

Nach dem Studium der Mathematik, Physik, Chemie und Philosophie in Jena und Göttingen promovierte Frege 1873 in Göttingen und habilitierte sich 1874 in Jena. Dort arbeitete er bis zu seiner Emeritierung 1918.

Mit seiner Vorstellung von Begriff (einstelliges Prädikat) und Beziehung (n-stelliges Prädikat) begründete Frege den Prädikatenkalkül und führte die ↗ Logik in eine neue Entwicklungsphase.

Mit seinen Hauptwerken „Begriffsschrift, eine der arithmetischen nachgebildete Formelsprache des reinen Denkens" (1879), „Die Grundlagen der Arithmetik. Eine logisch mathematische Untersuchung über den Begriff der Zahl" (1884) und „Grundgesetze der Arithmetik" (1893, 1903) gab er ein endliches logisches Axiomensystem an, das die arithmetischen Theoreme begründen sollte.

Zwar konnte Frege 1902 aus seinem Axiomensystem auch die Russelsche Antinomie ableiten und sah dadurch sein Programm zur logischen Begründung der Mathematik als gescheitert an, trotzdem lösten seine Arbeiten tiefgreifende Untersuchungen über die Grundlagen der Mathematik aus.

Sein Wirken geht mit Arbeiten wie „Sinn und Bedeutung" (1892) und „Begriff und Gegenstand" (1892) über die Mathematik hinaus in die Philosophie hinein.

Fregesches Komprehensionsaxiom, ↗ axiomatische Mengenlehre.

frei wirkende diskrete Transformationsgruppe, eine diskrete Transformationsgruppe, die keinen Fixpunkt (↗ Fixpunkt einer diskreten Transformationsgruppe) besitzt.

Eine Anwendung dieser Terminologie ist die folgende: Seien X eine differenzierbare Mannigfaltigkeit und G eine diskrete Transformationsgruppe auf X. Dann ist der Faktorraum X/G genau dann wieder eine differenzierbare Mannigfaltigkeit, wenn G frei auf X wirkt. Anderenfalls ist nämlich an den Fixpunkten der Abbildung die lokale Euklidizität verletzt.

freie Beweglichkeit, spezielle Eigenschaft einer ↗ Riemannschen Mannigfaltigkeit M^n.

M^n besitzt die Eigenschaft der freien Beweglichkeit, wenn zu je zwei Punkten $x, y \in M^n$ und orthonormierten Basen

$$B_1 = \{e_1, \dots, e_n\} \subset T_x(M^n)$$

und

$$B_2 = \{f_1, \dots, f_n\} \subset T_y(M^n)$$

der Tangentialräume in x bzw. y offene Umgebungen $U(x), V(y) \subset M^n$ von x bzw. y und eine Isometrie $f : U(x) \longrightarrow V(y)$ mit $f(x) = y$ und $f_*(B_1) = B_2$ existieren. Diese Eigenschaft besitzen die Räume konstanter Krümmung.

Aus physikalischer Sicht ist die freie Beweglichkeit von Maßstäben und Bezugssystemen die Grundlage jeglicher Längenmessung.

freie Energie, eine thermodynamische Funktion. Ist U die innere Energie eines gegebenen Prozesses, T die Temperatur und S die Entropie, so bezeichnet man die Größe

$$F = U - TS$$

als freie Energie.

freie Garbe, ↗ lokal freie Garbe.

freie Gruppenoperation, Operation der algebraischen Gruppe G auf der algebraischen Varietät X so, daß die kanonische Abbildung $G \times X \to X \times X$, $(g, x) \to (g(x), x)$ eine abgeschlossene Einbettung ist.

Wenn $X = \text{Spec}(A)$ ein affines K-Schema ist und $G = \text{Spec}K[G]$ eine affine algebraische Gruppe über K, K ein Körper, die auf X operiert, dann ist die Operation frei genau dann, wenn die kanonische Abbildung $A \otimes_K A \to A \otimes_K K[G]$ surjektiv ist.

Eine schwächere Bedingung ist die mengentheoretische Freiheit der Gruppenoperation:

$$G_x = \{g \in G \mid g(x) = x\} = \{\text{id}\}$$

für alle $x \in X$.

So ist z. B. die Operation der additiven Gruppe von $\mathbb{C}$ auf der Menge

$$D(2x_1x_3 - x_2^2) = \{(x_1, x_2, x_3) \in \mathbb{C}^3, \\ 2x_1x_3 - x_2^2 \neq 0\},$$

definiert durch

$$t(x_1, x_2, x_3) = (x_1, x_2 + tx_1, x_3 + tx_2 + \tfrac{1}{2}t^2x_1)$$

mengentheoretisch frei, aber nicht frei im hier betrachteten Sinne.

freie Netzsprache, zu einem ↗ Petrinetz definierte Netzsprache, bei der die Beschriftung der Transitionen injektiv und ε-frei ist.

Dadurch kann jede Transition in den Wörtern der Sprache identifiziert werden. Freie Netzsprachen werden zur Definition der Semantik von Petrinetzen verwendet.

Die Klasse der freien Netzsprachen korrespondiert mit keinem Sprachtyp der ↗ Chomsky-Hierarchie.

freie Optimierung, Teilgebiet der Optimierung bzw. der Analysis, das sich mit der Extremwertsuche einer Funktion ohne Vorhandensein von Nebenbedingungen befaßt.

freie Schwingung, eine Schwingung, die von keiner äußeren Kraft beeinflußt wird.

Die Schwingung eines Federpendels wird durch die lineare Differentialgleichung zweiter Ordnung mit konstanten Koeffizienten

$$my''(t) + by'(t) + cy(t) = F(t)$$

beschrieben. Dabei ist $y(t)$ die Auslenkung, m die Pendelmasse, b der Reibungsfaktor, c die Federkonstante und $F(t)$ eine von außen auf das System einwirkende zeitabhängige Kraft. Wirkt nun keine Kraft von außen, das heißt gilt $F(t) = 0$, so spricht man von einer freien Schwingung. Man unterscheidet dabei zwischen der freien ungedämpften Schwingung, bei der das System auch keiner Reibung unterliegt, und der freien gedämpften Schwingung, bei der Reibung vorhanden ist. Die freie ungedämpfte Schwingung hat also die Gleichung

$$my'' + cy = 0,$$

während die freie gedämpfte Schwingung die Gleichung

$$my'' + by' + cy = 0$$

hat. Daher werden freie Schwingungen stets durch lineare homogene Differentialgleichungen zweiter Ordnung beschrieben, deren Lösungen mit Hilfe des jeweiligen charakteristischen Polynoms berechnet werden können. In beiden Fällen bezeichnet man die Größe $\omega = \sqrt{\frac{c}{m}}$ als Kreisfrequenz der Schwingung.

freie Variable, Individuenvariable (↗ elementare Sprache), die in einem ↗ logischen Ausdruck frei vorkommt.

Das freie Vorkommen einer Variablen in einem Ausdruck kann wie folgt induktiv über den Aufbau der Ausdrücke definiert werden:
Sei L eine elementare Sprache, x eine Individuenvariable und φ ein Ausdruck in L. *x kommt in φ frei vor* genau dann, wenn eine der folgenden Bedingungen erfüllt ist:

1. φ ist ein ↗ atomarer Ausdruck und x kommt in φ vor.
2. φ besitzt die Gestalt $\neg\psi$ und x kommt in ψ frei vor.
3. φ ist einer der Ausdrücke $\psi \wedge \chi$, $\psi \vee \chi$, $\psi \to \chi$, $\psi \leftrightarrow \chi$, und x kommt in ψ oder in χ frei vor.
4. φ besitzt die Gestalt $\exists y\psi$ oder $\forall y\psi$ und x kommt in ψ frei vor, und x, y sind verschiedene Variablen.

In einem Ausdruck der Gestalt $\exists y\psi$ bzw. $\forall y\psi$ ist ψ der Wirkungsbereich des ↗ Quantors $\exists$ bzw. $\forall$ bzgl. x. Eine Variable x kommt in dem Ausdruck φ gebunden vor genau dann, wenn x in φ vorkommt und x unmittelbar nach $\exists$ oder $\forall$ folgt, oder im Wirkungsbereich eines der Quantoren bzgl. x steht. x heißt dann auch gebundene Variable.

Eine Variable kann in einem Ausdruck sowohl frei als auch gebunden auftreten. Wir betrachten als Beispiel den Ausdruck

$$\varphi := \forall z(\exists x(x + y < z) \to \forall y(y + 1 < x))$$

mit $\psi := x + y < z$ und $\chi := y + 1 < x$. In ψ bzw. χ kommen x, y, z bzw. x, y frei vor. In $\exists x\psi$ kommen y, z frei und x gebunden vor und in $\forall y\chi$ kommt x frei und y gebunden vor. Schließlich kommen x, y in φ frei und gebunden vor, und z kommt in φ nur gebunden vor.

freier Fall, der ↗ Fall eines Körpers ohne Berücksichtigung des Luftwiderstands.

Bezeichnet man die durch die Gravitation bewirkte Beschleunigung mit g, so hat der Körper nach der Zeit t die Geschwindigkeit $v(t) = g\,t$, und die zurückgelegte Strecke ist $s(t) = \frac{1}{2}gt^2$.

freier Modul, ein R-Modul mit einem freien Erzeugendensystem.

Sei S ein ↗Erzeugendensystem eines Moduls. $S = \{s_i\}_{i\in I}$ heißt frei, wenn für jede endlich Teilmenge $J \subseteq I$ aus

$$\sum_{j\in J} r_j s_j = 0\,, \quad r_j \in R\,,$$

stets folgt $r_j = 0$ für alle $j \in J$.

Jeder endlich erzeugte freie R-Modul ist isomorph zu einer endlichen direkten Summe von R,

$$R^n = \{(x_1, \dots, x_n) \mid x_i \in R\}$$

für ein geeignetes n.

Die Zahl n heißt Rang des freien Moduls.

Freiformfläche, ist eine Fläche, deren Form nur grob, z. B. durch zu approximierende Kontrollpunkte und zu interpolierende Randkurven, festgelegt ist (vgl. ↗Freiformkurve). Der Begriff gehört zur ↗geometrischen Datenverarbeitung.

Genauso wie bei Freiformkurven wird oft ein endlichdimensionaler affiner oder linearer Raum von Flächen (z. B. ↗Bézier- oder ↗B-Splineflächen) zugrundegelegt, und die Fläche durch ↗Kontrollpunkte oder Kontrollkoeffizienten bestimmt.

Für Freiformflächen, die ein Polyeder approximieren sollen, gibt es iterative diskrete ↗Unterteilungsalgorithmen, die gegen eine glatte Fläche konvergieren. Für viele Anwendungen (z. B. Visualisierung) reichen wenige Iterationsschritte aus.

Freiformkurve, ist eine Kurve, die, um einem bestimmten Zweck zu genügen, gewissen Randbedingungen genügen muß und deren Form nur grob gegeben ist, beispielsweise durch die Forderung, daß ein gegebenes Polygon approximiert wird. Der Begriff gehört zur ↗geometrischen Datenverarbeitung.

Dort studiert man Freiformkurven meist so, daß man einen Vektorraum oder affinen Raum von Kurven zugrundelegt und die Kurve durch eine endliche Zahl von Kontrollkoeffizienten oder ↗Kontrollpunkten bestimmt, welche an die Rand- und Formbedingungen angepaßt werden. Dieses Verfahren eignet sich zum interaktiven Modellieren von Kurven, wenn das zugrundeliegende Kurvenschema gewissen Formeigenschaften besitzt, wie z. B. die ↗convex hull property oder die ↗variation diminishing property. Häufig werden ↗Bézier- und ↗B-Splinekurven zu diesem Zweck verwendet.

Gewisse Kurvenschemata besitzen Eigenschaften, die einen diskreten Unterteilungsalgorithmus erlauben, wie zum Beispiel den Algorithmus von Chaikin (↗Chaikin, Algorithmus von), der aus einem Polygon eine quadratische B-Splinekurve erzeugt, die das ursprüngliche Polygon in einem genau definierten Sinn annähert.

Freiheitsgrade, meist als Synonym benutzt für die Anzahl der freien Variablen oder Parameter, die z. B. eine Lösungsmenge, eine Familie von Funktionen oder eine Geradenschar noch besitzt.

Frenetsche Formeln, die Darstellung der Ableitungen $\dot{\mathfrak{t}}(s)$, $\dot{\mathfrak{n}}(s)$, $\dot{\mathfrak{b}}(s)$ der drei Vektoren des ↗begleitenden Dreibeins einer regulären Raumkurve $\alpha(s)$ als Linearkombination von $\mathfrak{t}(s)$, $\mathfrak{n}(s)$ und $\mathfrak{b}(s)$.

Bildet man die Ableitungen in bezug auf den Bogenlängenparameter s, so lauten die Frenetschen Formeln

$$\begin{aligned} \dot{\mathfrak{t}}(s) &= \qquad\qquad \kappa(s)\,\mathfrak{n}(s) \\ \dot{\mathfrak{n}}(s) &= -\kappa(s)\,\mathfrak{t}(s) \qquad\qquad +\tau(s)\,\mathfrak{b}(s) \\ \dot{\mathfrak{b}}(s) &= \qquad\qquad -\tau(s)\,\mathfrak{n}(s), \end{aligned} \qquad (1)$$

wobei $\kappa(s)$ und $\tau(s)$ die Funktionen der Krümmung bzw. Windung von $\alpha(s)$ sind.

Sie gestatten es, zu gegebener Krümmung und Windung die zugehörige Kurve $\alpha(s)$ zu bestimmen. Sind nämlich $\kappa(s)$ und $\tau(s)$ differenzierbare Funktionen, wobei $\kappa(s)$ als positiv vorauszusetzen ist, so ist (1) ein System gewöhnlicher Differentialgleichungen für die Vektoren $\mathfrak{t}(s)$, $\mathfrak{n}(s)$, $\mathfrak{b}(s)$.

Zu jedem als Anfangswert vorgegebenen orthogonalen Dreibein $\mathfrak{t}_0$, $\mathfrak{n}_0$, $\mathfrak{b}_0$ von $\mathbb{R}^3$ gibt es genau eine in einer Umgebung eines Punktes $s_0 \in \mathbb{R}$ definierte Lösung $\mathfrak{t}(s)$, $\mathfrak{n}(s)$, $\mathfrak{b}(s)$ von (1), die die Anfangsbedingungen $\mathfrak{t}(s_0) = \mathfrak{t}_0$, $\mathfrak{n}(s_0) = \mathfrak{n}_0$ $\mathfrak{b}(s_0) = \mathfrak{b}_0$ erfüllt.

Durch Integration der Vektorfunktion $\mathfrak{t}(s)$ erhält man eine reguläre Kurve $\alpha(s)$ mit der Krümmung $\kappa(s)$ und der Windung $\tau(s)$, für die s der Bogenlängenparameter und $\mathfrak{t}(s)$, $\mathfrak{n}(s)$, $\mathfrak{b}(s)$ das begleitende Dreibein ist. Die Kurve $\alpha(s)$ ist bis auf die Wahl einer Integrationskonstante und der Anfangswerte $\mathfrak{t}_0$, $\mathfrak{n}_0$, $\mathfrak{b}_0$ eindeutig bestimmt.

Diese Gleichungen besitzen Verallgemeinerungen für Kurven im n-dimensionalen Euklidischen Raum $\mathbb{R}^n$ und in beliebigen ↗Riemannschen Mannigfaltigkeiten (↗verallgemeinerte Frenetsche Formeln).

Frenicle de Bessy, Bernard, französischer Mathematiker, geb. um 1605 Paris, gest. 17.1.1675 Paris.

Frenicle de Bessy arbeitete als Berater im Münzamt in Paris. Er beschäftigte sich neben der Untersuchung fallender Körper und der Gravitaionskraft hauptsächlich mit der Zahlentheorie. Es gelangen ihm, die Lösung einiger schwieriger ↗diophantischer Gleichungen (z. B. $x^2 - py^2 = 1$ für $p = 61, 109$ und 127) zu finden. Wichtig ist auch seine Arbeit über ↗magische Quadrate. Frenicle de Bessy korrespondierte mit Descartes, Fermat, Huygens und Mersenne.

Frequenz, bei sich ständig wiederholenden Vorgängen die Zahl der Vorgänge ν pro Zeiteinheit. Ist die Zeiteinheit die Sekunde, dann ist die Einheit der Frequenz das Hertz.

Der Kehrwert T der Frequenz ν heißt Periode, und $\omega := 2\pi/T$ nennt man Kreisfrequenz (etwa die Zahl der Umdrehungen eines rotierenden Zeigers in der Zeiteinheit).

Die bekanntesten periodischen Funktionen sind sin und cos (Kreisfrequenz $\omega = 1$, Periode $T = 2\pi$). Eine auf dem Intervall $(0, 2\pi)$ stetige Funktion f läßt sich als i. allg. unendliche Reihe solcher Funktionen darstellen, wobei die Kreisfrequenz die Menge der nicht negativen ganzen Zahlen durchläuft (↗Fourier-Reihen).

Frequenzabweichung, Parameter ε in der vereinfachten Hamilton-Funktion

$$H(x,y) = \frac{\varepsilon}{2}(x^2 + y^2) + (x^3 - 3xy^2),$$

die zur Beschreibung der sog. Resonanz dritter Ordnung benutzt wird.

Frequenzauflösung, Kenngröße eines Signals.

Ist die Fourier-Transformierte $\hat{f}$ eines Zeitsignals f stark auf einen Bereich konzentriert, so ist eine gute Auflösung der entsprechenden Frequenzen garantiert. Jedoch können das Signal f und seine Fouriertransformierte $\hat{f}$ nicht gleichzeitig in einem kleinen Bereich der Zeit- bzw. der Frequenzachse lokalisiert sein (Heisenbergsche Unschärferelation).

Frequenzband, Zusammenfassung von Frequenzbereichen eines Signals.

Mit Hilfe der Fourier-Transformation kann ein Signal in seine Frequenzanteile zerlegt werden. Gewisse Frequenzbereiche werden als Frequenzbänder bezeichnet. In der Nachrichtentechnik spricht man beispielsweise von C, L- oder X-Band, je nach Wellenlänge der beteiligten Signale.

Auch andere Transformationen wie etwa die Wavelettransformation oder die gefensterte Fouriertransformation werden zur Frequenzanalyse von Signalen verwendet.

Frequenzparameter, in der ↗kontinuierlichen Wavelet-Transformation der Parameter a, der mit unterschiedlichen Frequenzen bzw. Details unterschiedlicher Größe assoziiert wird. Für festes a enthält die Wavelettransformierte Information über Details, deren Größe in einem bestimmten Verhältnis zu $\frac{1}{a}$ stehen.

Fresnel, Augustin Jean, französischer Ingenieur und Physiker, geb. 10.5.1788 Broglie (bei Bernay), gest. 14.7.1827 Ville d'Avray (bei Paris).

Fresnel war ab 1806 als Straßen- und Brückenbauingenieur tätig. Nach der Rückkkehr Napoleons von Elba 1815 wurde er als Royalist gefangengesetzt und seiner Ämter enthoben und wandte sich optischen Versuchen zu. Ein Jahr später wurde er jedoch Inspektor für Straßen- und Brückenbau, und war auch an der École Polytechnique in Paris als „Examinator" tätig.

Nebenberuflich befaßte sich Fresnel vor allem mit physikalischer Optik und legte bereits 1815 der Akademie der Wissenschaften eine bahnbrechende, vor allem auch mathematisch exakt formulierte Abhandlung über die Wellentheorie des Lichts vor. Er erweiterte u. a. das Huygenssche Prinzip zum heute so genannten Huygens-Fresnelschen Prinzip.

Mit Interferenzexperimenten verhalf er der Wellentheorie des Lichtes zum Durchbruch. Er war zwar ein Anhänger der Ätherhypothese, konnte hiermit aber eine vollständige und zufriedenstellende Beschreibung aller Erscheinungen der damaligen Optik erklären. Fresnel entdeckte die Polarisation des Lichtes beim Durchgang durch einen Quarzkristall und löste das Problem der Intensität des reflektierten und gebrochenen Lichtes.

Wichtig sind auch seine Arbeiten zur Ausbreitung des Lichtes in Kristallen. Bei der Untersuchung der Beugungserscheinungen stieß Fresnel auf die ↗Fresnel-Integrale. Zahlreiche Erkenntnisse und Gesetze in der Optik gehen auf die Untersuchungen Fresnels zurück.

Fresnel-Integrale, die durch folgende Integrale definierten Funktionen

$$C(z) := \int_0^z \cos\left(\frac{\pi}{2}t^2\right) dt$$

$$S(z) := \int_0^z \sin\left(\frac{\pi}{2}t^2\right) dt,$$

wobei über die Strecke von 0 bis $z \in \mathbb{C}$ integriert wird. Beide Funktionen sind ↗ganz transzendent und ungerade.

Die folgenden verwandten Funktionen sind ebenso gebräuchlich:

$$C_1(x) := \sqrt{\frac{2}{\pi}} \int_0^x \cos t^2 \, dt$$

$$C_2(x) := \frac{1}{\sqrt{2\pi}} \int_0^x \frac{\cos t}{\sqrt{t}} \, dt$$

$$S_1(x) := \sqrt{\frac{2}{\pi}} \int_0^x \sin t^2 \, dt$$

$$S_2(x) := \frac{1}{\sqrt{2\pi}} \int_0^x \frac{\sin t}{\sqrt{t}} \, dt.$$

Die folgenden Relationen verknüpfen C und S mit C_1, C_2 bzw. S_1, S_2:

$$C(x) = C_1\left(x\sqrt{\frac{\pi}{2}}\right) = C_2\left(\frac{\pi}{2}x^2\right)$$

$$S(x) = S_1\left(x\sqrt{\frac{\pi}{2}}\right) = S_2\left(\frac{\pi}{2}x^2\right).$$

Ihre Taylor-Reihen mit Entwicklungspunkt 0 lauten

$$C(z) = \sum_{n=0}^{\infty} \frac{(-1)^n}{(2n)!} \left(\frac{\pi}{2}\right)^{2n} \frac{z^{4n+1}}{4n+1},$$

$$S(z) = \sum_{n=0}^{\infty} \frac{(-1)^n}{(2n+1)!} \left(\frac{\pi}{2}\right)^{2n+1} \frac{z^{4n+3}}{4n+3}.$$

Besonders einfach schreibt sich die Entwicklung in ↗Bessel-Funktionen:

$$C_2(z) := J_{1/2}(z) + J_{5/2}(z) + J_{9/2}(z) + \dots$$

$$S_2(z) := J_{3/2}(z) + J_{7/2}(z) + J_{11/2}(z) + \dots$$

Die Fresnel-Integrale C und S erfüllen die folgenden Symmetrierationen

$$C(-z) = -C(z) \quad S(-z) = -S(z)$$

$$C(iz) = iC(z) \quad S(iz) = -iS(z)$$

$$C(\bar{z}) = \overline{C(z)} \quad S(\bar{z}) = \overline{S(z)}$$

sind also insbesondere für reelle z selbst reell.

Für $x \in \mathbb{R}$ sind C und S reellwertig, und es gilt

$$\lim_{x\to\infty} C(x) = \lim_{x\to\infty} S(x) = \tfrac{1}{2}.$$

Hieraus ergeben sich auch die ↗Fresnelschen Formeln.

Die Fresnel-Integrale lassen sich sowohl durch die ↗Gaußsche Fehlerfunktion ausdrücken

$$C(z) + iS(z) = \frac{1+i}{2} \operatorname{erf}\left(\frac{\sqrt{\pi}}{2}(1-i)z\right),$$

als auch durch die konfluenten hypergeometrischen Funktionen:

$$C(z) + iS(z) = zM\left(\frac{1}{2}, \frac{3}{2}, i\frac{\pi}{2}z^2\right)$$

$$= ze^{i\pi z^2/2} M\left(1, \frac{3}{2}, -i\frac{\pi}{2}z^2\right).$$

Die Fresnel-Integrale spielen in der geometrischen Optik, speziell der Theorie der Lichtbeugung eine wichtige Rolle. Sie treten ebenfalls in den Parametergleichungen von ↗Klothoiden auf.

[1] Abramowitz, M.; Stegun, I.A.: Handbook of Mathematical Functions. Dover Publications, 1972.

[2] Fichtenholz, G.M.: Differential- und Integralrechung II. Deutscher Verlag der Wissenschaften Berlin, 1964.

Fresnelsche Formeln, in der Optik zur Berechnung der Eigenschaften der reflektierten und der hindurchgehenden Welle bei Berücksichtigung der Polarisation des Lichts verwendete Formeln.

Ist das Medium schwach absorbierend und die Strahlung von geringer Intensität (anderenfalls gäbe es noch Effekte, die zur nichtlinearen Optik zählen), so ergeben sich die Amplituden A_r der reflektierten Welle wie folgt: Es seien α der Einfallswinkel und β der Ausfallswinkel. Die Amplitude A (die einen Vektor darstellt) der einfallenden Welle werde zerlegt in $A = A_p + A_s$, dabei ist A_p der Anteil parallel zu Einfallsebene und A_s der Anteil senkrecht dazu. Für die reflektierte Welle verwenden wir analog die Bezeichnungen mit $A_r = A_{rp} + A_{rs}$. Dann gilt

$$A_{rp}/A_p = \frac{\tan(\alpha-\beta)}{\tan(\alpha+\beta)}$$

und

$$A_{rs}/A_s = -\frac{\sin(\alpha-\beta)}{\sin(\alpha+\beta)}.$$

Analoge Formeln gelten für die hindurchgehende Welle.

Fresnelsche Integrale, ↗Fresnel-Integrale.

Frey-Kurve, die elliptische Kurve mit der Gleichung

$$Y^2 = X(X-a^n)(X+b^n),$$

wobei a und b teilerfremde natürliche Zahlen sind, und $n > 3$.

Frey studierte 1986 derartige Kurven und fand, daß sie sehr merkwürdige Eigenschaften haben müßten, wenn es eine ganze Zahl $c > 0$ gäbe, die die Gleichung

$$a^n + b^n = c^n$$

erfüllt. Dies war ein wichtiger Schritt für den Beweis der ↗Fermatschen Vermutung.

Fricke, Robert Karl Emanuel, deutscher Mathematiker und Physiker, geb. 24.9.1861 Helmstedt, gest. 18.7.1930 Bad Harzburg.

Fricke studierte von 1880 bis 1885 in Göttingen, Berlin, Straßburg und Leipzig. 1885 promovierte er bei F.Klein über elliptische Modulfunktionen. Ab 1886 war er Lehrer am Hofe des Prinzen Albrecht von Preußen, ab 1890 Gymnasiallehrer in Braunschweig. 1892 habilitierte er sich und arbeitete an der Universität Göttingen und an der Technischen Hochschule in Braunschweig.

Fricke arbeitete auf dem Gebiet der elliptischen Funktionen und automorphen Formen. Er setzte damit die Arbeiten von Klein fort.

Friedman, Alexander Alexandrowitsch, russischer Mathematiker und Physiker, geb. 29.6.1888 St. Petersburg, gest. 15.9.1925 St. Petersburg.

Friedman studierte bis 1910 an der Petersburger Universität. 1913 wurde er Magister für reine und angewandte Mathematik. Danach unterrichtete er von 1915 bis 1917 an einer Fliegerschule der Armee und war von 1918 bis 1920 Professor für Mathematik an der Universität in Perm. Ab 1920 arbeitete er am Physikalischen Observa torium in St. Petersburg.

Friedman beschäftigte sich zunächst mit Fragen der Zahlentheorie. Dabei knüpfte er an Hilberts Untersuchungen an. Später wandte er sich verstärkt Problemen der Mechanik und der Physik zu. In zwei Arbeiten zur ↗Kosmologie (1922, 1924) zeigte er, daß sich das Weltall in der Zeit ändert. Er schuf damit die mathematischen Grundlagen für ein offenes und ein geschlossenes expandierendes oder kontrahierendes Weltall (Friedman-Weltmodell, Friedman-Zeit). Er entwickelte dabei aus den Einstein-Gleichungen die nach ihm benannten Friedman-Gleichungen, die zeitabhängige Lösungen zulassen, welche Universen beschreiben, in denen sich die Raumkrümmung und die Verteilung der Materie mit der Zeit ändern.

Daneben beschäftigte er sich mit Wirbeln in Flüssigkeiten sowie mit vertikalen Strömungen und Turbulenzen in der Atmosphäre.

Friedrichs, Kurt Otto, deutsch-amerikanischer Mathematiker, geb. 28.9.1901 Kiel, gest. 31.12. 1982 New Rochelle (New York).

Friedrichs studierte ab 1920 in Greifswald, Freiburg (Breisgau), Graz und Göttingen. Dort promovierte er 1925 bei ↗Courant. Danach arbeitete er in Göttingen und Aachen. 1929 habilitierte sich Friedrichs in Göttingen und wurde 1930 Professor an der TH Braunschweig. 1937 emigrierte er gemeinsam mit seiner späteren Frau zu Courant in die USA. Dort wirkte er bis zu seiner Emeritierung 1967 als Professor an der Universität von New York.

Friedrichs arbeitete zu partiellen Differentialgleichungen in der mathematischen Physik, zu Randwertproblemen, der Hydrodynamik und zu mathematischen Aspekten der Quantenfeldtheorie.

Gemeinsam mit Courant veröffentlichte Friedrichs 1948 das Buch „Supersonic Flow and Shock Waves".

Friedrichs-Fortsetzung, eine bestimmte selbstadjungierte Fortsetzung eines halbbeschränkten symmetrischen Operators.

Sei $T : H \supset \mathrm{D}(T) \to H$ ein in einem Hilbertraum H dicht definierter symmetrischer Operator mit

$$\langle Tx, x\rangle \;\geq\; C\langle x, x\rangle \quad \forall x \in \mathrm{D}(T) \qquad (1)$$

für eine gewisse Konstante C. Durch folgendes Verfahren wird eine selbstadjungierte Fortsetzung $S : H \supset \mathrm{D}(S) \to H$ von T definiert, die die zu (1) analoge Abschätzung mit derselben Konstanten C erfüllt; S heißt Friedrichs-Fortsetzung von T.

Ohne Einschränkung ist $C = 1$. Auf $\mathrm{D}(T)$ definiert $[x, y] = \langle Tx, y\rangle$ ein Skalarprodukt; die Vervollständigung von $\mathrm{D}(T)$ bzgl. dieses Skalarprodukts sei K. K kann dann kanonisch mit einem Unterraum von H identifiziert werden, und S ist auf

$$\mathrm{D}(S) = \mathrm{D}(T^*) \cap K$$

durch $Sx = T^*x$ erklärt.

Friedrichs-Schema, spezielles explizites Differenzenverfahren (↗Differenzenverfahren, explizites) zur näherungsweisen Lösung einer hyperbolischen Differentialgleichung in einer Ortsvariablen x und einer Zeitvariablen t.

Ist die Gleichung gegeben in der Form

$$u_t(t, x) + au_x(t, x) = f(t, x)$$

mit bekanntem a und $f(t, x)$ und gesuchtem $u = u(t, x)$, dann lautet die Formel unter Verwendung einer äquidistanten Unterteilung

$$x_k = x_0 + k\Delta x, \quad k = 1, 2, \dots, N$$
$$t_m = t_0 + m\Delta t, \quad m = 1, 2, \dots, M$$

in x- und t-Richtung:

$$u_k^{m+1} := (1 - a\lambda)u_{k-1}^m + (1 + a\lambda)u_{k+1}^m + \Delta t f(t_m, x_k)$$

mit $\lambda := \Delta t/(2\Delta x)$.

Frobenius, Georg Ferdinand, deutscher Mathematiker, geb. 26.10.1849 Berlin, gest. 3.8.1917 Berlin.

Frobenius studierte in Göttingen und Berlin, hier unter anderem bei Weierstraß. Anschließend lehrte er am Eidgenössischen Polytechnikum Zürich und wurde 1892 Professor für Mathematik an der Berliner Akademie.

Über Kronecker wurde Frobenius mit der damaligen algebraischen Denkweise bekannt, die sich besonders in seinen späteren Arbeiten zur Gruppentheorie wiederfindet. Zusammen mit Schur erarbeitete Frobenius eine fast vollständige Darstellungstheorie endlicher Gruppen. 1896 veröffentlichten sie „Über die Gruppencharactere" und 1897 und 1899 „Über die Darstellung der endlichen Gruppen durch lineare Substitutionen".

Frobenius, Satz von, besagt, daß die reellen Zahlen $\mathbb{R}$ und die komplexen Zahlen $\mathbb{C}$ die einzigen endlichdimensionalen, kommutativen und assoziativen ↗Algebren über $\mathbb{R}$ ohne ↗Nullteiler sind. Damit sind sie die einzigen endlichdimensionalen kommutativen und assoziativen reellen Divisionsalgebren.

Läßt man die Forderung der Kommutativität fallen, kommt noch die Algebra der Hamiltonschen Quaternionen hinzu.

Durch tieferliegende Homotopieargumente kann gezeigt werden, daß beim Wegfall der Assoziativitätsforderung (bei weiterhin geforderter Nullteilerfreiheit) sich als weitere Algebra lediglich die Algebra der Oktonien (auch Cayley-Zahlen genannt) ergibt.

Frobenius, Satz von, für partielle Differentialgleichungen, Aussage über die Existenz einer Lösung $u(x_1, \dots, x_n)$ des Anfangswertproblems

$$\begin{aligned} u_{x_i} &= f_i(x_1, \dots, x_n, u),\ i = 1, \dots, n, \\ u(\xi) &= \eta \end{aligned}$$

mit $\xi \in \mathbb{R}^n$, $\eta \in \mathbb{R}$. Der Satz liefert als notwendiges und hinreichendes Kriterium für die Existenz einer eindeutigen Lösung u in einer hinreichend kleinen Umgebung von (ξ, η) die Bedingung

$$\frac{\partial f_i}{\partial x_j} + \frac{\partial f_i}{\partial u}\frac{\partial u}{\partial x_j} = \frac{\partial f_j}{\partial x_i} + \frac{\partial f_j}{\partial u}\frac{\partial u}{\partial x_i}$$

für alle $i, j = 1, \dots, n$ in dieser Umgebung.

Frobenius-Endomorphismus, spezieller Endomorphismus auf einem Schema.

Es sei X ein Schema, so daß die lokalen Ringe $\mathcal{O}_{X,x}$ den Primkörper $\mathbb{F}_p$ der Charakteristik $p > 0$ enthalten. Die Abbildung F, die auf dem zugrundeliegenden Raum X die Identität induziert und auf den lokalen Ringen $\mathcal{O}_{X,x} \to \mathcal{O}_{X,x}$ durch $a \mapsto a^p$ definiert ist, heißt Frobenius-Endomorphismus.

Insbesondere für $\mathbb{F}_p$–Algebren A ist der Frobenius-Endomorphismus $F : A \to A$ definiert durch $F(a) = a^p$.

Frobenius-Mannigfaltigkeit, ein allgemeines Konzept, um 1991 von Dubrovin eingeführt, das einen Rahmen bildet für das Studium des Gromov-Witten-Potentials.

Für eine ↗komplexe Mannigfaltigkeit H sei Θ_H die Tangentialgarbe (Garbe der Vektorfelder). Die Struktur einer Frobenius-Mannigfaltigkeit auf H ist durch folgende Daten gegeben:

(1) Ein kommutatives und assoziatives Produkt $\Theta_H \otimes_{\mathcal{O}_H} \Theta_H \longrightarrow \Theta_H$, $X \otimes Y \mapsto X \circ Y$ so, daß Θ_H eine Garbe von kommutativen $\mathcal{O}_H$-Algebren mit Einselement ist. Der Einschnitt wird mit e bezeichnet.

(2) Eine quadratische Struktur, d. h. eine nichtausgeartete symmetrische Bilinearform $\Theta_H \otimes_{\mathcal{O}_H} \Theta_H \longrightarrow \mathcal{O}_H$, $X \otimes Y \mapsto g(X, Y)$. Diese soll folgende Bedingungen erfüllen:

(i) Der zu g gehörige Levi-Civita-Zusammenhang ∇ ist flach.

(ii) $A(X, Y, Z) =: g(X \circ Y, Z)$ ist symmetrischer $(3, 0)$-Tensor, und ∇_A ist symmetrischer $(4, 0)$-Tensor.

Hierbei werden $\mathcal{O}_H$-lineare Abbildungen $T : \Theta_H^{\otimes p} \to \Theta_H^{\otimes q}$ als (p, q)-Tensoren bezeichnet, und die kovarianate Ableitung (resp. die Lie-Ableitung) wird definiert durch

$$\begin{aligned} (\nabla T)\left(X_0 \otimes \dots \otimes X_p\right) &= \nabla_{X_0}\left(T\left(X_1 \otimes \dots \otimes X_p\right)\right) \\ &\quad -T\left(\nabla_{X_0}\left(X_1 \otimes \dots \otimes X_p\right)\right). \end{aligned}$$

Frobenius-Morphismus, spezieller Morphismus auf einem Schema.

Für kommutative $\mathbb{F}_p$-Algebren A (wobei p eine Primzahl und $\mathbb{F}_p$ der Körper mit p Elementen ist) ist die Abbildung $a \mapsto a^p$ $(a \in A)$ ein Ringhomomorphismus. Für jedes Schema X über $\mathbb{F}_p$ erhält man daher einen Morphismus $F_X : X \to X$ durch die identische Abbildung der zugrundeliegenden Räume und den Komorphismus $F_X^*(f) = f^p$. Dieser Morphismus heißt der (absolute) Frobenius-Morphismus.

Für jeden Morphismus von $\mathbb{F}_p$-Schemata, $X \xrightarrow{\varphi} Y$ erhält man ein kommutatives Diagramm wie in Abbildung 1 dargestellt. Man erhält also eine Zerlegung von F_X über das ↗Faserprodukt $X^{(F)}$ von F_Y und φ als Y-Morphismus $F_{X/Y}$, komponiert mit der in Abbildung 2 dargestellten Projektion. $F_{X/Y}$ heißt (relativer) Frobenius-Morphismus von X über Y. Speziell erhält man für k-Schemata X über einem vollkommenen Körper k eine Zerlegung $F_X = \sigma \circ F_{X/k}$ mit einem Isomorphismus $\sigma : X^{(F)} \to X$.

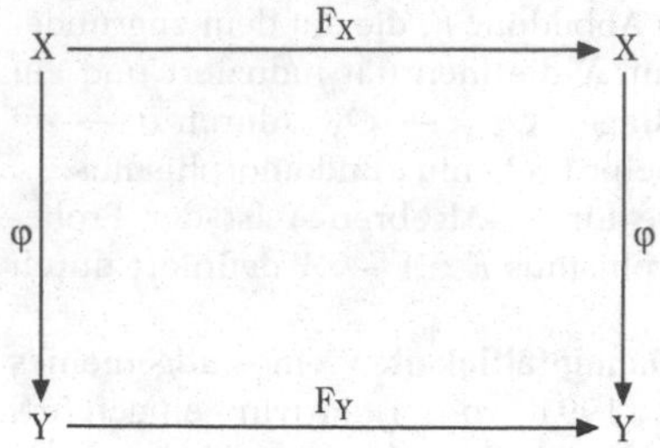

Abbildung 1

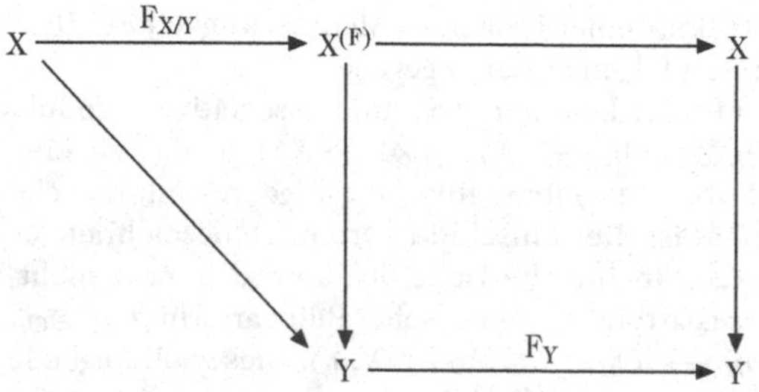

Abbildung 2

Ist k ein Körper mit $q = p^n$ Elementen, und ist $k \subset k_1 \subset K$, k_1 ein Körper mit q^m Elementen, so sind die k_1-rationalen Punkte von X die Fixpunkte von $F_X^{nm} : X(K) \longrightarrow X(K)$, die Anzahl dieser Punkte kann durch globale Invarianten von X ausgedrückt werden.

Wichtige Anwendungen findet der Frobeniusmorphismus auch in der komplexen algebraischen Geometrie. So ist z. B. der Nachweis der Existenz von rationalen Kurven auf ↗Fano-Varietäten nur über den Umweg der Charakteristik p und den Gebrauch des Frobenius-Morphismus möglich.

Frobenius-Norm, eine Norm auf dem Raum der quadratischen Matrizen.

Es sei $A = ((a_{ij}))$ eine (reelle oder komplexe) $(n \times n)$-Matrix. Dann ist ihre Frobenius-Norm definiert durch

$$\|A\|_F = \left(\sum_{i,j=1}^{n} |a_{ij}|^2 \right)^{1/2} .$$

Frobeniussche Begleitmatrix, ↗Begleitmatrix eines Polynoms.

Frobeniussche Integrabilitätsbedingung, folgende Bedingung an ein Unterbündel E des Tangentialbündels einer differenzierbaren Mannigfaltigkeit M: Für je zwei Vektorfelder X und Y auf M mit Werten in E habe auch ihre Lie-Klammer $[X, Y]$ Werte in E.

Das Vektorbündel E wird dann auch integrables Unterbündel genannt.

Es gilt folgender Satz von Frobenius:

Sei E ein Unterbündel des Tangentialbündels einer differenzierbaren Mannigfaltigkeit M. Dann genügt E genau dann der Frobeniusschen Integrabilitätsbedingung, wenn es eine Blätterung von M in lokale Untermannigfaltigkeiten gibt, deren Tangentialräume mit den Fasern von E übereinstimmen.

frontale Abbildung, spezielle ↗Legendre-Abbildung, die dadurch entsteht, daß auf jeder Flächeneinheitsnormalen n einer gegebenen orientierten Hyperfläche F im euklidischen Raum $\mathbb{R}^n$ ein Intervall der Länge t festgelegt wird.

Hierbei faßt man die Menge

$$L := \{(t, q + tn, n) | t \in \mathbb{R}, q \in F, n \text{ Normale bei } q\}$$

als ↗Legendresche Untermannigfaltigkeit des Totalraums des ↗Legendre-Faserbündels $\mathbb{R}^{2n+1} \to \mathbb{R}^{n+1} : (t, q, p) \mapsto (t, q)$ auf. Für feste 'Zeit' t liefert die frontale Abbildung zu F äquidistante, i. allg. mit Singularitäten versehene Wellenfronten.

Frucht, Satz von, besagt, daß zu jeder endlichen Gruppe Γ ein ↗Graph G so existiert, daß die Automorphismengruppe $A(G)$ von G isomorph zu Γ ist.

Mit diesem Satz konnte R.Frucht 1938 ein Problem lösen, das D.König 1936 in seinem Buch „Theorie der endlichen und unendlichen Graphen" aufgeworfen hatte.

F-stetige Funktion, eine Funktion f von X in Y, für die $f^{-1}(\widetilde{U})$ $\mathcal{FT}$-offen für jede $\mathcal{FU}$-offene Teilmenge $\widetilde{U}$ von Y ist. Dabei sind $(X, \mathcal{FT})$ und $(Y, \mathcal{FU})$ fuzzy-topologische Räume, und das Urbild von $\widetilde{U}$ in Bezug auf f ist definiert durch

$$\mu_{f^{-1}(\widetilde{U})}(x) = \mu_U(f(x)).$$

***F*-Test**, ein spezieller Signifikanztest zum Prüfen der Gleichheit der Varianzen zweier unabhängiger normalverteilter Zufallsgrößen X und Y.

Seien X normalverteilt mit dem Erwartungswert μ_X und der Varianz σ_X^2 und Y normalverteilt mit dem Erwartungswert μ_Y und der Varianz σ_Y^2. Die zu prüfenden Hypothesen lauten im zweiseitigen Testfall

$$H : \sigma_X^2 = \sigma_Y^2 \text{ gegen die Alternative } K : \sigma_X^2 \neq \sigma_Y^2$$

Angenommen, wir haben zwei Stichproben $X_1, \ldots, X_{n_1}$ und $Y_1, \ldots, Y_{n_2}$ vom Umfang n_1 und n_2 von X und Y. Die verwendete Testgröße ist

$$T = \frac{S_1^2}{S_2^2},$$

wobei

$$S_1^2 = \frac{1}{n_1 - 1} \sum_{i=1}^{n_1} (X_i - \overline{X})^2$$

und

$$S_2^2 = \frac{1}{n_2 - 1} \sum_{i=1}^{n_2} (Y_i - \overline{Y})^2$$

die Stichprobenvarianzen (↗empirische Streuung) von X und Y sind. Unter der Annahme der Gültigkeit der Nullhypothese H besitzt T eine ↗F-Verteilung mit $(n_1 - 1)$ und $(n_2 - 1)$ Freiheitsgraden. Im Falle des zweiseitigen Tests wird die Nullhypothese H nur dann nicht abgelehnt, wenn die auf der Basis einer konkreten Stichprobe berechnete Testgröße T zwischen zwei kritischen Werten ε_1 und ε_2 liegt d. h., wenn gilt

$$\varepsilon_1 < T < \varepsilon_2 .$$

Die kritischen Werte ε_1 und ε_2 werden dabei so bestimmt, daß die Unter- bzw. Überschreitungswahrscheinlichkeit jeweils $\frac{\alpha}{2}$ beträgt; es sind also

$$\varepsilon_1 = F_{n_1-1,n_2-1}(\frac{\alpha}{2}) \quad \text{und}$$
$$\varepsilon_2 = F_{n_1-1,n_2-1}(1 - \frac{\alpha}{2})$$

das $(\frac{\alpha}{2})$- bzw. das $(1 - \frac{\alpha}{2})$-Quantil der F-Verteilung mit $(n_1 - 1)$ und $(n_2 - 1)$ Freiheitsgraden. Bei dieser Wahl der kritischen Werte ist der Fehler 1. Art dieses Tests gerade gleich α; es gilt $P(T \notin (\varepsilon_1, \varepsilon_2)) = \alpha$, man vergleiche hierzu auch die Abbildung. Der F-Test kann auch als einseitiger Test aufgebaut werden. In diesem Fall lauten die Hypothesen

$$H : \sigma_X^2 = \sigma_Y^2 \text{ gegen die Alternative } K : \sigma_X^2 > \sigma_Y^2$$

Die o.g. Testgröße T wird in diesem Fall nur mit einem kritischen Wert ε verglichen. Ist $T > \varepsilon$, wobei $\varepsilon = F_{n_1-1,n_2-1}(1 - \alpha)$ das $(1 - \alpha)$-Quantil der F-Verteilung mit $(n_1 - 1)$ und $(n_2 - 1)$ Freiheitsgraden ist, so wird H abgelehnt, andernfalls wird H angenommen.

Ein Beispiel: Zwei Gruppen von Studenten mit $n_1 = 15$ und $n_2 = 13$ Teilnehmern werden nach zwei unterschiedlichen Lehrmethoden ausgebildet. In einem abschließenden Test erreichten beide Gruppen eine durchschnittliche Punktzahl von $\overline{x} = \overline{y} = 50{,}7$ Punkten bei einer Standardabweichung von $s_1 = 4{,}3$ Punkten in der 1. Gruppe und $s_2 = 9{,}1$ Punkten in der 2. Gruppe. Es soll nun auf einem Signifikanzniveau von $\alpha = 0{,}02$ geprüft werden, ob der beobachtete Unterschied in den Standardabweichungen signifikant ist. Es ist der zweiseitige Test durchzuführen. Für die Testgröße T erhalten wir

$$T = \frac{4{,}3^2}{9{,}1^2} = 0{,}22 .$$

Aus den entsprechenden Quantiltabellen der F-Verteilung lesen wir die kritischen Werte ab:

$$\varepsilon_1 = F_{14,12}(0{,}01) = \frac{1}{F_{12,14}(0{,}99)} = 0{,}26,$$
$$\varepsilon_2 = F_{14,12}(0{,}99) = 4{,}05.$$

Da $T < \varepsilon_1$ ist, liegt T im Ablehnebereich des Tests, d. h. die Nullhypothese H wird abgelehnt. Es kann also auf einen signifikanten Unterschied der beiden Varianzen bei Anwendung der beiden Lehrmethoden geschlossen werden.

Fubini, Ableitungssatz von, besagt, daß die punktweise konvergente Reihe einer Folge von auf einem Intervall definierten Funktionen, die alle isoton oder alle antiton sind, fast überall (also mit Ausnahme höchstens einer Nullmenge) differenzierbar und die Ableitung der Reihe gleich der Reihe der Ableitungen ist.

Genauer gilt: Ist $I \subset \mathbb{R}$ ein Intervall und (f_n) eine Folge von isotonen Funktionen $f_n : I \to \mathbb{R}$, für die die Reihe $\sum_{n=1}^{\infty} f_n(x)$ für alle $x \in I$ konvergiert, und definiert man $f : I \to \mathbb{R}$ durch

$$f(x) = \sum_{n=1}^{\infty} f_n(x) ,$$

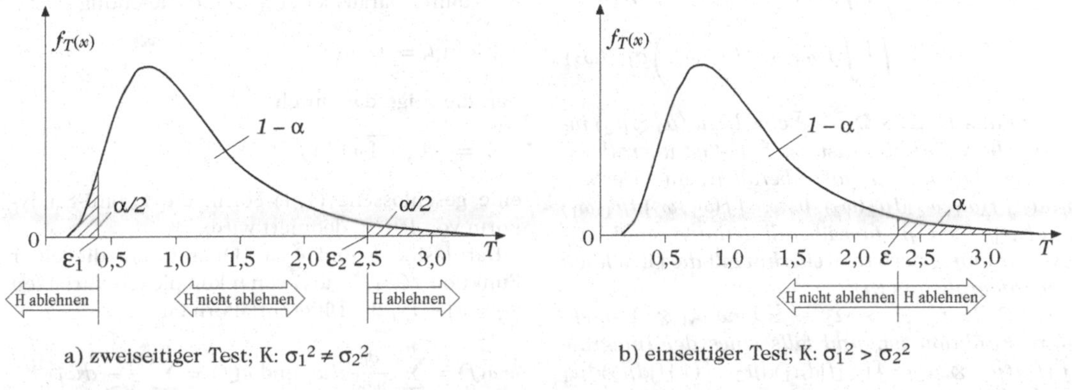

a) zweiseitiger Test; K: $\sigma_1^2 \neq \sigma_2^2$ b) einseitiger Test; K: $\sigma_1^2 > \sigma_2^2$

Verteilungsdichte von T ($n_1 = 21$, $n_2 = 16$); Ablehne- und Annahmebereich von H für $\alpha = 0{,}05$

so ist f fast überall differenzierbar mit

$$f'(x) = \sum_{n=1}^{\infty} f_n'(x) .$$

Man beachte dabei, daß die Funktionen f_n aufgrund ihrer Isotonie auf abgeschlossenen Intervallen von endlicher Totalvariation sind, daher jede von ihnen nach dem Ableitungssatz von Lebesgue fast überall differenzierbar ist und somit, da die Vereinigung abzählbar vieler Nullmengen eine Nullmenge ist, die Reihe $\sum_{n=1}^{\infty} f_n'(x)$ fast überall definiert ist.

Fubini, Guido, italienisch-amerikanischer Mathematiker, geb. 19.1.1879 Venedig, gest. 6.6.1943 New York.

Fubini studierte von 1896 bis 1910 an der Scuola Normale Superiore di Pisa unter anderem bei Dini und Bianchi. Danach arbeitete er in Catania und Genua. Von 1910 bis 1938 wirkte er am Politechnikum und an der Universität von Turin. 1938 emigrierte er in die USA und arbeitete dort bis 1943 am Institute for Advanced Study.

Durch Bianchi beeinflußt, befaßte er sich mit der Differentialgeometrie des projektiven Raumes. Daneben untersuchte er auch diskrete Transformationsgruppen und automorphe Funktionen.

Von herausragender Bedeutung ist der Satz von Fubini von 1907, der in der Theorie der Lebesgueschen Integrale ein zweifaches Integral auf eine iteriertes Integral zurückführt.

Fubini, Satz von, auch Satz von Fubini-Tonelli genannt, Aussage über zweifache Lebesgue-Integrale.

Es seien $(\Omega_i, \mathcal{A}_i, \mu_i)$ für $i = 1, 2$ zwei σ-endliche ↗Maß-Räume und $(\Omega_1 \times \Omega_2, \mathcal{A}_1 \otimes \mathcal{A}_2, \mu_1 \otimes \mu_2)$ der zugehörige Produkt-Maßraum.

(a) Falls $f : \Omega_1 \times \Omega_2 \to \overline{\mathbb{R}}$ eine nichtnegative $\mathcal{A}_1 \otimes \mathcal{A}_2$-meßbare Funktion und $\int f(\omega_1, \omega_2) d\mu_2(\omega_2)$ bzw. $\int f(\omega_1, \omega_2) d\mu_1(\omega_1)$ $\mathcal{A}_1$-meßbar bzw. $\mathcal{A}_2$-meßbar sind, gilt

$$\int f d(\mu_1 \otimes \mu_2) = \int \left(\int f(\omega_1, \omega_2) d\mu_2(\omega_2) \right) d\mu_1(\omega_1)$$
$$= \int \left(\int f(\omega_1, \omega_2) d\mu_1(\omega_1) \right) d\mu_2(\omega_2) .$$

(b) Falls $f : \Omega_1 \times \Omega_2 \to \overline{\mathbb{R}}$ eine bzgl. $(\mu_1 \otimes \mu_2)$ integrierbare Funktion ist, ist f μ_1-fast überall μ_2-integrierbar und μ_2-fast überall μ_1-integrierbar, und $\int f(\omega_1, \omega_2) d\mu_2(\omega_2)$ bzw. $\int f(\omega_1, \omega_2) d\mu_1(\omega_1)$ sind μ_1- bzw. μ_2-fast überall definiert sowie μ_1- bzw. μ_2-integrierbar. Weiterhin gilt die Gleichheit der Integrale aus (a).

(c) Falls $f : \Omega_1 \times \Omega_2 \to \overline{\mathbb{R}}$ eine $\mathcal{A}_1 \otimes \mathcal{A}_2$-meßbare Funktion ist, und falls eines der Integrale $\int |f| d(\mu_1 \otimes \mu_2)$, $\int (\int |f| d\mu_1) d\mu_2$, $\int (\int |f| d\mu_2) d\mu_1$ endlich ist, sind alle drei Integrale endlich, f ist $(\mu_1 \otimes \mu_2)$-integrierbar, und es gilt die Gleichheit der Integrale aus (a).

Der Satz gilt auch für das Produkt von endlich vielen Maßräumen, sowie auch für die Vervollständigung der Maßräume und ihres Produkts.

Eine Folge des Satzes ist die Aussage: Falls $(\Omega, \mathcal{A}, \mu)$ ein σ-endlicher Maßraum ist, $f : \Omega \to \mathbb{R}_+$ eine meßbare nichtnegative Funktion und $\phi : \mathbb{R}_+ \to \mathbb{R}_+$ eine stetige isotone Funktion mit $\phi(0) = 0$, die auf $\mathbb{R}_+ \setminus \{0\}$ differenzierbar ist, gilt

$$\int (\phi \circ f) d\mu = \int_{0,\infty} \phi'(t) \mu(\{f \geq t\}) d\lambda(t) ,$$

wobei λ das Lebesgue-Maß ist.

Fubini-Study-Form, ↗Fubini-Study-Metrik.

Fubini-Study-Metrik, eine invariante Kählersche Metrik g auf dem n-dimensionalen komplexen projektiven Raum $P^n(\mathbb{C})$.

$P^n(\mathbb{C})$ ist definiert als Menge der eindimensionalen komplexen linearen Unterräume $\mathbb{L} = \mathbb{C}\ \vec{z} \subset \mathbb{C}^{n+1}$. Ein Punkt $\mathbb{L}$ von $P^n(\mathbb{C})$ ist demnach als Menge aller komplexen Vielfachen eines festen Vektors $\vec{z} = (z^0, z^1, \ldots, z^n) \in \mathbb{C}^{n+1}$ mit $\vec{z} \neq 0$ definiert. Die Zahlen $z^0, z^1, \ldots, z^n$ sind die ↗homogenen Koordinaten von $\mathbb{L}$.

Wählt man einen festen Index j, so bilden auf der durch $z^j \neq 0$ definierten Menge U_j von $P^n(\mathbb{C})$ die durch $t^i = z^i / z^j$ gegebenen komplexen Zahlen $t^0, \ldots, t^{j-1}, t^{j+1}, \ldots t^n$ ein Koordinatensystem.

Betrachtet man die auf U_j durch

$$f_j(\mathbb{L}) = \sum_{k=0}^{n} t^k \bar{t}^k$$

definierten Funktionen f_j, so gilt die Gleichung

$$f_j(\mathbb{L}) = f_i(\mathbb{L}) \frac{z^i\, \bar{z}^i}{z^j\, \bar{z}^j}$$

für alle $\mathbb{L} \in U_j \cap U_i$. Somit unterscheiden sich die Logarithmen $\ln\left(f_j(\mathbb{L})\right)$ und $\ln\left(f_i(\mathbb{L})\right)$ nur um eine Konstante. Daraus leitet man die Gleichung

$$\partial\, \bar{\partial}\, \ln f_j = \partial\, \bar{\partial}\, \ln f_i$$

her, die zeigt, daß durch

$$\Phi = -4 \sqrt{-1}\, \partial \bar{\partial}\, \ln f_j$$

eine geschlossene $(1, 1)$-Form, die Fubini-Study-Form von $P^n(\mathbb{C})$, definiert wird.

Darin sind ∂ und $\bar{\partial}$ die Operatoren, die einer Funktion $f(w_1, ..., w_n)$ von n komplexen Variablen $w_l = x_l + i y_l$ die Differentialformen

$$\bar{\partial}(f) = \sum_{l=1}^{n} \frac{\partial f}{\partial \bar{w}_l} d\bar{w}_l \text{ und } \partial(f) = \sum_{l=1}^{n} \frac{\partial f}{\partial w_l} dw_l$$

zuordnen, wobei

$$\frac{\partial}{\partial w_l} = \frac{1}{2}\left(\frac{\partial}{\partial x_l} - i\frac{\partial}{\partial y_l}\right), \quad \frac{\partial}{\partial \bar{w}_l} = \frac{1}{2}\left(\frac{\partial}{\partial x_l} + i\frac{\partial}{\partial y_l}\right)$$

die Wirtinger-Ableitungen sind.

Aus der Fubini-Study-Form Φ gewinnt man über die Gleichung $g(X,Y) = \Phi(JX,Y)$ die Fubini-Study-Metrik g, wobei X und Y Tangentialvektoren sind und J die ↗ komplexe Struktur von $P^n(\mathbb{C})$, d. h., die lineare Abbildung, die einem komplexen Tangentialvektor X den Tangentialvektor $\sqrt{-1}X$ zuordnet.

Aus der Konstruktion ergibt sich, daß sowohl die Form Φ als auch die Metrik g bezüglich der Wirkung der unitären Gruppe $U(n+1)$ auf $P^n(\mathbb{C})$ invariant sind.

Betrachtet man das obige Koordinatensystem für $j = 0$, so ergibt sich in den Koordinaten $(t^1, \dots, t^n)$ die folgende lokale Beschreibung des Bogenelements ds^2 von g:

$$\frac{ds^2}{4} = \frac{\sum_{\alpha=1}^{n} dt^\alpha d\bar{t}^{\bar{\alpha}}}{1 + \sum_{\alpha=1}^{n} t^\alpha \bar{t}^{\bar{\alpha}}} - \frac{\left(\sum_{\alpha=1}^{n} t^\alpha d\bar{t}^{\bar{\alpha}}\right)\left(\sum_{\alpha=1}^{n} dt^\alpha \bar{t}^{\bar{\alpha}}\right)}{\left(1 + \sum_{\alpha=1}^{n} t^\alpha \bar{t}^{\bar{\alpha}}\right)^2}.$$

Fuchs, Lazarus, deutscher Mathematiker, geb. 5.5.1833 Moschin (bei Poznań), gest. 26.4.1902 Berlin.

Fuchs studierte in Berlin bei Weierstraß und Kummer. Er promovierte dort 1858. Von 1860 bis 1867 arbeitete er als Lehrer an verschiedenen Gymnasien Berlins. Ab 1866 war er Professor an der Berliner Universität, ab 1869 an der Universität Greifswald und an der landwirtschaftlichen Akademie in Eldena. 1874 ging er nach Göttingen und 1875 nach Heidelberg. Ab 1884 war er wieder an der Berliner Universität und leitete 1884–1892 zusammen mit Kronecker das Berliner Mathematische Seminar. 1899 war er Rektor der Berliner Universität.

Fuchs untersuchte lineare Differentialgleichungen mit algebraischen Koeffizienten, hypergeometrische Funktionen sowie hyperelliptische und abelsche Integrale.

Die 1880 erschienene Arbeit „Über eine Klasse von Funktionen mehrerer Variablen, welche durch Umkehrung der Integrale von Lösungen der linearen Differentialgleichungen mit rationalen Coeffizienten entstehen" inspirierte Klein und Poincaré zur Untersuchung spezieller diskreter Gruppen, die Poincaré später Fuchssche Gruppen nannte.

Fuchssche Differentialgleichung, gewöhnliche Differentialgleichung der Form

$$\mathbf{w}' = A(z)\mathbf{w}, \tag{1}$$

mit endlich vielen schwachen Singularitäten, wobei alle anderen Punkte aus $\mathbb{C} \cup \{\infty\}$ regulär sind. Die Matrix A sei für $0 < |z - z_0| < r$ eindeutig und holomorph.

Es gilt folgender Satz.

Die Differentialgleichung (1) *ist vom Fuchsschen Typ mit den paarweise verschiedenen schwachen Singularitäten* $z_1, \dots, z_k \in \mathbb{C}$ *genau dann, wenn*

$$A(z) = \sum_{j=1}^{k} \frac{1}{z - z_j} R_j$$

ist, mit geeigneten konstanten Matrizen $R_j \neq 0$.

Abgesehen vom trivialen Fall $A(z) = 0$ gibt es also keine Differentialgleichung vom Fuchsschen Typ mit keiner oder nur einer schwachen Singularität.

[1] Walter, W.: Gewöhnliche Differentialgleichungen. Springer-Verlag Berlin, 1976.

Fuchssche Gruppe, ↗ Kleinsche Gruppe.

Führungsbeschleunigung, ↗ Beschleunigung.

Fundamentalbereich, spezielle Teilmenge eines topologischen Raumes.

Seien X ein topologischer Raum und G eine Transformationsgruppe von X. Zu jedem $x \in X$ ist die Bahn $G(x)$ definiert als Menge aller $g(x)$ mit $g \in G$. Dann heißt die Menge $F \subset X$ ein Fundamentalbereich, wenn für jedes $x \in X$ gilt: $G(x) \cap F$ ist eine einelementige Menge.

Ein Fundamentalbereich stellt also eine Selektion aus der Bahnenmenge dar. Meist fordert man zusätzlich, daß ein Fundamentalbereich ein nichtleeres Inneres haben muß.

Beispiel: Seien X die reelle Zahlengerade und G die Gruppe der Translationen in X um einen ganzzahligen Wert. Dann ist das halboffene Intervall $[0, 1)$ ein Fundamentalbereich. Es gilt sogar: Die zusammenhängenden Fundamentalbereiche für dieses Beispiel sind genau die halboffenen Intervalle der Länge 1.

Fundamentalbereich eines Gitters, ↗ elliptische Funktion.

fundamentale Wechselwirkungen, Newtonsches Prinzip der Wechselwirkung, auch Prinzip von actio und reactio genannt.

Sind zwei Körper gegeben, so sind ihre Wirkungen aufeinander, also Kräfte und Momente, stets gleich groß und entgegengesetzt gerichtet.

Fundamentalfolge, ↗Cauchy-Folge.

Fundamentalgleichungen der Thermodynamik, in der Gleichgewichtsthermodynamik eine Beziehung zwischen den thermodynamischen Variablen, aus der durch Differentiation andere thermodynamische Größen abgeleitet werden könen.

Die abhängige Variable wird thermodynamisches Potential oder manchmal auch charakteristische Funktion genannt.

Der Einfachheit halber beschränken wir uns auf ein System mit drei unabhängigen Variablen. Die innere Energie U als Funktion von Volumen V, Entropie S und Teilchenzahl N ist ein thermodynamisches Potential, und $U = f(V, S, N)$ eine der Fundamentalgleichungen der Thermodynamik. Ihr Differential

$$dU = \left(\frac{\partial U}{\partial V}\right)_{S,N} dV + \left(\frac{\partial U}{\partial S}\right)_{V,N} dS + \left(\frac{\partial U}{\partial N}\right)_{V,S}$$

wird mit der aus den ↗Hauptsätzen der Thermodynamik folgenden Beziehung

$$dU = TdS - pdV + \mu dN$$

verglichen, wobei μ chemisches Potential genannt wird. Dies liefert

$$T = \left(\frac{\partial U}{\partial S}\right)_{V,N}, \; p = -\left(\frac{\partial U}{\partial S}\right)_{V,N},$$

und

$$\mu = \left(\frac{\partial U}{\partial N}\right)_{V,S}.$$

Weitere thermodynamische Potentiale sind die Enthalpie

$$H := U + pV + \mu N$$

als Funktion von p, S und N mit dem Differential

$$dH = TdS + Vdp + \mu dN,$$

das man erhält, wenn man die schon bekannten Beziehungen berücksichtigt, sowie die freie Energie

$$F := U - TS + \mu N$$

als Funktion von T, V und N mit dem Differential

$$dF = -SdT - pdV + \mu dN,$$

und die freie Enthalpie

$$G := U - TS + pV + \mu N$$

mit dem Differential

$$dG = -SdT + Vdp + \mu dN.$$

In den Differentialen sind die partiellen Ableitungen durch die Größen ersetzt worden, die durch sie bestimmt werden. Insbesondere ist

$$\mu = \left(\frac{\partial G}{\partial N}\right)_{p,T}.$$

Im thermodynamischen Gleichgewicht sind Temperatur T und Druck p konstant. Wenn Randphänomene keine Rolle spielen, sind die eingeführten thermodynamischen Potentiale zusammen mit der Entropie S additive Größen in bezug auf die Teilchenzahl N, z. B. $G = Ng(p, T)$. Also ist $G = \mu N$, und der Vergleich des Differentials von G mit dem obigen Ausdruck liefert die Gibbs-Duhem-Relation

$$d\mu = -sdT + vdp,$$

wobei s und v die auf ein Teilchen bezogenen Werte von Entropie und Volumen sind. Das Besondere an dieser Relation ist, daß in sie keine extensiven (mit der Teilchenzahl wachsenden) Größen eingehen.

Es sei noch darauf hingewiesen, daß Namen und Bezeichnungen für die thermodynamischen Potentiale in der Literatur nicht einheitlich sind.

Fundamentalgruppe, Menge $\pi_1(X, x_0) := (X, x_0)/\sim$ der Homotopieklassen ($\sim$ heißt hier Homotopie mit festem Anfangs- und Endpunkt) zusammen mit der durch $[a][b] := [ab]$ wohldefinierten Verknüpfung.

Dabei ist (X, x_0) ein Raum mit Basispunkt, $S(X, x_0)$ ist die Menge der bei x_0 beginnenden und endenden Wege in X, und $S \times S \to S$, $(a, b) \mapsto ab$ die durch

$$ab(t) := \begin{cases} a(2t) & \text{für } 0 \le t \le 1/2, \\ b(2t-1) & \text{für } 1/2 \le t \le 1 \end{cases}$$

gegebene Verknüpfung.

Fundamentallösung einer partiellen Differentialgleichung, spezielle Distributionen $u(x)$, die einer Gleichung $Lu(x) = \delta(x)$ mit linearem partiellem Differentialoperator L und der Dirac-Funktion δ genügen.

Man kann zeigen, daß jeder lineare Differentialoperator mit konstanten Koeffizienten eine Fundamentallösung besitzt. Addiert man zu einer Fundamentallösung eine Lösung der homogenen Gleichung $Lu = 0$, so erhält man wieder eine Fundamentallösung.

Beispielsweise ergibt sich für den räumlichen Laplace-Operator $\Delta u = u_{xx} + u_{yy} + u_{zz}$ die Fundamentallösung

$$u_\delta = -\frac{1}{4\pi\sqrt{x^2 + y^2 + z^2}},$$

was physikalisch z.B. dem elektrischen Potential einer Einheitsladung im Koordinatenursprung entspricht.

Fundamentalsatz der Algebra, ein, wie der Name schon sagt, fundamentales Resultat der Mathematik, das aus historischen Gründen der Algebra zugerechnet wurde, aber in moderner Sichtweise auch der Funktionentheorie angehört.

Der Fundamentalsatz lautet:

Jedes Polynom

$$p(z) = a_0 + a_1 z + \cdots + a_n z^n \tag{1}$$

mit komplexen Koeffizienten $a_0, a_1, \ldots, a_n$, $a_n \neq 0$, $n \geq 1$ *besitzt mindestens eine Nullstelle* $z_0 \in \mathbb{C}$.

Algebraisch ausgedrückt bedeutet der Satz: Der Körper $\mathbb{C}$ der komplexen Zahlen ist algebraisch abgeschlossen.

Der Satz ist äquivalent zum sog. Faktorisierungssatz: Jedes Polynom der Form (1) ist (bis auf die Reihenfolge der Faktoren) eindeutig darstellbar als Produkt

$$p(z) = a_n (z - z_1)^{m_1} (z - z_2)^{m_2} \cdots (z - z_r)^{m_r} ,$$

wobei $z_1, \ldots, z_r \in \mathbb{C}$ paarweise verschieden, $m_1, \ldots, m_r \in \mathbb{N}$ und $m_1 + \cdots + m_r = n$.

Hieraus folgt, daß jedes Polynom mit reellen Koeffizienten $a_0, a_1, \ldots, a_n$ eindeutig darstellbar ist als Produkt reeller Linearfaktoren und reeller quadratischer Polynome.

Aus dem Faktorisierungssatz erhält man die Formel

$$\frac{p'(z)}{p(z)} = \sum_{\nu=1}^{n} \frac{1}{z - \zeta_\nu} = \sum_{\nu=1}^{n} \frac{\overline{z - \zeta_\nu}}{|z - \zeta_\nu|^2} ,$$

wobei $\zeta_1, \ldots, \zeta_n$ die nicht notwendig verschiedenen Nullstellen von p sind, d. h. jede Nullstelle ζ_j wird so oft aufgeführt, wie ihre ↗Nullstellenordnung m_j angibt. Aus dieser Darstellung erhält man leicht den Satz von Gauß-Lucas:

Zu jeder Nullstelle ζ *von* p' *gibt es Zahlen* $\lambda_1, \ldots, \lambda_n \geq 0$ *mit*

$$\sum_{\nu=1}^{n} \lambda_\nu = 1 \quad \textit{und} \quad \zeta = \sum_{\nu=1}^{n} \lambda_\nu \zeta_\nu .$$

Dies bedeutet, daß die Nullstellen von p' in der konvexen Hülle der Nullstellenmenge von p liegen.

Fundamentalsatz der Arithmetik, der folgende, schon Euklid bekannte Satz, der die Wichtigkeit der Primzahlen zeigt.

Jede natürliche Zahl $n > 1$ *ist als Produkt endlich vieler Primzahlen darstellbar; die Darstellung ist eindeutig, wenn man die in ihr vorkommenden Primzahlen der Größe nach ordnet.*

Um mit dem Fundamentalsatz der Arithmetik arbeiten zu können, ist es häufig praktisch, die folgende Formel zu benutzen:

$$n = \prod_p p^{\nu_p(n)} .$$

Hierbei erstreckt sich das Produkt über alle Primzahlen p, der Exponent $\nu_p(n)$ heißt Vielfachheit von p in n. Es ist $\nu_p(n)$ stets ganzzahlig, nicht-negativ und, bei festem n, nur für endlich viele Primzahlen p von Null verschieden.

Fundamentalsatz der Differential- und Integralrechnung, *Hauptsatz der Analysis*, präzisiert die folgende fundamentale Aussage über den Zusammenhang zwischen Differentiation und Integration: Für eine stetige Funktion f liefert die zugehörige „Flächenfunktion" F eine Stammfunktion:

Für $\infty < a < b < \infty$ *und eine stetige Funktion* $f : [a, b] \longrightarrow \mathbb{R}$ *liefert*

$$F(x) := \int_a^x f(t)\, dt \quad (x \in [a, b])$$

eine Stammfunktion, also: F ist differenzierbar mit $F' = f$.

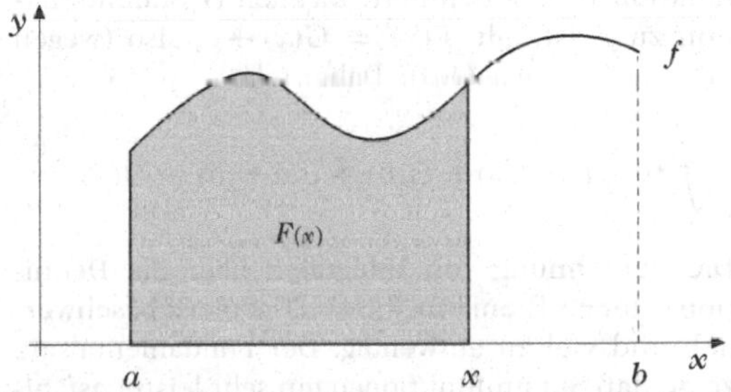

Man findet in diesem Zusammmenhang gelegentlich auch die Redeweise *„Integration glättet"*: Die Flächenfunktion einer stetigen Funktion ist (stetig) differenzierbar. Zur Definition von F ist zu bemerken: Aus der Stetigkeit von f auf $[a, b]$ folgt — via gleichmäßiger Stetigkeit — die Integrierbarkeit von f über $[a, b]$ und damit über $[a, x]$.

Wegen der zentralen Bedeutung dieses Satzes seien für ihn und die nachfolgende Folgerung Beweise ausgeführt:

Ohne Einschränkung seien $x \in [a, b]$, $h > 0$ mit $(x + h) \in [a, b]$. Dann gilt

$$\begin{aligned} &\frac{F(x+h) - F(x)}{h} \\ &\quad = \frac{1}{h} \left(\int_a^{x+h} f(t)\, dt - \int_a^x f(t)\, dt \right) \\ &\quad = \frac{1}{h} \int_x^{x+h} f(t)\, dt . \end{aligned}$$

Hier kann man abschätzen:

$$\min\{f(s)|x \le s \le x+h\} \le \frac{1}{h}\int_x^{x+h} f(t)\,dt$$
$$\le \max\{f(s)|x \le s \le x+h\}.$$

Wegen der Stetigkeit von f streben die linke und die rechte Seite für $h \to 0$ gegen $f(x)$, also auch

$$\frac{1}{h}\int_x^{x+h} f(t)\,dt.$$

Als Folgerung (aus dem Fundamentalsatz) hat man die folgende Aussage, die oft auch selbst als Haupt- oder Fundamentalsatz bezeichnet wird:

Für $-\infty < a < b < \infty$, $f : [a,b] \to \mathbb{R}$ *stetig und eine Stammfunktion* G *zu* f *gilt:*

$$\int_a^b f(t)\,dt = G(b) - G(a) =: G(x)\Big|_a^b$$

Beweis: Nach dem Fundamentalsatz wird durch die Flächenfunktion $F(x) := \int_a^x f(t)\,dt$ eine Stammfunktion F zu f definiert. Da auch G Stammfunktion zu f ist, gilt $F(x) = G(x) + c$, also (wegen $F(a) = 0$) $c = -G(a)$. Daher folgt

$$\int_a^b f(t)\,dt = F(b) = G(b) + c = G(b) - G(a).$$

Die Berechnung von Integralen über die Definition (hier als Riemann-Integral) ist meist beschwerlich und viel zu aufwendig. Der Fundamentalsatz zeigt, daß Stammfunktionen ein sehr leistungsfähiges Hilfsmittel liefern und dieses Vorgehen für stetige Integranden prinzipiell immer möglich ist.

Die Bedeutung dieses Satzes für die Mathematik und ihre Anwendungen kann kaum überschätzt werden; er verbindet die beiden zentralen – ursprünglich und von der Fragestellung her völlig getrennten – Gebiete der Analysis: *Differential- und Integralrechnung*. Eine wesentliche Aufgabe ist somit das kalkülmäßige Aufsuchen von Stammfunktionen für große Klassen von wichtigen Funktionen. Diese kennt man für eine große Anzahl elementarer Funktionen allein dadurch, daß man die Ableitungsformeln „rückwärts" liest. Das Problem ist also die Umkehrung der Differentiation. In einfachsten Fällen kann man eine solche Funktion F sofort hinschreiben, z. B.:

$$\begin{array}{lll}
f(x) = e^x & (x \in \mathbb{R}): & F(x) = e^x \\
f(x) = 2x & (x \in \mathbb{R}): & F(x) = x^2 \\
f(x) = \sin x & (x \in \mathbb{R}): & F(x) = -\cos x \\
f(x) = \frac{1}{x} & (x > 0): & F(x) = \ln x \\
f(x) = a & (x \in \mathbb{R}): & F(x) = ax,
\end{array}$$

wobei a eine beliebige Konstante bezeichnet.

Die o. a. Folgerung kann leicht noch ausgedehnt werden auf den Fall, daß die Ableitung f nur Riemann-integrierbar (und damit nicht notwendig stetig) ist.

Obwohl der Satz die Existenz von Stammfunktionen für alle stetigen Funktionen garantiert, ist das zunächst nur eine theoretische Aussage; denn auch für stetige Funktionen kann es schwierig oder gar unmöglich sein, Stammfunktionen mit Hilfe bereits bekannter Funktionen explizit auszudrücken. Ein erstes Beispiel lernt man dazu schon in der Schule: „Die" Stammfunktion zu $f : \mathbb{R} \ni x \longmapsto \frac{1}{x}$ ist nicht rational. Kennt man die Logarithmusfunktion noch nicht, so läßt sich keine Stammfunktion von f explizit angeben. Es ist dann durchaus sinnvoll – das hängt vom gewählten Zugang ab – die (reelle) Logarithmusfunktion über

$$\int_1^x \frac{1}{t}\,dt = \ln x \quad \big(x \in (0,\infty)\big)$$

zu *definieren.*

Fundamentalsatz der Flächentheorie, die Tatsache, daß sich eine Fläche aus ihrer ↗ersten und ihrer ↗zweiten Gaußschen Fundamentalform zurückgewinnen läßt.

Sind differenzierbare Funktionen E, F, G, L, M, N von zwei reellen Veränderlichen u_1, u_2 gegeben, die noch gewisse Zusatzvoraussetzungen erfüllen, so existiert eine Parameterdarstellung einer Fläche, $\Phi(u_1, u_2)$, deren ↗metrische Fundamentalgrößen E, F, G und deren ↗zweite Fundamentalgrößen L, M, N sind. Φ ist bis auf eine Euklidische Bewegung von $\mathbb{R}^3$ eindeutig bestimmt.

Dieser Satz geht auf O. Bonnet zurück.

Fundamentalsatz der Kurventheorie, die Aussage, daß es zu vorgegebener Krümmungsfunktion $\kappa(s) > 0$ und Windungsfunktion $\tau(s)$ im $\mathbb{R}^3$ eine Kurve $\alpha(s)$ gibt, deren Krümmung bzw. Windung die gegebenen Funktionen sind.

Ergänzend zu dieser Aussage besagt der Fundamentalsatz, daß die Kurve $\alpha(s)$ bis auf Euklidische Bewegungen von $\mathbb{R}^3$ eindeutig bestimmt und s ihr Bogenlängenparameter ist. Entsprechendes gilt für ebene Kurven, jedoch genügt hier die Krümmung allein zum Bestimmen von $\alpha(s)$. Überdies muß sie nicht positiv, jedoch ungleich Null sein. Das Vorzeichen der Krümmung legt dann fest, ob eine ebene Kurve sich nach links oder nach rechts krümmt.

Die Kurve $\alpha(s)$ erhält man als Lösung der durch die ↗Frenetschen Formeln gegebenen natürlichen Gleichungen.

Fundamentalsatz über chromatische Polynome, ↗ chromatisches Polynom.

Fundamentalsystem, *Hauptsystem*, Basis des Lösungsraumes einer homogenen Differentialgleichung bzw. eines homogenen Differentialgleichungssystems.

Es sei $\mathbb{K} = \mathbb{R}$ oder $\mathbb{K} = \mathbb{C}$, und es seien $I \subset \mathbb{R}$ ein offenes Intervall und $a_i : I \to \mathbb{K}$ stetige Funktionen. Die $\mathbb{K}$-wertigen Lösungen der homogenen Gleichung n-ter Ordnung

$$y^{(n)} + a_{n-1}(x)y^{(n-1)} + \ldots + a_1(x)y' + a_0(x)y = 0 \quad (1)$$

bilden einen n-dimensionalen Vektorraum über $\mathbb{K}$, den sog. Lösungsraum. Es gibt also n linear unabhängige Lösungen der Gleichung (1), bezeichnet mit $y_1, \ldots, y_n$. Jede Lösung der Gleichung (1) läßt sich dann eindeutig als Linearkombination der y_i darstellen. Analoges gilt für die vektorwertigen Lösungen $\mathbf{y}$ von homogenen ↗linearen Differentialgleichungssystemen

$$\mathbf{y}' = A(t)\mathbf{y}.$$

Hier faßt man n linear unabhängige Lösungen $\mathbf{y}_1, \ldots, \mathbf{y}_n$, also ein Fundamentalsystem, in einer Matrix $Y := (\mathbf{y}_1, \ldots, \mathbf{y}_n)$ zusammen. n Lösungen der homogenen Gleichung (1) bilden genau dann ein Fundamentalsystem, wenn ihre ↗Wronski-Determinante ungleich 0 ist.

[1] Timmann, S.: Repetitorium der gewöhnlichen Differentialgleichungen. Binomi Hannover, 1995.

[2] Walter, W.: Gewöhnliche Differentialgleichungen. Springer-Verlag Berlin, 1972.

Fundamentalsystem irreduzibler Darstellungen, System irreduzibler linearer Darstellungen $D^{(i)}$ (i durchläuft eine Indexmenge) einer Gruppe G, aus dem andere lineare Darstellungen D von G durch Bildung einer direkten Summe $\oplus_i D^{(i)}$ gewonnen werden können.

Ist andererseits eine lineare Darstellung $\widehat{D}$ einer Gruppe $\widehat{G}$ gegeben, dann stellt sich die Frage, ob $\widehat{D}$ in Form einer direkten Summe $\oplus_k \widehat{D}^{(k)}$ (Darstellungsreihe, Klebsch-Gordan-Reihe) dargestellt werden kann. Z. B. ist das für endlichdimensionale unitäre Darstellungen der Fall.

Darstellungen von Gruppen kann man aus Darstellungen von Algebren durch Exponentiation gewinnen. Einige Begriffe sollen hier im Zusammenhang mit den endlichdimensionalen, unitären Darstellungen der für die Elementarteilchenphysik wichtigen Gruppe $SU(3)$ erläutert werden.

Die zugehörige Algebra wird (nach Cartan) mit A_2 bezeichnet. A_2 ist vom Rang 2, d. h. daß ihre Cartansche Subalgebra C die Dimension 2 hat, wobei wiederum unter Cartan-Algebra eine maximale abelsche (Sub-)Algebra verstanden wird, deren Elementen in irgendeiner Darstellung über einem komplexen linearen Raum diagonalisierbare Operatoren zugeordnet werden.

Die Vertauschungsrelationen zwischen den Erzeugern von A_2 werden durch die acht (3×3)-Matrizen

$$\lambda_1 = -\frac{i}{2}\begin{pmatrix} 0 & 1 & 0 \\ 1 & 0 & 0 \\ 0 & 0 & 0 \end{pmatrix}, \lambda_2 = -\frac{i}{2}\begin{pmatrix} 0 & -i & 0 \\ i & 0 & 0 \\ 0 & 0 & 0 \end{pmatrix},$$

$$\lambda_3 = -\frac{i}{2}\begin{pmatrix} 1 & 0 & 0 \\ 0 & -1 & 0 \\ 0 & 0 & 1 \end{pmatrix}, \lambda_4 = -\frac{i}{2}\begin{pmatrix} 0 & 0 & 1 \\ 0 & 0 & 0 \\ 1 & 0 & 0 \end{pmatrix},$$

$$\lambda_5 = -\frac{i}{2}\begin{pmatrix} 0 & 0 & i \\ 0 & 0 & 0 \\ i & 0 & 0 \end{pmatrix}, \lambda_6 = -\frac{i}{2}\begin{pmatrix} 0 & 0 & 0 \\ 0 & 0 & 1 \\ 0 & 1 & 0 \end{pmatrix},$$

$$\lambda_7 = -\frac{i}{2}\begin{pmatrix} 0 & 0 & 0 \\ 0 & 0 & -i \\ 0 & i & 0 \end{pmatrix}, \lambda_8 = -\frac{i}{2\sqrt{3}}\begin{pmatrix} 1 & 0 & 0 \\ 0 & 1 & 0 \\ 0 & 0 & -2 \end{pmatrix}$$

erfüllt.

Mit

$$T(\alpha_1, \ldots, \alpha_8) = e^{\sum_{k=1}^{8} \alpha_k \lambda_k}$$

(α_i reelle Zahlen) erhält man die sogenannte 3-Darstellung von $SU(3)$ durch (3×3)-Matrizen. Die Elemente der dazu adjungierten Darstellung ($\bar{3}$-Darstellung) sind durch

$$T(\alpha_1, \ldots, \alpha_8) = e^{-\sum_{k=1}^{8} \alpha_k \lambda_k^t}$$

gegeben.

Die 3- und $\bar{3}$-Darstellung sind die Fundamentaldarstellungen von $SU(3)$. Manchmal wird auch nur die 3-Darstellung als fundamental bezeichnet, weil man ja die $\bar{3}$-Darstellung aus ihr erzeugen kann.

Durch Bildung direkter Produkte kann aus den beiden fundamentalen Darstellungen eine neue Darstellung erzeugt werden, die vollständig reduzibel ist.

Der Darstellungsraum der fundamentalen Darstellungen von $SU(3)$ ist dreidimensional. Seinen Basisvektoren werden drei Zustände des sogenannten Quark-Feldes zugeordnet. Um Schwierigkeiten mit dem ↗Pauli-Verbot zu überwinden, mußten drei Exemplare von $SU(3)$ in die Theorie eingebaut werden, die mit r, g, b gekennzeichnet werden.

Fundierungsaxiom, auch Regularitätsaxiom genannt, ein Axiom der ↗axiomatischen Mengenlehre.

Fünfpunktformel, spezielles Rechenschema zur Approximation des Laplace-Operators

$$\Delta u = u_{xx} + u_{yy}$$

in zwei Raumkoordinaten x und y.

Bei Vorgabe es eines rechteckigen Gitters mit Schrittweite h in x- und y-Richtung ergibt sich in jedem Punkt des Gitters eine Näherungsformel, die den Punkt selbst und seine vier unmittelbaren Nachbarpunkte berücksichtigt:

$$\Delta_h u_{k,l} := \frac{1}{h^2}(u_{k-1,l} + u_{k+1,l} + u_{k,l-1} + u_{k,l+1} - 4u_{k,l})$$

mit der abkürzenden Bezeichnung $u_{k,l} := u(x_k, y_l)$ für $k = 1, \dots, N$, $l = 1, \dots, M$.

fünftes Hilbertsches Problem, eines der 23 von David Hilbert zur Jahrhundertwende 1900 aufgelisteten ungelösten mathematischen Probleme (↗Hilbertsche Probleme). Dabei geht es um die Frage, ob die Notwendigkeit besteht, bei der Definition der Lieschen Gruppe die Differenzierbarkeit zu fordern, oder ob diese aus den übrigen Axiomen bereits gefolgert werden kann.

Bei Hilbert heißt das Problem: *5. Lies Begriff der kontinuierlichen Transformationsgruppe ohne die Annahme der Differenzierbarkeit der die Gruppe definierenden Funktionen.* Die Aufgabe ist heute gelöst, es gilt: Es genügt, Stetigkeit vorauszusetzen und es folgt Analytizität. Die Teilbeweise sind vom Aufwand her sehr verschieden: Aus Stetigkeit auf einmalige Differenzierbarkeit (C^1) zu schließen, und von C^∞ auf Analytizität zu schließen, war beides erst recht spät möglich. Die Tatsache, daß C^1 schon C^∞ impliziert, ist dagegen verhältnismäßig einfach zu beweisen.

Funktion, in den allermeisten Gebieten der Mathematik Synonym zum Begriff der ↗Abbildung; man vergleiche dieses Stichwort für alle weiteren Informationen.

Üblicherweise verwendet man gewissen Konventionen folgend den Begriff „Funktion" für Abbildungen zwischen Zahlbereichen, während man beispielsweise von „Abbildungen" zwischen Vektorräumen spricht.

Funktion von beschränkter Variation, eine Funktion, die nicht zu sehr „oszilliert".

Definition und Charakterisierung dieser Funktionen gehen auf Camille Jordan zurück. Sie haben Bedeutung u. a. in der Theorie der Fourier-Reihen, bei der Einführung von Stieltjes-Integralen und zur Beschreibung der Rektifizierbarkeit von Kurven. Gegeben seien reelle Zahlen a, b mit $a < b$ und $g : [a, b] \longrightarrow \mathbb{R}$. Zu einer Zerlegung

$$Z: \quad a = x_0 < x_1 < \cdots < x_n = b$$

von $[a, b]$ betrachtet man

$$S(Z) := \sum_{\nu=1}^{n} \left| g(x_\nu) - g(x_{\nu-1}) \right| ;$$

g heißt genau dann von beschränkter Variation, wenn die Menge $\{S(Z) : Z \text{ Zerlegung von } [a, b]\}$ (nach oben) beschränkt ist. Ist dies der Fall, dann heißt

$$V(g, [a, b]) = V_a^b(g) := \sup\{S(Z) : Z \text{ Zerlegung von } [a, b]\}$$

Totalvariation von g; sie ist offenbar ein Maß für das Oszillationsverhalten von g. Statt $V_a^b(g)$ notiert man auch $\int_a^b |dg|$.

Die Menge aller Funktionen von beschränkter Variation auf $[a, b]$ wird mit $\mathcal{BV}[a, b]$ bezeichnet. Sie ist ein Vektorraum über $\mathbb{R}$, es gilt sogar:

$\mathcal{BV}[a, b]$ ist eine Algebra.

Man hat Additivität bezüglich der Intervallgrenzen: Für $a \le c \le b$ gilt: g ist über $[a, b]$ genau dann von beschränkter Variation, wenn g über $[a, c]$ und über $[c, b]$ von beschränkter Variation ist. In diesem Fall gilt

$$\int_a^b |dg| = \int_a^c |dg| + \int_c^b |dg| .$$

Manchmal betrachtet man den Wert

$$V^+(g, [a, b]) := \sup\{\sum_{i=1}^{n} \max(g(x_i) - g(x_{i-1}), 0) \mid a = x_0 < x_1 < \cdots < x_n = b, n \in \mathbb{N}\},$$

genannt positive Variation, und

$$V^-(g, [a, b]) := \sup\{-\sum_{i=1}^{n} \min(g(x_i) - g(x_{i-1}), 0) \mid a = x_0 < x_1 < \cdots < x_n = b, n \in \mathbb{N}\},$$

genannt negative Variation von g über $[a, b]$. Es gelten hierfür folgende Aussagen:

- $V(g, [a, b]) = V^+(g, [a, b]) + V^-(g, [a, b])$, $g(b) - g(a) = V^+(g, [a, b]) - V^-([a, b])$.
- Jede monotone und jede Lipschitz-stetige Funktion $g : [a, b] \to \mathbb{R}$ ist von beschränkter Variation. Ist $\phi : [a, b] \to \mathbb{R}$ Lebesgue-integrierbar, so ist $g(x) := \int_{[a,x]} \phi(t) d\lambda(t)$ von beschränkter Variation auf $[a, b]$. $V^+(g[a, x])$ und $V^-(g, [a, x])$ sind für $a \le x \le b$ von beschränkter Variation für $g \in \mathcal{BV}[a, b]$.
- Es gilt für $g \in \mathcal{BV}[a, b]$ die ↗Jordan-Zerlegung

  $$g(x) - g(a) = V^+(g, [a, x]) - V^-(g, [a, x])$$

  für $a \le x \le b$ in die Differenz zweier isotoner Funktionen.

  Diese Zerlegung ist minimal in dem Sinn, daß, wenn $g = h_1 - h_2$ eine Zerlegung in zwei isotone Funktionen h_1 und h_2 ist, $h_1 - V^+(g, [a, \ ])$ und $h_2 - V^-(g, [a, \ ])$ isotone Funktionen sind.
- $g \in \mathcal{BV}[a, b]$ hat höchstens abzählbar viele Unstetigkeitsstellen und an jeder Unstetigkeitsstelle einen rechtsseitigen und linksseitigen Grenzwert.
- Für $g \in \mathcal{BV}[a, b]$ existiert kein $x \in [a, b)$ mit

  $$V^+(g, [a, x + 0]) - V^+(g, [a, x]) > 0$$

  und

$V^-(g, [a, x+0]) - V^-(g, [a, x]) > 0\,.$

Entsprechendes gilt für linksseitige Grenzwerte. g ist also genau dann in $x \in [a, b]$ links- bzw. rechtsseitig stetig, falls es $V^+(g, [a, \ ])$ und $V^-(g, [a, \ ])$ sind, oder falls es $V(g, [a, \ ])$ ist.

- Ist $g \in \mathcal{B}V[a, b]$ auf $[a, b)$ rechtsseitig stetig, so definiert g ein endliches signiertes Maß μ auf $\mathcal{B}([a, b])$, und $V^+(g, [a, \ ])$ bzw. $V^-(g, [a, \circ])$ endliche Maße μ^+ bzw. μ^- auf $\mathcal{B}([a, b])$.
  $\mu = \mu^+ - \mu^-$ ist die ↗Jordan-Zerlegung des signierten Maßes μ.
- Für $g \in \mathcal{B}V[a, b]$ ist
  $$\begin{aligned} S(g, [a, x]) := {} & g(a+0) - g(a) \\ & + \sum_{a<y<x} (g(y+0) - g(y-0)) \\ & + g(x) - g(x-0) \end{aligned}$$
  eine Sprungfunktion und von beschränkter Variation, und $h := g - S(g, [a, \ ])$ ist stetig und von beschränkter Variation.

„Extern" läßt sich die Gesamtheit der gunktionen von beschränkter Variation wie folgt beschreiben:

g ist genau dann von beschränkter Variation, wenn g sich als Differenz zweier isotoner Funktionen schreiben läßt.

Nicht jede differenzierbare, somit erst recht nicht jede stetige, Funktion ist von beschränkter Variation, wie das folgende Beispiel zeigt: Es sei $g : [0, 1] \to \mathbb{R}$ gegeben durch:

$$g(x) := \begin{cases} x^2 \sin\left(\frac{1}{x^2}\right), & 0 < x \leq 1 \\ 0\,, & x = 0 \end{cases}$$

Hingegen sind Funktionen, die auf $[a, b]$ eine beschränkte Ableitung haben, von beschränkter Variation. Henri Lebesgue zeigte (1904) eine teilweise Umkehrung:

Ist g auf $[a, b]$ von beschränkter Variation, dann existiert $g'(x)$ für fast alle $x \in [a, b]$.

Ergänzt sei noch:

↗Absolut stetige Funktionen sind von beschränkter Variation.

Für die praktische Berechnung der Totalvariation – eventuell nur auf Teilintervallen – zieht man meist folgendes Kriterium heran:

Ist g auf $[a, b]$ stetig differenzierbar, so ist g von beschränkter Variation mit

$$\int_a^b |dg| = \int_a^b |g'(x)|\, dx\,.$$

Wenn das Bezugsintervall $[a, b]$ festliegt, schreibt man auch $V(g)$, $\int |dg|$ und $\mathcal{B}V$ statt $V_a^b(g)$, $\int_a^b |dg|$ und $\mathcal{B}V[a, b]$.

Durch

$$\|g\| := |g(a)| + \int_a^b |dg| \quad \text{für } g \in \mathcal{B}V[a, b]$$

ist eine Norm auf dem Raum $\mathcal{B}V[a, b]$ gegeben.

Mit naheliegenden Modifikationen kann man statt auf $[a, b]$ auch auf ganz $\mathbb{R}$ definierte Funktionen betrachten und wesentlich allgemeinere Zielbereiche als $\mathbb{R}$ zulassen.

Funktion zweier Variablen, eine Funktion mit zweidimensionalem Input.

Es seien A, B und C Mengen und $D \subseteq A \times B$. Dann heißt eine Funktion $f : D \to C$ eine Funktion zweier Variablen. Man kann sie beschreiben als $z = f(x, y)$, wobei x, y die beiden Inputvariablen sind. Oft ist D eine Teilmenge des Raumes $\mathbb{R}^2$, so daß auch Funktionen zweier Variablen der Analysis zugänglich sein können.

In neuerer Zeit bezeichnet man solche Funktionen auch als ↗bivariat.

Für viele Anwendungen reichen Funktionen zweier Variablen nicht aus. Will man beispielsweise die Kosten eines Produktionsprozesses mit Hilfe einer Funktion beschreiben, so muß man in der Regel mehr als zwei Kostenfaktoren in Betracht ziehen und erhält daher eine Funktion in n Variablen, die man als $z = f(x_1, ..., x_n)$ schreibt; eine solche Funktion nennt man ↗multivariat.

Funktional, eine Abbildung von einer Menge in die (reellen oder komplexen) Zahlen.

Funktionalanalysis

D. Werner

Die Funktionalanalysis ist diejenige Disziplin der Mathematik, die topologische Vektorräume und die zwischen ihnen wirkenden Abbildungen untersucht.

In der Funktionalanalysis interpretiert man Folgen oder Funktionen als Punkte in einem geeigneten Vektorraum, und man versucht, Probleme der Analysis durch Abbildungen auf einem solchen Raum zu studieren. Zu nichttrivialen Aussagen kommt man aber erst, wenn man die Vektorräume mit einer Norm oder allgemeiner einer Topologie versieht und analytische Eigenschaften wie Stetigkeit etc. der Abbildungen untersucht. Es ist dieses Zusammenspiel von analytischen und algebraischen Phänomenen, das die Funktionalanalysis auszeichnet.

Der Ursprung der Funktionalanalysis liegt Anfang dieses Jahrhunderts in Arbeiten von Hilbert, Schmidt, F.Riesz und anderen; später wurde sie durch Banach und von Neumann, die die heute geläufigen Begriffe des normierten Raums und des Hilbertraums prägten, kanonisiert. Funktionalanalytische Kenntnisse sind mittlerweile in vielen Teilgebieten der Mathematik wie Differentialgleichungen, Numerik, Wahrscheinlichkeitstheorie oder Approximationstheorie sowie in der theoretischen Physik unabdingbar.

Ein Beispiel einer funktionalanalytischen Schlußweise, das gleichzeitig die Entwicklung der Funktionalanalysis wesentlich angeregt hat, liefert die Behandlung der Fredholmschen Integralgleichung 2. Art

$$\lambda f(s) - \int_a^b k(s,t) f(t)\, dt = g(s) \quad (s \in [a,b]), \quad (1)$$

die mit Hilfe des identischen Operators Id und des linearen Integraloperators

$$(Tf)(s) = \int_a^b k(s,t) f(t)\, dt$$

in der Form

$$(\lambda \,\mathrm{Id} - T)f = g \quad (2)$$

ausgedrückt werden kann; hier ist λ ein komplexer Parameter. Sind die Funktionen k und g in (1) stetig, kann man T auf dem mit der Supremumsnorm versehenen Banachraum $C[a,b]$ aller stetigen Funktionen auf $[a,b]$ betrachten; die entscheidende Eigenschaft von T ist dann seine Kompaktheit (↗kompakter Operator), daher wird die Lösungstheorie der Gleichung (1) oder (2) durch die Fredholm-Alternative beschrieben: Besitzt (2) für $g = 0$ nur die triviale Lösung $f = 0$, so existiert für jede rechte Seite $g \in C[a,b]$ genau eine Lösung $f \in C[a,b]$.

Ausgehend von konkreten ↗Funktionenräumen wie $C[a,b]$ oder $L^p[a,b]$ und ↗Folgenräumen wie ℓ^p, die von Riesz untersucht wurden, entwickelten Banach sowie, unabhängig von ihm, Helly und Wiener Anfang der zwanziger Jahre das Konzept des ↗Banachraums (diese Nomenklatur stammt von Fréchet). Hierbei handelt es sich um einen mit einer Norm $\|.\|$ versehenen Vektorraum über $\mathbb{R}$ oder $\mathbb{C}$, der bzgl. der induzierten Metrik $d(x,y) = \|x-y\|$ vollständig ist.

In der Folgezeit bewiesen Banach und seine Schule (Mazur, Orlicz, Schauder, Steinhaus) zahlreiche Aussagen über die Struktur eines Banachraums sowie über Eigenschaften stetiger linearer Operatoren zwischen Banachräumen, z. B. den Satz von der offenen Abbildung oder den Satz von Banach-Steinhaus. Als fundamentale Erkenntnis erwies sich dabei, daß einem Banachraum X sein Dualraum X' zugeordnet ist, der aus allen stetigen linearen Abbildungen von X nach $\mathbb{R}$ oder $\mathbb{C}$ (den stetigen linearen Funktionalen) besteht und im weiteren Sinne als Koordinatensystem für X fungiert. So gilt z. B. als Konsequenz des Satzes von Hahn-Banach (↗Hahn-Banach-Sätze) die Normformel

$$\|x\| = \sup\{|x'(x)| : x' \in X',\ \|x'\| \le 1\}.$$

Iteriert man die Konstruktion des Dualraums, wird man auf den ↗Bidualraum X'' geführt, der den Ausgangsraum X auf kanonische Weise enthält (↗kanonische Einbettung eines Banachraums in seinen Bidualraum). Stimmt X mit X'' überein, heißt X reflexiv; in einem reflexiven Raum gelten Kompaktheitsprinzipien, die in allgemeinen Banachräumen nicht zur Verfügung stehen. Diese beziehen sich jedoch nicht auf die Normtopologie, sondern auf die vom Dualraum induzierte sog. schwache Topologie.

Eine spezielle Klasse von Banachräumen bilden die ↗Hilberträume wie ℓ^2 oder L^2, in denen die Norm gemäß $\|x\|^2 = \langle x, x\rangle$ von einem Skalarprodukt abgeleitet ist. Durch das Skalarprodukt kann in einem Hilbertraum die Idee der Orthogonalität ausgedrückt werden, und für lineare Operatoren auf einem Hilbertraum kann man die Symmetriebedingung

$$\langle Tx, y\rangle = \langle x, Ty\rangle$$

formulieren, die für beschränkte Operatoren zur Selbstadjungiertheit ($T = T^*$) äquivalent ist.

Der Folgenraum ℓ^2 – genau genommen nur dessen Einheitskugel – taucht bereits in Hilberts Arbeiten über Integralgleichungen auf, in denen er auch seinen Satz über die Spektralzerlegung selbstadjungierter kompakter und beschränkter Operatoren (↗kompakter Operator) bewies.

Abstrakte Hilberträume wurden erst Ende der zwanziger Jahre nach Vorarbeiten von Schmidt und Weyl von von Neumann und Stone eingeführt; diese Autoren erkannten auch, daß die Symmetrie eines unbeschränkten dicht definierten Operators nicht für eine befriedigende Spektraltheorie ausreicht, und sie initiierten die Theorie der unbeschränkten selbstadjungierten Operatoren. Diese Operatoren sind in der mathematischen Axiomatik der Quantenmechanik unentbehrlich und umfassen diverse Differentialoperatoren.

Funktionalanalytische Methoden spielen in der Theorie der Differentialgleichungen eine wichtige Rolle, und zwar einerseits, weil Differentialgleichungsprobleme in geeigneten Banach- und Hilberträumen wie ↗Sobolew-Räumen oder ↗Besow-Räumen formuliert werden können, und andererseits durch Verwendung der Schwartzschen Theorie der Distributionen. Dieses sind stetige lineare Funktionale auf dem Raum $\mathcal{D}(\Omega)$ aller beliebig häufig differenzierbaren Funktionen mit kompaktem Träger auf einer offenen Menge $\Omega \subset \mathbb{R}^d$.

Insbesondere definiert für eine lokal integrierbare Funktion f

$$T_f(\varphi) = \int_\Omega f(x)\varphi(x)\,dx$$

eine Distribution, so daß Distributionen als verallgemeinerte Funktionen auftreten. Kernstück des Distributionenkalküls ist es nun, daß jede Distribution beliebig häufig differenzierbar ist; also kann jede (lineare) partielle Differentialgleichung im Distributionensinn aufgefaßt und in diesem Kontext untersucht werden, was zu einer weitreichenden Lösungstheorie führt.

Der Testraum $\mathcal{D}(\Omega)$ ist kein Banachraum, sondern ein Beispiel eines ↗lokalkonvexen Raums, in dem die Topologie nicht mit Hilfe einer einzigen Norm, sondern einer ganzen Familie von Normen oder Halbnormen definiert wird.

Die Dualitätstheorie der Banachräume einerseits und die Distributionentheorie andererseits hatten großen Einfluß auf die Entwicklung der Theorie der lokalkonvexen Räume in den fünfziger Jahren durch Dieudonné, Grothendieck, Köthe und Schwartz. So zeigt sich etwa, daß $\mathcal{D}(\Omega)$ gewisse Eigenschaften mit den endlichdimensionalen Räumen $\mathbb{R}^n$ teilt, z. B. ist jede beschränkte abgeschlossene Teilmenge kompakt, was in keinem unendlichdimensionalen Banachraum vorkommt. Von besonderer Wichtigkeit ist die Tatsache, daß $\mathcal{D}$ und $\mathcal{D}'$ nuklear sind (↗nuklearer Raum); dies ist der abstrakte Hintergrund des Schwartzschen Kernsatzes.

Neben Differentialoperatoren spielen Integraloperatoren eine fundamentale Rolle in der Analysis. Ist ein Integraloperator der Form

$$(Tf)(x) = \int_\Omega k(x,y)f(y)\,dy \tag{3}$$

auf einem Banachraum von Funktionen auf $\Omega \subset \mathbb{R}^d$ kompakt, so gilt die von Riesz entwickelte Eigenwerttheorie (↗Eigenwert eines Operators): Das Spektrum von T besteht außer der Null nur aus einer Nullfolge von Eigenwerten, und $\mathrm{Id} - T$ ist ein Fredholm-Operator vom Index 0.

Darüber hinaus sind singuläre Integraloperatoren, für die die Kernfunktion k auf der Diagonalen von $\Omega \times \Omega$ eine Singularität der Größenordnung $|x-y|^{-d}$ besitzt, von großer Bedeutung. Für solche Operatoren existiert unter geeigneten Voraussetzungen an k das Integral in (3) im Sinn des Cauchyschen Hauptwerts, und sie sind stetig auf L^p für $1 < p < \infty$, in der Regel jedoch nicht auf L^1 oder L^∞. Im Grenzfall treten der (reelle) ↗Hardy-Raum H^1 und der Raum BMO an die Stelle von L^1 und L^∞. Aus der Theorie singulärer Integraloperatoren hat sich die Theorie der Pseudodifferentialoperatoren entwickelt.

Manche Banachräume besitzen außer der Vektorraumstruktur eine Multiplikation $(x,y) \mapsto xy$, die die Normbedingung $\|xy\| \le \|x\|\,\|y\|$ erfüllt; man spricht dann auch von einer ↗Banach-Algebra. Beispiele sind $C(K)$ mit dem punktweisen Produkt, $L^1(\mathbb{R}^d)$ mit dem Faltungsprodukt oder der Raum $L(X)$ aller stetigen linearen Operatoren auf einem Banachraum mit der Komposition als Produkt. In Banach-Algebren kann parallel zum Vorgehen in der Operatortheorie eine Spektraltheorie entwickelt werden.

Für eine komplexe kommutative Banach-Algebra A mit Einheit hat Gelfand in den dreißiger Jahren die Menge Γ_A aller multiplikativen linearen Abbildungen von A nach $\mathbb{C}$ (bzw. die Menge der maximalen Ideale) eingeführt. Γ_A ist eine Teilmenge der dualen Einheitskugel $B_{A'}$ und in der Schwach-$*$-Topologie kompakt. Die Gelfand-Transformation ist durch

$$\wedge : A \to C(\Gamma_A), \quad \widehat{a}(\varphi) = \varphi(a)$$

erklärt und ein stetiger Algebrenhomomorphismus; ferner erhält sie die Spektren:

$$\sigma(a) = \sigma(\widehat{a}) = \{\varphi(a) : \varphi \in \Gamma_A\}.$$

I.allg. ist die Gelfand-Transformation weder injektiv noch surjektiv; ist sie injektiv, nennt man A halbeinfach.

Besitzt eine Banach-Algebra eine Involution $x \mapsto x^*$ mit der Normbedingung $\|x^*x\| = \|x\|^2$, spricht man von einer C^*-Algebra. Für eine kommutative C^*-Algebra ist die Gelfand-Transformation bijektiv und isometrisch; eine kommutative C^*-Algebra (mit Einheit) ist also nichts anderes als eine Algebra stetiger Funktionen $C(K)$. Für eine nichtkommutative C^*-Algebra A behauptet der Satz von Gelfand-Neumark die Existenz einer treuen Darstellung auf einem geeigneten Hilbertraum H; d. h., es gibt einen isometrischen Homomorphismus von A nach $L(H)$, der die Involution erhält. Abstrakte C^*-Algebren sind also nichts anderes als konkrete *-invariante Unteralgebren von $L(H)$.

Ist eine solche Unteralgebra in der starken Operatortopologie abgeschlossen, wird sie von-Neumann-

Algebra oder W^*-Algebra genannt. Diese Operatoralgebren wurden von Murray und von Neumann zwischen 1936 und 1949 untersucht. Ihre grundlegende Erkenntnis war, daß von-Neumann-Algebren stets paarweise auftreten; zu einer von-Neumann-Algebra M ist nämlich ihr Kommutator M' assoziiert, der aus allen mit sämtlichen Operatoren in M kommutierenden Operatoren besteht. Insbesondere legten sie ihr Augenmerk auf die maximal nichtkommutativen Algebren, die sie Faktoren nannten und die durch die Forderung

$$M \cap M' = \mathbb{C} \cdot \mathrm{Id}$$

definiert sind. Sie zeigten, daß diese in drei Klassen, die die technischen Bezeichnungen Typ I, II und III tragen, zerfallen.

Ein Faktor vom Typ I ist *-isomorph zu $L(H_0)$ für einen geeigneten Hilbertraum H_0, der eventuell endlichdimensional ist.

Wesentlich interessanter sind die Faktoren vom Typ II, denn diese lassen Funktionale mit ähnlichen Eigenschaften wie die Spur zu, die Anlaß zu einer „nichtkommutativen Integrationstheorie" geben.

Die Feinstruktur der Faktoren vom Typ III wurde u. a. von Connes studiert; diese sind für die Quantenfeldtheorie besonders bedeutsam.

Probleme der sog. nichtlinearen Funktionalanalysis umfassen u. a. Fixpunkttheorie (↗Fixpunktsätze), Theorie des Abbildungsgrads und nichtlineare Funktionale und ihre kritischen Punkte. Da die Topologie eines unendlichdimensionalen Raums sich zum Teil drastisch von der eines endlichdimensionalen Raums unterscheidet – z. B. ist jeder unendlichdimensionale Hilbertraum zum Rand seiner Einheitskugel diffeomorph –, treten in der nichtlinearen Funktionalanalysis häufig Kompaktheitsannahmen auf. So besagt der ↗Schaudersche Fixpunktsatz, daß eine stetige Selbstabbildung einer kompakten konvexen Teilmenge eines Banachraums stets einen Fixpunkt besitzt; und mit Hilfe des Leray-Schauderschen Abbildungsgrads studiert man die Lösbarkeit von Gleichungen $F(x) = y$ für nichtlineare Abbildungen der Form $F = \mathrm{Id} - G$, G stetig und kompakt. Hier sind Methoden der algebraischen Topologie von großer Bedeutung. Auch die Morse-Theorie und die Ljusternik-Schnirelmann-Theorie kritischer Punkte für nichtlineare Funktionale $f : U \to \mathbb{R}$ wurde vom endlichdimensionalen auf den unendlichdimensionalen Fall ausgedehnt. Hier setzt man häufig die Palais-Smale-Bedingung voraus, die für ein Funktional f mit Fréchet-Ableitung Df verlangt, daß eine Folge mit $\sup |f(x_n)| < \infty$ und $\|Df(x_n)\| \to 0$ eine konvergente Teilfolge hat.

Daß funktionalanalytische Forschung auch heute, fast 100 Jahre nach den Arbeiten von Hilbert, floriert, manifestiert sich u. a. in der Verleihung der Fields-Medaille an Forscher, die epochemachende Beiträge in der Funktionalanalysis geleistet haben. So wurden in jüngerer Zeit C. Fefferman (1978, singuläre Integraloperatoren), A. Connes (1982, von-Neumann-Algebren), V. Jones (1990, von-Neumann-Algebren), J. Bourgain (1994, Geometrie der Banachräume) und W.T. Gowers (1998, Geometrie der Banachräume) auf dem Internationalen Mathematikerkongreß ausgezeichnet.

Literatur

[1] Banach, S.: Théorie des Opérations Linéaires. Monografje Matematyczne, 1932.

[2] Dieudonné, J.: History of Functional Analysis. North-Holland, 1981.

[3] Dunford, N.; Schwartz, J. T.: Linear Operators, vol. I–III. Wiley, 1958–1971.

[4] Kadison, R. V.; Ringrose, J. R.: Fundamentals of the Theory of Operator Algebras, vol. I and II. Academic Press, 1983, 1986.

[5] Lindenstrauss, J.; Tzafriri, L.: Classical Banach Spaces, vol. I and II. Springer, 1977, 1979.

[6] Reed, M.; Simon, B.: Methods of Mathematical Physics, vol. I–IV. Academic Press, 1972–1979.

[7] Rudin, W.: Functional Analysis. McGraw-Hill, 1973.

[8] Schwartz, J. T.: Nonlinear Functional Analysis. Gordon and Breach, 1969.

[9] Schwartz, L.: Théorie des distributions. Herman, 1966.

[10] Stein, E. M.: Harmonic Analysis. Princeton University Press, 1993.

[11] Trèves, F.: Topological Vector Spaces, Distributions and Kernels. Academic Press, 1967.

[12] Werner, D.: Funktionalanalysis. Springer, 1995.

[13] Wojtaszczyk, P.: Banach Spaces For Analysts. Cambridge University Press, 1991.

[14] Yosida, K.: Functional Analysis. Springer, 6. Auflage 1980.

[15] Zeidler, E.: Nonlinear Functional Analysis and Its Applications, vol. I–IV. Springer, 1985–1990.

Funktionalaxiom, ↗ axiomatische Mengenlehre.

Funktionaldeterminante, ↗Jacobi-Determinante.

funktionale Approximation, seltener gebräuchlicher Ausdruck für die ↗Approximation von Funktionen.

funktionale Dekomposition einer Booleschen Funktion, Zerlegung einer ↗Booleschen Funktion $f : \{0,1\}^n \to \{0,1\}$ in der Form

$$f(x_1, \dots, x_n) = g(\alpha(x_{i_1}, \dots, x_{i_p}), \beta(x_{i_{p+1}}, \dots x_{i_n})) .$$

Hierbei ist $\{\{x_{i_1}, \ldots, x_{i_p}\}, \{x_{i_{p+1}}, \ldots, x_{i_n}\}\}$ eine Partition der Menge der Booleschen Variablen von f mit $1 \leq p \leq n-1$, $\alpha : \{0,1\}^p \rightarrow \{0,1\}^r$, $\beta : \{0,1\}^{n-p} \rightarrow \{0,1\}^s$ und $g : \{0,1\}^{r+s} \rightarrow \{0,1\}$. Die Booleschen Funktionen α und β heißen Zerlegungsfunktionen, die Boolesche Funktion g Zusammensetzungsfunktion der Zerlegung.

Ist $r+s < n$, so wird die Zerlegung nichttriviale funktionale Dekomposition genannt. Ist entweder α oder β die identische Abbildung, so heißt die Zerlegung einseitige funktionale Zerlegung.

Funktionale Dekompositionen Boolescher Funktionen werden im Rahmen der ↗Logiksynthese kombinatorischer ↗logischer Schaltkreise eingesetzt.

Können in jedem Schritt nichttriviale Zerlegungen berechnet werden, so kann das entsprechende Verfahren rekursiv auf die jeweiligen Zerlegungs- und Zusammensetzungsfunktionen angewendet werden, um so eine Realisierung über einer gegebenen vollständigen ↗Bausteinbibliothek zu erhalten.

[1] Molitor, P.; Scholl, Chr.: Datenstrukturen und Effiziente Algorithmen für die Logiksynthese kombinatorischer Schaltungen. B.G. Teubner Stuttgart-Leipzig, 1999.

funktionaler Grenzwertsatz, ↗Grenzwertsatz, funktionaler.

Funktionalkalkül, ↗Spektralkalkül.

Funktionalmatrix, ↗Jacobi-Matrix.

Funktionenalgebra, aus Funktionen bestehende Subalgebra A des Raumes aller stetigen Funktionen mit gewissen Zusatzeigenschaften.

In leicht vereinfachender Form läßt sich die Definition wie folgt geben: Es sei X ein kompakter Hausdorffraum. Eine Subalgebra A des Raumes $C(X)$ der stetigen Funktionen über X heißt Funktionenalgebra, wenn sie gleichmäßig abgeschlossen ist, die konstanten Funktionen enthält, und die Punkte von X trennt.

[1] Kulkarni, S.H.; Limaye, B.V.: Real Function Algebras. Marcel Dekker New York, 1992.

Funktionenräume

D. Werner

Funktionenräume sind Banachräume oder allgemeiner topologische Vektorräume, die aus Funktionen bestehen. Es ist eine Grundidee der modernen Analysis, Funktionen als Punkte in einem geeigneten Vektorraum zu interpretieren und Probleme der Analysis durch Abbildungen auf einem solchen Raum zu studieren. Um zu nichttrivialen Aussagen zu gelangen, muß man diese Vektorräume jedoch mit einer Norm oder einer Topologie versehen; deswegen spielen die unterschiedlichsten Banachräume, Quasi-Banachräume und topologischen Vektorräume eine Rolle in der Analysis.

Es folgen Beispiele für Funktionenräume.

Räume stetiger Funktionen

$C(K)$ ist der Raum der stetigen Funktionen auf einem Kompaktum K, $C^b(T)$ ist der Raum der beschränkten stetigen Funktionen auf einem topologischen Raum T, und $C_0(L)$ ist der Raum der stetigen, im Unendlichen verschwindenden Funktionen (d. h. $\{x : |f(x)| \geq \varepsilon\}$ ist für jedes $\varepsilon > 0$ kompakt) auf einem lokalkompakten Raum L. Die kanonische Norm dieser Räume ist die Supremumsnorm

$$\|f\|_\infty = \sup_x |f(x)|\,,$$

und damit werden sie zu Banachräumen. Die Konvergenz in dieser Norm ist die gleichmäßige Konvergenz.

Der Dualraum von $C(K)$ bzw. $C_0(L)$ ist isometrisch isomorph zum Raum aller regulären signierten oder komplexen Borelmaße auf K bzw. L (↗Rieszscher Darstellungssatz). Für den Dualraum von $C^b(T)$ existiert i. allg. keine konkrete Darstellung. Ist T vollständig regulär, so ist $C^b(T) = C(\beta T)$ (↗Stone-Čech-Kompaktifizierung), daher kann $(C^b(T))'$ mit dem Raum aller regulären Borelmaße auf βT identifiziert werden.

Räume Hölder- und Lipschitz-stetiger Funktionen

Sei (M,d) ein metrischer Raum. Auf dem Raum $\mathrm{Lip}(M,d)$ aller Lipschitz-stetigen Funktionen betrachte man die Norm ($x_0 \in M$ ein fester Punkt)

$$\|f\|_{\mathrm{Lip}} = \sup_{x \neq y} \frac{|f(x)-f(y)|}{d(x,y)} + |f(x_0)|\,.$$

Sie macht $\mathrm{Lip}(M,d)$ zu einem Banachraum, der außer im Fall endlicher M nicht separabel ist. Statt der genannten Norm werden auch diverse dazu äquivalente Normen betrachtet; z. B. kann man bei kompaktem M statt $|f(x_0)|$ auch $\|f\|_\infty$ addieren oder statt der Summe das Maximum betrachten.

Sei nun speziell $M \subset \mathbb{R}^n$ und $0 < \alpha \leq 1$, und d_α sei die Metrik

$$d_\alpha(x,y) = |x-y|^\alpha\,.$$

Der Raum $\mathrm{Lip}(M, d_\alpha)$ wird dann mit $C^\alpha(M)$ oder

$C^{0,\alpha}(M)$ bezeichnet und Raum der α-Hölder-stetigen Funktionen genannt.

Räume differenzierbarer Funktionen

Sei $\Omega \subset \mathbb{R}^n$ offen und $k \in \mathbb{N}$. Man definiert $C^k(\Omega)$ als Raum aller k-mal stetig differenzierbaren Funktionen auf Ω, für die alle Ableitungen der Ordnung $\leq k$ beschränkt sind. Mit der Norm

$$\|f\|_{C^k} = \sum_{|\beta|\leq k} \|D^\beta f\|_\infty$$

oder der dazu äquivalenten Norm

$$|||f||| = \sup_{|\beta|\leq k} \|D^\beta f\|_\infty$$

wird $C^k(\Omega)$ zu einem Banachraum. (Hier wurde die Multiindexschreibweise benutzt.) Die Konvergenz in diesen Normen ist die gleichmäßige Konvergenz aller Ableitungen der Ordnung $\leq k$.

$C^k(\overline{\Omega})$ ist der abgeschlossene Unterraum derjenigen Funktionen, für die alle Ableitungen der Ordnung $\leq k$ stetig auf $\overline{\Omega}$ fortgesetzt werden können. In der Regularitätstheorie partieller Differentialgleichungen ist eine Verfeinerung der Skala der C^k-Räume wichtig: $C^{k,\alpha}(\Omega)$, wo $0 < \alpha \leq 1$, besteht aus allen $f \in C^k(\Omega)$, für die die Ableitungen der Ordnung k noch α-Hölder-stetig sind.

Lokalkonvexe Funktionenräume

In der Distributionentheorie betrachtet man auch nicht normierte Räume. Besonders wichtig sind ($\Omega \subset \mathbb{R}^n$ offen) der Raum $C^\infty(\Omega)$ aller beliebig häufig differenzierbaren Funktionen, der in der Distributionentheorie üblicherweise mit $\mathcal{E}(\Omega)$ bezeichnet wird, und der Raum $\mathcal{D}(\Omega)$ aller beliebig häufig differenzierbaren Funktionen mit kompaktem Träger. $\mathcal{E}(\Omega)$ trägt die von der Halbnormfamilie ($m \in \mathbb{N}$, $K \subset \Omega$ kompakt)

$$p_{m,K}(\varphi) = \sup_{x\in K} \sum_{|\beta|\leq m} |D^\beta \varphi(x)|$$

erzeugte lokalkonvexe Topologie; so wird $\mathcal{E}(\Omega)$ zu einem ↗Fréchet-Raum, und sein Dualraum $\mathcal{E}'(\Omega)$ ist der Raum aller Distributionen mit kompaktem Träger. Eine Funktionenfolge konvergiert in dieser Topologie genau dann, wenn sowohl die Funktionen als auch sämtliche Ableitungen (beliebiger Ordnung) gleichmäßig auf kompakten Mengen konvergieren.

Die Topologie von $\mathcal{D}(\Omega)$ ist schwieriger zu beschreiben. Zunächst betrachtet man für kompaktes $K \subset \Omega$ den Raum

$$\mathcal{D}_K(\Omega) = \{\varphi \in \mathcal{D}(\Omega) : \operatorname{supp}\varphi \subset K\},$$

der mittels der Halbnormfamilie $\{p_{m,K} : m \in \mathbb{N}\}$ zu einem Fréchet-Raum wird. $\mathcal{D}(\Omega)$ trägt dann die Topologie des strikten induktiven Limes der Räume $\mathcal{D}_K(\Omega)$. Eine explizite Halbnormfamilie, die die Topologie von $\mathcal{D}(\Omega)$ erzeugt, ist

$$q_{(M_\nu),(m_\nu)}(\varphi) = \sum_{\nu=1}^{\infty}\Bigg(M_\nu \sup_{x\notin K_\nu} \sum_{|\beta|\leq m_\nu} |D^\beta\varphi(x)|\Bigg).$$

Hier bezeichnet (M_ν) eine Folge positiver reeller Zahlen und (m_ν) eine Folge nichtnegativer ganzer Zahlen, und $K_1 \subset K_2 \subset \ldots$ ist eine (feste) Ausschöpfung von Ω durch kompakte Teilmengen. Der Dualraum $\mathcal{D}'(\Omega)$ besteht definitionsgemäß aus allen Distributionen auf Ω. Eine Funktionenfolge (φ_n) konvergiert in dieser Topologie genau dann, wenn der Abschluß von $\bigcup_n \operatorname{supp}(\varphi_n)$ eine kompakte Teilmenge von Ω ist und alle Ableitungen gleichmäßig konvergieren.

Für den Aufbau der Integrationstheorie nach Bourbaki ist der Raum $\mathcal{K}(L)$ aller auf einem lokalkompakten Raum L definierten stetigen Funktionen mit kompaktem Träger fundamental. Auf $\mathcal{K}(L)$ betrachtet man die Topologie des strikten induktiven Limes der mit der Supremumsnorm versehenen Banachräume $\mathcal{K}_K(L) = \{\varphi \in \mathcal{K}(L) : \operatorname{supp}\varphi \subset K\}$, wo $K \subset L$ kompakt ist. Definitionsgemäß besteht der Dualraum von $\mathcal{K}(L)$ aus allen Radon-Maßen auf L.

Räume analytischer Funktionen

Seien $\mathbb{D} = \{z \in \mathbb{C} : |z| < 1\}$ und $\mathbb{T} = \{z \in \mathbb{C} : |z| = 1\}$. Die abgeschlossene Unteralgebra $A(\mathbb{D})$ von $C(\overline{\mathbb{D}})$ aller auf $\overline{\mathbb{D}}$ stetigen und auf $\mathbb{D}$ analytischen Funktionen wird Disk-Algebra genannt.

Ferner sei $H^\infty(\mathbb{D})$ der Raum aller beschränkten analytischen Funktionen auf $\mathbb{D}$; mittels Randwerten (↗Hardy-Raum) kann $A(\mathbb{D})$ als abgeschlossene Unteralgebra von $C(\mathbb{T})$ sowie $H^\infty(\mathbb{D})$ als abgeschlossene Unteralgebra von $L^\infty(\mathbb{T})$ aufgefaßt werden.

Die komplexwertigenen Algebrenhomomorphismen der Algebra $A(\mathbb{D})$ sind genau die Auswertungsfunktionale

$$\mathrm{ev}_z : f \mapsto f(z),$$

$z \in \overline{\mathbb{D}}$; das tiefliegende ↗Corona-Theorem von Carleson besagt, daß die ev_z für $z \in \mathbb{D}$ schwach-$*$-dicht in der Menge aller Homomorphismen auf $H^\infty(\mathbb{D})$ liegen.

L^p-Räume

Sei (Ω, Σ, μ) ein Maßraum und $p > 0$. Dann ist

$$\mathcal{L}^p(\mu) = \left\{f : \Omega \to \mathbb{C} : f \text{ meßbar}, \int_\Omega |f|^p \, d\mu < \infty\right\}$$

ein Vektorraum. Um in diesem Kontext (Quasi-) Normen einzuführen, ist es notwendig, zum Quotientenvektorraum

$$L^p(\mu) = \mathcal{L}^p(\mu)/\{f : f = 0 \text{ fast überall}\}$$

überzugehen. Auf $L^p(\mu)$ betrachtet man

$$\|f\|_p = \left(\int_\Omega |f|^p \, d\mu \right)^{1/p},$$

was im Fall $p < 1$ eine p-Norm und im Fall $p \geq 1$ eine Norm ist. (Hier wurde der gängigen Praxis gefolgt, die Elemente von L^p, die ja eigentlich Äquivalenzklassen sind, doch als Funktionen anzusehen.) Die Räume $L^p(\mu)$ werden so zu Quasi-Banachräumen im Fall $p < 1$ und zu Banachräumen im Fall $p \geq 1$.

Ist μ das Lebesgue-Maß auf $\Omega \subset \mathbb{R}^n$ oder einer Mannigfaltigkeit, schreibt man auch $L^p(\Omega)$. Für $p > 1$ ist der Dualraum von $L^p(\mu)$ isometrisch isomorph zu $L^q(\mu)$, wo $1/p + 1/q = 1$; der Isomorphismus $\Phi : L^q \to (L^p)'$ ist durch

$$(\Phi g)(f) = \int_\Omega fg \, d\mu$$

gegeben. Daraus folgt die Reflexivität von L^p für $p > 1$; $L^2(\mu)$ ist ein Hilbertraum. Zu L^p-Räumen von vektorwertigen Funktionen (Bochner-L^p-Räume) vergleiche man das Stichwort ↗Bochner-Integral.

Für $p = \infty$ wird man auf den Raum der wesentlich beschränkten Funktionen

$$\mathcal{L}^\infty(\mu) = \{f : \Omega \to \mathbb{C} : f \text{ meßbar}, \ \|f\|_{L^\infty} < \infty\}$$

mit

$$\|f\|_{L^\infty} = \inf \left\{ \sup_{x \notin N} |f(x)| : N \subset \Omega \text{ Nullmenge} \right\}$$

sowie den assoziierten Quotientenraum

$$L^\infty(\mu) = \mathcal{L}^\infty(\mu)/\{f : f = 0 \text{ fast überall}\}$$

geführt, auf dem $\|\,.\,\|_{L^\infty}$ eine Norm, die wesentliche Supremumsnorm, ist. $L^\infty(\mu)$ ist ein Banachraum, der im Fall σ-endlicher Maßräume zu $(L^1(\mu))'$ isometrisch isomorph ist.

In der anderen Richtung wird die L^p-Skala durch den Raum

$$\mathcal{L}^0(\mu) = \{f : \Omega \to \mathbb{C} : f \text{ meßbar}\}$$

bzw.

$$L^0(\mu) = \mathcal{L}^0(\mu)/\{f : f = 0 \text{ fast überall}\}$$

abgeschlossen. Ist μ ein endliches Maß, betrachtet man auf $L^0(\mu)$ die Metrik

$$d(f,g) = \int_\Omega \frac{|f-g|}{1+|f-g|} \, d\mu ;$$

auf diese Weise wird $L^0(\mu)$ zu einem vollständigen metrischen topologischen Vektorraum, der i. allg. nicht lokalkonvex ist. Eine Folge (f_n) konvergiert in $L^0(\mu)$ genau dann gegen f, wenn sie dem Maße nach (= stochastisch) konvergiert, d. h., wenn

$$\lim_{n\to\infty} \mu(\{\omega : |f_n(\omega) - f(\omega)| > \alpha\}) \to 0$$

$$\forall \alpha > 0 .$$

Sei nun $\Omega \subset \mathbb{R}^n$. In der Distributionentheorie ist der Raum $L^1_{\text{lok}}(\Omega)$ der lokal integrierbaren Funktionen von Bedeutung, der aus allen meßbaren Funktionen (eigentlich Äquivalenzklassen solcher Funktionen) $f : \Omega \to \mathbb{C}$ besteht, für die $\int_K |f(x)|\,dx < \infty$ für alle kompakten $K \subset \Omega$ ist. Jede Funktion $f \in L^1_{\text{lok}}(\Omega)$ kann via $T_f(\varphi) = \int_\Omega f(x)\varphi(x)\,dx$ als reguläre Distribution angesehen werden.

Für weitere Beispiele von Funktionenräumen vergleiche man die Stichwörter ↗Besow-Raum, ↗BMO-Raum, ↗Gevrey-Klasse, ↗Hardy-Raum, ↗Lorentz-Räume, ↗Sobolew-Räume.

Literatur

[1] Dunford, N.; Schwartz, J. T.: Linear Operators. Part I: General Theory. Wiley, 1958.

[2] Werner, D.: Funktionalanalysis. Springer, 1995.

Funktionenschlauch, Menge aller reellwertigen Funktionen f mit gemeinsamem Definitionsbereich D (und gegebenenfalls weiteren gemeinsamen Eigenschaften wie Stetigkeit oder Differenzierbarkeit), für die $u(x) \leq f(x) \leq v(x)$ für alle $x \in D$ gilt, wobei $u : D \to \mathbb{R}$, $v : D \to \mathbb{R}$ gegebene Funktionen sind mit $u(x) \leq v(x)$ für alle $x \in D$.

Funktionentheorie

R. Brück

Unter Funktionentheorie versteht man die Theorie der ↗holomorphen Funktionen einer komplexen Veränderlichen. Manche Autoren nennen solche Funktionen auch analytisch und in der älteren Literatur findet man häufig die Bezeichnung regulär. Zu den Hauptbegründern der modernen Funktionentheorie gehören Augustin Louis Cauchy, Bernhard Riemann und Karl Weierstraß.

Cauchy versteht unter einer holomorphen Funktion eine in einer offenen Menge $D \subset \mathbb{C}$ ↗komplex differenzierbare Funktion. Die Cauchysche Funktionentheorie basiert auf seinem berühmten Integralsatz und dem Begriff des Residuums. Bei Riemann stehen die Abbildungseigenschaften im Vordergrund, d. h. holomorphe Funktionen sind spezielle Abbildungen zwischen Bereichen der komplexen Ebene $\mathbb{C}$. Für Weierstraß ist eine holomorphe Funktion eine Funktion, die sich um jeden Punkt ihres Definitionsbereichs in eine konvergente Potenzreihe entwickeln läßt. Obwohl methodisch völlig verschieden, sind diese drei Zugänge äquivalent und untrennbar miteinander verwoben. Daher wurden viele Vereinfachungen in der Darstellung möglich, und es konnten wichtige neue Resultate entdeckt werden.

Im folgenden werden die wichtigsten Ergebnisse und Methoden beschrieben. Dabei wird des öfteren auf entsprechende Stichworte verwiesen oder nur besonders einprägsame Sonderfälle formuliert. Die Anordnung ist in etwa so gewählt, wie sie heute in der Regel in Vorlesungen und Lehrbüchern erfolgt.

Grundlegend für die Funktionentheorie ist der Begriff der ↗komplexen Zahl. Die Menge aller komplexen Zahlen bezeichnet man mit $\mathbb{C}$. Ist $D \subset \mathbb{C}$ eine offene Menge und $f\colon D \to \mathbb{C}$ eine Funktion, so heißt f holomorph in D, falls f an jedem Punkt $z_0 \in D$ komplex differenzierbar ist. Eine hierzu äquivalente Bedingung lautet: Ist $f = u+iv$, so sind die Funktionen u, v in D reell differenzierbar und für die partiellen Ableitungen gelten die ↗Cauchy-Riemann-Gleichungen

$$u_x(z) = v_y(z)\,, \quad u_y(z) = -v_x(z)\,, \quad z \in D\,.$$

Es gilt dann für die Ableitung von f

$$\begin{aligned} f'(z) &= u_x(z) + iv_x(z) \\ &= -i(u_y(z) + iv_y(z))\,, \quad z \in D\,. \end{aligned}$$

Die ↗Algebra der holomorphen Funktionen in D bezeichnet man mit $\mathcal{O}(D)$ oder $H(D)$. Wichtige elementare Beispiele holomorpher Funktionen sind Polynome, die ↗Exponentialfunktion, die ↗Cosinus- und ↗Sinusfunktion, die ↗Hyperbelfunktionen und der Hauptzweig des Logarithmus.

Die Grundlage der Cauchyschen Funktionentheorie sind komplexe Wegintegrale. Das Hauptergebnis ist der ↗Cauchysche Integralsatz, der im Spezialfall eines einfach zusammenhängenden ↗Gebietes wie folgt lautet:

Es sei $G \subset \mathbb{C}$ ein einfach zusammenhängendes Gebiet. Dann gilt für jede in G holomorphe Funktion f und jeden in G rektifizierbaren, ↗geschlossenen Weg γ

$$\int_\gamma f(z)\,dz = 0\,.$$

Eine Art Umkehrung dieses Ergebnisses ist der Satz von Morera. An dieser Stelle sei auch auf den ↗Hauptsatz der Cauchy-Theorie verwiesen.

Aus dem Cauchyschen Integralsatz leitet man nun die Cauchysche Integralformel her. Sie lautet speziell für Kreisscheiben:

Es sei $D \subset \mathbb{C}$ eine offene Menge und $B := B_r(z_0)$, $r > 0$ eine offene Kreisscheibe mit $\overline{B} \subset D$. Dann gilt für jede in D holomorphe Funktion f

$$f(z) = \frac{1}{2\pi i}\int_{\partial B} \frac{f(\zeta)}{\zeta - z}\,d\zeta\,, \quad z \in B\,.$$

Mit Hilfe der Cauchyschen Integralformel erhält man, daß holomorphe Funktionen in Potenzreihen entwickelbar sind. Der Cauchysche Entwicklungssatz besagt:

Es sei $D \subset \mathbb{C}$ eine offene Menge, f eine in D holomorphe Funktion und $B = B_r(z_0)$, $r > 0$ eine offene Kreisscheibe mit $B \subset D$. Dann gilt

$$f(z) = \sum_{n=0}^{\infty} a_n (z - z_0)^n\,, \quad z \in B$$

mit eindeutig bestimmten Koeffizienten $a_n \in \mathbb{C}$.

Insbesondere ist jede in D holomorphe Funktion f unendlich oft komplex differenzierbar in D, d. h. sämtliche Ableitungen $f', f'', f''', \ldots$ von f existieren in D und sind in D holomorphe Funktionen. Umgekehrt stellt jede konvergente Potenzreihe eine in ihrem ↗Konvergenzkreis holomorphe Funktion dar. Hierdurch ist die Verbindung zwischen der Cauchyschen und der Weierstraßschen Funktionentheorie hergestellt.

Aus diesen zentralen Sätzen können nun weitere fundamentale Resultate über holomorphe Funktionen hergeleitet werden. Ein erstes Beispiel ist der Identitätssatz:

Es sei $G \subset \mathbb{C}$ ein Gebiet, f, g holomorphe Funktionen in G, A eine Teilmenge von G, die einen Häufungspunkt in G hat und $f(a) = g(a)$ für alle $a \in A$. Dann gilt bereits $f(z) = g(z)$ für alle $z \in G$.

Hieraus folgt, daß die Nullstellenmenge einer in G nicht identisch verschwindenden holomorphen Funktion f höchstens abzählbar ist und keinen Häufungspunkt in G besitzt. Ist $z_0 \in G$ eine Nullstelle von f, so existiert ein $m \in \mathbb{N}$ mit $f(z_0) = f'(z_0) = \cdots = f^{(m-1)}(z_0) = 0$ und $f^{(m)}(z_0) \neq 0$. Diese Zahl m nennt man die ↗Nullstellenordnug von z_0 und bezeichnet sie mit $o(f, z_0)$.

Aus der Cauchyschen Integralformel und dem Identitätssatz erhält man das Maximumprinzip:

Es sei $G \subset \mathbb{C}$ ein Gebiet, f eine in G holomorphe Funktion und $|f|$ besitze an $z_0 \in G$ ein lokales Maximum, d. h. es gibt eine Umgebung $U \subset G$ von z_0 mit $|f(z)| \leq |f(z_0)|$ für alle $z \in U$. Dann ist f konstant in G.

Als Folgerung aus dem Maximumprinzip erhält man das Lemma von Schwarz:

Es sei $\mathbb{E} = \{z \in \mathbb{C} : |z| < 1\}$, f eine in $\mathbb{E}$ holomorphe Funktion mit $f(\mathbb{E}) \subset \mathbb{E}$ und $f(0) = 0$. Dann gilt $|f(z)| \leq |z|$ für alle $z \in \mathbb{E}$ und $|f'(0)| \leq 1$.

Gilt $|f(z_0)| = |z_0|$ für ein $z_0 \in \mathbb{E} \setminus \{0\}$ oder $|f'(0)| = 1$, so gibt es ein $\alpha \in \mathbb{R}$ mit $f(z) = e^{i\alpha} z$ für alle $z \in \mathbb{E}$.

Das Lemma von Schwarz ist z. B. ein wichtiges Hilfsmittel bei der Bestimmung der ↗Automorphismengruppe von $\mathbb{E}$.

In diesen Zusammenhang gehört auch der Satz von ↗Liouville für ↗ganze Funktionen:

Es sei f eine beschränkte ganze Funktion. Dann ist f konstant.

Hieraus läßt sich leicht der ↗Fundamentalsatz der Algebra ableiten:

Jedes Polynom

$$p(z) = a_0 + a_1 z + \cdots + a_n z^n$$

mit Koeffizienten $a_0, a_1, \ldots, a_n \in \mathbb{C}$, $a_n \neq 0$, $n \geq 1$ besitzt mindestens eine Nullstelle $z_0 \in \mathbb{C}$.

Weiterhin gilt der Satz über die Gebietstreue:

Es sei $G \subset \mathbb{C}$ ein Gebiet und f eine in G holomorphe Funktion, die nicht konstant ist. Dann ist die Bildmenge $f(G)$ wieder ein Gebiet.

Eine wichtige Rolle in der Funktionentheorie spielen auch Folgen und Reihen holomorpher Funktionen. Grundlegend ist der Weierstraßsche Konvergenzsatz:

Es sei $D \subset \mathbb{C}$ eine offene Menge und (f_n) eine Folge von in D holomorphen Funktionen, die in D ↗kompakt konvergent gegen die Grenzfunktion f ist. Dann ist f holomorph in D, und für jedes $k \in \mathbb{N}$ ist die Folge $(f_n^{(k)})$ der k-ten Ableitungen in D kompakt konvergent gegen $f^{(k)}$.

Das entsprechende Ergebnis für Reihen lautet:

Es sei $D \subset \mathbb{C}$ eine offene Menge und $\sum_{n=1}^{\infty} f_n$ eine Reihe von in D holomorphen Funktionen, die in D kompakt konvergent gegen die Grenzfunktion f ist. Dann ist f holomorph in D, und für jedes $k \in \mathbb{N}$ ist die k-mal gliedweise differenzierte Reihe $\sum_{n=1}^{\infty} f_n^{(k)}$ in D kompakt konvergent gegen $f^{(k)}$, d. h. es gilt

$$f^{(k)}(z) = \sum_{n=1}^{\infty} f_n^{(k)}(z), \quad z \in D.$$

Eine wichtige Aussage über die Nullstellen der Grenzfunktion liefert der Satz von Hurwitz über holomorphe Funktionenfolgen.

Neben den Potenzreihen spielen ↗Laurent-Reihen eine wichtige Rolle in der Funktionentheorie. Der Entwicklungssatz von ↗Laurent besagt:

Es sei f eine im Kreisring $A_{r,s}(z_0) := \{z \in \mathbb{C} : 0 \leq r < |z - z_0| < s \leq \infty\}$, $z_0 \in \mathbb{C}$ holomorphe Funktion. Dann ist f in $A_{r,s}(z_0)$ in eine Laurent-Reihe

$$f(z) = \sum_{n=-\infty}^{\infty} a_n (z - z_0)^n, \quad z \in A_{r,s}(z_0)$$

mit eindeutig bestimmten Koeffizienten $a_n \in \mathbb{C}$ entwickelbar.

Umgekehrt stellt jede konvergente Laurent-Reihe eine in einem Kreisring holomorphe Funktion dar.

Mit Hilfe von Laurent-Reihen lassen sich ↗isolierte Singularitäten holomorpher Funktionen klassifizieren. Ist $G \subset \mathbb{C}$ ein Gebiet, $z_0 \in G$ und f eine in $\dot{G} = G \setminus \{z_0\}$ holomorphe Funktion, so heißt z_0 eine isolierte Singularität von f. Dann besitzt f eine Laurent-Entwicklung

$$f(z) = \sum_{n=-\infty}^{\infty} a_n (z - z_0)^n, \quad z \in \dot{B}_r(z_0), \tag{1}$$

wobei $B_r(z_0) \subset G$ eine offene Kreisscheibe ist. Man nennt z_0 eine

- ↗hebbare Singularität von f, falls $a_n = 0$ für alle $n < 0$,
- ↗Polstelle der Ordnung $o(z_0, f) = m \in \mathbb{N}$ von f, falls $a_{-m} \neq 0$ und $a_n = 0$ für alle $n < -m$,
- ↗wesentliche Singularität von f, falls $a_n \neq 0$ für unendlich viele $n < 0$.

Hebbare Singularitäten sind sozusagen gar keine Singularitäten, denn in diesem Fall läßt sich f holomorph in z_0 fortsetzen, d. h. es existiert eine in G holomorphe Funktion F mit $F(z) = f(z)$ für alle $z \in \dot{G}$. Ein wichtiges Kriterium ist der ↗Riemannsche Hebbarkeitssatz.

Der Punkt z_0 ist eine Polstelle von f genau dann, wenn $|f(z)| \to \infty$ für $z \to z_0$. Genauer gilt: Es ist z_0 eine Polstelle der Ordnung $m \in \mathbb{N}$ von f genau dann, wenn eine in G holomorphe Funktion g existiert mit $g(z_0) \neq 0$ und

$$f(z) = \frac{g(z)}{(z - z_0)^m}, \quad z \in \dot{G}.$$

Ist z_0 eine Polstelle der Ordnung m von f, so ist z_0 eine Polstelle der Ordnung $m+1$ von f'.

Wesentliche Singularitäten sind durch den Satz von Casorati-Weierstraß charakterisiert.

Es sei $G \subset \mathbb{C}$ ein Gebiet, $z_0 \in G$ und f eine in $\dot{G} = G \setminus \{z_0\}$ holomorphe Funktion. Dann ist z_0 eine wesentliche Singularität von f genau dann, wenn es zu jedem $w \in \mathbb{C}$, jedem $\varepsilon > 0$ und jedem $\delta > 0$ ein $\zeta \in G$ gibt mit $0 < |\zeta - z_0| < \delta$ und $|f(\zeta) - w| < \varepsilon$.

Man drückt diese Aussage oft auch zwar etwas unpräzise aber einprägsam wie folgt aus: Es ist z_0 eine wesentliche Singularität von f genau dann, wenn f in jeder Umgebung von z_0 jedem Wert $w \in \mathbb{C}$ beliebig nahe kommt. Eine wesentlich schärfere aber tiefliegende Aussage über wesentliche Singularitäten liefert der große Satz von Picard.

Im Zusammenhang mit isolierten Singularitäten ist der Begriff der ↗meromorphen Funktion zu erwähnen. Eine solche Funktion f ist holomorph in $D \setminus P(f)$, wobei $D \subset \mathbb{C}$ eine offene Menge und $P(f)$ eine diskrete Teilmenge von D (d. h. $P(f)$ besteht nur aus isolierten Punkten) ist. Weiter hat f an jedem Punkt $z_0 \in P(f)$ eine Polstelle. Man nennt $P(f)$ Polstellenmenge von f. Offensichtlich hat $P(f)$ keinen Häufungspunkt in D und ist daher leer, endlich oder abzählbar unendlich. Elementare Beispiele für meromorphe Funktionen sind rationale Funktionen, die ↗Cotangens- und die ↗Tangensfunktion.

Isolierte Singularitäten sind eng mit dem Residuenkalkül verknüpft. Ist z_0 eine isolierte Singularität von f mit der Laurententwicklung (1), so heißt der Koeffizient a_{-1} das ↗Residuum von f an z_0 und wird mit $\operatorname{Res}(f, z_0)$ bezeichnet. Ist $0 < \varrho < r$ und S_ϱ die einmal positiv durchlaufene Kreislinie mit Mittelpunkt z_0 und Radius ϱ, so gilt

$$a_{-1} = \frac{1}{2\pi i} \int_{S_\varrho} f(\zeta)\, d\zeta .$$

Es gilt stets $\operatorname{Res}(f', z_0) = 0$. Falls z_0 eine hebbare Singularität von f ist, so ist $\operatorname{Res}(f, z_0) = 0$. Für die Berechnung von Residuen sind folgende Regeln nützlich.

(1) Ist z_0 eine einfache Polstelle von f, so gilt

$$\operatorname{Res}(f, z_0) = \lim_{z \to z_0} (z - z_0) f(z) .$$

Hieraus erhält man speziell: Sind g und h in einer Umgebung von z_0 holomorphe Funktionen mit $g(z_0) \neq 0$, $h(z_0) = 0$ und $h'(z_0) \neq 0$, so hat $f := \frac{g}{h}$ an z_0 eine einfache Polstelle, und es gilt

$$\operatorname{Res}(f, z_0) = \frac{g(z_0)}{h'(z_0)} .$$

(2) Hat f an z_0 eine Polstelle der Ordnung $m \in \mathbb{N}$, so hat $g(z) = (z - z_0)^m f(z)$ an z_0 eine hebbare Singularität, und es gilt

$$\operatorname{Res}(f, z_0) = \frac{1}{(m-1)!} g^{(m-1)}(z_0) .$$

(3) Ist g in einer Umgebung von z_0 holomorph und hat g an z_0 eine Nullstelle der Ordnung $k \in \mathbb{N}$, so hat $f := \frac{g'}{g}$ an z_0 eine einfache Polstelle, und es gilt

$$\operatorname{Res}(f, z_0) = k .$$

Das zentrale Ergebnis über Residuen ist der ↗Residuensatz:

Es sei $G \subset \mathbb{C}$ ein Gebiet, A eine endliche Teilmenge von G und γ eine rektifizierbare ↗Jordan-Kurve in G derart, daß γ nullhomolog in G ist und kein Punkt von A auf γ liegt. Dann gilt für jede in $G \setminus A$ holomorphe Funktion f

$$\frac{1}{2\pi i} \int_\gamma f(z)\, dz = \sum_{z_0 \in A \cap \operatorname{Int}\gamma} \operatorname{Res}(f, z_0) ,$$

wobei $\operatorname{Int}\gamma$ das ↗Innere eines geschlossenen Weges bezeichnet.

Aus dem Residuensatz erhält man weitere wichtige Eigenschaften holomorpher Funktionen. Als erstes sei das Prinzip vom Argument erwähnt.

Es sei $G \subset \mathbb{C}$ ein Gebiet und f eine in G meromorphe Funktion mit nur endlich vielen Null- und Polstellen in G. Weiter sei γ eine rektifizierbare Jordan-Kurve in G derart, daß γ nullhomolog in G ist und keine Null- und Polstellen von f auf γ liegen. Dann gilt

$$\frac{1}{2\pi i} \int_\gamma \frac{f'(z)}{f(z)}\, dz = N - P ,$$

wobei N die Anzahl der Null- und P die Anzahl der Polstellen von f in $\operatorname{Int}\gamma$ bezeichnet. Dabei ist jeweils die Null- und Polstellenordnung zu berücksichtigen.

Hieraus ergibt sich nun der Satz von Rouché:

Es sei $G \subset \mathbb{C}$ ein Gebiet und f, g in G holomorphe Funktionen. Weiter sei γ eine rektifizierbare Jordan-Kurve in G derart, daß γ nullhomolog in G ist und

$$|f(\zeta) + g(\zeta)| < |f(\zeta)| + |g(\zeta)| , \quad \zeta \in \gamma$$

gilt. Dann haben f und g gleich viele Nullstellen in $\operatorname{Int}\gamma$, wobei die Nullstellenordnung zu berücksichtigen ist.

Mit Hilfe des Prinzips vom Argument oder des Satzes von Rouché erhält man weitere einfache Beweise des Fundamentalsatzes der Algebra. Außerdem können beide Ergebnisse zu einem Beweis des oben erwähnten Satzes von Hurwitz herangezogen werden.

Ein Hauptanwendungsgebiet des Residuensatzes ist die (einfache) Berechnung reeller uneigentlicher Integrale. Dies soll an einem Beispiel demonstriert werden. Für $n \in \mathbb{N}, n \geq 2$ ist

$$I_n := \int_0^\infty \frac{dx}{1+x^n}$$

zu berechnen. Dazu setzt man

$$f(z) := \frac{1}{1+z^n}.$$

Dann hat f an $z_0 = e^{\pi i/n}$ eine einfache Polstelle und

$$\operatorname{Res}(f, z_0) = -\frac{z_0}{n}.$$

Nun integriert man f über die Jordan-Kurve $\gamma := \gamma_1 + \gamma_2 + \gamma_3$, wobei $\gamma_1(t) := t$, $t \in [0, r]$, $r > 1$, $\gamma_2(t) := re^{it}$, $t \in [0, \frac{2\pi}{n}]$ und $\gamma_3(t) := (r-t)z_0^2$, $t \in [0, r]$. Dann folgt mit dem Residuensatz

$$\int_0^r f(x)\,dx + \int_{\gamma_2} f(z)\,dz + \int_{\gamma_3} f(z)\,dz = -\frac{2\pi i z_0}{n}.$$

Für das Integral über γ_3 erhält man

$$\int_{\gamma_3} f(z)\,dz = -z_0^2 \int_0^r f(x)\,dx,$$

und eine elementare Abschätzung liefert noch

$$\int_{\gamma_2} f(z)\,dz \to 0 \quad \text{für } r \to \infty.$$

Insgesamt folgt

$$(z_0^2 - 1)I_n = \frac{2\pi i z_0}{n}$$

und hieraus

$$I_n = \frac{\pi}{n \sin \frac{\pi}{n}}.$$

Speziell erhält man

$$I_2 = \frac{\pi}{2}, \quad I_4 = \frac{\pi}{2\sqrt{2}}, \quad I_6 = \frac{\pi}{3}.$$

Schließlich soll noch auf den geometrischen Aspekt der Funktionentheorie, der bei Riemann im Vordergrund stand, eingegangen werden. Grundlegend hierfür ist der Begriff der ↗konformen Abbildung. Solche Abbildungen sind durch eine geometrische Eigenschaft definiert, die in dem genannten Stichwort genau erklärt wird. Der Zusammenhang zur Cauchyschen und Weierstraßschen Funktionentheorie wird durch die Tatsache hergestellt, daß eine konforme Abbildung f eines Gebietes $G \subset \mathbb{C}$ auf ein Gebiet $G^* \subset \mathbb{C}$ aus analytischer Sicht eine biholomorphe Abbildung von G auf G^* ist, d. h. f ist bijektiv, f ist holomorph in G, und die Umkehrabbildung f^{-1} ist holomorph in G^*. Fundamental für die Theorie der konformen Abbildungen ist der berühmte ↗Riemannsche Abbildungssatz:

Es sei $G \subset \mathbb{C}$ ein einfach zusammenhängendes Gebiet, $G \neq \mathbb{C}$ und $z_0 \in G$. Dann existiert genau eine konforme Abbildung f von G auf die offene Einheitskreisscheibe $\mathbb{E}$ mit $f(z_0) = 0$ und $f'(z_0) > 0$.

In diesem Zusammenhang ist auch die ↗Carathéodory-Koebe-Theorie zu nennen, die einen konstruktiven Beweis des Abbildungssatzes liefert. Konforme Abbildungen spielen heute eine wichtige Rolle in den Anwendungen, z. B. in der Aero- und Hydrodynamik und der Elektrotechnik.

Natürlich ist die Funktionentheorie mit diesen Ausführungen mitnichten vollständig beschrieben. Ein solches Unterfangen ist aus Platzgründen auch gar nicht möglich. Dieser Artikel stellt im wesentlichen nur das Grundwissen dar. Der Leser findet in diesem Lexikon viele weitere Stichworte zu dem Fachgebiet, von denen dem Autor folgende von besonderem Interesse erscheinen (in alphabetischer Reihenfolge): Hardy-Räume, harmonische Funktionen, Holomorphiegebiete, Iteration rationaler Funktionen, Satz von Mittag-Leffler über die Partialbruchzerlegung meromorpher Funktionen, Nevanlinna-Theorie, normale Familien und die Sätze von Montel und Vitali, Runge-Theorie für Kompakta, Produktsatz von Weierstraß über unendliche Produkte holomorpher Funktionen und die Ausführungen zur Werteverteilung holomorpher Funktionen.

Zuletzt bittet der Autor all jene Leser um Verständnis, deren Lieblingsthema hier nicht aufgeführt wurde.

Die folgende Literaturliste stellt nur eine Auswahl dar, wobei hauptsächlich Lehrbücher neueren Datums aufgeführt sind.

Literatur

[1] Ahlfors, L.V.: Complex Analysis. McGraw-Hill Book Company New York, 1966.

[2] Burckel, R.B.: An Introduction to Classical Complex Analysis. Vol. 1. Birkhäuser Verlag Basel, 1979.

[3] Conway, J.B.: Functions of One Complex Variable. Springer-Verlag New York, 1978.

[4] Conway, J.B.: Functions of One Complex Variable II. Springer-Verlag New York, 1995.

[5] Fischer, W.; Lieb, I.: Funktionentheorie. Friedr. Vieweg & Sohn Braunschweig, 1981.

[6] Fischer, W.; Lieb, I.: Ausgewählte Kapitel aus der Funktionentheorie. Friedr. Vieweg & Sohn Braunschweig, 1988.

[7] Freitag, E.; Busam, R.: Funktionentheorie. Springer-Verlag Berlin, 1993.

[8] Jänich, K.: Einführung in die Funktionentheorie. Springer-Verlag Berlin, 1980.
[9] Krantz, S.G.: Handbook of Complex Variables. Birkhäuser Verlag Boston, 1999.
[10] Lang, S.: Complex Analysis. Springer-Verlag New York, 1985.
[11] Narasimhan, R.: Complex Analysis in One Variable. Birkhäuser Verlag Boston, 1985.
[12] Palka, B.P.: An Introduction to Complex Function Theory. Springer-Verlag New York, 1991.
[13] Remmert, R.: Funktionentheorie 1. Springer-Verlag Berlin, 1992.
[14] Remmert, R.: Funktionentheorie 2. Springer-Verlag Berlin, 1991.
[15] Schmieder, G.: Grundkurs Funktionentheorie. B.G. Teubner Stuttgart, 1993.

Funktionsplanimeter, mechanische Vorrichtung, die zur Auswertung des bestimmten Integrals

$$\int_{x_1}^{x_2} f(y(x))dx$$

dient.

Dabei wird der geschlossene Linienzug, bestehend aus der Funktion $f(y)$ zwischen den Punkten x_1 und x_2, den beiden Geraden $x = x_1$ und $x = x_2$ und der x-Achse umfahren. Sonderfälle sind Potenzplanimeter und Stieltjesplanimeter.

Funktionstafel, *Wahrheitstafel*, Darstellung für ↗Boolesche Funktionen, bei der die ↗ON-Menge, die ↗OFF-Menge und die ↗DC-Menge der Booleschen Funktion (mindestens aber zwei dieser drei Mengen) explizit aufgezählt werden.

Funktoid, Verallgemeinerung des Begriffs des Ringoids (↗Zahlenraster) auf Funktionen.

Sei $\mathcal{M}$ ein separabler Hilbertraum über einem Körper $\mathbb{K}$ mit Basis $\Phi = \{\phi_i\}_{i=0}^{\infty}$ und $\mathcal{M}_n$ der von $\Phi_n := \{\phi_i\}_{i=0}^{n}$ aufgespannte Unterraum. Eine Abbildung $S_n : \mathcal{M} \to \mathcal{M}_n$ mit der Eigenschaft $\forall f \in \mathcal{M}_n : S_n(f) = f$ heißt eine Rundung. Operationen wie $+, -, \cdot, /$ werden in $\mathcal{M}_n$ definiert mittels eines Semimorphismus (↗Zahlenraster) durch $\forall f, g \in \mathcal{M}_n : \forall \circ \in \{+, -, \cdot, /\} : f \circ_n g := S_n(f \circ g)$, wobei $\circ_n$ die jeweils in $\mathcal{M}_n$ zu erklärende Operation bezeichnet. $(\mathcal{M}_n, +_n, -_n, \cdot_n, /_n, \dots)$ mit eventuellen weiteren semimorph definierten Operationen heißt dann Funktoid.

Das Rechnen in Funktoiden reduziert sich auf das Rechnen im isomorphen $\mathbb{K}^n$, da jedes $f \in \mathcal{M}$ eine eindeutige Darstellung $\sum a_i\phi_i$ hat mit Koeffizienten $a_i \in \mathbb{K}$. Funktoide lassen sich unter anderem durch Anwendung bekannter Approximationsverfahren (z. B. Tschebyschew-Approximation) gewinnen. Anwendungen findet man vor allem für Integralgleichungen.

[1] Kaucher, E; Miranker, W.: Self-Validating Numerics for Function Space Problems. Academic Press New York, 1983.

Funktor, ein Morphismus von ↗Kategorien.

Sind $\mathcal{C}$ und $\mathcal{D}$ zwei Kategorien, so definiert ein Funktor $F : \mathcal{C} \to \mathcal{D}$ eine Abbildung

$$F : Ob(\mathcal{C}) \to Ob(\mathcal{D}), \qquad A \mapsto F(A)$$

auf der Klasse der Objekte (die Objektabbildung) von $\mathcal{C}$ und jeweils eine Abbildung für jedes Paar von Objekten (A, B) aus $\mathcal{C}$ auf der Morphismenmenge

$$F : Mor(A, B) \to Mor(F(A), F(B)).$$

Die Morphismenabbildung erfüllt folgende Bedingungen:

(1) Für den Identitätsmorphismus gilt

$$F(1_A) = 1_{F(A)}.$$

(2) Für alle Morphismen f und g, für welche die Verknüpfung $f \circ g$ definiert ist, gilt eine der beiden Bedingungen

$$\text{(a)} \qquad F(f \circ g) = F(f) \circ F(g) \quad \text{oder}$$
$$\text{(b)} \qquad F(f \circ g) = F(g) \circ F(f).$$

Der Funktor heißt kovariant, falls (a) gilt. Er heißt kontravariant, falls (b) gilt.

Sind $T : \mathcal{C} \to \mathcal{D}$ und $S : \mathcal{D} \to \mathcal{E}$ zwei Funktoren, so definiert die Hintereinanderausführung der Abbildungen in natürlicher Weise einen Funktor

$$S \circ T : \mathcal{C} \to \mathcal{E},$$

das Kompositum der Funktoren. Die Kompositionsbildung ist assoziativ.

Das einfachste Beispiel eines Funktors ist der Identitätsfunktor $1_{\mathcal{C}} : \mathcal{C} \to \mathcal{C}$ einer Kategorie $\mathcal{C}$. Er ist sowohl auf der Klasse der Objekte als auch auf den Morphismenmengen die Identität.

Der Begriff des Funktors entstand in der algebraischen Topologie. Ein wichtiges Beispiel ist der Funktor der n-ten singulären Homologie H_n ($n \in \mathbb{N}_0$). Er ist definiert auf der Kategorie der topologischen Räume (mit den stetigen Abbildungen als Morphismen) und besitzt seine Werte in der Kategorie der abelschen Gruppen (mit den Gruppenhomomorphismen als Morphismen). Er ordnet jedem topologischen Raum seine n-te singuläre Homologiegruppe und jeder stetigen Abbildung die induzierte Abbildung auf der Homologiegruppe zu.

Funktoren sind in vielen Gebieten der Mathematik zu finden. Ein weiteres Beispiel: Es sei *Grp* die Kategorie der Gruppen. Für $G \in Ob(Grp)$ sei $[G,G]$ der Kommutatornormalteiler. Die Abbildung $G \to G_{ab} := G/[G,G]$, die jeder Gruppe ihre Abelisierung zuordnet, definiert einen Funktor von der Kategorie der Gruppen in die Kategorie der abelschen Gruppen. Jeder Gruppenhomomorphismus $\varphi : G \to H$ induziert in natürlicher Weise einen Gruppenhomomorphismus $\varphi_{ab} : G_{ab} \to H_{ab}$ auf den Abelisierungen. Die Morphismenabbildungen des Funktors sind gegeben durch die Zuordnung $\varphi \to \varphi_{ab}$.

Funktorkategorie, meist bezeichnet mit $Fun(\mathcal{C}, \mathcal{D})$, die ↗Kategorie, die zu einem Paar von Kategorien $(\mathcal{C}, \mathcal{D})$ als Objekte alle ↗Funktoren $\mathcal{C} \to \mathcal{D}$, und als Morphismen zwischen zwei Funktoren $T, S : \mathcal{C} \to \mathcal{D}$ die sog. natürlichen Transformationen $\eta : T \to S$ besitzt.

Sind $\eta : T \to S$ und $\kappa : S \to R$ natürliche Transformationen, so ist die Komposition $\kappa \circ \eta : T \to R$ die natürliche Transformation gegeben durch die Abbildungen

$$(\kappa \circ \eta)_A := \kappa_A \circ \eta_A \in Mor_{\mathcal{D}}(T(A), R(A))$$

für alle $A \in Ob(\mathcal{C})$.

für fast alle, ↗fast überall gültige Eigenschaften.

Furtwängler, Philipp, deutscher Mathematiker, geb. 21.4.1869 Elze (bei Hannover), gest. 19.5.1940 Wien.

Furtwängler studierte von 1889 bis 1894 in Göttingen, promovierte dort 1895 und arbeitete von 1899 bis 1904 am Geodätischen Institut Potsdam. Danach war er an der Landwirtschaftlichen Akademie in Bonn tätig (1904–1907, 1910–1912), an der Technischen Hochschule in Aachen (1907–1910) und an der Universität in Wien (1912–1938).

Während seiner Zeit in Potsdam arbeitete Furtwängler auf dem Gebiet der höheren Geodäsie und schuf wichtige Grundlagen zur Bestimmung der absoluten Schwerkraft. Der Ruf, den er sich dabei erwarb, führte dazu, daß er mit der Redaktion des Bandes „Geodäsie“ der Enzyklopädie der Mathematischen Wissenschaften betraut wurde.

Durch Anregung Kleins wandte sich Furtwängler der Zahlentheorie zu. Er befaßte sich mit dem Beweis des quadratischen Reziprozitätsgesetzes, der Existenz von Klassenkörpern und der ↗Fermatschen Vermutung.

Fuß, Nikolaus, schweizerisch-russischer Mathematiker, geb. 30.1.1755 Basel, gest. 4.1.1826 St. Petersburg.

1768 begann Fuß an der Universität Basel zu studieren. Dort wurde Daniel Bernoulli (↗Bernoulli-Familie) auf ihn aufmerksam und empfahl ihn dem erblindeten ↗Euler als Hilfskraft. Von 1773 bis zu Eulers Tod war Fuß dessen Sekretär in Petersburg. In dieser Zeit nahm er Diktate auf, führte Eulers Korrespondenz und bereitete etwa 250 Arbeiten Eulers zum Druck vor.

1783 wurde er Mitglied der Akademie in Petersburg und Professor für Mathematik am Kadettenkorps. Ab 1800 bis zu seinem Tod war er Ständiger Konferenzsekretär der Petersburger Akademie als Nachfolger Eulers.

In seinen eigenen Arbeiten befaßte sich Fuß mit Problemen der sphärischen Geometrie, der Trigonometrie, der Reihen, der Differentialgeometrie und der Differentialgleichungen.

Fußpunkt, ↗Lot.

Fuzzifizierung einer reellen Zahl, Überführung einer reellen Zahl in ein n-Tupel von Zugehörigkeitsgraden, wobei n die Anzahl der möglichen Ausprägungen einer linguistischen Variablen ist.

Betrachten wir die linguistische Variable „Temperatur“ mit den Ausprägungen *sehr niedrig*, *niedrig*, *mittel*, *hoch*, *sehr hoch*, die in der nachfolgenden Abbildung beschrieben werden. Die Tempera-

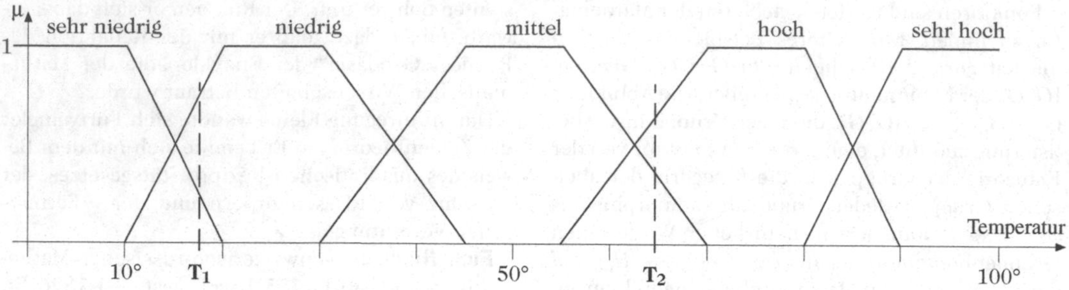

Linguistische Terme für die Variable Temperatur

turen T_1 und T_2 lassen sich dann fuzzifizieren zu

$$\begin{aligned} T_1 &= (\mu_{\text{sehr niedrig}}(T_1), \mu_{\text{niedrig}}(T_1), \mu_{\text{mittel}}(T_1), \\ &\quad \mu_{\text{hoch}}(T_1), \mu_{\text{sehr hoch}}(T_1)) \\ &= (0{,}25,\ 0{,}75,\ 0,\ 0,\ 0) \end{aligned}$$

und

$$T_2 = \left(0, 0, \frac{1}{3}, \frac{2}{3}, 0\right).$$

Fuzzy-Äquivalenzrelation, *unscharfe Äquivalenzrelation, unscharfe Ähnlichkeitsrelation*, eine ↗Fuzzy-Relation, die reflexiv, symmetrisch und max-min-transitiv ist.

Dabei ist eine Fuzzy-Relation $\widetilde{R}$ auf $X \times X$ max-min-transitiv, wenn gilt

$$\mu_R(x, z) \geq \min\{\mu_R(x, y), \mu_R(y, z)\}$$

für alle $(x, y, z) \in X^3$.

Da die max-min-Transitivität fordert, daß die Strenge der direkten Verbindung zwischen zwei Elementen x und z mindestens so streng ist wie die Strenge jedes einzelnen Verbindungstücks auf der indirekten Verbindung, wird diese Bedingung von manchen Autoren als zu restriktiv angesehen. Sie schlagen u. a. vor, den min-Operator durch die ↗beschränkte Differenz unscharfer Mengen, das arithmetische Mittel, den max-Operator oder die algebraische Summe zu ersetzen, und erhalten andere Definitionen für die Transitivität.

Die Verwendung der beschränkten Differenz führt zur Transitivitätsbedingung

$$\mu_L(x, z) \geq \max\{0, \mu_L(x, y) + \mu_L(y, z) - 1\}$$

für alle $(x, y, z) \in X^3$.

Eine reflexive und symmetrische Fuzzy-Relation, die dieser Transitivitätsbedingung genügt, wird auch als Likeness Relation bezeichnet. Diese Ähnlichkeitsrelation hat den Vorteil, daß die dazu analoge Abstandsrelation

$$d(x, z) = 1 - \mu_L(x, z)$$

eine Pseudometrik bildet, denn $d(x, z)$ genügt der Dreiecksungleichung

$$\begin{aligned} d(x, z) &\leq \min\left(1, d(x, y) + d(y, z)\right) \\ &\leq d(x, y) + d(y, z). \end{aligned}$$

Fuzzy-Arithmetik, Erweiterung einer binären Relation auf die Situation der ↗Fuzzy-Zahlen.

Mit Hilfe des ↗Erweiterungsprinzips kann eine binäre Operation $*$ in $\mathbb{R}$ erweitert werden zu einer Operation $\circledast$, mit der zwei Fuzzy-Zahlen oder zwei ↗Fuzzy-Intervalle miteinander verknüpft werden. Die so gebildete Fuzzy-Menge $\widetilde{M} \circledast \widetilde{N}$ auf $\mathbb{R}$ hat dann die Zugehörigkeitsfunktion

$$\mu_{M*N}(z) = \sup_{(x,y)\in\mathbb{R}^2:\, z=x*y} \min\left(\mu_M(x), \mu_N(y)\right),$$

falls $z \in \mathbb{R}$ darstellbar ist als $z = x * y$, sonst ist $\mu_{M*N}(z) = 0$.

Aus der Definition folgt unmittelbar, daß

- für jede kommutative Operation $*$ auch die erweiterte Operation $\circledast$ kommutativ ist, und
- für jede assoziative Operation $*$ auch die erweiterte Operation $\circledast$ assoziativ ist.

Speziell lassen sich die Grundrechenarten auf Fuzzy-Zahlen und Fuzzy-Intervalle erweitern, indem als binäre Operationen die Addition, Subtraktion, Multiplikation oder Division gewählt werden:

Erweiterte Addition: Die Summe $\widetilde{M} \oplus \widetilde{N}$ zweier Fuzzy-Mengen $\widetilde{M}$ und $\widetilde{N}$ auf $\mathbb{R}$ wird definiert durch

$$\mu_{M+N}(z) = \sup_{(x,y)\in\mathbb{R}^2:\, z=x+y} \min\left(\mu_M(x), \mu_N(y)\right).$$

Erweiterte Subtraktion: Die Differenz $\widetilde{M} \ominus \widetilde{N}$ zweier Fuzzy-Mengen $\widetilde{M}$ und $\widetilde{N}$ auf $\mathbb{R}$ wird definiert durch

$$\mu_{M-N}(z) = \sup_{(x,y)\in\mathbb{R}^2:\, z=x-y} \min\left(\mu_M(x), \mu_N(y)\right).$$

Erweiterte Multiplikation: Das Produkt $\widetilde{M} \odot \widetilde{N}$ zweier Fuzzy-Mengen $\widetilde{M}$ und $\widetilde{N}$ auf $\mathbb{R}$ wird definiert durch

$$\mu_{M\cdot N}(z) = \sup_{(x,y)\in\mathbb{R}^2:\, z=x\cdot y} \min\left(\mu_M(x), \mu_N(y)\right).$$

Erweiterte Division: Der Quotient $\widetilde{M} \oslash \widetilde{N}$ zweier Fuzzy-Mengen $\widetilde{M}$ und $\widetilde{N}$ auf $\mathbb{R}$ wird definiert durch

$$\mu_{M/N}(z) = \sup_{(x,y)\in\mathbb{R}^2:\, z=\frac{x}{y}} \min(\mu_M(x), \mu_N(y))\,.$$

Die Zugehörigkeitsfunktionen $\mu_{M*N}(z)$ lassen sich beliebig genau mittels α-Schnitten (↗α-Niveau-Mengen) berechnen. Der Rechenaufwand läßt sich aber beträchtlich reduzieren, wenn ↗L-R-Fuzzy-Zahlen, ↗L-R-Fuzzy-Intervalle oder ↗Fuzzy-Intervalle vom ε-λ-Typ arithmetisch verknüpft werden.

Die erweiterte Addition $\oplus$ und die erweiterte Multiplikation $\odot$ lassen sich unmittelbar auf mehr als zwei Summanden oder Produkte erweitern.

Fuzzy-Clusteranalyse, Verfahren zur Zuordnung von Objekten einer gebenen Menge Q in unscharfe Cluster $\widetilde{Q}_k$.

Dabei wird die gegebene Menge $Q = \{O_1, \dots, O_N\}$ von Objekten O_j so in Fuzzy-Teilmengen $\widetilde{Q}_1, \dots, \widetilde{Q}_n$ mit $\widetilde{Q}_k = \{(O_j, \mu_{Q_k}(O_j) | O_j \in Q\}$ zerlegt, daß

- $\bigcup_{h=1}^{n} \operatorname{supp}(\widetilde{Q}_j) = Q$ und
- $\sum_{k=1}^{n} \mu_{Q_k}(O_j) = 1$ für alle Objekte $O_j \subset Q$.

Die Normierung dient dazu, die Cluster bezüglich ihrer relativen Mächtigkeit einzuschätzen und den Fall scharfer Cluster einzuschließen. Sie wird üblicherweise in der Literatur gefordert, die Definition läßt jedoch auch eine ↗Clusteranalyse ohne diese Normierung sinnvoll erscheinen.

In der Literatur existieren zahlreiche Verfahren zur Clusterbildung, deren Brauchbarkeit vom gegebenen Kontext abhängt. Eine der bekanntesten Methoden ist das von Bezdek (1981) entwickelte Iterationsverfahren ISODATA-FCM, das hier beispielhaft dargestellt wird:

Voraussetzung ist, daß sich die Objekte O_j durch ihre Merkmalsvektoren $\mathbf{x}_j = (x_{1j}, \dots, x_{mj})^T \in \mathbb{R}^m$ beschreiben lassen und im $\mathbb{R}^m$ eine Norm $\|\mathbf{x}\text{-}\mathbf{y}\|$ existiert.

Schritt 1

Man wählt die gewünschte Clusteranzahl n, $n < N$, und einen Exponenten $p \in [0, +\infty)$.

Dann wählt man eine Ausgangsmatrix $U^{(0)} = \{u_{jk}\}$ mit

$$u_{jk} = \mu_{Q_k}(O_j),$$
$$\sum_{k=1}^{n} u_{jk} = 1,$$
$$0 < \sum_{k=1}^{N} u_{jk} < N\,.$$

Man setze die Iterationsnummer r gleich 0.

Schritt 2

Berechnung der Clusterzentren $\mathbf{v}_k^{(r)}$ gemäß der Formel

$$\mathbf{v}_k^{(r)} = \frac{\sum_{j=1}^{N} \left(u_{jk}^{(r)}\right)^p \cdot \mathbf{x}_j}{\sum_{j=1}^{N} \left(u_{jk}^{(r)}\right)^p}\,.$$

Schritt 3

Man berechne $U^{(r+1)}$ gemäß der folgenden Vorschrift:

$$I_j = \{k \in \{1, \dots, n\} \mid \|\mathbf{x}_j - \mathbf{v}_k^{(r)}\| = 0\},$$
$$C(I_j) = \{1, \dots, n\} \backslash I_j,$$

für alle $j = 1, \dots, N$.

Ist $I_j = \emptyset$, so setze man

$$u_{jk}^{(r+1)} = \left[\sum_{s=1}^{n} \left(\frac{\|\mathbf{x}_j - \mathbf{v}_k^{(r)}\|}{\|\mathbf{x}_j - \mathbf{v}_s^{(r)}\|}\right)^{\frac{2}{n-1}}\right]^{-1}.$$

Ist $I_j \neq \emptyset$, so setze man

$$u_{jk}^{(r+1)} = 0 \qquad \text{für jedes } k \in C(I_j)$$

und wähle die übrigen $u_{jk}^{(r+1)}$ so, daß

$$\sum_{k\in I_j} u_{jk}^{(r+1)} = 1\,.$$

Schritt 4

Wähle eine zu $\|\cdot\|$ passende Matrixnorm und ein $\varepsilon > 0$.

Falls $\|U^{(r+1)} - U^{(r)}\| \leq \varepsilon$, dann beende man das Iterationsverfahren mit $U^{(r+1)}$, andernfalls fahre man mit Schritt 2 fort.

Fuzzy-Control, die Anwendung von ↗Fuzzy-Inferenz zur Steuerung technischer Prozesse.

Der wesentliche Unterschied zu klassischen Steuerungsverfahren liegt darin, daß nicht der Steuerungsprozeß modelliert wird, sondern die Steuerungsaktivitäten eines Experten, der diesen Prozeß hinreichend gut kontrollieren kann.

Die Fülle technischer Anwendungen reicht von der Steuerung komplexer technischer und chemischer Prozesse, wie der Regelung von Energiezufuhr bei Zementbrennöfen, der Aufbereitung von Trinkwasser oder der Steuerung von Beschleunigungs- und Bremsvorgängen von U-Bahnen bis hin zum Einbau von Fuzzy-Control-Chips in Haushaltsgeräten.

Insbesondere der Einsatz von Fuzzy-Control zur vollautomatischen Einstellung der Saugkraft bei Staubsaugern in Abhängigkeit des Bodenbelages, zur Steuerung der Wasser- und der Waschmittelzufuhr bei Waschmaschinen und zur Fokussierung von Photokameras und Camcordern machte den Begriff „fuzzy" vor allem in Japan populär.

Fuzzy-Entscheidungstheorie, Entscheidungsunterstützungsmodelle, die ↗Fuzzy-Zahlen, ↗Fuzzy-Intervalle, ↗linguistische Variablen oder ↗Fuzzy-Relationen beinhalten oder auf ↗Fuzzy-Inferenz basieren.

Im weiteren Sinne werden auch Entscheidungsmodelle, bei denen anstelle von Eintrittwahrscheinlichkeiten Möglichkeitsgrade verwendet werden, als Fuzzy-Systeme bezeichnet.

In der Literatur findet man eine Fülle unterschiedlicher Ansätze, das klassische Entscheidungmodell durch Verwendung von Fuzzy-Komponenten realistischer zu gestalten. Es existieren Entscheidungsmodelle mit

- Fuzzy-Alternativen

  $$\widetilde{D}_h = \{(a_i, \mu_{D_h}(a_i)) \mid a_i \in A\}, \quad h = 1, \dots, H,$$

  wobei $A = \{a_1, a_2, \dots, a_m\}$ die Menge aller gegebenen Alternativen ist;
- Fuzzy-Zuständen

  $$\widetilde{Z}_r = \{(s_j, \mu_{Z_r}(s_j)) \mid s_j \in S\}, \quad r = 1, \dots, R,$$

  wobei $S = \{s_1, s_2, \dots, s_n\}$ die Menge aller Umweltzustände ist;
- Fuzzy-Wahrscheinlichkeiten

  $$\widetilde{P}_j = \widetilde{P}(s_j) = \{(p, \mu_{P_j}(p)) \mid p \in [0, 1]\};$$
- Fuzzy-Nutzen

  $$\widetilde{U}_{ij} = \widetilde{U}(a_i, s_j) = \{(u, \mu_{U_{ij}}(u)) \mid u \in U\},$$

  wobei U die Menge der Nutzenwerte ist, welche den Paaren (a_i, s_j), $i = 1, 2, \dots, m$; $j = 1, 2, \dots, n$ zugeordnet werden;
- Fuzzy-Informationen

  $$\widetilde{Y}_t = \{(x_k, \mu_{Y_t}(x_k)) \mid x_k \in X\},$$

  wobei $X = \{x_1, x_2, \dots, x_K\}$ die Informationen auf einem Testmarkt sind.

Für multikriterielle Entscheidungsprobleme oder Gruppenentscheidungen wird u. a. vorgeschlagen, Zielbewertungen und Zielgewichte durch Zugehörigkeitsgrade auszudrücken und dann mittels T-Norm- und T-Konorm-Operatoren oder kombinatorischen Operatoren zu einem Gesamturteil zu verdichten.

Ein anderer Weg ist die Beschreibung von Bewertungen und Gewichten mittels linguistischer Terme, wie „schlecht, mittel, gut" oder „unwichtig, weniger wichtig, wichtig, sehr wichtig". Die Aggregation zu einem Gesamturteil erfolgt dann über Operatoren oder regelbasiert.

[1] Rommelfanger, H.: Fuzzy Decision Support-Systeme, Entscheiden bei Unschärfe. Springer Berlin, 1994.

Fuzzy-Ereignis, *unscharfes Ereignis*, eine Erweiterung des Begriffs Ereignis auf Fuzzy-Mengen.

Sei $(\Omega, \mathfrak{P}(\Omega), P)$ ein Wahrscheinlichkeitsraum mit der endlichen Ergebnismenge Ω, der Ereignismenge $\mathfrak{P}(\Omega)$ und der Wahrscheinlichkeitsfunktion

$$P : \mathfrak{P}(\Omega) \longrightarrow [0, 1].$$

Eine Fuzzy-Menge $\widetilde{A} = \{(x, \mu_A(x)) \mid x \in \Omega\}$ heißt dann Fuzzy-Ereignis in Ω, wenn ihre Zugehörigkeitsfunktion $\mu_A(x)$ Borel-meßbar ist.

Die Wahrscheinlichkeit eines Fuzzy-Ereignisses $\widetilde{A}$ ist definiert als

$$P(\widetilde{A}) = \sum_{x \in \Omega} \mu_A(x) \cdot P(\{x\}).$$

Sei $(\Omega, \mathcal{L}, P)$ ein Wahrscheinlichkeitsraum mit der Ergebnismenge $\mathbb{R}^n$, der Borelschen σ-Algebra $\mathcal{L}$ auf $\mathbb{R}^n$ und der Wahrscheinlichkeitsfunktion $P : \mathcal{L} \longrightarrow [0, 1]$.

Eine Fuzzy-Menge $\widetilde{A} = \{(x, \mu_A(x)) \mid x \in \mathbb{R}^n\}$ heißt dann Fuzzy-Ereignis in $\mathbb{R}^n$, wenn ihre Zugehörigkeitsfunktion $\mu_A(x)$ Borel-meßbar ist.

Die Wahrscheinlichkeit eines Fuzzy-Ereignisses $\widetilde{A}$ ist definiert als das Lebesgues-Stieltjes-Integral

$$P(\widetilde{A}) = \int_{\mathbb{R}^n} \mu_A(x)\, dP.$$

Ist $n = 1$ und läßt sich die Wahrscheinlichkeit P beschreiben durch eine Dichtefunktion $g(x)$, so kann $P(\widetilde{A})$ auch geschrieben werden als

$$P(\widetilde{A}) = \int_{-\infty}^{+\infty} \mu_A(x) g(x)\, dx.$$

Sind $\widetilde{A}$ und $\widetilde{B}$ Fuzzy-Ereignisse des gleichen Wahrscheinlichkeitsraumes, so gilt

$$\widetilde{A} \subseteq \widetilde{B} \quad \Rightarrow \quad P(\widetilde{A}) \le P(\widetilde{B}),$$

$$P(\widetilde{A} \cup \widetilde{B}) = P(\widetilde{A}) + P(\widetilde{B}) - P(\widetilde{A} \cap \widetilde{B}).$$

Auch weitere Konzepte und Sätze der klassischen Wahrscheinlichkeitstheorie lassen sich auf Fuzzy-Ereignisse erweitern:

Als bedingte Wahrscheinlichkeit eines Fuzzy-Ereignisses $\widetilde{A}$ unter der Bedingung, daß das Fuzzy-Ereignis $\widetilde{B}$ des gleichen Wahrscheinlichkeitsraumes mit $P(\widetilde{B}) > 0$ eingetreten ist, bezeichnet man die Größe

$$P(\widetilde{A} | \widetilde{B}) = \frac{P(\widetilde{A} \cdot \widetilde{B})}{P(\widetilde{B})}.$$

Zwei Fuzzy-Ereignisse $\widetilde{A}$ und $\widetilde{B}$ heißen stochastisch unabhängig, wenn gilt

$$P(\widetilde{A} \cdot \widetilde{B}) = P(\widetilde{A}) \cdot P(\widetilde{B}).$$

Der Erwartungswert eines Fuzzy-Ereignisses $\widetilde{A}$ läßt sich berechnen als

$$E(\widetilde{A}) = \frac{1}{P(\widetilde{A})} \sum_{x \in \Omega} x \cdot \mu_A(x) \cdot P(\{x\})$$

bzw.

$$E(\widetilde{A}) = \frac{1}{P(\widetilde{A})} \int_{\mathbb{R}^n} x \cdot \mu_A(x)\, dP.$$

Als Möglichkeitsmaß eines Fuzzy-Ereignisses $\widetilde{A} = \{(x, \mu_A(x)) \mid x \in \Omega\}$ bezeichnet man den Wert

$$\Pi(\widetilde{A}) = \sup_{x \in \Omega} \min(\mu_A(x), \pi(x)),$$

wenn $\pi(x)$ eine Possibility-Verteilung (↗Möglichkeitsmaß) auf der Ergebnismenge Ω ist.

Fuzzy-Graph, formal definiert als ein Tripel $G = (X, \widetilde{A}, \widetilde{R})$, wobei die ↗Fuzzy-Menge der Knoten, $\widetilde{A}$ eine normalisierte Fuzzy-Menge auf der Grundmenge X und die Fuzzy-Menge der Kanten $\widetilde{R}$ eine ↗Fuzzy-Relation auf $\widetilde{A}$ ist, so daß für alle Elemente $x, y \in X$ gilt

$$\mu_R(x, y) \leq \min(\mu_A(x), \mu_A(y)).$$

Fuzzy-Halbordnung, eine ↗Fuzzy-Relation $\widetilde{R}$ in X, die reflexiv, transitiv und perfekt antisymmetrisch ist.

Fuzzy-Inferenz, hat das fuzzy-logische Schließen auf unscharfen Informationen zum Inhalt; hier wird ↗Fuzzy-Logik als Syllogistik aufgefaßt.

Dabei besteht eine Inferenz aus einer oder mehreren Regeln, Implikationen genannt, einem Faktum, das einen konkreten Zustand feststellt, und einem Schluß, der das Faktum unter Berücksichtigung der Implikation(en) durch ein neues Faktum ersetzt.

Das nachfolgende Beispiel über die Relation zwischen Farbe und Reifegrad von Tomaten läßt erkennen, daß diese Art von unscharfem Schließen nicht mit der klassischen Logik beschrieben werden kann.

Implikation:	WENN eine Tomate rot ist, DANN ist sie reif.
Faktum:	Die (vorliegende) Tomate ist sehr rot.
Schluß:	Die (vorliegende) Tomate ist sehr reif.

Modelliert man aber die linguistischen Variablen *Farbe* und *Reifegrad* in Form von ↗Fuzzy-Mengen $\widetilde{F} = \{(x, \mu_F(x)) \mid x \in M_1\}$ bzw. $\widetilde{G} = \{(x, \mu_G(y)) \mid y \in M_2\}$, und die unscharfe Implikation durch eine ↗Fuzzy-Relation

$$\widetilde{R} = \{((x, y), \mu_R(x, y)) \mid (x, y) \in M_1 \times M_2\},$$

so läßt sich das Fuzzy-Inferenz-Bild beschreiben durch

$$\widetilde{G} = \{(y, \mu_G(y)) \mid \mu_G(y) = \max_{x \in M_1} \min(\mu_F(x), \mu_R(x, y)) \text{ für } y \in M_2\}.$$

Da es in der Praxis aber kaum möglich ist, adäquate Fuzzy-Relationen anzugeben, verwendet man bei Fuzzy-Logik-Anwendungen scharfe Relationen zwischen linguistischen Variablen, die in Form von Regelsätzen dargestellt werden. Eine einfache Regelbasis für das Beispiel Farbe-Reifegrad-Relation von Tomaten ist:

WENN eine Tomate hellrot ist,	DANN ist sie unreif.
WENN eine Tomate rot ist,	DANN ist sie reif.
WENN eine Tomate dunkelrot ist,	DANN ist sie überreif.

Der „WENN ..., DANN ... "-Operator auf unscharfen Informationen entspricht dabei dem ↗kartesischen Produkt von Fuzzy-Mengen, sodaß die Wahrheitswerte mit dem min-Operator ermittelt werden.

Die ersten Ideen zu Anwendungen der Fuzzy-Inferenz für die Steuerung komplexer Prozesse wurden schon 1974 von Mamdani und Assilan vorgeschlagen. Mamdani war auch an der ersten industriellen Anwendung zur Steuerung von Zementbrennöfen bei der Firma F.L. Smidth & Co., Dänemark, Ende der 70er Jahre beteiligt. Einen größeren Bekanntheitsgrad erhielten die mit dem Namen ↗Fuzzy-Control bezeichneten regelbasierten Steuerungsverfahren in der zweiten Hälfte der 80er Jahre in Japan. In Europa und Amerika wurden die Vorteile der auf Fuzzy-Inferenz basierenden Steuerungssysteme erst ab 1992 erkannt und in der Produktion in stärkerem Maße eingesetzt.

Mit Hilfe der Fuzzy-Inferenz lassen sich aber auch Expertenregeln modellieren und verarbeiten, die bei der Lösung ökonomischer und juristischer Entscheidungs- und Bewertungsprobleme Verwendung finden. Rommelfanger stellte 1991 ein hierarchisches System zur Bewertung der Kreditwürdigkeit mittelständischer Unternehmen vor, bei dem die Bewertungen schrittweise regelbasiert mit ↗Fuzzy-Logik erfolgen. Analoge Systeme wurden u. a. für die Unterstützung von Portfolioentscheidungen, zur Bewertung von Lieferanten, zur Festlegung von Bußgeldbescheiden und zur Durchführung analytischer Prüfungshandlungen von Wirtschaftsprüfern entwickelt. Diese regelbasierten Fuzzy-Logik-Systeme zeichnen sich dadurch aus, daß der Entscheidungsprozeß transparent bleibt, da mit der Regelbasis und den linguistischen Bewertungen die Entscheidungsgrund-

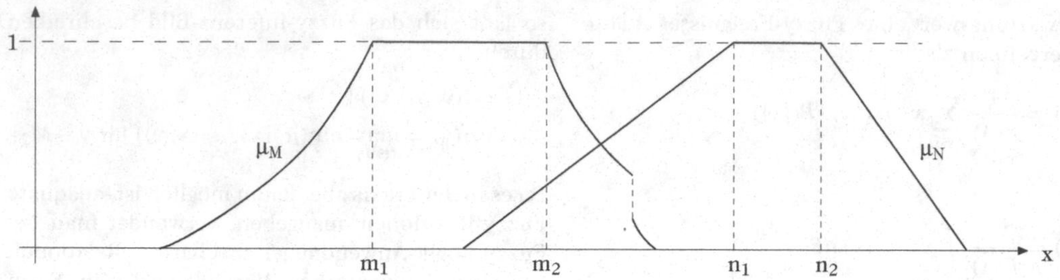

Fuzzy-Intervalle

lagen offenliegen. Zur adäquaten Beschreibung der linguistischen Bewertungen lassen sich neben Expertenmeinungen auch Datenbanken heranziehen.

Fuzzy-Intervall, *unscharfes Intervall*, eine konvexe ↗normalisierte Fuzzy-Menge $\widetilde{A}$ auf der Menge der reellen Zahlen $\mathbb{R}$ mit den Eigenschaften:

i. Es existiert mehr als eine reelle Zahl mit
$\mu_A(x) = 1$, und

ii. μ_A ist stückweise stetig.

Aus der Konvexitätsannahme folgt, daß die 1-Niveau-Menge $A_1 = \{x \in \mathbb{R} \mid \mu_A(x) = 1\}$ eines Fuzzy-Intervalls dann ein klassisches Intervall ist.

Fuzzy-Intervall vom ε-λ-Typ, spezielles ↗Fuzzy-Intervall.

Fuzzy-Intervalle vom ε-λ-Typ

$$\widetilde{A} = (\underline{a}^{\varepsilon};\underline{a}^{\lambda};\underline{a}^{1};\overline{a}^{1};\overline{a}^{\lambda};\overline{a}^{\varepsilon})^{\varepsilon,\lambda}$$

haben stückweise lineare ↗Zugehörigkeitsfunktionen und sind für praktische Anwendungen besonders gut geeignet. Sie entsprechen dem ↗Darstellungssatz für unscharfe Mengen, beschränken aber vereinfachend die ↗α-Niveau-Mengen auf drei prominente Niveaus ε, λ und 1 mit

$$0 < \varepsilon < \lambda < 1.$$

Die Rechenregeln für Fuzzy-Intervalle des *L-R*-Typs lassen sich auch auf Fuzzy-Intervalle des ε-λ-Typs übertragen und sind dann noch einfacher zu berechnen:

$$(\underline{a}^{\varepsilon};\underline{a}^{\lambda};\underline{a}^{1};\overline{a}^{1};\overline{a}^{\lambda};\overline{a}^{\varepsilon})^{\varepsilon,\lambda}\oplus(\underline{b}^{\varepsilon};\underline{b}^{\lambda};\underline{b}^{1};\overline{b}^{1};\overline{b}^{\lambda};\overline{b}^{\varepsilon})^{\varepsilon,\lambda}=$$
$$(\underline{a}^{\varepsilon}+\underline{b}^{\varepsilon};\underline{a}^{\lambda}+\underline{b}^{\lambda};\underline{a}^{1}+\underline{b}^{1};\overline{a}^{1}+\overline{b}^{1};\overline{a}^{\lambda}+\overline{b}^{\lambda};\overline{a}^{\varepsilon}+\overline{b}^{\varepsilon})^{\varepsilon,\lambda},$$

$$(\underline{a}^{\varepsilon};\underline{a}^{\lambda};\underline{a}^{1};\overline{a}^{1};\overline{a}^{\lambda};\overline{a}^{\varepsilon})^{\varepsilon,\lambda}\ominus(\underline{b}^{\varepsilon};\underline{b}^{\lambda};\underline{b}^{1};\overline{b}^{1};\overline{b}^{\lambda};\overline{b}^{\varepsilon})^{\varepsilon,\lambda}=$$
$$(\underline{a}^{\varepsilon}-\underline{b}^{\varepsilon};\underline{a}^{\lambda}-\underline{b}^{\lambda};\underline{a}^{1}-\underline{b}^{1};\overline{a}^{1}-\overline{b}^{1};\overline{a}^{\lambda}-\overline{b}^{\lambda};\overline{a}^{\varepsilon}-\overline{b}^{\varepsilon})^{\varepsilon,\lambda},$$

$$(\underline{a}^{\varepsilon};\underline{a}^{\lambda};\underline{a}^{1};\overline{a}^{1};\overline{a}^{\lambda};\overline{a}^{\varepsilon})^{\varepsilon,\lambda}\otimes(\underline{b}^{\varepsilon};\underline{b}^{\lambda};\underline{b}^{1};\overline{b}^{1};\overline{b}^{\lambda};\overline{b}^{\varepsilon})^{\varepsilon,\lambda}=$$
$$(\underline{a}^{\varepsilon}\cdot\underline{b}^{\varepsilon};\underline{a}^{\lambda}\cdot\underline{b}^{\lambda};\underline{a}^{1}\cdot\underline{b}^{1};\overline{a}^{1}\cdot\overline{b}^{1};\overline{a}^{\lambda}\cdot\overline{b}^{\lambda};\overline{a}^{\varepsilon}\cdot\overline{b}^{\varepsilon})^{\varepsilon,\lambda},$$

$$(\underline{a}^{\varepsilon};\underline{a}^{\lambda};\underline{a}^{1};\overline{a}^{1};\overline{a}^{\lambda};\overline{a}^{\varepsilon})^{\varepsilon,\lambda}\oslash(\underline{b}^{\varepsilon};\underline{b}^{\lambda};\underline{b}^{1};\overline{b}^{1};\overline{b}^{\lambda};\overline{b}^{\varepsilon})^{\varepsilon,\lambda}=$$
$$(\underline{a}^{\varepsilon}:\underline{b}^{\varepsilon};\underline{a}^{\lambda}:\underline{b}^{\lambda};\underline{a}^{1}:\underline{b}^{1};\overline{a}^{1}:\overline{b}^{1};\overline{a}^{\lambda}:\overline{b}^{\lambda};\overline{a}^{\varepsilon}:\overline{b}^{\varepsilon})^{\varepsilon,\lambda}.$$

Fuzzy-Logik, auch „unscharfe Logik", nutzt Hilfsmittel der ↗mehrwertigen Logik und das Konzept der ↗Fuzzy-Mengen insbesondere zur Modellierung von Problemen und Strategien der Steuerung und Beeinflussung komplexer Systeme.

Im Verlaufe der Entwicklung unterlag der Begriff „Fuzzy-Logik" einem stetigen Bedeutungswechsel. Ursprünglich spielten die Anwendungen in der Steuerungstechnik eine untergeordnete Rolle. Die zugrundeliegende Intuition geht davon aus, daß komplexe Objekte, Zustände, Vorgänge, Verfahren, … nicht oder nur mit sehr hohem Aufwand vollständig beschrieben werden können. Häufig ist man auf unvollständige Informationen angewiesen,

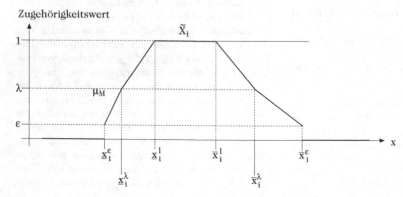

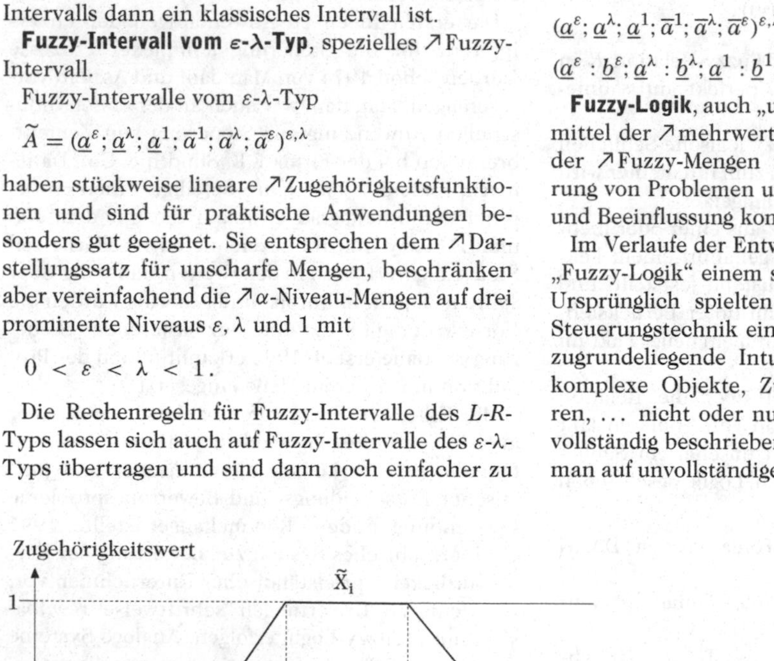

Fuzzy-Intervall vom ε-λ-Typ

die aber einen gewissen Informationsgehalt besitzen. Informationen lassen sich in formalisierten Sprachen als Aussagen formulieren. In der klassischen Mathematik sind alle Objekte exakt (scharf) definiert (mathematische Objekte sind hier allein mit Hilfe von Mengen und deren Elementbeziehung definierbar), und alle Aussagen sind so präzise formuliert, daß sie entweder wahr oder falsch sind (Prinzip der Zweiwertigkeit). Eine Information, die also nicht „ganz wahr" ist, ist demzufolge sofort falsch und somit als Information fast wertlos, obwohl sie vielleicht einen nicht unbedeutenden Informationsgehalt besitzt. Diese Grundidee ausnutzend ist zunächst das Konzept der ↗Fuzzy-Mengen entstanden, wonach auch mathematische Objekte als unscharf gegeben anzusehen sind. Eine Fuzzy-Menge A über einem Universum U (U ist eine im klassischen Sinn verstandene Menge) wird durch eine spezielle Funktion (Zugehörigkeitsfunktion) $\mu_A : U \rightarrow [0,1]$ charakterisiert, wobei $[0,1]$ als abgeschlossenes Intervall der reellen Zahlen zu verstehen ist. Die Fuzzy-Menge A wird mit der Zugehörigkeitsfunktion μ_A identifiziert. Fuzzy-Mengen sind also verallgemeinerte charakteristische Funktionen, wobei hier „$x \in A$" bedeutet, daß die Aussageform $x \in A$ wahr ist. Die Fuzzy-Logik geht davon aus, daß der Informationsgehalt solcher Aussageformen nicht allein mit „wahr" bzw. „falsch" bewertet werden kann und benutzt daher die Werkzeuge der mehrwertigen Logik, d. h., sie setzt mehrere (sogar unendlich viele) abgestufte oder graduierte Wahrheitswerte bei der Beurteilung von Informationen voraus. In der Fuzzy-Logik wird meistens das Intervall $[0,1]$ als Wahrheitswertevorrat genutzt. Der Wahrheitswert zusammengesetzter Aussagen (komplexerer Informationen) ist ebenfalls im Sinne der mehrwertigen Logik zu verstehen.

Die zur Simulierung und Modellierung von Prozeßsteuerungen verwendete Steuerlogik wird häufig „unscharf" mit Fuzzy-Logik umschrieben.

Wir geben noch ein einfaches und bekanntes Beispiel für fuzzy-logisches Schließen, auch approximatives Schließen genannt: Die Relation des Farbe-Reifegrades für Tomaten:

Implikation:	WENN eine Tomate rot ist, DANN ist sie reif.
Prämisse:	Die (vorliegende) Tomate ist tief rot.
Schluß:	Die (vorliegende) Tomate ist sehr reif.

Um zu einem solchen Schluß zu gelangen, bedarf es über die verallgemeinerte modus ponens-Regel hinaus zusätzliches Wissen über die möglichen Modifikationen der Prämisse und den daraus folgenden Konsequenzen. Im Beispiel wird das Wissen benötigt, daß mit dem Anstieg der Rotfärbung ein Anstieg des Reifegrades einhergeht. Zadeh schlug vor, Implikationen zwischen unscharfen Fakten mittels ↗Fuzzy-Relationen zu beschreiben:

Ist $\widetilde{A}$ eine Fuzzy-Menge auf X und $\widetilde{R}(x,y)$ eine zweistellige Relation auf $X \times Y$, dann wird $\widetilde{A}$ durch $\widetilde{R}$ in eine Fuzzy-Menge $\widetilde{B}$ auf Y abgebildet gemäß $\widetilde{A} \circ \widetilde{R}$.

Bei Verwendung der max-min-Komposition ergibt sich das Inferenzbild von $\widetilde{A}$ bezüglich der Fuzzy-Relation $\widetilde{R}$ als

$$\mu(y) = \max_{x \in X} \min(\mu_A(x), \mu_R(x,y)).$$

Fuzzy-Maß, *unscharfes Maß*, eine auf einer σ-Algebra f über dem Stichprobenraum Ω definierte Funktion $g : f \longrightarrow [0,1]$ mit den Eigenschaften:

$$g(\emptyset) = 0,$$

$$g(\Omega) = 1,$$

$$A, B \in f \text{ und } A \subseteq B \;\Rightarrow\; g(A) \leq g(B) \quad \textit{(Monotonie)},$$

$$A_1, A_2, \ldots \in f \text{ und } A_1 \subseteq A_2 \subseteq \cdots \subseteq A_n \subseteq \cdots \;\Rightarrow\; \lim_{i \to \infty} g(A_i) = g\big(\lim_{i \to \infty} A_i\big) \quad \textit{(Stetigkeit)}.$$

Da ein Wahrscheinlichkeitsmaß auf f sowohl der Monotonie als auch der Stetigkeitsbedingung genügt, ist die Wahrscheinlichkeit ein Fuzzy-Maß.

Weitere Spezialfälle des Fuzzy-Maßes sind das ↗Möglichkeitsmaß, das ↗Glaubensmaß, das ↗Plausibilitätsmaß und das λ-Fuzzy-Maß.

Dabei ist ein λ-Fuzzy-Maß auf f eine auf einer σ-Algebra f über dem Stichprobenraum Ω definierte Funktion $g_\lambda : f \longrightarrow [0,1]$, die den Bedingungen genügt:

$$g(\Omega) = 1,$$

$$A, B \in f \text{ und } A \subseteq B \;\Rightarrow\; g(A) \leq g(B),$$

$$A, B \in f \text{ und } A \cap B = \emptyset \text{ und } \lambda > -1 \;\Rightarrow\; g_\lambda(A \cup B) = g_\lambda(A) + g_\lambda(B) + \lambda g_\lambda(A) g_\lambda(B).$$

Den Zusammenhang zwischen den wichtigsten Fuzzy-Maßen auf einer endlichen Menge Ω zeigt die Abbildung.

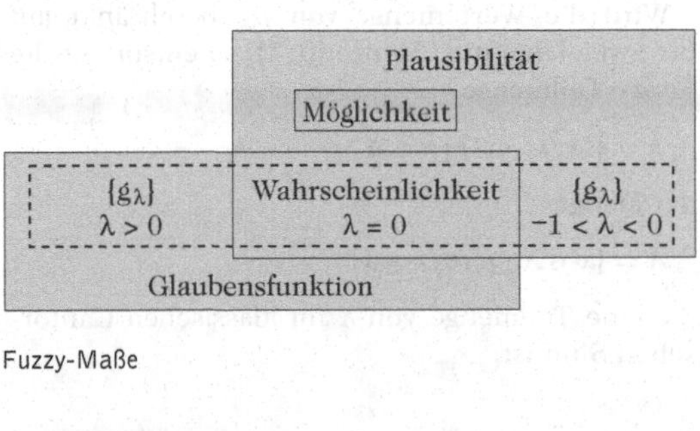

Fuzzy-Maße

Fuzzy-Menge

H. Rommelfanger

Eine Fuzzy-Menge oder *unscharfe Menge vom Typ* 1 ist eine Menge geordneter Paare

$$\widetilde{A} = \{(x, \mu_A(x)) \mid x \in X\},$$

bei der jedem Element x einer Grundmenge X ein Wert $\mu_A(x)$ zugeordnet wird, der die Zugehörigkeit dieses Elementes zur unscharfen (Teil-)Menge $\widetilde{A}$ angibt.

Die Bewertungsfunktion

$$\mu_A : X \longrightarrow [0, 1]$$

wird Zugehörigkeitsfunktion (membership function), charakteristische Funktion oder Kompatibilitätsfunktion genannt.

Die Verwendung einer numerischen Skala, hier des Intervalls $[0, 1]$, erlaubt eine einfache und übersichtliche Darstellung der Zugehörigkeitsgrade. Um aber Fehlinterpretationen zu vermeiden, ist zu beachten, daß diese Zugehörigkeitswerte stets Ausdruck der subjektiven Einschätzung von Individuen oder von Gruppen sind. Die Zugehörigkeitswerte hängen darüber hinaus auch von der Grundmenge X ab.

Offensichtlich kommt in den Zugehörigkeitswerten eine „Ordnung" der Objekte der Grundmenge X zum Ausdruck. Die unscharfe (Teil-)Menge $\widetilde{A}$ wird durch das beschreibende Prädikat induziert.

In der Literatur werden Zugehörigkeitswerte auch mit $\mu_{\widetilde{A}}(x)$, $m_A(x)$ oder $\widetilde{A}(x)$ symbolisiert.

Andere Darstellungsformen für unscharfe Mengen sind

$$\widetilde{A} = \mu_{\widetilde{A}}(x_1)/x_1 + \cdots + \mu_{\widetilde{A}}(x_n)/x_n = \sum_{i=1}^{n} \mu_{\widetilde{A}}(x_i)/x_i$$

auf einer endlichen Grundmenge X, und

$$\int_X \mu_{\widetilde{A}}(x)/x,$$

falls X eine überabzählbare Menge ist.

Wird die Wertemenge von μ_A beschränkt auf die zweielementige Menge $\{0, 1\}$, so entspricht die Fuzzy-Teilmenge

$$\widetilde{A} = \{(x, \mu_A(x)) \mid x \in X\}$$

der Menge

$$A = \{x \in X \mid \mu_A(x) = 1\}$$

die eine Teilmenge von X im klassischen Cantorschen Sinn ist.

Die Theorie unscharfer Mengen bietet zwar die Möglichkeit, Abstufungen in der Zugehörigkeit zu einer Menge beliebig genau zu beschreiben, in praktischen Anwendungsfällen ist dies aber kaum und auch dann nur mit beträchtlichem Aufwand möglich. Die benutzten Funktionen sind daher als mehr oder minder gute Darstellungsformen der subjektiven Vorstellung anzusehen. Bei der Modellierung benutzt man daher zumeist einfache Funktionsformen, wie das bei ↗Fuzzy-Zahlen des L-R-Typs der Fall ist, oder stückweise lineare Funktionen, bei denen wenige festgelegte Punkte durch Geradenstücke verbunden werden (↗Fuzzy-Intervalle vom ε-λ-Typ).

So läßt sich die unscharfe Menge „ungefähr gleich 8" auf $\mathbb{R}$ unter anderem beschreiben durch die Zugehörigkeitsfunktionen

$$\mu_A(x) = \left(1 + (x-8)^2\right)^{-1}$$

oder

$$\mu_B(x) = \begin{cases} \frac{x-6.5}{1.5} & \text{für } 6.5 \le x < 8, \\ \frac{10-x}{2} & \text{für } 8 \le x \le 10, \\ 0 & \text{sonst.} \end{cases}$$

Die Tatsache, daß in realen Problemen oft keine eindeutige Zuordnung der Elemente einer gegebenen Grundmenge X zu einer Teilmenge $\widetilde{A}$ vorgenommen werden kann, beruht häufig nicht auf stochastischer Unsicherheit, sondern auf intrinsischer oder informationaler Unschärfe.

Die intrinsische Unschärfe ist Ausdruck der Unschärfe menschlicher Empfindung. Beispiele sind Ausdrücke wie „hoher Gewinn", „gute Konjunkturlage", „vertretbare Kosten", „kleines Kind", „alte Frau" usw. Hier geben Adjektive keine eindeutige Beschreibung. Es ist z. B. nicht exakt festgelegt, ab welchem Betrag ein Gewinn als „hoch" zu bezeichnen ist und wann nicht mehr. Abgesehen davon, daß die Festlegung einer unteren Grenze für „hohen Gewinn" nur subjektiv erfolgen kann, bleibt es stets ein Erklärungsproblem, warum ein Gewinn, der um 1 Pfennig unter dieser Grenze liegt, nicht mehr dieses Prädikat verdient.

Die informationale Unschärfe ist dadurch bedingt, daß der Begriff zwar exakt definierbar ist, man aber bei der praktischen Handhabung große Schwierigkeiten hat, die vielen dazugehörigen Informationen zu einem klaren Gesamturteil zu aggregieren. Als Beispiel betrachten wir den Begriff „kreditwürdig". Nach der in der Betriebswirtschaftslehre üblichen Definition ist eine Person (ein Unternehmen) dann kreditwürdig, wenn sie den Kredit wie vereinbart zurückzahlt. Es ist aber schwierig, wenn nicht gar unmöglich, ex ante festzustellen, ob eine Person diese Eigenschaft besitzt. Diese informationale Unschärfe liegt auch vor, wenn nur unvollständige Informationen vorliegen.

Die Bedeutung von Fuzzy-Mengen liegt darin, daß sie eine mathematische Formulierung unscharfer Größen oder unscharfer Relationen ermöglichen und somit eine realistischere Modellierung realer Probleme gestatten.

Nach der Veröffentlichung des grundlegenden Aufsatzes „Fuzzy Sets" von Zadeh in „Information and Control" im Jahre 1965 wurden Fuzzy-Systeme in fast allen Wissenschaftsgebieten entwickelt. Einen guten Überblick über die Weiterentwicklung der mathematischen Theorie und deren Anwendungen geben die 7 Bände „The Handbooks of Fuzzy Sets".

Die bekannteste Anwendung ist die Entwicklung von Fuzzy-Reglern, die sich zur Steuerung technischer und chemischer Prozesse weltweit etabliert haben (↗Fuzzy-Control).

Literatur

[1] The Handbooks of Fuzzy Sets, Bd. 1–7, Kluwer Dordrecht, 1998–2000.

[2] Rommelfanger, H.: Fuzzy Decision Support-Systeme, Entscheiden bei Unschärfe. Springer Heidelberg, 1994.

[3] Zadeh, L.A.: Fuzzy Sets. In: Information and Control 8, 1965.

Fuzzy-Menge vom Typ *m*, *unscharfe Menge vom Typ m*, eine ↗Fuzzy-Menge, deren Zugehörigkeitswerte selbst Fuzzy-Mengen vom Typ $m-1$ sind, $m \in \{2, 3, 4, \dots\}$.

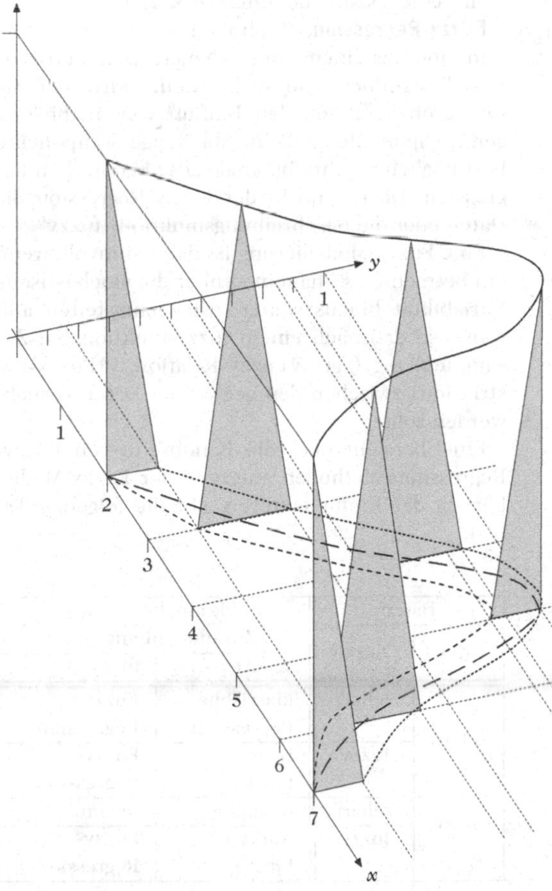

Fuzzy-Menge vom Typ 2. Die Zugehörigkeitswerte werden durch trianguläre Fuzzy-Mengen beschrieben, von denen hier lediglich 6 dargestellt sind.

Fuzzy-Optimierung, *Fuzzy-Programmierung*, Modelle der mathematischen Optimierung, in denen zumindest ein Koeffizient einer Zielfunktion oder einer Restriktion oder aber eine Restriktionsgrenze als ↗Fuzzy-Intervall oder ↗Fuzzy-Zahl beschrieben ist.

Ist beispielsweise $g(x) \leq 0$ eine klassische Nebenbedingung, so ersetzt man diese durch die Forderung $u_g(x) \geq s$ mit $s \in [0,1]$. Hierbei ist u_g eine Funktion der zugrundeliegenden Menge $\mathbb{R}^n$ nach $[0,1]$, die beschreibt, wie wahrscheinlich es ist, daß ein Punkt x die durch g definierte Nebenbedingung erfüllt. Für mehrere Nebenbedingungen werden die entsprechenden u_g häufig auch geeignet miteinander in Beziehung gesetzt.

Zur Lösung linearer und nichtlinearer Fuzzy-Optimierungssysteme existieren eine Fülle unterschiedlicher Lösungsalgorithmen.

[1] Slowinski, R.: Fuzzy Sets in Decision Analysis, Operations Research and Statistics. The Handbook of Fuzzy Sets, Bd. 5. Kluwer Dordrecht, 1998.

Fuzzy-Potenzmenge, die Menge aller unscharfen Mengen auf einer Menge X. Sie wird meist mit $\widetilde{\mathfrak{P}}(X)$ symbolisiert.

Fuzzy-Programmierung, ↗Fuzzy-Optimierung.

Fuzzy-Punkt, die Erweiterung des Begriffs der Fuzzy-Zahl auf eine Grundmenge $\mathbb{R}^n$.

Ein scharfer Punkt, d. h. ein Vektor $\overline{\mathbf{x}} = (\overline{x}_1, \dots, \overline{x}_n)^T$, bildet den Kern des Fuzzy-Punktes, von dem aus die ↗Zugehörigkeitsfunktion nach allen Seiten monoton fällt.

Häufig benutzte Beispiele sind

- die Hyperpyramide mit der Zugehörigkeitsfunktion

$$\mu(x_1, \dots, x_n) = \mu(\mathbf{x}) = $$
$$= \max\left[0, 1 - \sum_{j=1}^{n} c_j \cdot |x_j - \overline{x}_j|\right],$$

wobei $c_j > 0$,

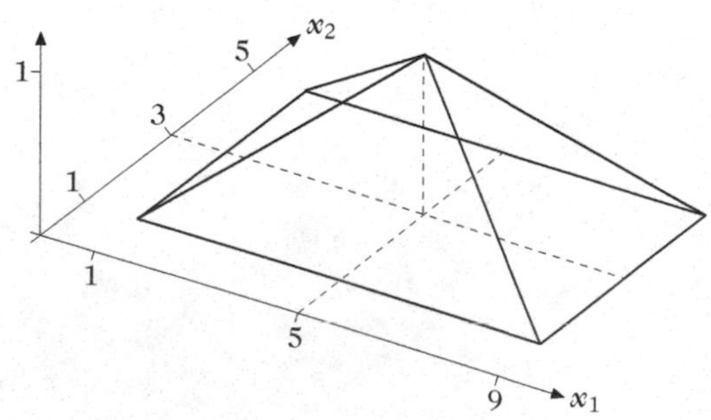

Fuzzy-Punkt mit $\mu(x_1, x_2) =$ $\max[0, 1 - \frac{1}{4}|x_1 - 5| - \frac{1}{2}|x_2 - 3|]$

- die Hyperhalbkugel mit der Zugehörigkeitsfunktion

$$\mu(x_1, \dots, x_n) = \mu(\mathbf{x}) = $$
$$= \max\left[0, \sqrt{1 - \sum_{j=1}^{n}(x_j - \overline{x}_j)^2}\right],$$

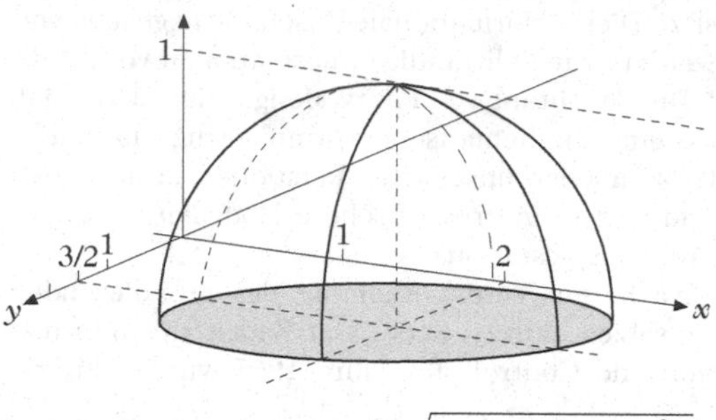

Fuzzy-Punkt mit $\mu(x_1,x_2) = \max[0, \sqrt{1-(x_1-2)^2+(x_2-\frac{3}{2})^2}]$

- das elliptische Hyperparaboloid mit der Zugehörigkeitsfunktion

$$\mu(x_1, \dots, x_n) = \mu(\mathbf{x}) = $$
$$= \max[0, 1 - (\mathbf{x} - \overline{\mathbf{x}})^T \mathbf{B}(\mathbf{x} - \overline{\mathbf{x}})]$$

mit einer positiv definiten $(n \times n)$-Matrix $\mathbf{B}$.

Fuzzy-Regression, Techniken, mit denen eine Funktion aus einem vorgegebenen (parametrisierten) Funktionenraum so bestimmt wird, daß sie für gegebene Daten den Einfluß von unabhängigen Komponenten auf eine abhängige Komponente bestmöglich beschreibt, analog der klassischen Regression. Dabei sind in der Fuzzy-Regression die Daten oder die Beschreibungsfunktion „fuzzy".

Eine Fuzzy-Modellierung ist dann sinnvoll, wenn ein betrachtetes Phänomen über die stochastische Variabilität hinaus weitere Ungenauigkeiten aufweist, so daß nach einem fuzzy-funktionalen Zusammenhang (vgl. ↗Fuzzy-Relation, ↗Fuzzy-Restriktion) zwischen den gegebenen Daten gesucht werden sollte.

Ein Übersicht über die Bandbreite von Fuzzy-Regressions-Methoden aufgrund der Fuzzy-Modellierung der Einflußfaktoren gibt die folgende Tabelle:

Daten		funktionaler Zusammenhang	
Input	Output	scharf	fuzzy
scharf	scharf	klassische Regression	Fuzzy-Regression
	fuzzy	Kurven-Fitting	Fuzzy-Regression
fuzzy	scharf	unsinnig	unsinnig
	fuzzy	Kurven-Fitting	Fuzzy-Regression

Kurven-Fitting-Probleme stellen sich in Situationen, wo neben Fehlern in den Outputvariablen auch Fehler in den Inputvariablen auftreten. Bei der Angabe von Fehlertoleranzregionen um die Datenpunkte sind nur diejenigen (scharfen) Funktionen von Interesse, die jede dieser Regionen durchqueren. Diese Kurven-Fitting-Probleme können auch als Fuzzy-Regression formuliert werden ([2]).

Es lassen sich im wesentlichen zwei Herangehensweisen der Fuzzy-Regression unterscheiden. In beiden Fällen führt die Vorstellung einer „bestmöglichen Anpassung" der Regressionsfunktion zur Optimierung eines problemspezifischen Funktionals.

Bei Methoden der Possibilistischen Regression werden die Daten als Possibilitäts-Verteilungen interpretiert (↗Möglichkeitsmaß).

Ein einfaches Modell für Possibilistische Regression wurde von Tanaka u. a. entwickelt (siehe [1]):

Zu nicht-interaktiven Daten $(\mathbf{x}_j, \widetilde{Y}_j), j = 1, \dots, K$, mit scharfem Input $\mathbf{x}_j = (x_{ij})_i \in \mathbb{R}^n$ und symmetrischen L-R-Fuzzy-Zahlen

$$\widetilde{Y}_j = (y_j, \omega_j, \omega_j)_{LL} = (y_j, \omega_j)_L$$

über $\mathbb{R}$ wird das folgende lineare Modell formuliert:

$$\widetilde{Y} = \widetilde{A}_1 x_1 + \dots + \widetilde{A}_n x_n = \widetilde{\mathbf{A}}^T \mathbf{x},$$

wobei die $\widetilde{A}_i = (a_i, \alpha_i)_L$, $i = 1, \dots, n$, symmetrische L-R-Fuzzy-Zahlen über $\mathbb{R}$ sind.

Um die Parameter $\widetilde{A}_i$ zu bestimmen, wählen wir zunächst ein Anspruchsniveau $h \in [0, 1)$ aus.

Damit das Modell alle durch die Daten wiedergegebenen Möglichkeiten beschreibt (possibility regression), muß für alle Niveaus α zwischen h und 1 gelten, daß die ↗α-Niveau-Mengen der Outputdaten Teilmengen des α-Niveaus der zugehörigen Modellauswertung sind, d. h.

$$(\widetilde{Y}_j)^{\geq h} \subset (\widetilde{\mathbf{A}}^T \mathbf{x}_j)^{\geq h} \quad \text{für alle } 1 \leq j \leq K.$$

Bestmöglich ist die Näherungsfunktion offenbar dann, wenn die Spannweiten der Parameter so klein wie möglich sind.

Die Regression kann also insgesamt mit dem folgenden Linearen Programm berechnet werden:

$$\min \quad \sum_{j=1}^{K} \sum_{i=1}^{n} x_{ij} |\alpha_i|$$

unter Beachtung der Nebenbedingungen

$$(\widetilde{Y}_j)^{\geq h} \subset (\widetilde{\mathbf{A}}^T \mathbf{x}_j)^{\geq h} \quad \text{für alle } 1 \leq j \leq K$$

$$\alpha_i \geq 0 \quad \text{für alle } 1 \leq i \leq n\,.$$

Dieses Lineare Programm ist leicht zu berechnen, da es bei L-R-Zahlen einfache Formeln für die Berechnung der Grundrechenarten mittels des ↗Erweiterungsprinzips auf den α-Niveaus gibt.

Die Grundidee der Possibilistischen Regression läßt sich auf die Anwendung anderer Operatoren zum Ähnlichkeitsvergleich bei Fuzzy-Zahlen übertragen, etwa necessity regression oder Mehrzieloptimierung bei Anwendung mehrerer Ähnlichkeitsindizes. Eine Erweiterung auf interaktive Daten stellt die exponential possibility regression dar.

Bei Methoden der Fuzzy Kleinste-Quadrate Regression soll demgegenüber nicht die Fuzziness der Regressionsfunktion kontrolliert werden, sondern die Güte der Anpassung an die Daten. Dazu wird eine Metrik zur Abstandsmessung von Fuzzy-Mengen benötigt, die eine möglichst einfache Lösung des Abstandsminimierungsproblems zwischen dem beobachteten und dem geschätzten Output ermöglicht. Der Vorteil dieses Ansatzes liegt darin, daß anhand dieser Residuen Aussagen über die Güte der Modellanpassung getroffen werden können.

Grundlegende Überlegungen zu Fuzzy Kleinste-Quadrate-Regression wurden von Diamond sowie von Näther und Körner erarbeitet (s. [1]).

Auf der Menge $\mathcal{T}$ der triangulären Fuzzy-Zahlen über $\mathbb{R}$ ist eine L_2-Metrik definiert durch

$$D_2(\widetilde{A}, \widetilde{B}) = \left((\underline{a} - \underline{b})^2 + (a - b)^2 + (\overline{a} - \overline{b})^2 \right)^{\frac{1}{2}},$$

wobei eine Fuzzy-Zahl $\widetilde{C} \in \mathcal{T}$ notiert wird durch $\widetilde{C} = (\underline{c}, c, \overline{c})$ mit $\mu_A(c) = 1$ und die untere bzw. die obere Spannweite $c - \underline{c}$ und $\overline{c} - c$. $(\mathcal{T}, D_2)$ ist ein vollständiger metrischer Raum, und es gilt der folgende Projektionssatz:

Sei $\mathcal{H}$ ein abgeschlossener Kegel in $\mathcal{T}$. Dann gibt es für jede Fuzzy-Zahl $\widetilde{A} \in \mathcal{T}$ eine eindeutig bestimmte trianguläre Fuzzy-Zahl $\widetilde{H}_0 \in \mathcal{H}$, so daß

$$D_2(\widetilde{A}, \widetilde{H}_0) \leq D_2(\widetilde{A}, \widetilde{H}) \quad \textit{für alle } \widetilde{H} \in \mathcal{H}.$$

Die Fuzzy-Zahl $\widetilde{H}_0$ kann konstruktiv bestimmt werden.

Bei Daten $(\widetilde{X}_j, \widetilde{Y}_j)$ mit $\widetilde{X}_j, \widetilde{Y}_j \in \mathcal{T}$ für $j = 1, \dots, K$, und dem linearen Modell

$$\widetilde{Y} = a + b\widetilde{X} \quad \text{für alle } a, b \in \mathbb{R}$$

ist zur Modellanpassung die Summe der D_2-Residuen bzw. äquivalent der quadrierten D_2-Residuen zu minimieren:

$$\sum_{j=1}^{K} D_2^2(\widetilde{Y}_j, a + b\widetilde{X}_j) \longrightarrow \min_{a,b \in \mathbb{R}}.$$

Dieses Problem kann mit dem Projektionssatz in ein lineares Gleichungssystem überführt und so gelöst werden. Der Projektionssatz stellt also den Hebel dar, mit dem die Kleinste-Quadrate-Methode der klassischen Regression auf den Fuzzy-Kontext übertragen wird.

Mit der von Diamond und Kloeden vorgestellten L^2-Metrik ϱ_2 können die Aussagen des Projektionssatzes auf weitere Fuzzy-Mengenklassen über $\mathbb{R}^n$ ausgeweitet werden. Auf $\mathcal{T}$ (über $\mathbb{R}$) sind D_2 und ϱ_2 sogar metrisch äquivalent.

Mit der Aufnahme von Fuzzy-Zufallsvariablen in die Regressionsgleichung können auch Fehlerstrukturen im Modell berücksichtigt werden.

[1] Diamond, Ph.; Tanaka, H.: Fuzzy Regression Analysis. In: Slowinski, R. (Ed.): Fuzzy Sets in Decision Analysis, Operations Research and Statistics. Kluwer Boston, 1998.

[2] Kacprzyk,J.; Fedrizzi M. (Eds.): Fuzzy Regression Analysis. Physika Heidelberg, 1992.

Fuzzy-Relation, *unscharfe Relation*, eine ↗Fuzzy-(Teil-)Menge

$$\widetilde{R} = \{((x_1, \dots, x_n), \mu_R(x_1, \dots, x_n)) \mid (x_1, \dots, x_n) \in X_1 \times \dots \times X_n\}$$

auf dem kartesischen Produkt $X_1 \times \dots \times X_n$.

Die unscharfe Relation „x ist viel größer als y" läßt sich z. B. auf der Grundmenge $(0, +\infty) \times (0, +\infty)$ beschreiben durch die Zugehörigkeitsfunktion

$$\mu_R(x,y) = \begin{cases} 0 & \text{für } x < y, \\ \frac{x-y}{10y} & \text{für } y < x < 11y, \\ 1 & \text{für } 11y \le x. \end{cases}$$

Hat eine 2-stellige Fuzzy-Relation eine endliche stützende Menge, so läßt sie sich auch durch eine Matrix charakterisieren. Beispielsweise läßt sich die Relation „x ist viel größer als y" auf der Menge $\{60, 150, 300\} \times \{10, 20, 50, 100\}$ beschreiben durch die Matrix

	$y_1 = 10$	$y_2 = 20$	$y_3 = 50$	$y_4 = 100$
$x_1 = 60$	0,5	0,2	0	0
$x_2 = 150$	1	0,65	0,2	0,05
$x_3 = 300$	1	1	0,5	0,2

Wie klassische Relationen, so lassen sich auch Fuzzy-Relationen miteinander verketten. Die bekannteste Verkettung ist die max-min-Verkettung zweier Fuzzy-Relationen

$\widetilde{R}_1 = \{((x,y), \mu_{R_1}(x,y)) \mid (x,y) \in X \times Y\}$ und

$\widetilde{R}_2 = \{((x,y), \mu_{R_2}(x,y)) \mid (x,y) \in Y \times Z\}$,

die definiert ist als

$$\widetilde{R}_1 \circ \widetilde{R}_2 = \{((x,z), \max_{y \in Y} \min(\mu_{R_1}(x,y), \mu_{R_2}(y,z))) \mid (x,z) \in X \times Z\}.$$

Auch die Eigenschaften klassischer Relationen lassen sich auf Fuzzy-Relationen übertragen:

Eine Fuzzy-Relation $\widetilde{R}$ auf $X \times X$ heißt

i. *reflexiv*
$\Leftrightarrow \quad \mu_R(x,x) = 1 \quad \forall x \in X;$

ii. *symmetrisch*
$\Leftrightarrow \quad \mu_R(x,y) = \mu_R(y,x) \quad \forall x, y \in X;$

iii. *transitiv*
$\Leftrightarrow \quad \widetilde{R} \circ \widetilde{R} \subset \widetilde{R};$

iv. *antisymmetrisch*
$\Leftrightarrow \quad \begin{cases} \mu_R(x,y) \ne \mu_R(y,x) \\ \mu_R(x,y) = \mu_R(y,x) = 0 \end{cases}$ oder
für alle $(x,y) \in X^2$ mit $x \ne y$;

v. *perfekt antisymmetrisch*
$\Leftrightarrow \quad (\mu_R(x,y) > 0 \Rightarrow \mu_R(y,x) = 0)$
für alle $x, y \in X^2$ mit $x \ne y$.

Fuzzy-Restriktion, *unscharfe Schranke*, eine Fuzzy-Relation, die eine unscharfe Schranke für die Werte bildet, welche die Variable $x = (x_1, \dots, x_n)$ auf der Grundmenge $X = X_1 \times \dots \times X_n$ annehmen darf.

Betrachten wir als Beispiel die Fuzzy-Relation R: „x_1 ist im wesentlichen kleiner als x_2" auf $\mathbb{R}^2$, die beschrieben ist durch die Zugehörigkeitsfunktion

$$\mu_R(x_1, x_2) = \begin{cases} \max(0, 1 - a|x_1 - x_2|) & \text{für } x_1 > x_2 \\ 1 & \text{für } x_1 \le x_2. \end{cases}$$

Setzt man nun eine der Variablen fest, dann wirkt die Relation R als eine unscharfe Schranke für die verbleibende Variable.

Ist $x_1 = b$, so wird die unscharfe Schranke $\widetilde{S}$ definiert durch die Zugehörigkeitsfunktion

$$\mu_S(x_2) = \begin{cases} \max(0, 1 - a|b - x_2|) & \text{für } b > x_2 \\ 1 & \text{für } b \le x_2, \end{cases}$$

d. h. $\mu_S(x_2) = \mu_R(b, x_2)$.

Eine Fuzzy-Restriktion wird genau dann separabel genannt, wenn

$$R(x_1, \dots, x_n) = R(x_1) \times \dots \times R(x_n),$$

wobei $R(x_j)$ die Projektion von R auf X_j ist.

Die Variablen $x_1, \dots, x_n$ heißen genau dann nicht interaktiv, wenn die sie beschreibende Restriktion eine separable Fuzzy-Restriktion ist.

Fuzzy-Topologie, eine Familie $\mathcal{FT}$ von Fuzzy-Teilmengen (↗Fuzzy-Menge) auf einer Grundmenge X, die den folgenden Bedingungen genügt:

i. $\emptyset, X \in \mathcal{FT}$,

ii. $\widetilde{A}, \widetilde{B} \in \mathcal{FT} \quad \Rightarrow \quad \widetilde{A} \cap \widetilde{B} \in \mathcal{FT}$,

iii. $\widetilde{A}_i \in \mathcal{FT}$ für alle $i \in I \quad \Rightarrow \quad \bigcup_{i \in I} \widetilde{A}_i \in \mathcal{FT}$,

wobei I eine Indexmenge ist.

Ist $\mathcal{FT}$ eine Fuzzy-Topologie auf X, so bezeichnet man das Paar $(X, \mathcal{FT})$ als einen fuzzy-topologischen Raum. Jedes Element von $\mathcal{FT}$ heißt dabei $\mathcal{FT}$-offene Fuzzy-Teilmenge von X.

In einem fuzzy-topologischen Raum $(X, \mathcal{FT})$ heißt eine Fuzzy-Teilmenge $\widetilde{B}$ auf X Nachbar einer Fuzzy-Teilmenge $\widetilde{A}$ auf X, wenn es eine $\mathcal{FT}$-offene Teilmenge $\widetilde{U}$ so gibt, daß $\widetilde{A} \subseteq \widetilde{U} \subseteq \widetilde{B}$.

Eine Familie $\mathcal{A}$ von Fuzzy-Teilmengen auf X heißt Überdeckung einer Fuzzy-Teilmenge $\widetilde{B}$ auf X, wenn gilt

$$\widetilde{B} \subset \bigcup\{\widetilde{A} \mid \widetilde{A} \in \mathcal{A}\}.$$

Speziell heißt eine Überdeckung offene Überdeckung, wenn jedes Element von $\mathcal{A}$ eine $\mathcal{FT}$-offene Fuzzy-Teilmenge des fuzzy-topologischen Raumes $(X, \mathcal{FT})$ ist. Eine Teilüberdeckung von $\mathcal{A}$ ist eine Unterfamilie von $\mathcal{A}$, die selbst auch eine Überdeckung ist.

Ein fuzzy-topologischer Raum $(X, \mathcal{FT})$ wird kompakt genannt, wenn jede offene Überdeckung von X eine endliche Teilüberdeckung von X enthält.

Fuzzy-Variable, *unscharfe Variable*, eine Variable, deren Werte ↗Fuzzy-Mengen sind.

Formal läßt sich eine Fuzzy-Variable $x = (x_1, \dots, x_n)$ auf einer Grundmenge $X = X_1 \times \dots \times X_n$ auffassen als ein Tripel $(x, X, R(x))$, wobei $R(x)$ eine ↗Fuzzy-Restriktion auf X ist.

Fuzzy-Zahl, *unscharfe Zahl*, eine konvexe ↗normalisierte Fuzzy-Menge $\widetilde{A}$ auf der Menge der reellen Zahlen $\mathbb{R}$ mit den Eigenschaften:

i. es existiert genau eine reelle Zahl x_0 mit

$$\mu_A(x_0) = 1, \quad \text{und}$$

ii. μ_A ist stückweise stetig.

Die Stelle x_0 heißt dann Gipfelpunkt von $\widetilde{A}$.

Eine Fuzzy-Zahl $\widetilde{A}$ heißt positiv, und man schreibt $\widetilde{A} > 0$, wenn $\mu_A(x) = 0$ für alle $x \leq 0$.

Eine Fuzzy-Zahl $\widetilde{A}$ heißt negativ, und man schreibt $\widetilde{A} < 0$, wenn $\mu_A(x) = 0$ für alle $x \geq 0$.

Eine Fuzzy-Zahl $\widetilde{A}$ mit stetiger Zugehörigkeitsfunktion μ_A wird als stetige Fuzzy-Zahl bezeichnet.

Fuzzy-Zufallsvariable, eine Erweiterung des klassischen Begriffs einer Zufallsvariablen.

Gegeben sei ein Wahrscheinlichkeitsraum (Ω, f, P). Eine Abbildung X vom Stichprobenraum Ω in die Menge aller Fuzzy-Mengen auf $\mathbb{R}$ heißt Fuzzy-Zufallsvariable, wenn ein System

$$\{A_\alpha(\omega) \mid \omega \in \Omega, \alpha \in (0,1)\}$$

von Teilmengen auf $\mathbb{R}$ mit den folgenden Eigenschaften existiert:

i. Durch das System der α-Niveau-Mengen $\{A_\alpha(\omega) \mid \alpha \in (0,1)\}$ wird die Fuzzy-Menge $X(\omega)$ gemäß dem ↗Darstellungssatz für unscharfe Mengen eindeutig beschrieben.

ii. Die Abbildungen $\inf A_\alpha(\omega)$ und $\sup A_\alpha(\omega)$ sind f-Borel-meßbar für alle $\alpha \in (0,1)$.

F-Verteilung, *Fisher-Verteilung*, Verteilung aus der Gruppe der theoretisch hergeleiteten Verteilungen für Stichprobenfunktionen.

Die F-Verteilung, gelegentlich auch Fishersche F-Verteilung oder Snedecor-Verteilung genannt, ist das für $n_1, n_2 \in \mathbb{N}$ durch die Wahrscheinlichkeitsdichte

$$f_{n_1,n_2} : \mathbb{R}^+ \ni x \to \frac{\left(\frac{n_1}{n_2}\right)^{\frac{n_1}{2}}}{B(\frac{n_1}{2}, \frac{n_2}{2})} \frac{x^{\frac{n_1}{2}-1}}{(1 + \frac{n_1}{n_2}x)^{\frac{n_1+n_2}{2}}} \in \mathbb{R}^+$$

mit der vollständigen Betafunktion

$$B(p,q) := \int_0^1 t^{p-1}(1-t)^{q-1}dt$$

definierte Wahrscheinlichkeitsmaß.

Noch genauer heißt diese Verteilung F-Verteilung mit n_1, n_2 Freiheitsgraden und wird mit F_{n_1,n_2} bezeichnet. Für x gegen Unendlich strebt f_{n_1,n_2} gegen Null. Für $n_1 > 2$ gilt dies auch für x gegen Null. In diesem Fall besitzt f_{n_1,n_2} einen eindeutig bestimmten Modalwert an der Stelle

$$x = \frac{n_2(n_1 - 2)}{n_1(n_2 + 2)}.$$

Für $n_1 = 2$ existiert ein Modalwert an der Stelle $x = 0$ und für $n_1 = 1$ strebt f_{n_1,n_2} für x gegen Null gegen Unendlich. Die Freiheitsgrade bestimmen die Gestalt der nicht symmetrischen Dichtefunktion.

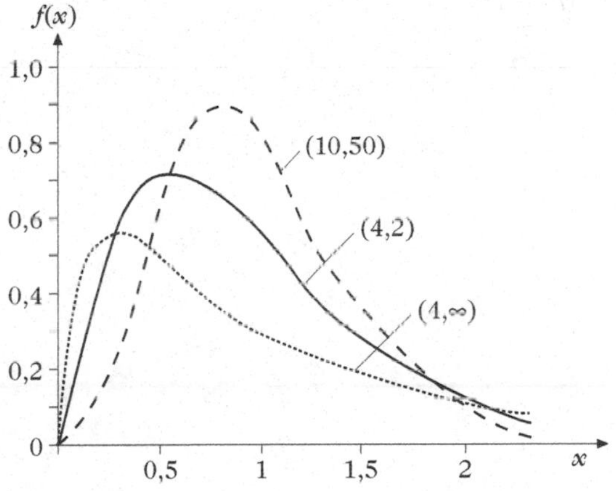

Dichtefunktion der F-Verteilung für die Freiheitsgrade $(n_1, n_2) = (4, \infty), (4, 2), (10, 50)$

Eine Zufallsvariable X besitzt genau dann eine F_{n_1,n_2}-Verteilung, wenn sie wie der Quotient $\frac{X_1/n_1}{X_2/n_2}$ verteilt ist, in dem X_1 und X_2 zwei unabhängige Zufallsvariablen bezeichnen, von denen X_1 eine χ^2-Verteilung mit n_1 und X_2 eine χ^2-Verteilung mit n_2 Freiheitsgraden besitzt.

Für $n_2 \leq 2$ besitzt die F_{n_1,n_2}-verteilte Zufallsvariable X keinen endlichen Erwartungswert und für $n_2 \leq 4$ keine endliche Varianz. Ansonsten gilt

$$E(X) = \frac{n_2}{n_2 - 2}$$

und

$$Var(X) = \frac{2n_2^2(n_1 + n_2 - 2)}{n_1(n_2 - 2)^2(n_2 - 4)}.$$

Die F-Verteilung ist von großer Bedeutung für die Statistik. In der Praxis wird nur mit den Quantilen der F-Verteilung gearbeitet, die tabelliert vorliegen. Für die Benutzung dieser Tabellen ist folgende Beziehung zu beachten, die unmittelbar aus der Definition der F-Verteilung folgt:

$$X \sim F_{n_1,n_2} \text{ genau dann, wenn } \tfrac{1}{X} \sim F_{n_2,n_1}.$$

Daraus folgt folgende Beziehung zwischen dem (α)- und $(1-\alpha)$-Quantil dieser Verteilungen:

$$F_{n_1,n_2}(\alpha) = \frac{1}{F_{n_2,n_1}(1-\alpha)}.$$

Seien S_1^2 und S_2^2 die Stichprobenvarianzen (↗empirische Streuungen) zweier unabhängiger Stichproben vom Umfang n_1 und n_2 aus zwei normalverteilten Grundgesamtheiten mit den Varianzen σ_1^2 und σ_2^2. Man kann zeigen, daß für $j=1,2$ die Zufallsgrößen

$$\frac{(n_j-1)S_j^2}{\sigma_j^2}$$

eine χ^2-Verteilung mit (n_j-1) Freiheitsgraden besitzen. Daraus folgt, daß die Stichprobenfunktion

$$F = \frac{S_1^2/\sigma_1^2}{S_2^2/\sigma_2^2}$$

eine F-Verteilung mit (n_1-1) und (n_2-1) Freiheitsgraden besitzt. Diese Stichprobenfunktion liegt dem ↗F-Test zum Prüfen der Gleichheit zweier Varianzen zugrunde. Unter der Annahme, daß die Hypothese

$$H:\ \sigma_1^2 = \sigma_2^2$$

gilt, ist sie gerade gleich $F = \frac{S_1^2}{S_2^2}$. Diese Größe wird als Teststatistik im entsprechenden F-Test verwendet.

F-verteilte Stichprobenfunktionen werden auch in der Regressionsanalyse als Testgrößen zur Bestimmung der Ordnung von Regressionspolynomen mittels Hypothesentests verwendet.

G

G, Abkürzung für „Giga“, also 10^9.

In den Computerwissenschaften bezeichnet man damit meist die Größe G(iga)Byte, also

$$2^{30} = 1\,073\,741\,824 \text{ Byte}.$$

Gabelung, ↗ Bifurkation.

Gabor-Transformation, ↗ gefensterte Fourier-Transformation.

***g*-adische Entwicklung**, Entwicklung einer reellen Zahl.

Sei $g \geq 2$ eine natürliche Zahl, dann gibt es zu jeder reellen Zahl $x \geq 0$ ein $k \in \mathbb{N}_0$ und eine Ziffernfolge $(z_n(x))_{n \geq -k}$ mit

$$z_n \in Z_g := \{0, \dots, g-1\}$$

und

$$x = \sum_{n=n_0}^{\infty} \frac{z_n}{g^n}. \quad (1)$$

Setzt man voraus, daß unendlich viele $z_n \neq g-1$ sind, so ist die Folge (z_n) eindeutig bestimmt.

Hierbei nennt man Z_g die (kanonische) Ziffernmenge zur Grundzahl (Basis) g, und die $z_n \in Z_g$ heißen Ziffern. Die Reihe in (1) konvergiert stets. Die Ziffernfolge (z_n) wird meist so geschrieben:

$$(z_{-k} \dots z_{-1} z_0, z_1 z_2 z_3 \dots)_g := \sum_{n=n_0}^{\infty} \frac{z_n}{g^n}; \quad (2)$$

sie heißt g-adische Entwicklung oder Darstellung von x. Die Ziffern vor dem Komma,

$$(z_{-k} \dots z_{-1} z_0) = z_{-k} g^k + \dots z_{-1} g + z_0,$$

bilden den ganzzahligen Anteil der dargestellten Zahl x. Die Ziffern z_n für $n \geq 1$ heißen Nachkommastellen von x, sie bilden den gebrochenen Teil der reellen Zahl x. Die Ziffernfolge (z_n) heißt periodisch, wenn es ein $p \in \mathbb{N}$ und ein $\ell \in \mathbb{N}_0$ gibt derart, daß

$$z_{j+p} = z_j \quad \text{für alle } j > \ell$$

gilt. Das kleinstmögliche solche p heißt Periodenlänge der g-adischen Entwicklung von x. Das kleinstmögliche ℓ heißt Vorperiode. Kann $\ell = 0$ gewählt werden, so nennt man die Entwicklung (2) reinperiodisch; andernfalls nennt man sie gemischtperiodisch.

Die Theorie der g-adischen Entwicklungen ist in verschiedene Richtungen verallgemeinert worden. Zum einen kann man andere Ziffernmengen betrachten, z. B. ↗ balancierte ternäre Entwicklung. Es macht aber auch Sinn, negative oder sogar komplexe Zahlen als Grundzahl g zuzulassen. So kann man z. B. beweisen, daß jede komplexe Zahl eine g-adische Entwicklung für $g = i - 1$ mit der Ziffernmenge $Z_g = \{0, 1\}$ besitzt.

GAGA, ↗ Serre, GAGA-Sätze von.

Galerkin, Boris Grigorewitsch, belorussischer Mathematiker und Techniker, geb. 4.3.1871 Polotsk, Belorußland, gest. 12.6.1945 Moskau.

Von 1893 bis 1899 studierte Galerkin am Petersburger Technologischen Institut. Aus armen Verhältnissen stammend, verdiente er sich das Geld für das Studium als Designer. Nach dem Studium arbeitete er in einer Lokomotivenfabrik in Charkow und ab 1903 in Petersburg als Ingenieur in einer Kesselfabrik. Ab 1909 begann er, Bauwesen und Konstruktion in Europa zu studieren. Gleichzeitig ging er an das Petersburger Technologische Institut, um dort zu lehren. 1920 wurde Galerkin Direktor des Instituts für Strukturelle Mechanik am Petersburger Technologischen Institut und ab 1940 Leiter des Instituts für Mechanik der sowjetischen Akademie der Wissenschaften.

Galerkin beschäftigte er sich mit der approximativen Lösung von Differentialgleichungen und mit der Elastizitätstheorie. Er entwickelte die ↗ Galerkin-Methode, die er 1915 veröffentlichte. 1937 erschien seine Arbeit über dünne elastische Platten. Zusammen mit Steklow, Bernstein und Friedman spielte er eine große Rolle beim Aufbau der Petrograder Physikalischen and Mathematischen Gesellschaft.

Galerkin-Diskretisierung, Vorgehensweise zur Lösung elliptischer Differentialgleichungen, bei der zunächst ein Variationsproblem formuliert wird. Dieses wird dadurch diskretisiert, daß der Lösungsraum V durch einen endlichdimensionalen Teilraum $U \subset V$ ersetzt wird.

Galerkin-Methode, *Galerkin-Verfahren*, Näherungsverfahren zur Lösung allgemeiner Operatorgleichungen der Form $Lu = f$ mit symmetrisch positiv definitem Operator L bzgl. einer geeigneten Bilinearform $\langle \cdot | \cdot \rangle$. Ziel ist die Konstruktion einer Näherung $\tilde{u} := \sum_{i=0}^{N} \tilde{u}_i \phi_i$ mit linear unabhängigen Ansatzfunktionen ϕ_i, die den Bedingungen

$$\langle L\tilde{u} - f \,|\, \phi_j \rangle = 0, \; j = 1, 2, \dots, N$$

genügt. Mit der neuen Bilinearform $[v \,|\, w] := \langle Lv \,|\, w \rangle$ erhält man so ein lineares Gleichungssystem der Form $A\tilde{U} = F$ mit der sogenannten Steifigkeitsmatrix $A = ([\phi_j \,|\, \phi_i])_{i,j}$ und der rechten Seite $F = (\langle f \,|\, \phi_i \rangle)_i$ für die unbekannten Koeffizienten $U = (\tilde{u}_i)_i$.

Betrachtet man die ϕ_i als endliche Teilmenge einer unendlichen Basis des entsprechenden Funktionenraumes, so berechnet die Galerkin-Methode die beste Approximation auf dem von den endlichen vielen ϕ_i aufgespannten Unterraum.

Das Galerkin-Verfahren läßt sich bei Randwertaufgaben gewöhnlicher oder partieller Differentialgleichungen mit entsprechenden Differentialoperatoreigenschaften anwenden. Dabei werden die Ansatzfunktionen bereits so gewählt, daß sie die Randbedingungen erfüllen.

Galerkin-Verfahren, ↗ Galerkin-Mathode.

Galilei, Galileo, Physiker, Mathematiker, Astronom, geb. 15.2.1564 Pisa, gest. 8.1.1642 Arcetri bei Florenz.

Galilei, Sohn eines Musikgelehrten, studierte in Pisa erst Medizin, dann Mathematik und Naturwissenschaften. Ab 1589 lehrte er Mathematik in Pisa, ab 1592 Mathematik und Naturwissenschaften in Padua.

Galilei begann seine wissenschaftliche Laufbahn mit der Aufnahme und Weiterentwicklung antiker Ideen. Aus dem Werk des Archimedes erweiterte er dessen hydrostatische Ideen zur Methode der virtuellen Geschwindigkeiten und Momente (1612). Die Schriften des Aristoteles gaben ihm die Anregung zu seinen fundamentalen Untersuchungen über den freien Fall (1604 erstmals Fallgesetze).

Ab etwa 1609 erreichte die wissenschaftliche Arbeit Galileis neue Dimensionen. In diesem Jahr erfand er das holländische Fernrohr nach und bemerkte ab 1610 die Jupitermonde, die Oberflächenstruktur des Mondes, die Existenz „zahlloser" Sterne in der Milchstraße und die Lichtphasen der Venus. Begünstigt wurde die astronomische Tätigkeit durch seine Stellung als Hofmathematiker in Florenz (ab 1610). Seine astronomischen Forschungen führten zum Konflikt mit der katholischen Kirche, der nach seiner Schrift „Dialog über die hauptsächlichsten Weltsysteme..." (1632) eskalierte. Galilei wurde als Vertreter der verbotenen kopernikanischen Lehre, der er seit etwa 1597 anhing, vor das Inquisitionsgericht gezerrt und 1633 zum Widerruf seiner astronomischen Lehren gezwungen. Als Gefangener der Inquisition verbrachte Galilei die letzten Jahre seines Lebens. Auch nach dem Widerruf setzte Galilei seine Arbeiten fort, entdeckte die Libration des Mondes und begründete 1638 mit den „Untersuchungen und mathematischen Demonstrationen ..." die Festigkeitslehre und die mathematisch einwandfreie Theorie von Wurf und Fall.

Das Gesamtwerk des Galilei hat die Verselbständigung der Naturwissenschaften grundlegend befördert und die experimentelle Methode etabliert. Bei Galilei finden sich schon Überlegungen zu Vorstufen der Infinitesimalmathematik und über das „Unendliche". Das enge Verhältnis von Mathematik und Naturwissenschaften wurde so auf eine neue Stufe gehoben.

Galilei-Gruppe, Gruppe derjenigen Raum-Zeit-Transformationen, bei denen die Gesetze der Newtonschen Mechanik unverändert gültig bleiben.

Die Elemente der Galilei-Gruppe werden auch Galilei-Transformationen genannt. Die Invarianz eines Systems gegenüber Galilei-Transformationen heißt Galilei-Invarianz.

Die Galilei-Gruppe spielt für die Newtonsche Mechanik etwa dieselbe Rolle wie die Lorentzgruppe für die Spezielle Relativitätstheorie. Die Galilei-Transformationen sind folgende: Zeittranslation $t \to t + t_0$, Zeitumkehr $t \to -t$, räumliche Translationen, räumliche Drehungen, und schließlich die geradlinig gleichförmige Bewegung eines Bezugssystems zum anderen, wobei aber (anders als in der entsprechenden Lorentz-Transformation) in beiden Systemen dieselbe Zeit gemessen wird.

Die Galilei-Gruppe ist die aus diesen Transformationen erzeugte Gruppe.

Galilei-Invarianz, Invarianz eines Systems, zumeist eines mechanischen Systems, gegenüber der ↗ Galilei-Gruppe.

Galilei-Raum, ein im Zusammenhang mit der Speziellen Relativitätstheorie auftretender Raum mit einem für die Raum-Zeit geeigneten Abstandsbegriff.

Es seien $x = (x_1, \ldots, x_{n+1})$ und $y = (y_1, \ldots, y_{n+1})$ zwei Punkte im $(n+1)$-dimensionalen Raum M, wobei die erste Koordinate als die der Zeit interpretiert wird.

Dann nennt man M Galilei-Raum, wenn er mit dem Abstand

$$d(x,y) = \begin{cases} |x_1 - y_1| & \text{falls } x_1 \neq y_1, \\ \sqrt{\sum\limits_{\nu=2}^{n+1} (x_\nu - y_\nu)^2} & \text{falls } x_1 = y_1 \end{cases}$$

versehen ist.

Man fragt also „zunächst“ danach, ob zwei Ereignisse zu verschiedenen Zeitpunkten stattfinden (und nimmt dann die Zeitdifferenz als ihren Abstand), und nimmt nur bei gleichzeitigen Ereignissen deren euklidische Entfernung als Abstand an.

Galilei-Transformation, Element der ↗ Galilei-Gruppe.

Galin, Satz von, nachfolgende Aussage über gewisse Hamilton-Funktionen.

d-parametrige Scharen von quadratischen Hamilton-Funktionen im $(\mathbb{R}^{2n}, \sum_{i=1}^{n} dq_i \wedge dp_i)$ der Form

$$H(\lambda_1, \dots, \lambda_d) =: H(\lambda)$$

lassen sich als Deformationen einer quadratischen Hamilton-Funktion $H_0 := H(0)$ auffassen. Eine solche Deformation von H_0 wird versal genannt, falls sich jede andere d-Parameterdeformation von H_0, $H'(\mu_1, \dots, \mu_d) =: H'(\mu)$ (mit $H'(0) = H_0$) durch eine formale Potenzreihe $\phi : \mu \mapsto \lambda = \phi(\mu)$ (mit $\phi(0) = 0$) und durch eine d-parametrige Schar $C(\mu)$ linearer ↗ kanonischer Transformationen (wobei $C(0)$ die Identitätsabbildung ist) in der Form

$$H'(\mu) = H(\phi(\mu)) \circ C(\mu)$$

beschreiben läßt. D.M.Galin stellte 1975 folgenden Satz auf:

Jede quadratische Hamilton-Funktion erlaubt eine versale Deformation, falls die Parameterzahl d folgende Minimalschranke d_{min} nicht unterschreitet:

$$d_{min} = \frac{1}{2}\sum_{z\neq 0}\sum_{j=1}^{s(z)}(2j-1)n_j(z) + \frac{1}{2}\sum_{j=1}^{u}(2j-1)m_j$$
$$+\sum_{j=1}^{v}(2(2j-1)\tilde{m}_j+1)$$
$$+2\sum_{j=1}^{u}\sum_{k=1}^{v}\min(m_j,\tilde{m}_k),$$

wobei für jede komplexe Zahl $z \neq 0$ die natürliche Zahl $s(z)$ die Anzahl der Jordan-Blöcke zum Eigenwert z des linearen ↗ Hamilton-Feldes X_{H_0} von H_0 in der Normalform angibt, die durch den Satz von Williamson definiert wird, wobei ferner $n_1(z) \geq n_2(z) \geq \dots \geq n_{s(z)}(z)$ die Dimensionen der betreffenden Jordan-Blöcke bezeichnen, und wobei schließlich $m_1 \geq m_2 \geq \dots \geq m_u$, $\tilde{m}_1 \geq \tilde{m}_2 \geq \dots \geq \tilde{m}_v$ die Dimensionen der Jordan-Blöcke zum Eigenwert 0 anzeigen (hier sind m_j gerade und $\tilde{m}_k$ ungerade natürliche Zahlen, und bei jedem Paar ungeradedimensionaler Blöcke wird nur je ein Block berücksichtigt).

Die Zahl d_{min} läßt sich geometrisch auch als Kodimension der Bahn der Gruppe der linearen symplektischen Tranformationen durch H_0 interpretieren. Galins Satz erlaubt es, lineare Hamiltonsche Systeme, die von genügend vielen Kontrollparametern abhängen, auf eine ‚versale‘ Standardform zu bringen, an der sich z. B. Bifurkationen der Eigenwerte von X_{H_0} studieren lassen.

Gallai, Satz von, ↗ Eckenüberdeckungszahl.

Galois, Évariste, französischer Mathematiker, geb. 25.10.1811 Bourg-la-Reine/bei Paris, gest. 31.5.1832 Paris.

Galois wurde als Sohn des Direktors einer Internatsschule in Bourg-la-Reine geboren. In einer politisch bewegten Zeit erzog der Vater, der ab 1815 Bürgermeister des Ortes war, seinen Sohn zu einem Verfechter republikanischer Gedanken. 1823 bis 1829 besuchte Galois das Collége Louis-le-Grand in Paris. Der Mathematiklehrer L.-P. Richard (1785–1839) erkannte Galois' mathematisches Talent und regte ihn zum Studium klassischer Werke von Gauß, Legendre und Lagrange an.

Noch als Schüler publizierte Galois seine erste mathematische Arbeit über Kettenbrüche, bei der Aufnahmeprüfung für die École Polytechnique fiel er jedoch zweimal durch, mindestens einmal weil er sich weigerte, die einfachen Fragen der Prüfer im Detail zu beantworten. Ab Oktober 1829 besuchte er die École Préparatoire, die ehemalige École Normale.

1830 schloß er sich der republikanischen Bewegung an und betätigte sich aktiv für deren Ziele. Seine in einer oppositionellen Zeitung publizierte Kritik an der Haltung des Schuldirektors zur Julirevolution 1830 hatte den Verweis von der Schule zur Folge, worauf sich Galois vorrangig politisch betätigte und der Nationalgarde beitrat. Zweimal wurde er inhaftiert, zuletzt vom Juli 1831 bis April 1832. Im Gefängnis setzte er seine mathematischen Forschungen fort, überarbeitete einen früheren Artikel und arbeitete an einer Zusammenfassung seiner Ergebnisse. Die Enttäuschung über eine unglückliche Liebe, die wiederholte Ablehnung seiner Arbeiten durch die Pariser Akademie, eine falsche Beurteilung der politischen Situation und weitere nicht mehr nachvollziehbare Umstände veranlaßten Galois, sich auf ein für ihn aussichtsloses Duell einzulassen. An den dabei erlittenen Verletzungen verstarb er.

Galois erzielte grundlegende Ergebnisse zur Auflösungstheorie algebraischer Gleichungen und leitete mit seinen Arbeiten eine methodologische Wende in der Algebra ein, aus der letztlich die moderne Algebra als Lehre von den algebraischen Strukturen und ihren gegenseitigen Beziehungen hervorging. Angeregt durch die Arbeiten Abels zur Gleichungstheorie und anknüpfend an Resultate von Lagrange, Gauß und Cauchy ordnete Galois jeder algebraischen Gleichung eindeutig eine Gruppe von Permutationen zu. An den Eigenschaften und der Struktur dieser später nach Galois benannten Gruppe konnte er die Lösbarkeit von Gleichungen entscheiden. Er erkannte die Bedeutung der Normalteiler für dieses Problem, analysierte die Veränderung der Gruppe bei der Erweiterung des Koeffizientenkörpers und gelangte zu jenen Einsichten, die man heute im Hauptsatz der ↗Galois-Theorie zusammenfaßt. Auf dieser Basis konnte er z. B. die Auflösbarkeit in Radikalen für irreduzible Gleichungen vom Primzahlgrad dadurch charakterisieren, daß sich alle Wurzeln der Gleichung durch zwei dieser Wurzeln rational ausdrücken lassen. Außerdem deutete er Anwendungen seiner Theorie auf die Modulargleichungen elliptischer Funktionen an. Ein weiteres Feld der Galoisschen Forschung waren Untersuchungen über Funktionenkongruenzen. Dabei enthüllte er wichtige Eigenschaften endlicher Körper, die heute auch als Galois-Felder bezeichnet werden.

Galois' Arbeiten waren schwer verständlich, da er viele Ideen und Beweise nur skizzierte. Am Abend vor dem Duell faßte er in einem Brief an seinen Freund A. Chevalier die wichtigsten Ideen und Resultate seiner Theorie zusammen und rief Gauß und Jacobi als Richter über die Bedeutung seines Schaffens an. Aber erst nach der Veröffentlichung des Nachlasses von Galois durch Liouville wurden allmählich die genialen Ideen des jungen Rebells von anderen Mathematikern erschlossen und für die weitere Entwicklung der Mathematik wirksam. Bei allen jungendlichen Übermut und trotz des fragmentarischen Charakters der Darlegungen dokumentieren die im Nachlaß gefundenen Notizen zur Entwicklung der Mathematik und zur Wissenschaft den Weitblick Galois' auch in diesen über mathematische Inhalte hinausgehenden Problemen.

Galois-Erweiterung, eine endliche ↗Körpererweiterung $\mathbb{L}$ über einem Körper $\mathbb{K}$, die normal und separabel über $\mathbb{K}$ ist.

Dies bedeutet, daß jedes Polynom aus $\mathbb{K}[X]$, das eine Nullstelle in $\mathbb{L}$ besitzt, in $\mathbb{L}[X]$ vollständig in Linearfaktoren zerfällt, und daß kein Element in $\mathbb{L}$ Nullstelle eines irreduziblen Polynoms aus $\mathbb{K}[X]$ mit mehrfachen Nullstellen ist.

Die Struktur solcher Körpererweiterungen wird im Rahmen der ↗Galois-Theorie untersucht.

Galois-Feld, ein Körper K mit endlich vielen Elementen.

Die Charakteristik eines Galois-Felds K ist immer eine Primzahl p, und die Anzahl n der Elemente von K ist eine Potenz von p, also $n = p^m$. Umgekehrt gibt es für jeder Primzahlpotenz $n = p^m$ ein Galois-Feld $GF(n)$ mit exakt n Elementen. Jedes Element eines Galois-Felds läßt sich als Nullstelle der Gleichung $x^n - x = 0$ darstellen, d. h. jedes Element ist eine Potenz einer primitiven $(n-1)$-ten Einheitswurzel. Die Galois-Felder sind alle endlichen Körper (↗endlicher Körper).

Galois-Geometrie, Teilgebiet der ↗endlichen Geometrie, das sich der Untersuchung von Inzidenzstrukturen widmet, die mit Hilfe der ↗endlichen Körper konstruiert werden, insbesondere also der Untersuchung ↗projektiver Räume über endlichen Körpern.

Galois-Gruppe, meist bezeichnet mit $Gal(\mathbb{L}/\mathbb{K})$, ist die Gruppe (einer ↗Körpererweiterung) der Körperautomorphismen von $\mathbb{L}$ über $\mathbb{K}$, d. h. die Gruppe der Automorphismen $\mathbb{L} \to \mathbb{L}$, die $\mathbb{K}$ elementweise festlassen. Die Galois-Gruppe eines Polynoms mit Koeffizienten in $\mathbb{K}$ ist die Galois-Gruppe des Zerfällungskörpers des Polynoms über $\mathbb{K}$.

Galoissche Körpererweiterung, ältere Bezeichnungsweise für eine ↗Galois-Erweiterung.

Galois-Theorie

M. Schlichenmaier

Der Ausgangspunkt der Galois-Theorie ist die Tatsache, daß eine endliche ↗Körpererweiterung $\mathbb{L}$ über $\mathbb{K}$ durch Adjunktion (↗Körperadjunktion) von endlich vielen Nullstellen irreduzibler Polynome mit Koeffizienten aus $\mathbb{K}$ erhalten werden kann, und daß die Körperautomorphismen von $\mathbb{L}$ über $\mathbb{K}$ die Nullstellen der einzelnen irreduziblen Polynome jeweils untereinander permutieren. Ist die Permutation bekannt, so ist der Körperautomorphismus eindeutig fixiert. Insbesondere bildet die Gruppe der Körperautomorphismen von $\mathbb{L}$ über $\mathbb{K}$ eine endliche Gruppe. Diese Beobachtung kann ausgebaut werden zu einer vollständigen Korrespondenz zwischen der Menge der Zwischenkörper einer ↗Galois-Erweiterung $\mathbb{L}$ von $\mathbb{K}$ und den Untergruppen der Automorphismengruppe von $\mathbb{L}$ über $\mathbb{K}$.

Dies soll im folgenden näher erläutert werden. Eine endliche Körpererweiterung $\mathbb{L}$ über $\mathbb{K}$ heißt Galois-Erweiterung falls sie normal und separabel über $\mathbb{K}$ ist. Die Gruppe der Automorphismen von $\mathbb{L}$ über $\mathbb{K}$, d. h. die Gruppe der Automorphismen $\mathbb{L} \to \mathbb{L}$, die $\mathbb{K}$ elementweise festlassen, heißt Galois-Gruppe $G = Gal(\mathbb{L}/\mathbb{K})$ der Körpererweiterung. Jeder Untergruppe H von G kann der Fixkörper

$$\mathbb{L}^H := \{a \in \mathbb{L} \mid \sigma(a) = a, \ \forall \sigma \in H\}$$

zugeordnet werden. Es handelt sich hierbei um einen Zwischenkörper von $\mathbb{L}$ über $\mathbb{K}$. Es gilt

$$\mathbb{L}^{Gal(\mathbb{L}/\mathbb{K})} = \mathbb{K}.$$

Ist M ein Zwischenkörper, so ist $\mathbb{L}$ über M ebenfalls Galoissch und die Galois-Gruppe $H := Gal(\mathbb{L}/M)$ kann in natürlicher Weise mit der Untergruppe von G, bestehend aus den Automorphismen von $\mathbb{L}$ über $\mathbb{K}$, die auch M festlassen, identifiziert werden. Berechnet man den Fixkörper $\mathbb{L}^H$, so erhält man den Zwischenkörper M zurück.

Der Hauptsatz der Galois-Theorie besagt, daß die dadurch definierte Zuordnung eine inklusionsumkehrende Bijektion zwischen der Menge der Zwischenkörper von $\mathbb{L}$ über $\mathbb{K}$ und der Menge der Untergruppen von $G = Gal(\mathbb{L}/\mathbb{K})$ ist. Desweiteren ist ein Zwischenkörper M genau dann Galoissch über dem Grundkörper $\mathbb{K}$, falls $H = Gal(\mathbb{L}/M)$ eine normale Untergruppe von G ist. Die Galois-Gruppe $Gal(M/\mathbb{K})$ ist dann isomorph zur Faktorgruppe G/H. Dieser Hauptsatz liefert bei Kenntnis der Galois-Gruppe fundamentale Aussagen über die möglichen Zwischenkörper. Insbesondere folgt, daß eine endlichdimensionale separable Körpererweiterung nur endlich viele Zwischenkörper besitzt.

Ist f ein irreduzibles Polynom mit Koeffizienten aus dem Körper $\mathbb{K}$ mit nur einfachen Nullstellen, dann ist sein Zerfällungskörper $\mathbb{L}$ über $\mathbb{K}$, d. h. der minimale Erweiterungskörper im algebraischen Abschluß von $\mathbb{K}$, über dem f vollständig als Produkt von linearen Polynomen geschrieben werden kann, eine Galois-Erweiterung von $\mathbb{K}$. Man nennt dann die Galois-Gruppe von $\mathbb{L}$ auch die Galois-Gruppe des Polynoms f bzw. der Gleichung $f(x) = 0$.

Besitzt die Galois-Gruppe gewisse Eigenschaften (z. B. abelsch, zyklisch, oder auflösbar zu sein), so benennt man die Körpererweiterung bzw. die Gleichung ebenso.

Mit Hilfe der Galois-Theorie kann man zeigen, daß die allgemeine Gleichung vom Grad $n \geq 5$ nicht durch Radikale lösbar ist (Satz von Abel). Die allgemeine Gleichung vom Grad n besitzt als Galois-Gruppe die symmetrische Gruppe S_n von n Elementen. Ist die Gleichung durch Radikale (d. h. durch mehrfaches k-tes Wurzelziehen) auflösbar, so bedeutet dies, daß es eine Abfolge von Zwischenkörpern gibt, die jeweils zyklische Erweiterungen des vorherigen Zwischenkörpers sind. Dies ist äquivalent zur Tatsache, daß der Zerfällungskörper eine auflösbare Galois-Gruppe besitzt. Die S_n ist für $n \geq 5$ jedoch nicht auflösbar.

Eine weitere Anwendung der Galois-Theorie ist die Klassifizierung derjenigen geometrischen Größen in der reellen Ebene, die durch ↗Konstruktion mit Zirkel und Lineal, ausgehend von endlich vielen Grundgrößen, erhalten werden können. Es ergibt sich, daß eine Größe x genau dann mit Zirkel und Lineal konstruierbar ist, falls ihre Koordinaten in einem Erweiterungskörper vom Grad 2^m ($m \in \mathbb{N}_0$) des durch die Koordinaten der Ausgangsgrößen definierten Grundkörpers liegen. Dies liefert die negative Aussage für das ↗Delische Problem der Würfelverdoppelung, der ↗Dreiteilung eines beliebigen Winkels und der ↗Quadratur des Kreises. Darüberhinaus ergibt sich eine vollständige Übersicht über die Möglichkeit der ↗Konstruktion der regulären n-Ecke mit Zirkel und Lineal.

Umgekehrt kann die Galois-Theorie auch benutzt werden, um algebraische bzw. geometrische Modelle für gruppentheoretische Fragestellungen zu erhalten. Mit der Frage, ob und in welcher Weise eine vorgegebene Gruppe als Galois-Gruppe eines Körpers bzw. einer Gleichung realisiert werden kann, befasst sich die ↗inverse Galois-Theorie. Von speziellem Interesse ist der Fall der Realisierung über $\mathbb{Q}$.

Galois-Verbindung, Paar von Abbildungen $\sigma : P \to L$ und $\tau : L \to P$, wobei $P_<$ und $L_<$ Ordnungen sind, für das gilt:

1. σ und τ sind antiton,
2. $\sigma\tau x \geq x$ für alle $x \in P$,
3. $\tau\sigma z \geq z$ für alle $z \in L$.

Ist (σ, τ) eine Galois-Verbindung zwischen $P_<$ und $L_<$, dann gilt:

1. $\sigma\tau\sigma x = \sigma x, \ x \in P$,
2. $\tau\sigma\tau z = \tau z, \ z \in L$.

Galois-Zahlen, Bezeichnung für die Zahlen

$$G_{n,q} := \sum_{k=0}^{n} \binom{n}{k}_q ,$$

wobei $\binom{n}{k}_q$ die ↗Gaußschen Koeffizienten sind.

Sei $GF(q)$ ein ↗Galois-Feld mit q Elementen und $\mathcal{L}(n,q)$ der Unterraumverband von $[GF(q)]^n$. Dann ist die Anzahl der Elemente von $\mathcal{L}(n,q)$ die Galois-Zahl $G_{n,q}$: $|\mathcal{L}(n,q)| = G_{n,q}$.

Galton-Brett, ein senkrecht oder geneigt aufgestelltes und mit Nägeln oder starken zylindrischen Stiften bzw. Zapfen versehenes Brett zur Veranschaulichung der Binomialverteilung.

Die Nägel sind so angeordnet, daß das Lot vom oberen Nagel den Abstand der beiden darunterliegenden Nägel im Verhältnis $p : (1-p)$ teilt.

Dabei ist p die Wahrscheinlichkeit für das Eintreten eines bestimmten Ereignisses. Bei den serienmäßig für Unterrichtszwecke hergestellten Galton-Brettern ist $p = 1/2$, genau wie beim ursprüng-

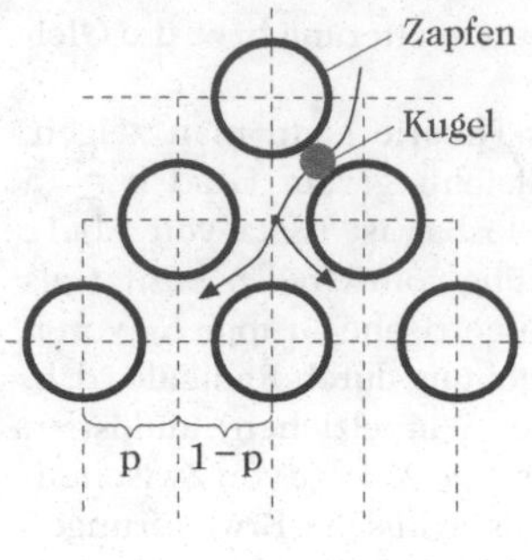

Galton-Brett

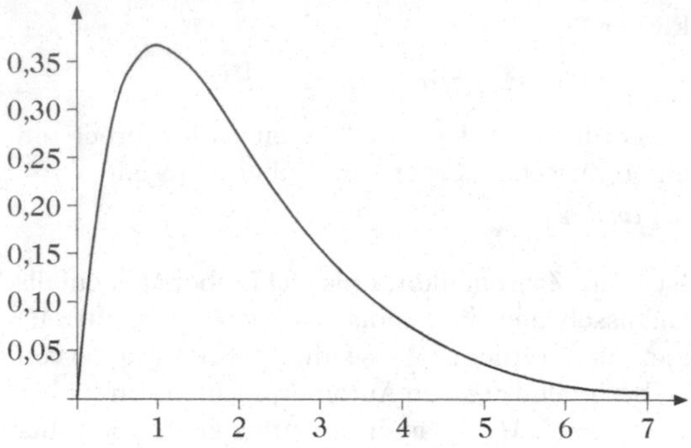

Dichte der Gamma-Verteilung mit den Parametern $\alpha = 2$ und $\beta = 1$

lichen Galton-Brett, benannt nach Sir Francis Galton (1822–1911), der es zur Veranschaulichung von Vererbung und Bevölkerungsentwicklung benutzte.

Aus einem Trichter läßt man Kugeln auf das Brett fallen, die die Nagelreihen durchlaufen. Sie treffen von Reihe zu Reihe auf einen Nagel und werden entweder nach rechts oder nach links abgelenkt. Nach Durchlaufen von n Nagelreihen werden sie in $(n+1)$ Fächern aufgefangen. Der Füllgrad der Fächer veranschaulicht in Form eines Säulendiagrammes die Binomialverteilung.

Galton-Watson-Prozeß, ↗Theorie der Verzweigungsprozesse.

Galvin, Satz von, ↗ Listenfärbung.

Γ-Funktion, ↗ Eulersche Γ-Funktion.

Γ-Raum-Statistik, ↗Gibbsscher Formalismus.

Gamma-Verteilung, das für die Parameter $\alpha > 0$, $\beta > 0$ durch die Wahrscheinlichkeitsdichte

$$f : \mathbb{R}_0^+ \ni x \to \frac{x^{\alpha-1} e^{-x/\beta}}{\Gamma(\alpha)\beta^\alpha} \in \mathbb{R}^+$$

definierte Wahrscheinlichkeitsmaß. Dabei bezeichnet Γ die vollständige Γ-Funktion (↗Eulersche Γ-Funktion). Die zugehörige Verteilungsfunktion ist durch

$$F : \mathbb{R}_0^+ \ni x \to \frac{1}{\Gamma(\alpha)\beta^\alpha} \int_0^x t^{\alpha-1} e^{-t/\beta} dt \in [0, 1]$$

gegeben. Für $\beta = 1$ erhält man die sogenannte Standardform der Verteilung. Ist $\alpha < 1$ und $\beta = 1$, so strebt die Dichtefunktion f, für x gegen Null, gegen Unendlich. Für $\alpha \geq 1$ und beliebiges $\beta > 0$ besitzt f einen eindeutig bestimmten Modalwert an der Stelle $x = \beta(\alpha - 1)$. Besitzt die Zufallsvariable X eine Gamma-Verteilung mit den Parametern $\alpha > 0$ und $\beta > 0$, so gilt für den Erwartungswert $E(X) = \alpha\beta$ und für die Varianz $Var(X) = \alpha\beta^2$.

Als spezielle Gamma-Verteilungen erhält man für $\alpha = \beta = 1$ die Exponentialverteilung zum Parameter $\lambda = 1$ und für $\alpha = n/2$, $\beta = 2$ die χ^2-Verteilung mit n Freiheitsgraden.

Ganghöhe, der Abstand eines Punktes, der sich auf einer ↗Schraubenlinie $\alpha(t)$ bewegt, zur Ausgangsposition bei einer einmaligen Umrundung der Achse.

Ist $\alpha(t) = (r \cos t, r \sin t, h\, t)$, so ist die Ganghöhe die Zahl $2\pi h$.

ganz algebraische Zahl, ↗ganze algebraische Zahl.

ganz rationale Funktion, ↗ganzrationale Funktion.

ganz transzendente Funktion, eine ↗ganze Funktion f derart, daß für die ↗Taylor-Reihe von f mit Entwicklungspunkt 0

$$f(z) = \sum_{n=0}^{\infty} a_n z^n$$

gilt: $a_n \neq 0$ für unendlich viele n.

ganze Abschließung, die Menge der ↗ganzen Elemente über R aus dem Quotientenring $Q(R)$ des reduzierten Ringes R.

Diese Menge bildet einen Ring $\widetilde{R}$, die ganze Abschließung von R. Die ganze Abschließung von R wird auch Normalisierung von R genannt. So ist z. B. die ganze Abschließung von $\mathbb{C}[t^2, t^3]$ in $Q(\mathbb{C}[t^2, t^3]) = Q(\mathbb{C}[t])$ der Ring $\mathbb{C}[t]$. Allgemeiner kann man die ganze Abschließung eines Ringes R in einen Ring S definieren, in dem man $Q(R)$ durch S ersetzt.

ganze algebraische Zahl, *ganz algebraische Zahl*, eine ↗algebraische Zahl, deren normiertes (d. h. mit höchstem Koeffizienten 1) Minimalpolynom ganzzahlige (genauer: ganzrationale) Koeffizienten hat.

ganze analytische Funktion, ↗ganze Funktion.

ganze Erweiterung, ein Ring $R \subset S$ so, daß jedes Element $s \in S$ ein ↗ganzes Element über R ist.

↗Endliche Ringerweiterungen sind ganze Erweiterungen.

ganze Funktion, *ganze analytische Funktion*, eine in der ganzen komplexen Ebene $\mathbb{C}$ ↗holomorphe Funktion.

Ist f eine ganze Funktion, so ist die ↗Taylor-Reihe von f mit Entwicklungspunkt 0

$$f(z) = \sum_{n=0}^{\infty} a_n z^n$$

in ganz $\mathbb{C}$ ↗normal konvergent.

Falls es ein $N \in \mathbb{N}_0$ gibt derart, daß $a_n = 0$ für alle $n > N$, so heißt f eine ganzrationale Funktion oder ein Polynom. Ist $N \geq 1$ und $a_N \neq 0$, so ist ∞ eine ↗Polstelle von f der Ordnung N. Gilt $a_n \neq 0$ für unendlich viele n, so heißt f eine ganz transzendente Funktion. In diesem Fall ist ∞ eine ↗wesentliche Singularität von f.

Wichtige Beispiele für ganz transzendente Funktionen sind die ↗Exponentialfunktion, die ↗Cosinusfunktion und die ↗Sinusfunktion.

Ganze Funktionen werden in Wachstumsklassen eingeteilt. Dazu sei für eine ganze Funktion f und $r > 0$

$$M(r,f) := \max_{|z| \leq r} |f(z)|$$

der Maximalbetrag von f. Ist f nicht konstant, so ist $M(r,f)$ eine stetige und streng monoton wachsende Funktion von r mit $M(r,f) \to \infty$ für $r \to \infty$. Man setzt

$$\varrho = \varrho(f) := \limsup_{r\to\infty} \frac{\log^+ \log^+ M(r,f)}{\log r}.$$

Dabei ist $\log^+ x := \log x$ für $x > 1$ und $\log^+ x := 0$ für $0 \leq x \leq 1$. Für die Zahl ϱ gilt $0 \leq \varrho \leq \infty$. Sie heißt Ordnung oder Wachstumsordnung von f. Polynome haben stets Ordnung 0. Einige Beispiele transzendenter Funktionen:

1. $f(z) = e^{z^n}$, $n \in \mathbb{N} \Longrightarrow \varrho(f) = n$.
2. $f(z) = \cos z \Longrightarrow \varrho(f) = 1$.
3. $f(z) = \sin z \Longrightarrow \varrho(f) = 1$.
4. $f(z) = \cos\sqrt{z} \Longrightarrow \varrho(f) = \frac{1}{2}$.
5. $f(z) = e^{e^z} \Longrightarrow \varrho(f) = \infty$.

Sind f und g ganze Funktionen, so gilt

$$\varrho(f+g) \leq \max\{\varrho(f), \varrho(g)\}$$

und

$$\varrho(f\cdot g) \leq \max\{\varrho(f), \varrho(g)\}.$$

Ist z. B. $\varrho(f) > \varrho(g)$, so gilt $\varrho(f+g) = \varrho(f)$ und $\varrho(f\cdot g) = \varrho(f)$. Weiter gilt $\varrho(f) = \varrho(f')$.

Die Ordnung einer ganzen Funktion f kann mit Hilfe der Taylor-Reihe von f mit Entwicklungspunkt 0 berechnet werden. Ist $f(z) = \sum_{n=0}^{\infty} a_n z^n$, so gilt

$$\varrho(f) = \limsup_{n\to\infty} \frac{n \log n}{\log \frac{1}{|a_n|}}.$$

Dabei wird der Ausdruck auf der rechten Seite gleich 0 gesetzt, falls ein $a_n = 0$ ist. Mit dieser Formel kann man ganze Funktionen mit beliebiger Ordnung konstruieren. Für $0 < \varrho < \infty$ liefert

$$f(z) = \sum_{n=1}^{\infty} n^{-n/\varrho} z^n$$

eine ganze Funktion mit $\varrho(f) = \varrho$. Es gibt auch ganz transzendente Funktionen der Ordnung 0, nämlich

$$f(z) = \sum_{n=1}^{\infty} n^{-n^{1+\delta}} z^n, \quad \delta > 0.$$

Ist $\varrho(f) = n \in \mathbb{N}$ oder $\varrho(f) = \infty$, so zeigen die obigen Beispiele 1. und 5., daß f keine Nullstellen besitzen muß, d. h. 0 ist ein ↗Ausnahmewert von f.

Ist jedoch $0 < \varrho(f) < \infty$ und $\varrho(f) \notin \mathbb{N}$, so besitzt f unendlich viele Nullstellen. Ersetzt man f durch $f - a$ mit $a \in \mathbb{C}$, so folgt, daß in diesem Fall f jeden Wert $a \in \mathbb{C}$ unendlich oft annimmt. Dies gilt auch für ganz transzendente Funktionen der Ordnung 0.

ganze Gaußsche Zahl, eine komplexe Zahl der Form $\alpha + i\beta$ mit $\alpha, \beta \in \mathbb{Z}$.

ganze Gleichung, Gleichung, die ein ↗ganzes Element definiert.

ganze Krümmung, *Lancretsche Krümmung*, *Totalkrümmung*, die ↗differentielle Invariante

$$\gamma(s) = \sqrt{\kappa^2(s) + \tau^2(s)}$$

einer Raumkurve.

Dabei bezeichnet κ die Krümmung und τ die Windung der Kurve. Die Funktion γ ist gleich der Länge des Vektors von Darboux-Cesàro und ein Maß für den Betrag der Winkelgeschwindigkeit des begleitenden Dreibeins bei seiner Bewegung entlang der Kurve.

Die Totalkrümmung definiert man als den Betrag $|d\,n/d\,s|$ der Ableitung des ↗Normalvektors nach der Bogenlänge. Die ↗Frenetschen Formeln zeigen, daß die Totalkrümmung gleich der ganzen Krümmung ist.

ganze p-adische Zahl, eine Zahl der Form

$$z = \sum_{n=0}^{\infty} z_n p^n,$$

mit p-adischen *Ziffern* $z_n \in \{0, \ldots, p-1\}$. Die unendliche Reihe konvergiert in der p-adischen Metrik.

ganze Zahlen, Ergebnis der Erweiterung der additiven Halbgruppe $\mathbb{N}$ der natürlichen Zahlen zu einer Gruppe, sogar einem Ring, bezeichnet mit $\mathbb{Z}$.

Ist $\mathbb{N} = \{1, 2, 3, \ldots\}$ die Menge der natürlichen Zahlen, so ist (als Menge)

$$\begin{aligned} \mathbb{Z} &= \{\ldots, -2, -1, 0, 1, 2, 3, \ldots\} \\ &= (-\mathbb{N}) \cup \{0\} \cup \mathbb{N}, \end{aligned}$$

d. h., eine ganze Zahl ist entweder eine natürliche Zahl oder das Negative einer natürlichen Zahl oder gleich ↗Null.

Meist definiert man $\mathbb{Z}$ als die ↗Differenzengruppe zu $\mathbb{N}$, d. h. als Menge der Äquivalenzklassen bzgl. der durch

$$(k, \ell) \sim (m, n) \;:\Longleftrightarrow\; k + n = m + \ell$$

auf den Paaren $\mathbb{N} \times \mathbb{N}$ erklärten Äquivalenzrelation.

Für $m, n \in \mathbb{N}$ sei $\langle m, n\rangle$ die Äquivalenzklasse von (m, n) bzgl. $\sim$. Für $(k_1, \ell_1) \sim (k_2, \ell_2)$ und $(m_1, n_1) \sim (m_2, n_2)$ gilt

$$(k_1 + m_1, \ell_1 + n_1) \;\sim\; (k_2 + m_2, \ell_2 + n_2),$$

d. h. die Definition

$$\langle k, \ell\rangle + \langle m, n\rangle \;:=\; \langle k + m, \ell + n\rangle$$

ist sinnvoll. Mit der Null $0 := \langle 1, 1\rangle$ und der durch $-\langle m, n\rangle := \langle n, m\rangle$ gegebenen Inversenoperation ist $(\mathbb{Z}, +, 0)$ eine Gruppe. Die Abbildung

$$\phi \;:\; \mathbb{N} \ni n \;\longmapsto\; \langle n + 1, 1\rangle \in \mathbb{Z}$$

bettet die Halbgruppe $\mathbb{N}$ in die Gruppe $\mathbb{Z}$ ein, wobei

$$\begin{aligned} \mathbb{Z} &= -\mathbb{N} \uplus \{0\} \uplus \mathbb{N} \\ &= \{\ldots, -3, -2, -1, 0, 1, 2, 3, \ldots\}. \end{aligned}$$

Mit $\mathbb{N}$ ist auch $\mathbb{Z}$ abzählbar. Für $(k_1, \ell_1) \sim (k_2, \ell_2)$ und $(m_1, n_1) \sim (m_2, n_2)$ gilt

$$\begin{aligned} &(k_1 m_1 + \ell_1 n_1, k_1 n_1 + \ell_1 m_1) \\ &\quad \sim (k_2 m_2 + \ell_2 n_2, k_2 n_2 + \ell_2 m_2), \end{aligned}$$

d. h. die Definition

$$\langle k, \ell\rangle \cdot \langle m, n\rangle \;:=\; \langle km + \ell n, kn + \ell m\rangle$$

ist sinnvoll. Die Multiplikation $\cdot : \mathbb{Z} \times \mathbb{Z} \to \mathbb{Z}$ macht $\mathbb{Z}$ zu einem Integritätsring mit der Eins 1, nämlich dem kleinsten $\mathbb{N}$ umfassenden Integritätsring, d. h. jeder $\mathbb{N}$ umfassende Integritätsring besitzt einen zu $\mathbb{Z}$ isomorphen Unterring. ϕ bettet den Halbring $\mathbb{N}$ in den Ring $\mathbb{Z}$ ein. Die Ordnung von $\mathbb{N}$ wird durch $a < b :\Leftrightarrow b - a \in \mathbb{N}$ für $a, b \in \mathbb{Z}$ zu einer Ordnung auf $\mathbb{Z}$ fortgesetzt. Damit ist $\mathbb{Z}$ ein geordneter Integritätsring und $\mathbb{N} = \{a \in \mathbb{Z} : a > 0\}$.

$\mathbb{Z}$ ist kein Körper, denn es gibt z. B. kein multiplikatives Inverses zu 2, d. h. kein $x \in \mathbb{Z}$ mit $2 \cdot x = 1$. Die minimale Erweiterung von $\mathbb{Z}$ zu einem Körper führt zu den rationalen Zahlen. Dort existiert das gesuchte x, nämlich $x = \frac{1}{2}$.

ganzer Teil einer reellen Zahl, die zu einer reellen Zahl x durch

$$[x] = \max\{n \in \mathbb{Z} \mid n \le x\}$$

definierte ganze Zahl $[x]$, also die größte ganze Zahl, die kleiner oder gleich x ist.

Man nennt [ ] auch *Gauß-Klammer*. Es gilt $[x] \le x < [x] + 1$ und $[x + a] = [x] + a$ für $a \in \mathbb{Z}$. Eine andere Schreibweise für $[x]$ ist $\lfloor x \rfloor$ mit der floor-Funktion $\lfloor\ \rfloor$.

ganzes Element, ein Element $s \in S$, $R \subset S$, mit der Eigenschaft, daß es ein normiertes Polynom

$$F(T) = T^n + a_{n-1}T^{n-1} + \cdots + a_0 \in R[T]$$

gibt, so daß $F(s) = 0$ ist; s heißt dann ganz über R.

So ist z. B. $t \in \mathbb{C}[t]$ ganz über $\mathbb{C}[t^2, t^3]$ mit $F = T^2 - t^2$ und $i \in \mathbb{C}$ ist ganz über $\mathbb{R}$ mit $F = T^2 + 1$.

ganzes Ideal, ↗gebrochenes Ideal.

Ganzheitsring, der Ring der ganzalgebraischen Zahlen in einem algebraischen Zahlkörper.

Ganzheitssatz, ↗ Netzwerkfluß.

ganzrationale Funktion, reelle Funktion, die als Polynom darstellbar ist, also eine Funktion $f : \mathbb{R} \to \mathbb{R}$, die sich in der Gestalt

$$f(x) = \sum_{k=0}^{n} a_k x^k \tag{1}$$

mit $n \in \mathbb{N}_0$ und $a_0, \ldots, a_n \in \mathbb{R}$ schreiben läßt.

Diese Darstellung (die Normalform) ist eindeutig, d. h. hat man noch $m \in \mathbb{N}$ mit (ohne Einschränkung) $n \le m$ und $b_0, \ldots, b_m \in \mathbb{R}$ mit $f(x) = \sum_{k=0}^{m} b_k x^k$ für $x \in \mathbb{R}$, dann gilt $a_k = b_k$ für $0 \le k \le n$ und $b_k = 0$ für $n < k \le m$. Auf dieser Eindeutigkeit beruht das oft benutzte Verfahren des Koeffizientenvergleichs. Im folgenden sei $a_n \ne 0$ in der Darstellung (1), d. h. n der Grad des Polynoms zu f. Man nennt n dann auch Grad oder Ordnung von f. Funktionswerte von f können effizient ($\le n$ Multiplikationen und $\le n$ Additionen) mit dem Horner-Schema berechnet werden, was einer Darstellung

$$f(x) = (\cdots(a_n x + a_{n-1})x + \cdots + a_1)x + a_0$$

entspricht. Die ganzrationalen Funktionen bilden eine Funktionenalgebra über $\mathbb{R}$, die insbesondere die konstanten ($n = 0$), die ↗linearen ($n = 1$), die ↗quadratischen ($n = 2$) und die ↗kubischen ($n = 3$) Funktionen enthält.

Ganzrationale Funktionen sind stetig und auch differenzierbar. Die Ableitung der durch (1) dargestellten Funktion f ist gegeben durch

$$f'(x) = \sum_{k=1}^{n} k a_k x^{k-1},$$

also eine ganzrationale Funktion mit (falls $n > 0$) einem um 1 niedrigeren Grad. Insbesondere ist $f^{(n)}(x) = a_n$ und $f^{(k)}(x) = 0$ für $k > n$.

Ganzrationale Funktionen sind, da stetig, auf kompakten Intervallen integrierbar. Die Stammfunktionen der durch (1) dargestellten Funktion f sind

$$F(x) = \sum_{k=0}^{n} \frac{a_k}{k+1} x^{k+1} + c$$

mit beliebigem $c \in \mathbb{R}$, also ganzrationale Funktionen mit einem um 1 höheren Grad.

Die Anzahl der (entsprechend Vielfachheiten gezählten) reellen Nullstellen von f ist genau dann gerade, wenn n gerade ist. Insbesondere hat f bei ungeradem n mindestens eine reelle Nullstelle. Polynomdivision zeigt, daß f höchstens n Nullstellen, höchstens $n-1$ Extremstellen und höchstens $n-2$ Wendestellen hat.

$\gamma_1, \ldots, \gamma_k \in \mathbb{R}$ sind genau dann sämtliche (entsprechend Vielfachheiten angegebenen) reellen Nullstellen von f, wenn $f(x) = (x - \gamma_1) \cdots (x - \gamma_k) g(x)$ gilt mit einer nullstellenfreien ganzrationalen Funktion g vom Grad $n - k$.

Das Verhalten von $f(x)$ für $x \to \pm\infty$ ist wie folgt:

$$\lim_{x \to \infty} f(x) = \begin{cases} \infty, & a_n > 0 \\ -\infty, & a_n < 0, \end{cases}$$

$$\lim_{x \to -\infty} f(x) = \begin{cases} \infty, & n \text{ gerade}, \ a_n > 0 \\ -\infty, & n \text{ gerade}, \ a_n < 0 \\ -\infty, & n \text{ ungerade}, \ a_n > 0 \\ \infty, & n \text{ ungerade}, \ a_n < 0 . \end{cases}$$

ganzrationale Zahl, präzisere Bezeichnung für eine ↗ganze Zahl.

Man nennt eine Zahl ganzrational, wenn sie im ↗Ganzheitsring des (über $\mathbb{Q}$ eindimensionalen) algebraischen Zahlkörpers $\mathbb{Q}$ der rationalen Zahlen liegt. Da dieser Ganzheitsring aber gerade der Ring $\mathbb{Z}$ der ganzen Zahlen ist, ist eine ganzrationale Zahl nichts anderes als eine (gewöhnliche) ganze Zahl.

Ganzteilfunktion, *Entierfunktion*, die Funktion

$$[\,] : \mathbb{R} \ni x \longmapsto [x] \in \mathbb{Z},$$

die jeder reellen Zahl x ihren ↗ganzen Teil $[x]$ zuordnet. Der Graph der Ganzteilfunktion ist eine Treppe, bei der jede Stufe ihren linken, nicht aber ihren rechten Endpunkt einschließt (vgl. Abbildung).

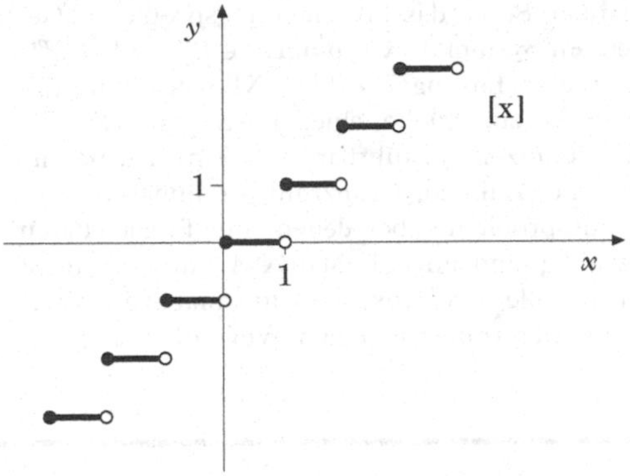

Ganzteilfunktion

Eine andere Schreibweise für die Ganzteilfunktion ist die floor-Funktion $\lfloor\ \rfloor : \mathbb{R} \to \mathbb{Z}$.

ganzzahlige lineare Optimierung, Lösungstheorie von linearen Optimierungsproblemen, bei denen die Variablen des Problems nur ganzzahlige Werte annehmen dürfen.

Die meisten Ergebnisse beziehen sich auf rationale Eingabedaten. Eines der wesentlichen Probleme bei der Lösung derartiger Aufgaben ist das Fehlen eines befriedigenden Dualitätssatzes; für den üblichen Dualitätssatz der linearen Optimierung führt die Forderung nach Ganzzahligkeit der Variablen i. a. zu einer positiven Dualitätslücke. Als algorithmische Konsequenz dieses Sachverhalts sind ganzzahlige lineare Optimierungsprobleme vermutlich schwieriger zu lösen als lineare Optimierungsprobleme ohne zusätzliche Forderung an die Ganzzahligkeit der

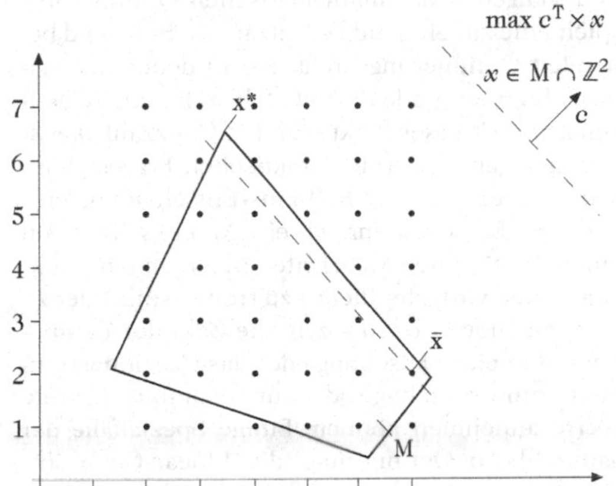

Ganzzahlige lineare Optimierung: Die dem Minimalpunkt $\bar{x} \in M \cap \mathbb{Z}^2$ des ganzzahligen Problems am nächsten liegende Ecke von M muß nicht die optimale Ecke x^* des Problems $\min c^T x$, $x \in M$, sein.

Variablen. So ist das Entscheidungsproblem: „Gegeben ein System $A \cdot x \leq b$ mit $A \in \mathbb{Q}^{m \times n}, b \in \mathbb{Q}^m$; gibt es eine Lösung $\bar{x} \in \mathbb{Z}^n$ " NP-vollständig (im Gegensatz zur Suche einer Lösung in $\mathbb{Q}^n$, die in Polynomzeit ausführbar ist). Eine Ausnahme bildet die Teilmenge ganzzahliger linearer Optimierungsprobleme, bei denen alle Eingabedaten ganzzahlig sind und die Matrix A unimodular ist (d. h. für alle quadratischen Untermatrizen von A hat die Determinante einen Wert in $\{-1, 0, 1\}$). Diese Probleme haben immer ganzzahlige Lösungen, welche auch effizient gefunden werden können (bzgl. des Modells der Turingmaschine). Wichtige Lösungsverfahren für ganzzahlige lineare Probleme sind Schnittebenenverfahren wie dasjenige von Gomory.

Man vergleiche auch den Artikel ↗Ganzzahlige Optimierung.

[1] Schrijver, A.: Theory of linear and integer programming. John Wiley and Sons, 1986.

Ganzzahlige Optimierung

J. Kallrath

Einführender Überblick

Optimierung im mathematischen Sinne bedeutet die Bestimmung des Maximums oder Minimums einer reellwertigen Funktion über einem (beschränkten) Bereich oder Zustandsraum S und des Arguments, für das die Funktion diesen Extremwert annimmt. Die klassische, auf der Differentialrechnung beruhende Optimierungstheorie mit ihren Spezialdisziplinen beschränkte kontinuierliche Optimierung, Variationsrechnung und Optimale Steuerung behandelt die Fälle, in denen S kontinuierlich ist, d. h. in jeder noch so kleinen Umgebung eines zulässigen Punktes in S existieren unendlich viele weitere zulässige Punkte. Die ganzzahlige (gemischt-ganzzahlige), manchmal auch synonym, aber nur bedingt zutreffend diskrete oder *kombinatorische Optimierung* genannt, bis vor 1980 noch ein Randgebiet der Wissenschaft und Teilgebiet der mathematischen Optimierung, spielt eine zunehmend bedeutsamere Rolle und behandelt Optimierungsprobleme, in denen alle (einige) Freiheitsgrade diskret, d. h. z. B. auf die ganzen Zahlen $\mathbb{Z}$ beschränkt sind. Die Ganzzahligkeitsbedingungen rühren bei praktischen Fragestellungen z. B. daher, daß Null-Eins-Entscheidungen – etwa die Entscheidung, ob ein Arbeitsschritt von einem bestimmten Mitarbeiter zu einem Zeitpunkt bearbeitet wird oder nicht – zu treffen sind, oder zu bestimmende Größen – z. B. die Zahl der Komponenten in einer Mischung oder das Containervolumen – nur ganzzahlige oder nur bestimmte diskrete Werte annehmen können. Einige Spezialfälle der ganzzahligen Optimierung, die Linear-Gemischt-Ganzzahlige Optimierung (MILP; *engl.*: mixed integer linear programming) und die Nichtlineare-Gemischt-Ganzzahlige Optimierung (MINLP; *engl.*: mixed integer nonlinear programming) werden zunehmend in den Gebieten Logistik, Transport, Produktionsplanung, Finanzen, Kommunikation und Design eingesetzt, zum Teil auch deshalb, weil sich mit ihrer Hilfe und insbesondere durch die Verwendung von Binärvariablen – dies sind Variablen, die nur die Werte 0 und 1 annehmen können – Probleme der *kombinatorischen Optimierung* wie das Rundreiseproblem (*engl.*: traveling salesman problem), Maschinenbelegungsprobleme, Reihenfolgeprobleme (*engl.*: sequencing problems), Transport- und Zuordnungsprobleme (*engl.*: assignment problem) formulieren lassen. Wenn nicht synonym zur ganzzahligen Optimierung gebraucht, versteht man unter kombinatorischen Optimierungsproblemen jene Probleme, bei denen erheblich mehr ganzzahlige als kontinuierliche Variablen vorhanden sind, die ganzzahligen Variablen nur wenige Werte annehmen können, die Nebenbedingungen begrifflich einfach, aber mathematisch schwierig beschreibbar sind, und sich das Problem eher graphentheoretisch formulieren läßt [4].

Die Grundlagen der Algorithmen gemischt-ganzzahliger Optimierung sind nach wie vor Verzweigungsverfahren (Branch&Bound-Verfahren). Mittlerweile können infolge leistungsfähiger Algorithmen, Hardware und Software sehr große Probleme gelöst werden; bekannt sind Probleme mit einigen Tausend Binärvariablen, 200000–300000 kontinuierlichen Variablen und 120000 Constraints, die in weniger als 15 Minuten auf einem PC gelöst werden. In der gemischt-ganzzahligen Optimierung spielt die Modellbildung ([9], [13]) und die Erfahrung eine wesentliche Rolle. Die Wahl der richtigen Variablen und die geeignete Formulierung ihrer Beziehungen zueinander, nicht die Zahl der Variablen und Constraints ist signifikant. Das Kriterium, das eine gute von einer schlechten Formulierung trennt, ist – im Falle der MILP – a) die Distanz der LP-Relaxierung (das ursprüngliche MILP-Problem unter Vernachlässigung der Ganzzahligkeitsbedingungen) von der konvexen Hülle (das kleinste Polyeder, das sämtliche Zulässigkeitsbedingungen enthält), und b) die Rechenzeit zur Bestimmung der Lösung.

Bei gegebenen Freiheitsgraden $\mathbf{x} = (x_1, \ldots, x_n) \in X^n$, Zielfunktional $f(\mathbf{x})$ und Beschränkungen oder Constraints $\mathbf{g}(\mathbf{x})$ und $\mathbf{h}(\mathbf{x})$ heißt ein Optimierungsproblem

$$\min_{\mathbf{x} \in X^n} \{ f(\mathbf{x}) \mid \mathbf{g}(\mathbf{x}) = \mathbf{0} \, , \, \mathbf{h}(\mathbf{x}) \leq \mathbf{0} \} \qquad (1)$$

ganzzahliges oder *diskretes Optimierungsproblem*, wenn der Grundbereich X diskret ist , etwa ganzzahlig, $X = \mathbb{N}_0 = \{0, 1, 2, 3, \ldots\}$. Ein Vektor $\mathbf{x}$ heißt *zulässige Lösung* des Optimierungsproblems (1), wenn er den Bedingungen $\mathbf{g}(\mathbf{x}) = \mathbf{0}$, $\mathbf{h}(\mathbf{x}) \leq \mathbf{0}$, $\mathbf{x} \in X$ genügt; die Menge aller zulässigen Lösungen bildet den *zulässigen Bereich*. Der Vektor $\mathbf{x}$ heißt *optimale Lösung*, wenn er zulässig ist und für alle zulässigen Lösungen $\mathbf{x}'$ gilt: $f(\mathbf{x}) \leq f(\mathbf{x}')$. Das Problem

$$\min_{(x_1, x_2) \subset \mathbb{N}_0^2} \left\{ 3x_1 + 2x_2^2 \;\middle|\; \begin{matrix} x_1^4 - x_2 - 15 = 0 \\ 3 - x_1 - x_2 \leq 0 \end{matrix} \right\}$$

besitzt z. B. die zulässige Lösung $\mathbf{x}^* = (x_1, x_2) = (3, 66)$ und die optimale Lösung $\mathbf{x}^* = (x_1, x_2)^* = (2, 1)$ und $f(\mathbf{x}^*) = 8$.

Lineare gemischt-ganzzahlige Optimierung

Eine spezielle Klasse diskreter Optimierungsaufgaben mit großer Praxisrelevanz [9] sind lineare gemischt-ganzzahlige Probleme der Form

$$\min_{\mathbf{x} \in S} \{\mathbf{c}^{\mathrm{T}}\mathbf{x}\} \quad , \quad S := \{\mathbf{x} | \mathsf{A}\mathbf{x} = \mathbf{b}\} \qquad (2)$$

mit $x_1, \ldots, x_r \in \mathbb{N}_0$ und $x_{r+1}, \ldots, x_n \in \mathbb{R}_0^+$; in manchen Fällen ist es zudem möglich, nichtlineare Probleme mit Hilfe von Binärvariablen umzuformulieren oder doch wenigstens approximativ in der Form (2) zu lösen. Bei der Darstellung des zulässigen Bereichs in der Form $\mathsf{A}\mathbf{x} = \mathbf{b}$ wurde bereits ausgenutzt, daß sich jede Ungleichung mit Hilfe von nichtnegativen Schlupfvariablen als eine Gleichungsbedingung schreiben läßt. Diskrete Variablen $x_1, \ldots, x_r$, die nur die beiden Werte 0 und 1 annehmen können, nennt man binäre Variablen. Enthält ein Problem n Binärvariablen, so sind 2^n Kombinationen möglich. Im Prinzip könnte man sich auf *gemischt-binäre Probleme* beschränken, da sich ganzzahlige Variablen $x \in \{0, \ldots, N\}$ mit Hilfe binärer Variablen $x_k \in \{0, 1\}$ als Summen $x = \sum_{k=0}^{\lfloor \log_2 N \rfloor} 2^k x_k$ von Zweierpotenzen darstellen lassen. Aus numerischen Gründen ist dieses Vorgehen jedoch nicht empfehlenswert.

Beispiele: Im folgenden soll anhand einiger Beispiele verdeutlicht werden, wie *praktische Situationen* als MILP-Probleme formuliert werden können. Dabei zeigt sich, daß diskrete Variablen im wesentlichen zur Modellierung nichtteilbarer Größen, Minimalgrößen, ja/nein-Entscheidungen und logischer Bedingungen verwendet werden.

Ein Projektplanungssystem.
Für die nächsten T Zeitperioden, z. B. T Monate, sollen in einer Firma aus einer möglichen Auswahl von P Projekten solche ausgewählt werden, die einen maximalen Gewinn ermöglichen. In jeder Zeitperiode t steht ein Kapital von B_t Euro zur Verfügung. Wird in der Zeitperiode t das Projekt p bearbeitet, so entstehen dadurch, daß z. B. Personal, Maschinen oder Räume beansprucht werden, Kosten in Höhe von K_{pt} Euro im Laufe der Periode und ein Erlös in Höhe von E_p Euro am Ende der Periode. Es werden binäre Variablen $x_p \in \{0, 1\}$, $p = 1, \ldots, P$, eingeführt, die den Wert 1 annehmen, wenn das Projekt p bearbeitet wird, und andernfalls 0 sind, und somit die Durchführung eines Projektes p identifizieren. Die Zielfunktion hat die Gestalt $\max_{x_p} \sum_{p=1}^{P} E_p x_p$, und die Constraints lauten

$$\sum_{p=1}^{P} K_{pt} x_p \leq B_t \; ; \quad t = 1, \ldots, T \, .$$

Ein Produktionsplanungssystem.
In einem Produktionsplanungssystem mit N Produkten setzen sich die bei der Produktion eines Produktes j anfallenden Kosten aus Rüst- (K_j) und Proportionalkosten (C_j) zusammen. Zur Herstellung von Produkt j werden A_{ij} kg eines Rohstoffes i benötigt; insgesamt stehen M verschiedene Rohstoffe in beschränkter Menge B_i zur Verfügung. Erwartet wird, daß D_j kg von Produkt j zu einem Erlös von P_j Euro/kg nachgefragt werden. Hier werden kontinuierliche Variablen $x_j \geq 0$, die beschreiben, welche Menge von Produkt j produziert wird, und binäre Variablen δ_j; $j = 1, \ldots, N$ eingeführt, die indizieren, ob Produkt j produziert wird. Die Zielfunktion nimmt damit die Gestalt

$$\max Z = \sum_{j=1}^{N} P_j x_j - \sum_{j=1}^{N} (K_j \delta_j + C_j x_j)$$

an, und die Constraints lauten

$$\sum_{j=1}^{N} A_{ij} x_j \leq B_i \; ; \quad i = 1, \ldots, M$$

und $0 \leq x_j \leq D_j \delta_j$ für $j = 1, \ldots, N$. Zu beachten ist, daß $x_j > 0$ nur möglich ist, wenn $\delta_j = 1$ ist, denn $\delta_j = 0$ impliziert $x_j = 0$.

Lösungsansätze für gemischt-ganzzahlige Optimierungsprobleme
Zur Lösung des MILP-Problems (2) stehen Heuristiken und exakte Verfahren [11] zur Verfügung.

Erstere generieren Lösungen ohne Optimalitätsnachweis und sollen hier nicht weiter betrachtet werden. Zu den exakten Verfahren gehören Entscheidungsbaum- und Schnittebenenverfahren, die sich in vollständige Enumeration, begrenzte Enumeration (z. B. Branch&Bound-Verfahren; B&B-Verfahren) und dynamische Optimierung unterteilen. Sie erlauben die Bestimmung einer optimalen Lösung. Auf dynamische Optimierung soll hier nicht eingegangen werden, da sie sich nur für spezielle Probleme eignet. *Vollständige Enumeration* generiert alle Lösungen und selektiert daraus die optimale Lösung. Da der Aufwand zur Berechnung aller Lösungen exponentiell steigt, ist dieses Verfahren nur für kleinste Probleme sinnvoll anwendbar. B&B-Verfahren, diese findet man meist in kommerzieller Software zur Lösung von MILP-Problemen, schränken dagegen den Suchbaum durch geeignete Verzweigung (*engl.*: branch) eines Problems in mehrere Unterprobleme und Berechnung sicherer Schranken (*engl.*: bound) durch Lösung der Unterprobleme ein. Bei den Unterproblemen handelt es sich um lineare beschränkte Optimierungsprobleme, kurz *lineare Programme* (LPs). Bei den Schnittebenenverfahren (*engl.*: cutting plane) werden bezüglich der konvexen Hülle zulässige Ungleichungen generiert, die Teile der LP-Relaxierung eliminieren, und statisch oder dynamisch zu einem Modell hinzugefügt.

1. *Branch&Bound-Verfahren mit LP-Relaxierung*
B&B-Verfahren beruhen auf effizienter impliziter Enumeration, die vermeidet, ‚ungünstige' Bereiche des Verzweigungsbaumes zu untersuchen. Die wesentlichen Konzepte der auf LP-Relaxierung basierenden B&B-Verfahren sind *Relaxierung*, *Sondierung* und *Separierung;* bei den nachfolgenden Betrachtungen ist vorausgesetzt, daß es sich um ein Maximierungsproblem handelt. Zunächst wird eine hinsichtlich der Ganzzahligkeitsbedingung relaxierte Variante von (2) gelöst, die dadurch entsteht, daß die Bedingung $x_1, \dots, x_r \in \mathbb{N}_0$ durch $x_1, \dots, x_r \in \mathbb{R}_0^+$ ersetzt wird. Das so entstehende kontinuierliche Problem wird als *LP-Relaxierung* bezeichnet und liefert die Lösung $\mathbf{x}^0$ und den Zielfunktionswert z^0, der als obere Schranke z^o für die gesuchte optimale Lösung weiter verwendet wird. In der Regel wird für einige Variablen die Ganzzahligkeitsbedingung verletzt sein. In jedem Fall ist eine genauere Analyse der Verhältnisse der Relaxierung nötig (*Sondierung*).

Intuitiv könnte man vorschlagen, fraktionale Werte zu runden. In der Regel, insbesondere im Extremfall binärer Variablen, ist dieser Weg nicht gangbar. Das nachfolgende Beispiel zeigt, daß sich MILP-Probleme und deren LP-Relaxierung drastisch unterscheiden können, und daher auch mit einfachen Rundungsmechanismen aus relaxierten Programmen keine optimalen Lösungen für das diskrete Problem $\max_{(x_1,x_2)} x_1 + x_2$ unter den Nebenbedingungen

$$\begin{aligned} -2x_1 + 2x_2 &\geq 1 \\ -8x_1 + 10x_2 &\leq 13 \ , \ x_1 \in \mathbb{N}_0 \ , \ x_2 \in \mathbb{N}_0 \end{aligned}$$

gefunden werden können. Die Geraden

$$g_1 : x_2 = x_1 + \frac{1}{2} \ ; \ g_2 : x_2 = 0.8x_1 + 1.3$$

begrenzen zusammen mit der x_1- und x_2-Achse den zulässigen Bereich, in diesem Fall ein sehr langgezogenes schmales Dreieck mit den Lösungen $z^{\mathrm{LP}} = 8.5(4, 4.5)$ und $z^{\mathrm{IP}} = 3(1, 2)$, wobei sich z^{LP} und z^{IP} sehr deutlich sowohl hinsichtlich des Lösungsvektors als auch des Zielfunktionswertes unterscheiden. Einfache Rundungsverfahren scheiden damit offensichtlich zur Lösung diskreter Probleme aus.

Beim B&B-Verfahren wird die LP-Relaxierung jedoch in folgender Weise ausgenutzt: Ist bei der Lösung $\mathbf{x}^k$ eines (kontinuierlichen) LP-Unterproblems P^k, $k = 0, 1, 2, \dots$, der Wert $\bar{x}_j^k$ einer diskreten Variablen x_j mit $1 \leq j \leq r$ nicht ganzzahlig, so werden zwei disjunkte Unterprobleme P_{L}^k und P_{R}^k erzeugt, indem zum Problem P^k die Ungleichungen $x_j \leq \lfloor \bar{x}_j^k \rfloor$ bzw. $x_j \geq \lfloor \bar{x}_j^k \rfloor + 1$ hinzugefügt werden, mit der entier-Funktion (↗ Ganzteilfunktion) $\lfloor \bar{x}_j^k \rfloor$, die die Variable $\bar{x}_j^k$ auf die größte ganze Zahl abbildet, die $\bar{x}_j^k$ nicht überschreitet.

Bei der Lösung der (kontinuierlichen) LP-Unterprobleme P_{L}^k und P_{R}^k kann auf die bekannte Lösung P^k zurückgegriffen werden, indem die zusätzlichen Ungleichungen hinzugefügt werden und dann der duale Simplex-Algorithmus eingesetzt wird.

Die *Sondierung* ermöglicht, eine Verzweigung in einem Unterproblem P^k bzw. Knoten K^k zu beenden, wenn eines der nachstehenden *Verwerfungskriterien (engl.*: pruning criteria) erfüllt ist:

1. Die Lösung $\mathbf{x}^k$ von P^k erfüllt alle Ganzzahligkeitsbedingungen.
2. Das lineare (kontinuierliche) Problem P^k ist unzulässig.
3. Die Lösung $\mathbf{x}^0 = \mathbf{x}^k$ von P^k verletzt einige Ganzzahligkeitsbedingungen, und $z^k = \mathbf{c}^{\mathrm{T}}\mathbf{x}^k$ ist kleiner als der Zielfunktionalwert z^u einer eventuell schon existierenden ganzzahlig zulässigen Lösung von (2), bzw. es gilt $z^k \leq z^u + \Delta z$ mit einem passend gewählten *addcut* Δz, der eine sinnvolle Trennung der Knoten gewährleistet (*Dominanzkriterium*).

Andernfalls werden durch Hinzufügung weiterer Ungleichungen zwei Unterprobleme P_{L}^k und P_{R}^k generiert. Mit Hilfe der *Variablenwahl* und der *Knotenwahl* läßt sich der Algorithmus steuern und die Effizienz der Methode steigern. Die LP-Relaxierung und die im Suchbaum gefundenen Lösungen von (2) dienen als obere und untere Schranken z^o und z^u. Alle aktiven Knoten mit einer Bewertung $z \leq z^u$ brauchen nicht weiter untersucht zu werden. Sind alle aktiven Knoten abgearbeitet, so ist entweder eine optimale Lösung von (2) bestimmt oder nachgewiesen, daß (2) keine Lösung besitzt. Es sei bemerkt, daß das hier skizzierte B&B-Verfahren auch kein besseres als exponentielles Laufzeitverhalten garantiert, sich aber in der Praxis bewährt hat.

Eine wesentliche Komponente des B&B-Verfahrens ist es, den Suchbaum so zu durchlaufen, daß möglichst viele Teile davon aufgrund obiger Verwerfungskriterien verworfen werden können. Wird das Dominanzkriterium aktiv, so endet die Verzweigung im Baum, da die Fortführung weitere Constraints einbeziehen und somit zu Zielfunktionswerten $z' \leq z^u$ führen würde. Insbesondere die Einführung des *addcuts* Δz kann sehr nützlich sein. Ist z. B. die Zielfunktion in einem Maximierungsproblem ganzzahlig, so werden mit $\Delta z = 1$ lediglich noch die Kandidaten betrachtet, die mindestens um eins größer als der Zielfunktionswert z^u einer bereits vorliegenden ganzzahligen Lösung sind.

Separierung und weitere Verzweigungen sind erforderlich, wenn die obigen Verwerfungskriterien nicht auf die optimale Lösung $\mathbf{x}^0$ des vorliegenden LP zutreffen. Beschränkt man sich auf ‚binäre' Separierung, so wird die für $\mathbf{x}$ zulässige Menge $\mathcal{T}$ in zwei disjunkte Mengen $\mathcal{T} = \mathcal{T}_1 \cup \mathcal{T}_2$ geteilt,

$$\mathcal{T}_1 = \mathcal{T} \cap \{\mathbf{x} \in \mathbb{R}^n_+ \mid \mathbf{d}^{\mathrm{T}}\mathbf{x} \leq d_0\}$$
$$\mathcal{T}_2 = \mathcal{T} \cap \{\mathbf{x} \in \mathbb{R}^n_+ \mid \mathbf{d}^{\mathrm{T}}\mathbf{x} \geq d_0 + 1\},$$

wobei es sich bei $\mathbf{d}$ um einen Vektor und bei $\mathbf{d}^{\mathrm{T}}\mathbf{x}$ um das Skalarprodukt handelt. Hierbei wird $(\mathbf{d}, d_0) \in \mathbb{N}^{n+1}_+$ so gewählt, daß

$$d_0 \leq \mathbf{d}^{\mathrm{T}}\mathbf{x}^0 \leq d_0 + 1$$

ist, und $\mathbf{x}^0$ somit in beiden Teilproblemen $\mathcal{T}_1(LP)$ und $\mathcal{T}_2(LP)$ unzulässig ist. *Beispiel:* Sei $\mathbf{x}^0 = 1.7$. Mit $(\mathbf{d}, d_0) = (3, 5)$ erhält man die beiden Teilprobleme: $3x \leq 4$, $3x \geq 6$; mit $(\mathbf{d}, d_0) = (1, 1)$ erhält man die beiden Teilprobleme: $x \leq 1$, $x \geq 2$.

In der Praxis sind zwei spezielle Wahlen von $(\mathbf{d}, d_0)$, d. h. Separierungen, in Gebrauch: Die *Variablen-(Zwei)Teilung* und die *General Upper Bound-(Zwei)Teilung*; die *direkte Teilung* (für x_j die separate Betrachtung jeden ganzzahligen Wertes des Intervalls $0 \leq x_j \leq X_j^+$) erweist sich in der Praxis als ineffizient und findet keine Verwendung.

Bei der *Variablen-(Zwei)Teilung* ([11]) wählt man $d = e_j$ = j-ter Einheitsvektor im $\mathbb{R}^n$ und $d_0 = \lfloor x^0 \rfloor$. Die Teilung wird also durch die beiden Ungleichungen $x_j \leq d_0$ und $x_j \geq d_0 + 1$ vorgenommen. Für binäre Variablen x_j, d. h. $0 \leq x_j \leq 1$ und $x_j \notin \{0, 1\}$, liefern diese Verzweigungen sogleich die Bedingungen $x_j = 0$ und $x_j = 1$. Ein wesentlicher Vorteil der Variablen-Teilung besteht darin, daß diese nur einfache untere und obere Schranken als weitere Restriktionen zum bestehenden LP-Unterproblem hinzufügt. Damit kann direkt das duale Simplex-Verfahren angewendet werden; die Basis vergrößert sich nicht.

Die GUB-(Zwei)Teilung wird vorgenommen, wenn das Problem eine Bedingung der Form $\sum_{j \in Q} x_j = 1$ enthält. Ist Q_1 eine nichtleere Teilmenge von Q, so erfolgt die Teilung gemäß $\sum_{j \in Q_1} x_j = 0$ und $\sum_{j \in Q \setminus Q_1} x_j = 0$.

Das B&B-Verfahren läßt sich damit in die folgende *Schleifenstruktur* mit Schritten 1–5 fassen:

1. *Initialisierung* der Schranken $z^u = -\infty$, $z^o = +\infty$ und der Knotenliste.
2. *Knotenwahl* aus der Liste der aktiven Knoten.
3. Lösung des LP-Problems $\rightarrow \mathbf{x}^0$ und z^0.
4. Test der Verwerfungskriterien: evtl. Schrankenverbesserung, $\rightarrow$ Schritt 2, oder $\rightarrow$ Schritt 5.
5. *Variablenwahl* und Wahl der Verzweigungsrichtung, schätze Degradierung der ganzzahligen Lösung und obere Schranke, füge die beiden neuen Unterprobleme zur Liste der aktiven Knoten hinzu $\rightarrow$ Schritt 2.

Durch geeignete Nutzung der heuristischen Freiheitsgrade (Knotenwahl, Richtungswahl, Variablenwahl) läßt sich die Effizienz des Verfahrens erheblich verbessern.

Die *Knotenwahl* kann nach zwei komplementären Strategien erfolgen: *a priori-Regeln*, bei denen man im vorhinein fixiert, wie der Entscheidungsbaum durchlaufen wird, und *adaptive Regeln*, die Informationen über die aktuellen Knoten mit einbeziehen. Zunächst sei die *Tiefensuche* (*engl.*: depth-first search) mit *backtracking* betrachtet. Kann ein vorliegender Knoten K nicht verworfen werden (*pruned*), so wird als nächstes einer seiner durch ihn erzeugten Knoten $\mathrm{K_L}$ oder $\mathrm{K_R}$ (seine Söhne) untersucht. *Backtracking* bedeutet, daß nach Verwerfung eines Sohnes der Baum zurückverfolgt wird, bis ein noch nicht bearbeiteter Sohn gefunden wird. Beschließt man noch, daß stets $\mathrm{K_L}$ vor $\mathrm{K_R}$ untersucht wird, so liegt eine vollständige Fixierung der Verzweigungswege im Sinne der a priori-Regel vor. Mit dieser Strategie sind zwei wichtige Vorteile verbunden:

- Die LP-Unterprobleme P^k_{L} und P^k_{R} erhält man aus P^k durch Hinzufügen einer einfachen *upper* oder *lower bound constraint*. Dieses Problem kann in vielen Fällen direkt mit dem dualen Simplex-Verfahren ohne aufwendige Matrixinversion gelöst werden.
- Bei vielen praktischen Problemen findet man ganzzahlig zulässige Lösungen eher in der Tiefe

als in der Breite des Suchbaumes. Dies müssen allerdings nicht notwendigerweise bereits gute Lösungen sein.

Im Gegensatz zur Tiefensuche werden bei der *Breitensuche* (*engl.*: breadth-first) zunächst sämtliche Knoten einer bestimmten Ebene untersucht, bevor man zur nächst tieferen Ebene fortschreitet. Ein Nachteil dieser Methode ist, daß man sehr viele Knoten generiert. Innerhalb dieser Strategie oder auch in anderen adaptiven Knotenwahlverfahren können die folgenden heuristischen Auswahlregeln eingesetzt werden:

- Wahl des Knoten mit der *größten oberen Schranke* in der Hoffnung, daß auch die nachfolgenden Knotengenerationen noch möglichst große Werte liefern und damit, wenn man einen zulässigen Knoten findet, eine möglichst gute untere Schranke gefunden werden kann.
- Das Verfahren der *besten Schätzung* wählt einen Zweig, der höchstwahrscheinlich die optimale Lösung enthält.
- Beim *Forrest-Hirst-Tomlin-Kriterium* mit $\max \frac{U-L}{U-E}$ werden jene Knoten mit möglichst kleiner Differenz $U - E \geq 0$ aus oberer Schranke und Schätzung bevorzugt, bzw. auch jene Knoten, bei denen die Schätzung E größer als die untere Schranke L ist.

Für die *Variablenwahl* bieten sich *vom Modellierer vorgegebene Prioritäten* oder *geschätzte Degradierung und Penalisierung* an. Der Hintergrund des ersten Verfahren ist, daß der Benutzer noch am besten die ökonomische Relevanz und den Einfluß bestimmter Variablen abschätzen kann. Oft zeigt es sich, daß nach der Fixierung einiger weniger fraktionaler Variablen sämtliche anderen automatisch zulässig werden. Die Abschätzung der Degradierung versucht, ausgehend von einer vorliegenden Variablen $x_j = \lfloor x_j \rfloor + f_j$, die Verringerung $D_j^- = p_j^- f_j$ und $D_j^+ = p_j^+(1 - f_j)$ des Zielfunktionals für den linken und rechten Sohn abzuschätzen, wobei die Koeffizienten (p_j^-, p_j^+) z. B. aus Informationen des dualen Simplex-Verfahrens abgeleitet werden können. Ein mögliches Kriterium ist das der *maximum integer feasibility* $(p_j^- = p_j^+ = 1)$, d. h. $\max \min(D_j^-, D_j^+)$. Dieses Verfahren basiert auf der Annahme, daß jene Variable x_j, deren kleinste Verringerung hinsichtlich ihrer Söhne, also $\min(D_j^-, D_j^+)$, von allen Variablen die maximale ist, wohl von besonderer Bedeutung sein muß, wenn man Ganzzahligkeit erreichen möchte. In diesem Fall wird man als nächstes auch den Sohn mit der kleineren Degradierung in der Zielfunktion wählen. Das alternative Kriterium $\max \max(D_j^-, D_j^+)$ geht insbesondere bei Kenntnis einer unteren Schranke davon aus, daß jene Variablen, die einen maximalen Abstieg versprechen, leicht zu Zielfunktionswerten führen können, die unterhalb der unteren Schranke liegen und damit zur Verwerfung des Knotens führen; entsprechend wird man hier den Sohn mit $\max(D_j^-, D_j^+)$ wählen.

2. B&C – Schnittebenenverfahren

Problemabhängig lassen sich vom Modellierer spezielle zulässige Ungleichungen (*engl.*: valid inequalities, cuts) ableiten, die einen Teil des zulässigen Gebietes der LP-Relaxierung abtrennen, aber die konvexe Hülle unverändert lassen. Können in einem Modell z. B. Ungleichungen der Form $x + A\alpha \geq B$ mit positiven Konstanten A und B und Variablen $x \in \mathbb{R}_0^+$ und $\alpha \in \mathbb{N}$ identifiziert werden, so kann das Modell verschärft werden, indem die zulässige Ungleichung

$$x \geq [B - (C - 1)A]\,(C - \alpha) \qquad (3)$$

hinzufügt wird, wobei $C := 1 + \lfloor B/A \rfloor$ die kleinste ganze Zahl bezeichnet, die größer oder gleich dem Verhältnis B/A ist. Die Ungleichung (3) wirkt um so effizienter, je mehr sich C und B/A unterscheiden.

Abtrennen lassen sich auch spezielle Kombinationen von Binärvariablen $\delta \in \{0, 1\}^m$ des m-dimensionalen Einheitswürfels. Gesucht sei nun eine zulässige Ungleichung, die genau die Kombination $\delta^i := \{\delta_j^i \mid j = 1, \ldots, m\} \in \{0, 1\}^m$ mit Indexmengen $\mathcal{B}_1^i := \{j \mid \delta_j^i = 1\}$ und $\mathcal{B}_0^i := \{j \mid \delta_j^i = 0\}$ mit $|\mathcal{B}_1^i| + |\mathcal{B}_0^i| = m$ trennt. Die Ungleichung

$$\sum_{j \in \mathcal{B}_1^i} y_j - \sum_{j \in \mathcal{B}_0^i} y_j \leq \left|\mathcal{B}_1^i\right| - 1$$

wird nur durch δ^i und durch keine andere Kombination $\delta^k \neq \delta^i$ verletzt. *Beispiel*: Sei $\delta \in \{0, 1\}^3$ und die Kombination $\delta^i = \{0, 1, 0\}$ soll ausgeschlossen werden. Dann gilt offensichtlich $\mathcal{B}_1^i = \{2\}$, $\mathcal{B}_0^i := \{1, 3\}$, $|\mathcal{B}_1^i| = 1$ und die Ungleichung lautet $y_2 - y_1 - y_3 \leq 0$ bzw. $y_2 \leq y_1 + y_3$.

Zulässige Ungleichungen können statisch oder je nach Bedarf dynamisch zum Modell hinzugefügt werden. Bei den dynamischen Verfahren werden *cuts* gezielt eingesetzt, um in einem B&B Verfahren fraktionale Werte von Variablen, die der Ganzzahligkeitsbedingung unterliegen, abzutrennen. Hierzu zählen Schnittebenen- (*engl.*: cutting plane methods) und Branch&Cut-Verfahren (B&C), die inzwischen in einigen kommerziellen Softwarepaketen zu finden sind.

Schnittebenenverfahren wurden 1958 von Gomory eingeführt und basieren auf dem Konzept der oben eingeführten *cuts*. Der *B&C* Algorithmus kombiniert Grundzüge des B&B-Verfahrens und der Schnittebenenverfahren und verfährt ähnlich wie die B&B Methode, allerdings werden in jedem Schritt weitere *cuts* hinzugefügt, um sukzessive fraktionale Werte der Variablen auszuschließen. Es handelt sich auch hier um ein Baumsuchverfahren, allerdings tritt zu oder auch anstelle der Verzweigung auf eine bestimmte Variable das Hinzufügen eines weiteren Schnittes. B&C funktioniert in zwei verschiedenen Varianten. Im einfachen Verfahren werden nur *cuts* im Sinne zulässiger Ungleichungen hinzugefügt; hierbei werden u. U. sehr viele, aber nicht notwendigerweise sehr wirkungsvolle *cuts* addiert. Im zweiten Verfahren werden nur Ungleichungen (Schnitte) hinzugefügt, die bezüglich eines lokalen Knotens (wegen bereits erfolgter Verzweigungen) eine zulässige Ungleichung darstellen, nicht aber hinsichtlich des ganzen Problems; hierbei wird insbesondere darauf geachtet, einen Schnitt hinzuzufügen, der tatsächlich durch die Annahme fraktionaler Werte verletzt wird; sein Hinzufügen bewirkt, daß fraktionale Werte ausgeschlossen werden. Sinnvollerweise werden *cuts*, die nicht mehr wirkungsvoll sind, auch wieder dynamisch entfernt. Neben den *cuts*, die von einem erfahrenen Modellierer konstruiert werden können, bietet kommerzielle MILP Software inzwischen die Möglichkeit an, zu prüfen, ob ein Modell durch bestimmte Standard-cuts, z. B. Gomory cuts, verbessert werden kann.

Nichtlineare gemischt-ganzzahlige Optimierung
Bei gegebenen Freiheitsgraden $\mathbf{x} = (x_1, \ldots, x_{n_c}) \in X \subseteq \mathbb{R}^{n_c}$ und $\mathbf{y} = (y_1, \ldots, y_{n_d}) \in U \subseteq \mathbb{Z}^{n_d}$, Zielfunktional $f(\mathbf{x,y})$ und Beschränkungen $\mathbf{g}(\mathbf{x,y})$ und $\mathbf{h}(\mathbf{x,y})$ heißt das Problem

$$\min_{\mathbf{x,y}} \{f(\mathbf{x,y}) \,|\, \mathbf{g}(\mathbf{x,y}) = 0 \wedge \mathbf{h}(\mathbf{x,y}) \leq 0\} \tag{4}$$

nichtlineares gemischt-ganzzahliges Optimierungsproblem, wenn eine der Funktionen $f(\mathbf{x,y})$, $\mathbf{g}(\mathbf{x,y})$ oder $\mathbf{h}(\mathbf{x,y})$ nichtlinear ist. Ähnlich wie bei (1) sei definiert: Ein Vektorpaar $(\mathbf{x,y})$ heißt *zulässige Lösung* des Optimierungsproblems (4), wenn es den Bedingungen $\mathbf{g}(\mathbf{x,y}) = 0$, $\mathbf{h}(\mathbf{x,y}) \leq 0$, $\mathbf{x} \in X$, $\mathbf{y} \in U$ genügt; die Menge aller zulässigen Lösungen bildet den *zulässigen Bereich*. Das Vektorpaar $(\mathbf{x,y})$ heißt *optimale Lösung*, wenn es zulässig ist und für alle zulässigen Lösungen $(\mathbf{x}',\mathbf{y}')$ gilt: $f(\mathbf{x,y}) \leq f(\mathbf{x}',\mathbf{y}')$.

Die kontinuierlichen Variablen in (4) beschreiben z. B. in einem Prozeßdesignproblem der chemischen Industrie Betriebsbedingungen (Temperatur, Druck, etc.), Strömungsraten und Designparameter von Anlagen. Die diskreten Variablen, meist Binärvariablen, werden zur Beschreibung der Topologie eines Verbundes verwendet und repräsentieren z. B. die Existenz oder Nicht-Existenz einer Anlage.

Einführende Bemerkungen
MINLP Probleme wie (4) gehören wie auch bereits viele MILP Probleme zur Klasse der $\mathcal{NP}$-vollständigen Probleme. Dies bedeutet, daß zur Zeit kein Algorithmus bekannt ist, der das Problem (4) in einer Zeit löst, die nur polynomial mit der Problemgröße anwächst. Würde einer erfunden, so wäre es auch ein polynomialer Algorithmus für andere Probleme in der Klasse $\mathcal{NP}$.

Obwohl MILP-Probleme häufig kombinatorische Optimierungsprobleme mit einer exponentiell wachsenden Anzahl von ganzzahlig-zulässigen Punkten sind, wurden hierzu effiziente, auf LP-Relaxierung beruhende B&B-Verfahren entwickelt, die in endlich vielen Schritten Optimalität beweisen. Algorithmen [1] zur Bestimmung lokaler Lösungen nichtlinearer kontinuierlicher Optimierungsprobleme (NLP-Probleme) beruhen dagegen auf den Konvergenzprinzipien der ↗Analysis, arbeiten iterativ und können nur in Ausnahmefällen in einer endlichen Anzahl von Schritten exakt gelöst werden. Dennoch ist die Lösung von (zumindest konvexen) NLP-Problemen in gewisser Weise einfacher als die Lösung von MILP Problemen, da sich unter Verwendung von *sequentieller quadratischer Optimierung* oder ↗Innere-Punkte Methoden meist ein Konvergenzverhalten zweiter Ordnung einstellt und somit die Lösung recht schnell bestimmt werden kann.

MINLP Probleme vereinigen die Schwierigkeiten beider Teilklassen: MILP und NLP, aber sie besitzen darüber hinaus noch einige Eigenschaften, die einzigartig in dem Sinn sind, daß sie weder bei NLP noch bei MILP Problemen auftreten. Während bei konvexen NLP Problemen mit der Bestimmung eines lokalen Minimums bereits das globale Minimum bestimmt ist, ist dies bei MINLP Problemen z. B. nicht der Fall.

Lösungsalgorithmen, die das oben gestellte Optimierungsproblem (4) exakt, d. h. bis auf jede vorgegebene ε-Schranke lösen können, werden in der *globalen Optimierung* entwickelt. Spezielle MINLP Algorithmen wurden konstruiert, die ausnutzen, daß die Menge des zulässigen Bereichs und die Zielfunktion konvex sind. Hierbei wird ausgenutzt, daß die Verbindungsgerade zweier Punkte $f(\mathbf{x}_1)$ und $f(\mathbf{x}_2)$ des Graphen der konvexen Funktion f nie „unterhalb" des Graphen liegt, und die Tangente an einem Punkt $(\mathbf{x}_0, f(\mathbf{x}_0))$ des Graphen stets unterhalb von f liegt, d. h. $f(\mathbf{x}) \geq f(\mathbf{x}_0) + f'(\mathbf{x}_0)(\mathbf{x} - \mathbf{x}_0)$ für alle $\mathbf{x}$. Die Lösungsverfahren für das Problem (4) teilen sich in die Klasse der deterministischen oder *exakten* und heuristischen Methoden. Allen deterministischen Verfahren ist gemeinsam, daß sie sich einer vollständigen Enumerierung eines Such-Baums bedienen bzw. Regeln implementieren, um die Suche durch Unterbäume zu begrenzen oder ganz zu vermeiden. Deterministische Verfahren erbringen den Nachweis, daß eine bestimmte gefundene Lösung optimal ist. Heuristische Verfahren sind nicht in der Lage, diesen Nachweis zu erbringen. Sieht man von den Methoden der globalen Optimierung ab, so können in den meisten Fällen bei nicht-konvexen Problemen nur Heuristiken angewendet werden.

Ein offensichtlich exaktes Verfahren besteht z. B. darin, sämtliche Kombinationen U diskreter Variabler $\mathbf{y}_i$ im Problem zu fixieren, das übrigbleibende, durch $\mathbf{y}_i$ parametrisierte nichtlineare Problem zu lösen (damit wird ein Paar $\mathbf{x}_i, z_i = f(\mathbf{x}_i, \mathbf{y}_i)$ bestimmt), und dann von allen Problemen dasjenige mit kleinstem z_i auszuwählen (dieses sei mit i^* bezeichnet), sodaß die Lösung des Problems durch das Tripel $(\mathbf{x}^* = \mathbf{x}_{i^*}, \mathbf{y} = \mathbf{y}_{i^*}, z_i^* = f(\mathbf{x}_{i^*}, \mathbf{y}_{i^*}))$ repräsentiert wird. Dieses Verfahren funktioniert natürlich nur dann, wenn U nur endlich viele Elemente enthält und die nichtlinearen Unterprobleme die Bestimmung des globalen Minimums erlauben. Dies ist zwar bei konvexen (kontinuierlichen) Problemen der Fall, aber auch hier verbieten sich diese Methoden wegen des enormen Rechenaufwandes.

Exakte Verfahren zur Lösung konvexer MINLP Probleme

Deterministische oder *exakte* Verfahren (für konvexe Probleme) lassen sich in die folgenden 3 Hauptklassen untergliedern:

- *Branch & Bound* (siehe z. B. [2]),
- *Bendersdekomposition* (GBD, siehe z. B. [2]),
- *Äußere Approximation* (OA, siehe z. B. [2]).

Das B&B-Verfahren für konvexe MINLP Probleme basiert auf denselben Ideen wie das LP-basierte B&B-Verfahren für MILP, besitzt jedoch hier den wesentlichen Nachteil, daß die Knoten der nachfolgenden Generation kaum Struktur ihrer Vorgängergeneration ausnutzen können wie dies bei MILP unter Verwendung des dualen Simplex-Algorithmus der Fall ist; es ist nur schwerlich auf nichtkonvexe MINLP-Probleme erweiterbar.

Das auf Bendersdekomposition beruhende Verfahren von Geoffrion (1972) (siehe z. B. [2]) unterteilt die Variablen in zwei Mengen schwieriger und nicht-schwieriger Variablen, wobei die diskreten Variablen des MINLP-Modells meist zu den schwierigen zählen. Dann wird eine Folge von NLP-Unterproblemen (erzeugt durch Fixierung der Binärvariablen $\mathbf{y}^k$) und MILP Master-Problemen im Raum der „schwierigen" Variablen gelöst. Die Unterprobleme liefern eine Folge oberer Schranken z_i^o für das ursprüngliche Problem, während das MILP Master-Problem neue Kombinationen der Binärvariablen $\mathbf{y}^k$ für ein weiteres NLP Unterproblem liefert. Ist (4) konvex, so liefert das Master Problem eine monoton wachsende Folge von unteren Schranken z_i^u.

Äußere-Approximations-Verfahren (*engl.*: outer approximation, OA), wie z. B. das von Grossmann (1986) (siehe z. B. [2]) konstruierte, verwenden ebenfalls eine Folge von NLP Unterproblemen (erzeugt durch Fixierung der Binärvariablen $\mathbf{y}^k$) und MILP Master-Problemen. Der wesentliche Unterschied besteht in der Definition der Master-Probleme. Bei OA werden die Master-Probleme durch „äußere Approximationen" (Linearisierungen) der nichtlinearen Constraints in *den* Punkten erzeugt, die die optimale Lösungen der NLP-Teilprobleme sind. Bei konvexen MINLP Problemen wird damit eine Obermenge des zulässigen Bereichs erzeugt, sodaß die OA Master-Probleme (MILP Problem in allen Variablen) wieder eine monoton wachsende Folge von unteren Schranken z_i^u liefern.

GBD und OA terminieren, wenn $z_i^o - z_i^u$ kleiner als ein vorgegebener, positiver Wert ε wird. Während das GBD Master-Problem kleiner in der Zahl der Variablen und Constraints ist, liefert der OA Algorithmus schärfere untere Schranken und benötigt weniger Iterationen. Für bestimmte Klassen von NLP Problemen kann die Optimalität sogar bewiesen werden, und für GBD und OA existieren inzwischen heuristische Erweiterungen, die die Behandlung nichtkonvexer MINLP Probleme erlauben, nunmehr zwar keine Optimalität mehr beweisen können, aber dennoch in der Praxis erfolgreich Anwendung finden [8].

Globale Optimierung

Das globale Minimum des Problems (4) kann ohne weitere Annahmen an Konvexität nur mit Methoden der globalen Optimierung ([4], [6], [7], [3]) bestimmt werden. Im Kontext der globalen Optimierung sollen die Variablen $\mathbf{x}$ und $\mathbf{y}$ noch der Intervallbedingung $(\mathbf{x}, \mathbf{y}) \in I_{xy} := I_x \times I_y$ mit $I_x := [\mathbf{x}_a, \mathbf{x}_b]$ und $I_y := [\mathbf{y}_a, \mathbf{y}_b]$ unterliegen. Die exakten oder deterministischen Verfahren der globalen Optimierung verknüpfen Methoden aus der Intervallarithmetik, der Intervallreduzierung oder der konvexen Relaxierung mit B&B-Verfahren, wobei häufig spezielle Strukturen wie z. B. Bilinearformen in Zielfunktionen oder Nebenbedingungen ausgenutzt werden, und bestimmen obere und untere Schranken z^o und z^u für die Zielfunktion, so daß zu einer vorgegebenen positiven ε-Schranke schließlich $z^u \leq f(\mathbf{x}, \mathbf{y}) \leq z^o$ und $z^o - z^u \leq \varepsilon$ gilt. Die obere Schranke z^o ergibt sich dabei als Zielfunktionswert $z^o = f(\mathbf{x}, \mathbf{y})$ eines zulässigen Punktes $(\mathbf{x}, \mathbf{y})$, häufig eines lokalen Minimums $(\mathbf{x}, \mathbf{y})$, das mit einem Lösungsverfahren zur Bestimmung stationärer Punkte in einem kontinuierlichen nichtlinearen Problem oder einer Heuristik in einem

MINLP Problem gewonnen wurde; die Bestimmung der oberen Schranke ist also relativ einfach. Die Bestimmung der unteren Schranke z^u ist schwieriger und soll durch die folgende Methode, die auf konvexer Relaxierung beruht und mit konvexen Unterschätzern, konvexifizierten Mengen und einer B&B-Technik arbeitet, veranschaulicht werden. Eine konvexe Funktion f_u heißt konvexer Unterschätzer zu einer gegeben Funktion f auf der Menge S, wenn $f_u(\mathbf{x}) \le f(\mathbf{x})$ für alle $\mathbf{x} \in S$. Eine konvexe Menge M_c heißt Konvexifizierung einer gegebenen Menge M, wenn $M_c \supseteq M$. Die implizit durch die Ungleichungen $\mathbf{h}(\mathbf{x}, \mathbf{y}) \le 0$ beschriebene zulässige Menge S (Gleichungen $\mathbf{g}(\mathbf{x}, \mathbf{y}) = 0$ wird durch das Ungleichungspaar $-\delta \le \mathbf{g}(\mathbf{x}, \mathbf{y}) \le \delta$ mit beliebig kleinem $\delta > 0$ ersetzt) werden in Verbindung mit einem auf die Variablen $\mathbf{x}$ bzw. $\mathbf{y}$ angewendeten B&B-Verfahren im Knoten k des B&B-Baumes – hier gilt zusätzlich $(\mathbf{x}, \mathbf{y}) \in I_{xy}^k$ – durch eine konvexe Menge S_c^k relaxiert, indem $\mathbf{h}(\mathbf{x}, \mathbf{y}) \le 0$ durch die konvexe Unterschätzung $\mathbf{h}_c^k(\mathbf{x}, \mathbf{y}) \le 0$ ersetzt wird. Über $S_c^k \cap I_{xy}^k$ wird mit Hilfe eines Verfahren, wie z. B. der Äußeren Approximation, die Lösung z_c^k des konvexen Problems

$$\min_{(\mathbf{x},\mathbf{y}) \in S_c^k \cap I_{xy}^k} f_c^k(\mathbf{x},\mathbf{y})$$

berechnet bzw. –wenn man die exakte Minimierung und den damit verbundenen Rechenaufwand vermeiden möchte– z_c^k als untere Schranke aus einem zulässigen Punkt des zu $\min_{(\mathbf{x},\mathbf{y}) \in S_c^k \cap I_{xy}^k} f_c^k(\mathbf{x},\mathbf{y})$ dualen Problems bestimmt, aus der die untere Schranke $z_g^u := \min_{k'} z_c^{k'}$ folgt; mit k' sind alle Knoten einer Generation g bezeichnet, d. h. diejenige, die zur aktuellen Teilung $I_x = \cup_{k' \in g} I_x^{k'}$ und $I_y = \cup_{k' \in g} I_y^{k'}$ der Variablenintervalle gehören. Zu allen Knoten k' wird entsprechend durch die Bestimmung von $z^{k'}$ als Zielfunktionswerte der lokalen Minima der Probleme $\min_{(\mathbf{x},\mathbf{y}) \in S \cap I_{xy}^k} f(\mathbf{x},\mathbf{y})$ die obere Schranke zu $z^o := \min_{k'} z^{k'}$ bestimmt. Durch immer weitere Verfeinerung der Teilung im B&B-Verfahren und dadurch bessere Anpassung der konvexen Unterschätzer $f_c^k(\mathbf{x},\mathbf{y})$ und $\mathbf{h}_c^k(\mathbf{x}, \mathbf{y})$ an $f(\mathbf{x},\mathbf{y})$ und $\mathbf{h}(\mathbf{x}, \mathbf{y})$ wird so eine monoton wachsende (fallende) Folge von unteren (oberen) Schranken z_g^u (z_g^o) erzeugt, für die ab einer bestimmten Verfeinerung g schließlich $z_g^o - z_g^u \le \varepsilon$ gilt.

Literatur

[1] Bazaraa, M.; Sheraldi, H.D.,; Shetly, C.M.: Nonlinear Programming. Wiley Chichester (NY), 1993.

[2] Floudas, C.A.: Nonlinear and Mixed Integer Optimization. Oxford University Press Oxford (UK), 1995.

[3] Floudas, C.A.: Deterministic Global Optimization: Theory, Algorithms and Applications. Nonconvex Optimization and its Applications. Kluwer Academic Publishers Dordrecht, 2000.

[4] Graham, R.; Grötschel, M.; Lovász, L. (eds.): Handbook on Combinatorics. North Holland Dordrecht, 1982.

[5] Horst, R.; Pardalos, P.M.: Handbook of Global Optimization. Kluwer Academic Publishers Dordrecht, 1995.

[6] Horst, R.; Pardalos, P.M.; Van Thoai, N.: Introduction to Global Optimization. Kluwer Academic Publishers Dordrecht, 1996.

[7] Horst, R.; Tuy, H.: Global Optimization: Deterministic Approaches. Springer New York, 1996.

[8] Johnson, E.L.; Ciriani, T.A.; Gliozzi, S.; Tadei, T.: Operational Research in Industry. Macmillan, Houndsmill, Basingstoke (UK), 1999.

[9] Kallrath, J.; Wilson, J.M.: Business Optimisation Using Mathematical Programming. Macmillan Houndsmill, Basingstoke (UK), 1997.

[10] Kallrath J.: Diskrete Optimierung in der Industrie. Vieweg Wiesbaden, 2001.

[11] Nemhauser, G.L.; Wolsey, L.A.: Integer and Combinatorial Optimization. Wiley Chichester (NY), 1988.

[12] Spelluci, P.: Numerische Verfahren der nichtlinearen Optimierung. Birkhäuser Verlag Basel, 1993.

[13] Williams, H.P.: Model Building in Mathematical Programming. Wiley Chichester (NY), 1993.

---

ganzzahlige Programmierung, andere Bezeichnung für die ↗ ganzzahlige Optimierung.

Garbe, grundlegender Begriff der ↗ Garbentheorie.

Wir geben hier eine allgemeine Definition, nicht ausgehend von einer Prägarbe. Die meisten Garben, die in der Analysis vorkommen, werden ausgehend von Prägarben konstruiert; diese Konstruktion ist zu finden unter dem Stichwort ↗ Garbentheorie.

Eine Garbe von abelschen Gruppen über einem topologischen Raum D ist ein topologischer Raum $\mathcal{S}$, zusammen mit einer Abbildung $\pi : \mathcal{S} \to D$, so daß die folgenden Bedingungen erfüllt sind:

(i) die Abbildung π ist ein lokaler Homöomorphismus;

(ii) für jeden Punkt $z \in D$ besitzt die Menge $\pi^{-1}(z) \subset \mathcal{S}$ die Struktur einer abelschen Gruppe;

(iii) die Gruppen-Operationen sind stetig in der Topologie von $\mathcal{S}$.

Für die Definition von Garben von Ringen oder anderen algebraischen Strukturen müssen die offensichtlichen Modifikationen gemacht werden (↗ Garbentheorie).

Bedingung (i) bedeutet, daß es zu jedem Punkt $s \in \mathcal{S}$ eine offene Umgebung F von s in $\mathcal{S}$ gibt, so daß die Einschränkung der Abbildung π auf F ein Homöomorphismus $(\pi \mid F) : F \to \pi(F) = U$ ist, wobei $U \subset D$ eine offene Menge ist. Jeder Punkt $z \in U$ ist dann das Bild eines eindeutig bestimmten Punktes $f_z \in F$ unter der Abbildung π, und die inverse Abbildung $(\pi \mid F)^{-1} : U \to F$, die jeden Punkt $z \in U$ auf f_z abbildet, ist ein Homöomorphismus $f : U \to \mathcal{S}$. Eine stetige Abbildung $f : U \to \mathcal{S}$ heißt ein Schnitt der Garbe $\mathcal{S}$ über U, wenn $\pi \circ f : U \to U$ die identische Abbildung ist. Die lokalen Inversen der Abbildung π, wie oben konstruiert, sind Schnitte der Garbe $\mathcal{S}$. Offensichtlich geht durch jeden Punkt $s \in \mathcal{S}$ mindestens ein Schnitt der Garbe über einer offenen Umgebung von $\pi(s) \in D$. Da π ein lokaler Homöomorphismus ist, müssen zwei beliebige Schnitte f, g, die in einer offenen Umgebung eines Punktes $z \in D$ definiert sind und in z denselben Wert haben, in einer offenen Umgebung von z übereinstimmen. Denn beide Schnitte sind notwendig Inverse der Einschränkung von π in einer genügend kleinen Umgebung des Punktes $f_z = g_z \in \mathcal{S}$.

Die Menge aller Schnitte der Garbe $\mathcal{S}$ über einer offenen Umgebung $U \subset D$ wird bezeichnet mit $\Gamma(U, \mathcal{S}) = \mathcal{S}_U$. Die Abbildung π wird häufig die *Projektionsabbildung* der Garbe $\mathcal{S}$ genannt. Für jeden Punkt $z \in D$ heißt $\mathcal{S}_z := \pi^{-1}(z)$ der *Halm* der Garbe über z.

Für eine offene Menge $U \subset D$ seien $f, g \in \Gamma(U, \mathcal{S})$, und im kartesischen Produkt $\mathcal{S} \times \mathcal{S}$ sei

$$\mathcal{S} \circ \mathcal{S} := \{(s_1, s_2) \in \mathcal{S} \times \mathcal{S} \mid \pi(s_1) = \pi(s_2)\} .$$

Dann ist die Abbildung $z \mapsto (f_z, g_z)$ eine stetige Abbildung von U nach $\mathcal{S} \circ \mathcal{S}$, und auch $z \mapsto (f_z - g_z) \in \mathcal{S}$ ist eine stetige Abbildung. Daher ist $f - g$ ein Schnitt über U, und die Menge $\Gamma(U, \mathcal{S})$ besitzt eine natürliche Gruppenstruktur. Ihr Nullelement ist der Nullschnitt $z \mapsto 0_z \in \mathcal{S}_z$.

[1] Gunning, R.; Rossi, H.: Analytic Functions of Several Complex Variables. Prentice Hall Inc. Englewood Cliffs, N.J., 1965.

Garbe der holomorphen Funktionskeime, Hauptbeispiel für die zu einer Prägarbe assoziierte Garbe.

Sei $D \subset \mathbb{C}^n$ ein offenes Gebiet. Jeder offenen Teilmenge $U \subset D$ ordne man den Ring $\mathcal{O}_U$ der holomorphen Funktionen auf U zu. Sind $U \subset V$ zwei offene Mengen, und ist $f \in \mathcal{O}_V$, dann ist die Einschränkung auf U ein Element $f \mid U = \varrho_{UV}(f)$, und ist $U \subset V \subset W$, dann gilt insgesamt $\varrho_{UV}\varrho_{VW} = \varrho_{UW}$. Die Menge der Ringe $\mathcal{O}_U$ und die Einschränkungsabbildungen ϱ_{UV} bilden die Prägarbe der holomorphen Funktionen über D. Die zu dieser Prägarbe assoziierte Garbe ist die Garbe der Keime der holomorphen Funktionen über D. Sie wird bezeichnet mit $\mathcal{O} = \mathcal{O}(D)$. Der Halm der Garbe $\mathcal{O}(D)$ in einem Punkt $z \in D$ ist gerade der Ring $\mathcal{O}_z$ der Keime der holomorphen Funktionen an der Stelle z. Die Menge der Schnitte $\Gamma(U, \mathcal{O})$ über einer offenen Menge $U \subset D$ kann identifiziert werden mit der Menge $\mathcal{O}_U$ der in U holomorphen Funktionen. Die Garbe $\mathcal{O}$ ist eine Garbe von Ringen.

Garbe der konvergenten Potenzreihen, ↗ analytische Garbe.

Garbe von differenzierbaren Funktionskeimen, Beispiel für eine zu einer Prägarbe assoziierten Garbe.

Sei $D \subset \mathbb{C}^n = \mathbb{R}^{2n}$ ein offenes Gebiet. Jeder offenen Menge $U \subset D$ ordne man den Ring $\mathcal{C}_U$ der stetigen Funktionen auf U zu oder den Ring $\mathcal{C}_U^{(r)}$ der r-mal differenzierbaren Funktionen in den $2n$ reellen Variablen, oder den Ring $\mathcal{C}_U^\infty$ der unendlich oft differenzierbaren Funktionen. Diese Ringe, zusammen mit den natürlichen Einschränkungsabbildungen, definieren Prägarben über D. Und die zu diesen Prägarben assoziierten Garben sind die Garbe $\mathcal{C} = \mathcal{C}(D)$ der Keime der stetigen Funktionen in D, die Garbe $\mathcal{C}^r = \mathcal{C}^r(D)$ der Keime der r-mal differenzierbaren Funktionen der reellen Koordinaten in D und die Garbe $\mathcal{C}^\infty = \mathcal{C}^\infty(D)$ der unendlich oft differenzierbaren Funktionen in D.

Garbe von Homomorphismen, fundamentaler Begriff in der ↗ Garbentheorie.

Seien $\mathcal{F}$ und $\mathcal{G}$ zwei Garben von $\mathcal{O}_X$-Moduln über der quasiprojektiven Varietät X. Dabei bezeichne $\mathcal{O}_X$ die Strukturgarbe von X. $\mathcal{O}(X)$ bezeichne den Ring (oder die $\mathbb{C}$-Algebra) der regulären Funktionen auf X. Man definiert $\mathrm{Hom}_{\mathcal{O}_X}(\mathcal{F}, \mathcal{G})$ als die Menge der Homomorphismen von $\mathcal{F}$ nach $\mathcal{G}$. Jeder Garbenhomomorphismus $h : \mathcal{F} \to \mathcal{G}$ ist nach Definition gegeben als eine Kollektion

$$\{h_U : \mathrm{Hom}_{\mathcal{O}(U)}(\mathcal{F}(U), \mathcal{G}(U)) \mid U \subseteq X \text{ offen}\} .$$

Deshalb kann man in $\mathrm{Hom}_{\mathcal{O}_X}(\mathcal{F}, \mathcal{G})$ offenbar eine Addition und eine Skalarenmultiplikation definieren durch

$$(h+g)_U := h_U + g_U \text{ und}$$
$$(fh)_U := (f \mid U)\, h_U \quad (U \subseteq X \text{ offen}),$$

wobei $h, g \in \mathrm{Hom}_{\mathcal{O}_X}(\mathcal{F}, \mathcal{G})$ und $f \in \mathcal{O}(X)$. So wird $\mathrm{Hom}_{\mathcal{O}_X}(\mathcal{F}, \mathcal{G})$ zum $\mathcal{O}(X)$-Modul, dem *Modul der Homomorphismen von* $\mathcal{F}$ *nach* $\mathcal{G}$.

Durch die Vorschrift

$$U \mapsto \mathrm{Hom}_{\mathcal{O}_U}(\mathcal{F} \mid U, \mathcal{G} \mid U), \quad (U \subseteq X \text{ offen}),$$
$$\varrho_V^U : \mathrm{Hom}_{\mathcal{O}_U}(\mathcal{F} \mid U, \mathcal{G} \mid U) \xrightarrow{\cdot|V}$$
$$\mathrm{Hom}_{\mathcal{O}_V}(\mathcal{F} \mid V, \mathcal{G} \mid V), \quad (V \subseteq U \subseteq X \text{ offen}),$$

wird offenbar eine Prägarbe $\mathrm{Hom}(\mathcal{F}, \mathcal{G})$ von $\mathcal{O}_X$-Moduln definiert.

Diese Prägarbe besitzt sogar die Verklebungseigenschaft, ist also eine Garbe. Man nennt

Hom $(\mathcal{F}, \mathcal{G})$ die Garbe der Homomorphismen von $\mathcal{F}$ nach $\mathcal{G}$. Es ist also

$$Hom\,(\mathcal{F}, \mathcal{G})\,(U) = Hom_{\mathcal{O}_U}\,(\mathcal{F} \mid U, \mathcal{G} \mid U)\,.$$

[1] Brodmann, M.: Algebraische Geometrie. Birkhäuser Verlag Basel Boston Berlin, 1989.

Garbendatum, ↗ Garbentheorie.

Garbenhomomorphismus, ↗ Homomorphismus von Prägarben.

Garben-Kohomologie, fundamentale Theorie in der Funktionentheorie mehrerer Veränderlicher.

Sei D ein parakompakter Hausdorffraum. Eine Garben-Kohomologie-Theorie ist eine Zuordnung, die jeder Garbe $\mathcal{S}$ von abelschen Gruppen über D eine Sequenz von abelschen Gruppen $H^q\,(D, \mathcal{S})$, $q = 0, 1, 2, \ldots$, die sogenannten q -ten Kohomologiegruppen von D mit Koeffizienten in der Garbe $\mathcal{S}$ so zuordnet, daß die folgenden Eigenschaften erfüllt sind:

a) $H^0\,(D, \mathcal{S}) = \Gamma\,(D, \mathcal{S})$.

b) $H^q\,(D, \mathcal{S}) = 0$, wenn $\mathcal{S}$ eine feine Garbe ist und $q > 0$.

c) Zu jedem Garbenhomomorphismus $\varphi : \mathcal{S} \to \mathcal{T}$ existieren induzierte Homomorphismen der Kohomologiegruppen $\varphi^q : H^q\,(D, \mathcal{S}) \to H^q\,(D, \mathcal{T})$, $q = 0, 1, 2, \ldots$.

d) Zu jeder kurzen exakten Sequenz von Garben $0 \to \mathcal{R} \stackrel{\varphi}{\to} \mathcal{S} \stackrel{\psi}{\to} \mathcal{T} \to 0$ gehört eine Sequenz von Homomorphismen $\delta : H^q\,(D, \mathcal{T}) \to H^{q+1}\,(D, \mathcal{R})$, so daß die folgende Sequenz von Gruppen exakt ist: $0 \to H^0\,(D, \mathcal{R}) \stackrel{\varphi^0}{\to} H^0\,(D, \mathcal{S}) \stackrel{\psi^0}{\to} H^0\,(D, \mathcal{T}) \stackrel{\delta}{\to}$ $\stackrel{\delta}{\to} H^1\,(D, \mathcal{R}) \stackrel{\varphi^1}{\to} H^1\,(D, \mathcal{S}) \stackrel{\psi^1}{\to} H^1\,(D, \mathcal{T}) \stackrel{\delta}{\to}$ $\stackrel{\delta}{\to} H^2\,(D, \mathcal{R}) \stackrel{\varphi^2}{\to} \ldots$.

e) Die durch die Garbenabbildungen induzierten Kohomologieabbildungen besitzen gewisse Verträglichkeits- und Kommutativitätseigenschaften.

Unter einer kohomologischen Auflösung einer Garbe $\mathcal{S}$ von abelschen Gruppen über D versteht man eine exakte Sequenz von Garben über D der Form

$$0 \to \mathcal{S} \stackrel{\varepsilon}{\to} \mathcal{T}_0 \stackrel{d_0}{\to} \mathcal{T}_1 \stackrel{d_1}{\to} \mathcal{T}_2 \to \ldots . \qquad (1)$$

Eine solche Auflösung heißt feine Auflösung, wenn jede der Garben $\mathcal{T}_q$ eine feine Garbe über D ist. Zu einer solchen Sequenz gehört eine Sequenz von Schnitten

$$0 \to \Gamma\,(D, \mathcal{S}) \stackrel{\varepsilon^*}{\to} \Gamma\,(D, \mathcal{T}_0) \stackrel{d_0^*}{\to} \Gamma\,(D, \mathcal{T}_1) \stackrel{d_1^*}{\to}$$
$$\stackrel{d_1^*}{\to} \Gamma\,(D, \mathcal{T}_2) \to \ldots .$$

Diese Sequenz ist i. allg. nicht exakt. Es gilt aber für $q = 1, 2, \ldots$

$$\mathrm{Im}\; d_{q-1}^* \subset \mathrm{Ker}\; d_q^*\,,$$

und man erhält den folgenden Satz:

Wenn (1) *eine feine Auflösung der Garbe* $\mathcal{S}$ *ist, dann gilt*

$$H^0\,(D, \mathcal{S}) \cong \mathrm{Ker}\; d_q^* / im\, d_{q-1}^*,\; q \geq 1\,,$$
$$H^0\,(D, \mathcal{S}) \cong \mathrm{Ker}\; d_0^*.$$

[1] Gunning, R.; Rossi, H.: Analytic Functions of Several Complex Variables. Prentice Hall Inc. Englewood Cliffs, N.J., 1965.

Garbenmorphismus, stetige, halmtreue Abbildung zwischen Garben über demselben topologischen Raum.

Seien $\mathcal{S}$ und $\mathcal{T}$ zwei Garben über demselben Basisraum D (ein topologischer Raum) mit den Projektionsabbildungen $\sigma : \mathcal{S} \to D$ und $\tau : \mathcal{T} \to D$. Ein Garbenmorphismus $\varphi : \mathcal{S} \to \mathcal{T}$ ist eine stetige Abbildung vom topologischen Raum $\mathcal{S}$ in den topologischen Raum $\mathcal{T}$ so, daß $\tau \circ \varphi = \sigma$. Für jeden Punkt $z \in D$ gilt $\varphi\,(\mathcal{S}_z) \subset \mathcal{T}_z$, d. h. ein Garbenmorphismus erhält die Halme der Garben (ist „halmtreu"). Für einen Schnitt $f \in \Gamma\,(U, \mathcal{S})$ über einer offenen Menge $U \subset D$ ist $\varphi \circ f$ eine stetige Abbildung von U nach $\mathcal{T}$ so, daß

$$\tau \circ (\varphi \circ f) = \sigma \circ f = Id\,.$$

Daher ist $\varphi \circ f \in \Gamma\,(U, \mathcal{T})$. Die Mengen $f\,(U) \subset \mathcal{S}$ und $(\varphi \circ f)\,(U) \subset \mathcal{T}$ sind beide offen, also ist φ eine offene, stetige Abbildung. Ein Garbenhomomorphismus ist ein Garbenmorphismus, der ein Homomorphismus zwischen den algebraischen Strukturen auf den Halmen der Garben ist. Z.B. ist ein Garbenhomomorphismus zwischen zwei Garben von abelschen Gruppen ein Garbenmorphismus $\varphi : \mathcal{S} \to \mathcal{T}$, so daß für jeden Punkt $z \in D$ die induzierte Abbildung $\varphi : \mathcal{S}_z \to \mathcal{T}_z$ ein Gruppenhomomorphismus ist. Ein Garbenisomorphismus ist ein Garbenmorphismus, der ein Homomorphismus zwischen den Garbenräumen ist und ein Isomorphismus zwischen den algebraischen Strukturen auf den Halmen.

Garbentheorie, Theorie, die eine Konstruktion liefert, welche in Form der Strukturgarbe $\mathcal{O}_X$ einer quasiprojektiven Varietät X alle Ringe $\mathcal{O}\,(U)$; $U \subseteq X$ offen, der regulären Funktionen auf U beschreibt und es erlaubt, diese zu vergleichen.

Dies ist notwendig, um Rückschlüsse auf die Struktur von X ziehen zu können, die Strukturgarbe ersetzt also den im affinen Fall definierten ↗ Koordinatenring $\mathcal{O}\,(X)$.

Sei X ein topologischer Raum. Unter einer Prägarbe $\mathcal{F}$ von abelschen Gruppen über X versteht man eine Vorschrift

(i) $U \mapsto \mathcal{F}(U)$; $(U \subseteq X;$ offen),

welche jeder offenen Menge $U \subseteq X$ eine abelsche Gruppe $\mathcal{F}\,(U)$ zuordnet, und welche jedem Paar

$V \subseteq U$ offener Mengen in X einen Gruppenhomomorphismus

$$\varrho_V^U : \mathcal{F}(U) \to \mathcal{F}(V)\,; \quad (V \subseteq U \subseteq X \text{ offen}),$$

zuordnet. Dabei sollen die folgenden *Prägarbenaxiome* gelten:

(ii) Es ist
a) $\mathcal{F}(\emptyset) = \{0\}$,
b) $\varrho_U^U = id_{\mathcal{F}(U)}$; $(U \subseteq X$ offen), und
c) $\varrho_W^U = \varrho_W^V \circ \varrho_V^U$; $(W \subseteq V \subseteq U \subseteq X$ offen).

Ist $\mathcal{F}(U)$ jeweils ein Ring (oder eine $\mathbb{C}$-Algebra), sind die Abbildungen $\varrho_V^U : \mathcal{F}(U) \to \mathcal{F}(V)$ jeweils Homomorphismen von Ringen (resp. von $\mathbb{C}$-Algebren), und sind die Axiome (ii) erfüllt ($\{0\}$ wird hier „ausnahmsweise" als Ring betrachtet), so nennt man $\mathcal{F}$ eine *Prägarbe von Ringen* resp. eine *Prägarbe von $\mathbb{C}$-Algebren.*

Sei $\mathcal{A}$ eine Prägarbe von Ringen über X. Ist $\mathcal{F}(U)$ jeweils ein $\mathcal{A}(U)$-Modul und $\varrho_V^U : \mathcal{F}(U) \to \mathcal{F}(V)$ jeweils ein Homomorphismus von $\mathcal{A}(U)$-Moduln, d. h., gilt

$$\varrho_V^U(m+n) = \varrho_V^U(m) + \varrho_V^U(n) \text{ und}$$
$$\varrho_V^U(am) = \varrho_V^U(a)\,\varrho_V^U(m)$$

für alle $m, n \in \mathcal{F}(U)$ und alle $a \in \mathcal{A}(U)$, so wird die durch $U \mapsto \mathcal{F}(U)$ definierte Zuordnung eine *Prägarbe von A-Moduln* genannt. Im folgenden soll eine Prägarbe immer eine dieser speziellen Typen von Prägarben bezeichnen. Bezüglich der Addition sind alle oben definierten Prägarben in kanonischer Weise *Prägarben von abelschen Gruppen*.

Eine Prägarbe $\mathcal{F}$ über X heißt *Garbe*, wenn sie zusätzlich die sogenannte *Verklebungseigenschaft* hat, welche besagt:

(iii) Ist $U \subseteq X$ offen, ist $\{U_i,\ i \in I\}$ eine offene Überdeckung von U, und ist $\{m_i \in \mathcal{F}(U_i) \mid i \in I\}$ eine Familie mit

$$\varrho_{U_i \cap U_j}^{U_i}(m_i) = \varrho_{U_i \cap U_j}^{U_j}(m_j)$$

für $i, j \in I$, so gibt es genau ein $m \in \mathcal{F}(U)$ mit der Eigenschaft $\varrho_{U_i}^U(m) = m_i$ für alle $i \in I$.

Ist $\mathcal{F}$ eine Prägarbe, so nennt man die Elemente m von $\mathcal{F}(U)$ Schnitte von $\mathcal{F}$ über der offenen Teilmenge $U \subseteq X$. Die Homomorphismen $\varrho_V^U : \mathcal{F}(U) \to \mathcal{F}(V)$ nennt man Einschränkungsabbildungen. Ist $m \in \mathcal{F}(U)$ ein Schnitt, so nennt man den Schnitt $\varrho_V^U(m) \in \mathcal{F}(V)$ entsprechend die Einschränkung des Schnittes m auf die offene Teilmenge $V \subseteq U$.

Eine Kollektion $\{m_i \in \mathcal{F}(U_i) \mid i \in I\}$, $(U_i \subseteq X$ offen) von Schnitten heißt verträglich, wenn

$$\varrho_{U_i \cap U_j}^{U_i}(m_i) = \varrho_{U_i \cap U_j}^{U_j}(m_j)\,, \quad (i, j \in I)\,.$$

$\mathcal{F}$ ist also genau dann eine Garbe, wenn sich jede verträgliche Kollektion $\{m_i \in \mathcal{F}(U_i) \mid i \in I\}$ von Schnitten in eindeutiger Weise zu einem Schnitt $m \in \mathcal{F}\left(\bigcup_{i \in I} U_i\right)$ verkleben läßt.

[1] Brodmann, M.: Algebraische Geometrie. Birkhäuser Verlag Basel Boston Berlin, 1989.

Garbenverklebungseigenschaft, ↗ Garbentheorie.

Gårding-Ungleichung, erlaubt die Abschätzung von Sobolew-Normen durch (streng) elliptische (Pseudo-)Differentialoperatoren und ermöglicht damit Regularitätsaussagen über elliptische Operatoren.

Ist T ein streng elliptischer Operator der Ordnung m, d. h. gilt für sein Hauptsymbol

$$\operatorname{Re} T_m(x, \xi) \ \geq\ C|\xi|^m \ >\ 0 \quad (m \text{ gerade}),$$

so gilt die folgende Gårding-Ungleichung:

$$\|u\|_{m/2}^2 \ \leq\ C\left(\operatorname{Re} \int Pu \cdot \overline{u} + \|u\|^2\right)$$

für eine geeignete positive Konstante C und $u \in C^\infty$. Hierbei bezeichne $\|\cdot\|$ die gewöhnliche L^2-Norm und $\|\cdot\|_s$ die Sobolew-s-Norm.

Allgemeiner gilt noch folgendes: Ist T ein elliptischer (Pseudo-)Differentialoperator der Ordnung $m > 0$, d. h. ein Operator, dessen Hauptsymbol $T_m(x, \xi)$ außer für $\xi = 0$ invertierbar ist, so gibt es für alle s eine positive Konstante C_s mit

$$\|u\|_{s+l} \leq C_s\,(\|u\|_s + \|Tu\|_s)$$

für alle $u \in C^\infty$.

Mit Hilfe der Gårding-Ungleichung beweist man etwa den Regularitätssatz für elliptische Operatoren: Ist T ein elliptischer Operator der Ordnung m, definiert auf einer offenen Menge G, und gilt $Tu = f$, wobei f im Sobolew-Raum $H^s(K)$ für alle K kompakt in G und u eine temperierte Distribution sein möge, so folgt, daß $u \in H^{s+m}(K)$ für alle $K \subset\subset G$. Insbesondere sind damit die Eigenfunktionen elliptischer Operatoren stets glatt.

Gardner, Martin, amerikanischer Journalist und Schriftsteller, geb. 21.10.1914 Tulsa (Oklahoma), gest. 22.5.2010 Norman (Oklahoma).

Gardner studierte von 1932 bis 1936 Philosophie an der Universität von Chicago, leistete danach Öffentlichkeitsarbeit für die Universität, diente von 1941 bis 1945 in der Marine und lebt seit 1947 freischaffend in New York.

Gardner wurde bekannt durch seine von 1957 bis 1981 monatlich im „Scientific American" erscheinende Kolumne zu anspruchsvoller Unterhaltungsmathematik. Darüber hinaus hat er viele Bücher zu diesem Thema veröffentlicht.

Gärtnerkonstruktion, *Fadenkonstruktion*, Konstruktionsmethode für ↗ Ellipsen, die direkt auf der Ortsdefinition der Ellipse beruht:

Eine Ellipse ist die Menge aller Punkte P der Ebene, für welche die Summe der Abstände zu zwei fest vorgegebenen Punkten F_1 und F_1 konstant und größer als der Abstand von F_1 und F_2 ist.

Gärtnerkonstruktion

Bei der Gärtnerkonstruktion wird an einer Schnur, die um zwei Pflöcke gelegt ist, entlanggezeichnet. Für jeden der dabei gezeichneten Punkte ist die Summe der Abstände von den beiden Pflöcken gerade die Gesamtlänge der Schnur, und nach der Ortsdefinition ist die Menge der so gezeichneten Punkte eine Ellipse.

Gasdynamik, Strömungslehre für Gase, die vor allem zu berücksichtigen hat, daß wegen der Kompressibilität der Gase Druckänderungen zu beträchtlichen Dichteänderungen führen.

Die mathematische Behandlung erfolgt über die Eulerschen Gleichungen (↗ Euler-Darstellung der Hydrodynamik) und die Kontinuitätsgleichung (↗ inkompressible Flüssigkeit), sowie den ersten und zweiten Hauptsatz der Thermodynamik (↗ Hauptsätze der Thermodynamik) und eine Zustandsgleichung.

Die Machzahl M (d. i. das Verhältnis von Strömungsgeschwindigkeit zur Schallgeschwindigkeit des Mediums) liefert eine Einteilung der Strömungen in

1. Unterschallströmung ($M < 1$),
2. transsonische Strömung ($M \approx 1$),
3. Überschallströmung ($M > 1$), und
4. Hyperschallströmung ($M > 5$).

Beim Übergang von der Unterschall- zur Überschallströmung ändert sich der Typ des zu behandelnden Gleichungssystems vom elliptischen zum hyperbolischen, wodurch sich auch die Erscheinungen qualitativ unterscheiden. Beispielsweise breiten sich bei Überschallströmung Störungen nicht mehr über die gesamte Strömung, sondern nur noch in ein Gebiet in Strömungsrichtung aus.

Gâteaux-Ableitung, Ableitungsbegriff für Funktionen auf normierten Räumen.

Es seien V und W normierte Räume, $f : V \to W$ eine Abbildung und $x_0 \in V$. Die Abbildung f heißt im Punkt x_0 Gâteaux-differenzierbar, falls für jedes $x \in V$ der Grenzwert

$$\lim_{t\to 0} \frac{f(x_0 + t \cdot x) - f(x_0)}{t} = G(x)$$

existiert, wobei $t \in \mathbb{R}$ gilt. In diesem Fall heißt der Grenzwert $G(x)$ die Gâteaux-Ableitung oder auch Gâteaux-Differential von f.

Gâteaux-Differential, ↗ Gâteaux-Ableitung.

Gauß, Ableitungsgleichung von, die Darstellung der partiellen Ableitungen zweiter Ordnung $\Phi_{ij} = \partial^2\Phi/\partial u_i\partial u_j$ einer Parameterdarstellung $\Phi(u_1, u_2)$ einer regulären Fläche $\mathcal{F} \subset \mathbb{R}^3$ als Linearkombination der Vektoren $\Phi_1 = \partial\Phi/\partial u_1$, $\Phi_2 = \partial\Phi/\partial u_2$ und $\mathfrak{n}$ des ↗ begleitenden Dreibeins von $\mathcal{F}$.

Als Koeffizienten dieser Linearkombination treten bei dem Normalvektor $\mathfrak{n}$ die ↗ zweiten Fundamentalgrößen L, M, N und bei Φ_1 und Φ_2 die ↗ Christoffelsymbole auf.

Gauß, Carl Friedrich, deutscher Mathematiker, Astronom und Physiker, geb. 30.4.1777 Braunschweig, gest. 23.2.1855 Göttingen.

Gauß stammte aus einfachsten kleinbürgerlichen Verhältnissen. Der Vater war in verschiedenen Berufen tätig, so als Gärtner und als Kassierer einer Versicherung. Die mathematische Begabung Gauß' zeigte sich sehr früh. Bereits als Kleinkind soll er rechnen gekonnt haben. In der Elementarschule fand er um 1786/87 selbständig die Summenformel der arithmetischen Reihe. Diese Tatsache und andere mathematische Leistungen machten Johann Martin Christian Bartels (1769–1836), der als Hilfslehrer an der Volksschule in Braunschweig tätig war, auf Gauß aufmerksam. Bartels, der später selbst ein bedeutender Gelehrter wurde, förderte Gauß tatkräftig. Seit 1788 auf einem Gymnasium, wurde Gauß 1791 dem Herzog von Braunschweig vorgestellt, der fortan die finanzielle Sicherung seiner Ausbildung übernahm.

Bereits als Gymnasiast beschäftigte sich Gauß mit dem arithmetisch-geometrischen Mittel (ab 1791), fand den Primzahlsatz (1792), nach dem die

Anzahl der Primzahlen unterhalb n asymptotisch gleich $n/(\ln n)$ ist, und hielt das Parallelenaxiom für unabhängig von den anderen Axiomen der euklidischen Geometrie. Gauß entdeckte die Theta-Reihen und wandte bei Ausgleichsrechnungen die Methode der kleinsten Quadrate an.

Von 1795 bis 1798 studierte er in Göttingen Mathematik und Philologie. Im Jahre 1796 entschied sich Gauß endgültig für die Mathematik, als er am 30. Mai entdeckte, welche regelmäßigen n-Ecke mit Zirkel und Lineal konstruierbar sind. Die Anwendung des allgemeinen Satzes und die tatsächlich vorgeführte Konstruktion des regelmäßigen 17-Ecks war eine wissenschaftliche Sensation, ohne daß den zeitgenössischen Gelehrten die fundamentale Bedeutung der Gaußschen Entdeckung für die Entwicklung der Algebra (Kreisteilungstheorie, Galois-Theorie) gleich bewußt wurde.

Im Jahre 1799 promovierte Gauß in Helmstedt „in absentia" bei Johann Friedrich Pfaff (1765–1825) mit dem ersten korrekten Beweis des Fundamentalsatzes der klassischen Algebra. Später (1815, 1816, 1849) veröffentlichte er noch drei weitere Beweise. Im Beweis von 1816 benutzte er explizit komplexe Zahlen. „Nebenbei" schrieb er 1796–98 sein erstes Buch, die „Disquisitiones arithmeticae", das die Theorie der Kongruenzen, der quadratischen Formen und der Kreisteilung enthielt. Das Buch begründete die Zahlentheorie als Wissenschaft. In einem zweiten geplanten Band wollte Gauß das in den „Disquisitiones ..." mehrfach bewiesene quadratische Reziprozitätsgesetz verallgemeinern. Dazu kam es aus Zeitmangel nicht, nur das Reziprozitätsgesetz der vierten Potenzreste gab er gelegentlich an. Dabei benutzte Gauß die Zahlentheorie der ganzen komplexen Zahlen und führte die Gaußsche Zahlenebene zur geometrischen Darstellung aller komplexen Zahlen ein (1831). Die „Disquisitiones ..." erschienen erst 1801 und machten ihn als Gelehrten weltbekannt. Populär berühmt wurde er, als es nach seinen Berechnungen gelang, den ersten kleinen Planeten Ceres, der nach wenigen Beobachtungen verlorengegangen war, wieder aufzufinden (1801). Seine Methoden der Bahnbestimmung und der Berechnung der Bahnstörungen faßte er dann 1809 in dem Buch „Theoria motus corporum coelestium" zusammen, dem Fundamentalwerk der rechnenden Astronomie. Bis zum Jahre 1806 hatte Gauß seine finanziellen Bedürfnisse aus Zuwendungen des Herzogs von Braunschweig bestritten. Erst nach dessen Tod übernahm er 1807 die Professur für Astronomie in Göttingen und die Direktion der dortigen Sternwarte.

Bereits als Student war Gauß 1799 zur trigonometrischen Vermessung von Westfalen konsultiert worden. 1818 wurde er nun beauftragt, das Königreich Hannover zu vermessen. Selbst über viele Jahre im Felde tätig, einen Großteil der äußerst aufwendigen Rechnungen selbst durchführend, fand er noch Zeit, das Problem der Vermessung einer „krummen" Fläche theoretisch zu durchleuchten. Er entwickelte die Theorie der konformen Abbildung (um 1820) und die Theorie der „inneren Geometrie" einer Fläche. Im Jahre 1827 erschienen zusammenfassend seine Untersuchungen: „Disquisitiones generales circa superficies curvas". In diesem Buch findet sich u. a. das „theorema egregium" und der Gauß-Bonnetsche Integralsatz. Das Werk wurde grundlegend für die Differentialgeometrie. Die „Untersuchungen über Gegenstände der höheren Geodäsie" (1844, 1847) begründeten die moderne Geodäsie. Eng mit seinen Interessen für Geodäsie und Astronomie hingen Gauß' potentialtheoretische Untersuchungen zusammen. Bereits 1813 die Lösung eines speziellen Problems angebend, veröffentlichte er 1839 seine „Allgemeine(n) Lehrsätze in Beziehung auf die im verkehrten Verhältnis des Quadrates der Entfernungen wirkenden Anziehungs-und Abstoßungskräfte", die die neuere Potentialtheorie entscheidend förderten. Gleichfalls eng mit diesen Interessen verbunden waren die Gaußschen Untersuchungen zur Wahrscheinlichkeitsrechnung und Statistik (Theorie der Beobachtungsfehler, Gaußsche Fehlerfunktion, aber auch Anwendungen auf eigenen Börsenspekulationen und die Reorganisation der Göttinger Witwenkasse). Seit 1831 wirkte der Physiker Wilhelm Weber (1804–1891) in Göttingen. Mit Gauß zusammen begann er ein internationales Netz zur Messung des Erdmagnetismus aufzubauen. Ergebnisse ihrer fruchtbaren Zusammenarbeit waren das absolute physikalische Maßsystem (1832) und der Bau des ersten elektrischen Telegraphen (1832/33). Gauß legte zudem 1838/39 die „Allgemeine Theorie des Erdmagnetismus" mit einer Berechnung der Lage der magnetischen Erdpole vor.

Mit diesen vielfältigen Arbeiten auf den verschiedensten Gebieten war die Gaußsche Schaffenskraft noch nicht erschöpft. Es gibt von ihm noch Untersuchungen über das „Prinzip des kleinsten Zwanges“, zur Optik (Ausgleichung von Objektivfehlern, Doppelobjektive), zur Anwendung der Telegraphie im Eisenbahnwesen und zur Analysis (Lemniskate, Konvergenzbegriff, hypergeometrische Reihe 1813, Hauptsatz der Funktionentheorie 1811). Über viele dieser Forschungen hat er kaum oder nur wenig publiziert. Nur aus seinem Tagebuch, aus dem Nachlaß und vor allem aus Briefen an vertraute Freunde wissen wir von diesen grundlegenden Untersuchungen.

Gauß, Drei-Quadrate-Satz von, eine Charakterisierung derjenigen natürlichen Zahlen, die als Summe von drei Quadratzahlen darstellbar sind.

Für eine natürliche Zahl n sind äquivalent:

1. *Es gibt* $x, y, z \in \mathbb{N}_0$ *mit* $n = x^2 + y^2 + z^2$.
2. *n ist nicht von der Form* $n = 4^a(8b+7)$ *mit* $a, b \in \mathbb{N}_0$.

Gauß, Fehlerfortpflanzungsgesetz von, zeigt, wie der mittlere Fehler (also die Streuung des Fehlers) σ_f einer partiell differenzierbaren Funktion $f(x_1, \dots, x_n)$ gemessener Größen $a_1, \dots, a_n$ von den (als klein angenommenen) mittleren Fehlern $\sigma_1, \dots, \sigma_n$ dieser Größen abhängt.

Es gilt

$$\sigma_f = \sqrt{\sum_{k=1}^{n} \left(\frac{\partial f}{\partial x_k}(a_1, \dots, a_n)\, \sigma_k \right)^2}.$$

Ist $f(x_1, \dots, x_n) = \frac{1}{n}\sum_{k=1}^{n} x_k$ der Mittelwert von $x_1, \dots, x_n$, so erhält man als Fehler des Mittelwertes von n Messungen

$$\sigma_f = \frac{1}{n}\sqrt{\sum_{k=1}^{n} \sigma_k^2},$$

und gilt noch $\sigma_1 = \dots = \sigma_n = \sigma$, d. h. sind alle Messungen gleich genau, so ergibt sich $\sigma_f = \sigma/\sqrt{n}$, d. h. der Meßfehler sinkt auf den $\sqrt{n}$-ten Teil.

Gauß, Formel von, die Gleichung

$$\frac{\pi}{4} = 12 \arctan \frac{1}{18} + 8 \arctan \frac{1}{57} - 5 \arctan \frac{1}{239},$$

in den gesammelten Werken von Carl Friedrich Gauß (1863) zu finden.

Die aus dieser Formel abgeleitete ↗Arcustangensreihe für π war die Grundlage mehrerer Rekordberechnungen von Dezimalstellen von π mit Computern.

Gauß, Gleichung von, eine Beziehung zwischen dem Riemannschen Krümmungstensor einer isometrisch eingebetteten Untermannigfaltigkeit, ihrer Weingartenabbildung, und dem Riemannschen Krümmungstensor der sie umgebenden Riemannschen Mannigfaltigkeit.

Es sei $\widetilde{M}$ eine Riemannsche Mannigfaltigkeit der Dimension $n+m$ und $M \subset \widetilde{M}$ eine Riemannsche Untermannigfaltigkeit der Dimension $n \geq 2$. Wir setzen voraus, daß die Riemannsche Metrik g von M in allen Punkten $x \in M$ gleich der Einschränkung der Riemannschen Metrik $\widetilde{g}$ von $\widetilde{M}$ auf den Tangentialraum $T_x(M) \subset T_x(\widetilde{M})$ ist. Es seien ∇ und $\widetilde{\nabla}$ die ↗Levi-Civita-Zusammenhänge, und R und $\widetilde{R}$ die Riemannschen Krümmungstensoren von M bzw. $\widetilde{M}$.

Die Gleichung von Gauß drückt die Differenz $\widetilde{R} - R$ durch die zweite Fundamentalform von M bezüglich der Einbettung in $\widetilde{M}$ aus, die wie folgt definiert ist:

Der Normalraum $N_x(M) \subset T_x(\widetilde{M})$ ist das orthogonale Komplement von $T_x(M)$. Zunächst definiert man die Weingartenabbildung als bilineare Abbildung

$$S : T_x(M) \times N_x(M) \rightarrow T_x(M)$$

durch die Formel $S(\mathfrak{x}, \mathfrak{n}) = \left(\widetilde{\nabla}_{\mathfrak{x}}\mathfrak{n}\right)^{\top}$, wobei $\mathfrak{y}^{\top} \in T_x(M)$ die im Tangentialraum $T_x(M)$ liegende Komponente eines Vektors $\mathfrak{y} \in T_x(\widetilde{M})$ bezeichnet. Die zweite Fundamentalform $l_{\mathfrak{n}}$ von M ist durch die Gleichung $l_{\mathfrak{n}}(\mathfrak{x}, \mathfrak{y}) = g(S(\mathfrak{x}, \mathfrak{n}), \mathfrak{y})$ als lineare Abbildung definiert, die jedem Vektor $\mathfrak{n} \in N_x(M)$ eine symmetrische Bilinearform $l_{\mathfrak{n}} : T_x(M) \times T_x(M) \rightarrow \mathbb{R}$ zuordnet.

Die Gleichung von Gauß besagt dann folgendes: *Ist* $\mathfrak{n}_1, \dots \mathfrak{n}_m \in N_x(M)$ *eine orthonormierte Basis von* $N_x(M)$, *so gilt für alle* $x \in M$ *und alle Tangentialvektoren* $\mathfrak{u}, \mathfrak{v}, \mathfrak{w}, \mathfrak{z} \in T_x(M)$

$$\widetilde{g}(R(\mathfrak{u}, \mathfrak{v})\mathfrak{w}, \mathfrak{z}) - \widetilde{g}(\widetilde{R}(\mathfrak{u}, \mathfrak{v})\mathfrak{w}, \mathfrak{z}) = \sum_{\mu=1}^{m} \left(l_\mu(\mathfrak{v}, \mathfrak{w})\, l_\mu(\mathfrak{u}, \mathfrak{z}) - l_\mu(\mathfrak{u}, \mathfrak{w})\, l_\mu(\mathfrak{v}, \mathfrak{z}) \right),$$

wobei abkürzend $l_{\mathfrak{n}_\mu} = l_\mu$ *gesetzt wurde.*

Der besondere Beitrag von Gauß ist die Spezialisierung dieses Satzes auf die Theorie der Flächen im $\mathbb{R}^3$ und besteht in der Entdeckung, daß sich der Krümmungstensor R^s_{ijk} einer Fläche $\mathcal{F} \subset \mathbb{R}^3$ durch die Koeffizienten L_{ij} der ↗zweiten Gaußschen Fundamentalform ausdrücken läßt:

$$R^s_{ijk} = \sum_{l=1}^{2} \left(L_{ij} L_{kl} - L_{ik} L_{jl} \right) g^{ls}.$$

Hierin ist L_{ij} die Matrix der zweiten Fundamentalform und g^{ls} die inverse Matrix der ersten Fundamentalform in bezug auf eine Parameterdarstellung von $\mathcal{F}$.

Das ↗theorema egregium ist eine unmittelbare Folgerung aus diesen Gleichungen.

Gauß, Integralformel von, die durch den Integralsatz von Gauß (↗Gauß, Integralsatz von) präzisierte Formel

$$\int\limits_{\mathfrak{G}} \operatorname{div} f \, d\mathfrak{x} = \int\limits_{\mathfrak{G}} (\nabla \cdot f) \, d\mathfrak{x} = \int\limits_{\partial \mathfrak{G}} f \cdot \mathfrak{n} do$$

für ein Vektorfeld f auf einem geeigneten Bereich $\mathfrak{G}$ im $\mathbb{R}^n$ mit Rand $\partial\mathfrak{G}$.

Gauß, Integralsatz von, gelegentlich auch Divergenzsatz oder auch nach Ostrogradski oder Green benannt, wichtiger Spezialfall des allgemeinen Satzes von Stokes der ↗Vektoranalysis

$$\int\limits_{\mathfrak{G}} d\omega = \int\limits_{\partial \mathfrak{G}} \omega .$$

Während der Gaußsche Satz sich nur auf die „maximale" Dimension bezieht, werden beim Satz von Stokes allgemeiner und in einem wesentlich allgemeineren Rahmen (Cartan-Kalkül) alle „Zwischendimensionen" mit erfaßt.

Für $n \in \mathbb{N}$ besagt der Integralsatz von Gauß:

$$\int\limits_{\mathfrak{G}} \operatorname{div} f \, d\mathfrak{x} = \int\limits_{\mathfrak{G}} (\nabla \cdot f) \, d\mathfrak{x} = \int\limits_{\partial \mathfrak{G}} f \cdot \mathfrak{n} do .$$

Hierbei seien $\mathfrak{G}$ ein n-dimensionaler Gauß-Bereich, f eine auf $\mathfrak{G}$ und seinem Rand $\partial\mathfrak{G}$ stetig differenzierbare Differentialform $(n-1)$-ten Grades (Vektorfeld), $\mathfrak{n}$ der nach ‚außen' gerichtete Normaleneinheitsvektor (steht senkrecht auf dem entsprechenden ‚Flächenelement). Mit $\operatorname{div} f$ ist die Divergenz von f bezeichnet, die sich mit dem ↗Nablaoperator ∇ auch in der Form $\nabla \cdot f$ schreiben läßt.

Als n-dimensionale Gauß-Bereiche seien dabei Teilmengen $\mathfrak{G}$ des $\mathbb{R}^n$ bezeichnet, für die die o. a. Formel für alle solchen f gilt. Welche Bereiche in diesem Sinne zulässig sind, hängt stark von den bereitgestellten Hilfsmitteln und dem benutzten Integralbegriff (etwa Riemann- oder – besser – Lebesgue-Integral) ab. Dazu gehören etwa: Mengen $\mathfrak{G}$ im $\mathbb{R}^n$, die bezüglich aller Koordinatenebenen Normalbereiche sind und eine stückweise glatte Randkurve $\partial\mathfrak{G}$ haben; orientierte topologische Polytope; kompakte orientierte berandete n-dimensionale Untermannigfaltigkeiten einer offenen Menge O (des $\mathbb{R}^n$) (im Spezialfall $n = 2$: kompakte orientierte berandete Flächen), auf der f definiert (und stetig differenzierbar ist). Die Forderung an f läßt sich dabei noch etwas abschwächen.

Besonders wichtig sind natürlich die Fälle $n = 2$ (Ebene) – hier können mit Hilfe des Integralsatzes von Gauß Gebietsintegrale in Kurvenintegrale (und umgekehrt) umgeformt werden – und $n = 3$ (Raum) – hier können Volumenintegrale in Oberflächenintegrale (und umgekehrt) überführt werden.

Für $n = 2$ notiert man etwa auch

$$\iint\limits_{\mathfrak{G}} \operatorname{div} f \, d(x, y) = \int\limits_{\partial \mathfrak{G}} f \cdot \mathfrak{n} ds$$

und mit

$$f = P(x, y)\mathfrak{e}_1 + Q(x, y)\mathfrak{e}_2$$

– unter geeigneten Voraussetzungen –

$$\iint\limits_{\mathfrak{G}} \left(\frac{\partial P}{\partial x} + \frac{\partial Q}{\partial y} \right) dx \, dy$$

$$= \int\limits_{\partial \mathfrak{G}} P(x, y) dy - Q(x, y) dx .$$

Im Fall $n = 3$ notiert man oft auch

$$\iiint\limits_{\mathfrak{G}} \operatorname{div} f \, d\mathfrak{x} = \iint\limits_{\partial \mathfrak{G}} f \cdot d\mathfrak{s}$$

oder

$$\iiint\limits_{\mathfrak{G}} \operatorname{div} f \, d(x, y, z) = \iint\limits_{\partial \mathfrak{G}} f \cdot \mathfrak{n} d\sigma .$$

Physiker und Ingenieure beschreiben den speziellen Satz ($n = 3$) etwa durch Formulierungen wie: *„Die Ergiebigkeit eines Volumes ist gleich dem Integral des Flußes durch die Oberfläche"*, *„Was hinein geht, kommt auch wieder (durch die Oberfläche) hinaus, wenn es keine Quellen und Senken gibt"* oder gelegentlich – noch summarischer – *„Aus nichts wird nichts"* und ‚beweisen' ihn ganz einfach: *„Alles was aus dem Volumen heraus- bzw. in das Volumen hineinfließt, muß durch die das Volumen begrenzende Oberfläche gehen"*.

Der Satz und seine Verallgemeinerungen gehören zu den leistungsfähigsten Sätzen der anwendungsorientierten Mathematik und damit insbesondere auch der Physik.

Entscheidend sind die Voraussetzungen an $\mathfrak{G}$ und f, von denen der Beweisaufwand ganz wesentlich abhängt, dabei vorweg die Einführung des Flächenbegriffs mit Flächeninhalt und Flächenintegral und dazu die Bereitstellung eines geeigneten Integralbegriffs (Riemann- oder – besser – Lebesgue-Integral). Ist $\partial\mathfrak{G}$ stückweise glatt, also aus endlich vielen Flächenstücken mit stetig differenzierbarer Parameterdarstellung zusammengesetzt, dann existiert der Normalenvektor $\mathfrak{n}$, der meist nach ‚außen' orientiert gewählt wird.

Allgemeinere Bereiche erhält man zunächst durch Zusammensetzung endlich vieler solcher Bereiche und dann – aber keineswegs in trivialer Weise – durch Ausschöpfen und Approximation.

Speziell für

$$f := u\nabla v \quad \text{bzw.} \quad f := u\nabla v - v\nabla u$$

ergeben sich leicht die ↗Greenschen Integralformeln.

Gauß, Primfaktorensatz von, lautet:

Der Polynomenring $R[x]$ über einem (kommutativen) Ring R ist genau dann ein ↗ZPE–Ring (auch ↗faktorieller Ring genannt), wenn der Ring selbst ein ZPE–Ring ist.

Damit sind insbesondere die Ringe $R[x_1, \ldots, x_n]$ ZPE–Ringe, wenn R ein Körper oder $\mathbb{Z}$ (der Ring der ganzen Zahlen) ist.

Gauß, Satz von, über die Existenz von Primitivwurzeln modulo m, lautet:

Es gibt genau dann Primitivwurzeln modulo m, wenn $m = 1, 2, 4, p^\alpha, 2p^\alpha$ mit ungerader Primzahl p und $\alpha \in \mathbb{N}$ ist.

Gauß, Satz von, über n-Ecke, Satz über die Konstruierbarkeit regulärer Polygone (regelmäßiger n-Ecke):

Ein reguläres Polygon kann genau dann mit Zirkel und Lineal konstruiert werden, wenn die Anzahl seiner Seiten $2^m \cdot p_1 \cdot p_2 \cdot \cdots \cdot p_k$ (mit $m \in \mathbb{N}$) beträgt, wobei $p_1 \ldots p_k$ voneinander verschiedene Primzahlen der Form

$$p_i = 2^{2^\varsigma} + 1$$

(mit $\varsigma \in \mathbb{N}$, $\varsigma \geq 1$) sind.

Als Primzahlen, die sich in der Form $p_i = 2^{2^\varsigma} + 1$ darstellen lassen, sind 3, 5, 17, 257 und 65537 bekannt. Somit ist es möglich, regelmäßige n-Ecke mit 3, 4, 5, 6, 8, 10, 12, 15, 16, 17, 20, 24, 32, ... Seiten mit Zirkel und Lineal zu konstruieren, die derartige Konstruktion regelmäßiger n-Ecke mit 7, 9, 11, 13, 14, 18, 19, 21, 22, 23, 25, 26, 27, 28, 29, 30, 31, 33, ... Seiten ist nicht möglich.

Das Problem der Konstruktion eines regelmäßigen n-Ecks ist gleichbedeutend mit der Teilung eines Kreises in n kongruente Teile.

Gauß, Vermessungsarbeiten von, umfangreiche Landvermessungen, die C. F. Gauß in den Jahren 1821 bis 1825 unter großen körperlichen Mühen im Königreich Hannover durchführte.

Diese Tätigkeit gab ihm Anregungen und einen zusätzlichen Anstoß zu seinen umfangreichen Untersuchungen über gekrümmte Flächen, deren Ergebnisse er im Jahre 1827 in [1] veröffentlichte. Diese Arbeit enthält das ↗theorema egregium als Hauptresultat. Sie gilt als epochemachender Beitrag zur Differentialgeometrie der Flächen, mit dem die Grundlagen dieser Theorie geschaffen wurden. Die Wechselbeziehung der Tätigkeit von C. F. Gauß als Landvermesser zu seiner Forschungsarbeit ist ein Beleg für die fruchtbare Verbindung von Theorie und Praxis in seinem Wirken.

[1] Gauß, C., F.: Disquisitiones generales circa superficies curvas. Göttingische gelehrte Anzeigen, 1827.

[2] Gauß, C., F.: Allgemeine Flächentheorie (deutsche Ausgabe von A. Wangerin der Arbeit [1]). Verlag von Wilhelm Engelmann, Leipzig, 1889.

Gauß-Abbildung, die Abbildung $\mathfrak{n} : \mathcal{F} \to S^2$ einer Fläche $\mathcal{F} \subset \mathbb{R}^3$, die jedem Punkt $x \in \mathcal{F}$ den Einheitsnormalenvektor von $\mathcal{F}$ im Punkt x zuordnet, der als Punkt der zweidimensionalen Sphäre $S^2 \subset \mathbb{R}^3$ vom Radius 1 angesehen wird.

Diese Gauß-Abbildung enthält alle lokalen Informationen über die Krümmungseigenschaften von $\mathcal{F}$. Ihre Ableitung bezüglich irgendwelcher Flächenparameter ist die Weingartenabbildung von $\mathcal{F}$. Die Bildmenge $\mathfrak{n}(G)$ einer Teilmenge $G \subset \mathcal{F}$ heißt sphärisches Bild von G.

In Verallgemeinerung dieser Begriffsbildung versteht man unter der Gauß-Abbildung auch ein Beispiel einer ↗Lagrange-Abbildung, bei der jedem Punkt einer gegebenen orientierten Hyperfläche im $\mathbb{R}^n$ ($n \geq 2$) der Einheitsnormalenvektor an diesem Punkt zugeordnet wird.

Die Hyperfläche zusammen mit ihren Einheitsnormalen wird hierbei als ↗Lagrangesche Untermannigfaltigkeit des Totalraums des ↗Gaußschen Faserbündels aufgefaßt. Die Kaustiken der Gauß-Abbildung bestehen aus der Menge aller Normalenvektoren auf denjenigen Punkten der Hyperfläche, an denen die zweite Fundamentalform entartet, an denen also beispielsweise im Fall $n = 3$ mindestens eine der Hauptkrümmungen verschwindet.

Gauß-Eliminationsverfahren, ↗Gaußscher Algorithmus, ↗direkte Verfahren zur Lösung linearer Gleichungssysteme.

Gauß-Jordan-Verfahren, direktes Verfahren zur Berechnung der Inversen A^{-1} einer nichtsingulären Matrix $A \in \mathbb{R}^{n \times n}$.

Dazu löst man die Gleichungssysteme $Ax_k = e_k$ mit der rechten Seite $e_1^T = (1, 0, \ldots, 0)$, $e_2^T = (0, 1, 0, \ldots, 0)$, ..., $e_n^T = (0, \ldots, 0, 1)$ mit dem ↗Gaußschen Algorithmus und setzt die Inverse A^{-1} aus den Lösungsvektoren x_k, $k = 1, \ldots, n$ als Spaltenvektoren zusammen.

Typischerweise führt man das Lösen der n Gleichungssysteme in einem Schritt durch, indem man statt der Matrizen $(A \; e_k)$ hier die Matrix $(A \; I)$ betrachtet, wobei $I = (e_1, e_2, \ldots, e_n)$ die Einheitsmatrix sei. Nun geht man zunächst wie beim Gauß-Verfahren vor und transformiert A in eine obere ↗Dreiecksmatrix R. Dabei wendet man alle Transformationen auch auf I an. Man erhält $(R \, X)$.

Anschließend eliminiert man nun noch die oberhalb der Diagonale stehenden Elemente von R durch Addition geeigneter Vielfacher der darunterstehenden Zeilen (spaltenweise von rechts nach links). Dadurch erreicht man Diagonalgestalt

$$D = \begin{pmatrix} d_{11} & & & \\ & d_{22} & & \\ & & \ddots & \\ & & & d_{nn} \end{pmatrix}.$$

Wieder wendet man alle Transformationen auch auf X an und erhält so $(D\,A^{-1})$. Multipliziert man nun mit der Inversen von D (d. h. dividiert man die j-te Zeile durch d_{jj}), so erhält man $(I\,A^{-1})$.

Die Berechnung der Inversen einer Matrix ist in der Praxis eine eher seltene Aufgabe. Die Lösung des linearen Gleichungssystems $Ax = b$ ist zwar durch $x = A^{-1}b$ gegeben, wird aber besser mittels des Gauß-Verfahrens berechnet, da dies weniger Rechenzeit beansprucht und numerisch günstiger ist.

Gauß-Klammer, das Symbol [ ] zur Bezeichnung des ↗ganzen Teils $[x]$ einer reellen Zahl x.

Gauß-Konstante, ↗arithmetisch-geometrisches Mittel.

Gauß-Kriterium, ein Konvergenzkriterium für eine Reihe

$$\sum_{\nu=1}^{\infty} a_\nu \qquad (1)$$

mit positiven reellen Zahlen a_ν.

Es existiere eine beschränkte Zahlenfolge $\{c_\nu\}$ und eine Konstante α so, daß für alle ν eine Darstellung der Form

$$\frac{a_{\nu+1}}{a_\nu} = 1 - \frac{\alpha}{\nu} - \frac{c_\nu}{n^2}$$

möglich ist.

Dann konvergiert die Reihe (1) genau dann, wenn $\alpha > 1$ ist.

Gauß-Laguerresche Quadraturformel, spezielle Formel für die ↗Gauß-Quadratur im Falle der Gewichtsfunktion $\omega(x) = \exp(-x)$ und des Intervalls $[a, b] = [0, \infty]$.

Die Bezeichnung Gauß-Laguerre leitet sich aus der Tatsache ab, daß die Laguerre-Polynome gerade die bezüglich des Skalarprodukts

$$\langle f, g\rangle = \int_0^\infty \exp(-x) f(x) g(x) dx$$

orthogonalen Polynome sind.

Gauß-Legendresche Quadraturformel, spezielle Formel für die ↗Gauß-Quadratur im Falle der Gewichtsfunktion $\omega(x) = 1$ und des Intervalls $[a, b] = [-1, 1]$.

Die Bezeichnung Gauß-Legendre leitet sich aus der Tatsache ab, daß die Legendre-Polynome gerade die bezüglich des Skalarprodukts

$$\langle f, g\rangle = \int_{-1}^{1} f(x) g(x) dx$$

orthogonalen Polynome sind.

Unter allen Gaußschen Quadraturformeln kommt den Gauß-Legendreschen die größte praktische Bedeutung zu, da sie zur Gewichtsfunktion Eins gehören und somit für die numerische Berechnung des ungewichteten Integrals

$$\int_{-1}^{1} f(x) dx$$

herangezogen werden können.

Gauß-Lucas, Satz von, ↗ Fundamentalsatz der Algebra.

Gauß-Manin-Zusammenhang, Begriffsbildung in Hinblick auf die Frage, wie Perioden von Integralen auf glatten kompletten algebraischen Varietäten von Parametern abhängen, wenn die Varietät selbst von Parametern abhängt. Sie genügen einem bestimmten System von Differentialgleichungen; z. B. erfüllen die Perioden $\omega = \int_\gamma \frac{dx}{y}$ (γ eine geschlossene Kurve, die nicht von λ abhängt) der durch $\lambda \in \mathbb{A}^1 \setminus \{0, 1\}$ parametrisierten Familie elliptischer Kurven

$$E_\lambda : \; y^2 = x(x-1)(x-\lambda)$$

die Differentialgleichung

$$4\lambda(\lambda-1)\frac{d^2\omega}{d\lambda^2} + 4(\lambda-1)\frac{d\omega}{d\lambda} + \omega = 0.$$

Ist $X \xrightarrow{\pi} S$ ein glatter eigentlicher Morphismus komplexer Mannigfaltigkeiten, so ist π eine lokal triviale Faserung im C^∞-Sinne, daher sind die Garben $R^*\pi_*\mathbb{C}_X$ lokal konstant (mit der Faser $H^*(X_s, \mathbb{C})$, $X_s = \pi^{-1}(s)$).

Man erhält also holomorphe Vektorbündel

$$\mathcal{H}^*(X|S) = \mathcal{O}_S \otimes R^*\pi_*\mathbb{C}_X$$

mit einem flachen Zusammenhang D, dem Gauß-Manin-Zusammenhang.

Gauß-Newton-Methode, Verfahren zur Lösung eines überbestimmten Systems von N nichtlinearen Gleichungen

$$f_i(z_i; x_1, \ldots, x_n) = y_i$$

zur Bestimmung von $n < N$ Unbekannten $x_1, x_2, \ldots, x_n$ aus N Meßdaten (z_k, y_k).

Typischerweise kann ein solches Gleichungssystem nicht exakt gelöst werden. Man versucht stattdessen, die $x_1, \ldots, x_n$, so zu bestimmen, daß für

$$r_i = f_i(z_i; x_1, \ldots, x_n) - y_i, \qquad (1)$$

wobei $r = (r_1, \ldots, r_N)^T$ und $x = (x_1, \ldots, x_n)^T$, der Ausdruck

$$F(x) = r^T r$$

minimal wird (↗Methode der kleinsten Quadrate).

Die notwendige Bedingung zur Minimierung der Funktion F ist für $j = 1, \dots, n$

$$\begin{aligned} 0 &= \frac{\partial F(x)}{\partial x_j} \\ &= \sum_{i=1}^{N} (f_i(z_i; x_1, \dots, x_n) - y_i) \times \\ &\qquad \frac{\partial f_i(z_i; x_1, \dots, x_n)}{\partial x_j}, \end{aligned}$$

ein System von n nichtlinearen Gleichungen für die Unbekannten x_j.

Ein solches System kann i. a. nur iterativ gelöst werden. Dazu führt man das Problem durch Linearisierung der Fehlergleichungen (1) auf eine Folge von linearen Ausgleichsproblemen zurück.

Ausgehend von einem Startvektor $x^{(0)} = (x_1^{(0)}, \dots, x_n^{(0)})^T$ bestimmt man weitere Näherungslösungen $x^{(1)}, x^{(2)}, \dots$ wie folgt: Für $x^{(i)}$ berechne man die Lösung $s^{(i)}$ des linearen Ausgleichsproblems

$$\min_{s \in \mathbb{R}^N} ||r(x^{(i)}) - Df(x^{(i)})s||_2^2$$

mit der Fundamentalmatrix

$$Df(x) = \begin{pmatrix} \frac{\partial f_1}{\partial x_1}(x) & \dots & \frac{\partial f_1}{\partial x_n}(x) \\ \vdots & & \vdots \\ \frac{\partial f_N}{\partial x_1}(x) & \dots & \frac{\partial f_N}{\partial x_n}(x) \end{pmatrix}$$

und

$$r(x) = \begin{pmatrix} y_1 \\ \vdots \\ y_N \end{pmatrix} - \begin{pmatrix} f_1(z_1; x_1, \dots, x_n) \\ \vdots \\ f_N(z_N; x_1, \dots, x_n) \end{pmatrix}.$$

Dies kann, wie unter ↗Methode der kleinsten Quadrate beschrieben, mittels der QR-Zerlegung von Df geschehen. Der Vektor

$$x^{(i+1)} = x^{(i)} + 2^{-k} s^{(i)}, \quad k = 0, 1, 2, 3, \dots,$$

für welchen zum ersten Mal

$$F(x^{(i+1)}) < F(x^{(i)})$$

gilt, ist dann eine bessere Näherung an die gesuchte Lösung.

Bei ungünstiger Wahl des Startvektors $x^{(0)}$ kann die Konvergenz der Folge $x^{(k)}$ zu Beginn der Iteration sehr langsam sein. In der Nähe des Lösungsvektors x ist die Konvergenz annähernd quadratisch.

Das Iterationsverfahren bezeichnet man als Gauß-Newton-Methode, da die Korrektur $s^{(i)}$ nach der von Gauß verwendeten Methode der kleinsten Quadrate ermittelt wurde und sich die linearisierten Fehlergleichungen im Sonderfall $N = n$ auf die linearen Gleichungen reduzieren, die in der Methode von Newton zur Lösung von nichtlinearen Gleichungen auftreten.

Gauß-Polynome, die Polynome $g_n(x)$, welche durch

1. $g_0(x) := 1$
2. $g_n(x) := \prod_{i=0}^{n-1} (x - q^i)$, für $n \in \mathbb{N}$

definiert sind. In Analogie zum Binomialsatz gilt für die Gauß-Polynome

$$\begin{aligned} x^n &= \sum_{k=0}^{n} \binom{n}{k}_q g_k(x) \\ &= \sum_{k=0}^{n} \binom{n}{k}_q (x-1)(x-q)\dots(x-q^{h-1}). \end{aligned}$$

Gauß-Prozeß, auch Gaußscher Prozeß, ein auf dem Wahrscheinlichkeitsraum $(\Omega, \mathfrak{A}, P)$ definierter reellwertiger stochastischer Prozeß $(X_t)_{t \in I}$ mit der Eigenschaft, daß jede seiner endlichdimensionalen Verteilungen eine (multivariate) Normalverteilung ist. Die Parametermenge I ist dabei ein Intervall von $\mathbb{R}$. Die Abbildung

$$m : I \ni t \rightarrow E(X_t) \in \mathbb{R}$$

bezeichnet man als Erwartungsfunktion, und die Abbildung

$$\Gamma : I \times I \ni (s, t) \rightarrow Cov(X_s, X_t) \in \mathbb{R}$$

als Kovarianzfunktion des Gauß-Prozesses. Gilt $m \equiv 0$, so heißt der Prozeß zentriert. Ein Gauß-Prozeß ist durch die Angabe der Erwartungsfunktion m und der Kovarianzfunktion Γ bis auf Äquivalenz eindeutig festgelegt.

Ein Beispiel für einen zentrierten Gauß-Prozeß stellt eine normale eindimensionale ↗Brownsche Bewegung dar. Für ihre Kovarianzfunktion gilt $\Gamma(s, t) = \min(s, t)$ für alle $s, t \geq 0$.

Gauß-Quadratur, Verfahren zur numerischen Integration (Quadratur) von Funktionen unter Verwendung optimaler Stützstellen.

Ist $[a, b]$ ein reelles Intervall und ω eine auf $[a, b]$ stetige und bis auf endlich viele Ausnahmestellen positive Funktion, so sucht man nach Näherungsformeln der Form

$$\sum_{i=1}^{n} \gamma_{ni} f(x_{ni}) \qquad (1)$$

zur Berechnung des Riemannschen Integrals

$$\int_a^b \omega(x) f(x) dx.$$

Man kann zeigen, daß es keine Formel des in (1) angegebenen Typs gibt, die alle Polynome f vom

Grad $2n$ exakt integriert. Für Polynome vom Grad $2n-1$ gibt es genau eine Möglichkeit: Man wähle die x_{ni} als die Nullstellen des n-ten orthogonalen Polynoms zum Skalarprodukt

$$<f,g>=\int_a^b \omega(x)f(x)g(x)dx,$$

und setze, für $i=1,\ldots,n$,

$$\gamma_{ni}=\int_a^b \omega(x)L_i^{n-1}(x)dx$$

mit dem ↗Lagrange-Polynom L_i^{n-1} zu den Punkten $x_{n1},\ldots,x_{nn}$.

In diesem Fall bezeichnet man die Formel (1) als Gaußsche Quadraturformel. Zusätzlich zu ihrer Optimalität zeichnet sie sich dadurch aus, daß ihre Koeffizienten γ_{ni} alle positiv sind, was eine hohe numerische Stabilität impliziert.

Für einige Wahlen der Gewichtsfunktion ω und des Intervalls $[a,b]$ ergeben sich Gaußsche Quadraturformeln, die man auch aus historischen Gründen speziell bezeichnet (↗Gauß-Laguerresche Quadraturformel, ↗Gauß-Legendresche Quadraturformel, ↗Gauß-Tschebyschewsche Quadraturformel).

[1] Hämmerlin, G.; Hoffmann, K.-H.: Numerische Mathematik. Springer-Verlag Berlin, 1989.

[2] Schaback, R.; Werner. H.: Numerische Mathematik. Springer-Verlag Berlin, 1992.

[3] Stoer, J.: Einführung in die Numerische Mathematik I. Springer-Verlag Berlin, 1979.

Gaußsche Abbildung, ↗Gauß-Abbildung.

Gaußsche Fehlerfunktion, *Fehlerfunktion*, die durch

$$\operatorname{erf}(z) := \frac{2}{\sqrt{\pi}}\int_0^z e^{-t^2}\,dt$$

für $z \in \mathbb{C}$ definierte Funktion.

Ebenso definiert man die reziproke Fehlerfunktion durch

$$\operatorname{erfc}(z) := 1-\operatorname{erf}(z)=\frac{2}{\sqrt{\pi}}\int_z^\infty e^{-t^2}\,dt\,.$$

Der Integrationsweg des Integrals muß hierbei in der komplexen Ebene so gewählt werden, daß

$$\arg(t)\to\alpha \text{ für } t\to\infty, \text{ wobei } |\alpha|<\frac{\pi}{4}\,.$$

Es ist erf eine ↗ganze Funktion, für die die folgenden elementaren Symmetrierelationen gelten:

$$\operatorname{erf}(-z)=-\operatorname{erf}(z)\,,\quad \operatorname{erf}(\overline{z})=\overline{\operatorname{erf}(z)}.$$

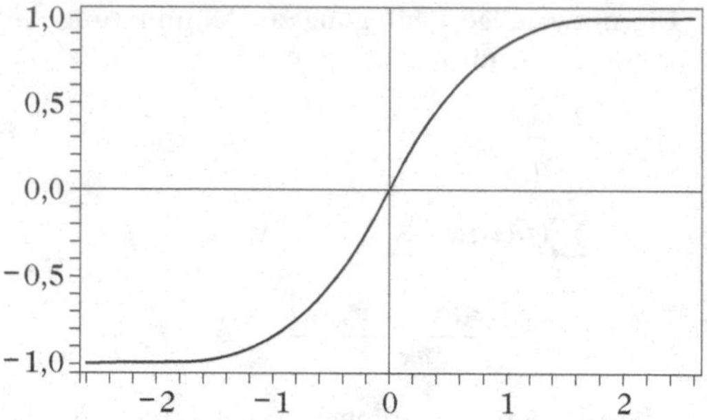

Die Gaußsche Fehlerfunktion

Man erhält ferner als Reihenentwicklungen:

$$\begin{aligned}\operatorname{erf}(z) &= \frac{2}{\sqrt{\pi}}\sum_{n=0}^\infty \frac{(-1)^n z^{2n+1}}{n!(2n+1)}\\ &= \frac{2}{\sqrt{\pi}}e^{-z^2}\sum_{n=0}^\infty \frac{2^n}{1\cdot3\cdot\cdots\cdot(2n+1)}z^{2n+1}.\end{aligned}$$

Für $x\ge 0$ gelten die folgenden, oft nützlichen Ungleichungen:

$$\frac{1}{x+\sqrt{x^2+2}}<\frac{\sqrt{\pi}}{2}e^{x^2}\operatorname{erfc}(x)\le\frac{1}{x+\sqrt{x^2+4/\pi}}.$$

Ferner gilt die folgende asymptotische Entwicklung für $z\to\infty$, wobei $|\arg(z)|<\frac{3\pi}{4}$:

$$\sqrt{\pi}\,ze^{z^2}\operatorname{erfc}(z)\sim 1+\sum_{m=1}^\infty(-1)^m\frac{1\cdot3\cdot\cdots\cdot(2m-1)}{(2z^2)^m}.$$

Für $x\in\mathbb{R}$ ist erf reellwertig, und es gilt

$$\lim_{x\to\infty}\operatorname{erf}(x)=1\,.$$

Die Gaußsche Fehlerfunktion spielt eine wichtige Rolle in der Fehlerrechnung. Eine aus n Messungen derselben physikalischen Größe bestehende Beobachtungsreihe $a_1,a_2,\ldots,a_n$ ist in der Regel mit Beobachtungsfehlern $\varepsilon_1,\varepsilon_2,\ldots,\varepsilon_n$ behaftet. Ist x der wahre Wert, so gilt

$$\varepsilon_\nu=x-a_\nu\,,\quad \nu=1,2,\ldots,n\,.$$

Unter gewissen Voraussetzungen unterliegen die Beobachtungsfehler ε_ν einer strengen Gesetzmäßigkeit, und zwar dem sog. Gaußschen Fehlerverteilungsgesetz: Die Wahrscheinlichkeit $P(\Delta)$ dafür, daß ein Beobachtungsfehler ε zwischen den Schranken $-\Delta$ und Δ $(\Delta>0)$ liegt, ist gegeben durch

$$P(\Delta)=\operatorname{erf}\left(\frac{\Delta}{\sigma\sqrt{2}}\right),$$

wobei σ die Streuung der Meßwerte ist. Diese ist meist unbekannt, man kann sie aber aufgrund mehrerer Meßwerte schätzen.

Schließlich sei der enge Zusammenhang

$$\operatorname{erf}(x) = 2\Phi(x\sqrt{2}) - \frac{1}{2}$$

mit dem ↗Gaußschen Fehlerintegral Φ erwähnt.

[1] Abramowitz, M.; Stegun, I.A.: Handbook of Mathematical Functions. Dover Publications, 1972.

[2] Olver, F.W.J.: Asymptotics and Special Functions. Academic Press, 1974.

Gaußsche Folge, auf einem Wahrscheinlichkeitsraum $(\Omega, \mathfrak{A}, P)$ definierte Folge $(X_t)_{t\in\mathbb{N}}$ reeller Zufallsvariablen mit der Eigenschaft, daß jede endlichdimensionale Verteilung eine (multivariate) Normalverteilung ist.

Gaußsche geodätische Parameter, *geodätische Parallelkoordinaten*, ↗geodätisches System von Parameterlinien.

Gaußsche Glockenkurve, ↗Normalverteilung.

Gaußsche Interpolationsformel, spezielle Darstellung des ↗Interpolationspolynoms im Fall äquidistanter Stützstellen.

Mit einem $x_0 \in \mathbb{R}$ und $h > 0$ seien Stützstellen $x_j = x_0 + jh$ und Werte y_j für $j = 0, \pm 1, \pm 2, \ldots$ gegeben. Weiterhin bezeichne Δ den üblichen Vorwärtsdifferenzenoperator.

Dann löst das Polynom p_n, definiert durch

$$\begin{aligned} p_n(x_0+th) = {} & y_0 + t\Delta y_0 + \frac{t(t-1)}{2!}\Delta^2 y_{-1} \\ & + \frac{t(t-1)(t+1)}{3!}\Delta^3 y_{-1} \\ & + \cdots + \\ & + \frac{t(t-1)(t+1)\cdots(t-m)}{(2m)!}\Delta^{2m} y_{-m}, \end{aligned}$$

falls n gerade, $n = 2m$, bzw.

$$\begin{aligned} p_n(x_0+th) = {} & y_0 + t\Delta y_0 + \frac{t(t-1)}{2!}\Delta^2 y_{-1} \\ & + \cdots + \\ & + \frac{t(t-1)(t+1)\cdots(t-m)(t+m)}{(2m+1)!}\Delta^{2m+1} y_{-m}, \end{aligned}$$

falls n ungerade, $n = 2m+1$, das Interpolationsproblem

$$p_n(x_j) = y_j \quad \text{für } j = -m, \ldots, -m+n.$$

Eine analoge Formel läßt sich auch unter Verwendung des Rückwärtsdifferenzenoperators herleiten.

[1] Isaacson, E.; Keller, H.B.: Analyse numerischer Verfahren. Verlag Harri Deutsch Frankfurt am Main, 1973.

Gaußsche Interpolationsformel für trigonometrische Interpolation, explizite Darstellung eines trigonometrischen Interpolationspolynoms.

Gegeben seien $2n+1$ Punkte

$$0 \leq x_0 < x_1 < \cdots < x_{2n} < 2\pi$$

und Werte $y_0, \ldots, y_{2n}$.

Für $j = 0, \ldots, 2n$ definiere man das trigonometrische Polynom

$$t_j(x) = \prod_{\substack{\mu=0 \\ \mu\neq j}}^{2n} \frac{\sin\left((x-x_\mu)/2\right)}{\sin\left((x_j-x_\mu)/2\right)}.$$

Offenbar hat t_j die Eigenschaft

$$t_j(x_k) = \begin{cases} 1, & \text{falls } j = k \\ 0, & \text{falls } j \neq k. \end{cases}$$

Daher löst das trigonometrische Polynom

$$T_n(x) = \sum_{j=0}^{2n} y_j t_j(x)$$

die Interpolationsaufgabe

$$T_n(x_k) = y_k \quad \text{für } k = 0, \ldots, 2n.$$

Dieser Zugang wird als Gaußsche Interpolationsformel für trigonometrische Interpolation bezeichnet.

[1] Davis, P.J.: Interpolation and Approximation. Blaisdell Publishers Waltham, Massachusetts, 1963.

Gaußsche Krümmung, das Produkt $k = k_1 k_2$ der beiden ↗Hauptkrümmungen einer Fläche $\mathcal{F} \subset \mathbb{R}^3$.

Da die Hauptkrümmungen die Eigenwerte der Weingartenabbildung S von $\mathcal{F}$ sind, kann man k auch als Determinante von S definieren. Das führt auf die Formel

$$k = \frac{LN - M^2}{EG - F^2},$$

in der E, F, G die Koeffizienten der ↗ersten und L, M, N die Koeffizienten ↗zweiten Gaußschen Fundamentalform sind.

Die Gaußsche Krümmung ist eine auf $\mathcal{F}$ definierte Funktion, die nur von deren innerer Geometrie abhängt. Daher existieren Formeln, die sie allein durch E, F, G ausdrücken. Diese sind vergleichsweise komplizierte Ausdrücke, die die ersten Fundamentalgrößen und deren partielle Ableitungen $E_u, E_v, F_u, \ldots$ erster Ordnung, sowie die partiellen Ableitungen E_{vv}, F_{uv}, G_{uu} zweiter Ordnung enthalten. Mit Hilfe von Determinanten erhält man übersichtlichere Ausdrücke, von denen wir hier die Formel

$$k = -\frac{1}{2W^4}\begin{vmatrix} E & E_u & E_v \\ F & F_u & F_v \\ G & G_u & G_v \end{vmatrix} - \frac{1}{2W}\left\{\frac{\partial}{\partial v}\frac{E_v - F_u}{W} - \frac{\partial}{\partial u}\frac{F_v - G_u}{W}\right\}$$

und die Formel von Francesco Brioschi

$$k = \frac{1}{W^2}\left\{-\begin{vmatrix} 0 & \frac{1}{2}E_v & \frac{1}{2}G_u \\ \frac{1}{2}E_v & E & F \\ \frac{1}{2}G_u & F & G \end{vmatrix} + \begin{vmatrix} -\frac{1}{2}E_{vv}+F_{uv}-\frac{1}{2}G_{uu} & \frac{1}{2}E_u & F_u-\frac{1}{2}E_v \\ F_v-\frac{1}{2}G_u & E & F \\ \frac{1}{2}G_v & F & G \end{vmatrix}\right\}$$

angeben, in denen $W = EG - F^2$ die Determinante der ersten Fundamentalform bezeichnet.

Da die Weingartenabbildung bezüglich irgendwelcher Flächenparameter lokal als Matrix der partiellen Ableitungen der ↗Gauß-Abbildung $\mathfrak{n}$ gegeben ist, ist die Gaußsche Krümmung als Determinante dieser Matrix ein Maß für die infinitesimale Veränderung von Flächeninhalten bei der Gauß-Abbildung. Der Flächeninhalt des sphärischen Bildes (↗Gauß-Abbildung) $\mathfrak{n}(G) \subset S^2$ eines Gebietes $G \subset \mathcal{F}$ ist daher gleich der ↗Gesamtkrümmung von G.

Andere anschauliche Deutungen von k ergeben sich beim Messen der Winkelsumme in geodätischen Dreiecken auf $D \subset \mathcal{F}$, d. h., in Dreiecken, deren Seiten geodätische Kurven sind. Die Gesamtkrümmung k_D von D mißt die Abweichung der Summe $\alpha + \beta + \gamma$ der drei Winkel von π, d. h. es gilt $k_D = \alpha + \beta + \gamma - \pi$. Da die Winkelsumme in einem ebenen Dreieck gleich π ist, zeigt diese Formel, daß man die Gaußsche Krümmung durch Messungen innerhalb der Fläche ermitteln kann.

Beispielsweise ist die Gaußsche Krümmung einer Kugelfläche mit Radius r konstant gleich $1/r^2$.

Gaußsche Normalverteilung, ↗Normalverteilung.

Gaußsche Parameterdarstellung, Darstellung der Gestalt

$$\gamma(t) = \Phi(u_1(t), u_2(t))$$

einer auf einer Fläche $\mathcal{F} \subset \mathbb{R}^3$ liegenden Kurve γ über eine Parameterdarstellung $\Phi(u_1, \mathfrak{z}_2)$ von $\mathcal{F}$.

Gaußsche Produktdarstellung der Γ-Funktion, ↗ Eulersche Γ-Funktion.

Gaußsche Quadraturformel, die der Technik der ↗Gauß-Quadratur zugrundeliegende Formel. Man vergleiche dort für weitere Information.

Gaußsche Summen, im engeren Sinne die durch

$$G_n := \sum_{\nu=0}^{n-1} e^{\frac{2\pi i}{n}\nu^2}, \quad n \in \mathbb{N},$$

definierten Summen. Ihre Werte kann man explizit berechnen, es gilt

$$G_n = \frac{1+(-i)^n}{1-i}\sqrt{n}.$$

Ist speziell $n = 2k+1$ ($k \in \mathbb{N}_0$) eine ungerade Zahl, so ergibt sich

$$\sum_{\nu=0}^{2k} e^{\frac{2\pi i}{2k+1}\nu^2} = \sqrt{(-1)^k(2k+1)}. \qquad (1)$$

In erster Verallgemeinerung hiervon betrachtet man für eine ungerade Primzahl p die Summe

$$S_p := \sum_{j=1}^{p-1} \left(\frac{j}{p}\right) e^{2k\pi i/p},$$

wobei $\left(\frac{j}{p}\right)$ das ↗Legendre-Symbol ist.

In dieser Form wurden die Summen von Gauß selbst gegeben. Er betrachtete sie zunächst im Zusammenhang mit der Konstruktion regulärer Vielecke mit Zirkel und Lineal. Man beweist relativ leicht die Relation

$$S^2 = \left(\frac{-1}{p}\right)p;$$

die Bestimmung des komplexen Vorfaktors von $\sqrt{p}$ zur Bestimmung von S, des „Wurzelzeichens", bereitete Gauß große Mühe, bis er 1805 bewies:

$$S = \begin{cases} \sqrt{p} & \text{falls} \quad p \equiv 1 \mod 4, \\ i\sqrt{p} & \text{falls} \quad p \equiv 3 \mod 4. \end{cases}$$

Gaußsche Summen spielen eine wichtige Rolle in der Theorie der quadratischen Reste.

Schließlich kann man noch eine weitere Verallgeminerugn vornehmen und die folgenden, ebenfalls nach Gauß benannten, Summen betrachten:

$$\tau_a(\chi) = \sum_{m=0}^{q-1} \chi(m,q)\mathrm{e}^{(2\pi iam)/q}, \quad a \in \mathbb{Z}, \qquad (2)$$

wobei $q \in \mathbb{N}$ und $\chi = \chi(m,q)$ ein multiplikativer Restklassencharakter modulo q (auch Dirichlet-Charakter modulo q genannt) ist.

Solch ein Restklassencharakter χ ist definiert als eine Funktion

$$\chi : \mathbb{Z} \to S := \{\mathfrak{z} \in \mathbb{C} \mid |\mathfrak{z}| = 1\},$$

mit
1. $\chi(m \cdot n) = \chi(m) \cdot \chi(n)$, für alle $n, m \in \mathbb{Z}$,
2. $\chi(m) = \chi(n)$, falls $m \equiv n \mod q$.

Die Restklassencharaktere werden eindeutig gegeben durch die Charaktere der Einheitengruppe des Restklassenrings $\mathbb{Z}/q\mathbb{Z}$.

Die Gaußschen Summen (2) ergeben Beziehungen zwischen den multiplikativen Charakteren mod q und den additiven Charakteren mod q, d. h. den auf den ganzen Zahlen definierten komplexwertigen Funktionen mit Periode q.

Gaußsche Summenformel, die mit (1) bezeichnete Beziehung im Text zur ↗Gaußschen Summe.

Gaußsche Zahl, genauer ganze Gaußsche Zahl, eine komplexe Zahl der Form $\alpha + i\beta$, wobei $\alpha, \beta \in \mathbb{Z}$ sind.

Gaußsche Zahlenebene, Deutung und Visualisierung einer komplexen Zahl als zweidimensionaler Vektor.

Es sei $z = x + iy \in \mathbb{C}$ eine ↗komplexe Zahl. Da man komplexe Zahlen nicht als Punkte auf der reellen Achse darstellen kann, braucht man eine über die reelle Achse hinausgehende Darstellungsform, die eine anschauliche Deutung der komplexen Zahl erlaubt. Zu diesem Zweck verwendet man die Gaußsche Zahlenebene. Die Zahl z wird dabei interpretiert als Ortsvektor des Punktes (x, y) in der Ebene.

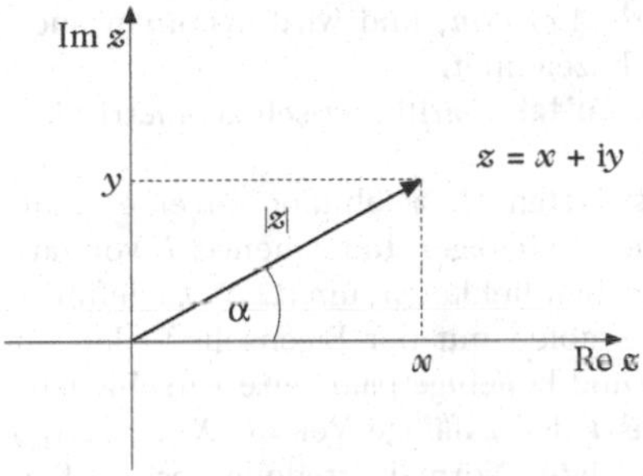

Komplexe Zahl in der Gaußschen Zahlenebene

Damit kann man die komplexe Addition als Addition von zweidimensionalen Vektoren verstehen. Komplizierter ist die Deutung der Multiplikation, bei der man auf die trigonometrische Darstellung von z zurückgreifen muß. Bezeichnet man mit α den Winkel, den z mit der positiven reellen Achse einschließt, und mit $|z|$ die Länge des z darstellenden Vektors, so folgt aus der geometrischen Darstellung von z sofort die trigonometrische Darstellung

$$z = |z| \cdot (\cos\alpha + i \cdot \sin\alpha).$$

Davon ausgehend kann man die Multiplikation zweier komplexer Zahlen geometrisch so deuten, daß man die reellen Beträge multipliziert und die auftretenden Winkel addiert. Diese Interpretation ist dann auch Grundlage des üblichen Verfahrens zur Radizierung komplexer Zahlen.

Gaußscher Algorithmus, *Gauß-Verfahren*, das prominenteste Verfahren zur Berechnung der eindeutig existierenden Lösung $x = (x_1, \dots, x_n)^t$ des linearen Gleichungssystems $Ax = b$ mit einer regulären $(n \times n)$-Matrix $A = (a_{ij})$ über $\mathbb{K}$ und einem Vektor $b = (b_1, \dots, b_n)^t \in \mathbb{K}^n$.

Der Gaußsche Algorithmus ist ein direktes Verfahren zur Lösung eines linearen Gleichungssystems und wird im gleichnamigen Übersichtsartikel im Zusammenhang geschildert. Hier wird nochmal eine kompakte Formulierung gegeben.

Mit $A|b$ sei die $(n \times n+1)$-Matrix bezeichnet, die durch Hinzufügen des Vektors b als $(n+1)$-tem Spaltenvektor an die Matrix A aus dieser hervorgeht. $A|b$ kann durch elementare Zeilenumformungen auf folgende Gestalt (1) gebracht werden, bei der alle a'_{ii} von Null verschieden sind und unterhalb der Diagonalen $(a'_{11}, \dots, a'_{nn})$ lauter Nullen stehen:

$$A'|b' = \begin{pmatrix} a'_{11} & & & b'_1 \\ & a'_{22} & & b'_2 \\ & & \ddots & \vdots \\ & & a'_{nn} & b'_n \end{pmatrix}. \qquad (1)$$

Vorgehensweise: Zuerst wird (falls notwendig) durch eine Zeilenvertauschung erreicht, daß an der Stelle (1, 1) der Matrix ein von Null verschiedenes Element steht; durch Addition geeigneter Vielfacher der (evtl. neuen) ersten Zeile zu den Zeilen 2 bis n werden dann an den Stellen (2, 1) bis $(n, 1)$ lauter Nullen erzeugt. Jetzt wird (falls notwendig) ohne Verwendung der ersten Zeile durch eine Zeilenvertauschung erreicht, daß an der Stelle (2, 2) der Matrix ein von Null verschiedenes Element steht mit dessen Hilfe an den Stellen (3, 2) bis $(n, 2)$ Nullen erzeugt werden. Analog verfährt man mit den Spalten 3 bis n der Matrix.

Die Lösung des durch $A'|b'$ dargestellten Gleichungssystems $A'x = b'$ läßt sich durch „Rückwärtseinsetzen" direkt ablesen; diese Lösung stimmt mit der Lösung von $Ax = b$ überein.

Allgemeiner bezeichnet man auch die Reduktion einer beliebigen $(m \times n)$-Matrix über $\mathbb{K}$ mittels elementarer Zeilenumformungen auf Zeilenstufenform als Gaußschen Algorithmus, Gauß-Eliminationsverfahren oder Zeilenreduktion. Es gilt der folgende Satz, der auch als Gauß-Eliminationsverfahren oder als Zeilenreduktion bezeichnet wird:

Sei $Ax = b$ ein lineares Gleichungssystem mit einer $(m \times n)$-Matrix A über $\mathbb{K}$ vom Rang $r < m$ und einem Lösungsvektor $b \in \mathbb{K}^m$. Sei $A'x = b'$ das hierzu äquivalente lineare Gleichungssystem in Zeilenstufenform.

$Ax = b$ besitzt genau dann eine Lösung, wenn die Komponenten b'_i des Vektors b' für $i > r$ alle Null sind.

Der Gaußsche Algorithmus ist das gängige Verfahren, um die Inverse einer regulären Matrix zu berechnen, sowie den Rang einer Matrix und die Lösungsmenge eines beliebigen linearen Gleichungssystems zu bestimmen.

Gaußscher Koeffizient, Bezeichnung für die Anzahl $\binom{n}{k}_q$ der k-dimensionalen Unterräume eines n-dimensionalen Vektorraumes $V(n, q)$ über einem

Körper der Charakteristik q. Die Analogie in der Schreibweise deutet den engen Zusammenhang mit den ↗ Binomialkoeffizienten an. Gültige Identitäten in den Gaußschen Koeffizienten $\binom{n}{k}_q$ werden zu gültigen Identitäten in den Binomialkoeffizienten $\binom{n}{k}$, wenn $q \to 1$. Insbesondere hat man

$$\binom{n}{k}_q = \frac{\prod_{i=1}^{n}(q^i - 1)}{\prod_{i=1}^{k}(q^i - 1) \cdot \prod_{i=1}^{n-k}(q^i - 1)}$$

für $0 \leq k \leq n$.

Gaußscher Zahlkörper, der Körper

$$\mathbb{Q}(i) = \{a + ib : a, b \in \mathbb{Q}\}.$$

Er ist ein Unterkörper des Körpers der ↗ komplexen Zahlen $\mathbb{C}$.

Gaußscher Zahlring, der Ring der ↗ ganzen Gaußschen Zahlen.

Gaußsches Eliminationsverfahren, ↗ Gaußscher Algorithmus.

Gaußsches Faserbündel, Faserbündel über der n-dimensionalen Kugeloberfläche S^n, dessen Totalraum identisch mit der Menge der orientierten Geraden im $\mathbb{R}^{n+1}$ ist, und dessen Bündelprojektion jeder orientierten Geraden ihren Tangenteneinheitsvektor zuordnet.

Gaußsches Fehlerintegral, Integral zur Bestimmung der Wahrscheinlichkeit von Meßfehlern. Das Gaußsche Fehlerintegral lautet

$$\Phi(x) = \frac{1}{\sqrt{2\pi}} \int_{-\infty}^{x} e^{-\frac{t^2}{2}}\, dt.$$

Zur praktischen Berechnung des Fehlerintegrals verwendet man üblicherweise Tabellendarstellungen, da eine Berechnung der Stammfunktion mit Hilfe elementarer Funktionen nicht möglich ist.

Es besteht ein enger Zusammenhang mit der ↗ Gaußschen Fehlerfunktion.

Gaußsches Gesetz, die Aussage, daß in einem elektrostatischen Feld der elektrische Verschiebungsfluß (↗ elektrische Verschiebung) durch eine geschlossenen Fläche gleich der von dieser Fläche umschlossenen elektrischen Ladung ist.

Gaußsches Lemma, eine Formel zur Berechnung gewisser ↗ Legendre-Symbole.

Seien c eine ganze Zahl und p eine ungerade Primzahl mit $p \nmid c$. Man bezeichne mit $r_p(c)$ die eindeutig bestimmte ganze Zahl mit

$$r_p(c) \equiv c \mod p, \qquad -\tfrac{1}{2}p < r_p(c) \leq \tfrac{1}{2}p,$$

und

$$\mu_p(c) := \left|\left\{j \in \mathbb{N} : j \leq \tfrac{1}{2}(p-1), r_p(jc) < 0\right\}\right|.$$

Dann gilt

$$\left(\frac{c}{p}\right) = (-1)^{\mu_p(c)}.$$

Gaußsches Maßsystem, in der Elektrodynamik ein System von Maßeinheiten, in dem die Komponenten der Maxwellschen Gleichungen und das Coulombgesetz möglichst einfache Vorfaktoren tragen.

Die Lagrangefunktion des elektromagentischen Feldes, die z. B. das Außenfeld einer Punktladung beschreibt, hat dann als räumliches Volumenintegral die Gestalt

$$L = \frac{1}{8\pi} \int (E^2 - H^2) dV.$$

Die Maßeinheit „Gauß" ist allerdings veraltet und gehört nicht zum SI-System. Als Maß für die magnetische Induktion beträgt ihr Wert 10^{-4} T. (1 T = 1 Tesla = 1 $V \cdot s/m^2$.)

Als Maß für die magnetische Feldstärke beträgt ihr Wert $10^3/(4\pi) A/m$, und wird synonym auch mit Oersted bezeichnet.

Gaußsches Mittel, ↗ arithmetisch-geometrisches Mittel.

Gaußsches System, Bezeichnung für eine Familie $(X_i)_{i \in I}$ mit beliebiger Indexmenge I von auf einem Wahrscheinlichkeitsraum $(\Omega, \mathfrak{A}, P)$ definierten Zufallsvariablen mit der Eigenschaft, daß für jedes $n \in \mathbb{N}$ und beliebige paarweise verschiedene $i_1, \dots, i_n$ aus I der zufällige Vektor $(X_{i_1}, \dots, X_{i_n})$ eine (multivariate) Normalverteilung besitzt. Beispiele Gaußscher Systeme sind die Gaußschen Folgen und die Gauß-Prozesse.

Gaußsches Zufallsfeld, auf einem Wahrscheinlichkeitsraum $(\Omega, \mathfrak{A}, P)$ definiertes Zufallsfeld $(X_t)_{t \in T}$, $T \subseteq \mathbb{R}^d$, mit der Eigenschaft, daß jede endlichdimensionale Verteilung eine (multivariate) Normalverteilung ist.

Gauß-Seidel-Verfahren, *Einzelschrittverfahren*, iteratives Verfahren zur Lösung eines linearen Gleichungssystems $Ax = b$ mit $A \in \mathbb{R}^{n \times n}$ und $b \in \mathbb{R}^n$.

Zerlegt man die Matrix A in die Summe des unteren Dreieckes L

$$L = \begin{pmatrix} 0 & 0 & \cdots & \cdots & 0 \\ a_{21} & 0 & \cdots & \cdots & 0 \\ a_{31} & a_{32} & \ddots & 0 & \\ \vdots & \vdots & \ddots & \ddots & \vdots \\ x & x & \cdots x & 0 & \end{pmatrix},$$

des oberen Dreieckes R

$$R = \begin{pmatrix} 0 & a_{12} & a_{13} & \cdots & a_{1n} \\ 0 & 0 & a_{23} & \cdots & a_{2n} \\ \vdots & \vdots & \ddots & & \vdots \\ \vdots & \vdots & & \ddots & a_{n-1,n} \\ 0 & 0 & \cdots & \cdots & 0 \end{pmatrix},$$

und der Diagonalmatrix

$$D = \operatorname{diag}(a_{11}, a_{22}, \dots, a_{nn})$$

in

$$A = L + D + R,$$

dann lautet die Fixpunktiteration des Gauß-Seidel-Verfahrens

$$(D+L)x^{(k+1)} = -Rx^{(k)} + b\,,$$

bzw. für $i = 1, 2, \ldots, n$

$$x_i^{(k+1)} = \left(b_i - \sum_{j=1}^{i-1} a_{ij}x_j^{(k+1)} - \sum_{j=i+1}^{n} a_{ij}x_j^{(k)} \right) / a_{ii}\,.$$

Man verwendet hier, im Gegensatz zum ↗Jacobi-Verfahren, bei der Berechnung einer neuen Komponente der Näherungslösung die bereits verfügbaren neuen Komponenten des Iterationsschritts. Im allgemeinen sind diese neuen Werte genauer als die der vorgehenden Iterierten. Außerdem ist dieses Vorgehen günstig in bezug auf den Speicherplatzbedarf, da man den bisherigen Wert einer Komponente der Näherungslösung direkt mit dem neu berechneten Wert überspeichern kann.

Das Gauß-Seidel-Verfahren konvergiert u. a. für symmetrische, positiv definite Matrizen A.

Zur Konvergenzbeschleunigung verwendet man häufig die Technik der ↗Relaxation. Dieser Ansatz führt auf die Iteration

$$(D+\omega L)x^{(k+1)} = \big((1-\omega)D - \omega R\big)\,x^{(k)} + \omega b\,.$$

Man spricht dann vom Verfahren der sukzessiven Overrelaxation (SOR-Verfahren). Der maximale Bereich, aus dem ω gewählt werden kann, ist das Intervall $(0, 2)$.

In einigen (für die Anwendungen wichtigen) Fällen ist bekannt, für welche Wahl von ω diese Iteration optimal konvergiert. Es ist im allgemeinen vorteilhaft, Relaxationsparameter $\omega > 1$ zu betrachten.

Gauß-Stokes, Satz von, oft auch als „allgemeine Version des Integralsatzes von Stokes" oder ähnlich zitiert, zentraler Satz der ↗Vektoranalysis, der in einem sehr allgemeinen Rahmen (Cartan-Kalkül) eine einheitliche und elegante Darstellung „aller" Integralsätze, speziell der klassischen Integralsätze von Gauß und Stokes, enthält.

All diese Sätze knüpfen an den ↗Fundamentalsatz der Differential- und Integralrechnung an, nach dem für eine stetige Funktion f auf einem kompakten Intervall $[a, b]$ das Integral $\int_a^b f(x)\,dx$ als Differenz der Werte einer Stammfunktion an den Intervallenden berechnet werden kann. Der Satz besagt:

$$\int_{\mathfrak{G}} d\omega = \int_{\partial\mathfrak{G}} \omega\,.$$

Für ein $n \in \mathbb{N}$ seien dabei etwa $\mathfrak{G}$ eine singuläre n-dimensionale C_2-Kette in einer offenen Mengen O im $\mathbb{R}^n$ mit Rand $\partial\mathfrak{G}$ und ω eine auf O erklärte stetig differenzierbare Differentialform $(n-1)$-ten Grades.

Eine zusammenhängende und umfassende Darstellung (und Erklärung der obigen Begriffe) findet man im Übersichtsartikel über ↗Vektoranalysis.

Benutzt man den Begriff der Mannigfaltigkeit, so wird man für $\mathfrak{G}$ etwa von einer kompakten orientierten n-dimensionalen Untermannigfaltigkeit des $\mathbb{R}^n$ mit Rand $\partial\mathfrak{G}$ ausgehen und dabei auf $\partial\mathfrak{G}$ die durch $\mathfrak{G}$ induzierte Orientierung wählen. ω sei wieder auf einer offenen Obermenge von $\mathfrak{G}$ definierte stetig differenzierbare Differentialform $(n-1)$-ten Grades.

Die Voraussetzungen des Satzes lassen sich in mancherlei Hinsicht noch abschwächen und modifizieren.

Gauß-Transformation, *Gauß-Weierstraß-Transformation*, eine Integral-Transformation der Form $L^2(\mathbb{R}) \to L^2(\mathbb{R})$, $f \mapsto F$,

$$F(y) := \frac{1}{\sqrt{\pi t}} \int_{-\infty}^{\infty} e^{-\frac{(x-y)^2}{t}} f(x)\,dx$$

mit einem geeigneten $t \in \mathbb{C}\setminus\{0\}$.

Manchmal wird der Spezialfall $t = 1$ als Gauß-Transformation bezeichnet.

Bemerkenswert ist hier noch, daß für $t \in \mathbb{R}_+$, $t \to 0$, die Gauß-transformierte Funktion F wieder gegen die Ausgangsfunktion f strebt.

Gauß-Tschebyschewsche Quadraturformel, spezielle Formel für die ↗Gauß-Quadratur im Falle der Gewichtsfunktion $\omega(x) = (1-x^2)^{-1/2}$ und des Intervalls $[a, b] = [-1, 1]$.

Die Bezeichnung Gauß-Tschebyschew leitet sich aus der Tatsache ab, daß die Tschebyschew-Polynome gerade die bezüglich des Skalarprodukts

$$\langle f, g\rangle = \int_{-1}^{1} (1-x^2)^{-1/2} f(x)g(x)dx$$

orthogonalen Polynome sind.

Gauß-Verfahren, ↗Gaußscher Algorithmus, ↗direkte Lösung linearer Gleichungssysteme.

Gauß-Verteilung, ↗Normalverteilung.

Gauß-Weierstraß-Transformation, ↗Gauß-Transformation.

Gauß-Weingarten, Ableitungsgleichung von, zusammenfassende Bezeichnung für die Ableitungsgleichung von Gauß und die Ableitungsgleichung von Weingarten in der Flächentheorie.

Es sei $\mathfrak{e}_1$, $\mathfrak{e}_2$, $\mathfrak{n}$ ein ↗begleitendes Dreibein einer Fläche $\mathcal{F}$ in einer Paramatrisierung $\Phi(u_1, u_2)$, $(g_{\alpha\beta})$ und $(b_{\alpha\beta})$ seien die Koeffizienten der ersten bzw.

zweiten Fundamentalform, und $\Gamma_{\alpha\beta}^{\gamma}$ die ↗Christoffelsymbole von $\mathcal{F}$ in der Parameterdarstellung Φ. Dann gilt

$$\frac{\partial \mathfrak{e}_\alpha}{\partial u_\beta} = \sum_{\sigma=1}^{2} \Gamma_{\alpha\beta}^{\sigma} \mathfrak{e}_\sigma + b_{\alpha\beta}\mathfrak{n} \quad \text{(Gauß)},$$

$$\frac{\partial \mathfrak{n}}{\partial u_\beta} = -\sum_{\sigma,\tau=1}^{2} g^{\sigma\tau} b_{\tau\beta} \mathfrak{e}_\sigma \quad \text{(Weingarten)},$$

für $\alpha, \beta, \gamma \in \{1, 2\}$, wobei $(g^{\sigma\tau})$ die zu $(g_{\alpha\beta})$ inverse Matrix ist.

GCH, ↗ verallgemeinerte Kontinuumshypothese.

GC^r-Kurve, eine Kurve der „geometrischen Stetigkeit" r, also eine Kurve mit einer stückweise r-mal stetig differenzierbaren Parameterdarstellung, die jedoch als Teilmenge des Raumes, in dem sie liegt, lokal eine glatte Teilmannigfaltigkeit der Klasse C^r ist (vgl. ↗geometrische Splinekurve).

Gebäude, *Building*, ein numerierter ↗simplizialer Komplex Δ zusammen mit einer Familie $\mathcal{S}$ von Unterkomplexen von Δ so, daß gilt:

- Die Elemente von $\mathcal{S}$ sind ↗Coxeter-Komplexe.
- Für je zwei Elemente $A, B \in \Delta$ gibt es ein $\Sigma \in \mathcal{S}$ mit $A, B \in \Sigma$.
- Für $\Sigma, \Sigma' \in \mathcal{S}$ und $A, B \in \Sigma \cap \Sigma'$ gibt es einen Isomorphismus $\Sigma \to \Sigma'$, der A, B punktweise festläßt.

Die Elemente von $\mathcal{S}$ werden Appartements genannt.

Sind die Elemente von $\mathcal{S}$ Coxeter-Komplexe vom Diagrammtyp $I_2(m)$, so ist ein Gebäude ein verallgemeinertes m-Eck (↗verallgemeinertes Polygon). Gebäude vom Typ A_n sind projektive Räume der Dimension n. Gebäude vom Typ C_n sind ↗Polarräume. Gebäude vom Typ D_n sind hyperbolische Quadriken.

Gebäude lassen sich auch mit Hilfe von Gruppen definieren. Die Bedeutung der Gebäude liegt darin, daß sie vorgebbare Lie-Gruppen und Chevalley-Gruppen als Automorphismengruppen haben. Somit dienen sie der geometrischen Veranschaulichung dieser Gruppen. Die sphärischen Gebäude (d. h. Gebäude, deren Appartements endlich sind) sind vollständig klassifiziert. Die Theorie der Gebäude bildet einen Grundpfeiler der ↗endlichen Geometrie. Eine Verallgemeinerung der Theorie der Gebäude liefert die ↗Diagrammgeometrie.

Gebiet, eine nichtleere offene zusammenhängende Teilmenge eines topologischen Raumes, meist des $\mathbb{R}^n$ oder $\mathbb{C}^n$.

Am meisten verbreitet ist der Begriff des Gebiets vermutlich in der Funktionentheorie, wo man darunter eine Teilmenge G der o.g. Art von $\mathbb{C}$ versteht.

Je zwei Punkte in G lassen stets durch einen achsenparallelen Polygonzug in G verbinden.

Jede offene Kreisscheibe ist ein Gebiet. Ebenso sind $\mathbb{C}$ und $\mathbb{C}^* = \mathbb{C} \setminus \{0\}$ Gebiete. Gebiete können aber auch sehr kompliziert aussehen, wie die Abbildung zeigt.

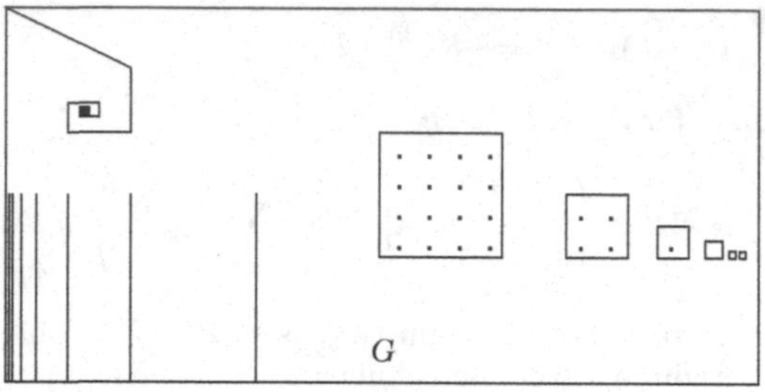

Ein Gebiet

Ein Gebiet $G \subset \mathbb{C}$ heißt einfach zusammenhängend, falls jeder ↗geschlossene Weg in G ↗nullhomotop in G ist. Eine äquivalente Bedingung ist, daß das Komplement $\widehat{\mathbb{C}} \setminus G$ von G in $\widehat{\mathbb{C}}$ genau eine Zusammenhangskomponente besitzt. Diese ist automatisch unbeschränkt, d. h. sie enthält den Punkt ∞. Weitere äquivalente Bedingungen findet man unter dem Stichwort ↗Hauptsatz der Cauchy-Theorie. Jede offene Kreisscheibe ist einfach zusammenhängend.

Ist G nicht einfach zusammenhängend, so heißt G mehrfach zusammenhängend. Falls $\widehat{\mathbb{C}} \setminus G$ aus genau $n \in \mathbb{N}$ Zusammenhangskomponenten besteht, so heißt G n-fach zusammenhängend.

Ist G $(n + 1)$-fach zusammenhängend, $n \in \mathbb{N}$, so besitzt G genau eine unbeschränkte und genau n beschränkte Komponenten. Diese nennt man Löcher von G. Zum Beispiel ist jede offene Kreisscheibe, aus der man n disjunkte abgeschlossene Kreisscheiben entfernt, ein n-fach zusammenhängendes Gebiet. Ein zweifach zusammenhängendes Gebiet heißt auch Ringgebiet. Jeder Kreisring

$$\{z \in \mathbb{C} : 0 \leq r < |z| < R \leq \infty\}$$

ist ein solches Gebiet.

Enthält $\widehat{\mathbb{C}} \setminus G$ unendlich viele Komponenten, so heißt G unendlichfach zusammenhängend. Ein solches Gebiet ist zum Beispiel

$$\mathbb{C} \setminus \bigcup_{n\in\mathbb{Z}} \{z \in \mathbb{C} : |z - n| < \frac{1}{4}\}.$$

Gebietskonvergenz, Eigenschaft des Lebesgue-Integrals.

Die Gebietskonvergenz der Integration besagt, daß die Lebesgue-Integrale einer Funktion auf einer aufsteigenden Folge von Integrationsgebieten gegen das Integral über die Vereinigung der Integrationsgebiete konvergieren. Genauer: Sei (M_k) eine isotone Mengenfolge in $\mathbb{R}^n$, d. h. $M_1 \subset M_2 \subset \ldots$ und $M = \cup_{k=1}^{\infty} M_k$.

Ist dann $f : M \to \mathbb{R}$ über M und über alle M_k Lebesgue-integrierbar, dann gilt

$$\int_M f(x)\, dx = \lim_{k\to\infty} \int_{M_k} f(x)\, dx .$$

Man erhält diese Aussage aus dem Satz von Lebesgue durch Betrachten der Funktionen $f_k := \chi_{M_k} f$ mit $f_k(x) \to f(x)$ für $x \in M$ und $k \to \infty$. Die Integrierbarkeit von f über M läßt sich oft mit Hilfe des Satzes von Levi aus der Integrierbarkeit über die M_k erschließen.

Gebietstreue, Satz von der, funktionentheoretische Aussage, die wie folgt lautet:

Es sei $G \subset \mathbb{C}$ ein ↗Gebiet und $f : G \to \mathbb{C}$ eine nicht-konstante ↗holomorphe Funktion.

Dann ist die Bildmenge $f(G)$ wieder ein Gebiet.

gebrochen rationale Funktion, ↗rationale Funktion.

gebrochene Ableitung, ↗gebrochene Analysis.

Gebrochene Analysis

M. Sigg

Die gebrochene Analysis, auch *Fractional Calculus* genannt, ist ein Teilgebiet der Analysis, in dem die zu $n \in \mathbb{N}$ gebildete ↗höhere Ableitung $f^{(n)}$ und n-fach ↗iterierte Integration $\int \overset{\cdots}{_n} \int f$ geeigneter reeller Funktionen f verallgemeinert werden auf den Fall nicht-ganzzahliger n.

Es geht also darum, zu einer Funktion $f : [a, b] \to \mathbb{R}$, wobei $a, b \in \mathbb{R}$ seien mit $a < b$, für $q \in \mathbb{R}$ (oder sogar $q \in \mathbb{C}$) Funktionen $D^q f : [a, b] \to \mathbb{R}$ so zu definieren, daß $D^0 f = f$ gilt, $D^n f = f^{(n)}$ für n-mal differenzierbares f und

$$D^{-n} f(x) = \int_a^x \int_a^{x_1} \cdots \int_a^{x_{n-1}} f(x_n)\, dx_n \ldots dx_1$$

für geeignetes integrierbares f und $x \in [a, b]$, wobei charakteristische Eigenschaften der höheren Ableitung oder iterierten Integration wie etwa Linearität für D^q erhalten bleiben sollen. Im Fall $q > 0$ spricht man von einer *gebrochenen Ableitung*, bei $q < 0$ von einem *gebrochenen Integral*. Diese sind somit eine Art Interpolation zwischen höheren Ableitungen bzw. iterierten Integrationen ganzer Ordnung. Das Attribut „gebrochen“ ist historisch bedingt und trifft nicht im Wortsinn zu, da auch nicht-rationale q zugelassen werden. Daher ist die zusammenfassende Bezeichnung *Differintegral q-ter Ordnung* vorzuziehen.

Erste Ideen zu gebrochenen Ableitungen entwickelte schon ab 1695 Gottfried Wilhelm Leibniz ($q = \frac{1}{2}$), und auch Leonhard Euler stellte 1730 die Frage, wie man n-te Differentialquotienten für nicht-ganze n definieren könne. Im Gegensatz zu den gewöhnlichen Ableitungen und Integralen besitzen Differintegrale keine unmittelbar anschauliche Interpretation als Steigungen oder Flächeninhalte. Die gebrochene Analysis hat aber durchaus nützliche Anwendungen sowohl innerhalb der Mathematik (etwa bei partiellen Differentialgleichungen) als auch in den Naturwissenschaften (Physik, Chemie, z. B. in Rheologie und Diffusionstheorie) gefunden, wobei Differentialgleichungen mit Ableitungen nicht-ganzer Ordnungen eine wichtige Rolle spielen.

Je nach Verwendungszweck ist es vorteilhaft, Differintegrale auf verschiedene Weisen zu definieren, von denen einige kurz dargestellt seien:

Differenzenquotienten und Riemann-Summen. Ist f n-mal differenzierbar an der Stelle x, so gilt:

$$D^n f(x) = \lim_{\varepsilon\to 0} \frac{1}{\varepsilon^n} \sum_{j=0}^{n} (-1)^j \binom{n}{j} f(x - j\varepsilon) .$$

Setzt man

$$\varepsilon_p := \varepsilon_p(x) := \frac{x - a}{p}$$

für $p \in \mathbb{N}$, so folgt unter Beachtung von $\binom{n}{j} = 0$ für $j > n$:

$$D^n f(x) = \lim_{p\to\infty} \frac{1}{\varepsilon_p^n} \sum_{j=0}^{p} (-1)^j \binom{n}{j} f(x - j\varepsilon_p) .$$

Die Stellen $x - j\varepsilon_p$ für $j = 0, \ldots, p - 1$ definieren eine Zerlegung von $[a, x]$. Ist f über $[a, x]$ Riemann-integrierbar, so lassen sich damit die iterierten Integrale als Grenzwerte von Riemann-Summen ausdrücken:

$$D^{-n} f(x) = \lim_{p\to\infty} \varepsilon_p^n \sum_{j=0}^{p-1} \binom{j+n-1}{j} f(x - j\varepsilon_p).$$

Mit

$$\binom{j+n-1}{j} = (-1)^j \binom{-n}{j}$$

erhält man für $q \in \mathbb{Z}$

$$D^q f(x) = \lim_{p\to\infty} \varepsilon_p^{-q} \sum_{j=0}^{p-1} (-1)^j \binom{q}{j} f(x - j\varepsilon_p) .$$

Das Residuum von Γ an der Stelle $-r$ ist $(-1)^r/r!$. Folglich gilt

$$\frac{\Gamma(-r)}{\Gamma(-s)} = (-1)^{s-r} \frac{s!}{r!}$$

für $r, s \in \mathbb{N}$ und somit

$$(-1)^j \binom{q}{j} = \frac{\Gamma(j-q)}{\Gamma(-q)\Gamma(j+1)}$$

für $q \in \mathbb{Z}$. Daher wird für $q \in \mathbb{R}$, wenn der Grenzwert existiert, durch

$$D^q f(x) := \lim_{p\to\infty} \frac{\varepsilon_p^{-q}}{\Gamma(-q)} \sum_{j=0}^{p-1} \frac{\Gamma(j-q)}{\Gamma(j+1)} f(x - j\varepsilon_p)$$

ein Differintegral q-ter Ordnung definiert. Der Vorteil dieses 1867 von A. K. Grünwald und 1868 von A. V. Letnikov zuerst benutzten Zugangs ist, daß er keine weiteren Voraussetzungen an die Funktion f stellt und nicht auf die gewöhnlichen Ableitungen und Integrale von f zurückgreift, dabei aber die übliche Ableitungs- und Integraldefinition (Differenzenquotienten, Riemann-Summen) in natürlicher Weise erweitert.

Riemann-Liouville-Integral. Hier geht man aus von der Cauchy-Formel für die n-fach iterierte Integration,

$$D^{-n} f(x) = \frac{1}{(n-1)!} \int_a^x (x-t)^{n-1} f(t)\, dt ,$$

und definiert für $q < 0$

$$D^q f(x) := \frac{1}{\Gamma(-q)} \int_a^x (x-t)^{-q-1} f(t)\, dt .$$

Für $q > 0$ setzt man $D^q f := D^n D^{q-n} f$ mit einer beliebigen natürlichen Zahl $n > q$, wobei D^n die gewöhnliche n-fache Ableitung bezeichnet. Dieser Zugang ist unter geeigneten Voraussetzungen an f äquivalent zu dem über Differenzenquotienten, aber auch für $a = -\infty$ möglich, und geht auf Überlegungen von 1832 von Joseph Liouville ($a = -\infty$) und 1847 von Georg Friedrich Bernhard Riemann ($a \in \mathbb{R}$) zurück. Das Riemann-Liouville-Integral ist besser für formale Rechnungen geeignet als der Zugang nach Grünwald und Letnikov und auch wegen der relativen Einfachheit seiner Definition der meistbenutzte Zugang zu Differintegralen.

Exponentialreihen. Auf Liouville geht auch die Idee zurück, ausgehend von einer Darstellung

$$f(x) = \sum_{k=0}^{\infty} c_k \exp(b_k x)$$

ein Differintegral q-ter Ordnung durch

$$D^q f(x) := \sum_{k=0}^{\infty} c_k b_k^q \exp(b_k x)$$

zu definieren, die Konvergenz der Reihen vorausgesetzt. Man kann zeigen, daß dies dem Fall $a = -\infty$ im Riemann-Liouville-Integral entspricht. Ein entsprechendes Vorgehen ist auch bei Funktionen möglich, die durch Exponentialintegrale anstelle von Exponentialreihen dargestellt werden.

Potenzreihen mit nicht notwendig ganzen Exponenten p. Ebenfalls von Riemann stammt der Ansatz, die für $q \in \mathbb{N}$ gültige Identität

$$D^q x^p = \frac{\Gamma(p+1)}{\Gamma(p-q+1)} x^{p-q}$$

für den Fall $q \in \mathbb{R}$ als Definition zu benutzen und gliedweise auf eine Potenzreihe anzuwenden.

Cauchy-Integralformel. Die für $n \in \mathbb{N}_0$ für eine in einer Umgebung U von $z \in \mathbb{C}$ holomorphe Funktion f und einen Integrationsweg in U gültige Cauchy-Integralformel

$$D^n f(z) = \frac{n!}{2\pi i} \oint \frac{f(\zeta)}{(\zeta - z)^{n+1}} d\zeta$$

kann man verallgemeinern und für $q \in \mathbb{R} \setminus (-\mathbb{N})$

$$D^q f(z) := \frac{\Gamma(q+1)}{2\pi i} \oint \frac{f(\zeta)}{(\zeta - z)^{q+1}} d\zeta$$

definieren. Dabei sind ein geeigneter Zweig der Potenzfunktion und ein geeigneter Integrationsweg zu wählen. Mit unterschiedlichen Integrationswegen führten dies 1884 Pierre Laurent, 1888 P. A. Nekrassov und 1890 A. Krug durch. Ausrechnen des Wegintegrals führt wieder zum Riemann-Liouville-Integral.

Analytische Fortsetzung. Von der Cauchy-Formel

$$D^{-n} f(x) = \frac{1}{(n-1)!} \int_a^x (x-t)^{n-1} f(t)\, dt$$

ausgehend definierte 1949 Marcel Riesz $D^q f$ für $q \in \mathbb{C}$ mit $\operatorname{Re} q < 0$ und setzte die durch $D_f(q) := D^q(f)$ bei festem f definierte holomorphe Funktion

$$D_f : \{q \in \mathbb{C} \mid \operatorname{Re} q < 0\} \longrightarrow \mathbb{C}$$

analytisch auf ganz $\mathbb{C}$ fort. Ist f n-mal differenzierbar ist, so kann D_f auf $\{q \in \mathbb{C} \mid \operatorname{Re} q < n\}$ fortgesetzt werden.

Nicht-ganze Potenzen linearer Operatoren. Geht man von einer allgemeineren Theorie nicht-ganzer Potenzen geeigneter linearer Abbildungen aus, so kann man Differintegrale durch Anwenden dieser Theorie auf den Differentialoperator erhalten.

Grundeigenschaften des Differintegrals. Wie die gewöhnliche höhere Ableitung und iterierte Integration ist auch die allgemeine Differintegration linear, d. h. für geeignete f, g und reelle (oder komplexe) Zahlen α, β gilt

$$D^q(\alpha f + \beta g) = \alpha D^q f + \beta D^q g\,.$$

Für das Differintegral eines Produktes gibt es eine Verallgemeinerung der Produktformel von Leibniz, und auch die Kettenregel kann man auf Differintegrale verallgemeinern. Die Beziehung $D^m D^n = D^{m+n}$ für $m, n \in \mathbb{N}$ überträgt sich unter zusätzlichen Voraussetzungen auf die Differintegration: Für geeignet differintegrierbare Funktionen $f : [a, b] \to \mathbb{R}$ und $q \in \mathbb{R}$ gilt $D^q D^p f = D^{p+q} f$ für $p < 0$, und im Fall $m < p < m + 1$ mit einem $m \in \mathbb{N}_0$ gilt dies, wenn man noch $f^{(k)}(a) = 0$ für $0 \leq k < m$ voraussetzt. Daraus ergibt sich für die Vertauschbarkeit von Differintegrationen: Ist $m < p < m + 1$ und $n < q < n + 1$ mit $m, n \in \mathbb{N}_0$, ferner $f^{(k)}(a) = 0$ für $0 \leq k < \max(m, n)$, so folgt

$$D^q D^p f = D^{p+q} f = D^p D^q f\,.$$

Die Differintegrale einfacher Funktionen lassen sich explizit ausrechnen. Ist $c \in \mathbb{R}$ und f_c: $[a, b] \to \mathbb{R}$ die durch $f_c(x) := c$ definierte konstante Funktion, so gilt

$$D^q f_c(x) = c\,\frac{(x-a)^{-q}}{\Gamma(1-q)}$$

für $q < 0$, speziell $D^q f_0 = 0$. Ist $p > -1$, so gilt

$$D^q(x-a)^p = \frac{\Gamma(p+1)}{\Gamma(p-q+1)}\,(x-a)^{p-q}$$

für $q \in \mathbb{R}$, speziell

$$D^q(x-a) = \frac{(x-a)^{1-q}}{\Gamma(2-q)}\,.$$

Mit Hilfe der genannten Differentiationsregeln und mit Regeln zur Differintegration von Potenzreihen kann man auch die Differintegrale vieler komplizierterer Funktionen bestimmen.

Literatur

[1] Kilbas, A.; Marichev, O. I., Samko, S. G.: Fractional Integrals and Derivatives: Theory and Applications. Gordon & Breach Science Pub., 1993.

[2] Miller, K. S.; Ross, B.: An Introduction to the Fractional Calculus and Fractional Differential Equations. John Wiley & Sons Inc. New York, 1993.

[3] Oldham, K. B.; Spanier, J.: The Fractional Calculus. Academic Press New York, 1974.

[4] Podlubny, I.: Fractional Differential Equations. Academic Press San Diego, 1999.

---

gebrochenes Ideal, endlich erzeugter Modul.

Ist K der Quotientenkörper eines Dedekindschen Rings O, dann nennt man einen endlich erzeugten O-Modul $\mathfrak{A} \subset K$ ein gebrochenes Ideal. Im Fall $\mathfrak{A} \subset O$ nennt man $\mathfrak{A}$ ein ganzes Ideal.

gebrochenes Integral, ↗gebrochene Analysis.

gebundene Variable, das „Gegenteil" einer freien Variablen in einem Prädikat.

Es sei P ein Prädikat und x eine Variable, die an einer Stelle von P vorkommt. Dann heißt x an dieser Stelle gebunden, wenn sich an dieser Stelle einer der Quantoren $\forall$ und $\exists$ auf die Variable x bezieht. Die Variable x heißt gebunden in P, wenn x an mindestens einer Stelle gebunden auftritt.

Ist beispielsweise der Ausdruck $\forall x P(x, y)$ gegeben, so ist hier x eine gebundene und y eine freie Variable.

Geburts- und Todesprozeß, eine homogene Markow-Kette $(X(t), t \in T)$ mit stetiger Zeit und endlichem oder abzählbarem Zustandsraum $E \subseteq \{0, 1, 2, \ldots\}$, deren Sprünge absolut genommen stets die Höhe 1 haben.

Geburts- und Todesprozesse springen also von einem Zustand nur in seine Nachbarzustände. Bezeichnet man mit q_{ij} die Übergangsintensitäten von einem Zustand i nach einen Zustand j, d. h.

$$q_{ij} = \lim_{t \to 0} \frac{P(X(s+t) = j / X(s) = i)}{t},$$

so gilt $q_{ij} = 0$, falls $|i - j| > 1$. Mit den Bezeichnungen

$$\lambda_i := q_{ii+1}$$
$$\mu_i := q_{ii-1}$$

wird λ_i als Geburtsintensität und μ_i als Todesintensität bezogen auf den Zustand i gedeutet. Die Abbildung zeigt den typischen Markowgraphen für Geburts- und Todesprozesse.

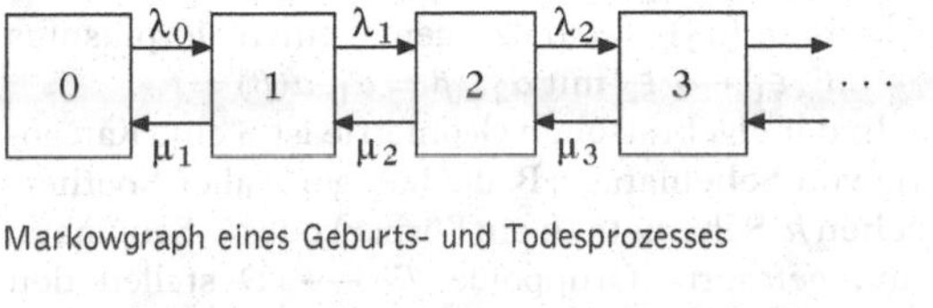

Markowgraph eines Geburts- und Todesprozesses

In der Theorie von Geburts- und Todesprozessen geht es unter anderem darum zu untersuchen, unter welchen Bedingungen $(X(t), t \in T)$ eine ergodische Zustandsverteilung

$$p_i^* := \lim_{t\to\infty} P(X(t) = i), \quad i \in E$$

besitzt, und darum, diese ergodische Verteilung zu berechnen.

Gedächtnislosigkeit, auch Nichtalterungseigenschaft, spezielle Eigenschaft einer Wahrscheinlichkeitsverteilung.

Eine Wahrscheinlichkeitsverteilung P auf der σ-Algebra $\mathfrak{B}(\mathbb{R}_0^+)$ der Borelschen Mengen von $\mathbb{R}_0^+$ heißt gedächtnislos, wenn für alle $x, t \in \mathbb{R}^+$ mit $P((t, \infty)) > 0$ die Beziehung

$$P((t+x, \infty)|(t, \infty)) = P((x, \infty))$$

erfüllt ist. Entsprechend heißt eine diskrete Wahrscheinlichkeitsverteilung Q auf der Potenzmenge $\mathfrak{P}(\mathbb{N})$ der natürlichen Zahlen gedächtnislos, wenn für alle $x, t \in \mathbb{N}_0$ mit $Q(\{n \in \mathbb{N} : n > t\}) > 0$ die Gleichung

$$Q(\{n \in \mathbb{N} : n > t+x\}|\{n \in \mathbb{N} : n > t\}) = Q(\{n \in \mathbb{N} : n > x\})$$

gilt. In diesem Sinne sind die Exponentialverteilung zum Parameter $\lambda > 0$ und die geometrische Verteilung zum Parameter $p \in (0, 1)$ die einzigen gedächtnislosen Verteilungen.

Ist X eine Zufallsvariable auf dem Wahrscheinlichkeitsraum $(\Omega, \mathfrak{A}, P)$ mit Werten in $\mathbb{R}_0^+$ bzw. $\mathbb{N}$, welche die kontinuierliche bzw. diskrete Wartezeit bis zum Eintreten eines bestimmten Phänomens angibt, so bedeutet die Gedächtnislosigkeit der Verteilung P_X, daß das Wissen, daß das Phänomen bis zum Zeitpunkt t noch nicht eingetreten ist, die Wahrscheinlichkeit nicht verändert, daß es auch in den nächsten x Zeiteinheiten nicht eintritt.

gefasertes Gruppoid, Funktor $\alpha : \mathcal{F} \longrightarrow \mathcal{S}$ von ↗Kategorien mit folgenden Eigenschaften:

(i) Wenn α Morphismus in $\mathcal{F}$ ist so, daß $a(\alpha) = id_U$ (U ein Objekt aus $\mathcal{S}$), so ist α ein Isomorphismus.

(ii) Für Objekte η aus $\mathcal{F}$ und U aus φ sowie Morphismen $f : U \longrightarrow a(\eta)$ in $\mathcal{S}$ gibt es Morphismen α in $\mathcal{F}$ mit $a(\alpha) = f$.

(iii) Für Morphismen $\xi_1 \overset{\alpha_1}{\to} \eta, \xi_2 \overset{\alpha_2}{\to} \eta$ in $\mathcal{F}$ gibt es zu jedem Morphismus $f : a(\xi_1) \longrightarrow a(\xi_2)$ in $\mathcal{S}$ mit $a(\alpha_2) \circ f = a(\alpha_1)$ genau einen Morphismus $\beta : \xi_1 \longrightarrow \xi_2$ mit $\alpha_2 \circ \beta = \alpha_1, a(\beta) = f$.

In der algebraischen Geometrie ist $\mathcal{S}$ eine Kategorie von Schemata, z. B. die Kategorie aller Noetherschen k-Schemata (k ein Körper) oder $\mathbb{Z}$-Schemata, und gefaserte Gruppoide $\mathcal{F} \longrightarrow \mathcal{S}$ stellen den allgemeinen Rahmen dar, um den Umgang mit „algebraischen Familien algebraisch-geometrischer Objekte" zu formalisieren. Dies ist vor allem im Hinblick auf Modulprobleme und Bildung von Quotientenräumen nützlich.

gefensterte Fourier-Transformation, *Gabor-Transformation*, die durch Formel (1) beschriebene Integral-Transformation.

Die Heisenbergsche Unschärferelation besagt, daß eine Funktion (bzw. ein Zeitsignal) und ihre Fouriertransformierte nicht gleichzeitig in einem beliebig kleinen Bereich der Zeit- und der Frequenzachse lokalisiert sein können. Einen Ausweg liefert die gefensterte Fouriertransformierte, die eine simultane Lokalisierung bzgl. der Zeit- und Frequenzvariablen ermöglicht. Sie wurde 1946 von Gabor eingeführt, wird daher auch als Gabor-Transformation bezeichnet, und ist wie folgt definiert:

$$Gf(s, \zeta) := \int_{-\infty}^{\infty} f(t) \cdot g_s(t) \cdot e^{-i \cdot \zeta \cdot t} dt. \quad (1)$$

Dabei ist $g_s : t \mapsto g(t-s)$ das um s nach rechts (falls $s > 0$) verschobene Fenster.

Eine häufig verwendete Fensterfunktion ist

$$g(t) := \frac{1}{\sqrt{2 \cdot \pi \cdot \sigma}} \cdot \exp\left(-\frac{t^2}{2 \cdot \sigma^2}\right)$$

für festes $\sigma > 0$.

Gegenbauer, Leopold Bernhard, österreichischer Mathematiker, geb. 2.2.1849 Asperhofen (bei Neulengbach, Österreich), gest. 3.6.1903 Wien.

Gegenbauer studierte 1866 bis 1869 an der Universität Wien zunächst Geschichte und Sprachwissenschaften, dann Mathematik und Physik. Nach einigen Jahren im Schuldienst ging er 1873 nach Berlin und studierte dort bei Weierstraß und Kronecker weiter Mathematik.

Nach einigen Jahren (1875–1878) an der Universität Czernowitz (Tschernozy, Ukraine) ging er nach Innsbruck (1879–1893) und schließlich nach Wien.

Gegenbauer arbeitete hauptsächlich über ↗Bessel-Funktionen, für die er Verallgemeinerungen und Additionstheoreme angab. Hierzu entwickelte er auch die ↗Gegenbauer-Polynome. Er beschäftigte sich aber auch mit der Zahlentheorie (kubisches Reziprozitätsgesetz, quadratische Reste) und konnte dabei oft Ergebnisse aus dem Gebiet der doppeltperiodischen Funktionen mit der Zahlentheorie verbinden.

Gegenbauer-Polynome, auch ultrasphärische Polynome genannt, ein klassisches orthogonales Polynomsystem auf dem Intervall $[-1, 1]$ bezüglich der Gewichtsfunktion $\omega(x) = (1-x^2)^{\nu-1/2}$ für $\nu > -1/2$. Die Gegenbauer-Polynome P_n^ν sind mit dem Normierungsfaktor

$$C_n^\nu(x) = \frac{(-2)^n \Gamma(n+\nu)\Gamma(n+2\nu)}{n!\Gamma(\nu)\Gamma(2n+2\nu)}$$

durch

$$P_n^\nu(x) = C_n^\nu(x)(1-x^2)^{-\nu+1/2}\frac{d^n}{dx^n}\left((1-x^2)^{n+\nu-1/2}\right)$$

definiert. Eine explizite Darstellung ist durch

$$P_n^\nu(x) = \sum_{k=0}^{[n/2]}(-1)^k \frac{\Gamma(n-k+\nu)}{k!(n-2k)!\Gamma(\nu)}(2x)^{n-2k}$$

gegeben. Die Gegenbauer-Polynome lösen für $y = P_n^\nu$ die Differentialgleichung

$$(1-x^2)y'' - (2\nu+1)xy' + n(n+2\nu)y = 0.$$

Es gilt die Rekursion $P_0^\nu(x) = 1$,

$$P_{n+1}^\nu(x) = \frac{2(n+\nu)}{n+1}xP_n^\nu(x) - \frac{n+2\nu-1}{n+1}P_{n-1}^\nu(x).$$

Gegenbauer-Transformation, eine ↗Integral-Transformation der Form $f \mapsto F_n^{(\nu)}$,

$$F_n^{(\nu)} := \int_{-1}^{1}(1-x^2)^{\nu-\frac{1}{2}}P_n^\nu(x)f(x)\,dx$$

$$(n \in \mathbb{N}_0,\ \nu > \frac{1}{2}),$$

wobei P_n^ν die Gegenbauer-Polynome sind.

Die inverse Gegenbauer-Transformation ist gegeben durch die Formel

$$f(x) = \sum_{n=0}^{\infty}\frac{n!(n+\nu)\Gamma^2(\nu)2^{2\nu-1}}{\pi\Gamma(n+2\nu)}P_n^\nu(x)F_n^{(\nu)}$$

für $(x \in (-1, 1))$.

Gegenkathete, zu einem der beiden spitzen Winkel eines rechtwinkligen Dreiecks die diesem Winkel gegenüberliegende ↗Kathete.

In der Abbildung ist a die Gegenkathete zu α und b die Gegenkathete zu β.

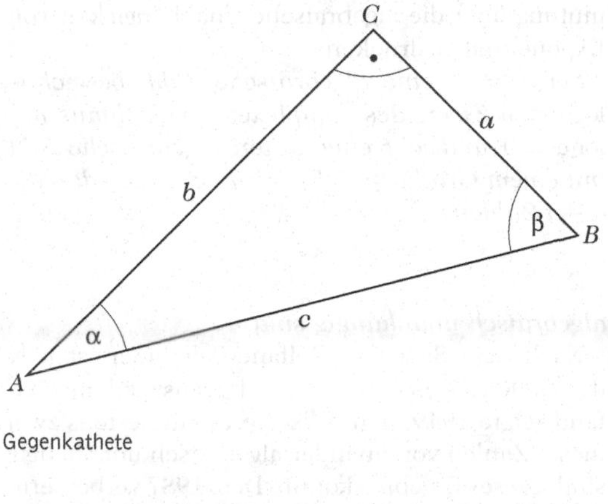

Gegenkathete

Gegenstrom-Lernregel, ↗Counterpropagation-Lernregel.

Gegenstrom-Netz, ↗Counterpropagation-Netz.

geheime Abstimmung, Satz über die, folgender Satz, mit dem die Wahrscheinlichkeit berechnet werden kann, daß einer von zwei zur Wahl stehenden Kandidaten, für die mit gleicher Wahrscheinlichkeit insgesamt n Stimmen abgegeben werden, stets vor dem anderen liegt.

Seien $X_1, \dots, X_n$ auf dem Wahrscheinlichkeitsraum $(\Omega, \mathfrak{A}, P)$ definierte unabhängige identisch verteilte Zufallsvariablen mit Werten in $\mathbb{N}_0$, und sei $S_k := \sum_{i=1}^k X_i$ für $k = 1, \dots, n$. Dann gilt

$$P(S_k < k \text{ für alle } 1 \le k \le n | S_n) = \max(0, S_n/n).$$

Ist $Y_1, \dots, Y_n$ eine Folge unabhängiger Zufallsvariablen mit Werten in $\{-1, 1\}$ und $P(Y_i = 1) = P(Y_i = -1) = \frac{1}{2}$ für $i = 1, \dots, n$, und sind $a, b \in \mathbb{N}_0$ mit $a > b$ und $a + b = n$, so liefert der Satz angewendet auf $X_i := Y_i + 1$, $i = 1, \dots, n$, die Gleichung

$$P(T_1 > 0, \dots, T_n > 0 | T_n = a - b) = \frac{a-b}{n}$$

mit $T_k := \sum_{i=1}^k Y_i$, $k = 1, \dots, n$.

Faßt man weiter das Ereignis $\{Y_i = 1\}$ als Stimmabgabe für den ersten und $\{Y_i = -1\}$ als Stimmabgabe für den zweiten Kandidaten durch den i-ten Wähler und die Zahlen a und b als die jeweils insgesamt auf den ersten bzw. zweiten Kandidaten entfallenden Stimmen auf, so führt diese Gleichung auf die oben angegebene Interpretation.

gekoppelte Differentialgleichungen, die Teile (Gleichungen) eines Differentialgleichungssystems.

Im allgemeinen müssen alle Gleichungen eines Differentialgleichungssystems zusammen gelöst werden. Kann ein Differentialgleichungssystem zu einem dazu äquivalenten System umgewandelt werden, deren Differentialgeichungen unabhängig von einander gelöst werden können, spricht man von Entkopplung, ist dies nicht möglich, von (echt) gekoppelten Differentialgleichungen.

geladene Flächen, Flächen, auf denen elektrische Ladung verteilt ist.

Mathematisch werden solche Ladungsverteilungen durch δ-Distributionen mit Träger auf der entsprechenden Fläche beschrieben, wenn die Dicke dieser ladungstragenden Schicht keine Rolle spielt. Technisch wird dies z. B. im Kondensator angewendet.

Gelenkmechanismus, aus der Getriebetechnik übernommener Begriff für Geräte zum Zeichnen oder Umzeichnen von Kurven, wie Affinographen, Inversoren, Pantographen oder Storchschnabel.

Sie bestehen aus starren Gliedern, die durch Gelenke miteinander verbunden sind. Zeichenstift und Fahrstift sind an verschiedenen Gelenken angebracht. Beim Befahren einer Kurve mit dem Fahrstift erzeugt der Zeichenstift eine für das jeweilige Gerät charakteristische umgezeichnete Kurve.

Gelfand, Alexander Ossipowitsch, russischer Mathematiker, geb. 24.10.1906 St. Petersburg, gest. 7.11.1968 Moskau.

Gelfand, Sohn eines Arztes, studierte 1924–1927 an der Moskauer Universität und setzte seine postgraduale Ausbildung bei A.J.Chintschin (1894–1959) und V.V.Stepanow (1889–1950) fort. Nach kurzer Lehrtätigkeit an einer Technischen Hochschule Moskaus wurde er 1931 Professor für Analysis, später für Zahlentheorie an der Moskauer Universität. Diese Position hatte er bis zu seinem Tod inne, ab 1933 ergänzt durch eine Tätigkeit am Moskauer Steklow-Institut für Mathematik. 1935 erwarb er den Doktor für Mathematik und Physik.

Gelfand erzielte vor allem auf dem Gebiet der Zahlentheorie hervorragende Ergebnisse. Er baute die Traditionen der russisch-sowjetischen Mathematik auf diesem Gebiet weiter aus und wurde zum Mitbegründer einer erfolgreichen sowjetischen zahlentheoretischen Schule. Bereits 1929 entdeckte er tiefliegende Zusammenhänge zwischen dem Wachstum und anderen Eigenschaften ganzer analytischer Funktionen und der Arithmetik ihrer Werte und löste damit das siebte Hilbertsche Problem für einen Spezialfall. Nach der Verbesserung seiner Methode, u. a. der Betrachtung von Linearformen der Exponentialfunktionen, gelang ihm 1934 der Nachweis, daß für eine algebraische Zahl a, $a \neq 0$ bzw. 1, und eine irrationale Zahl b die Zahl a^b transzendent ist. Unabhängig davon wurde das siebte Hilbertsche Problem nur wenig später von T.Schneider (1911–1988) gelöst. Eine naheliegende Verallgemeinerung des Satzes konnte erst 1966 von A.Baker (geb. 1939) bewiesen werden. Gelfands Resultate und die Anwendung seiner Methoden führten zu bedeutenden Fortschritten in der Theorie transzendenter Zahlen. Er konstruierte neue Klassen transzendenter Zahlen, löste Fragen bezüglich der gegenseitigen algebraischen Unabhängigkeit von Zahlen und dehnte die Methode erfolgreich auf p-adische Funktionen aus. 1952 faßte er viele Resultate in einer Monographie „Transcendentnye i algebraiceskie cisla" zusammen.

Teilweise eng mit den zahlentheoretischen Studien verbunden waren Gelfands Forschungen zur Interpolation und Approximation von Funktionen einer komplexen Variablen. Eingehend untersuchte er die Konvergenz von Interpolationsverfahren in Abhängigkeit von der Menge der vorgegebenen Punkte und den Eigenschaften der zu approximierenden Funktion, sowie die eindeutige Bestimmtheit der konstruierten Funktion. Auch diese Ergebnisse stellte er 1952 in einer Monographie zusammen, die 1958 als „Differenzenrechnung" in deutscher Übersetzung erschien. Weitere Themen waren die Vollständigkeit von Funktionensystemen und das asymptotische Verhalten der Eigenwerte gewisser Integralgleichungen.

Außerdem fand die Mathematikgeschichte Gelfands Interesse, er förderte sie vor allem mit Studien zu den zahlentheoretischen Arbeiten Eulers.

Gelfand-Kirillow-Dimension, meist bezeichnet mit $\text{GKdim}A$, ist eine (nicht notwendig ganze) reelle Zahl ≥ 0, die einer assoziativen Algebra A (mit Einselement 1_A) über dem Körper $\mathbb{K}$ zugeordnet werden kann. Sie mißt den (nichtkommutativen) Transzendenzgrad von A über $\mathbb{K}$ und ist wie folgt definiert: Ein endlichdimensionaler Untervektorraum V von A, der 1_A enthält, wird ein Rahmen für A genannt, falls $\mathbb{K}[V] = A$. Hierbei ist $\mathbb{K}[V]$ die von V erzeugte Unteralgebra. Ist solch ein Rahmen gegeben, so bilden die Räume

$$F_n^V(A) = \sum_{i=0}^{n} V^i$$

für $n = 0, 1, \ldots$ eine aufsteigende Kette von Unterräumen, die jeweils von Monomen der Länge $\leq n$ in den Basiselementen von V erzeugt werden. Die Gelfand-Kirillow-Dimension ist definiert als

$$\text{GKdim}A = \limsup_n \frac{\log \dim F_n^V(A)}{\log n} .$$

Sie ist unabhängig von der Wahl des Rahmens V, und sie kann den Wert ∞ annehmen. Existiert kein Rahmen V, dann setzt man sie gleich ∞.

Einige Resultate über die GKdim sind:

(1) A algebraisch über $\mathbb{K} \Rightarrow \text{GKdim}A = 0$.

(2) Aus dem Intervall $[0, 1]$ treten nur die Werte 0 und 1 auf.

(3) Alle $r \in \mathbb{R}$ mit $r \geq 2$ treten auf.

(4) Ist die Algebra A ein endlich erzeugter Modul über einer affinen kommutativen $\mathbb{K}$-Algebra, dann ist $\text{Gkdim}A$ gleich der Krull-Dimension von A.

Gelfandsche Vermutung, zahlentheoretische Vermutung über die algebraische Unabhängigkeit von Exponentialausdrücken:

Sei $\alpha \neq 0$ eine algebraische Zahl, bezeichne log *einen Zweig des komplexen Logarithmus mit* $\log\alpha \neq 0$, *und sei β eine weitere algebraische Zahl mit einem Grad $d \geq 2$. Es wird vermutet, daß die $d-1$ Zahlen*

$$\alpha^\beta, \alpha^{\beta^2}, \ldots, \alpha^{\beta^{d-1}}$$

algebraisch unabhängig sind.

Nach dem Satz von Gelfand-Schneider ist jede der Zahlen α^{β^k}, $k = 1, \ldots, d-1$, transzendent. Gelfand zeigte 1949, daß, falls $d \geq 3$, mindestens zwei dieser Zahlen voneinander algebraisch unabhängig sind. Dieses Ergebnis konnte Diaz 1987 verbessern: Unter den obigen $d-1$ Potenzen gibt es mindestens $\lfloor \frac{1}{2}(d+1) \rfloor$ voneinander algebraisch unabhängige.

Gelfand-Schneider, Satz von, Aussage über die Transzendenz von Exponentialausdrücken:

Seien $\alpha \in \mathbb{C} \setminus \{0\}$ *und* $\beta \in \mathbb{C} \setminus \mathbb{Q}$, *und bezeichne* log *einen Zweig des komplexen Logarithmus mit* $\log \alpha \neq 0$.

Dann ist mindestens eine der drei Zahlen α, β, $\alpha^\beta (:= e^{\beta \log \alpha})$ *transzendent.*

Dieser Satz beinhaltet die Lösung des siebten Hilbertschen Problems. Gelfand und Schneider bewiesen diesen Satz unabhängig voneinander; beide Beweise wurden 1934 publiziert.

Gell-Mann-Okubo-Massenformel, Formel zur Bestimmung der Massen der Quarks.

Man erhält folgende Massen: up-Quark: 5, down-Quark: 10, strange-Quark: 150, charm-Quark 1200, bottom-Quark 5000, top-Quark ca. 18000, jeweils in der Einheit MeV für die Ruhenergie (die gleich der Ruhmasse multipliziert mit c^2 ist).

Da wegen des Quark-confinements die Quarks nicht einzeln auftreten, war es lange Zeit umstritten, ob es überhaupt sinnvoll sei, den Quarks Massen zuzuordnen, da ein bei den übrigen Elementarteilchen übliches und anwendbares Verfahren, Ruhenergie von Bindungsenergie zu unterscheiden, hier nicht anwendbar ist.

gemeine Epizykloide, ↗Epizykloide.

gemeine Hypozykloide, ↗Hypozykloide.

gemeine Zykloide, ↗Zykloide.

gemeinsame Dichte, die Dichte bezüglich des n-dimensionalen Lebesgue-Maßes der gemeinsamen Verteilung $P_{X_1,\ldots,X_n}$ von nicht notwendig auf dem gleichen Wahrscheinlichkeitsraum definierten reellen Zufallsvariablen $X_1, \ldots, X_n$, sofern eine solche Dichte existiert.

gemeinsame Verteilung, Verteilung eines Produkts von Zufallsvariablen.

Ist X_i für $i = 1, \ldots, n$ eine auf dem Wahrscheinlichkeitsraum $(\Omega, \mathfrak{A}, P)$ definierte Zufallsvariable mit Werten in dem meßbaren Raum $(\Omega_i, \mathfrak{A}_i)$, so ist die Produktabbildung

$$X_1 \otimes \ldots \otimes X_n : \Omega \ni \omega \to (X_1(\omega), \ldots, X_n(\omega)) \in \prod_{i=1}^n \Omega_i$$

eine Zufallsvariable von $(\Omega, \mathfrak{A}, P)$ in den Produktraum $(\prod_{i=1}^n \Omega_i, \otimes_{i=1}^n \mathfrak{A}_i)$, deren Verteilung $P_{X_1 \otimes \ldots \otimes X_n}$ die gemeinsame Verteilung der $X_1, \ldots, X_n$ genannt wird. Die gemeinsame Verteilung ist somit ein Wahrscheinlichkeitsmaß auf dem Produkt $\otimes_{i=1}^n \mathfrak{A}_i$ der σ-Algebren $\mathfrak{A}_1, \ldots, \mathfrak{A}_n$. Statt mit $P_{X_1 \otimes \ldots \otimes X_n}$ bezeichnet man die gemeinsame Verteilung oft auch mit $P_{(X_1,\ldots,X_n)}$ oder $P_{X_1,\ldots,X_n}$. Insbesondere bringen diese Bezeichnungen zum Ausdruck, daß die gemeinsame Verteilung der $X_1, \ldots, X_n$ auch als Verteilung des zufälligen Vektors $(X_1, \ldots, X_n)$ aufgefaßt werden kann. Es gilt der folgende Satz:

Endlich viele Zufallsvariablen $X_1, \ldots, X_n$ *sind genau dann unabhängig, wenn ihre gemeinsame Verteilung das Produktmaß ihrer einzelnen Verteilungen ist, wenn also gilt*

$$P_{X_1 \otimes \ldots \otimes X_n} = P_{X_1} \otimes \ldots \otimes P_{X_n}.$$

gemischte Strategie, Konzept eines Spielers bei der mehrfachen Wiederholung eines Spiels, die Strategien gemäß Zufallsverteilungen auszuwählen.

Ist $S = \{1, \ldots, m\}$ eine endliche Menge von Strategien für Spieler $\mathcal{S}$, so betrachte man die Menge

$$M^m := \{\lambda \in \mathbb{R}^m | \lambda_i \geq 0 \text{ und } \sum_{i=1}^m \lambda_i = 1\}.$$

Jedes $\lambda \in M^m$ heißt gemischte Strategie für $\mathcal{S}$, jede Komponenten λ_i von λ stellt die Wahrscheinlichkeit dar, mit der Spieler $\mathcal{S}$ die Strategie i wählt.

gemischtes Moment, der Erwartungswert $E(X_1^{\nu_1} \cdots X_k^{\nu_k})$ des Produktes $X_1^{\nu_1} \cdots X_k^{\nu_k}$, wobei $X_1, \ldots, X_k$ die Komponenten eines auf einem Wahrscheinlichkeitsraum $(\Omega, \mathfrak{A}, P)$ definierten zufälligen Vektors $X = (X_1, \ldots, X_k)$ mit Werten in $\mathbb{R}^k$ bezeichnen, für den ein $n \in \mathbb{N}$ existiert, derart daß $E(|X_i|^n) < \infty$ für alle $i = 1, \ldots, k$ gilt, und wobei weiterhin die Zahlen $\nu_1, \ldots, \nu_k \in \mathbb{N}_0$ die Bedingung $\nu_1 + \ldots + \nu_k \leq n$ erfüllen.

Man nennt $E(X_1^{\nu_1} \cdots X_k^{\nu_k})$ dann das gemischte Moment der Ordnung $\nu = (\nu_1, \ldots, \nu_k)$ von X. Die Voraussetzung $E(|X_i|^n) < \infty$ für alle $i = 1, \ldots, k$ sichert die Existenz des gemischten Moments der Ordnung ν für alle $\nu = (\nu_1, \ldots, \nu_k)$, $\nu_i \in \mathbb{N}_0$, mit $\nu_1 + \ldots + \nu_k \leq n$.

gemischt-ganzzahlige Optimierung, ein Teilgebiet der Optimierung, bei dem eine Teilmenge der Variablen nur mit ganzzahligen Werten belegt werden darf (↗ ganzzahlige Optimierung).

gemischtperiodisch, ↗g-adische Entwicklung.

genau dann, wenn, Bezeichnung für die ↗logische Äquivalenz.

Sind z. B. A und B Aussagen, die logisch äquivalent sind, dann kann dies durch „*A genau dann, wenn B*" gekennzeichnet werden. Hierfür schreibt man häufig auch kürzer „*A gdw B*" oder $A \leftrightarrow B$ oder $A \Leftrightarrow B$. Eine andere Bezeichnungsweise für „*genau dann, wenn*" ist „*dann und nur dann, wenn*".

Generalisator, andere Bezeichnung für den ↗Allquantor.

Generalisierung, im weitesten Sinne die Verallgemeinerung von Aussagen.

Speziell versteht man darunter eine ↗logische Ableitungsregel, die einem prädikatenlogischen Ausdruck φ und einer Individuenvariablen x den Ausdruck $\forall x \varphi$ zuordnet (siehe auch ↗Beweismethoden).

Ist weiterhin $\psi := \varphi(x_1, \ldots, x_n)$ ein ↗logischer Ausdruck aus einer ↗elementaren Sprache, dann entsteht $\chi := \forall x_1 \ldots \forall x_n \varphi(x_1, \ldots, x_n)$ aus ψ durch Generalisierung. Wird χ dabei zu einer Aussage (d. h., in χ kommen keine ↗freien Variablen vor), dann heißt χ Generalisierte von ψ, und ψ und χ sind ↗logisch äquivalent. Daher läßt sich z. B. das Kommutativgesetz der Addition $\forall x \forall y (x+y = y+x)$ kürzer durch $x + y = y + x$ ausdrücken.

Analog lassen sich auch nichtformalisierte Ausdrücke mit Hilfe des ↗Allquantors generalisieren.

Im Kontext ↗Neuronale Netze ist Generalisierung die Bezeichnung für die Fähigkeit eines Netzes, auch für ↗Eingabewerte, die nicht zu den ursprünglichen ↗Trainingswerten gehören, sinnvolle und brauchbare ↗Ausgabewerte im Ausführ-Modus zu erzeugen.

Im mathematischen Sinne kann dies z. B. im einfachsten Fall dadurch gesichert sein, daß die Netzfunktion $\mathcal{N}$ endlichen Bildbereich hat, also für wenig verschiedene Eingaben in vielen Fällen exakt dieselben Ausgaben erzeugt.

Generationensterbetafel, ↗ Sterbetafel.

Generator einer Operatorhalbgruppe, ↗Erzeuger einer Operatorhalbgruppe.

generische Eigenschaft, im allgemeinen Sinne eine Eigenschaft eines Raumes, einer Punktmenge o.ä., die „gattungsbedingt" ist, also aus dem Wesen des Raumes bzw. der Menge heraus natürlich ist.

Beispielsweise bezeichnet man manchmal im Zusammenhang mit Interpolation eine Menge von Punkte in allgemeiner Lage als generisch.

Generische Eigenschaften von Vektorfeldern bzw. Diffeomorphismen sind etwa: Die Menge aller C^k-Vektorfelder in $\mathcal{V}^k(M)$ bzw. C^k-Diffeomorphismen in $D^k(M)$ enthält für jede kompakte C^∞-Mannigfaltigkeit M eine Baire-Menge. Statt von generischen Eigenschaften von Vektorfeldern bzw. Diffeomorphismen spricht man auch von generischen Eigenschaften der durch sie induzierten dynamischen Systeme.

Als generischen Punkt eines topologischen Raumes X bezeichnet man einen Punkt, der in jeder nicht-leeren offenen Menge enthalten ist.

Ein Schema X besitzt beispielsweise genau dann einen generischen Punkt, wenn es irreduzibel ist; es gibt dann genau einen generischen Punkt.

generische Erweiterung, ↗ Forcing.

Genetik, Begriff aus der Biologie.

Aus Sicht der mathematischen Biologie ist dieser wie folgt zu behandeln: Die klassische Genetik der „mendelnden Gene" mit einem Genom aus auf Chromosomen lokalisierten Erbanlagen, jeweils in mehreren Allelen, und den Mechanismen der Rekombination, Selektion, Mutation und Drift, führt auf eine reichhaltige Theorie genetischer Modelle in Form von Differenzengleichungen, Differentialgleichungen und stochastischen Prozessen. Diese Modelle haben großen Einfluß auf die Entwicklung der Evolutionstheorie gehabt (Neutralismus, Selektionismus).

Im Gegensatz dazu wird in der Molekulargenetik das Genom als ein System von DNA-Sequenzen betrachtet (die die Mendelschen Gene enthalten), durch die Proteine und Enzyme codiert werden, sowie deren Funktion im Organismus. Hier spielen kombinatorische Fragen eine größere Rolle.

genetische Algebra, tritt auf bei dem Versuch, Vererbungsregeln durch algebraische Strukturen zu beschreiben. Der Begriff geht zurück auf Arbeiten von Etherington aus dem Jahr 1939.

Eine genetische Algebra A besitzt die folgende Struktur: Sie ist kommutativ, nicht assoziativ und von der Dimension $n+1$ über dem Körper $\mathbb{K}$. Es existert weiter eine algebraische Körpererweiterung $\mathbb{L}$ von $\mathbb{K}$, derart, daß die Erweiterung $A_{\mathbb{L}}$ der Algebra A über $\mathbb{L}$ eine Basis $\{b_0, b_1, \ldots, b_n\}$ mit $b_0 \in A$ besitzt, für die die Multiplikationskonstanten α_{ij}^k, gegeben durch

$$b_i b_j = \sum_{k=0}^{n} \alpha_{ij}^k b_k$$

die Bedingungen

$$\alpha_{00}^0 = 1,$$

$$\alpha_{0j}^k = \alpha_{j0}^k = 0, \quad k < j, \ 1 \le j \le n, \ 0 \le k \le n,$$

$$\alpha_{ij}^k = 0, \quad k \le \max\{i, j\}, \ 1 \le i, j \le n, \ 0 \le k \le n,$$

erfüllen. Für weitere verwandte Algebren vgl. man die Fachliteratur, etwa [1].

[1] Wörz-Busekros, A.: Algebras in genetics, Lecture Notes in Biomathematics 36. Springer-Verlag Heidelberg/Berlin, 1980.

genetischer Algorithmus, spezieller Typ eines ↗evolutionären Algorithmus, der folgende Grundmechanismen der biologischen Evolution auf abstrahierter Ebene zur Lösung von Optimierungsproblemen benutzt:

Initialisierung einer zufälligen Startpopulation, Bewertung der erzeugten Individuen anhand bestimmter Kenngrößen, Selektion, Reproduktion, Kreuzung, Mutation, Bewertung der erzeugten Individuen anhand bestimmter Kenngrößen. Dies wird iterativ fortgeführt bis zum Abbruch aufgrund der zufriedenstellenden Güte der charakteristischen Kenngrößen oder des Erreichens einer maximal zulässigen Anzahl von Iterationszyklen.

Geodäte, in der Riemannschen Geometrie die Kurve, die lokal kürzeste Verbindung zwischen je zweien ihrer Punkte ist. In der Pseudo-Riemannschen Geometrie unterscheidet man drei Arten von Geodäten: Raumartige, zeitartige und lichtartige. Letztere werden auch Nullgeodäten genannt.

Diese drei Arten von Geodäten richten sich nach dem Charakter des Tangentialvektors an die Kurve, und dieser hängt nicht davon ab, an welchem Punkt der Geodäte dieser Tangentialvektor betrachtet wird. Beispiel: Eine anfangs raumartige Geodäte ist an jedem ihrer Punkte raumartig.

Wird der euklidische Raum als Riemannscher Raum interpretiert, so sind die Geraden genau die Geodäten. Auf der Sphäre S^2 sind gerade die ↗Großkreise die Geodäten. Bei letzterem Beispiel wird auch deutlich, warum die Einschränkung „lokal" in der Definition nötig ist, da zwei Punkte (wenn sie nicht gerade Antipoden sind), stets durch zwei unterschiedlich lange Geodätenstücke verbunden werden können.

Wenn die Geodäte $x^i(s)$ parametrisiert wird, wobei x^i die Koordinaten der Riemannschen Mannigfaltigkeit sind, so ist $v^i = dx^i/ds$ der Tangentialvektor an die Kurve. Die Metrik der (Pseudo-) Riemannschen Mannigfaltigkeit ist g_{ij}. Das Produkt $v = g_{ij}v^i v^j$ bestimmt den Charakter der Geodäte: Bei $v > 0$ ist sie zeitartig, bei $v < 0$ raumartig, und sonst lichtartig. Ist $|v| = 1$, so heißt s natürlicher Parameter längs der Geodäte. Für $v > 0$ bestimmt der natürliche Parameter die Eigenzeit eines entlang dieser Geodäten bewegten Teilchens.

Eine Raum-Zeit heißt zeitartig geodätisch vollständig, wenn jede zeitartige Geodäte bis zu beliebig großen Werten ihres natürlichen Parameters fortgesetzt werden kann. Ist die Raum-Zeit nicht zeitartig geodätisch vollständig, so kann sie möglicherweise als Teilmenge einer zeitartig geodätisch vollständigen Raum-Zeit dargestellt werden. Ist dies jedoch auch nicht möglich, spricht man vom big bang-Modell; siehe auch ↗Geodätengleichung.

Geodätengleichung, gewöhnliche Differentialgleichung zweiter Ordnung zur Bestimmung einer ↗Geodäten.

Wird die Geodäte $x^i(s)$ mit dem natürlichen Parameter s parametrisiert, wobei x^i die Koordinaten der Riemannschen Mannigfaltigkeit sind, so ist mit $v^i = dx^i/ds$

$$\frac{Dv^i}{Ds} = \frac{dv^i}{ds} + \Gamma^i_{jk}v^j v^k = 0$$

die Geodätengleichung. Dabei bezeichnet D die kovariante Ableitung und Γ^i_{jk} die Christoffelsymbole. In Analogie zur Mechanik kann man v^i als Geschwindigkeitsvektor und $\frac{Dv^i}{Ds}$ als Beschleunigungsvektor auffassen: Aus Angabe der Anfangslage und -geschwindigkeit ist die gesamte mechanische Bewegung eindeutig bestimmt.

Mittels Geodäten läßt sich die Krümmung des Raumes beschreiben: Die Gleichung der geodätischen Abweichung lautet

$$\frac{D^2a^i}{ds^2} + R^i_{jlk}v^k v^j a^l = 0 .$$

Dabei ist a^i der (infinitesimal kleine) Vektor, der die Ausgangsgeodäte $x^i(s)$ von der (infinitesimal benachbarten) Geodäte $y^i(s)$ unterscheidet. Im Anfangspunkt bei $s = 0$ stimmen beide Geodäten überein. R^i_{jlk} ist der Riemannsche Krümmungstensor.

Grob vereinfacht lautet die Struktur dieser Gleichung also $d^2a/ds^2 + Rv^2a = 0$ mit $a(0) = 0$. Hieraus läßt sich folgendes ablesen:

Ist die Krümmung R durchweg positiv, so sind Lösungen $a(s) = \sin(\omega s)$ typisch, wobei

$$\omega = |R|^{1/2} \cdot |v|$$

ist. Geometrisch heißt das, daß sich bei einer Nullstelle $s_0 > 0$ von $a(s)$ (hier also bei $s_0 = \pi/\omega$) die Ausgangsgeodäte $x^i(s)$ und die infinitesimal benachbarte Geodäte $y^i(s)$ wieder schneiden, und zwar im Punkt $x^i(s_0)$. $x^i(0)$ und $x^i(s_0)$ heißen dann konjugierte Punkte. Unter geringen Zusatzvoraussetzungen gilt: Zwei Punkte sind genau dann konjugiert zueinander, wenn es mehr als ein Geodätenstück gibt, das beide miteinander verbindet.

Ist dagegen die Krümmung durchweg negativ, so gibt es keine konjugierten Punkte, da die typische Lösung $a(s) = \sinh(\omega s)$ keine Nullstelle mit $s \neq 0$ hat.

geodätisch parallele Vektoren, Verallgemeinerung des Begriffs paralleler Vektoren.

Wird ein Vektorfeld $X(s)$ längs einer Kurve $\alpha(s)$ in einer ↗Riemannschen Mannigfaltigkeit parallel übertragen, so heißt es geodätisch parallel.

geodätisch vollständig, spezielle Eigenschaft einer ↗Riemannschen Mannigfaltigkeit M.

M heißt geodätisch vollständig, wenn jede ↗Geodätische $\gamma(t)$ für alle Werte von $t \in \mathbb{R}$ definiert ist. Da $\gamma(t)$ sich als Lösung eines Anfangswertproblems eines gewöhnlichen Differentialgleichungssystems zweiter Ordnung ergibt, besitzt nicht jede Mannigfaltigkeit diese Eigenschaft, denn der Existenz- und Eindeutigkeitssatz garantiert die Existenz der Lösung nur in der Nähe des Anfangspunktes. Eigenschaften von M, die die geodätische Vollständigkeit nach sich ziehen, sind z. B. Kompaktheit oder die Transitivität der Wirkung der Isometriegruppe $I(M)$ (vergleiche ↗Abbildung zwischen Riemannschen Mannigfaltigkeiten) auf M.

Somit sind die euklidischen Räume $\mathbb{R}^n$ vollständig, da es zu je zwei Punkten $P, Q \in \mathbb{R}^n$ ein Element g der Gruppe der Euklidischen Bewegungen von $\mathbb{R}^n$ mit $g(P) = Q$ gibt. Die Vollständigkeit geschlossener Flächen des $\mathbb{R}^3$ wie des Torus oder einer brezelförmigen Fläche ist eine Folge ihrer Kompaktheit. Beispiele von Mannigfaltigkeiten, die nicht geodätisch vollständig sind, erhält man als Komplement $\widetilde{M} = M \setminus A$ einer jeden abgeschlossenen Menge $A \subset M$.

Geodätische, *geodätische Kurve*, *geodätische Linie*, Kurve $\gamma(t)$ in einer ↗ Riemannschen Mannigfaltigkeit M, deren Tangentialvektor parallel übertragen wird.

Diese Definition gilt allgemein in Mannigfaltigkeiten M mit linearem Zusammenhang ∇.

Sind Γ_{ij}^k die Christoffelsymbole von ∇ in bezug auf ein lokales Koordinatensystem $(x_1, \dots, x_n)$ auf einer offenen Teilmenge $U \subset M$, die γ enthält, und ist $\gamma(t) = (x_1(t), \dots, x_n(t))$ eine Parameterdarstellung von γ in diesen Koordinaten, so erfüllen die Funktionen $x_i(t)$ das Differentialgleichungssystem

$$\frac{d^2 x_k}{dt^2} = \sum_{i=1}^{n}\sum_{j=1}^{n} \Gamma_{ij}^k(x_1(t), \dots, x_n(t)) \frac{dx_i}{dt}\frac{dx_j}{dt}. \quad (1)$$

Daher gibt es zu jedem Punkt $p \in U$ und jedem Anfangsvektor $\mathfrak{t} \in T_p(M)$ eine eindeutig bestimmte, auf einer Umgebung von $0 \in \mathbb{R}$ definierte Geodätische $\gamma(t)$ mit $\gamma(0) = p$ und $\dot{\gamma}(0) = \mathfrak{t}$. Überdies ist der Parameter t der Lösungskurven $\gamma(t)$ bis auf affine Transformationen der Gestalt $\tilde{t} = mt + n$ eindeutig bestimmt.

Ist M eine Riemannsche Mannigfaltigkeit mit der Metrik g und ∇ der ↗ Levi-Civita-Zusammenhang von M, so ist die Länge $\sqrt{g(\dot{\gamma}(t), \dot{\gamma}(t))}$ des Tangentialvektors konstant. Somit ist jede Lösungskurve γ des Systems (1) durch die Bogenlänge parametrisiert, wenn der Anfangsvektor $\mathfrak{t}$ ein Einheitsvektor ist.

Ist überdies die Metrik g positiv definit, so sind die Geodätischen von M die glatten Kurven $\gamma(t)$, die lokal Verbindungskurven kürzester Länge sind. Das bedeutet, daß, wenn γ etwa auf dem Intervall $I = [a, b] \subset \mathbb{R}$ definiert ist, es für alle $t_1 \in I$ eine Zahl $\varepsilon > 0$ derart gibt, daß für alle $t_2 \in I$ mit $|t_2 - t_1| < \varepsilon$ der zwischen t_1 und t_2 gelegene Abschnitt von $\gamma(t)$ die kürzeste Verbindungskurve der Punkte $\gamma(t_1)$ und $\gamma(t_2)$ ist. Geodätische sind in diesem Fall die Extremalen des Variationsproblems

$$\int_0^1 \sqrt{g(\dot{\gamma}(\tau), \dot{\gamma}(\tau))} d\tau \rightarrow \text{Min}.$$

geodätische Abbildung, eine Abbildung $f : \mathcal{F}_1 \to \mathcal{F}_2$ zwischen zwei Flächen des $\mathbb{R}^3$, die ↗ Geodätische von $\mathcal{F}_1$ in Geodätische von $\mathcal{F}_2$ überführt.

Da Geodätische Eigenschaften von Geraden in affinen oder projektiven Räumen verallgemeinern, nennt man sie auch projektive Abbildungen. Dieselbe Bezeichung wird für Abbildungen von Riemannschen Mannigfaltigkeiten und noch allgemeiner von Mannigfaltigkeiten mit affinem Zusammenhang benutzt, die diese Eigenschaft haben.

geodätische Abweichung, die Abweichung zwichen zwei ↗ Geodäten.

Wenn zwei Geodäten $x^i(s)$ und $y^i(s)$ mit natürlichem Parameter s im selben Punkt (d. h., $x^i(0) = y^i(0)$) aber mit unterschiedlicher Richtung starten, bestimmt man den Abstand $l(s)$ vom Punkt $x^i(s)$ zum Punkt $y^i(s)$. Ist der Raum der flache euklidische Raum, so sind die Geodäten Geraden, und folglich $l(s)$ eine lineare Funktion von s.

In der Riemannnschen Geometrie wird der nichtlineare Anteil von $l(s)$ als geodätische Abweichung bezeichnet und stellt ein Maß für die Krümmung des Raumes dar (↗ Geodätengleichung).

geodätische Krümmung, eine Krümmungsfunktion κ_g von Flächenkurven (↗ Krümmnung von Kurven), die als Betrag der tangentiellen Komponente der zweiten Ableitung einer auf einer Fläche $\mathcal{F} \subset \mathbb{R}^3$ verlaufenden, durch die Bogenlänge parametrisierten Kurve $\alpha(s)$ definiert ist.

Die geodätische Krümmung wird auch Abwickelkrümmung, Seitenkrümmung oder Tangentialkrümmung genannt.

Ist $\mathcal{F}$ durch die Wahl eines Normalenvektorfeldes $\mathfrak{u}$ der Länge 1 orientiert, so bilden der Einheitstangentialvektor $\mathfrak{t} = \alpha'(s)$ und der Seitenvektor $\mathfrak{s} = \alpha'(s) \times \mathfrak{u}(\alpha(s))$ der Kurve eine orientierte Basis des Tangentialraumes $T_{\alpha(s)}(\mathcal{F})$, die durch $\mathfrak{n}$ zu einer orthonormierten Basis von $\mathbb{R}^3$ ergänzt wird. Mit Hilfe des Seitenvektors $\mathfrak{s}$ läßt sich eine vorzeichenbehaftete geodätische Krümmung $\widetilde{\kappa}_g$ mit $|\widetilde{\kappa}_g| = \kappa_g$ als Skalarprodukt $\widetilde{\kappa}_g = \langle \alpha'', \mathfrak{s} \rangle$ definieren. Die Darstellung von $\alpha''(s)$ als Linearkombination der Vektoren $\mathfrak{t}, \mathfrak{s}, \mathfrak{n}$ hat dann die Form $\alpha''(s) = \widetilde{\kappa}_g\, \mathfrak{s} + \kappa_n(\mathfrak{t})\, \mathfrak{n}$, wobei $\kappa_n(\mathfrak{t})$ die Normalkrümmung von $\mathcal{F}$ in Richtung von $\mathfrak{t}$ ist. Daraus folgt für die Krümmung κ der Raumkurve α die Beziehung $\kappa^2 = \widetilde{\kappa}_g^2 + \kappa_n^2(\alpha')$.

Die Zugehörigkeit der geodätischen Krümmung zur ↗ inneren Geometrie der Fläche wird aus der Formel

$$\begin{aligned}\widetilde{\kappa}_g \;=\; \sqrt{EG - F^2}\Bigg(u_1'\Bigg(u_2'' + \sum_{i,j=1}^{2} \Gamma_{ij}^2 u_i' u_j'\Bigg) \\ -u_2'\Bigg(u_1'' + \sum_{i,j=1}^{2} \Gamma_{ij}^1 u_i' u_j'\Bigg)\Bigg)\end{aligned}$$

ersichtlich, in der $(u_1(s), u_2(s))$ eine ↗ Gaußsche Parameterdarstellung der Kurve, E, F, G die Koeffizienten der ↗ ersten Gaußschen Fundamentalform, und Γ_{ij}^k die ↗ Christoffelsymbole der Fläche sind.

Eine andere geometrische Erklärung der geodätischen Krümmung ist durch die Ableitung des Winkels $\vartheta(s)$ nach der Bogenlänge s gegeben, die der Tangentialvektor $\alpha'(s)$ mit einem längs $\alpha(s)$ ↗ parallel übertragenen Vektorfeld einschließt.

Ist die Kurve α in bezug auf lokale Koordinaten u, v der Fläche in impliziter Darstellung durch eine Gleichung der Form $\varphi(u, v) = 0$ gegeben, so gilt

$$\widetilde{\kappa}_g = \frac{1}{W}\left\{\frac{\partial}{\partial u}\left(\frac{F\varphi_v - G\varphi_u}{\sqrt{E\varphi_u^2 - 2F\varphi_u\varphi_v + G\varphi_u^2}}\right) + \frac{\partial}{\partial v}\left(\frac{F\varphi_u - E\varphi_v}{\sqrt{E\varphi_u^2 - 2F\varphi_u\varphi_v + G\varphi_u^2}}\right)\right\}$$

mit $\varphi_u = \partial\varphi/\partial u$, $\varphi_v = \partial\varphi/\partial v$ und $W = \sqrt{EG - F^2}$.

geodätische Kurve, ↗Geodätische.

geodätische Linie, ↗Geodätische.

geodätische Parallelkoordinaten, *Gaußsche geodätische Parameter*, ↗geodätisches System von Parameterlinien.

geodätische Polarkoordinaten, lokale Parameterdarstellungen $\Phi(u, v)$ einer regulären Fläche $\mathcal{F}$ in einer Umgebung eines Punkte $P \in F$, in der die erste Schar $v = \text{const}$ von Koordinatenlinien aus geodätischen Linien (↗Geodätische) und die zweite Schar aus ↗geodätischen Abstandskreisen besteht.

Geodätische Polarkoordinaten lassen sich durch Lösen eines Systems gewöhnlicher Differentialgleichungen zweiter Ordnung bestimmen (↗Christoffelsymbole).

geodätischer Abstandskreis, *geodätischer Entfernungskreis*, Kurve einer regulären Fläche $\mathcal{F}$, deren Punkte von einem festen Punkt $P \in F$ festen Abstand haben.

Geodätische Abstandskreise schneiden die vom Punkt P ausgehenden geodätischen Linien unter einem rechten Winkel. In ↗geodätischen Polarkoordinaten besteht eine der beiden Scharen von Koordinatenlinien aus geodätischen Abstandskreisen.

geodätischer Entfernungskreis, ↗geodätischer Abstandskreis.

geodätischer Fluß, das Vektorfeld $\Xi(x, \dot{x})$ auf dem Tangentialbündel $T(M)$ einer mit einem linearen Zusammenhang ∇ versehenen differenzierbaren Mannigfaltigkeit M, das durch das System von Differentialgleichungen zweiter Ordnung der ↗Geodätischen bestimmt ist.

Geodätischen Fluß nennt man auch die eingliedrige Gruppe $\varphi(t)$, $(t \in \mathbb{R})$ von lokalen Transformationen von $T(M)$ in sich, deren Stromlinien die Integralkurven von Ξ sind.

Lokale Koordinaten $(x_1, \dots, x_n)$ auf M induzieren lokale Koordinaten $(x_1, \dots, x_n, \xi_1, \dots, \xi_n)$ auf $T(M)$, in denen der geodätischer Fluß die Darstellung

$$\frac{d\xi_k}{dt} = \sum_{i=1}^{n}\sum_{j=1}^{n}\Gamma_{ij}^k\xi_i\xi_j, \quad \frac{dx_l}{dt} = \xi_l \qquad (1)$$

besitzt.

Er erscheint als System gewöhnlicher Differentialgleichungen erster Ordnung, und die Transformationen $\varphi(t)$ sind wie folgt als Lösungen dieses Systems erklärt: Ist $(x_0, \xi_0) \in T(M)$ ein Tangentialvektor und

$$(x(t), \xi(t)) = (x_1(t), \dots, x_n(t), \xi_1(t), \dots, \xi_n(t))$$

die Lösung des Systems (1) mit dem Anfangswert $(x(0), \xi(0)) = (x_0, \xi_0)$, so ist

$$\varphi(t)(x_0, \xi_0) = (x(t), \xi(t)).$$

Für jedes $(x, \xi) \in T(M)$ ist die Flußlinie $t \to \varphi(t)(x, \xi)$ eine Integralkurve von Ξ, und ihr Bild in M bei der Projektion $\pi : T(M) \to M$ ist eine Geodätische von ∇.

Ist ∇ der ↗Levi-Civita-Zusammenhang einer Riemannschen Metrik g auf M, so sind die Untermannigfaltigkeiten

$$\{(x, \xi) \in T(M); g(\xi, \xi) = \text{const}\}$$

bei den Transformationen $\varphi(t)$ invariant.

[1] Arnold, V.I.: Mathematische Methoden der klassischen Mechanik. Deutscher Verlag der Wissenschaften (Übersetzung aus dem Russischen), Berlin, 1988.

geodätischer Krümmungskreis, eine Kurve $\mathcal{K}$ auf einer Fläche, deren geodätische Krümmung konstant ist.

Man setzt voraus, daß $\mathcal{K}$ maximal ist, d. h., daß es keine $\mathcal{K}$ enthaltende Kurve mit derselben konstanten geodätischen Krümmung gibt. Da die geodätische Krümmung eine Verallgemeinerung der Krümmung von ebenen Kurven darstellt, verallgemeinert der Begriff des geodätischen Krümmungskreises die Vorstellung vom Kreis als einer Kurve konstanter Krümmung.

Geodätische Krümmungskreise auf beliebigen Flächen sind im Gegensatz zu Kreisen der Ebene im allgemeinen keine geschlossenen Kurven. Es gilt folgender Satz:

Wenn auf einer Fläche alle Kurven konstanter geodätischer Krümmung geschlossen sind, so hat die Fläche notwendigerweise konstante Gaußsche Krümmung.

Die Bedingung der Konstanz der Gaußschen Krümmung ist aber nicht hinreichend.

[1] Blaschke, W.: Vorlesungen über Differentialgeometrie. Springer-Verlag Berlin, 1945.

geodätischer Raum, ↗Busemannscher G-Raum.

geodätisches Dreieck, ↗globale Riemannsche Geometrie.

geodätisches System von Parameterlinien, *geodätische Parallelkoordinaten*, *Gaußsche geodätische Parameter*, eine Parameterdarstellung $\Phi(u, v)$ einer Fläche $\mathcal{F} \subset \mathbb{R}^3$, bei der eine der beiden Scharen von Parameterlinien, etwa die u-Linien, geodätische Kurven sind und die v-Linien senkrecht schneiden.

Diese Eigenschaft besitzen z. B. ↗geodätische Polarkoordinaten. Die Koeffizienten E und F der ↗ersten Gaußschen Fundamentalform haben in einem geodätischen System die einfache Gestalt $E(u,v) = 1$, $F(u,v) = 0$, während $G(u,v)$ nicht näher bestimmt ist. Sind in einem geodätischen System auch die v-Linien Geodätische, so ist auch $G(u,v) = 1$ und die Parameterdarstellung $\Phi(u,v)$ ist eine isometrische Abbildung von $\mathcal{F}$ auf die Ebene.

Die von zwei v-Linien eines geodätischen Systems aus den u-Linien herausgeschnittenen Stücke haben gleiche Länge. Besitzt umgekehrt ein orthogonales Netz $\Phi(u,v)$ diese Eigenschaft, so sind seine u-Linien $u \to \Phi(u, v_0)$ Geodätische. Aufgrund dieser Eigenschaft werden die v-Linien Parallelkurven und die Größen u und v des Koordinatensystems $\Phi(u,v)$ geodätische Parallelkoordinaten oder Gaußsche geodätische Parameter genannt.

Geodreieck, ein meist aus klarem Kunststoff hergestelltes gleichschenkliges rechtwinkliges Dreieck mit integriertem Winkelmesser, das meist mit Markierungen für isometrische (bei 30°) und dimetrische Projektion (bei 7° und 42°) versehen ist, sowie mit einem Netz von parallel zur Hypotenuse verlaufenden und darauf senkrecht stehenden Linien.

geographische Breite, in Polarkoordinaten der Gestalt

$$\Phi(\vartheta, \varphi) = R\ (\sin\vartheta\ \cos\varphi, \sin\vartheta\ \sin\varphi, \cos\vartheta)$$

auf der Erdoberfläche der Wert $\pi/2 - \vartheta$.

ϑ wird der Polabstand und φ der Azimut oder geographische Länge genannt.

Dabei ist $R \approx 6370\,\text{km}$ der Erdradius.

geographische Länge, ↗geographische Breite.

Geoid, die die wahre Gestalt der Erde beschreibende Fläche.

Das Geoid ist Niveaufläche des Schwerepotentials und näherungsweise ein Rotationsellipsoid mit der Parametergleichung

$$\Phi(\vartheta, \varphi) = \big(a\ \sin\vartheta\ \cos\varphi, a\ \sin\vartheta\ \sin\varphi, b\ \cos\vartheta\big).$$

Die relative Abweichung der Achsen a und b hat den Wert $(a-b)/a \approx 1/298.25$.

Geometrie, in urspünglicher Wortbedeutung die „Landvermessung", jedoch in der Mathematik Überbegriff für zahlreiche Subdisziplinen; man vergleiche etwa ↗algebraische Geometrie, ↗Axiome der Geometrie, ↗endliche Geometrie, ↗euklidische Geometrie, ↗hyperbolische Geometrie, ↗nichteuklidische Geometrie.

Geometrie klassischer Gruppen, mathematisches Gebiet im Grenzbereich von Gruppentheorie und Geometrie.

Die Untersuchung der Geometrie klassischer Gruppen ist eng verbunden mit dem ↗Erlanger Programm von Felix Klein. Die hier enthaltene Aufgabenstellung forderte von den Geometern die systematische Entwicklung von Geometrien unter der Sichtweise der Wirkung von Abbildungsgruppen auf den betrachteten Räumen. Bereits in Vorbereitung dieses Programms wie auch in der Folgezeit wurden vor allem solche Transformationsgruppen untersucht, deren geometrischer Inhalt Objekten der klassischen Geometrie oder der klassischen Physik angenähert ist. Die wichtigsten Beispiele sind hier die Euklidische, affine und projektive Geometrie und die Geometrie der Kreise und Kugeln, aber auch die spezielle Relativitätstheorie oder die symplektische Geometrie. Die damit verbundenen Gruppen, unitäre, symplektische und orthogonale Gruppen verschiedener definiter und nicht definiter symmetrischer Bilinearformen in kleinen Dimensionen, werden als klassische Gruppen bezeichnet. Die Invariantentheorie der Wirkung dieser Gruppen auf den betrachteten Räumen wird als Geometrie klassischer Gruppen bezeichnet. Dabei wurde der Begriff selbst maßgeblich von Hermann Weyl geprägt, dessen gleichnamiges Buch einen Überblick über die so zusammengefaßten Strukturen gibt.

[1] Weyl, H.: The classical groups. Princeton University Press, 1954.

Geometrie von Diagrammen, ↗Diagrammgeometrie.

Geometrie von Geweben

H. Gollek

Die Geometrie von Geweben ist ein Zweig der Differentialgeometrie, der sich mit Systemen von endlich vielen einparametrigen Kurvenscharen im $\mathbb{R}^2$ oder $\mathbb{R}^3$ oder Scharen von Flächen im $\mathbb{R}^3$ befaßt.

Ein ebenes p-Gewebe ist ein Gebiet G von $\mathbb{R}^2$, in dem p Scharen differenzierbarer Kurven gegeben sind. Im allgemeinen gilt $p \geq 3$, und es wird gefordert, daß durch jeden Punkt von G von jeder Schar genau eine Kurve geht, und daß sich Kurven, die zu verschiedenen Scharen gehören, in höchstens einem Punkt schneiden. Ein einfaches Beispiel sind *hexagonale* Gewebe. Diese erscheinen als Sechseckwaben in der Ebene, die durch drei Scharen paralleler Geraden verschiedener Richtung gebildet werden.

Hauptgegenstand der Geometrie der Gewebe sind die Eigenschaften, die unter differentialtopologischen Transformationen invariant bleiben. Zwei Gewebe heißen äquivalent, wenn sie diffeomorph sind, d. h., wenn sie durch differenzierbare bijektive Abbildungen der Gebiete ineinander überführt werden können, deren Umkehrabbildungen ebenfalls differenzierbar sein müssen. Für $p = 2$ ist jedes Gewebe zu einem aus zwei Scharen paralleler Geraden bestehenden Gewebe diffeomorph. Solche Gewebe werden *Netze* genannt.

Im Fall $p = 3$ ist ein Gewebe i. a. weder zu einem hexagonalen Gewebe noch zu einem aus drei beliebigen ↗Geradenscharen bestehenden Gewebe diffeomorph, d. h., ein 3-Gewebe ist i. a. nicht rektifizierbar.

Einen anschaulichen Beleg für diese Aussage liefert das Betrachten von sogenannten *Brianchon-Sechsecken*. Diese werden wie folgt definiert: Man wählt einen beliebigen Punkt P des Gebietes. Durch P geht dann genau je eine Kurve $C_{i,P}$ der i-ten Schar ($i = 1, 2, 3$). Auf $C_{1,P}$ wählt man einen Punkt A und konstruiert eine Folge von Punkten $A_0 = A, A_1, A_2, \ldots$, die abwechselnd auf einer der Kurven $C_{1,P}$, $C_{2,P}$, $C_{3,P}$ liegen, durch sukzessives Bilden von Schnittpunkten, nämlich

- $A_1 = C_{2,A} \cap C_{3,P}$, wobei $C_{2,A}$ die eindeutig bestimmte Kurve der zweiten Schar durch A,
- $A_2 = C_{1,A_1} \cap C_{2,P}$, wobei C_{1,A_1} die eindeutig bestimmte Kurve der ersten Schar durch A_1,
- $A_3 = C_{3,A_2} \cap C_{1,P}$, wobei C_{3,A_1} die eindeutig bestimmte Kurve der dritten Schar durch A_2 ist.

Man fährt fort mit der Kurve der zweiten Schar durch A_3, erhält einen Punkt A_4 als Schnittpunkt mit $C_{3,P}$, usw..

Die ersten sechs dieser Punkte bilden das Brianchon-Sechseck. Ist das Gewebe hexagonal, so wird $A_6 = A$, d. h., die Konstruktion wiederholt sich nach sechs Schritten. Die Punktfolge schließt sich, ganz gleich, welche Anfangspunkte P und A gewählt wurden, und $A_1, \ldots A_6$ bilden ein Sechseck, dessen Diagonalen $C_{1,P}$, $C_{2,P}$, $C_{3,P}$ sich in P schneiden. Im allgemeinen wird das nicht der Fall sein. Es gilt folgender Satz.

Ein 3-Gewebe in $\mathbb{R}^2$ läßt sich genau dann diffeomorph auf ein hexagonales Gewebe abbilden, wenn sich alle seine Brianchon-Sechsecke schließen.

Ein räumliches krummliniges p-Gewebe besteht aus p Kurvenscharen im $\mathbb{R}^3$, wobei durch jeden Punkt nur eine Kurve jeder Schar geht. Diese Gewebe sind untereinander i. allg. selbst für $p = 2$ nicht diffeomorph. Von einfacher Struktur sind z. B. *Vierseitgewebe*. Das sind 2-Gewebe, für die eine einparametrige Flächenschar existiert, auf deren Flächen die Kurven der beiden Scharen des Gewebes Koordinatennetze bilden – eine Eigenschaft, die sich bei diffeomorphen Abbildungen nicht ändert.

Ein räumliches Flächengewebe besteht aus p Scharen von regulären Flächen im $\mathbb{R}^3$ derart, daß durch jeden Punkt von $\mathbb{R}^3$ von jeder Schar genau eine Fläche geht. Überdies dürfen je drei Flächen von drei verschiedenen Scharen höchstens einen gemeinsamen Punkt besitzen. Solche Gewebe heißen *rektifizierbar*, wenn sie zu einem aus Ebenenscharen bestehenden Gewebe diffeomorph sind.

Ein räumliches 4-Gewebe von Flächen heißt *oktahedral*, wenn das aus den Durchschnitten der Flächen je dreier der 4 Scharen mit einer Fläche der vierten Schar bestehende 3-Gewebe ein hexagonales Gewebe auf dieser Fläche ist.

Höherdimensionale Gewebe bestehen aus Scharen von r-dimensionalen Untermannigfaltigkeiten einer n-dimensionalen Mannigfaltigkeit M. Beispielsweise bilden im Fall $n = 2r$ drei Scharen r-dimensionaler Untermannigfaltigkeiten ein 3-Gewebe, wenn jeder Punkt von M in genau einer Untermannigfaltigkeit einer jeden Schar enthalten ist, und je zwei Untermannigfaltigkeiten von verschiedenen Scharen höchstens einen Punkt gemeinsam haben.

Ist ein 3-Gewebe gegeben, so kann man je zwei Kurven γ_1 und γ_2 der beiden ersten Scharen die eindeutig bestimmte Kurve der dritten Familie zuordnen, die durch den eventuell vorhandenen Schnittpunkt von γ_1 und γ_2 geht. Man gelangt zu einer partiell definierten binären Operation, d. h., zu einer algebraischen Struktur vom Typ einer Quasigruppe auf der Menge dieser Kurven.

Die Theorie der abstrakten Gewebe oder algebraischen Netze befaßt sich mit der Untersuchung der Eigenschaften derartiger Quasigruppen.

Literatur

[1] Blaschke, W.: Einführung in die Geometrie der Waben. Birkhäuser Basel, 1955.

[2] Blaschke, W.; Bol, G.: Geometrie der Gewebe. Springer Verlag, Berlin 1938.

Geometrische Datenverarbeitung

J. Wallner

Die Geometrische Datenverarbeitung befaßt sich mit der rechnerunterstützten Bearbeitung von geometrischen Daten, was hauptsächlich die Approximation und Interpolation von geometrischen Daten durch Kurven, Flächen, Bewegungsabläufe und andere geometrische Objekte bedeutet. Sie verknüpft Geometrie und Approximationstheorie und ist die mathematischen Grundlage des ↗Computer-Aided Design.

Als einer der Ursprünge der geometrischen Datenverarbeitung werden die Arbeiten von P. de Casteljau und P. Bézier um 1960 gesehen, die das interaktive und rechnerunterstützte Design von ↗Freiformkurven und ↗Freiformflächen im Automobilbau ermöglichten. Dies geschah durch ↗Bézierkurven und ↗Bézierflächen, die durch ihre ↗Kontrollpunkte in einer für den Designer durchsichtigen Weise festgelegt sind, und mit Hilfe des Algorithmus von de Casteljau in effizienter Weise ausgewertet werden können.

Das Modellieren von Freiformkurven und -flächen kann als *Approximation* von *regelmäßig* verteilen geometrischen Daten (den Kontrollpunkten) durch Kurven und Flächen interpretiert werden. Neben den polynomialen Bézierkurven und -flächen wurden viele Kurven- und Flächenschemata entwickelt – das prominenteste davon sind wohl die ↗B-Splinekurven und ↗B-Splineflächen. Die meisten entsprechen dem folgenden Muster: Eine Kurve oder Fläche ist durch ↗Knotenvektoren und ein Kontrollpolygon oder -polyeder festgelegt, welches sie approximiert. Sie ist meist stückweise analytisch, global jedoch nur von einer endlichen Differenzierbarkeitsklasse, wobei die Stellen der niedrigsten Differenzierbarkeit durch die Knotenvektoren bestimmt sind. Ist die entstehende Kurve oder Fläche glatter als ihre Parametrisierung, spricht man von einer ↗geometrischen Splinekurve oder ↗geometrischen Splinefläche.

Die für das Entwerfen von Freiformkurven und Freiformflächen geeigneten Kurven- und Flächenschemata haben interessante geometrische Form- und Unterteilungseigenschalten, wie die ↗convex hull property, die ↗variation diminishing property, oder die Eigenschaft, daß Teile von solchen Kurven und Flächen ebenfalls in das gleiche Schema passen. Diese Eigenschaften sind für die ↗formerhaltende Approximation von Datenpunkten und für Schnittalgorithmen für Freiformkurven und -flächen von Bedeutung.

Die *Interpolation* von regelmäßig verteilten Daten umfaßt die Interpolation mit ↗Splinefunktionen, und von einem geometrischen Standpunkt aus betrachtet gehören dazu das Interpolieren von Punkten der Ebene oder des Raumes durch B-Splinekurven (vgl. ↗chordale Parametrisierung, ↗zentripetale Parametrisierung), oder die Interpolation von Punkten und Kurvennetzen mit Freiformflächen (↗Flächenverband). Für Anwendungen wichtig ist die ↗formerhaltende Interpolation, die durch die oben erwähnten geometrischen Eigenschaften der verwendeten Kurven- und Flächenschemata möglich wird.

Zur Interpolation von *unregelmäßig* verteilten Daten gehört das Problem der Konstruktion eines ↗Flächenverbandes, der Punkte und Randkurven interpoliert, und die ↗scattered data Interpolation, wo man beispielweise eine Fläche durch eine großer Menge Datenpunkte legt. Die verwendeten Methoden umfassen etwa ↗radiale Basisfunktionen (↗Hardysche Multiquadrik) oder Finite Elemente-Methoden zur Triangulierung und lokalen Interpolation von unregelmäßig verteilten Daten.

Als *Approximation* von *unregelmäßig* verteilten geometrischen Daten kann die Aufgabe interpretiert werden, ein Polyeder durch eine glatte Fläche anzunähern. Eine Möglichkeit bieten iterative diskrete ↗Unterteilungsalgorithmen, die für viele Anwendungen schon nach wenigen Schritten ein ausreichend glattes Näherungspolyeder erzeugen. Ebenso zu diesem Problemkreis zählt die Approximation einer Punktwolke durch eine Kurve oder Fläche.

Diese Konzepte lassen sich neben der Konstruktion von Kurven und Flächen noch auf andere Probleme anwenden. Ohne eine Aufzählung versuchen zu wollen, sei als Beispiel nur das Planen von Fräsbahnen erwähnt – das sind Scharen von Freiformkurven in einer bestimmten fünfdimensionalen Teilmannigfaltigkeit der euklidischen Bewegungsgruppe.

Die geometrische Datenverarbeitung umfaßt jedoch nicht nur die obenstehende systematische Beschreibung von Problemen der geometrischen Approximationstheorie, sondern befaßt sich auch mit denjenigen Eigenschaften von geometrischen Objekten, die in der Datenverarbeitung im weitesten Sinne von Interesse sind (z. B. im Computer-Aided Design und im ↗computer vision).

Darunter finden sich die Schnittalgorithmen für Flächen – die Unterteilungseigenschaften der B-Splines zusammen mit der convex hull property erlauben schnelle Algorithmen für die meisten Freiformflächen. Ein weiteres Beispiel sind

Ausrundungs- und Übergangsflächen zwischen Freiformflächen, die auf ↗Bindefunktionen beruhen oder als Flächenverband angelegt sind.

Zur geometrischen Qualitätskontrolle gehört das Überprüfen des Krümmungsverhaltens von Kurven und Flächen, wozu sich geometrische Objekte eignen, die zu ihrer Konstruktion einer Ableitung bedürfen, wie Reflexionslinien oder ↗Isophoten.

Literatur

[1] Farin, G.: Curves and Surfaces for Computer Aided Geometric Design. Academic Press San Diego, 4th Ed. 1997.

[2] Hoschek, J., Lasser, D.: Grundlagen der geometrischen Datenverarbeitung. Teubner-Verlag Stuttgart, 2. Auflage 1992.

[3] Hoschek, J., Farin, G. (Hrsg.): Computer Aided Geometric Design. Elsevier, erscheint 9 mal jährlich.

geometrische Deutung eines Vektors, Auffassung der Vektoren des Vektorraumes (euklidischen Raumes) $\mathbb{R}^3$ als Verschiebungen oder Translationen.

Zu jedem Raumpunkt P gehört dann als Repräsentant des Vektors eine mit Durchlaufsinn versehene gerichtete Strecke $\overrightarrow{PQ}$; P heißt der Anfangspunkt des Repräsentanten und Q der Endpunkt. Der Betrag $|v|$ des Vektors v wird dann anschaulich auch seine Länge genannt; sein inverses Element $-v$ der zu v entgegengesetzte Vektor.

Alle gleichlangen und gleichgerichteten Strecken sind Repräsentanten desselben Vektors.

geometrische Eigenschaft, Eigenschaft eines Schemas.

Sei k ein Körper und X ein k-Schema, dann sagt man, X hat geometrisch die Eigenschaft P, wenn bei jeder Körpererweiterung $k \subset K$ auch das K-Schema

$$X_K = X \times_{\mathrm{Spec}(k)} \mathrm{Spec}\,(K)$$

die Eigenschaft P hat.

So ist z. B. die Eigenschaft „glatt" für algebraische k-Schemata gleichbedeutend mit „geometrisch regulär", und in positiver Charakteristik echt stärker als die Eigenschaft „regulär".

geometrische Folge, eine Zahlenfolge (a_n), deren Elemente von der Form

$$a_n = c \cdot q^n$$

mit festen Zahlen c und q sind.

geometrische Größe, Sammelname für Abbildungen, Mengen und deren Elemente, die in den verschiedenen Zweigen der Geometrie studiert werden.

In der Elementargeometrie sind grundlegende geometrische Größen Punkte, Geraden, Strecken, Winkel, Dreiecke etc., während in der Differentialgeometrie ↗differentielle Invarianten die Priorität besitzen.

geometrische Konvergenz, ein vor allem in der Numerischen Mathematik gebräuchliches Maß für die Konvergenzgeschwindigkeit einer Folge.

Die Folge $\{T_n\}_{n\in\mathbb{N}}$ konvergiert geometrisch (gegen einen Grenzwert ξ), wenn es Konstanten c und $q < 1$ gibt so, daß für alle genügend großen Werte von n gilt

$$|T_n - \xi| \le c \cdot q^n .$$

geometrische Optik, derjenige Zugang zur Optik, in dem die vereinfachende Annahme gemacht wird, daß sich Licht unabhängig von Intensität und Polarisation auf bestimmten Bahnen (den Lichtstrahlen) bewegt.

Zur Erklärung der Wirkungsweise von Mikroskop und Refraktor (= Linsenfernrohr) ist dieser Zugang angemessen, bei Effekten der nichtlinearen Optik (z. B. bei intensivem Laserlicht) dagegen nicht.

geometrische Quantisierung, von B. Kostant und J.-M. Souriau 1970 eingeführte und durch die Kirillowsche Bahnenmethode bei Lie-Gruppendarstellungen motivierte mathematische Interpretation des physikalischen Quantisierungsbegriffs, bei dem gewissen Hamilton-Funktionen lineare Operatoren in einem Hilbertraum derart zugeordnet werden, daß Poisson-Klammern auf Operatorkommutatoren abgebildet werden.

Eine Präquantisierungsstruktur besteht aus einer ↗symplektischen Mannigfaltigkeit (M, ω), einem komplexen Geradenbündel L über M, das mit einer Fasermetrik h und einer mit h verträglichen kovarianten Ableitung ∇ ausgestattet ist. Jeder komplexwertigen C^∞-Funktionen f wird der Präquantenoperator $P_f := f + (1/i)\nabla_{X_f}$ (X_f das ↗Hamilton-Feld von f) auf dem Raum der C^∞-Schnitte von L zugeordnet. Gilt für die Krümmung F von ∇ die Präquantisierungsbedingung $F = i\omega$, so erfüllen die Präquantenoperatoren folgende Darstellungsgleichung:

$$P_f P_g - P_g P_f = i P_{\{f,g\}}.$$

Durch das Phasenvolumen auf M und die Fasermetrik h erhält der Raum $\mathcal{H}_p$ aller quadratintegrablen C^∞-Schnitte von L die Struktur eines Prä-Hilbertraumes, auf dem die Präquantenoperatoren zu reellwertigen Funktionen symmetrisch sind.

Die eigentliche Quantisierung wird in einem zweiten Schritt durch die zusätzliche Struktur einer Polarisierung erreicht, d. h. eines integrablen Lagrangeschen Unterbündels F des komplexifizierten Tangentialbündels von M, so daß der Schnitt von F und seinem komplex-konjugierten $\bar{F}$ ebenfalls zu einem Unterbündel wird und die Summe $F + \bar{F}$ integrabel ist. Der Hilbertraum $\mathcal{H}$ für die Quantisierung ist die L^2-Vervollständigung des Raumes derjenigen C^∞-Schnitte von $L \otimes \sqrt{\Lambda^n F}$, die in F-Richtung kovariant konstant sind, wobei mit $\sqrt{\Lambda^n F}$ die mit Hilfe einer metalinearen Struktur definierte Quadratwurzel des Geradenbündels aller n-Formen in F bezeichnet wird. Für die sog. guten Observablen, d. h. diejenigen reellwertigen C^∞-Funktionen f auf M, die die Polarisation erhalten in dem Sinne, daß die Lie-Klammer des Hamilton-Feldes von f mit jedem C^∞-Schnitt von F wieder ein Schnitt von F ist, lassen sich die Präquantenoperatoren auch in $\mathcal{H}$ definieren und erfüllen dort eine zur obigen Darstellungsbedingung analoge Bedingung.

Wichtige Beispiele sind Kählersche Mannigfaltigkeiten, für die man versuchen kann, für L ein holomorphes komplexes Geradenbündel zu benutzen. Die Kähler-Polarisation besteht aus dem Unterbündel der $(1, 0)$- oder holomorphen Richtungen. Man kann als Hilbertraum den Unterraum aller holomorphen Schnitte von $\mathcal{H}_p$ nehmen.

Weitere Beispiele sind ↗Kotangentialbündel, für die L trivial gewählt werden kann und F aus dem komplexifizierten Bündel der vertikalen Vektoren (vertikale Polarisation) besteht. Der Hilbertraum $\mathcal{H}$ ist dann durch die Vervollständigung des Raums der quadratintegrablen Halbdichten auf dem ↗Konfigurationsraum gegeben.

Als Anwendungsbeispiel kann man beim Wasserstoffatom den Raum $M(E)$ der klassischen Bahnen für eine Punktladung um einen schweren geladenen Kern mit negativer Energie betrachten. Dieser Raum hat die topologische Struktur $S^2 \times S^2$. Er hat eine natürliche komplexe Struktur und kann mit $CP(1) \times CP(1)$ identifiziert werden. Aus der symplektischen Form über einer Untermenge von $M(E)$ kann dann eine charakteristische Klasse gebildet werden, und die Forderung, daß sie in $H^2(M, \mathbb{Z})$ nicht negativ ist, führt auf die Quantisierung der Energieniveaus.

[1] Bates,S.; Weinstein,A.: Lectures on the Geometry of Quantization. American Mathematical Society Berkeley, 1997.

[2] Woodhouse, N.: Geometric Quantization. Clarendon Press Oxford, 1992.

geometrische Reihe, eine Reihe der Form

$$\sum_{n=0}^{\infty} q^n = 1 + q + q^2 + q^3 + \dots .$$

Hierbei kann q aus einer beliebigen algebraischen Struktur genommen werden, sofern nur die Potenzen q^n und endliche Summen erklärt sind.

Ist beispielsweise $q \in \mathbb{R}$, $|q| < 1$, so konvergiert die geometrische Reihe, und es gilt

$$\sum_{n=0}^{\infty} q^n = \frac{1}{1-q} .$$

geometrische Splinefläche, eine Fläche, die lokal eine zweidimensionale Teilmannigfaltigkeit des $\mathbb{R}^n$ der Differenzierbarkeitsklasse C^r bildet, ohne daß ihre Parametrisierung als Splinefläche r mal stetig differenzierbar ist (man vergleiche auch ↗geometrische Splinekurve).

geometrische Splinekurve, eine ↗B-Splinekurve oder andere Splinekurve $b(t)$, die lokal eine Teilmannigfaltigkeit des $\mathbb{R}^n$ der Differenzierbarkeitsklasse C^r parametrisiert, ohne daß $b(t)$ selbst r-mal stetig differenzierbar ist.

Der Begriff stammt aus der ↗geometrischen Datenverarbeitung, wo man z. B. ↗Bézier-Kurven tangenten- und krümmungsstetig aneinanderfügt, sodaß eine Kurve entsteht, die keine zweimal stetig differenzierbare Parametrisierung besitzt, bei der die einzelnen Kurventeile Bézierkurven wären – diese ist dann eine GC^2-Kurve.

geometrische Verteilung, von dem Parameter $p \in (0, 1)$ abhängende diskrete Wahrscheinlichkeitsverteilung auf der Potenzmenge $\mathfrak{P}(\mathbb{N})$ der natürlichen Zahlen, welche durch die diskrete Dichte

$$f : \mathbb{N} \ni k \to (1-p)^{k-1} p \in (0, 1)$$

definiert ist. Die geometrische Verteilung zum Parameter p gibt für jedes $k \in \mathbb{N}$ die Wahrscheinlichkeit dafür an, daß bei unabhängigen Wiederholungen eines Zufallsexperiments mit den zwei Ausgängen Erfolg und Mißerfolg und der Erfolgswahrscheinlichkeit p bei der k-ten Wiederholung des Experiments der erste Erfolg eintritt. Besitzt die Zufallsvariable X eine geometrische Verteilung mit Parameter p, so gilt für den Erwartungswert $E(X) = \frac{1}{p}$ und für die Varianz $Var(X) = \frac{1-p}{p^2}$.

Zuweilen wird auch die für $p \in (0, 1)$ durch die Wahrscheinlichkeitsdichte

$$g : \mathbb{N}_0 \ni k \to (1-p)^k p \in (0, 1)$$

auf der Potenmenge $\mathfrak{P}(\mathbb{N}_0)$ der natürlichen Zahlen inklusive Null definierte Wahrscheinlichkeitsverteilung als geometrische Verteilung bezeichnet. Diese Verteilung gibt für jedes $k \in \mathbb{N}_0$ die Wahrscheinlichkeit dafür an, daß bei unabhängigen Wiederholungen des obigen Zufallsexperiments genau k Mißerfolge vor dem ersten Erfolg eintreten. Für eine Zufallsvariable Y mit einer geometrischen Verteilung zum Parameter p, die durch die Dichte g festgelegt ist, gilt $E(Y) = \frac{1-p}{p}$ und $Var(Y) = \frac{1-p}{p^2}$. Die geometrische Verteilung ist gedächtnislos (↗Gedächtnislosigkeit) und damit das diskrete Analogon zur Exponentialverteilung.

geometrische Vielfachheit, Kenngröße eines Eigenwertes, nämlich die Dimension des Eigenraumes von λ, wobei λ Eigenwert eines Endomorphismus bzw. einer Matrix auf einem endlich-dimensionalen Vektorraum ist.

Die geometrische Vielfachheit eines Eigenwertes ist stets kleiner oder gleich seiner ↗algebraischen Vielfachheit.

geometrischer Graph, eine ↗Einbettung eines Graphen G in die Ebene $\mathbb{R}^2$, deren Kanten alle Geradenstücke sind, und bei der keine drei Ecken kollinear sind.

geometrischer Punkt eines Schemas, ein Morphismus ξ : Spec $(k) \to X$ mit algebraisch abgeschlossenem Körper k.

Er ist gegeben durch einen Punkt $x \in X$ und eine Einbettung $k(x) = \mathcal{O}_{X,x}/m_{X,x} \hookrightarrow k$. Mit $X(k)$ wird die Menge dieser Punkte bezeichnet.

geometrischer Quotient, Quotient Y einer algebraischen Varietät X unter der Operation einer algebraischen Gruppe G, d. h. ein G-invarianter Morphismus $\pi : X \to Y$ mit folgenden Eigenschaften:

1. π ist offen und surjektiv,
2. $\pi_*(\mathcal{O}_X^G) = \mathcal{O}_Y$,
3. π ist eine Orbitabbildung, d. h. die Fasern von π sind Orbits von G.

Nach einem allgemeinen Resultat von Rosenlicht existiert (in Charakteristik 0) stets eine G-stabile dichte Teilmenge $U \subseteq X$ so, daß auf U der geometrische Quotient existiert.

Wenn G reduktiv ist und $X = \text{Spec}(A)$, A eine Algebra von endlichem Typ über K, dann ist $X \to \text{Spec}(A^G)$ geometrischer Quotient genau dann, wenn alle Orbits abgeschlossen sind und dieselbe Dimension haben.

geometrischer Verband, ein Punktverband, der halbmodular und ohne endliche Ketten ist.

geometrisches Geschlecht, Dimension des Raumes der holomorphen n-Formen für eine komplexe n-Mannigfaltigkeit. Die Hodge-Zahl $h^{1,0}(S)$ einer holomorphen 1-Form auf einer Riemannschen Fläche ist ihr Geschlecht $g(S)$. I. allg. heißt die Hodge-Zahl $h^{n,0}(M)$ der holomorphen Formen vom höchsten Grad auf einer kompakten komplexen Mannigfaltigkeit der Dimension n das geometrische Geschlecht von M und wird mit $p_g(M)$ bezeichnet.

geometrisches Mittel, die zu n positiven reellen Zahlen $x_1, \dots, x_n$ durch

$$G(x_1, \dots, x_n) := \sqrt[n]{x_1 \cdot \dots \cdot x_n}$$

definierte positive reelle Zahl mit der Eigenschaft

$$\frac{G(x,y)}{x} = \frac{y}{G(x,y)}$$

für $x, y > 0$.

Für $0 < x < y$ ist $x < G(x,y) < y$. Es gilt

$$G(x_1, \dots, x_n) = M_0(x_1, \dots, x_n),$$

wobei M_t das ↗Mittel t-ter Ordnung ist. Die ↗Ungleichungen für Mittelwerte stellen u. a. das geometrische Mittel in Beziehung zu den anderen Mittelwerten.

Das geometrische Mittel zweier Zahlen ist gleich ihrem ↗arithmetisch-harmonischen Mittel.

Geometrodynamik, derjenige Zugang zur ↗Allgemeinen Relativitätstheorie, der die geometrische Herleitung betont.

Insbesondere gilt hier folgendes: Die Bewegungsgleichungen (also die Dynamik) der Teilchen und Felder folgt aus rein geometrisch beweisbaren Gleichungen, den ↗Bianchi-Identitäten.

geordnete Faktorisierung, eine $(1, n)$-Kette (↗(a, b)-Kette) in $[1, n] \subseteq \mathcal{T}(\mathbb{N})$, wobei $\mathcal{T}(\mathbb{N})$ den Teilerverband der positiven ganzen Zahlen bezeichnet.

geordnete Mengenpartition, Mengenpartition mit einer gegebenen Ordnung auf der Menge der Partitionsblöcke.

geordnete Stichprobe, Begriff aus der Statistik.

Geht man von einer konkreten Stichprobe $x = (x_1, \dots, x_n)$ einer Zufallsgröße X aus und ordnet die Elemente x_k $(k = 1, \dots, n)$ der Stichprobe gemäß

$$x_{[1]} \le x_{[2]} \le \dots \le x_{[n]}$$

nach wachsender Größe, so bezeichnet man das entstehende n-Tupel $(x_{[1]}, \dots, x_{[n]})$ als konkrete geordnete Stichprobe. Den Elementen $x_{[k]}$ werden sogenannte Rangzahlen bzw. Rangplätze $r(x_{[k]})$ zugeordnet. Die Rangzahl ist die Position des Elementes in der geordneten Stichprobe; sind mehrere Stichprobenwerte gleich, so bekommen sie als Rangplatz alle das arithmetische Mittel ihrer Positionen in der geordneten Stichprobe. Zum Beispiel werden der Stichprobe (7, 11, 17, 11, 3, 11) die geordnete Stichprobe (3, 7, 11, 11, 11, 17) mit den Rangplätzen (1, 2, 4, 4, 4, 6) zugeordnet. Wendet man das Ordnungsverfahren auf eine mathematische Stichprobe $\vec{X} = (X_1, \dots, X_n)$ an, so heißt $\vec{X}^O = (X_{[1]}, \dots, X_{[n]})$ geordnete Stichprobe, wobei auch die Begriffe Variationsreihe oder Positionsstichprobe gebräuchlich sind. Die Komponenten $X_{[k]}$ der geordneten Stichprobe werden als Ordnungsstatistik, Ranggröße oder Positionsstichprobenfunktion bezeichnet. Wendet man die Operation der Rangplatzbildung auf eine mathematische Stichprobe an, so bezeichnet man das Tupel $\vec{R} = (R(X_{[1]}), \dots, R(X_{[n]}))$ der zugehörigen Rangplätze der geordneten Stichprobe als Rangstatistik und $R(X_{[k]})$ als zufällige Rangzahl bzw. k-te Rangstatistik. Mitunter werden auch allgemeiner beliebige Stichprobenfunktionen, die nur von den zufälligen Rangzahlen abhängen, als Rangstatistiken bezeichnet. Die Statistiken $\vec{X}^O$ und $\vec{R}$ sind insbesondere in der sogenannten nichtparametrischen Statistik von zentraler Bedeutung, da sie günstige statistische Eigenschaften besitzen.

Ist X beispielsweise eine stetige Zufallsgröße mit der Dichtefunktion f, so sind $\vec{R}$ und $\vec{X}^O$ stochastisch unabhängig voneinander; die Dichtefunktion der geordneten Stichprobe ist durch

$$f^O(x_{[1]}, \ldots, x_{[n]}) = n! \prod_{k=1}^{n} f(x_{[k]})$$

gegeben, und es gilt

$$P(\vec{R} = \vec{r}) = \frac{1}{n!} \quad \text{für alle } \vec{r} \in \mathbb{R}^n.$$

Die geordnete Stichprobe stellt darüber hinaus eine vollständige und hinreichende Statistik dar, während die Verteilung der Rangstatistik $\vec{R}$ nicht von der Verteilung von X abhängt. (↗Rangtest, ↗Rangkorrelationskoeffizient).

geordnete Zahlpartition, Zahlpartition mit einer gegebenen Ordnung auf der Menge der Summanden.

geordneter binärer Entscheidungsgraph, *OBDD*, *ordered binary decision diagram*, ein ↗binärer Entscheidungsgraph $G = (V, E, index)$, der über Booleschen Variablen $x_1, \ldots, x_n$ definiert ist und für den

$$index(u) < index(v)$$

für jede Kante $(u, v) \in E$ gilt, bei der v kein Blatt ist. Hierbei ist $<$ eine lineare Ordnung auf $\{x_1, \ldots, x_n\}$. Die lineare Ordnung $<$ wird Variablenordnung des OBDD genannt. In einem OBDD tritt auf jedem Pfad von der Wurzel zu einem Blatt jede Variable höchstens einmal auf, und zwar in der durch die Variablenordnung $<$ vorgegebenen Reihenfolge.

geordneter Körper, ↗angeordneter Körper.

geordneter Suchbaum, spezieller Binärbaum mit besonderer Eignung für Suchverfahren.

Ist ein binärer Baum derart organisiert, daß für jeden Knoten alle Schlüssel im linken Teilbaum dieses Knotens kleiner oder gleich dem Schlüssel des Knotens sind, während alle Schlüssel im rechten Teilbaum dieses Knotens größer oder gleich dem Schlüssel dieses Knotens sind, so spricht man von einem geordneten Suchbaum.

In einem solchen Suchbaum ist es möglich, jeden vorhandenen Schlüssel zu finden, indem man, von der Wurzel ausgehend, den Suchpfad entlang jeweils zum linken oder rechten Teilbaum des Knotens geht, wobei die Wahl der Richtung nur vom Schlüssel des momentanen Knotens abhängt.

geordneter Vektorraum, ein reeller Vektorraum X, der mit einer mit der linearen Struktur verträglichen Ordnungsstruktur versehen ist, d. h., X ist mit einer reflexiven, antisymmetrischen und transitiven Relation $\geq$ versehen, die folgenden Bedingungen genügt:

(1) $x \geq y \;\Rightarrow\; x + z \geq y + z \;\; \forall z \in X$,
(2) $x \geq y \;\Rightarrow\; \lambda x \geq \lambda y \;\; \forall \lambda \in \mathbb{R}$.

geordnetes *n*-Tupel, Element eines kartesischen Produktes aus n Mengen, $n \in \mathbb{N}$, üblicherweise in der Form

$$(x_1, x_2, \ldots, x_n)$$

notiert. Man vergleiche ↗Verknüpfungsoperationen für Mengen.

geordnetes Paar, der Spezialfall $n = 2$ eines ↗geordneten n-Tupels:

Sind zwei Mengen x und y gegeben, so nennt man die Menge $\{\{x\}, \{x, y\}\}$ das aus x und y bestehende geordnete Paar und schreibt dafür (x, y) (↗Verknüpfungsoperationen für Mengen).

Gerade, Grundobjekt der Geometrie, dessen Eigenschaften durch die ↗Axiome der Geometrie festgelegt sind.

Im allgemeinen wird eine Gerade als Punktmenge aufgefaßt; in diesem Fall ist sie ein eindimensionaler affiner Unterraum des $\mathbb{R}^2$ oder $\mathbb{R}^3$. Ist U ein eindimensionaler Teilvektorraum von $\mathbb{R}^2$ oder $\mathbb{R}^3$, so heißt der um einen Vektor x_0 verschobene Raum $x_0 + U$ eine Gerade.

Diese Auffassung ist jedoch nicht zwingend, die Relation zwischen Punkten und Geraden wird durch die (allgemeinere) Inzidenz beschrieben (↗Inzidenzaxiome, ↗Inzidenzstruktur). Durch zwei voneinander verschiedene Punkte A und B wird genau eine Gerade AB bestimmt. Die kürzeste Verbindung zweier Punkte liegt stets auf der durch sie verlaufenden Geraden und wird als Strecke bezeichnet.

Zwei voneinander verschiedene Geraden g und h in einer Ebene können entweder zueinander parallel sein oder genau einen gemeinsamen Punkt besitzen. Für zwei Geraden im Raum ist zusätzlich der Fall möglich, daß g und h windschief zueinander sind, d. h. keinen gemeinsamen Punkt besitzen und nicht in einer Ebene liegen. Zwei voneinander verschiedene parallele oder sich schneidende Geraden bestimmen eindeutig eine Ebene.

Der Abstand zweier Geraden g und h ist die Länge einer Strecke, welche g und h verbindet und auf diesen beiden Geraden senkrecht steht. Für parallele Geraden gibt es unendlich viele derartiger Strecken, die alle gleich lang sind, für zwei windschiefe Geraden g und h gibt es genau eine Strecke, die auf g und h senkrecht steht.

Die analytische Beschreibung der Geraden geschieht mit einer ↗Geradengleichung.

gerade Funktion, eine Funktion $f : D \to \mathbb{R}$, wobei $D \subset \mathbb{R}$ sei, mit $-x \in D$ und

$$f(-x) = f(x)$$

für $x \in D$, d. h. der Graph von f ist spiegelsymmetrisch zur y-Achse:

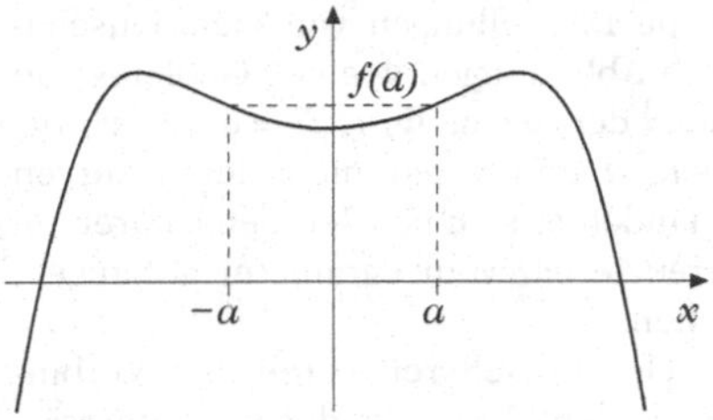

Gerade Funktion

Beispiele für gerade Funktionen sind auf ganz $\mathbb{R}$ definierte konstante Funktionen, gerade Potenzen, die Betragsfunktion und die Cosinusfunktion.

Summen und Produkte gerader Funktionen sind wieder gerade Funktionen. Damit bilden die geraden Funktionen auf einer festen Definitionsmenge eine Funktionenalgebra über $\mathbb{R}$. Das Produkt aus einer geraden und einer ↗ungeraden Funktion ist eine ungerade Funktion.

Die Ableitung einer geraden Funktion ist eine ungerade Funktion.

gerade Linie, Teilmenge $G \subset \mathbb{R}^n$ der Gestalt $\{X = P + t\,a | t \in \mathbb{R}\}$, die sich durch Antragen aller skalaren Vielfachen eines festen Vektors $a \in \mathbb{R}^n$ an einen festen Punkt $P \in \mathbb{R}^n$ ergibt.

gerade Permutation, ↗Permutation mit einer geraden Anzahl von Inversionen.

gerade Zahl, eine durch 2 teilbare ganze Zahl.

Geradengleichung, analytische Beschreibung einer ↗Geraden durch eine parameterfreie oder einparametrige Gleichung bzw. ein Gleichungssystem (siehe auch ↗analytische Geometrie).

I. Koordinatengleichungen

In der Ebene wird jede Gerade g bezüglich eines Koordinatensystems mit den Koordinaten x und y durch eine Gleichung der Form

$$Ax + By + C = 0 \qquad (1)$$

beschrieben. Falls die Gerade g nicht parallel zur y-Achse ist (also $A \neq 0$ gilt), so kann diese Gleichung in die Form $y = mx + n$ (mit dem Anstieg m und dem Achsenabschnitt n) überführt werden, g läßt sich also als Graph einer linearen Funktion darstellen. Sind ein Punkt (mit den Koordinaten $(x_0; y_0)$) und der Anstieg m einer Geraden g bekannt, so kann für g eine Punkt-Richtungs-Gleichung

$$y - y_0 = m(x - x_0)$$

angegeben werden.

Geraden der Ebene, die nicht durch den Koordinatenursprung verlaufen und zu keiner der beiden Achsen parallel sind, lassen sich weiterhin durch Abschnittsgleichungen beschreiben (↗Abschnittsgleichung einer Geraden).

Um eine Gerade im Raum durch Koordinatengleichungen zu beschreiben, ist ein Gleichungssystem aus zwei Gleichungen notwendig:

$$\begin{aligned} A_1x + B_1y + C_1z + D_1 &= 0 \\ A_2x + B_2y + C_2z + D_2 &= 0\,, \end{aligned} \qquad (2)$$

wobei die beiden Gleichungen nicht voneinander linear abhängig sein dürfen. Geraden in einem n–dimensionalen Raum werden dementsprechend durch lineare Gleichungssysteme aus $n - 1$ linear unabhängigen Gleichungen in n Variablen (den Koordinaten $x_1, x_2 \ldots x_n$) beschrieben, das in Matrizenschreibweise folgende Gestalt hat:

$$A \cdot x + b = 0 \qquad (3)$$

mit $A = (a_{ij})_{i=1\cdots n-1}^{j=1\cdots n}$, (wobei $\det A \neq 0$ sein muß), $x = \begin{pmatrix} x_1 \\ \vdots \\ x_n \end{pmatrix}$ und $b = \begin{pmatrix} b_1 \\ \vdots \\ b_{n-1} \end{pmatrix}$. Die Lösungsmenge eines solchen Gleichungssystems ist einparametrig und beschreibt somit eine Gerade (als eindimensionales geometrisches Objekt).

II. Parametergleichungen

Jede Gerade in einem beliebigen affinen Punktraum läßt sich durch einen ihrer Punkte P_0 und einen vom Nullvektor verschiedenen Richtungsvektor a mittels einer Parametergleichung (mit dem Parameter t) darstellen:

$$P = P_0 + t \cdot a \quad (t \in \mathbb{R})\,. \qquad (4)$$

Für Geraden in der Ebene hat diese Parameterdarstellung die Gestalt

$$\begin{pmatrix} x \\ y \end{pmatrix} = \begin{pmatrix} x_0 \\ y_0 \end{pmatrix} + t \cdot \begin{pmatrix} a_x \\ a_y \end{pmatrix}. \qquad (5)$$

Durch Elimination des Parameters t entsteht aus dieser Gleichung eine Koordinatengleichung der Form (1).

III. Normalengleichungen

Eine Gerade g in der Ebene kann durch einen Punkt P_0 (mit dem Ortsvektor x_0) und einen Stellungsvektor b, d. h. einen Vektor, der auf g senkrecht steht, beschrieben werden. Dann muß für jeden Punkt P der Geraden g (mit dem Ortsvektor x) der Verbindungsvektor $\overrightarrow{P_0P} = x - x_0$ auf dem Stellungsvektor senkrecht stehen, das Skalarprodukt dieser beiden Vektoren muß also Null sein:

$$b \cdot (x - x_0) = 0\,. \qquad (6)$$

Diese Gleichung wird als Normalengleichung der Geraden g bezeichnet. Ist der Stellungsvektor

b ein Einheitsvektor, so wird (6) als Geradengleichung in Hessescher Normalform bezeichnet. Durch Normierung des Stellungsvektors läßt sich jede Normalengleichung in die Hessesche Normalform überführen. In Koordinatendarstellung hat eine Geradengleichung in Hessescher Normalform die Gestalt

$$Ax + By + C = 0 \text{ mit } A^2 + B^2 = 1\,. \qquad (7)$$

Jede Koordinatengleichung (1) einer Geraden der Ebene läßt sich mittels Division durch $\sqrt{A^2 + B^2}$ in die Hessesche Normalform bringen.

Geradenmethode, Grenzfall eines Differenzenverfahrens für elliptische Differentialgleichungen in zwei Raumrichtungen, indem für eine der Raumrichtungen die Schrittweite gegen Null geht. Dadurch entsteht nicht wie bei Differenzenverfahren ein System algebraischer Gleichungen für die unbekannten Funktionswerte in den Gitterpunkten, sondern ein System von gewöhnlichen Differentialgleichungen.

Sei etwa die Poisson-Gleichung

$$u_{xx}(x,y) + u_{yy}(x,y) \;=\; f(x,y)$$

vorgeben in einem rechteckigen Gebiet $a \leq x \leq b$, $c \leq y \leq d$ mit Randbedingungen

$$\begin{aligned} u(x,c) &= \phi_0(x), & u(x,d) &= \phi_1(x), \\ u(a,y) &= \psi_0(y), & u(b,y) &= \psi_1(y). \end{aligned}$$

Diskretisiert man nun in y-Richtung gemäß

$$y_j := c + jh,\; j = 0, 1, \dots, N,$$

und approximiert die Ableitungen nach y auf den Geraden $y = y_j$, $j = 1, \dots, N-1$, durch die Differenzenausdrücke

$$u_{yy}(x, y_j) \approx \frac{1}{h^2}\left(u(x, y_{j-1}) - 2u(x, y_j) + u(x, y_{j+1})\right),$$

so entsteht für jede dieser Geraden eine Gleichung

$$u_j'' + \frac{1}{h^2}\left(u_{j-1} - 2u_j + u_{j+1}\right) \;=\; f_j\,,$$

wobei $u_j := u(x, y_j)$, $u_j'' := u_{xx}(x, y_j)$ und $f_j := f(x, y_j)$. Zusammen mit den Randbedingungen stellt dies ein gekoppeltes System gewöhnlicher Differentialgleichungen dar, dessen Lösung sich in geschlossener Form darstellen und unter Einsatz numerischer Methoden ermitteln läßt.

[1] Demidowitsch, B.P. et al.: Numerische Methoden der Analysis. Deutscher Verlag der Wissenschaften, Berlin, 1968.

Geradenschar, eine meist einparametrige Familie (Schar) von Geraden in der Ebene oder im dreidimensionalen Raum.

Parametrische Darstellungen von Geradenscharen sind durch Abbildungen Φ eines Gebietes von $\mathbb{R}^2$ in $\mathbb{R}^2$ oder $\mathbb{R}^3$ der Gestalt $\Phi(u, v) = \alpha(u) + v\,\gamma(u)$ gegeben, wobei α und γ parametrisierte Kurven sind. Daher handelt es sich bei Geradenscharen im $\mathbb{R}^3$, die differenzierbar vom Parameter abhängen, um Regelflächen.

Im $\mathbb{R}^2$ sind Geradenscharen durch ihre Verbindung zur Theorie der ↗ Einhüllenden von Interesse. Besteht die Geradenschar aus an einer Kurve gebrochenen oder reflektierten parallel einfallenden Lichtstrahlen, so heißt ihre Einhüllende ↗ Kaustik oder Brennlinie.

gerader Graph, ↗ Graph.

Gerbert von Aurillac, *Papst Sylvester II.*, deutscher Theologe und Universalgelehrter, geb. vor 945 Aurillac (Auvergne, Frankreich), gest. 12.5. 1003 Rom.

Gerbert von Aurillac wurde im Kloster St. Géraud (Aurillac) und in der spanischen Mark ausgebildet. Dadurch kam er in Kontakt mit arabisch-islamischen Wissenschaften. Seine Ausbildung umfaßte Grammatik, Rhetorik, Logik, Arithmetik, Geometrie, Musiktheorie, Astronomie sowie Theologie und Naturphilosophie. Nach dem Abschluß seiner Studien ließ er sich in Reims nieder, wo er die dortige Domschule zu einem der wichtigsten Zentren der Gelehrsamkeit in Europa machte. Daneben wirkte er als Lehrer des deutschen Kaisers Otto III. Ab 987 war er Sekretär des französischen Königs Hugo Karpet. Ab 994 lebte er in Italien und wurde dort von Otto III. 996 zum Erzbischof von Ravenna und 999 zum Papst ernannt.

Ihm werden unter anderem Arbeiten über das Astrolab und andere astronomische Instrumente und Abhandlungen über den Umgang mit dem Abakus zugeschrieben. Durch seine Ausbildung in Spanien lernte er die indo-arabische Ziffernschreibweise kennen, denn sein Abakus soll Marken mit den Zahlzeichen 1 – 9 verwendet haben. Neben Arbeiten zur Zahlentheorie schrieb er auch über Musiktheorie und Geometrie, wobei er Teile aus Euklids „Elementen" verarbeitete.

gerechtes Spiel, Interpretation der Martingaleigenschaft.

Es sei $(\Omega, \mathfrak{A}, P)$ ein Wahrscheinlichkeitsraum sowie $(X_n)_{n \in \mathbb{N}}$ eine Folge von unabhängigen identisch verteilten Zufallsvariablen mit Werten in $\{-1, 1\}$ und $P(X_n = 1) = p$ für alle $n \in \mathbb{N}$, bei der das Ereignis $\{X_n = 1\}$ als Gewinn und das Ereignis $\{X_n = -1\}$ als Verlust bei der n-ten Wiederholung eines Spiels interpretiert wird. Weiterhin sei $e_n : \{-1, 1\}^n \to \mathbb{R}_0^+$ für jedes $n \in \mathbb{N}$ eine Abbildung mit der Interpretation als Strategie des Spielers, in Abhängigkeit von den Ausgängen der ersten n Spiele im $(n+1)$-ten Spiel einen bestimmten Betrag einzusetzen.

Für die induktiv durch $S_1 := X_1$ und

$$S_{n+1} := S_n + X_{n+1} e_n(X_1, \ldots, X_n)$$

definierte Folge $(S_n)_{n\in\mathbb{N}}$ von Zufallsvariablen gilt dann P-fast sicher

$$\begin{aligned} &E(S_{n+1}|X_1, \ldots, X_n) \\ &\quad = S_n + (2p-1)e_n(X_1, \ldots, X_n)\,. \end{aligned}$$

Das Spiel wird als gerecht bezeichnet, wenn $p = \frac{1}{2}$ ist. Dies ist genau dann der Fall, wenn $(S_n)_{n\in\mathbb{N}}$ ein Martingal bezüglich der zur Folge $(X_n)_{n\in\mathbb{N}}$ gehörigen kanonischen Filtration ist. Entsprechend spricht man von einem vorteilhaften Spiel bzw. unvorteilhaften Spiel, wenn $p > \frac{1}{2}$ bzw. $p < \frac{1}{2}$ gilt, was wiederum genau dann der Fall ist, wenn $(S_n)_{n\in\mathbb{N}}$ ein Submartingal bzw. ein Supermartingal ist.

gerichtete Kante, ↗ gerichteter Graph.

gerichtete Kantenfolge, ↗ gerichteter Graph.

gerichteter Baum, ↗ Baum.

gerichteter Eulerscher Kantenzug, ↗ Eulerscher Digraph.

gerichteter Graph, *Digraph*, Begriff aus der ↗ Graphentheorie.

Ein gerichteter Graph (Digraph) D besteht aus einer endlichen, nicht leeren Menge $E(D)$ von Ecken und einer Menge $B(D)$ geordneter Paare (x, y) von verschiedenen Ecken x und y. Man nennt $E(D)$ Eckenmenge, $|E(D)|$ Eckenzahl, $B(D)$ Bogenmenge und $|B(D)|$ Bogenzahl des Digraphen D.

Ein Element $k = (x, y) \in B(D)$ heißt Bogen oder gerichtete Kante, und man sagt auch, k ist ein Bogen von x nach y oder x ist Anfangsecke und y Endecke von k. Der Außengrad $d_D^+(x)$ bzw. Innengrad $d_D^-(x)$ einer Ecke x in D ist die Anzahl der Bogen mit x als Anfangsecke bzw. mit x als Endecke. Die Zahlen

$$\delta^+(D) = \min\{d_D^+(x)|x \in E(D)\}$$

bzw.

$$\delta^-(D) = \min\{d_D^-(x)|x \in E(D)\}$$

nennt man minimalen Außengrad bzw. minimalen Innengrad, und

$$\Delta^+(D) = \max\{d_D^+(x)|x \in E(D)\}$$

bzw.

$$\Delta^-(D) = \max\{d_D^-(x)|x \in E(D)\}$$

maximalen Außengrad bzw. maximalen Innengrad des Digraphen D. Weiter heißt

$$\delta(D) = \min\{\delta^+(D), \delta^-(D)\}$$

Minimalgrad von D. Im Fall

$$d^+(x, D) = d^-(x, D) = 0$$

spricht man von einer isolierten Ecke x.

Falls ein Digraph D nicht zu groß ist, so veranschaulicht man ihn sich am besten durch eine Skizze, indem man die Ecken als Punkte der Ebene zeichnet, und jeden Bogen $k = (x, y)$ durch einen von x nach y gerichteten Pfeil darstellt. Die Abbildung zeigt einen Digraphen D mit der Eckenmenge $E(D) = \{x_1, x_2, x_3, x_4, x_5, x_6, x_7\}$ und den 10 Bogen (x_2, x_3), (x_3, x_2), (x_3, x_4), (x_4, x_5), (x_2, x_6), (x_6, x_3), (x_6, x_7), (x_7, x_6), (x_7, x_3), (x_4, x_7).

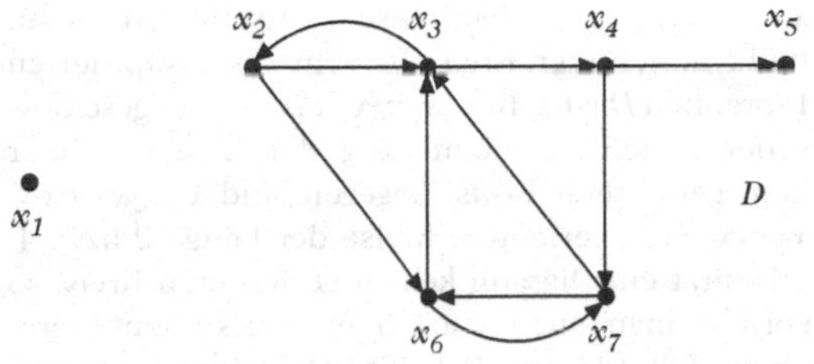

Gerichteter Graph (Digraph)

Der skizzierte Digraph hat folgende Eigenschaften. Er besitzt sieben Ecken, also gilt $|E(D)| = 7$. Es gilt weiterhin

$$\begin{aligned} \Delta^+(D) &= d_D^+(x_3) = 2\,, \\ d_D^-(x_4) &= d_D^-(x_2) = 1\,, \\ \Delta^-(D) &= d_D^-(x_3) = 3\,, \\ d_D^+(x_5) &= 0\,, \end{aligned}$$

und x_1 ist eine isolierte Ecke.

Aus jedem Digraphen D kann man auf eindeutige Weise einen Multigraphen (↗ Pseudograph) mit der gleichen Eckenmenge konstruieren, indem man jedem Bogen von x nach y eineindeutig eine Kante zuordnet, die mit x und y inzidiert. Ein solcher Multigraph heißt untergeordneter Multigraph des Digraphen D.

Umgekehrt kann man aus jedem ↗ Graphen G einen Digraphen D konstruieren, indem man jeder Kante eine Richtung gibt. Man nennt D dann eine Orientierung von G. Diese Konstruktion ist natürlich keineswegs eindeutig.

Analog zur Theorie der Graphen existiert auch für Digraphen ein Handschlaglemma:

$$\sum_{x\in E(D)} d_D^+(x) = \sum_{x\in E(D)} d_D^-(x) = |B(D)|\,.$$

Eine endliche Folge von Ecken x_i und Bogen k_j in einem Digraphen D der Form

$$W = x_0 k_1 x_1 k_2 x_2 \ldots x_{p-1} k_p x_p$$

mit $k_i = (x_{i-1}, x_i)$ für $i = 1, 2, \ldots, p$ heißt gerichtete Kantenfolge von x_0 nach x_p der Länge p. Für

W schreibt man auch kurz

$$W = x_0 x_1 \ldots x_p \, .$$

Die gerichtete Kantenfolge W ist geschlossen, wenn $x_0 = x_p$, und offen, wenn $x_0 \neq x_p$ gilt.

Sind in einer gerichteten Kantenfolge alle Bogen paarweise verschieden, so spricht man von einem gerichteten Kantenzug, und sind sogar alle Ecken paarweise verschieden, so liegt ein gerichteter Weg vor. Ein geschlossener gerichteter Kantenzug $C = x_0 k_1 x_1 \ldots x_{p-1} k_p x_0$, in dem die Ecken $x_0, x_1, \ldots, x_{p-1}$ paarweise verschieden sind, heißt gerichteter Kreis. In dem oben skizzierten Digraphen D ist z. B. $x_3x_2x_6x_3x_4x_7x_3$ ein geschlossener gerichteter Kantenzug der Länge 6, aber kein gerichteter Kreis. Dagegen sind $x_3x_2x_3$ bzw. $x_3x_4x_7x_6x_3$ gerichtete Kreise der Länge 2 bzw. 4.

Besitzt ein Digraph keinen gerichteten Kreis, so spricht man auch von einem kreisfreien Digraphen. Ein Digraph D heißt stark zusammenhängend, wenn für je zwei verschiedene Ecken x und y ein gerichteter Weg von x nach y existiert. Man nennt einen Digraphen zusammenhängend, wenn sein untergeordneter Multigraph zusammenhängend ist. Es ist recht leicht zu sehen, daß ein zusammenhängender Digraph D genau dann stark zusammenhängend ist, wenn jeder Bogen auf einem gerichteten Kreis liegt.

Ein Digraph D heißt pseudo-symmetrisch, wenn

$$d_D^+(x) = d_D^-(x) \, ,$$

und regulär, wenn

$$d_D^+(x) = d_D^-(x) = r$$

für alle $x \in E(D)$ gilt.

[1] Bollobás, B.: Modern Graph Theory. Springer New York, 1998.

[2] Chartand, G.; Lesniak, L.: Graphs and Digraphs. Chapman and Hall London, 1996.

[3] Volkmann, L.: Fundamente der Graphentheorie. Springer Wien New York, 1996.

gerichteter Hamiltonscher Weg, ↗ Hamiltonscher Digraph.

gerichteter Kantenzug, ↗ gerichteter Graph.

gerichteter Kreis, ↗ gerichteter Graph.

geringter Raum, topologischer Raum mit Strukturgarbe, ein Formalismus, um die Struktur komplexer Mannigfaltigkeiten zu charakterisieren.

Ein geringter Raum ist ein Paar $(T, \mathcal{A})$, in dem T ein topologischer (nicht unbedingt Hausdorffscher) Raum ist und $\mathcal{A}$ eine Garbe von Algebren über T so, daß (i) jeder Halm $\mathcal{A}_t$ von $\mathcal{A}$ ein lokale Algebra ist, (ii) für jedes $U \subset T$ und $f \in \mathcal{A}(U)$ die Funktion

$$\text{Red}f : U \to \mathbb{C}, \; t \mapsto f(t) := \varepsilon_t \left(f_t \right)$$

(mit der „Auswertung“ $\varepsilon_t = pr_{\mathbb{C}} : \mathcal{A}_t = \mathbb{C} \oplus \mathfrak{m}_t \to \mathbb{C}$) stetig ist. Red$f$ heißt die Reduktion von f. Die Garbe $\mathcal{A}$ heißt die Strukturgarbe, sie wird auch mit $_T\mathcal{A}$ bezeichnet. Anstelle von $(T, \mathcal{A})$ schreibt man oft einfach T, und wenn es notwendig ist, zwischen dem geringten Raum und dem ihm zugrundeliegenden topologischen Raum zu unterscheiden, dann schreibt man für den letzteren oft $|T|$.

Ein Spezialfall ist $(T, \mathcal{A}) = (X, \mathcal{O})$, wobei X ein Hausdorffraum sei und $\mathcal{O}$ eine Garbe von Unterringen mit Einselement der Garbe von Keimen von stetigen komplexwertigen Funktionen auf X.

Beispiel. X sei ein Gebiet im $\mathbb{C}^n$, und $\mathcal{O}$ sei die Garbe $_n\mathcal{O} \mid X$ der Keime von holomorphen Funktionen auf X.

[1] Gunning, R.; Rossi, H.: Analytic Functions of Several Complex Variables. Prentice Hall Inc. Englewood Cliffs, N.J., 1965.

[2] Kaup, B.; Kaup, L.: Holomorphic Functions of Several Variables. Walter de Gruyter Berlin New York, 1983.

Germain, Marie-Sophie, *LeBlanc, M.*, französische Mathematikerin, geb. 1.4.1776 Paris, gest. 26.6.1831(?) Paris.

Da an der Ecole Polytechnique Frauen nicht zum Studium zugelassen waren, besorgte sich Germain Vorlesungsmitschriften und eignete sich so die Mathematik an, wobei sie von Lagrange betreut wurde. 1811 arbeitete sie gemeinsam mit Poisson über das Problem der elastischen Platte. Wenn auch ihre ersten Resultate falsch waren, konnte Lagrange aus ihnen doch die richtige Gleichung für die Durchbiegung der Platte ableiten und diese lösen. Dafür wurde sie 1816 ausgezeichnet. Ihre Arbeiten waren fundamental für die Herausbildung einer Elastizitätstheorie. Neben diesen Arbeiten beschäftigte sie sich auch mit der Akustik, der Differentialgeometrie und der Arithmetik.

Germain pflegte eine enge Brieffreundschaft mit Gauß, wobei sie das Pseudonym LeBlanc benutzte. Beide sind sich aber nie begegnet.

Gerschgorin, Satz von, eine Aussage über die Lage der Eigenwerte einer Matrix.

Es seien $A = ((a_{\mu\nu}))$ eine $(n \times n)$-Matrix, λ ein Eigenwert von A, und $\{Z_\nu\}$ und $\{S_\mu\}$ die ↗ Gerschgorin-Kreise von A.

Dann liegt λ in mindestens einem der Kreise Z_ν und in mindestens einem der Kreise S_μ.

Die Aussage des Satzes kann noch in folgender Art und Weise verschärft werden.

Ist M_k die Vereinigung von k Zeilenkreisen und M_{n-k} die Vereinigung der restlichen $n - k$ Zeilenkreise, und gilt $M_k \cap M_{n-k} = \emptyset$, so enthält M_k genau k und M_{n-k} genau $n - k$ Eigenwerte von A.

Die analoge Aussage gilt für die Spaltenkreise.

Gerschgorin-Kreise, zu einer gegebenen quadratischen Matrix gebildete Kreise, deren Mittelpunkt jeweils ein Hauptdiagonalelement der Matrix ist.

Es sei $A = ((a_{\mu\nu}))$ eine $(n \times n)$-Matrix. Dann nennt man die Punktmengen

$$Z_\nu = \{z \in \mathbb{C};\ |z - a_{\nu\nu}| \le \sum_{\substack{\mu=1\\ \mu\neq\nu}}^{n} |a_{\mu\nu}|\},$$

$\nu = 1, \dots, n$, und

$$S_\mu = \{z \in \mathbb{C};\ |z - a_{\mu\mu}| \le \sum_{\substack{\nu=1\\ \nu\neq\mu}}^{n} |a_{\mu\nu}|\},$$

$\mu = 1, \dots, n$, die Gerschgorin-Kreise von A. Genauer noch bezeichnet man die $\{Z_\nu\}$ als (Gerschgorin-)Zeilenkreise und die $\{S_\mu\}$ als (Gerschgorin-)Spaltenkreise von A.

Diese Begriffe spielen eine zentrale Rolle im Satz von Gerschgorin (↗Gerschgorin, Satz von).

Gerüst, ↗ spannender Baum.

Gesamtkrümmung, Integral über die ↗Gaußsche Krümmung.

Die Gesamtkrümmung eines Gebietes $G \subset \mathcal{F}$ einer regulären Fläche $\mathcal{F} \subset \mathbb{R}^3$ ist das Integral

$$k_G = \int_M k\, dO$$

der Gaußschen Krümmung k von $\mathcal{F}$.

Die Gesamtkrümmung besitzt eine geometrische Deutung als Flächeninhalt des sphärischen Bildes von $\mathcal{F}$.

Gesamtschaden, Größe aus der Risikotheorie zur Charakterisierung der Schäden für einen Versicherungsbestand.

Gegeben sei eine Menge $\{R_j\}_{j=1,..J}$ von Zufallsvariablen, welche die Einzelrisiken des Kollektivs beschreiben. Der Beobachtung zugänglich sind die Realisierungen $0 \le r_j < \infty$, die von den einzelnen Risiken R_j verursachten Schäden. Daraus ist für den Gesamtschadenprozess $R = \sum_{j=1}^{J} R_j$ die Verteilungsfunktion $F(R)$ zu schätzen. Theoretisch ist diese aus den Verteilungen $F(R_j)$ zu berechnen, vgl. ↗individuelles Modell der Risikotheorie. Ein wichtiger Spezialfall sind Prozesse mit unabhängigen identisch verteilten Risiken. Dann sind

$$\varrho = \sum_{j=1}^{J} r_j \text{ bzw. } \sigma^2 = \frac{1}{J-1} \sum_{j=1}^{J} (r_j - \varrho/J)^2$$

Schätzer für den Erwartungswert bzw. die Varianz von R.

Sofern man sich bezüglich der Gesamtschadenverteilung auf eine bestimmte Klasse zweiparametriger Verteilungsfunktionen festlegt, ist $F(R)$ aus ϱ und σ approximativ zu bestimmen.

Gesamtschadenverteilung, ↗Gesamtschaden.

Gesamtschrittverfahren, ↗Jacobi-Verfahren.

Geschichte der Infinitesimalrechnung, eine der wichtigsten Triebfedern der modernen ↗Analysis.

Die Infinitesimalrechnung hat eine lange Geschichte und ist nicht etwa eine Erfindung von Leibniz und Newton. Die Durchführung von Grenzübergängen, allerdings in geometrischer Form, war schon in der Antike Archimedes gelungen. Die Werke antiker Mathematiker, besonders die des Archimedes, wirkten als methodisches Vorbild bis in das 17. Jahrhundert Seit der Renaissance, also etwa seit dem 14. Jahrhundert, wurden die Werke der antiken Mathematiker in Übersetzungen bekannt und hatten besonders im 15. und 16. Jahrhundert größten Einfluß auf die Gelehrten Europas.

Drei Problemkreise haben das Entstehen der Infinitesimalrechnung wesentlich befördert:

a) mechanisch-physikalische Fragen, wie Wurf, freier Fall, Planetenbewegung, beschleunigte Bewegung;
b) mechanisch-geometrische Probleme, wie Flächen-, Volumen-und Schwerpunktberechnungen;
c) geometrische Probleme im engeren Sinne, wie das Tangentenproblem.

Nach einer „Anfangsphase“, zu der u. a. die einschlägigen Arbeiten von G. Galilei (1564–1642) und Commandino (1509–1575) zählen, setzte mit J. Kepler (1571–1630) eine neue Etappe ein. Kepler setzte das „Unendlich-Kleine“ bewußt in der Geometrie ein, um Flächeninhalte und Volumina zu bestimmen. So dachte er sich eine Kreisfläche durch eine unendliche Anzahl von gleichschenkligen Dreiecken ersetzt. Eng an Kepler angelehnt, entwickelte B. Cavalieri (1598?–1647) 1635 seine Methode der Indivisiblen. Indivisible sind unendlich dünne Gebilde, die eine Gesamtheit höherer Dimension bilden, z. B. bilden indivisible „Fäden“ zusammen eine Fläche. Durch Summation der Indivisiblen kann man Flächen und Volumina berechnen. Die Indivisiblenmethode Cavalieris war so vage, daß an eine sinnvolle geometrische Weiterentwicklung nicht zu denken war. Es wurde notwendig, die geometrische Form infinitesimaler Betrachtungen zu verlassen und algebraisch-rechnerische Methoden einzuführen. In der 1. Hälfte des 17.Jhs. griffen P. Fermat (1601–1665), Ch. Huygens (1629–1695) u. a. deshalb bewußt auf Grundgedanken der Archimedischen Mathematik (Exhaustionsmethode) zurück und arithmetisierten die Indivisiblenmethode. In ihren Arbeiten und in denen von J. Wallis (1616–1703) und vielen anderen wurden Quadraturen, Rektifikationen und Komplanationen durchgeführt. Besonders Fermat gelang es, bei der Berechnung von Extremwerten und der Konstruktion von Kurventangenten wesentliche Fortschritte zu erzielen. Seine Methode erinnert stark an die Bildung von Differentialquotienten. Die Fermatsche Tangentenbestimmung löste heftige Diskussionen aus und führte schließlich zur Einführung des „charakteristischen Dreiecks“ 1659 durch B. Pascal (1623–1662). Leibniz fand im charakteristischen Dreieck Pascals die entscheidende Anregung für seinen Kalkül (ab 1675).

Die Newtonsche Form der Infinitesimalrechnung (↗Fluxionsrechnung) entstand aus einer anderen Motivation. Newton wollte bei der Behandlung der oben erwähnten Probleme weder die antiken Methoden benutzen, noch die Indivisiblenmethode verwenden. Er bemühte sich um sichere Grundlagen für „echte“ Grenzübergänge und fand sie in seiner „Methode der ersten und letzten Verhältnisse“ (um 1665/67).

Letzlich leisteten der Leibnizsche Kalkül und die Newtonsche Methode dasselbe, nur war der Leibnizsche Kalkül sehr viel leichter zu handhaben. Auf dem europäischen Kontinent gelangen mit dem „Calculus“ von Leibniz den Bernoullis, L. Euler (1707–1783) und vielen anderen bald aufsehenerregende Erfolge. Die erste zusammenfassende Darstellung der „Leibnizschen Mathematik“ erschien 1696. Bis zum Ende des 18. Jahrhunderts verschlossen sich englische Mathematiker weitgehend dem „Calculus“. Das führte zu einer Stagnation der britischen Mathematik. Erst mit der Übernahme der Infinitesimalmathematik Leibnizscher Prägung zu Anfang des 19. Jahrhunderts gelang der Anschluß an die internationale Entwicklung.

Geschichte der Mengenlehre

P. Philip

Die moderne Mengenlehre beginnt nach Auffassung vieler Mathematiker mit den Arbeiten von Georg Cantor Ende des 19. Jahrhunderts. Seine Definition einer Menge aus dem Jahre 1895 als eine „Zusammenfassung bestimmter, wohlunterschiedener Objekte unserer Anschauung oder useres Denkens zu einem Ganzen“ stellt die Grundlage der ↗naiven Mengenlehre dar.

Schon um 450 v.Chr. beschäftigte sich Zenon von Elea mit dem Problem der Unendlichkeit (siehe [9]). Von Zenon von Elea stammt z. B. das Paradoxon von Achilles und der Schildkröte. Es besagt, daß Achilles nicht in der Lage ist, eine ihm vorauskriechende Schildkröte einzuholen: Zu Beginn befinde sich Achilles am Punkt A und die Schildkröte am Punkt B. Erreicht Achilles Punkt B, so ist die Schildkröte bereits zu Punkt C gelangt, usw.

Die Paradoxien des Zenon von Elea waren eine Triebkraft für die Entwicklung der Mengenlehre und der Analysis. Ihre Auflösung gelang erst mit Hilfe des Begriffs der Konvergenz unendlicher Reihen, der in mathematischer Strenge im 19. Jahrhundert von Gauß entwickelt wurde.

Aus dem 14. Jahrhundert stammt die Arbeit *Questiones subtilissime in libros de celo et mundi* von Albert von Sachsen (geb. 1316, gest. 1390), in der er mit einem anschaulichen Argument zeigt, daß ein unendlich langer Holzbalken dasselbe Volumen hat wie der gesamte dreidimensionale Raum.

In heutiger Sprache gibt Albert von Sachsen ein Beispiel für eine bijektive ↗Abbildung zwischen einer unendlichen Menge und einer echten Teilmenge an. Weitere solche Beispiele finden sich Jahrhunderte später in Bolzanos Arbeit *Paradoxien des Unendlichen* (siehe [1]).

Tatsächlich ist die Existenz einer Bijektion auf eine echte Teilmenge charakteristisch für unendliche Mengen und kann wie bei Dedekind 1888 als deren Definition verwendet werden.

In [1] definiert Bolzano eine Menge als „Inbegriff, den wir einem Begriff unterstellen, bei dem die Anordnung seiner Teile gleichgültig ist“.

Im Gegensatz zu einer Vielzahl seiner Zeitgenossen glaubte Bolzano an die Existenz unendlicher Mengen und verteidigte sie gegen Kritiker.

Zwischen Cantor und Dedekind ist aus der Zeit zwischen 1873 und 1879 ein reger Briefwechsel überliefert, so daß man davon ausgehen kann, daß sie sich in ihrer Arbeit gegenseitig beeinflußt haben.

Dedekind gibt 1888 den ersten mengentheoretischen Aufbau des Zahlsystems von den natürlichen bis zu den reellen Zahlen.

In seiner bahnbrechenden Arbeit von 1874, die des Öfteren als die „Geburtsstunde der modernen Mengenlehre“ bezeichnet wird, zeigt Cantor, daß sich die algebraischen Zahlen bijektiv auf die natürlichen Zahlen abbilden lassen und daß es eine Bijektion zwischen den reellen und den natürlichen Zahlen nicht geben kann. Cantor betrachtet damit erstmalig verschiedene Stufen der Unendlichkeit. Vier Jahre später führt Cantor den Begriff der Mächtigkeit von Mengen ein.

In den Jahren 1883 und 1885 veröffentlicht Cantor grundlegende Arbeiten zur Theorie der ↗Kardinalzahlen und Ordinalzahlen und deren Arithmetik.

Einer der heftigsten Kritiker der Cantorschen Ideen war Kronecker. Kronecker glaubte nicht an die Existenz einer Mathematik außerhalb des Bereichs der natürlichen Zahlen. Cantors Betrachtungen zu unterschiedlichen Stufen der Unendlichkeit wieß er daher als sinnlos zurück (siehe [7]).

Obwohl die Cantorsche Mengenlehre für die Entwicklung in vielen mathematischen Disziplinen von entscheidender Bedeutung war, ist sie nicht geeignet, die Mathematik in befriedigender Weise zu begründen.

Es zeigt sich nämlich, daß die Cantorsche Mengenlehre nicht frei von Widersprüchen ist. 1897 entdeckte Burali-Forti die heute nach ihm benannte Antinomie (↗Burali-Forti, Antinomie von). Es folgten die Entdeckungen der ↗Cantorschen Antinomie 1899 sowie der ↗Russellschen Antinomie 1902.

Etwa zur gleichen Zeit versuchte Frege (siehe [6]) ein Axiomensystem für die Cantorsche Mengenlehre anzugeben. Die Folge war, daß das Fregesche Axiomensystem die Schwächen der Cantorschen Mengenlehre teilte. So kann das Fregesche Komprehensionsaxiom, welches in seiner ursprünglichen Version lautet „zu jeder Eigenschaft E existiert die Menge

$$M_E := \{x : x \text{ ist Menge, und } E \text{ trifft zu auf } x\}\text{“},$$

als Ursache der Russellschen Antinomie betrachtet werden.

Dennoch stellt Freges Arbeit praktisch den Anfang der ↗axiomatischen Mengenlehre dar. In der Folgezeit bemühten sich eine Vielzahl von Mathematikern um die Aufstellung eines widerspruchsfreien Axiomensystems zur Begründung der Mengenlehre.

Zur Vermeidung der Russellschen Antinomie wurden dabei verschiedene Wege eingeschlagen. So entwickelt Russell in [10] eine Typentheorie, in der vermieden wird, daß sich Kollektionen selbst enthalten.

Eine andere Strategie bestand in der Modifizierung des Fregeschen Komprehensionsaxioms. So enthält das von Zermelo 1908 veröffentlichte Axiomensystem ein Komprehensionsaxiom, welches lediglich fordert, daß die Kollektion von Elementen einer Menge, die eine bestimmte Eigenschaft besitzen, wieder eine Menge ist.

Zermelos Axiomensystem wurde durch Arbeiten von Fraenkel und Skolem ergänzt und war 1922 in einer Form, in der es bis heute die Grundlage der von den meisten Mathematikern akzeptierten Mengenlehre bildet. Man bezeichnet dieses Axiomensystem mit den Buchstaben ZFC und nennt es das Zermelo-Fraenkelsche Axiomensystem mit ↗Auswahlaxiom.

Andere bedeutsame Axiomensysteme der Mengenlehre wurden von Bernays, Gödel und von Neumann entwickelt (↗axiomatische Mengenlehre).

Gödel war es auch, der einige prinzipielle Schwierigkeiten der axiomatischen Mengenlehre deutlich machte. 1931 veröffentlichte Gödel seine Unvollständigkeitssätze, und es wurde klar, daß es zu jedem widerspruchsfreien Axiomensystem Aussagen gibt, die von dem Axiomensystem unabhängig sind, d. h., sich aus den Axiomen weder beweisen noch widerlegen lassen. Insbesondere kann man aus einem widerspruchsfreien Axiomensystem, das reichhaltig genug ist, um für die Begründung der Mathematik geeignet zu sein, dessen Widerspruchsfreiheit nicht beweisen.

Ein wichtiger Zweig der modernen Mengenlehre beschäftigt sich mit dem Nachweis von Konsistenz- und Unabhängigkeitsresultaten.

Gödel zeigte 1940, daß das Auswahlaxiom und die verallgemeinerte Kontinuumshypothese mit ZF konsistent sind. 1963 zeigte Cohen, daß beide Aussagen sogar von ZF unabhängig sind. Cohen entwickelte dazu das sogenannte ↗Forcing, das seither das Standardverfahren zum Nachweis nichttrivialer Unabhängigkeitsresultate ist.

Literatur

[1] Bolzano, B.: Paradoxien des Unendlichen. Leipzig, 1851.

[2] Cantor, G.: Gesammelte Abhandlungen mathematischen und philosophischen Inhalts. Berlin, 1933.

[3] Cohen, P.: Set Theory and the Continuum Hypothesis. New York, 1966.

[4] Dedekind, R.: Gesammelte mathematische Werke. Braunschweig, 1932.

[5] Fels, H.: Bernhard Bolzano, sein Leben und sein Werk. Leipzig, 1929.

[6] Frege, G.: Grundgesetze der Arithmetik I,II. Jena, 1893/1903.

[7] Führich, A.: Der Meinungsstreit zwischen Georg Cantor und Leopold Kronecker um Grundlagen der Mathematik in der Zeit der Begründung der Mengenlehre. Potsdam, 1983.

[8] Jarnik, V.: Bolzano and the foundations of mathematical analysis. Prague, 1981.

[9] Lee, H.D.P.: Zeno of Elea. A text with Translation and Commentary. Cambridge, 1936.

[10] Russell, B. / Whitehead A.: Principia Mathematica I,II,III. Cambridge, 1910/1912/1913.

[11] Salmon, W.: Zeno's Paradoxes. The Bobbs-Merrill Company, Inc., New York, 1970.

geschichtete Stichprobe, ↗Stichprobe.

Geschlecht, neben dem Lebensalter eines der wichtigsten Merkmale in der ↗Demographie.

Geschlecht einer Fläche, eine numerische topologische Invariante von Flächen.

Da es sich eine topologische Invariante handelt,

ist das Geschlecht zweier zueinander homöomorpher Flächen gleich. Eine anschauliche Vorstellung vom Begiff der Homöomorphie von Flächen erhält man, indem man sie sich aus beliebig dehnbarem Material gefertigt denkt und annimmt, daß sich eine von ihnen in die andere durch äußere Kräfte deformieren läßt, ohne zu zerreißen.

Die genaue Definition lautet: Zwei Flächen sind homöomorph, wenn es eine bijektive stetige Abbildung zwischen ihnen gibt, deren Umkehrabbildung ebenfalls stetig ist.

Jede zur Kugeloberfläche homöomorphe Fläche, wie z. B. die Oberfläche eines konvexen Körpers, hat das Geschlecht $g = 0$. Ist $\mathcal{F}$ zu einem Torus homöomorph, der Fläche, die anschaulich etwa durch einen Auto- oder Fahrradreifen repräsentiert wird, so hat $\mathcal{F}$ das Geschlecht $g = 1$.

Stellt man sich eine beliebige Fläche $\mathcal{F}$ als äußere Berandung eines Körpers $\mathcal{K} \subset \mathbb{R}^3$ vor, und bohrt durch $\mathcal{K}$ eine Röhre, die eine von einem Randpunkt zu einem anderen reichende vollständige Durchtunnelung ergibt, so entsteht ein neuer Körper dessen Oberfläche eine Modifikation $\mathcal{F}_1$ von $\mathcal{F}$ ist. Das Geschlecht von $\mathcal{F}_1$ ist dann um 1 größer als das Geschlecht von $\mathcal{F}$. Eine andere Beschreibung dieser Modifikation erfolgt durch das „Anbringen eines Henkels“: Man erhält $\mathcal{F}_1$ (bis auf Homöomorphie), in dem man aus $\mathcal{F}$ zwei Kreisflächen ausschneidet und einen Zylinder mit seinen Enden an je einer der beiden Schnittlinien anklebt. Bohrt man sukzessiv weitere derartige Röhren, die die bereits vorhandenen nicht kreuzen, so ergibt sich eine Folge $\mathcal{F}, \mathcal{F}_1, \mathcal{F}_2, \mathcal{F}_3 \dots$ von Flächen, deren jede ein um 1 größeres Geschlecht als ihre Vorgängerin hat.

Das Geschlecht einer beliebigen Fläche $\mathcal{F}$ kann man als „Anzahl der Tunnelröhren“ definieren, die man in eine Kugel bohren müßte, um einen Körper zu erhalten, zu dessen Oberfläche $\mathcal{F}$ homöomorph ist. Äquivalent dazu, ist das Geschlecht als Anzahl der Henkel definiert, die man an der Kugeloberfläche anbringen muß um eine zu $\mathcal{F}$ homöomorphe Fläche zu bekommen.

Das Geschlecht ist auch für abstrakte Flächen, d. h. für zweidimensionale Mannigfaltigkeiten definiert und bildet ein vollständiges topologisches Invariantensystem, d. h., es gilt:

Zwei kompakte orientierbare Flächen sind genau dann homöomorph, wenn sie gleiches Geschlecht haben.

Um das Geschlecht der Fläche $\mathcal{F}$ zu bestimmen, benutzt man Triangulierungen, d. h., Zerlegungen von $\mathcal{F}$ in disjunkte, krummlinig begrenzte Teile von der Form eines verbogenen Dreiecks. Man muß sich dabei nicht auf Dreiecke beschränken, sondern kann beliebige gekrümmte Polygone mit beliebig vielen Ecken zulassen. Entscheidend ist, daß sie topologisch von einfachster Form sind, etwa homöomorph zu einer Kreisscheibe.

Das läßt sich stets erreichen, indem man $\mathcal{F}$ längs geeignet gewählter Kurven in Teile zerschneidet. Genauer: Man wählt zunächst eine gewisse Anzahl e von Punkten $A_1, \dots, A_e \in \mathcal{F}$, die Ecken der Triangulierung, und dann eine gewisse Anzahl k diese Punkte verbindender stetiger Kurven, die wir Kanten nennen. Man muß die Kanten so wählen, daß die Fläche dadurch in f Polygone, die Seitenflächen, zerlegt wird. Hat man das erreicht, so erhält man das Geschlecht g aus der Formel

$$e - k + f = 2 - 2g. \qquad (1)$$

Diese Gleichung gilt unabhängig davon, wie man die Triangulierung durchführt. Zwei einfache Beispiele mögen die Gleichung (1) veranschaulichen: Betrachtet man auf der Kugeloberfläche irgendeinen Punkt P und eine stetige Kurve K, die von P ausgehend ohne sich selbst zu überschneiden zu P zurückkommt, so zerschneidet K die Kugeloberfläche in zwei Teilflächen. Da wir eine Ecke P und eine Kante K haben, gilt in (1) $e = k = 1$. Überdies ist $f = 2$, woraus sich erwartungsgemäß das Geschlecht $g = 0$ ergibt.

Den Torus kann man als Rotationsfläche, eines Kreises ansehen. Wenn man ihn so zerschneidet, daß man als Kanten einen Meridian und einen Breitenkreis und als Eckenmenge den einzigen Schnittpunkt dieser beiden Kurven bekommt, so entsteht nur eine Seitenfläche, man hat $e = f = 1$, $k = 2$, und (1) ergibt $g = 1$.

Ist die Fläche ein konvexes Polyeder, so gilt $g = 0$ und die Ecken, Kanten und Seitenflächen sind als Bausteine von $\mathcal{F}$ direkt vorgegeben. Die Gleichung (1) reduziert sich auf die ↗Eulersche Polyederformel. Die in (1) auftretende Größe $\chi(\mathcal{F}) = e - k + f$ heißt ↗Eulersche Charakteristik der Fläche.

In der algebraischen Geometrie existiert der Begriff des Geschlechtes einer Fläche ebenfalls. Für eine 2-dimensionale algebraische Varietät X über einem Körper k unterscheidet man *arithmetisches* und *geometrisches* Geschlecht. Das geometrische Geschlecht p_g ist in Analogie zum ↗Geschlecht einer Kurve durch

$$p_g = \dim_k H^0\left(X, \Omega_X^2\right)$$

als Dimension des Vektorraumes aller regulären Differentialformen der Stufe 2 definiert.

Das arithmetische Geschlecht p_a hingegen ist durch

$$\begin{aligned} p_a &= \chi(X, \mathcal{O}_X) - 1 \\ &= \dim_k H^2(X, \mathcal{O}_X) - \dim_k H^1(X, \mathcal{O}_X) \end{aligned}$$

gegeben, wobei $H^i(X, \mathcal{O}_X)$ die i-te Kohomologiegruppe mit Werten in der Garbe $\mathcal{O}_X$ der rationalen

Funktionen und $\chi(X, \mathcal{O}_X)$ die Eulersche Charakteristik von $\mathcal{O}_X$ ist. Die Differenz $p_g - p_a$ ist gleich der Dimension des Raumes aller regulären Differentialformen der Stufe 1, der sogenannten Irregularität q von X.

Geschlecht einer Kurve, eine positive ganze Zahl g, die für jede glatte eindimensionale algebraische Varietät X über einem Körper k als Dimension des Vektorraumes aller regulären Differentialformen erster Stufe von X definiert ist.

Das Geschlecht von X ist eine birationale Invariante, d. h., es stimmt für Flächen überein, wenn diese birational isomorph sind. Für jede ganze Zahl $g > 0$ existiert eine algebraische Kurve, deren Geschlecht den Wert g hat. Die algebraischen Kurven vom Geschlecht $g = 0$ über einem algebraisch abgeschlossenen Körper sind gerade die rationalen Kurven, d. h., die zur projektiven Geraden $\mathbb{P}^1$ birational isomorphen Kurven. Kurven vom Geschlecht $g = 1$ sind die elliptischen Kurven, d. h, die Kurven, die zu einer glatten Kurve dritten Grades im $\mathbb{P}^3$ birational isomorph sind.

Ist als Grundkörper k der Körper $\mathbb{C}$ der komplexen Zahlen gegeben, so ist eine algebraische Kurve eine eindimensionale ↗ komplexe Mannigfaltigkeit. Als reelle Mannigfaltigkeit betrachtet hat sie die Dimension 2 und ist eine Riemannsche Fläche. In diesem Fall stimmt das Geschlecht der algebraischen Kurve mit dem topologischen Geschlecht der Fläche (↗ Geschlecht einer Fläche) überein.

Geschlecht eines Graphen, das minimale Geschlecht h einer orientierbaren Fläche S_h derart, daß der Graph eine kreuzungsfreie Einbettung in S_h besitzt (↗ Einbettung eines Graphen).

Das Geschlecht des vollständigen Graphen K_n beträgt

$$\lceil (n-3)(n-4)/12 \rceil$$

für $n \geq 3$, und das Geschlecht des vollständig bipartiten Graphen $K_{n,m}$ ist

$$\lceil (n-2)(m-2)/4 \rceil$$

für $n, m \geq 2$.

Die Bestimmung des Geschlechts eines Graphen ist ein NP-schweres Problem.

geschlossene Kantenfolge, ↗ Graph.

geschlossene Kurve, eine Kurve, bei der Anfangs- und Endpunkt übereinstimmen.

Eine stetige Abbildung $\gamma : [a, b] \to \mathbb{R}^n$ heißt eine Kurve im $\mathbb{R}^n$. Gilt zusätzlich noch $\gamma(a) = \gamma(b)$, so spricht man von einer geschlossenen Kurve.

geschlossener Kantenzug, ↗ Graph.

geschlossener Orbit, periodischer Orbit $\gamma \subset M$ eines ↗ dynamischen Systems (M, G, Φ), der eine Minimalperiode besitzt.

Geschlossene Orbits sind also alle periodischen Orbits bis auf Fixpunkte. Jeder (periodische) Punkt $x \in \gamma$ mit Minimalperiode T ist Fixpunkt der Abbildung $\Phi_T := \Phi(\cdot, T) : M \to M$. Für einen ↗ Fluß $(M, \mathbb{R}, \Phi)$ bezeichne F das zugehörige Vektorfeld. Für das Differential

$$d\Phi_T(x) : T_xM \to T_xM$$

gilt

$$d\Phi_T(x)F(x) = F(x)\,,$$

d. h., 1 ist Eigenwert von $d\Phi_T(x)$. Die übrigen Eigenwerte von $d\Phi_T(x)$ sind unabhängig von der Wahl von $x \in \gamma$ und heißen charakteristische Multiplikatoren von γ.

Ein geschlossener Orbit γ heißt entartet, falls die Linearisierung der Poincaré-Abbildung, die in einer geeigneten Umgebung eines $x_0 \in \gamma$ definiert ist (die Eigenwerte dieser Linearisierung sind unabhängig von x_0), 1 als Eigenwert besitzt. Ein nichtentarteter geschlossener Orbit eines Vektorfeldes ändert bei kleiner Änderung des Vekorfeldes seine Lage, verschwindet jedoch nicht (Satz über implizite Funktionen). Entartete geschlossene Orbits dagegen können sich in mehrere teilen bzw. verschwinden. Dieser Begriff ist daher zur Charakterisierung strukturstabiler Vektorfelder nützlich.

geschlossener Weg, ein Weg $\gamma : [0, 1] \to \mathbb{C}$ derart, daß $\gamma(0) = \gamma(1)$, d. h. Anfangs- und Endpunkt des Weges stimmen überein.

Geschwindigkeit, im verallgemeinerten Sinne die Ableitung $\mathfrak{v}$ einer differenzierbaren Abbildung $\mathfrak{s}$: $\mathbb{R}^1 \supset I \to U \subset \mathcal{M}$ eines Intervalls I aus $\mathbb{R}^1$ in eine Umgebung U einer differenzierbaren Mannigfaltigkeit $\mathcal{M}$.

I wird dann als Zeitintervall bezeichnet. $\mathfrak{s}$ heißt in bestimmten Situationen Weg oder Bahnkurve. $\mathfrak{v}(t)$ ist die Geschwindigkeit zum Zeitpunkt $t \in I$ oder im Punkt $\mathfrak{s}(t) \in \mathcal{M}$.

Ist $\mathfrak{s}$ der Weg (die Bahnkurve) eines Körpers, nennt man $\mathfrak{v}$ Bahngeschwindigkeit.

Im euklidischen (3-dimensionalen) Raum kann man den Bahnpunkt $\mathfrak{s}(t)$ mit einem beliebig gewählten Punkt O (Ursprung) verbinden. Mit t variiert dieser Vebindungsvektor (Radiusvektor) $\mathfrak{r}(t)$ und erzeugt eine Fläche, die Funktion der Zeit ist. Ihre Ableitung heißt Flächengeschwindigkeit. In einem kugelsymmetrischen Gravitationsfeld bewegt sich ein Massenpunkt in einer Ebene. Sein Radiusvektor überstreicht in gleichen Zeiten gleiche Flächen (2. Keplersches Gesetz). Ist die Bahnkurve kein Kreis, dann muß die Flächengeschwindigkeit größer sein, wenn sich der Massenpunkt dem Zentrum nähert.

Stellt man die Bahngeschwindigkeit $\mathfrak{v}$ in der Form eines ↗ Kreuzprodukts dar, $\mathfrak{v} = \mathfrak{u} \times \mathfrak{r}$, dann heißt $\mathfrak{u}$ Winkelgeschwindigkeit.

Geschwindigkeiten-Additionstheorem, in der speziellen Relativitätstheorie die Formel, nach der Geschwindigkeiten zusammengesetzt werden.

Sind beide Bewegungen parallel zueinander und haben die Geschwindigkeit v bzw. w, so hat die zusammengesetzte Bewegung die Geschwindigkeit

$$\frac{v+w}{1+v\cdot w/c^2}.$$

Der Beweis ist am einfachsten, wenn man o.B.d.A. annimmt, daß die Bewegung in x-Richtung verläuft, so daß nur die spezielle Lorentztransformation in der (x,t)-Ebene berechnet werden muß. Bei nichtparallelen Bewegungen muß man die Geschwindigkeitsvektoren mittels allgemeiner Lorentztransformationen zusammensetzen.

Im nichtrelativistischen Grenzfall $c \to \infty$ geht die Formel über in $v+w$, die aus der Newtonschen Mechanik bekannte Additivität von Geschwindigkeiten.

Geschwindigkeitsvektor, Vektor zur Angabe der Momentangeschwindigkeit.

Es sei P ein in Bewegung befindlicher Massenpunkt. Beschreibt der Ortsvektor $x(t)$ die Bewegung des Massenpunktes, so heißt der Vektor $\frac{dx}{dt}$ der Geschwindigkeitsvektor des Massenpunktes. Der Geschwindigkeitsvektor ist wieder eine Funktion in Abhängigkeit von der Zeit.

Gesetz der Komplementarität, auch Gesetz der ausgeschlossenen Mitte genannt, lautet: Für eine Menge $A \in X$ und ihr Komplement $C(A)$ gilt stets

$$A \cap C(A) = \emptyset \quad \text{und} \quad A \cup C(A) = X.$$

Gesetz der 0 und 1, ↗ Boolesche Algebra.

Gesetz der seltenen Ereignisse, Bezeichnung für die Beobachtung von Poisson, daß die Binomialverteilung

$$P(X=x) = \binom{n}{x} p^x (1-p)^{n-x}$$

für große Werte von n und kleine Werte von p durch die Poisson-Verteilung

$$P(X=x) = e^{-\lambda}\frac{\lambda^x}{x!} \quad \text{mit } np \approx \lambda$$

approximiert wird.

Nicht ganz zutreffend wird das Gesetz der seltenen Ereignisse bisweilen auch Gesetz der kleinen Zahlen genannt.

Gesetz vom iterierten Logarithmus, Aussage über das Ausmaß, in dem die ausgehend von einer Folge $(X_n)_{n\in\mathbb{N}}$ von Zufallsvariablen gebildete Folge $(S_n)_{n\in\mathbb{N}}$ der Partialsummen $S_n := X_1 + \ldots + X_n$ fluktuiert.

Sei $(X_n)_{n\in\mathbb{N}}$ eine Folge von auf dem Wahrscheinlichkeitsraum $(\Omega, \mathfrak{A}, P)$ definierten unabhängigen identisch verteilten und quadratisch integrierbaren reellen Zufallsvariablen mit $E(X_n) = 0$. Dann gelten für die Folge $(S_n)_{n\in\mathbb{N}}$ der zugehörigen Partialsummen P-fast sicher die Beziehungen

$$\limsup_{n\to\infty} \frac{S_n}{\sqrt{2nL(n)}} = +\sigma$$

und

$$\liminf_{n\to\infty} \frac{S_n}{\sqrt{2nL(n)}} = -\sigma,$$

wobei $\sigma := \sqrt{Var(X_n)}$ die für alle $n \in \mathbb{N}$ identische Streuung bezeichnet.

Die Funktion L ist dabei durch

$$L: \mathbb{R}^+ \ni x \to \begin{cases} 1, & \ln x \le e \\ \ln\ln x, & \ln x > e \end{cases} \in \mathbb{R}^+$$

definiert und wird als iterierter Logarithmus bezeichnet.

Gesetze der großen Zahlen, betreffen im wesentlichen Aussagen über das Konvergenzverhalten der arithmetischen Mittel

$$Y_n := \frac{1}{n}\sum_{k=1}^{n} X_k, \quad n = 1, 2, \ldots$$

einer Folge $(X_k)_{k\in\mathbb{N}}$ von Zufallsgrößen.

Diese Gesetze beschreiben den bekannten Sachverhalt, daß bei (additiver) Überlagerung stochastischer Einflüsse diese – unter verhältnismäßig schwachen Bedingungen – mit wachsender Anzahl in ihrer Gesamtheit ein zunehmend deterministisches Verhalten zeigen.

1. Man sagt, eine Folge $(X_k)_{k\in\mathbb{N}}$ von Zufallsgrößen genügt dem schwachen Gesetz der großen Zahlen, wenn eine Folge $(a_n)_{n\in\mathbb{N}}$ reeller Zahlen existiert, so daß die Folge $(Y_n - a_n)_{n\in\mathbb{N}}$ für $n \to \infty$ in Wahrscheinlichkeit gegen Null konvergiert (↗ Konvergenzarten für Folgen zufälliger Größen), d. h.

$$Y_n - a_n \xrightarrow{P} 0.$$

2. Man sagt, eine Folge $(X_k)_{k\in\mathbb{N}}$ von Zufallsgrößen genügt dem starken Gesetz der großen Zahlen, wenn eine Folge $(a_n)_{n\in\mathbb{N}}$ reeller Zahlen existiert, so daß die Folge $(Y_n - a_n)_{n\in\mathbb{N}}$ für $n \to \infty$ mit Wahrscheinlichkeit 1 gegen Null konvergiert d. h.

$$Y_n - a_n \xrightarrow{W1} 0.$$

3. Aussagen über die Konvergenzgeschwindigkeit im Gesetz der großen Zahlen betreffen das Verhalten der Wahrscheinlichkeiten $P(|Y_n - a_n| > \varepsilon)$ bzw. $P(\sup_{k\ge n} |Y_k - a_k| > \varepsilon)(\varepsilon > 0)$ für wachsendes n. So gilt für Folgen $(X_k)_{k\in\mathbb{N}}$ unabhängiger identisch verteilter Zufallsgrößen mit $EX_1 = 0$ und $E|X_1|^r < \infty$ für $r \ge 1$ die Beziehung

$$n^{r-1}P(|Y_n| > \varepsilon) \to 0 \text{ für alle } \varepsilon > 0.$$

Erfüllt eine Folge $(X_k)_{k\in\mathbb{N}}$ von Zufallszahlen das starke Gesetz der großen Zahlen, so erfüllt sie auch das schwache Gesetz der großen Zahlen mit derselben Zahlenfolge $(a_n)_{n\in\mathbb{N}}$. Die Umkehrung dieses Sachverhaltes gilt i. allg. nicht.

Die Gesetze der großen Zahlen lassen sich auch für andere Konvergenzarten (Konvergenz im quadratischen Mittel) herleiten. Sie lassen sich ebenfalls für stochastische Prozesse $(X_t)_{t\in T}$ formulieren, wobei das Mittel

$$Y_\tau = \frac{1}{\tau}\int_0^\tau X_t dt$$

für $\tau \to \infty$ untersucht wird.

Die Gesetze der großen Zahlen haben neben ihrem allgemeinen erkenntnistheoretischen Inhalt unmittelbare praktische Bedeutung in der Wahrscheinlichkeitstheorie und mathematischen Statistik. Auf ihnen beruht im wesentlichen die Möglichkeit, unbekannte Parameter (Wahrscheinlichkeiten, Erwartungswerte u. a.) auf Grund von ↗Stichproben beliebig genau zu schätzen. Auch die Monte-Carlo-Methode stützt sich auf die Gesetze der großen Zahlen.

Bereits in der 1713 erschienenen „ars conjectandi" von Jacob Bernoulli findet sich das schwache Gesetz der großen Zahlen für eine Folge stochastisch unabhängiger zweipunktverteilter Zufallsgrößen X_k mit $P(X_k = 1) = p$ und $P(X_k = 0) = 1 - p$, indem er zeigte, daß die relative Häufigkeit Y_n des Auftretens eines Ereignisses A ($X_k = 1$ gdw. A ist eingetreten) gegen die Wahrscheinlichkeit $P(A)$ konvergiert (es ist $a_n = P(A)$ für alle n). A.J. Chinčin verallgemeinerte dieses Ergebnis 1925, indem er zeigte, daß das arithmetische Mittel Y_n einer mathematischen Stichprobe einer beliebig verteilten Zufallsgröße X mit $EX = \mu$, $|\mu| < \infty$ in Wahrscheinlichkeit gegen μ konvergiert (es ist $a_n = \mu$ für alle n). Schließlich zeigte A.N. Kolmogorow 1933, daß die Konvergenz des arithmetischen Mittels einer Stichprobe gegen den Erwartungswert μ sogar mit Wahrscheinlichkeit 1 gilt, falls $E|X| < \infty$. Man bezeichnet diese Aussage auch als Kolmogorowschen Konsistenzsatz (↗Zentraler Grenzwertsatz).

gestoppter Prozeß, der aus einem auf dem Wahrscheinlichkeitsraum $(\Omega, \mathfrak{A}, P)$ definierten, bezüglich der Filtration $(\mathfrak{A}_t)_{t\in[0,\infty)}$ in $\mathfrak{A}$ progressiv meßbaren stochastischen Prozeß $(X_t)_{t\in[0,\infty)}$ mit Werten in $\mathbb{R}^d$ und einer Stoppzeit τ bezüglich $(\mathfrak{A}_t)_{t\in[0,\infty)}$ durch die Definition

$$X_{t\wedge\tau} : \Omega \ni \omega \to X_{\min(t,\tau(\omega))}(\omega) \in \mathbb{R}^d$$

für alle $t \in \mathbb{R}_0^+$ erhaltene Prozeß $(X_{t\wedge\tau})_{t\in[0,\infty)}$. Der gestoppte Prozeß $(X_{t\wedge\tau})_{t\in[0,\infty)}$ ist ebenfalls bezüglich $(\mathfrak{A}_t)_{t\in[0,\infty)}$ progressiv meßbar.

gestreckter Winkel, ein Winkel von 180°.

Gevrey-Klasse, spezieller Funktionenraum glatter Funktionen.

Sei $G \subset \mathbb{R}^d$ ein Gebiet und $s \geq 1$. Eine Funktion $f \in C^\infty(G)$ gehört zur Gevrey-Klasse $\gamma^{\{s\}}(G)$, falls zu jedem Kompaktum $K \subset G$ Konstanten A_K und C_K mit

$$\sup_{x\in K} |D^\alpha f(x)| \leq A_K C_K^{|\alpha|} \alpha!^s$$

für alle Multiindizes α existieren.

Ist $s > 1$, kann man Zerlegungen der Eins in $\gamma^{\{s\}}$ konstruieren. Für $s = 1$ besteht die Gevrey-Klasse aus reell-analytischen Funktionen.

[1] Rodino, L.: Linear Partial Differential Operators in Gevrey Spaces. World Scientific Singapur, 1993.

Gewicht, im Kontext ↗Neuronale Netze die Bezeichnung für einen Parameter eines ↗formalen Neurons, der in Abhängigkeit von seiner Größe einen Eingabewert des Neurons durch Multiplikation erhöht oder erniedrigt; die Zusammenfassung der Gewichte aller Eingabewerte eines formalen Neurons zu einem Vektor wird ↗Gewichtsvektor genannt.

gewichtete Mittel, Verallgemeinerungen der gewöhnlichen Mittel (↗arithmetisches Mittel, ↗geometrisches Mittel, ↗harmonisches Mittel, ↗quadratisches Mittel) durch Zulassen von Gewichten für die zu mittelnden Zahlen.

Für positive reelle Zahlen $x_1, \ldots, x_n$ ist z. B. das (mit $\alpha_1, \ldots, \alpha_n$) gewichtete harmonische Mittel gegeben durch

$$H^{\alpha_1,\ldots,\alpha_n}(x_1, \ldots, x_n) := \frac{n}{\alpha_1\frac{1}{x_1} + \cdots + \alpha_n\frac{1}{x_n}},$$

wobei die Gewichte $\alpha_1, \ldots, \alpha_n$ positive Zahlen mit der Summe Eins sind.

Analog zu den gewöhnlichen Mitteln sind die gewichteten Mittel zu den oben genannten gewöhnlichen Mitteln gewichtete ↗Mittel t-ter Ordnung mit geeignetem t.

Auch die gewichteten Mittel erfüllen die ↗Ungleichungen für Mittelwerte.

gewichtete Polynomapproximation, Verallgemeinerung der ↗gleichmäßigen Approximation einer Funktion durch Polynome.

Es sei w eine im betrachteten Intervall $[a, b]$ positive Funktion, die sogenannte Gewichtsfunktion. Ist f eine in $[a, b]$ stetige Funktion, so besteht das Problem der gewichteten Polynomapproximation von f darin, den Ausdruck

$$\|f - p\|_w = \max_{x\in[a,b]} \frac{|f(x) - p(x)|}{w(x)}$$

unter allen Polynomen p eines gegebenen Grades zu minimieren.

Im Spezialfall $w(x) = 1$ gewinnt man offenbar die gewöhnliche gleichmäßige Approximation durch Polynome zurück.

Das obige Problem ist äquivalent zu der Aufgabe, die stetige Funktion f/w durch Funktionen der Form p/w, p ein Polynom, gleichmäßig zu approximieren.

[1] Schönhage, A.: Approximationstheorie. de Gruyter & Co. Berlin, 1971.

Gewichtsfunktion, ↗ Belegungsfunktion.

Gewichtsmatrix, im Kontext ↗Neuronale Netze die Bezeichnung für eine Matrix, in der alle ↗Gewichtsvektoren einer gewissen Menge ↗formaler Neuronen zusammengefaßt werden.

Die betrachteten Neuronen müssen dabei alle dieselbe Anzahl an Eingabewerten verarbeiten und befinden sich in vielen Fällen in einer bestimmten, genau festgelegten Schicht des neuronalen Netzes.

Gewichtsvektor, im Kontext ↗Neuronale Netze die Bezeichnung für einen Parameter eines ↗formalen Neurons, der in Abhängigkeit von seiner Größe die Eingabewerte des Neurons im Sinne einer Skalarproduktbildung erhöht oder erniedrigt; die einzelnen Komponenten des Gewichtsvektors werden Gewichte genannt.

Gewinnfunktion, bei einem Spiel eine Funktion g_S, die für einen Spieler S des (Zwei-Personen)-Spiels $S \times T$ eine partielle Ordnung $\preceq$ auf den Paaren $(x, y) \in S \times T$ festlegt.

Spieler S bevorzugt dann $(x_1, y_1) \in S \times T$ gegenüber $(x_2, y_2) \in S \times T$, falls

$$g_S(x_1, y_1) \succ g_S(x_2, y_2)$$

ist.

Jeder Spieler ist bemüht, seine Gewinnfunktion zu maximieren (wobei die Gewinnfunktion nicht zwingend eine totale Ordnung auf $S \times T$ erzeugen muß).

Gewinnstrategie, ↗ Determiniertheitsaxiom.

gewöhnliche Differentialgleichung, Gleichung, die Ableitungen einer Funktion *einer* Veränderlichen miteinander in beziehung setzt.

Sei $G \subset \mathbb{R}^{n+2}$ offen, $G \neq \emptyset$ und $f : G \to \mathbb{R}$ stetig. Weiterhin sei M die Menge aller reellwertigen n-mal stetig differenzierbaren Funktionen, deren Definitionsbereich $\mathcal{D}(y(\cdot))$ ein Intervall ist, und

$$\langle x, y(x), y'(x), \dots, y^{(n)}(x) \rangle \in G \left(x \in \mathcal{D}(y(\cdot)) \right) \} .$$

Die Aussageform über M:

$$F(x, y, y', y'', \dots, y^{(n-1)}, y^{(n)}) = 0 \Leftrightarrow: A$$

heißt gewöhnliche Differentialgleichung n-ter Ordnung. Eine Funktion $y(\cdot)$ wird Lösung (oder Integral) der Differentialgleichung genannt, wenn sie A zu einer wahren Aussage für alle $x \in \mathcal{D}(y(\cdot))$ werden läßt. Die Lösung einer Differentialgleichung n-ter Ordnung enthält n Parameter (auch Integrationskonstanten), die erst bestimmt werden, wenn man noch weitere Forderungen an die Lösungen stellt.

Gewöhnliche Differentialgleichungen sind Gleichungen für Funktionen einer Veränderlichen, dagegen sind ↗partielle Differentialgleichungen Gleichungen für Funktionen mehrerer Veränderlicher. Man unterscheidet implizite und explizite Differentialgleichungen, je nachdem, ob sich A als ↗explizite Differentialgleichung in der Form $y^{(n)} = f(x, y', \dots, y^{(n-1)})$ schreiben läßt oder nicht. Explizite Differentialgleichungen sind i. allg. leichter zu lösen als implizite, auch sind bei expliziten Differentialgleichungen eher Aussagen über Existenz und Eindeutigkeit der Lösungen möglich. Stellt man an die Lösung der Differentialgleichung noch Bedingungen, dann wird aus der Differentialgleichung ein Anfangswertproblem oder ein Randwertproblem. Diese Bedingungen ergeben sich meist aus naturwissenschaftlichen Problemstellungen und haben dann auch physikalische oder chemische Hintergründe (eingespannte Saite, Fall im Gravitationsfeld). Diese Bedingungen legen die n Parameter der Lösung eindeutig fest. Insbesondere bei naturwissenschaftlichen Problemstellungen ist es von eminenter Bedeutung, daß die Lösung existiert und eindeutig ist. Diese Frage kann durch entsprechende Sätze geklärt werden. Eine Differentialgleichung muß nicht lösbar sein; selbst wenn sie lösbar ist, ist es nicht immer möglich, die Lösung analytisch zu bestimmen. Man behilft sich mit Näherungslösungen, die entweder graphisch oder mittels geeigneter Software (meist numerisch) ermittelt werden.

[1] Heuser, H.: Gewöhnliche Differentialgleichungen. B.G. Teubner-Verlag Stuttgart, 1989.

[2] Kamke, E.: Differentialgleichungen, Lösungsmethoden und Lösungen I. B. G. Teubner-Verlag Stuttgart, 1977.

[3] Walter, W.: Gewöhnliche Differentialgleichungen. Springer-Verlag, 1996.

[4] Wüst, R.: Höhere Mathematik für Physiker. Walter de Gruyter-Verlag Berlin, 1995.

gewöhnlicher Doppelpunkt, Begriff aus der algebraischen Geometrie.

Sei X ein Noethersches Schema oder ein komplexer Raum, $x \in X$ ein abgeschlossener Punkt. (X, x) heißt gewöhnlicher Doppelpunkt, wenn der assoziierte graduierte Ring $gr_{\mathfrak{m}}(\mathcal{O}_{X,x})$ die Form $K[T_1, \dots, T_n]/(Q)$ mit einer nichtausgearteten quadratischen Form $Q(T_1, \dots, T_n)$ ($K = \mathcal{O}_{X,x}/\mathfrak{m}_{X,x}$ oder $K = \mathbb{C}$) hat.

Wenn $K \subset \mathcal{O}_{X,x}$ ist, so ist dies äquivalent zu $\hat{\mathcal{O}}_{X,x} \cong K\|T_1, \dots T_n\|/(F)$ mit

$$\det\left(\frac{\partial F}{\partial T_i \partial T_j}(0)\right) \neq 0 .$$

***(g,f)*-Faktor-Satz**, ↗ Faktortheorie.

GF(*q*), Bezeichnung für den ↗endlichen Körper mit q Elementen (Galoisfeld).

Den ↗affinen Raum über dem endlichen Körper GF(q) bezeichnet man mit AG(n,q).

ggT, ↗größter gemeinsamer Teiler.

Ghouila-Houri, Satz von, ↗ Hamiltonscher Digraph.

***G-H*-Schema**, spezielle Äquivalenzklasse von Abbildungen.

Seien N und R endliche Mengen, $G \subseteq S(N)$ und $H \subseteq S(R)$ Permutationsgruppen, wobei S(N) bzw. S(R) die symmetrische Gruppe auf N bzw. R ist. G und H induzieren auf der Menge aller Morphismen $\mathbb{A}(N, R)$ von N nach R eine Permutationsgruppe

$$H^G = \{h^g : g \in G, \, h \in H\}$$

mit $h^g(f) = h \circ f \circ g$ für jedes $f \in \mathbb{A}(N, R)$. Die Relation

$$f \approx_{H^G} f' \Leftrightarrow \exists g \in G, h \in H \text{ mit } f' = h \circ f \circ g$$

ist eine Äquivalenzrelation, und die $\approx_{H^G}$-Äquivalenzklassen heißen G-H-Schemata. Ist $H = E(R)$ trivial, wobei $E(R)$ die Einheitsgruppe auf R ist, so spricht man von G-Schemata.

Gibbs, Josiah Willard, amerikanischer Physiker, geb. 11.2.1839 New Haven (Connecticut), gest. 28.4.1903 New Haven.

Gibbs studierte von 1859 bis 1863 an der Yale Universität in New Haven Mathematik und Ingenieurwesen. Nach Aufenthalten in Paris, Berlin und Heidelberg, wo er Mathematik und Physik studierte, ging er wieder zurück an die Yale Universität und wurde Professor für mathematische Physik.

Gibbs beschäftigte sich in seinen ersten Arbeiten mit graphischen bzw. geometrischen Darstellungsmethoden in der Thermodynamik. Er stellte die Entropie in den Mittelpunkt seiner Betrachtungen und entwickelte das Carnotsche Druck-Volumen-Diagramm zu einer dreidimensionalen Darstellung mit den Achsen Entropie, Energie und Volumen weiter. Er leitete thermodynamische Gleichungen für Temperatur und Druck ab und definierte das chemische oder Gibbssche Potential.

In den frühen 80er Jahren befaßte sich Gibbs mit der elektromagnetischen Theorie von Maxwell und entwickelte dabei die ↗Vektoranalysis. Dabei verband er die Theorie der Quaternionen, von Hamilton 1844 eingeführt, mit der Geometrie von Graßmann.

Von allen Beiträgen Gibbs' zur Physik waren seine Beiträge zur statistischen Mechanik am folgenreichsten für die Physik des 20. Jahrhunderts. Seine wichtigsten Arbeiten sind: „Graphical Methods in the Thermodynamics of Fluids" (1873), „A Method of Geometrical Representation of the Thermodynamic Properties of Substances by means of Surfaces" (1873), „On the Equilibrium of Heterogeneous Substances" (1875–1878), „Vector Analysis, a textbook for the use of students of mathematics and physics" (1901) und „Elementary Principles in Statistical Mechanics, Developed with Especial Reference to The Rational Foundation of Thermodynamics" (1902).

Gibbs-Duhem-Relation, ↗Fundamentalgleichungen der Thermodynamik.

Gibbs-Maß, ↗invariante Maße auf Julia-Mengen.

Gibbs-Phänomen, Oszillationen eines unstetigen Signals, die nach dem Herausfiltern der höchsten Frequenzen auftreten.

Ist ein Signal f unstetig, so fällt $|\hat{f}(w)|$ typischerweise wie $\frac{1}{w}$ für hohe Frequenzen w. Gibbs-Oszillationen treten auf, wenn die höchsten Frequenzen von f mit Hilfe eines Tiefpaßfilters entfernt werden.

Sei $f_v = f * h_v$ das gefilterte Signal nach Faltung mit einem Tiefpaßfilter h_v mit $\hat{h}_v = \chi_{[-v,v]}$ (charakteristische Funktion). Dann gilt

$$\hat{f}_v(w) = \hat{f}(w) \cdot \chi_{[-v,v]}(w) = 0$$

für $|w| > v$. Mit Hilfe der Plancherelformel sieht man

$$\lim_{v \to \infty} \|f - f_v\|_{L_2} = 0 .$$

Jedoch impliziert diese L_2-Konvergenz nicht die punktweise Konvergenz auf der gesamten Abszisse. Gibbs stellte 1899 fest, daß die maximale Amplitude des Fehlers $|f(t) - f_v(t)|$ für unstetiges f konstant bleibt.

Gibbsscher Formalismus, *Γ-Raum-Statistik*, Statistik für ein System von Teilchen, die in Wechselwirkung stehen können, in der Aussagen über das System durch eine Statistik für ein virtuelles Ensemble gleichartiger Systeme gewonnen werden.

Die Dimension f des Konfigurationsraums des betrachteten Systems gleichartiger Teilchen (z. B. Atome, Moleküle) ist das Produkt aus der Teilchenzahl und der Zahl der Freiheitsgrade eines einzelnen Teilchens des Systems. $2f$ ist die Dimension des Phasenraums (des Γ-Raums). Ein Punkt im Γ-Raum ist der Bildpunkt des betrachteten Systems. Das virtuelle Ensemble ist eine Teilmenge des Γ-Raums. Auf dieser Menge muß eine Verteilungsfunktion definiert werden, um Mittelwerte auszurechnen.

Gibbs hat verschiedene virtuelle Gesamtheiten betrachtet. *Mikrokanonisch* wird eine Gesamtheit genannt, wenn neben Volumen und Teilchenzahl auch die Gesamtenergie E des einzelnen Systems konstant ist. Die Bildpunkte des virtuellen Ensembles bilden die Fläche

$$H(q^1, p_1, \dots, q^f, p_f) - E \; = \; 0$$

im Γ-Raum, wobei H die Hamiltonfunktion des betrachteten Systems ist, und $q^1, p_1, \dots, q^f, p_f$ die kanonischen Koordinaten eines Punkts im Γ-Raum sind.

Bei der *kanonischen* Gesamtheit ist statt der Energie die Temperatur T konstant. Das betrachtete System steht also mit der Umgebung durch Wärmeaustausch, der die Temperatur konstant hält, in Wechselwirkung. Der Ansatz für die Verteilungsfunktion lautet

$$\frac{\exp\left(-\frac{H}{kT}\right)}{\int \cdots \int \exp\left(-\frac{H}{kT}\right) dq^1 \cdots dp_f}$$

mit k als Boltzmann-Konstante. Sind Volumen, Temperatur T und chemisches Potential μ (↗Fundamentalgleichungen der Thermodynamik) vorgegeben und die Teilchenzahl N variabel, dann spricht man von einem *groß-kanonischem* Ensemble. Für dieses Ensemble ist die Verteilungsfunktion durch

$$\frac{\exp[(H - \mu N)/kT]}{\sum_{N=0}^{\infty} \int \cdots \int \exp[(H - \mu N)/kT] dq^1 \cdots dp_f}$$

gegeben.

Die über das entsprechende Ensemble gebildeten Mittelwerte (Scharmittel) sollen gleich den zeitlichen Mittelwerten der Größen des betrachteten Systems sein (↗Ergodenhypothese).

Diese schon von Gibbs betrachteten virtuellen Gesamtheiten können durch weitere, unter bestimmten Gesichtspunkten der Situation besser angepaßte Ensembles ergänzt werden.

[1] Schrödinger,E.: Statistical Thermodynamics. Cambridge University Press, 1960.

Gibbssches Paradoxon, die (falsche) Schlußfolgerung aus der statistischen Thermodynamik, daß sich bei der Mischung zweier identischer idealer Gase die Entropie erhöht, obwohl man zwischen Anfangs- und Endzustand keinen Unterschied feststellen kann.

Anfänglich mögen sich n_1 und n_2 Mole zweier verschiedener idealer Gase bei gleichem Druck p in den Volumina V_1 und V_2 mit gleicher Trennwand nebeneinander befinden. Durch Diffusion finde eine Mischung statt, sodaß sich schließlich beide Gase in dem Volumen $V = V_1 + V_2$ befinden. Die Differenz zwischen Anfangsentropie S_a und Endentropie S_e ist

$$R((n_1 + n_2)\ln(n_1 + n_2) - n_1 \ln n_1 - n_2 \ln n_2),$$

wobei R die Gaskonstante ist. In diesen Ausdruck gehen keine Größen ein, die die verschiedenen Gase charakterisieren. Er bleibt gleich, wenn wir stetig von dem einen zum anderen Gas übergingen. Andererseits spielt die Trennwand keine Rolle. Der Zustand der dann identischen Gase würde sich durch Entfernen der Trennwand nicht ändern, und die Entropiedifferenz müßte verschwinden.

Der Widerspruch wird dadurch aufgelöst, daß man den Atomismus der Materie und die Tatsache berücksichtigt, daß man nicht kontinuierlich von einem Gas zu einem anderen übergehen kann.

Girard, Albert, französisch-niederländischer Mathematiker, geb. 1595 St. Mihiel (Frankreich), gest. 8.12.1632 Leiden.

Girard studierte in Leiden Mathematik. Nach dem Studium war er Ingenieur in der Armee des Prinzen von Oranien, Friedrich Heinrich von Nassau. Er war aber auch Übersetzer und Herausgeber unter anderem der Werke von Euklid und von Stevin.

Girard arbeitete auf dem Gebiet der Algebra, Zahlentheorie und Trigonometrie. Er veröffentlichte Sinustafeln, in denen er die Abkürzungen sin, cos und tan verwendete, und war einer der ersten, die die rekursive Definition für die Fibonacci-Zahlen kannten. In seiner Arbeit „Invention nouvelle l'algèbre“ (1629) berechnete er den Flächeninhalt von sphärischen Dreiecken und formulierte den Fundamentalsatz der Algebra. Er untersuchte kubische und biquadratische Gleichungen und negative Zahlen.

Gitter, ein Netz von zwei Scharen jeweils paralleler Geraden in der Ebene, die sich senkrecht schneiden, und deren konstante Koordinate zumeist ganzzahlig ist. Die Schnittpunkte der Geraden nennt man Gitterpunkte.

Verallgemeinerungen im $\mathbb{R}^n$ sind offensichtlich.

Gitter-Eichtheorie, diskrete Version der ↗Eichfeldtheorie.

Dabei werden Integrale zu Summen, so daß eine numerische Behandlung, z. B. von Renormierungsproblemen, leichter wird. Zunächst handelt es sich also einfach um eine Diskretisierung der Differentialgleichungen der Eichfeldtheorie. Gemäß der Welle-Teilchen-Dualität kann man aber auch annehmen, daß es sogar den physikalischen Gegebenheiten angemessener sein kann, nicht nur Felder, sondern auch Raum und Zeit zu „quanteln". Unter dieser Annahme wäre das Kontinuum von Raum und Zeit nur als klassische Näherung anzusehen, und die Gitter-Theorie wäre die fundamentalere.

Gittererzeugung, ↗ Finite-Elemente-Methode.

gitterförmige Verteilung, auf ein Punktgitter konzentrierte Verteilung.

Eine auf dem Wahrscheinlichkeitsraum $(\Omega, \mathfrak{A}, P)$ definierte diskrete Zufallsvariable X mit Werten in $\mathbb{R}$ besitzt eine gitterförmige Verteilung, wenn Zahlen $a, b \in \mathbb{R}$, $b > 0$ existieren, so daß sich jedes $x \in \mathbb{R}$ mit $P(X = x) > 0$ in der Form $x = a + kb$ mit einem beliebigen $k \in \mathbb{Z}$ darstellen läßt. Beispiele gitterförmiger Verteilungen sind die Poisson- und die Bernoulli-Verteilung. Eine Zufallsvariable X besitzt genau dann eine gitterförmige Verteilung, wenn $|\phi_X(t)| = 1$ für ein $t \neq 0$ gilt. Dabei bezeichnet ϕ_X die charakteristische Funktion von X.

Gittergraph, ↗ kartesisches Produkt von Graphen.

Gittergruppe, Transformationsgruppe eines Gitters.

Beipiel: In der euklidischen Ebene bilden diejenigen Punkte, deren Koordinaten beide ganzzahlige Werte haben, ein quadratisches Gitter. Die zugehörige Gittergruppe besteht aus all den Bewegungen der Ebene, die dieses Gitter in sich selbst überführen. Die Gittergruppe wird also aus folgenden vier Elementen erzeugt: Eine Drehung um den Ursprung um 90^0, eine Translation in x-Richtung um den Betrag 1, eine Spiegelung an der Geraden $x = y$ und eine Spiegelung an der y-Achse.

Gitterpolytop, Polytop, dessen sämtliche Ecken Punkte eines Quadratgitters sind, also Punkte, deren sämtliche Koordinaten ganzzahlige Werte besitzen.

Gitterpunkt, Punkt im n-dimensionalen Raum mit ganzzahligen Koordinaten.

Ein Punkt $x = (x_1, \dots, x_n) \in \mathbb{R}^n$ heißt Gitterpunkt, falls $x_1 \in \mathbb{Z}, \dots, x_n \in \mathbb{Z}$ gelten (↗ Gitter).

Gitterpunktsatz, ↗ Minkowskischer Gitterpunktsatz.

Givens-Matrix, ↗ Jacobi-Rotationsmatrix.

Givental, Kontaktsatz von, lautet:

Die äußere Geometrie einer Untermannigfaltigkeit einer ↗ Kontaktmannigfaltigkeit wird lokal durch die innere bestimmt.

Givental, symplektischer Satz von, lautet:

Die äußere Geometrie einer Untermannigfaltigkeit einer ↗ symplektischen Mannigfaltigkeit wird lokal durch die innere bestimmt.

Diese Tatsache steht im Gegensatz zur analogen Situation in der Riemannschen Geometrie, wo äußere Krümmungen auftreten.

Glashow, Sheldon Lee, amerikanischer Physiker, geb. 5.12.1932 New York.

Glashow arbeitete von 1962 bis 1966 in Berkeley und danach in Cambridge (Massachusetts). Er beschäftigte sich mit der theoretischen Elementarteilchenphysik. Dabei vermutete er bereits 1961 die Existenz des dann 1983 tatsächlich entdeckten elektrisch neutralen Z^0-Bosons (Vektorboson). 1970 sagte er die Existenz eines vierten Quarks (Charm-Quark) voraus.

1979 erhielt er zusammen mit A. Salam und S. Weinberg den Nobelpreis für Physik für die Vereinigung der elektromagnetischen und der schwachen Wechselwirkung im Rahmen einer ↗ Eichfeldtheorie.

Glashow-Salam-Weinberg-Theorie, synonyme Bezeichnung für Theorie der elektroschwachen Wechselwirkung. Es ist eine Eichfeldtheorie mit der Eichgruppe $SU(2) \times U(1)$ mit zugehörigen Kopplungskonstanten g' bzw. g.

Der Weinberg-Winkel $\vartheta_w \approx 29^0$ gibt an, auf welche Weise die elektromagnetische Wechselwirkung in dieser vereinheitlichten Theorie enthalten ist: Es gilt $\tan \vartheta_w = g'/g$, die elektrische Elementarladung ist $e = g \sin \vartheta_w \approx 0,303$.

glatt konvexer Raum, normierter Vektorraum mit einer speziellen Konvexitätseigenschaft.

Ein reeller normierter Raum V heißt glatt konvex, falls es zu jedem $\varepsilon > 0$ ein $\delta > 0$ gibt, so daß für alle $x, y \in V \setminus B(0, 1)$ mit $||x - y|| \leq \delta$ stets folgt:

$$||x + y|| \geq ||x|| + ||y|| - \varepsilon \cdot ||x - y|| .$$

Dabei bezeichnet $B(0, 1)$ die offene Einheitskugel um den Nullpunkt.

glatte Abbildung, eine genügend, meist sogar unendlich oft differenzierbare Abbildung (Funktion).

glatte Funktion, eine genügend, meist sogar unendlich oft differenzierbare Funktion, ↗ $C^k(G)$.

glatte Kurve, das Bild $\mathcal{K}$ eines Intervalls $(a, b) \subset \mathbb{R}$ bei einer differenzierbaren Abbildung $\gamma: (a, b) \to M$ in eine differenzierbare Mannigfaltigkeit M.

Mit der Forderung nach Differenzierbarkeit ist noch nicht ausgeschlossen, daß bei $\mathcal{K}$ Singularitäten, wie z. B. Ecken oder Spitzen auftreten. Das wird erst erreicht, wenn der Tangentialvektor $D\gamma(t)/dt$ für alle $t \in (a, b)$ ungleich Null ist. Ferner ist zu fordern, daß der Grenzwert $\lim t \to a$ nicht mit einem Kurvenpunkt $\gamma(t_0)$ für $a < t_0 < b$ zusammenfällt. Das wird durch eine topologische Bedingung ausgeschlossen. Das Urbild jeder kompakten Teilmenge von M bei γ muß eine kompakte Teilmenge von (a, b) sein. Abbildungen, die diese Eigenschaft besitzen, heißen eigentlich oder proper.

glätten, im Sinne der ↗geometrischen Datenverarbeitung das Verändern von numerisch oder geometrisch gegebenen Daten so, daß eine geeignet definierte Rauhigkeit vermindert und eine geeignet präzisierte Grundform erhalten bleibt.

Zwei Beispiele sind sehr einfach und können als Modell dienen: Angenommen, allen ganzen Zahlen $i \in \mathbb{Z}$ wird ein Wert t_i zugeordnet. Es ist dem naiven Betrachter klar, daß die Vorschrift

$$\bar{t}_{i,j} = \frac{1}{4}(t_{i-1} + 2t_i + t_{i+1}),$$

die jedem $i \in \mathbb{Z}$ einen gewichteten Mittelwert, definiert durch die Maske (1, 2, 1), zuweist, eine glättende Wirkung besitzt. Für viele Probleme gibt es geeignete Masken zum Glätten und Verschleiern von regelmäßig angeordneten Datenwerten.

Ein anderes Beispiel ist das folgende: Sei f eine Funktion, die eine Dastellung als Fourierreihe

$$f(t) = \sum_{n\geq 0} a_n \cos(nt) + \sum_{n>0} b_n \sin(nt)$$

besitzt, und sei $n_0 \in \mathbb{N}$ gewählt. Die Funktion $\bar{f}(t)$, die aus f durch Nullsetzen aller Fourierkoeffizienten a_n, b_n mit $n > n_0$ entsteht, ist in der Frequenz ihrer Welligkeit durch n_0 begrenzt, und liegt ‚nahe' an f (wobei ‚nahe' z. B. im L^2-Sinne verstanden werden kann).

Dieses zweite Beispiel dient als Motivation für Glättungsverfahren, bei denen eine Funktion als Summe von anderen Funktionen von definierter Welligkeit geschrieben wird, und sofern der Beitrag der höherwelligen Anteile klein ist, diese ganz unterdrückt werden.

Der Nichtmathematiker kommt mit Glättungsverfahren in der Bildverarbeitung und in der geometrischen Datenverarbeitung in Kontakt. Siehe auch ↗Glättung.

glatter Fluß, ein ↗Fluß mit zusätzlicher Eigenschfaft.

Sei eine (C^k-)differenzierbare Mannigfaltigkeit M sowie eine Ein-Parameter-Gruppe von (C^k-) Diffeomorphismen $\{\varphi_t\}_{t\in\mathbb{R}}$ auf M gegeben. Der daraus induzierte ↗Fluß wird als C^k-Fluß bezeichnet; je nach Anwendung spricht man für $k = 1$ oder $k = \infty$ von einem glatten Fluß.

glatter Morphismus, Übertragung des herkömmlichen Glattheitsbegriffs auf Morphismen von Schemata bzw. komplexen Räumen.

Sei $\varphi : X \longrightarrow Y$ ein Morphismus von Schemata und $x \in X$ ein Punkt. Dann heißt φ glatt im Punkte $x \in X$, wenn es eine Umgebung $V \subset Y$ von $\varphi(x)$, eine Umgebung $U \subset \varphi^{-1}V \subseteq X$ von x, ein n, eine offene Teilmenge $U' \subset V \times \mathbb{A}^n$ und eine abgeschlossene Einbettung $U \hookrightarrow U'$ gibt, so daß gilt:

1. Das Ideal von U in U' wird erzeugt durch Polynome $f_1, \dots, f_r \in \mathcal{O}_Y(V)[z_1, \dots, z_n]$ ($z_1, \dots, z_n$ Koordinaten auf $\mathbb{A}^n$).
2. Rang $\left(\frac{\partial f_i}{\partial z_j}(x)\right)_{\substack{i\leq r\\ j\leq n}} = r$.

Im Falle komplexer Räume ist die Definition analog, wobei $\mathbb{A}^n$ zu ersetzen ist durch Δ^n ($\Delta \subset \mathbb{C}$ eine offene Kreisscheibe mit dem Nullpunkt als Zentrum) und „Polynome" durch „analytische Funktionen". Aufgrund des Satzes über implizite Funktionen ist diese Eigenschaft hier allerdings äquivalent zu der Eigenschaft, daß $x, \varphi(x)$ Umgebungen U, V besitzen und $U \overset{\varphi}{\to} V$ isomorph zu $\Delta^p \times V \to V$ (Projektion) ist (mit $p = n - r$). Offenbar ist die Eigenschaft „glatt" eine offene Eigenschaft.

Punkte, in denen ein Morphismus φ nicht glatt ist, heißen auch kritische Punkte von φ, und ihre Bilder unter φ heißen kritische Werte.

Glättung, Methode zur Bestimmung von Vorhersagewerten.

Sind Werte $x_1, \dots, x_n$ gegeben, so steht man oft vor dem Problem, den nächsten Wert x_{n+1} vorhersagen zu müssen. Hat man beispielsweise die Lagerbestände der vorausgegangenen n Monate abgespeichert, dann will man auf Grund dieser Informationen den voraussichtlichen Lagerbestand des nächsten Monats prognostizieren, um die nötigen Bestellungen vornehmen zu können. Dabei werden in vielen Fällen Glättungsmethoden benutzt, bei denen der neue Vorhersagewert $\overline{x}_{n+1}$ aus den alten Vorhersagewerten sowie den bekannten Werten $x_1, \dots, x_n$ bestimmt wird. Bei der exponentiellen Glättung arbeitet man zum Beispiel nach der Formel

$$\overline{x}_{n+1} = \overline{x}_n + \beta \cdot (x_n - \overline{x}_n),$$

wobei der Parameter β als Glättungskonstante bezeichnet wird. In der Regel wählt man für β einen kleinen positiven Wert. Siehe auch ↗glätten.

Glättungsoperator, Operator, dessen Anwendung auf eine Funktion oder eine Datenmenge eine Glättung derselben bewirkt.

Glaubensmaß, *Beliefmaß*, ein von Shafer 1976 eingeführtes ↗Fuzzy-Maß, das auf ↗Basiswahrscheinlichkeiten basiert.

Eine Funktion $b : \mathfrak{P}(\Omega) \to [0,1]$ heißt Glaubensfunktion, wenn gilt

$$b(A) = \sum_{F_j \subseteq A} m(F_j).$$

Aus den Definitionen von Glaubens- und Plausibilitätsfunktion folgt unmittelbar, daß

$$b(A) \le pl(A) \quad \text{und}$$

$$b(A) = 1 - pl(C(A)).$$

Die Wahrscheinlichkeit ist der Spezialfall einer Glaubens- und Plausibilitätsfunktion, für die gilt:

$$b(A) = pl(A) \quad \text{für alle } A \in \mathfrak{P}(\Omega).$$

Als Brennpunkte der zugehörigen Basiswahrscheinlichkeiten kommen dann nur Elementarereignisse in Betracht.

Gleason, Satz von, die Behauptung der Nichtexistenz einer Theorie mit verborgenen Parametern, aus der die experimentell überprüfbaren Aussagen der Quantenmechanik folgen, ohne daß die wahrscheinlichkeitstheoretische Interpretation übernommen werden muß.

Von Kritikern der wahrscheinlichkeitstheoretischen Interpretation der Quantenmechanik (↗Kopenhagener Interpretation) wird der Aufbau einer Theorie versucht, in der Observable Funktionen von „verborgenen" Parametern λ sind, die einem Gebiet Λ angehören (↗Bellsche Ungleichung, ↗Einstein-Podolski-Rosen-Paradoxon).

Die Stellung von Quantenmechanik und Theorie mit verborgenen Parametern zueinander ist vergleichbar mit dem Verhältnis von Thermodynamik und statistischer Mechanik.

Um die experimentellen Aussagen der Quantenmechanik zu reproduzieren, verlangt man

$$\mathrm{spur}\hat{\varrho}\hat{A} = \int_{\Lambda} A(\lambda) d\mu(\lambda) \equiv \langle A \rangle_{\varrho}.$$

Dabei ist $\hat{\varrho}$ der Dichteoperator, $\hat{A}$ eine Observable der Quantenmechanik, und $A(\lambda)$ die ihr in der Theorie mit verborgenen Parametern zugeordnete Funktion.

Um die Menge der möglichen Theorien mit verborgenen Parametern einzuschränken, werden folgende Einschränkungen anerkannt: 1. Allen selbstadjungierten Operatoren entsprechen Observable, 2. allen Dichteoperatoren entsprechen mögliche Zustände, 3. ist $\hat{A}$ mit der Observablen A verbunden, dann ist $\hat{A}^n$ mit A^n verbunden, 4. die lineare Struktur irgendeiner Untermenge von kommutierenden selbstadjungierten Operatoren ist isomorph zu der entsprechenden Menge von Funktionen der Theorie mit verborgenen Parametern.

Der Satz von Gleason sagt nun, daß eine Theorie, die die genannten vier Bedingungen erfüllt, nicht existiert.

gleichgewichtiger Code, Codierung, bei der alle Codewörter (ausgenommen der Nullvektor) das gleiche Hamming-Gewicht (↗Hamming-Abstand zum Nullvektor) haben.

Gleichgewichtige Codes sind zum Beispiel die zu den ↗Hamming-Codes dualen linearen $(2^r - 1, r)$-Codes mit dem Hamming-Gewicht 2^{r-1}.

Gleichgewichtspunkt, ↗Fixpunkt eines dynamischen Systems, ↗Fixpunkt eines Vektorfeldes.

gleichgradig integrierbare Funktionen, *gleichmäßig integrierbare Funktionen*, ↗gleichgradige Integrierbarkeit.

gleichgradige Differentialgleichung, eine Differentialgleichung

$$P(x, y, y', \dots, y^n) = 0, \tag{1}$$

wobei $P(x, y, y_1, \dots, y_n)$ eine Summe von Gliedern $ax^{\alpha}y^{\beta}y_1^{\beta_1}\dots y_n^{\beta_n}$ ist, und für $r, k \neq 0$ alle Glieder in

$$P(x^r, x^k, x^{k-r}, x^{k-2r}, \dots, x^{k-nr})$$

von gleichem Grad sind.

Für $r \neq 0$ kann $r = 1$ gewählt werden. Durch die Transformation

$$y(x) = |x|^k v(\xi), \quad \xi = \log|x|$$

geht (1) in eine Differentialgleichung über, in der ξ nicht explizit vorkommt, die auf eine Differentialgleichung niedrigerer Ordnung zurückgeführt werden kann.

Für $r = 0$ geht die DGL durch die Transformation $u(x) = \frac{y'}{y}$ in eine DGL niedrigerer Ordnung über.

[1] Kamke, E.: Differentialgleichungen, Lösungsmethoden und Lösungen I. B. G. Teubner Stuttgart, 1977.

gleichgradige Integrierbarkeit, *gleichmäßige Integrierbarkeit*, Verallgemeinerung des Riemannschen Integrabilitätskriteriums auf Funktionenmengen.

Wir geben zunächst eine reell-analytische Formulierung: Es sei $[a, b]$ ein Intervall und $\mathfrak{F}$ eine Menge von auf $[a, b]$ definierten und beschränkten reellen Funktionen. Für eine beliebige Zerlegung Z des Intervalls $[a, b]$ in Teilintervalle bezeichne $\Delta(Z)$ die Länge des größten Teilintervalls von Z. Für $f \in \mathfrak{F}$ und eine Zerlegung Z sei $S_f(Z) = \sum_{i=1}^n F_i \Delta x_i$ und $s_f(Z) = \sum_{i=1}^n f_i \Delta x_i$. Dabei sei $\Delta(x_i)$ die Länge des Teilintervalls $[x_{i-1}, x_i]$ von Z, F_i das Supremum von f auf $[x_{i-1}, x_i]$ und f_i das Infimum von f auf $[x_{i-1}, x_i]$. Dann heißt $\mathfrak{F}$ gleichgradig integrierbar, falls es zu jedem $\varepsilon > 0$ ein $\delta > 0$ gibt, so daß gilt:

Für jede Zerlegung Z mit $\Delta(Z) < \delta$ und für jedes $f \in \mathfrak{F}$ ist $S_f(Z) - s_f(Z) < \varepsilon$.

Im Kontext integrierbarer Zufallsvariablen versteht man unter gleichgradiger Integrierbarkeit die Eigenschaft

$$\lim_{c\to\infty}\left(\sup_{i\in I}\int_{\{|X_i|\geq c\}}|X_i|dP\right)=0$$

einer auf dem Wahrscheinlichkeitsraum $(\Omega, \mathfrak{A}, P)$ definierten Familie $(X_i)_{i\in I}$ von integrierbaren reellen oder komplexen Zufallsvariablen mit beliebiger Indexmenge I.

Schließlich noch eine maßtheoretische Fassung des Begriffs gleichgradige Integrierbarkeit, die mit obiger z.T. überlappt. Hier versteht man unter einer einer Menge gleichgradig integrierbarer Funktionen eine Familie meßbarer Funktionen mit folgender Eigenschaft:

Es sei $(\Omega, \mathcal{A}, \mu)$ ein Maßraum und $M \subseteq \{f : \Omega \to \overline{\mathbb{R}} | f$ meßbare Funktion$\}$. M heißt gleichgradig integrierbar, wenn es zu jedem $\varepsilon > 0$ eine μ-integrierbare Funktion $g \geq 0$ auf Ω so existiert, daß

$$\int 1_{\{|f|\geq g\}}|f|d\mu \leq \varepsilon$$

ist für alle $f \in M$.

Für jede Folge $(f_n|n \in \mathbb{N})$ von p-fach μ-integrierbare Funktionen sind folgende Aussagen äquivalent:

- Die Folge $(f_n|n \in \mathbb{N})$ konvergiert im p-ten Mittel.
- Die Folge $(f_n|n \in \mathbb{N})$ konvergiert μ-stochastisch, und die Folge $(|f_n|^p)$ ist gleichgradig integrierbar.

Ein Kriterium für die gleichgradige Integrierbarkeit ist die folgende de la Vallée Poussin-Bedingung:

Es sei $(\Omega, \mathcal{A}, \mu)$ ein Maßraum, $\mu(\Omega) < \infty$, und M eine Menge μ-integrierbarer Funktionen auf Ω. M ist genau dann gleichgradig integrierbar, wenn es eine Funktion $g : \mathbb{R}_+ \to \mathbb{R}_+$ gibt mit

$$\lim_{x\to\infty} g(x)/x = \infty \text{ und } \sup_{f\in M}\int g \circ |f|d\mu < \infty.$$

gleichgradige Stetigkeit, Stetigkeitseigenschaft einer Funktionenmenge.

Es seien $S \subseteq \mathbb{R}^n$ kompakt und A eine Menge stetiger reeller Funktionen auf S. Dann heißt A gleichgradig stetig, falls es zu jedem $\varepsilon > 0$ ein $\delta > 0$ gibt mit der Eigenschaft, daß aus $||x - y|| < \delta$ stets $|f(x) - f(y)| < \varepsilon$ folgt für $x, y \in S$ und $f \in A$.

Der Begriff der gleichgradigen Stetigkeit ist von entscheidender Bedeutung für den Satz von ↗Arzelà-Ascoli.

Man vergleiche auch das Stichwort ↗gleichmäßig stetige Funktion.

Gleichheit von Abbildungen, die Übereinstimmung zweier Abbildungen im folgenden Sinne:

Zwei ↗Abbildungen f und g heißen gleich genau dann, wenn sie dieselben Definitions- und Wertebereiche haben und $f(x) = g(x)$ für alle Elemente x des Definitionsbereiches gilt.

Gleichheit von Mengen, die Übereinstimmung zweier Mengen im folgenden Sinne:

Zwei Mengen A und B heißen gleich genau dann, wenn sie genau die gleichen Elemente enthalten. Das ist genau dann der Fall, wenn sowohl $A \subseteq B$ als auch $B \subseteq A$ gilt (↗ axiomatische Mengenlehre, ↗ Verknüpfungsoperationen für Mengen).

Gleichheitszeichen, das Zeichen „=", 1557 von Robert Recorde in seinem Algebra-Lehrbuch „The Whetstone of Witte" eingeführt, um die Gleichheit zweier algebraischer ↗Terme auszudrücken.

Es soll zwei parallele Linien symbolisieren, denn nach Recordes Ansicht gibt es nichts „gleicheres" als eben zwei parallele Linien („bicause noe 2 thynges can be moare equalle").

Gleichmächtigkeit zweier Mengen, die Übereinstimmung zweier Mengen im folgenden Sinne:

Zwei Mengen A und B heißen gleichmächtig genau dann, wenn es eine bijektive ↗Abbildung $f : A \to B$ gibt (↗ Kardinalzahlen und Ordinalzahlen).

gleichmäßig beschränkte Funktionenfamilie, eine Menge ↗holomorpher Funktionen, die auf einer Teilmenge von $\mathbb{C}$ beschränkt ist.

Die genaue Definition lautet: Es sei $D \subset \mathbb{C}$ eine offene Menge, $\mathcal{F}$ eine Menge holomorpher Funktionen $f : D \to \mathbb{C}$ (eine Menge von Funktionen nennt man auch Funktionenfamilie) und $A \subset D$. Die Familie $\mathcal{F}$ heißt gleichmäßig beschränkt auf A, falls es eine Konstante $M > 0$ gibt derart, daß $|f(z)| \leq M$ für alle $z \in A$ und alle $f \in \mathcal{F}$. Kurz formuliert bedeutet dies:

$$\sup_{f\in\mathcal{F}}\sup_{z\in A}|f(z)| < \infty .$$

Die Familie $\mathcal{F}$ heißt lokal gleichmäßig beschränkt in D, falls es zu jedem Punkt $z_0 \in D$ eine Umgebung $U \subset D$ von a gibt derart, daß $\mathcal{F}$ auf U gleichmäßig beschränkt ist. Eine hierzu äquivalente Bedingung ist, daß $\mathcal{F}$ auf jeder kompakten Teilmenge $K \subset D$ gleichmäßig beschränkt ist. Insbesondere ist eine Funktionenfamilie $\mathcal{F}$ in einer offenen Kreisscheibe $B_r(z_0)$ (mit Mittelpunkt $z_0 \in \mathbb{C}$ und Radius $r > 0$) lokal gleichmäßig beschränkt, falls $\mathcal{F}$ auf jeder Kreisscheibe $B_\varrho(z_0)$ mit $0 < \varrho < r$ gleichmäßig beschränkt ist.

Eine in D beschränkte Funktionenfamilie $\mathcal{F}$ ist offensichtlich auch lokal gleichmäßig beschränkt. Die Umkehrung dieser Aussage gilt jedoch im allgemeinen nicht, denn ist $f_n(z) = nz^n$ und $\mathcal{F} := \{f_n : n \in \mathbb{N}\}$, so ist $\mathcal{F}$ in $\mathbb{E} = \{z \in \mathbb{C} : |z| < 1\}$ lokal gleichmäßig, aber nicht gleichmäßig beschränkt.

Einige Beispiele lokal gleichmäßig beschränkter Funktionenfamilien:

(1) Die Familien $\mathcal{F}_k = \{f_n : n \in \mathbb{N}\}$ mit $f_n(z) = n^k z^n$, $k \in \mathbb{N}_0$ sind lokal gleichmäßig beschränkt in $\mathbb{E}$.

(2) Die Familie $\mathcal{F} = \{f_n : n \in \mathbb{N}\}$ mit $f_n(z) = \frac{z}{n}$ ist lokal gleichmäßig beschränkt in $\mathbb{C}$.

(3) Es sei $\mathcal{F} \subset \mathcal{O}(\mathbb{E})$ und für $f \in \mathcal{F}$ sei $f(z) = \sum_{n=0}^{\infty} a_n(f) z^n$ die ↗ Taylor-Reihe von f mit Entwicklungspunkt 0. Dann ist $\mathcal{F}$ lokal gleichmäßig beschränkt in $\mathbb{E}$ genau dann, wenn eine Folge (M_n) mit $M_n > 0$ existiert derart, daß $\limsup_{n\to\infty} M_n^{1/n} \leq 1$ und $|a_n(f)| \leq M_n$ für alle $n \in \mathbb{N}_0$ und alle $f \in \mathcal{F}$.

(4) Es sei $G \subset \mathbb{C}$ ein Gebiet, $M > 0$ und

$$\mathcal{F} := \left\{ f \in \mathcal{O}(G) : \iint_G |f(z)|^2 \, dx \, dy \leq M \right\} .$$

Dann ist $\mathcal{F}$ lokal gleichmäßig beschränkt in G.

Ist eine Funktionenfamilie $\mathcal{F}$ lokal gleichmäßig beschränkt in D, so gilt dies auch für die Familie $\mathcal{F}' = \{f' : f \in \mathcal{F}\}$ der Ableitungen. Die umgekehrte Aussage ist im allgemeinen falsch, denn ist $f_n(z) = z + n$ und $\mathcal{F} := \{f_n : n \in \mathbb{N}\}$, so ist $\mathcal{F}'$ in $\mathbb{C}$ gleichmäßig beschränkt, aber die Folge $(f_n(z))$ ist für jedes $z \in \mathbb{C}$ unbeschränkt. Unter der Zusatzvoraussetzung $\sup_{f\in\mathcal{F}} |f(z_0)| < \infty$ für ein $z_0 \in D$ impliziert jedoch die lokal gleichmäßige Beschränktheit von $\mathcal{F}'$ in D die von $\mathcal{F}$ in D.

Weiter ist eine in D lokal gleichmäßig beschränkte Funktionenfamilie $\mathcal{F}$ auch gleichgradig stetig in D, d. h. zu jedem $z_0 \in D$ und jedem $\varepsilon > 0$ gibt es ein $\delta = \delta(z_0, \varepsilon)$ derart, daß für alle $z \in D$ mit $|z - z_0| < \delta$ und alle $f \in \mathcal{F}$ gilt

$$|f(z) - f(z_0)| < \varepsilon .$$

Für diese Aussage ist die Holomorphie der Funktionen in $\mathcal{F}$ von entscheidender Bedeutung. Die Umkehrung gilt im allgemeinen aber nicht, denn die Familie $\mathcal{F} = \{f_n : n \in \mathbb{N}\}$ mit $f_n(z) = z + n$, $z \in \mathbb{C}$ ist gleichgradig stetig in $\mathbb{C}$, aber nicht lokal gleichmäßig beschränkt in $\mathbb{C}$.

gleichmäßig integrierbare Funktionen, *gleichgradig integrierbare Funktionen*, ↗ gleichgradige Integrierbarkeit.

gleichmäßig konvexer Raum, ein Banachraum, dessen Norm folgende Eigenschaft zukommt: Für alle $\varepsilon > 0$ existiert ein $\delta > 0$ mit

$$\|x\| = \|y\| = 1, \ \left\| \frac{x+y}{2} \right\| \geq 1 - \delta \Rightarrow \|x - y\| \leq \varepsilon .$$

Die gleichmäßige Konvexität ist eine quantitative Fassung der strikten Konvexität (↗ strikt konvexer Raum), die sie offensichtlich impliziert.

Beispiele gleichmäßig konvexer Räume sind ℓ^p, $L^p(\mu)$ und die p-Schatten-Klassen für $1 < p < \infty$; der Beweis beruht auf den ↗ Clarksonschen Ungleichungen.

Jeder gleichmäßig konvexe Raum ist reflexiv (Satz von Milman-Pettis). Die Umkehrung gilt nicht: Genau die superreflexiven Räume gestatten eine gleichmäßig konvexe äquivalente Norm.

[1] Diestel, J.: Geometry of Banach Spaces – Selected Topics. Springer Berlin/Heidelberg/New York, 1975.

gleichmäßig stetige Funktion, eine Funktion $f : X \to Y$ eines metrischen Raums X in einen metrischen Raum Y mit der Eigenschaft, daß es zu jedem $\varepsilon > 0$ ein $\delta > 0$ derart gibt, daß f je zwei Punkte, die näher als δ beieinander liegen, auf zwei Punkte abbildet, die näher als ε beieinander liegen. Sind d_X, d_Y die Metriken auf X bzw. Y, so lautet das Kriterium für gleichmäßige Stetigkeit mit Quantoren geschrieben:

$$\forall \varepsilon > 0 \ \exists \delta > 0 \ \forall x_1, x_2 \in X$$
$$\big(d_X(x_1, x_2) < \delta \implies d_Y(f(x_1), f(x_2)) < \varepsilon\big)$$

Im Spezialfall normierter Vektorräume $(X, \| \, \|_X)$ und $(Y, \| \, \|_Y)$ lautet es:

$$\forall \varepsilon > 0 \ \exists \delta > 0 \ \forall x_1, x_2 \in X$$
$$\big(\|x_1 - x_2\|_X < \delta \implies \|f(x_1) - f(x_2)\|_Y < \varepsilon\big)$$

Mittels der Vierecksungleichung für d_X sieht man, daß $d_X : X^2 \to [0, \infty)$ gleichmäßig stetig bzgl. der für $x_1, x_2, x_3, x_4 \in X$ durch

$$d_{X^2}\big((x_1, x_2), (x_3, x_4)\big) = d_X(x_1, x_3) + d_X(x_2, x_4)$$

definierten Metrik $d_{X^2} : (X^2)^2 \to [0, \infty)$ ist. Im Fall eines normierten Raums $(X, \| \, \|_X)$ zeigt

$$\big| \|x_1\|_X - \|x_2\|_X \big| \leq \|x_1 - x_2\|_X$$

für $x_1, x_2 \in X$, daß $\| \, \|_X : X \to [0, \infty)$ gleichmäßig stetig bzgl. $\| \, \|_X$ ist.

Jede gleichmäßig stetige Funktion f ist offensichtlich stetig, d. h. sie erfüllt

$$\forall x_1 \in X \ \forall \varepsilon > 0 \ \exists \delta > 0 \ \forall x_2 \in X$$
$$\big(d_X(x_1, x_2) < \delta \implies d_Y(f(x_1), f(x_2)) < \varepsilon\big) ,$$

jedoch nicht umgekehrt, denn strenger als bei der Stetigkeit wird bei gleichmäßiger Stetigkeit gefordert, daß zu gegebenem ε ein δ sich unabhängig von x_1, x_2 wählen läßt, während bei der Stetigkeitsbedingung das δ von der vorgegebenen Stelle x_1 abhängen darf. So sind etwa die Funktionen $f(x) = x^2$ auf $\mathbb{R}$ oder $f(x) = \frac{1}{x}$ auf $(0, 1]$ stetig, aber nicht gleichmäßig stetig. Jedoch ist jede ↗ dehnungsbeschränkte Funktion, insbesondere jede differenzierbare Funktion mit beschränkter Ableitung, gleichmäßig stetig, aber nicht umgekehrt, wie man an stetigen Funktionen auf kompakten Intervallen mit unbeschränkter Ableitung, etwa der Funktion $f : [0,1] \to \mathbb{R}$ mit $f(0) = 0$ und $f(x) = x \sin \frac{1}{x}$ für $0 < x \leq 1$, sieht. Jede stetige Funktion auf einer kompakten Menge ist nämlich gleichmäßig stetig.

Die gleichmäßige Stetigkeit bewirkt die Übertragung von Vollständigkeitseigenschaften: Das Bild einer Cauchy-Folge unter einer gleichmäßig stetigen Funktion ist wieder eine Cauchy-Folge. Ist daher $f : X \to Y$ bijektiv und gleichmäßig stetig und f^{-1} stetig, so ist mit Y auch X vollständig.

Gleichmäßige Stetigkeit läßt sich allgemeiner als für Funktionen zwischen metrischen Räumen auch im Rahmen uniformer Räume definieren.

gleichmäßige Approximation, die ↗beste Approximation einer Funktion in der Maximum- oder Tschebyschew-Norm.

Es sei $f : [a,b] \to \mathbb{R}$ stetig. Auf dem Raum $C[a,b]$ aller stetigen reellwertigen Funktionen auf $[a,b]$ definiert man die Maximumnorm $||g|| = \max\{|g(x)| \mid x \in [a,b]\}$. Ist dann G eine beliebige Teilmenge von $C[a,b]$, so lautet die Aufgabe der gleichmäßigen Approximation: Man finde ein $g_f \in G$ mit der Eigenschaft, daß

$$||f - g_f|| = \inf\{||f - g|| \mid g \in G\}.$$

Die Funktion g_f heißt dann gleichmäßig beste Approximation von f.

Ist G ein endlichdimensionaler Unterraum von $C[a,b]$, so kann f bezüglich G gleichmäßig approximiert werden. Für beliebige Teilmengen oder auch Unterräume G kann nicht immer eine gleichmäßig beste Approximation bestimmt werden. Ist beispielsweise G der Raum aller Polynome beliebigen Grades, so ist nach dem Approximationssatz von Weierstraß $\inf\{||f - g|| \mid g \in G\} = 0$. Eine nicht-polynomiale stetige Funktion f besitzt daher keine gleichmäßig beste Approximation bezüglich G (↗Approximationstheorie).

[1] Meinardus, G.: Approximation von Funktionen und ihre numerische Behandlung. Springer-Verlag, Heidelberg, 1964.

[2] Müller, M.: Approximationstheorie. Akademische Verlagsgesellschaft Wiesbaden, 1978.

[3] Powell, M.J.D.: Approximation Theory and Methods. Cambridge University Press, 1981.

gleichmäßige Integrierbarkeit, ↗gleichgradige Integrierbarkeit.

gleichmäßige Konvergenz, die Eigenschaft einer Funktionenfolge, daß zu jedem $\varepsilon > 0$ ein Index $N \in \mathbb{N}$ so existiert, daß

$$|f_n(x) - f(x)| < \varepsilon$$

für alle $x \in \mathfrak{D}$ und $\mathbb{N} \ni n \geq N$ gilt. Hierbei seien $\mathfrak{D}$ eine beliebige nicht-leere Menge und f, f_n (für $n \in \mathbb{N}$) auf $\mathfrak{D}$ definierte reell- oder komplexwertige Funktionen. (Für die nachfolgenden Betrachtungen beschränken wir uns auf den reellwertigen Fall.)

Man sagt dann (f_n) konvergiert (oder strebt) gleichmäßig gegen f (auf $\mathfrak{D}$) und schreibt

$$f_n \underset{\mathfrak{D}}{\longrightarrow} f \quad \text{oder} \quad f_n \underset{\mathfrak{D}}{\Longrightarrow} f\,.$$

Dabei ergänzt man gelegentlich $(n \to \infty)$. Anschaulich bedeutet das: Zu jedem ‚Streifen' der Breite 2ε um den Graphen von f gibt es ein $N \in \mathbb{N}$ derart, daß die Graphen aller f_n für $\mathbb{N} \ni n \geq N$ ganz in diesem Streifen verlaufen (vgl. Abbildung).

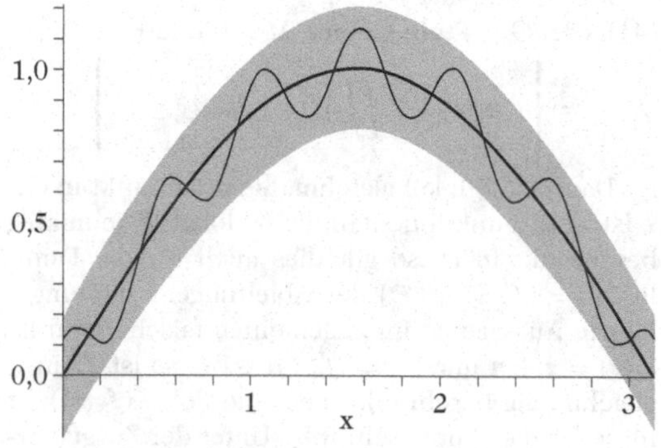

Gleichmäßige Konvergenz

Bei gleichmäßiger Konvergenz hängt der Index N nur von ε, nicht aber – wie bei punktweiser Konvergenz an jeder Stelle von $\mathfrak{D}$ – noch von der Stelle $x \in \mathfrak{D}$ ab.

Punktweise konvergente Folgen haben einige schlechte Eigenschaften:

Die Folge der im Intervall $[0,1]$ durch $f_n(x) := x^n$ definierten stetigen Funktionen konvergiert punktweise gegen eine an der Stelle 1 unstetige Grenzfunktion, nämlich gegen die Funktion f, die für $x \in [0,1)$ den Wert 0 und für $x = 1$ den Wert 1 annimmt.

Der punktweise gebildete Grenzwert einer Folge Riemann-integrierbarer Funktionenen muß selbst nicht Riemann-integrierbar sein, und im Falle der Riemann-Integrierbarkeit der Grenzfunktion muß die Folge der Integrale der approximierenden Funktionen nicht gegen das Integral der Grenzfunktion streben. Integration und Grenzwertbildung sind also – bei nur punktweiser Konvergenz – nicht vertauschbar.

Standardbeispiel für die erste Aussage ist: Auf $[0,1]$ die Funktion $f := \chi_{\mathbb{Q} \cap [0,1]}$, also

$$f(x) := \begin{cases} 1\,, & x \in \mathbb{Q} \cap [0,1] \\ 0\,, & \text{sonst} \end{cases}\,,$$

die sich mit einer Abzählung $\{x_\nu : \nu \in \mathbb{N}\}$ von

$\mathbb{Q} \cap [0,1]$ durch die durch $f_n(x) := \chi_{\{x_1,\dots,x_n\}}$ gegebenen Funktionen f_n, also

$$f_n(x) := \begin{cases} 1, & x \in \{x_1, \dots, x_n\} \\ 0, & \text{sonst} \end{cases},$$

punktweise approximieren läßt. Die f_n können dabei leicht noch stetig (um jedes x_ν ein hinreichend schmales ‚Dreieck') und sogar differenzierbar (noch glätten!) gemacht werden.

Die zweite Aussage wird etwa durch $f(x) := 0$ auf $[0, 1]$ und f_n, definiert durch

$$f_n(x) := \begin{cases} n^2 x & , 0 \le x \le \frac{1}{n} \\ 2n - n^2 x, & \frac{1}{n} \le x \le \frac{2}{n} \\ 0 & , \text{sonst} \end{cases},$$

belegt. (Wählt man die ‚Spitze' des ‚Dreiecks' größer (in der Definition von f_n jeweils n^3 statt n^2), so erhält man eine Folge (f_n), bei der die Folge der Integrale (bestimmt) divergiert.)

Derartige Pathologien treten bei gleichmäßiger Konvergenz nicht auf: Ein Satz von Weierstraß besagt, daß der gleichmäßige Limes einer Folge stetiger Funktionen selbst stetig ist. Dies gilt auch noch lokal: Sind die approximierenden Funktionen an einer Stelle a stetig, und hat man gleichmäßige Konvergenz in einer Umgebung von a, so ist auch die Grenzfunktion in a stetig.

Der gleichmäßige Grenzwerte einer Folge Riemann-integrierbarer Funktionen ist Riemann-integrierbar, und die Folge der Integrale der approximierenden Funktionen konvergiert gegen das Integral der Grenzfunktion.

Integration und Grenzwertbildung sind also bei gleichmäßiger Konvergenz vertauschbar

Ein entsprechendes Resultat für die Vertauschbarkeit von Differentiation und Konvergenz (↗Differentiation der Grenzfunktion) ergibt sich bei gleichmäßiger Konvergenz der Folge der Ableitungen, wenn man noch Konvergenz der ursprünglichen Folge an mindestens einer Stelle hat.

Naturgemäß sagt man bei einer Reihe $\sum_{\nu=0}^{\infty} f_\nu$ von Funktionen (f_n), daß sie gleichmäßig gegen eine Funktion s (auf $\mathfrak{D}$) konvergiert, wenn die Folge der Partialsummen $\left(\sum_{\nu=0}^{n} f_\nu\right)$ gleichmäßig gegen s konvergiert. Oft wird die gleichmäßige Konvergenz einer Reihe von Funktionen erschlossen durch das Majoranten-Kriterium vom Weierstraß.

Die Beschreibung dieser Konvergenzart wird besonders einfach und durchsichtig, wenn man für Funktionen $f : \mathfrak{D} \to \mathbb{R}$ und jede nicht-leere Menge $T \subset \mathfrak{D}$ die Supremum-Pseudonorm (∞ als Wert möglich)

$$\|f\|_T := \sup\left\{|f(x)| : x \in T\right\}$$

einführt. Eine Folge f_n konvergiert offenbar genau dann gleichmäßig in T gegen f, wenn $\|f_n - f\|_T \to 0$ gilt.

Auch diese Grenzwertbildung ist ($\mathbb{R}$-)linear: Sind (f_n), (g_n) Funktionenfolgen in $\mathfrak{D}$, die gleichmäßig konvergieren, dann ist $\alpha f_n + \beta g_n$ für $\alpha, \beta \in \mathbb{R}$ gleichmäßig konvergent mit

$$\lim(\alpha f_n + \beta g_n) = \alpha \lim f_n + \beta \lim g_n .$$

Sind die Funktionen (f_n) und (g_n) zudem noch beschränkt, so ist auch die Produktfolge $(f_n g_n)$ gleichmäßig konvergent mit

$$\lim(f_n g_n) = (\lim f_n)(\lim g_n) .$$

Aus $f_n \underset{\mathfrak{D}}{\Longrightarrow} f$ folgt trivialerweise $f_n(x) \longrightarrow f(x)$ für jedes $x \in \mathfrak{D}$. Das o. a. Beispiel ($f_n(x) := x^n$, ($x \in [0,1]$)) zeigt, daß die Umkehrung nicht gilt; denn – für $x \in (0,1)$, $\varepsilon > 0$ und $n \in \mathbb{N}$ – hat man:

$$x^n < \varepsilon \iff n > \frac{\ln \varepsilon}{\ln x} .$$

Der Index N, ab dem dann diese Beziehung gilt, wächst also unbeschränkt, wenn x gegen 1 strebt. N kann somit nicht unabhängig von x gewählt werden.

Potenzreihen konvergieren gleichmäßig auf jeder kompakten Teilmenge ihres Konvergenzbereichs. Sie konvergieren nicht notwendig gleichmäßig auf dem ganzen Konvergenzbereich, wie etwa das Beispiel der ↗geometrischen Reihe auf $(-1, 1)$ zeigt.

Eine oft benutzte Aussage, um aus nur punktweiser Konvergenz im Spezialfall (monotone Folge (halb-)stetiger Funktionen und Kompaktheit des Definitionsbereiches) auf gleichmäßige Konvergenz zu schließen, beinhaltet der Satz von Dini über gleichmäßige Konvergenz.

Für viele Überlegungen ist es zweckmäßig, nur lokale gleichmäßige Konvergenz (gleichmäßige Konvergenz auf allen kompakten Teilmengen), auch kompakte Konvergenz genannt, zu betrachten.

Gleichmäßige Konvergenz läßt sich offenbar entsprechend betrachten, wenn statt des Zielbereichs $\mathbb{R}$ etwa ein normierter Vektorraum betrachtet wird.

gleichmäßige Ljapunow-Stabilität, Eigenschaft eines dynamischen Systems.

Sei (M, d) ein ↗metrischer Raum. Für ein topologisches dynamisches System $(M, \mathbb{R}, \Phi)$ heißt ein Punkt $x \in M$ gleichmäßig Ljapunow-stabil, falls gilt:

$$\bigwedge_{\varepsilon>0} \bigvee_{\delta>0} \bigwedge_{z\in\mathcal{O}(x)} \bigwedge_{y\in M} \bigwedge_{t\ge 0} (d(z,y) < \delta$$
$$\Rightarrow d(\Phi(z,t), \Phi(y,t)) < \varepsilon).$$

Gleichmäßige Ljapunow-Stabilität impliziert ↗Ljapunow-Stabilität.

gleichmäßige Stetigkeit, ↗gleichmäßig stetige Funktion.

gleichschenkliges Dreieck, Dreieck mit zwei zueinander kongruenten (gleich langen) Seiten.

In jedem gleichschenkligen Dreieck sind die den beiden kongruenten Seiten gegenüberliegenden Innenwinkel ebenfalls zueinander kongruent.

gleichseitiges Dreieck, Dreieck, dessen drei Seiten paarweise zueinander kongruent (gleich lang) sind. In jedem gleichseitigen Dreieck sind die drei Innenwinkel ebenfalls paarweise kongruent.

Gleichung, zwei durch ein ↗Gleichheitszeichen verbundene ↗Terme, also z. B. $T_1 = T_2$ für Terme T_1, T_2, gesprochen „T_1 gleich T_2".

Hierin heißt T_1 (aus offensichtlichen Gründen) die *linke* und T_2 die *rechte Seite* der Gleichung.

Seien $x_1, \ldots, x_n$ die in den Termen T_1, T_2 vorkommenden Variablen, d. h. es sei $T_1 = T_1(x_1, \ldots, x_n)$ und $T_2 = T_2(x_1, \ldots, x_n)$, wobei nicht alle Variablen in beiden Termen vorhanden sein müssen. Man nennt $T_1 = T_2$ dann eine Gleichung in n Variablen. Für $n = 0$ ist die Gleichung $T_1 = T_2$ eine Aussage, also entweder wahr (z. B. $2 + 3 = 1 + 4$) oder falsch (z. B. $1 = 0$). Bei $n > 0$ ist die Gleichung $T_1 = T_2$ eine Aussageform und kann die Aufgabe ausdrücken, für $x_1, \ldots, x_n$ Werte aus dem Definitionsbereich $\mathbb{D}$ der Gleichung zu finden, die die Gleichung lösen, d. h. bei Einsetzen in T_1, T_2 die Gleichung zu einer wahren Aussage machen, also n-Tupel $(a_1, \ldots, a_n) \in \mathbb{D}$ mit $T_1(a_1, \ldots, a_n) = T_2(a_1, \ldots, a_n)$. Diese n-Tupel $a = (a_1, \ldots, a_n)$ heißen *Lösungen* und bilden die Lösungsmenge der Gleichung. $\mathbb{D}$ ist dabei höchstens gleich dem Schnitt der Definitionsbereiche der Terme T_1, T_2 (z. B. Teilmengen von $\mathbb{R}^n$ oder $\mathbb{C}^n$), wird aber oft durch zusätzliche Bedingungen eingeschränkt.

Das Bestimmen von $\mathbb{L}$ geschieht durch ↗Lösen der Gleichung, wobei die Gleichung i.d.R. in eine äquivalente „einfachere" Gleichung umgeformt wird. Zwei Gleichungen heißen äquivalent genau dann, wenn sie die gleichen Definitionsbereiche und Lösungsmengen haben. Bei $\mathbb{L} \neq \emptyset$ heißt die Gleichung lösbar oder erfüllbar (z. B. $x^2 = 1$ mit Definitionsbereich $\mathbb{Z}$, $\mathbb{L} = \{-1, 1\}$), sonst unlösbar oder unerfüllbar (z. B. $x = x + 1$ mit Definitionsbereich $\mathbb{R}$).

Falls $T_1(a) = T_2(a)$ gilt für alle $a \in \mathbb{D}$, heißt die Gleichung $T_1 = T_2$ allgemeingültig (z. B. $x_1 + x_2 = x_2 + x_1$ mit Definitionsbereich $\mathbb{R}^2$), und die Gleichung wird auch als Formel oder *Identität* bezeichnet.

Häufig ist nur eine der Variablen, z. B. x_1, eine ‚echte' Variable, und $x_2, \ldots, x_n$ sind als Parameter zu betrachten, d. h. für jede gemäß Definitionsbereich zulässige Wahl von $a_2, \ldots, a_n$ ist ein (oder mehrere) a_1 gesucht mit $(a_1, \ldots, a_n) \in \mathbb{L}$. In der Gleichung $p_0 e^{\lambda t} = p_1$ für exponentielles Wachstum könnten z. B. p_0, p_1, λ Parameter sein und t die Variable.

Die Lösbarkeit einer Gleichung hängt i.d.R. auch von der Wahl des Definitionsbereichs ab. So sind die Gleichung $2x = 1$ mit dem Definitionsbereich $\mathbb{Z}$ und die Gleichung $x^2 = -1$ mit dem Definitionsbereich $\mathbb{R}$ unlösbar, sie sind aber lösbar mit den Definitionsbereichen $\mathbb{Q}$ bzw. $\mathbb{C}$, und dann gilt $\mathbb{L} = \{\frac{1}{2}\}$ bzw. $\mathbb{L} = \{-i, i\}$.

Gleichungslöser, polynomialer, Methode oder Software, die Nullstellen von 0-dimensionalen polynomialen Gleichungssystemen in mehreren Veränderlichen berechnet.

Dabei gibt es in der Regel eine symbolische Vorbereitung, d. h. man bringt unter Benutzung von Gröbnerbasisberechnungen das Gleichungssystem auf Dreiecksgestalt, genauer man berechnet die zugehörigen trianguläre Menge. Dann wendet man ein numerisches Lösungsverfahren an, beispielsweise ein Newtonverfahren, wenn man an einer bestimmten Lösung interessiert ist.

Sei zum Beispiel das Gleichungssystem

$$\begin{aligned} x^2 + y^2 + z^2 - 1 &= 0 \\ x^2 + z^2 - y &= 0 \\ x - z &= 0 \end{aligned}$$

gegeben. Dann würde man als trianguläre Menge das dazu äquivalente Gleichungssystem

$$\begin{aligned} x - z &= 0 \\ y - 2z^2 &= 0 \\ z^4 + \frac{1}{2}z^2 - \frac{1}{4} &= 0 \end{aligned}$$

erhalten, das sich jetzt leicht lösen läßt.

Gleichungssystem, ein System von mindestens zwei ↗Gleichungen, die simultan erfüllt sein müssen.

Gleichverteilung, auch gleichmäßige Verteilung oder Rechteckverteilung genannt, über dem Intervall (a, b) mit $a < b$ bezeichnete Wahrscheinlichkeitsverteilung mit der Wahrscheinlichkeitsdichte

$$f : \mathbb{R} \ni x \to \begin{cases} \frac{1}{b-a}, & a < x < b \\ 0, & x \notin (a, b) \end{cases} \in \mathbb{R}.$$

Die zugehörige Verteilungsfunktion ist durch

$$F : \mathbb{R} \ni x \to \begin{cases} 0, & x \le a \\ \frac{x}{b-a}, & a < x < b \\ 1, & x \ge b \end{cases} \in \mathbb{R}$$

gegeben.

Eine Zufallsvariable X, die als Verteilung die Gleichverteilung über (a, b) besitzt, wird als über (a, b) gleichverteilt bezeichnet. Für ihren Erwartungswert gilt $E(X) = \frac{a+b}{2}$ und für die Varianz $Var(X) = \frac{(b-a)^2}{12}$. Sind X_1 und X_2 über (a, b) bzw.

$(a+c, b+c)$ gleichverteilte Zufallsvariablen, so besitzt die Summe X_1+X_2 eine ↗ Dreiecksverteilung über $(2a+c, 2b+c)$.

gleichwinklige Spirale, ↗ logarithmische Spirale.

Gleichzeitigkeit, in der vorrelativistischen Physik ein unproblematischer Begriff. In der relativistischen Physik gilt: Zwei Ereignisse heißen gleichzeitig, wenn es ein Bezugssystem gibt, in dem sie zur selben Zeit stattfinden.

gleitender Mittelwert, *gleitendes Mittel*, „gleitender" Durchschnitt von Zahlen, meist Meßwerten.

Für eine gegebene Folge $(f_k)_{k\in\mathbb{N}}$ ist der (vorwärts genommene) gleitende Mittelwert der Länge $n \in \mathbb{N}_{>0}$, erklärt durch die Folge $(\tilde{f}_k^{(n)})_{k\in\mathbb{N}}$ gemäß

$$\tilde{f}_k^{(n)} := \frac{1}{n}\sum_{i=0}^{n-1} f_{k+i}\,,\quad k \in \mathbb{N}\,;$$

für eine gegebene Lebesgue-integrierbare Funktion $f : [0,\infty) \to \mathbb{R}$ ist der (vorwärts genommene) gleitende Mittelwert der Länge $y \in \mathbb{R}_{>0}$, erklärt durch die Funktion $\tilde{f}^{(y)} : [0,\infty) \to \mathbb{R}$ gemäß

$$\tilde{f}^{(y)}(x) := \frac{1}{y}\int_0^y f(x+t)dt\,,\quad x \in [0,\infty)\,.$$

Entsprechende Definitionen für rückwärts genommene, zentrale oder weiter verallgemeinerte gleitende Mittelwerte liegen auf der Hand.

Hat man eine Folge von Meßwerten $x_1, x_2, \ldots,$ gegeben, so kann man neben dem Gesamtdurchschnitt

$$\frac{x_1+x_2+\cdots+x_n}{n}$$

auch an einem gleitenden Durchschnitt oder auch gleitenden Mittelwert interessiert sein. Er berechnet sich für jedes $m \in \{1,\ldots,n\}$ durch

$$\frac{x_1+x_2+\cdots+x_m}{m}$$

und gibt an, welcher mittlere Wert durch die Datenreihe bis zum m-ten Meßwert erreicht wurde.

gleitendes Mittel, ↗ gleitender Mittelwert.

Gleitkommaarithmetik, Teilgebiet der ↗ Computerarithmetik, das Zahlen in ↗ Gleitkommadarstellung und ihre Rechengesetze behandelt.

Gleitkommadarstellung, Zahlendarstellung

$$\phi : \{0, d-1\} \times \{0,\ldots,d-1\}^{a+b} \to \mathbb{Q}$$

mit

$$\phi(s,m,e) \;=\; \phi_1(s,m)\cdot d^{\phi_2(e)}$$

für alle $s \in \{0, d-1\}$, $m \in \{0,\ldots,d-1\}^a$ und $e \in \{0,\ldots,d-1\}^b$. Hierbei ist

$$\phi_1 : \{0, d-1\} \times \{0,\ldots,d-1\}^a \to \mathbb{Q}$$

eine ↗ Festkommadarstellung zur Basis d und

$$\phi_2 : \{0,\ldots,d-1\} \to \mathbb{Z}$$

eine Zahlendarstellung zur Darstellung ganzer Zahlen. s ist das Vorzeichen, m die Mantisse und e der Exponent. Ist die höchstwertigste Stelle m_{a-1} der Mantisse $m = (m_{a-1},\ldots,m_0)$ ungleich 0, so spricht man von einer normierten Gleitkommazahl.

Gleitkommadarstellungen erlauben im Vergleich mit ↗ Festkommadarstellungen die Darstellung größerer Zahlenbereiche.

Gleitkommaformat, Festlegung der auf einem Rechner darstellbaren Teilmenge $R = R(b, n, emin, emax)$ der reellen Zahlen durch die Basis $b > 1$, Anzahl der Mantissenziffern n, und Exponentenbereich $emin, \ldots, emax$.

Für eine (normalisierte) Maschinenzahl x gilt dann

$$x = \pm\left(\sum_{i=0}^{n-1} x_i b^{-i}\right) b^e\,,$$

wobei

$$0 \le x_i \le b-1\,,\quad i = 1,\ldots,n-1\,,$$
$$x_0 > 0\,,$$
$$emin \le e \le emax\,.$$

Wird für $e = emin$ die Bedingung $x_0 > 0$ fallen gelassen, so heißen diese Zahlen denormalisiert (↗ IEEE-Arithmetik).

Gleitkommazahl, ↗ Gleitkommadarstellung, ↗ Maschinenzahl.

gliedweise Differentiation einer Potenzreihe, die Beziehung

$$f'(x) \;=\; \sum_{n=1}^{\infty} n\,a_n(x-x_0)^{n-1} \qquad (1)$$

für eine durch eine ↗ Potenzreihe

$$\sum_{n=0}^{\infty} a_n\,(x-x_0)^n$$

definierte Abbildung f.

Genauer gilt: Es seien (a_n) eine Folge reeller Zahlen und $x_0 \in \mathbb{R}$. Für die o. a. Potenzreihe (um den Entwicklungspunkt x_0 mit Koeffizienten (a_n)) gilt: *Es existiert ein* $0 \le R \le \infty$ *(↗ Konvergenzradius) mit*

$$\sum_{n=0}^{\infty} a_n(x-x_0)^n \begin{cases} \textit{absolut konvergent}, & |x-x_0| < R\,, \\ \textit{divergent} & , |x-x_0| > R\,. \end{cases}$$

Für einen Aufbau der Analysis, bei dem die Integration erst nach der Differentiation behandelt wird und wichtige Funktionen, etwa Exponentialfunktion und trigonometrische Funktionen, über Potenzreihen eingeführt werden, ist folgender Satz sehr wichtig:

Die Potenzreihe $\sum_{n=1}^{\infty} n\,a_n(x-x_0)^{n-1}$ *hat ebenfalls den Konvergenzradius R. Definiert man* $f(x) := \sum_{n=0}^{\infty} a_n(x-x_0)^n$ *für* $x \in \mathbb{R}$ *mit* $|x-x_0| < R$, *dann gilt: f ist differenzierbar, und die Ableitung wird durch (1) gegeben.*

Summation und Differentiation sind also hier vertauschbar. Folgerungen aus dem Satz sind: f ist beliebig oft differenzierbar mit

$$a_n = \frac{f^{(n)}(x_0)}{n!} \qquad (n \in \mathbb{N}_0)\,.$$

Jede Potenzreihe ist also in ihrem Konvergenzintervall die Taylor-Reihe der durch sie dargestellten Funktion. Um einen festen Entwicklungspunkt gibt es somit höchstens eine Potenzreihendarstellung einer gegebenen Funktion. Das zeigt den ↗Identitätssatz für Potenzreihen.

Der Satz gilt entsprechend für komplexe Potenzreihen (und komplexe Differenzierbarkeit).

Gliwenko, Satz von, *Gliwenko-Cantelli, Satz von, Hauptsatz der mathematischen Statistik*, formuliert die Konvergenz der ↗empirischen Verteilungsfunktion gegen die theoretische Verteilungsfunktion bei wachsendem Stichprobenumfang. Der Satz lautet:

Ist $F_X(x)$ *die Verteilungsfunktion einer Zufallsgröße X und ist* $F_n(x)$ *die empirische Verteilungsfunktion der mathematischen Stichprobe* $(X_1, \dots, X_n)$ *vom Umfang n von X, dann konvergiert* $F_n(x)$ *für* $n \to \infty$ *mit Wahrscheinlichkeit* 1 *gleichmäßig gegen die Verteilungsfunktion* $F_X(x)$. *Es gilt also*

$$P\Big(\lim_{n\to\infty} \sup_{x\in R^1} |(F_n(x) - F(x))| = 0\Big) = 1\,.$$

Dieser Satz liefert die Grundlage zur Prüfung von Hypothesen über den Typ unbekannter Verteilungsfunktionen. Die Größe

$$T_n = \sqrt{n} \sup_{x\in R^1} |(F_n(x) - F(x))|$$

wird als Teststatistik im ↗Kolmogorow-Test zur Verteilungsprüfung verwendet.

Gliwenko-Cantelli, Satz von, auch Hauptsatz der Statistik genannt, ↗Gliwenko, Satz von.

GLM, (Generalized Linear Model), statistische Verfahren zur Berechnung von Versicherungsprämien, spezielle ↗Ausgleichsverfahren.

Eine Klassifikation nach Risikomerkmalen liefert eine mehrdimensionale Zerlegung eines Bestands in Tarifzellen, wobei die Roh-Prämien aus dem empirischen Schadenbedarf pro Zelle bestimmt werden.

Konventionelle Ausgleichsverfahren glätten die Roh-Prämien mittels linearer Regression. Dabei wird implizit die Unabhängigkeit der einzelnen Merkmale unterstellt, was in der Praxis nicht sinnvoll ist.

Verallgemeinerte lineare Modelle erlauben es, auch „Interaktionen" zwischen verschiedenen Tarifmerkmalen zu beschreiben. Die Merkmalsausprägungen werden durch intervallskalierte Parameter beschrieben. Der Ausgleich der Roh-Prämien erfolgt über eine einfach nichtlineare Regression, etwa einen stückweise linearen Ansatz oder mit Hilfe von ↗Splinefunktionen.

global absorbierende Menge, ↗absorbierende Menge eines dynamischen Systems.

global asymptotisch stabile Menge, nichtleere Teilmenge $A \subset M$ für ein ↗dynamisches System (M, G, Φ), die stabil ist und für die gilt, daß für jedes $x \in M$ dessen ω-Limesmenge $\omega(x)$ in A liegt.

globale Abbildung, eine auf einem ganzen Raum definierte Abbildung.

Es seien T_1 und T_2 topologische Räume. Dann heißt eine Abbildung $f : T_1 \to T_2$ eine auf T_1 globale Abbildung.

globale Analysis, Sammelbegriff für die Gebiete der Analysis, die sich nicht mit der Untersuchung lokaler Phänomene beschäftigen.

Der Begriff wird seit den 1960er Jahren insbesondere bei der Untersuchung nicht-lokaler Phänomene dynamischer Systeme verwendet. Die dabei verwendeten mathematischen Disziplinen sind (nichtlineare) Funktionalanalysis, (unendlichdimensionale) Differentialgeometrie und (Differential-)Topologie.

globale Bifurkation, Bifurkationen, die durch Übergänge von einem Fixpunkt zu einem Grenzzyklus oder durch Übergänge von einem Grenzzykel zu einem anderen Grenzzykel gekennzeichnet sind.

globale Flächentheorie, die Untersuchung der Beziehungen zwischen der Krümmung von Flächen im 3-dimensionalen euklidischen Raum $\mathbb{R}^3$ und globalen Eigenschaften von $\mathcal{F}$.

Bei den globalen Eigenschaften handelt es sich vorrangig um solche, die sich aus der ↗inneren Metrik oder aus der Topologie der Fläche ableiten lassen. Eine besondere Rolle spielen topologische Eigenschaften von geschlossenen Flächen. Letztere definiert man als Flächen $\mathcal{F} \subset \mathbb{R}^3$, die als Teilmengen von $\mathbb{R}^3$ abgeschlossen und beschränkt sind, wie zum Beispiel die Oberflächen von dreidimensionalen abgeschlossenen und beschränkten Teilmengen des $\mathbb{R}^3$, wenn diese glatt sind.

Zu den metrischen Fragen gehören die nach der Verbiegbarkeit von Flächen (↗ineinander verbiegbare Flächen). Während jedes genügend kleine Stück einer regulären Fläche längentreue Formänderungen zuläßt, muß das für die gesamte Fläche nicht mehr zutreffen, speziell wenn diese geschlossen ist. So ist z. B. die Kugeloberfläche nicht verbiegbar. Es gilt sogar der Satz von H.Liebmann (1899):

Die einzige geschlossene Fläche mit konstanter ↗Gaußscher Krümmung ist die Kugeloberfläche.

Diese Aussage ist stärker als die über die Verbiegbarkeit. Nichtverbiegbarkeit bedeutet Starrheit. Allgemeiner ist der Satz über die Starrheit der ↗Eiflächen.

Zu den globalen Fragen der Flächentheorie zählen auch die Fragen nach der Existenz von geschlossenen ↗Geodatischen, d. h., von geodatischen Kurven auf der Fläche, deren Parameterdarstellungen durch periodische Funktionen gegeben sind.

Ist $\mathcal{F}$ eine Eifläche, so wird $\mathcal{F}$ durch eine geschlossene Geodätische γ in zwei disjunkte Teile $\mathcal{F}_1$ und $\mathcal{F}_2$ zerschnitten, und γ hat die ↗geodätische Krümmung $\kappa_g = 0$. Nach der ↗Integralformel von Gauß-Bonnet ist die Gesamtkrümmung jeder der beiden Teile $\mathcal{F}_1$ und $\mathcal{F}_2$ gleich 2π. Ist $\mathfrak{n} : \mathcal{F} \to S^2$ die Gauß-Abbildung von $\mathcal{F}$, so zerlegt die Bildkurve $\mathfrak{n} \circ \gamma$ die Kugeloberfläche S^2 in zwei Teile gleichen Flächeninhalts 2π, und die Frage nach geschlossenen Geodätischen auf $\mathcal{F}$ erweist sich zu der Frage nach allen geschlossenen Kurven auf S^2 gleichwertig, die diese Eigenschaft besitzen.

Es gibt aber auf jeder Eifläche $\mathcal{F}$ mindestens drei geschlossene Geodätische. Das Vorhandensein einer einzigen kann man sich anschaulich klar machen. Man stelle sich $\mathcal{F}$ als Oberfläche eines konvexen Körpers $\mathcal{K}$ vor, nehme einen geschlossenen, nicht dehnbaren Faden der Länge l und schiebe $\mathcal{K}$ durch den Faden hindurch. Wenn l unterhalb einer gewissen Schranke liegt, wird das nicht möglich sein. Ist l_0 die kleinste aller Längen, für die sich $\mathcal{K}$ noch durch den Faden schieben läßt, so liegt der Faden der Länge l_0 in einem bestimmten Moment des Durchschiebens überall dem Körper an. Wie die ↗Bindfadenkonstruktion zeigt, liegt er dem Körper dann längs einer geschlossenen Geodätischen an.

Eine Beziehung zwischen der Gaußschen Krümmung k und dem Durchmesser einer geschlossenen Eifläche liefert das folgende Resultat von O. Bonnet aus dem Jahre 1855: Gilt in allen Punkten der Fläche $k \geq 1/d^2$, so ist der innergeometrische Abstand von je zwei Flächenpunkten kleiner als π.

Metrische Fragen der Flächentheorie sind auch die nach der Existenz von geodätisch vollständigen Flächen mit vorgegebenen Krümmungseigenschaften. Hier ist das Resultat von D. Hilbert zu nennen, daß es im $\mathbb{R}^3$ keine geodätisch vollständigen Flächen konstanter negativer Krümmung gibt.

Einer der am frühesten erkannten Zusammenhänge zwischen Topologie und Krümmung ist die Integralformel von Gauß-Bonnet. Diese zeigt, daß eine topologische Größe, nämlich das Geschlecht einer geschlossenen Fläche, völlig durch die Gaußsche Krümmung bestimmt ist.

An dieses Resultat schließt sich der Satz von Hadamard an:

Ist $\mathcal{F} \subset \mathbb{R}$ eine geschlossene Fläche, deren Gaußsche Krümmung in allen Punkten positiv ist, so gilt: (i) $\mathcal{F}$ hat das Geschlecht 0, (ii) die ↗Gauß-Abbildung ist bijektiv, und (iii) $\mathcal{F}$ ist ein Ovaloid, *d. h., gleich der Menge der Randpunkte eines konvexen Körpers.*

globale Haarsche Bedingung, eine Übetragung des Konzepts der Haarschen Bedingung (↗Haarscher Raum) auf die kompliziertere Situation der nichtlinearen Approximation.

Es sei $W = \{F_\alpha\}$ eine (i. allg. nicht linear) von einem Parametervektor

$$\alpha = (\alpha_1, \ldots, \alpha_N) \in A \subseteq \mathbb{R}^N$$

abhängende Teilmenge von ↗$C[a, b]$. Die Funktionen von W seien stetig nach allen Parameterwerten partiell differenzierbar, und es bezeichne

$$T(\alpha) = \text{Span}\left\{\frac{\partial F_u}{\partial \alpha_1}, \ldots, \frac{\partial F_u}{\partial \alpha_N}\right\}$$

den Tangentialraum von W in α.

Dann erfüllt W die globale Haarsche Bedingung, wenn für jedes Paar $(\alpha, \beta) \in A \times A$ gilt: Die Funktion $F_\alpha - F_\beta$ hat höchstens $(\dim(T(\alpha)) - 1)$ Nullstellen (oder ist identisch gleich Null).

Gemeinsam mit der ↗lokalen Haarschen Bedingung ermöglicht die globale Haarsche Bedingung eine Charakterisierung der ↗besten Approximation auch im nichtlinearen Fall durch eine dem ↗Alternantensatz ähnliche Aussage.

Im linearen Fall (d. h., $\{F_\alpha\}$ ist ein linearer Raum) sind globale, lokale und gewöhnliche Haarsche Bedingung identisch.

globale Lösung einer gewöhnlichen Differentialgleichung, Lösung einer Differentialgleichung, die auf deren ganzem Definitionsbereich definiert ist.

globale Optimierung, spezielle Fragestellung der Optimierungstheorie, bei der die Menge, in der nach dem Optimalwert gesucht wird, keinen Einschränkungen unterliegt.

Ist etwa $f : \mathbb{R}^n \to \mathbb{R}$ die Funktion, deren Optimum $\hat{x} \in \mathbb{R}^n$ gefunden werden soll, dann wird in der globalen Optimierung außer der Optimalität bzgl. f keine weitere Bedingung an $\hat{x}$ gestellt.

globale Riemannsche Geometrie, Zweig der ↗Riemannschen Geometrie, der die Beziehungen zwischen lokalen und globalen Eigenschaften Riemannscher Mannigfaltigkeiten M studiert.

Lokale Eigenschaften werden zumeist aus der Riemannschen Krümmung abgeleitet, während das

Attribut 'global' sich auf Eigenschaften bezieht, die M als metrischer oder als topologischer Raum besitzt. Um von lokalen Eigenschaften auf topologische schließen zu können, ist in der Regel vorauszusetzen, daß M eine vollständige Riemannsche Mannigfaltigkeit ist.

Aus dem Krümmungstensor abgeleitete Größen sind neben anderen die skalare Krümmung K_{sk}, die Schnittkrümmung K_σ, der Ricci-Tensor S und die Ricci-Krümmung Ric. Es wird z. B. gefragt, welche topologischen Eigenschaften die Mannigfaltigkeit M haben muß, damit auf ihr Riemannsche Metriken mit vorgegebenen Eigenschaften, wie etwa konstantes Vorzeichen von Ric, K_{sk} oder K_σ existieren.

So schließt z. B. das sog. Sphären-Theorem aus der Voraussetzung, daß M vollständig und die Schnittkrümmung K_σ zwischen zwei festen positiven Schranken eingeschlossen ist, auf die topologische Gestalt von M. Ist n die Dimension von M, so besagt der Satz von Cartan-Hadamard, daß für negative Schnittkrümmung K_σ ein Homöomorphismus zwischen M und dem Raum $\mathbb{R}^n$ existiert. Man kann diesen Homöomorphismus explizit angeben, indem man $\mathbb{R}^n$ mit dem Tangentialraum $T_x(M)$ eines Punktes $x \in M$ identifiziert und die Abbildung $\exp_x : T_x(M) \to M$ betrachtet, die jedem Tangentialvektor $t \in T_x(M)$ den Punkt $\gamma_t(1)$ zuordnet, wobei γ_t die eindeutig bestimmte ↗Geodätische mit dem Anfangspunkt x und der Anfangsrichtung t ist. Diese wird Exponentialabbildung von M im Punkt x genannt. Die Vollständigkeit von M ist gleichwertig dazu, daß $\exp_x(t) = \gamma_t(1)$ für alle $x \in M$ und alle $t \in T_x(M)$ definiert ist.

Eine nicht kompakte vollständige Riemannsche Mannigfaltigkeit wird offen genannt. Eine Untermannigfaltigkeit $N \subset M$ heißt total geodätisch, wenn jede Geodätische, die in einem Punkt von x in zu N tangentieller Richtung startet, d. h., für die $\gamma(t)$ mit $\gamma(0) = x \in N$ und $\gamma'(0) = t \in T_x(N)$ gilt, ganz in N verläuft.

Ist M offen und $K_\sigma \leq 0$, so gibt es eine total geodätische, absolut konvexe Untermannigfaltigkeit $N \subset M$ derart, daß M zum Normalenbündel $\nu(N)$ diffeomorph ist. Der Normalraum $\nu_x(N)$ besteht aus allen Tangentialvektoren von $T_x(M)$, die zu dem Unterraum $T_x(N) \subset T_x(M)$ senkrecht sind, und das Normalenbündel $\nu(N)$ ist die Vereinigung

$$\bigcup_{x\in N} \nu_x(N)$$

aller Normalräume. Es ist eine Untermannigfaltigkeit des Tangentialbündels $T(M)$.

Zur globalen Riemannsche Geometrie ist auch der Zerlegungssatz von de Rham zu rechnen (↗Holonomiegruppe).

Viele globale Eigenschaften Riemannscher Mannigfaltigkeiten M werden durch Vergleichssätze ausgedrückt. Diese machen vergleichende Aussagen über Strukturen auf M, z. B. geodätische Dreiecke, mit entsprechenden Strukturen auf einem Standardraum, z. B. einer Mannigfaltigkeit konstanter Schnittkrümmung.

Ein geodätisches Dreieck Δ in einer Riemannschen Mannigfaltigkeit M besteht aus drei Punkten und drei sie verbindenden kürzesten Verbindungskurven, den Seiten von Δ. Dann sind die Seitenlängen als die drei Abstände der Punkte definiert und die Winkel von Δ in den drei Eckpunkten als Winkel zwischen den jeweiligen Verbindungskurven. Einen Vergleich der Winkel in geodätischen Dreiecken von M liefert der Vergleichssatz von Toponogow:

Es sei $c \in \mathbb{R}$ und es gelte $K_\sigma \geq c$ für die Schnittkrümmung aller zweidimensionalen Unterräume $\sigma \subset T(M)$. H_c sei der einfach zusammenhängende zweidimensionale Raum konstanter Krümmung c. Sind $\alpha_1, \alpha_2, \alpha_3$ die Winkel eines geodätischen Dreiecks Δ in M, $\beta_1, \beta_2, \beta_3$ die Winkel eines Dreiecks in H_c, dessen Seiten die gleiche Länge wie die entsprechenden Seiten von Δ haben, so gilt $\alpha_i \geq \beta_i$ für $i = 1, 2, 3$.

Gilt $K_\sigma \leq c$ und lassen sich die Punkte auf den Seiten von Δ nur durch eine Kürzeste verbinden, so gilt $\alpha_i \leq \beta_i$ für $i = 1, 2, 3$.

[1] Gromoll, D.; Klingenberg, W.; Meyer, W.: Riemannsche Geometrie im Großen. Springer-Verlag, Berlin 1968.

globaler Extremalpunkt, ↗Extremalpunkt.

globaler Maximalpunkt, ↗Extremalpunkt.

globaler Minimalpunkt, ↗Extremalpunkt.

globaler Umkehrsatz, fundamentale Aussage aus der Analysis bzw. Funktionentheorie, die wie folgt lautet:

Es sei $D \subset \mathbb{C}$ eine offene Menge und $f: D \to \mathbb{C}$ eine injektive ↗holomorphe Funktion. Dann ist $D' := f(D)$ eine offene Menge, die Umkehrfunktion $f^{-1}: D' \to D$ von f ist holomorph in D', und für $w \in D'$ gilt

$$(f^{-1})'(w) = \frac{1}{f'(f^{-1}(w))}$$

(↗Differentiation der Umkehrfunktion).

Ist B eine offene Kreisscheibe mit $\overline{B} \subset D$, so gilt für f^{-1} die Darstellung

$$f^{-1}(w) = \frac{1}{2\pi i} \int_{\partial B} \frac{\zeta f'(\zeta)}{f(\zeta) - w} \, d\zeta \,, \quad w \in f(B)\,.$$

globales Extremum, ↗Extremum.

globales Maximum, ↗Extremum.

globales Minimum, ↗Extremum.

Globus, eine ↗im wesentlichen isometrische Abbildung der Erdoberfläche auf die Oberfläche eines kugelförmigen Körpers.

glockenförmige Transferfunktion, bezeichnet im Kontext ↗Neuronale Netze eine spezielle Transferfunktion $T : \mathbb{R} \to \mathbb{R}$ eines ↗formalen Neurons, die beschränkt ist und den Grenzwertbeziehungen

$$\lim_{\xi \to -\infty} T(\xi) = 0 \text{ und } \lim_{\xi \to \infty} T(\xi) = 0$$

genügt. Ein Beispiel ist durch $T(\xi) := \exp(-\xi^2)$ gegeben.

Glücksspiel, ein Spiel, bei dem die beteiligten Spieler den Verlauf des Spiels nicht durch ihr Verhalten beeinflussen können.

Gluonen, masselose Elementarteilchen vom Spin 1.

Die Gluonen vermitteln die starke Wechselwirkung zwischen Quarks. Die zugehörige Theorie heißt Quantenchromodynamik. In diesem Quarkmodell werden Quark und Antiquark durch ein Gluon „zusammengehalten“, das eine mit wachsendem Abstand nicht (wie bei anderen Wechselwirkungen üblich) gegen Null, sondern gegen eine positive Konstante konvergierende Anziehungskraft erzeugt und damit das Quark-confinement erklärt.

Gluskin-Räume, von Gluskin mit wahrscheinlichkeitstheoretischen Techniken konstruierte n-dimensionale reelle Banachräume mit asymptotisch maximalem ↗Banach-Mazur-Abstand.

Seien X und Y n-dimensionale reelle Banachräume. Dann gilt für ihren Banach-Mazur-Abstand $d(X, Y) \leq n$. Man betrachte nun unabhängige Zufallsvektoren $\xi_1, \dots, \xi_{2n} : \Omega \to \mathbb{R}^n$, die gemäß dem normierten Oberflächenmaß auf der Sphäre S^{n-1} verteilt sind. Für jedes $\omega \in \Omega$ ist dann die konvexe Hülle von $\pm\xi_1(\omega), \dots, \pm\xi_{2n}(\omega)$ sowie den Einheitsvektoren $\pm e_1, \dots, \pm e_n$ die Einheitskugel einer Norm auf $\mathbb{R}^n$; dieser n-dimensionale Banachraum werde mit $X(\omega)$ bezeichnet. Gluskin hat dann gezeigt:

Es existiert eine Konstante $c > 0$, so daß

$$\lim_{n \to \infty} \mathbb{P}\{(\omega_1, \omega_2) : d(X(\omega_1), X(\omega_2)) < cn\} = 0 .$$

Folglich existieren n-dimensionale Banachräume X_n, Y_n mit $\inf d(X_n, Y_n)/n > 0$.

Mit ähnlichen Techniken können diverse andere Probleme der lokalen Banachraumtheorie gelöst werden.

[1] Tomczak-Jaegermann, N.: Banach-Mazur-Distances and Finite-Dimensional Operator Ideals. Longman Harlow, 1989.

G_σ-Menge, Untermenge eines topologischen Raumes, die sich als Durchschnitt einer Folge von offenen Mengen darstellen läßt.

GMRES-Verfahren, iteratives ↗Krylow-Raum-Verfahren zur Lösung eines linearen Gleichungssystems $Ax = b$, wobei $A \in \mathbb{R}^{n \times n}$ eine beliebige (insbesondere unsymmetrische) Matrix sei. Da im Laufe der Berechnungen lediglich Matrix-Vektor-Multiplikationen benötigt werden, ist das Verfahren besonders für große sparse Matrizen A geeignet.

Das GMRES-Verfahren ist eine Verallgemeinerung des konjugierten Gradientenverfahrens für Gleichungssysteme mit symmetrisch positiv definiten Koeffizientenmatrizen.

Es wird, ausgehend von einem (beliebigen) Startvektor $x^{(0)}$, eine Folge von Näherungsvektoren $x^{(k)}$ an die gesuchte Lösung x gebildet. Die nächste Näherung $x^{(k)}$ wird so gewählt, daß

$$(b - Ax^{(k)})^T (b - Ax^{(k)})$$

minimiert wird über dem verschobenen Krylow-Raum

$$\{x^{(0)}\} + \mathcal{K}_k(A, r^{(0)})$$

mit

$$r^{(0)} = b - Ax^{(0)}$$

und

$$\mathcal{K}_k(A, r^{(0)}) = \{r^{(0)}, Ar^{(0)}, A^2 r^{(0)}, \dots, A^{k-1} r^{(0)}\}.$$

Die wesentliche Idee des Algorithmus' ist es, $x^{(k)}$ mittels einer orthogonalen Basis des Krylow-Raums $\mathcal{K}_k(A, r^{(0)})$ darzustellen, d. h.

$$x^{(k)} = x^{(0)} + Q_k y^{(k)},$$

wobei $Q_k = (q^{(1)}\ q^{(2)}\ \dots\ q^{(k)}) \in \mathbb{R}^{n \times k}$ eine Matrix mit orthonormalen Spalten sei, deren lineare Hülle gerade der Krylow-Raum $\mathcal{K}_k(A, r^{(0)})$ ist:

$$\text{Span}\{q^{(1)}, q^{(2)}, \dots, q^{(k)}\} = \mathcal{K}_k(A, r^{(0)}).$$

(Hieraus folgt sofort, daß $q^{(1)} = r^{(0)}/||r^{(0)}||_2$ gelten muß .) Würde man $x^{(k)}$ mittels einer nicht orthogonalen Basis von $\mathcal{K}_k(A, r^{(0)})$ darzustellen, erhielte man ein Verfahren, welches unter Umständen während der Berechnungen zusammenbricht und dann nicht die gesuchte Lösung des Gleichungssystems $Ax = b$ berechnen kann.

Die gesuchte orthogonale Basis berechnet z. B. das ↗Arnoldi-Verfahren. Nach k Schritten des Arnoldi-Verfahrens hat man die Zerlegung

$$AQ_k = Q_{k+1} H_{k+1,k}$$

berechnet mit

$$H_{k+1,k} = \begin{pmatrix} h_{11} & h_{12} & \cdots & \cdots & h_{1n} \\ h_{21} & h_{22} & \cdots & \cdots & h_{2n} \\ 0 & \ddots & \ddots & & \vdots \\ \vdots & & \ddots & \ddots & \vdots \\ 0 & \cdots & \cdots & h_{k,k-1} & h_{kk} \\ 0 & \cdots & \cdots & 0 & h_{k+1,k} \end{pmatrix},$$

$H_{k+1,k} \in \mathbb{R}^{k+1,k}$.

Im k-ten Schritt des GMRES-Verfahren minimiert man nun

$$(b - Ax^{(k)})^T(b - Ax^{(k)})$$

unter der Nebenbedingung, daß $x^{(k)}$ die Form

$$x^{(k)} = x^{(0)} + Q_k y^{(k)}$$

für ein $y^{(k)} \in \mathbb{R}^k$ hat. Es folgt, daß $y^{(k)}$ als die Lösung des linearen Ausgleichsproblems

$$\min_{y \in \mathbb{R}^k} || \frac{e_1}{||r^{(0)}||_2} - H_{k+1,k} y||_2 \qquad (1)$$

zu wählen ist, wobei $e_1 = (1, 0, \ldots, 0)^T \in \mathbb{R}^k$. Man erhält so das GMRES-Verfahren:

Wähle $x^{(0)} \in \mathbb{R}^n$.
Setze $r^{(0)} = b - Ax^{(0)}$.
Setze $h_{1,0} = ||r^{(0)}||_2$.
Setze $q^{(1)} = r^{(0)}/h_{10}$.
Iteriere für $k = 0, 1, \ldots$
  Falls $h_{k+1,k} = 0$
  Dann stop, $x^{(k)}$ ist gesuchte Lösung.
  Sonst berechne
    $r^{(k+1)} = Aq^{(k+1)}$
    Für $i = 1 : k+1$
      $h_{i,k+1} = (q^{(i)})^T w$
      $r^{(k+1)} = r^{(k+1)} - h_{i,k+1} q^{(i)}$
    Ende Für
    $h_{k+2,k+1} = ||r^{(k+1)}||_2$
    $x^{(k+1)} = x^{(0)} + Q_{k+1} y^{(k+1)}$
     wobei $\min = || \frac{e_1}{||r^{(0)}||_2} - H_{k+1,k} y^{(k+1)}||_2$

Das Abbruchkriterium $h_{k+1,k} = 0$ folgt aus der Beobachtung

$$(b - Ax^{(k)})^T(b - Ax^{(k)}) = ||b - Ax^{(k)}||_2^2 = h_{k+1,k}^2.$$

Das Ausgleichsproblem (1) kann effizient mittels der Methode der kleinsten Quadrate gelöst werden. In der Praxis muß es nicht in jedem Iterationsschritt gelöst werden; es ist ausreichend, dies einmal am Ende des Algorithmus zu tun, wenn $h_{k+1,k} = 0$ (bzw. klein genug) ist.

Pro Iterationsschritt sind nur eine Matrix-Vektor-Multiplikation $Ap^{(k)}$ und einige Skalarprodukte durchzuführen; der Gesamtaufwand ist daher insbesondere für sparse Matrizen A sehr gering.

Bei der Berechnung der $(k+1)$-ten Iterierten wird Information aus allen k vorherigen Schritt benötigt. Der Rechen- und Speicheraufwand wächst also mit k an.

Theoretisch ist bei exakter Rechnung spätestens $x^{(n)}$ die gesuchte Lösung. Da jedoch aufgrund von Rundungsfehlern dies i. a. nicht eintreten wird, und da der Rechen- und Speicheraufwand mit k anwächst, verwendet man das GMRES-Verfahren in der Praxis nicht in der oben angegebenen Form. Man bestimmt vielmehr a priori ein Anzahl m von Schritten, für welche man das GMRES-Verfahren noch gut ausführen kann (hinsichtlich Rechen- und Speicheraufwand), und führt dann m Schritte des Verfahrens durch. Anschließend startet man das GMRES-Verfahren erneut, dieses Mal mit dem berechneten $x^{(m)}$ als neuen Startvektor (man „wirft" also die schon berechneten Vektoren $q^{(1)}, \ldots, q^{(m)}$ „weg"). Dieses Vorgehen wiederholt man, bis $h_{k+1,k}$ klein genug ist.

Für das Konvergenzverhalten des Verfahrens, d. h. für eine Aussage, wie schnell die Iterierten $x^{(k)}$ gegen die gesuchte Lösung x konvergieren, ist die Konditionszahl von A von entscheidender Bedeutung. Hat A eine kleine Konditionszahl, so wird die Konvergenz i. a. recht schnell sein. Ist die Konditionszahl von A hingegen groß , so wird die Konvergenz nur sehr langsam sein. In diesem Fall sollte man versuchen, die Konvergenzeigenschaften durch ↗Vorkonditionierung zu verbessern.

Gnedenko, Boris Wladimirowitsch, russischer Mathematiker, geb. 1.1.1912 Simbirsk (Uljanowsk, Rußland), gest. 27.12.1995 Moskau.

Gnedenko studierte bis 1930 in Saratow. Danach arbeitete er am Textilinstitut in Iwanowo und ab 1930 an der Moskauer Universität (Steklow-Institut). Dort habilitierte er sich 1942. Von 1945 bis 1960 war er am Mathematischen Institut der Akademie der Wissenschaften der Ukraine und danach wieder an der Moskauer Universität tätig.

Gnedenko arbeitete auf dem Gebiet der Wahrscheinlichkeitstheorie, der Bedienungstheorie, der Zuverlässigkeitstheorie und der mathematischen Statistik. Hier beschäftigte er sich besonders mit Grenzwerten von Verteilungen. Daneben befaßte er sich auch mit Mathematikgeschichte und der Verbreitung populärwissenschaftlicher Kenntnisse.

Gnomon, in der antiken Mathematik eine geometrische Figur, die sich als Differenz zweier Rechtecksflächen ergibt.

gnomonischer Entwurf, ein ↗Kartennetzentwurf der Erdoberfläche, bei dem die Kugeloberfläche durch Zentralprojektion vom Kugelmittelpunkt auf eine Tangentialebene abgebildet wird

Da bei der Zentralprojektion Großkreise zu Geraden werden, ist diese Abbildung geodätisch.

Gochberg, Israel Tschudikowitsch, ↗Gohberg, Israel Tschudikowitsch.

Gödel, Kurt, Mathematiker, Logiker, Philosoph, geb. 24.4.1906 Brünn (Brno), gest. 14.1.1978 Princeton (N.J.).

Der Sohn eines Textilfabrikdirektors studierte in Wien theoretische Physik und Mathematik. Bald wurde er in die Einflußsphäre des „Wiener Kreises" gezogen und beschäftigte sich intensiv mit den Grundlagen der Mathematik, der Logik und der Wissenschaftsphilosophie. Hauptergebnisse dieser Studien waren der Beweis der Vollständigkeit der Aussagenlogik erster Stufe (Dissertation, 1929) und die berühmte Arbeit „Über formal unentscheidbare Sätze der Principia Mathematica und verwandter Systeme" (1931). Letztere zeigte die Grenzen der Hilbertschen Metamathematik auf und hat das Denken des 20. Jahrhunderts tiefgreifend beeinflußt.

Seit 1933 Dozent in Wien, legte Gödel in den nächsten Jahren grundlegende Arbeiten über die Interpretationen intuitionistischer Systeme und über Modallogik vor. Nach dem Einmarsch Nazideutschlands in Österreich verlor Gödel seine Dozentur (1938). Er verließ Österreich und ging in die USA. In Princeton arbeitete er mit außerordentlichem Erfolg über die relative Widerspruchsfreiheit des Auswahlaxioms und der Kontinuumhypothese (1938/39), über die Lösungen von Einsteins Feldgleichungen (1949, „Gödelscher Raum") und über neue Interpretationen der intuitionistischen Aussagenlogik (1957).

Gödelisierung, ↗Arithmetisierung.

Gödel-Numerierung, ↗Arithmetisierung.

Gödelscher Unvollständigkeitssatz, von K. Gödel 1931 angegebener Satz, der intuitiv besagt, daß die Zahlentheorie, die Arithmetik, nicht axiomatisierbar ist. Anders ausgedrückt: Jede widerspruchsfreie Axiomatisierung der Zahlentheorie (z. B. die Peano-Arithmetik) ist unvollständig, in dem Sinne, daß sich arithmetische Aussagen finden lassen, die zwar wahr, aber mit der gegebenen Axiomatisierung nicht beweisbar sind.

Dieser Satz zeigt, daß die insbesondere von Hilbert ausgesprochene Hoffnung, daß die gesamte Mathematik „algorithmisierbar" oder „kalkulisierbar" sei, nicht zu realisieren ist. Eine arithmetische Aussage ist hierbei eine Formel der Prädikatenlogik der ersten Stufe ohne Vorkommen von freien Variablen, in der die speziellen Funktionssymbole $+$ und $*$ vorkommen, mit der entsprechenden Interpretation als Addition und Multiplikation auf den natürlichen Zahlen. Jede arithmetische Aussage ist in dieser Struktur $(\mathbb{N}, +, *)$ entweder wahr oder falsch.

Man kann von den Einzelheiten einer Axiomatisierung der Zahlentheorie dadurch abstrahieren, daß man beachtet, daß jede Axiomatisierung (Menge von Axiomen und Schlußregeln) notwendigerweise auf eine ↗rekursiv aufzählbare Menge führt, indem man systematisch alle Axiome aufzählt und ebenso systematisch die Schlußregeln auf die bisher erhaltenen Formeln anwendet. Daher ist eine Formulierung des Gödelschen Unvollständigkeitssatzes im Rahmen der ↗Berechnungstheorie wie folgt möglich: Die Menge der wahren arithmetischen Aussagen ist nicht rekursiv aufzählbar (und damit insbesondere nicht entscheidbar, ↗Entscheidbarkeit).

Der Beweis des Gödelschen Satzes verwendet als wesentliches Hilfsmittel das Konzept der ↗Arithmetisierung, und zwar werden arithmetische Formeln und schließlich Beweise in der gegebenen Axiomatisierung (oder ↗Turing-Maschinen in der berechnungstheoretischen Formulierung) als natürliche Zahlen dargestellt und können deshalb Bestandteil arithmetischer Formeln sein. Man kann daher arithmetische Formeln angeben die, intuitiv gesagt, ausdrücken: „Diese Formel ist nicht beweisbar". Der Widerspruchsbeweis erinnert daher an die Antinomie vom Lügner, der sagt „ich lüge jetzt".

Neben diesem „ersten" Unvollständigkeitssatz gibt Gödel noch einen „zweiten Unvollständigkeitssatz" an, der besagt, daß es in keinem widerspruchsfreien Beweissystem S für die Arithmetik, das mindestens so stark wie die Peano-Arithmetik ist, möglich ist, eine arithmetische Formel W zu beweisen, die (per Arithmetisierung) besagt, daß S widerspruchsfrei ist.

Man vergleiche hierzu auch das Stichwort ↗Logik.

Gödelscher Vollständigkeitssatz, grundlegendes Theorem der mathematischen Logik, welches das inhaltliche mathematische Folgern mit Hilfe syntaktischer (formaler) Beweisregeln vollständig charakterisiert.

Formale Beweisregeln benutzen nur die syntaktische Gestalt der Voraussetzungen und der zu beweisenden Behauptung, jedoch nicht deren inhaltliche Bedeutung (↗Beweismethoden).

Gohberg, Israel Tschudikowitsch, *Gochberg, I.T.* ukrainischer Mathematiker, gab. 23.8.1928 Tarutino (Ukraine), gest. 12.10.2009 Israel.

Bis 1951 studierte Gohberg an der Universität Kischinjow. 1954 promovierte er am Leningrader Pädagogischen Institut und habilitierte sich 1964 an der Moskauer Universität. Er arbeitete danach an Pädagogischen Instituten in Soroki und Belshi und am Mathematischen Institut der Moldavischen Akademie der Wissenschaften. 1974 ging er an die Universität in Tel Aviv. Von 1975 bis 1985 war er Professor am Weizmann-Forschungsinstitut in Rehovot. Ab 1983 war er an der Freien Universität in Amsterdam tätig.

Gohbergs Hauptarbeitsgebiet war die ↗Funktionalanalysis. Hier untersuchte zusammen mit Krein spezielle Operatorklassen und Integralgleichungen. Später wandte er sich der Theorie der Operatorpolynome zu.

Goldbach, Christian, deutscher Mathematiker und Diplomat, geb. 18.3.1690 Königsberg (Kaliningrad), gest. 1.12.1764 Moskau.

1725 wurde Goldbach Professor für Mathematik und Geschichte in St. Petersburg. 1728 ging er als Lehrer Zar Peters II. nach Moskau. Bei seinen späteren Reisen durch Europa traf er viele bedeutende Mathematiker seiner Zeit, so z. B. Leibniz, Nicolaus I Bernoulli, Nicolaus II Bernoulli, Daniel Bernoulli (↗Bernoulli-Familie), de Moivre und J. Hermann.

Goldbach lieferte wichtige Beiträge zur Zahlentheorie, viele davon in Korrespondenz mit Euler. Bekannt ist seine 1742 in einem Brief an Euler aufgestellte und bis heute offene Vermutung, daß jede gerade ganze Zahl > 2 als Summe zweier Primzahlen dargestellt werden kann (↗Goldbach-Probleme). Goldbach vermutete auch, daß jede ungerade Zahl die Summe dreier Primzahlen ist. Außerdem untersuchte er unendliche Summen und beschäftigte sich mit der Kurventheorie sowie der Gleichungstheorie.

Goldbach-Probleme, zahlentheoretische Problemklasse über die Darstellbarkeit natürlicher Zahlen als Summen von Primzahlen.

Goldbach schrieb am 7. Juni 1742 in einem Brief an Euler unter anderem folgendes: „Es scheinet wenigstens, dass jede Zahl, die größer ist als 1, ein aggregatum trium numerorum primorum sey". Euler schrieb am 30. Juni 1742 zurück: „Dass aber ein jeder numerus par eine summa duorum primorum sey, halte ich für ein ganz gewisses theorema, ungeachtet ich dasselbe nicht demonstriren kann." Zur Bedeutung dieser Textstellen ist zunächst anzumerken, daß man damals die 1 zu den Primzahlen rechnete. Trotzdem ist die Behauptung von Goldbach streng genommen nicht ganz richtig, denn die Zahl 2 ist größer als 1 und sicher nicht als Summe von drei Primzahlen darstellbar. Heute bezeichnet man folgende, über die ursprüngliche Behauptung von Goldbach hinausgehende, Behauptungen als Goldbach-Probleme:

1. Jede gerade Zahl ≥ 4 ist die Summe zweier Primzahlen.
2. Jede ungerade Zahl ≥ 7 ist die Summe dreier Primzahlen.

Die erste Behauptung heißt auch *binäres Problem*, während man die zweite manchmal *ternäres Problem* nennt.

Bis heute ist noch niemandem gelungen, die von Euler als „ganz gewisses theorema" bezeichnete Aussage zu „demonstriren". Gerade deswegen steht die Goldbachsche Behauptung in Zusammenhang mit zahlreichen interessanten mathematischen Untersuchungen; hier sind vor allem die Kreismethode von Hardy und Littlewood und die vielfach verfeinerten Siebmethoden zu nennen. Einen Höhepunkt der Kreismethode ist der folgende Satz zum ternären Problem, zu dem Winogradow 1937 einen Beweis publizierte:

Jedes hinreichend große ungerade natürliche N ist darstellbar als Summe dreier Primzahlen.

Mit Hilfe ausgefeilter Siebmethoden gelang es Chen 1966, zum binären Problem einen Satz zu beweisen:

Jedes hinreichend große gerade N läßt sich darstellen als

$$N = p + P_2,$$

wobei p eine Primzahl und P_2 entweder auch eine Primzahl oder das Produkt zweier Primzahlen ist.

Goldbachsche Vermutung, andere Bezeichnung für eines der ↗Goldbach-Probleme.

Goldbach-Schnirelmann, Satz von, ein von Schnirelmann bewiesenes Teilergebnis zu den ↗Goldbach-Problemen:

Bezeichne $P = \{0, 1, 2, 3, 5, 7, 11, \ldots\}$ die Menge aller Primzahlen einschließlich 0 und 1, und sei

$$2P = \{x + y : x, y \in P\}.$$

Dann ist die ↗Schnirelmannsche Dichte von 2P positiv.

Aus diesem Satz schließt man (mit Hilfe eines weiteren Satzes von Schnirelmann), daß es eine feste ganze Zahl $k > 0$ derart gibt, daß jede natürliche Zahl n als Summe von k Primzahlen darstellbar ist. Schnirelmann bestimmte 1930 die Anzahl $k = 800\,000$ für genügend große n. Wenig später (1937) bewies Winogradow, daß für große n $k = 4$ gilt.

Der Goldene Schnitt

G.J. Wirsching

Eine bestimmte geometrische Teilung einer Strecke, bei der sich die größere Teilstrecke zur kleineren so verhält wie die Gesamtstrecke zum größeren Teil, wird seit etwa dem 19. Jahrhundert als „Goldener Schnitt" bezeichnet.

Teilung einer Strecke im Goldenen Schnitt.

Den Zahlenwert dieses Verhältnisses bezeichnet man meist mit dem Buchstaben ϕ. Die reelle Zahl ϕ ist die einzige positive Lösung der Gleichung

$$\phi = 1 + \frac{1}{\phi}, \qquad (1)$$

hat also den Wert

$$\phi = \frac{1}{2} + \frac{1}{2}\sqrt{5}.$$

Die Zahl ϕ spielt in verschiedenen Teilgebieten der Mathematik eine Rolle, z. B. in der Spieltheorie, in der Graphentheorie, bei dynamischen Systemen, in der Zahlentheorie, und in vielen geometrischen Figuren und Konstruktionen. Daneben findet man den Goldenen Schnitt in zahlreichen biologischen Formationen sowie in Architektur, bildender Kunst, Musik und Poesie.

Die Bedeutung dieser Proportion in der Geschichte der Mathematik ist insofern überragend, als anhand des Goldenen Schnitts erstmals die *Inkommensurabilität* zweier geometrisch konstruierbarer Strecken entdeckt wurde. Dies war eine der überraschendsten und weitreichendsten Entdeckungen der frühen griechischen Mathematik. Der Ursprung liegt darin, daß sich pythagoräische Philosophen sehr stark für regelmäßige Körper, regelmäßige Flächen und Zahlenverhältnisse interessierten. Z.B. ist das Fünfeck wichtig, denn die Oberfläche des Dodekaeders, der „Sphäre aus 12 regelmäßigen Fünfecken", ist aus diesen Bestandteilen aufgebaut. Man findet nun mit einfachen geometrischen Überlegungen, daß der Schnittpunkt zweier benachbarter Diagonalen im regelmäßigen Fünfeck jede der Diagonalen im Goldenen Schnitt teilt (vgl. Abbildung).

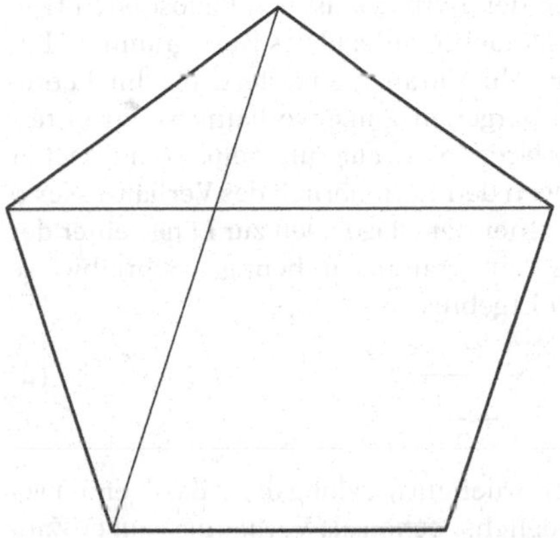

Zwei benachbarte Diagonalen im regelmäßigen Fünfeck.

Zeichnet man in das regelmäßige Fünfeck alle fünf Diagonalen ein, so erhält man das sogenannte *Pentagramm*. Dieses war nicht nur bei den Pythagoräern als Erkennungszeichen in Gebrauch, es hat auch als *Drudenfuß* eine magische Bedeutung, auf die z. B. in Goethes „Faust" bei der Einführung des Mephistopheles angespielt wird. Das Pentagramm auf der Schwelle einer Tür schützt vor Dämonen und anderen bösen Kräften, deshalb hatte Mephistopheles als „ein Teil von jener Kraft, die stets das Böse will, und stets das Gute schafft", gewisse

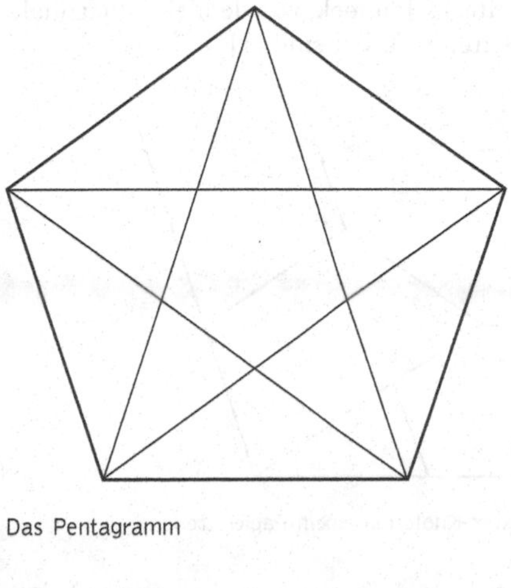

Das Pentagramm

Schwierigkeiten bei der Überwindung des Drudenfußes. (Mephistopheles löste bekanntlich das Problem, indem er einer Ratte befahl, eine Ecke vom Pentagramm abzunagen und so den Zauber unwirksam zu machen.)

In einem Aufsatz, der 1945 in den Annals of Math. erschien, weist der Altphilologe und Mathematikhistoriker Kurt von Fritz unter Anführung zahlreicher Details nach, daß die Inkommensurabilität in der ersten Hälfte des 5. Jahrhunderts v.Chr. entdeckt wurde, und zwar aller Wahrscheinlichkeit nach durch den pythagoräischen Philosophen Hippasos von Metapont anhand des Pentagramms. Hippasos war sehr daran interessiert, die im Pentagramm verborgenen Zahlenverhältnisse zu untersuchen. Er berechnete aufgrund rein geometrischer Überlegungen den Kettenbruch des Verhältnisses ϕ der Länge einer der Diagonalen zur Länge einer der Seiten des Pentagramms; in heutiger Schreibweise lautet sein Ergebnis:

$$\phi = 1 + \cfrac{1}{1 + \cfrac{1}{1 + \dots}} . \qquad (2)$$

Eine Kettenbruchentwicklung dient dazu, eine Proportion möglichst genau als Verhältnis ganzer Zahlen auszudrücken. Ist die zu untersuchende Proportion rational, so erhält man einen endlichen Kettenbruch. Aber der durch (2) gegebene Kettenbruch ist offenbar nicht endlich, daher ist ϕ irrational. Geometrisch bedeutet das, daß Diagonale und Seite eines regelmäßigen Fünfecks inkommensurabel sind. Die Zahl ϕ in (2) ist tatsächlich der Goldene Schnitt, denn die Gleichung (1) folgt sofort aus (2).

Aufgrund dieser Beziehungen zum Pentagramm läßt sich der Goldene Schnitt recht einfach durch folgende Papierfaltung darstellen: Man nehme einen langen, schmalen Streifen Papier mit gleichmäßiger Breite, mache einen einfachen Knoten, ziehe ihn fest und drücke ihn platt. Man erhält so ein regelmäßiges Fünfeck, von dem eine Diagonale und vier Seiten sichtbar sind [1].

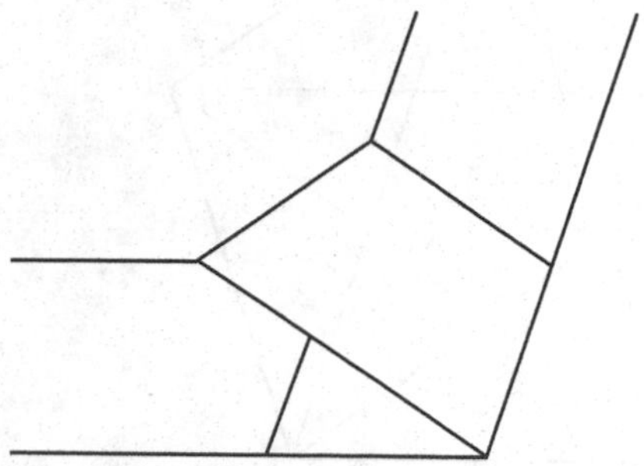

Plattgedrückter Knoten in einem Papierstreifen.

Eine geometrische Konstruktion der Proportion ϕ mit Zirkel und Lineal findet man bei Euklid. Die lateinischen Übersetzer der Bücher Euklids nannten den Goldenen Schnitt „proportio habens medium et duo extrema", also „eine Proportion, die eine Mitte und zwei Enden hat". Bei Kepler findet man die etwas präzisere Bezeichnung „Teilung im äußeren und mittleren Verhältnis". Zu Beginn des 16. Jahrhunderts benutzte der Venezianer Pacioli, vermutlich als erster, den Namen „divina proportio" (göttliche Proportion), der in der Folgezeit vielfach verwendet wurde. Daneben gab es auch die profanere Bezeichnung „sectio proportionalis" (proportionale Teilung) für den Goldenen Schnitt.

Ein *Goldenes Rechteck* ist, per definitionem, ein Rechteck mit der Eigenschaft, daß das Verhältnis der größeren zur kleiner Seite gerade der Goldene Schnitt ist. Schneidet man aus einem Goldenen Rechteck R_0 ein Quadrat heraus, so ist das verbleibende Rechteck R_1 wieder golden: das ist gerade die Relation

$$\phi = \frac{1}{\phi - 1},$$

die aus Gleichung (1) herleitbar ist.

Die *Goldene Spirale* ist eine spezielle logarithmische Spirale. Sie entsteht, indem man zunächst eine (komplexe) Bahnkurve $z(t) = e^{(a+ib)t}$ ansetzt und dann die reellen Parameter a, b so einstellt, daß nach einer Vierteldrehung $t = \pi/2$ aus dem Goldenen Rechteck R_1 gerade das große Goldene Rechteck R_0 wird. Dadurch sind sowohl der Ursprung des Koordinatensystems als auch die Parameter

$$a = \frac{2 \log \phi}{\pi}, \qquad b = 1$$

eindeutig festgelegt, und man kommt auf die Gleichung der Goldenen Spirale in Polarkoordinaten (r, ϑ):

$$r = \phi^{2\vartheta/\pi} .$$

Bei Kepler findet man eine Approximation der Goldenen Spirale durch Viertelkreise, die den sukzessive aus Goldenen Rechtecken herausgenommenen Quadraten einbeschrieben sind.

Ein *Goldenes Dreieck* ist ein gleichschenkliges Dreieck mit der Eigenschaft, daß das Verhältnis eines Schenkels zur Basis der Goldene Schnitt ist. Ähnlich wie man aus dem Goldenen Rechteck die Goldene Spirale gewinnt, gewinnt man aus dem Goldenen Dreieck die sogenannte *spira mirabilis*. Solche logarithmischen Spiralen findet man häufig in der Natur, etwa in Schneckenhäusern oder bei Muscheln. Dies liegt hauptsächlich daran, daß jede logarithmische Spirale eine gewisse Selbstähnlichkeit besitzt: Unter geeigneten Drehstreckungen

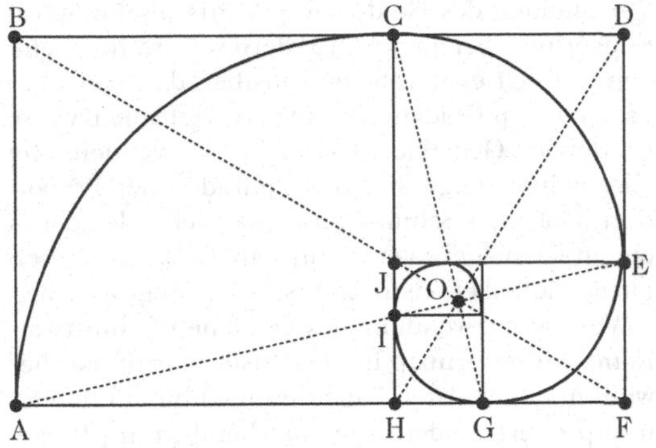

Keplers Approximation einer Goldenen Spirale durch Viertelkreise in einem Goldenen Rechteck.

bleibt sie invariant. Es ist nicht klar, ob ausgerechnet die Goldene Spirale oder die *spira mirabilis* besonders häufig in der Natur vorkommen.

Ein nachweisbarer Zusammenhang zwischen dem Goldenen Schnitt und biologischen Phänomenen ist durch die Fibonacci-Zahlen

$$1, 1, 2, 3, 5, 8, 13, 21, 34, 55, 89, \ldots$$

gegeben. Diese hängen zusammen mit der Anordnung von Blättern (oder Zweigen, Sprossen, usw.) an einem Stamm oder Stengel.

Beispielsweise zeigen Ulme und Linde eine 1/2-Phyllotaxis („Blattanordnung“), da Zweige und Blätter jeweils abwechselnd an gegenüberliegenden Seiten sprießen. Die Buche etwa zeigt eine 1/3-Phyllotaxis, da man den Blattstand des nächsten Blattes durch eine Drehung um 1/3 einer ganzen Drehung im Uhrzeigersinn erhält; dies entspricht einer Drehung um 2/3 gegen den Uhrzeigersinn. Entsprechend gibt es etwa bei der Eiche eine 2/5-Phyllotaxis, bei der Pappel eine 3/8-Phyllotaxis und bei der Weide eine 5/13-Phyllotaxis. Rechnet man in Drehungen gegen den Uhrzeigersinn, so scheinen bei der Phyllotaxis die Brüche zwischen aufeinanderfolgenden Fibonacci-Zahlen eine Rolle zu spielen:

$$\frac{1}{2}, \quad \frac{2}{3}, \quad \frac{3}{5}, \quad \frac{5}{8}, \quad \frac{8}{13}, \quad \ldots$$

Man rechnet nun leicht nach (und kann auch durch vollständige Induktion allgemein beweisen), daß dies gerade die Kehrwerte der Näherungsbrüche der Kettenbruchentwicklung aus Gleichung (2) sind. Daher konvergiert die Folge dieser Brüche gegen ϕ^{-1}. Was den Zusammenhang zur Botanik betrifft, so gibt es bei manchen Pflanzen(teilen) (z. B. Sonnenblumen, Ananas, Tannenzapfen) ein mathematisches Modell, das das Auftreten der Fibonacci-Zahlen erklärt. Andererseits ist kein allgemeines Naturgesetz bekannt, das dieses Phänomen für jede Pflanzenart wirklich plausibel macht.

Innerhalb verschiedener Teilgebiete der Mathematik taucht der Goldene Schnitt manchmal ziemlich überraschend auf. Ein Beispiel ist das „Einsiedlerspiel“ des britischen Mathematikers Conway: Das Spielfeld ist in kleine quadratische Felder aufgeteilt, und auf jedem Feld steht entweder eine Spielfigur oder nichts. Eine Spielfigur kann eine benachbarte überspringen, wenn das dahinterliegende Feld leer ist, danach wird die übersprungene Figur aus dem Spiel genommen. Zunächst befinden sich alle Spielfiguren unterhalb einer vorher festgelegten horizontalen Linie, dem Rand der „Wüste“. Die Aufgabe ist nun, durch geschicktes Ziehen möglichst weit in die Wüste vorzudringen. Überraschenderweise kann man mit Hilfe des Goldenen Schnitts (und insbesondere unter Verwendung der sofort aus (1) ableitbaren Gleichung $\phi^2 = \phi+1$) beweisen, daß es mit keiner aus endlich vielen Spielfiguren bestehenden Anfangskonfiguration möglich ist, die fünfte Reihe der Wüste zu erreichen.

Ein anderes Beispiel aus der Spieltheorie ist das Zweipersonenspiel von Wythoff [1], in dem man aus dem Goldenen Schnitt eine Gewinnstrategie entwickeln kann.

Ein anderes Teilgebiet der Mathematik, in dem der Goldene Schnitt unvermutet auftaucht, ist die Graphentheorie. Im Zusammenhang mit dem Studium von Färbungen eines Graphen assoziiert man zu jedem Graphen G sein ↗chromatisches Polynom $p(G; \lambda)$ (ein Polynom in der Unbestimmten λ). Berman und Tutte entdeckten 1969 das Phänomen, daß für jedes chromatische Polynom einerseits

$$p(G; \phi + 1) \neq 0$$

gilt, daß aber andererseits in der Nähe von $\phi+1$ eine Nullstelle von $p(G; \lambda)$ liegt, falls G eine sog. *Triangulierung* ist. 1970 konnte Tutte einen Grund dafür finden: er bewies die Abschätzung

$$|p(G; \phi + 1)| \leq \phi^{5-v},$$

wobei v die Anzahl der Ecken der Triangulierung G bezeichnet. Damit ist für große Eckenzahlen $p(G; \phi + 1)$ schon nahe bei 0, also liegt auch in der Nähe eine Nullstelle.

In der Chaos-Theorie findet man beim Studium des Übergangs von Ordnung zum Chaos immer wieder die Fibonacci-Zahlen oder den Goldenen Schnitt. Das liegt in vielen Fällen daran, daß die irrationale Zahl ϕ besonders schlecht durch rationale Zahlen approximierbar ist. Dieser Sachverhalt läßt sich präzise formulieren und beweisen:

Sei ϕ der Goldene Schnitt. Dann gilt:

1. *Ist $\varepsilon < 1/\sqrt{5}$, so gibt es nur endlich viele Brüche p/q, die die Ungleichung*

$$\left|\phi - \frac{p}{q}\right| < \varepsilon \cdot \frac{1}{q^2}$$

erfüllen.

2. *Zu jeder irrationalen reellen Zahl x gibt es unendlich viele Brüche p/q mit*

$$\left|x - \frac{p}{q}\right| < \frac{1}{\sqrt{5} \cdot q^2}.$$

3. *Unterscheidet sich die Kettenbruchentwicklung von x in unendlich vielen Gliedern von der Kettenbruchentwicklung (2) des Goldenen Schnitts, so gibt es unendlich viele Brüche p/q mit der Eigenschaft*

$$\left|x - \frac{p}{q}\right| < \frac{1}{\sqrt{8} \cdot q^2}.$$

In der Architektur wurde der Goldene Schnitt vor allem im antiken Griechenland und in der Renaissance verwendet, Beispiele hierzu findet man in [1]. In der bildenden Kunst ist ebenfalls eine Verwendung des Goldenen Schnitts als Kompositionsprinzip bei manchen Malern sehr wahrscheinlich. Z.B. ist es durchaus plausibel, daß Leonardo da Vinci den Goldenen Schnitt in vielfacher Weise in seinem Gemälde *Mona Lisa* verwendete. Im allgemeinen zeigt aber das Auffinden der Proportion „Goldener Schnitt" an einem Gebäude oder in einem Gemälde noch nicht, daß diese Proportion tatsächlich als Konstruktionsprinzip zugrunde lag.

Was die Verwendung des Goldenen Schnitts als Kompositionsprinzip in der Musik betrifft, ist dies wohl in den meisten Fällen im nachhinein hineininterpretiert. Andererseits hat Lendvai in [2] eine sehr detaillierte Analyse der Musik von Béla Bartók vorgelegt, die es nahelegt, daß Bartók bei der Komposition tatsächlich den Goldenen Schnitt als Kompositionsprinzip verwendete.

Literatur

[1] Beutelspacher, A.; Petri, B.: Der Goldene Schnitt. Spektrum Akademischer Verlag Heidelberg, 1996.

[2] Lendvai, E.: Béla Bartók. An analysis of his music. Kahn & Averill London, 1971.

Goldener-Schnitt-Algorithmus, ein Verfahren zur Approximation eines bestimmten Punktes $\bar{x}$ in einem endlichen Intervall $[a_1, b_1]$.

Dabei kann $\bar{x}$ beispielsweise Nullstelle einer stetigen Funktion oder Extremalpunkt einer unimodalen Funktion $f : [a_1, b_1] \to \mathbb{R}$ sein.

Das Verfahren konstruiert eine Intervallschachtelung für $\bar{x}$, indem in jedem Schritt ein aktuelles Intervall

$$[a_k, b_k] \subseteq [a_{k-1}, b_{k-1}]$$

mit $\bar{x} \in [a_k, b_k]$ durch geeignete Wahl von $x_{k+1} \in [a_k, b_k]$ entweder zu $[a_k, x_{k+1}]$ oder zu $[x_{k+1}, b_k]$ verkleinert wird. Der Punkt x_{k+1} wird dabei gemäß

$$x_{k+1} := a_k + (1 - \phi) \cdot (b_k - a_k)$$

berechnet, wobei $\phi := \frac{1}{2} \cdot (\sqrt{5} - 1)$ die Konstante des Goldenen Schnitts bezeichnet. Die Entscheidung, ob $a_{k+1} := x_{k+1}$ oder $b_{k+1} := x_{k+1}$ gesetzt wird, fällt dabei z. B. durch Vergleich der Funktionswerte von f in a_k, b_k und x_{k+1}.

Gomory, Schnittverfahren von, ein im folgenden näher beschriebenes Schnittebenenverfahren zur Behandlung ganzzahliger linearer Optimierungsprobleme.

Man betrachte das Problem $\min c^T \cdot x$ unter den Nebenbedingungen

$$A \cdot x = b, \quad x \geq 0.$$

Dabei seien alle Dateneinträge in A, b und c ganzzahlig (oder rational). Das Optimum wird bezüglich ganzzahliger Vektoren $x \in \mathbb{Z}^n$ gesucht. Zunächst löst man mit der Simplexmethode das Optimierungsproblem ohne Berücksichtigung der Forderung nach Ganzzahligkeit der Lösung. I. allg. wird eine Lösung $\bar{x}$ die Ganzzahligkeit nicht erfüllen. Deswegen wird eine weitere Nebenbedingung, ein sogenannter Gomory-Schnitt, hinzugefügt.

Sei B die zugehörige Matrix einer zulässigen Basis für $\bar{x}$. Jede Basisvariable x_i, $i \in I$, läßt sich (nach Multiplikation von $A \cdot x = b$ mit B^{-1}) als Funktion in den Nicht-Basisvariablen x_j, $j \in J$, schreiben, etwa

$$x_i = \frac{s_i}{D} + \frac{1}{D} \cdot \sum_{j \in J} t_{ij} \cdot x_j.$$

Dabei sind $D := |\det(B)|$ und die s_i, t_{ij} ganzzahlig. Die Basislösung entsteht durch Wahl $x_j := 0$ gemäß $x_i = \frac{s_i}{D}$. Nach Voraussetzung ist hier ein x_i nicht ganzzahlig (sonst wäre das gesamte Problem gelöst).

Es wird nun nach einem zulässigen Punkt gesucht, bei dem die Komponente x_i ganzzahlig wird. Die obige funktionale Abhängigkeit liefert zunächst

$$s_i = \sum t_{ij} \cdot x_j \mod D.$$

Definiert man zu $\lambda \in \mathbb{Z}$ den Wert $|\lambda|_D$ als Repräsentant modulo D von λ in $\{0, 1, \ldots, D-1\}$, so folgt die Lösbarkeit der Gleichung

$$\sum_{j\in J} |t_{ij}|_D \cdot x_j \;=\; |s_i|_D + k \cdot D$$

mit $k \in \mathbb{N}_0$ (da $x \geq 0$ und $|s_i|_D + k \cdot D \geq 0$ gelten muß). Man fügt nun als Nebenbedingung die Ungleichung

$$\sum_{j\in J} |t_{ij}|_D \cdot x_j \;\geq\; |s_i|_D$$

hinzu, und wiederholt das Vorgehen für das neue System. Geeignete Variationen des Verfahrens garantieren die Endlichkeit.

Gompertz-Makeham-Gesetz, ↗ Sterbegesetze.

Goniometrie, Teilgebiet der Mathematik, das sich mit den Funktionen sinus, cosinus und tangens (und deren Kombinationen) als elementargeometrische, also nur durch Winkel definierte, Funktionen befaßt.

Googol, die Zahl 10^{100}.

Diese Bezeichnung wurde 1938 von dem neunjährigen Milton Sirotta erfunden, als er von seinem Onkel Edward Kasner nach einem Namen für eine unvorstellbar große Zahl gefragt wurde. Kasner nannte daraufhin die noch viel größere Zahl

$$10^{\text{Googol}} \;=\; 10^{10^{100}}$$

ein Googolplex. Beide Wörter haben als Superlative im Lauf der Zeit Eingang in den allgemeinen Sprachgebrauch gefunden. Verglichen etwa mit der ↗ Graham-Zahl oder der ↗ Moser-Zahl sind diese Zahlen jedoch verschwindend klein.

Googolplex, ↗ Googol.

Gorenstein-Ring, lokaler Noetherscher Ring A der Dimension n so, daß für den Restklassenkörper k gilt:

$$\text{Ext}^i_A(k, A) \;=\; \begin{cases} 0 & \text{falls } i \neq n, \\ k & \text{falls } i = n. \end{cases}$$

Wenn A ein sog. vollständiger Durchschnitt ist, d. h. Quotient eines regulären lokalen Ringes nach einem Ideal erzeugt durch eine reguläre Folge, ist A ein Gorenstein-Ring.

Ein Noetherscher Ring A heißt Gorenstein-Ring, wenn seine Lokalisierungen nach den Maximalidealen Gorensteinsch sind.

Etwas abstrakter kann man das auch so definieren: Ein Gorenstein-Ring ist ein lokaler Noetherschen Ring A mit zusätzlicher Eigenschaft: Wenn $\dim(A) = 0$ ist, so nennt man A Gorensteinsch oder Gorenstein-Ring, wenn der Kofunktor $M \mapsto M^* = \text{Hom}_A(M, A)$ exakt ist (für A-Moduln M). Dazu äquivalent ist die Aussage $l(M^*) = l(M)$ für alle A-Moduln endlicher Länge.

Wenn die Eigenschaft „Gorensteinsch" für lokale Ringe der Dimension $< n$ schon definiert und $\dim(A) = n$ ist, so heißt A Gorensteinsch, wenn es ein $f \in \mathfrak{m}_A$ gibt, so daß $A \xrightarrow{f} A$, $a \mapsto fa$ injektiv (und somit $\dim(A/fA) = n - 1$) und A/fa Gorensteinsch ist. In diesem Fall ist für jedes solche f der Ring A/fA Gorensteinsch.

A ist genau dann Gorensteinsch, wenn seine Komplettierung $\hat{A}$ Gorensteinsch ist.

Gorensteinsch, ↗ Gorenstein-Ring.

Gosset, William Sealey, *Student*, englischer Chemiker, geb. 13.6.1876 Canterbury, gest. 16.10.1937 Beaconsfield (England).

Gosset studierte in Oxford Chemie und Mathematik. Ab 1899 arbeitete er als Chemiker in der Guinness-Brauerei in Dublin.

Gosset entwickelte statistische Methoden und wendete diese auf die Planung und Analyse von chemischen Experimenten an. Er leitete die Poisson-Verteilung als Grenzform der Binomialverteilung ab, fand die Unabhängigkeit von Mittelwert und Varianz in Stichproben, entwickelte die ↗ t-Verteilung, untersuchte den Korrelationskoeffizienten und arbeitete mit Zufallszahlen als Anwendung der Monte-Carlo-Methode.

GOTO-berechenbar, Eigenschaft einer Funktion $f : \mathbb{N}_0{}^k \to \mathbb{N}_0$.

Eine solche Funktion f ist GOTO-berechenbar, falls es ein ↗ GOTO-Programm gibt, welches f berechnet.

GOTO-Berechenbarkeit ist eine mögliche unter vielen äquivalenten Definitionen von „berechenbar" (↗ Churchsche These).

GOTO-Programm, eine Folge von einfachen, durchnumerierten Anweisungen, die außer bei Ausführung einer Sprunganweisung in sequentieller Weise abzuarbeiten sind.

Eine Anweisung kann sein: eine *Wertzuweisung* der Form $x := y$, $x := c$, $x := x + 1$, $x := x - 1$ (wobei x, y Programmvariablen sind, und c eine Konstante ist) oder eine (bedingte) *Sprunganweisung* der Form

$$\text{IF } x = 0 \text{ THEN GOTO } n\,.$$

Die Berechnung eines GOTO-Programms erfolgt folgendermaßen: Wenn das Programm mit den Startwerten $n_1, \ldots, n_k$ in den Programmvariablen $x_1, \ldots, x_k$ und mit der ersten Anweisung gestartet wird, so stoppt dieses mit dem berechneten Funktionswert $f(n_1, \ldots, n_k)$ in der Programmvariablen y. Falls $f(n_1, \ldots, n_k)$ undefiniert ist (↗ partielle Funktion), so stoppt das Programm nicht.

GOTO-Programme sind im wesentlichen identisch mit Programmen für ↗ Registermaschinen.

Goursat, Édouard Jean-Baptiste, französischer Mathematiker, geb. 21.5.1858 Lanzac (Lothringen), gest. 25.11.1936 Paris.

Édouard Goursat promovierte 1881 an der Ecole Normale Supérieure und lehrte dann bis 1885 in Toulouse. Die folgenden 12 Jahre arbeitete er an der Ecole Normale Supérieure und schließlich an der Universität von Paris. Seine Lehrer waren Darboux und Hermite, die sein mathematisches Interesse auf die Analysis und ihre Anwendungen lenkten. Goursat arbeitete zusammen mit Picard und Julia, der sein Schüler war.

Bekannt sind der Satz von Goursat und sein Werk „Cours d'analyse mathématique" (1900–1910), das viele wichtige Begriffe der Analysis einführte. 1919 wurde Goursat Mitglied der französischen Akademie der Wissenschaften.

Goursat, Integrallemma von, wichtige funktionentheoretische Aussage, die wie folgt lautet:

Es sei $D \subset \mathbb{C}$ eine offene Menge und f eine in D ↗holomorphe Funktion.

Dann gilt für jedes abgeschlossene Dreieck $\Delta \subset D$

$$\int_{\partial\Delta} f(z)\,dz = 0 .$$

Dieses Lemma ist ein wichtiger Grundbaustein des Beweises zum ↗Cauchyschen Integralsatz.

Goursat, Satz von, funktionentheoretische Aussage, die wie folgt lautet:

Es sei $D \subset \mathbb{C}$ eine offene Menge, und die Funktion $f: D \to \mathbb{C}$ sei in jedem Punkt von D ↗komplex differenzierbar. Dann ist die Ableitung $f': D \to \mathbb{C}$ eine in D stetige Funktion.

Goursat-Problem, ein Randwertproblem für eine hyperbolische partielle Differentialgleichung zweiter Ordnung.

Gegeben seien die Differentialgleichung

$$u_{xy} = F(x, y, u, u_x, u_y) \qquad (1)$$

im Gebiet

$$\Omega = \{(x, y) \in \mathbb{R}^2 ;\ 0 < x < y < 1\},$$

und Funktionen $\phi, \psi \in C[0, 1]$ mit $\phi(1) = \psi(0)$.

Dann lautet das Goursat-Problem: Man bestimme eine Lösung u von (1), die für alle $t \in [0, 1]$ den Bedingungen

$$u(0, t) = \phi(t)\ , \quad u(t, 1) = \psi(t)$$

genügt.

Es werden auch allgemeinere Gebiete als das angegebene Ω betrachtet.

Gowers, William Timothy, englischer Mathematiker, geb. 20.11.1963 .

Nach Studium und Promotion (1990) in Cambridge (England) wechselte Gowers 1991 an das University College in London. 1995 kehrte er als Dozent nach Cambridge zurück. Zur Zeit ist er Dozent am Fachbereich für Reine Mathematik und Mathematische Statistik an der Universität Cambridge.

Gowers lieferte wesentliche Beiträge zur Funktionalanalysis durch Verwendung von Methoden aus der Kombinatorik. Dadurch konnte er einige bereits von Banach aufgestellte Vermutungen zu ↗Banachräumen beweisen, aber auch lange ungelöste Probleme der Kombinatorik klären. 1998 wurde er dafür mit der ↗Fields-Medaille geehrt.

Grad der Fuzziness, ↗Maß der Fuzziness.

Grad einer algebraischen Gleichung, ↗algebraische Gleichung.

Grad einer Ecke, ↗ Graph.

Grad einer Körpererweiterung, meist bezeichnet mit $\deg(\mathbb{L}/\mathbb{K})$ (wobei $\mathbb{L}$ die Erweiterung über $\mathbb{K}$ ist), ist die Dimension des $\mathbb{K}$-Vektorraums $\mathbb{L}$.

Ist $\mathbb{L}$ ein algebraischer Erweiterungskörper, der von einem einzigen Element α erzeugt wird, so ist der Grad des Minimalpolynoms von α über $\mathbb{K}$ gleich $\deg(\mathbb{L}/\mathbb{K})$.

Grad einer Permutationsgruppe, Anzahl der Elemente der Definitionsmenge der betrachteten Permutationsgruppe.

Bezeichnet S_n die symmetrische Gruppe oder volle Permutationsgruppe von $\mathbb{N}_n := \{1, \dots, n\}$, so heißt jede Untergruppe G von S_n eine Permutationsgruppe vom Grade n.

Grad eines Polynoms, höchster Exponent eines Polynoms.

Für ein Polynom $p(x) = a_n x^n + a_{n-1}x^{n-1} + \cdots + a_1 x + a_0$ mit $a_n \neq 0$ in einer Variablen nennt man den höchsten Exponenten n den Grad des Polynoms und schreibt $n = \text{grad}(p)$ oder auch $n = \deg(p)$. Dabei steht deg für degree.

In Verallgemeinerung hiervon definiert man den Grad eines Polynoms in mehreren Variablen wie folgt:

Sind $x_0, \dots, x_n$ Unbestimmte über einem Körper k und $i = (i_0, \dots, i_n)$ eine Folge nichtnegativer ganzer Zahlen, so ist der Grad des Monoms in n Variablen

$x^i = x_0^{i_0} x_1^{i_1}, \ldots, x_n^{i_n}$

die Zahl $|i| = i_0 + \cdots + i_n$.

Ist $f \in k[x_0, \ldots, x_n]$, $f \neq 0$, so ist der Grad von f das Maximum der Grade von Monomen, die in f mit einem von Null verschiedenen Koeffizienten vorkommen, bezeichnet als $\deg(f)$. Für $f = 0$ wird $\deg(f) = 0$ definiert.

Das Polynom f heißt homogen vom Grad d, wenn es Linearkombination von Monomen vom Grad d ist.

Grad eines Vektorbündels, Verallgemeinerung des üblichen Gradbegriffs.

Es sei X ein projektives Schema über einem Körper k, dessen Komponenten alle die Dimension n haben, und $\mathcal{L}$ ein ↗ amples Geradenbündel auf X.

Dann ist für jedes Vektorbündel $\mathcal{E}$ auf X die Funktion $\nu \mapsto \chi(\mathcal{E} \otimes \mathcal{L}^{\otimes \nu})$ ein Polynom vom Grad n in ν, und die Funktion

$$\nu \mapsto \chi(\mathcal{E} \otimes \mathcal{L}^{\otimes \nu}) - \chi\left(\mathcal{O}^{rk(\mathcal{E})} \otimes \mathcal{L}^{\otimes \nu}\right)$$

hat die Form

$$\frac{d}{(n-1)!}\nu^{n-1} + (\text{Terme vom Grad } < n-1)$$

mit $d \in \mathbb{Z}$. Diese Zahl d heißt Grad des Vektorbündels (bzgl. $\mathcal{L}$), bezeichnet mit $\deg(\mathcal{E}) = \deg_{\mathcal{L}}(\mathcal{E})$. Die Funktion $\mathcal{E} \mapsto \deg(\mathcal{E})$ hat folgende Eigenschaften:

(i) Sie ist additiv, d. h., ist $0 \to \mathcal{E}' \to \mathcal{E} \to \mathcal{E}'' \to 0$ eine exakte Folge von Vektorbündeln, so ist $\deg(\mathcal{E}) = \deg(\mathcal{E}') + \deg(\mathcal{E}'')$.

(ii) $\deg(\mathcal{E}) = \deg\left(\wedge^{rg(\mathcal{E})}\mathcal{E}\right)$.

(iii) Für Geradenbündel der Form $\mathcal{N} = \mathcal{O}_X(D_1) \otimes \mathcal{O}_X(-D_2)$ (D_1, D_2 effektive Cartier-Divisoren) ist

$\deg(\mathcal{N}) = \deg_{\mathcal{Z}_{n-1}}(D_1) - \deg_{\mathcal{Z}_{n-1}}(D_2)$.

Hierbei bezieht sich deg stets auf das ample Geradenbündel $\mathcal{L}$.

Gradbewertung, die Bewertung $|..|_\infty$ des Körpers $\mathbb{K}(X)$ der rationalen Funktionen (↗ Bewertung eines Körpers), gegeben durch

$$f(X) = \frac{g(X)}{h(X)} \mapsto |f(X)|_\infty := e^{\deg(h(X)) - \deg(g(X))}$$

und $|0|_\infty := 0$. Hierbei ist $\deg(h(X))$ bzw. $\deg(g(X))$ der übliche Grad von Polynomen.

Graderhöhung, im Sinne der ↗ geometrischen Datenverarbeitung das Einbetten einer Menge von Kurven oder Flächen vom Grad n in eine Menge von Kurven oder Flächen vom Grad $n+1$.

Beispielsweise kommt jede ↗ Bézierkurve vom Grad n, bestimmt durch $n+1$ Kontrollpunkte, unter den Bézierkurven vom Grad $n+1$, bestimmt durch $n+2$ Kontrollpunkte, noch einmal vor. Algorithmen zum Bestimmen der neuen Kontrollpunkte für Bézier- und B-Splinekurven und -flächen bestehen nur aus dem Bestimmen von gewissen einfachen Linearkombinationen der alten Kontrollpunkte.

Gradfolge eines Graphen, zu einem ↗ Graphen G mit der Eckenmeng $E(G) = \{x_1, x_2, \ldots, x_n\}$ die Folge

$$d_G(x_1),\ d_G(x_2),\ \ldots,\ d_G(x_n).$$

Eine Folge nicht negativer ganzer Zahlen $d_1, d_2, \ldots, d_n$ heißt graphisch, wenn ein ↗ Graph existiert, der diese Folge als Gradfolge besitzt. Es ergibt sich unmittelbar die interessante Frage, welche Folgen graphisch sind. Durch sukzessives Anwenden der folgenden notwendigen und hinreichenden Bedingung von V. Havel (1955) und S.L. Hakimi (1962) läßt sich leicht entscheiden, ob eine Folge graphisch ist.

Eine gegebene Folge nicht negativer ganzer Zahlen $d_1 \geq d_2 \geq \ldots \geq d_n$ ist genau dann graphisch, wenn die Folge

$$d_1 - 1,\ \ldots,\ d_{d_n} - 1,\ d_{d_n+1},\ \ldots,\ d_{n-1}$$

graphisch ist.

Bei der praktischen Anwendung des Kriteriums von Havel und Hakimi sollte man allerdings zunächst testen, ob die gegebene Folge das Handschlaglemma erfüllt, also ob $\sum_{i=1}^{n} d_i$ eine gerade Zahl ist.

Ein weitere wichtige Charakterisierung graphischer Folgen wurde 1960 von P. Erdős und T. Gallai präsentiert:

Eine gegebene Folge nicht negativer ganzer Zahlen $d_1 \geq d_2 \geq \ldots \geq d_n$ ist genau dann graphisch, wenn $\sum_{i=1}^{n} d_i$ gerade ist, und wenn

$$\sum_{i=1}^{p} d_i \leq p(p-1) + \sum_{i=p+1}^{n} \min\{p, d_i\}$$

für alle p mit $1 \leq p \leq n$ gilt.

Gradient, der Ausdruck

$$\begin{pmatrix} \frac{\partial f}{\partial x_1}(a) \\ \vdots \\ \frac{\partial f}{\partial x_n}(a) \end{pmatrix} = \begin{pmatrix} D_1 f(a) \\ \vdots \\ D_n f(a) \end{pmatrix} =: (\operatorname{grad} f)(a)$$

für eine in a nach allen x_ν partiell differenzierbare Funktion $f : \mathfrak{D} \longrightarrow \mathbb{R}$ mit $\mathfrak{D} \subset \mathbb{R}^n$ (und $n \in \mathbb{N}$), $a \in \mathfrak{D}$.

Ist $\mathfrak{D}$ offen und existiert $(\operatorname{grad} f)(a)$ für alle $a \in \mathfrak{D}$, so wird die dadurch gegebene Funktion $\operatorname{grad} f$ als Gradientenfeld bezeichnet.

Mit dem Nablavektor

$$\nabla := \begin{pmatrix} D_1 \\ \vdots \\ D_n \end{pmatrix}$$

kann grad$f$ auch in der formalen Weise ∇f notiert werden. Die partiellen Ableitungen $\frac{\partial f}{\partial x_\nu} = D_\nu f$ werden dabei gebildet wie bei Funktionen *einer* reellen Variablen: Alle Variablen bis auf die ν-te werden „festgehalten" (d. h. als Konstante betrachtet), dies für $\nu = 1, \dots, n$.

Es ist einfach zu sehen, daß alle partiellen Ableitungen – und damit der Gradient – einer differenzierbaren Funktion existieren. Der Gradient ist dann gerade der transponierte Vektor zur Ableitung.

Umgekehrt zeigt man, daß f an der Stelle a differenzierbar und die Ableitung gerade der Zeilen-Vektor der partiellen Ableitungen ist, falls diese in einer Umgebung von a existieren und an der Stelle a stetig sind.

Ist f an der Stelle x differenzierbar, so gilt für die Richtungsableitung $\frac{\partial f}{\partial v}(x)$ (in Richtung v für ein $v \in \mathbb{R}^n$ mit $\|v\|_2 = 1$)

$$\frac{\partial f}{\partial v}(x) = f'(x)v = \langle(\mathrm{grad} f)(x), v\rangle,$$

wobei $\langle\ ,\ \rangle$ das kanonische Skalarprodukt auf dem $\mathbb{R}^n$ bezeichnet. Damit hat man

$$\frac{\partial f}{\partial v}(x) = \|(\mathrm{grad} f)(x)\|_2 \cos(\varphi)$$

mit dem Winkel $\varphi \in [0, \pi]$ zwischen $(\mathrm{grad} f)(x)$ und v. Dieser Ausdruck ist im Fall $(\mathrm{grad} f)(x) \neq 0$ maximal genau für $\cos(\varphi) = 1$, d. h. für

$$v = \frac{(\mathrm{grad} f)(x)}{\|(\mathrm{grad} f)(x)\|_2}.$$

Der Gradient zeigt also in die Richtung des stärksten Anstiegs, und $\|(\mathrm{grad} f)(x)\|_2$ ist der zugehörige (maximale) Wert.

Eine sehr anschauliche Bedeutung hat der Gradient im Fall von (zweidimensionalen) Landkarten, in denen Höhenangaben eingetragen sind. Die Höhenfunktion ordne jedem Punkt auf der Landkarte (gekennzeichnet durch eine x- und eine y-Komponente) eine Höhe zu. Der Gradient dieser Höhenfunktion gibt für jeden Punkt der Landkarte die Richtung, in welcher der stärkste Anstieg liegt, und die Stärke dieses Anstiegs an. Sind Höhenlinien (das sind Linien, welche Orte gleicher Höhe auf der Karte miteinander verbinden) eingezeichnet, so steht der Gradient senkrecht auf diesen Höhenlinien. Die Abbildung zeigt die Höhenlinien von

$$f(x, y) := \sin(x \cdot y).$$

Allgemeiner zeigt man leicht: Der Gradient steht auf den Niveaumengen von f senkrecht.

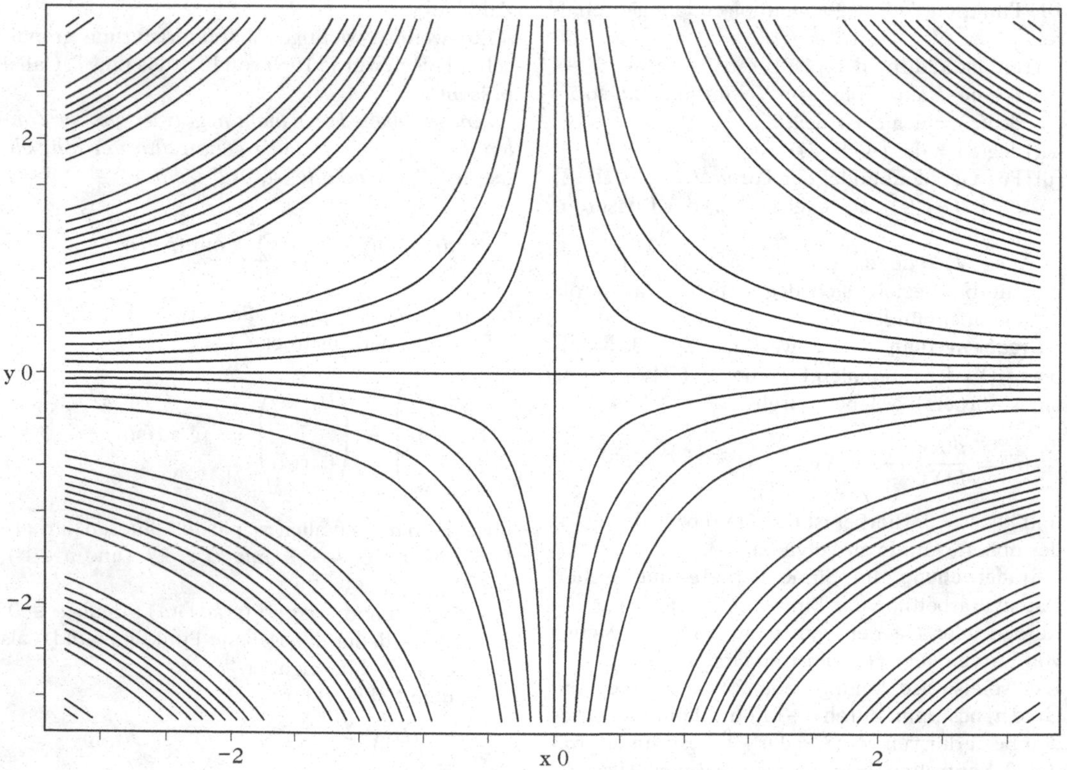

Höhenlinien

Gradientenabbildung, Abbildung $\mathbb{R}^n \to \mathbb{R}^n : p \mapsto dS(p)$, wobei S eine reellwertige C^∞-Funktion auf $\mathbb{R}^n$ bedeutet.

Jede Gradientenabbildung ist ein Beispiel einer ↗Lagrange-Abbildung, wobei man von der Lagrangeschen Untermannigfaltigkeit $\{(dS(p), p) \in \mathbb{R}^{2n} | p \in \mathbb{R}^n\}$ des $\mathbb{R}^{2n}$ ausgeht. Die Kaustiken der Gradientenabbildung sind die Vektoren $dS(p) \in \mathbb{R}^n$ an denjenigen Punkten $p \in \mathbb{R}^n$, an denen die Determinante der ↗Hesse-Matrix $(\partial^2 S/\partial p_i \partial p_j)(p)$ von S verschwindet.

Gradientenmethode, ↗Gradientenverfahren.

Gradientenverfahren, *Gradientenmethode*, auch als Verfahren des steilsten Abstiegs bezeichnet, spezielles numerisches Lösungsverfahren für nichtlineare Optimierungsprobleme, ein Verfahren zur Minimierung einer differenzierbaren Funktion $f : \mathbb{R}^n \to \mathbb{R}$.

Es sei $f : \mathbb{R}^n \to \mathbb{R}$ eine partiell differenzierbare Funktion mit jeweils stetigen partiellen Ableitungen und dem Gradienten $(\text{grad} f)$. Ferner möge f ein (lokales oder sogar globales) Minimum besitzen und $\lambda > 0$ beliebig und fest gegeben sein. Dann nennt man den zur Minimum-Suche dienenden Algorithmus

$$x^{(0)} \in \mathbb{R}^n \text{ beliebig gewählt,}$$
$$x^{(k+1)} := x^{(k)} - \lambda\,(\text{grad})f(x^{(k)}), \quad (k \in \mathbb{N}),$$

Gradienten-Verfahren. Der Vektor $-(\text{grad} f)(x^{(k)})$ ist eine Abstiegsrichtung für f in x_k. Darüberhinaus ist die Richtungsableitung von f in x_k in Richtung $-(\text{grad} f)(x^{(k)})$ am kleinsten, weshalb man auch vom Verfahren des steilsten Abstiegs spricht.

Die Konvergenz der entstehenden Vektorfolge $(x^{(k)})_{k\in\mathbb{N}}$ gegen ein lokales oder sogar globales Minimum der Funktion f ist i. allg. nicht gesichert und bedarf zusätzlicher Untersuchungen. Ferner hat die freie Wahl des Parameters $\lambda > 0$ sowie des Startvektors $x^{(0)} \in \mathbb{R}^n$ wesentlichen Einfluß auf den Erfolg oder Mißerfolg des Verfahrens und kann z. B. im Rahmen einer Einbettung in einen ↗genetischen Algorithmus erfolgen.

Eine gute Wahl von $\lambda =: t_k$ ist wie folgt: Man wählt $t_k \geq 0$ als Minimum der Abbildung

$$t \to f(x_k - t \cdot (\text{grad} f)(x_k)).$$

Diese Wahl von t_k nennt man manchmal auch Cauchy-Prinzip. Spezielle andere Wahlen der Schrittweite t_k sind ebenfalls gebräuchlich.

Abschließend sei bemerkt, daß dieses Verfahren im Kontext ↗Neuronale Netze die Basis der ↗Backpropagation-Lernregel bildet sowie in entsprechend angepaßter Form natürlich auch zur numerischen Bestimmung lokaler oder globaler Maxima eingesetzt werden kann.

gradlinige Einbettung, ein ↗ebener Graph, dessen Kanten alle Geradenstücke sind.

Nach dem Satz von I.Fáry (1948) besitzt beispielsweise jeder ↗planare Graph eine gradlinige Einbettung.

Gradmaß, Maß eines Winkels.

Durch Teilung eines gestreckten Winkels in 180 kongruente Teilwinkel entstehen Winkel mit dem Maß 1 Grad (1°). Das Gradmaß eines Winkels α entspricht der Anzahl derartiger Teilwinkel (und von Teilen solcher), die innerhalb des Winkels α ohne Überlappung angeordnet werden können und diesen Winkel vollständig bedecken. Das Gradmaß eines rechten Winkels beträgt demnach 90°, das eines Vollwinkels 360°. Neben dem Gradmaß wird bei der Winkelmessung auch das ↗Bogenmaß genutzt. Zwischen dem Gradmaß α und dem Bogenmaß $\text{arc}\,\alpha$ eines Winkels besteht der Zusammenhang

$$\frac{\text{arc}\,\alpha}{2\pi} = \frac{\alpha}{360^\circ}.$$

Gradsatz für Körpererweiterungen, besagt, daß für drei Körper $\mathbb{K}$, $\mathbb{M}$ und $\mathbb{L}$ mit $\mathbb{K} \subseteq \mathbb{M} \subseteq \mathbb{L}$ für die Grade der jeweiligen Körpererweiterungen gilt

$$\deg(\mathbb{L}/\mathbb{K}) = \deg(\mathbb{L}/\mathbb{M}) \cdot \deg(\mathbb{M}/\mathbb{K}).$$

Gradsatz für Polynome, betrifft Polynome über einem Integritätsring:

Ist R ein Integritätsring, und sind $f, g \in R[X]\setminus\{0\}$ von Null verschiedene Polynome mit Koeffizienten in R, so ist der Grad ihres Produkts $f \cdot g$ gleich der Summe der Grade von f und g.

Grad-Theorie, ↗Theorie der Unlösbarkeitsgrade.

graduierte Algebra, eine Algebra A über einem Körper $\mathbb{K}$ mit einer Zerlegung

$$A = \bigoplus_{n\in\mathbb{Z}} A_n$$

als Vektorraum in Untervektorräume A_n derart, daß gilt

$$A_n \cdot A_m \subseteq A_{n+m}.$$

Die Elemente in A_n heißen homogen vom Grad n. Der Raum A_n heißt homogener Unterraum.

Viele Algebren besitzen eine kanonische Graduierung. Die Polynomalgebra in mehreren Variablen ist eine graduierte Algebra, wenn man als homogene Unterräume vom Grad n jeweils den von den Monomen vom Grad n aufgespannten Unterraum nimmt. An diesem Beispiel ist die gesamte Algebra unendlichdimensional, aber die homogenen Unterräume sind endlichdimensional.

Statt des Indexbereichs $\mathbb{Z}$ können auch andere kommutative Halbgruppen als Indexbereiche auftreten. Desweiteren kann obige Definition auch auf

Algebren über Ringen angewendet werden, falls man Vektorräume durch Moduln ersetzt.

graduierte Lie-Algebra, eine ↗graduierte Algebra, für die die Algebrenstruktur eine Lie-Algebra definiert.

graduierter Modul, ein R-Modul M (wobei R ein ↗graduierter Ring ist), dessen zugrundeliegende Gruppe mit einer Zerlegung in eine direkte Summe $\bigoplus_{n\in\mathbb{Z}} M_n$ versehen ist, sodaß für alle $n, m \in \mathbb{Z}$ gilt:

$$M_n M_m \subseteq M_{n+m}.$$

graduierter Ring, Ring R der folgenden Art.

Es sei G eine abelsche Gruppe. R heißt G-graduierter Ring (und für $G = \mathbb{Z}$ graduierter Ring), wenn

$$R \cong \bigoplus_{g\in G} R_g,$$

R_g abelsche Gruppen (bezüglich der Addition) und

$$R_g \cdot R_h \subset R_{g+h}$$

gilt.

Ist beispielsweise K ein Körper und $R = K[x_1, \dots, x_n]$, dann ist $R = \bigoplus_{d\geq 0} R_d$,

$$R_d = \{f \in R \mid f \text{ homogen vom Grad } d\}.$$

Graeffe-Verfahren, Näherungsverfahren zur Berechnung von Polynomnullstellen, das auf dem Wurzelsatz von Vieta basiert.

Sei

$$p_0(x) = a_0^{(0)} x^n + a_1^{(0)} x^{n-1} + \dots + a_{n-1}^{(0)} x + a_n^{(0)}$$

das vorgegebene Polynom n-ten Grades mit nur reellen Nullstellen $x_1, x_2, \dots, x_n$, für die überdies $|x_1| > |x_2| > \dots > |x_n|$ gelten soll. Dann wird durch das nachfolgende Berechnungsschema eine Polynomfolge (p_k) definiert, deren Nullstellen jeweils $x_j^{2^k}, j = 1, \dots, n$, sind:

$$a_0^{(k+1)} := \left(a_0^{(k)}\right)^2$$

$$a_j^{(k+1)} := \left(a_j^{(k)}\right)^2 + 2\sum_{l=1}^{j^*}(-1)^l a_{j+l}^{(k)} a_{j-l}^{(k)}$$

für $j = 1, \dots, n$ und $j^* := \min\{j, n-j\}$. Daraus lassen sich dann die Beträge der Nullstellen ermitteln, die Vorzeichen ergeben sich durch Einsetzprobe in das Ausgangspolynom.

Durch geeignete Erweiterungen ist das Verfahren auch für mehrfach reelle oder betragsgleiche komplexe Nullstellen tauglich. Mit dem ↗Newtonverfahren lassen sich die Näherungen weiter verfeinern.

Gragg, Methode von, ↗Mittelpunktsregel, modifizierte.

Graham-Zahl, die größte bisher in einem ernsthaften mathematischen Beweis vorgekommene Zahl (und größer als die ↗Skewes-Zahl). 1970 zeigten Ronald Lewis Graham und Bruce Lee Rothschild mittels einer Verallgemeinerung des Satzes von Ramsey, daß es ein minimales $N \in \mathbb{N}$ so gibt, daß jeder Hyperwürfel mit einer Dimension von mindestens N, bei dem jede Kante mit einer von zwei Farben gefärbt ist, einen vollständigen, einfarbigen, in einer Würfelebene liegenden Graphen mit vier Knoten enthält. Graham konnte dieses N nach oben durch die Graham-Zahl G abschätzen. Definiert man mit Hilfe der ↗Pfeilschreibweise

$$G_1 = 3 \uparrow_4 3,$$

$$G_{n+1} = 3 \uparrow_{G_n} 3 \quad (n = 1, \dots, 63),$$

wobei $\uparrow_k$ für k Pfeile steht, so ist $G = G_{64}$. Es gilt $3 \to 3 \to 64 \to 2 < G < 3 \to 3 \to 65 \to 2$. Man vermutet $N = 6$.

Gram-Charlier-Approximation, bezeichnet in der Versicherungsmathematik ein Approximationsverfahren zur näherungsweisen Berechnung von Gesamtschadenverteilungen durch Reihenentwicklung nach ↗Hermite-Polynomen.

Sind dazu F die Verteilungsfunktion der Zufallsvariablen S, $\mu := E[S]$ der Erwartungswert, $\sigma^2 = Var(S)$ die Varianz, $\mu_3 = E[(\frac{S-\mu}{\sigma})^3]$ die Schiefe von S und $\mu_4 = E[(\frac{S-\mu}{\sigma})^4]$, so heißt

$$\phi\left(\frac{x-\mu}{\sigma}\right) - \frac{\mu_3}{6}\phi^{(3)}\left(\frac{x-\mu}{\sigma}\right) + \frac{\mu_4 - 3}{24}\phi^{(4)}\left(\frac{x-\mu}{\sigma}\right) \qquad (1)$$

die Gram-Charlier Approximation von F; hierbei ist ϕ die Verteilungsfunktion der Standard-Normalverteilung.

Der in (1) gegebene Ausdruck ist die nach vier Termen abgebrochene Gram-Charlier-Reihe.

Grammatik, Formalismus zur Beschreibung der Syntax einer ↗formalen Sprache.

Sie stellt ein Alphabet, d. h. eine endliche Menge von Zeichen zur Bildung von Wörtern, eine Menge von Nichtterminalsymbolen (meist verwendet zur Beschreibung von syntaktischen Einheiten) und eine Menge von Ableitungsregeln zur Generierung von Wörtern aus einem ausgezeichneten Nichtterminalzeichen, dem Startsymbol, bereit.

Formal wird eine (allgemeine) Grammatik durch ein Tupel $[\Sigma, V, R, S]$ beschrieben, wobei das Alphabet Σ eine beliebige endliche Menge, der Vorrat V an Nichttermninalsymbolen eine dazu disjunkte endliche Menge, die Regelmenge R eine binäre Relation auf $(V \cup \Sigma)^*$ und das Startsymbol S ein Element aus V sind.

Ein Wort über einem Alphabet Σ entsteht durch Aneinanderreihung von endlich vielen Buchstaben.

Die Anzahl der aneinandergereihten Buchstaben ergibt die Länge eines Wortes. Die Menge Σ^* bezeichnet die Menge aller Wörter über Σ. Das leere Wort, das keinen Buchstaben enthält und die Länge 0 hat, wird mit ε bezeichnet.

Die Regelmenge R der Grammatik definiert eine Ableitungsrelation auf der Menge der Satzformen, also der Wörter über $\Sigma \cup V$. Dabei ist eine Satzform v_2 aus einer Satzform v_1 direkt ableitbar ($v_1 \Rightarrow v_2$), falls man in v_1 die linke Seite der Regel auffinden kann und v_2 durch Ersetzen dieser linken Seite durch die rechte Seite entsteht. $v_1 \Rightarrow v_2$ gilt also genau dann, wenn Wörter w und w' und eine Regel (u_1, u_2) existieren mit $v_1 = wu_1w'$ und $v_2 = wu_2w'$. Die reflexiv–transitive Hülle von $\Rightarrow$ wird mit $\Rightarrow^*$ notiert. Die von der Grammatik G erzeugte Sprache $L(G)$ ist die Menge der Wörter über Σ, die aus dem Startsymbol von G ableitbar sind, also $L(G) = \{w \mid w \in \Sigma^*, S \Rightarrow^* w\}$. Zwei Grammatiken G_1 und G_2 sind äquivalent, wenn $L(G_1) = L(G_2)$ ist.

Eine Grammatik heißt ε-frei, falls auf der rechten Seite von Regeln nie das leere Wort steht. Sie heißt ε-treu, wenn es höchstens eine Regel mit ε auf der rechten Seite gibt, nämlich (S, ε) und das Startsymbol S dann in keiner rechten Seite anderer Regeln vorkommt. Bei einer normalen Grammatik kommt auf jeder linken Seite einer Regel mindestens ein Nichtterminalsymbol vor. Eine separierte Grammatik arbeitet zunächst ausschließlich auf Hilfssymbolen, d. h. Regeln haben die Form (u, v), wobei u und v nichtleere Wörter aus Nichtterminalzeichen sind. Darüberhinaus sind Regeln der Form (h, a) zugelassen, wobei $h \in V$ und $a \in \Sigma \cup \{\varepsilon\}$ ist. Zu jeder Grammatik gibt es eine äquivalente normale und eine äquivalente separierte Grammatik. Der Ableitungsweg eines Wortes aus dem Startsymbol gibt dem Wort eine grammatische Struktur.

Für kontextsensitive Grammatiken und kontextfreie Grammatiken kann diese Struktur durch den Ableitungsbaum widergespiegelt werden. Bei kontextsensitiven Grammatiken ersetzt eine Regel ein einziges Hilfssymbol, der Rest der linken Seite erscheint auch auf der rechten Seite. Regeln haben also die Form

$$(whw', wvw')$$

mit $w, w', v \in (V \cup \Sigma)^*$ und $h \in V$. w und w' heißen linker bzw. rechter Kontext der Regel. Sind in allen Regeln die w und w' das leere Wort, heißt die Grammatik kontextfrei. Der Ableitungsbaum zu einem Wort der Sprache hat das Startsymbol als Wurzel; jeder Knoten hat diejenigen Zeichen als Nachfolger, durch die er im Ableitungsprozeß ersetzt wurde.

Die Abbildung zeigt einen Ableitungsbaum für das Wort $z + z * (z + z)$ und die Grammatik $G = [\{z, +, *, (,)\}, \{S, T, F\}, \{(S, T), (S, S + T), (T, F), (T, T * F), (F, z), (F, (S))\}, S]$.

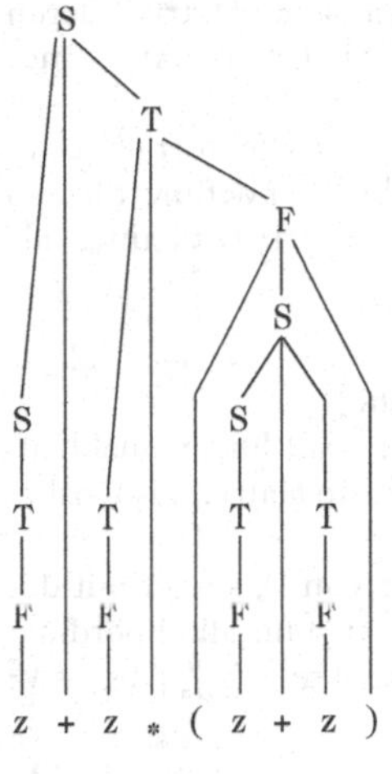

Ableitungsbaum

Die Grammatik realisiert die Regel Punktrechnung vor Strichrechnung und berücksichtigt die Klammerung, denn der Ableitungsbaum faßt die Teilausdrücke diesen Regeln entsprechend zusammen. Bei eindeutigen Grammatiken (Grammatiken, die zu jedem Wort genau eine Links- bzw. Rechtsableitung liefern), ist der Ableitungsbaum eindeutig bestimmt.

Eine nicht eindeutige Grammatik heißt mehrdeutig. Jede ε-treue und kontextsensitive Grammatik ist monoton, d. h. mit Ausnahme der Regel (S, ε) sind alle rechten Seiten von Regeln mindestens so lang wie ihre linken Seiten. Zu jeder monotonen Grammatik gibt es eine äquivalente kontextsensitive Grammatik. Für monotone Grammatiken G ist die Zugehörigkeit eines Wortes zu $L(G)$ entscheidbar, weil der Suchraum zum Finden einer geeigneten Ableitung eines Wortes durch dessen Länge beschränkt werden kann. Eine kontextfreie Grammatik heißt linear, wenn auf der rechten Seite von Regeln höchstens ein Nichtterminalzeichen (neben Alphabetzeichen) vorkommt. Sie heißt rechtslinear, falls Nichtterminalzeichen auf der rechten Seite der Regeln höchstens als letztes Zeichen vorkommen, und linkslinear, falls Nichtterminalzeichen auf der rechten Seite von Regeln höchstens als erstes Zeichen vorkommen. Eine kontextfreie Grammatik heißt reduziert, falls sie nur ↗produktive und ↗erreichbare Nichtterminals enthält. Zu einer beliebigen kontextfreien Grammatik kann immer eine reduzierte Grammatik konstruiert werden.

Grammatik-Abbildung, ↗ Grammatik.

Gramsche Determinante, die Determinante der ↗Gramschen Matrix.

Gramsche Matrix, quadratische Matrix, deren Einträge die paarweisen Skalarprodukte einer Menge von Vektoren sind.

Sind $v_1, \ldots, v_m$ Elemente eines Vektorraumes V, auf dem das ↗Skalarprodukt $\langle \cdot, \cdot \rangle$ definiert ist, so ist die zugehörige Gramsche Matrix G definiert als

$$G = ((\langle v_i, v_j \rangle))_{i,j=1,m} .$$

Sie ist offenbar symmetrisch.

Sind die Vektoren $\{v_1, \ldots, v_m\}$ linear unabhängig, so ist G eine positiv definite Matrix, also insbesondere regulär.

Ist $(v_1, \ldots, v_n)$ eine Basis von V, so gilt mit der Gramschen Matrix $G = (\langle v_i, v_j \rangle)$ für alle Koordinatenvektoren $u = \sum_{i=1}^n \xi_i v_i$ und $w = \sum_{i=1}^n \eta_i v_i \in V$:

$$\langle u, w \rangle = \sum_{i,k=1}^{n} \overline{\xi_i} \eta_k \langle v_i, v_k \rangle = (\overline{\xi_1}, \ldots, \overline{\xi_n}) G \begin{pmatrix} \eta_1 \\ \vdots \\ \eta_n \end{pmatrix} .$$

Ist auf dem $\mathbb{K}^n$ ($\mathbb{K}$ gleich $\mathbb{R}$ oder $\mathbb{C}$) das ↗kanonische Skalarprodukt gegeben, so ist die Gramsche Matrix G bezüglich gegebener Spaltenvektoren $a_1, \ldots, a_m \in \mathbb{K}^n$ gegeben durch

$$G = \overline{A}^t A ,$$

wobei A die $(n \times m)$-Matrix $(a_1, \ldots, a_m)$ bezeichnet.

[1] Hämmerlin, G.; Hoffmann, K.-H.: Numerische Mathematik. Springer-Verlag Berlin, 1989.

[2] Schaback, R.; Werner. H.: Numerische Mathematik. Springer-Verlag Berlin, 1992.

Gram-Schmidtsche Orthogonalisierung, ↗ Schmidtsches Orthogonalisierungsverfahren.

Grand Unified Theory, *GUT*, eine Theorie, die die elektroschwache mit der starken Wechselwirkung vereinheitlicht. Sie wird auch als „Große Unifizierte Theorie" oder „Große Vereinheitlichte Theorie" bezeichnet.

Die Grundidee ist die, daß man aus einer einzigen unterliegenden Symmetrie (beschrieben durch eine kompakte Liegruppe G) die drei nichtgravitativen Wechselwirkungen durch spontane Symmetriebrechung erklären will. Die einfachste Gruppe G, die die Brechung auf das direkte Produkt $SU(3) \times SU(2) \times U(1)$ ermöglicht, ist $G = SU(5)$. Dabei ist die $SU(3)$ die der starken Wechselwirkung unterliegende kompakte Liegruppe, während $SU(2) \times U(1)$ mittels der ↗Glashow-Salam-Weinberg-Theorie die elektroschwache Wechselwirkung beschreibt. Dies ist das Standard-Modell, während andere Grand Unified Theories andere Gruppen G zugrunde legen.

Experimentell unterscheiden sich die verschiedenen GUTs z. B. durch unterschiedliche Werte für die Lebensdauer des Protons, (welches ursprünglich als stabiles Teilchen angenommen worden war.) Die zunächst als unmeßbar groß vermutete Halbwertszeit – theoretisch beträgt sie mindestens 10^{29} Jahre – ist inzwischen, zumindest im Prinzip, der experimentellen Überprüfung zugänglich. Stark vereinfacht gesagt geht man so vor: Man nehme 10^{30} Protonen und warte ein Jahr. Wenn man dann noch keinen einzigen Protonzerfall beobachtet hat, dürfte die Halbwertszeit mehr als 10^{30} Jahre betragen.

Wird zur GUT noch die Gravitation als vierte Wechselwirkung hinzugefügt, spricht man von Theorien der Supergravitation.

[1] Buchbinder, I.; Kuzenko, S.: Ideas and Methods of Supersymmetry and Supergravity. Inst. of Physics Bristol, 1998.

Graph, oder genauer ungerichteter Graph, ein Grundbegriff der ↗Graphentheorie.

Ein Graph G besteht aus einer endlichen, nicht leeren Menge $E(G)$ von Ecken und einer Menge $K(G)$ von zweielementigen Teilmengen aus $E(G)$. Man nennt $E(G)$ Eckenmenge, $|E(G)|$ Eckenzahl oder Ordnung, $K(G)$ Kantenmenge und $|K(G)|$ Kantenzahl des Graphen G.

Ein gerader bzw. ungerader Graph ist ein Graph gerader bzw. ungerader Ordnung. Ein Element $k = \{x, y\} \in K(G)$ heißt Kante des Graphen G, und im allgemeinen wird die kurze und bequeme Schreibweise

$$k = xy = yx$$

benutzt.

Zwei verschiedene Ecken x und y heißen adjazent, wenn es eine Kante $k = xy$ gibt. Man sagt dann auch, die Kante $k = xy$ inzidiert mit den Ecken x und y oder x und y sind durch die Kante k verbunden. Inzidieren zwei verschiedene Kanten mit einer gemeinsamen Ecke, so nennt man die Kanten inzident. Eine Ecke, die mit keiner Kante inzidiert, heißt isolierte Ecke. Im Fall $K(G) = \emptyset$ spricht man von einem leeren Graphen.

Falls ein Graph G nicht zu groß ist, so veranschaulicht man ihn sich am besten durch eine Skizze, indem man die Ecken als Punkte der Ebene und die Kanten als Verbindungslinien adjazenter Eckenpaare zeichnet. Die Abbildung zeigt einen Graphen H mit der Eckenmenge $E(H) = \{x_1, x_2, x_3, x_4, x_5, x_6, x_7\}$ und den 8 Kanten x_2x_3, x_3x_4, x_4x_5, x_2x_6, x_3x_6, x_3x_7, x_4x_7, x_6x_7.

Der skizzierte Graph H besitzt folgende Eigenschaften. Er hat sieben Ecken, also ist $|E(H)| = 7$. Die Ecken x_2 und x_3 sind adjazent, und die Ecken x_2 und x_7 sind nicht adjazent. Die Kanten x_3x_4 und x_4x_7 sind inzident, die Kanten x_4x_5 und x_6x_7 sind nicht inzident. Der Graph H ist ungerade, und er besitzt die isolierte Ecke x_1.

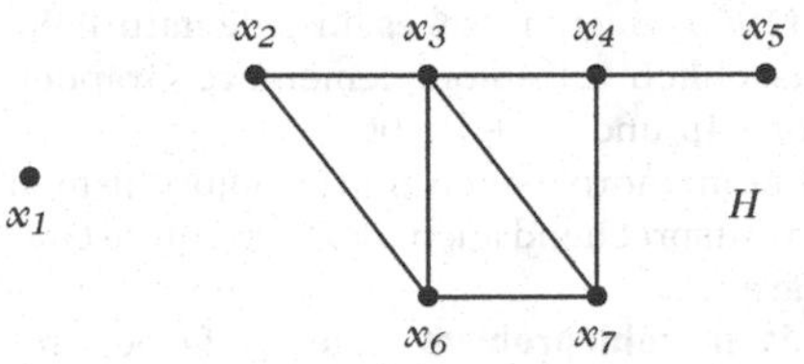

Graph H

Der Grad $d_G(x)$ einer Ecke x in einem Graphen G zählt die mit x inzidenten Kanten. Man nennt

$$\delta(G) = \min\{d_G(x) | x \in E(G)\}$$

Minimalgrad und

$$\Delta(G) = \max\{d_G(x) | x \in E(G)\}$$

Maximalgrad von G. Die Zahl

$$d(G) = \left(\sum_{x \in E(G)} d_G(x)\right) / |E(G)|$$

heißt Durchschnittsgrad von G.

Addiert man in einem Graphen G die Grade aller Ecken, so zählt man dabei jede Kante xy genau zweimal, nämlich einmal von x und einmal von y aus. Damit gelangt man zu der einfachen aber fundamentalen Identität

$$\sum_{x \in E(G)} d_G(x) = 2|K(G)|$$

von Leonhard Euler aus dem Jahre 1736, die auch unter dem Namen „Handschlaglemma" bekannt ist. Als wichtige Folgerung ergibt sich daraus die Tatsache, daß die Anzahl der Ecken ungeraden Grades in einem Graphen stets gerade ist.

Eine endliche Folge von inzidenten Kanten

$$W = x_0 k_1 x_1 k_2 x_2 \ldots x_{p-1} k_p x_p,$$

mit $k_i = x_{i-1}x_i \in K(G)$ für $i = 1, 2, \ldots, p$ heißt Kantenfolge von x_0 nach x_p der Länge p. Für W schreibt man auch kurz

$$W = x_0 x_1 \ldots x_p .$$

Die Kantenfolge W ist geschlossen, wenn $x_0 = x_p$, und offen, wenn $x_0 \neq x_p$ gilt.

Sind in einer Kantenfolge alle Kanten paarweise verschieden, so spricht man von einem Kantenzug, und sind sogar alle Ecken paarweise verschieden, so liegt ein Weg vor. Jede offene Kantenfolge von x_0 nach x_p enthält einen Weg von x_0 nach x_p. Ein geschlossener Kantenzug $C = x_0 k_1 x_1 \ldots x_{p-1} k_p x_0$, in dem die Ecken $x_0, x_1, \ldots, x_{p-1}$ paarweise verschieden sind, heißt Kreis.

In dem oben skizzierten Graphen H ist z. B. $W = x_3x_2x_6x_3x_4x_7x_3$ ein geschlossener Kantenzug der Länge 6, aber kein Kreis. Dagegen ist $C = x_3x_2x_6x_7x_3$ ein Kreis der Länge 4. Die Länge eines kürzesten Kreises in einem Graphen G ist die Taillenweite $g(G)$ und die Länge eines längsten Kreises sein Umfang $c(G)$. (Beide Werte seien ∞, wenn der Graph keinen Kreis besitzt.) Im skizzierten Graphen H gilt z. B. $g(H) = 3$ und $c(H) = 5$. Ist $\delta(G) \geq 2$, so hat G.A. Dirac 1952 gezeigt, daß G einen Kreis besitzt und $c(G) \geq \delta(G) + 1$ ist.

Haben alle Ecken eines Graphen G den gleichen Grad, so heißt G regulär. Ein regulärer Graph vom Grad 3 wird auch kubisch genannt. Da die Anzahl der Ecken ungeraden Grades stets gerade ist, muß ein kubischer Graph ein gerader Graph sein. Ein Graph der Ordnung n, in dem jedes Paar von Ecken adjazent ist, heißt vollständiger Graph, in Zeichen K_n. Ein vollständiger Graph K_n ist regulär, und er besitzt $n(n-1)/2$ Kanten. Der Komplementärgraph $\overline{G}$ eines Graphen G besteht aus der Eckenmenge $E(G)$, und in $\overline{G}$ sind zwei Ecken genau dann adjazent, wenn sie es in G nicht sind.

Zur Darstellung von Graphen, z. B. in einem Computer, eignen sich besonders gut die sogenannten Adjazenz- und Inzidenzmatrizen. Es sei G ein Graph mit der Eckenmenge $\{x_1, x_2, \ldots, x_n\}$ und der Kantenmenge $\{k_1, k_2, \ldots, k_m\}$. Die quadratische $(n \times n)$-Matrix $A_G = ((a_{ij}))$ mit $a_{ij} = 1$, falls $x_ix_j \in K(G)$ und $a_{ij} = 0$, falls x_i und x_j nicht adjazent sind, heißt Adjazenzmatrix. Die $(n \times m)$-Matrix $I_G = ((b_{ij}))$ mit $b_{ij} = 1$, falls x_i und k_j inzident sind und $b_{ij} = 0$, falls x_i und k_j nicht inzident sind, wird Inzidenzmatrix oder Inzidenzliste genannt.

Numeriert man die Ecken eines Graphen G der Ordnung n mit den Zahlen $\{1, 2, \ldots, n\}$, so spricht man von einem numerierten oder markierten Graphen der Ordnung n. Dabei werden zwei markierte Graphen mit der gleichen numerierten Eckenmenge $\{1, 2, \ldots, n\}$ genau dann als verschieden angesehen, wenn zwei Ecken $i \neq j$ existieren, die in dem einen Graphen adjazent, in dem anderen jedoch nicht adjazent sind. Man kann nun recht einfach zeigen, daß es genau $2^{n(n-1)/2}$ markierte Graphen der Ordnung n gibt.

Graph einer Abbildung, zu einer ↗ Abbildung $f : A \to B$ die Menge

$$\{(x, f(x)) : x \in A\}$$

bzw. deren geometrische Veranschaulichung.

Graph einer Relation, geometrische Veranschaulichung der Menge

$$\{(x, y) : x \text{ steht in Relation zu } y\}.$$

Graphenhomomorphismus, Paar von Abbildungen zwischen zwei Graphen der folgenden Art.

Ein Graphenhomomorphismus von einem ↗Graphen G in einen Graphen H besteht aus zwei Abbildungen $f : E(G) \to E(H)$ sowie $F : K(G) \to K(H)$, die für alle $k = xy \in K(G)$ die folgende Bedingung erfüllen:

$$k = xy \implies F(k) = f(x)f(y).$$

Sind die Abbildungen f und F bijektiv, so nennt man die Graphen G und H isomorph, in Zeichen $G \cong H$.

Isomorphe Graphen werden als im wesentlichen gleich angesehen. Trotz aller Anstrengungen hat man bisher keinen polynomialen Algorithmus gefunden, um festzustellen, ob zwei beliebig gegebene Graphen isomorph sind. Dieses sogenannte ↗Graphenisomorphieproblem ist eines der bekanntesten Probleme, dessen Komplexitätsstatus noch immer ungeklärt ist.

Ein Graph G wird selbstkomplementär genannt, wenn $G \cong \overline{G}$ gilt, wobei $\overline{G}$ der Komplementärgraph von G ist. Der Weg der Länge 3 oder der Kreis der Länge 5 sind Beispiele für selbstkomplementäre Graphen. Da der vollständige Graph K_n aus $n(n-1)/2$ Kanten besteht, gibt es in einem selbstkomplementären Graphen mit n Ecken genau $n(n-1)/4$ Kanten. Daher gilt für die Ordnung n eines selbstkomplementären Graphen notwendig $n = 4p$ oder $n = 4p + 1$. H. Sachs (1962) und G. Ringel (1963) zeigten, daß es für jede natürliche Zahl p tatsächlich selbstkomplementäre Graphen der Ordnung $4p$ und $4p + 1$ gibt.

Graphenhomomorphismen und -isomorphismen lassen sich entsprechend auch für ↗gerichtete Graphen erklären.

Graphenisomorphieproblem, die Aufgabe, für zwei Graphen zu entscheiden, ob sie isomorph sind (↗Graphenhomomorphismus).

Es spielt in der ↗Komplexitätstheorie eine herausgehobene Rolle, da es eines der wenigen natürlichen Probleme in der Komplexitätsklasse ↗NP ist, das vermutlich weder in ↗P liegt, noch ↗NP-vollständig ist.

Graphenisomorphismus, ↗Graphenhomomorphismus.

Graphennorm, Norm auf dem Definitionsbereich eines linearen Operators.

Seien X und Y Banachräume und $T : X \supset D(T) \to Y$ ein linearer Operator; dann heißt die durch

$$\|x\| + \|Tx\|$$

oder

$$(\|x\|^2 + \|Tx\|^2)^{1/2}$$

auf $D(T)$ definierte Norm die Graphennorm. In dieser Norm ist $D(T)$ genau dann vollständig, wenn T ein ↗abgeschlossener Operator ist.

Graphentheorie

H.J. Prömel

Die Graphentheorie als eigenständiges Forschungsgebiet ist noch recht jung, obwohl einige ihrer Wurzeln mehr als zweihundertfünfzig Jahre zurückreichen. Mitte des neunzehnten Jahrhunderts bekam sie einen starken Impuls aus den sich zu jener Zeit schnell entwickelnden Naturwissenschaften. So enthalten Kirchhoffs Arbeit über elektrische Netzwerke 1847 und Cayleys Anzahluntersuchungen von chemischen Verbindungen in den 70er und 80er Jahren des neunzehnten Jahrhunderts grundlegende Resultate der Graphentheorie. James Joseph Sylvester benutzte 1878 in seiner Arbeit *Chemistry and Algebra* erstmalig das Wort „Graph" als Abkürzung für graphische Darstellungen, wie sie in der Chemie benutzt werden. Eine erste Monographie über die Anfänge der *Theorie der endlichen und unendlichen Graphen* hat der ungarische Mathematiker Dénes König (1884-1944) Mitte der dreißiger Jahre des zwanzigsten Jahrhunderts geschrieben, fast genau zweihundert Jahre nach Leonard Eulers *Solutio problematis ad geometriam situs pertinentis* (1736), einer der ersten graphentheoretischen Arbeit überhaupt, in der der Mathematiker, Physiker und Astronom Euler das Königsberger Brückenproblem studiert und löst.

Heute spielt die Graphentheorie, eingebettet in die diskrete Mathematik, eine herausragende Rolle und ist eines der am schnellsten wachsenden Teilgebiete der Mathematik. Wesentlichen Anteil an der rasanten Entwicklung der Graphentheorie in der zweiten Hälfte des zwanzigsten Jahrhunderts hatte das Bestreben nach einer diskreten Modellierung unserer Welt und der Möglichkeit der Optimierung durch Einzug des Computers. In erster Linie sind hier Probleme aus der Informatik und der diskreten Optimierung zu nennen, die sich als graphentheoretische Probleme formulieren und mit graphentheoretischen Methoden lösen lassen. Aber auch in den Ingenieur- und Sozialwissenschaften hat sich die Graphentheorie zu einem unverzichtbaren Handwerkszeug entwickelt.

Grundlegende Begriffe und Fragestellungen

Ein ↗Graph G ist ein Paar (V, E), wobei V die Menge der Knoten (engl. vertices) des Graphen ist und $E \subseteq [V]^2$, eine Teilmenge der zweielementigen Teilmengen von E, die Menge der Kanten (engl. edges) von G ist. Ein Teil des Reizes, den die Graphentheorie ausübt, liegt in der einfachen Visualisierung der zu untersuchenden Objekte. Der Kantengraph des Dodekaeders, einer der Platonischen Graphen, ist in Abbildung 1 dargestellt. Die Knoten sind dabei durch Punkte in der Ebene repräsentiert und je zwei Knoten, die eine Kante bilden, durch eine Linie verbunden.

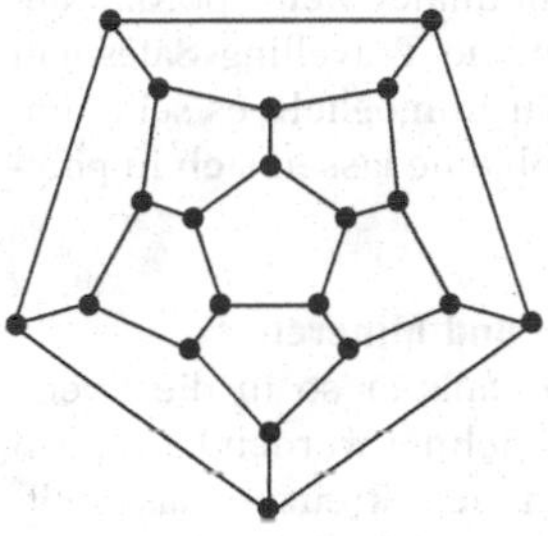

Abbildung 1: Das Dodekaeder

Eulersche Graphen, Hamiltonkreise und das Travelling Salesman Problem

In der Stadt Königsberg führten Mitte des siebzehnten Jahrhunderts sieben Brücken über den Pregel, der dort, wie die Abbildung 2 zeigt, den Kneiphof umschließt.

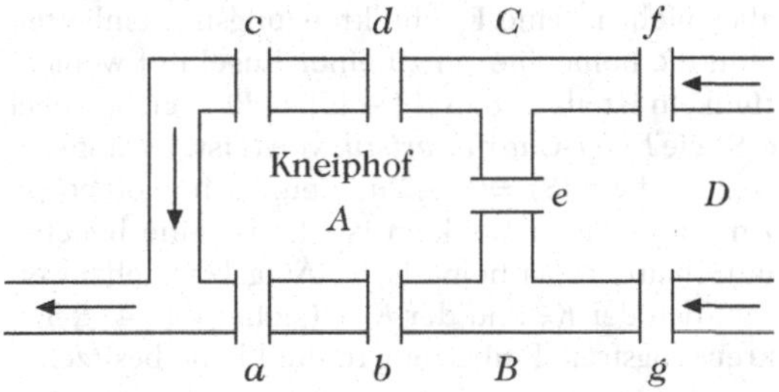

Abbildung 2: Die sieben Brücken über den Pregel.

Die Frage, die über den damaligen Bürgermeister der Stadt Danzig, Carl Leonhard Gottlieb Ehler, an Euler herangetragen wurde, war die, ob es einen Rundgang durch Königsberg gäbe, der jede der Brücken genau einmal benutzt. Die Antwort auf diese Frage erachtete Euler als wichtig genug, um ihr 1736 die oben erwähnte dreizehnseitige Abhandlung zu widmen. Repräsentiert man die

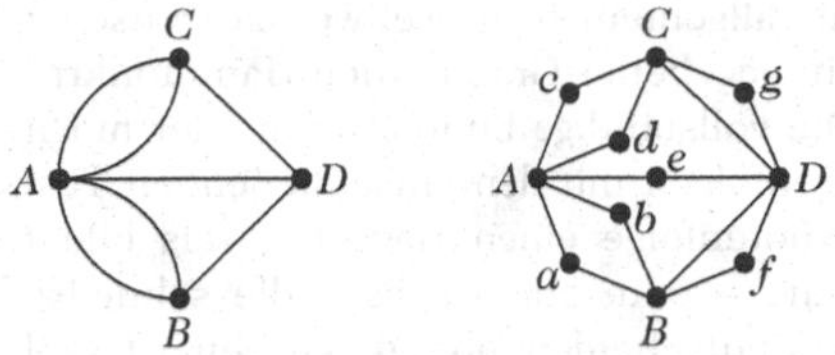

Abbildung 3: Das Königsberger Brückenproblem.

Brücken durch Kanten in einem Graphen, so erhält man eine Darstellung des Problems durch einen Graphen (Abbildung 3), wobei es sich bei der einfachen Repräsentation links um einen sogenannten Multigraphen (zwei Knoten können mehr als eine Kante bilden) handelt. Euler zeigte, daß es keinen Rundgang der gewünschten Art geben kann, da die Graphen in Abbildung 3 jeweils Knoten ungeraden Grades besitzen, das heißt Knoten, deren Anzahl Nachbarn ungerade ist. Mehr noch, Euler behauptete, daß ein Graph genau dann einen geschlossenen Weg besitzt, der jede Kante genau einmal durchläuft, heute sagt man, daß er Eulersch ist, wenn jeder Knoten des Graphen geraden Grad besitzt (↗Eulerscher Graph). Eulers Intuition erwies sich als richtig, auch wenn ein vollständiger Beweis dieser Aussage erstmals von Carl Fridolin Bernhard Hierholzer 1873 gegeben wurde.

Aus heutiger Sicht und für vielfältige Anwendungen ist von besonderem Interesse, daß die Eigenschaft eines Graphen, Eulersch zu sein, algorithmisch einfach zu handhaben ist. Aus dem Beweis von Hierholzer ergibt sich ein linearer Algorithmus, das heißt ein Verfahren, dessen Laufzeit durch eine lineare Funktion in der Länge der Eingabe des Problems beschränkt ist und das entscheidet, ob ein gegebener Graph Eulersch ist. Wenn dies der Fall ist, findet der Algorithmus zudem einen Eulerkreis, also einen geschlossenen Weg durch den Graphen, der jede Kante genau einmal durchläuft. Damit ist die Eigenschaft, Eulersch zu sein, eine algorithmisch schnell zu testende Grapheneigenschaft.

Scheinbar eng mit dem Problem, einen geschlossenen Weg durch einen Graphen zu finden, der jede Kante genau einmal durchläuft, ist das Problem, einen geschlossenen Weg zu finden, der jeden *Knoten* genau einmal durchläuft. Ein solcher Kreis in einem Graphen heißt nach dem irischen Mathematiker Sir William Rowan Hamilton (1805–1865) ein Hamiltonkreis. Hamilton „erfand“ 1857 ein Spiel, welches unter anderem das Auffinden eines Hamiltonkreises in dem Kantengraphen des Dodekaeders (siehe Abb. 1) verlangt. Während es in diesem Beispiel noch einfach ist, einen Hamiltonkreis zu finden, und dem Spiel, das Hamilton für 25 Pfund an einen Spielehändler verkaufte, deshalb kein großer Erfolg beschieden war, erweist es sich im allgemeinen als schwer zu entscheiden, ob ein gegebener Graph einen Hamiltonkreis enthält. Die vollständige Enumeration aller möglichen Knotenfolgen mit dem anschließenden Test, ob eine Knotenfolge einen Hamiltonkreis bildet, ist bis heute – cum grano salis – die schnellste Strategie zu entscheiden, ob ein gegebener Graph einen Hamiltonkreis besitzt. Richard Karp bewies zudem 1972, daß dieses Problem zu der Klasse der *NP*-vollständigen Probleme gehört. Für kein Problem in dieser viele tausend Probleme umfassenden Klasse ist bis heute ein polynomialer Lösungsalgorithmus bekannt, und würde man für nur eins dieser Probleme einen solchen finden, hätte man bereits gezeigt, daß es für jedes Problem in der Klasse einen polynomialen Algorithmus gibt. Im Gegensatz zum Eulerkreisproblem ist das Hamiltonkreisproblem also ein algorithmisch schwer zu lösendes Problem. Eine entsprechend wichtige Rolle spielt in der Graphentheorie das Auffinden hinreichender Kriterien für die Existenz von Hamiltonkreisen in Graphen.

Einer breiteren Öffentlichkeit bekannt geworden ist das Hamiltonkreisproblem durch seine Optimierungsvariante, dem Problem des Handlungsreisenden oder *Travelling Salesman Problem*, das erstmals von Karl Menger (1902–1985) in einem Vortrag 1930 als „Botenproblem" formuliert wurde: Ein Handlungsreisender möchte n Städte besuchen und wieder an seinen Ausgangspunkt zurückkehren. Eine Fahrt zwischen den Städten i und j verursacht Kosten in Höhe von c_{ij} Einheiten. Der Handlungsreisende ist bemüht, eine Rundreise zu finden, die seine Reisekosten minimiert. In die Sprache der Graphentheorie übertragen liest sich das Problem wie folgt: Gegeben sei ein vollständiger Graph auf n Knoten, der mit K_n bezeichnet wird, mit zusätzlichen Gewichten oder Längen auf den Kanten. Gesucht wird ein kürzester Hamiltonkreis in diesem Graphen. Dieses Problem, von dem sich leicht zeigen läßt, das es mindestens so schwer ist wie das Problem, einen Hamiltonkreis in einem gegebenen Graphen zu finden (solche Probleme heißen *NP*-schwer), hat in den vergangenen Jahren eine große Aufmerksamkeit erfahren. Neben seiner Anwendungsrelevanz ist das Travelling Salesman Problem ein wichtiges Testproblem für die Qualität (nicht-polynomialer) Optimierungsalgorithmen geworden. Inzwischen ist man in der Lage, mit Hilfe intelligenter Enumerationsverfahren und schneller Computer das Travelling Salesman Problem für Graphen mit mehr als 10.000 Knoten optimal zu lösen. Eine Alternative dazu, die beste Lösung finden zu wollen, besteht darin, eine „gute" Lösung zu akzeptieren, die schnell (was hier in polynomialer Zeit heißen soll) gefunden werden kann. Sanjeev Arora zeigte 1996, daß sich die optimale Lösung eines euklidischen Travelling Salesman Problems (das heißt der zugrunde liegende Graph hat geographische Kantenlängen), die zu finden auch schon *NP*-schwer ist, in polynomialer Zeit beliebig genau approximieren läßt. Mit anderen Worten, zu jedem $\varepsilon > 0$ gibt es einen polynomialen Algorithmus, der zu einem gegebenen euklidischen Travelling Salesman Problems eine Rundreise findet, deren Länge höchstens um einen Faktor $(1+\varepsilon)$ länger ist, als die (nicht bekannte!) Länge einer kürzesten Rundreise. Nicos Christofides zeigte 1976, daß sich die optimale Lösung des Travelling Salesman Problems in einem Graphen, dessen Kantenlängen der Dreiecksungleichung genügen, zumindest bis auf den Faktor 3/2 in polynomialer Zeit approximieren läßt. Für das allgemeine Travelling Salesman Problem ist das beweisbar unmöglich, es sei denn, alle *NP*-vollständigen Probleme lassen sich in polynomialer Zeit lösen.

Planarität, Einbettungen und Minoren

Ein Graph heißt *planar*, falls er so in die Ebene (oder auf eine Kugel) gezeichnet werden kann, daß sich verschiedene Kanten nicht kreuzen, das heißt, nur in Knoten berühren. Der Dodekaeder-Graph ist, wie Abbildung 1 zeigt, planar. Ein planarer Graph $G = (V, E, R)$ zusammen mit einer planaren Repräsentation in die Ebene heißt *ebener* Graph. R bezeichnet dabei die Gebiete (engl. regions) von G in der gegebenen Einbettung. Euler bewies 1752 die nach ihm benannte Polyederformel: Für jeden ebenen Graphen gilt $|V|-|E|+|R| = 2$. Allgemeiner gilt für jede orientierbare 2-dimensionale geschlossene Fläche S (diese Flächen sind bis auf Homöomorphie gerade die Kugeln mit h Henkeln für $h \geq 0$) und für jeden Graphen $G = (V, E)$, der sich in S, aber nicht in eine Fläche kreuzungsfrei einbetten läßt, die homöomorph zu einer Kugel mit weniger Henkeln ist als S, daß $|V| - |E| + |R| = e(S)$, wobei $e(S)$ die ***Euler-Charakteristik*** von S ist. Es läßt sich zeigen, daß $e(S) = 2 - 2h$, wenn S homöomorph zur Kugel mit h Henkeln ist. Es ist eine beliebte unterhaltungsmathematische Aufgabe nachzuweisen, daß der K_5 und der $K_{3,3}$ (siehe Abb. 4) keine kreuzungsfreie Einbettung in die Ebene besitzen.

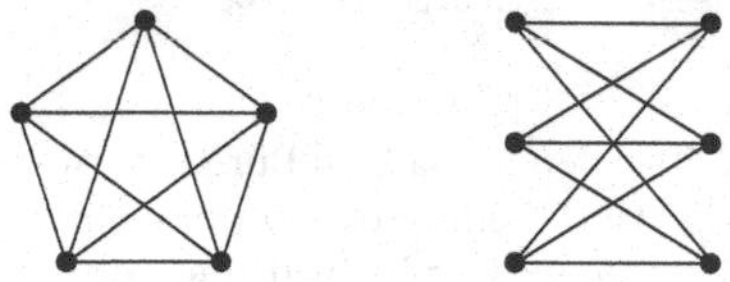

Abbildung 4: Der K_5 und der $K_{3,3}$.

Aus der Eulerschen Polyederformel läßt sich unmittelbar ein formaler Beweis für diesen Sachverhalt ableiten. Fügt man zusätzliche Knoten auf den Kanten des K_5 oder des $K_{3,3}$ ein, so ist der resultierende Graph eine *Unterteilung* des K_5 oder des $K_{3,3}$. Kazimierz Kuratowski (1896–1980) verband Topologie und Graphentheorie, indem er 1930 bewies, daß ein Graph G genau dann planar ist, wenn er keine Unterteilung des K_5 oder des $K_{3,3}$ als Subgraphen enthält. Klaus Wagner (1910–2000) zeigte 1937, daß eine analoge Charakterisierung auch gilt, verwendet man den Begriff des Minoren anstatt des (restriktiveren) Begriffs des topologischen Subgraphen. Ein Graph G enthält einen Graphen H als *Minor*, wenn man H aus G durch sukzessives Kontrahieren und Weglassen von Kanten erhalten kann.

Welche Graphen lassen sich in einen Torus (homöomorph zur Kugel mit einem Henkel) und welche in eine Brezelfläche (homöomorph zur Kugel mit zwei Henkeln) einbetten? Eines der bedeutendsten Ergebnisse der letzten beiden Dekaden des zwanzigsten Jahrhunderts in der Graphentheorie ist ein Analogon zum Satz von Wagner für Flächen mit kleinerer Euler-Charakteristik als der Ebene. Neil Robertson und Paul D. Seymour zeigten in mehreren Arbeiten zwischen 1986 und 1996, daß es zu jeder Fläche S eine endliche Familie $F(S)$ von Graphen gibt, so daß ein Graph G genau dann kreuzungsfrei in S einbettbar ist, wenn er keinen Graphen aus $F(S)$ als Minor enthält. Explizit sind die verbotenen Minoren jedoch bisher für keine orientierbare Fläche außer der Ebene bekannt. Das Problem zu entscheiden, ob ein gegebener Graph planar ist, und ihn in die Ebene einzubetten, wenn dies der Fall ist, ist, wie das Problem, einen Eulerkreis zu finden, ein algorithmisch einfaches Problem. Allgemeiner gilt sogar, daß es zu jeder Fläche S einen linearen Algorithmus gibt, der entscheidet, ob sich ein gegebener Graph kreuzungsfrei in S einbetten läßt, und gegebenenfalls eine solche Einbettung findet.

Die chromatische Zahl, der Vierfarbensatz und Hadwigers Vermutung

Ein sehr populäres Problem der Graphentheorie war das Vierfarbenproblem, das Francis Guthrie 1852 seinem Bruder Frederick, zu der Zeit Student der Mathematik in Cambridge, stellte: Stimmt es, daß die Länder jeder Landkarte stets mit höchstens vier Farben gefärbt werden können, wenn man fordert, daß aneinander grenzende Länder verschiedene Farben erhalten müssen?

Allgemeiner bezeichnet man mit $\chi(G)$ die kleinste Zahl von Farben, die benötigt werden, um die Knoten des Graphen G so zu färben, daß je zwei, die eine Kante bilden, verschieden gefärbt sind. $\chi(G)$ heißt die *chromatische Zahl* von G. Offensichtlich gilt $\chi(K_4) = 4$, $\chi(K_5) = 5$ und $\chi(K_{3,3}) = 2$. In der Sprache der modernen Graphentheorie liest sich nun die Frage von Francis Guthrie wie folgt: Stimmt es, daß $\chi(G) \leq 4$ für jeden planaren Graphen G gilt? Alfred Bray Kempe (1849–1922) kündigte 1879 in dem Journal *Nature* eine Lösung des Problems an und publizierte noch im selben Jahr einen vermeintlichen Beweis des Vierfarbensatzes. Kempes Lösung wurde seinerzeit mit großer Euphorie aufgenommen und er selbst zum Fellow der Royal Society gewählt. 11 Jahre später, 1890, fand Percy John Heawood (1861–1955) einen Fehler in Kempes Beweis und korrigierte Kempes Ergebnis zu einem Fünffarbensatz. Heawood zeigte zudem eine obere Schranke für die chromatische Zahl von Graphen G, die sich in eine orientierbare geschlossene Fläche S der Euler-Charakteristik $e = e(S) \leq 1$ einbetten lassen:

$$\chi(G) \leq \left\lfloor \frac{7 + \sqrt{49 - 24e}}{2} \right\rfloor =: h(e)\,.$$

Die Euler-Charakteristik der Ebene, für die Heawoods Beweis nicht gilt, ist 2. Man beachte, daß in diesem Fall $\chi(G) \leq 4$ resultieren würde. Wie gut ist nun die obere Schranke für die chromatische Zahl, die durch die Heawood-Ungleichung gegeben wird? Heawood selbst glaubte bewiesen zu haben, daß es zu jeder orientierbaren geschlossenen Fläche S mit Euler-Charakteristik ≤ 1 auch einen Graphen G gibt, der sich in S einbetten läßt, und für dessen chromatische Zahl $\chi(G) = h(e)$ gilt. Doch Heawoods Beweis war unvollständig und es dauerte noch mehr als 75 Jahre, bevor Gerhard Ringel und J. W. T. Youngs einen vollständigen Beweis dieser als die Heawood-Vermutung bekannt gewordenen Frage geben konnten.

Der Vierfarbensatz wurde 1977 von Kenneth Appel und Wolfgang Haken endgültig bewiesen. Der Beweis beruht auf Ideen, die in rudimentärer Form bereits in Kempes Beweis enthalten sind, und die Mitte des zwanzigsten Jahrhunderts von Heinrich Heesch maßgeblich weiterentwickelt wurden. Appel und Haken zeigten, daß jeder ebene triangulierte Graph mindestens eine von fast 1500 sogenannten „unvermeidbaren Konfigurationen" enthalten muß. In einem zweiten Schritt wiesen sie dann mit Hilfe eines Computers nach, daß jeder Graph, der eine dieser Konfigurationen enthält, reduzierbar ist, das heißt, eine Vierfärbung des Graphen kann aus der Vierfärbung eines kleineren Graphen hergeleitet werden.

Es ist bekannt, daß es Graphen gibt, die nicht einmal einen K_3, ein Dreieck, als Subgraphen enthalten, jedoch eine beliebig große chromatische Zahl ℓ haben. Eine sehr tiefliegende Vermutung von Hugo Hadwiger, die dieser 1943 aufstellte, besagt, daß jeder Graph G mit $\chi(G) = \ell$ einen K_ℓ als Minor enthält. Für $\ell = 3$ und $\ell = 4$ ist die Vermutung schon seit langem als richtig bekannt, für $\ell = 5$

und $\ell = 6$ ist sie äquivalent zum Vierfarbensatz. Für $\ell \geq 7$ konnte sie bisher weder bewiesen noch widerlegt werden. Da man zeigen kann, daß allgemein der Fall ℓ der Vermutung aus dem Fall $\ell + 1$ folgt, würde ein Beweis der Hadwiger-Vermutung den Vierfarbensatz in einen allgemeineren Zusammenhang einordnen.

Die chromatische Zahl eines Graphen ist wie die Eigenschaft, ob ein gegebener Graph einen Hamilton-Kreis enthält, sehr schwer zu entscheiden. Schon die Frage, ob ein gegebener planarer Graph (von dem wir wissen, daß seine chromatische Zahl höchstens vier ist) die chromatische Zahl drei hat, ist *NP*-vollständig, das heißt, es ist derzeit kein polynomialer Algorithmus bekannt, der diese Frage beantwortet. Mehr noch, schon die Existenz eines polynomialen Algorithmus, der für ein festes $\varepsilon > 0$ entscheidet, ob die chromatische Zahl eines gegebenen Graphen G auf n Knoten kleiner oder gleich k ist, wobei

$$k \leq \chi(G) \cdot n^{1/7-\varepsilon}$$

ist, impliziert die Existenz eines polynomialen Algorithmus, der die chromatische Zahl von G bestimmt. Unter der Annahme $P \neq NP$ besagt dieses Resultat, daß sich die chromatische Zahl eines Graphen nicht nur nicht in polynomialer Zeit bestimmen läßt, sondern auch, daß eine vernünftige Approximation dieses wichtigen Parameters in polynomialer Zeit nicht möglich ist.

Extremale Graphen, der Satz von Ramsey und Szemerédis Lemma

Eine grundlegende Frage der extremalen Graphentheorie ist die nach der maximalen Anzahl von Kanten, die ein Graph auf n Knoten haben kann, so daß er eine gegebene Eigenschaft noch besitzt. Aus der Eulerschen Polyederformel folgt beispielsweise unmittelbar, daß die maximale Anzahl von Kanten, die ein planarer Graph auf n Knoten haben kann, $3n - 6$ ist. Von zentraler Bedeutung ist insbesondere das Problem, zu einem gegebenen Graphen H die maximale Anzahl $ex(n, H)$ von Kanten zu bestimmen, die ein Graph auf n Knoten höchstens haben kann, wenn er keine Kopie von H als Subgraphen enthält. W. Mantel zeigte bereits 1907, daß $ex(n, K_3) = \lfloor n^2/4 \rfloor$. Der ungarische Mathematiker Paul Turán studierte als erster die Funktion $ex(n, K_r)$ für allgemeines r. Er zeigte 1941, daß

$$ex(n, K_r) = \left(1 - \frac{1}{r-1}\right) n^2 + o(n^2).$$

Eine tiefliegende Verallgemeinerung des Satzes von Turán bewiesen Paul Erdős und Arthur Harold Stone 1946. Es bezeichne $K_r(m)$ den Graphen auf $r \cdot m$ Knoten, dessen Knotenmenge so in r gleich große Teile zerfällt, daß keine Kante in einem der Teile verläuft, jedoch jedes Knotenpaar mit Knoten aus verschiedenen Teilen eine Kante bildet. Also ist insbesondere $K_r(1) = K_r$. Erdős und Stone bewiesen nun, daß jeder Graph auf n Knoten für hinreichend großes n, der für beliebig kleines $\varepsilon > 0$ (das von n unabhängig ist) nur $\varepsilon \cdot n^2$ mehr als $ex(n, K_r)$ Kanten enthält, nicht nur einen K_r, sondern sogar bereits einen $K_r(m)$ (wobei $m = c \log n$ für eine absolute Konstante c gewählt werden kann) als Subgraphen enthält. Dieser Satz wird als der Fundamentalsatz der extremalen Graphentheorie bezeichnet. Eine unmittelbare Konsequenz daraus ist der folgende Zusammenhang zwischen $ex(n, H)$, für einen beliebigen Graphen H, und der chromatischen Zahl von H:

$$\lim_{n \to \infty} ex(n, H) \binom{n}{2}^{-1} = \frac{\chi(H) - 2}{\chi(H) - 1}.$$

Eine weitere Frage von großer Relevanz in der extremalen Graphentheorie ist, wie viele Graphen $f(n, H)$ es (asymptotisch) auf n Knoten gibt, die keine Kopie von H als Subgraphen enthalten. Kolaitis, Prömel und Rothschild gelang es 1986, eine Formel anzugeben, die $f(n, K_r)$ asymptotisch bestimmt. Für beliebiges H mit $\chi(H) \geq 3$ zeigten Erdős, Frankl und Rödl (1986), daß

$$f(n, H) = 2^{(1+o(1))ex(n,H)},$$

das heißt, sie konnten zumindest eine asymptotische Formel für $\log_2 f(n, H)$ beweisen. Eine Asymptotik für $f(n, H)$ (falls $H \neq K_r$) ist im allgemeinen nicht bekannt. Falls H ein Graph mit $\chi(H) = 2$ ist, konnte selbst eine asymptotische Formel für $\log_2 f(n, H)$ bisher nicht gezeigt werden.

Es ist eine einfache Beobachtung, daß, wenn auf einer Party sechs Leute zusammenstehen, sich entweder mindestens drei von ihnen paarweise kennen oder sich mindestens drei von ihnen sich paarweise nicht kennen. 1928 bewies Frank Plumpton Ramsey (1903–1930) in seiner Arbeit *On a problem of formal logic* einen Hilfssatz, der die obige offensichtliche Beobachtung stark verallgemeinert. Ramsey zeigte, daß es zu jeder natürlichen Zahl s eine kleinste natürliche Zahl $n = R(s)$ gibt, so daß es zu jeder Färbung der Kanten des K_n mit 2 Farben, sagen wir mit rot und blau, entweder einen roten K_s-Subgraphen, das heißt, einen K_s-Subgraphen, dessen Kanten alle rot sind, oder einen blauen K_s-Subgraphen des K_n gibt. Wie groß ist nun diese Ramseyfunktion $R(s)$? Erdős und Szekeres bewiesen bereits 1935, daß $R(s) \leq 4^s/\sqrt{s}$. Diese Schranke wurde in den folgenden Jahren zwar mehrmals leicht verbessert, jedoch blieb die Asymptotik im Logarithmus unverändert. Eine erste exponentielle untere Schranke für die Ramseyfunktion wurde von Erdős 1947 bewiesen. Er zeigte, daß $R(s) \geq 2^{s/2}$ für alle $s \geq 3$. Dieses Ergebnis ist besonders bemerkenswert, da es eines der ersten Resultate in der Graphentheorie war, das unter Zuhilfenahme des Zufalls erzielt wurde. Es löste eine stürmische Entwicklung aus, die letztlich zu einem eigenständigen Teilgebiet der Graphentheorie, der *Theorie zufälliger Graphen*, führte. Bis heute ist trotz heftigen Bemühens kein konstruktiver Beweis einer exponentiellen unteren Schranke für $R(s)$ bekannt, und auch elaborierte probabilistische Beweismethoden lieferten nur marginale Verbesserungen der Schranke von Erdős. Noch immer ist

$$\sqrt{2} < \liminf R(s)^{1/s} \leq \limsup R(s)^{1/s} < 4$$

der Stand des Wissens, und selbst die Existenz von $\lim R(s)^{1/s}$ konnte bisher nicht gezeigt werden. Wie das Partybeispiel zeigt, ist $R(3) = 6$. Wir wissen, daß $R(4) = 18$ und $43 \leq R(5) \leq 49$. Paul Erdős, der die extremale Graphentheorie wie kein anderer geprägt hat, schreibt zur Schwierigkeit, diese Zahlen exakt zu bestimmen: „Wenn ein außerirdisches Wesen einmal von den Menschen verlangen würde ‚Entweder ihr sagt mir den Wert von $R(5)$ oder ich vernichte die menschliche Rasse dann wäre es vermutlich die beste Strategie, alle Computer und alle Wissenschaftler dieser Welt an diesem Problem arbeiten zu lassen. Wenn dieses außerirdische Wesen statt nach $R(5)$ nach $R(6)$ fragen würden, wäre es vermutlich die beste Strategie zu versuchen, es zu zerstören bevor es uns zerstört". Aus Ramseys Hilfssatz, den er Ende der zwanziger Jahre bewies, um die Vollständigkeit eines Modells der Logik erster Stufe nachzuweisen, entwickelte sich die *Ramsey Theorie*, ein Zweig der Kombinatorik, der weit über die Graphentheorie hinaus reicht. Es sei hier ein weiteres Resultat aus der Ramsey Theorie vermerkt, das fast zeitgleich mit dem Satz von Ramsey bewiesen wurde. Bartel Leendert van der Waerden (1903–1996) bewies 1927 die folgende Aussage: Zu jeder positiven ganzen Zahl s gibt es eine kleinste Zahl $W(s)$, so daß es zu jeder Färbung der positiven ganzen Zahlen von 1 bis $W(s)$ mit zwei Farben, sagen wir mit rot und blau, eine arithmetische Progression der Länge s existiert, deren Elemente entweder alle rot oder alle blau sind. Erdős und Turán vermuteten bereits 1936 eine weitreichende quantitative Verallgemeinerung des Satzes von van der Waerden, nämlich, daß man eine einfarbige arithmetische Progression schon immer in der am häufigsten vorkommenden Farbe finden kann. Genauer formuliert, sie vermuteten, daß jede Teilmenge der natürlichen Zahlen mit positiver oberer Dichte arithmetische Progressionen beliebiger endlicher Länge enthält.

Diese Vermutung wurde 1978 von Endre Szemerédi bewiesen. Als wesentliches Hilfsmittel zum Beweis zeigte er das sogenannte „Regularitätslemma", ein Satz, der sich in den folgenden Jahren zu einem der wichtigsten Sätze der extremalen Graphentheorie entwickelt hat. Grob gesprochen besagt dieses Resultat, daß sich die Knoten jedes hinreichend großen Graphen so in eine „kleine" Anzahl gleich großer Teile zerlegen lassen, daß für die meisten Paare dieser Teile gilt, daß die Kanten zwischen ihnen sehr regelmäßig verlaufen – so wie man es erwarten würde, wenn man die Kanten zufällig zwischen die Paare werfen würde. Dieser Satz erlaubt tiefliegende Einsichten in die Struktur von großen Graphen und hat in den vergangenen Jahren weitreichende Konsequenzen auf die Entwicklung der Graphentheorie gehabt.

Literatur

[1] Aigner, M.: Graphentheorie – Eine Entwicklung aus dem 4-Farben Problem. B. G. Teubner Stuttgart, 1984.

[2] Biggs, N.L.; Lloyd, E.K.; Wilson, R.J. (Hrsg.): Graph Theory 1736–1936. Oxford University Press , 1976.

[3] Bollobás, B.: Modern Graph Theory. Springer-Verlag New York, 1998.

[4] Bollobás, B.: Extremal Graph Theory. Academic Press London, 1978.

[5] Chartand, G.; Lesniak, L.: Graphs and Digraphs. Chapman and Hall London, 1996.

[6] Diestel, R.: Graphentheorie. Springer-Verlag Berlin Heidelberg New York, 1996.

[7] Jungnickel, D.: Graphen, Netzwerke und Algorithmen. BI-Wissenschaftsverlag Mannheim, 1994.

[8] König, D.: Theorie der endlichen und unendlichen Graphen – Mit einer Abhandlung von L. Euler. BSB B. G. Teubner Verlagsgesellschaft Leipzig, 1986.

[9] Volkmann, L.: Fundamente der Graphentheorie. Springer-Verlag Wien New York, 1996.

Graphgrammatik, formales System zur Erzeugung einer Menge von Graphen.

Im Unterschied zu ↗Grammatiken beschreiben die Ableitungsregeln Ersetzungsoperationen auf Graphen, sodaß eine Graphgrammatik eine Menge von Graphen und nicht eine Menge von Wörtern definiert. Der Ersetzungsvorgang ist wesentlich komplexer als bei normalen Grammatiken und wird in der Literatur im Detail unterschiedlich beschrieben.

graphische Folge, ↗ Gradfolge eines Graphen.

graphische Iteration, Verfahren zur Lösung von Skalierungsgleichungen.

Die Idee dabei ist die Darstellung einer Skalierungsfunktion ϕ in einer Basis auf höherem Skalierungslevel j, d. h.

$$\phi(x) = \sum_{k\in\mathbb{Z}} c_k^{-j} \cdot 2^{\frac{j}{2}} \cdot \phi(2^j \cdot x - k)\,.$$

Für wachsendes j approximiert $\phi(2^j \cdot x - k)$ die δ-Distribution im Punkt $x = 2^{-j} \cdot k$ und somit c_k^{-j} den Funktionswert $\phi(2^j \cdot k)$. Das Histogramm ϕ_j der Koeffizienten

$$\phi_j(x) = \sum_{k\in\mathbb{Z}} c_k^{-j} \cdot 2^{\frac{j}{2}} \cdot \chi_{[-\frac{1}{2},\frac{1}{2}]}(2^j \cdot x - k)$$

konvergiert unter bestimmten Voraussetzungen gegen eine Lösung der Skalierungsgleichung und kann dann zur graphischen Darstellung der Skalierungsfunktion ϕ verwendet werden. Details hierzu findet man in [1].

[1] Louis, A.; Maass, P.; Rieder, A.: Wavelets. Teubner-Verlag Stuttgart, 1994.

graphische Methode, näherungsweises Bestimmen der Lösung einer mathematischen Problemstellung durch Aufzeichnen der Gegebenheiten und Ablesen der Lösung in einem geeignet gewählten Koordinatensystem.

Beispielsweise lassen sich Gleichungen der Form $f(x) = 0$ mit einer reellen Funktion f lösen durch Zeichnen der Kurve $y = f(x)$ in einem x-y-Koordinatensystem und Ablesen der Schnittpunkte mit der x-Achse. Ebenso lassen sich Gleichungssysteme mit maximal zwei Unbekannten graphisch lösen.

Die graphischen Methoden haben spätestens seit Aufkommen von Rechenanlagen an Bedeutung verloren und werden praktisch nicht mehr angewandt.

Graßmann, Hermann Günther, deutscher Mathematiker, Physiker und Philologe, geb. 15.4.1809 Stettin (Szczecin), gest. 26.9.1877 Stettin (Szczecin).

Graßmann studierte in Berlin Theologie, Philosophie und Philologie. Danach unterrichtete er an verschiedenen Schulen in Stettin und Berlin, unter anderem an der Berliner Gewerbeschule und der Stettiner Friedrich-Wilhelm-Schule.

Neben Arbeiten zur Philologie und zur Phonetik („Wörterbuch zum Rigveda" (1873–1875), „Graßmansches Aspirantengesetz" (1863)) und Volksliedersammlungen beschäftigte sich Graßmann auch mit der Physik (Wirkung zweier unendlich kleiner Stromelemente aufeinander 1845), Theorie der Farbmischung (1853), Konstruktion eines Heliometers (1870)) und der Mathematik. Hier entwickelte er in „Die lineare Ausdehnungslehre, ein neuer Zweig der Mathematik" (1844) die Idee einer Algebra, die geometrische Objekte wie Punkte, Geraden und Ebenen sowie die Relationen zwischen ihnen repräsentiert. Wenn auch diese Lehre selbst kaum Annerkennung fand, enthält sie doch entscheidende Elemente der Vektoralgebra, Vektoranalysis und Tensoranalysis. Er stellte Unterräume von Vektorräumen durch Koordinaten dar und beschrieb damit die Graßmann-Mannigfaltigkeiten. Darüber hinaus führte er die äußere Algebra oder Graßmann-Algebra ein.

Seine Ideen wurden von Clifford und Cartan fortgeführt und stellen heute ein fundamentales Mittel der Differentialgeometrie dar.

Graßmann-Algebra, eine alternierende Algebra über einem Vektorraum, ↗äußere Algebra.

Graßmann-Identität, die Beziehung

$$u \times (v \times w) = \langle u, w\rangle v - \langle u, v\rangle w$$

für alle Vektoren $u, v, w \in \mathbb{R}^3$. Hierbei ist $\times$ das Vektorprodukt und $\langle .,. \rangle$ das Standardskalarprodukt im $\mathbb{R}^3$.

Graßmann-Mannigfaltigkeit, Beispiel einer ↗komplexen Mannigfaltigkeit.

Die Graßmann-Mannigfaltigkeit

$$G_k(n) := GL(n, \mathbb{C})\,/GL(k, n-k; \mathbb{C})$$

kann angesehen werden als der Raum der k-dimensionalen linearen Unterräume des $\mathbb{C}^n$ (und ist daher eine Verallgemeinerung des $\mathbb{P}_{n-1} = G_1(n)$): Für $\mathbb{C}^k := \mathbb{C}^k \times 0 \hookrightarrow \mathbb{C}^n$ gilt

$$GL(k, n-k; \mathbb{C}) = \left\{A \in GL(n, \mathbb{C})\,; A(\mathbb{C}^k) = \mathbb{C}^k\right\}.$$

Für jeden k-dimensionalen linearen Unterraum W von $\mathbb{C}^n$ existiert ein $A \in GL(n, \mathbb{C})$ so, daß $A(W) = \mathbb{C}^k$. Wenn A_1 eine andere solche Matrix ist, dann gilt $A_1A^{-1}(\mathbb{C}^k) = \mathbb{C}^k$; d. h. $A_1A^{-1} \in GL(k, n-k; \mathbb{C})$. Daher kann man die Klasse von A in $G_k(n)$ mit W identifizieren.

$G_k(n)$ ist kompakt: Die unitäre Gruppe $U(n) \subset GL(n, \mathbb{C})$ ist bestimmt durch die Gleichung $A \cdot \overline{A}^t = I_n$, wobei $\overline{A}$ die konjugierte Matrix von A bezeichne.

Die Spalten von A sind alle durch 1 beschränkt, also ist $U(n)$ kompakt. Da $U(n)$ transitiv auf der Menge der k-dimensionalen linearen Unterräume des $\mathbb{C}^n$ operiert (Existenz von Orthonormalbasen), ist die Komposition $U(n) \subset GL(n, \mathbb{C}) \twoheadrightarrow G_k(n)$ surjektiv, und es folgt, daß $G_k(n)$ kompakt ist.

[1] Griffiths,P.; Harris, J.: Principles of Algebraic Geometry. Pure & Applied Mathematics John Wiley & Sons New York/Toronto, 1978.

[2] Kaup, B.; Kaup, L.: Holomorphic Functions of Several Variables. Walter de Gruyter Berlin New York, 1983.

Graßmannsche Varietät, ↗Graßmann-Varietät.

Graßmann-Varietät, *Graßmannsche Varietät*, glatte algebraische Varietät, die wie folgt definiert ist.

Es sei V ein endlich-dimensionaler Vektorraum über einem algebraisch abgeschlossenen Körper k und q eine ganze Zahl mit $0 < q < \dim V$.
Die Menge aller Unterräume der Kodimension q entspricht umkehrbar eindeutig der Menge der Punkte einer glatten algebraischen Varietät $Gr_q(V) \subset \mathbb{P}(\wedge^q V)$. Diese heißt die Graßmann-Varietät der Unterräume der Kodimension q, sie hat die Dimension $q\left(\dim(V) - q\right)$, und die Einbettung in $\mathbb{P}(\wedge^q V)$ heißt die Plücker Einbettung.

Ist $(e_1, \dots, e_n)$ eine Basis von V, so ist

$$\left(p_{i_1 \dots i_q} = e_{i_1} \wedge \dots \wedge e_{i_q} \mid 1 \le i_1 < \dots < i_q \le n\right)$$

eine Basis von $\wedge^q V$, und die entsprechenden homogenen Koordinaten heißen Plücker-Koordinaten.

Gratlinie, ↗Regelfläche, ↗Tangentenfläche.

Grauert, Kohärenz-Theorem von, wichtiger Satz in der Funktionentheorie auf analytischen Mengen, der u. a. Anwendung findet beim Schließen von „punktuell" auf „lokal". Eine Folgerung aus diesem Theorem ist z. B. das Abbildungs-Theorem von Remmert.

Kohärenz-Theorem. *Die Bilder kohärenter analytischer Garben unter eigentlichen holomorphen Abbildungen sind kohärent.*

Endliches Kohärenz-Theorem. *Ist $f : X \to Y$ eine endliche holomorphe Abbildung zwischen komplexen Räumen, und ist $\mathcal{G}$ ein kohärenter ${}_X\mathcal{O}$-Modul, dann ist $f\mathcal{G}$ ein kohärenter ${}_Y\mathcal{O}$-Modul. (Dabei bezeichne für einen komplexen Raum X ${}_X\mathcal{O}$ die Strukturgarbe von X).*

[1] Kaup, B.; Kaup, L.: Holomorphic Functions of Several Variables. Walter de Gruyter Berlin New York, 1983.

Gravitationskollaps, eine Folge der ↗Allgemeinen Relativitätstheorie.

Bei der Dynamik eines Körpers unter Berücksichtigung der Newtonschen Gravitationstheorie (wo nur die Masse des Körpers gravitativ wirkt) hat die anziehende Gravitation das Bestreben, den Körper zu verkleinern, dies erhöht aber den inneren Druck, der wiederum die Tendenz erzeugt, den Körper auszudehen. Die endgültige Form des Körpers (z. B. eines Sterns) ergibt sich dann, wenn die anziehende Gravitationskraft und die abstoßenden Druckkräfte im Gleichgewicht stehen.

Anders ist es in der Allgemeinen Relativitätstheorie: Hier liefert auch der vorhandene Druck einen Beitrag zur Stärke des Gravitationsfeldes, und es kann folgendes geschehen: Die Gravitation komprimiert den Körper, dies erhöht den Druck, aber dies wiederum erhöht damit auch die Gravitationskraft, und der Körper wird weiter komprimiert, usw. Ist die Gesamtmasse des Körpers größer als ca. 10^{35} Gramm, so gibt es keinen Zustand, in dem dieser Vorgang abbrechen könnte: Es kommt zum Gravitationskollaps, der zur Bildung eines Schwarzen Lochs führt. Dieser Vorgang heißt auch Penrose-Prozeß.

Die mathematische Grundlage hierfür ist das Penrose-Hawking Singularitätstheorem.

Gravitationstheorie, allgemein jede Theorie, die die gravitative Wechselwirkung beschreibt.

Speziell ist damit derjenige Zugang zur ↗ Allgemeinen Relativitätstheorie gemeint, der betont, daß es die Berücksichtigung der gravitativen Wechselwirkung ist, die die Allgemeine von der Speziellen Relativitätstheorie unterscheidet.

Im Grenzfall kleiner Geschwindigkeiten und schwacher Felder geht die Allgemeine Relativitätstheorie in die Newtonsche Gravitationstheorie über, d. h. das Gravitationspotential einer Punktmasse beträgt $\phi = -\frac{m}{r}$, dabei ist r der Abstand und m die Masse.

Für die aus der Lagrangefunktion

$$L = \frac{1}{8\pi G}\left(\frac{R}{2} - \frac{l^2}{12}R^2\right)$$

folgende Gravitationstheorie (hierbei ist $l > 0$ ein Länge) ergibt sich dagegen im Newtonschen Grenzwert das Potential

$$\phi = -\frac{m}{r}(1 + \frac{1}{3}e^{-r/l}),$$

dessen Einfluß bei großen Abständen exponentiell schnell verschwindet.

Gravitationswellen, wellenartige Lösungen der ↗Einsteinschen Feldgleichungen, die nicht durch Koordinatentransformationen aus einer statischen Lösung hervorgehen.

Diese Lösungen können (z. B. durch Fouriertransformation in einer bestimmten Eichung) auch als Teilchen interpretiert werden, und werden dann Gravitonen genannt. Sie sind masselos, bewegen sich also mit Vakuumlichtgeschwindigkeit, und sie haben den Spin 2, werden also durch einen Tensor zweiter Stufe, den metrischen Tensor, beschrieben.

In den ersten Jahren nach Entwicklung der Relativitätstheorie war schon die Frage nach der theoretischen Existenz von Gravitationswellen, sowie die Frage nach deren Energie, sehr umstritten. Folgende Argumente spielten eine Rolle:

1. Da das Gravitationsfeld durch Materie erzeugt wird, sollte eine materiefreie Lösung auch kein Gravitationsfeld enthalten. Das Gegenbeispiel sind folgende Metriken: Sei

$$ds^2 = 2\,du\,dv - a^2(u)\,dw^2 - b^2(u)\,dz^2$$

mit positiven glatten Funktionen a und b. Sie stellen eine Vakuumlösung der Einsteinschen Feldgleichung dar, falls

$$a \cdot \frac{d^2b}{du^2} + b \cdot \frac{d^2a}{du^2} = 0$$

gilt. Sie sind aber nur dann flach, wenn sowohl a als auch b lineare Funktionen sind.

2. Die Energie einer Gravitationswelle muß grundsätzlich anders bestimmt werden als andere Energiearten: Wegen des Äquivalenzprinzips läßt sich an jedem Raum-Zeit-Punkt das Gravitationsfeld wegtransformieren, d. h., durch ein geeignet beschleunigtes Bezugssystem kompensieren. Folglich kann es keine invariant definierte „Gravitationsenergiedichte" geben, deren Integral dann die Gravitationsenergie wäre.

Andererseits ist es aber sehr wohl möglich, bei asymptotisch flachen Raum-Zeiten die Gesamtenergie aus dem asymptotischen Verhalten der Metrik für $r \to \infty$ zu ermitteln. Dazu wird ein sogenannter Energie-Impuls-Pseudotensor des Gravitationsfeldes eingeführt, der zwar selbst kein Tensor ist, aber dessen Integral eine invariante Größe ergibt. Einstein selbst entwickelte mit groben Näherungsrechnungen die Quadrupolformel, die angibt, wieviel Gravitationsenergie von einem System abgestrahlt wird. Sie lautet

$$\frac{dE}{dt} = -\frac{1}{5c^5}\left(\frac{d^3}{dt^3}Q_{\alpha\beta}\right)\left(\frac{d^3}{dt^3}Q^{\alpha\beta}\right),$$

wobei $Q_{\alpha\beta}$ der spurfreie Anteil des Quadrupolmoments ist. Später stellte sich durch genauere Rechnungen heraus, daß seine Formel sehr viel besser ist als die von ihm verwendete Rechenmethode erwarten ließ. Normalerweise ist die Größe $\frac{dE}{dt}$ aber unmeßbar klein – grob gesagt, liegt das an dem Term c^5 im Nenner. Bei schnell umeinander rotierenden Doppelsternen ist der theoretische Wert jedoch schon nahe an der heute erreichbaren Meßgenauigkeit.

3. Kugelsymmetrische Gravitationswellen gibt es nur in den Gravitationstheorien, die auch ein Spin 0-Graviton besitzen. Daraus ergibt sich, daß in der Allgemeinen Relativitätstheorie das Außenfeld einer kugelsymmetrischen Materieverteilung statisch ist – selbst wenn die Materie nichtstatisch ist, sondern beispielsweise einen radial oszillierenden Stern beschreibt (↗Birkhoff-Theorem).

4. Die Frage, ob es Gravitationswellen gibt, die asymptotisch flach und zugleich in der gesamten Raum-Zeit regulär und materiefrei sind, ist allerdings immer noch umstritten.

In anderen Gravitationstheorien gibt es auch noch andere Typen von Gravitationswellen: Für die aus der Lagrangefunktion

$$L = \frac{1}{8\pi G}\left(\frac{R}{2} + \alpha l^2 R_{ij}R^{ij} + \beta l^2 R^2\right)$$

folgende Gravitationstheorie (hierbei ist $l > 0$ ein Länge, die typischerweise als Plancklänge angenommen wird, α und β sind numerische Konstanten, und bei $\alpha = \beta = 0$ erhält man gerade die Lagrangefunktion der ↗Allgemeinen Relativitätstheorie) ergeben sich neben den o. g. Gravitonen noch folgende: Bei $\alpha > 0$ gibt es ein Spin 2-Graviton der Masse

$$m_2 = m_{Pl}(2\alpha)^{-1/2},$$

wobei m_{Pl} die Planckmasse ist. Bei $\alpha + 3\beta < 0$ gibt es darüberhinaus ein Spin 0-Graviton der Masse

$$m_0 = m_{Pl}(-4\alpha - 12\beta)^{-1/2}.$$

Letzteres ist in anderer Interpretation zu einem massiven Skalarfeld konform äquivalent.

[1] Misner, C.; Thorne, K.; Wheeler, J.: Gravitation. Freeman San Francisco, 1973.

Gravitonen, die den ↗ Gravitationswellen zugeordneten Teilchen.

Allgemeinrelativistisch sind Gravitonen masselos und vom Spin 2; in anderen Gravitationstheorien gibt es darüberhinaus auch Gravitonen mit Ruhmasse und Spin 0-Gravitonen. Gravitonen mit Ruhmasse sind eine der Möglichkeiten, die sogenannte fünfte Kraft zu erklären, und Spin 0-Gravitonen sind z.T. auch als Higgsteilchen interpretierbar.

Green, George, englischer Mathematiker und Physiker, geb. 14.7.1793 Sneinton (bei Nottingham, England), gest. 31.5.1841 Sneinton.

Green wollte ursprünglich wie sein Vater Bäcker werden. Er beschäftigte sich mit Mathematik nur im Selbststudium. Nachdem er einige Jahre in der Mühle seines Vaters gearbeitet hatte, ging er 1833 nach Cambridge, um Mathematik zu studieren

1828 publizierte er seine Arbeit „Essay on the Application of Mathematical Analysis to the Theory of Electricity and Magnetism", in der er erstmals den Begriff des Potentials benutzte und die Greenschen Formeln fand. Diese Arbeit wurde aber erst

1846 bekannt, als sie Lord Kelvin veröffentlichte. Neben diesen Arbeiten untersuchte Green die Bewegung von Flüssigkeiten und schrieb über den n-dimensionalen Raum.

Green-Funktion, ↗Greensche Funktion.

Green-Operator, Umkehrabbildung G des Differentialoperators L eines eindeutig lösbaren Randwertproblemes.

Für das halbhomogene Randwertproblem $Ly = f$, $Rfy = 0$ existieren Lösungen $y \in C^1$ genau dann, wenn $\det R(Y) \neq 0$ gilt, wobei Y ein ↗Fundamentalsystem ist. Also ist L eine bijektive Abbildung und es existiert $G = L^{-1}$.

Die Lösung der halbhomogenen Aufgabe ist $y = Gf$. Für die Integraldarstellung des Operators gilt

$$y(x) = (Gf)(x) = \int_a^b \Gamma(x, \xi)f(\xi)d\xi.$$

Hierbei ist Γ die zugehörige Greensche Funktion bzw. Greensche Matrix.

Greensche Formeln, ↗Greensche Integralformeln.

Greensche Funktion, *Green-Funktion*, eine zu einem ↗Gebiet $G \subset \mathbb{C}$ gehörende Funktion der folgenden Art:

Es sei G ein Gebiet und $z_0 \in G$. Die Funktion g heißt Greensche Funktion des Gebietes G, wenn z_0 eine Singularität von g ist, und

$$g\colon (G \cup \partial_\infty G) \setminus \{z_0\} \to \mathbb{R}$$

stetig ist mit folgenden Eigenschaften:

1. Es ist g eine in $G \setminus \{z_0\}$ ↗harmonische Funktion.
2. Für alle $z \in \partial_\infty G$ gilt $g(z) = 0$.
3. Es existiert eine in einer Umgebung $U \subset G$ von z_0 harmonische Funktion h mit
   $h(z) = g(z) + \log|z - z_0|$
   für $z \in U \setminus \{z_0\}$.

Dabei ist $\partial_\infty G = \partial G$, falls G beschränkt ist und $\partial_\infty G = \partial G \cup \{\infty\}$, falls G unbeschränkt ist.

Falls eine Greensche Funktion von G mit Singularität an z_0 existiert, so ist sie eindeutig bestimmt und wird mit $g_G(\cdot, z_0)$ bezeichnet. Es gilt dann $g_G(z, z_0) > 0$ für $z \in G \setminus \{z_0\}$ und $g_G(z, z_0) \to \infty$ $(z \to z_0)$. Die Singularität z_0 nennt man auch Pol von $g_G(\cdot, z_0)$.

Es gibt Gebiete G, die keine Greensche Funktion besitzen. Ist z. B. $G = \{z \in \mathbb{C} : 0 < |z| < 1\}$ oder $G = \mathbb{C}$ und $z_0 \in G$, so existiert keine Greensche Funktion von G mit Pol an z_0. Falls jedoch G beschränkt ist und das Komplement $\mathbb{C} \setminus G$ von G keine nur aus einem Punkt bestehende Zusammenhangskomponente besitzt, so existiert zu jedem $z_0 \in G$ die Greensche Funktion von G mit Pol an z_0.

Die Greensche Funktion erfüllt die Symmetriebedingung

$$g_G(z, z_0) = g_G(z_0, z)$$

für alle $z, z_0 \in G$ mit $z \neq z_0$.

Eine wichtige Eigenschaft der Greenschen Funktion ist ihre konforme Invarianz, d. h. sind G, G' Gebiete, f eine ↗konforme Abbildung von G auf G' und $g_G(\cdot, z_0)$ die Greensche Funktion von G mit Pol an $z_0 \in G$, so gilt für die Greensche Funktion $g_{G'}(\cdot, f(z_0))$ von G' mit Pol an $f(z_0) \in G'$ die Formel

$$g_{G'}(f(z), f(z_0)) = g_G(z, z_0)$$

für alle $z \in G \setminus \{z_0\}$.

Ist G ein einfach zusammenhängendes Gebiet, $z_0 \in G$ und f_{z_0} diejenige konforme Abbildung von G auf $\mathbb{E} = \{z \in \mathbb{C} : |z| < 1\}$ mit $f_{z_0}(z_0) = 0$ und $f'_{z_0}(z_0) > 0$, so gilt $g_G(z, z_0) = -\log|f_{z_0}(z)|$ für $z \in G \setminus \{z_0\}$. Speziell erhält man für $z_0 \in \mathbb{E}$

$$g_{\mathbb{E}}(z, z_0) = -\log\left|\frac{z - z_0}{1 - \bar{z}_0 z}\right|, \quad z \in \mathbb{E} \setminus \{z_0\}.$$

Ist $z_0 = 0$, so gilt $g_{\mathbb{E}}(z, 0) = -\log|z|$ für $z \in \mathbb{E} \setminus \{0\}$.

Neben der Greenschen Funktion eines Gebietes gibt es noch den Begriff der Greenschen Funktion einer kompakten Menge. Dazu sei $E \subset \mathbb{C}$ eine kompakte Menge und G das sog. Außengebiet von E, d. h. $G \subset \widehat{\mathbb{C}}$ ist die Zusammenhangskomponente von $\widehat{\mathbb{C}} \setminus E$ mit $\infty \in G$. Eine Greensche Funktion von E mit Pol an ∞ ist eine stetige Funktion $g\colon \mathbb{C} \to \mathbb{R}$ mit folgenden Eigenschaften:

1. Es ist g eine in $G \setminus \{\infty\}$ harmonische Funktion.
2. Für alle $z \in \mathbb{C} \setminus G$ gilt $g(z) = 0$.
3. Die Funktion h mit $h(z) := g(z) - \log|z|$ ist für $|z| \to \infty$ beschränkt.

Falls eine Greensche Funktion von E mit Pol an ∞ existiert, so ist sie eindeutig bestimmt und wird mit $g_G(\cdot, \infty)$ bezeichnet. Es gilt dann $g_G(z, \infty) > 0$ für $z \in G \setminus \{\infty\}$ und $g_G(z, \infty) \to \infty$ $(z \to \infty)$.

Es gibt kompakte Mengen E, die keine Greensche Funktion mit Pol an ∞ besitzen, z. B. $E = \{0\}$. Falls jedoch das Komplement $\widehat{\mathbb{C}} \setminus G$ von G keine nur aus einem Punkt bestehende Zusammenhangskomponente besitzt, so existiert die Greensche Funktion von G mit Pol an ∞. Es gibt dann Konstanten $a \in \mathbb{R}$, $R > 0$ und $M > 0$ derart, daß für alle $z \in \mathbb{C}$ mit $|z| > R$ gilt

$$g_G(z, \infty) = \log|z| + a + \varepsilon(z)$$

und

$$|\varepsilon(z)| \le \frac{M}{|z|}.$$

Die Zahl a heißt Robin-Konstante von E und wird auch mit $\operatorname{rob} E$ bezeichnet. Es gilt $e^{-a} = \operatorname{cap} E$, wobei $\operatorname{cap} E$ die Kapazität von E ist.

Weiter existiert ein eindeutig bestimmtes Wahrscheinlichkeitsmaß μ_E auf E derart, daß für $z \in \mathbb{C}$ gilt

$$g_G(z,\infty) = \int_E \log|z-\zeta|\, d\mu_E(\zeta) + a\,.$$

Man nennt μ_E das Equilibrium-Maß von E. Es stimmt mit dem ↗harmonischen Maß für G an ∞ überein.

Ist G einfach zusammenhängend, d. h. ∂G zusammenhängend, so existiert genau eine konforme Abbildung f von $\Delta = \{w \in \mathbb{C} : |w| > 1\} \cup \{\infty\}$ auf G mit

$$f(w) = cw + c_0 + \sum_{n=1}^{\infty} \frac{c_n}{w^n}, \quad |w| > 1$$

und $c > 0$. Dann ist $c = \operatorname{cap} \partial G$, und es gilt $g_G(z,\infty) = \log|f^{-1}(z)|$ für $z \in G \setminus \{\infty\}$.

Ist speziell $E = \overline{\mathbb{E}}$, so gilt gilt $g_G(z,\infty) = \log|z|$ für $|z| > 1$.

Auch im Zusammenhang mit der Lösung von (reellen) Randwertproblemen spielen Greensche Funktionen eine große Rolle; dies wird im folgenden ausgeführt.

Eine Greensche Funktion Γ, auch Einflußfunktion genannt, ist eine Funktion, mit deren Hilfe die Lösungen von Randwertproblemen (i. allg. unter Benutzung der ↗Greenschen Integralformeln) in Form einer Integraldarstellung explizit angegeben werden kann. Sie ist eine ↗Grundlösung des auf dem Intervall $[a,b]$ definierten halbhomogenen Randwertproblems, die für jedes feste $\xi \in (a,b)$ die Randbedingungen erfüllt.

Die Greensche Funktion Γ ist eindeutig, wenn das homogene Randwertproblem nur die triviale Lösung besitzt. Die Greensche Funktion des adjungierten Randwertproblems lautet $\Gamma^*(x,\xi) = \Gamma(\xi,x)$. Ist die Randwertaufgabe (anti-)selbstadjungiert, dann ist die Greensche Funktion (anti-)symmetrisch. Die Lösung einer halbhomogenen Randwertaufgabe $L(y) = f(x)$, $R_\mu(y) = 0$ ($\mu \in \{1,\ldots,n\}$) ist bei bekannter Greensche Funktion des zugehörigen homogenen Problems gegeben durch

$$y = \int_a^b \Gamma(x,\xi) f(\xi) d\xi\,. \qquad (1)$$

Besitzt das homogene Randwertproblem k linear unabhängige Lösungen, so ist die Lösung des inhomogenen Problems mit der verallgemeinerten Greenschen Funktion $\tilde{\Gamma}$ wieder in der Form (1) darstellbar. Man stellt an sie die Forderung: $\tilde{\Gamma}$ erfülle als Funktion von ξ die inhomogene Differentialgleichung

$$L\tilde{\Gamma} = -\sum_{j=1}^{k} \phi_j(x) u_j(x)\,.$$

Hierbei sind die u_j linear unabhängige Lösungen der adjungierten Aufgabe und ϕ_j ein System stetiger Lösungen, die zu u_j orthonormal sind ($j \in \{1,\ldots,k\}$).

Greensche Integralformeln, *Greensche Formeln*, wichtige Formeln der mehrdimensionalen Analysis, die sich auf den Integralsatz von Gauß zurückführen lassen. Sie lauten

$$\int_{\mathfrak{G}} \Big[(\nabla u)\cdot(\nabla v) + u\Delta v\Big] d\mathfrak{x} \;=\; \int_{\partial\mathfrak{G}} (u\nabla v)\cdot \mathfrak{n}\, do \;=\; \int_{\partial\mathfrak{G}} u \frac{\partial v}{\partial \mathfrak{n}}\, do$$

(erste Greensche Formel), und

$$\int_{\mathfrak{G}} (u\Delta v - v\Delta u)\, d\mathfrak{x} \;=\; \int_{\partial\mathfrak{G}} \left[u\frac{\partial v}{\partial \mathfrak{n}} - v\frac{\partial u}{\partial \mathfrak{n}}\right] do$$

(zweite Greensche Formel).

Hierbei seien $n \in \mathbb{N}$, $\mathfrak{G}$ ein Gauß-Bereich im $\mathbb{R}^n$, also eine Teilmenge des $\mathbb{R}^n$, für die die ↗Integralformel von Gauß für alle auf $\overline{\mathfrak{G}}$ definierten stetig differenzierbaren (Vektorfelder) f gilt, u und v auf $\overline{\mathfrak{G}}$ zweimal stetig differenzierbar und $\mathfrak{n}$ der nach ‚außen' gerichtete Normaleneinheitsvektor (steht senkrecht auf dem entsprechenden ‚Flächenelement'). Die Forderungen an u und v lassen sich dabei noch etwas abschwächen.

Das Skalarprodukt $\mathfrak{n}\cdot\nabla v$ beschreibt die Richtungsableitung von v in Richtung von $\mathfrak{n}$. Deshalb notiert man oft – wie oben – auch $\frac{\partial v}{\partial \mathfrak{n}}$ und ähnlich.

Die ersten beiden Greenschen Integralformeln ergeben sich für $f := u\nabla v$ bzw. $f := u\nabla v - v\nabla u$ leicht aus dem Integralsatz von Gauß.

Für den Spezialfall $n = 3$ seien die beiden Formeln noch in der folgenden – manchmal etwas suggestiveren Weise – notiert:

$$\iiint_{\mathfrak{G}} \Big[(\nabla u)\cdot(\nabla v) + u\Delta v\Big] dV = \iint_{\partial\mathfrak{G}} (u\nabla v)\cdot \mathfrak{n}\, ds$$

(erste Greensche Formel),

$$\iiint_{\mathfrak{F}} (u\Delta v - v\Delta u)\, dV = \iint_{\partial\mathfrak{F}} \left[u\frac{\partial v}{\partial \mathfrak{n}} - v\frac{\partial u}{\partial \mathfrak{n}}\right] ds$$

(zweite Greensche Formel).

Gelegentlich wird noch der Spezialfall $u = v$ der erste Greensche Formel

$$\int_{\mathfrak{G}} \Big[\|(\nabla u)\|_2^2 + u\Delta u\Big] d\mathfrak{x} = \int_{\partial\mathfrak{G}} u\frac{\partial u}{\partial \mathfrak{n}}\, do$$

als *dritte Greensche Formel* bezeichnet.

Die Greenschen Integralformeln können als Übertragung der Formel der partiellen Integration auf den mehrdimensionalen Fall angesehen werden.

Greensche Matrix, Matrix aus Funktionen $\Gamma_{ij}(x, \xi)$, deren Zeilen eine ↗Grundlösung des linearen Differentialgleichungssystems eines halbhomogenen Randwertproblems bilden und außerdem als Funktionen von x für jedes ξ im betrachteten Intervall die entsprechende Randbedingung erfüllen.

Greensche Resolvente, Greensche Funktion Γ_λ für ein homogenes ↗Randwertproblem, gestellt als Eigenwertaufgabe.

Für die allgemeine homogene Randwertaufgabe $L(y) = -\lambda r(x)y, \quad R_\mu(y) = 0 \quad (\mu = 1, \dots, n)$ kann man die Greensche Resolvente für jedes λ, das kein Eigenwert ist, bilden, wenn für die charakteristische Determinante gilt $\Delta(\lambda) \neq 0$. Γ_λ ist eine meromorphe Funktion von λ. Die Vielfachheit eines Pols λ_0 bei x und ξ ist höchstens gleich der Vielfachheit, die λ_0 als Nullstelle von $\Delta(\lambda)$ hat. Ist λ_0 ein k-facher Eigenwert, $u_1, \dots, u_k, v_1, \dots, v_k$ ein zu λ_0 gehörendes Biorthogonalsystem von Eigenfunktionen und λ_0 für Γ_{λ_0} höchstens ein Pol erster Ordnung, so ist

$$\int_u^b r(t)u_p(t)v_p(t)dt \neq 0 \quad (p = 1, \dots, k),$$

und das Residuum von Γ_λ bei λ_0 gleich

$$\sum_{p=1}^{k} \frac{u_p(x)v_p(\xi)}{\int_a^b r(t)u_p(t)v_p(t)dt}.$$

Dies ist von Bedeutung für die Entwicklung gegebener Funktionen nach Eigenfunktionen.

Greensche Theoreme, Aussagen in der Potentialtheorie darüber, wie ein Volumenintegral in ein Oberflächenintegral umgewandelt werden kann.

Es handelt sich dabei im wesentlichen um adäquate Umformulierungen der ↗Greenschen Integralformeln.

Gregory, James, Mathematiker, geb. November 1637 Aberdeen, gest. Oktober 1675 ?.

Gregory studierte in Aberdeen und setzte seine Studien später in Italien fort. Ab 1669 war er Professor der Mathematik in St.Andrews, ab 1675 in Edinburgh.

Gregory war einer der erfolgreichsten Forscher der frühen Infinitesimalmathematik vor Leibniz und Newton. Er formulierte klare Abgrenzungen der Begriffe „algebraisch" und „transzendent" und zeigte, daß der Inhalt gewisser Kegelschnittsektoren nicht als algebraische Funktion ein- und umbeschriebener Polygone darstellbar ist (1667).

Er stellte große Teile des „infinitesimalmathematischen" Wissens seiner Zeit zusammen (ab 1668) und gab dabei in verschwenderischer Fülle eigene fundamentale Resultate bekannt: Reihen für $\ln(1 - x)/(1 + x)$, $\arctan x$ (↗Gregory-Reihe), $1/\cos x$, Berechnung spezieller Integrale, „Simpsonsche Formel" (1669), Interpolationstheorie (1668/70), Binomialreihe, „Taylor-Reihen", „Intervallschachtelungen" und ihr Einsatz bei der Berechnung von Integralen.

Erfolgreich arbeitete Gregory auch auf zahlentheoretischen Gebiet (1675 6-Quadrateproblem), weniger glücklich war er in der Behandlung höherer algebraischer Gleichungen. Von Gregory stammt auch die Idee des Spiegelteleskops (1663).

Gregory-Reihe, die Darstellung

$$\arctan x = \sum_{n=0}^{\infty} (-1)^n \frac{x^{2n+1}}{2n+1}$$

für $x \in (-1, 1]$, 1668 von James Gegory aus der Integraldarstellung der Arcustangensfunktion durch Entwickeln von $\frac{1}{1+x^2}$ gefunden. Setzen von $x = 1$ ergibt die ↗Leibniz-Reihe für π, die deshalb ebenfalls oft Gregory-Reihe genannt wird.

Greibach-Normalform, kontextfreie ↗Grammatik, in der jede Regel die Form (A, aW) hat, wobei A ein Nichtterminalzeichen, a ein Terminalzeichen und W eine Sequenz aus Nichtterminalzeichen ist.

Zu jeder ε–freien kontextfreien Sprache gibt es eine Greibach–Normalform.

Greibach-Sprache, spezielle kontextfreie Sprache GL (↗Grammatik) über einem siebenbuchstabigen Alphabet Σ_1 mit der Eigenschaft, daß sich jede kontextfreie Sprache über einen Homomorphismus in GL einbetten läßt, d.h. zu jeder kontextfreien Sprache $K \in \Sigma_2^*$ gibt es einen Homomorphismus $h : \Sigma_2^* \longrightarrow \Sigma_1^*$ mit

$$L \setminus \{\varepsilon\} = h^{-1}(GL).$$

Damit kann die Greibach-Sprache als die „komplizierteste" kontextfreie Sprache angesehen und für die Abschätzung des Mindestaufwandes für Algorithmen über kontextfreien Sprachen herangezogen werden, weil sich mit Hilfe des leicht auffindbaren Homomorphismus' Probleme für beliebige kontextfreie Sprachen auf das entsprechende Problem für die Greibach-Sprache zurückführen lassen.

Grenzgeschwindigkeit, speziellrelativistisch die größte Geschwindigkeit, mit der Informationen übermittelt werden können. Bemerkenswert daran ist, daß es sich hierbei um eine endliche Größe handelt.

Die ↗ Isotropie der Raumes äußert sich darin, daß es auch keine Richtungsabhängigkeit des Wertes von c gibt.

Grenzkreisfall, liegt bei einer selbstadjungierten Differentialgleichung zweiter Ordnung

$$Ly = 0 \qquad (1)$$

mit einer Singularität in einem Endpunkt des Intervalls $I = [a, b]$ vor, wenn für beliebiges $\lambda \in \mathbb{C}$

zwei linear unabhängige integrable Lösungen der Gleichung

$$Ly + \lambda y = 0$$

in I existieren, deren absoluter Betrag quadratisch integrierbar ist.

Bei der Gleichung (1) liegt der Grenzpunktfall vor, wenn für kein λ zwei solche Lösungen existieren.

Weyl zeigte, daß im Grenzpunktfall zu jedem λ eine nichttriviale Lösung von (1) angegeben werden kann.

Grenzkurve, ↗Grenzzykel.

Grenzpunkte einer Kurvenschar, charakteristische Punkte, in denen sich zwei infinitesimal benachbarte Kurven der Schar am nächsten kommen oder sich schneiden.

Die Kurvenschar C_a sei in impliziter Form durch die Gleichung $F(x, y, a) = 0$ gegeben. Unter Punkten der größten Annäherung zweier benachbarter Kurven C_a und $C_{a+\Delta a}$ verstehen wir Punkte $P_{a,\Delta a} \in C_a$, in denen sich die Kurven C_a und $C_{a+\Delta a}$ entweder schneiden, oder die unter allen Punkten von C_a zu $C_{a+\Delta a}$ in senkrechter Richtung den kleinsten Abstand haben. Für $\Delta a \to 0$ strebt die Kurve $C_{a+\Delta a}$ gegen die Kurve C_a. Wenn dann der Grenzwert

$$P_a = \lim_{\Delta a \to 0} P_{a,\Delta a} \in C_a$$

existiert, nennt man P_a einen Grenzpunkt der Schar.

Grenzpunktfall, ↗ Grenzkreisfall.

Grenzschicht, eine sehr dünne Schicht in unmittelbarer Nähe eines umströmten Körpers.

Wird ein Körper in eine homogene Strömung der Geschwindigkeit U gebracht, so ist diese direkt an der Oberfläche des Körpers gleich Null, steigt dann mit zunehmender Entfernung vom Körper an, und ist erst ab einer gewissen Entfernung δ von Körper nahezu gleich U.

Das Gebiet, in dem sich diese Strömungsgeschwindigkeit von Null auf U verändert, nennt man Grenzschicht oder auch Prandtlsche Grenzschicht. Sie erlaubt die mathematische Modellbildung zur Behandlung von Strömungsproblemen.

Grenzverteilung, Bezeichnung für die sich beim Studium des Konvergenzverhaltens der Verteilungen einer Folge von Zufallsvariablen, zufälligen Vektoren oder zufälligen Funktionen als Grenzwert ergebende Verteilung.

Grenzwert einer Zahlenfolge, *Limes einer Zahlenfolge*, zu einer Folge $(a_n) \in \mathbb{R}^{\mathbb{N}}$ oder $(a_n) \in \mathbb{C}^{\mathbb{N}}$ eine reelle bzw. komplexe Zahl a mit der Eigenschaft:

$$\forall \varepsilon > 0\ \exists N \in \mathbb{N}\ \forall n \geq N: \ |a_n - a| < \varepsilon\,.$$

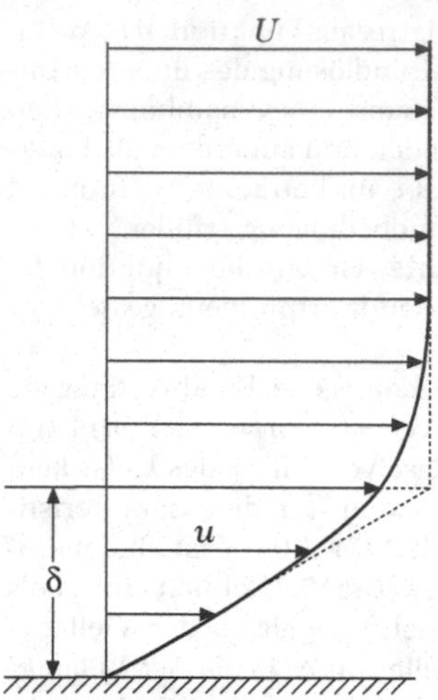

Geschwindigkeitsverlauf einer Strömung in Oberflächennähe

In Worten ausgedrückt: Für jedes $\varepsilon > 0$ gilt $|a_n - a| < \varepsilon$ für alle hinreichend großen $n \in \mathbb{N}$. Wenn eine solche Zahl a existiert, nennt man (a_n) eine konvergente Zahlenfolge und schreibt $a_n \to a$ $(n \to \infty)$ oder einfach $a_n \to a$ oder auch $\lim_{n\to\infty} a_n = a$ oder $\lim a_n = a$ mit dem ↗Limesoperator lim und sagt „a_n konvergiert / strebt gegen a für n gegen Unendlich".

Der Grenzwert einer konvergenten Zahlenfolge ist eindeutig bestimmt. Jede konvergente Zahlenfolge ist beschränkt. Eine Zahlenfolge ist genau dann konvergent, wenn sie eine ↗Cauchy-Folge ist. Nicht konvergente Folgen heißen ↗divergente Folgen, wobei man den Fall ↗bestimmter Divergenz, also $a_n \to -\infty$ oder $a_n \to \infty$, noch gesondert betrachtet.

Definiert man für $\varepsilon > 0$ die ε-Umgebung einer reellen bzw. komplexen Zahl a durch

$$U_a^\varepsilon = \{x \in \mathbb{R} \mid |x - a| < \varepsilon\} \quad \text{bzw.}$$

$$U_a^\varepsilon = \{x \in \mathbb{C} \mid |x - a| < \varepsilon\} \quad \text{sowie}$$

$$U_{-\infty}^\varepsilon = \{x \in \mathbb{R} \mid x < -\tfrac{1}{\varepsilon}\} \quad \text{und}$$

$$U_\infty^\varepsilon = \{x \in \mathbb{R} \mid x > \tfrac{1}{\varepsilon}\},$$

dann gilt für $a \in \mathbb{R} \cup \{-\infty, \infty\}$ bzw. $a \in \mathbb{C}$

$$a_n \to a \iff \forall \varepsilon > 0\ \exists N \in \mathbb{N}\ \forall n \geq N\ a_n \in U_a^\varepsilon\,,$$

d. h. es gilt $a_n \to a$ genau dann, wenn für jedes $\varepsilon > 0$ fast alle Folgenglieder (d. h. bis auf höchstens endlich viele Ausnahmen) in der ε-Umgebung von a liegen, anders gesagt, wenn für jedes $\varepsilon > 0$ ein ↗Endstück der Folge in der ε-Umgebung von a liegt. Zwei Folgen, die bis auf höchstens endlich viele Glieder übereinstimmen, haben also dasselbe

Konvergenzverhalten und (im Konvergenzfall) den gleichen Grenzwert.

Zur Untersuchung des Konvergenzverhaltens von Zahlenfolgen und zur Bestimmung von Grenzwerten kann man, anstatt auf die obige Definition zurückzugreifen, meist Hilfsmittel wie das Teilfolgenkriterium, die ↗Grenzwertsätze für Zahlenfolgen, Stetigkeitsüberlegungen, den ↗Einschnürungssatz, das ↗Monotoniekriterium oder das ↗Cauchy-Konvergenzkriterium heranziehen.

Grenzwert in metrischen Räumen, Übertragung des aus $\mathbb{R}^n$ bekannten Grenzwertbegriffes auf metrische Räume.

Es sei M ein metrischer Raum mit der Metrik d. Sind (x_n) eine Folge in M und $x_0 \in M$, so heißt x_0 Grenzwert der Folge (x_n), falls es für jedes $\varepsilon > 0$ ein $n_\varepsilon \in \mathbb{N}$ gibt, so daß gilt: $d(x_n, x_0) < \varepsilon$ für alle $n \geq n_\varepsilon$.

In diesem Fall nennt man die Folge konvergent gegen den Grenzwert x_0. Man schreibt $x_0 = \lim_{n\to\infty} x_n$ oder auch $x_n \to x_0$.

Grenzwerte einer Funktion, Größen, zu denen die Funktionswerte konvergieren oder (bei $\mathbb{R}$ als Zielbereich) bestimmt divergieren, wenn die Argumentwerte konvergieren oder (bei einer Teilmenge von $\mathbb{R}$ als Definitionsbereich) bestimmt divergieren.

Es seien X und Y metrische Räume, $D \subset X$, $f : D \to Y$ und $a \in X$ Häufungspunkt von D. Dann nennt man $b \in Y$ *Grenzwert* oder *Limes von f an der Stelle a*, geschrieben

$$\lim_{x\to a} f(x) = b \quad \text{oder} \quad f(x) \longrightarrow b \quad (x \to a),$$

genau dann, wenn $\lim_{n\to\infty} f(x_n) = b$ gilt für jede Folge (x_n) in $D \setminus \{a\}$ mit $x_n \to a$ für $n \to \infty$, und sagt dann auch „$f(x)$ konvergiert / strebt gegen b für x gegen a". Man beachte, daß f an der Stelle a nicht definiert sein muß. Sind d_X, d_Y die Metriken auf X bzw. Y, so hat man $\lim_{x\to a} f(x) = b$ genau dann, wenn gilt:

$$\forall \varepsilon > 0\ \exists \delta > 0\ \forall x \in D \setminus \{a\}$$
$$\big(d_X(x, a) < \delta \implies d_Y(f(x), b) < \varepsilon\big).$$

Im Spezialfall normierter Vektorräume $(X, \|\ \|_X)$ und $(Y, \|\ \|_Y)$ bedeutet dies:

$$\forall \varepsilon > 0\ \exists \delta > 0\ \forall x \in D \setminus \{a\}$$
$$\big(\|x - a\|_X < \delta \implies \|f(x) - b\|_Y < \varepsilon\big).$$

f ist genau dann stetig an der Stelle $a \in D$, wenn a isolierter Punkt von D ist oder $\lim_{x\to a} f(x) = f(a)$ gilt. Stetigkeit läßt sich auf diese Weise auch definieren (anstatt mit der ε-δ-Beschreibung).

Im Fall $D \subset X = \mathbb{R}$ betrachtet man auch ↗einseitige Grenzwerte. Ist $a \in \mathbb{R}$ Häufungspunkt von $D \cap (-\infty, a)$, so ist $b \in Y$ *linksseitiger Grenzwert/ Limes von f an der Stelle a*, geschrieben

$$\lim_{x\to a-} f(x) = b \quad \text{oder} \quad f(x) \to b \quad (x \to a-),$$

genau dann, wenn $\lim_{n\to\infty} f(x_n) = b$ gilt für jede Folge (x_n) in $D \cap (-\infty, a)$ mit $x_n \to a$ für $n \to \infty$. Neben $\lim_{x\to a-} f(x)$ sind auch die Bezeichnungen

$$\lim_{x\to a-0} f(x), \ \lim_{x\uparrow a} f(x), \ f(a-), \ f(a-0)$$

gebräuchlich. f ist genau dann linksseitig stetig an der Stelle a, wenn a isolierter Punkt von $D \cap (-\infty, a)$ ist oder $f(a-) = f(a)$ gilt.

Entsprechend ist, wenn $a \in \mathbb{R}$ Häufungspunkt von $D \cap (a, \infty)$ ist, b *rechtsseitiger Grenzwert/ Limes von f an der Stelle a*, geschrieben

$$\lim_{x\to a+} f(x) = b \quad \text{oder} \quad f(x) \to b \quad (x \to a+),$$

genau dann, wenn $\lim_{n\to\infty} f(x_n) = b$ gilt für jede Folge (x_n) in $D \cap (a, \infty)$ mit $x_n \to a$ für $n \to \infty$. Neben $\lim_{x\to a+} f(x)$ sind auch die Bezeichnungen

$$\lim_{x\to a+0} f(x), \ \lim_{x\downarrow a} f(x), \ f(a+), \ f(a+0)$$

üblich. f ist genau dann rechtsseitig stetig an der Stelle a, wenn a isolierter Punkt von $D \cap (a, \infty)$ ist oder $f(a+) = f(a)$ gilt

Ist $a \in D$ Häufungspunkt von $D \cap (-\infty, a)$ und von $D \cap (a, \infty)$, so ist f genau dann stetig an der Stelle a, wenn $f(a-) = f(a) = f(a+)$ gilt. Ist f nicht stetig an einer solchen Stelle a, so muß also einer der folgenden Fälle vorliegen:

- $f(a-)$ und $f(a+)$ existieren beide und sind gleich, aber verschieden von $f(a)$.
- $f(a-)$ und $f(a+)$ existieren beide, sind aber verschieden voneinander.
- $f(a-)$ und $f(a+)$ existieren nicht beide.

In den ersten beiden Fällen heißt a *Unstetigkeitsstelle erster Art* oder *Sprungstelle* von f. Im ersten Fall heißt a auch *Einsiedlerpunkt* von f, und man sagt, f habe an der Stelle a eine *hebbare Unstetigkeit*. Im zweiten Fall ist die Unstetigkeit nicht hebbar, und man nennt $f(a+) - f(a-)$ den *Sprung* von f an der Stelle a. Im dritten Fall heißt a *Unstetigkeitstelle zweiter Art* von f. Monotone Funktionen auf abgeschlossenen Intervallen besitzen keine Unstetigkeitsstellen zweiter Art, d. h. sie haben links- und rechtsseitige Grenzwerte an allen Stellen, an denen diese Begriffe sinnvoll sind. Ferner haben sie höchstens abzählbar viele Sprungstellen.

Ist $D \subset X = \mathbb{R}$ nach oben unbeschränkt, so nennt man $b \in Y$ *Grenzwert* oder *Limes von $f(x)$ für $x \to \infty$*, geschrieben

$$\lim_{x\to\infty} f(x) = b \quad \text{oder} \quad f(x) \longrightarrow b \quad (x \to \infty),$$

genau dann, wenn $\lim_{n\to\infty} f(x_n) = b$ gilt für jede Folge (x_n) in D mit $x_n \to \infty$ für $n \to \infty$, und sagt dann auch „$f(x)$ konvergiert/strebt gegen b für x gegen Unendlich". Man hat genau dann $\lim_{x\to\infty} f(x) = b$, wenn gilt

$$\forall \varepsilon > 0\ \exists x_0 \in \mathbb{R}\ \forall x \in D$$
$$\big(x > x_0 \implies |f(x) - b| < \varepsilon\big). \qquad (1)$$

Entsprechend wird $\lim_{x\to-\infty} f(x) = b$ definiert, wenn D nach unten unbeschränkt ist. Auch hier hat man eine (1) entsprechende Charakterisierung. Das Monotoniekriterium besagt bei nach oben unbeschränktem D: Ist f isoton und nach oben beschränkt oder antiton und nach unten beschränkt, so existiert $\lim_{x\to\infty} f(x)$. Entsprechendes gilt bei nach unten unbeschränktem D für $\lim_{x\to-\infty} f(x)$.

Im Fall $Y = \mathbb{R}$ betrachtet man auch bestimmte Divergenz von $f(x)$ gegen ∞ und $-\infty$: Ist a Häufungspunkt von D, so nennt man ∞ *Grenzwert* oder *Limes von f an der Stelle a*, geschrieben

$$\lim_{x\to a} f(x) = \infty \quad \text{oder} \quad f(x) \to \infty \quad (x \to a),$$

genau dann, wenn $\lim_{n\to\infty} f(x_n) = \infty$ gilt für jede Folge (x_n) in $D \setminus \{a\}$ mit $x_n \to a$ für $n \to \infty$, und sagt dann auch „$f(x)$ divergiert (bestimmt) / strebt gegen Unendlich für x gegen a". Man hat genau dann $\lim\limits_{x\to a} f(x) = \infty$, wenn gilt:

$$\forall K > 0\ \exists \delta > 0\ \forall x \in D$$
$$\big(|x - a| < \delta \implies f(x) > K\big)$$

Demgemäß wird auch bestimmte Divergenz von $f(x)$ gegen $-\infty$ erklärt. Gilt auch $X = \mathbb{R}$, so definiert man entsprechend ∞ und $-\infty$ auch als links- und rechtsseitige Grenzwerte von $f(x)$ an einer Stelle $a \in X$ und für $x \to \pm\infty$ und bezeichnet ∞ und $-\infty$ dann als *uneigentliche Grenzwerte*.

Aus den ↗Grenzwertsätzen für Zahlenfolgen erhält man im Fall $X = Y = \mathbb{R}$ entsprechende Aussagen über das Grenzwertverhalten von $f(x)$ sowohl im Fall der Konvergenz als auch bei bestimmter Divergenz.

Im Fall eines vollständigen Raums Y, insbesondere bei $Y = \mathbb{R}$, kann die Existenz von $\lim_{x\to a} f(x)$, wobei $a \in X$ wieder ein Häufungspunkt von D sei, auch ohne Kenntnis des Grenzwerts mit dem Cauchy-Kriterium untersucht werden, das besagt, daß $\lim_{x\to a} f(x)$ in Y genau dann existiert, wenn gilt:

$$\forall \varepsilon > 0\ \exists \delta > 0\ \forall x_1, x_2 \in D \setminus \{a\}$$
$$\big(\delta_X(x_1, a) < \delta \ \wedge\ \delta_X(x_2, a) < \delta$$
$$\implies \delta_Y(f(x_1), f(x_2)) < \varepsilon\big).$$

Ist noch $X = \mathbb{R}$, so kann ein Cauchy-Kriterium auch für die Grenzwerte von $f(x)$ für $x \to \pm\infty$ formuliert werden. Bei nach oben unbeschränktem $D \subset X$ besagt es beispielsweise, daß $\lim_{x\to\infty} f(x)$ in Y genau dann existiert, wenn gilt:

$$\forall \varepsilon > 0\ \exists x_0 \in \mathbb{R}\ \forall x_1, x_2 \in D$$
$$\big(x_1, x_2 > x_0 \implies |f(x_1) - f(x_2)| < \varepsilon\big).$$

Wie beim ↗Grenzwert einer Zahlenfolge kann man auch die Kriterien für die Grenzwerte von Funktionen einheitlich mittels ε-Umgebungen formulieren. Man hat $\lim_{x\to a} f(x) = b$ genau dann, wenn gilt:

$$\forall \varepsilon > 0\ \exists \delta > 0\ f\left(U_a^\delta\right) \subset U_b^\varepsilon$$

Dies gilt sowohl für Häufungswerte $a \in X$ von D als auch im Fall $X = \mathbb{R}$ bei nach unten bzw. oben unbeschränktem D für $a = -\infty$ bzw. $a = \infty$ und im Fall $Y = \mathbb{R}$ für $b \in \{-\infty, \infty\}$, wenn man für $\varepsilon > 0$ definiert:

$$U_{-\infty}^\varepsilon = \{x \in \mathbb{R} \mid x < -\tfrac{1}{\varepsilon}\},$$
$$U_{\infty}^\varepsilon = \{x \in \mathbb{R} \mid x > \tfrac{1}{\varepsilon}\}.$$

Beispiele der oben betrachteten Arten von Grenzwerten sind zu ersehen an der Funktion $f : \mathbb{R} \to \mathbb{R}$ mit

$$f(x) = \begin{cases} \frac{\sin x^2}{x^2}, & x < 0, \\ 1, & x = 0, \\ \frac{1}{2-x}, & 0 < x < 2, \\ \ln(x), & x \geq 2. \end{cases}$$

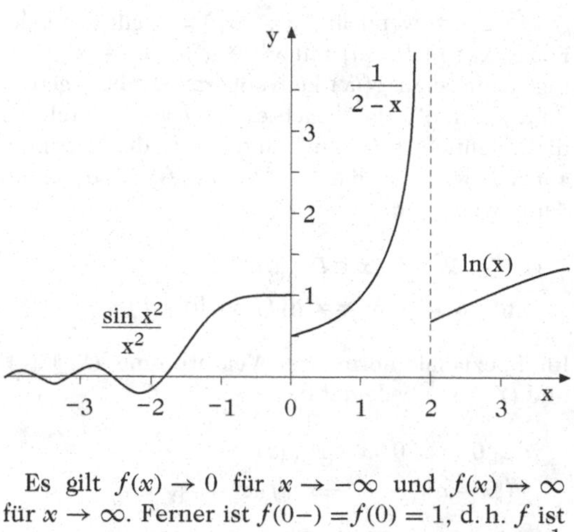

Es gilt $f(x) \to 0$ für $x \to -\infty$ und $f(x) \to \infty$ für $x \to \infty$. Ferner ist $f(0-) = f(0) = 1$, d. h. f ist linksseitig stetig an der Stelle 0. Wegen $f(0+) = \frac{1}{2}$ ist f nicht rechtsseitig stetig an der Stelle 0. Weiter ist $f(2-) = \infty$ und $f(2) = f(2+) = \ln(2)$, d. h. f ist nicht linksseitig, aber rechtsseitig stetig an der Stelle 2. Außer an den Stellen 0 und 2 ist f stetig, d. h. $f(x-) = f(x) = f(x+)$ für $x \in \mathbb{R} \setminus \{0, 2\}$.

Grenzwertsatz, funktionaler, *Invarianzprinzip*, auch Satz von Donsker genannt, Aussage über die schwache Konvergenz der Verteilungen einer Folge von zufälligen Funktionen gegen das Wiener-Maß.

Es sei $(X_n)_{n\in\mathbb{N}}$ eine Folge von unabhängigen identisch verteilten reellen Zufallsvariablen mit $E(X_n) = 0$ und $Var(X_n) = \sigma > 0$. Weiter bezeichne $C[0, 1]$ den Raum der auf dem Intervall $[0, 1]$ definierten stetigen Funktionen versehen mit der von der Metrik

$$d(f, g) := \sup_{x\in[0,1]} (|f(x) - g(x)|)$$

induzierten Topologie der gleichmäßigen Konvergenz und $S_n := \sum_{i=1}^{n} X_i$ für jedes $n \in \mathbb{N}$ die Partialsumme. Ausgehend von den Abbildungen

$$Y_n : \Omega \times [0, 1] \ni (\omega, t) \to \frac{1}{\sigma\sqrt{n}} S_{[nt]}(\omega) + (nt - [nt]) \frac{1}{\sigma\sqrt{n}} X_{[nt]+1}(\omega) \in \mathbb{R},$$

wobei $[x]$ für jedes $x \in \mathbb{R}$ den Wert der Gauß-Klammer angibt, erhält man eine Folge $(Z_n)_{n\in\mathbb{N}}$ von auf $(\Omega, \mathfrak{A}, P)$ definierten zufälligen Funktionen

$$Z_n : \Omega \ni \omega \to f_n(w) \in C[0, 1]$$

mit

$$f_n(\omega) : [0, 1] \ni \to Y_n(\omega, t) \in \mathbb{R}$$

für alle $n \in \mathbb{N}$ und alle $\omega \in \Omega$. Mit diesen Definitionen und Bezeichnungen lautet der funktionale Grenzwertsatz nun:

Ist $(X_n)_{n\in\mathbb{N}}$ eine Folge von Zufallsvariablen wie oben, so konvergiert die Folge $(P_{Z_n})_{n\in\mathbb{N}}$ der Verteilungen der zufälligen Funktionen $(Z_n)_{n\in\mathbb{N}}$ schwach gegen das Wiener-Maß W auf $C[0, 1]$.

Die Tatsache, daß aus dem Satz auch für jede auf $C[0, 1]$ definierte W-fast sicher stetige Abbildung h die schwache Konvergenz der Verteilungen der zufälligen Funktionen $(h\circ Z_n)_{n\in\mathbb{N}}$ gegen das Bildmaß von W unter h folgt, rechtfertigt die Bezeichnung Invarianzprinzip.

Grenzwertsätze für Wahrscheinlichkeiten großer Abweichungen, asymptotische Aussagen, mit deren Hilfe abgeschätzt werden kann, wie die Wahrscheinlichkeiten untypischer Ereignisse, wie z. B. des Auftretens weit vom Erwartungswert einer Folge unabhängiger identisch verteilter Zufallsvariablen entfernter Mittelwerte, gegen Null streben. Es gilt z. B. der folgende Satz:

Es sei $(X_n)_{n\in\mathbb{N}}$ eine Folge unabhängiger identisch verteilter reeller Zufallsvariablen auf dem Wahrscheinlichkeitsraum $(\Omega, \mathfrak{A}, P)$ mit $E(|X_n|) < \infty$ und $E(X_n) = \mu$ sowie $S_n := \sum_{i=1}^{n} X_i$ für alle $n \in \mathbb{N}$. Erfüllt die erweitert reellwertige Funktion

$$I : \mathbb{R} \ni x \to \sup_{\vartheta\in\mathbb{R}} (\vartheta x - \ln E(e^{\vartheta X_1})) \in \mathbb{R}_0^+ \cup \{\infty\}$$

die Bedingung $I(x) < \infty$ für alle $x \in \mathbb{R}$, so gelten für jede Borelsche Teilmenge B von $\mathbb{R}$ die Abschätzungen

$$-\inf_{x\in \mathrm{int} B} I(x) \le \liminf_{n\to\infty} \frac{1}{n} \ln P\left(\frac{S_n}{n} \in B\right) \le \limsup_{n\to\infty} \frac{1}{n} \ln P\left(\frac{S_n}{n} \in B\right) \le -\inf_{x\in \mathrm{Cl} B} I(x),$$

wobei $\mathrm{int} B$ das Innere und $\mathrm{Cl} B$ den Abschluß von B bezeichnet, sowie das über die leere Menge gebildete Infimum von I wie üblich als ∞ interpretiert wird.

Die Anwendung der Abschätzungen wird dadurch erleichtert, daß unter den Voraussetzungen des Satzes die Funktion I auf $(-\infty, \mu]$ monoton fällt und auf $[\mu, \infty)$ monoton wächst sowie $I(\mu) = 0$ gilt.

Grenzwertsätze für Zahlenfolgen, Aussagen über das Konvergenzverhalten zusammengesetzter Zahlenfolgen (also Summenfolgen, Differenzfolgen, usw.).

Sind (a_n), (b_n) konvergente Zahlenfolgen mit Grenzwerten a bzw. b, dann gilt $a_n + b_n \to a + b$, $a_n - b_n \to a - b$ und $a_n b_n \to ab$ für $n \to \infty$ und insbesondere (man betrachte die konstante Folge $(a_n) = (\alpha)$) $\alpha b_n \to \alpha b$ für $\alpha \in \mathbb{R}$ bzw. $\alpha \in \mathbb{C}$, womit sich auch die Linearität des ↗Limesoperators ergibt.

Weiter gilt $\frac{a_n}{b_n} \to \frac{a}{b}$ für $n \to \infty$, wenn $b_n \neq 0$ ist für $n \in \mathbb{N}$ und $b \neq 0$, also insbesondere $\frac{1}{b_n} \to \frac{1}{b}$, und es gilt $|a_n| \to |a|$.

Ferner gilt $\sqrt[k]{a_n} \to \sqrt[k]{a}$ für $k \in \mathbb{N}$ und $a_n \in [0, \infty)$ (dann ist auch $a \in [0, \infty)$). All dies ergibt sich unmittelbar aus der Stetigkeit der Grundoperationen.

Allgemeiner gilt $f(a_n) \to f(a)$ für in $a \in \mathbb{K}$ stetige $f : \mathbb{K} \to \mathbb{K}$ und $f(a_n, b_n) \to f(a, b)$ für in $(a, b) \in \mathbb{K}^2$ stetige $f : \mathbb{K}^2 \to \mathbb{K}$ usw., wobei $\mathbb{K} \in \{\mathbb{R}, \mathbb{C}\}$ sei. Dies folgt aus der Äquivalenz von Stetigkeit und Folgenstetigkeit von Funktionen auf metrischen Räumen (hier: Funktionen $\mathbb{K}^n \to \mathbb{K}$). Auch für bestimmt divergente reelle Folgen gelten ähnliche Regeln, die kurz durch folgende (symbolisch zu verstehende) „Gleichungen" wiedergegeben werden:

$$\begin{aligned} \infty \pm c &= \infty, & \infty \cdot (\pm c) &= \pm\infty \\ -\infty \pm c &= -\infty, & -\infty \cdot (\pm c) &= \mp\infty \\ \infty + \infty &= \infty, & \infty \cdot (\pm\infty) &= \pm\infty \\ -\infty - \infty &= -\infty, & -\infty \cdot (\pm\infty) &= \mp\infty \\ \tfrac{\pm c}{0+} = \tfrac{\infty}{\pm c} &= \pm\infty, & \tfrac{\pm c}{0-} = \tfrac{-\infty}{\pm c} &= \mp\infty \\ \tfrac{\pm\infty}{0+} &= \pm\infty, & \tfrac{\pm\infty}{0-} &= \mp\infty \end{aligned}$$

Dabei sei $c \in (0, \infty)$, und $0+$ bzw. $0-$ stehe für eine Nullfolge mit positiven bzw. negativen Gliedern.

Die Regel $\infty \cdot (-\infty) = -\infty$ besagt z. B.: Gilt $a_n \to \infty$ und $b_n \to -\infty$, so folgt $a_n b_n \to -\infty$.

$\frac{+c}{0+} = \infty$ besagt: Gilt $a_n \to c > 0$ und $b_n \downarrow 0$, so folgt $\frac{a_n}{b_n} \to \infty$.

Es gibt keine entsprechenden allgemeinen Regeln für die Differenz und den Quotienten von bestimmt divergenten Folgen – hier sind für die Ergebnisfolge sowohl Konvergenz als auch Divergenz (dabei auch bestimmte Divergenz) möglich. Für $a_n := n$, $b_n := n$, $c_n := \frac{n}{2}$ und $d_n := n + (-1)^n$ hat man z. B. $a_n, b_n, c_n, d_n \to \infty$, es gilt jedoch $a_n - b_n \to 0$ und $a_n - c_n \to \infty$, und $(a_n - d_n)$ hat keinen Grenzwert.

Grenzzykel, *Grenzkurve*, für ein ↗dynamisches System (M, G, Φ) ein geschlossener Orbit $\gamma \subset M$, falls ein Punkt $x \notin \gamma$ existiert so, daß für seine α-Limesmenge $\gamma \subset \alpha(x)$ gilt; genauer heißt γ dann α-Grenzzykel. γ heißt ω-Grenzzykel, falls ein Punkt $x \notin \gamma$ existiert so, daß für seine ω-Limesmenge $\gamma \subset \omega(x)$ gilt.

Grenzzykel sind unter ↗geschlossenen Orbits ausgezeichnet:

Sei ein dynamisches System (M, G, Φ) gegeben und ein ω-Grenzzykel $\gamma \subset M$. Dann existiert ein Punkt $x \notin \gamma$ in M so, daß gilt:

$$\lim_{t \to \infty} d(\{\Phi_t(x)\}, \gamma) = 0,$$

wobei $d(\cdot, \cdot)$ die Abstandsfunktion zwischen Mengen bezeichnet. Analoges gilt bei einem α-Grenzzykel für den Limes $t \to \infty$.

[1] Hirsch, M.W.; Smale, S.: Differential Equations, Dynamical Systems, and Linear Algebra. Academic Press, Inc. Orlando, 1974.

griechische Zahlensysteme, die in der griechischen Antike benutzten Zahlensysteme.

In der griechischen Mathematik existierten wenigsten zwei Zahlensysteme, das ionische und das attische Zahlensystem. Beide entstanden zwischen 800 und 500 v.Chr. und hatten die Basis 10. Die Zahlen wurden durch Reihung der Zahlzeichen gebildet, analog der Schreibweise der Zahlen im alten Ägypten bzw. später mit den römischen Ziffern.

Im attischen System verwendete man für die Zehnerstufen den Anfangsbuchstaben des entsprechenden Zahlwortes und schaltete jeweils bei Fünf eine Zwischenstufe ein, wobei diese multiplikativ gebildet wurde. Die Zahl 1 wurde durch einen senkrechten Strich symbolisiert, die weiteren Zehnerpotenzen lauteten 10 = Δ (Deka), 100 = H (Hekaton), 1000 = X (Chilioi), 10000 = M (Myrioi). Die Zahl 50 bildete man multiplikativ als 5·10 = ΓΔ, sodaß beispielsweise die Zahl 12672 die Darstellung MXXΓHHΓΔΔΔII hatte. Das attische Zahlensystem wurde zwischen 454 und 95 v. Chr. nachgewiesen und von dem Grammatiker Herodian im 2. Jahrhundert n. Chr. beschrieben. Es wird deshalb auch als Herodianisches Zahlensystem bezeichnet. Das Zahlensystem wurde vor allem zur Fixierung von Zahlen benutzt, etwa auf Rechentischen, für Rechnungen war es nicht gut geeignet.

Im ionischen Zahlensystem wurden die 24 Buchstaben des griechischen Alphabets, ergänzt durch drei ältere Buchstaben, Episemen, zur Darstellung der Zahlen benutzt. Die Darstellung erfolgte in der Reihenfolge des Alphabets, zuerst die Ziffern 1–9, dann die Zehner- bzw. Hunderterstufen 10–90 bzw. 100–900, die zusätzlichen Buchstaben bezeichneten die Zahlen 6, 90 bzw. 900. Größere Zahlen wurden durch zusätzliche Zeichen kenntlich gemacht, z. B. die Tausender durch einen links unten angefügten Strich. Um die Zahldarstellung von Worten zu unterscheiden, überstrichen die Griechen bei exaktem Gebrauch des Systems die Zahlbuchstaben. Gegenüber dem attischen System erwies sich das ionische Zahlensystem als etwas flexibler und war länger im Gebrauch.

Außerdem gab es noch weitere Zahlensysteme, die sich aber nicht allgemein durchsetzten oder nicht lange benutzt wurden. Für umfangreichere Rechnungen, z. B. in der Astronomie, nutzten die Griechen das babylonische Sexagesimalsystem.

griechisch-lateinisches Quadrat, ↗lateinisches Quadrat.

grober Modulraum, Lösung eines Modulproblems, bei dem der ↗Modulfunktor in gewisser Weise universell in einen zu klassifizierenden Raum M abgebildet wird derart, daß die Abbildung auf der Ebene der Punkte bijektiv ist.

Das bedeutet, daß die Isomorphieklassen der zu klassifizierenden Objekte genau den Punkten von M entsprechen.

gröbere Topologie, ↗feinere Topologie.

Grobman-Hartman-Theorem, ↗Hartman-Grobman-Theorem.

Gröbner, Wolfgang, österreichischer Mathematiker, geb. 11.2.1899 Gossensaß (Südtirol, Italien), gest. 20.8.1980 Innsbruck.

1919 begann Gröbner ein Maschinenbaustudium in Graz, das er aber 1923 aus familiären Gründen abbrechen mußte, um ein Hotel in Gossensaß zu leiten. Von 1929 bis 1932 studierte er erneut, diesmal aber Mathematik an der Universität Wien. Hier arbeitete er bei Furtwängler und Wirtinger. Nach dem Studium ging er nach Göttingen zu E. Noether, arbeitete als Privatgelehrter in Gossensaß und bis 1940 als Mitarbeiter am Institut für angewandte Mathematik in Rom. 1940 wurde er Professor an der Universität Wien, 1941 wurde er zum Militär eingezogen und 1942 ging er an die Deutsche Versuchsanstalt für Luftfahrt in Braunschweig. Ab 1946 war er wieder in Wien und von 1947 bis 1970 an der Universität Innsbruck.

In seiner Dissertation befaßte sich Gröbner mit Minimalpolynomen in rationalen Funktionenkörpern und entwickelte den Begriff der ↗Gröbner-Basis. Danach wandte er sich der Idealtheorie in kommutativen Ringen und der idealtheoretischen Begründung der algebraischen Geometrie zu.

Gröbner-Basis, Erzeugendensystem

$$\{f_1, \dots, f_m\}$$

eines Ideals I im Polynomenring $K[x_1, \dots, x_n]$ über dem Körper K so, daß bezüglich einer gegebenen Monomenordnung die ↗Leitmonome $L(f_1), \dots, L(f_m)$ das ↗Leitideal $L(I)$ erzeugen.

Gröbner-Basen können mit Hilfe des ↗Buchberger-Algorithmus berechnet werden. Sie sind in vielen Computeralgebrasystemen (z. B. in SINGULAR) implementiert. Sie bilden die Grundlage für viele Berechnungen, wie zum Beispiel die ↗Elimination von Variablen.

Gromov, Quetschungssatz von, lautet:

Eine offene Kugel vom Radius r im symplektischen Vektorraum $(\mathbb{R}^{2n}, \sum_{i=1}^{n} dq_i \wedge dp_i)$ *läßt sich genau dann in den Zylinder*

$$\{(q, p) \in \mathbb{R}^{2n} | q_1^2 + p_1^2 < R\}$$

symplektisch einbetten, falls $r \le R$.

Die Notwendigkeit des offensichtlich hinreichenden Kriteriums $r \le R$ ist im Fall $n \ge 2$ ein erstaunliches und nichttriviales Ergebnis der symplektischen Topologie und kann mit Hilfe der symplektischen Kapazitäten bewiesen werden.

Gronwall, Flächensatz von, funktionentheoretische Aussage, die wie folgt lautet:

Es sei g in der Klasse Σ, *d. h. g ist eine in* $\Delta = \{z \in \mathbb{C} : |z| > 1\}$ ↗*schlichte Funktion mit der* ↗*Laurent-Entwicklung*

$$g(z) = z + b_0 + \sum_{n=1}^{\infty} \frac{b_n}{z^n}, \quad |z| > 1.$$

Weiter sei $E = \mathbb{C} \setminus g(\Delta)$. *Dann gilt*

$$\text{Fläche}\, E = \pi \left(1 - \sum_{n=1}^{\infty} n|b_n|^2\right),$$

wobei Fläche E *das zweidimensionale Lebesgue-Maß von E ist. Insbesondere gilt*

$$\sum_{n=1}^{\infty} n|b_n|^2 \le 1. \qquad (1)$$

Ist $g \in \Sigma$, so folgt aus (1) sofort $|b_1| \le 1$. Dabei gilt Gleichheit genau dann, wenn g von der Form $g(z) = z + b_0 + b_1/z$ mit $|b_1| = 1$ ist. In diesem Fall ist E eine Strecke der Länge 4.

Aus (1) ergibt sich weiter $|b_n| \le n^{-1/2}$ für alle $n \in \mathbb{N}$. Allerdings ist diese Abschätzung nicht bestmöglich.

Gronwall, Lemma von, analytisches Hilfsresultat, das z. B. in der Theorie der stochastischen Differentialgleichungen zur Anwendung kommt.

Sind f und g Lebesgue-integrierbare Funktionen auf dem Intervall $[0, b]$, $b > 0$, *und existiert eine Konstante* $C > 0$ *mit*

$$0 \le f(t) \le g(t) + C \int_0^t f(s)ds$$

für alle $t \in [0, b]$, *so gilt*

$$f(t) \le g(t) + C \int_0^t e^{C(t-s)} g(s)ds$$

für alle $t \in [0, b]$. *Existiert speziell eine Konstante A mit* $g \equiv A$, *so folgt*

$$f(t) \le Ae^{Ct}$$

für alle $t \in [0, b]$.

Für die letztgenannte Folgerung findet man auch oft die folgende äquivalente Formulierung, die man dann auch als das diskrete Gronwall-Lemma bezeichnet:

Es sei $I \subset \mathbb{R}$ *ein Intervall,* $x_0 \in I$, $a \in \mathbb{R}$, $C > 0$ *und* $g \in C^0(I)$. *Falls eine Abschätzung der Form*

$$g(x) \le \begin{cases} a + L \int_{x_0}^{x} g(t)dt & \text{für } x \ge x_0, \\ a + L \int_{x}^{x_0} g(t)dt & \text{für } x \le x_0 \end{cases}$$

für alle $x \in I$ *existiert, so ist*

$$g(x) \le a \cdot \exp\left(L|x - x_0|\right)$$

für alle $x \in I$.

Seine Anwendung findet das Lemma in dieser Version unter anderem beim Beweis des Satzes von Picard-Lindelöf und des Satzes über die stetige Abhängigkeit von den Anfangswerten.

Gronwall, Thomas Hakon, schwedisch-amerikanischer Mathematiker, geb. 16.1.1877 Dylta Bruk (bei Axberg, Schweden), gest. 9.5.1932 New York.

Gronwall studierte ab 1893 in Uppsala und ab 1894 in Stockholm Mathematik. Er promovierte 1898 in Mathematik und schloß 1902 an der Technischen Hochschule in Berlin ein Diplom-Ingenieur-Studium ab. Zwischen 1904 und 1912 arbeitete er als Ingenieur in den USA, lehrte ab 1913 Mathematik an der Universität Princeton und war ab 1922 „beratender Mathematiker" an der Universität New York.

Gronwall befaßte sich mit Fourier-Reihen, Summierbarkeit von Reihen, der Lösbarkeit gewöhnlicher Differentialgleichungen und univalenten Funktionen. Darüber hinaus schrieb er Arbeiten zur Elastizitätstheorie, zur Atomphysik und zur physikalischen Chemie.

Gronwall-Lemma, ↗Gronwall, Lemma von.

Gross, Satz von, funktionentheoretische Aussage, die wie folgt lautet:

Es sei f eine transzendente ↗meromorphe Funktion in $\mathbb{C}$, $w_0 \in \mathbb{C}$ *und* $z_0 \in \mathbb{C}$ *mit* $f(z_0) = w_0$. *Weiter existiere eine Umgebung* $U \subset \mathbb{C}$ *von* w_0 *derart, daß f in U eine holomorphe Umkehrfunktion* f^{-1} *mit* $f^{-1}(w_0) = z_0$ *besitzt. Dann besitzt* f^{-1} *entlang fast jeden Strahls*

$$S_\varphi := \{w_0 + re^{i\varphi} : r \ge 0\}$$

von w_0 *nach* ∞ *eine ↗analytische Fortsetzung, d. h. die Menge aller* $\varphi \in [0, 2\pi)$, *für die dies nicht zutrifft, ist eine Nullmenge bezüglich des Lebesgue-Maßes.*

Ein Wert $w_0 \in \mathbb{C}$ erfüllt die Voraussetzungen des Satzes von Gross genau dann, wenn $w_0 \notin \operatorname{sing} f^{-1}$. Dabei ist

$$\operatorname{sing} f^{-1} = C_f \cup A_f \cup H_f ,$$

wobei die Mengen C_f, A_f und H_f wie folgt definiert sind. Es ist C_f die Menge aller kritischen Werte $c \in \mathbb{C}$ von f, d. h. es gibt ein $\zeta \in \mathbb{C}$ mit $f(\zeta) = c$ und $f'(\zeta) = 0$. Die Menge A_f enthält die asymptotischen Werte $a \in \mathbb{C}$ von f, d. h. es gibt einen Weg $\gamma : [0, \infty) \to \mathbb{C}$ mit $\gamma(t) \to \infty$ $(t \to \infty)$ und $f(\gamma(t)) \to a$ $(t \to \infty)$. Schließlich ist H_f die Menge aller Häufungspunkte von $C_f \cup A_f$. Die Menge C_f ist stets höchstens abzählbar, während es vorkommen kann, daß $A_f = \mathbb{C}$. Nach dem Satz von Iversen (↗Iversen, Satz von) ist $a \in A_f$ sicher dann, wenn $f(z) \ne a$ für alle $z \in \mathbb{C}$.

In der englischsprachigen Literatur nennt man den Satz von Gross das „Gross Star Theorem".

Grossberg-Lernregel, eine spezielle ↗Lernregel im Bereich ↗Neuronale Netze, die insbesondere von Stephen Grossberg in den sechziger und siebziger Jahren publik gemacht wurde und in gewisser Weise als ↗Kohonen-Lernregel mit Filter angesehen werden kann (man spricht deshalb in diesem Zusammenhang auch bisweilen von Filter-Lernen).

Im folgenden wird das Prinzip der Grossberg-Lernregel an einem einfachen Beispiel (diskrete Variante) erläutert: Eine endliche Menge von t Vektoren $x^{(s)} \in \mathbb{R}^n$, $1 \le s \le t$, soll klassifiziert werden, d. h. in j Cluster eingeordnet werden, wobei j im allgemeinen wesentlich kleiner als t ist. Um die folgende Dynamik zu verstehen, sollte man sich vorstellen, daß die Vektoren $x^{(s)} \in \mathbb{R}^n$ im Vorfeld extern (z. B. durch ein anderes neuronales Netz) analysiert werden und jeder dieser Vektoren eine seine Relevanz anzeigende zusätzliche Komponente $y^{(s)} \in \{0, 1\}$, $1 \le s \le t$, erhält, die im vorliegenden Fall nur zwischen 0 (irrelevant) und 1 (relevant) unterscheidet (Preconditioning). Nun werden zunächst zufällig sogenannte Klassifikationsvektoren $w^{(i)} \in \mathbb{R}^n$, $1 \le i \le j$, generiert, die die einzelnen Cluster repräsentieren sollen und aus diesem Grunde auch kurz als Cluster-Vektoren bezeichnet werden.

Die Justierung der Cluster-Vektoren in Abhängigkeit von den zu klassifizierenden Vektoren geschieht nun im einfachsten Fall wie folgt, wobei $\lambda \in (0, 1)$ ein noch frei zu wählender Lernparameter ist: Im s-ten Schritt $(1 \le s \le t)$ zur Klassifikation von $x^{(s)}$ berechne jeweils ein Maß für die Entfernung von $x^{(s)}$ zu allen Cluster-Vektoren $w^{(i)}$, $1 \le i \le j$ (z. B. über den Winkel, den euklidischen Abstand, o.ä.). Schlage $x^{(s)}$ demjenigen Cluster zu, dessen Cluster-Vektor die geringste Entfernung von $x^{(s)}$ hat. Falls mehrere Cluster-Vektoren diese Eigenschaft besitzen, nehme das Cluster mit dem kleinsten Index. Falls der so fixierte Cluster-Vektor den Index i hat, ersetze ihn durch

$$w^{(i)} + \lambda(x^{(s)} - w^{(i)})y^{(s)} ,$$

d. h. durch eine Konvexkombination des alten Cluster-Vektors mit dem neu klassifizierten Vektor, sofern – und das ist in diesem Kontext wichtig – sein zugehöriger Relevanzparameter 1 ist; alle übrigen Cluster-Vektoren bleiben in jedem Fall unverändert.

Iteriere dieses Vorgehen mehrmals, erniedrige λ Schritt für Schritt und breche den Algorithmus ab, wenn z. B. der Maximalabstand aller zu klassifizierenden Vektoren zu ihrem jeweiligen Cluster-Vektor eine vorgegebene Schranke unterschreitet oder aber eine gewisse Anzahl von Iterationen durchlaufen worden sind.

Der oben skizzierte Prototyp der Grossberg-Lernregel ist im Laufe der Zeit in verschiedenste Richtungen wesentlich verallgemeinert worden. Erwähnt seien in diesem Zusammenhang nur die Erweiterung der gegebenenfalls zu modifizierenden Cluster-Vektoren in Abhängigkeit von einer

Nachbarschaftsfunktion, der Übergang zu komponentenspezifischen Relevanzparametern mit allgemeinerem Filterverhalten, sowie schließlich auch alle ergänzenden Filter-Techniken im Bereich der ↗Adaptive-Resonance-Theory.

großer Umordnungssatz, zentraler Satz zur Berechnung von ↗Doppelreihen

$$\sum_{\mu,\nu=1}^{\infty} a_{\mu\nu}.$$

Der Satz lautet:

Es seien $a_{\mu\nu}$ für $\mu, \nu \in \mathbb{N}$ reelle (oder komplexe) Zahlen, und mit einer Zahl $K \in [0,\infty)$ gelte

$$\sum_{\mu,\nu=1}^{N} |a_{\mu\nu}| \le K \quad \text{für alle} \quad N \in \mathbb{N}.$$

Dann gelten folgende Aussagen:

1. Jede Anordnung der o. a. Doppelreihe in eine Einfachreihe ist absolut konvergent mit stets gleichem Wert σ, d.h. für jede bijektive Abbildung

$$\omega : \mathbb{N} \longrightarrow \mathbb{N} \times \mathbb{N}$$

(Abzählung von $\mathbb{N} \times \mathbb{N}$), mit der die Reihe

$$\sum_{j=1}^{\infty} a_{\omega(j)}$$

gebildet wird, gilt

$$\sum_{j=1}^{\infty} a_{\omega(j)} = \sigma.$$

2. Die Reihen

$$\sum_{\nu=1}^{\infty} a_{\mu\nu}$$

(Zeilensummen) sind für alle $\mu \in \mathbb{N}$ absolut konvergent.

3. Die Reihen

$$\sum_{\mu=1}^{\infty} a_{\mu\nu}$$

(Spaltensummen) sind für alle $\nu \in \mathbb{N}$ absolut konvergent.

4. Die Reihen

$$\sum_{\mu=1}^{\infty}\left(\sum_{\nu=1}^{\infty} a_{\mu\nu}\right) \quad \text{und} \quad \sum_{\nu=1}^{\infty}\left(\sum_{\mu=1}^{\infty} a_{\mu\nu}\right)$$

sind absolut konvergent, und ihre Werte (Summe der Zeilensummen bzw. Summe der Spaltensummen) sind beide gleich σ.

Eine Verallgemeinerung auf summierbare Familien findet man etwa in [2]. Daß der große Umordnungssatz – sogar für banachraumwertige Funktionen – sich einfach aus der allgemeinen Integrationstheorie ergibt, ist zum Beispiel in [1] ausgeführt.

[1] Hoffmann, D.; Schäfke, F.-W.: Integrale. B.I.-Wissenschaftsverlag Mannheim Berlin, 1992.

[2] Kaballo, W.: Einführung in die Analysis I. Spektrum Akademischer Verlag, 1996.

Großkreis, Hauptkreis auf der Kugelfläche.

Ein Kreis auf einer Kugelfläche, dessen Ebene durch den Kugelmittelpunkt geht, heißt Großkreis. Sucht man für zwei Punkte auf der Kugel die kürzeste Verbindungslinie zwischen diesen Punkten, so ist diese Verbindungslinie ein Bogen des entsprechenden Großkreises. Daher spielen die Großkreise in der Geometrie der Kugel die Rolle der Geraden in der ebenen Geometrie.

Großschadenverteilungen, spezielle Klassen von Verteilungen in der Versicherungsmathematik, die sich zur Schätzung des Risikos aus Ereignissen mit hohen Schadensummen eignen.

Der Quantifizierung des Großschadenrisikos ist wirtschaftlich essentiell. Da Großschäden selten sind, liegt oft keine verläßliche Statistik vor (Typisch: 0,1% aller Schäden verursachen 20% der Aufwendungen). Für Großschäden werden Verteilungen mit „fat tails" verwendet, die auch bei schlechter empirischer Datenbasis im Sektor hoher Schäden robuste Schätzung ermöglichen.

Wichtige Beispiele:

Lognormal, $f_{LN} \sim \frac{1}{x}\exp(-(\log x - \mu)^2/2\sigma^2))$.

Loggamma, $f_{L\Gamma} \sim x^{-(\alpha+1)}(\log x)^{\beta-1}$, für $\beta = 1$ „Pareto-Verteilung" genannt.

Weibull, $f_W \sim \exp(-\alpha x^{\beta})x^{\beta-1}$ mit $\beta < 1$.

Im Finanzbereich wird aus speziellen Großschadenverteilungen der „Value at Risk" bestimmt.

größte untere Schranke, ↗Infimum.

größter gemeinsamer Teiler, ggT, derjenige positive gemeinsame Teiler ganzer Zahlen $n_1, \dots, n_k \in \mathbb{Z}\setminus\{0\}$, der von jedem anderen gemeinsamen Teiler dieser Zahlen geteilt wird. Man benutzt die Bezeichnungen

$$\begin{aligned}(n_1,\dots,n_k) &= \text{ggT}(n_1,\dots,n_k)\\ &= \text{gcd}(n_1,\dots,n_k);\end{aligned}$$

die letztere findet sich in englischsprachigen Texten und steht für „greatest common divisor".

Eine Formel für den ggT ergibt sich aus der kanonischen Primfaktorzerlegung der gegebenen Zahlen

$$n_j = \pm\prod_p p^{\nu_p(n_j)},$$

mit Vielfachheiten $\nu_p(n_j) \ge 0$. Dann gilt

$$\text{ggT}(n_1,\dots,n_k) = \prod_p p^{\min\{\nu_p(n_1),\dots,\nu_p(n_k)\}}.$$

Auch ohne Primfaktorenzerlegung läßt sich der ggT sehr effizient mit dem ↗Euklidischen Algorithmus ermitteln: Man berechnet zunächst den ggT von zwei Zahlen n_1, n_2 und geht dann induktiv weiter unter Benutzung der Formel

$$(n_1, \ldots, n_k) = ((n_1, \ldots, n_{k-1}), n_k);$$

so muß immer nur der ggT von zwei Zahlen berechnet werden.

Der Begriff des größten gemeinsamen Teilers läßt sich auf auch allgemeinere algebraische Strukturen als $\mathbb{Z}$ übertragen (↗größter gemeinsamer Teiler von Polynomen), beispielsweise sind die ↗idealen Zahlen hierdurch motiviert.

größter gemeinsamer Teiler von Polynomen, ein Faktor, der von jedem anderen Teiler dieser Polynome geteilt wird.

Der Polynomenring $K[x_1, \ldots, x_n]$ über dem Körper K ist ein ZPE-Ring. Deshalb ist der größte gemeinsame Teiler bis auf eine von Null verschiedene Konstante eindeutig bestimmt.

Im Fall einer Veränderlichen ($n = 1$) kann der größte gemeinsame Teiler zweier Polynome mit Hilfe des Euklidischen Algorithmus berechnet werden. Im multivariaten Fall ($n > 1$) gibt es mehrere Verfahren.

größtes Element einer Menge, Element g einer mit der Partialordnung „$\leq$" versehenen Menge M mit der Eigenschaft, daß für jedes $x \in M$ gilt: $x \leq g$ (↗Ordnungsrelation).

Grothendieck, Alexander, deutscher Mathematiker, geb. 28.3.1928 Berlin, gest. 13.11.2014 Saint-Girons.

Grothendieck mußte viele Jahre seiner Kindheit in einem Schweizer Waisenhaus verbringen, da seine Eltern nach der Machtergreifung der Nationalsozialisten in ein KZ verschleppt und ermordet wurden. 1941 ging er nach Frankreich, studierte nach dem Krieg in Montpellier und war nach Abschluß des Studiums 1948 ein Jahr an der École Normale Sup. in Paris. 1949 ging er an die Universität Nancy und wurde ab 1950 vom Centre Nationale de la Recherche Scientifique (CNRS) unterstützt. Nach Aufenthalten an den Universitäten in Sao Paulo und Lawrence (Kansas) nahm er 1959 eine Professur am Institute des Hautes Etudes Scientifiques, Bures-sur-Yvette an. Mit dem berühmten Seminar zur algebraischen Geometrie baute er dort in kurzer Zeit ein führendes Zentrum der Forschungen auf diesem Teilgebiet auf. 1970 gab er diese Stellung auf, um sich stärker pazifistischen Aktivitäten zu widmen. Er nahm jedoch 1970–1972 eine Gastprofessur am College de France in Paris sowie 1972/73 in Orsay wahr und wirkte ab 1973 als Professor in Montpellier sowie 1984–1988 als Forschungsdirektor am CNRS. 1988 wurde er emeritiert.

Grothendieck hat eine Fülle hervorragender Ergebnisse zu verschiedenen Gebieten der Mathematik erzielt und damit die Mathematikentwicklung in der zweiten Hälfte des 20. Jahrhunderts maßgeblich geprägt. Beginnend mit seiner Dissertation schuf er eine umfassende Theorie der topologischen Tensorprodukte und der von ihm eingeführten nuklearen Räume. Ende der 50er Jahre wandte er sich der algebraischen Geometrie zu, die durch ihn und seine Schüler eine grundlegende Umgestaltung erfuhr. Mit der Theorie der Schemata gab er der algebraischen Geometrie einen neuen Rahmen, der viele der bisherigen Forschungen verallgemeinerte und unter einheitlichen Gesichtspunkten zusammenführte. Mit Hilfe dieser Theorie bewies er einige zahlentheoretische Vermutungen von Weil, und Deligne gelang schließlich 1973 auf dieser Basis die Bestätigung von Weils „verallgemeinerter Riemannscher Vermutung". Weitere wichtige Leistungen Grothendiecks waren ein algebraischer Beweis des Riemann-Roch-Theorems und der Aufbau der K-Theorie.

Neben den Grothendieck-Seminar zur algebraischen Geometrie (1960–1968) dienten vor allem Vorträge im Bourbaki-Seminar (1957–1962) und die mit J. Dieudonné herausgegebenen „Elements der géometrie algébrique" der Verbreitung des neuen Aufbaus der algebraischen Geometrie. Grothendieck ist es mit seinem Arbeiten gelungen, vereinheitlichende Aspekte zwischen Geometrie, Zahlentheorie, Topologie und der Theorie komplexer Funktionen auf sehr allgemeiner Basis hervorzuheben und fruchtbar zu machen.

Für seine Leistungen wurde Grothendieck 1966 mit der ↗Fields-Medaille geehrt, die er auch annahm; verschiedene andere Auszeichnungen hat er jedoch abgelehnt.

Grothendieck, Satz von, Aussage über die Vervollständigung eines lokalkonvexen Raums:

Sei (E, F) ein ↗Dualsystem, und sei E mit der Topologie τ der gleichmäßigen Konvergenz auf $\sigma(F, E)$-beschränkten Teilmengen von F versehen.

Dann ist der Raum aller Linearformen auf F, deren Einschränkungen auf $\sigma(F, E)$-beschränkte Teilmengen $\sigma(F, E)$-stetig sind, die vollständige Hülle von (E, τ).

Dieser Satz ist eine Verallgemeinerung des Satzes von ↗Krein-Smulian.

[1] Köthe, G.: Topologische lineare Räume I. Springer Berlin/Heidelberg, 1960.

Grothendieck-Ring, ein Ring stetiger komplexer Vektorbündel.

Sei M eine topologische Mannigfaltigkeit und F die freie abelsche Gruppe, erzeugt von den Isomorphieklassen komplexer Vektorbündel von endlichem Rang. Einer kurzen exakten Sequenz

$$0 \longrightarrow V_1 \longrightarrow V_3 \longrightarrow V_2 \longrightarrow 0$$

von Vektorbündeln sei das Element $[V_3] - [V_2] - [V_1]$ aus F zugeordnet. Ist U die Untergruppe, erzeugt von allen solchen Elementen, dann ist der Grothendieck-Ring definiert als Quotient F/U. Die Ringaddition + ist gegeben durch die direkte Summe der Vektorbündel, die Ringmultiplikation · durch das Tensorprodukt der Vektorbündel.

Dieselbe Konstruktion ist auch für die Kategorie der differenzierbaren (analytischen oder algebraischen) Vektorbündel über einer differenzierbaren (analytischen bzw. algebraischen) Mannigfaltigkeit durchführbar. Für die Kategorie der kohärenten Garben über einer algebraischen Mannigfaltigkeit ist die analoge Konstruktion ebenfalls möglich. Allerdings sind hier in der Definition der Multiplikation noch höhere Torsionsobjekte zum Tensorprodukt hinzuzufügen.

Grothendiecks Existenzsatz, ↗ formales Schema.

Grothendieck-Topologie, gegeben auf einer Kategorie C, indem jedem Objekt X eine Menge $J(X)$ von Sieben zugeordnet ist, so daß folgende drei Bedingungen erfüllt sind:

(T1) $\hat{X} \in J(X)$, wobei $\hat{X}$ den Kofunktor $U \mapsto \text{Hom}(U,X)$ bezeichnet.

(T2) Für Morphismen $X' \xrightarrow{h} X$ in C und $R \in J(X)$ ist $h^{-1}(R) \in J(X')$ $(h^{-1}(R)(U) = \{f : Y \to X' \mid h \circ f \in R(U)\})$.

(T3) Wenn $R \in J(X)$ und R' ein Sieb von X ist, so daß für alle $f \in R(U)(\subseteq Hom(U,X))$ gilt $f^{-1}(R') \in J(U)$, so ist $R' \in J(X)$.

Ein wichtiges Beispiel ist die Etaltopologie X_{et} eines Schemas X: Objekte sind hier Etalmorphismen $X' \xrightarrow{f} X$, Morphismen von $X' \xrightarrow{f} X$ nach $X'' \xrightarrow{g} X$ sind Morphismen $X' \xrightarrow{h} X''$ mit $g \circ f = f$. Eine Familie $\hat{U} = \{U_\alpha \xrightarrow{f_\alpha} X'\}$ heißt Etalüberdeckung, wenn $\bigcup\limits_\alpha f_\alpha(U_\alpha) = X'$. Jede solche Etalüberdeckung definiert ein Sieb $R_{\mathfrak{U}}$ von X'.

Sei $R_{\mathfrak{U}}(X'') = \{h : X'' \to X' \mid$ es gibt ein α und eine Zerlegung, $h = f_\alpha \circ h_\alpha : X'' \xrightarrow{h_\alpha} U_\alpha \xrightarrow{f_\alpha} X'\}$.

Definiert man $J(X')$ als Menge aller Siebe R von X', die ein solches Sieb $R_{\mathfrak{U}}$ für eine Etalüberdeckung $\mathfrak{U}$ von X' enthalten, erhält man eine Grothendieck-Topologie.

Grothendieck-Topologien und insbesondere Etaltopologien sind ein wesentliches Hilfsmittel beim Beweis der Weilschen Vermutung.

Grothendieck-Ungleichung, fundamentales Resultat aus Grothendiecks Theorie der Tensorprodukte von Banachräumen.

Lindenstrauss und Pelczyński haben es in folgende Matrixungleichung übersetzt; dabei steht $\mathbb{K}$ für $\mathbb{R}$ oder $\mathbb{C}$:

Es existiert eine Konstante K_G mit folgender Eigenschaft: Ist (a_{ij}) eine $(n \times n)$-Matrix über $\mathbb{K}$ mit

$$\left|\sum_{i,j=1}^{n} a_{ij} s_i t_j\right| \le \max|s_i| \cdot \max|t_j| \qquad (1)$$

für $s_i, t_j \in \mathbb{K}$, so gilt für beliebige Vektoren x_i, y_j eines Hilbertraums über $\mathbb{K}$

$$\left|\sum_{i,j=1}^{n} a_{ij}\langle x_i, y_j\rangle\right| \le K_G \max\|x_i\| \cdot \max\|y_j\|. \qquad (2)$$

Die kleinstmögliche Konstante in (2) heißt Grothendieck-Konstante; ihr exakter Wert ist zur Zeit noch nicht bekannt. Die momentan (2001) besten Abschätzungen lauten

$$1.676 \le K_G \le 1.783 \quad (\mathbb{K} = \mathbb{R}),$$
$$1.338 \le K_G \le 1.405 \quad (\mathbb{K} = \mathbb{C}).$$

Die Grothendieck-Ungleichung kann äquivalent mittels p-summierender Operatoren beispielsweise wie folgt umgeschrieben werden.

Ist $X = L^1(\mu)$ und Y ein Hilbertraum, so ist jeder stetige lineare Operator $T : X \to Y$ absolut 1-summierend, und es gilt

$$\pi_1(T) \le K_G\|T\|.$$

[1] Defant, A.; Floret, K.: Tensor Norms and Operator Ideals. North-Holland Amsterdam, 1993.

Grötzsch, Satz von, sagt aus, daß jeder ↗ planare Graph, der keinen vollständigen ↗ Graphen K_3 der Ordnung 3 als ↗ Teilgraphen enthält, eine ↗ Eckenfärbung mit drei Farben besitzt.

Grötzsch-Graph, der skizzierte ↗ Graph von H. Grötzsch (1958) der Ordnung 11. Der Grötzsch-Graph spielt eine wichtige Rolle in der Theorie der ↗ Eckenfärbung.

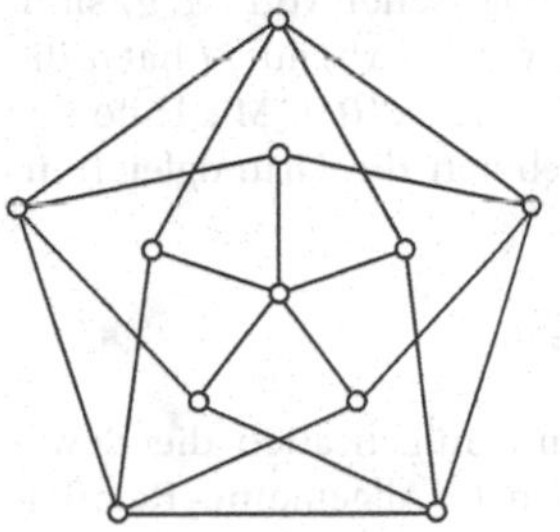

Der Grötzsch-Graph

Grundaufgaben der Dreiecksberechnung, Aufgaben der Berechnung gesuchter Seitenlängen oder Winkelgrößen in Abhängigkeit von den gegebenen Stücken eines Dreiecks.

Die Berechnung der fehlenden Stücke eines Dreiecks ist genau dann möglich, wenn das Dreieck durch die gegebenen Seiten und Winkel eindeutig bestimmt ist. Die Grundaufgaben der Dreiecksberechnung korrespondieren daher mit den ↗ Kongruenzsätzen für Dreiecke und bestehen darin, die fehlenden Seitenlängen und Winkelmaße von Dreiecken zu berechnen, von denen

- die Längen zweier Seiten und die Größe des von ihnen eingeschlossenen Innenwinkels,
- die Längen aller drei Seiten,
- die Längen zweier Seiten und die Größe des der größeren dieser beiden Seiten gegenüberliegenden Innenwinkels, oder
- die Länge einer Seite und die Größen zweier Innenwinkel

gegeben sind. Alle Aufgaben können mit den Formeln der ebenen ↗Trigonometrie (für rechtwinklige Dreiecke mit deren trigonometrischen Beziehungen und für beliebige Dreiecke mit dem ↗Sinussatz und dem ↗Cosinussatz) gelöst werden.

Grundeinheit, ↗Einheiten reell-quadratischer Zahlkörper.

Grundgesamtheit, ↗Stichprobe.

Grundgleichungen der allgemeinen Relativitätstheorie, die Gleichungen für die Bewegung eines Massepunktes in einer vierdimensionalen Lorentz-Mannigfaltigkeit (M, g).

Diese Gleichungen werden auch auf die Bewegung größerer Objekte, wie der Planeten im Schwerefeld der Sonne angewendet.

Die Bewegung des Massepunktes wird durch eine raumartige Kurve $\alpha(t)$ beschrieben, die etwa ein Intervall $(a, b) \subset \mathbb{R}$ in M abbilden möge. Die Grundgleichungen sind die Euler-Lagrange-Gleichungen des Lagrange-Funktionals

$$\mathcal{L}(\alpha) = \int_a^b g(\alpha'(\tau), \alpha'(\tau))d\tau,$$

dessen Lösungen die Geodätischen von (M, g) sind. In lokalen Koordinaten $(x^1, \dots, x^n)$ auf M hat α die Darstellung $\alpha(t) = (x^1(t), \dots, x^n(t))$. Mit Hilfe der ↗Christoffelsymbole nehmen die Grundgleichungen die Gestalt

$$\frac{d^2x^k}{dt^2} + \Gamma^k_{ij}\frac{dx^i}{dt^2}\frac{dx^j}{dt^2} = 0$$

an. Diesen Gleichungen genügen auch die Bewegungen der Lichtteilchen (↗Allgemeine Relativitätstheorie).

Grundintegrale, häufig anzutreffende Bezeichnung für die in der Tabelle zusammengestellten Stammfunktionen (unbestimmte Integrale):

Natürlich können im Falle der Funktion x^α für spezielle Werte von α auch allgemeinere Bereiche für die Wahl von x zugelassen werden.

Ergänzt wird dies in der ↗Tabelle von Stammfunktionen.

$f(x)$ $F'(x)$	$\int^x f(t)\,dt$ $F(x)$	Bemerkungen
c	cx	$c \in \mathbb{R}$
x^α	$\frac{1}{\alpha+1}x^{\alpha+1}$	$x > 0;\ \alpha \neq -1$
$\frac{1}{x}$	$\ln\lvert x\rvert$	$x \neq 0$
e^x	e^x	
$\cos x$	$\sin x$	
$\sin x$	$-\cos x$	
$\frac{1}{\sqrt{1-x^2}}$	$\arcsin x$	$\lvert x\rvert < 1$
$\frac{1}{x^2+a^2}$	$\frac{1}{a}\arctan\left(\frac{x}{a}\right)$	$a \neq 0$
$\pm\frac{1}{\sqrt{x^2+a}}$	$\ln\lvert x \pm \sqrt{x^2+a}\rvert$	$a \neq 0,\ x^2+a > 0$
$\cosh x$	$\sinh x$	
$\sinh x$	$\cosh x$	
$\frac{1}{1-x^2}$	$\operatorname{artanh} x = \frac{1}{2}\ln\frac{1+x}{1-x}$	$\lvert x\rvert < 1$
$\frac{1}{\sqrt{x^2-1}}$	$\operatorname{arcosh} x$	$x > 1$
$\frac{1}{\sqrt{x^2+1}}$	$\operatorname{arsinh} x$	

Grundlösung, Funktion $g : [a, b] \times [a, b] \to \mathbb{R}$, die für die auf dem Intervall $[a, b]$ gegebene homogene lineare Differentialgleichung n-ter Ordnung

$$y^{(n)} + a_{n-1}(x)y^{(n-1)} + \ldots + a_0(x)y = 0 \qquad (1)$$

die folgenden vier Eigenschaften besitzt:

1) Zu $g(x, \xi)$ existieren in jedem der beiden Dreiecke $a \leq x \leq \xi \leq b$ und $a \leq \xi \leq x \leq b$ die ↗partiellen Ableitungen nach x bis zur einschließlich n-ten Ordnung, diese Ableitungen sind in jedem der beiden Dreiecke stetige Funktionen von x und ξ.
2) $g(x, \xi)$ ist als Funktion von x in jedem der beiden Dreiecke eine Lösung der homogenen Differentialgleichung (1).
3) $g(x, \xi)$ ist auf dem gesamten Quadrat $[a, b] \times [a, b]$ stetig und $(n-2)$-mal nach x differenzierbar, diese Ableitungen sind auf dem gesamten Quadrat stetige Funktionen von x und ξ.
4) Auf der Diagonalen macht die $(n-1)$-te Ableitung von $g(x, \xi)$ nach x einen Sprung der Größe $\frac{1}{a_n(x)}$, d. h. für $a < x < b$ ist

$$\lim_{\substack{\varepsilon\to 0\\ \varepsilon>0}} \frac{\partial^{n-1}g}{\partial x^{n-1}}(x+\varepsilon, x) - \lim_{\substack{\varepsilon\to 0\\ \varepsilon>0}} \frac{\partial^{n-1}g}{\partial x^{n-1}}(x+\varepsilon, x) = \frac{1}{a_n(x)}.$$

Ist g eine Grundlösung der homogenen Gleichung (1), dann ist

$$y(x) := \int_a^b g(x, \xi)b(\xi)d\xi$$

eine Lösung der entsprechenden inhomogenen Differentialgleichung mit der Inhomogenität $b(x)$.

Zu jeder homogenen linearen Differentialgleichung existiert eine Grundlösung. Aus einem ↗Fundamentalsystem $y_1, \dots, y_n$ der Differentialgleichung (1) und der zugehörigen ↗Wronski-Determinante W ist eine Grundlösung von (1) gegeben durch:

$$g(x,\xi) = \frac{\operatorname{sgn}(x-\xi)}{2a_n(\xi)W(\xi)} \cdot \det \begin{pmatrix} y_1(\xi) & \dots & y_n(\xi) \\ y_1'(\xi) & \dots & y_n'(\xi) \\ \vdots & & \vdots \\ y_1^{(n-2)}(\xi) & \dots & y_n^{(n-2)}(\xi) \\ y_1(x) & \dots & y_n(x) \end{pmatrix}.$$

Für diese spezielle Grundlösung gilt

$$g(\xi,\xi) = \frac{\partial g}{\partial x}(\xi,\xi) = \ldots = \frac{\partial^{n-2} g}{\partial x^{n-2}}(\xi,\xi) = 0.$$

Alle Grundlösungen von (1) sind dann mit stetigen Funktionen c_i von der Form

$$g(x,\xi) + c_1(\xi)y_1(x) + \ldots + c_n(\xi)y_n(x).$$

[1] Kamke, E.: Differentialgleichungen, Lösungsmethoden und Lösungen I. B. G. Teubner Stuttgart, 1977.

[2] Timmann, S.: Repetitorium der gewöhnlichen Differentialgleichungen. Binomi Hannover, 1995.

Grundmenge, in der Literatur nicht ganz einheitlich gebrauchter Begriff aus der Mengenlehre:

Ist $Y \subseteq X$, so erklärt man meist X zur Grundmenge. In diesem Fall bezeichnet man die Menge

$$X \setminus Y := \{x \in X : x \notin Y\}$$

mit Y^c und nennt sie die Komplementärmenge von Y bezüglich der Grundmenge X (↗Verknüpfungsoperationen für Mengen).

Grundmodell, ↗Forcing.

Grunsky-Koeffizienten, ↗Faber-Polynome.

Gruppe, Menge mit binärer Operation, die den unten definierten Gruppenaxiomen genügt.

Die Gruppe kann additiv oder multiplikativ geschrieben werden. Es ist üblich, die additive Schreibweise nur bei ↗abelschen Gruppen zu verwenden.

Die nichtleere Menge G werden mit der binären Operation „·" versehen: Für $f, g \in G$ ist $f \cdot g \in G$ und heißt das Produkt von f und g.

Die Gruppenaxiome lauten:

1. Assoziativität: Für alle $f, g, h \in G$ gilt
   $(f \cdot g) \cdot h = f \cdot (g \cdot h)$.
2. Existenz eines neutralen Elements: Es gibt ein $e \in G$ so, daß für jedes $g \in G$ gilt:
   $e \cdot g = g \cdot e = g$.
3. Existenz eines inversen Elements: Für jedes $g \in G$ gibt es ein mit g^{-1} bezeichnetes Inverses, für das gilt:
   $g \cdot g^{-1} = g^{-1} \cdot g = e$.

Gruppen gehören sicherlich zu den grundlegensten Strukturen innerhalb der Mathematik; mit ihnen und ihren Eigenschaften befaßt sich die ↗Gruppentheorie.

Gruppenalgebra, die durch formale Summen gebildete Algebra über einer Gruppe.

Ist G eine endliche ↗Gruppe und K ein kommutativer Ring, so definiert man die Gruppenalgebra $\mathfrak{G} = K[G]$ durch formale Summen

$$\sum_{g \in G} \lambda_g g$$

von Elementen in g mit Koeffizienten aus K. Die Addition ist komponentenweise definiert. Das Produkt ist nun durch ein formales Distributivgesetz erklärt.

$$\left(\sum_{g \in G} \mu_g g\right) \cdot \left(\sum_{h \in G} \lambda_h h\right) := \sum_{s \in G} \sum_{g,h \in G, g \cdot h = s} \mu_g \lambda_h s.$$

Für unendliche Gruppen betrachte man zunächst diejenige Algebra, die aus formalen Summen mit nur endlich vielen Summengliedern besteht, d. h. fast alle Koeffizienten müssen 0 sein.

Ist G eine lokal kompakte topologische Hausdorffsche Gruppe und μ das linksinvariante Haar-Maß auf G, so konstruiert man analog dem obigen Verfahren die L^1-Gruppenalgebra durch kompakt getragene Abbildungen von G nach $K = \mathbb{C}$ oder $K = \mathbb{R}$ vermöge des Produktes

$$(x \cdot y)(g) := \int_G x(h)y(h^{-1}g)\,d\mu(h)$$

und punktweiser Addition, und schließt diese Algebra bezüglich der L^1-Norm

$$\|x\| := \int_G |x(h)|\,d\mu(h)$$

ab.

Typischerweise besitzt $L^1(G)$ kein multiplikatives Eins-Element. Eine multiplikative Eins läßt sich jedoch immer hinzuadjungieren, indem man die Unitalisierung $L^{1,+}(G)$ zunächst als $\mathbb{C} \times L^1(G)$ mit komponentenweiser Addition und der Multiplikation

$$(\alpha, f) \cdot (\beta, g) := (\alpha\beta, \beta f + \alpha g + f \cdot g)$$

definiert und dann nachweist, daß auf diese Weise eine unitale Banach-$*$-Algebra mit Einselement $(1, 0)$ entsteht, die man dann die Gruppenalgebra von G nennt. Ist G eine diskrete Gruppe, so ist $L^{1,+}(G) = L^1(G)$, d. h. $L^1(G)$ ist bereits unital.

Die Gruppenalgebra ist immer eine halbeinfache Algebra, sie ist algebraisch isomorph zu einer Unteralgebra $C(\mathfrak{M})$, der Algrebra aller stetigen Funktionen auf dem kompakten Hausdorffraum $\mathfrak{M}$ der maximalen Ideale in $L^{1,+}(G)$. Bezeichnen wir die zu einem $f \in L^{1,+}(G)$ gehörende Funktion in $C(\mathfrak{M})$ mit $\hat{f}$, so ist

$$\sup_{M \in \mathfrak{M}} |\hat{f}(M)| \leq \|f\| .$$

$L^1(G)$ ist insbesondere ein Element von $\mathfrak{M}$ dann und nur dann, wenn G nicht diskret ist.

[1] Bratteli, O.; Robinson, D.W.: Operator algebras and quantum statistical mechanics. Springer-Verlag Heidelberg/Berlin, 1979.

Gruppendarstellung, ↗ Darstellung einer Gruppe.

Gruppengeschwindigkeit, Ausbreitungsgeschwindigkeit eines Wellenpakets.

Ein Wellenpaket ist dabei eine räumlich konzentrierte Überlagerung ebener Wellen verschiedener Frequenz, das durch Dispersion (↗ Dispersion, physikalische) im Laufe der Zeit zerfällt.

Gruppenhomomorphismus, Abbildung zwischen zwei Gruppen, die gruppenoperationstreu ist.

Seien $(G, \cdot)$ und $(H, \times)$ zwei Gruppen mit den Gruppenoperationen „·" bzw. „×"; ferner sei $\phi : G \to H$ eine Abbildung. ϕ heißt dann Gruppenhomomorphismus, wenn für alle $a, b \in G$ gilt:

$$\phi(a \cdot b) = \phi(a) \times \phi(b) .$$

Gruppenisomorphismus, eineindeutiger ↗ Gruppenhomomorphismus.

Seien $(G, \cdot)$ und $(H, \times)$ zwei Gruppen mit den Gruppenoperationen „·" bzw. „×"; ferner sei $\phi : G \to H$ eine Abbildung. ϕ heißt dann Gruppenisomorphismus, wenn ϕ eineindeutig ist und wenn für alle $a, b \in G$ gilt: $\phi(a \cdot b) = \phi(a) \times \phi(b)$. Dabei heißt ϕ eineindeutig, wenn aus $a \neq b$ auch $\phi(a) \neq \phi(b)$ folgt.

Bei isomorphen Gruppen sind auch das neutrale Element und die Inversenbildung einander zugeordnet, d. h. $\phi(e_G) = e_H$; dabei ist e_G das neutrale Element von G und e_H das neutrale Element von H. Für alle $g \in G$ gilt $\phi(g^{-1}) = [\phi(g)]^{-1}$.

Gruppenoperation, Abbildung $\Phi : M \times G \to M$ für eine Menge M und eine ↗ Gruppe $(G, \circ)$ (das neutrale Element sei mit e bezeichnet), für die gilt:

1. $\Phi(m, e) = m$ für alle $m \in M$,
2. $\Phi(\Phi(s, m), t) = \Phi(t \circ s, m)$ für alle $m \in M$ und alle $s, t \in G$.

Man sagt dann auch, die Gruppe G operiere auf M.

Die Gruppe G operiert in natürlicher Weise auf sich selbst, z. B. durch

1. $(m, s) \mapsto s \circ m$ für alle $m, s \in G$ (*Linkstranslation*),
2. $(m, s) \mapsto m \circ s^{-1}$ für alle $m, s \in G$ (*Rechtstranslation*),
3. $(m, s) \mapsto s \circ m \circ s^{-1}$ für alle $m, s \in G$ (*innerer Automorphismus*).

Allgemein operiert für eine Gruppe G und eine Untergruppe $H \subset G$ die Gruppe G auf ihrer Nebenklasse G/H durch $(s, A) \mapsto s \circ A$.

Gruppenschema, ein S-Schema $G \to S$, wobei s ein Schema und G Gruppe, welches Gruppenobjekt in der Kategorie der S-Schemata ist, d. h. mit einem S-Morphismus $\mu : G \times_S G \to G$ (der Gruppenoperation) versehen ist, so daß μ auf jeder der Mengen $\mathrm{Hom}_S(S', G)$ (S' ein beliebiges S-Schema) eine Gruppenstruktur mit μ als Multiplikation induziert. Bei Basiswechsel $G \times_S S' = G'$ ist G' Gruppenschema über S'.

Wichtige Spezialfälle:

1. ↗ Abelsche Varietäten, also Gruppenschemata A über einem Körper k so, daß A eigentlich über k ist und reduziert.
2. Lineare algebraische Gruppen: $S = \mathrm{Spec}(k)$, G affin und von endlichem Typ über k.

Gruppentafel, zu einer endlichen Gruppe gehörendes quadratisches Tableau, dessen Einträge die Ergebnisse der Gruppenoperation, angewandt auf je zwei Gruppenelemente, sind.

Gruppentheorie

H.-J. Schmidt

Die Gruppentheorie entstand als Verallgemeinerung aus Zahlentheorie und Geometrie und bildet ein Kernstück dessen, was heute als Teilgebiet „Algebra" der Mathematik behandelt wird.

Eine ↗ Gruppe $(G, \cdot)$ hat ihr Vorbild in der Zahlentheorie wie folgt: Die nichtleere Menge G werde mit der binären Operation „·" versehen: Für $f, g \in G$ ist $f \cdot g \in G$ und heißt das Produkt von f und g. Dabei kann „·" sowohl für Addition als auch für Multiplikation stehen.

Beipiele: Sowohl die reellen Zahlen mit Addition $(\mathbb{R}, +)$ als auch die positiven reellen Zahlen mit Multiplikation $(\mathbb{R}^+, \cdot)$ bilden eine Gruppe. Der natürliche Logarithmus bildet dann einen ↗ Gruppenisomorphismus zwischen diesen beiden Gruppen: $\ln : \mathbb{R}^+ \to \mathbb{R}$, der das Logarithmengesetz $\ln(ab) = \ln(a) + \ln(b)$ widerspiegelt.

In der Geometrie hat die Gruppe ihren Ursprung in der Bewegung geometrischer Objekte; das wichtigste Beispiel ist die Drehgruppe des dreidimensionalen euklidischen Raums. (Heute wird die Menge aller Bewegungen Transformationsgruppe genannt.) An diesem Beispiel wurde auch erstmals die Bedeutung der Reihenfolge der Einzeltransformationen erkannt. In heutiger Sprache heißt das: Die räumliche Drehgruppe ist nicht abelsch, also nicht kommutativ. Dabei heißt die Gruppe G kommutativ, wenn für alle $f, g \in G$ gilt: $f \cdot g = g \cdot f$.

Geometrisch heißt das: Wenn der Standardspielwürfel, bei dem die Summe der Augen gegenüberliegender Seiten stets gleich 7 ist, erst um die vertikale und danach um die horizontale Achse um jeweils 90^0 gedreht wird, ist seine Lage hinterher anders, als wenn erst um die horizontale und danach um die vertikale Achse gedreht wird.

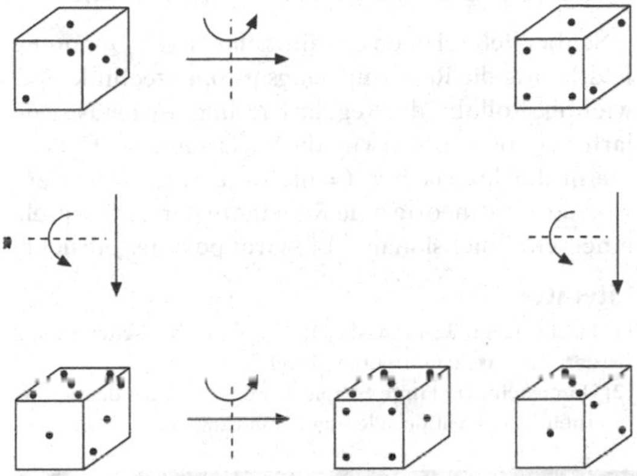

Veranschaulichung der Nichtkommutativität der räumlichen Drehgruppe

Die drei Gruppenaxiome sind wie folgt motiviert:

1. Assoziativität: $(f \cdot g) \cdot h = f \cdot (g \cdot h)$. Werden h, g und f als drei nacheinander auszuführende Transformationen interpretiert, dann soll das Gesamtergebnis nicht davon abhängen, ob man sich das Zwischenergebnis nach einer oder erst nach zwei Operationen „anschaut".

2. Existenz eines neutralen Elements e: $e \cdot g = g \cdot e = g$. Die identische Transformation soll nichts am Objekt ändern, und sie soll stets als Bestandteil der Gruppe gelten.

3. Existenz eines inversen Elements: $g \cdot g^{-1} = g^{-1} \cdot g = e$. Zu jeder Transformation soll eine eindeutig bestimmte Umkehrtransformation existieren. Auch bei nichtkommutativen Gruppen definieren die beiden Gleichungen $g \cdot g^{-1} = e$ und $g^{-1} \cdot g = e$ dasselbe inverse Element g^{-1} zu g.

Die Gruppentheorie unterteilt sich in verschiedene Teilgebiete, die sich durch die folgenden Bezeichnungen grob charakterisieren lassen: endliche Gruppe, Permutationsgruppe, Galois-Gruppe, zyklische Gruppe, endlich erzeugte Gruppe, kristallographische Gruppe, diskrete Gruppe, topologische Gruppe, Lie-Gruppe, Körper.

In jedem dieser Teilgebiete ist die Klassifikation von Gruppen eine wichtige Aufgabe, und dazu ist die Untersuchung der ↗Charaktere einer Gruppe nötig.

Folgende Begriffe werden in der Gruppentheorie verwendet: Untergruppe, Normalteiler, Faktorgruppe, Darstellung von Gruppen.

Im einzelnen: H ist eine Untergruppe der Gruppe $(G, \cdot)$, wenn H eine solche Teilmenge von G ist, für die $(H, \cdot)$ eine Gruppe ist. Die beiden stets existierenden Untergruppen von G sind G selbst und die einelementige Gruppe $\{e\}$. Für bestimmte Gruppen, die nur „wenige" Untergruppen besitzen, ist der Begriff der ↗einfachen Gruppe geprägt worden.

Mittels Normalteiler und Faktorgruppe wird die Gruppenklassifikation möglich. Für die Darstellung von Gruppen ↗Darstellung einer Lie-Gruppe.

Eine Gruppe heißt endlich, wenn sie endlich viele Elemente enthält. Eine Gruppe, die eine Gruppe von Umordnungen einer endlichen Menge darstellt, heißt Permutationsgruppe. Die Galois-Gruppe stellt die Gruppe der Umordnungen der komplexen Nullstellen eines Polynoms dar, und ihre Struktur gibt Aufschluß darüber, welche algebraischen Gleichungen in geschlossener Form durch eine Lösungsformel aufgelöst werden können, wobei nur die vier Grundrechenarten und das Ziehen der n-ten Wurzel als Bestandteile der Lösungsformel zugelassen sind. Die Gruppe G heißt zyklisch, wenn sie durch ein einziges Element erzeugt wird, d. h. es gibt ein $g \in G$, so daß G selbst die einzige Untergruppe H von G ist, für die $g \in H$ gilt. Die Gruppe G heißt endlich erzeugt, wenn es eine endliche Teilmenge J von G gibt, so daß G selbst die einzige Untergruppe H von G ist, für die J eine Teilmenge von H ist.

Führt man neben der Gruppenoperation noch eine weitere Struktur in der Menge G ein, die mit der Gruppenoperation verträglich sein muß, dann gelangt man zu folgenden Begriffen: Ein topologische Gruppe ist eine Gruppe, in der eine Hausdorffsche Topologie so definiert ist, daß sowohl Multiplikation als auch Inversenbildung stetige Abbildungen sind. Ist diese Topologie diskret, so heißt auch die topologische Gruppe diskret.

Ein Körper ist eine Menge, die mit zwei verschiedenen kommutativen Gruppenoperationen versehen ist, welche untereinander durch das Distributionsgesetz verknüpft sind. Genauer: $(K, +, \cdot)$ ist ein Körper, wenn $(K, +)$ eine Gruppe mit neutralem Element 0 ist und $(K\backslash\{0\}, \cdot)$ ebenfalls eine Gruppe ist, und es gilt für alle $k, l, m \in K$:

$$0 \cdot k = 0 \quad \text{und}$$

$$k \cdot (l+m) = k \cdot l + k \cdot m .$$

Startet man von einem anderen Gesichtspunkt, nämlich dem der freien Gruppe über einem Alphabet, läßt sich die Gruppentheorie auch wie folgt aufbauen: Zunächst wird eine nichtleere Menge M als Alphabet festgelegt, z. B.

$$M = \{a, b\}.$$

Die Elemente von M werden Buchstaben genannt. W ist die Menge aller Wörter. Ein Wort entsteht definitionsgemäß durch das Hintereinanderschreiben von endlich vielen Buchstaben.

Um aus der Menge W eine Gruppe G zu erzeugen, ist noch folgendes zu beachten: Als neutrales Element in der Gruppe G benötigen wir noch das leere Wort, das aus null Buchstaben besteht. Da es ähnlich wie in der Geschichte der römischen Zahlzeichen mit der Bezeichnung der Zahl Null hier Probleme mit der konsistenten Bezeichnung des leeren Worts gibt, wird das leere Wort mit e bezeichnet, wobei e nicht als Buchstabe gilt. Jeder Buchstabe gilt auch schon einzeln als Wort, und das zum Buchstaben a inverse Wort wird mit a^{-1} bezeichnet. Alle anderen Wörter erhält man dadurch, daß man vorhandene Wörter nebeneinander schreibt. Stehen jedoch ein Buchstabe und sein Inverses nebeneinander, so wird dieses Buchstabenpaar durch e ersetzt. Steht e in einem Wort, so wird e weggelassen.

Beispiel: Die Gruppenoperation werde mit „·" bezeichnet. Dann ist das Produkt der Wörter ab^{-1} und ba wie folgt zu bilden: $ab^{-1} \cdot ba = aea = aa$

Mit dieser Operation wird G zur Gruppe, und sie heißt die freie Gruppe über M. Ist M endlich, so heißt G endlich erzeugt. Von einer freien Gruppe kann man einen Gruppenhomomorphismus auf eine andere Gruppe wie folgt definieren: Man erklärt bestimmte Relationen, z. B.: „Für jedes Buchstabenpaar a, b gelte $ab = ba$", und erhält für dieses Beispiel die freie abelsche Gruppe über M. Für die Klassifikationstheorie von Gruppen ist es wichtig, daß auf diese Weise jede Gruppe als homomorphes Bild einer freien Gruppe entsteht.

Schließlich sei noch erwähnt, daß in der Quantenfeldtheorie die Renormierungsgruppentechnik eine wichtige Rolle bei der Regularisierung von Feldsingularitäten spielt. Darin wird die Variation einer Größe, die in der klassischen (= nichtquantisierten) Version der Feldtheorie eine Konstante darstellt, durch eine eindimensionale Lie-Gruppe ausgedrückt.

Literatur

[1] Flachsmeyer, J.; Prohaska, L.: Algebra. Deutscher Verlag der Wissenschaften Berlin, 1980.

[2] Gorenstein, D.: Finite Simple Groups. An Introduction to Their Classification. Plenum Press New York, 1982.

Gruppenwirkung, Interpretation der Gruppenelemente im folgenden Sinne:

Bei der Interpretation einer Gruppe als Transformationsgruppe (↗ Gruppentheorie) wird jedes Gruppenelement als Transformation einer unterliegenden Struktur aufgefaßt, die auf diese Struktur „wirkt".

Beispiel: Ist die Gruppe als Untergruppe der Gruppe der reellen $(n \times n)$-Matrizen dargestellt, so wirkt jedes Gruppenelement linear auf einen reellen Spaltenvektor mit n Komponenten. Die Menge dieser Vektoren kann auch als n-dimensionaler euklidischer Raum geometrisch aufgefaßt werden. Dann stellt jedes Gruppenelement eine invertierbare lineare Raumtransformation dar.

Gruppoid, eine „Gruppe", bei der die Gruppenaxiome (↗ Gruppe) nicht zu gelten brauchen.

Es handelt sich also einfach um eine nichtleere Menge zusammen mit einer binären Operation.

Grüss-Funktion, die 1943 von Gerhard Grüss untersuchte, durch

$$g(x) = \begin{cases} x^2\left(2+\sin\frac{1}{x}\right), & x \neq 0 \\ 0, & x = 0 \end{cases}$$

definierte differenzierbare Funktion $g : \mathbb{R} \to \mathbb{R}$ mit der an der Stelle 0 unstetigen Ableitung:

$$g'(x) = \begin{cases} 2x\left(2+\sin\frac{1}{x}\right) - \cos\frac{1}{x}, & x \neq 0 \\ 0, & x = 0. \end{cases}$$

g hat an der Stelle 0 das strenge globale Minimum $g(0) = 0$. In jedem Intervall $(-\varepsilon, 0)$ gibt es Stellen a mit $g'(a) > 0$, und in jedem Intervall $(0, \varepsilon)$ gibt es Stellen b mit $g'(b) < 0$ – man betrachte für $n \in \mathbb{N}$ etwa $a_n = -1/((2n+1)\pi)$ und $b_n = 1/(2n\pi)$.

Die Grüss-Funktion zeigt, daß für eine differenzierbare Funktion $f : \mathbb{R} \to \mathbb{R}$ und $a \in \mathbb{R}$ die für ein strenges lokales Minimum von f an der Stelle a hinreichende Bedingung

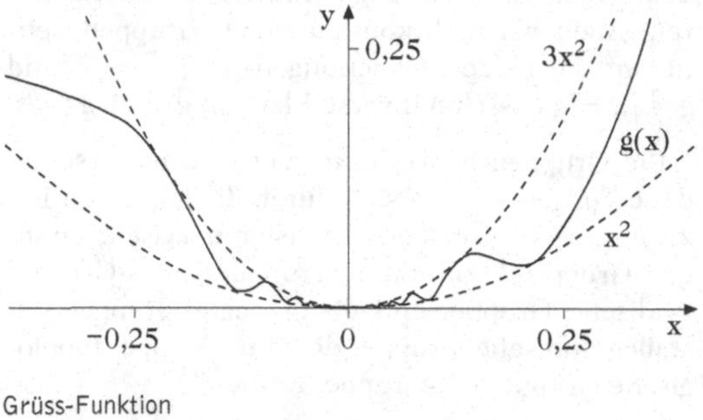

Grüss-Funktion

$$f'(x) \begin{cases} < 0 \ , \ x \in (a - \varepsilon_1, a) \ \text{für ein } \varepsilon_1 > 0 \\ > 0 \ , \ x \in (a, a + \varepsilon_2) \ \text{für ein } \varepsilon_2 > 0 \end{cases}$$

keine für das Vorliegen eines Minimums notwendige Bedingung ist.

Grzegorczyk-Hierarchie, eine Hierarchie von Funktionen innerhalb der ↗primitiv-rekursiven Funktionen, die im wesentlichen (d. h. bis auf die ersten beiden Klassen) mit der ↗LOOP-Hierarchie übereinstimmt.

G-Schema, spezielles Schema.

Es sei $G \longrightarrow S$ ein ↗Gruppenschema über S. Ein G-Schema ist ein Schema X über S mit einem S-Morphismus $X \times_S G \xrightarrow{f} X$ („Operation von G auf X"), für den gilt: $(xg_1)g_2 = x(g_1g_2)$, $xe = x$ (für alle S-Morphismen $S' \xrightarrow{x} X, S' \xrightarrow{g_j} G$ $g = 1, 2$ und den Einsschnitt e).

Sind X und Y G-Schemata, so heißt ein S-Morphismus $\varphi : X \to Y$ G-äquivariant, wenn er mit der Operation von G verträglich ist, also $\varphi(xg) = \varphi(x)g$ gilt. (↗G-H-Schema)

Gudermann, Christoph, deutscher Mathematiker, geb. 25.3.1798 Vienenburg (bei Hildesheim), gest. 25.9.1852 Münster.

Gudermann studierte in Göttingen Mathematik. Nach dem Studium war er Lehrer in einem Gymnasium, ab 1932 lehrte er an der Theologischen und Philosophischen Akademie zu Münster Mathematik.

Gudermann beschäftigte sich mit sphärischer Geometrie und speziellen Funktionen. Er war von 1839 bis 1841 der Lehrer von Weierstraß. Er untersuchte zu dieser Zeit elliptische Funktionen und die Potenzreihenentwicklung von Funktionen, und hatte damit großen Einfluß auf die späteren Arbeiten seines Schülers. Von ihm stammen die Bezeichnungen *sn*, *cn* und *dn* für die Jacobischen elliptischen Funktionen.

Gudermannsche Reihe, ↗ Eulersche Γ-Funktion.

Guldin, Habakuk, ↗Guldin, Paul.

Guldin, Paul, *Guldin, Habakuk*, schweizer Mathematiker, geb. 12.6.1577 Sankt Gallen, gest. 3.11.1643 Graz.

Guldin war von Beruf Goldschmied. 1597 trat er dem Jesuitenorden bei. Er studierte in Rom Mathematik und lehrte danach an Jesuitenschulen in Rom und Graz und an der Universität Wien.

Guldin begann seine wissenschaftliche Laufbahn 1618 mit der Verteidigung der gregorianischen Kalenderreform. 1622 untersuchte er die Bewegung der Erde als Folge der Gravitation. Sein mathematisches Hauptwerk („Centrobaryca ... ") erschien 1635 bis 1641. Er faßte darin verschiedene Schwerpunktbestimmungsmethoden zusammen, bestimmte den Oberflächeninhalt und das Volumen von Rotationskörpern mit Hilfe des Schwerpunktes (↗Guldin-Regeln) und behandelte Logarithmen und Kegelschnitte.

Guldin-Regeln, Regeln zum Bestimmen von Volumen und Oberfläche von Rotationskörpern.

Ein Körper entstehe durch die Rotation einer ebenen geschlossenen Kurve C um eine außerhalb von C in der Ebene von C liegende Gerade. I sei der Inhalt der von C umschlossenen Fläche, U die Länge von C und R der Abstand des Schwerpunkts der von C umschlossenen Fläche von der Rotationsachse.

Dann besagt die *erste Guldin-Regel*, daß das Volumen des Rotationskörpers gleich ist dem Produkt aus der Fläche und dem Weg, den der Schwerpunkt der Fläche bei der Rotation zurücklegt, d. h. es gilt $V = I\, 2\pi R$.

Die *zweite Guldin-Regel* besagt, daß die Oberfläche des Rotationskörpers gleich ist dem Produkt aus der Länge der Randkurve und dem Weg, den der Schwerpunkt der Fläche bei der Rotation zurücklegt, d. h. es gilt $O = U\, 2\pi R$. Zum Beispiel entsteht durch Rotation eines Kreises mit dem Radius r um eine Achse, die vom Kreismittelpunkt (also dem Flächenschwerpunkt) den Abstand $R \geq r$ hat, ein Torus (vgl. Abbildung).

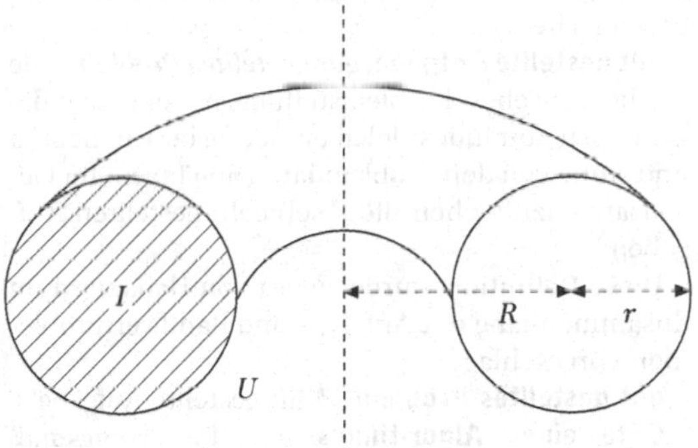

Guldin-Regeln

Dann hat man $I = \pi r^2$ und $U = 2\pi r$. Damit ergibt sich aus der ersten Guldin-Regel das Volumen des Torus als

$$V = \pi r^2\, 2\pi R = 2\pi^2 r^2 R,$$

und aus der zweiten Guldin-Regel seine Oberfläche als

$$O = 2\pi r\, 2\pi R = 4\pi^2 rR.$$

gültige Aussage, mathematische Aussage, die (in der Regel formalisiert ist und) in einer betrachteten Struktur oder in einer fixierten Klasse von Strukturen oder gar in allen Strukturen wahr ist.

Gültigkeit in einer Struktur, Eigenschaft einer mathematischen Aussage (siehe auch ↗elementare Sprache), die in einer ↗ algebraischen Struktur wahr ist.

Gunter, Edmund, englischer Mathematiker, geb. 1581 Hertfordshire (England), gest. 10.12.1626 London.

Gunter studierte bis 1605 in Oxford. Nach der Promotion war er Geistlicher, ab 1615 Rektor der St. George's Church in Southwark und ab 1619 Professor für Astronomie am Gresham College in London.

Gunter versuchte, die Rechenmethoden in der Astronomie, Navigation und Landvermessung zu vereinfachen. Dazu entwickelte er Tafeln für Sinus, Tangens und Logarithmen. Er führte die Begriffe cosinus und cotangens ein. Daneben entwickelte er Rechenstäbe und Instrumente (Quadranten, Meßstäbe) für astronomische Beobachtungen und die Landvermessung.

Gurtin-MacCamy-Modell, ein in der mathematischen Biologie gebräuchliches Modell.

Es handelt sich um eine Verallgemeinerung des Sharpe-Lotka-Modells, bei dem die Geburtsrate und die Sterberate von der Populationsdichte abhängen.

GUT, Abkürzung für ↗ Grand Unified Theory, manchmal (schlecht) eingedeutscht als Große Unifizierte Theorie.

gut gestellte Aufgabe, *gut gestelltes Problem*, alle mathematischen Problemstellungen, bei denen die Lösungen zumindest lokal eindeutig bestimmt sind und stetig von den Problemdaten abhängen. Im Gegensatz dazu stehen die ↗ schlecht gestellten Aufgaben.

Diese Definition wurde zuerst von Hadamard im Zusammenhang mit Anfangs- und Randwertproblemen vorgeschlagen.

gut gestelltes Problem, ↗ gut gestellte Aufgabe.

Güte eines Algorithmus, ein Bewertungsmaß für Algorithmen, die ein Approximationsproblem lösen.

Wenn ein Algorithmus auf Eingabe a eine Lösung mit Wert $f(a)$ berechnet und $f_{\text{opt}}(a)$ der Wert einer optimalen Lösung ist, beträgt die Güte des Algorithmus für die Eingabe a bei Maximierungsproblemen $f_{\text{opt}}(a)/f(a)$ und bei Minimierungsproblemen $f(a)/f_{\text{opt}}(a)$. Die worst case Güte des Algorithmus ist für jede Eingabelänge das Supremum über die Güte des Algorithmus für die Eingaben der gegebenen Länge.

guter Quotient, ein Quotient Y einer algebraischen Varietät unter der Operation einer algebraischen Gruppe G, d. h. ein G-invarianter Morphismus $\pi : X \to Y$ mit folgenden Eigenschaften:

1. π ist affin und surjektiv,
2. $\pi_*(\mathcal{O}_X^G) = \mathcal{O}_Y$,
3. für alle G–invarianten, abgeschlossenen $V \subseteq X$ ist $\pi(V)$ abgeschlossen. Für alle G–invarianten, abgeschlossenen $V_1, V_2 \subseteq X$ mit $V_1 \cap V_2 = \emptyset$ gilt auch $\pi(V_1) \cap \pi(V_2) = \emptyset$.

Gutzmer, Formel von, Formel (1) im folgenden Satz.

Es sei $f(z) = \sum_{n=0}^{\infty} a_n(z - z_0)^n$ eine Potenzreihe mit ↗ Konvergenzradius $R > 0$, $0 < r < R$ und $M(r) := \max_{|z-z_0|=r} |f(z)|$. Dann gilt

$$\sum_{n=0}^{\infty} |a_n|^2 r^{2n} = \frac{1}{2\pi} \int_0^{2\pi} |f(z_0 + re^{i\varphi})|^2 \, d\varphi \leq (M(r))^2 . \qquad (1)$$

Eine entsprechende Formel gilt auch für ↗ Laurent-Reihen.

Es sei $f(z) = \sum_{n=-\infty}^{\infty} a_n(z - z_0)^n$ eine Laurent-Reihe, die im Kreisring $\{ z \in \mathbb{C} : \varrho < |z| < \sigma \}$ mit $0 \leq \varrho < \sigma \leq \infty$ konvergiert. Weiter sei $\varrho < r < \sigma$ und $M(r) := \max_{|z-z_0|=r} |f(z)|$. Dann gilt

$$\sum_{n=-\infty}^{\infty} |a_n|^2 r^{2n} = \frac{1}{2\pi} \int_0^{2\pi} |f(z_0 + re^{i\varphi})|^2 \, d\varphi \leq (M(r))^2 .$$

Für $r > 0$ und $z_0 \in \mathbb{C}$ bildet die Menge aller Potenzreihen mit Entwicklungspunkt z_0 und Konvergenzradius $R > r$ einen komplexen Vektorraum V. Setzt man für $f, g \in V$

$$\langle f, g \rangle := \frac{1}{2\pi} \int_0^{2\pi} f(z_0 + re^{i\varphi}) \overline{g(z_0 + re^{i\varphi})} \, d\varphi ,$$

so wird hierdurch ein Skalarprodukt in V definiert und damit V zu einem unitären Raum. Die Menge $\{ e_n : n \in \mathbb{N}_0 \}$ mit

$$e_n(z) := r^{-n}(z - z_0)^n , \quad z \in \mathbb{C}$$

bildet ein Orthonormalsystem in V, d. h. $\langle e_m, e_n \rangle = 1$ für $m = n$ und $\langle e_m, e_n \rangle = 0$ für $m \neq n$. Jede Potenzreihe

$$f(z) = \sum_{n=0}^{\infty} a_n(z - z_0)^n$$

kann dann als Orthogonalreihe

$$f = \sum_{n=0}^{\infty} \langle f, e_n \rangle e_n$$

mit den Fourierkoeffizienten $\langle f, e_n \rangle = a_n r^n$ geschrieben werden. Die Gutzmersche Formel (1) ist dann gerade die Parsevalsche Gleichung

$$\|f\|^2 := \langle f, f \rangle = \sum_{n=0}^{\infty} |\langle f, e_n \rangle|^2 .$$

Allerdings ist V nicht vollständig und daher kein Hilbertraum.

H

$\mathbb{H}$, Bezeichnung für die ↗Hamiltonsche Quaternionenalgebra.

Haar, Alfréd, ungarischer Mathematiker, geb. 11.10.1885 Budapest, gest. 16.3.1933 Szeged.

Haar studierte in Budapest und ab 1904 in Göttingen bei Hilbert. Hier arbeitete er nach der Promotion als Privatdozent. 1917 wurde er Professor an der Universität Klausenburg (Cluj) und 1920 Professor an der Universität Szeged.

Haar arbeitete zur Maßtheorie, Funktionalanalysis, Variationsrechnung, zu partiellen Differentialgleichungen, Tschebyschew-Approximation und linearen Ungleichungen. Er führte das ↗Haar-Maß als eine Maßfunktion auf lokalkompakten Gruppen ein. Die ↗Haar-Basis ist ein klassisches Orthonormalsystem von Funktionen auf dem Einheitsintervall und findet besonders in der Theorie der ↗Wavelets Anwendung. In der Variationsrechnung (Haarsches Lemma) untersuchte er Variationsprobleme ohne Zuhilfenahme der zweiten Ableitung der gesuchten Funktion. Außerdem wurde nach ihm der in der ↗Approximationstheorie zentrale Begriff des ↗Haarschen Raumes benannt.

Haar, Satz von, lautet:

Es sei Ω eine lokalkompakte Hausdorffsche topologische Gruppe. Dann gibt es eine, bis auf einen positiven Faktor eindeutig bestimmte, linksinvariante positive Linearform $I \neq 0$ auf der Menge der stetigen Funktionen auf Ω mit kompaktem Träger in den Bildraum $\mathbb{R}$ oder $\mathbb{C}$.

Diese Linearform heißt linkes Haar-Integral. Nach dem Satz von Riesz ist dazu äquivalent, daß es ein links-invariantes Radon-Maß $\mu \neq 0$ auf $\mathcal{B}(\Omega)$ gibt, das bis auf einen positiven Faktor eindeutig bestimmt ist. Dieses Maß heißt auch ↗Haar-Maß.

Analoges gilt für den rechts-invarianten Fall. Ist die Gruppe abelsch, so gelten die Aussagen für den translationsinvarianten Fall.

Haar-Basis, im Jahre 1910 von Haar beschriebenes vollständiges Orthonormalsystem für den Hilbertraum $L_2(\mathbb{R})$.

Es sei ψ die ↗Haar-Funktion. Dann wird durch

$$\psi_{j,k}(x) \;:=\; 2^{\frac{j}{2}} \cdot \psi(2^j \cdot x - k), \quad j,k \in \mathbb{Z}$$

eine orthonormale Basis von $L_2(\mathbb{R})$, die Haar-Basis, definiert.

Haar-Funktion, eine der einfachsten Sprungfunktionen, der aber eine zentrale Bedeutung bei der Konstruktion der ↗Haar-Basis zukommt.

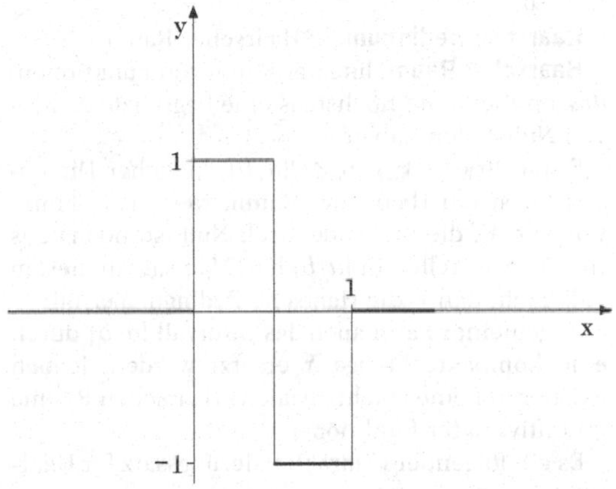

Haar-Funktion

Die Haar-Funktion $\psi : \mathbb{R} \twoheadrightarrow [-1, 1]$ ist definiert durch

$$\psi(x) = \begin{cases} 1 & \text{für} \quad x \in [0, 1/2), \\ -1 & \text{für} \quad x \in (1/2, 1], \\ 0 & \text{sonst.} \end{cases}$$

Die Notation ist in der Literatur nicht ganz einheitlich; manchmal bezeichnet man auch die Elemente der Haar-Basis als Haar-Funktionen. Je nach Zugang bzw. Sichtweise bezeichnet man die Haar-Funktion in neuerer Zeit auch als ↗Haar-Wavelet.

Haar-Integral, ↗Haar, Satz von.

Haar-Maß, das (links- oder rechts-) invariante Borel-Maß auf einer lokal-kompakten topologischen Gruppe G.

Ist G eine topologische Gruppe, so kann man immer ein Borel-Maß μ finden, das unter Links-Multiplikation invariant ist: Ist E eine Borel-Menge in G, so gilt $\mu(gE) = \mu(E)$ für alle $g \in G$. Dieses

Maß heißt das links-invariante Haar-Maß von G und ist immer bis auf positive multiplikative Konstanten eindeutig bestimmt. Entsprechendes gilt für das rechts-invariante Haar-Maß. Man beachte jedoch, daß ein links-invariantes Maß nicht notwendigerweise automatisch rechts-invariant ist, der Zusammenhang zwischen beiden Maßen wird dann durch die modulare Funktion Δ von G hergestellt: Ist μ das linksinvariante Maß, so ist

$$\mu(Es) = \Delta(s)\mu(E)$$

für alle Borel-Mengen $E \subset G$ und alle $s \in G$.

Ist G eine kompakte Gruppe, so normalisiert man üblicherweiße μ derart, daß $\mu(G) = 1$ wird.

Das Haar-Maß auf der additiven Gruppe der reellen Zahlen ist zum Beispiel einfach das Lebesgue-Maß.

[1] Halmos, P.R.: Measure Theory. Van Nostrand Amsterdam, 1950.

Haarsche Bedingung, ↗Haarscher Raum.

Haarscher Raum, linearer Raum von Funktionen, dessen Elemente höchstens eine begrenzte Anzahl von Nullstellen haben.

Ein Teilraum V von ↗$C[a,b]$ endlicher Dimension n ist ein Haarscher Raum, wenn jede Funktion $v \in V$, die nicht identisch Null ist, höchstens $(n-1)$ Nullstellen in $[a,b]$ hat. Man sagt in diesem Fall auch, daß V die Haarsche Bedingung erfüllt.

Allgemeiner kann auch das Intervall $[a,b]$ durch eine kompakte Menge X ersetzt werden, jedoch existieren keine (nichttrivialen) Haarschen Räume ↗multivariater Funktionen.

Es gilt folgender Charakterisierungssatz für Haarsche Räume:

Ein n-dimensionaler Teilraum V von $C[a,b]$ ist genau dann ein Haarscher Raum, wenn für jede Wahl von n Punkten $x_1, \dots, x_n \in [a,b]$ und n Daten $y_1, \dots, y_n$ genau ein $v^* \in V$ existiert, das das Problem der ↗Interpolation

$$v^*(x_\nu) = y_\nu\,, \quad \nu = 1, \dots, n,$$

löst.

Die Funktion v^* ist in diesem Fall eindeutig bestimmt.

Aufgrund dieses Satzes nennt man Haarsche Räume manchmal auch Interpolationsräume.

Haarsche Räume haben für die ↗Approximationstheorie essentielle Bedeutung, denn es gilt folgender Satz von Haar und Kolmogorow:

Es sei V ein Haarscher Raum. Dann besitzt jede Funktion $f \in C[a,b]$ eine eindeutig bestimmte ↗beste Approximation (bezüglich der Maximum-Norm) aus V.

In gewissem Sinn ist auch die Umkehrung dieses Satzes richtig, denn es gilt folgende Aussage:

Ist V ein n-dimensionaler Teilraum von $C[a,b]$, und existiert eine Funktion $w \in V$ mit n paarweise verschiedenen Nullstellen, dann gibt es ein $f \in C[a,b]$ mit mehr als einer besten Approximation aus V.

Haarsche Räume sind also in gewissen Sinn genau die „richtigen" Räume für die beste Approximation im linearen Fall.

Um dieses Konzept auf die nicht-lineare Approximation zu übertragen, hat man sehr erfolgreich die ↗lokale Haarsche Bedingung und die ↗globale Haarsche Bedingung eingeführt.

Haar-Wavelet, andere Bezeichnung für die ↗Haar-Funktion ψ.

ψ ist eine Treppenfunktion und kann als einfachstes Wavelet aufgefaßt werden. Die entsprechende Skalierungsfunktion ist die charakteristische Funktion $\chi_{[0,1]}$. Dieses Wavelet hat kompakten Träger und ist unstetig.

Hachette, Jean Nicolas Pierre, französischer Mathematiker, geb. 6.5.1769 Mézières (Frankreich), gest. 16.1.1834 Paris.

Hachette war ursprünglich Zeichner an der Militäringenieurschule in Mézières. Er wurde Mitarbeiter von Monge und arbeitete mit diesem von 1794 bis 1816 an der Ecole Polytechnique. Hier war er Professor für darstellende Geometrie. Von 1810 bis 1834 arbeitete er auch an der Pariser Universität.

Hachette war Koautor vieler Bücher von Monge, z. B. „Géométrie descriptive" (1799). Er wandte sich besonders der Anwendung der Geometrie im Maschinenbau zu und nahm an der ägyptischen Expedition 1798/99 teil.

Hadamard, Determinantensatz von, ↗Hadamard-Matrix.

Hadamard, Drei-Kreise-Satz von, wichtige Aussage in der Funktionentheorie, die wie folgt lautet:

Es sei f eine im Kreisring

$$\{z \in \mathbb{C} : R_1 < |z| < R_2\}$$

mit $0 \le R_1 < R_2 \le \infty$ ↗holomorphe Funktion. Für $R_1 < r < R_2$ sei $M(r) := \max_{|z|=r} |f(z)|$.

Dann gilt für $R_1 < r_1 \le r \le r_2 < R_2$ die Ungleichung

$$\log M(r) \le \frac{\log r_2 - \log r}{\log r_2 - \log r_1} \log M(r_1) + \frac{\log r - \log r_1}{\log r_2 - \log r_1} \log M(r_2)\,.$$

Anders ausgedrückt bedeutet dies, daß $\log M(r)$ eine konvexe Funktion von $\log r$ ist.

Eine äquivalente Formulierung lautet

$$\det \begin{pmatrix} \log M(r) & \log r & 1 \\ \log M(r_1) & \log r_1 & 1 \\ \log M(r_2) & \log r_2 & 1 \end{pmatrix} \ge 0\,.$$

Hadamard, Jacques Salomon, französischer Mathematiker, geb. 8.12.1865 Versailles, gest. 17.10. 1963 Paris.

Von 1884 bis 1888 studierte Hadamard an der Ecole Normale Supèrieur in Paris. Nach dem Studium war er als Gymnasiallehrer tätig und habilitierte sich 1892. In der Folgezeit arbeitete er als Dozent an verschiedenen Universitäten (Universität Bordeaux, Pariser Sorbonne, Collège de France in Paris, Ecole Centrale des Artes et Manufactures in Paris). Durch seine Arbeiten und durch das von ihm geleitete Seminar am Collège de France beeinflußte er viele Gebiete der Mathematik.

Hadamard arbeitete besonders auf dem Gebiet der Funktionentheorie. Er untersuchte als erster Fortsetzungen von holomorphen Funktionen anhand der Koeffizienten der ↗Taylor-Reihen (↗Cauchy-Hadamard, Formel von, zur Bestimmung des Konvergenzradius, ↗Hadamard, Drei-Kreise-Satz von). Diese Ergebnisse verallgemeinerte er für Lückenreihen. Anwendung fanden diese Arbeiten 1896 im Beweis des Primzahlsatzes.

Ein weiteres wichtiges Arbeitsgebiet waren Differentialgleichungen. Hier untersuchte er den Zusammenhang zwischen der Lösbarkeit von Differentialgleichungssystemen und der Topologie. Er bestimmte mit Hilfe von Fundamentallösungen vollständige Lösungen von partiellen hyperbolischen Differentialgleichungen zweiter Ordnung. Wichtig waren ihm auch Anwendungen seiner Ergebnisse in der mathematischen Physik.

Seine wichtigsten Werke sind „La série de Taylor et son prolongement analytique" (1901) und „Lectures on Cauchy's Problem in Linear Differential Equations" (1922).

Hadamard, Lückensatz von, Aussage über das ↗Holomorphiegebiet einer ↗Hadamardschen Lückenreihe. Der Satz lautet:

Es sei

$$f(z) = \sum_{n=0}^{\infty} a_n z^{m_n}$$

eine Hadamardsche Lückenreihe mit Konvergenzkreis $B_R(0)$, $R \in (0, \infty)$.

Dann ist $B_R(0)$ das Holomorphiegebiet von f.

Ist etwa

$$f(z) = 1 + 2z + \sum_{n=1}^{\infty} b_n z^{2^n}$$

mit $b_n = 2^{-n^2}$, so ist $\mathbb{E} = \{z \in \mathbb{C} : |z| < 1\}$ das Holomorphiegebiet von f. Weiter ist f stetig und injektiv auf $\overline{\mathbb{E}}$. Schließlich ist f in jedem Punkt der Kreislinie $\partial\mathbb{E}$ unendlich oft reell differenzierbar.

Hadamard-Matrix, eine $(n \times n)$-Matrix $H = (h_{ij})$ mit

1. $H_{ij} = \pm 1$, $i, j = 1, \ldots, n$, und
2. $H \cdot H^T = nI_n$,

wobei I_n die Einheitsmatrix ist.

Die zweite Bedingung bedeutet, daß das innere Produkt zweier Zeilen stets 0 ist. Für Hadamard-Matrizen gilt $|\det H| = n^{n/2}$.

Der Determinantensatz von Hadamard besagt:

Für jede reelle Matrix $M = (m_{ij})$ mit $|m_{ij}| \le 1$ gilt

$$|\det M| \le n^{n/2} ,$$

mit Gleichheit genau dann, wenn M eine Hadamard-Matrix ist.

Hadamard-Produkt, wie folgt definiertes Produkt zweier Potenzreihen.

Es seien $f(z) = \sum_{n=0}^{\infty} a_n z^n$ und $g(z) = \sum_{n=0}^{\infty} b_n z^n$ Potenzreihen mit positiven ↗Konvergenzradien R_f und R_g.

Dann ist das Hadamard-Produkt $f * g$ von f und g definiert durch

$$(f * g)(z) := \sum_{n=0}^{\infty} a_n b_n z^n .$$

Manche Autoren schreiben statt $f * g$ auch $f \odot g$. Für den Konvergenzradius R von $f * g$ gilt dann

$$R \ge R_f \cdot R_g .$$

Das Hadamard-Produkt ist offenbar kommutativ und assoziativ. Weiter ist die geometrische Reihe

$$\gamma(z) = \sum_{n=0}^{\infty} z^n = \frac{1}{1-z}$$

das Einselement, d. h. $f * \gamma = f$. Jedoch besitzt nicht jedes f ein inverses Element bezüglich $*$. Falls jedoch bei gegebenem f $a_n \ne 0$ für alle $n \in \mathbb{N}_0$ gilt, und die Potenzreihe

$$f_{-1}(z) = \sum_{n=0}^{\infty} \frac{1}{a_n} z^n$$

einen positiven Konvergenzradius hat, so ist f_{-1} das inverse Element von f, denn $f * f_{-1} = \gamma$. Ersetzt man in der ↗Algebra der konvergenten Potenzreihen die übliche Multiplikation durch das Hadamard-Produkt, so erhält man ebenfalls eine $\mathbb{C}$-Algebra, die jedoch Nullteiler besitzt.

Es gilt folgende Integraldarstellung für das Hadamard-Produkt:

$$(f * g)(z) = \frac{1}{2\pi i} \int_{\Gamma} f(\zeta) g\left(\frac{z}{\zeta}\right) \frac{d\zeta}{\zeta}.$$

Dabei ist Γ die positiv orientierte Kreislinie mit Mittelpunkt 0 und Radius r, $0 < r < R_f$ und $|z| < rR_g$. Aufgrund dieser Formel nennt man $f * g$ auch die Faltung von f und g.

Das Hadamard-Produkt spielt eine wichtige Rolle in der Theorie der schlichten Funktionen im Einheitskreis, vgl. hierzu auch ↗Pólya-Schoenberg-Vermutung.

Die Funktion $f * g$ ist holomorph in der offenen Kreisscheibe $B_R(0)$. Unter gewissen Voraussetzungen besitzt $f * g$ eine ↗holomorphe Fortsetzung in ein Gebiet, das $B_R(0)$ echt enthält. Das Hauptergebnis zu diesem Thema ist der ↗Hadamardsche Multiplikationssatz.

Hadamardsche Lückenreihe, eine Potenzreihe der Form

$$\sum_{n=0}^{\infty} a_n z^{m_n}$$

wobei (m_n) eine Folge natürlicher Zahlen ist derart, daß für ein $\delta > 0$ gilt

$$m_{n+1} - m_n > \delta m_n$$

für alle $n \in \mathbb{N}_0$.

Zum Beispiel liefern die Folgen $m_n = 2^n$ und $m_n = n!$ Hadamardsche Lückenreihen (↗Hadamard, Lückensatz von).

Hadamardscher Faktorisierungssatz, funktionentheoretische Aussage, die wie folgt lautet:

Es sei f eine ↗ganze Funktion der Ordnung ϱ mit $\varrho < \infty$.

Dann gilt

$$f(z) = z^k e^{g(z)} P(z), \quad z \in \mathbb{C}.$$

Dabei ist $k \in \mathbb{N}_0$ (genauer ist k die ↗Nullstellenordnung von 0, falls $f(0) = 0$, und $k = 0$, falls $f(0) \neq 0$), g ein Polynom vom Grad $q \leq \varrho$ und P ein kanonisches ↗Weierstraß-Produkt der Ordnung $\sigma \leq \varrho$.

Ist $\varrho \notin \mathbb{N}_0$, so ist $\sigma = \varrho$ und

$$q \leq [\varrho] = \max\{n \in \mathbb{N}_0 : n \leq \varrho\}.$$

Ist $\varrho \in \mathbb{N}_0$, so ist $q = \varrho$ oder $\sigma = \varrho$.

Falls f nur endlich viele Nullstellen besitzt, so ist P ein Polynom. Gilt $f(z) \neq 0$ für alle $z \in \mathbb{C} \setminus \{0\}$, so ist $P(z) = 1$ für alle $z \in \mathbb{C}$.

Hadamardscher Multiplikationssatz, liefert eine Aussage über die holomorphe Fortsetzbarkeit des ↗Hadamard-Produkts $f * g$ zweier Potenzreihen f und g.

Um den Satz übersichtlich formulieren zu können, sind einige Bezeichnungen notwendig. Für nichtleere Mengen $A, B \subset \mathbb{C}$ wird gesetzt $A^c := \mathbb{C} \setminus A$,

$$A \cdot B := \{ab : a \in A,\ b \in B\}$$

und

$$A * B := (A^c \cdot B^c)^c.$$

Ist $D \subset \mathbb{C}$ eine offene Menge mit $0 \in D$, so sei D_0 die Zusammenhangskomponente von D mit $0 \in D_0$. Sind $G_1, G_2 \subset \mathbb{C}$ ↗Gebiete mit $0 \in G_1 \cap G_2$, so ist $G_1 * G_2$ eine offene Menge mit $0 \in G_1 * G_2$, aber im allgemeinen kein Gebiet. Sind jedoch G_1 und G_2 ↗Sterngebiete bezüglich 0, so gilt dies auch für $G_1 * G_2$. Damit gilt:

Es seien

$$f(z) = \sum_{n=0}^{\infty} a_n z^n \quad \text{und} \quad g(z) = \sum_{n=0}^{\infty} b_n z^n$$

Potenzreihen mit positiven ↗Konvergenzradien. Weiter seien G_f, $G_g \subset \mathbb{C}$ Gebiete mit $0 \in G_f \cap G_g$ derart, daß f bzw. g holomorphe Fortsetzungen in G_f bzw. G_g besitzen.

Dann ist $f * g$ in das Gebiet $(G_f * G_g)_0$ holomorph fortsetzbar.

Hadronen, Klasse von Elementarteilchen, die der starken Wechselwirkung unterliegen. Sie unterteilen sich in Baryonen und Mesonen.

Baryonen sind Fermionen (d. h., sie haben halbzahligen Spin), die bekanntesten Baryonen sind das Proton und das Neutron. Mesonen sind instabile Bosonen (d. h., sie haben ganzzahligen Spin).

Das bekannteste Meson ist das π-Meson, dessen Existenz 1930 von Yukawa vorausgesagt worden war.

Hadwiger-Vermutung, sagt aus, daß die chromatische Zahl eines ↗Graphen, der den vollständigen Graphen K_r für ein $r \in \mathbb{N}$ nicht als Minor (↗Minor eines Graphen) enthält, höchstens $r - 1$ beträgt.

Die Hadwiger-Vermutung stammt aus dem Jahr 1943 und ist für $r \leq 6$ bewiesen.

Für $r = 5$ ist sie nach dem sog. Äquivalenzsatz von Wagner zum ↗Vier-Farben-Satz äquivalent.

Für $r = 6$ wurde sie 1993 von N.Robertson, P.Seymour und R.Thomas mit Hilfe des Vier-Farben-Satzes bewiesen. Für alle größeren Werte von r ist sie eine der bekanntesten offenen Vermutungen der ↗Graphentheorie.

Hahn, Hans, österreichischer Mathematiker, geb. 27.9.1879 Wien, gest. 24.7.1934 Wien.

Hahn studierte an der Technische Hochschule in Wien und an den Universitäten von Göttingen, Strasbourg und München. In dieser Zeit lernte er Ehrenfest, Tietze und Herglotz kennen. Nach seiner Habilitation 1905 und seinem Kriegsdienst wurde er Professor in Bonn und ab 1921 in Wien.

Hahn leistete bedeutende Beiträge zur ↗Funktionalanalysis. Er führte 1922 unabhängig von Banach den Begriff des vollständig normierten linearen Raumes (↗Banachraum) ein und bewies den Satz über die Fortsetzung beschränkter linearer Funktionale (↗Hahn-Banach-Sätze). Der Beweis stellte ein erstes wichtiges Anwendungsbeispiel für das ↗Auswahlaxiom dar.

Hahns Arbeiten auf dem Gebiet der Funktionalanalysis waren grundlegend für deren weitere Entwicklung. Daneben lieferte Hahn auch Beiträge zur Variationsrechnung, Fourier-Analysis, zur mengentheoretischen Topologie und als Mitglied des „Wiener Kreises" auch zur Philosophie.

Hahn-Banach-Sätze, Gruppe von Sätzen über die Fortsetzbarkeit linearer Funktionale.

Ausgangspunkt der Hahn-Banach-Sätze ist die Frage, ob ein gegebener topologischer Vektorraum V hinreichend viele lineare stetige Abbildungen in seinen Grundkörper $\mathbb{R}$ oder $\mathbb{C}$ hat. Sie untersuchen also beispielsweise die Frage, wann der Dualraum $V' \neq \{0\}$ ist, oder ob es zu jedem $x \in V$ ein lineares Funktional f gibt mit $f(x) \neq 0$. Dabei werden die Begriffe der lokalen Konvexität und des sublinearen Funktionals eine Rolle spielen. Ist V ein beliebiger reeller oder komplexer Vektorraum, so heißt eine Abbildung $p : V \to \mathbb{R}$ ein sublineares Funktional, falls gilt:

(i) $p(\alpha x) = \alpha p(x)$ für alle $\alpha \geq 0, x \in V$;

(ii) $p(x+y) \leq p(x) + p(y)$ für alle $x, y \in V$.

Gilt sogar

(i) $p(x) \geq 0$ für alle $x \in V$,

(ii) $p(\alpha x) = |\alpha| p(x)$ für alle $\alpha \in \mathbb{R}$ bzw. $\alpha \in \mathbb{C}$, $x \in V$,

(iii) $p(x+y) \leq p(x) + p(y)$ für alle $x, y \in V$,

so spricht man von einer Halbnorm p. Offenbar ist jede Norm eine Halbnorm und jede Halbnorm ein sublineares Funktional.

Nun kann man einen ersten Fortsetzungssatz vom Hahn-Banach-Typ formulieren.

Es seien V ein reeller Vektorraum, $U \subseteq V$ ein Untervektorraum von V, $p : V \to \mathbb{R}$ ein sublineares Funktional und $f : U \to \mathbb{R}$ linear.

Gilt $f(x) \leq p(x)$ für alle $x \in U$, so gibt es zu jedem $x_0 \in V \setminus M$ eine lineare Abbildung $g : U + \mathbb{R} \cdot x_0 \to \mathbb{R}$ mit den Eigenschaften:

- *$g(x) \leq p(x)$ für alle $x \in U + \mathbb{R} \cdot x_0$, und*
- *$g(x) = f(x)$ für alle $x \in U$.*

Davon ausgehend kann man unter Verwendung des Zornschen Lemmas und damit auch des Auswahlaxioms die folgende Aussage zeigen.

Es seien V ein reeller Vektorraum, $U \subseteq V$ ein Untervektorraum, $p : V \to \mathbb{R}$ ein sublineares Funktional und $f : U \to \mathbb{R}$ linear mit $f(x) \leq p(x)$ für alle $x \in U$.

Dann gibt es eine lineare Abbildung $g : V \to \mathbb{R}$ mit $g(x) \leq p(x)$ für alle $x \in V$ und $g(x) = f(x)$ für alle $x \in U$.

Geht man nun zu Halbnormen über, so läßt sich die Fortsetzungseigenschaft auch auf komplexe Vektorräume übertragen.

Es seien V ein reeller oder komplexer Vektorraum, $U \subseteq V$ ein Untervektorraum, $p : V \to \mathbb{R}$ eine Halbnorm und $f : U \to \mathbb{R}$ bzw. $f : U \to \mathbb{C}$ linear mit $|f(x)| \leq p(x)$ für alle $x \in U$.

Dann gibt es eine lineare Abbildung $g : V \to \mathbb{R}$ bzw. $g : V \to \mathbb{C}$ mit $|g(x)| \leq p(x)$ für alle $x \in V$ und $g(x) = f(x)$ für alle $x \in U$.

Diese Aussage ist die Grundlage für den klassischen Fortsetzungssatz von Hahn-Banach.

Es seien V ein reeller oder komplexer lokalkonvexer topologischer Vektorraum, $U \subseteq V$ ein Untervektorraum von V und $f : U \to \mathbb{R}$ bzw. $f : U \to \mathbb{C}$ ein stetiges lineares Funktional. Dann gibt es ein stetiges lineares Funktional $g \in V'$ mit der Eigenschaft $g(x) = f(x)$ für alle $x \in U$. Falls V sogar ein normierter Raum ist, kann man g so wählen, daß $||g|| = ||f||$ gilt.

Sätze vom Hahn-Banach-Typ haben in der ↗Funktionalanalysis viele Anwendungen. Beispielsweise kann man die folgende Aussage zeigen.

(i) *Es seien V ein lokalkonvexer topologischer Vektorraum, $U \subseteq V$ ein abgeschlossener Unterraum und $x_0 \in V \setminus U$.*

Dann gibt es ein $f \in V'$ mit $f(U) = \{0\}$ und $f(x_0) = 1$.

(ii) *Es seien V ein separierter lokalkonvexer topologischer Vektorraum und $x_0 \in E \setminus \{0\}$.*

Dann gibt es ein $f \in V'$ mit $f(x_0) = 1$.

(iii) *Es seien $V \neq \{0\}$ ein normierter Vektorraum und $x_0 \in V$.*

Dann gibt es ein $f \in V'$ mit $||f|| = 1$ und $f(x_0) = ||x_0||$.

Weitere Folgerungen aus den Hahn-Banach-Sätzen sind die Tatsache, daß jeder normierte Raum ein dichter Unterraum eines Banachraums ist, sowie die Aussage, daß ein normierter Vektorraum V, dessen Dual V' separabel ist, auch selbst separabel ist.

Hahnscher Zerlegungssatz, Aussage über die Zerlegbarkeit endlicher signierter Maße.

Es sei μ ein endliches signiertes Maß auf einer ↗ σ-Algebra $\mathcal{A}$ in einer Menge Ω.

Dann existieren, eindeutig bis auf eine Menge vom μ-Maß 0, zwei Mengen Ω^+ und Ω^- in $\mathcal{A}$ mit $\Omega = \Omega^+ \cup \Omega^-$ und $\Omega^+ \cap \Omega^- = \emptyset$ so, daß $\mu(A) \geq 0$ bzw. ≤ 0 ist für alle $A \in \Omega^+ \cap \mathcal{A}$ bzw. $A \in \Omega^- \cap \mathcal{A}$.

Jedes endliche signierte Maß auf $\mathcal{A}$ ist somit die Differenz zweier endlicher Maße auf $\mathcal{A}$ (↗ Jordan-Zerlegung eines Maßes).

Hajék-Feldman, Alternative von, der Sachverhalt, daß die Verteilungen P_X und P_Y von zwei auf einem Wahrscheinlichkeitsraum $(\Omega, \mathfrak{A}, P)$ definierten ↗ Gaußschen Folgen $X = (X_n)_{n \in \mathbb{N}}$ und $Y = (Y_n)_{n \in \mathbb{N}}$ mit der Eigenschaft, daß P_{X_n} und P_{Y_n} für alle $n \in \mathbb{N}$ äquivalent sind, entweder ebenfalls äquivalent oder singulär sind.

Hajós-Konstruktion, ein Verfahren, um jeden ↗ Graphen G, der für $k \in \mathbb{N}$ eine chromatische Zahl $\chi(G) \geq k$ besitzt, schrittweise aus einem vollständigen Graphen K_k zu gewinnen.

Im folgenden bezeichne Ω_k die Klasse aller Graphen G mit $\chi(G) \geq k$. Einer Idee G. Hajós (1961) folgend, erhält man mittels der beiden unten angeführten Operationen aus Graphen, die in Ω_k liegen, neue Graphen, die wieder zu Ω_k gehören.

(1.) Durch Identifikation zweier nicht adjazenter Ecken eines Graphen aus Ω_k.

(2.) Sind G und G' zwei disjunkte Graphen aus der Klasse Ω_k und $uv \in K(G)$ sowie $u'v' \in K(G')$, so erhält man die sogenannte Hajós-Vereinigung der beiden Graphen G und G' wie folgt: Man entferne die beiden Kanten uv und $u'v'$, identifiziere u mit u' und füge danach die neue Kante vv' hinzu.

Ein Graph G heißt k-konstruierbar, wenn man ihn, ausgehend von dem vollständigen Graphen K_k, durch wiederholtes Anwenden von (1.) und (2.) erzeugen kann.

Wie man leicht sieht, sind alle k-konstruierbaren Graphen, und damit auch deren Obergraphen, mindestens k-chromatisch. Bemerkenswert ist, daß Hajós 1961 auch die Umkehrung beweisen konnte.

Jeder Graph G aus Ω_k enthält einen k-konstruierbaren Teilgraphen.

Hajós-Vermutung, sagt aus, daß für $r \in \mathbb{N}$ jeder ↗ Graph, dessen chromatische Zahl mindestens r beträgt, eine Unterteilung des vollständigen Graphen K_r der Ordnung r als ↗ Teilgraphen enthält.

Für $r \leq 4$ ist die Hajós-Vermutung äquivalent zur entsprechenden Aussage der ↗ Hadwiger-Vermutung und damit richtig.

In ihrer allgemeinen Form wurde die Hajós-Vermutung bereits 1979 von P.A.Catlin widerlegt. Der Satz von ↗ Erdős-Fajtlowicz sagt aus, daß sogar fast alle Graphen Gegenbeispiele zur Hajós-Vermutung sind.

Hakenlänge, Kenngröße eines ↗ Ferrer-Diagramms.

Als Hakenlänge eines Feldes (i, j) in einem Ferrer-Diagramm bezeichnet man die Anzahl der Felder rechts von (i, j) plus die Anzahl der Felder unterhalb (i, j) plus 1.

halbbeschränkter Operator, ein symmetrischer dicht definierter Hilbertraum-Operator T mit der Eigenschaft

$$\langle Tx, x \rangle \leq c\|x\|^2 \quad \forall x \in D(T)$$

oder

$$\langle Tx, x \rangle \geq c\|x\|^2 \quad \forall x \in D(T).$$

Halbebene, Menge aller Punkte einer Ebene, die auf einer Seite einer gegebenen, in dieser Ebene liegenden Geraden liegen.

halbeinfache Lie-Algebra, Lie-Algebra, die die direkte Summe von endlich vielen ↗ einfachen Lie-Algebren mit einer abelschen Lie-Algebra ist.

Die der halbeinfachen Lie-Algebra zugeordnete Lie-Gruppe heißt ebenfalls halbeinfach und ist deshalb das direkte Produkt von endlich vielen einfachen Lie-Gruppen mit einer abelschen Lie-Gruppe. Da die einfachen Lie-Algebren alle bekannt sind, ist damit auch die Menge aller halbeinfachen Lie-Algebren klassifiziert.

halbeinfacher Modul, ein Modul, der direkte Summe von ↗ einfachen Moduln ist, d. h. Moduln, die keine echten von Null verschiedenen Untermoduln besitzen.

Ein Vektorraum ist ein einfacher Modul.

Halbfluß, ↗ Fluß.

Halbgerade, in älterem Spachgebrauch auch als Strahl bezeichnet, Teil einer Geraden, der durch einen festen Punkt auf dieser begrenzt wird.

Halbgruppe, ein ↗ Gruppoid G, in dem noch das Assoziativitätsgesetz gilt.

Für alle f, g, $h \in G$ gilt also

$$(f \cdot g) \cdot h = f \cdot (g \cdot h).$$

Halbierungsformeln der Hyperbelfunktionen, die Formeln

$$\sinh^2\frac{z}{2}=\frac{\cosh z-1}{2}\,,\quad \operatorname{csch}^2\frac{z}{2}=\frac{2}{\cosh z-1}$$
$$\cosh^2\frac{z}{2}=\frac{\cosh z+1}{2}\,,\quad \operatorname{sech}^2\frac{z}{2}=\frac{2}{\cosh z+1}$$
$$\tanh^2\frac{z}{2}=\frac{\cosh z-1}{\cosh z+1}\,,\quad \coth^2\frac{z}{2}=\frac{\cosh z+1}{\cosh z-1}$$
$$\tanh\frac{z}{2}=\frac{\sinh z}{\cosh z+1}\,,\quad \coth\frac{z}{2}=\frac{\sinh z}{\cosh z-1}$$

für komplexe Zahlen z aus dem Definitionsbereich der jeweils beteiligten Funktionen. Diese Formeln sind herleitbar aus den Additionstheoremen der Hyperbelfunktionen.

Halbierungsformeln der trigonometrischen Funktionen, die Formeln

$$\sin^2\frac{z}{2}=\frac{1-\cos z}{2}\,,\quad \csc^2\frac{z}{2}=\frac{2}{1-\cos z}$$
$$\cos^2\frac{z}{2}=\frac{1+\cos z}{2}\,,\quad \sec^2\frac{z}{2}=\frac{2}{1+\cos z}$$
$$\tan^2\frac{z}{2}=\frac{1-\cos z}{1+\cos z}\,,\quad \cot^2\frac{z}{2}=\frac{1+\cos z}{1-\cos z}$$
$$\tan\frac{z}{2}=\frac{\sin z}{1+\cos z}\,,\quad \cot\frac{z}{2}=\frac{\sin z}{1-\cos z}$$

für komplexe Zahlen z aus dem Definitionsbereich der jeweils beteiligten Funktionen. Diese Formeln sind herleitbar aus den Additionstheoremen der trigonometrischen Funktionen.

Halbkomplement, zu einem Elementes v eines Verbandes $(V, \wedge, \vee)$ mit Nullelement gehörendes Element u aus V mit $v \wedge u = 0$.

Hierbei bezeichne 0 das Nullelement des Verbandes. Wegen $v \wedge 0 = 0$ für alle $v \in V$ ist das Nullelement Halbkomplement eines jeden Elementes $v \in V$.

halbkomplementärer Verband, ein ↗Verband mit Nullelement, dessen Elemente alle ein ↗echtes Halbkomplement besitzen.

halblogarithmische Zahlendarstellung, Repräsentation reeller Zahlen durch eine Mantisse m und einen Exponenten e.

m und e werden als Ziffernfolgen zu einer Basis b (üblicherweise $b = 2$ oder $b = 10$) gespeichert. Negative Zahlen werden mittels ↗Betrags-Vorzeichen-Code oder ↗Komplementdarstellung beschrieben. m beschreibt meist eine Zahl zwischen $\frac{1}{b}$ und 1, während e ganz ist. Repräsentiert wird die Zahl $m \cdot b^e$.

halbmodularer Verband, *semimodularer Verband*, ein ↗Verband $(V, \leq)$, in dem zu je zwei nichtvergleichbaren Elementen $a, b \in V$ und zu jedem Element $x \in V$ mit $\inf(a, b) < x < a$ mindestens ein Element $t \in V$ mit

$$\inf(a, b) < t \leq b \text{ und } \inf(\sup(x, t), a) = x$$

existiert. $\inf(v, w)$ bzw. $\sup(v, w)$ bezeichnen hierbei das Infimum bzw. das Supremum der Elemente v und w.

Jeder ↗modulare Verband ist beispielsweise halbmodular.

Halbnorm, Abbildung $\|\cdot\| : V \to \mathbb{R}$ eines reellen (komplexen) ↗Vektorraumes V nach $\mathbb{R}$, für die für alle $v, v_1, v_2 \in V$ und alle $\alpha \in \mathbb{R}$ ($\mathbb{C}$) gilt:

- $\|v\| \geq 0$;
- $\|v_1 + v_2\| \leq \|v_1\| + \|v_2\|$ (Dreiecksungleichung);
- $\|\alpha v\| = |\alpha| \cdot \|v\|$.

Das Paar $(V, \|\cdot\|)$ wird dann als halbnormierter Raum bezeichnet. Durch

$$d(v_1, v_2) := \|v_1 - v_2\|$$

wird auf V eine Halbmetrik induziert. Halbnormen werden häufig auch mit dem Buchstaben p bezeichnet. Offenbar „fehlt" hier im Vergleich zur Norm lediglich die Forderung, daß nur das Nullelement auf die reelle Null abgebildet wird.

halboffenes Intervall, linksoffenes oder rechtsoffenes Intervall, d. h., ein Intervall der Gestalt $(a, b]$ oder $[a, b)$, das genau einen seiner beiden Randpunkte enthält.

Halbordnung, eigentlich korrekter bezeichnet als Halbordnungsrelation, auch Partialordnung oder manchmal auch teilweise geordnete Menge genannt, eine Menge V, in der eine zweistellige Relation $R \subseteq V \times V$ erklärt ist, die reflexiv, transitiv und antisymmetrisch ist.

Man schreibt in der Regel „(V, R) ist eine Halbordnung", um zu verdeutlichen, bezüglich welcher Relation R die Menge V eine Halbordnung ist.

Zumeist verwendet man für die Relation R das Symbol $\leq$ oder $\subseteq$.

Ist aRb, also $a \leq b$ bzw. $a \subseteq b$, so wird in der Regel die Sprechweise „a ist kleiner gleich b", „b ist größer gleich a" oder „b umfaßt a" verwendet.

Ist aRc und cRb, also $a \leq c \leq b$ bzw. $a \subseteq c \subseteq b$, so sagt man, daß „$c$ zwischen a und b liegt" oder „c liegt im Intervall $[a, b]$".

Ist $a \leq b$ und $a \neq b$, so wird in der Regel die Schreibweise $a < b$ verwendet.

Die Menge aller natürlichen Zahlen bildet bezüglich der Relation „a teilt b" eine Halbordnung.

Halbordnung mit Einselement, *nach oben beschränkte Halbordnung*, eine ↗Halbordnung $(V, \leq)$, die ein Element x enthält, das größer gleich jedem anderen Element $y \in V$ ist, für das also $y \leq x$ für alle $y \in V$ gilt.

Das Element x, das selbst aus V sein muß, heißt Einselement der Halbordnung $(V, \leq)$. In der Regel bezeichnet man das Einselement mit 1.

Enthält eine Halbordnung ein Einselement, so ist es wegen der Asymmetrie der Halbordnung eindeutig bestimmt.

Halbordnung mit Nullelement, *nach unten beschränkte Halbordnung*, eine ↗Halbordnung $(V, \leq)$, die ein Element x enthält, das kleiner gleich jedem anderen Element $y \in V$ ist, für das also $x \leq y$ für alle $x \in V$ gilt.

Das Element x, das selbst aus V sein muß, heißt Nullelement der Halbordnung $(V, \leq)$. In der Regel bezeichnet man das Nullelement mit 0.

Enthält eine Halbordnung ein Nullelement, so ist es wegen der Asymmetrie der Halbordnung eindeutig bestimmt.

Halbordnungsrelation, ↗Halbordnung.

halbreflexiver Raum, ↗ reflexiver Raum.

Halbring, ↗Mengenhalbring.

halbstetig von oben, ↗Halbstetigkeit.

halbstetig von unten, ↗Halbstetigkeit.

Halbstetigkeit, für eine Funktion $f : X \to \mathbb{R}$, wobei X ein topologischer Raum sei, wie folgt erklärte Eigenschaft.

f heißt halbstetig von unten an einer Stelle $a \in X$ genau dann, wenn es zu jedem $b < f(a)$ eine Umgebung U von a gibt mit $b < f(x)$ für alle $x \in U$. f heißt halbstetig von oben an der Stelle a genau dann, wenn es zu jedem $b > f(a)$ eine Umgebung U von a gibt mit $b > f(x)$ für alle $x \in U$, also genau dann, wenn $-f$ an der Stelle a halbstetig von unten ist.

Die Funktion f ist genau dann stetig an der Stelle a, wenn sie dort halbstetig von unten und von oben ist. Die Funktion f heißt halbstetig von unten bzw. halbstetig von oben, wenn sie halbstetig von unten bzw. von oben an allen Stellen $a \in X$ ist. f ist genau dann halbstetig von unten, wenn für jedes $b \in \mathbb{R}$ die Menge $\{x \in X \mid b < f(x)\}$ offen ist, und genau dann halbstetig von oben, wenn für jedes $b \in \mathbb{R}$ die Menge $\{x \in X \mid b > f(x)\}$ offen ist. Die Funktion f ist genau dann stetig, wenn sie halbstetig von unten und von oben ist.

Eine Menge $M \subset X$ ist genau dann offen, wenn ihre charakteristische Funktion $\chi_M : X \to \{0, 1\}$ halbstetig von unten, und genau dann abgeschlossen, wenn χ_M halbstetig von oben ist. Eine von unten halbstetige Funktion nimmt auf jeder kompakten Teilmenge $K \subset X$ ein Minimum und eine von oben halbstetige Funktion ein Maximum an.

Halbstetigkeit kann man auch für Funktionen $f : X \to \mathbb{R} \cup \{-\infty, \infty\}$ erklären. Das Supremum einer Familie von unten halbstetiger Funktionen ist dann von unten halbstetig, und das Infimum einer Familie von oben halbstetiger Funktionen ist von oben halbstetig. Entsprechendes gilt bzgl. der Stetigkeit i. allg. nur für endlich viele Funktionen.

Schließlich ist noch folgende Verwendung des Begriffs der Halbstetigkeit gebräuchlich: Es seien V und W normierte Vektorräume, $G \subseteq W$ und $P : V \to \mathfrak{P}(G)$ eine Abbildung in die Potenzmenge von G. Dann heißt P von oben halbstetig, falls für jede abgeschlossene Teilmenge A von G die Menge $\{x \in V \mid P(x) \cap A \neq \emptyset\}$ abgeschlossen ist. P heißt von unten halbstetig, falls für jede offene Teilmenge A von G die Menge $\{x \in V \mid P(x) \cap A \neq \emptyset\}$ offen ist.

Neben „halbstetig von unten / oben" sind auch die Bezeichnungen „unterhalb halbstetig" und „oberhalb halbstetig" gebräuchlich.

Halbstetigkeit der Faserdimension, Eigenschaft der Dimension der ↗Fasern einer Abbildung.

Es sei $\pi : X \to Y$ ein Morphismus (algebraischer) Varietäten und

$$Y_d = \{y \in Y \mid \dim(\pi^{-1}(y)) \geq d\}.$$

Dann ist die Faserdimension nach oben halbstetig, wenn Y_d abgeschlossen in Y ist.

Halbstetigkeit des Spektrums, Abhängigkeit des Spektrums $\sigma(T)$ eines stetigen linearen Operators auf einem Banachraum von T.

Für zwei kommutierende Operatoren S und T ist der Hausdorff-Abstand von $\sigma(S)$ und $\sigma(T)$ höchstens $\|S - T\|$; i. allg. hängt $\sigma(T)$ jedoch nicht stetig von T ab (außer im Endlichdimensionalen), da es Beispiele von Operatoren T und A mit

$$\sigma(T) = \{z : |z| \leq 1\},$$

aber

$$\sigma(T + \varepsilon A) = \{z : |z| = 1\}$$

für alle $\varepsilon > 0$ gibt. Das Spektrum kann sich also bei kleinen Störungen zusammenziehen, jedoch nicht ausdehnen, da es in folgendem Sinn halbstetig von oben ist:

Für alle offenen Mengen $O \subset \mathbb{C}$ ist $\{S : \sigma(S) \subset O\}$ offen in der Operatornormtopologie.

[1] Kato, T.: Perturbation Theory for Linear Operators. Springer Berlin/Heidelberg/New York, 1976.

Halbsystem, ↗Halbsystem modulo m.

Halbsystem modulo *m*, eine Teilmenge

$$H \subset X := \mathbb{Z}/m\mathbb{Z} \setminus \{0\},$$

wobei m eine ungerade natürliche Zahl größer Eins ist, welche aus jedem Paar $(x, -x)$, für $x \in X$, genau ein Element enthält.

Da m ungerade ist, gilt $x \neq -x$ für jedes $x \in X$. Damit besitzt H genau $\frac{1}{2}(m-1)$ Elemente. Ist H ein Halbsystem modulo m, so ist auch das Komplement $H' = X \setminus H$ ein Halbsystem modulo m.

Halbverband, Menge H, auf der eine Operation $\circ$ definiert ist, für die die sogenannten Halbverbandsaxiome

$$(a \circ b) \circ c = a \circ (b \circ c),$$
$$a \circ b = b \circ a, \text{ und}$$
$$a \circ a = a$$

für alle Elemente $a, b, c \in H$ gelten.

Ein Halbverband ist somit eine kommutative Halbgruppe, in der alle Elemente idempotent sind.

Halbverbandsaxiome, ↗Halbverband.

Hall, Satz von, charakterisiert diejenigen ↗bipartiten Graphen, die eine vollständige Korrespondenz besitzen. Dabei heißt eine Korrespondenz M in einem bipartiten Graphen G mit den Partitionsmengen X und Y vollständig, wenn

$$|M| = \min\{|X|, |Y|\}$$

gilt. Der Satz von Hall aus dem Jahre 1935 ist für die gesamte Graphentheorie von fundamentaler Bedeutung.

Es sei G ein bipartiter Graph mit den Partitionsmengen X und Y so, daß $|X| \leq |Y|$ gilt.

Der Graph G besitzt genau dann eine vollständige Korrespondenz, wenn für alle $S \subseteq X$ die Bedingung

$$|S| \leq |N_G(S)|$$

erfüllt ist, wobei $N_G(S)$ diejenigen Ecken aus Y bedeuten, die zu einer Ecke aus S adjazent sind.

Da dieser Satz implizit in einem Resultat von König (1931) enthalten ist, wird er von manchen Autoren auch „Satz von König-Hall" genannt.

Wegen der folgenden amüsanten Interpretation ist er außerdem unter dem Namen Heiratssatz bekannt: Ist X eine Menge von Damen, Y eine Menge von Herren und $xy \in K(G)$, wenn $x \in X$ und $y \in Y$ einer Heirat nicht abgeneigt sind, so gibt der Satz eine exakte Bedingung dafür an, wann alle Damen einen geeigneten Heiratspartner finden, ohne Bigamie zu betreiben. Übrigens geht der Spezialfall $|X| = |Y|$ dieses Satzes sogar schon auf Frobenius (1917) zurück.

Eine leichte Folgerung aus dem Heiratssatz ist der sogenannte Haremssatz.

Es sei G ein bipartiter Graph mit den Partitionsmengen $X = \{x_1, x_2, \ldots, x_n\}$ und Y, und jeder Ecke x_i sei eine natürliche Zahl p_i zugeordnet.

Es gibt genau dann eine Kantenmenge $K \subseteq K(G)$ mit der Eigenschaft, daß jede Ecke x_i mit genau p_i Kanten und jede Ecke $y \in Y$ mit höchstens einer Kante von K inzidiert, wenn für alle

$$S = \{x_{j_1}, x_{j_2}, \ldots, x_{j_t}\} \subseteq X$$

die Bedingung

$$|N_G(S)| \geq \sum_{i=1}^{t} p_{j_i}$$

erfüllt ist.

Die Interpretation dieses Satzes sei diesmal dem Leser überlassen.

Auch das nächste sehr attraktive Ergebnis von König aus dem Jahre 1916 läßt sich leicht mit Hilfe des Satzes von Hall beweisen.

Die Kantenmenge eines p-regulären bipartiten Graphen läßt sich in p kantendisjunkte perfekte Matchings zerlegen.

Kreise ungerader Länge zeigen, daß dieses Ergebnis für nicht bipartite Graphen seine Gültigkeit verliert.

Alle hier angegebenen Sätze gelten auch für bipartite Multigraphen

Halley, Edmond, Astronom, Geophysiker, Mathematiker, geb. 8.11.1656(?) bei London, gest. 14.1. 1743 Greenwich.

Der Sohn eines sehr erfolgreichen Grundbesitzers und Geschäftsmannes studierte in Oxford. Nur durch königliche Einflußnahme erhielt Halley eine Abschlußurkunde und wurde sogar wenig später zum Mitglied der Royal Society ernannt (1678). Nach vielen wissenschaftlichen Reisen wurde Halley 1704 Professor für Geometrie in Oxford und 1720 Königlicher Astronom.

Halleys bedeutendste wissenschaftliche Leistungen waren astronomischer Art. Er beschäftigte sich mit Positions- und Navigationsastronomie und der Bewegung der Sterne. Sein Hinweis von 1710, daß er an eine Eigenbewegung der Sterne glaube, war geradezu revolutionär. Ab 1680 untersuchte er die Bahnen von Kometen, postulierte die Periodizität ihrer Wiederkehr und sagte, nach historischen Quellen, das Erscheinen des „Halleyschen Kometen" im Jahre 1682 voraus.

Auch auf mathematischem Gebiet war Halley sehr an historischen Quellen interessiert und gab die Werke antiker Mathematiker heraus. Neben Arbeiten zur Gleichungslehre und zur Geometrie verfaßte er Studien zur Sterbestatistik (1693), zur Theorie des Windes, über Gezeiten, Erdmagnetismus und über archäologische Fragen.

Halluzination, *spurious state*, *unerwünschter Zustand*, im Kontext ↗Neuronale Netze die Bezeichnung für einen im Ausführ-Modus erhaltenen

Ausgabewert, der keinem der im Lern-Modus übergebenen Trainingswerten entspricht.

Der Terminus wird vor allem im Zusammenhang mit ↗bidirektionalen assoziativen Speichern und ↗Hopfield-Netzen benutzt. In diesen Fällen liefert das Netz im Ausführ-Modus stets einen Ausgabewert, der mit einem lokalen Minimum eines gewissen Netz-spezifischen ↗Energiefunktionals identifiziert werden kann. Hier ist also eine Halluzination genau ein lokales Minimum des Energiefunktionals, das keinem Trainingswert entspricht, und bei der Konzeption derartiger Netze ist es natürlich ein wesentlicher Aspekt, diese unerwünschten Zustände in ihrer Anzahl so klein wie eben möglich zu halten.

Halm einer Garbe, ↗ Garbe.

Halm einer Prägarbe, Konzept in der Garbentheorie, welches im Falle der Strukturgarben algebraischer Varietäten gerade den Begriff des lokalen Ringes zurückgibt.

Sei X ein topologischer Raum, und sei $p \in X$. $\mathbb{U}_p$ bezeichne die Menge der offenen Umgebungen von p. Sei $\mathcal{F}$ eine Prägarbe über X. Auf der Menge

$$(i) \quad \mathcal{F}(\mathbb{U}_p) := \{(m, U) \mid U \in \mathbb{U}_p, m \in \mathcal{F}(U)\}$$

definiert man eine Äquivalenzrelation $\sim_p$ durch

$$(ii) \quad (m, U) \sim_p (n, V) :\Leftrightarrow \exists W \in \mathbb{U}_p$$

mit $W \subseteq U \cap V$ und $\varrho_W^U(m) = \varrho_W^V(n)$. Die Klasse von (m, U) bezeichnet man mit m_p und nennt diese den Keim des Schnittes m in p :

$$(iii) \quad m_p := (m, U) / \sim_p; \quad ((m, U) \in \mathcal{F}(\mathbb{U}_p)).$$

Die Menge aller Keime m_p in p bezeichnet man mit $\mathcal{F}_p$ und nennt man den Halm von $\mathcal{F}$ in p:

$$(iv) \quad \mathcal{F}_p := \mathcal{F}(\mathbb{U}_p) / \sim_p = \{m_p \mid (m, U) \in \mathcal{F}(\mathbb{U}_p)\}.$$

Der Halm $\mathcal{F}_p$ erbt in natürlicher Weise die algebraische Struktur der Prägarbe $\mathcal{F}$. Ist also etwa $\mathcal{F}$ eine Prägarbe (additiv geschriebener) abelscher Gruppen, so kann man auf $\mathcal{F}_p$ eine Addition von Keimen einführen durch

$$(v) \quad m_p + n_p := \left(\varrho_W^U(m) + \varrho_W^V(n)\right)_p,$$

wobei $((m, U), (n, V) \in \mathcal{F}(\mathbb{U}_p);\ W \in \mathbb{U}_p,\ W \subseteq U \cap V)$.

(vi) *Bezüglich der in (v) definierten Addition ist der Halm $\mathcal{F}_p$ eine abelsche Gruppe mit neutralem Element 0_p. Ist $U \in \mathbb{U}_p$, so ist die durch $m \mapsto m_p$ definierte Abbildung $\varrho_p^U : \mathcal{F}(U) \to \mathcal{F}_p$ ein Homomorphismus. Dabei gilt $\varrho_p^V \circ \varrho_V^U = \varrho_p^U$; $(V \subseteq U,\ V \in \mathbb{U}_p)$.*

Ist $\mathcal{A}$ eine Prägarbe von Ringen (resp. von $\mathbb{C}$-Algebren), so wird der Halm $\mathcal{A}_p$ entsprechend zum Ring und die kanonische Abbildung $\varrho_p^U : \mathcal{A}(U) \to \mathcal{A}_p$ zum Homomorphismus von Ringen (resp. von $\mathbb{C}$-Algebren). Die Addition auf $\mathcal{A}_p$ wird dabei gemäß (v) definiert und die Multiplikation gemäß

$$(vii) \quad a_p b_p := \left(\varrho_W^U(a)\, \varrho_W^V(b)\right)_p,$$

wobei $(a, U), (b, V) \in \mathcal{A}(\mathbb{U}_p)$; $W \in \mathbb{U}_p$, $W \subseteq U \cap V$.

Für Garben wird die besondere Bedeutung des Keim-Begriffs belegt durch folgende Aussage.

(viii) *Sei $\mathcal{F}$ eine Garbe über X, sei $U \subseteq X$ offen und nicht leer, und seien $m, n \in \mathcal{F}(U)$ zwei Schnitte von $\mathcal{F}$ über U. Dann gilt*

$$m = n \Leftrightarrow m_p = n_p \ \forall\ p \in U.$$

Im Falle der Strukturgarbe $\mathcal{O}_X$ einer algebraischen Varietät sind die Halme offenbar gerade die lokalen Ringe: $\mathcal{O}_{X,p} = (\mathcal{O}_X)_p$. Natürlich entspricht der in (iii) eingeführte Keimbegriff in diesem Fall gerade dem Keimbegriff für reguläre Funktionen.

[1] Brodmann, M.: Algebraische Geometrie. Birkhäuser Verlag Basel Boston Berlin, 1989.

Halmos, Paul Richard, ungarisch-amerikanischer Mathematiker, geb. 3.3.1916 Budapest, gest. 2.10.2006 Los Gatos (Kalif.).

Halmos studierte, nachdem ihn sein Vater in die USA geholt hatte, von 1931 bis 1938 an der Universität Urbana-Champaign (Illinois) Philosophie und Mathematik. Hier promovierte er 1938 in Mathematik und lehrte in Urbana-Champaign bis 1943. Danach arbeitete er an den Universitäten von Syracuse, Chicago, Michigan, Hawaii und Bloomington (Indiana) und seit 1984 an der Universität von Santa Clara.

Halmos befaßte sich mit vielen Gebieten der Mathematik, unter anderem mit der Maßtheorie, der Funktionalanalysis, der Operatortheorie und dem Prädikatenkalkül. Er ist besonders bekannt für seine hervorragenden Lehrbücher. Seine wichtigsten Werke sind „Finite dimensional vector spaces“

(1942), „Measure theory“ (1950), „Introduction to Hilbert space and theory of spectral multiplicity“ (1951), „Lectures on ergodic theory“ (1956), „Entropy in ergodic theory“ (1959), „Naive set theory“ (1960), „Algebraic logic“ (1962), „A Hilbert space problem book“ (1967) und „Lectures on Boolean algebras“ (1974).

Halteproblem, *allgemeines Halteproblem*, ein ↗Entscheidungsproblem, das bei gegebenen Zahlen n und x danach fragt, ob die Berechnung der n-ten ↗Turing-Maschine, gestartet mit Eingabe x, irgendwann hält. Den Begriff der n-ten Turing-Maschine erhält man hierbei durch ↗Arithmetisierung.

Das Halteproblem ist ein Beispiel für ein unentscheidbares Problem (↗Entscheidbarkeit), was man mit der Technik der Diagonalisierung nachweist. Das Halteproblem ist aber noch ↗rekursiv aufzählbar bzw. semi-entscheidbar.

Für jedes feste n, also für jede feste Turing-Maschine, erhält man ein sog. spezielles Halteproblem, das zu gegebenem x die Frage stellt, ob diese n-te Turing-Maschine bei Eingabe x hält. Für manche Turing-Maschinen, wie die ↗universelle Turing-Maschine, ist auch das spezielle Halteproblem unentscheidbar.

Weitere Spezialfälle des Halteproblems sind zum einen das Halteproblem bei leerem Band (gegeben n, gefragt: Hält die n-te Turingmaschine, wenn man sie auf leerem Band startet?) und das Selbstanwendbarkeitsproblem (gegeben n, gefragt: Hält die n-te Turingmaschine, wenn man sie auf der Eingabe n startet?). Beide Probleme sind unentscheidbar.

Hamel-Basis eines Vektorraumes, nichtleere linear unabhängige Teilmenge $B \subset V$ eines ↗Vektorraumes V mit folgender Eigenschaft: Aus $B \subset A \subseteq V$; $B \neq A$ folgt, daß A nicht linear unabhängig, also linear abhängig ist.

Der Begriff Hamel-Basis wird hauptsächlich in der Funktionalanalysis verwendet; in der linearen Algebra spricht man meist nur von einer Basis.

Zuweilen wird auch eine Basis des $\mathbb{Q}$-Vektorraumes $\mathbb{R}$ als Hamel-Basis bezeichnet.

Hamilton, Sir William Rowan, irischer Mathematiker und Physiker, geb. 4.8.1805 Dublin, gest. 2.9.1865 Dunsink bei Dublin.

Hamilton, Sohn eines Anwalts, fiel sehr früh durch eine phänomenale Sprachbegabung, aber auch durch außerordentliches mathematisches Verständnis auf. Er studierte in Dublin und wurde 1827, ohne jeden Studienabschluß, zum „Royal astronomer of Ireland“ bestimmt. Er siedelte in das Observatorium Dunsink über und übernahm die Professur für Astronomie in Dublin. Im Jahre 1835 wurde er geadelt. Trotz seiner Dienststellung hat sich Hamilton nicht sehr für Astronomie interessiert und nur eine einzige astronomische Arbeit, zur Mondtheorie, veröffentlicht (1847).

Dagegen waren seine mathematischen Arbeiten grundlegend. Seit etwa 1830 begann er nach einem Zahlensystem zu suchen, das die gleichen mathematischen Möglichkeiten im Raum eröffnete wie die komplexen Zahlen in der Ebene. Dabei fand er 1833 die Darstellung der gewöhnlichen komplexen Zahlen als Paare reeller Zahlen und entdeckte 1843 die Quaternionen (↗Hamiltonsche Quaternionenalgebra). Der Erforschung dieses hyperkomplexen Zahlensystems führte ihn nicht nur zu zwei dickleibigen Werken darüber (1853, 1867), sondern naturgemäß auch zur Begründung der Vektoralgebra und der Vektoranalysis.

Ab etwa 1824 beschäftigte sich Hamilton mit geometrischer Optik. Er gründete diese auf Variationsprinzipien und entwickelte eine Theorie der Abbildungsfehler. Von herausragender Bedeutung wurden seine Beiträge zur theoretischen Mechanik (Hamilton-Funktion, Hamiltonsche Differentialgleichungen). Einzelne Elemente dieser Theorie stellen das Bindeglied zwischen klassischer und moderner Physik, zwischen Makro- und Mikrophysik, dar. Durch Arbeiten seit 1837 gilt Hamilton auch als einer der Vorläufer der ↗Graphentheorie.

Hamilton schrieb auch philosophische Abhandlungen und literarische Arbeiten.

Hamilton-Cayley, Satz von, gelegentlich anzutreffende Bezeichnung für den Satz von ↗Cayley-Hamilton.

Hamilton-Feld, das Vektorfeld X_H auf einer ↗symplektischen Mannigfaltigkeit (M, ω) (oder allgemeiner einer Poissonschen Mannigfaltigkeit (M, P)), das einer gegebenen reellwertigen C^∞-Funktion H auf M (in der Mechanik oft ↗Hamilton-Funktion genannt) in folgender Weise zugeordnet wird:

$$X_H := P(\cdot, dH)\,.$$

Bei symplektischen Mannigfaltigkeiten hat man die äquivalente Formel $dH = \omega(X_H, \cdot)$. Die Dynamik eines Hamilton-Feldes wird durch das dynamische System $dc/dt = X_H(c)$ definiert. Man nennt (M, P, H) bzw. (M, ω, H) auch ein Hamiltonsches System. Man beachte, daß die Hamilton-Funktion H immer ein Integral der Bewegung darstellt. Im $\mathbb{R}^{2n}$ mit Koordinaten

$$(q, p) = (q_1, \dots, q_n, p_1, \dots, p_n)$$

und symplektischer Poisson-Struktur

$$P = \sum_{i=1}^{n} \partial/\partial q_i \wedge \partial/\partial p_i$$

nimmt dieses System die Form der in der Mechanik bekannten Hamiltonschen Bewegungsgleichungen an:

$$\frac{dq_i}{dt} = \frac{\partial H}{\partial p_i}(q, p)\,, \quad \frac{dp_i}{dt} = -\frac{\partial H}{\partial q_i}(q, p)\,.$$

Hamilton-Funktion, reellwertige C^∞-Funktion auf einer symplektischen oder allgemeiner Poissonschen Mannigfaltigkeit, zu der man die Dynamik ihres ↗Hamilton-Felds betrachtet.

Wichtige Beispiele von Hamilton-Funktionen in der Hamiltonschen Mechanik im $\mathbb{R}^{2n}$ haben die Form

$$(q, p) \mapsto \sum_{i=1}^{n} \frac{p_i^2}{2} + V(q)$$

mit einer C^∞-Funktion V.

Hamilton-Jacobi-Gleichung, für ein mechanisches System mit f Freiheitsgraden formal die partielle Differentialgleichung erster Ordnung

$$\frac{\partial S}{\partial t} + H\left(q^i, \frac{\partial S}{\partial q^k}, t\right) = 0$$

für die Wirkung S als Funktion der kanonischen Lagekoordinaten q^i $(i, k = 1, \dots, f)$ und der Zeit t. Dabei ist H eine Hamilton-Funktion, die i. allg. auch von der Zeit explizit abhängen kann.

Für den Fall, daß H nicht explizit von t abhängt und somit eine Konstante der Bewegung ist, führt der Ansatz $S = -Et + S_0$ (E die Energiekonstante) auf die Gleichung

$$H\left(q^i, \frac{\partial S_0}{\partial q^k}\right) = E\,.$$

Die Hamilton-Jacobi-Gleichung legt S nur bis auf eine additive Konstante fest.

Ein vollständiges Integral $S(q^i, P_k, t)$ der Hamilton-Jacobi-Gleichung mit den Integrationskonstanten P^k liefert die allgemeinste Lösung des zur Hamiltonfunktion H gehörenden Bewegungsproblems: Die kanonischen Impulskomponenten p_k und die kanonischen Koordinaten q^k ergeben sich aus

$$p_k = \frac{\partial S(q^i, P_j, t)}{\partial q^k} \quad \text{und} \quad Q^l = \frac{\partial S(q^i, P_j, t)}{\partial P_l}\,,$$

wobei die Q^l ein weiterer Satz von f beliebigen Konstanten sind.

Hamilton-Jacobi-Verfahren, Lösungsansatz für ein gegebenes ↗Hamiltonsches System, das mit einer ↗Hamilton-Funktion H auf einem ↗Kotangentialbündel definiert ist, wobei man durch Lösung – etwa durch einen Separationansatz – folgender nichtlinearer partieller Differentialgleichung erster Ordnung (der sog. Hamilton-Jacobi-Gleichung) für eine auf dem ↗Konfigurationsraum definierte reellwertige Funktion S,

$$E = H(dS)$$

(für beliebig gegebene reelle Zahl E) versucht, eine Lösung des ursprünglichen Systems zu konstruieren, indem man mit Hilfe von S eine ↗kanonische Transformation des Systems konstruiert, die die Hamilton-Funktion stark vereinfacht.

Das Hamilton-Jacobi-Verfahren läßt sich auch umgekehrt dafür verwenden, eine gegebene nichtlineare partielle Differentialgleichung erster Ordnung dadurch zu lösen, daß man sie als Hamilton-Jacobi-Gleichung zu einem Hamiltonschen System auffaßt. Mit dem (als bekannt vorausgesetzten) Hamiltonschen Fluß lassen sich dann die Lösungen berechnen.

Hamiltonsche Gleichung, Gleichung für Strahlensysteme. Es sei F die Regelfläche eines Strahlensystems im $\mathbb{R}^3$, ω der Winkel der Asymptotenebenen von F, r die Entfernung des Kehlpunktes vom Mittelpunkt des Systemstrahls von F und d_1, d_2 die Dralle der Hauptflächen durch den Systemstrahl. Dann gilt

$$r = \frac{d_1 - d_2}{2d_1 d_2} \cdot \sin(2\omega)\,, \qquad (1)$$

und man nennt (1) die Hamiltonsche Gleichung.

Hamiltonsche Gruppe, ↗invariante Untergruppe.

Hamiltonsche Hülle, ↗ Bondy-Chvátal, Satz von.

Hamiltonsche Mechanik, der Teil der Mechanik, dessen dynamische Systeme durch ↗Hamiltonsche Systeme gegeben sind.

Hamiltonsche Quaternionen, die Elemente der ↗Hamiltonschen Quaternionenalgebra.

Hamiltonsche Quaternionenalgebra, bezeichnet mit $\mathbb{H}$, ist die vierdimensionale Algebra über den reellen Zahlen $\mathbb{R}$ mit Vektorraumbasis $\{1, \mathrm{i}, \mathrm{j}, \mathrm{k}\}$ und den folgenden Strukurgleichungen für die Multiplikaton $\cdot$:

$$\begin{aligned} i^2 &= j^2 = k^2 = -1, \\ i \cdot j &= -j \cdot i = k, \\ j \cdot k &= -k \cdot j = i, \\ k \cdot i &= -i \cdot k = j. \end{aligned}$$

Die Algebra $\mathbb{H}$ bildet einen ↗Divisionsring. Sie ist die einzige endlichdimensionale nichtkommmutative reelle ↗Divisionsalgebra.

Der Körper der komplexen Zahlen kann z. B. mit den Unterräumen $\langle 1, i\rangle$, $\langle 1, j\rangle$, oder $\langle 1, k\rangle$ identifiziert werden. Die Elemente des Unterraums $\langle i, j, k\rangle$ werden als (rein-)imaginäre Quaternionen bezeichnet. Der gesamte Unterraum heißt der Imaginärraum der Hamiltonschen Quaternionen.

Ist

$$x = a + b\,i + c\,j + d\,k$$

eine Quaternion, so versteht man unter dem Realteil von x das Element a und unter dem Imaginärteil von x das Element $b\,i + c\,j + d\,k$. Das zu x konjugierte Element ist definiert als

$$\overline{x} = a - b\,i - c\,j - d\,k.$$

Die Norm von x ist definiert als

$$N(x) = x \cdot \overline{x} = a^2 + b^2 + c^2 + d^2.$$

Ist $\{e_1, e_2, e_3\}$ die Standardbasis des $\mathbb{R}^3$, so kann via

$$i \to e_1, \quad j \to e_2, \quad k \to e_3,$$

der Imaginärraum der Quaternionen mit dem $\mathbb{R}^3$ identifiziert werden. Deshalb werden seine Elemente manchmal als vektorielle Quaternionen bezeichnet. In dieser Beschreibung wird der Imaginärteil als vektorieller Anteil der Quaternion und der Realteil als skalarer Anteil der Quaternion bezeichnet.

Hamiltonscher Diffeomorphismus, Symplektomorphismus einer ↗symplektischen Mannigfaltigkeit (M, ω), der als ↗Fluß zur Zeit 1 einer zeitabhängigen ↗Hamilton-Funktion $H : S^1 \times M \to \mathbb{R}$ dargestellt werden kann.

Hamiltonscher Digraph, ein Digraph D, der einen gerichteten Kreis C besitzt, welcher alle Ecken des Digraphen enthält, für den also $E(C) = E(D)$ gilt.

Der gerichtete Kreis C wird dann gerichteter Hamiltonscher Kreis genannt. Ein gerichteter Weg W eines Digraphen D mit $E(W) = E(D)$ heißt gerichteter Hamiltonscher Weg.

Der folgende Satz von Ghouila-Houri aus dem Jahre 1960 zählt zu den klassischen hinreichenden Bedingungen für Hamiltonsche Digraphen und stellt ein Analogon zum Satz von Dirac dar.

Ist D ein stark zusammenhängender Digraph mit

$$d_D^+(x) + d_D^-(x) \;\geq\; |E(D)|$$

für jede Ecke $x \in E(D)$, so ist D Hamiltonsch.

Dieses Ergebnis wurde dann 1973 von H.Meyniel durch das folgende hinreichende Kriterium verallgemeinert.

Ist D ein stark zusammenhängender Digraph mit

$$d_D^+(x) + d_D^-(x) + d_D^+(y) + d_D^-(y) \;\geq\; 2|E(D)| - 1$$

für je zwei Ecken $x, y \in E(D)$, die durch keinen Bogen verbunden sind, so ist D Hamiltonsch.

Hamiltonscher Graph, ein ↗Graph G, der einen Kreis C besitzt, welcher alle Ecken des Graphen enthält, für den also $E(C) = E(G)$ gilt. Dieser Kreis C wird dann Hamiltonscher Kreis genannt.

Ein Weg W eines Graphen G mit $E(W) = E(G)$ heißt Hamiltonscher Weg. Ist jedes Eckenpaar eines Graphen G durch einen Hamiltonschen Weg verbunden, so spricht man von einem Hamiltonzusammenhängenden Graphen. Aus diesen Definitionen folgt unmittelbar, daß ein Hamiltonzusammenhängender Graph Hamiltonsch ist, und ein Hamiltonscher Graph einen Hamiltonschen Weg besitzt.

Obwohl die Definitionen für Eulersche (↗Eulerscher Graph) und Hamiltonsche Graphen gewisse Ähnlichkeiten aufweisen, sind die zu untersuchenden Probleme von völlig unterschiedlicher Schwierigkeit. Während durch den Satz von Euler-Hierholzer ein einfaches notwendiges und hinreichendes Kriterium für Eulersche Graphen zur Verfügung steht, ist bisher für Hamiltonsche Graphen keine befriedigende Charakterisierung gelungen. Der Grund hierfür ist, daß das Erkennen Hamiltonscher Graphen zu den Prototypen der *NP*-vollständigen Probleme gezählt werden kann.

Es sind aber eine Fülle von hinreichenden Bedingungen bekannt, wobei die älteste von G.A. Dirac (1952) stammt.

Ein Graph G mit mindestens drei Ecken ist Hamiltonsch, wenn

$$2\delta(G) \;\geq\; |E(G)|$$

gilt, wobei $\delta(G)$ der Minimalgrad von G ist.

Der nächste Satz von Ore (1960), der sofort aus dem Lemma von Ore folgt, verbessert das Resultat von Dirac.

Ist G ein Graph mit $|E(G)| \geq 3$, und gilt für alle nicht adjazenten Ecken x, y die Ungleichung

$$d_G(x) + d_G(y) \;\geq\; |E(G)|\,,$$

so ist G Hamiltonsch.

Darüber hinaus hat Ore 1963 gezeigt, daß G sogar Hamilton-zusammenhängend ist, wenn für alle nicht adjazenten Ecken x, y die etwas stärkere Bedingung

$$d_G(x) + d_G(y) \;\geq\; |E(G)| + 1$$

erfüllt ist.

Von den etwas neueren Ergebnissen sei noch eine Verallgemeinerung des Satzes von Ore genannt, die auf G.Fan (1984) zurückgeht.

Es sei G ein Graph ohne Artikulation mit mindestens drei Ecken. Erfüllen alle Eckenpaare x, y vom Abstand 2 die Bedingung

$$\max\{d_G(x), d_G(y)\} \geq |E(G)|/2,$$

so ist G Hamiltonsch.

Hamiltonscher G-Raum, Angabe einer ↗symplektischen Mannigfaltigkeit (M, ω), einer auf M durch Symplektomorphismen operierenden Lie-Gruppe G, und einer ↗Impulsabbildung J für diese Lie-Gruppenoperation.

Hamiltonscher Kreis, ↗ Hamiltonscher Graph.

Hamiltonscher Weg, ↗ Hamiltonscher Graph.

Hamiltonsches Prinzip der stationären Wirkung, inhomogenes Variationsproblem für die Raumzeitlinien der Bewegung.

Gegeben sei ein holonomes mechanisches System von n Freiheitsgraden. $L(t, q_i, q_i')$, $i = 1, \ldots, n$, sei das kinetische Potential des Systems. Dann hat für die wirkliche Bewegung des Systems von einer Anfangslage q_i^1 zur Zeit t_1 in eine Endlage q_i^2 zur Zeit t_2 das Integral

$$J = \int_{t_1}^{t_2} L dt$$

einen stationären Wert.

Hamiltonsches System, Angabe einer symplektischen oder Poissonschen Mannigfaltigkeit zusammen mit einer ausgezeichneten ↗Hamilton-Funktion.

Hamilton-zusammenhängender Graph, ↗ Hamiltonscher Graph.

Hammerscher Entwurf, ein flächentreuer ↗Kartennetzentwurf.

Der Hammersche Entwurf ist eine einfache Variante des ↗Lambertschen Entwurfs.

Hammerstein, Adolf, deutscher Mathematiker, geb. 7.6.1888 Mannheim, gest. 25.2.1941 Kiel.

Nach seinem Studium in Heidelberg und Göttingen von 1908 bis 1914 und dem Kriegsdienst promovierte Hammerstein in Göttingen über Zahlentheorie. Ab 1923 arbeitete er an der Universität von Berlin und 1935 wurde er als Professor nach Kiel berufen.

Hammerstein beschäftigte sich hauptsächlich mit der Variationsrechnung, partiellen Differentialgleichungen und nichtlinearen Intergralgleichungen. Dabei studierte er Gleichungen der Form

$$g(x) + \int_{\Omega} K(x, y)F(y, f(y))d\mu(y) = 0$$

(↗Hammerstein-Operator). Er untersuchte für diese Gleichungen Existenz und Eindeutigkeit der Lösungen und deren Fortsetzbarkeit.

Hammerstein-Operator, ein nichtlinearer Integraloperator der Gestalt

$$(Tf)(x) = \int_{\Omega} K(x, y)F(y, f(y))\, d\mu(y).$$

Unter gewissen Zusatzbedingungen an K und F, für die auf die Literatur verwiesen werden muß, operiert T von $L^p(\mu)$ nach $L^p(\mu)$.

[1] Martin, R. H.: Nonlinear Operators and Differential Equations in Banach Spaces. Wiley New York, 1976.

Hamming-Abstand, Maß für den Abstand zweier Vektoren.

Als Hamming-Abstand zweier Vektoren definiert man die Anzahl der voneinander verschiedenen Koordinaten. Diese Definition läßt sich auch auf gleich lange Wörter über einem Alphabet übertragen.

Der Hamming-Abstand der binären Vektoren (1, 0, 1, 1, 0) und (1, 1, 0, 1, 0) und der ganzahligen Vektoren (2, 0, 3, 17, 1) und (1, 0, 3, −35, 1) ist in beiden Fällen 2.

Hamming-Code, von Richard Hamming eingeführter linearer, 1-fehlerkorrigierender Code (↗fehlerkorrigierender Code)

$$\kappa : \{0, 1\}^m \rightarrow \{0, 1\}^{m+r},$$

wobei $r \in \mathbb{N}$ minimal unter der Bedingung $m + r + 1 \leq 2^r$ gewählt ist.

Die Bitstellen $2^0, 2^1, \ldots, 2^{r-1}$ des Codewortes dienen als Parity Bits. Die Bits der zu codierenden Nachricht aus $\{0, 1\}^m$ werden auf die m restlichen Bitstellen des Codewortes abgebildet. Das Parity Bit an der Bitstelle 2^i überprüft alle die Bitstellen des Codewortes, deren Adressen, (d. h. deren binäre Adressendarstellungen) an der $i$ten Bitstelle eine 1 haben. Die Numerierung der Bitstellen des Codewortes beginnt dabei mit 1. Wird nun eine so codierte Nachricht über einen Kanal übertragen (↗Informationstheorie), und ist beim Empfang die Belegung der Parity Bits $2^{j_1}, \ldots, 2^{j_k}$ falsch, so folgt hieraus, daß die $(\sum_{i=1}^k 2^{j_i})$-te Bitstelle des Codewortes bei der Übertragung gekippt ist, geht man von der Annahme aus, daß höchstens eine Bitstelle des Codewortes während der Übertragung gestört werden kann.

Hamming-Codes können auch in äquivalenter Weise als (n, k)-Codes über einem beliebigen Körper K definiert werden. Die Kontrollmatrix H besteht dabei aus allen von Null verschiedenen und paarweise linear unabhängigen $(n-k)$-dimensionalen Spaltenvektoren über K.

Ein binärer Hamming-Code ist damit ein $(2^r - 1, 2^r - r - 1)$-Code (mit $r = n - k$). Die Kontrollmatrix für $r = 3$ hat zum Beispiel die Form

$$H = \begin{pmatrix} 0 & 0 & 0 & 1 & 1 & 1 & 1 \\ 0 & 1 & 1 & 0 & 0 & 1 & 1 \\ 1 & 0 & 1 & 0 & 1 & 0 & 1 \end{pmatrix}.$$

Der Code besteht aus allen Vektoren $(c_1, \ldots, c_7)$ mit $c_5 = c_2 + c_3 + c_4$, $c_6 = c_1 + c_3 + c_4$ und $c_7 = c_1 + c_2 + c_4$. Ist $c_* = c + e_i$ ein Wort, bei dem ein einziger Fehler aufgetreten ist, dann kann aus dem Spaltenvektor $H \cdot c_*^\top$ eindeutig die Stelle i, an der der Bitfehler auftrat, rekonstruiert werden. So ist $c_* = 1010110^\top$ kein Codewort, denn

$$H \cdot c_*^\top = (0, 0, 1)^\top \neq 0 .$$

Ein einfacher Bitfehler muß dann an der ersten Stelle aufgetreten sein, das korrigierte Codewort ist (0010110).

Über beliebigen Körpern mit q Elementen sind die Hamming-Codes $\left((q^k - 1)/(q - 1), (q^k - 1)/(q - 1) - r - 1\right)$-Codierungen.

Handschlaglemma, ↗ Graph, ↗ gerichteter Graph.

handshake, (engl. Händedruck), Methode zur Synchronisation bei einer Datenübertragung.

Im Gegensatz zum sogenannten „polling" (engl. Befragung) sind dabei Sender und Empfänger gleichberechtigt. Jeder der beiden kann die Sende- oder Empfangsbereitschaft dem anderen Partner über separate Kanäle (Hardware-handshake) oder besondere Nachrichten (Software-handshake) signalisieren. Liegen die entsprechenden Voraussetzungen, zum Beispiel über die zu verwendenden Verschlüsselungsverfahren, vor, wird die Kommunikation aufgenommen.

Beim „polling"-Verfahren kann nur einer der beiden den anderen Partner abfragen, ob die Sende- oder Empfangsbereitschaft vorliegt und danach die Verbindung aufbauen.

Hankel, Hermann, deutscher Mathematiker, geb. 14.2.1839 Halle, gest. 29.8.1873 Schramberg.

Hankel studierte von 1857 bis 1860 in Leipzig bei Möbius, dann 1860 in Göttingen bei Riemann. 1861 promovierte er in Leipzig und habilitierte sich dort 1863. Er arbeitete zunächst als Privatdozent in Leipzig, ging dann 1867 nach Erlangen und 1869 nach Tübingen.

1867 befaßte sich Hankel mit der Zahlentheorie und formulierte erneut (schon 1834 durch Peacock) das sogenannte Permanenzprinzip, nach dem bei der Erweiterung eines gegebenen Zahlensystems die bisherigen Rechengesetze Gültigkeit behalten sollen. Jedoch erst durch Hankel wurde dieses Prinzip zum allgemein anerkannten Prinzip und führte zur Herausbildung der heutigen modernen mathematischen Denkweise in abstrakten algebraischen Stukturen.

Hankel beschäftigte sich ab 1869 intensiv mit Zylinderfunktionen und ↗ Bessel-Funktionen. Er führte dafür 1869 die ↗ Hankel-Funktion als Zylinderfunktion dritter Art und die ↗ Hankel-Transformation ein.

Hankel-Funktion, Bessel-Funktionen dritter Art.

Der Separationsansatz zur Lösung der Wellengleichung führt zur Besselschen Differentialgleichung

$$z^2 \frac{d^2 f}{dz^2} + z \frac{df}{dz} + (z^2 - \nu^2) f = 0.$$

Für beliebiges ν erhält man daraus die Bessel-Funktionen erster Art

$$J_\nu(z) = \sum_{m=0}^{\infty} \frac{(-1)^m \left(\frac{z}{2}\right)^{\nu+2m}}{m!\Gamma(m+\nu+1)}.$$

Die Bessel-Funktionen zweiter Art, auch Neumannsche Funktionen genannt, berechnen sich dann aus den Bessel-Funktionen erster Art durch

$$N_\nu(z) = \frac{1}{\sin(\nu\pi)} (J_\nu(z) \cos(\nu\pi) - J_{-\nu}(z)).$$

Aus Bessel-Funktionen erster und zweiter Art kann man dann die Hankel-Funktionen berechnen, die man auch Bessel-Funktionen dritter Art nennt.

Man unterscheidet dabei zwischen den Hankel-Funktionen erster und zweiter Art $H_\nu^1(z)$ und $H_\nu^2(z)$. Sie sind definiert durch

$$H_\nu^1(z) = J_\nu(z) + i \cdot N_\nu(z)$$

und

$$H_\nu^2(z) = J_\nu(z) - i \cdot N_\nu(z).$$

Hankel-Integral, *Fourier-Bessel-Integral*, Integraldarstellung der Hankel-Funktionen erster bzw. zweiter Art durch folgende Integrale: Es ist

$$H_\nu^1(z) = \frac{\Gamma(\frac{1}{2} - \nu)(\frac{1}{2}z)^\nu}{\pi^{3/2} i} \int_{1+i\infty}^{(1+)} e^{izt}(t^2 - 1)^{\nu - 1/2}\, dt$$

und

$$H_\nu^2(z) = \frac{\Gamma(\frac{1}{2}-\nu)(\frac{1}{2}z)^\nu}{\pi^{3/2}i} \int_{1-i\infty}^{(1+)} e^{-izt}(t^2-1)^{\nu-1/2}\,dt\,,$$

wobei der Integrationspfad jeweils eine Kurve ist, die $z = -1$ nicht umläuft.

Hankel-Matrix, symmetrische quadratische Matrix, deren Einträge entlang der von links unten nach rechts oben laufenden Diagonalen konstant sind.

Eine Matrix $A = ((a_{i,j}))$ ist also genau dann Hankel-Matrix, wenn

$$a_{i,j} = a_{k,l}$$

für alle (i,j), (k,l) mit $i+j = k+l$ gilt.

Hankelsche Integraldarstellung der Γ-Funktion, ↗ Eulersche Γ-Funktion.

Hankelsches Schleifenintegral, ↗ Eulersche Γ-Funktion.

Hankel-Transformation, *Bessel-Fourier-Transformation*, *Fourier-Bessel-Transformation*, eine ↗ Integral-Transformation, definiert durch

$$(H_\nu f)(x) := \int_0^\infty J_\nu(tx)\,tf(t)\,dt,$$

wobei J_ν die ↗ Bessel-Funktion der Ordnung ν bezeichnet. $H_\nu f$ heißt die Hankel-Transformierte von f.

In der Literatur werden gelegentlich auch folgende Integral-Transformationen als Hankel-Transformation bezeichnet:

$$(\tilde{H}f)(x) := \int_0^\infty J_\nu(tx)\,\sqrt{tx}f(t)\,dt,$$

die sich aus einem Grenzwert der Weber-Transformation ergibt, und

$$(\hat{H}f)(x) := \int_0^\infty J_\nu(2\sqrt{tx})f(t)\,dt\,.$$

Manchmal wird die Hankel-Transformation auch als Bessel-Transformation bezeichnet.

Hansen, Verfahren von, ein Spezialfall bzw. eine Verallgemeinerung des ↗ Intervall-Newton-Verfahrens.

Das klassische Intervall-Newton-Verfahren läßt sich auf Funktionen verallgemeinern, die nur einer ↗ Intervall-Lipschitz-Bedingung genügen. Außerdem gibt es Erweiterungen für mehrdimensionale Probleme und für den Fall, daß $\mathbf{f}'(\mathbf{x}^{(0)})$ (bzw. eine ihrer Komponenten) die Null enthält. In letzterem Fall spricht man vom Verfahren von E. Hansen. Die Grundidee besteht darin, formal die Division durch ein die Null enthaltendes Intervall zuzulassen, welche dann i. allg. auf die Vereinigung zweier Intervalle führt, deren eine Grenze im Unendlichen liegt. Die Schnittbildung des Intervall-Newton-Verfahrens ergibt dann wieder zwei endliche Intervalle, mit denen getrennt fortgefahren wird. Das Hansen-Verfahren hat sich insbesondere bei der ↗ Lösungseinschließung nichtlinearer Gleichungssysteme und bei der globalen Optimierung als außerordentlich erfolgreich erwiesen.

[1] Hansen, E.: Global Optimization Using Interval Analysis. Marcel Dekker, New York, 1992.

Harder-Narasimhan-Filtration, eine Filtration auf einer rein n-dimensionalen Garbe.

Sei X ein projektives Schema über k und $\mathcal{O}_X(1)$ ein ↗ amples Geradenbündel.

Eine besondere Rolle spielen stabile oder semistabile kohärente ↗ Garben, einerseits wegen der Existenz von Modulräumen für semistabile Garben, andererseits weil alle rein-dimensionalen Garben aus semistabilen Garben „zusammengesetzt" sind in folgendem Sinne: Eine kohärente Garbe $\mathcal{F}$ heißt rein n-dimensional, wenn alle Untergarben $\neq 0$ die Dimension n haben. Eine solche Garbe besitzt eine Filtration

$$0 = \mathcal{F}_0 \subset \mathcal{F}_1 \subset \mathcal{F}_2 \subset \cdots \subset \mathcal{F}_l = \mathcal{F}$$

durch kohärente Untergarben $\mathcal{F}_j$ so, daß

(i) $\mathcal{F}_j/\mathcal{F}_{j-1}$ semistabil ist für $j = 1, \ldots, l$, und

(ii) die normierten ↗ Hilbert-Polynome eine echt absteigende Folge bilden (wobei hier die Relation $p_1 > p_2$ für Polynome $p_1, p_2 \in \mathbb{Q}[t]$ bedeutet, daß $p_1(\nu) > p_2(\nu)$ für alle $\nu \geq \nu_0$).

Die Filtration ist durch diese beiden Eigenschaften eindeutig bestimmt und heißt Harder-Narasimhan-Filtration.

Hardy, Godfrey Harold, britischer Mathematiker, geb. 7.2.1877 Cranleigh (England), gest. 1.12.1947 Cambridge.

Hardys Eltern, denen aus Geldmangel eine Hochschulkarriere versagt blieb, waren beide im Schuldienst tätig. Hardy und seine jüngere Schwester wuchsen in einer offenen und aufgeklärten Umgebung auf. Mit 13 Jahren wechselte Hardy auf das Winchester College, eine damals für eine sehr gute Mathematikausbildung bekannte Schule. Ab 1896 studierte er dann an der Universität Cambridge, 1900 wurde er Mitglied des Trinity College und lehrte dort bis 1919. Nachdem er bis 1931 als Suvilian-Professor für Geometrie an der Universität Oxford und zwischenzeitlich 1928/29 in Princeton gewirkt hatte, kehrte er als Professor für Reine Mathematik nach Cambridge zurück, wo er 1942 emeritiert wurde.

Hardy beschäftigte sich zunächst mit analytischen Fragen, vor allem der Konvergenz von Reihen bzw. Integralen. Sein Lehrbuch „A Course of Pure Mathematics“ gilt als die erste strenge Darlegung vieler Aspekte der Analysis in England und hatte einen spürbaren Einfluß auf die Universitätsausbildung. Einen Wandel brachte 1911 die beginnende, 35 Jahre währende Zusammenarbeit mit J.E. Littlewood (1885–1977). In dieser Zeit entstanden etwa 100 gemeinsame Arbeiten, in denen sie wichtige Beiträge zu diophantischen Approximationen, zur additiven Zahlentheorie, speziell zum Waringschen Problem, zur Theorie der Riemannschen ζ-Funktion, zur Fourier-Analyse sowie zur Theorie der Ungleichungen und divergenten Reihen lieferten. 1914 bewies Hardy z. B., daß die Riemannsche ζ-Funktion unendlich viele Nullstellen auf der Geraden $\mathrm{Re}(s) = 1/2$ hat, 1921 verschärfte er zusammen mit Littlewood den Satz bezüglich der Lage der Nullstellen. In den zwanziger Jahren verbesserten beide die 1918 von Hardy und Ramanujan hervorgebrachte Kreismethode, sie erwies sich in der additiven Zahlentheorie bei der Behandlung des Waringschen Problems und seiner Modifikationen sowie der Frage nach Partitionen als äußerst nützlich und ist heute als Hardy-Littlewood-Kreismethode bekannt.

Als weitere Ergebnisse der Zusammenarbeit seien das Hardy-Littlewood-Kriterium für die Konvergenz der Fourier-Reihe einer 2π-periodischen Funktion und das Hardy-Littlewood-Theorem in der komplexen Funktionentheorie genannt.

1913 entdeckte Hardy das mathematische Talent des Inders S.Ramanujan, der sich autodidaktisch mit Mathematik beschäftigt hatte. Frucht der kurzen gemeinsamen Forschungen war 1918 die spektakuläre Entdeckung einer asymptotischen Formel für die Anzahl der Partitionen einer natürlichen Zahl und die ersten Ansätze zur erwähnten Kreismethode.

Neben Forschungsartikeln bereicherte Hardy die Mathematik durch mehrere wichtige Lehrbücher, etwa 1915 über Dirichlet-Reihen (gemeinsam mit Riesz), 1934 über Ungleichungen (mit Littlewood und Polya) und 1949 über Ungleichungen.

Für sein umfangreiches Schaffen erhielt er zahlreiche hohe Auszeichnungen.

Hardy-Littlewood-Methode, *Kreismethode von Hardy und Littlewood*, eine in einer Serie von Arbeiten aus den Jahren 1920 bis 1928 entwickelte analytische Methode zur Behandlung von Problemen der additiven Zahlentheorie.

Anwendungsgebiete dieser Methode sind z. B. die Goldbach-Probleme, Waring-Probleme, oder Partitionsprobleme. Eine prominenter Erfolg der Kreismethode ist der Satz von Vinogradov über das ternäre ↗Goldbach-Problem.

Hardy-Raum, ein vollständiger metrischer Raum von in $\mathbb{E} = \{z \in \mathbb{C} : |z| < 1\}$ ↗holomorphen Funktionen.

Hardy-Räume sind von großer Bedeutung in der komplexen und reellen Analysis. Zur genauen Definition sei $0 < p \leq \infty$. Ist f holomorph in $\mathbb{E}$ und $0 < r < 1$, so setzt man für $p < \infty$

$$M_p(r,f) := \left(\frac{1}{2\pi} \int_0^{2\pi} |f(re^{it})|^p \, dt \right)^{1/p}$$

und für $p = \infty$

$$M_p(r,f) := \max_{t \in [0,2\pi)} |f(re^{it})| .$$

Dann ist $M_p(r,f)$ eine monoton wachsende Funktion von r und $\log M_p(r,f)$ eine konvexe Funktion von $\log r$. Der Hardy-Raum H^p ist nun die Menge aller $f \in \mathcal{O}(\mathbb{E})$ derart, daß

$$\|f\|_p := \sup_{0<r<1} M_p(r,f) = \lim_{r \to 1} M_p(r,f) < \infty .$$

Eine Funktion $f \in H^p$ nennt man auch H^p-Funktion. Mit der punktweisen Skalarmultiplikation und Addition von Funktionen ist H^p ein komplexer Vektorraum. Für $p \geq 1$ ist $\|\cdot\|_p$ eine Norm auf H^p, und H^p damit ein Banachraum. Sind $f, g \in H^\infty$, so ist auch $fg \in H^\infty$ und daher H^∞ eine Banach-Algebra. Für $f \in H^\infty$ gilt $\|f\|_\infty = \sup_{z \in \mathbb{E}} |f(z)|$.

Es gilt

$$H^\infty \subset H^q \subset H^p \subset H^1$$

für $0 < p \leq q \leq \infty$. Dabei sind alle diese Inklusionen echt, d. h. für $p \neq q$ gilt $H^p \neq H^q$. Für $0 < p < 1$ ist $\|f\|_p$ keine Norm mehr, aber durch

$$d(f,g) = \|f - g\|_p^p$$

wird eine Metrik auf H^p definiert, und H^p ist damit ein vollständiger metrischer Raum.

Einige Beispiele:

1. Für $f(z) = 1/(1-z)$ gilt $f \in H^p$ für $0 < p < 1$, aber $f \notin H^1$.

2. Ist $c > 1$ und

$$f(z) = \frac{1}{1-z}\left(\frac{1}{z}\log\frac{1}{1-z}\right)^{-c},$$

so ist $f \in H^1$.

3. Für

$$f(z) = i\log\frac{1+z}{1-z}$$

gilt $f \in H^p$ für $1 \le p < \infty$.

4. Ist f holomorph in $\mathbb{E}$ und das Bildgebiet $f(\mathbb{E})$ in einem Winkelraum mit Öffnungswinkel $\alpha \in (0, 2\pi]$ enthalten, so ist $f \in H^p$ für $0 < p < \frac{\pi}{\alpha}$.

Der Raum H^2 ist sogar ein Hilbertraum mit dem Skalarprodukt

$$\langle f, g\rangle = \frac{1}{2\pi}\int_0^{2\pi} f(re^{it})\overline{g(re^{it})}\,dt\,.$$

Ist $f(z) = \sum_{n=0}^{\infty} a_n z^n$ die Taylor-Reihe von $f \in \mathcal{O}(\mathbb{E})$, so gilt $f \in H^2$ genau dann, wenn

$$\sum_{n=0}^{\infty} |a_n|^2 < \infty\,.$$

In diesem Fall gilt

$$\|f\|_2^2 = \sum_{n=0}^{\infty} |a_n|^2\,.$$

Für $p \neq 2$ kann man die Zugehörigkeit von f zu H^p nicht so einfach an den Taylor-Koeffizienten a_n ablesen. Es gilt folgender Satz.

(a) *Ist $f \in H^1$, so gilt $\lim_{n\to\infty} a_n = 0$.*

(b) *Ist $1 < p \le 2$ und $f \in H^p$, so gilt*

$$\sum_{n=0}^{\infty} |a_n|^q < \infty\,,$$

wobei

$$\frac{1}{p} + \frac{1}{q} = 1\,.$$

(c) *Ist $1 \le q \le 2$ und $\sum_{n=0}^{\infty} |a_n|^q < \infty$, so ist $f \in H^p$, wobei $\frac{1}{p} + \frac{1}{q} = 1$, falls $q > 1$ und $p = \infty$, falls $q = 1$.*

(d) *Ist $0 < p \le 2$ und $f \in H^p$, so gilt*

$$\sum_{n=0}^{\infty} n^{p-2}|a_n|^p < \infty\,.$$

(e) *Ist $2 \le p < \infty$ und $\sum_{n=0}^{\infty} n^{p-2}|a_n|^p < \infty$, so ist $f \in H^p$.*

Die Funktion

$$f(z) = \frac{1}{1-z}\log\frac{1}{1-z}$$

gehört zu H^p für alle $p < 1$, hat aber unbeschränkte Taylor-Koeffizienten.

Eine wichtige Eigenschaft von H^p-Funktionen ist die Existenz radialer Randwerte.

Es sei $0 < p \le \infty$ und $f \in H^p$. Dann existiert für fast alle $t \in [0, 2\pi)$ der radiale Grenzwert

$$f^*(e^{it}) := \lim_{r\to 1} f(re^{it})\,, \qquad (1)$$

und es gilt $f^* \in L^p(\mathbb{T})$ und (falls $f(z) \not\equiv 0$) $\log|f^*| \in L^1(\mathbb{T})$, wobei $\mathbb{T} = \partial\mathbb{E} = \{z : |z| = 1\}$. Es gilt $\|f\|_p = \|f^*\|_p$, wobei $\|f^*\|_p$ die Norm von f^* im Raum $L^p(\mathbb{T})$ bezeichnet.

Weiter gilt für $p \ge 1$ und $z \in \mathbb{E}$ die Cauchysche Integralformel

$$f(z) = \frac{1}{2\pi i}\int_{\mathbb{T}} \frac{f^*(\zeta)}{\zeta - z}\,d\zeta$$

und die Poissonsche Integralformel

$$f(z) = \int_{\mathbb{T}} P(\zeta, z) f^*(\zeta)\,|d\zeta|\,.$$

Dabei ist $P(\zeta, z)$ der reelle Poisson-Kern, d. h.

$$P(\zeta, z) = \frac{1}{2\pi}\frac{1 - |z|^2}{|\zeta - z|^2} = \frac{1}{2\pi}\,\mathrm{Re}\,\frac{\zeta + z}{\zeta - z}\,.$$

Für $0 < p < \infty$ gilt noch

$$\lim_{r\to 1}\int_0^{2\pi} |f(re^{it})|^p\,dt = \int_0^{2\pi} |f^*(e^{it})|^p\,dt$$

und

$$\lim_{r\to 1}\int_0^{2\pi} |f(re^{it}) - f^*(e^{it})|^p\,dt = 0\,.$$

Die zu $f \in H^p$ gehörige Funktion $f^* \in L^p(\mathbb{T})$ nennt man auch Randfunktion von f. Für die Frage, welche Funktionen $f^* \in L^p(\mathbb{T})$ als Randfunktionen von H^p-Funktionen vorkommen, spielen die Fourierkoeffizienten $\hat{\varphi}(n)$ von Funktionen $\varphi \in L^1(\mathbb{T})$ eine entscheidende Rolle. Diese sind definiert durch

$$\hat{\varphi}(n) := \frac{1}{2\pi}\int_0^{2\pi} \varphi(e^{it})e^{-int}\,dt\,, \quad n \in \mathbb{Z}\,.$$

Damit gilt folgender Satz.

Es sei $f \in H^1$ und $f(z) = \sum_{n=0}^{\infty} a_n z^n$. Dann gilt $\widehat{f^*}(n) = a_n$ für $n \in \mathbb{N}_0$ und $\widehat{f^*}(n) = 0$ für $n < 0$.

Ist $1 \le p \le \infty$ und $f^* \in L^p(\mathbb{T})$ gegeben, so existiert eine Funktion $f \in H^p$ derart, daß (1) genau dann gilt, wenn $\widehat{f^*}(n) = 0$ für alle $n < 0$.

Im Fall $1 < p < \infty$ ist die Riesz-Projektion

$$\sum_{n=-\infty}^{\infty} \widehat{\varphi}(n)e_n \mapsto \sum_{n=0}^{\infty} \widehat{\varphi}(n)e_n\,,$$

wobei $e_n(t) = e^{int}$, stetig auf $L^p(\mathbb{T})$, und $H^p(\mathbb{T})$ ist ein sog. komplementierter Unterraum von $L^p(\mathbb{T})$, der zu $L^p(\mathbb{T})$ isomorph ist (↗Isomorphie von Banachräumen); hierbei ist wieder $\mathbb{T} = \{z : |z| = 1\}$.

Analoge Aussagen gelten in der oberen Halbebene $\{x + iy : y > 0\}$, wenn man von

$$M_p(F, y) = \left(\int_{-\infty}^{\infty} |F(x+iy)|^p \, dx \right)^{1/p}$$

ausgeht; man erhält dann die Hardy-Räume $H^p(\mathbb{R})$. Stein und Weiss haben daraus eine Theorie der „reellen" Hardy-Räume $\mathcal{H}^p(\mathbb{R}^d)$ entwickelt. Für $d = 1$ besteht $\mathcal{H}^p(\mathbb{R})$ aus denjenigen Funktionen, die Realteil einer Funktion aus $H^p(\mathbb{R})$ sind. Es stellt sich heraus, daß für $p > 1$ mit dieser Definition $\mathcal{H}^p(\mathbb{R}) = L^p(\mathbb{R})$ gilt. Für $p = 1$ erhält man einen echten Teilraum von $L^1(\mathbb{R})$, der folgendermaßen mittels der Hilbert-Transformation T charakterisiert werden kann:

$$f \in \mathcal{H}^1(\mathbb{R}) \iff f \in L^1(\mathbb{R}) \,\&\, Tf \in L^1(\mathbb{R}).$$

Analog definiert man $\mathcal{H}^1(\mathbb{R}^d)$ mittels der höherdimensionalen Analoga der Hilbert-Transformation, nämlich der Riesz-Transformationen. $\mathcal{H}^1(\mathbb{R}^d)$ wird dann zu einem Banachraum. Der tiefliegende Dualitätssatz von Fefferman und Stein beschreibt den Dualraum von $\mathcal{H}^1$ als den John-Nirenberg-Raum BMO (↗BMO-Raum).

Zur Konstruktion weiterer Beispiele von H^p-Funktionen sei zunächst

$$B(z) = z^m \prod_n \frac{|a_n|}{a_n} \frac{a_n - z}{1 - \bar{a}_n z} \tag{2}$$

ein ↗Blaschke-Produkt, wobei $m \in \mathbb{N}_0$, $0 < |a_n| < 1$ und

$$\sum_n (1 - |a_n|) < \infty .$$

Dabei kann die Menge der Zahlen a_n (die nicht notwendig paarweise verschieden sein müssen) auch endlich oder sogar leer sein. Im letzteren Fall ist $B(z) = z^m$. Dann ist $B \in H^\infty$. Genauer gilt $|B(z)| < 1$ für $z \in \mathbb{E}$ und $B^*(e^{it}) = 1$ für fast alle $t \in [0, 2\pi)$. Eine Funktion $f \in H^\infty$ mit $|f(z)| < 1$ für $z \in \mathbb{E}$ und $f^*(e^{it}) = 1$ für fast alle $t \in [0, 2\pi)$ nennt man auch innere Funktion. Blaschke-Produkte sind also spezielle innere Funktionen.

Weitere innere Funktionen erhält man durch

$$S(z) := \exp\left(-\int_0^{2\pi} \frac{e^{it} + z}{e^{it} - z} \, d\mu(t) \right), \tag{3}$$

wobei $\mu \colon [0, 2\pi) \to \mathbb{R}$ eine beschränkte monoton wachsende Funktion ist, die $\mu'(t) = 0$ für fast alle $t \in [0, 2\pi)$ erfüllt. Das Integral ist als Riemann-Stieltjes-Integral zu verstehen. Ist z. B. $\mu(t) = 0$ für $t = 0$ und $\mu(t) = 1$ für $0 < t < 2\pi$, so ergibt sich

$$S(z) = \exp\left(-\frac{1+z}{1-z} \right).$$

Funktionen S der Gestalt (3) besitzen keine Nullstellen in $\mathbb{E}$, und man nennt sie auch singuläre innere Funktionen.

Eine äußere Funktion $F \in H^p$, $0 < p \le \infty$ ist eine Funktion der Gestalt

$$F(z) := e^{i\gamma} \exp\left(\frac{1}{2\pi} \int_0^{2\pi} \frac{e^{it} + z}{e^{it} - z} \log \psi(t) \, dt \right).$$

Dabei ist $\gamma \in \mathbb{R}$, und die Funktion $\psi \colon [0, 2\pi) \to [0, \infty)$ erfüllt die Bedingungen $\log \psi \in L^1[0, 2\pi)$ und $\psi \in L^p[0, 2\pi)$. Äußere Funktionen besitzen ebenfalls keine Nullstellen in $\mathbb{E}$. Eine in $\mathbb{E}$ holomorphe Funktion F mit $\operatorname{Re} F(z) > 0$ für alle $z \in \mathbb{E}$ ist eine äußere Funktion in H^p für alle $p < 1$.

Ist B ein Blaschke-Produkt, S eine singuläre innere Funktion und F eine äußere Funktion in H^p, so ist $f := BSF \in H^p$. Umgekehrt kann jede Funktion $f \in H^p$ faktorisiert werden in der Form $f = BSF$. Dabei besitzt das Blaschke-Produkt B dieselben Nullstellen mit denselben ↗Nullstellenordnungen wie f. Sind also $a_1, a_2, \ldots$ die Nullstellen von $f \in H^p$ in $\mathbb{E} \setminus \{0\}$ (wobei jede Nullstelle so oft aufgeführt wird, wie ihre Ordnung angibt), so gilt

$$\sum_{n=1}^{\infty} (1 - |a_n|) < \infty .$$

H^1-Funktionen können zum Beispiel in der Theorie der ↗konformen Abbildungen angewandt werden. Dazu sei f eine konforme Abbildung von $\mathbb{E}$ auf ein Gebiet $G \subset \mathbb{C}$, dessen Rand ∂G eine Jordan-Kurve ist. Dann ist ∂G rektifizierbar genau dann, wenn $f' \in H^1$.

Hieraus lassen sich noch zwei Folgerungen ableiten.

1. Ist $f(z) = \sum_{n=0}^{\infty} a_n z^n$ und $\sum_{n=0}^{\infty} |a_n| < \infty$, so ist ∂G rektifizierbar.
2. Ist ∂G rektifizierbar und L die Länge von ∂G, so ist das Bild jedes Durchmessers von $\mathbb{E}$ unter f rektifizierbar und hat eine Länge von höchstens $\frac{L}{2}$.

Ist f eine ↗schlichte Funktion in $\mathbb{E}$, so ist $f \in H^p$ für alle $p < \frac{1}{2}$, und für den singulären Faktor von f gilt $S(z) \equiv 1$. Für die ↗Koebe-Funktion

$$k(z) = \frac{z}{(1-z)^2}$$

gilt $k \notin H^{1/2}$.

[1] Duren, P. L.: Theory of H^p Spaces. Academic Press London/Orlando, 1970.
[2] Garnett, J. B.: Bounded Analytic Functions. Academic Press London/Orlando, 1981.
[3] Rudin, W.: Real and Complex Analysis. McGraw-Hill New York, 3. Auflage 1987.
[4] Stein, E. M.: Harmonic Analysis. Princeton University Press Princeton, 1993.

Hardysche Multiquadrik, eine rotations- und translationsinvariante ↗radiale Basisfunktion, die insbesondere zur ↗scattered data-Interpolation eingesetzt wird.

Sie ist definiert als

$$\Phi(r) = (r^2 + R^2)^{\mu/2},$$

wobei $R > 0$ und $\mu \neq 0$ Parameter sind. Oft wird $\mu = 1$ oder $\mu = -1$ gewählt. Das beim Interpolationsproblem zu lösende Gleichungssystem ist jedenfalls lösbar und wird bei wachsendem R immer schlechter konditioniert.

Die Wahl von R hängt von den gegebenen Daten ab, von Hardy selbst stammt die Anweisung

$$\mu = 1 \quad \text{und} \quad R = 0.815\,d\,,$$

wenn d der mittlere Abstand eines Datenpunktes zum nächsten Nachbarn ist.

Verfeinerte Methoden benützen für jeden Datenpunkt ein eigenes R.

Hardy-Transformation, eine ↗Integral-Transformation $f \mapsto F$ für eine Funktion $f \in L^2(0, +\infty)$, definiert durch

$$F(x) := \int_0^\infty (\cos p\pi J_\nu(xt) + \sin p\pi Y_\nu(xt))\, tf(t)\, dt\,,$$

wobei J_ν und Y_ν die ↗Bessel-Funktionen erster und zweiter Art sind.

Für $p = 0$ erhält man die ↗Hankel-Transformation.

Die inverse Hardy-Transformation ist gegeben durch

$$f(t) = $$
$$= \int_0^\infty \sum_{n=0}^\infty \frac{(-1)^n \left(\frac{tx}{2}\right)^{\nu+2p+2n}}{\Gamma(p+n+1)\Gamma(\nu+p+n+1)}\, xF(x)\, dx\,.$$

Hardy-Weinberg-Gesetz, Begriff aus der mathematischen Biologie.

Das Hardy-Weinberg-Gesetz beschreibt die Genotypverteilung in einer durch Zufallspaarung entstandenen Tochterpopulation bei bekannten Genhäufigkeiten in der Muttergeneration.

Haremssatz, ↗ Hall, Satz von.

harmonische Abbildung, seltener gebräuchliche Bezeichnung für eine ↗harmonische Funktion.

harmonische Analysis, Zweig der Mathematik, der sich im weitesten Sinne mit Fourier-Entwicklungen und ↗Fourier-Reihen sowie deren vielfältigen Verallgemeinerungen beschäftigt, etwa Pseudodifferentialoperatoren.

Im engeren Sinne versteht man hierunter die Superposition einer gegebenen Funktion f durch „harmonische Oszillationen“ gegeben durch $\exp(i\lambda t)$. Genauer: Ist $\alpha(\lambda)$ eine komplexwertige, rechtstetige Funktion auf $\mathbb{R}$ beschränkter Variation $\mathcal{V}(\alpha) < \infty$, und ist

$$f(t) = \int_{-\infty}^{\infty} e^{i\lambda t} d\alpha(\lambda)\,, \qquad (1)$$

dann sagt man, die Funktion f sei eine Überlagerung harmonischer Oszillationen. Umgekehrt kann man auch das Problem stellen, für ein gegebenes f das geeignete α zu finden, so daß die Gleichung (1) gilt.

Man beweist die folgenden Sätze: Eine notwendige und hinreichende Bedingung dafür, daß sich eine Funktion $f : \mathbb{R} \to \mathbb{C}$ in der Form (1) enwickeln läßt, ist

$$\sup_{n\geq 1} \int_{\mathbb{R}} \left| \int_{\mathbb{R}} \left(\frac{\sin(t/n)}{t/n}\right)^2 f(t) e^{-i\lambda t} dt \right| d\lambda < \infty\,.$$

Für ein f in der Form (1) gilt für alle λ_0

$$\alpha(\lambda_0) - \lim_{\lambda \nearrow \lambda_0} \alpha(\lambda) = \lim_{T\to\infty} \frac{1}{2T} \int_{-T}^{T} f(t) e^{-\lambda_0 t} dt\,.$$

Ist α an den Stellen $\lambda = \lambda_0 \pm \sigma$, $\sigma > 0$ stetig, so ist ferner

$$\alpha(\lambda_0 + \sigma) - \alpha(\lambda_0 - \sigma) =$$
$$= \lim_{T\to\infty} \sqrt{\frac{2}{\pi}} \int_{-T}^{T} \frac{\sin(\sigma t)}{t} f(t) e^{-i\lambda_0 t} dt\,.$$

harmonische Analysis auf lokal kompakten Gruppen, Zweig der Mathematik, der sich mit Verallgemeinerungen der ↗harmonischen Analysis beschäftigt, also insbesondere der Fourier-Transformation von Funktionen auf $\mathbb{R}$ auf Funktionen auf lokal kompakten abelschen Gruppen.

Sei hierzu im folgenden G eine lokal kompakte abelsche Gruppe und $L^{1,+}(G)$ ihre Gruppenalgebra, die unitalisierte Algebra der L^1-integrablen Funktionen auf G, sowie $\mathfrak{M}$ der kompakte ↗Hausdorffraum der maximalen Ideale in $L^{1,+}(G)$. $L^{1,+}(G)$ ist algebraisch isomorph zu einer Unteralgebra zum Raum $C(\mathfrak{M})$ der komplexwertigen stetigen Funktionen auf $\mathfrak{M}$, und $L^1(G) \in \mathfrak{M}$ gilt dann und nur dann, wenn G nicht diskret ist.

Wir setzen nun $\mathfrak{N} := \mathfrak{M}$ oder $\mathfrak{N} := \mathfrak{M} \setminus \{L^1(G)\}$, je nachdem ob G diskret oder nicht diskret ist. Es gibt dann einen eineindeutigen Zusammenhang zwischen den Idealen $M \in \mathfrak{N}$ und den Charakteren χ in der ↗Charaktergruppe $\hat{G}$ derart, daß

$$f(N) = \int_G \chi_M(x) f(x) dx$$

für alle $f \in L^1(G)$, $f(M) \neq 0$ und $\chi_M \in \hat{G}$ geeignet. Ferner ist dann für alle $\chi \in \hat{G}$

$$\chi(y) = f_y(M)/f(M)$$

mit einem geeignetem $f \in L^1(G)$, wobei $f_y(x) := f(y^{-1}x)$ und $f(M) \neq 0$. Hiermit ist ein Homöomorphismus zwischen den lokal kompakten Räumen $\mathfrak{N}$ und $\hat{G}$ definiert. Identifizieren wir also $\mathfrak{N}$ mit $\hat{G}$ und setzen $f(M) := \hat{f}(\chi)$, so ist $\hat{f}$ eine stetige Funktion auf $\hat{G}$, die Fourier-Transformierte von f.

[1] Bratteli, O., Robinson, D.W.: Operator algebras and quantum statistical mechanics. Springer-Verlag Heidelberg/Berlin, 1979.

harmonische Differentialformen, wichtiger Begriff in der Theorie der holomorphen Funktionen.

Eine einmal stetig differenzierbare 1-Form ω in einem Bereich U heißt harmonisch, wenn es zu jedem $z_0 \in U$ eine auf einer Umgebung V von z_0 definierte harmonische Funktion f gibt mit $df = \omega$ ("lokale harmonische Stammfunktion von ω"). Da harmonische Formen also lokal exakt sind, sind sie automatisch geschlossen: $d\omega = 0$.

harmonische Folge, eine Zahlenfolge, bei der jedes Glied außer dem ersten das ↗harmonische Mittel der beiden benachbarten Glieder ist.

harmonische Funktion, *harmonische Abbildung*, eine in einer offenen Menge $D \subset \mathbb{C}$ definierte Funktion $u : D \to \mathbb{R}$, die der Laplace-Gleichung genügt.

Genauer muß gelten:

1. u ist in D zweimal stetig reell differenzierbar, d. h. alle zweiten partiellen Ableitungen von u existieren in D und sind dort stetig.
2. In G gilt

$$\Delta u := \frac{\partial^2 u}{\partial x^2} + \frac{\partial^2 u}{\partial y^2} = 0 .$$

Diese Gleichung heißt auch Laplace-Gleichung oder Potentialgleichung, und harmonische Funktionen nennt man auch Potentialfunktionen.

Neben der hier gegebenen komplexen Formulierung existiert auch eine reelle Definition der harmonischen Funktion (d. h., $\mathbb{C}$ wird durch $\mathbb{R}^2$ ersetzt), sowie offensichtliche Verallgemeinerungen im $\mathbb{R}^n$ für $n > 2$. Allerdings sind in letzterem Fall keine funktionentheoretischen Methoden mehr anwendbar.

Die Menge aller in D harmonischen Funktionen bildet mit der punktweisen Skalarmultiplikation und Addition von Funktionen einen komplexen Vektorraum, der die konstanten Funktionen enthält. Die Definition läßt sich auf offene Mengen $D \subset \widehat{\mathbb{C}}$ erweitern. Ist $\infty \in D$, so heißt u harmonisch an ∞, falls es eine in einer Umgebung U von 0 harmonische Funktion u^* gibt derart, daß $u^*(z) = u(1/z)$ für alle $z \in U \setminus \{0\}$.

Ist f eine in D ↗holomorphe Funktion, so sind $u := \operatorname{Re} f$ und $v := \operatorname{Im} f$ harmonische Funktionen in D. Hiermit erhält man sofort viele Beispiele für harmonische Funktionen. So sind beispielsweise die Funktionen

$$u_1(x+iy) = x ,$$
$$u_2(x+iy) = y ,$$
$$u_3(x+iy) = xy ,$$
$$u_4(x+iy) = x^2 - y^2 ,$$
$$u_5(x+iy) = e^x \cos y ,$$
$$u_6(x+iy) = e^x \sin y$$

alle harmonisch in $\mathbb{C}$.

Ist u harmonisch in D, f eine in einer offenen Menge $D^* \subset \mathbb{C}$ holomorphe Funktion mit $f(D^*) \subset D$ und $u^*(z) := u(f(z))$ für $z \in D^*$, so ist u^* harmonisch in D^*.

Für eine in einem ↗Gebiet $G \subset \mathbb{C}$ holomorphe Funktion f mit $f(z) \neq 0$ für alle $z \in G$ ist die Funktion $u := \log |f|$ harmonisch in G. Insbesondere ist $u(z) := \log |z|$ harmonisch in $\mathbb{C} \setminus \{0\}$.

Das Produkt harmonischer Funktionen ist im allgemeinen nicht harmonisch, wie man schon an dem einfachen Beispiel $u_1(x+iy) = u_2(x+iy) = x$, also

$$u(x+iy) = u_1(x+iy)u_2(x+iy) = x^2$$

erkennt.

Existiert zu einer in D harmonischen Funktion u eine in D harmonische Funktion v derart, daß die Funktion $f := u + iv$ holomorph in D ist, so heißt v eine zu u konjugiert harmonische Funktion. In diesem Fall ist v bis auf eine additive Konstante eindeutig bestimmt, d. h. sind v_1 und v_2 konjugiert harmonische Funktionen zu u, so ist die Differenz $v_1 - v_2$ konstant. Über die Existenz konjugiert harmonischer Funktionen gilt folgender Satz.

Es sei $G \subset \mathbb{C}$ ein Gebiet. Dann ist G einfach zusammenhängend genau dann, wenn zu jeder in G harmonischen Funktion u eine konjugiert harmonische Funktion v existiert.

Jede in D harmonische Funktion u ist also lokal (d. h. in jeder offenen Kreisscheibe $B \subset D$) als Realteil einer holomorphen Funktion f darstellbar. Hieraus folgt, daß u in D unendlich oft reell differenzierbar ist.

Harmonische Funktionen lassen sich mit Hilfe der sog. Mittelwerteigenschaft charakterisieren.

Eine stetige Funktion $u: D \to \mathbb{R}$ besitzt die Mittelwerteigenschaft, falls für jede abgeschlossene Kreisscheibe $\overline{B}_r(z_0) \subset D$ mit Mittelpunkt $z_0 \in D$ und Radius $r > 0$ gilt

$$u(z_0) = \frac{1}{2\pi} \int_0^{2\pi} u(z_0 + re^{it})\, dt\,.$$

Damit gilt folgender Satz.

Es sei $D \subset \mathbb{C}$ eine offene Menge und $u: D \to \mathbb{R}$ eine stetige Funktion. Dann ist u harmonisch in D genau dann, wenn u die Mittelwerteigenschaft besitzt.

Ähnlich wie für holomorphe Funktionen gilt auch für harmonische Funktionen ein Maximumprinzip.

(Maximumprinzip, 1. Version). *Es sei $G \subset \mathbb{C}$ ein Gebiet und u eine in G harmonische Funktion. Weiter gebe es einen Punkt $z_0 \in G$ mit $u(z_0) \geq u(z)$ für alle $z \in G$. Dann ist u eine konstante Funktion.*

Zur Formulierung einer 2. Version wird der Begriff des erweiterten Randes $\partial_\infty G$ eines Gebietes $G \subset \mathbb{C}$ benötigt. Dieser ist definiert durch $\partial_\infty G := \partial G$, falls G beschränkt ist und $\partial_\infty G := \partial G \cup \{\infty\}$, falls G unbeschränkt ist.

(Maximumprinzip, 2. Version). *Es sei $G \subset \mathbb{C}$ ein Gebiet und u, v harmonische Funktionen in G. Weiter gelte für jeden Punkt $\zeta \in \partial_\infty G$*

$$\limsup_{z \to \zeta} u(z) \;\leq\; \liminf_{z \to \zeta} v(z)\,.$$

Dann gilt entweder $u(z) < v(z)$ für alle $z \in G$ oder $u(z) = v(z)$ für alle $z \in G$.

Hieraus erhält man als Folgerung:

Es sei $G \subset \mathbb{C}$ ein beschränktes Gebiet und u eine in $\overline{G}$ stetige und in G harmonische Funktion. Weiter gelte $u(z) = 0$ für alle $z \in \partial G$. Dann gilt $u(z) = 0$ für alle $z \in G$.

Da mit u auch $-u$ eine harmonische Funktion ist, gilt auch ein Minimumprinzip.

(Minimumprinzip). *Es sei $G \subset \mathbb{C}$ ein Gebiet und u eine in G harmonische Funktion. Weiter gebe es einen Punkt $z_0 \in G$ mit $u(z_0) \leq u(z)$ für alle $z \in G$. Dann ist u eine konstante Funktion.*

Für Funktionen, die im abgeschlossenen Einheitskreis $\overline{\mathbb{E}}$ stetig und in $\mathbb{E}$ harmonisch sind, gilt die ↗Poisson-Integralformel.

Weitere Stichworte, die im Zusammenhang mit harmonischen Funktionen stehen, sind ↗Dirichlet-Problem in der Ebene, ↗harmonisches Maß und ↗Harnacksches Prinzip.

harmonische Punkte, vier auf einer Geraden liegende Punkte, deren ↗Doppelverhältnis gleich -1 ist.

harmonische Reihe, in engerem Sinne die Reihe

$$\sum_{k \geq 1} \frac{1}{k}\,,$$

die nicht konvergiert.

Im weiterem Sinne eine Reihe $\sum_{k \geq 1} x_k$, bei der jedes Glied außer dem ersten das ↗harmonische Mittel der beiden benachbarten Glieder ist, für die also gilt:

$$x_k = \frac{2}{\frac{1}{x_{k-1}} + \frac{1}{x_{k+2}}}\,, \quad k = 2, \ldots$$

harmonische Schwingung, eine durch einen harmonische Funktion der Art

$$y(t) = a\cos(\omega t + \phi_0)$$

beschreibbare Bewegung.

harmonische Zahlen, gelegentlich benutzte Bezeichnung für die Teilsummen der harmonischen Reihe, also die Zahlen

$$H_n = 1 + \frac{1}{2} + \cdots + \frac{1}{n}\,,\ n \in \mathbb{N}\,.$$

harmonischer Analysator, mechanisches Gerät zur Durchführung der harmonischen Analyse.

Dabei werden Produktintegrale der Form $\int g(x)h(x)dx$ (harmonische Analysatoren erster Art, Analysator von Sommerfeld-Wiechert, 1878) bzw. Stieltjesintegrale $\int g(x)dH(x)$ (Analysatoren zweiter Art, Analysator von Amsler-Harvey und von Mader-Ott, 1909 bzw. 1930) ausgewertet.

Bei Entwicklung einer Funktion in Reihen von Funktionen, die ein vollständiges Orthogonalsystem bilden, treten Koeffizienten auf, die einem Integral aus dem Produkt der zu entwickelnden Funktion und einer der Orthogonalfunktionen proportional sind. Handelt es sich um die Fourierentwicklung einer graphisch vorliegenden periodischen Funktion $f(x)$, so werden die Fourierkoeffizienten a_k und b_k derselben bestimmt. Beim harmonischen Analysator von Mader-Ott befährt man die Kurve vom Periodenbeginn bis zu Periodenende und fährt auf der Abszisse zurück zum Periodenanfang. Der Analysator besteht aus einem Lenker oder Winkelhebel, der die Ordinaten der Funktion $f(x)$, die die Periodenlänge l hat, auf die Abszissen $\sin(2k\pi x/l)$ und $\cos(2k\pi x/l)$ überträgt, sowie zwei Planimetern, die die Stieltjesintegrale für die Koeffizienten a_k und b_k auswerten.

harmonischer Oszillator, eine quadratische Hamilton-Funktion auf dem $\mathbb{R}^{2n}$ von der Normalform

$$H(q, p) = \sum_{i=1}^{n} \frac{1}{2}(p_i^2 + \omega_i^2 q_i^2)$$

mit den reellen, von Null verschiedenen Eigenfrequenzen $\omega_1, \ldots, \omega_n$.

Die Dynamik des harmonischen Oszillators beschreibt in der Mechanik ein schwingendes System im $\mathbb{R}^n$ und wird oft zur Näherung Hamiltonscher

Systeme in der Nähe von Gleichgewichtspunkten benutzt.

harmonischer Spline, durch Fortsetzung einer auf der Einheitskreislinie in der komplexen Ebene definierten ↗Splinefunktion s ins Innere des Einheitkreises definierte Funktion.

Die präzise Definition des harmonischen Splines h ist:

$$h(z) = \frac{1}{2\pi} \int_0^{2\pi} s(\exp(it) \cdot \mathrm{Re}\left(\frac{\exp(it)+z}{\exp(it)-z}\right) dt\,.$$

harmonisches Dreieck, eine Konfiguration gewisser rationaler Zahlen.

Für $n \in \mathbb{N}_0$ und $k = 0, \ldots, n$ seien die mit $\left[\begin{smallmatrix} n \\ k \end{smallmatrix}\right]$ bezeichneten rationalen Zahlen durch das folgende Bildungsgesetz definiert:

$$\begin{bmatrix} n \\ 0 \end{bmatrix} := \frac{1}{n+1},$$

$$\begin{bmatrix} n \\ k \end{bmatrix} := \begin{bmatrix} n+1 \\ k \end{bmatrix} + \begin{bmatrix} n+1 \\ k+1 \end{bmatrix}.$$

Die hierdurch definierte dreieckige Konfiguration

$$\begin{array}{llll} 1 & & & \\ \frac{1}{2} & \frac{1}{2} & & \\ \frac{1}{3} & \frac{1}{6} & \frac{1}{3} & \\ \frac{1}{4} & \frac{1}{12} & \frac{1}{12} & \frac{1}{4} \\ \vdots & \vdots & \vdots & \vdots & \ddots \end{array}$$

nennt man harmonisches Dreieck.

harmonisches Maß, in der Funktionentheorie verwendetes Wahrscheinlichkeitsmaß der folgenden Art.

Ein harmonisches Maß für ein ↗Gebiet $G \subset \widehat{\mathbb{C}}$ an einem Punkt $a \in G$ ist ein Wahrscheinlichkeitsmaß ω_G^a auf $\partial_\infty G$ derart, daß für jede in $\mathrm{cl}_\infty G$ stetige und in G harmonische Funktion u gilt

$$u(a) = \int_{\partial_\infty G} u(z)\, d\omega_G^a(z)\,.$$

Dabei ist $\mathrm{cl}_\infty G$ der Abschluß und $\partial_\infty G$ der Rand von G jeweils in $\widehat{\mathbb{C}}$. Dieses Maß ist stets eindeutig bestimmt und existiert für jedes $a \in G$, falls das Komplement $\widehat{\mathbb{C}} \setminus G$ von G keine nur aus einem Punkt bestehende Zusammenhangskomponente besitzt. Im folgenden werden nur Gebiete betrachtet, für die das harmonische Maß existiert.

Das harmonische Maß für G hängt von dem Punkt $a \in G$ ab. Jedoch sind für $a, b \in G$ die Maße ω_G^a und ω_G^b äquivalent, d. h. für $E \subset \partial_\infty G$ gilt $\omega_G^a(E) = 0$ genau dann, wenn $\omega_G^b(E) = 0$. Genauer gilt sogar: Es existiert eine Konstante $c > 0$ (die im allgemeinen von a, b und G abhängt) derart, daß für $E \subset \partial_\infty G$ gilt

$$c\omega_G^a(E) \leq \omega_G^b(E) \leq c^{-1}\omega_G^a(E)\,.$$

Jede Borel-Menge $E \subset \partial_\infty G$ ist eine ω_G^a-meßbare Menge, und durch $\omega(z) := \omega_G^z(E)$ wird eine in G harmonische Funktion ω definiert.

Weiter gibt es Mengen $A \subset E$ und $B \subset \partial_\infty G \setminus E$ mit $\omega_G^a(\partial_\infty G \setminus (A \cup B)) = 0$ derart, daß $\lim_{z \to \zeta} \omega(z) = 1$ für $\zeta \in A$ und $\lim_{z\to\zeta} \omega(z) = 0$ für $\zeta \in B$. Außerdem besitzt ω_G^a keine Atome, d. h. für jeden Punkt $\zeta \in \partial_\infty G$ gilt $\omega_G^a(\{\zeta\}) = 0$.

Im Spezialfall $G = \mathbb{E} = \{z \in \mathbb{C} : |z| < 1\}$ und $a = 0$ ist $\omega_{\mathbb{E}}^0$ gerade das normalisierte Lebesgue-Maß m auf $\mathbb{T} = \partial\mathbb{E}$. Normalisiert bedeutet dabei, daß $m(\mathbb{T}) = 1$. Für einen beliebigen Punkt $a \in \mathbb{E}$ ist $d\omega_{\mathbb{E}}^a = P_a\, dm$, d. h. für jede Lebesgue-meßbare Menge $E \subset \mathbb{T}$ gilt

$$\omega_{\mathbb{E}}^a(E) = \int_E P_a(z)\, dm(z)\,,$$

wobei

$$P_a(z) = \frac{1}{2\pi}\frac{1-|z|^2}{|a-z|^2} = \frac{1}{2\pi}\,\mathrm{Re}\,\frac{a+z}{a-z}$$

der Poisson-Kern ist. Ist speziell

$$E := \{e^{it} : t_1 \leq t \leq t_2\}\,,\quad 0 < 2\alpha := t_2 - t_1 < 2\pi$$

ein Kreisbogen auf $\mathbb{T}$, so gilt für $a \in \mathbb{E}$

$$\omega_{\mathbb{E}}^a(E) = \frac{1}{\pi}\left(\arg\frac{a-e^{it_2}}{a-e^{it_1}} - \alpha\right).$$

Dabei wird das Argument $\arg\frac{a-e^{it_2}}{a-e^{it_1}}$ (↗Argument einer komplexen Zahl) durch den Wert 2α für $a = 0$ eindeutig festgelegt.

Einige weitere Beispiele (dabei bezeichne Arg stets den Hauptwert des Arguments):

(a) Es sei $G = \mathbb{H} = \{z \in \mathbb{C} : \mathrm{Im}\, z > 0\}$ die obere Halbebene und $E = [x_1, x_2] \subset \partial\mathbb{H} = \mathbb{R}$ ein Intervall. Dann gilt für $a \in \mathbb{H}$

$$\omega_{\mathbb{H}}^a(E) = \frac{1}{\pi}\,\mathrm{Arg}\,\frac{a-x_2}{a-x_1}\,.$$

(b) Es sei G die Halbkreisscheibe $\{z \in \mathbb{E} : \mathrm{Im}\, z > 0\}$ und $E = \{z \in \mathbb{T} : \mathrm{Im}\, z \geq 0\}$. Dann gilt für $a \in G$

$$\omega_G^a(E) = \frac{2}{\pi}\,\mathrm{Arg}\,\frac{1+a}{1-a}\,.$$

(c) Es sei G die geschlitzte Einheitskreisscheibe $\mathbb{E} \setminus [0,1]$ und $E = [0,1]$. Dann gilt für $a \in G$

$$\omega_G^a(E) = 1 - \frac{2}{\pi}\,\mathrm{Arg}\,\frac{1+\sqrt{a}}{1-\sqrt{a}}\,,$$

wobei stets $\mathrm{Im}\,\sqrt{a} > 0$ gilt.

(d) Es sei G der Kreisring $\{z \in \mathbb{C} : 0 < r_1 < |z| < r_2 < \infty\}$, $E_1 = \{z \in \mathbb{C} : |z| = r_1\}$ und $E_2 = \{z \in \mathbb{C} : |z| = r_2\}$. Dann gilt für $a \in G$

$$\omega_G^a(E_1) = \frac{\log r_2 - \log|a|}{\log r_2 - \log r_1},$$
$$\omega_G^a(E_2) = \frac{\log|a| - \log r_1}{\log r_2 - \log r_1}.$$

Nun sei $G \subset \mathbb{C}$ ein einfach zusammenhängendes Gebiet mit $G \neq \mathbb{C}$ und f eine ↗konforme Abbildung von $\mathbb{E}$ auf G. Dann existieren die radialen Randwerte

$$f^*(e^{it}) := \lim_{r\to 1} f(re^{it})$$

für fast alle $t \in [0, 2\pi)$. Hierdurch wird eine Funktion $f^* : \mathbb{T} \to \partial G$ definiert. Ist $\alpha \in \mathbb{E}$ und $a := f(\alpha)$, so gilt

$$\omega_G^a \circ f = \omega_{\mathbb{E}}^\alpha,$$

d. h. für jede meßbare Menge $E \subset \mathbb{T}$ gilt $\omega_G^a(f(E)) = \omega_{\mathbb{E}}^\alpha(E)$. Diese Eigenschaft des harmonischen Maßes nennt man auch konforme Invarianz. Ist speziell ∂G eine rektifizierbare Jordan-Kurve, so ist ω_G^a äquivalent zum Längenmaß auf ∂G.

Das harmonische Maß besitzt folgende Monotonieeigenschaft:

Sind $G, H \subset \widehat{\mathbb{C}}$ Gebiete mit $H \subset G$, $a \in H$ und $E \subset \partial_\infty G \cap \partial_\infty H$ eine Borel-Menge, so gilt

$$\omega_H^a(E) \le \omega_G^a(E).$$

Zwei weitere wichtige Ergebnisse, bei denen das harmonische Maß eine zentrale Rolle spielt, lauten:

Es sei $G \subset \widehat{\mathbb{C}}$ ein Gebiet und u eine in G beschränkte, harmonische Funktion. Weiter sei $E \subset \partial_\infty G$ eine Menge mit $\omega_G^a(E) = 0$, $a \in G$ und $\lim_{z\to\zeta} u(z) = 0$ für alle $\zeta \in \partial_\infty G \setminus E$.

Dann gilt $h(z) = 0$ für alle $z \in G$.

Es sei $G \subset \widehat{\mathbb{C}}$ ein Gebiet, A eine in G abgeschlossene Menge mit $\omega_{G\setminus A}^a(\partial_\infty A \cap G) = 0$, $a \in G\setminus A$ und u eine in $G \setminus A$ beschränkte, harmonische Funktion.

Dann ist u nach G harmonisch fortsetzbar, d. h. es existiert eine in G harmonische Funktion U mit $U(z) = u(z)$ für $z \in G \setminus A$.

Es besteht ein enger Zusammenhang zwischen dem harmonischen Maß und der ↗Greenschen Funktion. Es sei $G \subset \mathbb{C}$ ein Gebiet, $a \in G$ und $g_G(\cdot, a)$ die Greensche Funktion von G mit Pol an a. Dann gilt

$$g_G(z, a) = \int_{\partial_\infty G} \log|\zeta - a|\, d\omega_G^z(\zeta) - \log|z - a|.$$

Wichtige Anwendungen des harmonischen Maßes sind der Satz von Milloux (↗Milloux, Satz von) und der Zwei-Konstanten-Satz.

harmonisches Mittel, die zu n positiven reellen Zahlen $x_1, \dots, x_n$ durch

$$H(x_1, \dots, x_n) := \frac{n}{\frac{1}{x_1} + \dots + \frac{1}{x_n}}$$

definierte positive reelle Zahl (also der Kehrwert des ↗arithmetischen Mittels von $\frac{1}{x_1}, \dots, \frac{1}{x_n}$) mit der Eigenschaft

$$\frac{1}{H(x,y)} - \frac{1}{x} = \frac{1}{y} - \frac{1}{H(x,y)}$$

für $x, y > 0$.

Für $0 < x < y$ ist $x < H(x, y) < y$. Es gilt

$$H(x_1, \dots, x_n) = M_{-1}(x_1, \dots, x_n),$$

wobei M_t das ↗Mittel t-ter Ordnung ist.

Die ↗Ungleichungen für Mittelwerte stellen u. a. das harmonische Mittel in Beziehung zu den anderen Mittelwerten.

Harnack, Carl Gustav Axel, Mathematiker, geb. 7.5.1851 Dorpat (Tartu, Estland, gest. 3.4.1888 Dresden.

Harnack studierte 1869–1873 in Dorpat, promovierte 1874/75 in Erlangen bei Klein und habilitierte sich 1875/76 in Leipzig. Er arbeitete danach am Polytechnikum in Darmstadt und ab 1877 in Dresden.

Harnack befaßte sich mit der Topologie der ebenen algebraischen Kurven. Hier formulierte er 1878 den Satz, daß eine reelle algebraische Kurve der Ordnung m aus höchstens $1/2(m-1)(m-2)+1$ Komponenten besteht.

Ab 1877 wandte er sich dann mehr der Analysis zu. Er gab einfachere Formulierungen des Maßbegriffes an und untersuchte harmonische Funktionen. Er bewies die Harnackschen Sätze über Folgen von harmonischen Funktionen (↗Harnacksches Prinzip) und stellte die ↗Harnacksche Ungleichung auf.

Harnack, Satz von, ↗ Harnacksches Prinzip.

Harnacksche Ungleichung, Formel (1) im folgenden Satz.

Es sei $B_R(z_0)$ die offene Kreisscheibe mit Mittelpunkt $z_0 \in \mathbb{C}$ und Radius $R > 0$. Weiter sei u eine in $\overline{B}_R(z_0)$ stetige, in $B_R(z_0)$ ↗harmonische Funktion, und es gelte $u(z) \ge 0$ für alle $z \in \overline{B}_R(z_0)$.

Dann gilt für $0 \le r < R$ und $t \in [0, 2\pi)$

$$\frac{R-r}{R+r} u(z_0) \le u(z_0 + re^{it}) \le \frac{R+r}{R-r} u(z_0). \quad (1)$$

Die Harnacksche Ungleichung spielt eine wichtige Rolle beim Beweis des ↗Harnackschen Prinzips.

Harnacksches Prinzip, das im folgenden Satz von Harnack zum Ausdruck kommende Prinzip.

Es sei $G \subset \mathbb{C}$ ein Gebiet und (u_n) eine Folge von in G ↗harmonischen Funktionen.

(a) *Ist (u_n) in G ↗kompakt konvergent gegen die Grenzfunktion u, so ist u harmonisch in G.*

(b) *Gilt*

$$u_1(z) \leq u_2(z) \leq u_3(z) \leq \cdots$$

für alle $z \in G$, so ist (u_n) in G kompakt konvergent entweder gegen eine in G harmonische Funktion u oder gegen ∞.

Harriot, Thomas, englischer Mathematiker, Physiker und Astronom, geb. um 1560 Oxford, gest. 2.7.1621 London.

Zwischen 1580 und 1598 arbeitete Harriot für Sir Walter Raleigh. In dessen Auftrag ging er zu Vermessungsarbeiten nach Virginia. Später lebte er in Irland, Northhumberland, Isleworth und London.

Harriot untersuchte 1601 das Brechungsgesetz. Daneben beschäftigte er sich mit astronomischen Untersuchungen (Sonnenflecke (1610), Jupitermonde). Auf mathematischem Gebiet befaßte er sich mit der Lösung algebraischer Gleichungen, wobei er auch negative und komplexe Lösungen betrachtete. Sein Hauptwerk „Artis Analyticae Praxis ad Aequationes Algebraicas Resolvendas" erschien erst 1631 nach seinem Tod.

harter Lefschetz-Satz, Zerlegung der komplexen Kohomologie, die man unter Anwendung der Hodge-Identitäten und der Darstellungstheorie von SL_2 erhält. Dabei bezeichne sl_2 die Lie-Algebra der Gruppe SL_2. Sei M eine kompakte Kähler-Mannigfaltigkeit. ω bezeichne die zur Hermiteschen Metrik gehörige Kähler-Form. Für den Operator $L : A^{p,q}(M) \to A^{p+1,q+1}(M)$, $L(\eta) = \eta \wedge \omega$, ist die Abbildung

$$L^k : H^{n-k}(M) \to H^{n+k}(M)$$

ein Isomorphismus; $\Lambda = L^*$ bezeichne den zu L adjungierten Operator. Definiert man dann die primitive Kohomologie$P^{n-k}(M) := Ker L^{k+1} : H^{n-k}(M) \to H^{n+k+2}(M) = (Ker\Lambda) \cap H^{n-k}(M)$, so folgt

$$H^m(M) = \bigoplus_k L^k P^{m-2k}(M);$$

diese Zerlegung nennt man die Lefschetz-Zerlegung. Sie ist verträglich mit der Hodge-Zerlegung: Setzt man $P^{p,q}(M) = (Ker\Lambda) \cap H^{p,q}(M)$, dann gilt

$$P^l(M) = \bigoplus_{p+q=l} P^{p,q}(M).$$

Hartman-Grobman-Theorem, *Grobman-Hartman-Theorem*, lautet:

Seien eine Mannigfaltigkeit M und ein Diffeomorphismus $f : M \to M$ gegeben. Sei x_0 ein ↗hyperbolischer Fixpunkt von f. Dann gibt es Umgebungen $U(x_0) \subset M$ von x_0 und $V(0) \subset T_pM$ von 0 sowie einen ↗Homöomorphismus $h : U(x_0) \to V(0)$ so, daß gilt:

$$h \circ df(x_0) = f \circ h.$$

Dieser Satz erlaubt es, die Untersuchung des lokalen Verhaltens eines Flusses in der Nähe hyperbolischer Fixpunkte auf die Untersuchung der Linearisierung $df(x_0)$ (↗Linearisierung eines Vektorfeldes) von f bei x_0 zurückzuführen. Insbesondere hat ein hyperbolischer Fixpunkt eines differenzierbaren dynamischen Systems $(M, \mathbb{R}, \Phi)$ dasselbe Stabilitätsverhalten wie der Fixpunkt 0 des dynamischen Systems $(T_{x_0}M, \mathbb{R}, df(x_0))$.

[1] Palis, J.; Melo, W. de: Geometric Theory of Dynamical Systems. Springer-Verlag New York, 1982.

Hartogs, Kontinuitätssatz von, wichtige Aussage für das Studium der analytischen Fortsetzbarkeit holomorpher Funktionen mehrerer Variabler.

$\mathcal{O}(X)$ bezeichne die Algebra der holomorphen Funktionen auf einem Bereich $X \subset \mathbb{C}^n$. Sei $(\widetilde{P}, \widetilde{H})$ eine ↗allgemeine Hartogs-Figur so, daß $\widetilde{P} \cap X$ zusammenhängend ist und $\widetilde{H} \subset X$. Dann ist die Einschränkungsabbildung

$$\mathcal{O}(X \cup \widetilde{P}) \to \mathcal{O}(X)$$

ein Isomorphismus von topologischen Algebren. (Insbesondere ist jedes $f \in \mathcal{O}(X)$ holomorph fortsetzbar auf $X \cup \widetilde{P}$.)

Ist $(\widetilde{P}, \widetilde{H})$ eine Hartogs-Figur, dann ist die Einschränkungsabbildung $\mathcal{O}(\widetilde{P}) \to \mathcal{O}(\widetilde{H})$ ein Isomorphismus von topologischen Algebren.

Hartogs, Kugelsatz von, wichtig für das Studium der analytischen Fortsetzbarkeit holomorpher Funktionen mehrerer Variabler.

Sei $n \geq 2$, und sei K eine kompakte Teilmenge eines Bereiches $X \subset \mathbb{C}^n$ so, daß $X \backslash K$ zusammenhängend ist; $\mathcal{O}(X)$ bezeichne die Algebra der holomorphen Funktionen auf X.

Dann induziert die Inklusion $i : X \backslash K \subset X$ einen Isomorphismus von topologischen Algebren $i^0 : \mathcal{O}(X) \to \mathcal{O}(X \backslash K)$.

Dies ist eine Verallgemeinerung des folgenden Spezialfalles, die unter Anwendung des Theorems B von Serre bewiesen werden kann: Für $n \geq 2$ und Polyzylinder $P(\varrho)$, $P(\widetilde{\varrho})$ mit Polyradien $\varrho, \widetilde{\varrho} \in \mathbb{R}^n_{>0}$ so, daß $\varrho_j > \widetilde{\varrho}_j$, $j = 1, \ldots, n$, ist die Einschränkungsabbildung

$$\mathcal{O}(P(\varrho)) \to \mathcal{O}\left(P(\varrho) \backslash \overline{P(\widetilde{\varrho})}\right)$$

ein Isomorphismus von topologischen Algebren.

Hartogs-Figur, ↗ allgemeine Hartogs-Figur.

Hashfunktion, Funktion, die beliebig langen Zeichenketten (Klartexten) einen Wert (den sogenannten Hashwert) fester Länge zuordnet.

Eine Hashfunktion heißt kryptographisch sicher, wenn die Funktion kollisions-resistent ist, das heißt, wenn die folgenden beiden Bedingungen erfüllt sind:

Es muß zum ersten schwierig sein, zu einem vorgegebenen Hashwert eine passende Nachricht zu finden, und es muß schwierig sein, zwei Nachrichten mit gleichem Hashwert zu erzeugen.

Gute Hashfunktionen zeichnen sich dadurch aus, daß ihre Berechnung nur wenig Rechenleistung erfordert. Häufig verwendet werden Bitmuster aus dem Datum selbst, Quersummen oder Divisionsreste. Außerdem erwartet man von einer Hashfunktion, daß die berechneten Indizes sich möglichst gleichförmig über den verfügbaren Adreßraum verteilen, um möglichst selten mit Kollisionen konfrontiert zu sein. Eine Kollision tritt auf, wenn zwei gespeicherte Daten durch die Hashfunktion denselben Wert zugewiesen bekommen. Zur Behandlung von Kollisionen gibt es drei Ansätze: Erstens die Verwendung injektiver Hashfunktionen. Dies ist in vielen Anwendungsbereichen aus Kapazitätsgründen nicht möglich. Zweitens die Verwendung von Überlaufstrukturen. Hier ist der Tabelleneintrag der Startpunkt für eine Datenstruktur, die ihrerseits mehrere Datensätze (alle mit gleichem Hashwert) aufnehmen kann. Als Überlaufstruktur wird oft eine simple Datenstruktur (z. B. Liste) verwendet, da nur eine geringe Zahl von Kollisionen erwartet wird. Drittens kann das Datum nach einer Verschiebungsvorschrift in einem noch freien anderen Tabellenplatz gespeichert werden. Bei dieser Technik kann die Tabelle nicht mehr Einträge speichern als durch ihren Adreßbereich vorgegeben. Gegebenenfalls müssen durch Rehashing eine neue, größere Tabelle angelegt und eine neue Hashfunktion generiert werden.

Gegenwärtig (2000) als sicher geltende Hashfunktionen sind die Algorithmen MD5, SHA-1, RIPEMD-160. Sie bilden Klartexte auf Hashwerte der Länge 128 Bit (MD5) und 160 Bit ab, von denen vermutet wird, daß sie die genannten Eigenschaften besitzen. In diesen Funktionen werden auf einen definierten initialen Zustandstandsvektor der Reihe nach für jeden 512-Bit Nachrichtenblock 64 (MD5) oder 80 nichtlineare Funktionen auf die Teilblöcke des Zustandsvektors angewendet.

Beispielsweise ergibt SHA-1, angewendet auf die leere Zeichenkette `abc`, den Hash-Wert (hexadezimal)

`A999 3E36 4706 816A BA3E 2571 7850 C26C 9CD0 D89D`
(↗Hashverfahren).

Hashtafel, ↗Hashverfahren.

Hashverfahren, ein Verfahren, bei dem aus dem Ordnungsbegriff eines Datensatzes mit Hilfe eines festgelegten Algorithmus die Adresse des Datensatzes berechnet wird.

Man kann Verfahren dieser Art so interpretieren, daß der Ordnungsbegriff zerlegt wird, um daraus die physische Adresse zu bestimmen (hash= zerkleinern, zerlegen). Ist K die Menge der Ordnungsbegriffe oder auch Schlüssel und A der Adreßraum, so besteht das Problem in der Konstruktion einer geeigneten Abbildung $H : K \to A$, die man auch Schlüsseltransformation nennt. Die Hauptschwierigkeit bei der Verwendung einer Schlüsseltransformation liegt darin, daß die Menge der möglichen Schlüsselwerte meist deutlich größer ist als die Menge der verfügbaren Speicheradressen, weshalb die Funktion nicht injektiv sein kann. Daher muß das Suchen mit einem Hashverfahren immer zwei Schritte haben. Der erste Schritt beim Suchen eines Elements mit dem Ordnungbegriff k besteht in der Berechnung des zugewiesenen Index $H(k) = h$. Der zweite Schritt ist dann die Prüfung, ob das erhaltene Bild-Element tatsächlich den Schlüssel k besitzt, das heißt, ob der Wert des Schlüsselattributs von $T[h]$ auch wirklich gleich k ist. Man nennt dabei T die Hashtabelle oder auch Hashtafel.

Falls sich die zu einem gegebenen Schlüssel ermittelte Eintragung in der Hashtafel nicht als das gesuchte Element erweist, spricht man von einer Kollision, da in diesem Fall zwei Elemente Schlüssel besitzen, die auf das gleiche Element abgebildet werden. Für diesen Fall existieren verschiedene Methoden zur Auflösung von Kollisionen (↗Hashfunktion).

Hashwert, ↗Hashfunktion.

Hasse, Helmut, deutscher Mathematiker, geb. 25.8.1898 Kassel, gest. 26.12.1979 Ahrensburg (bei Hamburg).

Ab 1917 studierte Hasse in Kiel, Göttingen und Marburg. Hier promovierte er 1921 bei Hensel und habilitierte sich wenig später ebendort. Danach ging er zunächst nach Kiel, später nach Halle, 1930 nach Marburg und 1934 nach Göttingen. Im Zweiten Weltkrieg war er Leiter eines Forschungsinstituts am Reichsmarineamt in Berlin. 1949 erhielt er eine Berufung an die Humboldt-Universität zu Berlin und 1950 an die Universität Hamburg.

Einen großen Einfluß auf Hasse hatten Hensels Arbeiten zu p-adischen Zahlen. 1920 endeckte Hasse bei der Untersuchung quadratischer Formen das Lokal-Global-Prinzip, nach dem eine quadratischen Gleichung, die reelle Lösungen und Lösungen in allen p-adischen Zahlen hat, auch rationale Lösungen besitzt. Diese Resultate erschienen in seinen Arbeiten „Über die Darstellbarkeit von Zahlen durch quadratische Formen im Körper der rationalen Zahlen" (1921) und „Über die Äquivalenz quadratischer Formen im Körper der rationalen Zahlen" (1922).

Auf Anregung von Hilbert arbeitete Hasse an einer Überblicksdarstellung zur Klassenkörpertheorie. In diesem Zusammenhang studierte er p-adische Schiefkörper und die komplexe Multiplikation in Klassenkörpern.

Hasse-Diagramm, ↗ Ordnungsrelation.

Hattendorf-Theorem, in einer Arbeit „Über die Berechnung der Reserven und das Risico bei der Lebensversicherung" von Karl Friedrich Hattendorf 1868 veröffentlichte Aussage.

In heutiger Sprechweise besagt dieser Satz gerade, daß die Summe

$$M_m := \sum_{k=0}^{m} v^k L_k$$

für $m = 0, 1, 2, \ldots$ der diskontierten Gewinne L_k eines Versicherungsvertrages ein Martingal ist.

Dabei bezeichnen

$$L_k = v(X_k + V_k) - V_{k-1}$$

die diskontierten technischen Jahresgewinne (positiv oder negativ) eines Versicherungsvertrages im k-ten Jahr, V_k die rekursiv fortgeschriebenen Reserven und X_k die Differenz von Leistungen und Prämien jeweils im k-ten Versicherungsjahr.

Die Martingaleigenschaft läßt sich nicht nur in dem klassischen diskreten Modell der Lebensversicherung formulieren wie oben, sondern auch im Kontext stochastischer Zinsstrukturmodelle.

Häufigkeit (eines Ereignisses), Begriff aus der Statistik.

Tritt ein zufälliges Ereignis A in n Versuchen m mal ein, so heißt $H_n(A) := m$ die absolute Häufigkeit und $h_n(A) := \frac{H_n(A)}{n}$ die relative Häufigkeit von A bei n Versuchen. Die für zwei beliebige Ereignisse A und B geltenden drei Eigenschaften der relativen Häufigkeit

(*a*) $0 \leq h_n(A) \leq 1$,
mit $h_n(S) = 1$ und $h_n(U) = 0$,
(S – sicheres Ereignis,
U – unmögliches Ereignis),

(*b*) wenn $A \subseteq B$, so $h_n(A) \leq h_n(B)$,

(c) $h_n(A \cup B) = h_n(A) + h_n(B) - h_n(A \cap B)$

bilden den Ausgangspunkt für das Kolmogorowsche Axiomensystem der Wahrscheinlichkeitstheorie. Die sogenannte Stabilität der relativen Häufigkeit wird durch die ↗ Gesetze der großen Zahlen beschrieben. Auf ihr beruht deren grundlegende Bedeutung in der Mathematischen Statistik. Insbesondere ist die relative Häufigkeit ein guter Schätzwert für die Wahrscheinlichkeit $P(A)$ von A. Weiterhin kann man zeigen, daß sie in Wahrscheinlichkeit gegen $P(A)$ konvergiert, d. h., es gilt:

$$\lim_{n \to \infty} P(|h_n(A) - P(A)| > \varepsilon) = 0$$

für jedes reelle $\varepsilon > 0$.

Häufigkeiten spielen eine große Rolle bei der Analyse von Stichprobendaten (↗ Häufigkeitsverteilung, ↗ Klasseneinteilung).

Man vergleiche hierzu auch das Stichwort ↗ Ereignis.

Häufigkeitsanalyse, Verfahren der ↗ Kryptoanalyse, bei dem die Einzelzeichen, Paare oder Tripel im Chiffrat nach ihrer Häufigkeit angeordnet werden.

Da diese so entstehenden „Häufigkeitsgebirge" charakteristisch für natürliche Sprachen sind, lassen sich auf diese Art verschlüsselte Klartexte leicht entschlüsseln. Selbst periodische Verschlüsselungen mit kurzen Perioden sind durch Gruppierung in Kolonnen durch Häufigkeitsanalyse schnell zu brechen.

Die häufig vorkommenden Buchstaben in deutschen Texten sind `E` (etwa 17%), `N` (knapp 10%), `I` und `R` (etwa 7-8%) sowie `S`, `T` und `A` (zwischen 6 und 7%).

In englischen Texten ist ebenfalls `E` der häufigste Buchstabe (allerdings nur knapp 13%), gefolgt von `T` (etwa 9%), `A`, `O` (etwa 7–8%) und `N` und `I` (etwa 7%). Die relativen Häufigkeiten schwanken dabei in Abhängigkeit von den verwendeten Daten und der Anzahl der untersuchten Zeichen.

Häufigkeitsverteilung, Kenngröße einer Stichprobe.

Sei X eine diskrete Zufallsgröße mit dem Wertebereich $\mathfrak{X} = \{a_1, \ldots, a_k\}$, $a_1 < a_2 < \cdots < a_k$, und sei $(x_1, \ldots, x_n)$ eine konkrete Stichprobe von X. Die einfachste statistische Tätigkeit der ↗ deskriptiven Statistik besteht darin, auszuzählen, wie oft jedes a_i in der Stichprobe vorkommt. Dabei werden folgende Häufigkeiten berechnet ($j = 1, \ldots, n$):

$H_n(a_i)$ - Anzahl der x_j mit $x_j = a_i$,

$h_n(a_i) \stackrel{\bullet}{=} \frac{H_n(a_i)}{n}$ - Anteil der x_j mit $x_j = a_i$,

$H(i) = \sum_{l=1}^{i} H_n(a_l)$ - Anzahl der x_j mit $x_j \leq a_i$,

$h(i) = \sum_{l=1}^{i} h_n(a_l)$ - Anteil der x_j mit $x_j \leq a_i$,

$H_n(a_i)$ und $h_n(a_i)$ werden als absolute und relative Häufigkeit, $H(i)$ und $h(i)$ als absolute und relative Summenhäufigkeit bzw. als kumulative Häufigkeiten bezeichnet. Die Gesamtheit der entsprechenden Häufigkeiten für alle $a_i, i = 1, \ldots, k$ bezeichnet man als Häufigkeitsverteilung. Die tabellarische Darstellung der Häufigkeitsverteilungen liefert die sogenannte Häufigkeitstabelle der Stichprobe:

a_i	$H_n(a_i)$	$h_n(a_i)$	$H(i)$	$h(i)$
a_1	$H_n(a_1)$	$h_n(a_1)$	$H(1)$	$h(1)$
.	.	.	.	.
.	.	.	.	.
.	.	.	.	.
a_k	$H_n(a_k)$	$h_n(a_k)$	$H(k) = n$	$h(k) = 1$
$\sum$	n	1		

Nach den ↗Gesetzen der großen Zahlen gilt für alle reellen $\varepsilon > 0$

$$\lim_{n\to\infty} P(|h_n(a_i) - P(X = a_i)| > \varepsilon) = 0,$$

sodaß die relative Häufigkeitsverteilung für hinreichend große n eine gute Schätzung der Wahrscheinlichkeitsverteilung von X ist.

Im Falle einer stetigen Zufallsgröße X ist der Wertebereich $\mathfrak{X}$ von X nicht mehr endlich, sondern überabzählbar unendlich groß. Das hat zur Folge, daß in einer Stichprobe $(x_1, \ldots, x_n)$ nicht jeder mögliche Wert von X vorkommt. Um eine bessere Vorstellung über die Gestalt der Wahrscheinlichkeitsverteilung von X durch die Stichprobe zu erhalten, wird der Wertebereich $\mathfrak{X}$ in disjunkte Intervalle, sogenannte Klassen, zerlegt und die absoluten, relativen bzw. kumulativen Klassenhäufigkeitsverteilungen bestimmt (↗Klasseneinteilung).

Häufungspunkt, in vielen Gebieten der Mathematik verbreitete Bezeichnung für den Begriff des Häufungswerts. Man vergleiche hierzu ↗Häufungswert einer Folge und ↗Häufungswert einer Zahlenfolge.

Häufungswert einer Folge, *Häufungspunkt einer Folge*, Grenzwert einer Teilfolge einer gegebenen Folge.

Es seien M ein metrischer Raum mit der Metrik d, (x_n) eine Folge in M und $x_0 \in M$. Dann heißt x_0 Häufungspunkt von (x_n), falls es eine Teilfolge (x_{n_ν}) von x_n gibt, so daß x_0 Grenzwert von (x_{n_ν}) ist.

Äquivalent dazu ist die Bedingung, daß es für jedes $\varepsilon > 0$ wenigstens ein Folgenglied x_n gibt mit $d(x_0, x_n) < \varepsilon$. Während jede Folge in einem metrischen Raum nur höchstens einen Grenzwert hat, kann eine Folge mehrere Häufungspunkte besitzen.

Häufungswert einer Zahlenfolge, *Häufungspunkt einer Zahlenfolge*, in der Praxis am häufigsten anzutreffender Spezialfall des ↗Häufungswerts einer Folge.

Man kann in diesem Fall die folgende Definition geben: Der Häufungswert einer Folge $(a_n) \in \mathbb{R}^{\mathbb{N}}$ oder $(a_n) \in \mathbb{C}^{\mathbb{N}}$ ist eine reelle bzw. komplexe Zahl a mit der Eigenschaft:

$$\forall \varepsilon > 0 \; \forall N \in \mathbb{N} \; \exists n \geq N \; |a_n - a| < \varepsilon .$$

In Worten ausgedrückt: Für jedes $\varepsilon > 0$ gilt $|a_n - a| < \varepsilon$ für unendlich viele $n \in \mathbb{N}$. Man beachte die gegenüber der Definition des ↗Grenzwerts einer Zahlenfolge andere Reihenfolge der Quantoren.

Im reellwertigen Fall nennt man auch $-\infty$ bzw. ∞ (uneigentlichen) Häufungswert von (a_n), wenn gilt:

$$\forall K > 0 \; \forall N \in \mathbb{N} \; \exists n \geq N \; a_n < -K \quad \text{bzw.}$$

$$\forall K > 0 \; \forall N \in \mathbb{N} \; \exists n \geq N \; a_n > K .$$

Definiert man für $\varepsilon > 0$ die ε-Umgebung einer reellen bzw. komplexen Zahl a durch

$$\begin{aligned} U_a^\varepsilon &= \{x \in \mathbb{R} \mid |x - a| < \varepsilon\} \quad \text{bzw.} \\ U_a^\varepsilon &= \{x \in \mathbb{C} \mid |x - a| < \varepsilon\} \quad \text{sowie} \\ U_{-\infty}^\varepsilon &= \{x \in \mathbb{R} \mid x < -\tfrac{1}{\varepsilon}\} \quad \text{und} \\ U_\infty^\varepsilon &= \{x \in \mathbb{R} \mid x > \tfrac{1}{\varepsilon}\}, \end{aligned}$$

dann ist $a \in \mathbb{R} \cup \{-\infty, \infty\}$ bzw. $a \in \mathbb{C}$ genau dann Häufungswert von (a_n), wenn es zu jedem $\varepsilon > 0$ unendlich viele $n \in \mathbb{N}$ gibt, für die a_n in der ε-Umgebung um a liegt, also genau dann, wenn eine Teilfolge von (a_n) gegen a konvergiert bzw. bestimmt divergiert. Insbesondere ist der Grenzwert einer konvergenten oder bestimmt divergenten Folge auch Häufungswert der Folge.

Eine nach unten (oben) unbeschränkte reelle Zahlenfolge hat $-\infty$ (∞) als uneigentlichen Häufungswert, während nach dem Satz von Bolzano-Weierstraß jede beschränkte Zahlenfolge einen von $\pm\infty$ verschiedenen Häufungswert besitzt. Eine Zahlenfolge konvergiert (bzw. divergiert bestimmt) genau dann, wenn sie genau einen Häufungswert a besitzt, und zwar konvergiert sie, falls $a \neq \pm\infty$, und divergiert bestimmt, falls $a = \pm\infty$.

Die Menge der Häufungswerte einer Folge wird auch als ihre Limesmenge bezeichnet. Das Infimum der Limesmenge einer reellen Folge (a_n) (bei nach unten beschränkten Folgen das Minimum) ist der ↗Limes Inferior $\liminf a_n$ der Folge, und ihr Supremum (bei nach oben beschränkten Folgen das Maximum) ist der ↗Limes Superior $\limsup a_n$ der Folge. Eine reelle Folge ist genau dann nach unten (oben) beschränkt, wenn ihr Limes Inferior (Superior) verschieden von $-\infty$ (∞) ist.

Es gilt stets

$$\liminf a_n \leq \limsup a_n \,,$$

und genau für konvergente und bestimmt divergente reelle Zahlenfolgen ist

$$\liminf a_n = \limsup a_n = \lim a_n \,.$$

Eine Folge kann unendlich viele Häufungswerte haben, wie das Beispiel $(1, 1, \frac{1}{2}, 1, \frac{1}{2}, \frac{1}{3}, 1, \frac{1}{2}, \frac{1}{3}, \frac{1}{4}, \ldots)$ mit der Limesmenge $\{0\} \cup \{\frac{1}{n} \mid n \in \mathbb{N}\}$ zeigt.

Eine Abzählung der rationalen Zahlen liefert sogar eine Folge, die ganz $\mathbb{R}$ als Limesmenge und damit überabzählbar viele Häufungswerte hat. Zuweilen wird auch die Bezeichnung „Häufungspunkt" statt „Häufungswert" benutzt. Davon ist abzuraten, weil die Menge der Häufungswerte einer Folge (a_n) i. a. verschieden ist von der Menge der Häufungspunkte ihrer Bildmenge $\{a_n \mid n \in \mathbb{N}\}$, wie schon das Beispiel der konstanten Folge $(a_n) = (0)$ zeigt. Diese hat den Häufungswert 0, aber ihre Bildmenge $\{0\}$ hat keine Häufungspunkte.

Hauptachsentransformation, Überführung einer quadratischen Gleichung der Form

$$\sum_{i,j=1}^{n} a_{ij} X_i X_j + a = 0 \,, \tag{1}$$

wobei $A = ((a_{ij}))$ eine symmetrische reelle $(n \times n)$-Matrix und $a \in \mathbb{R}$ ist, in eine einfacher zu lösende, zu (1) äquivalente Gleichung der Form

$$\sum_{i=1}^{n} \alpha_i X_i^2 + a = 0 \tag{2}$$

durch Einführung einer geeigneten (stets existenten) Orthonormalbasis $(b_1, \ldots, b_n)$ für den $\mathbb{R}^n$; dabei sind die α_i die Eigenwerte von A.

Ein $x = (x_1, \ldots, x_n)$ (Koordinatenvektor bzgl. der kanonischen Basis des $\mathbb{R}^n$) ist dann genau dann Lösung von (1), wenn $x = (x'_1, \ldots, x'_n)$ (Koordinatenvektor bzgl. der Orthonormalbasis $(b_1, \ldots, b_n)$) Lösung von (2) ist.

Man nennt (2) die Normalform der Gleichung (1). Die von den Basisvektoren $b_1, \ldots, b_n$ aufgespannten eindimensionalen Unterräume $\langle b_1 \rangle, \ldots, \langle b_n \rangle$ werden als Hauptachsen der durch obige Gleichungen definierten ↗Quadrik bezeichnet.

[1] Koecher, M.: Lineare Algebra und analytische Geometrie. Springer Berlin Heidelberg New York, 1997.

[2] Weiss, P.: Lineare Algebra. Universitätsverlag Rudolf Trauner Linz, 1989.

Hauptcharakter, ↗Charakter einer Gruppe.

Hauptdiagonale einer Matrix, die Folge $(a_{11}, \ldots, a_{pp})$ zur $(n \times m)$-Matrix $A = (a_{ij})$ mit $p = \min\{n, m\}$.

Meist wird der Begriff Hauptdiagonale für quadratische Matrizen verwendet. Quadratische Matrizen, die außerhalb ihrer Hauptdiagonalen nur Nullen aufweisen, werden als Diagonalmatrizen bezeichnet. Eine Diagonalmatrix $D = (d_{ij})$ wird oft mit $\mathrm{diag}(d_{11}, \ldots, d_{nn})$ bezeichnet.

Der Vektorraum aller $(n \times n)$-Diagonalmatrizen über $\mathbb{K}$ bildet bzgl. Matrizenmultiplikation eine kommutative Matrizenalgebra.

Hauptdivisor, ↗ Divisorengruppe.

Hauptfaserbündel, spezielles Schema.

Es sei G ein ↗Gruppenschema über einem Schema S. Ein G-Hauptfaserbündel ist ein ↗G-Schema P mit einem G-äquivarianten Morphismus $P \xrightarrow{p} X$ auf ein S-Schema X (mit trivialer G-Wirkung), so daß der Morphismus

$$P \times_S G \to P \times_X P, \quad (y, g) \mapsto (yg, y)$$

ein Isomorphismus ist, und so daß $P \to X$ „lokal isomorph" ist zu $X \times_S G$ (als G-Schema). „Lokal isomorph" ist hier im Sinne einer ↗Grothendieck-Topologie zu verstehen.

Sinngemäß überträgt sich die Definition auch auf die Kategorie komplexer Räume mit einer komplexen Lie-Gruppe G.

Hauptfilter, spezielle konvexe Teilordnung einer Ordnung (↗konvexe Ordnung).

Eine Teilordnung $F_\leq \subseteq M_\leq$ der Ordnung $M_\leq$ heißt Filter, falls $a \in F, x \geq a \Rightarrow x \in F$. Der Filter

$$F(a) = \{x \in M : x \geq a\}$$

heißt der von a erzeugte Hauptfilter.

Hauptideal, ein ↗Ideal, das von einem Element erzeugt werden kann.

Hauptidealring, kommutativer Ring, in dem jedes Ideal ein ↗Hauptideal ist.

Körper, der Ring der ganzen Zahlen $\mathbb{Z}$, der Polynomring in einer Veränderlichen über einen Körper, der Potenzreihenring in einer Veränderlichen über einen Körper sind Beispiele für Hauptidealringe.

Hauptkomponentenanalyse, ↗Faktorenanalyse.

Hauptkreisgruppe, ↗ Kleinsche Gruppe.

Hauptkrümmungen, die beiden Extremwerte $k_1(x)$ und $k_2(x)$ der Normalkrümmung $\kappa_n(\mathfrak{v})$ einer Fläche $\mathcal{F} \subset \mathbb{R}^3$ in Richtung eines Tangentialvektors $\mathfrak{v}$ in einem Punkt $x \in \mathcal{F}$.

Da die Funktion $\kappa_n(\mathfrak{v})$ nur von der Richtung von $\mathfrak{v}$ abhängt, kann man sie als stetige periodische Funktion des Winkels ϕ zwischen $\mathfrak{v}$ und einem festen Tangentialvektor $\mathfrak{e}_1$ ansehen. Daher besitzt sie ein Maximum k_1 und ein Minimum k_2.

Eine äquivalente Definition finden k_1 und k_2 als Eigenwerte der ↗Weingartenabbildung. Sie bestimmen über diese die wesentlichen Krümmungseigenschaften der Fläche, besitzen aber gegenüber der Gaußschen und der mittleren Krümmung

$$k = k_1 k_2 \quad \text{bzw.} \quad h = (k_1 + k_2)/2$$

untergeordnete Bedeutung, da diese der Berechnung leichter zugänglich sind und wichtige Invarianzeigenschaften haben. Sie lassen sich durch k und h als Nullstellen der quadratischen Gleichung

$$x^2 - 2hx + k = 0$$

darstellen.

Hauptkrümmungslinie, manchmal auch nur ↗Krümmungslinie genannt, Kurve auf einer Fläche $\mathcal{F} \subset \mathbb{R}^3$, deren Tangentialvektoren ↗Hauptkrümmungsrichtung haben.

Gleichwertig damit ist, daß ihre Normalkrümmung mit einer der beiden Hauptkrümmungen der Fläche übereinstimmt.

In einer gewissen Umgebung $U \subset \mathcal{F}$ eines jeden Punktes $P \in \mathcal{F}$, der kein Nabelpunkt ist, gibt es stets ein Netz bestehend aus zwei Scharen von Hauptkrümmungslinien. Diese ergeben sich in einer Parameterdarstellung $\Phi(u, v)$ von $\mathcal{F}$ in einer Umgebung von P als Lösungen der Differentialgleichung

$$(FE - LF)\,u'^2 + (NE - LG)\,u'v' + (NF - MG)\,v'^2 = 0\,,$$

in der E, F, G, L, M, N die Koeffizienten der ↗ersten bzw. ↗zweiten Gaußschen Fundamentalform sind.

Hauptkrümmungsrichtung, Richtung auf einer Fläche $\mathcal{F} \subset \mathbb{R}^3$, in der die Normalkrümmung $\kappa_n(\mathfrak{v})$ von $\mathcal{F}$ einen ihrer beiden Extremwerte k_1 und k_2 annimmt.

Da die ↗Hauptkrümmungen k_1 und k_2 auch als Eigenwerte der Weingartenabbildung S definiert werden können und S in bezug auf die erste Gaußschen Fundamentalform selbstadjungiert ist, sind die Hauptkrümmungsrichtungen zueinander senkrecht.

Die Eigenvektoren $\mathfrak{v}$ von S lassen sich durch die einfache Gleichung $\mathfrak{v} \times S(\mathfrak{v}) = 0$ bestimmen. Wählt man eine Parameterdarstellung $\Phi(u, v)$ für $\mathcal{F}$, so sind die Tangentialvektoren $\Phi_u = \partial\Phi/\partial u$ und $\Phi_v = \partial\Phi/\partial v$ eine Basis der Tangentialebene, und man kann $\mathfrak{v}$ als Linearkombination

$$\mathfrak{v} = v_1 \Phi_u + v_2 \Phi_v$$

schreiben. Dann führt die Bedingung $\mathfrak{v} \times S(\mathfrak{v}) = 0$ auf die Gleichung

$$(FE - LF)\,v_1^2 + (NE - LG)\,v_1 v_2 + (NF - MG)\,v_2^2 = 0$$

für v_1 und v_2, in der E, F, G, L, M, N die Koeffizienten ↗ersten bzw. ↗zweiten Gaußschen Fundamentalform sind. Diese Gleichung läßt sich einprägsamer in Determinantenform

$$\begin{vmatrix} v_2^2 & -v_1 v_2 & v_1^2 \\ E & F & G \\ L & M & N \end{vmatrix} = 0$$

schreiben.

Hauptminor, die $(n-m)$-reihige Unterdeterminante einer $(n \times n)$-Matrix (a_{ij}) über dem Körper $\mathbb{K}$, die man erhält, wenn man die m Zeilen und m Spalten streicht, welche durch m gegebene Elemente $a_{i_1 i_1}, \dots, a_{i_m i_m}$ auf der Hauptdiagonalen von A bestimmt werden.

Hauptnenner, das ↗kleinste gemeinsame Vielfache der Nenner einer Menge von Brüchen.

Es sei

$$\left\{\frac{a_1}{b_1}, \dots, \frac{a_n}{b_n}\right\}$$

eine Menge von Brüchen. Dann ist der Hauptnenner hierzu gleich

$$\text{kgV}(b_1, \dots, b_n)\,.$$

Eine analoge Begriffsbildung existiert auch für Ringe und ihre Quotientenkörper.

Hauptnormale, die Gerade durch einen Punkt P einer Raumkurve mit der Richtung des ↗Hauptnormalenvektors.

Hauptnormalenvektor, ein Vektor $\mathfrak{n}(t)$ des ↗begleitenden Dreibeins einer Raumkurve.

Ist $\alpha(t)$ eine Parametergleichung der Kurve und t der natürliche Parameter, so ist $\mathfrak{n}(t)$ durch

$$\mathfrak{n}(t) = \frac{\alpha''(t)}{||\alpha''(t)||}$$

gegeben.

$\mathfrak{n}(t)$ bildet zusammen mit dem Einheitstangentenvektor $\mathfrak{t}(t)$ von $\alpha(t)$ eine orthonormale Basis der ↗Schmiegebene.

Hauptordnung, der ↗Ganzheitsring in einem algebraischen Zahlkörper.

Hauptraum, zu einer $(n \times n)$-Matrix A über $\mathbb{K}$ mit einem Eigenwert λ die Menge aller Vektoren $v \in \mathbb{K}^n$, zu denen ein natürliches m existiert mit

$$(A - \lambda I_n)^m v = 0\,.$$

(I_n bezeichnet die $(n \times n)$-Einheitsmatrix.)

Haupträume sind Unterräume des Vektorraumes $\mathbb{K}^n$.

Der Durchschnitt zweier Haupträume einer Matrix A zu verschiedenen Eigenwerten λ_1 und λ_2 von A ist stets nur der Nullraum $\{0\}$.

Hauptsatz der Analysis, andere Bezeichnung für den ↗Fundamentalsatz der Differential- und Integralrechnung.

Hauptsatz der Cauchy-Theorie, charakterisiert einfach zusammenhängende ↗Gebiete $G \subset \mathbb{C}$ sowohl topologisch als auch funktionentheoretisch. Der Satz lautet:

Es sei $G \subset \mathbb{C}$ ein Gebiet und $\mathcal{O}(G)$ die Algebra aller in G holomorphen Funktionen (↗Algebra der holomorphen Funktionen). Dann sind die folgenden Aussagen äquivalent:

(a) *Es ist G einfach zusammenhängend.*

(b) *Es ist G homologisch einfach zusammenhängend, d. h. jeder rektifizierbare, ↗geschlossene Weg in G ist nullhomolog in G.*

(c) *Der Rand ∂G von G ist zusammenhängend.*

(d) *Das Komplement $\widehat{\mathbb{C}} \setminus G$ von G in $\widehat{\mathbb{C}}$ ist zusammenhängend.*

(e) *Jede Funktion $f \in \mathcal{O}(G)$ besitzt eine Stammfunktion in G, d. h. es existiert eine Funktion $F \in \mathcal{O}(G)$ mit $F'(z) = f(z)$ für alle $z \in G$.*

(f) *Für alle $f \in \mathcal{O}(G)$ und jeden rektifizierbaren, geschlossenen Weg γ in G gilt*

$$\int_\gamma f(z)\,dz = 0\,.$$

(g) *Für alle $f \in \mathcal{O}(G)$ und jeden rektifizierbaren, geschlossenen Weg γ in G gilt*

$$\operatorname{ind}_\gamma(z) f(z) = \frac{1}{2\pi i} \int_\gamma \frac{f(\zeta)}{\zeta - z}\,d\zeta$$

für alle $z \in G \setminus \gamma$. Dabei bezeichnet $\operatorname{ind}_\gamma(z)$ die ↗Umlaufzahl von γ bezüglich z.

(h) *Jede Einheit $f \in \mathcal{O}(G)$ besitzt einen holomorphen Logarithmus in G, d. h. es existiert eine Funktion $g \in \mathcal{O}(G)$ mit $e^{g(z)} = f(z)$ für alle $z \in G$.*

(i) *Jede Einheit $f \in \mathcal{O}(G)$ besitzt eine holomorphe Quadratwurzel in G, d. h. es existiert eine Funktion $h \in \mathcal{O}(G)$ mit $(h(z))^2 = f(z)$ für alle $z \in G$.*

(j) *Zu jeder Funktion $f \in \mathcal{O}(G)$ existiert eine Folge (p_n) von Polynomen, die in G ↗kompakt konvergent gegen f ist.*

(k) *Es gilt entweder $G = \mathbb{C}$ oder G ist konform äquivalent zur offenen Einheitskreisscheibe $\mathbb{E}$.*

(l) *Es ist G homöomorph zur offenen Einheitskreisscheibe $\mathbb{E}$, d. h. es existiert eine bijektive Abbildung $\phi: G \to \mathbb{E}$ derart, daß ϕ und die Umkehrabbildung ϕ^{-1} stetig sind.*

(m) *Zu jeder in G ↗harmonischen Funktion u existiert eine Funktion $f \in \mathcal{O}(G)$ mit $u(z) = \operatorname{Re} f(z)$ für alle $z \in G$.*

Hauptsatz der Flächentheorie, andere Bezeichnung für den ↗Fundamentalsatz der Flächentheorie.

Hauptsatz der mathematischen Statistik, ↗Gliwenko, Satz von.

Hauptsätze der Thermodynamik, dies sind der sog. ↗Nullte Hauptsatz der Thermodynamik, der erste Hauptsatz als ↗Energieerhaltungssatz der Thermodynamik, der zweite Hauptsatz (s.u.), und der dritte Hauptsatz (auch ↗Nernstscher Wärmesatz genannt).

Die Einführung des Temperaturbegriffs mit dem nullten Hauptsatz bringt zum Ausdruck, daß man bei der phänomenologischen Beschreibung der Natur nicht allein mit den Begriffen der Mechanik auskommt.

Mit der Formulierung des Energieerhaltungssatzes fanden Untersuchungen einen Abschluß, die eine Verbindung zwischen der Mechanik und den Wärmephänomenen herzustellen versuchten. Für konservative mechanische Systeme gilt, daß die Summe aus kinetischer und potentieller Energie erhalten bleibt. Es kann aber eine Energieform in eine andere umgewandelt werden. Etwa Mitte des 19. Jahrhunderts begann sich die Idee durchzusetzen, daß es einen umfassenderen Erhaltungssatz geben müsse. Z. B. stellte R.Mayer fest, daß Wasser durch Schütteln wärmer wird: Der mechanischen Arbeit entspricht ein mechanisches Wärmeäquivalent.

In physikalischen Theorien, die einen bestimmten Bereich von Naturerscheinungen richtig beschreiben, stellt sich die Frage, ob Begriffe, die wir aus dem täglichen Leben kennen, wirklich definiert sind. Erhaltungssätze sind mit Symmetrien von Räumen gekoppelt. Wenn man beispielsweise physikalische Systeme in der Zeit verschieben kann, also keine Änderung im Ablauf von Vorgängen festgestellt werden kann, wenn der Vorgang noch einmal zu einem anderen Zeitpunkt abläuft, dann läßt sich ein Energieerhaltungssatz ableiten. Das ist z. B. in der Newtonschen Mechanik oder speziellen Relativitätstheorie der Fall. Nach der allgemeinen Relativitätstheorie krümmt die Materie die Raum-Zeit in solcher Weise, daß z. B. i. allg. physikalische Systeme nicht mehr zeitlich verschoben werden können. Damit kann man in dieser Theorie i. allg. keinen Energiesatz formulieren. Diese Schwierigkeit begegnet uns aber nicht im täglichen Leben, weil das Gravitationsfeld für diesen Kreis von Erscheinungen entweder vernachlässigbar oder entsprechend symmetrisch ist.

Die sogenannte Clausiussche Fassung des zweiten Hauptsatzes der Thermodynamik besagt, daß Wärme nicht aus einem niederen zu einem höheren Temperaturniveau übergehen kann, ohne daß an den beteiligten Körpern Veränderungen zurückbleiben.

Dazu ist gleichwertig die Kelvinsche Fassung des zweiten Hauptsatzes der Thermodynamik, nach der es unmöglich ist, Arbeit zu leisten durch Abkühlung eines Körpers unter den kältesten Teil seiner Umgebung. Wäre dies möglich, könnte man die gewonnene Arbeit etwa durch Reibung in Wärme verwandeln und so einen Körper ohne weitere Wirkungen auf ein höheres Temperaturniveau bringen. Auf Ostwald und dann Planck geht die Formulierung zurück: Es ist unmöglich, eine periodisch funktionierende Maschine zu konstruieren, die nichts weiter als Hebung einer Last und Abkühlung eines Wärmereservoirs bewirkt. Bei einem axiomatischen Aufbau der Thermodynamik kann jeweils eine Fassung als Axiom genommen und dann als beweisbarer zweiter Hauptsatz der Thermodynamik formuliert werden:

Jedes thermodynamische System hat eine Zustandsgröße S, genannt Entropie (↗Entropie, physikalische). Ihre Differenz wird für gegebenen Anfangs- und Endzustand des Systems berechnet, indem man für das System einen reversiblen Prozeß angibt, der auch vom Anfangszustand in den Endzustand führt, und die Änderungen der Wärmemenge dividiert durch die Temperatur aufsummiert. Bei allen Vorgängen in wärmedicht abgeschlossenen Systemen nimmt die Entropie nicht ab. Nur bei reversiblen Prozessen ändert sie sich nicht.

Der Begriff der Entropie, der für die Formulierung des zweiten Hauptsatzes wesentlich ist, bereitet in der phänomenologischen Thermodynamik große Verständnisschwierigkeiten. In der statistischen Mechanik wird er mit Hilfe der Wahrscheinlichkeit von Zuständen bis auf eine Konstante definiert. Die Entropie gewinnt so Anschaulichkeit. Auf diese Weise wird aber auch ihre Sonderstellung deutlich: Die Entropie hängt mit unserer Kenntnis vom betrachteten System zusammen. Sie ist nicht wie andere Größen der Thermodynamik ein Mittelwert, der im Rahmen der statistischen Mechanik bestimmt wird.

Die noch freie Konstante in der Entropie wird über den dritten Hauptsatz bestimmt.

Hauptsymbol, ↗ Pseudodifferentialoperator.

Hauptsystem, ↗Fundamentalsystem.

Haupttangentenkurve, ↗Asymptotenlinie.

Hauptteil einer Laurent-Reihe, ↗ Laurent-Reihe.

Hauptteil-Verteilung, eine in einer offenen Menge $D \subset \mathbb{C}$ definierte Abbildung φ, die jedem $a \in D$ eine in $\mathbb{C} \setminus \{a\}$ konvergente ↗Laurent-Reihe q_a der Gestalt

$$q_a(z) = \sum_{\nu=1}^{\infty} \frac{c_\nu}{(z-a)^\nu}$$

zuordnet derart, daß der Träger $T = \{a \in D : q_a(z) \not\equiv 0\}$ von φ diskret und abgeschlossen in D ist, d. h. keinen Häufungspunkt in D besitzt. Jede Funktion q_a heißt ein Hauptteil in a. Existiert ein $m \in \mathbb{N}$ derart, daß $c_\mu = 0$ für alle $\mu \geq m$, so heißt q_a ein endlicher Hauptteil in a.

Jede in D bis auf ↗isolierte Singularitäten ↗holomorphe Funktion f definiert eine Hauptteil-Verteilung $H(f)$ in D, falls man für T die Menge der isolierten Singularitäten von f und für $a \in T$ als q_a den Hauptteil der Laurent-Reihe von f mit Entwicklungspunkt a wählt. Ist speziell f eine in D ↗meromorphe Funktion, so ist T die Menge der Polstellen von f, und jeder Hauptteil ist endlich.

Hauptteil-Verteilungen in D können in natürlicher Weise addiert und subtrahiert werden, und sie bilden eine additive abelsche Gruppe. Es besteht ein Zusammenhang zu Divisoren (siehe ↗Divisorengruppe). Ist nämlich f eine in D nicht konstante, holomorphe Funktion und $\mathfrak{d}$ der Divisor von f, so erhält man durch $\varphi(a) := \mathfrak{d}(a)/(z-a)$, $a \in D$ die Hauptteil-Verteilung der in D meromorphen Funktion f'/f.

Der wichtige Satz von Mittag-Leffler besagt, daß zu jeder Hauptteil-Verteilung φ in D mit Träger T eine in $D \setminus T$ holomorphe Funktion f mit $H(f) = \varphi$ existiert.

Hauptunterdeterminante, Unterdeterminante einer $(n \times n)$-Matrix $A = (a_{ij})$ der Form

$$\begin{vmatrix} a_{11} & a_{12} & \cdots & a_{1r} \\ a_{21} & a_{22} & \cdots & a_{2r} \\ \vdots & & & \vdots \\ a_{r1} & a_{r2} & \cdots & a_{rr} \end{vmatrix}$$

mit einem $r \in \{1, \ldots, n\}$.

Eine reelle $(n \times n)$-Matrix ist genau dann positiv definit, falls alle ihre n Hauptunterdeterminanten positiv sind.

Hauptvektor, zu einer $(n \times n)$-Matrix A über $\mathbb{K}$ mit einem Eigenwert λ ein Vektor $v \in \mathbb{K}^n$, für den für ein gegebenes natürliches m gilt:

$$(A - \lambda I_n)^m v = 0\,.$$

(I_n bezeichnet die $n \times n$-Einheitsmatrix.) Noch genauer bezeichnet man ein v mit dieser Eigenschaft als Hauptvektor der Stufe m.

Entsprechend sind die Hauptvektoren der Stufe m zum Eigenwert λ eines ↗Endomorphismus $\varphi : V \to V$ diejenigen $v \in V$ mit

$$(\varphi - \lambda\, \mathrm{id}_V)^m(v) = 0\,.$$

Die Menge der Hauptvektoren der Stufe m zu λ, d. h.

$$\mathrm{Ker}(\varphi - \lambda\, \mathrm{id}_V)^m\,,$$

bildet einen φ-invarianten Unterraum von V.

Hauptvektoren der Stufe m sind auch Hauptvektoren der Stufe $m+1$; deshalb bildet die Menge

$$\bigcup_{m\geq 0} \operatorname{Ker}(\varphi - \lambda\, \mathrm{id}_V)^m$$

aller Hauptvektoren zum Eigenwert λ wieder einen φ-invarianten Unterraum von V.

Hauptverzerrungen, die beiden Extremwerte der ↗Längenverzerrung einer Abbildung $f : \mathcal{F} \to \mathcal{F}^*$ zweier Flächen $\mathcal{F}, \mathcal{F}^* \subset \mathbb{R}^3$.

Hauptverzerrungslinie, Kurve auf einer Fläche $\mathcal{F} \subset \mathbb{R}^3$, deren Tangentialvektoren in bezug auf eine Abbildung $f : \mathcal{F} \to \mathcal{F}^* \subset \mathbb{R}^3$ in eine andere Fläche ↗Hauptverzerrungsrichtung haben.

Hauptverzerrungsrichtungen, die beiden Richtungen in einem Punkt $x \in \mathcal{F}$, in denen die ↗Längenverzerrung einer Abbildung $f : \mathcal{F} \to \mathcal{F}^*$ zweier Flächen $\mathcal{F}, \mathcal{F}^* \subset \mathbb{R}^3$ ihre Extremwerte annimmt.

Hauptverzerrungsrichtungen sind nur in solchen Punkten von $\mathcal{F}$ eindeutig definiert, in denen die beiden ↗Hauptverzerrungen verschieden sind.

Hauptwert des Arguments, ↗ Argument einer komplexen Zahl.

Hauptwert des Logarithmus, ↗ Logarithmus einer komplexen Zahl.

Hauptzweig der Potenz, diejenige in der geschlitzten Ebene $\mathbb{C}^- = \mathbb{C} \setminus (-\infty, 0]$ ↗holomorphe Funktion f mit

$$f(z) = \exp(\alpha \operatorname{Log} z)$$

für $z \in \mathbb{C}^-$, wobei $\alpha \in \mathbb{C}$, exp die ↗Exponentialfunktion und Log der Hauptzweig des Logarithmus ist. Man schreibt

$$f(z) = z^\alpha .$$

Im Spezialfall $\alpha = \frac{1}{n}$ erhält man den ↗Hauptzweig der Wurzel.

Für die Ableitung gilt

$$\frac{d}{dz} z^\alpha = \alpha z^{\alpha-1} .$$

Für $|z| < 1$ ist der Hauptzweig von $(1+z)^\alpha$ in eine Taylor-Reihe um 0 entwickelbar, und diese ist durch die ↗Binomialreihe gegeben.

Im allgemeinen existieren abzählbar unendlich viele in $\mathbb{C}^-$ holomorphe Zweige von z^α, entsprechend den verschiedenen Zweigen des Logarithmus. Betrachtet man speziell $\alpha = \frac{m}{n} \in \mathbb{Q}$ mit teilerfremden Zahlen $m \in \mathbb{Z}$ und $n \in \mathbb{N}$, so gibt es genau n Zweige von z^α. Für $n = 1$, d. h. $\alpha \in \mathbb{Z}$, hat man also nur einen einzigen Zweig von z^α, und dieser ist nach $\mathbb{C}^* = \mathbb{C} \setminus \{0\}$ ↗holomorph fortsetzbar; im Fall $\alpha \in \mathbb{N}_0$ ist z^α eine ↗ganze Funktion. Ist $\alpha \notin \mathbb{Q}$, so ist keiner der Zweige von z^α in einen Punkt $x_0 \in (-\infty, 0]$ stetig fortsetzbar.

Bei der Anwendung der aus dem Reellen bekannten Potenzrechenregel $(xy)^\alpha = x^\alpha y^\alpha$ ist im Komplexen Vorsicht geboten. Sie bleibt für beliebige $\alpha \in \mathbb{C}$ gültig, sofern $x, y > 0$, wobei auf beiden Seiten jeweils der Hauptzweig zu nehmen ist. Für $x, y \in \mathbb{C}$ ist sie aber im allgemeinen nicht mehr richtig. Dazu sei $x = i$, $y = i - 1$ und $\alpha = i$. Dann gilt

$$x^\alpha = e^{i \operatorname{Log} i} = e^{-\pi/2},$$
$$y^\alpha = e^{i \operatorname{Log}(i-1)} = e^{-3\pi/4 + i \log\sqrt{2}},$$

also

$$x^\alpha y^\alpha = e^{-5\pi/4 + i\log\sqrt{2}},$$

aber

$$(xy)^\alpha = (-1-i)^i = e^{i \operatorname{Log}(-1-i)} = e^{3\pi/4 + i\log\sqrt{2}}.$$

Hauptzweig der Wurzel, diejenige in der geschlitzten Ebene $\mathbb{C}^- = \mathbb{C} \setminus (-\infty, 0]$ ↗holomorphe Funktion f mit $(f(z))^n = z$ für $z \in \mathbb{C}^-$ und $f(1) = 1$, wobei $n \in \mathbb{N}$, $n \geq 2$. Man schreibt

$$f(z) = \sqrt[n]{z} \text{ oder } f(z) = z^{1/n} .$$

Der Hauptzweig der n-ten Wurzel ist ein Spezialfall des ↗Hauptzweiges der Potenz. Für $n = 2$ erhält man den Hauptzweig der Quadratwurzel, der mit $f(z) = \sqrt{z}$ bezeichnet wird.

Insgesamt existieren genau n in $\mathbb{C}^-$ holomorphe Zweige der Wurzel, nämlich die Funktionen f_k mit $(f_k(z))^n = z$ für $z \in \mathbb{C}^-$ und $f_k(1) = e^{2\pi k i/n}$ für $k = 0, 1, \ldots, n-1$. Dabei ist f_0 der Hauptzweig. Keiner dieser Zweige ist in einen Punkt $x_0 \in (-\infty, 0]$ stetig fortsetzbar.

Allgemeiner existiert in jedem einfach zusammenhängenden Gebiet $G \subset \mathbb{C}$ mit $0 \notin G$ ein holomorpher Zweig der Wurzel, d. h. es gibt eine in G holomorphe Funktion g mit $(g(z))^n = z$ für alle $z \in G$. Dabei ist der Zweig durch die Festlegung eines Werts von g an einer festen Stelle $z_0 \in G$ eindeutig bestimmt. Außerdem existiert in jedem einfach zusammenhängenden Gebiet G und zu jeder in G holomorphen Funktion h, die in G keine Nullstellen besitzt, ein holomorpher Zweig der Wurzel von h, d. h. eine in G holomorphe Funktion g mit $(g(z))^n = h(z)$ für alle $z \in G$. Die Eindeutigkeit erreicht man ebenfalls durch Festlegung eines Werts für $g(z_0)$.

Hauptzweig des Logarithmus, ↗ Logarithmus einer komplexen Zahl.

Hausdorff, Felix, deutscher Mathematiker und Schriftsteller, geb. 8.11.1868 Breslau, gest. 26.1. 1942 Bonn.

Hausdorff stammte aus begütertem Haus und wollte ursprünglich Musiker werden; seine wissenschaftliche Laufbahn begann er mit astronomischen und optischen Themen, erst später wandte er sich ganz der Mathematik zu.

Nach seiner Leipziger Zeit (1901–10) wurde er 1910 außerordentlicher Professor in Bonn, bis er 1913 nach Greifswald ging, um dann ab 1921 bis zu seiner erzwungenen Emeritierung im Jahre 1935 wieder in Bonn zu lehren. Eine Berufung im Jahr 1902 nach Göttingen lehnte er überraschenderweise ab.

Hausdorffs bedeutendste Leistungen liegen auf den Gebieten der Mengenlehre und der Topologie. Sein Buch „Grundzüge der Mengenlehre" von 1914 ist eine systematische und axiomatische Darstellung der Mengenlehre einschließlich der Kardinal- und Ordinalzahlen sowie der mengentheoretischen Topologie, und wurde zu einem Standardwerk. Insbesondere werden topologische Räume mit Hilfe des Umgebungsbegriffs eingeführt. Von Hausdorff stammt der Begriff des metrischen Raumes.

Topologische und metrische Räume werden in seinem Hauptwerk erstmals vollständig beschrieben. Topologische Räume, die das Hausdorffsche Trennungsaxiom erfüllen, in denen sich also je zwei verschiedene Punkte durch disjunkte Umgebungen voneinander trennen lassen, werden heute auch als ↗Hausdorffräume bezeichnet.

Hausdorff löste das Kontinuumproblem für die Borel-Mengen, indem er zeigte, daß jede nichtabzählbare Borel-Menge in einem vollständigen metrischen Raum topologisches Bild des Cantorschen Diskontinuums ist. Er arbeitete intensiv über Ordnungstypen, führte den Begriff der halbgeordneten Menge ein und bewies seinen Maximalkettensatz, auch Hausdorffsches Maximalitätsprinzip (↗Auswahlaxiom) genannt, nach dem sich jede Kette in einer halbgeordneten Menge zu einer maximalen Kette fortsetzen läßt. Später befaßte er sich mit Fragen der Maß- und Limitierungstheorie sowie der Wahrscheinlichkeitsrechnung. Hier studierte er Momentenprobleme und Summationsmethoden.

Von Hausdorff stammt die Idee, auch gebrochene (reelle) Dimensionen (↗Hausdorff-Maß, ↗Hausdorff-Dimension) zur Charakterisierung geometrischer Gebilde zuzulassen (1919). Diese Ideen wurden in den letzten Jahren verstärkt in der Theorie der ↗Fraktale und der ↗dynamischen Systeme aufgegriffen, und finden inzwischen in vielen naturwissenschaftlichen Gebieten Anwendung.

Stets versuchte Hausdorff, besonders einfache und schöne Beweise, auch für bereits bewiesene Aussagen, zu finden. So gab er beispielsweise einen einfachen Beweis für den Satz, daß die ↗Eulersche Γ-Funktion keiner algebraischen Gleichung genügt.

Oft vergessen werden Hausdorffs literarisch-philosophischen Arbeiten. Unter dem Einfluß des Werkes Friedrich Nietzsches schrieb er in seinen frühen Jahren unter dem Pseudonym Paul Mongré philosophische Essays, Aphorismen und Gedichte („Sant' Ilario. Gedanken aus der Landschaft Zarathustras" (1897), „Das Chaos in kosmischer Auslese" (1898)) sowie die zeitkritische Komödie „Der Arzt seiner Ehre"(1904).

Auch befaßte er sich mit Fragen zu Raum und Zeit. Nach 1910 veröffentlichte Hausdorff nur noch mathematische Arbeiten.

Als Jude sah sich der unpolitische Hausdorff in seinen Bonner Jahren immer stäkerem Druck ausgesetzt. Um der bevorstehenden Deportation in ein Sammellager zu entgehen, beging er zusammen mit seiner Frau und seiner Schwägerin 1942 Selbstmord.

Hausdorff-Abstand, Verallgemeinerung des Abstandsbegriffs auf Intervalle.

Der Hausdorff-Abstand q zweier reeller Intervalle $\mathbf{a} = [\underline{a}, \overline{a}]$ und $\mathbf{b} = [\underline{b}, \overline{b}]$ ist

$$q(\mathbf{a}, \mathbf{b}) = \max\{|\underline{a} - \underline{b}|, |\overline{a} - \overline{b}|\},$$

(↗Hausdorff-Metrik), der Hausdorff-Abstand zweier reeller n-komponentiger ↗Intervallvektoren $\mathbf{x} = (\mathbf{x}_i)$ und $\mathbf{y} = (\mathbf{y}_i)$ ist

$$q(\mathbf{x}, \mathbf{y}) = (q(\mathbf{x}_i, \mathbf{y}_i)) \in \mathbb{R}^n,$$

und der zweier reeller $(m \times n)$-↗Intervallmatrizen $\mathbf{A} = (\mathbf{a}_{ij})$ und $\mathbf{B} = (\mathbf{b}_{ij})$ lautet:

$$q(\mathbf{A}, \mathbf{B}) = (q(\mathbf{a}_{ij}, \mathbf{b}_{ij})) \in \mathbb{R}^{m\times n}.$$

Für Punktintervalle $\mathbf{a} \equiv a$, $\mathbf{b} \equiv b$ gilt einfach $q(a, b) = |a - b|$.

Hausdorff-Birkhoff, Satz von, ↗Kettenaxiom.

Hausdorff-Dimension, wichtiges Beispiel einer ↗fraktalen Dimension.

Es sei X ↗Banachraum. Für eine nichtleere beschränkte Teilmenge $F \subset X$ mit dem ↗Hausdorff-Maß $\mu_s^H(F)$ heißt

$$\begin{aligned} \dim_H F &:= \inf\{s \mid \mu_s^H(F) = 0\} \\ &= \sup\{s \mid \mu_s^H(F) = \infty\} \end{aligned}$$

Hausdorff-Dimension von F.

Die Hausdorff-Dimension besitzt folgende Eigenschaften:

- Offene beschränkte Teilmengen des $\mathbb{R}^n$ und n-dimensionale stetig differenzierbare Mannigfaltigkeiten haben die Hausdorff-Dimension n.
- Abzählbare Mengen haben die Hausdorff-Dimension 0.
- Monotonie: $\dim_H E \le \dim_H F$ für $E \subset F$.
- Abzählbare Stabilität: Für eine Folge von Mengen $\{F_i\}_{i\in\mathbb{N}}$ gilt $\dim_H \bigcup_{i=1}^{\infty} F_i = \sup_{i\in\mathbb{N}}\{\dim_H F_i\}$.

Siehe hierzu auch ↗ Hausdorff-Maß.

Hausdorff-Maß, Hilfsmaß zur Definition der ↗Hausdorff-Dimension. Sei $s \in \mathbb{R}$, $s \ge 0$, und seien weiterhin X ein ↗Banachraum und $\mathcal{K}$ eine Menge beschränkter Teilmengen von X. Die Abbildung

$\mu_s^H : \mathcal{K} \to \mathbb{R}_0^+ \cup \{\infty\}, \qquad F \mapsto \mu_s^H(F)$ mit

$$\mu_s^H(F) := \lim_{\delta\to 0}\left(\inf\{\sum_{i=1}^{\infty}|U_i|^s \mid F \subset \bigcup_{i=1}^{\infty} U_i,\ |U_i| \le \delta\}\right)$$

heißt das s-dimensionale Hausdorff-Maß von F, wobei

$$|U_i| := \sup\{\|x-y\| \mid x, y \in U_i\}$$

gilt.

Man kann zeigen, daß μ_s^H ein Maß auf X ist. Für jede Menge $F \in \mathcal{K}$ existiert ein s_0 mit

$$\mu_s^H(F) = \begin{cases} \infty & \text{für } s < s_0, \\ 0 & \text{für } s > s_0. \end{cases}$$

Mit Hilfe dieser Eigenschaft des Hausdorff-Maßes wird die Hausdorff-Dimension definiert.

Als Skalierungseigenschaft des Hausdorff-Maßes bezeichnet man für $F \in \mathcal{K}$ und $\lambda \in \mathbb{R}$, $\lambda > 0$ die Gleichung

$$\mu_s^H(\lambda F) = \lambda^s \mu_s^H(F).$$

[1] Falconer, K.J.: Fraktale Geometrie: Mathematische Grundlagen und Anwendungen. Spektrum Akademischer Verlag Heidelberg, 1993.

Hausdorff-Metrik, Fortsetzung der Metrik q eines metrischen Raums (M, q) auf den Raum K aller kompakten nichtleeren Teilmengen von M durch die Definition

$$q(A,B) := \max\{\sup_{y\in B}\inf_{x\in A} q(x,y), \sup_{x\in A}\inf_{y\in B} q(x,y)\}$$

für $A, B \in K$.

Für reelle kompakte Intervalle $\mathbf{a} = [\underline{a}, \overline{a}]$ und $\mathbf{b} = [\underline{b}, \overline{b}]$ erhält man mit der üblichen Metrik auf $\mathbb{R}$ den Zusammenhang

$$q(\mathbf{a}, \mathbf{b}) = \max\{|\underline{a} - \underline{b}|, |\overline{a} - \overline{b}|\}.$$

Hausdorffraum, topologischer Raum, in dem je zwei verschiedene Punkte disjunkte Umgebungen besitzen.

So ist z. B. jeder metrische Raum ein Hausdorffraum. Ein Hausdorffraum wird auch als T_2-Raum (↗Trennungsaxiome) bezeichnet.

Hausdorffsche Mittel, die durch das im folgenden dargestellte Mittelungsverfahren definierten Mittel einer gegebenen Folge.

Es sei $M = (\mu_{n,m})$ die (unendliche) untere Dreiecksmatrix mit den Einträgen

$$\mu_{n,m} = \begin{cases} (-1)^n \binom{m}{n}, & \text{falls } n \le m, \\ 0 & \text{falls } n > m. \end{cases}$$

Weiter sei D eine Diagonalmatrix und $s = (s_n)$ eine gegebene Folge.

Dann nennt man die durch die Transformation

$$h = (MDM)s \tag{1}$$

definierte Folge h die Hausdorffschen Mittel von s, das durch (1) definierte Verfahren Hausdorff-Summation.

Unter gewissen Regularitätsbedingungen an D ist die Folge h noch summierbar, obwohl s dies nicht ist.

[1] Hardy, G.F.: Divergent Series. Oxford University Press, 1949.

Hausdorffsches äußeres Maß, ein spezielles ↗äußeres Maß. Es sei (Ω, d) ein metrischer Raum mit Metrik d. Dann sind für $\alpha > 0$

$$\bar{\mu}_{\alpha,\delta}(A) := \inf\left\{\sum_{n\in\mathbb{N}}(d(A_n))^\alpha | A \subseteq \bigcup_{n\in\mathbb{N}} A_n\right\}$$

mit $d(A_n) \le \delta$ für alle $n \in \mathbb{N}\}$ und

$$\bar{\mu}_\alpha(A) := \sup\{\bar{\mu}_{\alpha,\delta}(A) | \delta > 0\}$$

äußere Maße auf $\mathcal{P}(\Omega)$. $\bar{\mu}_\alpha$ ist ein metrisches äußeres Maß und heißt das Hausdorffsche äußere Maß. α nennt man auch seine Hausdorff-Dimension. Die Bezeichnung Dimension ist insofern gerechtfertigt, als für $\Omega = \mathbb{R}$, versehen mit der euklidschen Metrik, $\bar{\mu}_p$ für $p \in \mathbb{N}$ bis auf einen positiven Faktor gleich dem Lebesgueschen äußeren Maß $\bar{\lambda}^p$ auf $\mathcal{P}(\mathbb{R}^p)$ ist.

Die Konstruktion des Hausdorffschen äußeren Maßes kann von der Funktion $(d(An))^\alpha$ für $\alpha > 0$ ausgedehnt werden auf $h(d(An))$, wobei $h : \mathbb{R}_+ \to \mathbb{R}_+$ eine rechtsseitig stetige isotone Funktion ist, die auf $\mathbb{R}_+\backslash\{0\}$ positiv ist. Dieses äußere Maß wird mit $\bar{\mu}_h$ bezeichnet.

Die Einschränkung des Hausdorffschen äußeren Maßes $\bar{\mu}_h$ auf die σ-Algebra der $\bar{\mu}_h$-meßbaren Mengen heißt ↗Hausdorff-Maß.

Hausdorffsches Maximalitätsprinzip, zum ↗Auswahlaxiom äquivalenter Satz:

Sei $\mathcal{A}$ eine Menge von Mengen und $\mathcal{N}$ eine Teilmenge von $\mathcal{A}$, auf der die Inklusion „$\subseteq$" eine konnexe ↗Ordnungsrelation darstellt.

Dann gibt es bezüglich dieser Eigenschaft eine $\subseteq$-maximale Teilmenge $\mathcal{M}$ von $\mathcal{A}$, die $\mathcal{N}$ enthält. Das heißt, $\mathcal{A} \supseteq \mathcal{M} \supseteq \mathcal{N}$, $\mathcal{M}$ wird durch „$\subseteq$" konnex geordnet, und es gibt keine Teilmenge von $\mathcal{A}$, die $\mathcal{M}$ echt enthält und durch „$\subseteq$" konnex geordnet wird.

Hausdorff-Summation, ein allgemeines Summationsverfahren (Limitierungsverfahren), das auf der Technik der ↗Hausdorffschen Mittel beruht.

Havel-Hakimi, Satz von, ↗ Gradfolge eines Graphen.

Hawking, Stephen William, englischer Physiker und Kosmologe, geb. 8.1.1942 Oxford.

Hawking wuchs auf in Highgate, in der Nähe von London, und später in St. Albans, wo er auch die Schule besuchte. Nach Studium in Oxford und Cambridge erwarb er seinen Doktortitel im Jahre 1966 und wurde anschließend Research Fellow am Institut für Astronomie in Cambridge. 1973 wechselte er dann an den Fachbereich für Angewandte Mathematik und Theoretische Physik, wo er 1977 zum Professor ernannt wurde; seit 1979 ist er als „Lucasian Professor" am Trinity College tätig und damit ein Nachfolger Newtons.

Hawking, einer der bedeutendsten Theoretischen Physiker unserer Zeit, leidet seit seiner Jugend an einer unheilbaren Nervenerkrankung (ALS) und ist dadurch an den Rollstuhl gefesselt und stumm. Seiner Umwelt macht er sich mit Hilfe des Computers verständlich.

Er arbeitet u. a. über Raum-Zeit-Singularitäten und schuf eine Theorie der Schwarzen Löcher (↗Hawking-Effekt). Ferner lieferte er bedeutende Beiträge zu Ursprung und Entwicklung des Kosmos und formulierte um 1983 erste Ansätze zu einer Theorie der Quantengravitation, welche im Endausbau die Quantenmechanik und die ↗Allgemeine Relativitätstheorie zu einer einzigen Theorie vereinigen soll.

Hawking-Effekt, Bezeichnung der Eigenschaft eines Schwarzen Lochs, Teilchen auf quantenmechanischem Weg emittieren zu können.

Nach der ↗Allgemeinen Relativitätstheorie kann ein Schwarzes Loch keine Teilchen emittieren, da der Horizont nur von außen nach innen überquert werden kann. Unter Anwendung quantenmechanischer Prinzipien kann man jedoch berechnen, daß Teilchen von innen nach außen mit einer bestimmten Wahrscheinlichkeit „durchtunneln" können. Dieser, heute Hawking-Effekt genannte, Prozeß wurde 1973 von Y.Zeldovich und A.Starobinsky vorausgesagt, allerdings nur für rotierende Schwarze Löcher.

S. Hawkings Beitrag an diesem Effekt besteht darin, daß er ihn nicht nur qualitativ, sondern mathematisch detailliert quantitativ berechnen konnte, und zwar auch für den schwieriger zu behandelnden Fall des nichtrotierenden Schwarzen Lochs. Vergleiche hierzu auch ↗Hawking-Strahlung.

Hawking-Strahlung, eine Folge des ↗Hawking-Effekts.

Ein Schwarzes Loch der Masse m strahlt, die Frequenz der Strahlung berechnet sich nach der Planckschen Strahlungsformel, und die zugehörige Strahlungstemperatur ist proportional zu $1/m$. Durch die Abstrahlung verliert das Schwarze Loch an Masse, wird damit heißer, bis es schließlich „verdampft", d. h., sich nach endlicher Zeit insgesamt in Strahlung aufgelöst hat.

Ein populärwissenschaftliches Werk, in dem diese Problematik geschildert wird, ist [1].

[1] Hawking, S.: Eine kurze Geschichte der Zeit. Rowohlt Verlag Hamburg, 1988.

Heap, Datenstruktur zur Abspeicherung einer bzgl. einer binären Relation $\leq$ total geordneten Menge M.

Besteht M aus n Elementen, so ist der Heap ein gerichteter binärer Baum der Tiefe $[\log_2 n]$. Jedem Knoten v des Baumes ist ein Element $\phi(v)$ der Menge M zugeordnet und umgekehrt. Ein Heap erfüllt nach Definition die sog. Heap-Eigenschaft, daß für jede Kante (v, w) des gerichteten Baumes die Ungleichung $\phi(v) \leq \phi(w)$ gilt. Somit steht an der Wurzel des Baumes das kleinste Element der Menge M.

Löscht man die Wurzel des Baumes, so setzt man das einem tiefsten Blatt des Baumes zugeordnete Element von M an seine Stelle und läßt das Element so lange durch Vertauschen mit dem jeweils kleinsten der beiden Kinder nach unten sinken, bis die Heap-Eigenschaft wieder erfüllt ist.

Das Einfügen eines neuen Elementes in den Heap erfolgt entsprechend, indem an einer höchstliegenden möglichen Stelle im Baum ein Blatt mit dem neuen Element eingefügt wird und man dieses Element so lange durch Vertauschen mit dem Vaterknoten nach oben steigen läßt, bis die Heap-Eigenschaft wieder erfüllt ist.

Beide Operationen, Löschen des kleinsten Elementes aus dem Heap und Einfügen eines neuen Elementes in den Heap, benötigen höchstens $c \cdot [\log_2 n]$ Schritte für eine von n unabhängige Konstante c.

Heaps werden insbesondere im Rahmen von ↗Heapsort angewendet.

Heap-Eigenschaft, spezielle Eigenschaft eines binären Baumes (↗Heap, ↗Heap-geordneter Baum).

Heap-geordneter Baum, ein binärer Baum mit einer bestimmten Ordnungseigenschaft.

Ein binärer Baum heißt Heap-geordnet, wenn der Schlüsselwert jedes Knotens kleiner oder gleich ist den Schlüsselwerten der beiden Nachfolger des Knotens. Diese Eigenschaft wird Heap-Eigenschaft genannt. Heap-geordnete Bäume sind die Grundlage für das ↗Heapsort.

Heapsort, allgemeines Sortierverfahren zum Sortieren von n Elementen.

Das Verfahren besteht aus zwei Schritten. Im ersten Schritt wird ein ↗Heap aufgebaut, der die n Elemente der Eingabefolge enthält. Um die sortierte Liste zu erhalten, wird im zweiten Schritt der Heap schrittweise wieder abgebaut, indem jeweils die Wurzel des Heaps gelöscht wird, in der das kleinste Element des Heaps steht, und die Heap-Eigenschaft (↗Heap) wiederhergestellt wird.

Das Verfahren benötigt zum Sortieren von n Elementen höchstens $c \cdot n \cdot [\log_2 n]$ Schritte für eine von n unabhängige Konstante c.

Heaviside, Oliver, englischer Mathematiker und Physiker, geb. 18.5.1850 London, gest. 3.2.1925 Torquay (England).

Im Selbststudium eignete sich Heaviside Mathematik, Physik und Sprachen (Dänisch und Deutsch) an. Insbesondere machte er elektrotechnische und telegraphische Experimente. 1868 ging er nach Dänemark, um dort als Telegraph zu arbeiten. 1871 kam er wieder zurück nach England (Newcastle-upon-Tyne) und arbeitete bei der Great Northern Telegraph Company. Wegen zunehmender Taubheit zog er sich 1874 als Privatgelehrter nach Devon zurück.

Ab 1872 veröffentlichte er eigene Arbeiten zur Elektrizität. Hiermit erlangte er das Interesse von Maxwell, der diese in „Treatise on Electricity and Magnetism" veröffentlichte. Heaviside, fasziniert von Maxwells Werk, gab seine eigenen Untersuchungen auf und widmete sich dem Studium von Maxwells Arbeit. Dabei gelang es ihm, Maxwells Gleichungen (20 Gleichungen mit 20 Variablen) auf zwei Gleichungen mit zwei Variablen, die heutige Form der Maxwellschen Gleichungen, zu reduzieren.

Seine mathematischen Arbeiten wurden zu Lebzeiten kritisiert, da er den Differentialoperator $D = d/dt$ als algebraische Größe benutzte und Differentialgleichungen als Polynome in D betrachtete. Zudem warfen ihm seine Kritiker einen zu sorglosen Umgang mit divergenten Reihen vor.

Nach seinem Tod wurde sein Wirken für die Entwicklung der Operatortheorie, der Laplace-Transformationen und der Theorie der verallgemeinerten Funktionen anerkannt.

Heaviside-Funktion, Stufenfunktion, definiert durch

$$H(x) = \begin{cases} 0 & \text{falls } x \le 1, \\ 1 & \text{falls } x > 0. \end{cases}$$

Die Ableitung der Heaviside-Funktion ist im Distributionssinn das ↗Diracsche δ-Maß.

Heaviside-Kalkül, eine formale Methode zur Lösung von Differentialgleichungen durch algebraische Umformungen eines Differentialoperators.

Man betrachte die Differentialgleichung

$$y(x) - \frac{dy}{dx}(x) = f(x)\,.$$

Schreibt man dies in der Form

$$\left(1 - \frac{d}{dx}\right) y(x) = f(x),$$

erhält man durch formales Dividieren und formale Anwendung der ↗geometrischen Reihe im Parameter d/dx als Lösung:

$$y(x) = \frac{f(x)}{1 - \frac{d}{dx}} = \sum_{k=0}^{\infty} \left(\frac{d}{dx}\right)^k f(x) = \sum_{k=0}^{\infty} f^{(k)}(x).$$

Ist f ein Polynom, wird dadurch tatsächlich eine Lösung der Differentialgleichung gegeben.

Diese Idee Heavisides findet ihre formale Begründung in der Theorie der Pseudodifferentialoperatoren.

Heawoodsches Map-Color-Theorem, gibt die chromatische Zahl einer orientierbaren Fläche S_h vom Geschlecht h für $h \ge 1$ mit

$$\lfloor \frac{1}{2}(7 + \sqrt{1 + 48h}) \rfloor$$

an. Dabei ist die chromatische Zahl einer Fläche F die maximale chromatische Zahl eines ↗Graphen, der eine kreuzungsfreie Einbettung in F besitzt (↗Einbettung eines Graphen).

P.J.Heawood bewies bereits 1890 mit Hilfe der ↗Euler-Poincaréschen Formel, daß der angegebene Term eine obere Schranke für die chromatische Zahl der Fläche S_h ist, und behauptete die Gleichheit. Diese Behauptung nannte man die Heawoodsche Map-Color-Conjecture.

Der vollständige Beweis des Heawoodschen Map-Color-Theorems gelang erst 1968 G.Ringel und J.W.T. Youngs mit Hilfe des Satzes von Ringel-Youngs.

hebbare Singularität, eine ↗isolierte Singularität $z_0 \in \mathbb{C}$ einer in einer punktierten Kreisscheibe $\dot{B}_r(z_0) = \{z \in \mathbb{C} : 0 < |z - z_0| < r\}$, $r > 0$, ↗holomorphen Funktion f derart, daß f nach z_0 holomorph fortsetzbar ist.

Anders fomuliert: Es existiert eine in $B_r(z_0)$ holomorphe Funktion F mit $F(z) = f(z)$ für alle $z \in \dot{B}_r(z_0)$.

Ein wichtiges Kriterium für die Hebbarkeit einer isolierten Singularität ist der ↗Riemannsche Hebbarkeitssatz.

Hebb-Lernregel, eine spezielle ↗Lernregel für ↗Neuronale Netze, die auf der Abstraktion eines von Donald Hebb im Jahre 1949 formulierten neurobiologischen Modells für den Prozeß des Lernens beruht und die Basis für eine Vielzahl von verfeinerten Lernregeln ähnlichen Typs bildet. Stark abstrahiert lautet das von Hebb propagierte generelle Prinzip wie folgt:

Wenn zwei über eine Synapse verbundene Neuronen häufig simultan feuern, dann erhöht sich die Effektivität des Einflusses des präsynaptischen Neurons auf das postsynaptische Neuron. Im Lernprozeß werden synaptische Kopplungen simultan aktiver Neuronen gestärkt.

Im folgenden wird die formale Übertragung und konkrete Realisierung der Hebb-Lernregel kurz im Kontext diskreter zweischichtiger neuronaler Feed-Forward-Netze mit Ridge-Typ-Aktivierung und identischer Transferfunktion in den Ausgabe-Neuronen erläutert: Wenn man einem solchen Netz eine Menge von t Trainingswerten $(x^{(s)}, y^{(s)}) \in \mathbb{R}^n \times \mathbb{R}^m$, $1 \le s \le t$, präsentiert, setzt man generell $\Theta_j := 0$, $1 \le j \le m$, und ansonsten

$$w_{ij} := \sum_{s=1}^{t} x_i^{(s)} y_j^{(s)}$$

für $1 \le i \le n$ und $1 \le j \le m$. Sind die Trainingsvektoren $x^{(s)}$, $1 \le s \le t$, nun orthonormal, dann arbeitet das entstandene neuronale Netz im Ausführ-Modus perfekt auf den Trainingswerten, d. h.

$$\sum_{i=1}^{n} w_{ij} x_i^{(s)} = y_j^{(s)}$$

für $1 \le j \le m$ und $1 \le s \le t$.

Dieses spezielle Netz wird in der Literatur auch (Hebb-trainierter) linearer Assoziierer genannt, und es spiegelt das Prinzip der neurophysiologisch motivierten Hebb-Lernregel im folgenden Sinne wider: Da das Netz im Ausführ-Modus für einen gegebenen Eingabevektor $x = (x_1, \ldots, x_n) \in \mathbb{R}^n$ den zugehörigen Ausgabevektor $y = (y_1, \ldots, y_m) \in \mathbb{R}^m$ berechnet gemäß

$$y_j = \sum_{i=1}^{n} w_{ij} x_i\,, \quad 1 \le j \le m\,,$$

gibt das Gewicht w_{ij} an, wie stark die Eingabe x_i auf die Ausgabe y_j Einfluß nehmen kann. Ist nun für den s-ten Trainingswert $(x^{(s)}, y^{(s)})$ die multiplikativ gebildete Simultanaktivität $x_i^{(s)} y_j^{(s)}$ groß, dann soll auch die synaptische Kopplung w_{ij} entsprechend gestärkt werden, ist sie klein, wird das Gewicht entsprechend weniger verändert. In diesem Sinne entspricht die oben formulierte Vorschrift zur Fixierung der Gewichte des Netzes genau der neurophysiologischen Hebb-Lernregel.

Hecke, Erich, Mathematiker, geb. 20.9.1887 Buk (bei Poznań), gest. 13.2.1947 Kopenhagen.

Hecke studierte in Breslau (Wrocław) und Berlin (bei E. Landau) Mathematik und Naturwissenschaften. Er promovierte 1910 in Göttingen bei Hilbert zur Zahlentheorie und habilitierte sich 1912. Danach arbeitet er in Basel, Göttingen und ab 1919 in Hamburg.

Hecke ist vor allen Dingen bekannt für seine Arbeiten auf dem Gebiet der analytischen Zahlentheorie und der Modulformen (Hecke-Operator, Hecke-Algebra). Er fand für die Dedekindschen ζ-Funktionen und die Dirichletsche L-Reihen Funktionalgleichungen und Verallgemeinerungen. Er untersuchte weiterhin quadratische Formen, Eulersche Produkte und Primzahlverteilungen.

Hecke-Algebra, üblicherweise bezeichnet mit $H(q, m)$, ist für $q \in \mathbb{C}$ und $m \in \mathbb{N}$ die assoziative Algebra über $\mathbb{C}$ (mit Einheit 1) erzeugt von den Elementen $\sigma_1, \sigma_2, \ldots, \sigma_{m-1}$ mit den Relationen

1. $\sigma_i\sigma_{i+1}\sigma_i = \sigma_{i+1}\sigma_i\sigma_{i+1}$,
2. $\sigma_i\sigma_j = \sigma_j\sigma_i$ für $|i - j|| \ge 2$,
3. $\sigma_i^2 = (q-1)\sigma_i + q$.

Die Dimension von $H(q, m)$ ist $m!$. Für $q = 1$ ergibt sich $H(1, m) = \mathbb{C}[S_m]$, die Gruppenalgebra der symmetrischen Gruppe von m Elementen.

Die Hecke-Algebra $H(q, m)$ bestimmt die quadratischen Darstellungen der Zopfgruppe B_m von m Zöpfen.

Mit Hilfe einer geeigneten Spur (Ocneanu-Spur) auf der Vereinigung aller $H(q, m)$, $m \in \mathbb{N}$, können Knotenpolynome (z. B. das HOMFLY-Polynom, ↗ Knotentheorie) definiert werden, die sehr präzise Äquivalenzklassen von Knoten unterscheiden.

Hedging, mathematisches Verfahren zur Risikobegrenzung für Finanzportfolios durch dynamische ↗ Immunisierung.

Heftungssatz, die im folgenden formulierte Aussage aus der Funktionentheorie:

Es sei $h : \mathbb{R} \to \mathbb{R}$ eine normalisierte ↗ quasisymmetrische Funktion.

Dann existiert genau eine ↗ quasikonforme Kurve $\Gamma \subset \widehat{\mathbb{C}}$ mit folgender Eigenschaft: Bezeichnen G_1 und G_2 die beiden Zusammenhangskomponenten von $\widehat{\mathbb{C}} \setminus \Gamma$ (dies sind einfach zusammenhängende ↗ Gebiete), so gibt es eindeutig bestimmte ↗ konforme Abbildungen f_1 von $\mathbb{H}_+ = \{z \in \mathbb{C} : \operatorname{Im} z > 0\}$ auf G_1 und f_2 von $\mathbb{H}_- = \{z \in \mathbb{C} : \operatorname{Im} z < 0\}$ auf G_2, die sich beide zu Homöomorphismen f_1 von $\overline{\mathbb{H}}_+$ auf $\overline{G_1}$ und f_2 von $\overline{\mathbb{H}}_-$ auf $\overline{G_2}$ fortsetzen lassen derart, daß $f_1(0) = f_2(0)$, $f_1(1) = f_2(1)$, $f_1(\infty) = f_2(\infty)$ und $(f_1^{-1} \circ f_2)(x) = h(x)$ für alle $x \in \mathbb{R}$.

Hierbei bezeichnet $\overline{E}$ stets den Abschluß einer Menge $E \subset \widehat{\mathbb{C}}$ in $\widehat{\mathbb{C}}$.

Dieser Satz spielt eine wichtige Rolle bei der Beschreibung des universellen Teichmüller-Raumes.

Es gilt auch folgende Umkehrung dieses Satzes.

Es sei $\Gamma \subset \widehat{\mathbb{C}}$ *eine quasikonforme Kurve,* G_1 *und* G_2 *die beiden Zusammenhangskomponenten von* $\widehat{\mathbb{C}} \setminus \Gamma$*,* f_1 *eine konforme Abbildung von* $\mathbb{H}_+$ *auf* G_1 *und* f_2 *von* $\mathbb{H}_-$ *auf* G_2 *mit* $f_1(\infty) = f_2(\infty)$*, wobei die Fortsetzungen von* f_1 *bzw.* f_2 *zu Homöomorphismen von* $\overline{\mathbb{H}}_+$ *auf* $\overline{G}_1$ *bzw. von* $\overline{\mathbb{H}}_-$ *auf* $\overline{G}_2$ *wieder mit* f_1 *bzw.* f_2 *bezeichnet werden. Weiter sei* $h : \mathbb{R} \to \mathbb{R}$ *definiert durch* $h(x) := (f_1^{-1} \circ f_2)(x)$ *für* $x \in \mathbb{R}$.

Dann ist h eine quasisymmetrische Funktion.

Heine, Heinrich Eduard, deutscher Mathematiker, geb. 16.3.1821 Berlin, gest. 21.10.1881 Halle.

Von 1838 bis 1842 studierte Heine in Göttingen, Berlin (bei Dirichlet) und in Königsberg (Kaliningrad). 1844 habilitierte er sich in Bonn, wo er auch 1848 auf eine Professur berufen wurde. 1856 wechselte er nach Halle, wo er 1864/1865 Rektor der Universität war.

In seiner Dissertation „De aequationibus nonnullis differentialibus" (1843) führte Heine die Kugelfunktionen zweiter Art ein. Darauf aufbauend untersuchte er Anwendungen der Kugelfunktionen zur Lösung von Randwertaufgaben der Potentialtheorie. Er hatte engen Kontakt zu den Berliner Mathematikern, insbesondere zu Weierstraß.

Heine leistete viel zur Entwicklung der Theorie der reellen Funktionen, er untersuchte Legendre-Polynome, Lamé-Funktionen und ↗Bessel-Funktionen, er bewies den Satz von Heine-Borel (↗Heine-Borel, Satz von), und formulierte den Begriff der gleichmäßigen Konvergenz.

Heine-Borel, Satz von, fundamentaler Satz im Grenzgebiet von Analysis und Topologie, der wie folgt lautet:

Es sei M eine kompakte Menge in $\mathbb{R}^n$ *und* $\{G_\alpha; \alpha \in A\}$ *eine offene Überdeckung von M.*

Dann existiert eine endliche Teilüberdeckung, d. h., eine endliche Teilmenge $\{G_{\alpha_1}, \dots, G_{\alpha_n}\}$ *der obigen Menge mit*

$$M \subset G_{\alpha_1} \cup \ldots \cup G_{\alpha_n} .$$

Heiratssatz, ↗ Hall, Satz von.

Heisenberg, Werner, deutscher Physiker, geb. 5.12.1901 Würzburg, gest. 1.2.1976 München.

Heisenberg wuchs als Sohn eines Gymnasiallehrers und späteren Professors für mittel- und neugriechische Philologie in Würzburg und ab 1910 in München auf. Bis 1920 besuchte er das Maximilians-Gymnasium in München und studierte dann an der dortigen Universität bei A. Sommerfeld (1868–1951) mathematische Physik. Im Wintersemester 1922/23 wechselte er nach Göttingen, wohin er 1923 nach der Promotion in München als Assistent zurückkehrte. Nach der Habilitation 1924 weilte er mehrfach bei N. Bohr in Kopenhagen und wurde 1927 Professor für theoretische Physik in Leipzig. 1941 übernahm er die Leitung des Kaiser-Wilhelm-Instituts für Physik in Berlin und lehrte zugleich als Professor an der Berliner Universität. Nach der Inhaftierung in England war er ab 1946 Direktor des Max-Planck-Instituts (MPI) für Physik in Göttingen, mit dem er 1958 nach München umzog. Neben dem Ausbau des Münchener Instituts unterstützte er u. a. den weiteren Aufbau des Europäischen Laboratoriums CERN und des deutschen Elektronen-Synchrotrons (DESY). Zum Jahresbeginn 1972 trat er von der Leitung des MPI zurück, war aber weiter wissenschaftlich tätig.

Heisenberg zählt zu den Begründern der Quantenmechanik. Schon als Student publizierte er erste Forschungsergebnisse. 1924/25 fand er mit der sog. Matrizenmechanik einen zur Matrizenrechnung äquivalenten Kalkül, um inneratomare Vorgänge behandeln zu können. Teilweise zusammen mit M. Born (1882–1970) und P. Jordan (1902–1980) gab er in den folgenden Jahren eine genauere Begründung seiner Ideen und mühte sich mit N. Bohr um eine physikalische Ausdeutung der mathematischen Grundlagen der Quantenmechanik. Während Bohr 1927 zum Komplementaritätsprinzip vorstieß, formulierte Heisenberg die Unschärferelation. 1928 stellte er dann die Quantentheorie des Ferromagnetismus auf und schlug 1932 unabhängig von Ivanenko ein Modell für den aus Protonen und Neutronen bestehenden Atomkern vor. Während der Herrschaft der Nationalsozialisten verteidigte er die theoretische Physik, war verschiedenen Anfeindungen ausgesetzt und forschte während des Krieges zu Fragen der Kernspaltung und Kernphysik. In den 50er Jahren widmete er sich verstärkt der Suche nach einer einheitlichen Quantenfeldtheorie der Elementarteilchen. Aus allgemeinen Symmetrieprinzipien leitete er dabei eine nichtlineare Quantenfeldtheorie ab, die auch neue mathematische Fragestellungen aufwarf. Die Frage der Einheit der Physik hat Heisenberg in den folgenden Jahren mehrfach behandelt.

Nach dem zweiten Weltkrieg war Heisenberg auch wissenschaftsorganisatorisch tätig und hat großen Anteil am Neuaufbau der Wissenschaften in Deutschland. Für seine Leistungen erhielt er zahlreiche Ehrungen, u. a. 1932 den Nobelpreis für Physik.

Heisenberg-Algebra, ist eine Lie-Algebra $\mathfrak{g}$ mit eindimensionalem Zentrum $\mathfrak{z}$ derart, daß $[\mathfrak{g}, \mathfrak{g}] = \mathfrak{z}$ gilt. Da per Definition $[\mathfrak{z}, \mathfrak{g}] = 0$ ist, handelt es sich hierbei immer um eine nilpotente Lie-Algebra.

Ein Beispiel wird durch die 3-dimensionale Lie-Algebra $\mathfrak{g}$ mit Basis $\{c, a_1, a_{-1}\}$ und Strukturgleichungen

$$[a_1, a_{-1}] = c, \quad [c, a_1] = [c, a_{-1}] = 0$$

gegeben. Das Element c ist das Basiselement des Zentrums $\mathfrak{z}$ und heißt zentrales Element. Diese Algebra ist von besonderer Bedeutung in der Quantenmechanik, da sie die durch die eindimensionalen Orts- und Impulsoperatoren gegebene Kommutatoralgebra beschreibt. Sie besitzt eine Darstellung auf dem Raum der Polynome in einer Variablen durch die Vorgabe ($p(x)$ sei ein Polynom)

$$c.p(x) := p(x),$$
$$a_1.p(x) := \frac{\partial p}{\partial x}(x), \quad a_{-1}.p(x) := x \cdot p(x)\,.$$

Dieses Beispiel kann erweitert werden auf beliebige (einschließlich abzählbar-unendlicher) Dimensionen. Die unendlichdimensionale Heisenberg-Algebra wird auch Oszillatoralgebra genannt. Sie wird erzeugt von der Basis $\{a_n, a_{-n} \mid n \in \mathbb{N}\} \cup \{c\}$ mit den Relationen

$$[a_m, a_n] = m\delta_m^{-n} \cdot c, \quad [c, a_n] = 0$$

für alle $m, n \in \mathbb{N}$. Manchmal nimmt man ein weiteres zentrales Element a_0 (und eventuell auch noch eine Derivation) hinzu. Diese Algebra besitzt die bosonische Fockraumdarstellung. Sie wird auf dem Raum $F = \mathbb{C}[x_1, x_2, \dots]$ der komplexen Polynome in unendlich vielen Variablen $x_1, x_2, \dots$ (dies sind endliche Summen von Monomen, die jeweils nur endlich viele der unendlich vielen Variablen enthalten) gegeben. Die Operation ist für $(\mu, \hbar) \in \mathbb{R}^2$ definiert als

$$a_0 \mathrel{\hat{=}} \mu \cdot id, \quad c \mathrel{\hat{=}} \hbar \cdot id,$$
$$a_n \mathrel{\hat{=}} \frac{\partial}{\partial x_n}, \quad a_{-n} \mathrel{\hat{=}} \hbar n x_n \cdot, \quad n \in \mathbb{N}\,.$$

Heisenbergsche Unschärferelation, formal für ein Paar kanonisch konjugierter Variabler p und q, denen nach der Quantenmechanik selbstanjungierte Operatoren $\hat{p}$ und $\hat{q}$ zugeordnet werden, die Beziehung

$$\Delta p \Delta q \geq \frac{h}{4\pi}$$

(h ist die Plancksche Konstante), wobei Δp und Δq die Quadratwurzeln aus den mittleren Schwankungsquadraten sind.

Die Heisenbergsche Unschärferelation sagt anschaulich aus, daß man prinzipiell kanonisch konjugierte Variablen nicht gleichzeitig scharf messen kann. Die scharfe Messung der einen Größe führt zu vollkommener Unbestimmtheit der anderen.

Mißt man z. B. den Impuls eines Elektrons in einem Atom scharf, dann ist sein Ort vollkommen unbestimmt. Dieser Tatbestand läßt den Begriff „Bahn des Elektrons im Atom" sinnlos werden. Es hat nur einen Sinn, nach der Wahrscheinlichkeit zu fragen, nach der ein Elektron an einem Ort angetroffen werden kann.

Helix, ↗Schraubenlinie.

Helizität, ähnlich wie die ↗Chiralität der Schraubensinn eines Elementarteilchens. Besonders beim Neutrino ist dies eine wesentliche innere Eigenschaft.

So wie eine Schraube mit Rechtsgewinde spiegelbildlich zu einer Schraube mit Linksgewinde ist, sind die beiden Helizitätswerte durch Raumspiegelung ineinander überführbar. Dies spielt beim Neutrino deshalb eine besondere Rolle, weil es ein masseloses Teilchen ist, das nicht mit seinem Antiteilchen identisch ist.

Hellinger, Ernst, polnisch-amerikanischer Mathematiker, geb. 30.9.1883 Striegau (Strzegom, Polen), gest. 28.3.1950 Chicago.

Hellinger studierte in Heidelberg, Breslau und Göttingen. 1907 promovierte er bei Hilbert. Ab 1941 arbeitete er in Frankfurt, mußte aber 1939 in die USA emigrieren.

In seiner Dissertation befaßte er sich mit quadratischen Formen unendlich vieler Variabler. Das führte ihn zur Spektraltheorie selbstadjungierter Operatoren, wo er den Satz von Hellinger-Toeplitz bewies, der den Zusammenhang von Linearität und Stetigkeit von Operatoren beleuchtete.

Hellinger-Toeplitz, Satz von, besagt, daß ein auf einem Hilbertraum definierter symmetrischer linearer Operator, also ein Operator T mit $\langle Tx, y\rangle = \langle x, Ty\rangle$ für alle x und y, automatisch stetig ist.

Helly, Satz von, analytisches Resultat, nach dem zu jeder Folge von Verteilungsfunktionen eine Teilfolge und eine Verteilungsfunktion existieren, gegen welche die Teilfolge schwach konvergiert.

Zu jeder Folge $(F_n)_{n\in\mathbb{N}}$ *von Verteilungsfunktionen existiert eine Teilfolge* $(F_{n_k})_{k\in\mathbb{N}}$ *und eine monoton wachsende, rechtsseitig stetige Funktion F so, daß* $\lim_{k\to\infty} F_{n_k}(x) = F(x)$ *für alle Stetigkeitspunkte x von F gilt.*

Helmholtz, Hermann Ludwig Ferdinand von, deutscher Physiker und Physiologe, geb. 31.8.1821 Potsdam, gest. 8.9.1894 Berlin.

Helmholtz, Sohn eines Gymnasiallehrers, studierte Medizin in Berlin. Anschließend war er als Militärarzt in Potsdam tätig. In dieser Zeit wandte er sich der Erklärung physiologischer Vorgänge auf physikalischer Grundlage zu. 1847 trug er dazu in Berlin erstmals über das Energieprinzip vor. Ab 1848 unterrichtete Helmholtz an der Berliner Kunstakademie, ab 1849 als Professor für Physiologie und Pathologie in Königsberg. In Königsberg führte er weitere Versuche zur physikalischen Physiologie durch und erfand den Augenspiegel. 1855 wurde er Professor für Anatomie und Physiologie in Bonn, 1858 Professor für Physiologie in Heidelberg. Im Jahre 1870 wurde Helmholtz Akademiemitglied in Berlin und übernahm 1871 eine Professur für Physik in der deutschen Hauptstadt. Ab 1877 war er Präsident der Physikalisch-Technischen Reichsanstalt in Berlin.

Helmholtz arbeitete seit etwa 1840 über das Energieprinzip. Aus physiologischen und chemischen Prozessen schloß er, daß eine besondere Lebenskraft nicht existiere. In „Über die Erhaltung der Kraft" (1847) untersuchte er Energieumwandlungen und stellte erstmals Energiebilanzen auf. Diese Arbeit, auf die auch J.C. Maxwell (1831–1879) zurückgriff, war für die Anerkennung des Energieerhaltungssatzes entscheidend. Erst seit 1870 kam Helmholtz dann wieder auf das Thema zurück und untersuchte die Energiebilanz chemischer Reaktionen und förderte damit die Entstehung der physikalischen Chemie nachhaltig.

Ebenfalls aus frühen Überlegungen über physiologische Vorgänge in Nerven kam er zur physiologischen Akustik und Optik. Er entwickelte eine mathematische Theorie der Töne und des Hörens. Diese Forschungen hat Helmholtz in seiner berühmten „Lehre von den Tonempfindungen" (1863) zusammengefaßt. Seine Untersuchungen über die Physiologie des Auges, insbesondere über das Farbsehen, bildeten die Grundlage seines „Handbuches der physiologischen Optik" (1856–1867).

In den späten fünfziger Jahren wandte sich Helmholtz der theoretischen Physik zu. Er arbeitete zur Hydrodynamik (Gesetze der Wirbelbewegung von Flächen 1858), dann seit etwa 1870 über die verschiedenen Theorien der Elektrodynamik, die er zu einer einheitlichen Theorie (Kompromiß zwischen Feldtheorie und Fernwirkungstheorie) zu vereinigen trachtete (Prinzip der kleinsten Wirkung, Anregungen für H.Hertz zur Entdeckung der elektromagnetischen Wellen).

Helmholtz betrachtete meteorologische und geologische Fragen mit „physikalischen Augen" und förderte bewußt die Entwicklung der Elektrotechnik. Als Vertreter einer mechanischen Naturauffassung war er ein strikter Anhänger der strengen Kausalität und an der (physikalischen) Deutung neuerer mathematischer Entwicklungen stark interessiert. Seit den sechziger Jahren beschäftigte er sich mit der Begründung der geometrischen Axiome und gab eine anschauliche Darstellung der Riemannschen geometrischen Prinzipien (1868).

Helmholtz-Gleichung, *Helmholtzsche Differentialgleichung*, eine lineare partielle Differentialgleichung der Form

$$\Delta u + k^2 u = 0 \qquad (1)$$

mit $k \in \mathbb{R}$; u ist hierbei die unbekannte Funktion und Δ der Laplace-Operator.

Setzt man $0 < k = \frac{\omega}{v}$, so beschreibt diese Gleichung einen sich mit der Geschwindigkeit v ausbreitenden Schwingungsvorgang, denn physikalisch entsteht die Helmholtz-Gleichung (in zwei Ortskoordinaten) aus einem Produktansatz für die Gleichung der schwingenden Membran (zweidimensionale Wellengleichung).

Ist $u(x, y)$ eine Lösung dieser Differentialgleichung, so ist $u(x, y)e^{i\omega t}$ (mit ω wie oben) eine Lösung der Wellengleichung.

Für $k = 0$ erhält man die Laplace-Gleichung. Ist k konstant, so setzen sich die Lösungen aus konvergenten Reihen von Kugel- und Zylinderfunktionen zusammen.

Wird an die Lösung u eines Randwertproblems der Helmholtzschen Differentialgleichung für das Außengebiet eines beschränkten Bereiches die Sommerfeldsche Ausstrahlungsbedingung

$$u(x) = O\left(|x|^{-1}\right) \quad \text{für } |x| \to \infty$$
$$\left(\frac{\partial}{\partial r}u - iku\right)\bigg|_{|x|=r} = o\left(|x|^{-1}\right)$$

gestellt, so existiert die Lösung und ist eindeutig bestimmt.

Gelegentlich bezeichnet man auch die inhomogene Form von (1), also

$$\Delta u + k^2 u = f \qquad (2)$$

mit einer als Quellterm bezeichneten vorgegebenen Funktion f selbst als Helmholtz-Gleichung.

Helmholtzsche Differentialgleichung, ↗Helmholtz-Gleichung.

Helson-Menge, eine kompakte Teilmenge E einer lokal kompakten abelschen Gruppe G derart, daß es eine Konstante C gibt so, daß für jedes reguläre beschränkte Maß $\mu \in M(E)$ auf E $\|\mu\| \le C\|\hat{\mu}\|_\infty$ gilt. Hierbei ist $\hat{\mu}$ die Fourier-Stieltjes-Transformierte von μ, d. h.

$$\hat{\mu}(\gamma) := \int_G (x, \gamma) d\mu(x)$$

für alle Charaktere $\gamma \in \hat{G}$.

Ist G eine Gruppe von Elementen endlicher Ordnung p, so heißt eine Teilmenge E „vom Typ K_p", wenn es für jede stetige Funktion ϕ auf E mit Werten in den p-ten Einheitswurzeln $\exp(2\pi ik/p)$, $k = 0, \dots, p-1$ einen Charakter $\gamma \in \hat{G}$ gibt, so daß $\gamma = \phi$ auf E ist. Insbesondere sind Teilmengen vom Typ K_p Helson-Mengen.

Hempel, Abschätzung von, eine Verschärfung eines Satzes von Landau (↗Landau, Satz von).

Hénon-Abbildung, eine Abbildung auf $\mathbb{R}^2$, die für $\alpha \in \mathbb{R}$ gegeben ist durch:

$$\begin{pmatrix} x \\ y \end{pmatrix} \mapsto \begin{pmatrix} \cos\alpha & -\sin\alpha \\ \sin\alpha & \cos\alpha \end{pmatrix} \begin{pmatrix} x \\ y \end{pmatrix} + \begin{pmatrix} x^2 \sin\alpha \\ -x^2 \cos\alpha \end{pmatrix}.$$

Bis auf das quadratische Glied handelt es sich um eine Rotation um den Winkel $-\alpha$ in der (x, y)-Ebene. Die Hénon-Abbildung ist flächentreu, durch ihre iterierte Abbildung wird ein bekanntes Beispiel von Chaos gegeben, in dem ein seltsamer Attraktor, der Hénon-Attraktor, auftritt.

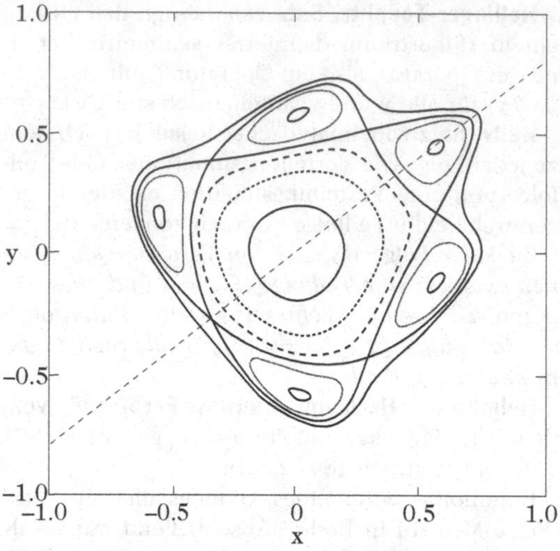

Hénon-Abbildung mit $\cos\alpha = 0.24$

Hénon-Attraktor, ↗Hénon-Abbildung.

Hensel, Kurt, deutscher Mathematiker, geb. 29.12.1861 Königsberg (Kaliningrad), gest. 1.6. 1941 Marburg.

Hensel studierte in Bonn und Berlin. 1884 promovierte er bei Kronecker, habilitierte sich 1886 in Berlin und wurde dort Privatdozent. Ab 1902 arbeitete er in Marburg.

Hensel begründete die Theorie der p-adischen Zahlen als Übertragung der Idee der Potenzreihenentwicklung auf algebraische Zahlkörper. Hensel wurde hierzu besonders durch die Arbeiten von Kronecker und Weierstraß angeregt. Die Potenz, die im Konzept der p-adischen Zahlen liegt, wurde zuerst von Hasse mit dem Lokal-Global-Prinzip gezeigt. Danach besitzt eine Gleichung, die reelle Lösungen und Lösungen in allen p-adischen Zahlen hat, auch rationale Lösungen.

Hensel war viele Jahre Herausgeber des „Journals für reine und angewandte Mathematik" (↗Crelle-Journal) und Editor der gesammelten Werke Kroneckers. Seine wichtigsten Bücher sind „Theorie der algebraischen Zahlen" (1908) und „Zahlentheorie" (1913).

Henselisierung, kleinster Ring, der einen gegebenen Ring enthält und selbst ein ↗Henselscher Ring ist.

Die Henselisierung des Polynomenringes $K[x_1, \ldots, x_n]$ im Maximalideal $(x_1, \ldots, x_n)$ ist beispielsweise der Ring der algebraischen Potenzreihen $K[x_1, \ldots, x_n]$, d. h. die Menge der algebraischen Elemente aus dem formalen Potenzreihenring über dem Polynomenring.

Henselscher Ring, Ring, in dem das ↗Henselsche Lemma oder eine hierzu äquivalente Aussage gelten.

Sei R ein Ring und $\mathfrak{a} \subset R$ ein Ideal. Dann ist das Henselsche Lemma zur folgenden Bedingung, dem sog. schwachen Satz über implizite Funktionen, äquivalent:

Sei $F \in R[T]$ ein normiertes Polynom, so daß $F(0) \in \mathfrak{a}$ und $F'(0)$ eine Einheit modulo $\mathfrak{a}$ ist.

Dann existiert ein $a \in \mathfrak{a}$ mit $F(a) = 0$.

Der Ring R heißt Henselsch bezüglich $\mathfrak{a}$ (oder nur Henselsch, wenn R lokal ist und $\mathfrak{a}$ das Maximalideal), wenn eine dieser Bedingungen erfüllt ist.

Beispiele sind komplette Ringe, formale und konvergente Potenzreihenringe sowie deren Faktorringe.

Der Polynomenring über einem Körper ist nicht Henselsch, besitzt jedoch eine ↗Henselisierung.

Henselsches Lemma, lautet, zunächst in der algebraischen Formulierung:

Der Körper K sei vollständig bzgl. einer ultrametrischen Bewertung $x \mapsto |x|$, es bezeichne R seinen Bewertungsring und $\mathfrak{p}$ dessen maximales Ideal. Weiter seien ein normiertes Polynom $f(x)$ mit Koeffizienten in R und eine Kongruenz

$$f(x) \equiv g_0(x)h_0(x) \mod \mathfrak{p}$$

mit normierten Polynomen $g_0(x)$ und $h_0(x)$ mit Koeffizienten in R so gegeben, daß die zugehörigen Restklassenpolynome $\bar{g}_0(x)$ und $\bar{h}_0(x)$ mit Koeffizienten in $R/\mathfrak{p}$ zueinander teilerfremd sind.

Dann gibt es normierte Polynome $g(x)$ und $h(x)$ mit Koeffizienten in R mit $f(x) = g(x)h(x)$ und

$$g(x) \equiv g_0(x) \mod \mathfrak{p}, \quad h(x) \equiv h_0(x) \mod \mathfrak{p}.$$

Siehe auch ↗Henselscher Ring.

In der Nomenklatur der Funktionentheorie mehrerer Variabler macht das Henselsche Lemma eine Aussage über die Zerlegung eines monischen Polynoms in Weierstraßpolynome.

${}_n\mathcal{O}_0$ bezeichne die Menge der konvergenten formalen Potenzreihen in n Variablen über $\mathbb{C}$. Sei $P \in {}_n\mathcal{O}_0\,[Y]$ ein monisches Polynom und

$$P(0, Y) = \prod_{j=1}^{m} (Y - c_j)^{g_j}$$

die Zerlegung in Potenzen verschiedener Linearfaktoren.

Dann gibt es monische Polynome $P_j \in {}_n\mathcal{O}_0\,[Y]$, $j = 1, \ldots, m$, vom Grad g_j, so daß

$$\text{(i) } P = \prod_{j=1}^{m} P_j \text{ und } \quad \text{(ii) } P_j(0, Y) = (Y - c_j)^{g_j}.$$

Durch diese Eigenschaften sind die P_j, $j = 1, \ldots, m$, eindeutig bestimmt, und jedes P_j ist ein Weierstraßpolynom an der Stelle $(0, c_j)$.

Herbrand, Jacques, französicher Mathematiker, geb. 12.2.1908 Paris, gest. 27.7.1931 La Bérarde (Isère, Frankreich).

Nach dem Studium an der Ecole Normale Supérieure in Paris promovierte Herbrand 1929 zur Beweistheorie und arbeitete danach in Berlin, Hamburg und Göttingen. Er verunglückte 1931 beim Bergsteigen.

In seiner Dissertation und den folgenden Arbeiten entwickelte Herbrand eine Beweismethode, die Ausdrücke der Prädikatenlogik auf Disjunktionen von Ausdrücken der Aussagenlogik reduziert (Herbrand-Theorie, Herbrand-Universum). Mit dieser Methode gelangen ihm Beweise zur Widerspruchsfreiheit mathematischer Theorien und für verschiedene Entscheidbarkeitstheoreme. Diese Ergebnisse verliehen der Entwicklung der Beweistheorie entscheidendende Impulse.

Herglotz, Lemma von, lautet:

Es sei $G \subset \mathbb{C}$ ein ↗Gebiet mit $[0, r) \subset G$ für ein $r > 1$. Weiter sei g eine in G ↗holomorphe Funktion, und für z, $z + \frac{1}{2}$, $2z \in [0, r)$ gelte

$$2g(2z) = g(z) + g\left(z + \tfrac{1}{2}\right). \tag{1}$$

Dann ist g konstant.

Der Beweis dieses Lemmas beruht auf dem ↗Herglotz-Trick.

Das Lemma von Herglotz kann dazu benutzt werden, um die folgende Charakterisierung der ↗Cotangensfunktion zu beweisen.

Es sei f eine in $\mathbb{C} \setminus \mathbb{Z}$ holomorphe Funktion, und jedes $m \in \mathbb{Z}$ sei eine einfache ↗Polstelle von f mit ↗Residuum $\operatorname{Res}(f, m) = 1$. Weiter sei f eine ungerade Funktion, und für z, $z + \frac{1}{2}$, $2z \in \mathbb{C} \setminus \mathbb{Z}$ gelte

$$2f(2z) = f(z) + f\left(z + \tfrac{1}{2}\right).$$

Dann gilt $f(z) = \pi \cot \pi z$ für alle $z \in \mathbb{C} \setminus \mathbb{Z}$.

Neben der obigen sog. additiven Form des Lemmas von Herglotz gibt es noch die folgende multiplikative Form.

Es sei $G \subset \mathbb{C}$ ein Gebiet mit $[0, r) \subset G$ für ein $r > 1$. Weiter sei g eine in G holomorphe Funktion, $g(z) \neq 0$ für alle $z \in [0, r)$, und für z, $z + \frac{1}{2}$, $2z \in [0, r)$ gelte

$$g(2z) = g(z)g\left(z + \tfrac{1}{2}\right).$$

Dann gilt $g(z) = ae^{bz}$ mit $a, b \in \mathbb{C}$ und $ae^{b/2} = 1$.

Diese Version kann dazu benutzt werden, um die folgende Charakterisierung der ↗Sinusfunktion zu beweisen.

Es sei f eine ungerade ↗ganze Funktion, $f(0) = f(1) = 0$, $f'(0) \neq 0$, $f'(1) \neq 0$ und $f(t) \neq 0$ für alle $t \in (0, 1)$. Weiter gelte für $z \in \mathbb{C}$

$$f(2z) = f(z)f\left(z + \tfrac{1}{2}\right).$$

Dann gilt $f(z) = 2\sin \pi z$ für alle $z \in \mathbb{C}$.

Herglotz, Satz von, besagt, daß die Fourier-Transformierte einer positiv definiten Folge eine monoton steigende beschränkte Funktion auf $[-\pi, +\pi]$ ist.

Eine Folge $\{a_n\}_{n\in\mathbb{Z}} \subset \mathbb{C}$ heißt „positiv definit" genau dann, wenn für alle $n < \infty$

$$\sum_{j,k}^{n} a_{j-k}\xi_j\bar{\xi}_k \geq 0$$

für beliebige komplexe Zahlen $\xi_1, \dots, \xi_n$ gilt. Nach dem Satz von Herglotz gibt es dann eine monoton steigende beschränkte Funktion α auf $[-\pi, \pi]$ so, daß

$$a_n = \int_{-\pi}^{\pi} e^{int} d\alpha(t).$$

Ist umgekehrt α eine monoton steigende beschränkte Funktion auf $[-\pi, \pi]$, so ist die durch die obige Formel definierte Folge auf $\mathbb{Z}$ positiv definit.

Der Satz von Herglotz ist eine diskrete Version des Satzes von Bochner.

Herglotz-Trick, nennt man den folgenden, sehr einfachen Beweis des Lemmas von Herglotz (↗Herglotz, Lemma von).

Differentiation der Gleichung (1) in den Voraussetzungen des Lemmas von Herglotz ergibt

$$4g'(2z) = g'(z) + g'\left(z + \tfrac{1}{2}\right)$$

oder, indem man z durch $\frac{z}{2}$ ersetzt

$$4g'(z) = g'\left(\tfrac{z}{2}\right) + g'\left(\tfrac{1}{2}(z+1)\right).$$

Für $t \in (1, r)$ setzt man

$$M := \max_{z\in[0,t]} |g'(z)|.$$

Ist $z \in [0, t]$, so auch $\frac{z}{2}$, $\frac{1}{2}(z + 1) \in [0, t]$, und es folgt $4M \leq 2M$. Dies ist nur möglich für $M = 0$. Also gilt $g'(z) = 0$ für alle $z \in [0, t]$, und nach dem ↗Identitätssatz gilt dies für alle $z \in G$. Hieraus folgt, daß g konstant ist.

Der „Clou" bei diesem Beweis ist, daß nach Differentiation der Gleichung (1) auf der linken Seite eine 4 statt einer 2 steht.

herleitbare Formel, ↗logischer Ausdruck, der aus einem gegebenen logischen Axiomensystem mit Hilfe formaler Ableitungsregeln erzeugt werden kann (siehe auch ↗logische Ableitbarkeit). Anstatt „herleitbare Formel" sagt man auch häufig „ableitbarer Ausdruck".

Herman-Ring, ↗ Arnold-Herman-Ring.

Hermite, Charles, französischer Mathematiker, geb. 24.12.1822 Dieuze (Lorraine, Frankreich), gest. 14.1.1901 Paris.

Hermite studierte von 1841 bis 1843 an der Ecole Polytechnique. 1847 promovierte er und arbeitete danach an der Ecole Polytechnique, an der Ecole Normale, am Collège de France und ab 1869 an der Sorbonne.

Hermite war einer der bedeutendsten Analytiker seiner Zeit. Er lieferte Beiträge zu vielen Bereichen der Mathematik und gab Anstoß zur Entwicklung vieler neuer Theorien. Seine Schüler waren unter anderem Poincaré, É. Picard und Borel. Er arbeitete mit Cauchy, Liouville, Jacobi, Bertrand und Tschebyschew zusammen.

Hermite befaßte sich zunächst mit elliptischen und hyperelliptischen Funktionen, indem er Sätze von Abel verallgemeinerte. Danach wandte er sich der Zahlentheorie zu und untersuchte Kettenbrüche, diophantische Approximationen und quadratische Formen. Er formulierte und bewies wichtige Endlichkeitssätze für die Klassenzahl quadratischer Formen und für die Automorphismengruppe einer quadratischen Form.

1851 gab er eine Beschreibung für die Galois-Gruppe einer Polynomgleichung $F(z, w) = 0$ über den komplexen Zahlen an.

Daneben entstanden Arbeiten zu Theta-Funktionen und Modulfunktionen. Er zeigte, daß eine Gleichung fünften Grades durch elliptische Modulfunktionen aufgelöst werden kann. 1878 gelang ihm mit Hilfe von Interpolationsformeln für Funktionen der Beweis der Transzendenz von ↗e.

Hermite, Satz von, fundamentale Aussage aus dem Jahre 1873:

Die Eulersche Zahl ↗e ist transzendent.

Eine Erweiterung hiervon ist der Satz von ↗Hermite-Lindemann.

Hermite-Einstein-Metrik, eine ↗Hermitesche Metrik h auf Higgs-Bündeln (E, ϕ) (↗Higgs-Garben) über Kähler-Mannigfaltigkeiten (X, ω) mit folgender Eigenschaft:

Sei ∇ der zu h gehörige Chern-Zusammenhang. Dann ist $D = \nabla + \phi + \phi^*$ ein Zusammenhang auf E. Die Krümmung F dieses Zusammenhanges liefert nach Kontraktion mit der Kählerform ω einen schiefhermiteschen Endomorphismus $\sqrt{-1}K$ des Bündels E. Die Hermite-Einstein-Bedingung ist, daß K die Form λId_E mit einer Konstanten $\lambda \in \mathbb{R}$ hat. Auf kompakten Kählermannigfaltigkeiten der Dimension n ist die Konstante λ durch die Topologie des Bündels festgelegt:

$$\lambda = \frac{2\pi c_1(\mathcal{E}) \cdot [\omega]^{m-1}}{\text{rang}(\mathcal{E})(n-1)!\ \text{vol}(X)},$$

wobei $[\omega]$ die de Rham-Kohomologieklasse ist, die durch die Kählerklasse repräsentiert wird, und $c_1(\mathcal{E})$ die erste Chernklasse des Bündels $\mathcal{E}$. Dabei wird $H^{2n}(X, \mathbb{R})$ durch die Orientierung mit $\mathbb{R}$ identifiziert. Die Gleichung $K = \lambda Id$ ist die Euler-Lagrange-Gleichung für die Minimierung des Funktionals $h \mapsto \|F\|^2$ (Yang-Mills-Funktional)

$$\|F\|^2 = \int_X Tr\left(F \wedge *F^*\right) \frac{\omega^n}{n!}.$$

Die Existenz einer solchen Metrik hat die Ungleichung

$$\left(c_2(\mathcal{E}) - \frac{r-1}{2r} c_1(\mathcal{E})^2\right) [\omega]^{n-2} \geq 0$$

zur Folge, und aus

$$c_1(\mathcal{E})[\omega]^{n-1} = \left(2c_2(\mathcal{E}) - c_1(\mathcal{E})^2\right) [\omega]^{n-2} = 0$$

folgt, daß D flacher Zusammenhang (also $F = 0$) ist. Auf diese Weise ergibt sich also eine sehr fruchtbare Verbindung zwischen der Existenz von Hermite-Einstein-Metriken und Darstellungen der Fundamentalgruppe von Kählermannigfaltigkeiten.

Hermite-Hadamard-Ungleichung, die Ungleichung

$$f\left(\frac{a+b}{2}\right) \leq \frac{1}{b-a} \int_a^b f(x)\,dx \leq \frac{f(a)+f(b)}{2}$$

für konvexe (und somit integrierbare) Funktionen $f : [a, b] \to \mathbb{R}$, wobei a, b reelle Zahlen seien mit $a < b$.

Hermite-Interpolation, Interpolationsmethode, bei der eine differenzierbare Funktion durch eine endliche Menge von Werten und Ableitungen eindeutig festgelegt wird.

Die Methode der Hermite-Interpolation ist benannt nach C. Hermite. Sie wird in der ↗Numerischen Mathematik und ↗Approximationstheorie behandelt.

Es sei $G = \{g_0, g_1, \ldots, g_N\}$ ein System von $N + 1$ linear unabhängigen genügend oft differenzierbaren reellwertigen Funktionen, definiert auf einem Intervall $[a, b]$ oder einem Kreis T. Weiterhin seien $X = \{x_0, \ldots, x_m\}$ eine Menge von $m + 1$ paarweise verschiedenen Punkten aus $[a, b]$ bzw. T und $r_0, \ldots, r_m$ natürliche Zahlen, die sog. Vielfachheiten, so daß

$$\sum_{j=0}^{m} r_j = N + 1.$$

Das Problem der Hermite-Interpolation hinsichtlich G, X und $r_0, \ldots, r_m$ besteht nun darin, für reelle Daten $c_{i,j}$, $i = 0, \ldots, r_j - 1$, $j = 0, \ldots, m$, eine eindeutige Funktion

$$g = \sum_{k=0}^{N} a_h g_h$$

mit der Eigenschaft

$$g^{(i)}(x_j) = c_{i,j}, \; i = 0, \ldots, r_j - 1, \; j = 0, \ldots, m,$$

zu finden. Falls für beliebige $c_{i,j}$ stets eine solche Funktion g existiert, so ist das Problem der Hermite-Interpolation hinsichtlich G, X und $r_0, \ldots, r_m$ lösbar. X heißt in diesem Fall Hermite-Interpolationsmenge (mit Vielfachheiten $r_0, \ldots, r_m$) für G.

Die Hermite-Interpolation stellt eine Verallgemeinerung der ↗Lagrange-Interpolation dar. Andererseits kann man die Hermite-Interpolation als Spezialfall der ↗Birkhoff-Interpolation auffassen.

Bei der Hermite-Interpolation spielen strukturelle Eigenschaften des zugrundeliegenden Systems G ein Rolle. Es ist bekannt, daß das Problem der Hermite-Interpolation genau dann für jede beliebige Wahl von X und Vielfachheiten $r_0, \ldots, r_m$ lösbar ist, wenn G ein erweitertes ↗Tschebyschew-System bildet.

Ein solches System G bilden beispielsweise die Polynome vom Grad N,

$$G = \{1, x, \ldots, x^N\}.$$

In diesem Fall läßt sich für jedes vorgegebene X und Vielfachheiten $r_0, \ldots, r_m$ das Hermite-Polynom g in der Hermite-Darstellung

$$g(x) = \sum_{j=0}^{m} \sum_{i=0}^{r_j-1} c_{i,j} l_{i,j}(x), \; x \in [a, b]$$

angeben. Hierbei sind die Hermite-Fundamentalpolynome (Hermite-Polynome) $l_{i,j}$, $i = 0, \dots, r_j - 1$, $j = 0, \dots, m$, durch die Bedingungen

$$l_{i,j}^{(i)}(x_j) = 1$$

und

$$l_{i,j}^{(i_1)}(x_{j_1}) = 0 \text{ falls } i_1 \neq i \text{ oder } j_1 \neq j,$$

eindeutig festgelegt.

Numerisch deutlich stabiler als die Hermite-Darstellung ist die ↗Newtonsche Interpolationsformel für g.

Falls G kein erweitertes Tschebyschew-System bildet, so ist das Problem der Hermite-Interpolation hinsichtlich G, X und $r_0, \dots, r_m$ nur unter gewissen Zusatzvoraussetzungen an X lösbar. Betrachtet man beispielsweise ein System G von ↗Splinefunktionen, so gilt der Satz von Karlin und Ziegler aus dem Jahr 1966, welcher eine Verallgemeinerung der Aussage von Schoenberg und Whitney für Lagrange-Interpolation mit Splines darstellt. Dieser besagt, daß das Problem der Hermite-Interpolation hinsichtlich G, X und $r_0, \dots, r_m$ genau dann lösbar ist, wenn die Punkte von X einer Verteilungsbedingung über $[a, b]$ genügen. Hierbei zählt man die Punkte gemäß deren Vielfachheit.

Einfache Charakterisierungen von Hermite-Interpolationsmengen X dieser Art sind nicht für jedes System G möglich. So weiß man beispielsweise, daß für Splines definiert auf einem Kreis T, sogenannte ↗periodische Splines, eine solche Verteilungsbedingung im allgemeinen nur notwendig, jedoch nicht hinreichend ist.

Für Systeme G von multivariaten Funktionen, d. h. Funktionen von mehreren Veränderlichen, führt das Problem der Hermite-Interpolation auf moderne und komplexe mathematische Fragestellungen, die derzeit (2001) von Approximationstheoretikern untersucht werden. Hierbei sind vor allem Systeme G multivariater Polynome und multivariater Splines von großer Bedeutung.

Hermite-Lindemann, Satz von, Aussage über die Transzendenz komplexer Zahlen.

Für jedes $\alpha \in \mathbb{C} \setminus \{0\}$ ist α oder e^α transzendent.

Dieser Satz findet sich in Lindemanns Aufsatz „Über die Zahl π"(1882); Lindemann schreibt zum Beweis: „Die wesentliche Grundlage der Untersuchung bilden die Relationen zwischen gewissen bestimmten Integralen, welche Herr Hermite angewandt hat." Der Satz diente zum Beweis des Satzes von Lindemann:

Die Zahl π ist nicht Wurzel einer algebraischen Gleichung irgendwelchen Grades mit rationalen Coefficienten.

(Wegen $e^{2\pi i} = 1$ ist dies eine Konsequenz des Satzes von Hermite-Lindemann.) Die wichtigste Folgerung aus dem Satz von Lindemann ist die Unmöglichkeit der Quadratur des Kreises mit Zirkel und Lineal.

Hermite-Mahler, Methode von, eine analytische Methode zum Beweis der Transzendenz einer komplexen Zahl oder der algebraischen Unabhängigkeit mehrerer komplexer Zahlen.

Die Methode geht zurück auf analytische Untersuchungen der Exponentialfunktion, die Hermite 1893 vorlegte. Mahler bemerkte 1931, daß die darin enthaltenen Ideen zu einem Beweis des Satzes von Lindemann-Weierstraß führen.

Hermites Ansatz kann kurz so beschrieben werden: Aus der Annahme, eine gegebene komplexe Zahl sei algebraisch oder ein gegebenes System von endlich vielen komplexen Zahlen sei algebraisch abhängig, konstruiert man irgendwie ein algebraische Zahl, die aus algebraischen Gründen „nicht zu klein" sein kann (meist wegen der Liouvilleschen Abschätzung). Sodann konstruiert man mit Hilfe der Exponentialfunktion analytische Funktionen, mit deren Hilfe man (meist durch Determinantenbetrachtungen) zeigen kann, daß diese algebraische Zahl doch „sehr klein" sein muß.

Hermite-Polynome, ein klassisches orthogonales Polynomsystem auf $\mathbb{R}$ bezüglich der Gewichtsfunktion $\omega(x) = e^{-x^2}$, mit zahlreichen Anwendungen in der Physik.

Die Hermite-Polynome H_n, $n \geq 0$, sind durch die Rodrigues-Formel

$$H_n(x) = (-1)^n e^{x^2} \frac{d^n}{dx^n} e^{-x^2}$$

definiert. Eine explizite Darstellung ist durch

$$H_n(x) = \sum_{k=0}^{[n/2]} (-1)^k \frac{n!}{k!(n-2k)!} (2x)^{n-2k}$$

gegeben. Die Hermite-Polynome lösen die Differentialgleichung

$$H_n'' - 2xH_n' + 2nH_n = 0.$$

Es gilt die Rekursion $H_0(x) = 1$ und

$$H_{n+1} = 2xH_n - 2nH_{n-1}.$$

Für eine andere Bedeutung des Begriffs Hermite-Polynom siehe auch ↗Hermite-Interpolation.

Hermitesche Differentialgleichung, homogene lineare Differentialgleichung zweiter Ordnung der Form

$$y'' - 2xy' + \lambda y = 0\,, \tag{1}$$

mit der starken Singularität $x = \infty$.

Mit $\lambda = 2n$ ist für $n \in \mathbb{N} \cup \{0\}$ das Hermite-Polynom $H_n(x) = (-1)^n e^{x^2} \frac{d^n}{dx^n}(e^{-x^2})$ eine Lösung dieser Gleichung.

Für das reelle Eigenwertproblem (1) mit den Bedingungen $y = o(x^{-r})$ für $x \to \infty$ und $0 < r$ hinreichend groß sind die $\lambda = 2n$ Eigenwerte mit den Eigenfunktionen $H_n(x)$.

Hermitesche Form, Abbildung $s : V \times V \to \mathbb{R}$ ($\mathbb{C}$) (V reeller (komplexer) ↗Vektorraum), die ($\mathbb{C}$)-linear im ersten Argument ist und für die für alle $v, w \in V$ gilt ($\bar{z}$ bezeichnet die konjugiert komplexe Zahl zu $z \in \mathbb{C}$):

$$s(v, w) = \overline{s(w, v)}\,.$$

Im reellen Fall spricht man auch von einer symmetrischen Form.

Ist $s : V \times V \to \mathbb{C}$ eine Hermitesche Form, so gilt

$$s(v, v_1 + v_2) = s(v, v_1) + s(v, v_2)$$

und

$$s(v_1, cv_2) = \bar{c}s(v_1, v_2)$$

für alle $v, v_1, v_2 \in V$ und alle $c \in \mathbb{C}$.

$s(v, v)$ ist für alle $v \in V$ stets reell. Eine Hermitesche Form s von V ist somit eine Sesquilinearform mit $s(v, w) = \overline{s(w, v)}$ für alle $v, w \in V$ (Hermitesche Sesquilinearform); jedes ↗Skalarprodukt auf einem reellen oder komplexen Vektorraum ist eine Hermitesche Form.

Man nennt eine Hermitesche Form auch konjugiert symmetrisch. Die Hermitesche Form s heißt positiv definit, falls $s(v, v)$ für alle $v \neq 0$ stets positiv ausfällt; entsprechend sind die Begriffe positiv semidefinit, negativ definit und negativ semidefinit für Hermitesche Formen definiert.

Hermitesche Mannigfaltigkeit, eine mit einer ↗Hermiteschen Struktur versehene ↗komplexe oder ↗fast komplexe Mannigfaltigkeit.

Hermitesche Matrix, komplexe quadratische ↗Matrix A, für die gilt:

$$A = \overline{A^t}.$$

(A^t bezeichnet die zu A transponierte Matrix.) Statt Hermitesch sagt man auch selbstadjungiert. Die auf der Hauptdiagonalen einer Hermiteschen Matrix $A = (a_{ij})$ liegenden Elemente a_{ii} sind reell, ebenso ihre Eigenwerte. Insbesondere besitzt das charakteristische Polynom von A lauter reelle Koeffizienten; speziell sind Determinante und Spur einer Hermiteschen Matrix reell.

Die Hermiteschen $(n \times n)$-Matrizen repräsentieren bzgl. einer gegebenen Basis auf einem n-dimensionalen Vektorraum V gerade die Hermiteschen Sesquilinearformen (↗Hermitesche Form).

Eine Hermitesche Matrix A heißt positiv definit (positiv semidefinit), falls die durch A vermittelte Hermitesche Form positiv definit (positiv semidefinit) ist, falls also für alle $x \neq 0 \in \mathbb{C}^n$ gilt:

$$x^tA\bar{x} > 0 \quad (x^tA\bar{x} \geq 0)\,.$$

Die Hermiteschen Matrizen sind das komplexe Analogon zu reellen symmetrischen Matrizen.

Hermitesche Metrik, eine positiv definite ↗Hermitesche Form h auf dem kartesischen Produkt $V \times V$ eines komplexen Vektorraums V mit sich.

Hermitesche Metriken lassen sich mit Hilfe von bijektiven komplex-linearen Abbildungen $\alpha : V \to V$ transformieren. Eine neue Hermitesche Metrik α^*h wird durch

$$\alpha^*h(X, Y) = h(\alpha(X), \alpha(Y))$$

definiert, und für jede andere Hermitesche Metrik h_1 existiert eine lineare Transformation α mit $\alpha^*h = h_1$.

In bezug auf die Verknüpfung linearer Abbildungen gilt die Gleichung

$$(\alpha \circ \beta)^*h = \beta^*\left(\alpha^*h\right)\,,$$

wenn $\beta : V \to V$ eine zweite bijektive lineare Abbildung ist.

Bezeichnet $\mathcal{H}_n$ die Menge aller Hermiteschen Metriken auf $\mathbb{C}^n$, so ist daher durch $(\alpha, h) \in \mathrm{GL}(n, \mathbb{C}) \times \mathcal{H}_n \to \alpha^*h \in \mathcal{H}_n$ eine transitive Wirkung der komplexen linearen Gruppe $\mathrm{GL}(n, \mathbb{C})$ auf $\mathcal{H}_n$ gegeben. Ist M_α die Matrix von α bezüglich der Basis $X_1, \ldots, X_n$, so ist

$$H_\alpha = M_\alpha^\top H \overline{M_\alpha}$$

die Matrix von α^*h.

Man vergleiche auch ↗Hermitesche positiv definite Form und ↗Hermitesche Struktur.

Hermitesche positiv definite Form, spezielle Bilinearform.

Eine Bilinearform

$$\sum_{\mu\nu} a_{\mu\nu} x_\mu \bar{y}_\nu$$

heißt Hermitesche positiv definite Form, wenn sie positiv definit ist, also nur positive Eigenwerte hat, und für alle μ, ν die Gleichung $a_{\nu\mu} = \bar{a}_{\mu\nu}$ gilt.

Hermitesche Sesquilinearform, ↗Hermitesche Form, ↗Sesquilinearform.

Hermitesche Struktur, ein komplexes Analogon eines euklidischen Skalarproduktes bzw. einer Riemannschen Metrik,

Hermitesche Strukturen werden sowohl im Zusammenhang mit ↗komplexen Strukturen auf reellen Vektorräumen bzw. komplexen Vektorräumen als auch mit ↗fast komplexen Strukturen auf reellen $2n$-dimensionalen differenzierbaren Mannigfaltigkeiten definiert.

In der Differentialgeometrie versteht man unter einer Hermiteschen Struktur auf einem komplexen Vektorraum V oder auf einem mit einer komplexen Struktur J versehenen reellen Vektorraum eine positiv definite symmetrische Bilinearform $h : V \times V \to \mathbb{C}$, die in bezug die Multiplikation mit der imaginären Einheit i die Bedingung $h(iX, iY) = h(X, Y)$ (bzw. in bezug auf J die Bedingung $h(J(X), J(Y)) = h(X, Y)$) für alle $X, Y \in V$ erfüllt. Daraus folgt

$$h(iX, X) = h(-X, iX) = -h(iX, X) = 0$$

(bzw.

$$h(J(X), X) = h(-X, J(X)) = -h(J(X), X) = 0)$$

für alle $X \in V$.

Diese Definition ist gleichwertig mit der einer ↗Hermiteschen Metrik. Ist nämlich $\tilde{h}$ eine Hermitesche Metrik auf V, so ist ihr Realteil $h(X, Y) = \mathrm{Re}(\tilde{h}(X, Y))$ eine Hermitesche Struktur und der Imaginärteil $\omega(X, Y) = \mathrm{Im}(\tilde{h}(X, Y))$ eine antisymmetrische Bilinearform $\omega : V^{\mathbb{R}} \times V^{\mathbb{R}} \to \mathbb{R}$ des V unterliegenden reellen Vektorraumes $V^{\mathbb{R}}$. Die Form ω ist durch h über die Gleichung $\omega(X, Y) = h(X, iY)$ bestimmt. Somit ist auch $\tilde{h} = h + i\omega$ allein durch h bestimmt.

Eine Hermitesche Struktur auf einer Mannigfaltigkeit M ist ein Paar (J, g) bestehend aus einer ↗fast komplexen Struktur J und einer Riemannschen Metrik g auf M, die mit der fast komplexen Struktur J verträglich ist, wobei Verträglichkeit bedeutet, daß für alle Vektorfelder X, Y auf M die Gleichung $g(X, Y) = (J(X), J(Y))$ gilt. Ist g_0 eine beliebige Riemannschen Metrik auf M, so ist durch $g(X, Y) = g_0(J(X), J(Y)) + g_0(X, Y)$ eine Hermitesche Metrik gegeben.

Einer Hermiteschen Metrik g auf M ist eine durch $\Phi(X, Y) = g(X, J(Y))$ definierte alternierende Bilinearform, die fundamentale 2-Form von (J, g), zugeordnet. Das äußere Differential $d\Phi$ von Φ ist die durch

$$\begin{aligned} 3\,d\Phi(X, Y, Z) &= X\Phi(Y, Z) + Y\Phi(Z, X) \\ &+ Z\Phi(X, Y) - \Phi([X, Y], Z) \\ &- \Phi([Z, X], Y) - \Phi([Y, Z], X) \end{aligned}$$

definierte 3-Linearform. In dieser Formel wird mit $[X, Y]$ der Kommutator der Vektorfelder bezeichnet und mit $X\Phi(Y, Z)$ die Richtungsableitung der differenzierbaren Funktion $\Phi(Y, Z)$ in bezug auf das Vektorfeld X. Φ heißt geschlossen, wenn $d\Phi(X, Y, Z) = 0$ für alle Vektorfelder X, Y, Z gilt.

Ist ∇ der ↗Levi-Civita-Zusammenhang von g, so erfüllen die vier Größen J, g, Φ und ∇ die Gleichung

$$\begin{aligned} 4\,g((\nabla_X J)\,(Y), Z) = 6\,d\Phi(X, J(Y), J(Z)) - \\ 6\,d\Phi(X, Y, Z) + g(N(J, J)(Y, Z), J(X)). \end{aligned}$$

Darin sind X, Y, Z drei beliebige Vektorfelder, $\nabla_X J$ die durch $\nabla_X(J(Y)) = (\nabla_X J)\,(Y) + J\,(\nabla_X Y)$ als Feld von linearen Abbildungen des Tangentialbündels in sich gegebene kovariante Ableitung und $N(J, J)(Y, Z)$ der Nijenhuis-Tensor von J. ∇ ist genau dann ein fast komplexer Zusammenhang für J, wenn $\nabla_X J = 0$ gilt. Als Folgerung aus der obigen Gleichung ergibt sich:

Die beiden folgenden Aussagen sind äquivalent:

- *Der Levi-Civita-Zusammenhang der Hermiteschen Metrik g ist fast komplex.*
- *Der Nijenhuis-Tensor $N(J, J)(Y, Z)$ von J ist gleich Null, und die fundamentale 2-Form Φ von (J, g) ist geschlossen.*

Hermitesche Varietät, eine Menge von Punkten eines Desarguesschen ↗projektiven Raumes, die in homogenen Koordinaten beschrieben wird durch die Gleichung

$$x_0\bar{x}_0 + x_1\bar{x}_1 + \cdots + x_n\bar{x}_n = 0\,.$$

Hierbei ist $\bar{\cdot}$ ein Körperautomorphismus der Ordnung Zwei.

Im komplexen projektiven Raum ist beispielsweise $\bar{\cdot}$ die komplexe Konjugation.

In endlichen projektiven Räumen gibt es Hermitesche Varietäten nur dann, wenn die Ordnung eine Quadratzahl q^2 ist. In diesem Fall ist $\bar{\cdot}$ der Automorphismus $x \mapsto \bar{x} = x^q$.

Hermitesche Varietäten sind eine Art von ↗Polarräumen. Ist n die Dimension des projektiven Raumes, so ist die maximale Dimension eines in der Varietät enthaltenen projektiven Unterraumes gleich $\frac{n-1}{2}$ (falls n ungerade) bzw. $\frac{n-2}{2}$ (falls n gerade).

Hermitescher Bogen, eine ↗Hermitesche Varietät in einer projektiven Ebene.

Ein Hermitescher Bogen in einer endlichen projektiven Ebene der Ordnung q^2 ist ein ↗Unital. Er hat $q^3 + 1$ Punkte.

Hermitescher Diskriminantensatz, lautet:

Zu jedem festen $d \in \mathbb{Z}$ gibt es höchstens endlich viele algebraische Zahlkörper mit Diskriminante d.

Hermitescher Operator, ein selbstadjungierter linearer Operator eines Hilbertraums auf sich.

Hermitescher Zusammenhang, ↗ Hermitesches Vektorbündel.

Hermitesches Vektorbündel, holomorphes Vektorbündel mit einer ↗Hermiteschen Metrik.

Sei $E \to M$ ein komplexes Vektorbündel. Eine Hermitesche Metrik auf E ist hier ein Hermitesches inneres Produkt auf jeder Faser E_x von E, das glatt von $x \in M$ abhängt, d. h. für einen „Frame" $\zeta = \{\zeta_1, \ldots, \zeta_k\}$ für E sind die Funktionen $h_{ij}(x) = (\zeta_i(x), \zeta_j(x))$ C^∞-Funktionen. Ein Frame ζ für E heißt unitär, wenn für jedes $x \in M$, $\zeta_1(x), \ldots, \zeta_k(x)$ eine Orthonormalbasis für E_x ist. Lokal existieren unitäre Frames immer, da man den Gram-Schmidt-Prozeß anwenden kann.

Ein Zusammenhang D auf einem komplexen Vektorbündel $E \to M$ ist eine Abbildung

$$D : \mathcal{A}^0(E) \to \mathcal{A}^1(E),$$

die für alle C^∞-Schnitte $\zeta \in \mathcal{A}^0(E)(U)$ von E über U und $f \in C^\infty(U)$, $U \subset M$, der Leibniz-Regel

$$D(f \cdot \zeta) = df \otimes \zeta + f \cdot D(\zeta)$$

genügt. Sei $e = \{e_1, ..., e_n\}$ ein Frame für E über $U \subset M$, dann kann man den Zusammenhang D ausdrücken durch

$$De_i = \sum \vartheta_{ij} e_j;$$

die Matrix $\vartheta = (\vartheta_{ij})$ von 1-Formen nennt man die Zusammenhangs-Matrix von D bezüglich e. I.allg. gibt es keinen natürlichen Zusammenhang auf einem Vektorbündel E. Ist aber E ein Hermitesches Vektorbündel über einer komplexen Mannigfaltigkeit, dann erhält man durch die Forderung, daß der Zusammenhang auf E sowohl mit der Metrik als auch mit der komplexen Struktur verträglich sein soll, einen eindeutig bestimmten natürlichen Zusammenhang auf E, genannt Hermitescher Zusammenhang.

Hermite-Transformation, die Integral-Transformation

$$f(n) = HF(x) = \int_{-\infty}^{\infty} e^{-x^2} H_n(x) F(x) dx,$$

für $n = 0, 1, \ldots$, wobei $H_n(x)$ die ↗Hermite-Polynome vom Grade n bezeichnen.

Die inverse Transformation ist definiert durch

$$F(x) = \sum_{n=0}^{\infty} \frac{1}{\sqrt{\pi}} \frac{f(n)}{2^n n!} H_n(x) = H^{-1} f(n),$$

wenn die Reihe konvergiert.

Die Hermite-Transformation reduziert den Operator

$$R[F(x)] = e^{x^2} \frac{d}{dx}\left[e^{x^2} \frac{d}{dx} F(x)\right]$$

zu einem multiplikativen Operator mittels

$$HR[F(x)] = -2nf(n).$$

Heron von Alexandria, griechischer Mathematiker, lebte um 100 in Alexandria.

Heron war hauptsächlich Geometer und arbeitete auf dem Gebiet der Mechanik. In seinen Arbeiten dominierten Methoden und Formeln zur näherungsweisen Berechnung von Quadratwurzeln und Kubikwurzeln sowie von Volumina verschiedener regelmäßiger und unregelmäßiger Körper. Daneben befaßte er sich mit Vermessungsarbeiten. Die „Heronische Flächenformel", die er dabei benutzte, ist aber vermutlich archimedischen Ursprungs.

Seine technischen Abhandlungen beinhalten den Bau von Kriegsmaschinen und verschiedenen Automaten, die mit Hebeln, Dampfkraft oder Hydraulik betriebenen wurden.

Heronische Flächenformel, Formel für den Flächeninhalt A eines Dreiecks mit den Seitenlängen a, b und c:

$$A^2 = \frac{1}{16}(a+b+c)(a+b-c)(a+c-b) \cdot (b+c-a).$$

Mit $p = \frac{1}{2}(a+b+c)$ läßt sich die Heronische Flächenformel in der Form

$$A = \sqrt{p(p-a)(p-b)(p-c)}$$

schreiben.

Heronsches Verfahren, ältere Bezeichnung für die ↗babylonische Methode zur Ermittlung von Quadratwurzeln.

Herzkurve, ↗Kardioide.

Hesse, Ludwig Otto, deutscher Mathematiker, geb. 22.4.1811 Königsberg (Kaliningrad), gest. 4.8.1874 München.

Hesse studierte bei Jacobi in Königsberg und arbeitete danach von 1838 bis 1841 als Lehrer für Mathematik und Chemie an der Gewerbeschule in Königsberg. 1840 promovierte er und arbeitete danach an der Königsberger Universität. 1855 wurde er als ordentlicher Professor an die Universität Halle berufen, ging aber ein Jahr später nach Heidelberg und 1868 an die Polytechnische Schule in München.

Hesse arbeitete auf dem Gebiet der analytischen Geometrie, der Algebra und der Analysis. Er untersuchte quadratische und kubische Gleichungen und war bemüht, eine möglichst übersichtliche und prägnante Darstellung für die analytische Geometrie zu finden. Dafür benutzte er Determinanten und homogene Koordinaten und führte dabei die Funktionaldeterminate (↗Hesse-Matrix) und die ↗Hessesche Normalform für Hyperebenen in einem euklidischen Raum ein. Darüber hinaus beschäftigte er sich mit algebraischen Funktionen und der Invariantentheorie.

Seine wichtigsten Werke sind „Vorlesungen über analytische Geometrie des Raumes" (1861) und „Vorlesungen über analytische Geometrie der geraden Linie, des Punktes und des Kreises in der Ebene" (1861).

Hesse-Determinante, die Determinante $\Delta_f(x) = \det H_f(x)$ der ↗Hesse-Matrix $H_f(x)$ einer an der

Stelle $x \in G$ zweimal partiell differenzierbaren Funktion $f : G \to \mathbb{R}$, wobei $G \subset \mathbb{R}^n$ offen sei. Ist speziell $G \subset \mathbb{R}^2$ und $f \in C^2(G)$, also

$$H_f(x,y) = \begin{pmatrix} \frac{\partial^2 f}{\partial x^2}(x,y) & \frac{\partial^2 f}{\partial x \partial y}(x,y) \\ \frac{\partial^2 f}{\partial x \partial y}(x,y) & \frac{\partial^2 f}{\partial y^2}(x,y) \end{pmatrix}$$

für $(x,y) \in G$, so gilt

$$\Delta_f(x,y) = \frac{\partial^2 f}{\partial x^2}(x,y)\,\frac{\partial^2 f}{\partial y^2}(x,y) - \left(\frac{\partial^2 f}{\partial x \partial y}(x,y)\right)^2 .$$

Mit dem Definitheitskriterium für (2×2)-Matrizen erhält man aus dem allgemeinen Extremalkriterium der Hesse-Matrizen: Ist $(x,y) \in G$ mit $\Delta_f(x,y) > 0$, so hat bei

$$\frac{\partial^2 f}{\partial x^2}(x,y) > 0 \quad \text{bzw.} \quad \frac{\partial^2 f}{\partial x^2}(x,y) < 0$$

die Funktion f an der Stelle (x,y) ein strenges lokales Minimum bzw. Maximum. Ist $\Delta_f(x,y) < 0$, so hat f an der Stelle (x,y) kein lokales Extremum.

Hesse-Matrix, zu einer an der Stelle $x = (x_1, \dots, x_n) \in G$ dort zweimal partiell differenzierbaren Funktion $f : G \to \mathbb{R}$, wobei $G \subset \mathbb{R}^n$ offen sei, die Matrix

$$H_f(x) = \begin{pmatrix} \frac{\partial^2 f(x)}{\partial x_1^2} & \frac{\partial^2 f(x)}{\partial x_2 \partial x_1} & \cdots & \frac{\partial^2 f(x)}{\partial x_n \partial x_1} \\ \frac{\partial^2 f(x)}{\partial x_1 \partial x_2} & \frac{\partial^2 f(x)}{\partial x_2^2} & \cdots & \frac{\partial^2 f(x)}{\partial x_n \partial x_2} \\ \vdots & \vdots & & \vdots \\ \frac{\partial^2 f(x)}{\partial x_1 \partial x_n} & \frac{\partial^2 f(x)}{\partial x_2 \partial x_n} & \cdots & \frac{\partial^2 f(x)}{\partial x_n^2} \end{pmatrix}.$$

Ist $f \in C^2(G)$, so ist $H_f(x)$ nach dem Satz von Schwarz für alle $x \in G$ symmetrisch, und aus dem Satz von Taylor erhält man für $x \in G$, $a = (\text{grad} f)(x)$ und $A = H_f(x)$

$$f(x+\xi) = f(x) + \langle a, \xi \rangle + \frac{1}{2}\langle \xi, A\xi \rangle + o(\|\xi\|^2)$$

für $\xi \in \mathbb{R}^n$ mit $x + \xi \in G$.

Gilt in dieser Situation $f'(x) = 0$, so liefert die Hesse-Matrix ein hinreichendes Extremalkriterium: Ist $H_f(x)$ positiv bzw. negativ definit, so hat f an der Stelle x ein strenges lokales Minimum bzw. Maximum. Ist $H_f(x)$ indefinit, so hat f an der Stelle x kein lokales Extremum.

Im Fall $n = 2$ läßt sich die Definitheit von $H_f(x)$ bequem mit Hilfe der ↗Hesse-Determinante untersuchen. Man beachte: $f'(x) = 0$ und die positive bzw. negative Semidefinitheit von $H_f(x)$ sind notwendige Voraussetzungen für ein lokales Minimum bzw. Maximum, jedoch kann aus $f'(x) = 0$ und der Semidefinitheit von $H_f(x)$ nichts über das Extremalverhalten von f an der Stelle x geschlossen werden, wie die Funktionen $f_1, f_2, f_3 : \mathbb{R}^2 \to \mathbb{R}$ mit

$$f_1(x,y) = x^2 + y^4,$$
$$f_2(x,y) = x^2,$$
$$f_3(x,y) = x^2 + y^3$$

für $x, y \in \mathbb{R}$ zeigen. Es gilt $f_1'(0,0) = f_2'(0,0) = f_3'(0,0) = 0$, und

$$H_{f_1}(0,0) = H_{f_2}(0,0) = H_{f_3}(0,0) = \begin{pmatrix} 2 & 0 \\ 0 & 0 \end{pmatrix}$$

ist positiv semidefinit. An der Stelle $(0,0)$ hat f_1 ein strenges lokales Minimum, f_2 ein nicht-strenges lokales Minimum und f_3 kein Extremum.

Die Hesse-Matrix liefert auch ein Konvexitätskriterium: Ist $G \subset \mathbb{R}^n$ offen und konvex, so ist $f \in C^2(G)$ genau dann konvex, wenn $H_f(x)$ für alle $x \in G$ positiv semidefinit ist. Ist $H_f(x)$ für alle $x \in G$ positiv definit, so ist f streng konvex. Jedoch folgt aus strenger Konvexität nicht die positive Definitheit, wie man schon im Spezialfall $n = 1$ an der Funktion $f : \mathbb{R} \to \mathbb{R}$ mit $f(x) = x^4$ durch Betrachten der Stelle $x = 0$ sieht.

Hessenberg-Form, die in der Abbildung skizzierte Form einer quadratischen $(n \times n)$-Matrix $H = (h_{ij})_{i,j=1}^n$.

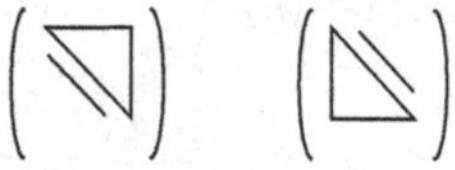

Hessenberg-Form

Im ersten Falle gilt $h_{ij} = 0$ für alle $i, j \in \{1, \dots, n\}$ mit $i > j + 1$, und man spricht von einer oberen Hessenberg-Matrix. Im letzteren Falle gilt $h_{ij} = 0$ für alle $i, j \in \{1, \dots, n\}$ mit $i + 1 < j$, und man spricht von einer unteren Hessenberg-Matrix.

Jede $(n \times n)$-Matrix A läßt sich durch eine Ähnlichkeitstransformation mit einer unitären Matrix Q auf Hessenberg-Form $H = Q^H A Q$ reduzieren. Ist $A \in \mathbb{R}^{n \times n}$, so kann Q als reelle orthogonale Matrix gewählt werden. Die Transformationsmatrix Q kann dann als endliches Produkt von $n - 2$ ↗Householder-Matrizen $Q_1, Q_2, \dots, Q_{n-2}$ berechnet werden. Im Falle $n = 5$ hat man mit $A^{(1)} = A$ und $A^{(j+1)} = Q_j^T A^{(j)} Q_j$

$$A^{(1)} = \begin{pmatrix} x & x & x & x & x \\ x & x & x & x & x \\ x & x & x & x & x \\ x & x & x & x & x \\ x & x & x & x & x \\ x & x & x & x & x \end{pmatrix}$$

$$\overset{Q_1}{\Longrightarrow} \; A^{(2)} = \begin{pmatrix} x & x & x & x & x \\ x & x & x & x & x \\ 0 & x & x & x & x \\ 0 & x & x & x & x \\ 0 & x & x & x & x \\ 0 & x & x & x & x \end{pmatrix}$$

$$\overset{Q_2}{\Longrightarrow} \; A^{(3)} = \begin{pmatrix} x & x & x & x & x \\ x & x & x & x & x \\ 0 & x & x & x & x \\ 0 & 0 & x & x & x \\ 0 & 0 & x & x & x \\ 0 & 0 & x & x & x \end{pmatrix}$$

$$\overset{Q_3}{\Longrightarrow} \; A^{(4)} = \begin{pmatrix} x & x & x & x & x \\ x & x & x & x & x \\ 0 & x & x & x & x \\ 0 & 0 & x & x & x \\ 0 & 0 & 0 & x & x \\ 0 & 0 & 0 & x & x \end{pmatrix}.$$

Dabei eliminiert Q_k^T die Elemente der k-ten Spalte von $A^{(k)}$ unterhalb des Nebendiagonalelementes $a_{k+1,k}^{(k)}$; diese werden durch Multiplikation mit Q_k von hinten nicht wieder zerstört.

Eine weitere Möglichkeit der Berechnung der Transformationsmatrix Q besteht in der Verwendung von Givens-Matrizen G_{ij}. Dabei wird ein zu eliminierendes Element a_{ji} durch Vormultiplikation mit G_{i+1j} annulliert; anschließende Multiplikation mit G_{i+1j} von hinten zur Vervollständigung der Ähnlichkeitstransformation zerstört diese Null nicht wieder. Eine geeignete Reihenfolge der durch Vormultiplikation mit G_{i+1j} zu annullierenden Elemente in Position (j, i) ist gegeben durch $(3, 1)$, $(4, 1)$, $\dots$, $(n, 1)$, $(4, 2)$, $(5, 2)$, $\dots$, $(n, 2)$, $(5, 3)$, $\dots$, $(n, n-2)$, also spaltenweise von oben nach unten unterhalb der unteren Nebendiagonale.

Ist $A \in \mathbb{C}^{n \times n}$, dann kann die Reduktion auf Hessenberg-Form wie beschrieben durchgeführt werden; allerdings sind dann in jedem Schritt unitäre Transformationen zu verwenden, z. B. die komplexen Varianten der Householder- oder Givens-Matrizen.

Eine Matrix H in Hessenberg-Form nennt man unreduziert, falls alle unteren Nebendiagonalelemente $h_{i+1,i}$ ungleich Null sind. Eigenwerte solcher unreduzierten Hessenberg-Matrizen haben die geometrische Vielfachheit 1.

Die Reduktion auf Hessenberg-Form ist ein wesentlicher Schritt im ↗QR-Algorithmus.

Hessenberg-Matrix, eine quadratische Matrix, die ↗Hessenberg-Form hat.

Hessesche Normalform, Bezeichnung für die lineare Gleichung (1) zur Beschreibung einer ↗Hyperebene H in einem euklidischen Raum $(V, \langle\cdot,\cdot\rangle)$ (n ist der ↗Normalenvektor zu H; $v \in H$ beliebig):

$$\langle x - v, n \rangle = 0. \qquad (1)$$

Die Lösungsmenge von (1) stellt dann die beschriebene Hyperebene dar. Ist n normiert, so ist durch

$$d := |\langle p - v, n \rangle|$$

der Abstand eines beliebigen Punktes $p \in V$ zu H gegeben.

Für den Spezialfall einer Geraden in Hessescher Normalform vergleiche man auch das Stichwort ↗Geradengleichung.

Heß-Lichnerowicz-Tondeur, Formel von, Beziehung (1) in folgender Aussage:

Für eine gegebene torsionsfreie kovariante Ableitung $\tilde{\nabla}$ auf einer ↗symplektischen Mannigfaltigkeit (M, ω) definiert folgende Gleichung eine torsionsfreie symplektische kovariante Ableitung ∇ auf M:

$$\omega(\nabla_X Y, Z) := \omega(\tilde{\nabla}_X Y, Z) + \frac{1}{3}(\tilde{\nabla}_X \omega)(Y, Z) + \frac{1}{3}(\tilde{\nabla}_Y \omega)(X, Z), \qquad (1)$$

wobei X, Y, Z drei beliebige Vektorfelder auf M bezeichnen.

heteroassoziatives Netz, allgemein ein ↗Neuronales Netz, das im ↗Ausführ-Modus gegebenen Eingabewerten solche Ausgabewerte zuordnet, die eine wünschenswerte Assoziation repräsentieren (vgl. auch ↗autoassoziatives Netz und ↗Mustererkennungsnetz).

Beispiel: Jedem binär codierten (fehlerhaften) Bild eines Großbuchstabens des Alphabets wird im Idealfall ein binär codiertes Bild seines zugehörigen (fehlerfreien) Kleinbuchstabens zugeordnet.

heterokline Bifurkation, spezielle ↗Bifurkation. Man betrachte ein Hamilton-System mit kleinen periodischen Störungen der Periode τ:

$$\dot{x} = S \operatorname{grad} H(\vec{x}) + \chi\, g(\vec{x}, t, \chi),$$

$\vec{x}, g \,\varepsilon\, \mathbb{R}^2$, mit einem kleinen Störparameter $\chi \to +0$, der ungestörten Hamilton-Funktion $H(\vec{x})$ im ungestörten System und der Zeit t. Sei

$$g(\vec{x}, t + \tau, \chi) = g(\vec{x}, t, \chi).$$

Das ungestörte Hamilton-System habe zwei Sattelpunkt p_1 und p_2, die durch eine ↗heterokline Trajektorie $q_0(t)$ mit $\lim_{t\to+\infty} q_0(t) = p_1$ und $\lim_{t\to-\infty} q_0(t) = p_2$ miteinander verbunden sind.

Dann bedeuten die Nullstellen der Menikow-Funktion Schnitte der stabilen und der instabilen

Mannigfaltigkeiten der Sättel p_1 und p_2 und damit das Auftreten von sogenanntem chaotischen Wirrwarr (siehe auch ↗heterokliner Punkt).

heterokliner Orbit, ↗ heterokliner Punkt.

heterokliner Punkt, Begriff im Kontext Bifurkation.

Seien zwei verschiedene Fixpunkte $x_1, x_2 \in M$, $x_1 \neq x_2$ eines Flusses $(M, \mathbb{R}, \Phi)$ gegeben. Jeder Punkt x im Schnitt der stabilen Mannigfaltigkeit des Fixpunktes x_1, $W^s(x_1)$ und der instabilen Mannigfaltigkeit des Fixpunktes x_2, $W^u(x_2)$, $x \in W^s(x_1) \cap W^u(x_2)$ mit $x_1 \neq x \neq x_2$ heißt heterokliner Punkt. Ein ↗Orbit $\mathcal{O} \subset M$ heißt heterokliner Orbit, falls er durch einen heteroklinen Punkt $x \in M$ erzeugt wird, d. h. es gilt $\mathcal{O} = \mathcal{O}(x)$.

Für einen heteroklinen Punkt $x \in W^s(x_1) \cap W^u(x_2)$ gilt $\lim_{t\to\infty} \Phi(x, t) = x_1$ und $\lim_{t\to-\infty} \Phi(x, t) = x_2$. Der heterokline Orbit $\mathcal{O}(x)$ verbindet also verschiedene Fixpunkte (vgl. auch ↗homokliner Punkt).

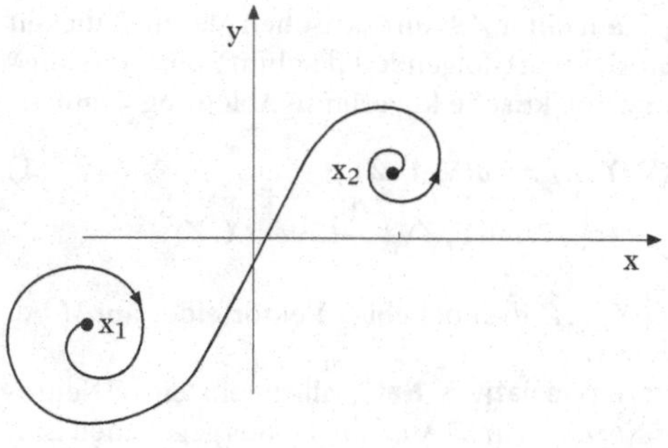

Heterokliner Orbit

[1] Guckenheimer, J.; Holmes, Ph.: Nonlinear Oscillations, Dynamical Systems, and Bifurcations of Vector Fields. Springer-Verlag New York, 1983.

Heunsche Differentialgleichung, lineare homogene ↗Fuchssche Differentialgleichung zweiter Ordnung der Form

$$\begin{aligned} &x(x-1)(x-a)y'' + \{(\alpha+\beta+1)x^2 \\ &\quad - [\alpha+\beta+1+a(\gamma+\delta)-\delta]x + a\gamma\}y' \\ &\quad + (\alpha\beta x - q)y = 0 \end{aligned}$$

mit den schwachen Singularitäten $x = 0, 1, a, \infty$.

Sie ist eine Verallgemeinerung der ↗hypergeometrischen Differentialgleichung und läßt sich nach deren Muster behandeln. Für $|a| \geq 1$, $\gamma \neq 0, -1, -2, \ldots$ gibt es eine Lösung in Gestalt einer für $|x| < 1$ konvergenten Potenzreihe

$$F(a, q; \alpha, \beta, \gamma, \delta, x) = 1 + \sum_{n=1}^{\infty} c_n x^n .$$

Die Koeffizienten c_n sind durch die Rekursionsformeln

$$\begin{aligned} &a\gamma c_1 = q , \\ &a(n+1)(\gamma+n)c_{n+1} = \\ &= \left|a(\gamma+\delta+n-1)+\alpha+\beta-\delta+n+\frac{q}{n}\right| nc_n \\ &\quad - \left[(n-1)\left((n-2)+(\alpha+\beta+1)\right)+\alpha\beta\right]c_{n-1} \end{aligned}$$

bestimmt. Ist $\gamma \notin \mathbb{Z}$, so bilden $|x|^{1-\gamma}F(a, q_1; \alpha-\gamma+1, \beta-\gamma+1, 2-\gamma, \delta, x)$ und $F(a, q; \alpha, \beta, \gamma, \delta)$ ein ↗Fundamentalsystem. Ist $\gamma \in \mathbb{Z}$, so erhält man die Gesamtheit der Lösungen z. B. durch das Verfahren von Frobenius.

[1] Kamke, E.: Differentialgleichungen, Lösungsmethoden und Lösungen I. B. G. Teubner Stuttgart, 1977.

Hewitt-Savage, Null-Eins-Gesetz von, Verallgemeinerung des Null-Eins-Gesetzes von Kolmogorow (↗Kolmogorow, Null-Eins-Gesetz von) für Folgen unabhängiger identisch verteilter Zufallsvariablen.

Ist $(X_n)_{n\in\mathbb{N}}$ eine Folge von unabhängig identisch verteilten Zufallsvariablen auf dem Wahrscheinlichkeitsraum $(\Omega, \mathfrak{A}, P)$ mit Werten in $\mathbb{R}$, so heißt ein Ereignis $A = \{(X_n)_{n\in\mathbb{N}} \in B\}$, wobei B eine Borelsche Menge im Folgenraum $\mathbb{R}^\infty$ bezeichnet, ein symmetrisches Ereignis oder eine permutierbare Menge, wenn für jede endliche Permutation π die Mengen A und $\{(X_{\pi(n)})_{n\in\mathbb{N}} \in B\}$ identisch sind. Dabei nennt man eine bijektive Abbildung π auf $\mathbb{N}$ endliche Permutation, wenn $\pi(k) = k$ für alle bis auf endliche viele $k \in \mathbb{N}$ gilt. Das Null-Eins-Gesetz von Hewitt-Savage lautet nun:

Sei $(X_n)_{n\in\mathbb{N}}$ eine Folge unabhängiger identisch verteilter reeller Zufallsvariablen auf dem Wahrscheinlichkeitsraum $(\Omega, \mathfrak{A}, P)$ und A ein symmetrisches Ereignis. Dann gilt $P(A) = 0$ oder $P(A) = 1$.

Die Menge $\mathfrak{S} \subseteq \mathfrak{A}$ der symmetrischen Ereignisse ist eine σ-Algebra und umfaßt die σ-Algebra der terminalen Ereignisse der Folge $(\sigma(X_n))_{n\in\mathbb{N}}$ der von den X_n erzeugten σ-Algebren. Hieraus erkennt man, daß das Null-Eins-Gesetz von Hewitt-Savage die Aussage des Gesetzes von Kolmogorow unter der stärkeren Voraussetzung der identischen Verteilung auf eine größere Klasse von Ereignissen ausdehnt.

hexadezimale Zahlendarstellung, eine ↗Zahlendarstellung zur Basis 16, also im ↗Hexadezimalsystem.

Hexadezimalsystem, Positionssystem zur Notation von Zahlen auf der Basis von 16 Ziffern (0,1, ..., 9, A, B, C, D, E, F).

Der Zahlenwert einer Ziffernfolge $a_n a_{n-1} \ldots a_0$ ergibt sich als

$$\sum_{i=0}^{n} a_i \cdot 16^i ,$$

wobei den Ziffern A bis F die Ziffernwerte 10 bis 15 zugeordnet sind.

Das Hexadezimalsystem ist vor allem in der Informatik populär, weil es bei einer noch übersichtlichen Ziffernzahl gut zu den Standardeinheiten ↗Bit (4 Bit speichern eine Hexadezimalziffer redundanzfrei) und ↗Byte (zwei Hexadezimalziffern beschreiben ein Byte redundanzfrei) paßt.

Hexadezimalzahl, Zahl, die im ↗Hexadezimalsystem, also auf der Basis der 16 Ziffern 0 bis 9, A, B, C, D, E, F notiert ist.

Hexadezimalziffer, eines der 16 Zeichen 0 bis 9, A, B, C, D, E, F zur Notation von Zahlen im ↗Hexadezimalsystem.

Hexaeder, auch Sechsflach genannt, ein von sechs Vierecken begrenztes Polyeder, bei dem an jeder Ecke drei Kanten zusammentreffen.

Die Konstruktion des regelmäßigen Hexaeders ist möglich und ergibt einen Würfel.

Heytingsche Algebra, ↗Heytingscher Verband.

Heytingscher Verband, *Heytingsche Algebra*, ein relativ pseudokomplementärer ↗distributiver Verband.

hidden layer, ↗verborgene Schicht.

hidden line, (engl. „verborgene Linie"), in der darstellenden Geometrie und in der ↗Computergraphik eine Linie (z. B. eine Kante eines Polyeders), welche in einem Bild nicht sichtbar ist.

In der Computergraphik ist das hidden line-Problem eines der grundlegenden Probleme. Um eine möglichst realistische Darstellung eines dreidimensionalen Objekts auf der zweidimensionalen Bildschirmoberfläche zu erreichen, müssen vom Darstellungsalgorithmus diejenigen Teile des Objekts erkannt werden, die vom Standpunkt des Betrachters aus nicht sichtbar sind, da sie von anderen verdeckt werden. Diese werden dann nach der Projektion auf die Bildschirmoberfläche nicht dargestellt.

Da in den Anfängen der Computergeometrie meist nur mit Linienmodellen gearbeitet wurde, nennt man solche Objektteile hidden lines, die entsprechenden Methoden zu ihrer Erkennung hidden line-Algorithmen.

Es existiert eine Fülle verschiedener Algorithmen, die es erlauben, für gegebenen Augpunkt die unsichtbaren Kanten eines Polyeders zu finden, vgl. etwa [1]. Die Grundidee der meisten beruht darauf, daß man den Abstand zweier Objekte, die auf die gleiche Bildschirmstelle projiziert werden, zur Betrachterebene mißt, und dann dasjenige mit dem größeren Abstand nicht darstellt.

[1] Encarnacão, J.; Straßer, W.: Computer Graphics. Oldenbourg-Verlag München, 1988.

hidden neuron, ↗verborgenes Neuron.

Hierarchie, Prinzip der Über- bzw. Unterordnung bzw. der logischen Gliederung.

Das Grundprinzip besteht darin, daß ein übergeordneter Begriff Merkmale hat, die an die untergeordneten Begriffe weitergegeben werden. Wird zum Beispiel „Fahrzeug" als übergeordneter Begriff betrachtet, so können Begriffe wie „Kraftfahrzeug" oder „Amphibienfahrzeug" als untergeordnet angesehen werden, da sich alle Eigenschaften und Merkmale des übergeordneten Begriffs auf sie übertragen. Im Bereich der Datenbanksysteme hat das Hierarchieprinzip seinen Niederschlag bei den hierarchischen Datenbanksystemen gefunden, die allerdings nur noch selten in Gebrauch sind. Dagegen werden in der objektorientierten Programmierung oft sogenannte Klassenhierarchien aufgebaut, die stark auf dem oben beschriebenen Prinzip der Vererbung beruhen. Man spricht dabei nicht von übergeordneten und untergeordneten Begriffen, sondern von Basisklassen und abgeleiteten Klassen.

Hierarchiesatz, für einen Ressourcentyp die Aussage, daß eine geringe Erhöhung der Ressourcen die Menge der lösbaren Probleme echt vergrößert.

Der deterministische Zeithierarchiesatz für Turing-Maschinen besagt unter schwachen Annahmen an die Funktionen T_1 und T_2, daß, falls

$$T_1 \log T_1 = o(T_2)$$

ist, in der Zeit T_2 mehr Probleme lösbar sind als in der Zeit T_1.

Es wird vermutet, daß Hierarchiesätze für die Komplexitätsklassen der ↗polynomiellen Hierarchie sowie für die Sprachklassen ↗AC^k, ↗ACC^k, ↗non-uniform-NC^k und ↗TC^k (und wachsendes k) gelten.

hierarchische Basis, Knotenbasis-Folge der ↗Finite-Elemente-Methode, die durch Verfeinerung bereits vorhandener Elemente entsteht. Dabei müssen nur die Formfunktionen der neu hinzugekommenen Knoten ergänzt werden unter Beibehaltung der bereits vorhandenen.

Mit einer hierarchischen Basis lassen sich entsprechende Iterationsverfahren definieren.

In anderem Zusammenhang spricht man auch von hierarchischen Bases in der Theorie der ↗Wavelets.

hierarchische Clusteranalyse, Zusammenfassung spezieller Verfahren der ↗Clusteranalyse.

hierarchisches Spiel, ein Spiel, bei dem die Spieler genau festgelegten Regeln bezüglich der Reihenfolge der Spieloperationen und des Informationsaustauschs zwischen den Spielern folgen müssen.

Beispiel eines hierarchischen Spiels ist etwa ein Zwei-Personen-Spiel, bei dem zunächst Spieler 1 zieht, und dann seinen Zug Spieler 2 mitteilen muß. Danach erst zieht Spieler 2.

Hierholzer, Algorithmus von, ↗ Eulerscher Graph.

Higgs-Bündel, ↗Higgs-Garben.

Higgs-Garben, spezielle Modulgarben der folgenden Art.

Es sei X eine komplexe Mannigfaltigkeit (oder ein glattes algebraisches Schema über einem Körper k), Ω^1_X die Garbe der 1-Formen über k, Θ_X die duale Garbe, und $\mathrm{Sym}(\Theta_X)$ die Garbe der symmetrischen Algebren von Θ_X.

Higgs-Garben (bzw. -Bündel) sind kohärente (bzw. lokal freie) $\mathcal{O}_X$-Modulgarben $\mathcal{F}$ auf X mit einem $\mathcal{O}_X$-linearen Homomorphismus $\phi : \mathcal{F} \to \Omega^1_X \otimes_{\mathcal{O}_X} \mathcal{F}$ (dem Higgs-Feld) so, daß $\phi \wedge \phi = 0$.

($\phi \wedge \phi$ ist die Abbildung $(1 \otimes \phi) \circ \phi : \mathcal{F} \to \Omega^1_X \otimes_{\mathcal{O}_X} \Omega^1_x \otimes_{\mathcal{O}_x} \mathcal{F}$, komponiert mit der Abbildung $\Omega^1_X \otimes_{\mathcal{O}_X} \Omega^1_X \otimes_{\mathcal{O}_X} \mathcal{F} \to \Omega^2_X \otimes \mathcal{F}$ über das alternierende Produkt).

ϕ induziert eine Abbildung $\Theta_X \otimes_{\mathcal{O}_X} \mathcal{F} \to \mathcal{F}$, und die Bedingung $\phi \wedge \phi = 0$ bedeutet, daß diese sich zu einer $\mathrm{Sym}(\Theta_X)$-Modul-Struktur auf $\mathcal{F}$ fortsetzen läßt, sodaß also $\mathcal{F}$ einer kohärenten Garbe $\widetilde{\mathcal{F}}$ auf $T^*(X)$ (= relatives Spektrum von $\mathrm{Sym}\,(\Theta_X)$) bzw. auf der projektiven Abschließung $P = \mathbb{P}\,(\Theta_X \oplus \mathcal{O}_X) \xrightarrow{p} X$ entspricht ($T^*(X) = P \setminus H$, mit $H = \mathbb{P}\,(\Theta_X) \subseteq P$).

***high*-Kante**, ↗binärer Entscheidungsgraph.

***high*-Nachfolgerknoten**, ↗binärer Entscheidungsgraph.

Hilbert, Basissatz von, die Aussage, daß der Polynomring über einem ↗Noetherschen Ring wieder Noethersch ist.

Genauer gilt:

Es sei R ein kommutativer Noetherscher Ring mit Einselement.

Dann ist auch der Polynomring $R[X]$ Noethersch.

Insbesondere ist jedes Ideal in einem Polynomring über einem Körper endlich erzeugbar.

Aus dem Satz folgt sofort, daß für einen kommutativen Noetherschen Ring auch der Polynomring $R[X_1, ..., X_n]$ über R in den Unbestimmten $X_1, ..., X_n$ Noethersch ist.

Hilbert, David, deutscher Mathematiker, geb. 23.1.1862 Königsberg, gest. 14.2.1943 Göttingen.

Hilbert wuchs in einer preußischen Beamtenfamilie auf. Nach dem Abitur studierte er an der Universität Königsberg Mathematik, u. a. bei H. Weber, F. Lindemann und A. Hurwitz. Nach der Promotion 1885 in Königsberg erweiterte er seine Kenntnisse in Leipzig und Paris und habilitierte sich 1886 in Königsberg, wo er erst Privatdozent, dann 1892 außerordentlicher Professor wurde. Auf Initiative von F. Klein erhielt er 1895 eine Berufung nach Göttingen, einem der traditionsreichen Zentren der Mathematik in Deutschland. Trotz vieler ehrenvoller Angebote von anderen Universitäten und Akademien blieb Hilbert bis zu seinem Lebensende dort und hatte großen Anteil am Aufstieg Göttingens zu einem führenden Zentrum der Lehre und Forschung in der Mathematik und den theoretischen Naturwissenschaften. Er konnte jedoch nicht verhindern, daß nach der Machtergreifung der Nationalsozialisten viele seiner namhafte Kollegen vertrieben wurden und somit ein Teil seines Lebenswerkes zerstört wurde.

Hilbert gilt neben H. Poincaré als der bedeutendste und universellste Mathematiker am Ende des 19. und Beginn des 20. Jahrhunderts. Mit seinen Forschungen hat er die Entstehung neuer Forschungsgebiete in der Mathematik grundlegend mitbestimmt und zahlreiche Gebiete auf ein höheres Entwicklungsniveau gehoben.

Hilberts Forschungsinteressen lassen sich relativ klar voneinander abgrenzen. Er begann mit Arbeiten zur Invariantentheorie, einem in der zweiten Hälfte des 19. Jahrhunderts sehr aktuellen Gebiet. Dabei erzielte er 1890 mit der Lösung des Hauptproblems der Invariantentheorie den ersten spektakulären Erfolg. Er bewies, daß jedes System algebraischer Formen in n Variablen ein endliches Basissystem besitzt. Entscheidend war dabei sein neues methodisches Vorgehen, hatten bisher die führenden Invariantentheoretiker versucht, die endlichen vollen Invariantensysteme für immer kompliziertere Formensysteme zu konstruieren, so verzichtete Hilbert auf die konkrete Konstruktion und wies unter Einbeziehung algebraischer Überlegungen „nur" die Existenz eines solchen Systems nach. Damit stand Hilbert im Gegensatz zu den vorherrschenden Auffassungen über eine mathematische Beweisführung, sodaß sein Resultat zunächst skeptisch betrachtet wurde. Sehr bald sollte er jedoch diese neue Sichtweise in der Mathematik etablieren. Gleichzeitig begründete Hilbert bei diesen Untersuchungen die Theorie der Polynomideale und leitete den nach ihm benannten Basissatz ab. Nach dem weiteren Ausbau dieser Methoden konnte er 1893 auch eine Methode zur Ermittlung eines vollständigen Invariantensystems formulieren.

Bereits zuvor hatte er begonnen, sich auf zwei neue Disziplinen zu konzentrieren, die Zahlentheorie und die Geometrie, wobei erstere zunächst im Mittelpunkt stand. Die Bitte der Deutschen Mathematiker-Vereinigung, eine Übersicht über den Stand der algebraischen Zahlentheorie zu geben, führte zur Zusammenarbeit mit H. Minkowski und 1897 zu Hilberts sog. „Zahlbericht“. Die Arbeit erlangte eine ähnliche Bedeutung für die Entwicklung der Zahlentheorie wie Gauß' „Disquisitiones arithmeticae“. Hilbert faßte die Resultate zusammen, analysierte die Beweise, füllte Lücken, gab den Ergebnissen eine logische, für weitere Forschungen günstige Darstellung und schuf eine systematische Bezeichnungsweise. Er behandelte die Dedekindsche Theorie der Zahlkörper, Galois-Erweiterungen, quadratische Zahlkörper, Kreisteilungskörper und Kummersche Körper. Nach Abschluß des Berichts nahm er die Studien zu den Grundlagen der Geometrie wieder auf, trug im Wintersemester 1989/99 über die Elemente der Euklidischen Geometrie vor und publizierte 1899 die Schrift „Grundlagen der Geometrie“. Mit diesem Werk brachte Hilbert praktisch die bis in die Antike zurückreichenden Bemühungen um den axiomatischen Aufbau einer Disziplin, speziell der Geometrie, auf neue Art zum Abschluß. Er trennte konsequent das Mathematisch-Logische vom Sinnlich-Anschaulichen und plädierte dafür, daß auch bei geometrischen Überlegungen keine räumlichen Vorstellungen benutzt werden dürfen. Zugleich schuf er die Anfänge der modernen axiomatischen Methode, wie sie in Verbindung mit den strukturbetonenden Auffassungen in der Algebra am Anfang des 20. Jahrhunderts entstand.

Hilberts nächster bedeutender Beitrag zur Entwicklung der Mathematik war sein Vortrag auf dem 2. Internationalen Mathematikerkongreß in Paris am 8.8.1900. Darin formulierte er aus den damals bestimmenden Zweigen der Mathematik 23 offene Probleme, deren Lösung er besonders bedeutsam für das weitere Fortschreiten der Mathematik hielt (↗ Hilbertsche Probleme). Zugleich äußerte er wichtige Gedanken zur Einheit der Mathematik, zum Verhältnis der Mathematik zu den Naturwissenschaften und zu anderen wissenschaftstheoretischen Fragen. Der Vortrag hat sehr stimulierend auf die Mathematikentwicklung in der ersten Hälfte des 20. Jahrhunderts gewirkt, in deren Verlauf die Aktualität der meisten Probleme bestätigt wurde.

Nicht zuletzt angeregt durch den stürmischen Aufschwung der Physik widmete sich Hilbert in den folgenden beiden Jahrzehnten der Analysis und der mathematischen Physik. Er gab eine ersten strengen Beweis des Dirichlet-Prinzips, an den sich ein Ausbau der Variationsrechnung anschloß. Aus der intensiven Beschäftigung mit der Theorie der Integralgleichungen, speziell den Fredholmschen Arbeiten, ging unter Beteiligung von E. Schmidt u. a. die Theorie linearer Operatoren in einem unendlichdimensionalen Raum, dem Hilbertraum, hervor. Dazu gehörten auch eine allgemeine Theorie der Eigenwerte und Eigenfunktionen symmetrischer Integraloperatoren und vielfältige Anwendungen auf Randwertaufgaben und Eigenwertprobleme von Differentialgleichungen bis hin zur Bestimmung einer linearen Differentialgleichung bei vorgegebener Monodromiegruppe. In der theoretischen Physik fanden Fragen der kinetischen Gastheorie und die Verwendung des Hamilton-Prinzips in der Allgemeinen Relativitätstheorie das besondere Interesse Hilberts. Die zahlreichen Resultate und Anwendungen der Mathematik in der Physik bildeten den Inhalt des zweibändigen Buches „Methoden der mathematischen Physik“, das er zusammen mit R. Courant verfaßte (1. Band 1924, 2. Band 1937).

In der Anfang der 20er Jahre beginnenden letzten Schaffensperiode untersuchte Hilbert Probleme der Grundlegung der Mathematik und knüpfte an Fragen an, wie sie sich aus der Begründung der axiomatischen Methode und den Antinomien der Mengenlehre ergeben hatten. Bereits in dem Pariser Vortrag hatte er die Widerspruchsfreiheit der Axiome der Arithmetik als eine offene Frage benannt. Er hatte erkannt, daß er nicht wie bei der Begründung der Geometrie Widerspruchsfreiheit, Vollständigkeit und Unabhängigkeit der Axiome durch Zurückführung auf ein geeignetes Modell nachweisen konnte. Die Lösung für all die Schwierigkeiten suchte Hilbert in einer formalistischen Auffassung der Mathematik. Er entwickelte einen entsprechenden Logikkalkül des formalen Schließens, den er 1928 zusammen mit W. Ackermann in einem Lehrbuch darstellte, und hoffte, auf dieser Basis einen finiten Beweis für die Widerspruchsfreiheit der Mathematik, insbesondere für das Operieren mit unendlichen Mengen und die Schlußweisen der Analysis, geben zu können. Die Widerspruchsfreiheit definierte er dabei als die Unmöglichkeit, in dem gegebenen Axiomensystem mit den Regeln des formalen Logikkalküls eine Aussage und ihre Negation ableiten zu können. 1931 zerstörte jedoch K. Gödel die Hilbertschen Hoffnungen und zeigte, daß die Widerspruchsfreiheit einer hinreichend ausdrucksfähigen Theorie nicht mit den Mitteln der Theorie allein erfolgen kann. Auch wenn Hilberts Programm zu den Grundlagen der Mathematik nicht völlig realisierbar war, so haben seine Ideen auch auf diesem Gebiet sehr stimulierend gewirkt. In dem von Hilbert gemeinsam mit seinem Schüler P. Bernays verfaßten zweibändigen Buch „Grundlagen der Mathematik“ (1934, 1939) fanden seine diesbezüglichen Resultate eine systematische Zusammenfasung.

Hilbert-Einstein-Wirkung, die Wirkungsfunktion I_{EH} des Gravitationsfeldes nach der ↗Allgemeinen Relativitätstheorie.

Vielfach wird der Begriff auch ↗Einstein-Hilbert-Wirkung genannt, und unter diesem Stichwort findet man auch weitere Informationen. Es kann aber als sicher gelten, daß diese Methode, zu den Einsteinschen Vakuumfeldgleichungen zu gelangen, erstmals von David Hilbert hergeleitet wurde.

Hilbert-Funktion, ↗Hilbert-Polynom.

Hilbert-Körper, ein Körper, für den das ↗Hilbertsche Irreduzibilitätstheorem gilt.

Hilbert-Polynom, zu einem Modul gehöriges Polynom der folgenden Art.

Sei k ein Körper und $S_\bullet$ eine graduierte k-Algebra, die durch endlich viele homogene Elemente vom Grad ≥ 0 erzeugt wird. Weiter sei $\dim_k S_0 < \infty$, und $M_\bullet$ ein endlich erzeugter graduierter $S_\bullet$-Modul.

Die Hilbert-Funktion von $M_\bullet$ ist die Funktion $\nu \mapsto \dim_k (M_\nu) = H_{M_\bullet}(\nu)$. Zu jedem Modul $M_\bullet$ existiert ein Polynom $HP_{M_\bullet}(t) \in \mathbb{Q}[t]$ und ein ν_0 so, daß für $\nu \geq \nu_0$ gilt:

$$H_{M_\bullet}(\nu) = HP_{M_\bullet}(\nu)\,.$$

Dieses Polynom heißt Hilbert-Polynom des Moduls $M_\bullet$. Wenn X ein projektives k-Schema, $\mathcal{L}$ ein ↗amples Geradenbündel auf X, und $\mathcal{F}$ eine kohärente ↗Garbe auf X ist, so ist

$$S_\bullet = \bigoplus_{\nu \geq 0} H^0\left(X, \mathcal{L}^{\otimes \nu}\right)$$

eine endlich erzeugte k-Algebra, und

$$M_\bullet = \bigoplus_{\nu \in \mathbb{Z}} H^0\left(X, \mathcal{F} \otimes \mathcal{L}^{\otimes \nu}\right)$$

ein endlich erzeugter $S_\bullet$-Modul. In diesem Falle ist die Funktion $\nu \mapsto \chi\left(\mathcal{F} \otimes \mathcal{L}^{\otimes \nu}\right)$ ebenfalls eine polynomiale Funktion und stimmt mit dem Hilbert-Polynom von $M_\bullet$ überein, d. h.

$$\chi\left(\mathcal{F} \otimes \mathcal{L}^{\otimes \nu}\right) = HP_{M_\bullet}(\nu)\,.$$

Diese Funktion $v \mapsto \chi\left(\mathcal{F} \otimes \mathcal{L}^{\otimes v}\right)$ heißt Hilbert-Polynom von $\mathcal{F}$ bez. $\mathcal{L}$.

Hilbertraum, ein Banachraum, dessen Norm von einem Skalarprodukt abgeleitet ist.

Sei H ein Vektorraum über $\mathbb{R}$ oder $\mathbb{C}$ und $\langle\,.\,,\,.\,\rangle$ ein Skalarprodukt auf $H \times H$. Dann definiert $\|x\| = \langle x, x\rangle^{1/2}$ eine Norm auf H. Ist H, versehen mit dieser Norm, vollständig, heißt H ein Hilbertraum, andernfalls ein Prä-Hilbertraum.

Beispiele für Hilberträume sind die Funktionenräume $L^2(\mu)$ (↗Funktionenräume) und der Folgenraum ℓ^2 (↗Folgenräume). Allgemeiner ist der Raum $\ell^2(I)$, I eine Indexmenge, ein Hilbertraum; $\ell^2(I)$ besteht aus allen Funktionen $x : I \to \mathbb{R}$ (oder $\mathbb{C}$) mit $x(i) \neq 0$ für höchstens abzählbar viele i, etwa $i_1, i_2, \ldots$, und

$$\sum_{i \in I} |x(i)|^2 \;:=\; \sum_{k=1}^{\infty} |x(i_k)|^2 \;<\; \infty\,.$$

Das Skalarprodukt auf $\ell^2(I)$ ist

$$\langle x, y\rangle = \sum_{i \in I} x(i)\overline{y(i)}\,;$$

dabei ist das Symbol $\sum_{i \in I}$ wie oben erklärt.

Weitere Beispiele sind der ↗Hardy-Raum H^2 und die ↗Sobolew-Räume $W^{m,2}$.

Nach dem Struktursatz von Fischer-Riesz ist jeder Hilbertraum zu einem Raum $\ell^2(I)$ isometrisch isomorph, und jeder separable unendlichdimensionale Hilbertraum ist zu ℓ^2 isometrisch isomorph. Weitere zentrale Aussagen der Hilbertraumtheorie sind der Satz über die Entwicklung nach einer Orthonormalbasis, der Projektionssatz für Hilberträume und der Satz von Fréchet-Riesz über die Darstellung stetiger linearer Funktionale.

Unter den Banachraum-Eigenschaften, die einem Hilbertraum zukommen, sind die Reflexivität (↗reflexiver Raum) und die gleichmäßige Konvexität (↗gleichmäßig konvexer Raum) zu erwähnen; ferner sind Hilberträume die (bis auf Isomorphie) einzigen Banachräume mit Typ 2 und Kotyp 2 (↗Typ und Kotyp eines Banachraums). Ein Banachraum X ist genau dann ein Hilbertraum, wenn seine Norm die Parallelogrammgleichung

$$\|x+y\|^2 + \|x-y\|^2 = 2(\|x\|^2 + \|y\|^2) \;\; \forall x, y \in X$$

erfüllt.

Die Operatortheorie auf Hilberträumen wird innerhalb der ↗Spektraltheorie behandelt.

Hilbertraumtheoretische Methoden tauchten zuerst in Hilberts Arbeiten „Grundzüge einer allgemeinen Theorie der linearen Integralgleichungen" (1904–1910) auf; er arbeitet dort jedoch nur mit der Einheitskugel des Raums ℓ^2. Der abstrakte Begriff des Hilbertraums wurde erst Ende der zwanziger Jahre durch von Neumann und Stone entwickelt.

[1] Reed, M.; Simon, B.: Methods of Mathematical Physics I: Functional Analysis. Academic Press, 2. Auflage 1980.

[2] Werner, D.: Funktionalanalysis. Springer Berlin/Heidelberg, 1995.

Hilbertraum mit indefiniter Metrik, in der Quantenfeldtheorie der Eichfelder (↗Eichfeldtheorie) Zustandsraum mit einer quadratischen Form, die sowohl positive wie auch negative Werte annehmen kann.

Der sprachliche Widersinn (↗Hilbertraum) ist vergleichbar dem Gebrauch des Begriffs ↗Metrik in der Relativitätstheorie.

In Eichfeldtheorien existiert keine eineindeutige Abbildung zwischen dem Geschwindigkeitsraum (zeitliche Ableitungen der Feldgrößen, z. B. des Potentials A_μ der Elektrodynamik $A_{\mu,0}$) und dem

Raum der kanonischen Impulse (in der Elektrodynamik

$$\pi^\mu = \frac{\partial \mathfrak{L}}{\partial A_{\mu,0}},$$

wobei

$$\mathfrak{L} = -(1/4)\eta^{\varrho\sigma}\eta^{\alpha\beta}F_{\varrho\alpha}F_{\sigma\beta}$$

die Lagrange-Dichte des eletromagnetischen Feldes ist). Beispielsweise gilt in der Elektrodynamik $\pi^0 = 0$. Damit ist keine Anwendung der kanonischen Quantisierungsvorschriften möglich.

Das weitere Vorgehen zur Umgehung des geschilderten Problems wird am Beispiel der Elektrodynamik skizziert.

Die Lagrangedichte wird durch

$$\mathfrak{L} = -(1/4)\eta^{\varrho\sigma}\eta^{\alpha\beta}F_{\varrho\alpha}F_{\sigma\beta} - \frac{\lambda}{2}(\partial \cdot A)^2$$

ersetzt, wobei

$$\partial \cdot A := \eta^{\alpha\beta}\partial_\beta A_\alpha$$

und λ eine beliebige Konstante ist. Damit ist dann auch $\pi^0 \neq 0$.

Jetzt lauten die Feldgleichungen

$$\Box A_\mu - (1-\lambda)\partial_\mu(\partial \cdot A) = 0\,,$$
$$\Box(\partial \cdot A) = 0\,.$$

In der klassischen Elektrodynamik führen entsprechende Grenzbedingungen auf $\partial \cdot A = 0$, und somit erhält man die Maxwellsche Theorie in der ↗Lorentz-Eichung. Die Lorentz-Eichung steht als Operator-Gleichung im Widerspruch zu dem Teil

$$[\hat{A}_\mu(t,\mathfrak{x}), \hat{\pi}^\nu(t,\mathfrak{y})] = i\delta^\nu_\mu\delta^3(\mathfrak{x}-\mathfrak{y})$$

der kanonischen Vertauschungsrelationen. Sie wird daher nicht als Operatorgleichung, sondern in abgeschwächter Form als Einschränkung des Zustandsraums auf physikalische Zustände gefordert: Das Potential ist ein Vektor mit vier Komponenten. Er wird zerlegt in zwei Komponenten senkrecht zur Bewegungsrichtung des Photons (transversale Komponenten). Das sind die eigentlich physikalischen Freiheitsgrade. Dazu kommt eine Komponente in Richtung der Bewegung (longitudinale Komponente) und eine Komponente in Zeitrichtung (skalare Komponente). Der Übergang zur Quantenphysik besteht nun in der Einführung der Erzeugungs- und Vernichtungsoperatoren für diese Komponenten des elektromagnetischen Feldes.

Die Anwendung des Erzeugungsoperators für die skalare Komponente auf den Vakuumzustand (↗Fock-Raum) führt auf einen Zustand mit negativem Normquadrat. Dagegen haben die Zustände mit transversalen Komponenten positive Normquadrate.

Hilbertsche Probleme

H.-J. Schmidt

David Hilbert, geboren am 23.1.1862 in Königsberg und gestorben am 14.2.1943 in Göttingen, hielt im Jahre 1900 auf dem „Internationalen Mathematikerkongreß zu Paris" einen Vortrag, dessen Text im Jahr darauf im Archiv für Mathematik und Physik, 3. Reihe, Band 1, Seiten 44–63 und 213–237 unter dem Titel

Mathematische Probleme

publiziert wurde; hier beziehen wir uns auf den Wiederabdruck [2]. Neben allgemeinen Überlegungen zur Entwicklung der Mathematik – die ihrerseits auch viel zitiert werden – listete er dort 23 ungelöste Probleme auf, von denen er beispielhaft annahm, daß Aufgaben dieses Typs die Mathematik des neuen Jahrhunderts prägen werden. In der Einleitung nennt er u. a. die Frage, ob es unendlich viele Primzahlen der Form $2^n + 1$ gibt.

Hier sollen nun sowohl die Jahrhundertrede 1900 als auch Vorläufer beschrieben sowie eine Problemliste 2000 aufgestellt werden.

1. Die Jahrhundertrede 1900

Die von Hilbert formulierten 23 Probleme lauten (die Überschriften sind wörtlich aus dem Original übernommen, der Text dazu ist hier neu formuliert):

1. Cantors Problem von der Mächtigkeit des Kontinuums.

Dieses Problem besteht aus zwei Fragen, die beide inzwischen gelöst sind, jedoch auf unerwartete Weise.

Erstens geht es um die Frage, ob es eine Menge gibt, deren Mächtigkeit zwar kleiner als die des Kontinuums (also der Menge der reellen Zahlen), aber größer als die der Menge der natürlichen Zahlen ist. Die Kontinuumshypothese besagt, daß es solche Mengen nicht gibt. Dabei heißen zwei Mengen gleichmächtig, wenn es eine eineindeutige Zuordnung zwischen ihren Elementen gibt; die Mächtigkeit der Menge A ist kleiner als die Mächtigkeit der Menge B, wenn A zwar zu einer Teilmenge von B, nicht aber zu B selbst gleichmächtig ist. Das verblüffende an der Antwort ist, daß, obwohl die Frage eine klare Entscheidungsfrage zu sein scheint, die Antwort nicht durch „ja" oder „nein" ausgedrückt werden kann. Es gilt: Die Kontinuumshypothese ist unabhängig von den übrigen Axiomen der Mengenlehre, d. h., man kann wahlweise die Kontinuumshypothese oder auch deren Gegenteil als Axiom benutzen.

Zweitens geht es um die Frage, ob sich jede Menge wohlordnen läßt. Dabei heißt eine Menge wohlgeordnet, wenn jede ihrer Teilmengen ein kleinstes Element enthält. Inzwischen weiß man, daß diese Frage zum Auswahlaxiom der Mengenlehre äquivalent ist.

2. Die Widerspruchslosigkeit der arithmetischen Axiome

Hilbert schreibt: „Ich bin nun überzeugt, daß es gelingen muß, einen direkten Beweis für die Widerspruchslosigkeit der arithmetischen Axiome zu finden ... ", jedoch ist dies ein Irrtum, vielmehr konnte inzwischen nachgewiesen werden, daß bei Axiomensystemen ab einer bestimmten Komplexitätsstufe (und die Arithmetik der reellen Zahlen gehört schon dazu) generell keine Widerspruchfreiheitsbeweise mehr möglich sind. Im Gegensatz dazu gilt z. B.: Die Axiome der Gruppentheorie sind widerspruchsfrei. Diese Tatsache ist schon im 19. Jahrhundert bewiesen worden.

3. Die Volumengleichheit zweier Tetraeder von gleicher Grundfläche und Höhe

Hilbert vermutete, daß es möglich sein müsse, „zwei Tetraeder mit gleicher Grundfläche und von gleicher Höhe anzugeben, die sich in keiner Weise in kongruente Tetraeder zerlegen lassen".

Diese Vermutung ist bereits im Jahr 1900 bewiesen worden, der entsprechende Hinweis findet sich in einer Fußnote von [2], Seite 202.

Im Gegensatz dazu gilt in der Geometrie der Ebene: Flächengleiche n-Ecke in der Ebene lassen sich stets durch endlich viele gerade Schnitte und anschließendes kongruentes Verschieben der Teile ineinander überführen.

4. Problem von der Geraden als kürzester Verbindung zweier Punkte

Anders als die bisher genannten Probleme ist dieses 4. Problem kein Einzelproblem, sondern es ist eine Anregung, geometrische Axiomensysteme unter dem Gesichtspunkt von Variationsproblemen zu behandeln.

Speziell geht es darum, die im Titel genannte Eigenschaft mit der Dreiecksungleichung (die Summe zweier Seiten im Dreieck ist stets größer als die dritte Seite) in Verbindung zu bringen.

5. Lies Begriff der kontinuierlichen Transformationsgruppe ohne die Annahme der Differenzierbarkeit der die Gruppe definierenden Funktionen

Hierbei geht es um die Frage, ob die Notwendigkeit besteht, bei der Definition der Lie-Gruppe die Differenzierbarkeit zu fordern, oder ob diese aus den übrigen Axiomen bereits gefolgert werden kann. Die Aufgabe ist heute gelöst, es gilt: Es genügt, Stetigkeit vorauszusetzen, und es folgt Analytizität.

6. Mathematische Behandlung der Axiome der Physik

Nach dem Vorbild der Axiomatisierung der Geometrie sollen alle physikalischen Theorien mit mathematischer Strenge axiomatiseirt werden. Hilbert schreibt: „Auch wird der Mathematiker, wie er es in der Geometrie getan hat, nicht bloß die der Wirklichkeit nahekommenden, sondern überhaupt alle logisch möglichen Theorien zu berücksichtigen haben ... ".

Dieses Problem stellt sich naturgemäß stets von Neuem, wenn neue physikalische Theorien aufgestellt werden.

7. Irrationalität und Transzendenz bestimmter Zahlen

Zwar waren im 19. Jahrhundert die Transzendenz von e und π bewiesen worden, es fehlte aber noch an systematischen Einsichten darüber, welche Klassen von Zahlen transzendent sind.

Hilbert vermutet, daß z. B. $\sin(\pi \cdot z)$ für irrational algebraisches z stets transzendent ist; und der von ihm beschriebene Problemkreis ist auch heute noch nicht vollständig gelöst.

8. Primzahlprobleme

Es wird u. a. gefragt, ob es unendlich viele Primzahlzwillinge gibt, das heißt, Primzahlpaare, deren Differenz 2 beträgt.

9. Beweis des allgemeinsten Reziprozitätsgesetzes im beliebigen Zahlkörper

Hier wird die Aufgabe gestellt, das Gaußsche Reziprozitätsgesetz auf beliebige Zahlkörper zu erweitern.

10. Entscheidung der Lösbarkeit einer diophantischen Gleichung

Hilbert formuliert: „Man soll ein Verfahren angeben, nach welchem sich mittels einer endlichen Zahl von Operationen entscheiden läßt, ob eine Gleichung in ganzen Zahlen lösbar ist."

Zu solch algorithmentheoretischen Fragestellungen ist in den vergangenen Jahrzehnten in der Informatik ein deutlicher Fortschritt erzielt worden.

11. Quadratische Formen mit beliebigen algebraischen Zahlkoeffizienten
Dieses Problem ist eine Spezialisierung des 10. Problems auf quadratische Gleichungen mit beliebig vielen Variablen.

12. Ausdehnung des Kroneckerschen Satzes über Abelsche Körper auf einen beliebigen algebraischen Rationalitätsbereich
Der Satz von Kronecker, daß jeder abelsche Zahlkörper im Bereich der rationalen Zahlen durch Zusammensetzung aus Körpern von Einheitswurzeln entsteht, soll verallgemeinert werden.

13. Unmöglichkeit der Lösung der allgemeinen Gleichung 7. Grades mittels Funktionen von nur 2 Argumenten
Es sei f von x, y und z abhängig. Es soll geprüft werden, ob die Gleichung

$$f^7 + xf^3 + yf^2 + zf + 1 = 0$$

mit Hilfe beliebiger stetiger Funktionen von nur zwei Argumenten vollständig gelöst werden kann.

14. Nachweis der Endlichkeit gewisser voller Funktionensysteme
Es soll das Hurwitz-Kriterium von 1897 verallgemeinert werden, das unter bestimmten Voraussetzungen eine Auflistung von Invarianten eines vorgegebenen Funktionensystems ermöglicht.

15. Strenge Begründung von Schuberts Abzählungskalkül
Hier geht es um ein Verfahren zur effektiven Bestimmung der Vielfachheit von Lösungen algebraischer Gleichungen und deren geometrische Interpretation.

16. Problem der Topologie algebraischer Kurven und Flächen
Es geht u. a. um die Frage nach der Maximalzahl und Lage von Poincaréschen Grenzzyklen von nichtlinearen Differentialgleichungen. In den vergangenen 20 Jahren ist auf diesem Gebiet unter der Überschrift „Chaostheorie" bzw. „nichtlineare Dynamik" erheblicher Fortschritt erzielt worden.

17. Darstellung definiter Formen durch Quadrate
Hilbert fragt, „ob nicht jede definite Form als Quotient von Summen von Formenquadraten dargestellt werden kann."

18. Aufbau des Raumes aus kongruenten Polyedern
Es geht um das Problem, den n-dimensionalen euklidischen Raum lückenlos mit kongruenten Polyedern auszufüllen, und um eine Klassifikation dieser Möglichkeiten.

19. Sind die Lösungen regulärer Variationsprobleme stets notwendig analytisch?
Hier gibt es inzwischen Gegenbeispiele.

20. Allgemeines Randwertproblem
Dies Problem ist eine Verallgemeinerung von Problem 19: Es sollen Randbedingungen so gefunden werden, daß jedes reguläre Variationsproblem genau eine Lösung besitzt.

21. Beweis der Existenz linearer Differentialgleichungen mit vorgeschriebener Monodromiegruppe
Zu vorgegebenem Charakter der Singularitäten soll eine zugehörige Differentialgleichung gefunden werden.

22. Uniformisierung analytischer Beziehungen mittels automorpher Funktionen
Hier geht es um Systeme von Gleichungen, die die Eigenschaft haben, daß zwischen zwei der Variablen eine algebraische Beziehung besteht.

23. Weiterführung der Methoden der Variationsrechnung
Dies ist in der theoretischen Physik unter der Überschrift „Feldtheorie" gründlich behandelt worden. Das von Hilbert beschriebene Problem würde man heute so beschreiben: Zu vorgegebener Wirkungsfunktion finde man diejenigen Feldkonfigurationen, bei denen die Wirkung minimal wird. Alle heute ernsthaft in der Physik behandelten Feldtheorien sind auf diesem Wirkungsprinzip aufgebaut.

2. Vorläufer

Das wohl prägendste Problem der Mathematik war die Quadratur des Kreises. Es lautet: „Man gebe eine Konstruktion an, um zu einem gegebenen Kreis ein flächengleiches Quadrat zu finden." Dazu liest man in [3]: „Da das Gesetz, nach welchem die Glieder der verschiedenen Reihen, welche man zu diesem Zwecke anwenden kann, offenbar ist, so kann man mit Recht sagen, daß die Quadratur des Kreises im analytischen Sinne gefunden sey. Eine geometrische Construction ist freylich noch nicht entdeckt, und scheint schwerlich gefunden werden zu können."

In heutiger Sprechweise lautet dies: Die Quadratur des Kreises wird auf die algebraischen Eigenschaften der Zahl π zurückgeführt, und eine Folge rationaler Zahlen, die gegen π konvergiert, löst das Problem zwar analytisch genau, geometrisch jedoch nur „mit beliebiger Genauigkeit“, aber nicht exakt. Daß die exakte geometrische Konstruktion tatsächlich nicht möglich ist, folgt aus der Transzendenz von π, die dem Autor von [3] natürlich noch nicht bekannt war. Mit dem Beweis der Transzendenz von π durch F. Lindemann im Jahre 1882 ist das Problem der Quadratur des Kreises endgültig gelöst, und zwar dadurch, daß die Unmöglichkeit der Quadratur streng bewiesen wurde.

Drei weitere berühmte Probleme, der „Große Fermat“, das Problem der dichtesten Kugelpackung und der Vierfarbensatz gelten als im 20. Jahrhundert gelöst. Der Große Fermat besagt: Es gibt keine Lösung der Gleichung $x^n + y^n = z^n$ in natürlichen Zahlen mit $n \geq 3$ (↗Fermatsche Vermutung). Das Problem der dichtesten Kugelpackung besteht in folgendem: Wie muß eine Menge gleichgroßer Kugeln im Raum angeordnet werden, daß im Grenzwert großer Volumina eine möglichst große Zahl von Kugeln pro Volumeneinheit überlappungfrei gelagert werden kann? Das lange bekannte sechsstrahlige versetzte Bienenwabenmuster hat sich schließlich als tatsächlich dichteste Packung erwiesen. Der Vierfarbensatz besagt: Jede ebene Landkarte läßt sich mit vier Farben so färben, daß benachbarte Länder stets unterschiedlich gefärbt sind.

3. Eine Problemliste 2000

Ein gutes mathematisches Problem
- hat die Form einer Entscheidungsfrage,
- läßt sich kurz formulieren,
- benutzt nur allgemein bekannte Begriffe,
- und ist nur schwer zu beantworten.

Hier sollen nun drei konkrete und sieben allgemeine Probleme aufgelistet werden, die aus Sicht des Verfassers in der Mathematik im 21. Jahrhundert eine Rolle spielen sollten. Die 3 konkreten Probleme stammen aus Algebra, Analysis und Geometrie.

1. Goldbachsche Vermutung:
Jede gerade Zahl ≥ 6 ist Summe von zwei ungeraden Primzahlen. (↗Goldbach-Probleme).

2. Das aperiodisch oszillierende Weltmodell
Sei $a(t)$ der von der kosmischen Zeit t abhängige kosmische Skalenfaktor, auch „Weltradius“ genannt; wir setzen also stets $a > 0$ voraus, und wenn $a \to 0$ bei endlichem Wert t auftritt, spricht man vom „Urknall“. Die Materie werde vereinfacht durch ein einzelnes Skalarfeld ϕ modelliert. Dieses Skalarfeld verbindet eine als zeitabhängig anzunehmende kosmologische Konstante Λ mit der Materie des Universums. Wählt man zudem die Maßeinheiten so, daß a und ϕ dimensionslos sind und das Skalarfeld die Masse 1 hat, kann die Dynamik eines räumlich geschlossenen Friedmannschen Weltmodells durch folgende beiden Gleichungen beschrieben werden:

$$\frac{d^2\phi}{dt^2} + \frac{3}{a}\frac{da}{dt}\frac{d\phi}{dt} + \phi = 0, \qquad (1)$$

die Wellengleichung für das Skalarfeld, sowie

$$\frac{1}{a^2}\left[\left(\frac{da}{dt}\right)^2 + 1\right] = \phi^2 + \left(\frac{d\phi}{dt}\right)^2, \qquad (2)$$

die wesentliche Komponente der Einsteinschen Feldgleichung. Dieses System von zwei nichtlinearen gewöhnlichen Differentialgleichungen hat auch unabhängig von der Kosmologie interessante topologische Eigenschaften, und ist – trotz der Einfachheit des Systems – noch voll von ungelösten Fragen. Beispiel: Man kennt zwar zeitlich periodische Lösungen, es ist aber noch unbekannt, ob ein unendlich altes Universum möglich ist, das kein periodisch oszillierendes Modell darstellt. In der Sprache dieser Gleichungen lautet diese Frage:

Gibt es eine Lösung $(a(t), \phi(t))$ des Systems (1, 2), die für alle $t \in (-\infty, +\infty)$ definiert ist und dort überall $a > 0$ erfüllt, bei der aber $a(t)$ keine periodisch von t abhängige Funktion ist?

3. Gibt es eine perfekte Zerlegung eines konvexen Fünfecks?
Eine Zerlegung einer ebenen Figur heißt perfekt, wenn alle Teile zwar ähnlich, aber inkongruent sind. Eine perfekte Zelegung eines Quadrats in Quadrate ist möglich, und zwar benötigt man dazu mindestens 21 Teilquadrate. Für die perfekte Zelegung eines Rechtecks in Quadrate benötigt man mindestens 9 Quadrate, man vergleiche hierzu die Abbildung.

Für n-Ecke mit $n \geq 6$ gibt es keine perfekte Zerlegung, für Dreiecke und Vierecke ist das Problem gelöst; es bleibt noch offen, wie es sich mit 5-Ecken verhält (zitiert nach [4], Seite 178).

4. Kanonisierung der Mathematik
„Der einheitliche Charakter der Mathematik liegt im inneren Wesen dieser Wissenschaft begründet.“ ([2], Seite 329). Um sie entsprechend zu kanonisieren, sind folgende Schritte notwendig:

a) Standardbegriffe festlegen, deren Kenntnis jedem zuzumuten ist.

b) Jede weitere Begriffsbildung muß sich, evtl. in mehreren Stufen, auf Begriffe gemäß Punkt a) zurückführen lassen.

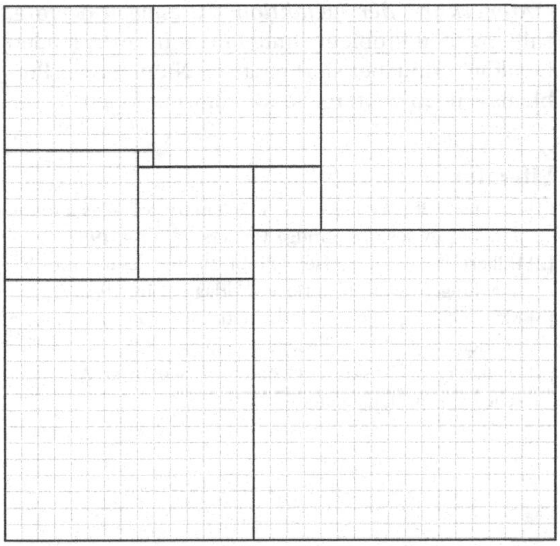

Zerlegung eines Rechtecks 33 mal 32 in 9 verschieden große Quadrate.

c) Jede Aussage muß sich als Aussage mit Begriffen aus Punkt a) und b) formulieren lassen.

d) Eine Aussage gilt erst dann als bewiesen, wenn sie mit einem Theorembeweiser als gültig erwiesen ist. Ein Theorembeweiser ist ein Programm, das nur zulässige logische Schritte verwendet.

Es gibt eine Tendenz in der Mathematik von der Logarithmentafel über die Formeltafel hin zur Algorithmenliste und künstlichen Intelligenz. Im Ziel gibt es Parallelen zur Suche der Humanbiologen nach dem menschlichen Genom. Wer Zählstäbchen als zulässige Beweismethode für die Addition natürlicher Zahlen akzeptiert, muß in der Konsequenz auch künstliche Intelligenz als mathematisches Beweismittel akzeptieren.

5. Freiheit der Forschung

Die Freiheit der Forschung beinhaltet auch die Freiheit in der Begriffsbildung, d. h., Spezialbegriffsdefinitionen sind dem jeweiligen Forscher zu überlassen. Ebenso wird in jeweils allen Spezialdisziplinen stets eine Liste ungelöster Probleme zur Weiterarbeit anregen. Jedoch darf diese Tendenz nicht dahin führen, daß einzelne Spezialdisziplinen den Charakter von Geheimwissenschaften erlangen.

Das Kreative an der Mathematik besteht u. a. darin, jeweils problembezogen sachgemäße Fachbegriffe einzuführen. Beispiel: Die Einführung der imaginären Zahlen ermöglichte es, den Fundamentalsatz der Algebra sehr einfach zu formulieren.

Heute besteht ein Problem darin, Klassen von speziellen Funktionen zu ermitteln, die bestimmte Abgeschlossenheitseigenschaften haben. Die aus den Standardfunktionen (inklusive sin und log), aus den vier Grundrechenarten und Substitution erzeugte Funktionenalgebra hat bekanntlich den Mangel, daß es keinen Algorithmus gibt, der zu vorgegebener Funktion entscheiden kann, ob diese identisch gleich Null ist.

6. Universalitätseigenschaften

Von der Formelliste über die allgemeine Integralformel bis hin zur Weltformel. Zu letzterer schreibt der Physiknobelpreisträger Steven Weinberg in [1]: „I am not even sure that there is such a thing as a set of simple, final, underlying laws of physics. Nonetheless I am quite sure that it is good for us to search for them.“ Und ohne gründliche Mathematik dürfte die Suche nach der Weltformel ziemlich aussichtslos sein. Abgesehen von dieser Weltformeldiskussion ist es stets ein wichtiges Ziel, innerhalb eines festen Systems eine Vollständigkeit in der Klassifikation zu erzielen, z.B: Die endlichen einfachen Gruppen lassen sich klassifizieren, „die Universalität der Einsteinschen Gravitationsfeldgleichung“ bezeichnet die Tatsache, daß sich eine große Klasse von Gravitationstheorien als zur Einsteinschen Theorie äquivalent herausgestellt hat.

7. Pfade im Dickicht der Beliebigkeit schlagen

Es ist oft ein Problem für sich, aus einem allgemeine Theorem heraus sinnvolle Spezialfälle zu finden. Dazu benötigt man handhabbare Begriffe, z. B. ist der „seltsame Attraktor“ in der Chaostheorie eine zwar interessante, aber schlecht handhabbare Begriffsbildung.

Beispiel: Es ist oft schwierig, systematisch brauchbare Ansätze zu finden, z. B. zur Lösung unterbestimmter Systeme von Differentialgleichungen. Eichfreiheitsgrade sind dabei so auszunutzen, daß die Lösungen in geschlossener Form ausgedrückt werden können. Das deutsche Wort ↗Ansatz in dieser Bedeutung hat übrigens auch Eingang in die englische und russische Sprache gefunden.

8. Modellierbarkeit für außermathematische Disziplinen

Es ist systematisch zu untersuchen, wann physikalische Theorien untereinander äquivalent sind, und es ist zu klären, wann welche dieser äquivalenten Theorien für die Anwendung am geeignetsten ist. Anders gesagt: Das Relativitätsprinzip bzw. Kovarianzprinzip der Relativitätstheorie ist dahingehend zu verallgemeinern, daß nicht nur Raum und Zeit, sondern auch Felder aller Art in die Transformationsformeln einbezogen werden.

9. Definitionen so wählen, daß Fehlschlüsse möglichst unwahrscheinlich werden
Dazu sind Trugschlußanalysen vorzunehmen und die Robustheit von Verfahren zu prüfen. Sprachprobleme müssen systematisch analysiert werden, Beweisstrategien, deren Methodik und Nachvollziehbarkeit müssen objektiviert werden.

10. Mathematik als Geisteswissenschaft verstehen
Es gibt auch Ästhetik, Kunst und Philosophie in der Mathematik, und es bedarf einer klaren Abgrenzung von der Naturwissenschaft, um Fehler, die aus Kompetenzüberschreitung folgen, zu vermeiden. Ob ein Ergebnis als mathematisches Ergebnis anzusprechen ist, hängt nicht vom Publikationsorgan und nicht von der Dienstanschrift des Forschers ab, sondern ist strukturell aus dem Ergebnis heraus zu ermitteln.

Anmerkung der Redaktion: Zu einigen der o. g. Hilbertschen Probleme findet man im vorliegenden Lexikon – alphabetisiert nach der Nummer des Problems – noch weitergehende Informationen.

Literatur

[1] Feynman, R.; Weinberg, S.: Elementary particles and the laws of physics. Cambridge University Press, 1987.

[2] Hilbert, D.: Mathematische Probleme, in: Gesammelte Abhandlungen Band 3. Springer-Verlag Berlin, 1935.

[3] Klügel, Georg Simon: Mathematisches Wörterbuch in 5 Bänden. Bey E. B. Schwickert Leipzig, 1823.

[4] Quaisser, E.: Diskrete Geometrie. Spektrum Akademischer Verlag Heidelberg, 1994.

Hilbert-Schema, lokal Noethersches Schema $\mathrm{Hilb}_{\mathbb{P}^n}$, das den Funktor $\mathcal{H}_{\mathbb{P}^n}(S) = \{Z \subset \mathbb{P}^n \times S \mid Z$ abgeschlossenes Unterschema, flach über $S\}$ darstellt, d. h.

$$\mathcal{H}_{\mathbb{P}^n}(S) = \mathrm{Hom}(S, \mathrm{Hilb}_{\mathbb{P}^n})\,.$$

$\mathcal{H}_{\mathbb{P}^n}(S)$ ist anschaulich die Menge der Familien von Unterschemata von $\mathbb{P}^n$, die durch S parametrisiert werden. Das bedeutet, daß ein abgeschlossenes Unterschema $W \subset \mathbb{P}^n \times \mathrm{Hilb}_{\mathbb{P}^n}$, flach über $\mathrm{Hilb}_{\mathbb{P}^n}$, existiert, das universell ist, d. h. für jedes abgeschlossene Unterschema $Z \subset \mathbb{P}^n \times S$, flach über S, existiert ein eindeutig bestimmter Morphismus $f : S \to \mathrm{Hilb}_{\mathbb{P}^n}$ mit $Z = (\mathrm{id}_{\mathbb{P}^n} \times f)^*(W)$.

Hilbertscher Basissatz, ↗Hilbert, Basissatz von.

Hilbertscher Folgenraum, der spezielle ↗Hilbertraum

$$\ell^2 = \left\{(s_n) : \sum_{n=1}^{\infty} |s_n|^2 < \infty\right\}$$

mit dem Skalarprodukt

$$\langle (s_n), (t_n)\rangle = \sum_{n=1}^{\infty} s_n\overline{t_n}$$

und der Norm

$$\|(s_n)\| = \left(\sum_{n=1}^{\infty} |s_n|^2\right)^{1/2}.$$

Nach dem Satz von ↗Fischer-Riesz ist jeder unendlichdimensionale separable Hilbertraum zu ℓ^2 isometrisch isomorph.

Hilbertscher Funktionenraum, wichtiger Begriff in der Theorie der Hilberträume und konformen Abbildungen.

Es sei X ein lokal kompakter topologischer Raum, L ein Hilbertraum (über $\mathbb{C}$) und $H \subset L$ ein abgeschlossener Unterraum, der aus stetigen Funktionen $f : X \to \mathbb{C}$ besteht. Das Skalarprodukt auf L werde mit (f,g) bezeichnet, die Norm mit $\|f\| = (f,f)^{\frac{1}{2}}$. Die Elemente von L brauchen zwar i. allg. keine Funktionen zu sein, zumeist ist dies aber der Fall; sie sollen daher mit f, g, ... benannt werden. H selbst ist mit dem Skalarprodukt von L ein Hilbertraum, man bezeichnet ihn als Hilbertschen Funktionenraum.

Es sei nun

$$P : L \to H$$

die orthogonale Projektion. Definitionsgemäß gilt dann $(f - Pf, g) = 0$ für alle $g \in H$ und alle $f \in L$ und damit $(f,g) = (Pf,g)$ für $f \in L$ und $g \in H$. Die Hilberträume sollen als separabel vorausgesetzt werden.

Für jedes $x \in X$ ist die Abbildung

$$\delta_x : H \to \mathbb{C},\ f \mapsto f(x)$$

linear.

Man sagt, H genügt der Bergman-Bedingung, wenn es zu jeder kompakten Menge $M \subset X$ eine Konstante C_M mit

$$\sup_{x\in M} |f(x)| \le C_M \|f\|$$

für alle $f \in H$ gibt. Damit folgt aus der Konvergenz in der Norm die kompakte Konvergenz, und die δ_x sind stetig.

Ist für H die Bergman-Bedingung erfüllt, dann gibt es nach dem Satz von Fischer-Riesz zu jedem $x \in X$ genau eine Funktion $K_x \in H$ mit

$$(f, K_x) = \delta_x(f) = f(x)$$

für alle $f \in H$. Durch

$$K(x, y) := K_x(y)$$

ist damit eine Funktion

$$K : X \times X \to \mathbb{C}$$

erklärt, die man als Kernfunktion oder reproduzierenden Kern des Hilbertschen Funktionenraumes H bezeichnet. Aus den Definitionen allein ergeben sich die folgenden formalen Eigenschaften von K:

(i) $K(x, y) = \overline{K(y, x)}$.

(ii) K ist auf $X \times X$ lokal gleichmäßig beschränkt und in beiden Variablen getrennt stetig.

(iii) Für jede Orthonormalbasis h_j, $j \in \mathbb{N}$, von H gilt

$$K(x, y) = \sum_j \overline{h_j(x)} h_j(y),$$

wobei die Reihe für festes x in der Norm und kompakt konvergiert; die Partialsummen sind auf $X \times X$ lokal gleichmäßig beschränkt.

(iv) Ist $H \subset L$ ein abgeschlossener Unterraum des Hilbertraumes L, so wird die orthogonale Projektion $P : L \to H$ durch

$$Pf(x) = (f, K_x)$$

gegeben.

Ein wichtiges Beispiel eines Hilbertschen Funktionenraumes, der der Bergman-Bedingung genügt, ist der Bergman-Raum, der Unterraum der quadratintegrierbaren holomorphen Funktionen

$$\mathcal{O}^2(G) = L^2(G) \cap \mathcal{O}(G),$$

wobei

$$L^2 = \left\{ f : \Omega \to \mathbb{C} : f \text{ meßbar}, \int_\Omega |f|^2 \, d\mu < \infty \right\}$$

und $G \subset \mathbb{C}$ ein beliebiges Gebiet sei.

Zuweilen beschränkt man die Bezeichnung „Hilbertscher Funktionenraum“ auch auf den speziellen ↗Hilbertraum L^2 mit dem Skalarprodukt

$$(f, g) = \int_\Omega f \overline{g} \, d\mu$$

und der Norm

$$\|f\|_2 = \left(\int_\Omega |f|^2 \, d\mu \right)^{1/2}$$

(↗Funktionenräume).

Hilbertscher Nullstellensatz, folgende Aussage aus der Algebra:

Es sei K ein algebraisch abgeschlossener Körper und $I \subset K[x_1, \dots, x_n]$ ein Ideal. Sei weiterhin

$$V(I) = \{x \in K^n \mid f(x) = 0 \text{ für alle } f \in I\}.$$

Wenn für ein $g \in K[x_1, \dots, x_n]$ gilt, daß $g(x) = 0$ für alle $x \in V(I)$, dann ist g im Radikal des Ideals I.

Siehe hierzu auch ↗algebraische Menge.

Hilbertscher Spektralsatz für kompakte Operatoren, ↗kompakter Operator.

Hilbertsches Hotel, ein Denkmodell zur Verdeutlichung der Problematik beim Umgang mit unendlichen Mengen.

Das Hilbertsche Hotel ist ein intergalaktisches, meist vollständig belegtes Hotel mit abzählbar unendlich vielen Einzelzimmern $\Psi_1, \Psi_2, \dots$ Ein unangekündigt eintreffender Einzelreisender wird in diesem Hotel auch bei voller Zimmer-Belegung gerne noch aufgenommen und in Zimmer Ψ_1 einquartiert, dessen seitheriger Bewohner in Zimmer Ψ_2 umziehen muß, was einen weiteren Umzug des seitherigen Bewohners von Ψ_2 in Ψ_3 bedingt, usw.. Dieses einfache Gedankenspiel wird meist benutzt, um die Schwierigkeiten beim intuitiv-naiven Umgang mit dem Begriff der Unendlichkeit zu verdeutlichen.

Man kann das noch „verschärfen“: Obwohl durch die meist spät nachts stattfinden Umzugsaktionen oftmals schlimme Kommentare auf das Hotelpersonal niederprasseln, werden von der Hotelführung selbst in abzählbar unendlicher Stärke auftretende Gruppenreisende nicht abgewiesen und in den Zimmern ungerader Zimmerzahl einquartiert. Allerdings müssen dazu alle seitherigen Gäste in das Zimmer mit doppelter Zimmernummer umziehen.

Es wird erzählt, daß eines schönen Abends unvorangemeldet noch abzählbar unendlich viele Busse mit jeweils abzählbar unendlich vielen Reisenden vor dem Hotel eintrafen, die alle noch ein Zimmer begehrten. Doch auch hierfür soll die Hotelleitung noch eine Lösung parat gehabt haben, ohne einen einzigen Gast abgewiesen haben zu müssen.

Das „Hilbertsche Hotel“ wird oftmals zur Verdeutlichung einer wichtigen Aussage über unendliche Mengen herangezogen:

Eine Menge ist genau dann unendlich, wenn sie gleichmächtig zu einer ihrer echten Teilmengen ist.

Hilbertsches Irreduzibilitätstheorem, eine Aussage über die Irreduzibilität eines Polynoms.

Sei $f(T_1, T_2, \dots, T_k, X_1, \dots, X_n)$ ein irreduzibles Polynom über $\mathbb{Q}$ in den Variablen $T_1, \dots, T_k$ und $X_1, \dots, X_n$. Das Hilbertsche Irreduzibilitätstheorem besagt, daß für unendlich viele $(t_1, \dots, t_k) \in \mathbb{Q}^k$ das durch „Spezialisierung“ erhaltene Polynom $f(t_1, t_2, \dots, t_k, X_1, \dots, X_n)$ über $\mathbb{Q}$ irreduzibel ist.

Ein einfaches Beispiel ist gegeben durch das Polynom $f(T,X) = X^2 - T$. Das Polynom $f(t,X)$ ist irreduzibel über $\mathbb{Q}$ für alle $t \in \mathbb{Q}$, die kein Quadrat einer Zahl aus $\mathbb{Q}$ sind.

Körper $\mathbb{K}$, für welche das Irreduzibilitätstheorem gilt, wenn man $\mathbb{Q}$ durch $\mathbb{K}$ ersetzt, heißen Hilbert-Körper.

Das Irreduzibilitätstheorem ist von Bedeutung in der ↗inversen Galoistheorie. In diesem Fall betrachtet man $\mathbb{K} = \mathbb{Q}(T_1, \dots, T_k)$, den rationalen Funktionenkörper über $\mathbb{Q}$, und $f(T_1, \dots, T_k, X) \in \mathbb{K}[X]$ ein irreduzibles Polynom mit Galoisgruppe G (über $\mathbb{K}$). Aus dem Irreduzibilitätstheorem folgt, daß es unendlich viele $(t_1, \dots, t_k) \in \mathbb{Q}^k$ gibt derart, daß $f(t_1, \dots, t_k, X) \in \mathbb{Q}[X]$ irreduzibel mit zu G isomorpher Galoisgruppe (über $\mathbb{Q}$) ist. In dieser Weise konnte Hilbert zeigen, daß die volle symmetrische Gruppe S_n und die alternierende Gruppe A_n als Galoisgruppe über $\mathbb{Q}$ realisiert werden können, da die allgemeine Gleichung n-ten Grads, d. h. die Gleichung, in der die Koordinaten als Variablen aufgefaßt werden, die Galoisgruppe S_n über dem Körper der rationalen Funktionen in den Koordinaten hat.

Hilbertsches Programm, ↗Hilbertsche Probleme.

Hilbert-Schmidt-Norm, ↗ Hilbert-Schmidt-Operator.

Hilbert-Schmidt-Operator, spezieller Typ eines kompakten Operators zwischen Hilberträumen.

Sei $T : H \to K$ ein kompakter Operator zwischen Hilberträumen H und K mit der Schmidt-Darstellung (↗kompakter Operator)

$$Tx = \sum_{n=1}^{\infty} s_n \langle x, e_n \rangle f_n .$$

Dann heißt T ein Hilbert-Schmidt-Operator, wenn

$$\|T\|_{\mathrm{HS}} = \left(\sum_{n=1}^{\infty} s_n^2 \right)^{1/2} < \infty .$$

Dieser Ausdruck definiert eine Norm, die Hilbert-Schmidt-Norm, auf dem Vektorraum $\mathrm{HS}(H, K)$ aller Hilbert-Schmidt-Operatoren.

Ist $\{\varphi_i : i \in I\}$ eine Orthonormalbasis von H, so gilt

$$\|T\|_{\mathrm{HS}} = \left(\sum_{i \in I} \|T\varphi_i\|^2 \right)^{1/2} .$$

Die Norm $\| \,.\, \|_{\mathrm{HS}}$ leitet sich vom Skalarprodukt

$$\langle T, S \rangle_{\mathrm{HS}} = \sum_{i \in I} \langle T\varphi_i, S\varphi_i \rangle = \mathrm{tr}(S^*T)$$

ab, sodaß $\mathrm{HS}(H, K)$ ein Hilbertraum ist. Dieser kann mit dem Tensorprodukt $H \widehat{\otimes}_2 K$ identifiziert werden. Die Hilbert-Schmidt-Operatoren bilden den Spezialfall $p = 2$ der sog. Schatten-von Neumann-Klassen.

Die Eigenwertfolge $(\lambda_n(T))$ eines Hilbert-Schmidt-Operators $T : H \to H$ (↗Eigenwert eines Operators) ist quadratisch summierbar; das folgt aus der Weyl-Ungleichung.

Ist $H = L^2(\mu)$ und $K = L^2(\nu)$, so ist $T : H \to K$ genau dann ein Hilbert-Schmidt-Operator, wenn T eine Darstellung als Integraloperator

$$(Tf)(s) = \int k(s, t) f(t)\, d\mu(t)$$

mit $k \in L^2(\mu \otimes \nu)$ besitzt.

[1] Reed, M.; Simon, B.: Methods of Mathematical Physics I: Functional Analysis. Academic Press, 2. Auflage 1980.

[2] Werner, D.: Funktionalanalysis. Springer Berlin/Heidelberg, 1995.

Hilbert-Transformation, eine ↗Integral-Transformation $f \mapsto F$ für eine Funktion $f \in L^1(\mathbb{R})$, definiert durch

$$F(x) := \frac{1}{\pi} \lim_{\varepsilon \to 0} \int_{\varepsilon}^{\infty} \frac{f(x+t) - f(x-t)}{t}\, dt .$$

Sei $\varphi : \mathbb{C} \to \mathbb{C}$ holomorph, $f : \mathbb{R} \to \mathbb{R}$, $x \mapsto \mathrm{Re}\, \varphi(x)$ und $g : \mathbb{R} \to \mathbb{R}$, $x \mapsto -\mathrm{Im}\, \varphi(x)$. Ist $f \in L^2(\mathbb{R})$, dann gilt auch $g \in L^2(\mathbb{R})$, und g ist die Hilbert-Transformierte von f. f erhält man durch die inverse Hilbert-Transformation aus g:

$$f(x) = -\frac{1}{\pi} \lim_{\varepsilon \to 0} \int_{\varepsilon}^{\infty} \frac{g(x+t) - g(x-t)}{t}\, dt .$$

Hilbert-Waring, Satz von, manchmal auch als Satz von Waring-Hilbert bezeichnet, folgende zahlentheoretische Aussage:

Zu jeder natürlichen Zahl $k \geq 1$ gibt es eine Konstante c_k mit der Eigenschaft, daß sich jede natürliche Zahl als Summe von k-ten Potenzen mit höchstens c_k Summanden darstellen läßt.

Dieser Satz ist die Lösung des Waringschen Problems. Er verallgemeinert den Vier-Quadrate-Satz von Lagrange.

Hill, George William, amerikanischer Astronom und Mathematiker, geb. 3.3.1838 New York, gest. 16.4.1914 West Nyack (New York).

Hill genoß eine klassische Ausbildung. Er studierte bis 1859. Danach arbeitete er beim American Ephemeris and Nautical Almanac in Cambridge (Massachusetts) und ab 1882 in Washington.

Hill arbeitete auf dem Gebiet der theoretischen Astronomie. Er untersuchte das Dreikörperproblem und die Bahnstörungen, insbesondere von Mond, Jupiter und Saturn. Er stellte dabei in seiner Theorie der Mondbewegung 1877 die ↗Hillsche Differentialgleichung auf.

Zu Beginn des 20. Jahrhunderts galt er als einer der bedeutendsten Astronomen und Mathematiker der USA.

Hille, Einar Carl, amerikanischer Mathematiker, geb. 28.6.1894 New York, gest. 12.2.1980 La Jolla (San Diego, Kalifornien).

Hille promovierte 1918 in Stockholm beiM. Riesz und Mittag-Leffler. Danach arbeitete er einige Zeit als Versicherungsmathematiker, bevor er 1920 zu Birkhoff an die Harvard University in Cambridge (Massachusetts) ging. Von 1922 bis 1933 war er an der Princeton University und anschließend in Yale (New Haven, Connecticut).

Hille arbeitete zunächst zu Fortsetzungen von analytischen Funktionen, wandte sich dann aber der Theorie der Differentialgleichungen zu. Er untersuchte das asymptotische Verhalten von Lösungen und Nullstellenverteilungen von Lösungen von Differentialgleichungen mit analytischen Koeffizienten. Er arbeitete lange Jahre mit Tamarkin auf dem Gebiet der Integralgleichungen (Hille-Tamarkin-Operator), der Fourier-Reihen und der Fourier-Laplace-Transformationen zusammen. Hille beschäftigte sich darüber hinaus mit Dirichlet-Reihen und Halbgruppen.

Hille-Yosida, Satz von, Aussage über den Erzeuger einer stark stetigen Operatorhalbgruppe (↗Erzeuger einer Operatorhalbgruppe):

Ein linearer Operator $A : X \supset D(A) \to X$ ist genau dann Erzeuger einer stark stetigen Operatorhalbgruppe auf einem Banachraum X, wenn er dicht definiert und abgeschlossen ist und Konstanten $\omega \in \mathbb{R}$, $M \geq 1$ existieren, so daß $(\omega, \infty) \subset \varrho(A)$ (die ↗Resolventenmenge von A) gilt und

$$\|(\lambda - \omega)^n (\lambda - A)^{-n}\| \leq M \qquad \forall \lambda > \omega,\ n \in \mathbb{N}.$$

In diesem Fall erfüllt die erzeugte Halbgruppe die Abschätzung $\|T_t\| \leq Me^{\omega t}$ für alle $t \geq 0$. Für Kontraktionshalbgruppen, d. h. solche mit $\|T_t\| \leq 1$ für alle $t \geq 0$, gilt folgende Variante:

Ein linearer Operator $A : X \supset D(A) \to X$ ist genau dann Erzeuger einer stark stetigen Kontraktionshalbgruppe auf einem Banachraum X, wenn er dicht definiert und abgeschlossen ist und $(0, \infty) \subset \varrho(A)$ gilt sowie

$$\|\lambda(\lambda - A)^{-1}\| \leq 1 \qquad \forall \lambda > 0.$$

[1] Goldstein, J.: Semigroups of Linear Operators and Applications. Oxford University Press Oxford, 1985.

Hillsche Differentialgleichung, homogene lineare Differentialgleichung zweiter Ordnung

$$u'' + P(x)u = 0 \quad \text{mit}\ P(x + 2\pi) = P(x)\,.$$

Es existieren immer partikuläre Lösungen, die quasiperiodisch sind im Sinne von

$$u(x + 2\pi) = \sigma u(x) \quad \text{mit}\ \sigma = e^{2\pi\mu} = const$$

mit dem charakteristischen Exponenten μ. Lösungen dieser Differentialgleichung haben die Form

$$u(x) = e^{\mu x}\phi(x) \quad \text{mit} \quad \phi(x + 2\pi) = \phi(x).$$

Für $\mu = 0$ oder $\mu = i$ ist die Lösung π- oder 2π-periodisch und eine Mathieu-Funktion erster Art.

Von besonderem Interesse ist die Frage nach der Stabilität der Lösungen und nach der Existenz periodischer Lösungen. Ljapunow zeigte:

Im reellen Fall existiert nach Einführung eines Parameters $P(x) = \lambda p(x)$ eine Folge

$$\ldots < \lambda_{-1} \leq \lambda_0 = 0 < \lambda_1 \leq \lambda_2 < \ldots$$

so, daß für $\lambda \in (\lambda_{2n}, \lambda_{2n+1})$ die Hillsche Differentialgleichung stabil und für $\lambda \in [\lambda_{2n-1}, \lambda_{2n+1}]$ instabil ist.

Da periodische Prozesse zu den Grundvorgängen der Natur zählen, treten Differentialgleichungen dieser Art häufig in Physik und Technik auf (↗lineare Differentialgleichung mit periodischen Koeffizienten).

[1] Heuser, H.: Gewöhnliche Differentialgleichungen. B.G. Teubner Verlagsgesellschaft Stuttgart, 1989.

[2] Walter, W.: Gewöhnliche Differentialgleichungen. Springer-Verlag Berlin, 1976.

Hindernisproblem, Variationsproblem, bei dem es darum geht, im euklidischen Raum, aus dem ein vorgegebenes sog. Hindernis, eine offene Teilmenge mit glattem Rand, herausgenommen wurde, die Singularitäten des kürzesten Abstandes von einem veränderlichen Punkt des Raums bis zu einer fixierten Anfangsmenge zu untersuchen.

hinreichende Bedingung, die Bedingung A in der logischen Implikation $A \Rightarrow B$.

hinreichende Optimalitätsbedingung, eine Optimalitätsbedingung, deren Gültigkeit in einem Punkt $\bar{x}$ impliziert, daß $\bar{x}$ ein ↗Extremalpunkt des zugehörigen Optimierungsproblems ist.

Eine der elementarsten hinreichenden Optimalitätsbedingungen für die Existenz eines lokalen Minimalpunktes $\bar{x}$ einer zweifach differenzierbaren Abbildung $f : \mathbb{R}^n \to \mathbb{R}$ ist die gleichzeitige Forderung nach Verschwinden des Gradienten von f in $\bar{x}$ (notwendige Bedingung) und der positiven Definitheit der Hessematrix $D^2f(\bar{x})$. Beide Bedingungen zusammen sind nicht notwendig, wie das Beispiel $f(x) := x^4$ in $\mathbb{R}$ zeigt. Hier ist $\bar{x} = 0$ lokaler Minimalpunkt, aber $f''(\bar{x}) = 0$ ist nicht positiv definit. Für Extremwertaufgaben unter Nebenbedingungen spielt bei der Formulierung von hinreichenden Optimalitätsbedingungen die Lagrangefunktion eine wichtige Rolle.

Hintereinanderausführung von Abbildungen, ↗ Komposition von Abbildungen.

Hintereinanderausführung von Relationen, ↗ Komposition von Relationen.

Hintergrundmengenlehre, ↗ axiomatische Mengenlehre.

Hinzufügen von Kanten, ↗ Teilgraph.

Hipparchos von Rhodos, griechischer Astronom, Mathematiker und Geograph, geb. um 190 v. Chr. Nicaea (Iznik, Türkei), gest. um 127 v. Chr. Rhodos(?).

Über Hipparchos' Leben ist wenig bekannt. Er wirkte in Nicaea und Rhodos und schrieb Arbeiten über trigonometrische Grundaufgaben der Ebene und der Kugel. Dieses trigonometrische Wissen versuchte er in seine astronomischen Untersuchungen einfließen zu lassen. Er berechnete die Anomalien der Sonnenbewegung und führte die unterschiedlichen Längen der Jahreszeiten auf die exzentrische Bahn der Sonne um die Erde zurück. Er bestimmte die Entfernungen des Mondes und der Sonne von der Erde, erstellte einen Sternenkatalog mit 1025 Einträgen und fertigte astronomische Instrumente an.

Hipparchos nutzte seine astronomische Beobachtungen auch für die Bestimmung geographischer Daten. So führte er u. a. die geographische Breite und Länge ein.

Hippokrates von Chios, griechischer Astronom und Mathematiker, geb. um 470 v. Chr. Chios (Khíos, Griechenland), gest. um 410 v. Chr. Athen(?).

Hippokrates' Herkunft ist umstritten. Er soll in Athen Kaufmann gewesen sein, doch sein gesamtes Vermögen während einer Seereise durch einen Piratenüberfall verloren haben. Sicher ist, daß er in der zweiten Hälfte des 5. Jahrhunderts v. Chr. in Athen weilte und dort zu den bedeutendsten Mathematikern seiner Zeit zählte.

Hippokrates beschäftigte sich mit den klassischen Problemen der griechischen Mathematik (Quadratur des Kreises, Verdopplung des Würfels, Dreiteilung des Winkels). Er führte viele neue Arbeitsmethoden sein, so z. B. das Zurückführen von Problemen auf einfachere, bekannte. Hippokrates ist bekannt für die systematische Darstellung der Mathematik in seinen „Elementen". Diese Arbeit ging zwar verloren, lieferte aber ohne Zweifel eine wichtige Basis für die „Elemente" Euklids.

Bekannt sind auch die Möndchen des Hippokrates, die er im Zusammenhang mit seinen Untersuchungen zur Quadratur des Kreises einführte, Dabei zerlegte er die Fläche eines Quadrates in entsprechende Kreisbogenzweiecke über den Seiten.

Hironaka, Heisuke, japanischer Mathematiker, geb. 9.4.1931 Yamaguchi-ken.

Hironaka studierte an der Universität Kyoto, die lange Zeit eine der Eliteschulen Japans war, und promovierte dort 1954. Danach setzte er seine Studien an der Harvard Universität in Cambridge (Mass.) fort, an der nach nochmaliger Promotion (1960) als Mitarbeiter tätig war. 1964 erhielt er einen Ruf an die Columbia Universität, New York City, und nimmt seit 1968 gleichzeitig eine Professur an der Harvard Universität und der Universität Kyoto wahr.

Hironakas Forschungen konzentrierten sich auf die algebraische Geometrie, doch lieferten seine Ergebnisse wichtige Folgerungen für die Theorie der analytischen Funktionen und die Theorie der komplexen und Kählerschen Mannigfaltigkeiten. Er erzielte wichtige Resultate zu algebraischen Mannigfaltigkeiten über einem beliebigen Körper und zur Theorie der Schemata. 1964 bewies er, daß zu jeder irreduziblen algebraischen Mannigfaltigkeit eine zu ihr birational äquivalente nichtsinguläre algebraische Mannigfaltigkeit existiert, die regulär auf die Ausgangsmannigfaltigkeit abgebildet werden kann. Damit verallgemeinerte er eine Aussage von Zariski über die Auflösung von Singularitäten auf algebraischen Mannigfaltigkeiten von höchstens dritter Dimension. Ergebnisse seiner Forschungen faßte er 1963 und 1971 in zwei Monographien zusammen.

1970 wurde Hironaka für seine neuen Einsichten über algebraische Mannigfaltigkeiten mit der ↗Fields-Medaille geehrt.

Hirzebruch, Friedrich Ernst Peter, deutscher Mathematiker, geb. 17.10.1927 Hamm/Westfalen, gest. 27.5.2012 Bonn.

Hirzebruch studierte von 1945 bis 1950 Mathematik, Physik und Mathematische Logik an der Universität Münster und an der ETH Zürich, u. a. bei H.Behnke (Münster) und H.Hopf (Zürich). Er wurde an der Universität Münster im Jahre 1950 promoviert und habilitierte sich fünf Jahre später ebendort. Dazwischen lagen Tätigkeiten als wissenschaftlicher Assistent an der Universität Erlangen (1950–52), als Landesstipendiat an der Universität Münster (1954–55), und ein zweijähriger Forschungsaufenthalt am Institute for Advanced Study in Princeton (1952–54).

Nach der Habilitation arbeitete er zunächst als Assistant Professor an der Princeton University in New Jersey, bevor er 1956 einen Ruf auf eine ordentliche Professur für Mathematik an der Universität Bonn annahm. Diese hatte er – unterbrochen durch mehrere Forschungsaufenthalte – bis zu seiner Emeritierung 1993 inne.

Von entscheidendem Einfluß auf Hirzebruchs mathematische Entwicklung war sicherlich der zweijährige Aufenthalt in Princeton Mitte der fünfziger Jahre. Dort lernte er unter anderem Borel, Kodaira und Spencer kennen, die ihn mit bis dato in Deutschland unbekannten Methoden vertraut machten.

Es gelang ihm, den Satz von Riemann-Roch in beliebigen Dimensionen zu formulieren und zu beweisen, was ihm umgehend Weltruhm einbrachte, da dies zu jener Zeit ein von vielen berühmten Mathematikern attackiertes Problem war. Der heute so genannte Satz von Riemann-Roch-Hirzebruch ist von entscheidender Bedeutung in der algebraischen Geometrie, hat aber auch Einfluß auf Entwicklungen in der Topologie und der Theorie der partiellen Differentialgleichungen.

Weitere langjährige Forschungsgebiete Hirzebruchs waren die Singularitäten und die Hilbertschen Modulflächen.

Wissenschaftspolitisch war Hirzebruchs größte Leistung sicherlich die Gründung des Max-Planck-Instituts für Mathematik in Bonn im Jahre 1980, dessen Direktor er von Gründung an bis 1995 war, und das unter seiner Leitung Weltruf erlangte.

Er war weiterhin in den Jahren 1961, 1962, und 1990 Vorsitzender der DMV, und von 1990 bis 1994 Präsident der European Mathematical Society.

Hirzebruch ist Mitglied einer Vielzahl wissenschaftlicher Gesellschaften im In- und Ausland und Träger von insgesamt 9 Ehrendoktoraten. Er hat zahlreiche weitere Ehrungen und Preise erhalten, zuletzt die Einstein-Medaille der Albert-Einstein-Gesellschaft in Bern 1999.

Hirzebruch-Fläche, Beispiel einer ↗komplexen Mannigfaltigkeit.

Sei $X = \mathbb{P}_1 \times \mathbb{P}_1$. In homogenen Koordinaten $(z, \zeta) = ([z_0, z_1], [\zeta_0, \zeta_1])$ seien

$$A := A' := N(\mathbb{P}_1; z) \times \mathbb{P}_1, \text{ und}$$
$$U := U' := \{(z, \zeta) \in X; z_0 = 1\}.$$

Für $m \in \mathbb{N}$ ist die Abbildung

$$\varphi_m : U \backslash A \to U' \backslash A',\ (z, \zeta) \mapsto \left(z, \left[\zeta_0 z_1^m, \zeta_1 z_0^m\right]\right)$$

biholomorph. Daher ist

$$\sum_m := (X \backslash A) \cup_{\varphi_m} U'$$

eine nichtsinguläre kompakte Mannigfaltigkeit. Für gerades m ist $\sum_m$ homöomorph zu $\sum_0 = \mathbb{P}_1 \times \mathbb{P}_1$, und für ungerades m homöomorph zu $\sum_1$ (durch Berechnung der Schnittzahlen beweist man, daß $\sum_0$ und $\sum_1$ nicht homöomorph sind). Für $l \neq m$ sind die Hirzebruch-Flächen $\sum_l$ und $\sum_m$ nicht biholomorph äquivalent.

Es gelten die folgenden Aussagen:

a) Die Projektion $pr_1 : \sum_m \to \mathbb{P}_1$ auf die erste Komponente ist eine eigentliche holomorphe Submersion mit den Fasern $\mathbb{P}_1$.

b) $\sum_m \cong \{([x_0, x_1, x_2], [y_0, y_1]) \in \mathbb{P}_2 \times \mathbb{P}_1; x_1 y_0^m = x_2 y_1^m\} \hookrightarrow \mathbb{P}_2 \times \mathbb{P}_1$.

c) $\sum_1 \hookrightarrow \mathbb{P}_2 \times \mathbb{P}_1 \overset{pr_1}{\to} \mathbb{P}_2$ ist interpretierbar als quadratische Transformation von $\mathbb{P}_2$ an der Stelle $[1, 0, 0]$.

[1] Kaup, B.; Kaup, L.: Holomorphic Functions of Several Variables. Walter de Gruyter Berlin New York, 1983.

Histogramm, graphische Darstellung von Klassenhäufigkeitsverteilungen, ↗Klasseneinteilung.

HIV-Infektion, durch Viren verursachte Infektion, die durch mathematische Modelle erfaßt wird, sowohl auf demographischem Niveau (↗Epidemiologie) als auch in Bezug auf die Interaktion mit dem Immunsystem (↗Immunologie).

***H*-Matrix**, reelle $(n \times n)$-Matrix oder reelle $(n \times n)$-↗Intervallmatrix, deren zugehörige ↗Ostrowski-Matrix eine ↗M-Matrix ist.

***H*-Menge**, ein von L.Collatz eingeführter Begriff, der von zentraler Bedeutung in der ↗Approximationstheorie ist. H-Mengen treten bei der Approximation einer Funktion von mehreren Variablen an die Stelle der Alternante (↗Alternantensatz) einer Funktion von einer Variablen.

Es sei B eine kompakte Menge im $\mathbb{R}^n$, $C(B)$ der Raum der stetigen reellwertigen Funktionen auf B, und V eine nichtleere Teilmenge von $C(B)$. Weiter sei M eine aus zwei disjunkten Teilmengen M_1 und M_2 bestehende Teilmenge von B.

M heißt H-Menge (bezüglich V), wenn es *kein* Paar von Funktionen v_1, v_2 in V gibt mit der Eigenschaft

$$(v_1 - v_2)(x) \begin{cases} > 0, & \text{falls } x \in M_1, \\ < 0, & \text{falls } x \in M_2. \end{cases}$$

H-Mengen erlauben eine Einschließung der ↗Minimalabweichung und als Spezialfall die Formulierung eines Kriteriums für eine beste Approximation:

Für $f \in C(B)$ und ein $v^* \in V$ sei

$$E_1 = \{x \in B\,;\, (f - v^*)(x) = \|f - v^*\|\}$$

und

$$E_2 = \{x \in B\,;\, (f - v^*)(x) = -\|f - v^*\|\},$$

wobei $\|\cdot\|$ die Maximumnorm auf $C(B)$ bezeichnet.

Ist dann $M = E_1 \cup E_2$ eine H-Menge, so ist v^* beste Approximation an f bzgl. V.

***h*-Methode**, Variante der ↗Finite-Elemente-Methode, bei der die Größe der Elemente (gemessen in einer unmittelbaren oder abstrakteren Schrittweite h) variiert wird, um die Zielgenauigkeit zu erreichen.

hochauflösende Verfahren, Diskretisierungsverfahren, die lokal eine hohe Approximationsordnung haben, um bei gegebener Diskretisierungsverfeinerung höhere Genauigkeit erzielen zu können.

Hochfrequenzverhalten, Verhalten einer Funktion im Bereich hoher Frequenzen. Zur Untersuchung des Hochfrequenzverhaltens wird ein Signal zunächst mit Hilfe einer geeigneten Transformation (z. B. Fourier- oder Wavelettransformation) in verschiedene Frequenzen zerlegt.

Hochpaßfilter, Filter h, das aus einem Signal die niedrigen Frequenzen entfernt und somit die hohen hervorhebt. Die Herausnahme eines Intervalls $[-B, B]$ um 0 im Fourierbereich bewirkt Hochpaßfilterung, d. h. $\hat{h} \sim 1 - \chi_{[-B,B]}$.

Hodge, Ableitung von, ↗Hodge-Ableitung.

Hodge, Stern-Operator von, ein für endlich-dimensionale Vektorräume mit einer quadratischen Struktur (nicht-ausgeartete symmetrische Bilinearform g) und einer n-Form (wobei $n = \dim T$) definierter Operator, ↗Hodge-Ableitung.

Hodge, William Vallance Douglas, britischer Mathematiker, geb. 17.6.1903 Edinburgh, gest. 7.7.1975 Cambridge.

1920 – 1926 studierte Hodge bei Whittaker in Edinburgh und in Cambridge. Danach lehrte er bis 1931 an der Universität Bristol. 1931/32 weilte er zu einem Studienaufenthalt in Princeton bei Lefschetz. Ab 1936 arbeitete er in Cambridge.

Hodges Hauptbetätigungsfeld waren die Beziehungen zwischen der Geometrie, der Analysis und der Topologie. Er beschäftigte sich hauptsächlich mit harmonischen Integralen auf Riemannschen und algebraischen Mannigfaltigkeiten. Hier beschrieb er den Raum der harmonischen Formen auf einer Riemannschen Mannigfaltigkeit. Er zeigte dafür Zerlegungssätze (Zerlegungssatz von Hodge-Kodaira, Hodge-Mannigfaltigkeit) und leitete daraus Summendarstellungen für Betti-Zahlen ab.

Neben seiner mathematischen Arbeit war Hodge auch wissenschaftsorganisatorisch tätig. Er war 1952 maßgeblich an der Gründung der Internationalen Mathematischen Union beteiligt.

Hodge-Ableitung, ein linearer Differentialoperator δ erster Ordnung auf dem Raum $\bigwedge(M)$ aller Differentialformen einer ↗Riemannschen Mannigfaltigkeit M.

Es sei n die Dimension, g die Riemannsche Metrik von M, $\bigwedge^p(M)$, $(0 \le p \le n)$, der Raum der Differentialformen der Stufe p. Wir setzen voraus, daß eine Volumenform auf M und $\omega \in \bigwedge^p(M)$ mit $g(\omega, \omega) = 1$ gewählt wurde, z. B.

$$\omega = \sqrt{\det(g_{ij})}dx^1 \wedge \ldots \wedge dx^n$$

wenn g positiv definit und M orientiert ist.

Die Riemannsche Metrik g kann als linearer Isomorphismus $g : T(M) \to T^*(M)$ des Bündels $T(M)$ der Tangentialvektoren auf das Bündel $T^*(M)$ der dualen Tangentialvektoren angesehen werden, der nach den Regeln für das Rechnen mit Differentialformen einen Isomorphismus $g^{(p)} : \bigwedge^p T(M) \to \bigwedge^p T^*(M)$ der Räume der Differentialformen p-ter Stufe auf den Raum der Felder von p-Vektoren.

Um die Definition der Hodge-Ableitung angeben zu können, benötigt man zunächst den Sternoperator von Hodge. Ist $\alpha_p \in \bigwedge^p(M)$ und u_p das

p-Vektorfeld $u_p = \left(g^{(p)}\right)^{-1}(\alpha_p)$, so ist dieser als lineare Abbildung $* : \bigwedge^p(M) \to \bigwedge^{n-p}(M)$ durch die Gleichung

$$*\alpha(\mathfrak{t}_1, \ldots, \mathfrak{t}_{n-p}) = \omega\left(u_p \wedge \mathfrak{t}_1 \wedge \ldots \wedge \mathfrak{t}_{n-p}\right)$$

definiert, wobei $\mathfrak{t}_1, \ldots, \mathfrak{t}_{n-p} \in T(M)$ beliebige Vektorfelder sind.

Die Signatur s von g ist die größte Zahl, die als Dimension eines negativ definiten Unterraumes $U \subset T_x(M)$ eines Tangentialrames auftreten kann. Es gilt

$$(*\alpha) \wedge \alpha = (-1)^s \omega$$

für alle $\alpha \in \bigwedge^p(M)$.

Der Operator $*$ ist bis auf einen Vorzeichenwechsel zu sich selbst invers. Sein Quadrat $*^2 = * \circ *$ bildet $\bigwedge^p(M)$ auf sich ab, und es gilt $*^2(\alpha) = (-1)^{p(n-p)+s}\alpha$ für $\alpha \in \bigwedge^p(M)$.

Die alternierende Ableitung ist eine Familie linearer Differentialoperatoren $d_p : \bigwedge^p(M) \to \bigwedge^{p+1}(M)$ erster Ordnung. Die Hodge-Ableitung wird über d durch die Formel

$$\delta_p = (-1)^{n(n+1)+1} * \circ\, d_{n-p} \circ * : \bigwedge^{p}(M) \to \bigwedge^{p-1}(M)$$

definiert.

Ist M kompakt, g positiv definit und $\alpha, \beta \in \bigwedge^p(M)$, so ist $\alpha \wedge (*\beta)$ eine Differentialform der Stufe n. Das Integral

$$\langle \alpha, \beta \rangle_p = \int_M \alpha \wedge (*\beta)$$

definiert eine positiv definite symmetrische Bilinearform auf $\bigwedge^p(M)$. Für alle $\beta \in \bigwedge^{p+1}(M)$ und alle $\alpha \in \bigwedge^p(M)$ gilt dann die Gleichung

$$\langle d_p\alpha, \beta \rangle_{p+1} = \langle \alpha, \delta_{p+1}\beta \rangle_p ,$$

sodaß δ_{p+1} unter diesen Voraussetzungen der formal adjungierte Operator von d_p ist.

Eine explizite Formel für $\delta_p\alpha$ erhält man durch die Wahl einer pseudoorthonormierten Basis $X_1, \ldots, X_n$ von Vektorfeldern. Das sind Vektorfelder, die zueinander orthogonal sind und die Länge ± 1 haben. Da es im Fall einer positiven Signatur $s > 0$ i. a. nicht möglich ist, eine Basis aus Vektoren positiver Länge zu finden, muß man sich mit $g(X_i, X_i) = \varepsilon_i = \pm 1$ zufrieden geben. Dann kann man zeigen, daß $\delta_p(\alpha)$ als Differentialform der Stufe $p-1$ durch

$$\delta_p(\alpha)(X_2, \ldots, X_p) = -\sum_{i=1}^{n} \varepsilon_i \left(\nabla_{X_i} \alpha\right)(X_i, X_2, \ldots, X_p)$$

gegeben ist.

Ist $M = \mathbb{R}^n$ der Euklidische Raum mit Standardmetrik, so sind die Tangential- und Kotangentialräume mit $\mathbb{R}^n$ zu identifizieren. Der Sternoperator wird hier auch Graßmannsche Ergänzung genannt. In der Dimension $n = 2$ ist $*\mathbb{R}^2 \to \mathbb{R}^2$ die Drehung der Ebene um 90° im Uhrzeigersinn und für $n = 3$ stimmt $* : \bigwedge^2 \mathbb{R}^3 \to \bigwedge^1 \mathbb{R}^3 = \mathbb{R}^3$ mit dem klassischen vektoriellen Kreuzprodukt überein. Um den Sternoperator am Beispiel einer Metrik der Signatur $s = 1$ zu diskutieren, wählen wir für M den 4-dimensionalen Minkowski-Raum und eine pseudoorthonormierte Basis $\mathfrak{e}_1, \mathfrak{e}_2, \mathfrak{e}_3, \mathfrak{e}_4$ von M. Es gelte $g(\mathfrak{e}_i, \mathfrak{e}_j) = 0$ für $i \neq j$ und $g(\mathfrak{e}_i, \mathfrak{e}_i) = \varepsilon_i$, mit $\varepsilon_i = 1$ für $i = 1, 2, 3$, $\varepsilon_4 = -1$. Diese Basis bestimmt ein Koordinatensystem (x^1, x^2, x^3, x^4) von M, und die zugehörigen Differentialformen dx^1, dx^2, dx^3, dx^4 sind sowohl die zu $\mathfrak{e}_1, \mathfrak{e}_2, \mathfrak{e}_3, \mathfrak{e}_4$ duale Basis von M^* als auch eine Basis von $\bigwedge^1(M)$. Eine Basis von $\bigwedge^2(M)$ ist dann durch die sechs Differentialformen $dx^i \wedge dx^j$, $(1 \leq i < j \leq 4)$, eine Basis von $\bigwedge^3(M)$ durch die vier Differentialformen

$$\beta_4 = dx^1 \wedge dx^2 \wedge dx^3, \; \beta_3 = dx^1 \wedge dx^2 \wedge dx^4,$$
$$\beta_2 = dx^1 \wedge dx^3 \wedge dx^4, \; \beta_1 = dx^2 \wedge dx^3 \wedge dx^4,$$

eine Basis von $\bigwedge^4(M)$ durch die Form $\omega = dx^1 \wedge dx^2 \wedge dx^3 \wedge dx^4$ und schließlich eine Basis von $\bigwedge^0(M)$ durch die konstante Funktion 1 gegeben.

Die lineare Abbildung $*$ ist durch ihre Wirkung auf diesen Basen wie folgt bestimmt:

$$*1 = \omega, \quad *\omega = -1,$$
$$\left.\begin{array}{rcl} * \, dx^i &=& \mu_i \, \beta_i \\ * \, \beta_i &=& \mu_i \, dx^i \end{array}\right\} \mu_i = 1 \text{ für } i \neq 2, \mu_2 = -1,$$

sowie

$$*\,(dx^i \wedge dx^j) = \varepsilon_i \varepsilon_j \mathrm{sign}(klij)\, dx^k \wedge dx^l.$$

In der letzten Gleichung bilden die Indizes $k < l$ das zu dem Indexpaar (i, j) komplementäre, d. h. es ist $\{k, l\} = \{1, 2, 3, 4\} \setminus \{i, j\}$. In der Folge k, l, i, j kommt daher jede der Zahlen 1, 2, 3, 4 genau einmal vor. Somit ist (k, l, i, j) eine Permutation σ von 1, 2, 3, 4. Das Vorzeichen von σ wurde mit $\mathrm{sign}(klij)$ bezeichnet.

Jede p-Form $\alpha \in \bigwedge^p(M)$ ist eine Linearkombination der oben angegebenen Basisformen, und $\delta_p(\alpha)$ kann mit diesen Angaben durch lineare Ausdehnung berechnet werden. Ist z. B. f eine differenzierbare Funktion auf M und $\alpha = f\,dx^1$, so folgt

$$\delta_1(f\,dx^i) = -\mu_i * \circ\, d(f\,\beta_i) =$$
$$-\mu_i\,(-1)^{i-1} * \left(\frac{\partial f}{\partial x^i}\,\omega\right) = \mu_i\,(-1)^{i-1} \frac{\partial f}{\partial x^i}.$$

Für eine allgemeine 1-Form $\alpha = f_1\,dx^1 + \ldots + f_4\,dx^4$ ist dann $\delta_1(\alpha) = \delta_1(f_1\,dx^1) + \ldots + \delta_1(f_4\,dx^4)$.

Hodge-Algebra, ein ↗graduierter Ring $A = \bigoplus_{i \geq 0} A_i$ mit folgenden Eigenschaften:

1. Es gibt eine endliche Teilmenge

$$H = \{h_1, \ldots, h_n\} \subseteq \bigoplus_{i>0} A_i,$$

partiell durch eine Ordnungsrelation < geordnet, die A als A_0–Modul erzeugt.

2. Es gibt ein Halbgruppenideal $\Sigma \subset \mathbb{N}^n$ so, daß

$$S := \{h_1^{c_1} \cdot \ldots \cdot h_n^{c_n} \mid (c_1, \ldots, c_n) \in \mathbb{N}^n \setminus \Sigma\}$$

linear unabhängig über A_0 sind.

3. Ist $(d_1, \ldots, d_n) \in \sum$, dann ist

$$h_1^{d_1} \cdot \ldots \cdot h_n^{d_n} = \sum_{m\in S} b_m \cdot m,\ b_m \in A_0 .$$

Weiterhin gibt es für jedes i mit $d_i \neq 0$ einen Faktor h_k von m so, daß $h_k < h_i$.

Beispiele für Hodge-Algebren sind Stanley-Reissner-Ringe.

Hodge-Identitäten, nicht-offensichtliche Verbindungen zwischen den Operatoren auf einer kompakten komplexen Mannigfaltigkeit mit einer Kähler-Metrik.

Sei M eine kompakte komplexe Mannigfaltigkeit mit einer Hermiteschen Metrik

$$ds^2 = \sum_{i,j} h_{ij}(z)\, dz_i \otimes d\overline{z}_j$$

und einer zugehörigen (1, 1)-Form $\omega = -\frac{1}{2} \operatorname{Im} ds^2$. Auf dem Raum $A^*(M)$ der Differentialformen auf M sind eine Reihe von Operatoren definiert, wie z.B. ∂, $\overline{\partial}$, $d = \partial + \overline{\partial}$, $d^c = \sqrt{\frac{-1}{4\pi}}(\overline{\partial} - \partial)$ und die zugehörigen Adjungierten und Laplaceschen, und die Zerlegungen von $A^*(M)$ nach Typ und Grad. Sei zusätzlich der Operator

$$L : A^{p,q}(M) \to A^{p+1,q+1}(M)$$

definiert durch $L(\eta) = \eta \wedge \omega$, und sei $\Lambda = L^* : A^{p,q}(M) \to A^{p-1,q-1}(M)$ der adjungierte Operator von L. Für allgemeines M gibt es keine nicht-offensichtlichen Verbindungen zwischen diesen Operatoren. Wenn die Metrik auf M aber eine Kähler-Metrik ist, dann gibt es eine ganze Anzahl von Identitäten, die sie verbinden, die Hodge-Identitäten. Die Haupt-Identität, aus der man alle anderen leicht folgern kann, ist die folgende:

$$[\Lambda, d] = -4\pi d^{c*},$$

wobei $[A, B]$ den Kommutator $AB - BA$ bezeichne, oder äquivalent $[L, d^*] = 4\pi d^c$.

[1] Griffiths,P.; Harris, J.: Principles of Algebraic Geometry. Pure & Applied Mathematics John Wiley & Sons New York Toronto, 1978.

Hodge-Mannigfaltigkeit, eine kompakte Kähler-Mannigfaltigkeit X, deren Kählerklasse ω in $H^2_{\mathrm{DR}}(X, \mathbb{R}) = H^2(X, \mathbb{R})$ (↗de Rham-Kohomologie) eine ganzzahlige Kohomologieklasse repräsentiert.

Die Fubini-Study-Metrik hat diese Eigenschaft, ebenso ihre Einschränkung auf jede glatte projektive algebraische Untervarietät des projektiven Raumes über $\mathbb{C}$.

Eine Hodge-Mannigfaltigkeit ist eine komplexe Mannigfaltigkeit, auf der eine Hodge-Metrik (↗Kodaira, Einbettungssatz von) definiert ist.

Hodge-Metrik, ↗ Kodaira, Einbettungssatz von.

Hodge-Struktur, folgende zueinander äquivalente Daten für einen endlich-dimensionalen reellen Vektorraum H:

(i) Eine absteigende Filtration $(F^p)\ p \in \mathbb{Z}$ von $H_{\mathbb{C}} = H \otimes_{\mathbb{R}} \mathbb{C}$ so, daß $F^p = 0$ für $p \gg 0$ und $F^p \oplus \overline{F^{q+1}} = H_{\mathbb{C}}$ für alle p, q mit $p+q = k$ (Hodge-Filtration).

(ii) Eine Zerlegung $H_{\mathbb{C}} = \bigoplus_{p+q=k} H^{p,q}$ mit $H^{qp} = \overline{H^{pq}}$ (↗Hodge-Zerlegung).

(iii) Eine über $\mathbb{R}$ definierte rationale Darstellung der Gruppe $G \subset Gl_2$,

$$G = \left\{ \begin{pmatrix} a & -b \\ b & a \end{pmatrix} \mid a^2 + b^2 \neq 0 \right\},$$

deren Einschränkung auf die Diagonale durch den Charakter $\begin{pmatrix} a & 0 \\ 0 & a \end{pmatrix} \mapsto a^k$ gegeben ist.

Genauer nennt man diese Daten auch reelle Hodge-Struktur vom Gewicht k.

Die Korrespondenz zwischen Hodge-Filtration und Hodge-Zerlegung wird gegeben durch

$$H^{pq} = F^p \cap \overline{F^q}\ \ (p+q = k),$$

$$F^p = \sum_{\substack{r+s=k \\ r\geq p}} H^{r,s} .$$

Die Korrespondenz zwischen Hodge-Zerlegung und Darstellung wird gegeben durch H^{pq} = Eigenraum zum Charakter $z^p\overline{z}^q : G(\mathbb{R}) \to \mathbb{C}^*$ (mit $z\begin{pmatrix} a & -b \\ b & a \end{pmatrix} = a + ib$, $\overline{z}\begin{pmatrix} a & -b \\ b & a \end{pmatrix} = a - ib$).

Reelle Hodge-Strukturen vom Gewicht k, k' auf reellen Vektorräumen H, H' induzieren Hodge-Strukturen vom Gewicht $k + k', k' - k$ auf $H \otimes_{\mathbb{R}} H'$, $\operatorname{Hom}_{\mathbb{R}}(H, H')$, wie man am einfachsten über die Definitionen (iii) sieht.

Der Operator C auf H, der der Matrix $\begin{pmatrix} 0 & -1 \\ 1 & 0 \end{pmatrix}$ entspricht, heißt der Weil-Operator der Hodge-Struktur.

Ein polarisierte Hodge-Struktur vom Gewicht k ist eine reelle Hodge-Struktur H, die zusätzlich mit einem Gitter $H_{\mathbb{Z}} \subset H$ (endlich erzeugte Untergruppe mit $H_{\mathbb{Z}} \otimes \mathbb{R} \simeq H$) versehen ist, zusammen mit einer Bilinearform $Q : H_{\mathbb{Z}} \otimes H_{\mathbb{Z}} \to \mathbb{Z}$, die folgenden Bedingungen genügt:

(R0) Q ist symmetrisch, wenn k gerade bzw. schiefsymmetrisch, wenn k ungerade ist.

(R1) F^p und F^{k-p+1} sind zueinander orthogonal (bez. der $\mathbb{C}$-linearen Fortsetzung von Q).

(R2) $Q(C\overline{\alpha}, \alpha) > 0$, wenn $\alpha \neq 0$.

Polarisierte Hodge-Strukturen vom Gewicht 1 entsprechen den polarisierten ↗abelschen Varietäten $H/H_{\mathbb{Z}}$, da H durch C mit einer komplexen Struktur versehen wird und Q Imaginärteil einer Riemannschen Form ist (R0, R1,R2 entsprechen den Riemannschen Periodenrelationen).

Hodge-Struktur, gemischte, ein endlich-dimensionaler Vektorraum $H_{\mathbb{Q}}$ über $\mathbb{Q}$ mit einer aufsteigenden Filtration W („Gewichtsfiltration")

$$\cdots W_k \subseteq W_{k+1} \subseteq \cdots$$

und einer absteigenden Filtration F („Hodge-Filtration") auf $H_{\mathbb{C}} = H_{\mathbb{Q}} \otimes \mathbb{C}$

$$\cdots F^p \subseteq F^{p-1} \subseteq \cdots$$

so, daß für alle l die Filtration F eine ↗Hodge-Struktur vom Gewicht l auf $Gr_l^W(H_{\mathbb{Q}}) = W_l/W_{l-1}$ induziert. Dann zerfällt $H_{\mathbb{C}}$ in $H_{\mathbb{C}} = \oplus I^{p,q}$ so, daß

$$W_l \otimes \mathbb{C} = \sum_{p+1 \leq l} H^{p,q} \quad \text{und} \quad F^p = \sum_{a \geq p} I^{a,b}.$$

Es gilt allerdings im allgemeinen nicht, daß $I^{q,p}$ konjugiert ist zu $I^{p,q}$. Das wichtigste Beispiel ist, daß die Kohomologie $H^k(X,\mathbb{Q})$ von quasiprojektiven algebraischen Varietäten über $\mathbb{C}$ eine gemischte Hodge-Struktur besitzt, die funktoriell von X abhängt. Die Hodge-Zahlen $h^{p,q}$ sind höchstens im Bereich

$$\max(0, k-n) \leq p, q \leq n = \dim X$$

von Null verschieden.

Wenn X glatt ist, ist $W_{k-1}H^k(X,\mathbb{Q}) = 0$, und wenn X projektiv ist, dann ist $W_k H^k(X,\mathbb{Q}) = H^k(X,\mathbb{Q})$, sodaß man also im Falle glatter projektiver Varietäten die übliche (reine) Hodge-Struktur erhält.

Hodge-Theorem, wichtiger Satz in der Theorie der komplexen Mannigfaltigkeiten.

Sei M eine kompakte komplexe Mannigfaltigkeit. Es bezeichne $A^{p,q}(M)$ den Raum der (p,q)-Formen auf M und $\mathcal{K}^{p,q}(M)$ den Raum der harmonischen (p,q)-Formen auf M. Dann gilt das folgende Hodge-Theorem:

1. Es ist $\dim \mathcal{K}^{p,q}(M) < \infty$.

2. Die Orthogonal-Projektion

$$\mathcal{K} : A^{p,q}(M) \to \mathcal{K}^{p,q}(M)$$

ist wohldefiniert, und es gibt einen eindeutigen Operator, den sogenannten Greenschen Operator $G : A^{p,q}(M) \to A^{p,q}(M)$ *mit* $G(\mathcal{K}^{p,q}(M)) = 0$, $\overline{\partial} G = G \overline{\partial}$, $\overline{\partial}^* G = G \overline{\partial}^*$ *und*

$$I = \mathcal{K} + \Delta G \tag{1}$$

auf $A^{p,q}(M)$.

Gleichung (1) in der Form

$$\psi = \mathcal{K}(\psi) + \overline{\partial}\left(\overline{\partial}^* G\psi\right) + \overline{\partial}^*\left(\overline{\partial} G\psi\right)$$

heißt die Hodge-Zerlegung auf Formen. Siehe auch ↗Hodge-Zerlegung.

[1] Griffiths,P.; Harris, J.: Principles of Algebraic Geometry. Pure & Applied Mathematics John Wiley & Sons New York Toronto, 1978.

Hodge-Zahl, ↗ Hodge-Zerlegung,

Hodge-Zerlegung, Zerlegung der komplexen Kohomologie, die man unter Anwendung der Hodge-Identitäten erhält.

Sei M eine kompakte Kähler-Mannigfaltigkeit. $\Delta_d = dd^* + d^*d$, $\Delta_{\overline{\partial}} = \overline{\partial}\,\overline{\partial}^* + \overline{\partial}^*\overline{\partial}$ bezeichnen die Laplaceschen. Dann gilt für die komplexe Kohomologie:

$$H^r(M,\mathbb{C}) = \bigoplus_{p+q=r} H^{p,q}(M),$$
$$\overline{H^{p,q}(M)} = \overline{H^{q,p}(M)}.$$

Da $\Delta_d = 2\Delta_{\overline{\partial}}$, gilt für die harmonischen Formen

$$\mathcal{K}_d^{p,q}(M) := \{\eta \in A^{p,q}(M) : \Delta_d \eta = 0\} = \mathcal{K}_{\overline{\partial}}^{p,q}(M)$$

und daher

$$H^{p,q}(M) \cong H_{\overline{\partial}}^{p,q}(M) \cong H^q(M, \Omega^p).$$

Insbesondere ist für $q = 0$

$$H^{p,0}(M) = H^0(M, \Omega^p)$$

der Raum der holomorphen p-Formen. Für eine beliebige Kähler Metrik auf einer kompakten Mannigfaltigkeit sind die holomorphen Formen also harmonisch.

Man definiert die Hodge-Zahlen durch

$$h^{p,q}(M) = \dim H^{p,q}(M)$$

und erhält mit Hilfe der Hodge-Zerlegung

$$b_r(M) = \sum_{p+q=r} h^{p,q}(M),$$
$$h^{p,q}(M) = h^{q,p}(M).$$

Dabei bezeichne $b_r(M) = \dim H^r(M,\mathbb{C})$ die Betti-Zahl vom Grad r. Insbesondere erhält man hieraus, daß die Betti-Zahlen von ungeradem Grad gerade sind.

Hodgkin-Huxley-Modell, grundlegendes, auf Experimente gestütztes Modell für die Funktion einer Nervenzelle.

Es handelt sich dabei um ein System gewöhnlicher Differentialgleichungen zur Beschreibung der Erregbarkeit der Membran und zur Auslösung von Impulsfolgen am Axonhügel bzw. ein ausgeartetes System von Reaktionsdiffusionsgleichungen zur Beschreibung der Nervenleitung.

Hoëné-Wronski, Jósef Maria, ↗Wronski, Jósef Maria.

Höhe, in einem Dreieck das ↗Lot einer Ecke auf die gegenüberliegende Seite.

Höhe einer Fuzzy-Menge, die kleinste obere Grenze von μ_A auf X, d. h.

$$\text{hgt}(\widetilde{A}) = \sup_{x \in X} \mu_A(x),$$

wobei $\widetilde{A}$ eine ↗Fuzzy-Menge auf X ist.

Höhe eines Baumes, Anzahl der Ebenen in einem Baum.

Ein Baum ist so aufgebaut, daß es einen Wurzelknoten gibt, an den sich weitere untergeordnete Knoten anschließen können, wobei jeder Knoten wieder neue untergeordnete Knoten haben kann. Geht man nun von der Wurzel eines Baums aus und verarbeitet Schritt für Schritt erst die Wurzel und dann einen jeweils untergeordneten Knoten, so erreicht man nach einer endlichen Anzahl von Schritten das Ende der Baumstruktur. Die Anzahl der Schritte hängt dabei von dem Weg ab, den man durch den Baum gegangen ist. Die maximal mögliche Anzahl der Stationen beim Weg durch einen Baum, angefangen bei der Wurzel, wird als Höhe des Baums bezeichnet.

Höhe eines Ideals, maximale ↗Länge einer Kette von Primidealen

$$\wp_0 \subsetneq \cdots \subsetneq \wp_k = I\,,$$

wenn das Ideal I ein Primideal ist.

Für ein beliebiges Ideal ist die Höhe das Minimum der Höhen der assozierten Primideale.

Höhensatz, ↗Euklid, Höhensatz des.

höhere Ableitungen einer Funktion, die in Verallgemeinerung der ↗Ableitung f' einer Funktion $f: D_f \to \mathbb{R}$ mit $D_f \subset \mathbb{R}$ für $2 \leq k \in \mathbb{N}$ gebildeten Funktionen $f^{(k)}: D_{f^{(k)}} \to \mathbb{R}$, wobei

$$\begin{aligned} f^{(0)} &= f \\ f^{(k)} &= \left(f^{(k-1)}\right)' \qquad (k \in \mathbb{N}) \end{aligned}$$

rekursiv erklärt ist. Es ist also $f^{(1)} = f'$, $f^{(2)} = f''$ usw. Man nennt $f^{(k)}$ die *k-te Ableitung* oder die *Ableitung k-ter Ordnung* von f und k die Ordnung oder den Grad der Ableitung. Dabei gilt $D_{f^{(k)}} \subset D_{f^{(k-1)}}$, wobei die Inklusion echt sein kann, wie z. B. die durch $\varphi(x) = x|x|$ definierte Funktion $\varphi: \mathbb{R} \to \mathbb{R}$ mit $D_\varphi = D_{\varphi'} = \mathbb{R}$ und $D_{\varphi''} = \mathbb{R} \setminus \{0\}$ zeigt.

Ist $x \in D_{f^{(k)}}$ für ein $k \in \mathbb{N}$, so heißt f k-mal differenzierbar an der Stelle x, und ist $f^{(k)}$ dabei stetig an der Stelle x, so heißt f k-mal stetig differenzierbar an der Stelle x. Gilt $x \in D_{f^{(k)}}$ für alle $k \in \mathbb{N}$, so heißt f beliebig (oder unendlich) oft differenzierbar an der Stelle x.

f heißt k-mal (stetig) differenzierbar bzw. beliebig (oder unendlich oft) differenzierbar, wenn f an allen Stellen $x \in D_f$ k-mal (stetig) differenzierbar bzw. beliebig oft differenzierbar ist. Für die höheren Ableitungen ist auch die Schreibweise als ↗Differentialquotient gängig:

$$f^{(k)} = \frac{d^k f}{dx^k} = \frac{d^k}{dx^k} f = \left(\frac{d}{dx}\right)^k f\,.$$

Präziser ist die Schreibweise $f^{(k)} = \mathrm{D}^k f$ mit dem Differentialoperator D.

Entsprechend definiert man auch höhere ↗partielle Ableitungen einer reellwertigen Funktion f mehrerer reeller Variabler $x_1, \dots, x_n$ und notiert diese für $j \in \{1, \dots, n\}$ als

$$\frac{\partial^k f}{\partial x_j^k} = \frac{\partial^k}{\partial x_j^k} f = \left(\frac{\partial}{\partial x_j}\right)^k f$$

oder bei gemischten Ableitungen als

$$\frac{\partial^{k_1} \cdots \partial^{k_p}}{\partial x_{j_1}^{k_1} \cdots \partial x_{j_p}^{k_p}} f = \frac{\partial^{k_1}}{\partial x_{j_1}^{k_1}} \cdots \frac{\partial^{k_p}}{\partial x_{j_p}^{k_p}} f\,,$$

mit $p \in \mathbb{N}$, $j_1, \dots, j_p \in \mathbb{N}$ und $k_1, \dots, k_p \in \mathbb{N}$. Dabei heißt $k_1 + \cdots + k_p$ der Grad der Ableitung. Gilt $f \in C^k(G)$ mit einem offenen $G \subset \mathbb{R}^n$, so kann man nach dem Satz von Schwarz die Reihenfolge der partiellen Ableitungen beliebig wählen und für $k_1, \dots, k_n \in \mathbb{N}$ mit $k_1 + \cdots + k_n \leq k$

$$\frac{\partial^{k_1} \cdots \partial^{k_n}}{\partial x_1^{k_1} \cdots \partial x_n^{k_n}} f = \frac{\partial^{k_1}}{\partial x_1^{k_1}} \cdots \frac{\partial^{k_n}}{\partial x_n^{k_n}} f$$

schreiben, oder mit dem Differentialoperator

$$\mathrm{D}^{(k_1, \dots, k_n)} f = \frac{\partial^{k_1}}{\partial x_1^{k_1}} \cdots \frac{\partial^{k_n}}{\partial x_n^{k_n}} f\,.$$

Höhere Ableitungen eines Produkts von Funktionen lassen sich mit der Produktformel von Leibniz berechnen. Der verallgemeinerte Satz von Rolle ist eine Aussage über die Nullstellen höherer Ableitungen. Die ↗gebrochene Analysis verallgemeinert höhere Ableitungen und iterierte Integrationen auf nicht-ganze Ordnungen.

höhere Fréchet-Ableitung, ausgehend von der ↗Fréchet-Ableitung für eine Fréchet-differenzierbare Abbildung f induktiv durch

$$f^{(0)} := f \quad \text{und} \quad f^{(n+1)} := \left(f^{(n)}\right)' \quad (n \in \mathbb{N}_0)$$

in geeigneten Teilbereichen des Definitionsbereichs für $\mathbb{N} \ni k \geq 2$ definierte Abbildung $f^{(k)}$.

Es seien X, Y normierte Vektorräume (über $\mathbb{R}$ oder $\mathbb{C}$), $\mathfrak{D} \subset X$, a innerer Punkt von $\mathfrak{D}$, d. h. $a \in \mathfrak{D}^\circ$, und $f: \mathfrak{D} \to Y$. f heißt genau dann in a Fréchet-differenzierbar, wenn eine beschränkte lineare Abbildung $A: X \to Y$ so existiert, daß

$$f(x) = f(a) + A(x-a) + o(\|x-a\|) \quad (\mathfrak{D} \ni x \to a)$$

gilt. Hierbei bezeichnet o eines der ↗Landau-Symbole, bedeutet also gerade, daß der ‚Rest' $r(x) := f(x) - f(a) - A(x-a)$ schneller als von erster Ordnung gegen 0 strebt, d. h.

$$r(x) = \varepsilon(x)\|x-a\|$$

mit einer stetigen Abbildung $\varepsilon: X \to Y$ mit $\varepsilon(0) = 0$ gilt, f also durch die affine Abbildung

$x \longmapsto f(a) + A(x-a)$ nahe bei a gut approximiert wird. Die eindeutig bestimmte beschränkte lineare Abbildung A heißt Fréchet-Ableitung, von f in a und wird mit

$$f'(a) = \frac{d}{dx}f(x)\bigg|_{x=a} = \frac{df}{dx}(a) = (Df)(a)$$

bezeichnet. Für eine Menge $\mathfrak{M}$ von inneren Punkten aus $\mathfrak{D}$ heißt f auf $\mathfrak{M}$ differenzierbar genau dann, wenn für alle $x \in \mathfrak{M}$ gilt: f ist in x differenzierbar. Statt innerer Punkt kann allgemeiner vorausgesetzt werden, daß x nur Häufungspunkt zu $\mathfrak{D}$ ist.

Mit $f^{(0)} := f$ und

$$\mathfrak{D}(f') := \{x \in \mathfrak{D}^\circ \,|\, f \text{ in } x \text{ differenzierbar}\}$$

ist dann

$$f' : \mathfrak{D}(f') \to L(X, Y),$$

wobei $L(X, Y)$ den normierten Raum der linearen beschränkten Abbildungen von X in Y bezeichnet. f' kann also selbst wieder auf Differenzierbarkeit untersucht werden. So definiert man rekursiv

$$\mathfrak{D}(f^{(n+1)}) := \mathfrak{D}\big((f^{(n)})'\big)$$

und

$$f^{(n+1)}(x) := \big(f^{(n)}\big)'(x) \quad \text{für} \quad x \in \mathfrak{D}\big(f^{(n+1)}\big).$$

$f^{(n)}$ bzw. $f^{(n)}(a)$ heißt *n-te Ableitung* von f bzw. *n-te Ableitung von f in a*. Für die Fréchet-Ableitung gelten ähnliche Regeln wie für die Ableitung einer reellwertigen Funktion einer reellen Variablen oder einer Funktion aus $\mathbb{R}^n$ in $\mathbb{R}^m$ (für $n, m \in \mathbb{N}$), speziell etwa die Kettenregel.

Spezialisiert man auf $X = Y = \mathbb{R}$, so stimmen die höheren Fréchet-Ableitungen mit den „klassischen" höheren Ableitungen überein.

Für $h_1, h_2 \in X$ ist

$$f''(a) \in L(X, L(X, Y)) =: L_2(X, Y),$$

$$f''(a)h_1 := f''(a)(h_1) \in L(X, Y),$$

$$f''(a)h_1h_2 := \big(f''(a)(h_1)\big)(h_2) \in Y.$$

In Abhängigkeit von (h_1, h_2) ist $f''(a)$ bilinear und beschränkt, kann also als beschränkte bilineare Abbildung von $X \times X$ in Y aufgefaßt werden. Allgemeiner kann entsprechend $f^{(k)}(a)$ als multilineare (k-lineare) beschränkte Abbildung von X^k in Y aufgefaßt werden. Der Satz von Schwarz zeigt, daß sie – unter geeigneten Voraussetzungen – symmetrisch ist. Den Wert

$$\delta f(x; h) := df(x; h) := f'(x)h$$

(für in x differenzierbares f) bezeichnet man als ↗Fréchet-Differential der Abbildung f im Punkte x für den „Zuwachs" h.

Entsprechend wird bei n-maliger Differenzierbarkeit von f an der Stelle x der Ausdruck

$$\delta^n f(x; h_1, \dots, h_n) := d^n f(x; h_1, \dots, h_n)$$
$$:= f^{(n)}(x)h_1 \cdots h_n$$

als n-tes Fréchet-Differential der Abbildung f im Punkte x für die „Zuwächse" $h_1, \dots, h_n$ bezeichnet.

höhere komplexe Zahlen, früher gebräuchlicher Ausdruck für die Elemente einer assoziativen ↗Algebra.

höheres Fréchet-Differential, für ein $\mathbb{N} \ni n \geq 2$ der Ausdruck

$$\delta^n f(x; h_1, \dots, h_n) := d^n f(x; h_1, \dots, h_n)$$
$$:= f^{(n)}(x)h_1 \cdots h_n$$

einer an der Stelle x n-mal differenzierbaren Abbildung f für die „Zuwächse" (oder in „Richtungen") $h_1, \dots, h_n$ (↗Fréchet-Differential, ↗höhere Fréchet-Ableitung).

Hohlzylinder, Kreiszylinder, aus dem ein zweiter Kreiszylinder mit geringerem Radius ausgeschnitten wurde (siehe auch ↗Zylinder).

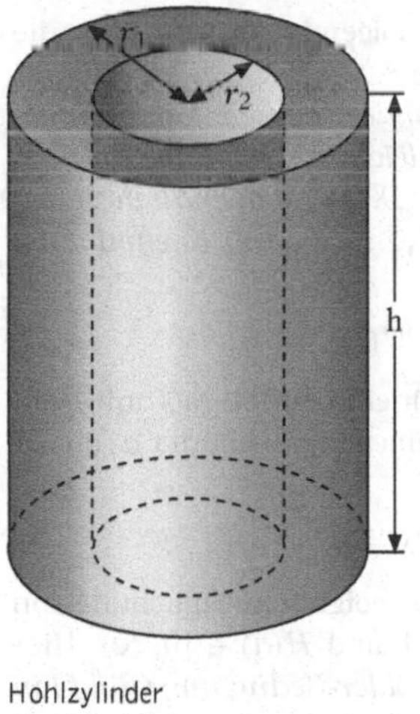

Hohlzylinder

Das Volumen eines Hohlzylinders mit dem Außenradius r_1, dem Innenradius r_2 und der Höhe h beträgt

$$V = \pi \cdot h \cdot \left(r_1^2 - r_2^2\right),$$

sein gesamter Oberflächeninhalt

$$A = 2 \cdot \pi \cdot h \cdot (r_1 + r_2) + 2 \cdot \pi \left(r_1^2 - r_2^2\right).$$

Hölder, Otto Ludwig, deutscher Mathematiker, geb. 22.12.1859 Stuttgart, gest. 29.8.1937 Leipzig.

Hölder studierte in Stuttgart, Berlin und Tübingen. 1884 promovierte er in Göttingen und habilitierte sich im gleichen Jahr. Ab 1889 war er Professor in Göttingen und Tübingen. 1896 wurde er Nachfolger von Minkowski in Königsberg (Kaliningrad) und 1899 Professor an der Universität Leipzig.

Hölder war auf vielen Gebieten der Mathematik tätig. In seiner Doktorarbeit „Beiträge zur Potentialtheorie" führte er die Hölder-Bedingung (Hölderstetige Funktion, Lipschitz-Bedingung) ein.

Auf dem Gebiet der Algebra untersuchte er zusammen mit C.Jordan endliche Gruppen und die Eindeutigkeit ihrer Kompositionsreihen. Er zeigte unter allgemeinen Bedingungen, daß eine analytische Funktion in der Nähe einer isolierten Singularität jedem Wert beliebig nahe kommt (↗Casorati-Weierstraß, Satz von).

Er führte die Hölder-Ungleichung und den Begriff der konvexen Hülle ein. Auf dem Gebiet der Analysis bewies er den nach ihm benannten Satz, der besagt, daß die Eulersche Γ-Funktion keiner algebraischen Differentialgleichung genügt.

Hölders wichtigste Werke sind „Die Arithmetik in strenger Begründung" und „Die mathematische Methode", in denen er philosophische Fragen behandelte.

Hölder, Satz von, die folgende Aussage über die ↗Eulersche Γ-Funktion.

Die Eulersche Γ-Funktion genügt keiner algebraischen Differentialgleichung, d. h. es gibt kein Polynom $P(X, X_0, X_1, \dots, X_n) \neq 0$ *in endlich vielen Unbestimmten* $X, X_0, X_1, \dots, X_n$ *mit Koeffizienten in* $\mathbb{C}$ *derart, daß*

$$P(z, \Gamma(z), \Gamma'(z), \dots, \Gamma^{(n)}(z)) \equiv 0 .$$

Hölder-Bedingung, für eine Funktion f mit Definitionsbereich $\mathfrak{D}$ und einen festen Punkt a aus $\mathfrak{D}$ Abschätzung der Art

$$|f(x) - f(a)| \leq H(a)\,|x - a|^{\alpha}$$

für alle x aus $\mathfrak{D}$ in einer geeigneten Umgebung von a mit einem $0 < \alpha \leq 1$ und $H(a) \in [0, \infty)$. Hier spricht man von einer *Hölder-Bedingung (für f) in a*. Der Zuwachs der Funktion wird also lokal (bei a) betraglich abgeschätzt durch die Zuwächse der zugehörigen Argumente.

Hierbei ist zunächst an reellwertige Funktionen einer reellen Variablen gedacht, dann aber auch – wenn man den Betrag jeweils durch eine Norm ersetzt – an Abbildungen zwischen normierten Vektorräumen. Entsprechend kann das natürlich zumindest noch für Abbildungen zwischen metrischen Räumen definiert werden: Sind $(\mathfrak{D}, \delta)$ und $(\mathfrak{S}, \sigma)$ metrische Räume, so lautet die o. a. Bedingung für $f : \mathfrak{D} \to \mathfrak{S}$ entsprechend

$$\sigma(f(x), f(a)) \leq H(a)\,\delta(x, a)^{\alpha} .$$

Erfüllt f in $a \in \mathfrak{D}$ eine Hölder-Bedingung, so ist f in a stetig, man sagt dann Hölder-stetig in a. Für $\alpha = 1$ heißt die Hölder-Bedingung in a auch Lipschitz-Bedingung in a und f Lipschitz-stetig in a.

Von einer Hölder-Bedingung (für f) spricht man, wenn $0 < \alpha \leq 1$ und $H \in [0, \infty)$ so existieren, daß

$$|f(x) - f(y)| \leq H\,|x - y|^{\alpha}$$

bzw. allgemeiner

$$\sigma(f(x), f(y)) \leq H\,\delta(x, y)^{\alpha}$$

für alle x, y aus $\mathfrak{D}$ gilt. Man hat also die o. a. Abschätzung gleichmäßig für alle Punkte aus $\mathfrak{D}$ (globale Aussage). Ein solches f ist dann offenbar gleichmäßig stetig, man sagt *Hölder-stetig* der Ordnung α, im Falle $\alpha = 1$ auch *Lipschitz-stetig* oder dehnungsbeschränkt. Daß die Umkehrung nicht gilt, zeigt etwa die durch

$$f(x) := \begin{cases} 1/\log x\ , & x \in (0, \pi/4] \\ 0\ , & x = 0 \end{cases}$$

definierte Funktion f, die als stetige Funktion auf dem kompakten Intervall $[0, \pi/4]$ gleichmäßig stetig ist, aber wegen $|f(x) - f(0)| = 1/|\log x|$ für $x \neq 0$ offenbar keine Abschätzung der Form $|f(x) - f(0)| \leq H\,|x|^{\alpha}$ zuläßt, also in 0 keine Hölder-Bedingung erfüllt.

α heißt Hölder-Exponent in a bzw. Hölder-Exponent oder manchmal auch nur Exponent, $H(a)$ Hölder-Koeffizient in a, H Hölder-Koeffizient, im Falle $\alpha = 1$ auch Lipschitz-Konstante.

Für $\alpha \in (0, 1]$ und beliebiges $f : \mathfrak{D} \to \mathfrak{S}$ betrachtet man – mit Werten in $[0, \infty]$ –

$$|f|_{\alpha} := \sup \left\{ \frac{\sigma(f(x), f(y))}{\delta(x, y)^{\alpha}} : x, y \in \mathfrak{D} \text{ mit } x \neq y \right\}.$$

Offenbar gilt $|f|_{\alpha} < \infty$ genau dann, wenn f eine Hölder-Bedingung der Ordnung α erfüllt, und $|f|_{\alpha}$ ist dann der optimale Hölder-Koeffizient, also

$$|f|_{\alpha} = \min \big\{ H \in [0, \infty) : \\ \forall x, y \in \mathfrak{D}\ \sigma(f(x), f(y)) \leq H\,\delta(x, y)^{\alpha} \big\}.$$

Im Spezialfall normierter Vektorräume erhält man auf diese Weise eine Halbnorm $|\ |_{\alpha}$ auf dem Vektorraum der Hölder-stetigen Funktionen der Ordnung α.

Die Betrachtung von Exponenten $\alpha \in (1, \infty)$ ist nicht sonderlich sinnvoll, da eine Funktion f, die eine Abschätzung der Form

$$|f(x) - f(y)| \leq H\,|x - y|^{\alpha}$$

mit einem solchen α erlaubt, wegen

$$\left| \frac{f(x+h) - f(x)}{h} \right| \leq H\,|h|^{\alpha - 1}$$

differenzierbar mit Ableitung 0, also konstant, sein müßte.

Die Lipschitz-Bedingung wurde 1864 von Rudolf Lipschitz im Spezialfall reellwertiger Funktionen einer reellen Variablen eingeführt. Sie spielt eine entscheidende Rolle etwa beim Existenz- und Eindeutigkeitssatz für gewöhnliche Differentialgleichungen.

Otto Hölder führte die nach ihm benannte allgemeinere Bedingung für Funktionen mehrerer reeller Variabler bei der Untersuchung von Differenzierbarkeitsaussagen von Potentialfunktionen ein.

Hölder-Exponent, ↗ Hölder-stetige Funktion, ↗ Hölder-Bedingung.

Hölder-Koeffizient, ↗ Hölder-Bedingung.

Hölder-Räume, ↗ Funktionenräume.

Hölder-stetige Funktion, Funktion f, die eine ↗ Hölder-Bedingung erfüllt.

Hölder-Ungleichung, Ungleichung zwischen Integralen:

Es sei $(\Omega, \mathcal{A}, \mu)$ ein ↗ Maßraum, $f : \Omega \to \overline{\mathbb{R}}$ und $g : \Omega \to \overline{\mathbb{R}}$ meßbar, $p > 1$ und q so, daß $1/p + 1/q = 1$. Dann gilt die Hölderungleichung

$$\int |f\ g| d\mu \le \left(\int |f|^p d\mu\right)^{1/p} \left(\int |g|^q d\mu\right)^{1/q} .$$

Für $p = q = 2$ ist dies die ↗ Cauchy-Schwarz-Ungleichung. Siehe auch ↗ Hölder-Bedingung.

Hollerith, Hermann, amerikanischer Ingenieur, geb. 29.2.1860 Buffalo, gest. 17.11.1929 Washington.

Hollerith studierte an der Columbia University Bergbau-Ingenieurwesen. Als Mitarbeiter eines Regierungsamtes war er an der Auswertung der amerikanischen Volkszählung (1880–1882) beteiligt und entwickelte dabei die Ideen für Zählmaschinen und entsprechende Datenträger.

1889 meldete er Patente für Lochkarten und Zählmaschinen (Hollerith-Maschine) an. Diese Maschinen wurden dann bei der nächsten Volkszählung erfolgreich eingesetzt. Hollerith konnte seine Erfindungen gewinnbringend verwerten, indem er 1896 die „Tabulating Machine Company" gründete. Holleriths Erfindungen setzten sich auch bald in Europa durch und fanden in den statistischen Ämtern Verwendung.

Holmboe, Bernt Michael, norwegischer Mathematiker und Pädagoge, geb. 23.3.1795 Vang (Norwegen), gest. 28.3.1850 Christiania (Oslo).

Nach dem Studium an der Universität Christiania (Oslo) wurde Holmboe Mathematiklehrer an der Kathedralschule. Dort gehörte auch ↗ Abel zu seinen Schülern. Holmboe erkannte Abels Talent und förderte ihn. Nach Abels Tod gab er 1839 dessen erste, unvollständige Werkausgabe heraus.

holomorph ausbreitbarer Raum, Begriff in der Funktionentheorie auf komplexen Räumen.

Sei X ein komplexer Raum und $F \subset \mathcal{O}(X)$ eine Teilmenge der Algebra der holomorphen Funktionen auf X. X heißt holomorph ausbreitbar, wenn es zu jedem $a \in X$ eine Umgebung U gibt, so daß

$$\{a\} = \bigcap_{f \in F} \{x \in U; f(x) = f(a)\} .$$

Jeder zusammenhängende holomorph ausbreitbare komplexe Raum besitzt eine abzählbare Topologie.

holomorph fortsetzbare Funktion, fundamentaler Begriff in der Funktionentheorie auf Bereichen im $\mathbb{C}^n$. Eine Funktion $f \in \mathcal{O}(X)$ (Algebra der holomorphen Funktionen auf X) heißt holomorph fortsetzbar (von einem Punkt $a \in X$) auf einen Polyzylinder $P(a; \varrho)$, wenn ihre Taylorreihe

$$\sum_{\nu \in \mathbb{N}^n} \frac{(D^\nu f)(a)}{\nu!} (z - a)^\nu$$

auf $P(a; \varrho)$ konvergiert; sie heißt holomorph fortsetzbar in einen Punkt $y \in \mathbb{C}^n \backslash X$, wenn für ein $a \in X$, der Punkt y in einem Polyzylinder $P(a; \varrho)$ liegt, auf den f holomorph fortsetzbar ist.

Wenn eine Funktion $f \in \mathcal{O}(X)$ holomorph fortsetzbar von einem Punkt $a \in X$ auf $P = P(a; \varrho)$ ist, impliziert dies nicht notwendig, daß f holomorph fortsetzbar auf $X \cup P$ ist, weil die Fortsetzung von dem Punkt a abhängig sein kann (z. B. im Fall $f = \sqrt{\cdot} \in (\mathbb{C}^* \backslash \mathbb{R}_{<0})$). Es gilt aber die folgende Aussage: Wenn $X \cap P$ zusammenhängend ist, dann ist f genau dann holomorph fortsetzbar auf P, wenn f holomorph fortsetzbar auf $X \cup P$ ist.

holomorph konvexe Hülle, ↗ holomorph konvexes Gebiet, ↗ holomorph konvexer Raum.

holomorph konvexer Bereich, ↗ holomorph konvexes Gebiet.

holomorph konvexer Raum, wichtiger Begriff in der Funktionentheorie auf Steinschen Räumen, insbesondere bei der Verallgemeinerung von Holomorphiebereichen im $\mathbb{C}^n$. Ein komplexer Raum X heißt holomorph konvex, wenn für jede kompakte Menge $K \subset |X|$ ($|X|$ bezeichne den X zugrundeliegenden topologischen Raum), die holomorph konvexe Hülle von K in X,

$$\widehat{K}_{\mathcal{O}(X)} := \{x \in X; |f(x)| \leq \|f\|_K \ \forall f \in \mathcal{O}(X)\},$$

kompakt ist.

Wenn X eine abzählbare Topologie besitzt und für jede kompakte Menge $K \subset |X|$, $\widehat{K}_{\mathcal{O}(X)}$ folgenkompakt ist, dann ist X ein holomorph konvexer Raum.

holomorph konvexes Gebiet, wichtiger Begriff bei der Untersuchung der Fortsetzbarkeit holomorpher Funktionen mehrerer Veränderlicher.

Ein Bereich (bzw. Gebiet) $X \subset \mathbb{C}^n$ heißt holomorph konvex, wenn für jede kompakte Menge $K \subset X$, die holomorph konvexe Hülle von K in X,

$$\widehat{K}_{\mathcal{O}(X)} := \{x \in X; |f(x)| \leq \|f\|_K \ \forall f \in \mathcal{O}(X)\},$$

kompakt ist.

holomorph vollständiger Raum, ↗ Steinscher Raum.

holomorphe Abbildung in $\mathbb{C}^n$, ein zentraler Begriff in der Funktionentheorie auf Bereichen im $\mathbb{C}^n$.

Seien $X \subset \mathbb{C}^n$ und $Y \subset \mathbb{C}^m$ nicht-leere Bereiche. Eine Abbildung $f = (f_1, ..., f_m) : X \to Y$ heißt holomorph, wenn jede Komponente f_k von f eine ↗ holomorphe Funktion ist.

Wenn zusätzlich f bijektiv ist und $f^{-1} : Y \to X$ holomorph ist, dann heißt f entsprechend biholomorph, und X und Y heißen biholomorph äquivalent.

Die Menge der holomorphen Abbildungen von X nach Y wird meist bezeichnet mit $Hol(X, Y)$. Insbesondere gilt $\mathrm{Hol}(X, \mathbb{C}) = \mathcal{O}(X)$ (Algebra der holomorphen Funktionen auf X). Die biholomorphen Abbildungen eines Bereiches X auf sich selbst heißen (holomorphe) Automorphismen von X. Sie bilden offensichtlich eine Gruppe, bezeichnet mit $\mathrm{Aut}(X)$.

[1] Kaup, B.; Kaup, L.: Holomorphic Functions of Several Variables. Walter de Gruyter Berlin New York, 1983.

holomorphe Einbettung, Verallgemeinerung des Begriffs der „lokalen Einbettung" zwischen Mannigfaltigkeiten (Immersion an einer Stelle).

Für eine holomorphe Abbildung $f : X \to Y$ zwischen Mannigfaltigkeiten und einen Punkt $a \in X$ heißt f eine Immersion an der Stelle a, wenn es Umgebungen $a \in U \subset X$, $f(U) \in V \subset Y$ und $0 \in W \subset \mathbb{C}^d$ gibt (mit $d := \dim_{f(a)} Y - \dim_a X$), und eine holomorphe Abbildung g existiert so, daß das folgende Diagramm kommutiert:

$$\begin{array}{ccc} u & \xrightarrow{f} & v \\ \downarrow\cong & & g\downarrow\cong \\ U \times \{0\} & \hookrightarrow & U \times W. \end{array}$$

Eine holomorphe Abbildung $\varphi : X \to Y$ zwischen komplexen Räumen heißt (abgeschlossene) Einbettung, wenn sie einen Isomorphismus von X auf einen abgeschlossenen Unterraum von Y induziert. Der Keim $\varphi_a \in Hol(X_a, Y_{\varphi a})$ wird Einbettung von Keimen genannt, wenn er einen Repräsentanten $\varphi|_U : U \to V \subset Y$ besitzt, der eine Einbettung ist (in dem Fall heißt φ eine Immersion an der Stelle a).

holomorphe Fortsetzung, eine zu einer in einem ↗ Gebiet $G \subset \mathbb{C}$ ↗ holomorphen Funktion f existierende Funktion F, die in einem Gebiet $H \supset G$ holomorph ist, und die Beziehung $F(z) = f(z)$ für alle $z \in G$ erfüllt.

Falls eine holomorphe Fortsetzung von f existiert, so ist sie eindeutig bestimmt. Siehe auch ↗ analytische Fortsetzung, ↗ holomorph fortsetzbare Funktion.

holomorphe Funktion, eine in einer offenen Menge $D \subset \mathbb{C}$ definierte Funktion $f : D \to \mathbb{C}$, die in jedem Punkt von D ↗ komplex differenzierbar ist.

Man nennt f holomorph am Punkt $z_0 \in D$, falls f in einer offenen Umgebung $U \subset D$ von z_0 holomorph ist. Ist E eine beliebige Teilmenge von D, so heißt f holomorph auf E, falls es eine offene Menge $V \subset D$ mit $E \subset V$ gibt derart, daß f in V holomorph ist. Falls $D \subset \widehat{\mathbb{C}}$ und $\infty \in D$, so heißt f holomorph an ∞, falls es eine in einer offenen Umgebung W von 0 holomorphe Funktion g gibt mit $g(z) = f(1/z)$ für $z \in W$. Die Menge aller in D holomorphen Funktionen bezeichnet man mit $\mathcal{O}(D)$ oder $H(D)$. Man vergleiche hierzu auch das Stichwort ↗ Algebra der holomorphen Funktionen. Für den mehrdimensionalen Fall vergleiche man ↗ holomorphe Abbildung in $\mathbb{C}^n$.

Es gibt Funktionen f, die in einzelnen Punkten komplex differenzierbar, aber nirgends holomorph sind. Zum Beispiel ist die Funktion $f(z) = |z|^2$ an $z_0 = 0$ komplex differenzierbar mit $f'(0) = 0$. Sie ist aber an keinem Punkt $z_0 \neq 0$ komplex differenzierbar und somit nirgends holomorph.

Der folgende Satz liefert mit Hilfe der ↗ Cauchy-Riemann-Gleichungen ein wichtiges Holomorphiekriterium.

Es sei $D \subset \mathbb{C}$ eine offene Menge und $f = u + iv : D \to \mathbb{C}$ eine Funktion. Dann sind folgende Aussagen äquivalent:

(a) *Es ist f holomorph in D.*

(b) *Die Funktionen u, v sind in D reell differenzierbar, und für die partiellen Ableitungen gelten in D die Differentialgleichungen (Cauchy-Riemann-Gleichungen)*

$$u_x = v_y, \quad u_y = -v_x.$$

Die Differenzierbarkeitsvoraussetzung in (b) läßt sich noch wesentlich abschwächen. Siehe dazu den Satz von ↗ Looman-Menchoff.

holomorpher Logarithmus, zu einer in einer offenen Menge $D \subset \mathbb{C}$ ↗ holomorphen Funktion f existierende in D holomorphe Funktion g mit

$$\exp(g(z)) = f(z)$$

für $z \in D$, wobei exp die ↗ Exponentialfunktion ist.

Im allgemeinen muß ein holomorpher Logarithmus zu f in D nicht existieren. Eine notwendige Bedingung ist, daß f in D keine Nullstellen besitzt. Es gilt folgendes Existenzkriterium.

Es sei $D \subset \mathbb{C}$ eine offene Menge und f eine in D holomorphe Funktion, die in D keine Nullstellen besitzt. Dann sind folgende Aussagen äquivalent:

(a) *Es existiert ein holomorpher Logarithmus zu f in D.*

(b) *Die ↗ logarithmische Ableitung f'/f besitzt eine Stammfunktion in D, d. h. es gibt eine in D holomorphe Funktion F mit*

$$F'(z) = \frac{f'(z)}{f(z)}$$

für $z \in D$.

Hieraus ergibt sich der Existenzsatz für holomorphe Logarithmen:

Es sei $G \subset \mathbb{C}$ ein einfach zusammenhängendes Gebiet. Dann besitzt jede in D holomorphe Funktion f, die in D keine Nullstellen hat, einen holomorphen Logarithmus.

Siehe auch die Stichwörter zum Themenkreis „Logarithmus".

holomorphes Geradenbündel, ↗ holomorphes Vektorbündel.

holomorphes Vektorbündel, fundamentaler Begriff in der Funktionentheorie auf komplexen Räumen.

Ein holomorphes Vektorbündel vom Rang r über einem komplexen Raum X ist ein komplexer Raum (E, π) über X (d. h. E ist ein komplexer Raum, und $\pi : E \to X$ ist eine holomorphe Abbildung), der die folgenden Bedingungen erfüllt:

(i) Für jedes $x \in X$ besitzt die Faser $E_x := \pi^{-1}(x)$ die Struktur eines r-dimensionalen Vektorraumes.

(ii) Es gibt eine offene Überdeckung $(U_j)_{j \in J}$ von X und biholomorphe Abbildungen

$$\varphi_j : \pi^{-1}(U_j) \to U_j \times \mathbb{C}^r$$

über U_j (Bündelkarten), die für jedes $x \in U_j$ einen Isomorphismus $\varphi_j|_{E_x} : E_x \to \mathbb{C}^r$ von Vektorräumen induzieren.

Vektorbündel vom Rang 1 heißen Geradenbündel. Ein Morphismus $h : (E_1, \pi_1) \to (E_2, \pi_2)$ von Vektorbündeln über X ist eine holomorphe Abbildung über X (d. h. eine holomorphe Abbildung $h : E_1 \to E_2$ so, daß $\pi_1 = \pi_2 \circ h$), die linear in jeder Faser ist.

Beispiele. i) Jedes Vektorbündel, das isomorph ist zu dem Produktbündel $pr_X : X \times \mathbb{C}^r \to X$, heißt (analytisch) triviales Vektorbündel.

ii) Für eine offene Überdeckung $\mathcal{U} = (U_j)_{j \in J}$ von X und holomorphe Funktionen

$$\psi_{jk} : U_{jk} \to GL(r, \mathbb{C})$$

mit $\psi_{jj} = I_r$ und $\psi_{jk} \circ \psi_{kl} = \psi_{jl}$ ist der Quotientenraum

$$E(\psi) := \left(\dot{\bigcup_j} U_j \times \mathbb{C}^r \right) / \sim$$

mit der Äquivalenzrelation

$$(u, z) \sim (v, w) :\Leftrightarrow u = v \text{ und } w = \psi_{jk}(u) \cdot z$$

für $(u, z) \in U_k \times \mathbb{C}^r$ und $(v, w) \in U_j \times \mathbb{C}^r$ und der kanonischen Projektion auf X ein Vektorbündel vom Rang r über X. Die Familie $\psi := (\psi_{jk})_{j,k \in J}$ heißt System von Übergangsfunktionen von $E(\psi)$.

iii) Ist X eine Mannigfaltigkeit, die durch die Karten $h_j : U_j \to V_j \subset \mathbb{C}^n$ beschrieben wird, dann bestimmt der Kozykel, der durch die holomorphen Funktionalmatrizen $\frac{\partial}{\partial z}\left(h_j \circ h_k^{-1}\right)$ gegeben ist, das Tangentialbündel TX von X. Sein duales Bündel ist das Kotangentialbündel $T'X$, und das äußere Produkt

$$\bigwedge^{\dim X} T'X =: K_X$$

wird kanonisches (Geraden-)bündel von X genannt.

iv) Jedes Geradenbündel über dem $\mathbb{P}_1$ ist isomorph zu genau einem Bündel $E(m)$, welches für $m \in \mathbb{Z}$ durch die Identifikation

$$U_0^* \times \mathbb{C} \to U_1^* \times \mathbb{C}, \left([1, z], \lambda\right) \mapsto \left([1/z, 1], \lambda / z^m\right)$$

definiert ist.

$E(0)$ ist das triviale Geradenbündel, $E(-1)$ ist das „tautologische" Geradenbündel (Hopf-Bündel)

$$pr_1 : \left\{ \left([z_0, z_1], \lambda z_0, \lambda z_1\right) \in \mathbb{P}_1 \times \mathbb{C}^2; \; [z_0, z_1] \in \mathbb{P}_1, \lambda \in \mathbb{C} \right\} \to \mathbb{P}_1,$$

mit den Bündelkarten

$$\varphi_j\left([z_0, z_1], \zeta_0, \zeta_1\right) \to \left([z_0, z_1], \zeta_j\right).$$

Die Projektion $pr_2 : E(-1) \to \mathbb{C}^2$ ist die quadratische Transformation an der Stelle $0 \in \mathbb{C}^2$.

$E(1)$ ist gegeben durch die Projektion

$$[z_0, z_1, z_2] \mapsto [z_0, z_1]$$

von $\mathbb{P}_2 \setminus \{[0,0,1]\}$ auf die Hyperebene $\{z_2 = 0\} \cong \mathbb{P}_1$; die Bündelkarten sind

$$\varphi_j : [z_0, z_1, z_2] \mapsto ([z_0, z_1], z_2/z_j).$$

$E(1)$ heißt das Normalenbündel von $\mathbb{P}_1 \hookrightarrow \mathbb{P}_2$ (Hyperebenenbündel).

[1] Kaup, B.; Kaup, L.: Holomorphic Functions of Several Variables. Walter de Gruyter Berlin New York, 1983.

Holomorphiebereich, ↗ Holomorphiegebiet.

Holomorphiegebiet, zentraler Begriff in der Funktionentheorie, der wie folgt definiert ist:

Ein ↗ Gebiet $G \subset \mathbb{C}$ heißt das Holomorphiegebiet einer in G ↗ holomorphen Funktion f, falls für jeden Punkt $z_0 \in G$ die Konvergenzkreisscheibe der Taylor-Reihe von f mit Entwicklungspunkt z_0 in G enthalten ist.

Ist G das Holomorphiegebiet von f, so ist G das maximale Existenzgebiet von f, d. h. ist $\widehat{G} \subset \mathbb{C}$ ein Gebiet mit $\widehat{G} \supset G$ und $\hat{f}$ eine in $\widehat{G}$ holomorphe Funktion mit $\hat{f}|G = f$, so ist $\widehat{G} = G$.

Falls eine offene Kreisscheibe das maximale Existenzgebiet von f ist, so ist sie auch das Holomorphiegebiet von f.

Betrachtet man die in der geschlitzten Ebene $\mathbb{C}^- = \mathbb{C} \setminus (-\infty, 0]$ holomorphe Funktion $f(z) = \sqrt{z}$ oder $f(z) = \log z$, so ist $\mathbb{C}^-$ das maximale Existenzgebiet, aber nicht das Holomorphiegebiet von f, denn für $z_0 \in \mathbb{C}^-$ ist $B_{|z_0|}(z_0)$ die Konvergenzkreisscheibe der Taylor-Reihe von f um z_0, und für $\operatorname{Re} z_0 < 0$ gilt $B_{|z_0|}(z_0) \not\subset \mathbb{C}^-$.

Es gilt folgender Existenzsatz.

Zu jedem Gebiet $G \subset \mathbb{C}$ existiert eine in G holomorphe Funktion f derart, daß G das Holomorphiegebiet von f ist.

Zur Konstruktion einer solchen Funktion f gibt es zwei Möglichkeiten. Die erste stammt von Goursat. Zu ihrer Erklärung sind einige Vorbereitungen nötig. Ein Randpunkt $\zeta \in \partial G$ heißt sichtbar aus G, falls es eine offene Kreisscheibe $V \subset G$ mit $\zeta \in \partial V$ gibt. Die Scheibe V heißt dann Sichtkreis zu ζ. Es gibt Gebiete mit nicht sichtbaren Randpunkten; zum Beispiel sind in einem Quadrat die Eckpunkte nicht sichtbar. Eine Menge M von sichtbaren Randpunkten von G heißt gut verteilt, falls gilt: Zu jedem $z_0 \in G$ und jeder offenen Kreisscheibe B mit Mittelpunkt z_0 und $B \cap \partial G \neq \emptyset$ existiert in der Zusammenhangskomponente von $B \cap G$, die z_0 enthält, ein Sichtkreis V zu einem Punkt $b \in M \cap B$. Ist $G \neq \mathbb{C}$, so existieren stets gut verteilte, abzählbare Randmengen $M \subset \partial G$. Damit gilt folgender Satz.

Es sei $G \subset \mathbb{C}$ ein Gebiet mit $G \neq \mathbb{C}$ und $\{b_n : n \in \mathbb{N}\} \subset \partial G$ eine gut verteilte, abzählbare Randmenge. Weiter sei (a_n) eine Folge in $\mathbb{C} \setminus \{0\}$ mit $\sum_{n=1}^{\infty} |a_n| < \infty$ und

$$f(z) = \sum_{n=1}^{\infty} \frac{a_n}{z - b_n}.$$

Dann ist diese Reihe in G normal konvergent und G ist das Holomorphiegebiet der Funktion f.

Bei der zweiten Möglichkeit benutzt man den Weierstraßschen Produktsatz. Dazu konstruiert man eine abzählbare Menge $A \subset G$ ohne Häufungspunkt in G derart, daß jeder Randpunkt $\zeta \in \partial G$ ein Häufungspunkt von A ist. Anschließend bestimmt man eine in G holomorphe Funktion f mit $f(a) = 0$ für alle $a \in A$ und $f(z) \neq 0$ für alle $z \in G \setminus A$. Dann ist G das Holomorphiegebiet von f.

Im wichtigen Fall des Einheitskreises $\mathbb{E}$ gibt es weitere Möglichkeiten, Funktionen f zu konstruieren, deren Holomorphiegebiet $\mathbb{E}$ ist. Wir listen einige davon im folgenden auf.

1. Die Potenzreihe $f(z) = \sum_{n=0}^{\infty} z^{2^n}$ hat $\mathbb{E}$ zum Holomorphiegebiet. Weitere Beispiele liefert der Hadamardsche Lückensatz (↗ Hadamard, Lückensatz von).
2. Ist $a \in \mathbb{E}$ und $\omega \in \mathbb{R} \setminus \pi\mathbb{Q}$, so ist $\mathbb{E}$ das Holomorphiegebiet der Goursatschen Reihe
$$f(z) = \sum_{n=1}^{\infty} \frac{a^n}{z - e^{in\omega}}.$$
3. Die Potenzreihe
$$f(z) = \sum_{n=0}^{\infty} \frac{z^n}{1 - e^{1+in}}$$
hat $\mathbb{E}$ zum Holomorphiegebiet.
4. Das unendliche Produkt
$$f(z) = \prod_{n=0}^{\infty} (1 - z^{2^n})$$
hat $\mathbb{E}$ zum Holomorphiegebiet.

Eine weitere Konstruktionsmethode liefert der folgende Liftungssatz.

Es sei $\widetilde{G} \subset \mathbb{C}$ ein Gebiet, ϕ eine ↗ ganze Funktion und G eine Zusammenhangskomponente des Urbilds $\phi^{-1}(\widetilde{G})$. Falls $\widetilde{G}$ das Holomorphiegebiet einer Funktion $\tilde{f}$ ist, so ist G das Holomorphiegebiet der Funktion $f := \tilde{f} \circ \phi|G$.

Wählt man $\widetilde{G} = \mathbb{E}$, so kann man diesen Satz benutzen, um Funktionen f zu konstruieren, die einen ↗ Cassini-Bereich zum Holomorphiegebiet haben.

Bei der Untersuchung der Fortsetzbarkeit holomorpher Funktionen mehrerer Veränderlicher ist der Begriff des Holomorphiegebiets ebenfalls von zentraler Bedeutung. Auch hier sagt man in Analogie zum univariaten Fall, ein Bereich (bzw. Gebiet) $X \subset \mathbb{C}^n$ heißt Holomorphiegebiet bzw. Holomorphiebereich, wenn es eine Funktion $f \in \mathcal{O}(X)$ (Algebra der holomorphen Funktionen auf X) gibt, die nicht holomorph fortsetzbar in einen Punkt y außerhalb von X ist.

Holomorphiehülle, wichtiger Begriff in der Funktionentheorie auf ↗Steinschen Räumen.

In der Kategorie der komplexen Räume, bei denen jede Zusammenhangskomponente eine abzählbare Topologie besitzt, heißt eine holomorphe Abbildung $\varphi : X \to Y$ eine holomorphe Fortsetzung von X, wenn $\varphi^0 : \mathcal{O}(Y) \to \mathcal{O}(X)$ ein Isomorphismus ist. Ein solches φ nennt man Holomorphiehülle von X, wenn φ maximal ist, d. h. wenn jede holomorphe Fortsetzung $\psi : X \to Z$ eine eindeutige Faktorisierung $\chi \circ \psi = \varphi$, $\chi : Z \to Y$, zuläßt.

Wenn die Holomorphiehülle existiert, dann ist sie eindeutig bis auf Isomorphie. Ist $\varphi : X \to Y$ eine holomorphe Fortsetzung und Y ein Steinscher Raum, dann ist φ die Holomorphiehülle von X.

Holonomie, allgemeine Bezeichnung für Phänomene und geometrische Größen, die im Zusammenhang mit Parallelübertragung in Mannigfaltigkeiten M und Faserbündeln stehen.

Meist ist mit dem Begriff die ↗Holonomiegruppe oder ihre Lie-Algebra, die Holonomiealgebra gemeint, für deren Erläuterung auf das betreffende Stichwort verwiesen wird.

Holonomie tritt jedoch auch im Zusammenhang mit Blätterungen von M auf. Dabei handelt es sich um Zerlegungen von M in paarweise disjunkte, zusammenhängende Untermannigfaltigkeiten $\mathcal{F} \subset M$, sogenannte Blätter, derart, daß durch jeden Punkt $x \in M$ genau ein Blatt $\mathcal{F}_x$ geht. Außerdem wird gefordert, daß in einer Umgebung U von x lokale Koordinaten $(x_1, \dots, x_n)$ existieren, in denen die zusammenhängenden Komponenten der Durchschnitte $\mathcal{F}_y \cap U$ mit den Blättern der Punkte $y \in U$ durch Gleichungen der Form $x_{k+1} = c_{k+1}, x_{k+2} = c_{k+2}, \dots, x_n = c_n$ mit gewissen Konstanten $c_{k+1}, \dots, c_n \in \mathbb{R}$ beschrieben werden, d. h., in der Kartendarstellung erscheinen die Blätter als parallele $(n-k)$-parametrige Schar k-dimensionaler Ebenen des $\mathbb{R}^n$. Die hierbei auftretende Zahl k heißt Dimension der Blätterung.

Ist zusätzlich eine Riemannschen Metrik g auf M gegeben, so gibt es eine sogenannte Tubenumgebung V des Blattes $\mathcal{F}_x$ und eine durch g bestimmte Projektion $p : V \to \mathcal{F}$ (Verallgemeinerung der orthogonalen Projektion in Euklidischen Vektorräumen), die die Durchschnitte $V \cap \mathcal{F}_y$ von benachbarten Blättern lokal bijektiv auf $\mathcal{F}_x$ abbildet. Man wählt nun eine komplementäre, $(n-k)$-dimensionale Untermannigfaltigkeit $N_x \subset M$, die $\mathcal{F}_x$ in x orthogonal schneidet, und in $\mathcal{F}_x$ eine glatte geschlossene Kurve $\gamma(t)$ mit $\gamma(0) = \gamma(1) = x$. Für jeden Punkt $y \in N_x$, der hinreichend nahe bei x liegt, kann man ein Anfangsstück $\gamma|_{[0,\varepsilon]}$ von $\gamma(t)$ mittels der Einschränkung $p|_{\mathcal{F}_y} : \mathcal{F}_y \to \mathcal{F}_x$ in das Blatt $\mathcal{F}_y$ zu einer Kurve

$$\widetilde{\gamma} = \left(p|_{\mathcal{F}_y}\right)^{-1} \circ \gamma|_{[0,\varepsilon]}$$

zurückziehen. Setzt man $y_1 = \widetilde{\gamma}(\varepsilon)$, so ist $\mathcal{F}_{y_1} = \mathcal{F}_y$. Wiederholt man diese Konstruktion mit dem Punkt y_1, so erhält man eine Ausdehnung der Kurve $\widetilde{\gamma}$ auf ein größeres Intervall $[0, \varepsilon] \subset [0, \varepsilon_1]$. Durch wiederholtes Anwenden dieser Konstruktion wird die Kurve $\widetilde{\gamma}$ immer weiter ausgedehnt. Aus der Kompaktheit der Kurve $\gamma([0, 1]) \subset \mathcal{F}_x$ folgt, daß man bei diesem Prozeß, wenn y in einer hinreichend kleinen Umgebung $W_x \subset N_x$ von x liegt, nach endlich vielen Schritten zum Anfangspunkt x zurückkommt und eine Hebung $\widetilde{\gamma}$ der Kurve γ in das parallele Blatt $\mathcal{F}_y$ erhält, d. h., eine Kurve $\widetilde{\gamma}$ mit $p \circ \widetilde{\gamma} = \gamma$. Der Endpunkt $\widetilde{\gamma}(1)$ liegt dann wieder in N_x, wird aber i. allg. von y verschieden sein. Die Zuordnung $h_{x,\gamma} : y \in W_x \to \widetilde{\gamma}(1)$ definiert eine stetige Abbildung von W_x in N_x mit $h_{x,\gamma}(x) = x$.

Der Keim von $h_{x,\gamma}$, den wir gleichfalls mit $h_{x,\gamma}$ bezeichnen, ist die Äquivalenzklasse aller in einer Umgebung von x definierten Abbildungen in N_x, die mit $h_{x,\gamma}$ in einer anderen, eventuell noch kleineren Umgebung übereinstimmen. Die Keime aller Abbildungen $h_{x,\gamma}$ bei festem x und beliebiger Kurve γ bilden eine Gruppe, die ↗Holonomiegruppe der Blätterung im Punkt x. Sie ist eine Untergruppe der Gruppe $C_x^\infty(N_x)$, die aus allen Keimen von lokalen Diffeomorphismen von N_x in sich besteht, die den Punkt x fest lassen. Wenn γ nullhomotop ist, so ist der Keim von $h_{x,\gamma}$ gleich dem Keim der identischen Abbildung, – dem neutralen Element von $C_x^\infty(N_x)$ –, so daß die Zuordnung $\gamma \to h_{x,\gamma}$ ein Homomorphismus h_x der Fundamentalgruppe $\pi_x(\mathcal{F}_x)$ des Plattes $\mathcal{F}_x$ in $C_x^\infty(N_x)$ ist. Dieser Homomorphismus wird Holonomiehomomorphismus genannt. Zu erwähnen ist schließlich noch die Holonomieüberlagerung, das ist der Überlagerungsraum, dessen Fundamentalgruppe der Kern von h_x ist. Diese Holonomien dienen zum Studium der Umgebung von $\mathcal{F}_x$ in der Blätterung.

Voraussetzung für diese Konstruktion ist das Vorhandensein der Projektion p. Die Holonomiegruppe einer Blätterung kann man auch ohne das Vorhandensein einer Riemannschen Metrik definieren, indem man das Normalbündel $N(\mathcal{F}_x)$ von $\mathcal{F}_x$ als Faktorbündel $N(\mathcal{F}_x) = T(M)|_{\mathcal{F}_x}/T(\mathcal{F}_x)$ einführt und von der Tatsache Gebrauch macht, daß $N(\mathcal{F}_x)$ eine zu seinen Fasern transversale Blätterung besitzt, die zu einer Umgebung V von $\mathcal{F}_x$ diffeomorph ist, wobei bei dieser Diffeomorphie die Blätter von $N(\mathcal{F}_x)$ den Blättern von V entsprechen und der Nullschnitt dem Blatt $\mathcal{F}_x$.

[1] Reinhart, B.L.: Differential Geometry of Foliations. Ergebnisse der Mathematik und ihrer Grenzgebiete Vol. 99, Springer-Verlag Berlin 1983.

Die Holonomiegruppe

H. Gollek

Die Holonomiegruppe ist das Charakteristikum eines ↗linearen Zusammenhangs. Sie wird allgemeiner auch für Zusammenhänge in Prinzipalbündeln definiert. Wir beschränken uns auf die Erläuterung von Holonomiegruppen linearer Zusammenhänge.

Es sei M eine mit einem linearen Zusammenhang ∇ versehene Mannigfaltigkeit. Sind $x, y \in M$ zwei Punkte, so sei $\Gamma_{x,y}$ die Menge aller auf dem Intervall $[0,1] \subset \mathbb{R}$ definierten stückweise glatten Kurven $\gamma(t)$ in M mit $\gamma(0) = x$ und $\gamma(1) = y$. Die Abbildung

$$\mathcal{H} : \gamma \in \Gamma_{x,y} \to \Pi_\gamma \in \mathrm{Hom}(\mathrm{T_x(M)}, \mathrm{T_y(M)}),$$

die jeder Kurve γ die Parallelübertragung Π_γ längs γ zuordnet, ist die ↗Holonomie von (M, ∇) in den Punkten x und y.

Genauer: Ist $\mathfrak{t} \in T_x(M)$ ein beliebiger Tangentialvektor, so gibt es genau ein Feld $\mathfrak{t}(t) \in T_{\gamma(t)}(M)$ von längs γ parallel übertragenen Vektoren mit $\mathfrak{t}(0) = \mathfrak{t}$. Π_γ ordnet $\mathfrak{t}$ den Vektor $\mathfrak{t}(1) \in T_y(M)$ zu. Es gilt

$$\Pi_\gamma(r\,\mathfrak{t} + s\,\mathfrak{s}) = r\,\Pi_\gamma(\mathfrak{t}) + s\,\Pi_\gamma(\mathfrak{s})$$

für alle $r, s \in \mathbb{R}$ und $\mathfrak{t}, \mathfrak{s} \in T_x(M)$, d. h., Π_γ ist linear. Bezeichnet $\widetilde{\gamma} \in \Gamma_{y,x}$ die in entgegengesetzter Richtung durchlaufene Kurve γ, d. h. $\widetilde{\gamma}(t) = \gamma(1-t)$, so ist $\Pi_{\widetilde{\gamma}} \circ \Pi_\gamma$ die identische Abbildung von $T_x(M)$, d. h., Π_γ ist bijektiv.

Wir bezeichnen mit $H_{x,y} \subset \mathrm{End}(\mathrm{T_x(M)}, \mathrm{T_y(M)})$ die Bildmenge $\mathcal{H}(\gamma \in \Gamma_{x,y})$. Für $x = y$ ist $H_x = H_{x,x}$ eine Untergruppe der Gruppe $\mathrm{Gl}(\mathrm{T_x(M)})$ aller bijektiven linearen Abbildungen des Tangentialraums $T_x(M)$ in sich. Diese Gruppeneigenschaft ist eine direkte Folgerung aus der Verträglichkeit der Parallelübertragung mit dem Zusammensetzen von Kurven.

H_x heißt Holonomiegruppe von (M, ∇) im Punkt x. Wenn M das zweite Abzählbarkeitsaxiom erfüllt ist, ist H_x eine Liesche Untergruppe von $\mathrm{Gl}(\mathrm{T_x(M)})$, d. h., eine abgeschlossene glatte Untermannigfaltigkeit, die gleichzeitig eine Untergruppe ist. Das Einselement von H_x ist die identische Abbildung Id, und der Tangentialraum $\mathfrak{h}_x = T_{\mathrm{Id}}(H_x)$ von H_x im Punkt Id heißt Holonomiealgebra von (M, ∇) im Punkt x. Sie ist ein linearer Unterraum des Raumes $\mathrm{End}(T_x(M))$ der Endomorphismen von $T_x(M)$ und in bezug auf die Kommutatorbildung $(\alpha, \beta) \in \mathfrak{h}_x \times \mathfrak{h}_x \to [\alpha, \beta] = \alpha \circ \beta - \beta \circ \alpha$ abgeschlossen. Somit ist $\mathfrak{h}_x$ eine Liesche Unteralgebra von $\mathrm{End}(\mathrm{T_x(M)})$.

Der Krümmungstensor eines beliebigen linearen Zusamenhangs ∇ ist analog zum Riemannschen Krümmungstensor als Abbildung definiert, die jedem Paar von Tangentialvektoren $X, Y \in T_x(M)$ den Endomorphismus $R(X,Y) : U \in T_x(M) \to \nabla_X(\nabla_Y U) - \nabla_Y(\nabla_X U) - \nabla_{[X,Y]} U \in T_x(M)$ zuordnet. Das Holonomietheorem von Ambrose und Singer besagt, daß die Holonomiealgebra durch R bestimmt ist:

Die Holonomiealgebra $\mathfrak{h}_x$ von (M, ∇) im Punkt $x \in M$ wird als Liesche Unteralgebra von der Teilmenge $\{R(X,Y) \in \mathrm{End}(\mathrm{T_x(M)}); \mathrm{X}, \mathrm{Y} \in \mathrm{T_x(M)}\}$ erzeugt.

Lassen sich zwei Punkte $x, y \in M$ durch eine stückweise glatte Kurve $\gamma(t)$ ($t \in [0,1], \gamma(0) = x, \gamma(1) = y$) verbinden, so ist durch $\alpha \in H_y \to (\Pi_\gamma)^{-1} \circ \alpha \circ \Pi_\gamma \in H_x$ eine Isomorphie zwischen H_x und H_y gegeben. Daher sind alle Holonomiegruppen einer bogenweise zusammenhängenden Mannigfaltigkeit untereinander isomorph.

Die *eingeschränkte* Holonomiegruppe H_x^0 ist als Menge aller Parallelübertragungen $\Pi\gamma$ längs *nullhomotoper* geschlossener Kurven $\gamma \in \Gamma_{x,x}$ definiert, d. h. längs geschlossener Kurven, die sich stetig innerhalb von M auf den Anfangspunkt x zusammenziehen lassen. H_x^0 ist eine Untergruppe von H_x und stimmt mit der topologischen Zusammenhangskomponente des Einselementes $\mathrm{Id} \in H_x$ überein.

Ist M eine Riemannsche Mannigfaltigkeit mit der Riemannschen Metrik g und ∇ der ↗Levi-Civita-Zusammenhang von g, so ist die Länge von Vektoren bei der Parallelübertragung invariant. Somit ist H_x eine Untergruppe der orthogonalen Gruppe $O(T_x(M), g_x)$ von $T_x(M)$.

Da H_x in diesem Fall kompakt ist, ist $T_x(M)$ als Darstellungsraum von H_x *vollständig reduzibel*, d. h., es existiert eine Zerlegung $T_x(M) = \sum_{i=1}^k T_x^{(i)}$ in invariante Unterräume, die *de Rham-Zerlegung* von $T_x(M)$. Da ferner die Darstellungsräume $T_x(M)$ der Gruppen H_x für alle Punkte $x \in M$ untereinander isomorph sind, sind auch die de Rham-Zerlegungen untereinander isomorph. Genauer: Die Parallelübertragung längs einer stückweise glatten, zwei Punkte x und y verbindenden Kurve $\gamma(t)$ überführt die Komponenten $T_x^{(i)}$ der de Rham-Zerlegung von $T_x(M)$ in die entsprechenden Komponenten der de Rham-Zerlegung von $T_y(M)$.

Die de Rham-Zerlegung der Tangentialräume überträgt sich unter bestimmten Voraussetzungen auf die Mannigfaltigkeit M. Es gilt der Zerlegungssatz von de Rham:

Es sei M eine einfach zusammenhängende und vollständige Riemannsche Mannigfaltigkeit und $\Delta^{(i)} : y \in M \to T_y^{(i)}$ $(i = 1, \ldots, k)$ die Abbildung, die jedem Punkt den Unterraum $T_y^{(i)}$ der de Rham-Zerlegung von $T_y(M)$ zuordnet. Dann ist $\Delta^{(i)}$ ein vollständig integrables Pfaffsches System. Durch jeden Punkt von M geht eine maximale Integralmannigfaltigkeit, d. h., eine zusammenhängende Untermannigfaltigkeit $N \subset M$, deren Tangentialräume in allen Punkten $y \in N$ mit $\Delta^{(i)}(y)$ übereinstimmen, und die in keiner sie echt umfassenden Integralmannigfaltigkeit enthalten ist.

Bezeichnet man mit $N^{(i)}$ die maximale Integralmannigfaltigkeit von $\Delta^{(i)}$ durch einen fest gewählten Punkt $x \in M$, so ist die gesamte Mannigfaltigkeit M zu dem direkten Produkt der $N^{(i)}$ isomorph:

$$M = N^{(1)} \times N^{(2)} \times \cdots \times N^{(k)} .$$

Diese Aussage schließt mit ein, daß auch g das direkte Produkt der Riemannschen Metriken der $N^{(i)}$ ist.

Tritt in dieser Zerlegung nur ein Faktor auf, so heißt M irreduzibel. Die Holonomiegruppen von irreduzibeln Riemannschen Mannigfaltigkeiten der Dimension n, die keine symmetrischen Räume sind, gehören nach einem Satz von M. Berger einer der folgenden acht Klassen an:

$SO(n)$,	spezielle orthogonale Gruppe,
$U(n/2)$,	unitäre Gruppe,
$SU(n/2)$,	spezielle unitäre Gruppe,
$Sp(n/4)\,Sp(1)$,	quaternionische Gruppe,
$Sp(n/4)$,	quaternionische unitäre Gruppe,
G_2,	eine der Ausnahmegruppen,
$Spin(7)$,	die 7- und die
$Spin(9)$,	9-dimensionale Spingruppe.

Dabei ist n in den Fällen $U(n/2)$ und $SU(n/2)$ eine gerade Zahl, und eine durch 4 teilbare Zahl im Fall der Gruppen $Sp(n/4)\,Sp(1)$ und $Sp(n/4)$. G_2 ist als Untergruppe von $GL(7, \mathbb{R})$ erklärt, die die alternierende 3-Form

$$\begin{aligned} \varphi = dx^5 \wedge dx^6 \wedge dx^7 + \\ \left(dx^1 \wedge dx^2 - dx^3 \wedge dx^4\right) \wedge dx^5 + \\ \left(dx^1 \wedge dx^3 - dx^4 \wedge dx^2\right) \wedge dx^6 + \\ \left(dx^1 \wedge dx^4 - dx^2 \wedge dx^3\right) \wedge dx^7 \end{aligned}$$

invariant läßt. $Spin(7)$ und $Spin(9)$ sind als zweiblättrige Überlagerungsgruppen von $SO(7)$ bzw. $SO(9)$ definiert. Um sie als Holonomiegruppen verstehen zu können, müssen sie jedoch als Untergruppen einer linearen Gruppe $GL(n, \mathbb{R})$ angesehen werden. Man kann Untergruppen von $GL(8, \mathbb{R})$ und $GL(16, \mathbb{R})$ angeben, die zu $Spin(7)$ bzw. zu $Spin(9)$ isomorph sind.

Literatur

[1] Kobayashi., S; Nomizu., K.: Foundations of Differential geometry I. Interscience Publishers, New-York & London 1963.

[2] Salamon, S.: Riemannian geometry and holonomy groups. Longman Scientific & Technical, Großbritannien, 1989.

HOMFLY-Polynom, ↗Knotentheorie.

homogene Differentialgleichung, eine gewöhnliche Differentialgleichung erster Ordnung, die in der Form

$$y' = f\left(\frac{y}{x}\right)$$

geschrieben werden kann.

Gelegentlich benutzt man die Bezeichnung auch etwas unkorrekt als Synonym für ↗homogene lineare Differentialgleichung.

homogene Differenzengleichung, eine ↗ lineare Differenzengleichung, deren rechte Seite Null ist.

homogene Funktion, eine Funktion f von n Variablen, die für alle t eine Relation der Form

$$f(tx_1, tx_2, \ldots, tx_n) = t^m \cdot f(x_1, x_2, \ldots, x_n)$$

erfüllt, wobei m eine feste Zahl, der Homogenitätsgrad von f, ist.

Einen zentralen Satz über solche Funktionen bewies Euler (↗Euler, Satz von, über homogene Funktionen).

homogene Koordinaten, meist in der projektiven Geometrie verwendeter Typus von Koordinaten.

Hat ein Punkt P im $\mathbb{R}^n$ die (kartesischen) Koordinaten $(x_1, \ldots, x_n)$, so nennt man das durch die Gleichungen

$$x_\nu = \frac{y_\nu}{y_{n+1}}\,, \quad \nu = 1, \ldots n, \quad y_{n+1} \neq 0$$

zugeordnete Tupel $(y_1, \ldots, y_{n+1})$ homogene Koordinaten von P. Offenbar sind diese nicht eindeutig bestimmt, vielmehr liefert jedes Tupel der Form $(\lambda y_1, \ldots, \lambda y_{n+1})$ mit $\lambda \neq 0$ ebenfalls einen Satz homogener Koordinaten für P. Allerdings ist die Rücktransformation auf $(x_1, \ldots, x_n)$ eindeutig, da sich der Faktor λ stets herauskürzt.

homogene lineare Differentialgleichung, gelegentlich auch verkürzte Differentialgleichung genannt, eine ↗ lineare Differentialgleichung, deren rechte Seite Null ist.

homogene Markow-Kette, Markow-Kette mit einer Unabhängigkeitseigenschaft.

Gegeben sei eine Markow-Kette $X_0, X_1, \ldots$ von Zufallsvariablen. Zu den Zufallsvariablen X_n gehört ein Ereignisraum E, der endlich oder abzählbar sein kann. Dann gibt es für alle Paare $m < n$ die Übergangswahrscheinlichkeit

$$p_{jk}(m,n) = P\{X_n = e_k | X_m = e_j\},$$

wobei e_k, e_j Elemente des Ereignisraumes sind. Setzt man zusätzlich voraus, daß die Übergangswahrscheinlichkeiten $p_{jk}(m, m+s)$ zwar von s, aber nicht von m abhängig sind, so heißt die Markow-Kette homogen.

Eine homogene Markow-Kette ist durch die Anfangswahrscheinlichkeiten $P\{X_0 = e_l\}$ und die speziellen Übergangswahrscheinlichkeiten $P\{X_{m+1} = e_k | X_m = e_j\}$ festgelegt.

homogene Maxwell-Gleichung, eine Form der Maxwell-Gleichungen, in denen keine Quelle (Ladungen) enthalten ist.

homogener Raum, bezeichnet mit (M, G), ist eine Menge M, auf der eine ↗Gruppe G transitiv operiert. D.h., es gibt eine Abbildung

$$G \times M \to M, \qquad (g, x) \mapsto g.x$$

mit

1. $(gh).x = g.(h.x), \quad \forall g, h \in G, \ x \in M.$
2. $e.x = x$ (e sei das neutrale Element der Gruppe G).
3. Zu jedem Paar $x, y \in M$ gibt es ein $g \in G$ mit $y = g.x$.

Die Gruppe G heißt auch die Bewegungsgruppe des homogenen Raums. Die Elemente von M werden oft als Punkte bezeichnet. Die Stabilisatorgruppe oder Isotropiegruppe G_x zu einem Punkt $x \in M$ ist definiert als die Untergruppe

$$G_x := \{g \in G \mid g.x = x\},$$

bestehend aus den Elementen, die x festlassen. Wegen der Transitivität (d. h. der Bedingung 3.) sind die Stabilisatorgruppen zu verschiedenen Punkten x und y konjugiert in G.

Das Standardbeispiel eines homogenen Raums ist der (Links-)Nebenklassenraum (d. h. Quotientenraum) G/H einer Gruppe G nach einer Untergruppe H. Die Gruppe G operiert auf G/H durch

$$g.(aH) = (ga)H.$$

Die Stabilisatorgruppe von eH ist H.

Jeder homogene Raum (G, M) kann mit dem Nebenklassenraum G/H_x für ein beliebiges $x \in M$ identifiziert werden. Diese Identifikation erfolgt durch $y \in M \mapsto gH_x$, wobei g ein Gruppenelement ist mit $y = g.x$.

Die rein mengentheoretische Konstruktion ist auch sinnvoll, falls der homogene Raum (M, G) noch zusätzliche Strukturen trägt. Wichtige Beispiele: M ist eine topologische Mannigfaltigkeit und G eine topologische Gruppe mit einer stetigen Gruppenaktion, bzw. M ist eine differenzierbare oder komplexe Mannigfaltigkeit und G eine (komplexe) Lie-Gruppe mit differenzierbarer (komplexanalytischer) Gruppenaktion, bzw. M ist eine algebraische Varietät und G eine algebraische Gruppe mit algebraischer Gruppenaktion.

Viele Objekte auf M sind beschreibbar durch diejenigen Objekte auf der Gruppe G, die ein gewisses „automorphes" Verhalten unter einer Stabilisatorgruppe haben. Durch diese zusätzliche Struktur ist es oft möglich, eine vollständige Klassifikation der homogenen Räume zu geben. So sind diejenigen differenzierbaren Flächen, die homogene Räume von zusammenhängenden Lie-Gruppen sind, vollständig klassifiziert. Dies sind: Die Ebene, der Zylinder, die Sphäre, der Torus, das Möbius-Band, die (reelle) projektive Ebene und die Kleinsche Flasche.

Etwas salopp, aber einprägsam sagen auch manche Autoren, ein homogener Raum ist ein Raum, dessen wesentliche Eigenschaften an allen seinen Punkten dieselben sind. In dieser Sichtweise existieren folgende Beispiele: Ein topologischer Raum X heißt homogen, wenn es zu je zweien seiner Punkte $x, y \in X$ einen Homöomorphismus $\phi : X \to X$ gibt, der den einen in den anderen überführt, also $\phi(x) = y$ erfüllt. Eine Riemannsche Mannigfaltigkeit heißt homogen, wenn es zu je zweien ihrer Punkte einen isometrischen Diffeomorphismus gibt, der den einen in den anderen überführt.

homogenes Gleichungssystem, ein Gleichungssystem, bei dem die rechte Seite gleich Null ist

homogenes lineares Gleichungssystem, ein ↗lineares Gleichungssystem $Ax = b$, bei dem der Vektor b auf der rechten Seite der Nullvektor ist.

Im anderen Fall spricht man von einem inhomogenen linearen Gleichungssystem (↗Existenz von Lösungen eines linearen Gleichungssystems).

homogenes Polynom, ist ein ↗Polynom in einer oder mehreren Variablen, bei dem alle auftretenden Monome denselben Grad haben.

Homogenität, allgemein die Bezeichnung dafür, daß die inneren Eigenschaften eines Körpers, Raumes, o.ä. ortsunabhängig sind.

Beispiel: Ein räumlich homogenes Weltmodell ist eine 4-dimensionale Raum-Zeit, deren sämtliche physikalisch meßbaren Eigenschaften (Massendichte etc.) nur von der Zeit, nicht aber vom Ort abhängig sind.

In der Differentialgeometrie unterscheidet man auch zwischen „lokaler" und „globaler" Homogenität: Der Raum heißt lokal homogen, wenn jeder seiner Punkte eine offene Umgebung besitzt, die zu einer Teilmenge eines global homogenen Raums isometrisch ist.

Man vergleiche zum Begriff der Homogenität auch die zahlreichen Stichworteinträge zum Themenkreis „homogen".

Homogenitätstest, abkürzende Bezeichnung für den ↗ χ^2-Homogenitätstest.

homokline Bifurkation, spezielle ↗Bifurkation.
Man betrachte z. B. ein Hamilton-System mit kleinen periodischen Störungen der Periode τ:

$$\dot{x} = S\ \text{grad}H(\vec{x}) + \chi\, g(\vec{x}, t, \chi)\,,$$

$\vec{x}, g\, \varepsilon\, \mathbb{R}^2$, mit einem kleinen Störparameter $\chi \to +0$, der ungestörten Hamilton-Funktion $H(\vec{x})$ im ungestörten System und der Zeit t. Sei

$$g(\vec{x}, t + \tau, \chi) = g(\vec{x}, t, \chi)\,.$$

Das ungestörte Problem ($\chi = 0$) besitzt einen Sattelpunkt p_0, der durch eine ↗homokline Trajektorie $q_0 = \{\vec{x_0}(t)\}$ mit sich selbst verbunden ist. Der Schnitt zweier Mannigfaltigkeiten der Sattelpunkte einer solchen flächenerhaltenden Abbildung entspricht dem Aufbrechen der Sattelverbindung und damit einer globalen homoklinen Bifurkation. Ein solche Schnitt entspricht einer einfachen Nullstelle der Melnikow-Funktion. Die Melnikow-Funktion ist ein integrales Maß für den Abstand der stabilen und der instabilen Mannigfaltigkeit der Poincaré-Karten des entsprechenen dynamischen Systems. Eine Variation des Parameters χ führt zum Berühren der Mannigfaltigkeiten, eine weitere Änderung von χ zum Schnitt dieser Kurven und damit zu endlich vielen Schnittpunkten, was man als Auftreten eines chaotischen Wirrwarrs bezeichnet. Die Existenz der Nullstellen der Melnikow-Funktion stellt ein notwendiges Kriterium für das Aufteten von Chaos über homokline Bifurkationen dar.

homokliner Orbit, ↗ homokliner Punkt.

homokliner Punkt, Begriff im Kontext ↗Bifurkation.

Sei $x_0 \in M$ Fixpunkt eines Flusses $(M, \mathbb{R}, \Phi)$. Jeder Punkt x im Schnitt der stabilen Mannigfaltigkeit des Fixpunktes x_0, $W^s(x_0)$ und der instabilen Mannigfaltigkeit des Fixpunktes x_1, $W^u(x_0)$, $x \in W^s(x_0) \cap W^u(x_0)$ mit $x \neq x_0$ heißt homokliner Punkt. Ein Orbit $\mathcal{O} \subset M$ heißt homokliner Orbit, falls er durch einen homoklinen Punkt $x \in M$ erzeugt wird, d. h. falls gilt $\mathcal{O} = \mathcal{O}(x)$.

Für einen homoklinen Punkt $x \in W^s(x_0) \cap W^u(x_0)$ gilt $\lim_{t\to\pm\infty} \Phi(x, t) = x_0$. Der homokline Orbit $\mathcal{O}(x)$ „kommt aus der unendlichen Vergangenheit" vom Fixpunkt x_0 und „verschwindet in der unendlichen Zukunft" wieder im gleichen Fixpunkt x_0 (vgl. auch ↗heterokliner Punkt).

[1] Guckenheimer, J.; Holmes, Ph.: Nonlinear Oscillations, Dynamical Systems, and Bifurcations of Vector Fields. Springer-Verlag New York, 1983.

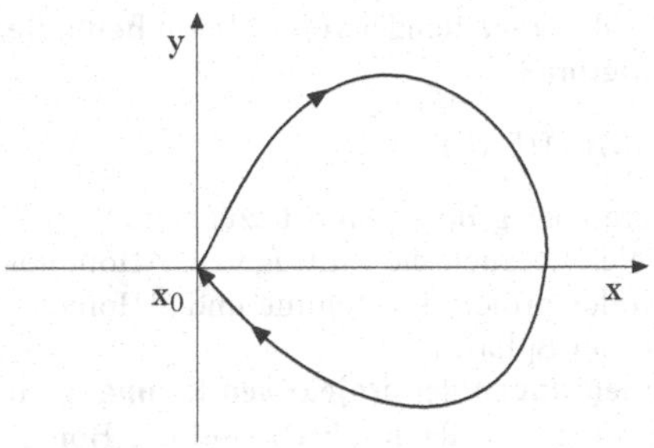

Homokliner Orbit

homologe Dimension, neben der ↗homologischen Dimension eines topologischen Raums versteht man darunter auch die Minimallänge von „Auflösungen" eines Objekts einer abelschen Kategorie durch gewisse Objekte.

Genauer sei $\mathcal{C}$ eine abelsche Kategorie und $\mathcal{B}$ eine feste Klasse von Objekten aus $\mathcal{C}$. Dann ist die (projektive bzw. injektive) homologische Dimension bzgl. $\mathcal{B}$ eines Objekts A aus $\mathcal{C}$ gegeben als die kleinste Zahl n, für die eine exakte Sequenz von Morphismen (↗Komplex von Morphismen)

$$0 \to B_n \to B_{n-1} \to \cdots \to B_0 \to A \to 0$$

mit $B_i \subset \mathcal{B}$ für alle $i \subset [0, \ldots, n]$, bzw.

$$0 \to A \to B_0 \to B_1 \to \cdots \to B_n \to 0$$

für die injektive homologische Dimension, existiert. Existiert keine solche Zahl, so setzt man die homologische Dimension gleich ∞.

Von besonderer Bedeutung ist der Fall, daß die Kategorie $\mathcal{C}$ die Kategorie der Links- (oder Rechts-) Moduln über einem assoziativen Ring mit 1 ist. Ist $\mathcal{B}$ die Klasse aller projektiven Moduln, so erhält man über die projektive Auflösung die projektive Dimension des Moduls A. Bildet $\mathcal{B}$ die Klasse aller injektiven Moduln, so erhält man über die injektive Auflösung die injektive Dimension des Moduls A. Die (links-)globale Dimension des Rings R wird gegeben durch das Supremum der projektiven Dimensionen über alle Links-Moduln. Für den Polynomring $\mathbb{K}[X_1, X_2, \ldots, X_n]$ über einem Körper $\mathbb{K}$ gilt, daß er die globale Dimension n besitzt. In dieser Weise werden wichtige numerische Invarianten von Ringen und Moduln definiert.

homologe Zyklen, Zyklen, deren Differenz der Rand einer I-Kette ist. Zwei I-Zyklen C_1, C_2 eines orientierten Komplexes K heißen homolog, wenn $C_1 - C_2$ der Rand einer I-Kette von K ist. Man schreibt dann $C_1 \sim C_2$.

Homologiegruppe, spezielle Restklassengruppe.

Es sei K ein orientierter Komplex und $Z_I^r(K)$ die Gruppe aller $r - I$-Zyklen von K. Weiterhin sei F^r

die Gruppe aller $r-I$-Ränder von K. Dann heißt die Restklassengruppe

$$H_I^r(K) = Z_I^r(K)/F_I^r(K)$$

die r-te Homologiegruppe von K bezüglich I.

Man vergleiche auch die Einträge zu ↗Homologiegruppen der projektiven Räume und ↗Homologiegruppen der Sphäre.

Homologiegruppen der projektiven Räume, zum komplex-projektiven Raum $\mathbb{P}^n(\mathbb{C})$ sind die Homologiegruppen mit Werten in $\mathbb{Z}$ definiert als

$$H_k(\mathbb{P}^n(\mathbb{C})) = \begin{cases} \mathbb{Z}, & k \text{ gerade}\,, 0 \le k \le 2n, \\ 0, & \text{sonst.} \end{cases}$$

Für den quaternionisch-projektiven Raum $\mathbb{P}^n(\mathbb{H})$ gilt

$$H_k(\mathbb{P}^n(\mathbb{H})) = \begin{cases} \mathbb{Z}, & k \equiv 0 \bmod 4,\ 0 \le k \le 4n, \\ 0, & \text{sonst.} \end{cases}$$

Für den reell-projektiven Raum $\mathbb{P}^n(\mathbb{R})$ gilt

$$H_0(\mathbb{P}^n(\mathbb{R})) = \mathbb{Z}\,,$$

$$H_k(\mathbb{P}^n(\mathbb{R})) = \begin{cases} \mathbb{Z}_2, & k \text{ ungerade}, 0 < k < n, \\ 0, & \text{sonst,} \end{cases}$$

$$H_n(\mathbb{P}^n(\mathbb{R})) = \begin{cases} \mathbb{Z}, & n \text{ ungerade}, \\ 0, & n \text{ gerade}. \end{cases}$$

Hierbei bezeichne $\mathbb{Z}_2$ die zyklische Gruppe der Ordnung 2. Das letztere Resultat entspricht der Tatsache, daß der $\mathbb{P}^n(\mathbb{R})$ für gerade n ein nichtorientierbarer kompakter Raum ist.

Homologiegruppen der Sphäre, für die n-dimensionale Sphäre

$$S^n := \{x \in \mathbb{R}^{n+1} \mid ||x|| = 1\}$$

wie folgt definierte Gruppe mit Werten in $\mathbb{Z}$.

Für $n \in \mathbb{N}$ und $0 \le k \le n$ ist die Homologiegruppe von S^n definiert als

$$H_0(S^n) = \begin{cases} \mathbb{Z} \oplus \mathbb{Z}, & n = 0 \\ \mathbb{Z}, & n > 0\,, \end{cases}$$

$$H_k(S^n) = 0, \quad 0 < k < n,$$

$$H_n(S^n) = \mathbb{Z}\,.$$

Es ist hierbei zu beachten, daß $S^0 = \{0\} \cup \{1\}$ die einzige Sphäre ist, die nicht zusammenhängend ist.

Homologieklasse, ist ein Element einer Homologiegruppe von Komplexen. Von spezieller Bedeutung sind die singulären oder simplizialen Homologieklassen in der algebraischen Topologie.

homologische Algebra, beschäftigt sich mit der allgemeinen Theorie von Komplexen in abelschen Kategorien.

Als wichtige Beispiele treten die Komplexe abelscher Gruppen, die Komplexe von Vektorräumen und die Komplexe von Moduln über Ringen auf. Für solche Komplexe sind Homologieobjekte bzw. Kohomologieobjekte definiert. Die homologische Algebra ist durch Abstraktion aus den konkreten Anwendungen in der algebraischen Topologie entstanden, als man erkannte, daß in vielen Gebieten oft ähnliche Schlußweisen benutzt werden. Das Studium der Komplexe findet heute seine natürliche Verallgemeinerung im Studium der ↗abgeleiteten Funktoren und ↗derivierten Kategorien.

Die homologische Algebra findet universelle Anwendung. Einige dieser Gebiete sind die algebraische Topologie (singuläre bzw. simpliziale Homologie), die Theorie der differenzierbaren Mannigfaltigkeiten (DeRham-Kohomologie), die algebraische Geometrie (Garbenkohomologie), die Algebrentheorie (Lie-Algebra-Kohomologie), und die Gruppentheorie.

homologische Dimension eines topologischen Raumes, die größte Zahl $n \in \mathbb{N}_0$, für die es eine abgeschlossene Teilmenge $A \subseteq X$ gibt (X der topologische Raum) derart, daß für die relative Homologiegruppe gilt

$$H_n(X, A; G) \neq \{0\}\,.$$

Die duale Begriffsbildung ist die kohomologische Dimension eines topologischen Raumes.

homomorphe Gruppen, Gruppen, zwischen denen ein ↗Gruppenhomomorphismus besteht.

Beipiel: Seien $\mathbb{Z}$ die additive Gruppe der ganzen Zahlen und $Z_2 = \{u,\ g\}$ die 2-elementige Gruppe mit neutralem Element g. Dann ist die Abbildung $\phi : \mathbb{Z} \to Z_2$ mit $\phi(z) = u$, falls z ungerade ist, und $\phi(z) = g$ sonst, ein Gruppenhomomorphismus.

Homomorphiesatz, eine zentrale Aussage in der Algebra.

Es sei $\varphi : A \to B$ ein Homomorphismus. Dann ist die kanonische Abbildung

$$A/\operatorname{Ker}(\varphi) \to Im(\varphi)$$

ein Isomorphismus.

Hierbei können A und B beispielsweise Gruppen, Vektorräume, Moduln oder Ringe sein; für eine explizite und erläuterte Formulierung der beiden erstgenannten und häufigsten Formen vergleiche man die nachfolgenden Stichwörter.

Homomorphiesatz für Gruppen, Bezeichnung für den folgenden Satz aus der (erweiterten) ↗Gruppentheorie:

Sei $\sigma : G \to G'$ ein surjektiver Gruppenhomomorphismus zwischen den Gruppen G und G'. Dann ist $\operatorname{Ker}\sigma$ ein Normalteiler von G und es gilt:

$$G/\operatorname{Ker}\sigma \cong G'.$$

Umgekehrt gibt es zu jedem Normalteiler N von G einen Homomorphismus $\sigma' : G/N \to G'$ mit $\sigma'(G) \cong G/N$; dabei ist $\operatorname{Ker}\sigma' = N$.

Der Satz wird oft nacheinander angewandt, d. h., vom homomorphen Bild wird wieder ein homomorphes Bild untersucht etc.. Dabei ist aber folgendes zu beachten: Ist $F \subset H \subset G$, H eine Untergruppe von G und F ein Normalteiler in H, dann ist $F \subset G$ zwar stets Untergruppe, aber nicht notwendig Normalteiler in G.

Homomorphiesatz für Vektorräume, Bezeichnung für den folgenden Satz aus der linearen Algebra:

Sei $\varphi : V \to W$ eine surjektive ↗lineare Abbildung zwischen den $\mathbb{K}$-Vektorräumen V und W. Dann sind $V/\operatorname{Ker}\varphi$ und W isomorph:

$$V/\operatorname{Ker}\varphi \cong W .$$

Ein Isomorphismus ist gegeben durch die eindeutige Abbildung $\psi : V/\operatorname{Ker}\varphi \to W$ mit $\psi \circ \varepsilon = \varphi$, wobei ε die „natürliche" Abbildung $V \to V/\operatorname{Ker}\varphi$; $v \mapsto [v]$ bezeichnet.

Homomorphismus, strukturerhaltende Abbildung zwischen algebraischen Strukturen. Eine algebraische Struktur

$$\mathcal{A} = (A, F)$$

ist ein Paar von Mengen A und F. Dabei heißt $A \neq \emptyset$ die Trägermenge von $\mathcal{A}$, und F ist eine Menge endlichstelliger Operatoren auf A. Denkt man sich F wohlgeordnet, etwa

$$F = \{f_0, f_1, ..., f_i, ...\},$$

und ist f_i gerade ν_i-stellig, so heißt das Tupel

$$\tau = \langle \nu_1, \nu_2, ..., \nu_i, ...\rangle$$

der Typus der algebraischen Struktur. Die Klasse aller algebraischen Strukturen vom Typus τ wird mit $K(\tau)$ bezeichnet. Nun seien $\mathcal{A} = (A, F)$ und $\mathcal{B} = (B, F)$ algebraische Strukturen vom gleichen Typus τ und

$$\varphi : A \to B$$

eine Abbildung. φ heißt Homomorphismus, falls gilt:

$$\varphi\left(f^{\mathcal{A}}(a_1, ..., a_m)\right) = f^{\mathcal{B}}\left(\varphi(a_1), ..., \varphi(a_m)\right)$$

für alle m-stelligen Operationen $f \in F$ und alle $a_1, ..., a_m \in A$.

Für weitere Informationen zu speziellen Klassen von Homomorphismen vergleiche man die Stichworteinträge ↗Homomorphismus von Moduln, ↗Homomorphismus von Prägarben, ↗Homomorphismus von Ringen.

Homomorphismus von Moduln, Abbildung zwischen zwei Moduln, die mit der Modulstruktur verträglich ist.

Sei R ein Ring, M und N R–Moduln, und $\varphi : M \to N$ eine Abbildung, dann ist φ ein R-Modulhomomorphismus (kurz: Homomorphismus), wenn $\varphi(m+n) = \varphi(m) + \varphi(n)$ und $\varphi(rm) = r\varphi(m)$ für alle $m, n \in M$, $r \in R$ gilt.

Homomorphismus von Prägarben, Abbildung zwischen Prägarben über demselben topologischen Raum, die es ermöglicht, diese zu vergleichen und insbesondere einen Homomorphismus in den Halmen induziert.

Seien $\mathcal{F}$ und $\mathcal{G}$ Prägarben (abelscher Gruppen) über einem topologischen Raum X. Unter einem Homomorphismus $h : \mathcal{F} \to \mathcal{G}$ von $\mathcal{F}$ nach $\mathcal{G}$ versteht man eine Kollektion

$$h_U : \mathcal{F}(U) \to \mathcal{G}(U), \ (U \subseteq X \text{ offen})$$

von Homomorphismen, welche mit den Einschränkungen verträglich sind, d. h. für die gilt

$$\varrho_V^U \circ h_U = h_V \circ \varrho_V^U \ \ (V \subseteq U \subseteq X \text{ offen}) .$$

Sind $\mathcal{A}$ und $\mathcal{B}$ Prägarben von Ringen (resp. von $\mathbb{C}$-Algebren), so verlangt man von einem Homomorphismus $h : \mathcal{A} \to \mathcal{B}$, daß

$$h_U : \mathcal{A}(U) \to \mathcal{B}(U)$$

jeweils ein Homomorphismus von Ringen (resp.von $\mathbb{C}$-Algebren) ist. Sind $\mathcal{F}$ und $\mathcal{G}$ Prägarben von $\mathcal{A}$-Moduln, so verlangt man von einem Homomorphismus $h : \mathcal{F} \to \mathcal{G}$ entsprechend, daß

$$h_U : \mathcal{F}(U) \to \mathcal{G}(U)$$

jeweils ein Homomorphismus von $\mathcal{A}(U)$-Moduln ist.

Einen Homomorphismus $h : \mathcal{F} \to \mathcal{G}$ von Prägarben nennt man einen Isomorphismus, wenn es einen zu h inversen Homomorphismus l gibt, d. h. einen Homomorphismus $l : \mathcal{G} \to \mathcal{F}$ mit $l \circ h = id_{\mathcal{F}}$, $h \circ l = id_{\mathcal{G}}$. l ist dann durch h eindeutig bestimmt, selbst wieder ein Isomorphismus und heißt der zu h inverse Isomorphismus h^{-1}.

Als Anwendung ergibt sich etwa die folgende Aussage:

Ist $\mathcal{F}$ eine Garbe und ist $\mathcal{F} \cong \mathcal{G}$, so ist auch $\mathcal{G}$ eine Garbe.

Bemerkung: Seien $\mathcal{F}$ und $\mathcal{G}$ Prägarben über X, und sei $h : \mathcal{F} \to \mathcal{G}$ ein Homomorphismus. Sei $p \in X$. Dann besteht eine Abbildung

$$h_p : \mathcal{F}_p \to \mathcal{G}_p , \quad m_p \mapsto h_U(m)_p ,$$

wobei $m \in \mathcal{F}(U)$, $U \in \mathbb{U}_p$. h_p ist dabei ein Homomorphismus zwischen den Halmen, man nennt h_p deshalb den in den Halmen über p durch h *induzierten Homomorphismus.*

[1] Brodmann, M.: Algebraische Geometrie. Birkhäuser Verlag Basel Boston Berlin, 1989.

Homomorphismus von Ringen, Abbildung zwischen zwei Ringen, die mit der Ringstruktur verträglich ist.

Seien R_1, R_2 Ringe und $\varphi : R_1 \to R_2$ eine Abbildung, dann ist φ ein Ringhomomorphismus, wenn $\varphi(r_1+r_2) = \varphi(r_1)+\varphi(r_2)$ und $\varphi(r_1 \cdot r_2) = \varphi(r_1)\varphi(r_2)$ ist für alle $r_1, r_2 \in R_1$.

homöomorphe Graphen, ↗ Unterteilung eines Graphen.

Homöomorphiesatz, Aussage über die Homöomorphie von Hausdorffräumen.

Ist X ein kompakter und Y ein beliebiger Hausdorff-Raum, und ist $f : X \to Y$ bijektiv und stetig, dann ist auch $f^{-1} : Y \to X$ stetig, d. h. X und Y sind homöomorph.

Dies gilt speziell, wenn X und Y metrische Räume oder sogar normierte Vektorräume sind.

Homöomorphismus, bijektive Abbildung $f : X \to Y$ zwischen topologischen Räumen, für welche f und die Umkehrabbildung f^{-1} stetig sind.

homotope Abbildungen, stetige Abbildungen f und g zwischen topologischen Räumen X und Y mit der Eigenschaft, daß es eine stetige Abbildung $H : X \times [0, 1] \to Y$ mit $H(x, 0) = f(x)$ und $H(x, 1) = g(x)$ gibt. Die Abbildung H nennt man dann eine Homotopie.

homotope Komplexe, aufeinander abbildbare Komplexe der folgenden Art.

Seien $C_\bullet$ und $D_\bullet$ zwei Komplexe. Sie heißen homotop, falls es Komplexmorphismen

$$\phi : C_\bullet \to D_\bullet, \quad \psi : D_\bullet \to C_\bullet$$

gibt, derart daß $\psi \circ \phi$ homotop als Komplexmorphismen zu $1_{C_\bullet}$ und $\phi \circ \psi$ homotop zu $1_{D_\bullet}$ ist.

Die analoge Definition gilt auch für Kokomplexe. Homotope Komplexe haben isomorphe (Ko-)Homologiegruppen.

homotope Komplexmorphismen, ineinander überführbare Komplexmorphismen.

Seien $f, g : C_\bullet \to D_\bullet$ Komplexmorphismen zwischen zwei Komplexen (abelscher Gruppen, Vektorräume, etc.) mit den Objektabbildungen $f_i, g_i : C_i \to D_i$ für $i \in \mathbb{Z}$. Sie heißen homotop, falls es eine Familie $h_i : C_i \to D_{i+1}$ gibt mit

$$f_i - g_i = d_{i+1} \circ h_i + h_{i-1} \circ d_i .$$

Die Familie $h = (h_i)$ heißt eine Homotopie zwischen f und g. Homotope Komplexmorphismen definieren dieselben Abbildungen auf den Homologiegruppen

$$\overline{f}_n, \overline{g}_n : \mathrm{H}_n(C_\bullet) \to \mathrm{H}_n(D_\bullet).$$

Die entsprechenden Definitionen gelten auch für Kokomplexe. Die Homotopieabbildungen sind dann definiert als $h_i : C_i \to D_{i-1}$.

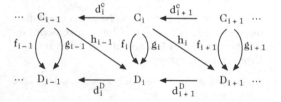

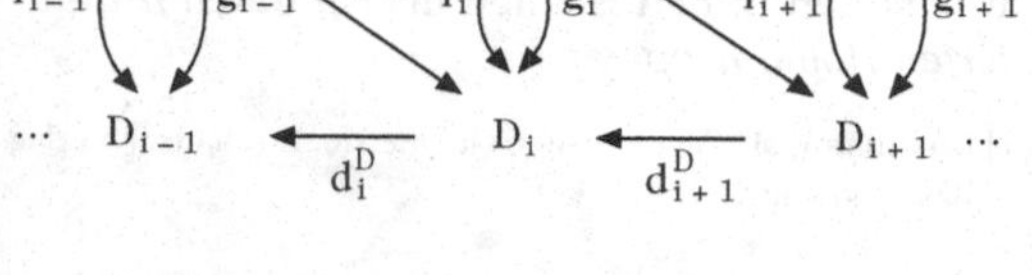

homotope Wege, Wege in einem ↗ Gebiet $G \subset \mathbb{C}$, die sich in G stetig ineinander überführen lassen.

Zur präzisen Definition betrachtet man zwei Fälle.

1. Zwei Wege $\gamma_0, \gamma_1 : [0, 1] \to G$ in einem Gebiet $G \subset \mathbb{C}$ mit gleichem Anfangspunkt a und Endpunkt b heißen homotop in G bei festen Endpunkten (oder kurz FEP-homotop), falls es eine stetige Abbildung $\psi : [0, 1] \times [0, 1] \to G$ gibt, die folgende Eigenschaften besitzt:

$$\psi(0, t) = \gamma_0(t), \quad \psi(1, t) = \gamma_1(t), \quad t \in [0, 1],$$
$$\psi(s, 0) = a, \quad \psi(s, 1) = b, \quad s \in [0, 1].$$

Die Abbildung ψ heißt eine Homotopie zwischen γ_0 und γ_1. Für jedes $s \in [0, 1]$ ist $\gamma_s : [0, 1] \to G$, $t \mapsto \psi(s, t)$ ein Weg in G mit Anfangspunkt a und Endpunkt b. Die Wegeschar $(\gamma_s)_{s \in [0,1]}$ nennt man auch eine ↗ Deformation des Weges γ_0 in den Weg γ_1.

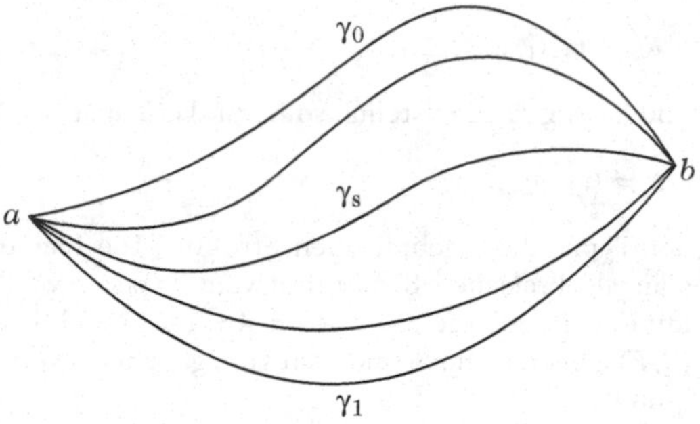

FEP-homotope Wege

2. Zwei geschlossene Wege $\gamma_0, \gamma_1 : [0, 1] \to G$ in einem Gebiet $G \subset \mathbb{C}$ heißen frei homotop in G, falls es eine stetige Abbildung $\psi : [0, 1] \times [0, 1] \to G$ gibt, die folgende Eigenschaften besitzt:

$$\psi(0, t) = \gamma_0(t), \quad \psi(1, t) = \gamma_1(t), \quad t \in [0, 1],$$
$$\psi(s, 0) = \psi(s, 1), \quad s \in [0, 1].$$

Dann sind alle Deformationswege $\gamma_s : [0, 1] \to G$, $t \mapsto \psi(s, t)$ geschlossen, und ihre Anfangspunkte durchlaufen in G den Weg $\delta : [0, 1] \to G$, $s \mapsto \psi(s, 0)$. Die Wege γ_0 und $\delta + \gamma_1 - \delta$ haben gleichen Anfangs- und Endpunkt und sind FEP-homotop in G.

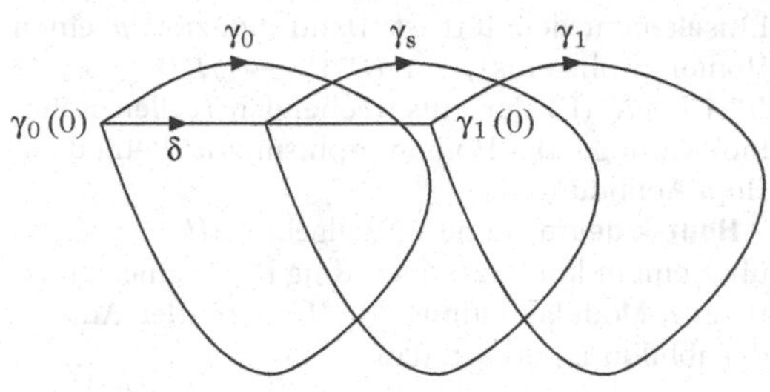

Frei homotope Wege

Homotope Wege spielen u. a. beim ↗Cauchyschen Integralsatz eine zentrale Rolle.

Homotopie, ↗homotope Abbildungen, ↗homotope Komplexe, ↗homotope Komplexmorphismen, ↗homotope Wege.

Homotopieverfahren, ergänzende Vorgehensweise zur Startwertproblematik bei nur lokal konvergenten Iterationsverfahren für nichtlineare Gleichungssysteme.

Ist das Gleichungssystem etwa durch $F(x) = 0$ gegeben mit $F : D \subset \mathbb{R}^n \to \mathbb{R}^n$, so definiert man ein aus F abgeleitetes Hilfsproblem $G(x, \lambda) = 0$ mit einem Parameter $\lambda \in [0, 1]$ und der Eigenschaft, daß $G(x, 0) = 0$ durch ein bekanntes $x^{(0)}$ lösbar ist, und daß $G(x, 1) = F(x)$ ist. Ausgehend von $\lambda_0 = 0$ und $x^{(0)}$ läßt man λ in N Schritten gegen 1 laufen und löst das jeweilige Problem $G(x, \lambda_i) = 0$, $i = 1, \ldots, N$. Als Startwert verwendet man das Ergebnis für λ_{i-1}.

Der Parameter λ kann entweder in natürlicher Weise in der ursprünglichen Problemstellung gefunden werden, oder aber durch den Ansatz

$$G(x, \lambda) := F(x) + (1 - \lambda) \cdot F(x^{(0)})$$

mit vorgegebenem Wert $x^{(0)}$ erzeugt werden. Problematisch für den Erfolg dieser Vorgehensweise ist die Existenz von Verzweigungspunkten auf dem Pfad $x(\lambda)$ im $\mathbb{R}^n$, da dies mit einer Singularität der Jacobi-Matrix $F'(x)$ verbunden ist.

Hooke, Robert, englischer Physiker und Naturforscher, geb. 18.7.1635 Freshwater (Isle of Wight, England), gest. 3.3.1702 London.

1653 ging Hooke an das Christ College in Oxford, wo er u. a. Boyle kennenlernte. Ab 1664 war er Professor für Geometrie am Gresham College in London und ab 1678 Sekretär und Curator of Experiments der Royal Society.

Für Boyle konstruierte er 1655 eine Luftpumpe. Dabei entdeckte er 1660 das Hookesche Gesetz der Elastizität. Daneben entwickelte er ein Mikroskop, mit dem er 1667 Pflanzenzellen (Korkzellen) beobachtete und dabei den Begriff „Cellula“ (Zelle) einführte.

Hooke beobachtete die Rotation des Jupiters und zeichnete den Mars. Er postulierte, daß man mit einem Pendel die Graviation bestimmen könne. 1672 versuchte Hooke zu beweisen, daß sich die Erde auf einer Ellipse um die Sonne bewegt. Mit Newton lag er im Streit um die Priorität für das Gravitationsgesetz, wobei Hooke aber wahrscheinlich keinen Beweis für das Gesetz hatte. Newton strich als Konsequenz aus dem Streit alle Referenzen auf Hooke aus seinem Buch „Principia“.

Neben seiner wissenschaftlichen Arbeit war Hooke ein ausgezeichneter Architekt und Chefassistent von Wren beim Wiederaufbau Londons nach dem Brand 1666.

Hookesches Gesetz, beschreibt den linearen Zusammenhang zwischen der Ausdehnung und der Spannung eines elastischen Körpers, solange die Ausdehnung hinreichend klein bleibt

Standardanwendung ist die Federspannung: Bezeichnet D die Federkonstante, a die Auslenkung und F die Rückstellkraft, so besagt das Hookesche Gesetz

$$F = -D \cdot a\,.$$

Hopf, Eberhard Friedrich Ferdinand, österreichisch-amerikanischer Mathematiker, geb. 17.4.1902 Salzburg, gest. 24.7.1983 Bloomington (Indiana, USA).

1920–1924 studierte Hopf bei E.Schmidt und Schur in Berlin und Tübingen. 1925 promovierte er in Berlin, habilitierte sich 1929 und war bis 1932 als Privatdozent tätig. 1932 wurde er Professor am Massachusetts Institut of Technology, 1937 ging er nach Leipzig und 1942 an die Deutsche Forschungsanstalt für Segelflug. 1944 folgte er einem Ruf nach München und 1948 an die Indiana University in Bloomington.

Hopf arbeitete auf dem Gebiet der elliptischen Differentialgleichungen, der Hydo- und Aerodynamik und der Ergodentheorie.

Zusammen mit Wiener untersuchte er Integralgleichungen. 1929 konnte er die Analytizität der Lösung eines zweidimensionalen Variationsproblems beweisen.

Hopf, Heinrich, deutscher Mathematiker, geb. 19.11.1894 Gräbschen (bei Wroclaw), gest. 3.6. 1971 Zollikon (Kanton Zürich).

1920–1925 studierte Hopf in Berlin. 1925 promovierte er und ging nach Göttingen zu E. Noether. 1927–1929 arbeitete er in Princeton bei Lefschetz, bevor er 1931 der Nachfolger von Weyl an der Eidgenössischen Technischen Hochschule Zürich wurde.

Hopf arbeitete auf dem Gebiet der algebraischen Topologie. 1935 veröffentlichte er zusammen mit Alexandrow das Lehrbuch „Topologie I". Er studierte Vektorfelder und Integralkurven auf Mannigfaltigkeiten. 1930 beschrieb er die Homotopiegruppe stetiger Abbildungen eines n-dimensionalen Polyeders in die n-dimensionale Sphäre. Im Zusammenhang mit der Untersuchung der Homotopiegruppe der Abbildungen zwischen Sphären entwickelte er den Begriff der Hopfschen Invariante als Verschlingungszahl der Urbilder zweier Punkte. Aus seinen Arbeiten zu Gruppenmannigfaltigkeiten entstanden die ↗Hopf-Algebren und die ↗Hopfschen Mannigfaltigkeiten.

Hopf, Satz von, Aussage über Abbildungen auf Sphären.

Sei

$$S^{n-1} := \{x \in \mathbb{R}^n \mid ||x||^2 = 1\} \subseteq \mathbb{R}^n$$

die $(n-1)$*-dimensionale Einheitssphäre. Sei weiterhin*

$$g : S^{n-1} \times S^{n-1} \to S^{n-1}$$

eine stetige ungerade Abbildung, d. h.

$$g(-x, y) = g(x, -y) = -g(x, y)$$

für alle $x, y \in S^{n-1}$.

Dann ist n eine Zweierpotenz.

Eine andere Version ist die folgende:

Unter einer H-Mannigfaltigkeit Γ versteht man eine zusammenhängende Mannigfaltigkeit, in der eine stetige Multiplikation $\mu : \Gamma \times \Gamma \to \Gamma$ mit einem Einselement definiert ist. Dann gilt der Satz:

Es sei Γ *eine kompakte H-Mannigfaltigkeit. Dann ist ihr reeller Kohomologiering isomorph mit dem Kohomologiering eines Produktes* $S^{2n_1-1} \times \cdots \times S^{2n_k-1}$ *von Sphären* S^{2n_i-1} *der Dimension* $2n_i - 1$.

Hopf-Abbildung, spezieller Isomorphismus zwischen Kohomologieringen.

Es sei Γ eine H-Mannigfaltigkeit, das heißt, eine zusammenhängende Mannigfaltigkeit, in der eine stetige Multiplikation $\mu : \Gamma \times \Gamma \to \Gamma$ mit einem Einselement definiert ist. Dann induziert μ einen Homomorphismus $\mu^* : H^*(\Gamma) \to H^*(\Gamma \times \Gamma) \cong H^*(\Gamma) \otimes H^*(\Gamma)$ der entsprechenden reellen Kohomologieringe. Der Homomorphismus μ^* heißt dann Hopf-Abbildung.

Hopf-Algebra, eine ↗Bialgebra $(H, m, \varepsilon, \Delta, \alpha)$ über einem kommutativen Ring R mit einer bijektiven R-Modulabbildung $S : H \to H$ (der Antipodenabbildung) derart, daß

$$m \circ (S \otimes \mathrm{id}_H) \circ \Delta = \varepsilon \circ \alpha$$

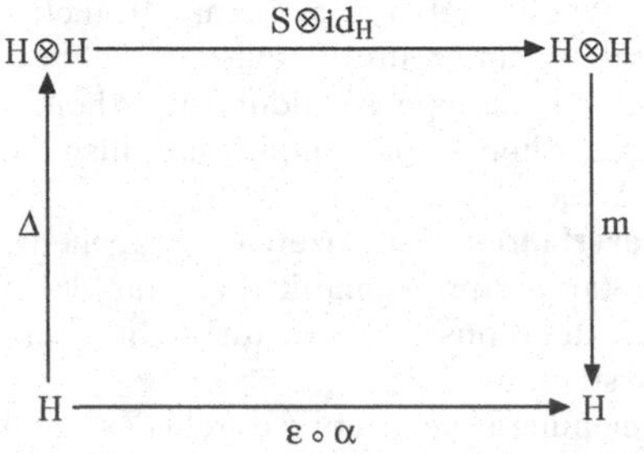

und

$$m \circ (\mathrm{id}_H \otimes S) \circ \Delta = \varepsilon \circ \alpha\,.$$

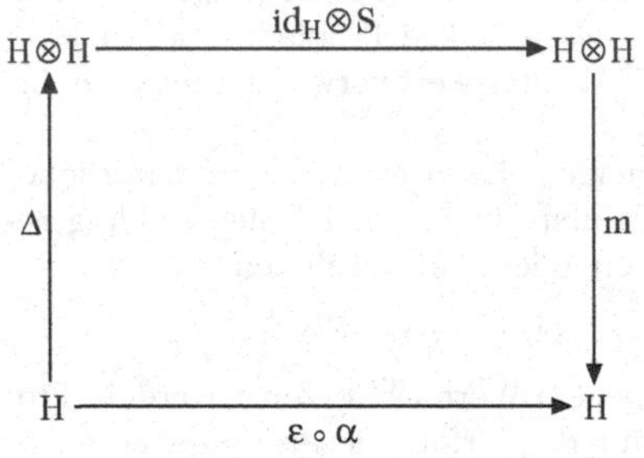

Manche Autoren setzen die Antipodenabbildung nicht notwendig als bijektiv voraus. Die Antipodenabbildung ist ein Anti-Automorphismus von Hopf-Algebren.

Die Bialgebrenstruktur der Gruppenalgebra $\mathbb{K}[G]$ einer Gruppe G wird durch $S(g) := g^{-1}$ zu einer Hopf-Algebra. Die Universelle Einhüllende $U(L)$ einer Lie-Algebra L wird zu einer Hopf-Algebra durch die durch $S(x) := -x$ für $x \in L$ induzierte Abbildung auf $U(L)$.

Weitere Beispiele für Hopf-Algebren werden durch die Algebra der regulären Funktionen auf einer affinen algebraischen Gruppe über einem Körper, durch die Algebra der darstellbaren Funktionen auf einer kompakten topologischen Gruppe und durch die Algebra der singulären Homologie $H_*(G, \mathbb{C})$ einer zusammenhängenden endlichdimensionalen Lie-Gruppe G gegeben. In diesen

Fällen wird die Algebrenstruktur durch die Gruppenmultiplikation $G \times G \to G$ und die Komultiplikation durch die Diagonalabbildung $G \to G \times G$ induziert.

Hopf-Bündel, das Bündel über $\mathbb{P}^n(\mathbb{C})$, gegeben durch die Abbildung

$$f : S^{2n+1} \to \mathbb{P}^n(\mathbb{C}),$$
$$(z_0, z_1, \ldots, z_n) \mapsto (z_0 : z_1, \ldots : z_n).$$

Hierbei wird die $(2n+1)$-dimensionale Kugelsphäre durch

$$S^{2n+1} := \{z = (z_0, z_1, \ldots, z_n) \in \mathbb{C}^{n+1} \mid ||z|| = 1\}$$

im $(n+1)$-dimensionalen komplexen Raum gegeben. Die Punkte im projektiven Raum werden gegeben durch ihre homogenen Koordinaten.

Das Bündel ist eine lokaltriviale Faserung mit Faser S^1.

Manchmal verwendet man den Begriff Hopf-Bündel auch für die von Hopf konstruierte lokaltriviale Faserung (die Hopf-Faserung) $g : S^{2n-1} \to S^n$ mit Faser S^{n-1}, welche für $n = 2, 4$ und 8 existiert. Für $n = 2$ stimmt sie mit dem oben eingeführten Hopf-Bündel $f : S^3 \to \mathbb{P}^1(\mathbb{C}) \cong S^2$ überein. Die Abbildung g wird ausgehend von der Multiplikation in den komplexen Zahlen ($n = 2$), bzw. der Multiplikation in den ↗Hamiltonschen Quaternionen ($n = 4$), bzw. der Multiplikation in den ↗Oktonien ($n = 8$) konstruiert.

Die Hopf-Faserungen g sind Beispiele für Abbildungen, die triviale Abbildungen in der Homologie und der Kohomologie induzieren, jedoch nicht nullhomotop sind, da sie eine nichttriviale Hopf-Invariante haben. (Siehe auch ↗ holomorphes Vektorbündel).

Hopf-Fläche, Beispiel einer ↗komplexen Mannigfaltigkeit, die man durch Quotientenbildung nach der Transformationsgruppe erhält. Die freie zyklische Gruppe

$$G := \{z \mapsto 2^j z;\ j \in \mathbb{Z}\} \subset Aut(\mathbb{C}^{2*})$$

operiert offensichtlich frei und eigentlich diskontinuierlich auf $\mathbb{C}^{2*}$. Daher ist die Hopf-Fläche $\mathbb{C}^{2*}/G$ eine Mannigfaltigkeit. Sie ist homöomorph zu $S^1 \times S^3$ und daher kompakt. Der Beweis beruht auf dem Homöomorphismus

$$\mathbb{R} \times \mathbb{C}^2 \supset \mathbb{R} \times S^3 \xrightarrow{\varphi} \mathbb{C}^{2*},$$
$$(t, z_1, z_2) \mapsto 2^t (z_1, z_2)$$

bezüglich der Operation von $\mathbb{Z}$ auf $\mathbb{R} \times S^3$, die definiert ist durch $m\cdot(t, z) := (t + m, z)$. Dieser Homöomorphismus ist äquivariant (d. h. $\varphi(m \cdot a) = 2^m \varphi(a)$), und die Behauptung folgt aus der Kommutativität des Diagramms

$$\begin{array}{ccc} \mathbb{R} \times S^3 & \xrightarrow{\varphi} & \mathbb{C}^{2*} \\ \downarrow & & \downarrow \\ S^1 \times S^3 \cong \left(\mathbb{R} \times S^3\right)/\mathbb{Z} & \xrightarrow{\overline{\varphi}} & \mathbb{C}^{2*}/G. \end{array}$$

Im übrigen kann jede Mannigfaltigkeits-Struktur auf $S^1 \times S^3$ analog in der Form $\mathbb{C}^{2*}/G$, für ein geeignetes G, dargestellt werden. Es kann gezeigt werden, daß die Hopf-Fläche nicht projektiv-algebraisch ist (andernfalls wäre, als eine kompakte Kähler-Mannigfaltigkeit, ihre erste ↗Betti-Zahl b_1 gerade, während aber $b_1(S^1 \times S^3) = 1$ ist).

Hopfield-Netz, spezielle Realisierung eines ↗assoziativen Speichers im Kontext ↗Neuronale Netze, der durch die Theorie der Spingläser in der theoretischen Physik motiviert ist.

Im folgenden wird die prinzipielle Funktionsweise eines Hopfield-Netzes anhand des von John Hopfield zu Beginn der achtziger Jahre eingeführten Prototyps erläutert (diskrete Variante).

Dieses spezielle Netz ist einschichtig aufgebaut und besitzt n formale Neuronen. Alle formalen Neuronen sind bidirektional mit jeweils allen anderen formalen Neuronen verbunden (vollständig verbunden) und können sowohl Eingabe- als auch Ausgabewerte übernehmen bzw. übergeben. Bei dieser topologischen Fixierung geht man allerdings implizit davon aus, daß alle Neuronen in zwei verschiedenen Ausführ-Modi arbeiten können (bifunktional): Als Eingabe-Neuronen sind sie reine ↗fan-out neurons, während sie als Ausgabe-Neuronen mit der sigmoidalen Transferfunktion $T : \mathbb{R} \to \{-1, 0, 1\}$,

$$T(\xi) := \left\{ \begin{array}{rl} -1 & \text{für } \xi < 0 \\ 0 & \text{für } \xi = 0 \\ 1 & \text{für } \xi > 0 \end{array} \right\},$$

arbeiten und Ridge-Typ-Aktivierung mit Schwellwert $\Theta := 0$ verwenden (zur Erklärung dieser Begriffe siehe ↗formales Neuron).

In Hinblick auf die Abbildung sei ferner erwähnt, daß alle parallel verlaufenden und entgegengesetzt orientierten Vektoren sowie die Ein- und Ausgangsvektoren jedes Neurons wie üblich zu einem bidirektionalen Vektor verschmolzen wurden, um die Skizze übersichtlicher zu gestalten und die Bidirektionalität auch optisch zum Ausdruck zu bringen.

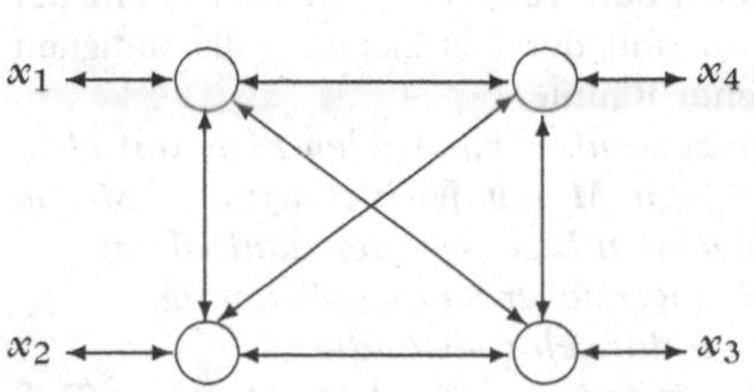

Struktur eines Hopfield-Netzes

Dem Netz seien im Lern-Modus die bipolar codierten Trainingswerte $x^{(s)} \in \{-1,1\}^n$, $1 \le s \le t$, zur Speicherung übergeben worden und aus diesen die Gewichte $w_{ij} =: w_{ji} \in \mathbb{R}$, $1 \le j < i, 1 \le i \le n$, in irgendeinem Lern-Prozeß, z. B. mit der Hebb-Lernregel, berechnet worden, sowie $w_{ii} := 0$, $1 \le i \le n$.

Wird nun dem Netz im Ausführ-Modus ein beliebiger bipolarer Eingabevektor $x =: x^{[0]} = \big(x_1^{[0]}, \ldots, x_n^{[0]}\big) \in \{-1,1\}^n$ übergeben, so erzeugt das Netz zunächst eine Folge von Vektoren $(x^{[u]})_{u \in \mathbb{N}}$ gemäß

$$a_j^{[u]} := \sum_{i=1}^{j-1} w_{ij} x_i^{[u+1]} + \sum_{i=j+1}^{n} w_{ij} x_i^{[u]},$$

$$x_j^{[u+1]} := \begin{cases} T(a_j^{[u]}), & a_j^{[u]} \neq 0, \\ x_j^{[u]}, & a_j^{[u]} = 0, \end{cases}$$

$1 \le j \le n$.

Als finalen Ausgabevektor liefert das Netz dann denjenigen bipolaren Vektor $x^{[v]} \in \{-1,1\}^n$, für den erstmals $x^{[v]} = x^{[v+1]}$ für ein $v \in \mathbb{N}$ gilt, also

$$x := x^{[v]} = (x_1^{[v]}, \ldots, x_n^{[v]}) \in \{-1,1\}^n.$$

Daß ein erster solcher Vektor existiert oder – wie man auch sagt – daß das Netz in einen stabilen Zustand übergeht, zeigt man, indem man nachweist, daß das sogenannte Energiefunktional $E : \{-1,1\}^n \to \mathbb{R}$,

$$E(x) := -\sum_{i=1}^{n} \sum_{j=1}^{i-1} w_{ij} x_i x_j,$$

auf den Zuständen des Netzes stets abnimmt, solange sich diese ändern. Aufgrund der Endlichkeit des Zustandsraums $\{-1,1\}^n$ kann dies jedoch nur endlich oft geschehen und die Terminierung des Ausführ-Modus ist gesichert.

Die Funktionalität eines assoziativen Speichers (genauer: eines autoassoziativen Speichers) realisiert das so erklärte Netz dadurch, daß es in vielen Fällen für einen geringfügig verfälschten bipolaren x-Eingabevektor der Trainingswerte den korrekten, fehlerfreien zugehörigen x-Vektor liefert.

Hopf-Rinow, Satz von, besagt die Äquivalenz der geodätischen und der metrischen Vollständigkeit Riemannscher Räume.

Auf einer zusammenhängenden Riemannschen Mannigfaltigkeit M mit positiv definiter Metrik sind die folgenden Eigenschaften äquivalent:

(a) M ist als metrischer Raum vollständig.

(b) M ist ↗geodätisch vollständig.

(c) Jede beschränkte und abgeschlossene Teilmenge von M ist kompakt.

Aus jeder dieser Aussagen folgt, daß je zwei Punkte $x, y \in M$ durch eine ↗Geodätische verbunden werden können, deren Länge gleich dem Abstand von x und y ist.

Hopfsche Mannigfaltigkeit, Beispiel einer komplexen Mannigfaltigkeit.

Es sei $\varrho > 1$ eine reelle Zahl. $\Gamma_H := \{\varrho^k : k \in \mathbb{Z}\}$ ist eine Untergruppe der multiplikativen Gruppe der positiven reellen Zahlen. Zwei Elemente $\zeta_1, \zeta_2 \in \mathbb{C}^n \setminus \{0\}$ sollen äquivalent genannt werden, wenn es ein $\varrho^k \in \Gamma_H$ mit $\zeta_2 = \varrho^k \zeta_1$ gibt. Die Menge H aller Äquivalenzklassen werde mit der feinsten Topologie versehen, für die die kanonische Projektion $\pi_H : \mathbb{C}^n \setminus \{0\} \to H$ stetig ist. Komplexe Koordinatensysteme für H erhält man folgendermaßen: Es sei

$$F_r := \{\zeta \in \mathbb{C}^n \setminus \{0\} : r < \|\zeta\| < \varrho r\},$$

für beliebige reelle Zahlen $r > 0$. Dann ist

$$\bigcup_{r \in \mathbb{R}_{>0}} F_r = \mathbb{C}^n \setminus \{0\},$$

und man kann zeigen, daß

$$\pi_H \mid F_r : F_r \to U_r := \pi(F_r) \subset H$$

ein Homöomorphismus ist, wobei $\pi : \mathbb{C}^n \setminus \{0\} \to \mathbb{P}^{n-1}$ mit $\pi(\zeta) := [\zeta]$ die natürliche Projektion bezeichne. (U_r, φ_r) mit $\varphi_r := (\pi_H \mid F_r)^{-1}$ ist also eine komplexe Karte. Es gilt der folgende Satz:

H ist eine kompakte n-dimensionale komplexe Mannigfaltigkeit, die „Hopfsche Mannigfaltigkeit“, und $\pi_H : \mathbb{C}^n \setminus \{0\} \to H$ ist holomorph.

Für $\zeta_1, \zeta_2 \in \mathbb{C}^n \setminus \{0\}$ gilt: Ist $\pi_H(\zeta_1) = \pi_H(\zeta_2)$, so gibt es ein $k \in \mathbb{Z}$ mit $\zeta_2 = \varrho^k \zeta_1$. Dann ist aber $[\zeta_2] = [\zeta_1]$. Durch $h(\pi_H(\zeta)) := [\zeta]$ wird also eine Abbildung $h : H \to \mathbb{P}^{n-1}$ definiert. Man erhält das folgende kommutative Diagramm:

$$\begin{array}{ccc} \mathbb{C}^n \setminus \{0\} & \xrightarrow{\pi} & \mathbb{P}^{n-1} \\ \pi_H \searrow & & \nearrow h \\ & H & \end{array}$$

Da π_H lokal biholomorph ist, folgt, daß h holomorph ist.

[1] Grauert, H.; Fritzsche, K.: Einführung in die Funktionentheorie mehrer Veränderlicher. Springer-Verlag Berlin/Heidelberg, 1974.

Horizont, Bezeichnung für bestimmte ausgezeichnete Flächen der Raum-Zeit im Rahmen der ↗Allgemeinen Relativitätstheorie.

Man unterscheidet den absoluten Horizont, den Ereignishorizont und den Teilchenhorizont. Allen gemeinsam ist, daß sie Eigenschaften der Raum-Zeit beschreiben, die daraus folgen, daß sich keinerlei Information mit Überlichtgeschwindigkeit übertragen läßt.

Der absolute Horizont ist, falls sowohl Ereignis- als auch Teilchenhorizont existieren, der weiter außen liegende von beiden. Der Teilchenhorizont wird auch Partikelhorizont genannt. Die Analogie zum umgangssprachlichen Wort Horizont besteht darin, daß es sich dabei um die Grenze zwischen dem, was man sehen kann, zu dem, was man nicht mehr sehen kann, handelt. Der Unterschied liegt darin, daß es beim umgangssprachlichen Wort die Erdkrümmung ist, während es hier die Endlichkeit der Lichtgeschwindigkeit ist, die den Effekt liefert.

Der Ereignishorizont berechnet sich wie folgt: Sei M_4 die 4-dimensionale Raum-Zeit und s die Eigenzeit eines Beobachters $x^i(s)$ in M_4. Zu jedem Wert s werde der Vergangenheitslichtkegel $V(x^i(s))$ des Punktes $x^i(s)$ bestimmt: $V(x^i(s))$ ist die Menge aller der Punkte aus M_4, von denen aus eine zukunftsgerichtete zeitartige oder lichtartige Kurve zu $x^i(s)$ führt. Sei V die Vereinigungsmenge aller dieser Mengen $V(x^i(s))$. Der Rand ∂V von V wird dann als Ereignishorizont für diesen Beobachter bezeichnet.

Die Bezeichnungen sind wie folgt motiviert: $V(x^i(s_0))$ stellt die Menge derjenigen Ereignisse dar, von denen der Beobachter zum Zeitpunkt $s = s_0$ erfahren haben kann. V stellt die Menge derjenigen Ereignisse dar, von denen der Beobachter überhaupt jemals etwas erfahren kann. Der Ereignishorizont ∂V ist die Grenze zwischen V und der Menge derjenigen Ereignisse, von denen der Beobachter nie etwas erfahren kann.

Beispiele: 1. Sei M_4 die 4-dimensionale Minkowskische Raum-Zeit der Speziellen Relativitätstheorie und $x^i(s)$ ein geradlinig gleichförmig bewegter Beobachter. Dann ist $V = M_4$, also ist der Ereignishorizont die leere Menge. Üblicherweise sagt man dann, daß es keinen Ereignishorizont gibt.

2. M_4 sei wie im ersten Beispiel. Jetzt sei aber der Beobachter geradlinig gleichmäßig in positiver x-Richtung beschleunigt, und zwar mit der Beschleunigung $b > 0$. Dann ist mit $ds^2 = dt^2 - dx^2$

$$x(s) = \frac{\cosh(bs) - 1}{b}$$

und $t(s) = \frac{1}{b} \sinh(bs)$, also

$$x(t) = \frac{\sqrt{1 + b^2t^2} - 1}{b},$$

und der Ereignishorizont befindet sich im Abstand $\frac{1}{2b}$ in negativer x-Richtung vom Beobachter entfernt.

3. M_4 sei jetzt ein kosmologisches Modell und $x^i(s)$ ein unbeschleunigter Beobachter. Dann hängt es von den Details des Modells ab, ob ein Horizont existiert oder nicht. Verbal ausgedrückt: Wenn der Kosmos sehr schnell expandiert, gibt es entfernte Regionen, von denen wir nie etwas erfahren können.

Der Teilchenhorizont ergibt sich aus dem Ereignishorizont, indem man in der Definition die Zeitrichtung umkehrt. Verbal heißt das jetzt: Raum-Zeit-Punkte, die außerhalb des Teilchenhorizonts des Beobachters liegen, können von diesem nicht beeinflußt werden.

Schwarze Löcher besitzen einen Ereignishorizont, sofern sich der Beobachter stets außerhalb des Schwarzen Lochs befindet.

Der Inhalt des sog. no-hair-Theorems ist die Aussage, daß der Horizont eines nichtrotierenden Schwarzen Lochs die Geometrie einer Sphäre S^2 hat. Auch wenn Rotation zugelassen wird, ergibt sich ein analoges Ergebnis das besagt, daß Schwarze Löcher keine Haare haben.

Hörmander, Lars, Mathematiker, geb. 24.1.1931 Mjällby (Schweden), gest. 25.11.2012 Lund.

Hörmander wuchs als Sohn eines Lehrers in einem kleinen Dorf in Südschweden auf. Nach dem Besuch des Gymnasiums in Lund studierte er ab 1948 an der dortigen Universität, u. a. bei Riesz. Nach Abschluß des Studiums mit dem Master-Grad (1950) arbeitete er an der Dissertation, die er, unterbrochen durch ein Jahr Militärdienst, 1955 vollendete. Nach Aufenthalten an den Universitäten von Chicago, Kansas und Minnesota sowie am Institute for Mathematical Sciences in New York nahm Hörmander 1957 eine Professur an der Universität Stockholm an, weilte zwischenzeitlich jedoch immer wieder an der Stanford Universität und am Institute for Advanced Study in Princeton. An letzterem erhielt er 1964 eine Forschungsstelle, die er bis 1968 inne hatte. Danach lehrte er bis zu seiner Emeritierung 1996 an der Universität Lund. Auch in dieser Zeit nahm er öfters Gastaufenthalte in Stanford und Princeton wahr und leitete 1984–1986 das Mittag-Leffler-Institut in Stockholm.

Hörmander begann seine Forschungen auf dem Gebiet der Funktionentheorie und der harmonischen Analyse, wandte sich aber sehr bald der Theorie partieller Differentialgleichungen zu, die sein Hauptarbeitsgebiet wurde. Er erzielte grundlegende Ergebnisse zu einer umfassenden allgemeinen Theorie linearer Differentialoperatoren. Unter Einbeziehung von Pseudodifferentialoperatoren und a priori-Abschätzungen klärte er in vielen Fällen die Eindeutigkeit bzw. Regularität von Lösungen auf. In späteren Jahren führte er eingehende Studien zur Ausdehnung von Singularitäten bei Differentialgleichungen durch. Bedeutsam sind auch Hörmanders Monographien zur Theorie der Differentialgleichungen, in denen er wichtigen Teilen der Theorie eine systematische Darstellung gab. Neben dem Klassiker „Linear Partial Differential Operators" (1963) ist das in fünfjähriger

Arbeit entstandene vierbändige Werk „The Analysis of Linear Partial Differential Operators" (1983–1985) ein Standardwerk geworden. Die in den Forschungen über Differentialoperatoren entwickelten Methoden wandte Hörmander erfolgreich bei der Untersuchung von Holomorphiegebieten und analytischen Unterräumen von analytischen Räumen sowie von weiteren Problemen von Funktionen mehrerer komplexer Veränderlicher an. Sein 1966 erschienenes Buch „An Introduction to Complex Analysis in Several Variables" gehört inzwischen ebenfalls zu den Standardwerken dieser Theorie. Hörmanders zahlreichen Ergebnisse zur Entwicklung der Mathematik wurden mehrfach gewürdigt, u. a. 1962 mit der ↗Fields-Medaille.

Horn-Aussage, ↗Horn-Formel.

Horner, William George, englischer Mathematiker, geb. 1786 Bristol, gest. 22.9.1837 Bath.

Nach seiner Lehrerausbildung arbeitete Horner zunächst in Bristol, gründete aber 1809 eine eigene Schule in Bath, die er bis zu seinem Tod leitete.

Horner wurde bekannt für „seine" Methode zur Berechnung von Polynomen (↗Horner-Schema). Diese Methode wurde allerdings schon einige Jahre zuvor von Ruffini entwickelt. Aber auch Ruffini war wohl nicht der erste, der dieses Verfahren entdeckte, es war schon im 11. Jahrhundert islamischen und chinesischen Mathematikern bekannt.

Horner-Schema, Rechenvorschrift, um zu einem gegebenem Polynom $p(x) := a_0x^n + a_1x^{n-1} + \ldots + a_{n-1}x + a_n$ mit $a_0 \neq 0$ den Funktionswert und eine oder mehrere Ableitungen an derselben Stelle z zu berechnen.

Durch sukzessives Ausklammern von z im Ausdruck $p(z)$ entsteht die Formel

$$p(z) = (\cdots((a_0z + a_1)z + a_2)z + \ldots)z + a_0,$$

woraus sich die Rechenvorschrift

$$\begin{aligned} p_0^{(0)} &:= a_0 \\ p_j^{(0)} &:= p_{j-1}^{(0)}z + a_j,\ j = 1, \ldots, n \end{aligned}$$

für $p(z) = p_n^{(0)}$ ergibt.

Durch formales Differenzieren dieser Vorschrift nach x ergeben sich entsprechende Rekursionen für die Ableitungen, nämlich

$$\begin{aligned} p_0^{(i)} &:= p_0^{(i-1)} \\ p_j^{(i)} &:= p_{j-1}^{(i)}z + p_j^{(i-1)},\ j = 1, \ldots, n-i, \end{aligned}$$

wobei $p^{(i)}(z) = p_{n-i}^{(i)}$.

Horn-Formel, ↗logischer Ausdruck spezieller Gestalt, formalisiert in einer ↗elementaren Sprache L.

Zur Präzisierung des Begriffs führen wir zunächst induktiv Basis-Hornformeln wie folgt ein:

1. Jede negierte oder unnegierte ↗Atomformel ist eine Basis-Hornformel. (Formeln dieser Art heißen auch – insbesondere in der Informatik – Literale).
2. Ist φ eine Basis-Hornformel und ψ eine Atomformel, dann sind $\varphi \vee \neg\psi$ und $\neg\psi \vee \varphi$ ebenfalls Basis-Hornformeln.

Eine Basis-Hornformel φ ist also eine Alternative von Literalen, in der höchstens ein Alternativglied unnegiert auftritt. Bis auf Vertauschung der Glieder hat φ dann die Gestalt $\neg\varphi_1 \vee \ldots \vee \neg\varphi_n$ oder $\neg\varphi_1 \vee \ldots \vee \neg\varphi_n \vee \psi$, wobei $\varphi_1, \ldots, \varphi_n$ und ψ Atomformeln sind. Eine Alternative der Gestalt $\neg\varphi_1 \vee \ldots \neg\varphi_n \vee \psi$ ist logisch äquivalent zu $\varphi_1 \wedge \ldots \wedge \varphi_n \rightarrow \psi$ und wird als Regel zur Gewinnung neuer Fakten angesehen. Basis-Hornformeln sind von grundlegender Bedeutung in der Theorie der logischen Programmierung, die aus den Untersuchungen zur künstlichen Intelligenz bzgl. des automatischen „Theorembeweisens" hervorgegangen ist.

Alle Ausdrücke, die man aus Basis-Hornformeln durch Quantifizierung und anschließender Bildung von Konjunktionen gewinnt, heißen Horn-Formeln. Enthält eine solche Horn-Formel keine ↗freie Variable, dann wird sie Horn-Aussage genannt. Horn-Aussagen übertragen z. B. ihre Gültigkeit auf reduzierte Produkte ↗algebraischer Strukturen, wenn sie in allen Faktoren des Produktes gültig sind.

Householder-Matrix, eine orthogonale und symmetrische Matrix der Form

$$Q = I - 2ww^T,$$

wobei I die $(n \times n)$-Einheitsmatrix bezeichnet, und $w \in \mathbb{R}^n$ mit $||w||_2 = 1$ sei.

Geometrisch beschreibt Q eine Spiegelung an der Hyperebene

$$E = \{x \in \mathbb{R}^n | w^T x = 0\}.$$

Man verwendet Householder-Matrizen typischerweise zur Elimination von Vektor- oder Matrixelementen: Ist ein Vektor y gegeben, dann ist $Qy = ke_1$, wobei $e_1^T = (1, 0, \ldots, 0)$, wenn man

$$w = \frac{1}{2k}(y - ke_1)$$

und

$$k = \begin{cases} -\operatorname{sgn}(y_1)||y||_2, & \text{falls } y_1 \neq 0 \\ -||y||_2, & \text{falls } y_1 = 0 \end{cases}$$

wählt.

Wendet man Q auf einen Vektor $y \in \mathbb{R}^n$ an, so gilt

$$Qy = (I - 2vv^T)y = y - 2(v^Ty)v.$$

d. h. statt einer Matrix-Vektor-Multiplikation muß nur ein Skalarprodukt und eine Skalarprodukt-Vektor-Multiplikation berechnet werden.

Entsprechend ergibt sich für beliebige $A \in \mathbb{R}^{m\times n}$

$$QA = (I - 2vv^T)A = A + v(-2A^Tv)^T ,$$

d. h. statt einer Matrix-Matrix-Multiplikation muß nur ein Matrix-Vektor-Produkt und ein Vektor-Vektor-Produkt berechnet werden.

Householdersches QR-Verfahren, ↗ QR-Algorithmus.

***hp*-Methode**, Kombination der ↗h-Methode und der ↗p-Methode in der Praxis der Finite-Elemente-Methoden.

Dabei werden sowohl die Größen der Elemente, als auch die Ordnung der stückweise definierten Polynome variiert, um die Zielgenauigkeit zu erreichen.

Hudde, Johan van Waveren, niederländischer Ratsherr und Bürgermeister von Amsterdam, geb. 23.4.1628 Amsterdam, gest. 15.4.1704 Amsterdam.

Hudde studierte zunächst Jura an der Universität Leiden, wandte sich aber auf Anregung von Schootens bald der Mathematik zu. Ab 1663 war er Ratsmitglied von Amsterdam und ab 1672 Bürgermeister.

Huddes erste Arbeiten befaßten sich mit Verfahren zur rechnerischen und graphischen Lösung von Gleichungen dritten und vierten Grades. Er untersuchte Maxima, Minima und Tangenten algebraischer Funktionen und bestimmte den größten gemeinsamen Teiler von Polynomen. Darüber hinaus befaßte er sich mit der Gewinnverteilung beim Würfelspiel und erstellte Sterbetafeln zur Ermittlung der Lebenserwartung.

Huffman-Code, Codierung, bei der häufiger auftretende Nachrichten durch kürzere Codewörter codiert werden.

Der Huffman-Code wird oft zur Datenkompression (Fax-Übertragung, JPEG-Bilddaten) verwendet. Da die codierten Teilnachrichten eine variable Länge haben, darf kein Anfangsstück (Präfix) einer codierten Nachricht selbst eine codierte Nachricht sein, um die eindeutige Decodierbarkeit zu gewährleisten.

Die eigentliche Codierung erhält man aus einem gerichteten bewerteten Graphen, dem sogenannten Huffman-Baum. Dazu bildet man zuerst einen „Huffman-Wald", dies ist ein Graph, der nur aus Knoten, nämlich allen Zeichen des Nachrichtenalphabets, besteht. Jeder Knoten k wird mit der relativen Häufigkeit $h(k)$ des Zeichens k bewertet.

Danach faßt man diesen Wald rekursiv wie folgt zusammen (binäre Huffman-Codierung): Man sucht zwei Wurzel-Knoten k_1 und k_2 mit minimaler Bewertung $h(k_1) \le h(k_2) \le h(k), k \ne k_i$, und erzeugt einen neuen Knoten k', zwei Kanten $k' \overset{0}{\to} k_1$, $k' \overset{1}{\to} k_2$, und bewertet den neuen Knoten mit $h(k') = h(k_1) + h(k_2)$. Das setzt man so lange fort, bis man nur noch einen einzigen Wurzel-Knoten k_0 hat, und der Wald ein Baum ist, dessen Blätter die Zeichen des Nachrichtenalphabets sind.

Die (binäre) Huffman-Codierung eines Zeichens k ergibt sich aus der Bewertung des eindeutigen Weges von der Wurzel k_0 zum Blatt k. Jede Huffman-Codierung C ist eine Codierung mit minimaler mittlerer Wortlänge ($\sum_{c\in C} h(c)l(c)$) und in diesem Sinne optimal.

Erhält man beispielsweise aus einer Quelle nur die Zeichen `E`, `N`, `I`, `R`, `S`, `T` und `A` mit den entsprechenden Wahrscheinlichkeiten (17/55, 10/55, 8/55, 7/55, 7/55, 4/55, 2/55), dann ist eine binäre Huffman-Codierung: `E`→11, `N`→00, `I`→101, `R`→100, `S`→011, `T`→0101 und `A`→0100.

Hugoniot-Kurve, graphische Darstellung der nach $\frac{\hat{p}}{p}$ aufgelösten Hugoniot-Gleichung

$$\frac{\hat{\varrho}}{\varrho} = \frac{1 + \frac{\kappa+1}{\kappa-1}\frac{\hat{p}}{p}}{\frac{\kappa+1}{\kappa-1}\frac{\hat{p}}{p}} ,$$

die die „unstetige" Änderung von Druck und Dichte in einer eindimensionalen Überschallströmung beschreibt. $\hat{a}$ bzw. a bezeichnen die Werte, die die Größen vor bzw. nach dem auftretenden Stoß haben. κ ist das Verhältnis der spezifischen Wärmen bei konstantem Volumen und konstantem Druck.

Bei schwachen Stößen weicht die Kurve nur wenig von der Isotropen

$$\frac{\hat{p}}{p} = \left(\frac{\hat{\varrho}}{\varrho}\right)^{\kappa}$$

ab und hat für Luft bei

$$\left(\frac{\hat{\varrho}}{\varrho}\right)_{max} \approx 6$$

eine senkrechte Asymptote.

Hülle, Ergebnis eines ↗Abschließungsoperators.

Es sei M eine Menge. Zu jeder Teilmenge $A \subseteq M$ gebe es eine Teilmenge $\overline{A} \subseteq M$ so, daß die folgenden Bedingungen gelten:

(1) $A \subseteq \overline{A}$ für alle $A \subseteq M$;
(2) $\overline{\overline{A}} \subseteq \overline{A}$ für alle $A \subseteq M$;
(3) aus $A \subseteq B$ folgt $\overline{A} \subseteq \overline{B}$.

Dann bezeichnet man $\overline{A}$ als Hülle von A in bezug auf den gegebenen Hüllenoperator. Stimmt eine Menge mit ihrer Hülle überein, so heißt sie abgeschlossen.

Hülleneigenschaften, grundlegende Eigenschaften der in einem ↗logischen Kalkül $\mathcal{K}$ definierten Ableitungs- und Folgerungsrelation.

Sei Σ eine Menge von ↗logischen Ausdrücken in $\mathcal{K}$ und $\text{Ded}(\Sigma)$ die Deduktionsmenge von Σ, d. h., $\text{Ded}(\Sigma)$ ist die Menge aller aus $\mathcal{K}$ ↗herleitbaren Formeln (siehe auch ↗logisches Ableiten). Dann

lassen sich die Hülleneigenschaften für das formale Beweisen wie folgt formulieren:
Für alle Ausdrucksmengen Σ, Σ^* in $\mathcal{K}$ gilt:
1. $\Sigma \subseteq \mathrm{Ded}(\Sigma)$.
2. Wenn $\Sigma \subseteq \Sigma^*$, so $\mathrm{Ded}(\Sigma) \subseteq \mathrm{Ded}(\Sigma^*)$.
3. $\mathrm{Ded}(\mathrm{Ded}(\Sigma)) \subseteq \mathrm{Ded}(\Sigma)$.

Völlig analog gelten die Hülleneigenschaften auch für das logische Folgern, wenn unter $\mathrm{Ded}(\Sigma)$ die Menge aller Ausdrücke zu verstehen ist, die aus Σ inhaltlich folgen.

Hülleninverse, bei gegebener ↗regulärer Intervallmatrix $\mathbf{A}$ diejenige Abbildung $\mathbf{f} : \mathbb{IR}^n \to \mathbb{IR}^n$ (= Menge aller reellen n-komponentigen ↗Intervallvektoren), die jeder rechten Seite $\mathbf{b} \in \mathbb{IR}^n$ eines ↗Intervall-Gleichungssystems $\mathbf{A}x = \mathbf{b}$ die ↗Intervall-Hülle $\diamond S$ der zugehörigen Lösungsmenge

$$S = \{x \in \mathbb{R}^n \mid \exists A \in \mathbf{A},\ b \in \mathbf{b} : Ax = b\}$$

zuordnet:

$$\mathbf{f}(\mathbf{b}) = \diamond S\,.$$

Hüllenoperator, ↗Abschließungsoperator.

Hüllkurve, ↗Einhüllende.

Humor in der Mathematik

M. Sigg

Humor ist in der Mathematik völlig fehl am Platz. Wie in [9] überzeugend dargelegt wird, sind Versuche, „Mathematik durch Humor aufzulockern", lachhaft und Teil einer allgemeinen „Verwilderung wissenschaftlicher Sitten", und schon die „Idee, die ehrwürdige, ernsthafte Wissenschaft der Mathematik durch komische Wendungen, humoristische Verzierungen oder gar Witze (!) zu verwässern", ist „abwegig".

Es ist bekannt, daß echte Mathematiker (männliche wie weibliche) keinen Humor im üblichen Sinne besitzen. Dem gängigen Humor zugrundeliegende Mechanismen wie Übertreibung und Ironie sind ihnen gänzlich fremd – in der Mathematik ist alles präzise definiert, ein Ja ist ein Ja und ein Nein ein Nein. Was bewiesen ist, ist richtig, und was widerlegt ist, ist falsch, jetzt und in Ewigkeit. Was wahr, aber noch unbewiesen ist, wird irgendwann bewiesen, es sei denn, es ist unbeweisbar. Dann wird eben die Unbeweisbarkeit bewiesen.

Echte Mathematiker haben für die Beschäftigung mit Humor gar keine Zeit, denn diese ist in der Untersuchung offener mathematischer Fragen zweifellos besser angelegt. Daraus folgt umgekehrt sofort, daß Leute, die sich mit ‚Humor in der Mathematik' beschäftigen, keine echten Mathematiker sind. Es handelt sich dabei vielmehr meist um Personen, die der Mathematik geistig nicht gewachsen sind, Ausgestoßene und gescheiterte Existenzen also, die häufig auch in der Auseinandersetzung mit nebulösen Themen wie ‚Geschichte / Psychologie / Philosophie / Soziale Relevanz der Mathematik' oder gar ‚Unterhaltungsmathematik' eine bescheidene Ersatzbefriedigung finden.

Aus rein wissenschaftlichen Beweggründen seien im folgenden einige Erscheinungsformen der Verbindung von Mathematik mit Humor näher beleuchtet.

‚Lustige' Einkleidung mathematischer Aufgaben

Immer wieder wird versucht, mathematische Zusammenhänge umgangssprachlich auszudrücken oder ewige mathematische Wahrheiten dem gemeinen Volk durch die Einkleidung in ‚witzige' Gedanken und weltliche Geschichten nahezubringen. Dabei besteht die Gefahr, daß tiefe mathematische Erkenntnisse allgemeinverständlich erscheinen, ihrer Exklusivität beraubt und mit dem Schmutz der Trivialität besudelt werden – erschreckende Beispiele für diese Erscheinung sind in [9] zu finden. Dies ist der verbreiteten Ehrfurcht vor der Mathematik abträglich und läuft dem Bestreben der echten Mathematiker zuwider, der Mathematik ihren hart erarbeiteten Ruf einer nur wenigen Eingeweihten zugänglichen Geheimwissenschaft zu erhalten.

Musik und Mathematik

Echte Mathematiker hören nie Musik – sie würde beim Denken stören – und musizieren auch selbst nicht (Zeitverschwendung). Paul Erdös benutzte für Musik die Bezeichnung „noise", und Carl Friedrich Gauß bemerkte zu einem Beethoven-Konzert, das er auf Drängen von Johann Friedrich Pfaff besucht hatte: „Und was ist damit bewiesen?"

Verschiedentlich gab es Versuche, Mathematik mit Hilfe von Musik gefällig darzubieten, wie z. B. die *Hauptsatzkantate* von Friedrich Wille [9] – bedauerliche Entgleisungen, aber harmlos: Es ist glücklicherweise kein einziger Fall bekannt, wo auf diese Weise ein Nichtmathematiker einen Einblick in mathematische Geheimnisse erhalten hätte.

Gedichte über Mathematik(er)

Daß echte Mathematiker aufgrund der innigen, ja heldenhaften Hingabe an ihr Fach auf übliche gesellschaftliche Vergnügungen verzichten, wird gerne zum Anlaß genommen, sie als Sonderlinge und Lachfiguren darzustellen:

Gründlichkeit
Franz Grillparzer [8]

Wie viel, im Reich des Geistes gar,
hängt ab von Ort und Zeit,
Was falsch einst, gilt uns heut für wahr,
Für dumm, was sonst gescheit.

Und mancher, den die eigne Zeit
Verspottet und verlacht,
Lebt' er in unsern Tagen, heut,
Sein Glück wär' längst gemacht.

So jener Mathematikus
Im heiteren Paris,
Setzt ins Theater nie den Fuß,
Da Zahlen nur gewiß.

Doch einst die Freunde brachten ihn
Ins Schauspielhaus mit Glück,
Man gab ein Schauspiel von Racine,
Des Meisters Meisterstück.

Da wird denn rings Begeistrung laut,
Man weint, man klatscht, man tobt,
Was man gehört, was man geschaut,
Wird e i n e s Munds gelobt.

Nur unser Mathematikus
Sah stieren Augs das Spiel,
Als ihn der Freunde Schar am Schluß
Befragt: wie's ihm gefiel,

Ob ihn ergriff der Dichtung Macht,
Des Unglücks Jammerruf?
Doch er erwidert mit Bedacht:
„Mais qu'est-ce que cela prouve?"
Da tönt Gelächter rings umher,
Das Wort durchläuft die Stadt,
Und ein Jahrhundert oder mehr
Lacht sich die Welt nicht satt.
O armer Mann, du kamst zu früh
Und nicht am rechten Ort;
In unsers Deutschlands Angst und Müh'
Erkennt man erst dein Wort,

Wo man Ideen nur begehrt,
Von Glut und Reiz entfernt,
Man, bis zum Halse schon gelehrt,
Noch im Theater lernt -

Dort ruft ein jeder Kritikus,
Was auch der Dichter schuf,
Wie jener Mathematikus:
„Mais qu'est-ce que cela prouve?"

Auch wenn die Rolle eines zerstreuten oder schußligen Professors zu besetzen ist, greift man häufig auf Mathematiker zurück:

Der Unfall des Mathematikers
Heinz Erhardt [6]

Es war sehr kalt, der Winter dräute,
da trat – und außerdem war's glatt –
Professor Wurzel aus dem Hause,
weil er was einzukaufen hat.

Kaum tat er seine ersten Schritte,
als ihn das Gleichgewicht verließ,
er rutschte aus und fiel und brach sich
die Beine und noch das und dies.

Jetzt liegt er nun, völlig gebrochen,
im Krankenhaus in Gips und spricht:
„Ich rechnete schon oft mit Brüchen,
mit solchen Brüchen aber nicht!"

Schließlich gibt es auch viele Gedichte über die Mathematik selbst und ihre Gegenstände:

Erster mathematischer Unfall
Ehrenfried Winkler [6]

Ein Rechteck fuhr mit dem Quadrat
auf einem schnellen Motorrad.
Doch kamen beide nicht sehr weit!
Zu hoch war die Geschwindigkeit.
Woran sie beide nicht gedacht,
in einer Kurve hat's gekracht.
Sie rammten eine Häuserwand,
an der man sie verunglückt fand.
Nun waren beide Invalid:
Ein Rhombus und ein Rhomboid.

Die Ballade vom armen Epsilon
Hubert Cremer [3]

Die Matrix sang ihr Schlummerlied
den Zeilen und Kolonnen,
schon hält das kleine Fehlerglied
ein süßer Traum umsponnen,
es schnarcht die alte ℘-Funktion,
und einsam weint ein bleiches,
junges, verlass'nes Epsilon
am Rand des Sternbereiches.

Du guter Vater Weierstraß,
Du Schöpfer unsrer Welt da,
ich fleh Dich einzig an um das:
Hilf finden mir ein Delta!
Und wenn's auch noch so winzig wär
und beinah Null am Ende,
das klarste Sein blieb öd und leer,
wenn sich kein Delta fände.

Vergebens schluchzt die arme Zahl
und ruft nach ihrem Retter,
es rauscht so trostlos und trivial
durch welke Riemann-Blätter;
die Strenge hat nicht Herz noch Ohr
für Liebesleidgefühle,
das arme Epsilon erfror
im eisigen Kalküle.
Moral:
Unstetig ist die Weltfunktion,
ihr werdet's nie ergründen,
zu manchem braven Epsilon
läßt sich kein Delta finden

Doch auch hier gilt: Das Lesen kostet Zeit, die dem Dienst an der Mathematik fehlt. Und, mal ehrlich: Liegt nicht z. B. in dem eleganten Beweis des Banachschen Fixpunktsatzes weitaus mehr Poesie?

Schlaue Sprüche

Die folgenden Äußerungen von Mathematikern und Nichtmathematikern seien ohne Stellungnahme wiedergegeben:

Der Ruf eines Mathematikers beruht auf der Anzahl seiner falschen Beweise. (Abram Samoilovitch Besicovitch)

Strukturen sind die Waffen der Mathematiker. (Bourbaki)

Wer innerhalb eines Jahres $x^2 - 92y^2 = 1$ lösen kann, ist ein Mathematiker. (Brahmagupta)

Alles was lediglich wahrscheinlich ist, ist wahrscheinlich falsch. (René Descartes)

Seit die Mathematiker in die Relativitätstheorie eingedrungen sind, verstehe ich sie selbst nicht mehr. (Albert Einstein)

Wo sich die Gesetze der Mathematik auf die Wirklichkeit beziehen, sind sie unsicher; und wo sie sicher sind, beziehen sie sich nicht auf die Wirklichkeit. (Albert Einstein)

Ich glaube nicht an die Mathematik. (Albert Einstein)

Ein Mathematiker ist eine Maschine zur Umwandlung von Kaffee in Theoreme. (Paul Erdös)

Als Ablenkung vom Sexuellen genießt die Mathematik den größten Ruf. (Sigmund Freud)

Er ist ein Mathematiker und also hartnäckig. (Johann Wolfgang von Goethe)

Mit Mathematikern ist kein heiteres Verhältnis zu gewinnen. (Johann Wolfgang von Goethe)

Die Mathematiker sind eine Art Franzosen: Redet man zu ihnen, so übersetzen sie es in ihre Sprache, und alsbald ist es ganz etwas anderes. (Johann Wolfgang von Goethe)

Daß aber ein Mathematiker, aus dem Hexengewirre seiner Formeln heraus, zur Anschauung der Natur käme und Sinn und Verstand, unabhängig wie ein gesunder Mensch, brauchte, werd ich wohl nicht erleben. (Johann Wolfgang von Goethe)

Die kürzeste Verbindung zwischen zwei Aussagen über reelle Zahlen führt über komplexe Zahlen. (Jacques Salomon Hadamard)

Manche Menschen haben einen Gesichtskreis vom Radius Null und nennen ihn ihren Standpunkt. (David Hilbert)

Die Wichtigkeit einer wissenschaftlichen Arbeit kann man daran messen, wieviele frühere Veröffentlichungen durch sie überflüssig werden. (David Hilbert)

Die Physik ist für die Physiker viel zu schwer. (David Hilbert)

Es gibt keinen Unterschied zwischen reiner und angewandter Mathematik. Die beiden haben überhaupt nichts miteinander zu tun. (David Hilbert)

Die ganzen Zahlen hat der liebe Gott geschaffen, alles andere ist Menschenwerk. (Leopold Kronecker)

Die sogenannten Mathematiker von Profession haben sich, auf die Unmündigkeit der übrigen Menschen gestützt, einen Kredit von Tiefsinn erworben, der viel Ähnlichkeit mit dem von Heiligkeit hat, den die Theologen für sich haben. (Georg Christoph Lichtenberg)

Die Medizin macht die Menschen krank, die Mathematik macht sie traurig und die Theologie zu Sündern. (Martin Luther)

In der Mathematik versteht man die Dinge nicht. Man gewöhnt sich nur an sie. (John von Neumann)

Die Mathematiker, die nur Mathematiker sind, denken also richtig, aber nur unter der Voraussetzung, daß man ihnen alle Dinge durch Definitionen und Prinzipien erklärt; sonst sind sie beschränkt und unerträglich, denn sie denken nur dann richtig, wenn es um sehr klare Prinzipien geht. (Blaise Pascal)

Mathematik besteht daraus, offensichtliche Dinge auf die am wenigstens offensichtliche Art zu beweisen. (George Pólya)

So kann also die Mathematik definiert werden als diejenige Wissenschaft, in der wir niemals das kennen, worüber wir sprechen, und niemals wissen, ob das, worüber wir sprechen, wahr ist. (Bertrand Russell)

Mathematiker neigen zu Selbstzweifeln über nachlassende Konzentrationskraft wie andere Männer zu Besorgnis über ihre sexuelle Potenz. (Stanislaw Marcin Ulam)

Gott existiert, weil die Arithmetik konsistent ist, und der Teufel existiert, weil wir das nicht beweisen können. (André Weil)

Nicht unmittelbar auf die Mathematik gemünzt, aber recht treffend, sind diese Zitate:

„Ich habe bemerkt", sagte Herr K., „daß wir viele abschrecken von unserer Lehre dadurch, daß wir auf alles eine Antwort wissen. Könnten wir nicht im Interesse der Propaganda eine Liste der Fragen aufstellen, die uns ganz ungelöst erscheinen?" (Bertold Brecht, Geschichten vom Herrn Keuner)

Er [der Philosoph] glaubte nämlich, die Erkenntnis jeder Kleinigkeit, also zum Beispiel auch eines sich drehenden Kreisels, genüge zur Erkenntnis des Allgemeinen. Darum beschäftigte er sich nicht mit den großen Problemen, das schien ihm unökonomisch. War die kleinste Kleinigkeit wirklich erkannt, dann war alles erkannt, deshalb beschäftigte er sich nur mit dem sich drehenden Kreisel. (Franz Kafka, Der Kreisel)

Anekdoten über Mathematiker

Mathematiker werden als merkwürdige Menschen angesehen, und es gibt über sie eine Vielzahl von Anekdoten, die dies belegen sollen ([1], [5]). Dem Wissenden ist natürlich klar, daß der seltsame Ruf der Mathematiker gerade auf solchen Geschichten beruht und überhaupt nichts mit der Wirklichkeit zu tun hat.

Als David Hilbert hörte, daß einer seiner Studenten die Mathematik an den Nagel gehängt hatte, um Dichter zu werden, meinte er: „Das wundert mich nicht. Für die Mathematik hatte der zu wenig Phantasie, aber zum Dichten reicht's."

David Hilbert war für sein schwaches Kopfrechnen berühmt. Einmal stand er in seiner Vorlesung vor dem Problem, 8 mal 7 ausrechnen zu müssen: „Nun meine Herren, wieviel ist wohl 8 mal 7?" „55?" Ein anderer: „57!" Darauf Hilbert: „Aber meine Herren, die Lösung kann doch nur entweder 55 oder 57 sein!"

Isaac Newton prahlte gegenüber seinem Freund John Wallis „Mein Hund Diamond kennt sich ein bißchen in der Mathematik aus. Vor dem Mittagessen hat er heute zwei Sätze bewiesen.", worauf Wallis „Ihr Hund muß ja genial sein!" antwortete. „Ach nein", meinte Newton, „der erste Satz war falsch, und im zweiten hat er eine pathologische Ausnahme übersehen."

Bartel Leendert van der Waerden hatte zum Abschluß seiner Gastprofessur in Göttingen seine Kollegen eingeladen. Carl Ludwig Siegel hatte keine Lust teilzunehmen, und schrieb van der Waerden, er könne leider nicht kommen, weil er verstorben sei. Darauf sandte van der Waerden ihm ein Beileidstelegramm, in dem er seine tiefe Anteilnahme an diesem Schicksalsschlag ausdrückte.

Ein Student wendete sich an John von Neumann: „Entschuldigen Sie, Professor von Neumann, könnten Sie mir bei diesem Analysisproblem helfen?" Von Neumann: „Also gut, wenn es schnell geht – ich bin sehr beschäftigt." Student: „Ich habe Schwierigkeiten mit diesem Integral." Von Neumann: „Zeigen Sie mal. ... Ah ja, das Ergebnis ist $\frac{2}{5}\pi$". Student: „Das weiß ich, aber ich verstehe nicht, wie man darauf kommt." Von Neumann: „Na schön, lassen Sie mich noch mal sehen. ... Die Antwort ist $\frac{2}{5}\pi$." Student (genervt): „Ja gewiß, ich w e i ß die Antwort, aber ich weiß nicht, wie man sie herleitet!" Von Neumann: „Was wollen Sie denn, ich habe das jetzt auf zwei verschiedene Arten berechnet!"

Norbert Wiener wurde von einem Studenten mit einer mathematischen Frage angesprochen. Wiener erörterte das Problem und fragte dann, aus welcher Richtung er gekommen sei. Der Student zeigte sie ihm. „Aha", sagte Wiener, „dann habe ich noch nicht gegessen", und setzte seinen Weg zur Mensa fort.

Kreisquadrierer, Winkeldreiteiler und andere

Nicht aus Spaß, sondern ganz im Ernst ‚lösen' auch heute noch unterbeschäftigte Nicht- oder Möchtegernmathematiker Aufgaben, deren Unlösbarkeit längst bewiesen ist, oder entdecken sensationelle Zusammenhänge, die von der etablierten Wissenschaft bisher übersehen wurden oder von der Regierung (vermutlich zusammen mit abgestürzten UFOs und dergleichen) unter Verschluß gehalten werden. Kuriositäten dieser und ähnlicher Art sind in [4] und [7] zu finden.

Witze

Die angeblich kürzesten mathematischen Witze *„Es gibt einen Witz."* und „$\varepsilon < 0$" mit den Steigerungen „$\varepsilon \ll 0$" und „$\varepsilon \to -\infty$" seien nur kurz erwähnt, ebenso Witze, die in irgendeiner Weise mit verirrten Ballonfahrern, der Existenz mindestens eines mindestens einseitig schwarzen Schafes oder dem Fangen von Löwen in der Wüste zu tun haben.

Bedauerlicherweise beruhen viele Witze über Mathematiker auf schäbigen Vorurteilen – daß Mathematiker irgendwie merkwürdig und lebensfremd seien etwa, oder daß sie pingelig, besserwisserisch und häufig eingebildet und selbstherrlich seien [2]. Das ist reiner Unsinn – in Wahrheit sind die Nichtmathematiker meist diejenigen, mit denen etwas nicht stimmt. Unzutreffend ist auch die Behauptung, daß man Mathematiker an der gehäuften Verwendung von Wörtern wie „hinreichend", „notwendig", „mindestens", „höchstens", „modulo", „trivial", „offensichtlich", „elementar" usw. erkennen könne. Ferner haben Mathematiker den Ruf, immer alles ganz genau wissen zu wollen, alle Dinge mit seltsamen eigenen Bezeichnungen zu versehen und auch einfachste Zusammenhänge soweit zu formalisieren, daß niemand außer (höchstens) ihnen selbst noch versteht, worum es überhaupt geht. Modulo seltener Ausnahmen sind auch dies offensichtlich unhaltbare Unterstellungen.

Bevor man sich ernsthaft mit dem Thema *mathematischer Witz* auseinandersetzen kann, muß dieser Begriff präzisiert werden. Es sei $\mathbb{S}$ die Menge der endlichen nicht-leeren Zeichenreihen über dem (endlichen) Alphabet A, bestehend aus den lateinischen Buchstaben und den üblichen Satzzeichen. Es ist also A die Menge der kleinen und großen Buchstaben und der Satzzeichen und

$$\mathbb{S} := \bigcup_{n=1}^{\infty} A^n .$$

M sei die Menge aller Mathematiker. M ist durch die bisherigen Ausführungen hinreichend klar beschrieben. Für $m \in M$ und $s \in \mathbb{S}$ bedeute $\mathfrak{w}_m(s)$, daß

- m in s einen Bezug zur Mathematik erkennt, und
- m bei der Begegnung mit s mindestens zu einer heiteren Gemütsreaktion veranlaßt wird.

Wir führen damit die *mathematischen Witze* ein mittels

$$\mathbb{W} := \left\{ s \in \mathbb{S} \;\middle|\; \#\{m \in M \mid \mathfrak{w}_m(s)\} \geq \frac{\#M}{2} \right\}.$$

Einwände, daß diese Definition etwas ‚schwammig' sei, kann man mit dem Hinweis vom Tisch fegen, daß auf ähnliche Weise die meisten Mathematiker den Begriff *mathematischer Beweis* erklären würden. Wohldefiniertheit hin oder her, sofort stellt sich die Frage nach der Mächtigkeit von $\mathbb{W}$. Als abzählbare Vereinigung endlicher Mengen ist $\mathbb{S}$ und damit auch die Teilmenge $\mathbb{W}$ höchstens abzählbar. Tatsächlich gilt der

Satz: $\mathbb{W}$ *ist abzählbar unendlich.*

Beweis (nach David Alberts, persönliche Mitteilung): Es bleibt zu zeigen, daß $\mathbb{W}$ nicht endlich ist. $\mathbb{W}$ ist nicht leer, denn folgende Zeichenreihe etwa ist ein Element von $\mathbb{W}$:

> *Ein Statistiker ist ein Kerl, der mit dem Kopf im Backofen und den Füßen im Eisschrank behauptet, im Durchschnitt fühle er sich ganz wohl.*

Durch Vertauschen der Teilzeichenreihen „Backofen" und „Eisschrank" erhält man ein weiteres Element von $\mathbb{W}$. Folglich gilt $\#\mathbb{W} \geq 2$. Angenommen, $\mathbb{W}$ wäre endlich, etwa $\mathbb{W} = \{s_1, \ldots, s_k\}$ mit $2 \leq k \in \mathbb{N}$, wobei $s_j \in A^{n_j}$ sei mit geeigneten $n_j \in \mathbb{N}$ für $1 \leq j \leq k$. Dann bilde man die Verkettung $s := s_1 \cdots s_k$. Mit $n := \sum_{j=1}^{k} n_j$ ist $s \in A^n$. Wegen $n > n_j$ gilt $s \neq s_j$ für $1 \leq j \leq k$, also $s \notin \mathbb{W}$. Andererseits folgt für alle $m \in M$ schon aus $\mathfrak{w}_m(s_1)$ offensichtlich $\mathfrak{w}_m(s)$, d. h. es gilt $s \in \mathbb{W}$: Widerspruch. Also ist $\mathbb{W}$ nicht endlich. Q. E. D.

Verallgemeinert man den in der Definition von $\mathbb{W}$ benutzten Wert $\frac{1}{2}$, so erhält man eine feinere Strukturierung von $\mathbb{S}$. Dazu seien für $g \in [0,1]$

$$\mathbb{W}_g := \{ s \in \mathbb{S} \mid \#\{m \in M \mid \mathfrak{w}_m(s)\} \geq g\,\#M \}$$

die *Witze vom Schmunzelgrad* g. Offensichtlich gilt $\mathbb{W}_0 = \mathbb{S}$ und $\mathbb{W}_{\frac{1}{2}} = \mathbb{W}$, und bezeichnet $\mathbb{P}(\mathbb{S})$ die Potenzmenge von $\mathbb{S}$, so ist die durch $\gamma(g) := \mathbb{W}_g$ definierte Abbildung

$$\gamma : \big([0,1], \leq\big) \to \big(\mathbb{P}(\mathbb{S}), \supset\big)$$

isoton, d. h. ordnungserhaltend. Für $s \in \mathbb{S}$ heißt

$$\omega(s) := \sup\{g \in [0,1] \mid s \in \mathbb{W}_g\}$$

die *Witzigkeit* von s und $\omega : \mathbb{S} \to [0,1]$ die *Witzigkeitsfunktion*. Definiert man für $s \in \mathbb{S}$ durch

$$\lambda(s) := \min\{n \in \mathbb{N} \mid s \in A^n\}$$

die Abbildung $\lambda : \mathbb{S} \to \mathbb{N}$, so wird durch

$$\varphi(s) := \frac{\omega(s)}{\lambda(s)}$$

die *Witzeffizienzfunktion* $\varphi : \mathbb{S} \to [0,1]$ erklärt. Liebhaber ‚anschaulicher' Umschreibungen würden sagen, ein Witz sei umso wirkungsvoller, je kürzer er ist und je mehr Leute darüber lachen. Die Untersuchung topologischer Eigenschaften (bei Einführung bestimmter Topologien auf $\mathbb{W}_g$) von ω und φ und ihrer Einschränkungen auf die Witzmengen $\mathbb{W}_g$ sowie weiterer *witztheoretischer Funktionen* ist Gegenstand der *analytischen Witztheorie*. Hingegen befaßt sich die *algebraische Witztheorie* mit Zeichenreihenoperationen auf $\mathbb{S}$, deren Einschränkungen auf gewisse Äquivalenzklassen in $\mathbb{W}_g$

und der Verträglichkeit dieser Klassenbildung mit den witztheoretischen Funktionen.

Verhältnismäßig einfach ist die Klassifizierung von Elementen von 𝕎 nach rein inhaltlichen Gesichtspunkten. Meist niedrige φ-, aber hohe ω-Werte erreichen Zeichenreichen aus 𝕎, die neben „Mathematiker" auch Teilzeichenreihen wie „Physiker" oder „Ingenieur" enthalten, wie folgende Beispiele zeigen (die teilweise allerdings auch mit anderen Permutationen dieser Teilzeichenreihen bekannt sind):

Mathematiker und Physiker fahren mit der Bahn zu einer wissenschaftlichen Tagung. Jeder Physiker hat eine Fahrkarte gekauft, doch die Mathematiker haben alle zusammen nur eine einzige Fahrkarte. Die Physiker freuen sich und denken: „Diese weltfremden Mathematikertrottel. Man wird sie beim nächsten Halt aus dem Zug werfen!" Der Schaffner kommt. Die Mathematiker verstecken sich in der Zugtoilette. Der Schaffner klopft an die Toilettentür: „Die Fahrkarte bitte!" Die Mathematiker stecken ihre Fahrkarte unter der Tür durch, der Schaffner knipst ab und geht weiter. Die Physiker staunen: „Schau mal einer die Mathematiker an, diese Eierköpfe haben manchmal ganz nützliche Ideen. Das können wir auch!" Gesagt, getan, bei der Rückfahrt haben die Physiker nur eine Fahrkarte gelöst. Aber hoppla: Die Mathematiker haben gar keine Fahrkarte! Die Physiker freuen sich diebisch, die Mathematiker lächeln nur still vor sich hin. Der Schaffner nähert sich. Die Mathematiker verschwinden in die eine Zugtoilette, die Physiker in die andere. Kurz bevor der Schaffner da ist, schleicht ein Mathematiker wieder heraus und klopft bei den Physikern: „Die Fahrkarte bitte!"
Merke: Verwende nie mathematische Methoden, ohne sie zu verstehen.

Ein Ingenieur und ein Mathematiker sitzen in einer Physikvorlesung. Es geht um Stringtheorie, und der Vortragende tobt in Räumen mit elf Dimensionen herum. Der Mathematiker genießt die Sache offenbar, doch dem armen Ingenieur wird ganz schwindlig und schlecht. Froh, daß die Qual ein Ende hat, fragt er hinterher den Mathematiker: „Nun sagen Sie bloß, Sie haben diesen entsetzlichen Kram verstanden!" Der Mathematiker zögert einen Moment – man merkt seine Mühe, sich auf Ingenieursniveau runterzudenken. „Ja sicher", meint er schließlich, „man muß sich die Dinge eben veranschaulichen." „Veranschaulichen??? Wie können Sie sich denn elf Dimensionen veranschaulichen???" „Nun, ich stelle mir zuerst einen n-dimensionalen Raum vor und spezialisiere dann auf den Fall $n = 11$."

Der Vermessungsingenieur hat Grippe. Deswegen werden der Physiker und der Informatiker auf den Universitätshof geschickt, um die Höhe eines Fahnenmasts zu bestimmen. „Theodolit" ist ein Fremdwort, und so versuchen sie verzweifelt und vergeblich, mit dem Maßband bis zur Mastspitze zu klettern. Ein Mathematiker kommt zufällig vorbei und hat Mitleid mit den beiden. Er zieht die Fahnenstange aus der Halterung, legt sie auf den Boden, vermißt sie, stellt sie wieder auf und geht weiter. Physiker und Informatiker stehen minutenlang sprachlos da. Da schlägt sich der Physiker an die Stirn: „Typisch Mathematiker, zu nichts zu gebrauchen! Wir wollen die Höhe des Masts, und er liefert uns seine Länge!"

Ein Mathematiker, ein Physiker und ein Philosoph stehen auf dem Dach eines brennenden Hochhauses. Die Feuerwehr hat ein Sprungtuch ausgebreitet. Der Philosoph meint: „Wenn es einen Gott gibt, wird er mir schon helfen". Er springt und landet weit neben dem Ziel. Der Physiker nimmt seinen Taschenrechner, rechnet ein paar Formeln durch, springt und landet mitten im Tuch. Der Mathematiker kritzelt eine Weile auf seinem Notizblock herum, nimmt Anlauf, springt und fliegt nach oben davon. Vorzeichenfehler!

Ein Rechtsanwalt, ein Arzt und ein Mathematiker unterhalten sich, ob es besser sei, verheiratet zu sein oder eine Freundin zu haben. Der Rechtsanwalt behaupt, eine Freundin sei auf jeden Fall besser, denn die meisten Ehen gingen in die Brüche und endeten in einer Scheidung und teuren Rechtsstreitigkeiten. Der Arzt sieht die Sache von seiner Warte und meint, die Ehe biete Sicherheit, fördere einen geregelten Lebenswandel und sei daher gesünder. Der Mathematiker indes, nach seiner Meinung gefragt, meint: „Geld? Gesundheit? Das kümmert mich alles nicht. Ich habe sowohl eine Frau als auch eine Freundin. Der Freundin erzähle ich, daß ich Zeit für meine Frau brauche, und meine Frau denkt, ich sei bei der Freundin. In der Zeit kann ich ungestört Mathematik machen."

Kurzcharakterisierungen von Mathematikern haben höhere φ-Werte:

Woran erkennen Sie einen extrovertierten Mathematiker? – Ein extrovertierter Mathematiker schaut auf I h r e Füße, während er mit Ihnen spricht.

Ein Ingenieur glaubt, daß seine Gleichungen eine Annäherung an die Wirklichkeit sind. Ein Phy-

siker glaubt, daß die Wirklichkeit eine Annäherung an seine Gleichungen ist. Ein Mathematiker käme nie auf die Idee, sich über so etwas den Kopf zu zerbrechen.

Ein Mathematiker ist ein Mensch, der einen ihm vorgetragenen Gedanken nicht nur unmittelbar begreift, sondern auch sofort erkennt, auf welchem Denkfehler er beruht.

Zum Teil sehr hohe φ-Werte erreichen kurze Zeichenreihen, die Bezug auf mathematische Objekte nehmen. Diese Zeichenreihen werden von Nichtmathematikern meist nicht als Witze erkannt:

Was ist gelb, krumm, normiert und vollständig? – Ein Bananachraum.

Was ist ein Häufungspunkt von Polen? – Warschau.

Was ist ein Polarbär? – Ein rechteckiger Bär nach einer Koordinatentransformation.

Was ist nahrhaft und kommutiert? – Eine abelsche Suppe!

Was ist groß und grau, schwimmt im Meer und läßt sich nicht orientieren? – Möbius Dick.

„Die Nummer, die Sie gewählt haben, ist rein imaginär. Bitte drehen Sie Ihr Telefon um 90 Grad und versuchen Sie es erneut.“

F i bb ooo nnnnn aaaaaaaa cccccccccccc ccccccccccccccccccc iiiiiiiiiiiiiiiiiiiiiiiiiiiiiiii.

Treffen sich zwei Geraden in der euklidischen Ebene. Sagt die eine: „Jetzt gibst Du einen aus, beim nächsten Mal bin ich dran.“

Im Raum der differenzierbaren Funktionen findet ein Tanzball statt. Auf der Tanzfläche tanzen Cosinus und Sinus auf und ab, die Polynome bilden einen Ring um die Identität, und der Tangens macht die tollsten Sprünge. Nur die Exponentialfunktion steht den ganzen Abend alleine herum. Aus Mitleid geht der Logarithmus irgendwann zu ihr hin und sagt: „Mensch, integrier dich doch mal!“ „Schon versucht“, jammert die Exponentialfunktion, „das hat aber auch nichts geändert!“

Die Exponentialfunktion geht mit einem ihrer Näherungspolynome und einer additiven Konstante spazieren, als plötzlich der Differentialoperator um die Ecke kommt. Die Konstante ergreift die Flucht, auch dem Polynom fährt der Schreck in alle Glieder, nur die Exponentialfunktion bleibt gelassen und feixt den Differentialoperator an: „Ich bin e^x, und Du kannst mir nix!“ Worauf der Differentialoperator meint: „Und ich bin $\frac{d}{dy}$!“

Wie oft kann man 7 von 83 abziehen, und was bleibt am Ende übrig? – Man kann so oft man will 7 von 83 abziehen, und es bleibt jedesmal 76 übrig.

Erste Grundregel der Ingenieursmathematik: Alle Reihen konvergieren, und zwar gegen den ersten Term.

Beliebt sind ‚Beweise‘ folgender Art:

Satz: Eine Katze hat mindestens neun Schwänze.

Beweis: Keine Katze hat acht Schwänze. Eine Katze hat mehr Schwänze als keine Katze. Also hat eine Katze mindestens neun Schwänze.

Die Negation einer falschen Aussage ist nicht immer eine wahre Aussage. So ist etwa die Aussage „Dieser Satz enthält sechs Wörter“ falsch, aber ihre Negation „Dieser Satz enthält nicht sechs Wörter“ auch.

Schließlich noch einige Elemente von $\mathbb{W}$, die sich keiner der bisherigen Klassen eindeutig zuordnen lassen:

„Kennen Sie den Witz über den Stochastiker?“ – „Wahrscheinlich.“

Mitten im mathematischen Vortrag erhebt einer der Anwesenden die Hand und ruft: „Ich habe zu dem, was Sie hier erzählen, ein Gegenbeispiel!“ Darauf der Vortragende: „Egal, ich habe zwei Beweise!“

„Was ist denn mit Deiner Freundin, der Mathematikerin?“ „Die habe ich verlassen. Ich rufe sie an, und da erzählt sie mir, daß sie im Bett liegt und sich mit 3 Unbekannten rumplagt!“

Amerikanische Mathematiker haben eine neue ganze Zahl entdeckt. Sie liegt irgendwo zwischen 27 und 28. Man weiß noch nicht, wie sie da hingeraten ist und was sie da treibt, aber sie scheint sich sehr merkwürdig zu verhalten, wenn man sie in manche Gleichungen einsetzt.

Zwei Mathematiker in einer Bar streiten sich über den mathematischen Bildungsstand von Durchschnittsbürgern. Der eine, der meint, daß die meisten Leute strohdumm seien und keine Ahnung hätten, muß mal auf die Toilette. Inzwischen ruft der andere die Kellnerin und sagt ihr, daß er sie später etwas fragen werde, und darauf solle sie doch „Ein Drittel x hoch drei“ antworten.

Nachdem er es ihr mehrfach geduldig vorgesagt hat, scheint es einigermaßen zu klappen, und im Weggehen murmelt sie vor sich hin: „Eindrittelixhochdrei, eindrittelixhochdrei, ...“ Der Freund kommt zurück, und der andere meint: „Ich beweise Dir nachher an der Kellnerin, daß die meisten Menschen doch etwas von Mathematik verstehen.“ Als die Kellnerin das Geschirr abräumt, fragt er sie nach der Stammfunktion von x^2. Sie antwortet beiläufig: „Ein Drittel x hoch drei.“ Der Freund ist völlig von den Socken, sein Weltbild fällt zusammen. Und im Weggehen meint die Kellnerin über die Schulter: „Plus eine beliebige Konstante.“

Es gibt drei Sorten von Mathematikern: Solche, die bis 3 zählen können, und solche, die dies nicht können.

Literatur

[1] Ahrens, W.: Mathematiker-Anekdoten. Teubner Leipzig, 1940.

[2] Beutelspacher, A.: „In Mathe war ich immer schlecht ... “. Vieweg Braunschweig / Wiesbaden, 1996.

[3] Cremer, H.: Carmina Mathematica. J.A. Mayer Aachen, 1972.

[4] Dudley, U.: Mathematik zwischen Wahn und Witz. Birkhäuser Basel, 1995.

[5] Ehlers, A.: Liebes Hertz! Physiker und Mathematiker in Anekdoten. Birkhäuser Basel, 1994.

[6] Hornschuh, H.-D.: Humor rund um die Mathematik. Manz, 1989.

[7] Kracke, H.: Mathe-musische Knobelisken. Dümmler Bonn, 1992.

[8] Radbruch, K.: Mathematische Spuren in der Literatur. Wissenschaftliche Buchgesellschaft Darmstadt, 1997.

[9] Wille, F.: Humor in der Mathematik. Vandenhoeck & Ruprecht Göttingen, 1984.

Hundekurve, ↗Traktrix.

Hurwitz, Adolf, deutscher Mathematiker, geb. 26.3.1859 Hildesheim, gest. 18.11.1919 Zürich.

Hurwitz studierte 1877–1881 in München, Berlin und Leipzig. 1881 promovierte er in Leipzig als Schüler von Weierstraß. 1882 ging er nach Göttingen, 1884 nach Königsberg (Kaliningrad) und 1892 schließlich als Professor für höhere Mathematik an das Polytechnikum Zürich.

Hurwitz arbeitete auf vielen Gebieten der Analysis. So untersuchte er elliptische Funktionen und deren Anwendungen in der Geometrie. Er studierte das Geschlecht von Riemannschen Flächen und Automorphiegruppen von Riemannschen Flächen. 1896 arbeitete er über ganzzahlige Quaternionen und deren Faktorisierung und wandte die Ergebnisse auf die Darstellung ganzer Zahlen als Summe von vier Quadraten an.

Hurwitz, Approximationssatz von, Aussage über die Approximierbarkeit irrationaler Zahlen durch Brüche.

Zu einer beliebigen irrationalen Zahl $\xi \in \mathbb{R} \setminus \mathbb{Q}$ gibt es unendlich viele rationale Zahlen $\frac{p}{q} \in \mathbb{Q}$ mit der Eigenschaft

$$\left|\frac{p}{q} - \xi\right| < \frac{1}{q^2\sqrt{5}}.$$

Die Konstante $\sqrt{5}$ ist in folgendem Sinn die bestmögliche: Bezeichne $\phi = \frac{1}{2}(1+\sqrt{5})$ den ↗goldenen Schnitt, so hat zu jedem $A > \sqrt{5}$ die Ungleichung

$$\left|\frac{p}{q} - \phi\right| < \frac{1}{Aq^2}$$

nur endlich viele rationale Lösungen $\frac{p}{q}$.

Hurwitz, Injektionssatz von, die folgenden funktionentheoretische Aussage:

Es sei $G \subset \mathbb{C}$ ein ↗Gebiet und (f_n) eine Folge von in G ↗schlichten Funktionen, die in G ↗kompakt konvergent gegen f ist.

Dann ist f entweder konstant oder schlicht in G.

Der Fall, daß f konstant ist, kann tatsächlich vorkommen. Dies zeigt das Beispiel $G = \mathbb{C}$, $f_n(z) = z/n$ und $f(z) \equiv 0$.

Der Injektionssatz ist eine Folgerung aus dem Satz von Hurwitz über holomorphe Funktionenfolgen.

Hurwitz, Kompositionssatz von, ↗Komposition von quadratischen Formen.

Hurwitz, Lemma von, lautet:

Es sei $G \subset \mathbb{C}$ ein ↗Gebiet und (f_n) eine Folge von in G ↗holomorphen Funktionen, die in G kompakt *konvergent gegen f ist. Weiter sei die Funktion f nicht konstant.*

Dann gibt es zu jedem $a \in G$ einen Index $n_a \in \mathbb{N}$ und eine Folge (a_n), $n \geq n_a$ in G derart, daß

$$\lim_{n\to\infty} a_n = a \text{ und } f_n(a_n) = f(a)$$

für alle $n \geq n_c$.

Dieses Lemma ist eine Vorstufe des Satzes von Hurwitz über holomorphe Funktionenfolgen.

Hurwitz, Satz von, über holomorphe Funktionenfolgen, lautet:

Es sei $G \subset \mathbb{C}$ ein ↗Gebiet und (f_n) eine Folge von in G ↗holomorphen Funktionen, die in G ↗kompakt konvergent gegen f ist. Weiter sei U eine beschränkte, offene Menge mit $\overline{U} \subset G$ derart, daß f keine Nullstelle auf dem Rand ∂U besitzt.

Dann gibt es einen Index $n_U \in \mathbb{N}$ derart, daß die Funktionen f und f_n mit $n \geq n_U$ in $\overline{U}$ gleich viele Nullstellen besitzen, wobei die ↗Nullstellenordnung zu berücksichtigen ist, d. h.

$$\sum_{w\in\overline{U}} o(f,w) = \sum_{w\in\overline{U}} o(f_n,w)\,, \quad n \geq n_U\,.$$

Als Folgerung ergibt sich folgender Satz.

Es sei $G \subset \mathbb{C}$ ein Gebiet und (f_n) eine Folge von in G holomorphen Funktionen, die in G kompakt konvergent gegen f ist. Weiter besitze keine der Funktionen f_n eine Nullstelle in G.

Dann ist entweder $f(z) \equiv 0$, oder f besitzt keine Nullstelle in G.

Der Fall, daß $f(z) \equiv 0$, kann tatsächlich vorkommen. Dies zeigt das Beispiel $G = \mathbb{C} \setminus \{0\}$ und $f_n(z) = z/n$.

Hurwitz-Kriterium, ↗Routh-Hurwitz-Kriterium.

Hurwitzsche ζ-Funktion, eine Verallgemeinerung der ↗Riemannschen ζ-Funktion.

Für eine reelle Zahl α mit $0 < \alpha \leq 1$ und eine komplexe Zahl s mit Realteil > 1 definiert man

$$\zeta(s,\alpha) := \sum_{n=0}^{\infty} \frac{1}{(n+\alpha)^s}\,.$$

Durch analytische Fortsetzung erhält man zu jedem α eine meromorphe Funktion auf $\mathbb{C}$, die an der Stelle $s = 1$ einen einfachen Pol mit Residuum 1 besitzt. Diese heißt Hurwitzsche ζ-Funktion.

Hutchinson-Gleichung, Modifikation der ↗logistischen Gleichung.

G.E.Hutchinson hat in die logistische Gleichung (Verhulst-Gleichung) eine Verzögerung eingefügt, um Oszillationen in Populationen zu erklären. Das Modell hat großen Einfluß auf die Entwicklung der Theorie der Differenzendifferentialgleichungen, ist aber nicht sehr realistisch.

Huygens, Christiaan, niederländischer Physiker, Mathematiker, Astronom, geb. 14.4.1629 Den Haag, gest. 8.7.1695 Den Haag.

Huygens genoß im Elternhaus eine hervorragende Ausbildung. Der Vater, ein Diplomat, Schöngeist und Freund von Descartes, und Hauslehrer unterrichteten ihn. 1645–47 studierte er Rechtswissnschaften in Leiden, hörte aber auch mathematische Vorlesungen bei F.van Schooten (1615–1660). Ab 1647 seine Ausbildung in Breda fortsetzend, war J. Pell (1611–1685) sein Lehrer. Von 1649 bis 1666 lebte Huygens als Privatier im väterlichen Haus, unternahm nur gelegentlich Reisen nach Angers (Promotion zum Dr.jur. 1655), nach Paris und London. Nach der Gründung der französischen Akademie der Wissenschaften im Jahre 1666 wurde Huygens nach Paris berufen. Ab 1681 lebte er auf seinem Gut Hofwijck bei Den Haag.

Huygens verstand es meisterhaft, ein naturwissenschaftliches Problem gleichzeitig mathematisch, experimentell und auf praktische Anwendungen hin zu untersuchen. Auf dem Gebiet der Mechanik behandelte er Aufgaben der Statik und Hydrostatik, die Stoßgesetze, Fall, Wurf und Zentrifugalkraft. Er leitete das Archimedische Prinzip der Hydrostatik her und untersuchte stabile Positionen schwimmender Körper, widerlegte die falschen Stoßgesetze des Descartes und behandelte die Kreisbewegung. In der Optik und der Wellentheorie des Lichtes erlangte er grundlegende Erkenntnisse. Im Bau von Teleskopen und Mikroskopen, im Schleifen von Linsen war er unerreicht. Grundlage der Huygensschen optischen Konstruktionen waren stets theoretische Untersuchungen der Strahlengänge in Linsen und Linsensystemen. Er fand die Formeln für Brennweite und Vergrößerung spezieller Linsensysteme und erforschte erfolgreich Abbildungsfehler. Huygens war der Hauptvertreter der frühen Wellentheorie des Lichtes (seit etwa 1672, Traité de lumiére 1690), konnte mit ihr Reflexion, Brechung und Doppelbrechung erklären, aber nicht die Polarisation. Die Wellentheorie des

Lichtes konnte sich aber erst im 19. Jahrhundert durchsetzen.

Ein Grundproblem der Seefahrt des 17. Jahrhunderts war die Bestimmung der Schiffsposition auf See. Die Festlegung der Länge erforderte genaue Uhren. Huygens entwickelte ab 1656 die Idee, Pendel als Regulatoren in Räderuhren zu verwenden und baute 1657 die erste Pendeluhr. Typisch für ihn war die damit im engsten Zusammenhang stehende theoretische Untersuchung der Pendelbewegung. Er entdeckte den Zusammenhang zwischen Pendellänge und Schwingungsdauer, benutzte diesen zur Bestimmung der Gravitationskonstante und fand die Bedingungen, die ein Pendel zum tautochronen Schwingen zwingt. Das lenkte ihn wiederum auf die Theorie der Evolventen und Evoluten (um 1673). Weitere Huygenssche Erfindungen waren die „Unruh" und die Aufhängung der Pendeluhren auf Schiffen.

Huygens wollte und konnte sich die neuen Methoden der Infinitesimalrechnung nicht aneignen. Durch meisterhafte Beherrschung der alten synthetischen Verfahren gelangen ihm jedoch viele schwierige Quadraturen und Kubaturen und die originelle Lösung spezieller Aufgaben über ebene Kurven, die durch physikalische Forderungen bestimmt sind. Seine Begründung der Wahrscheinlichkeitsrechnung (1657) war neu und führte den Erwartungswert einer Zufallsgröße ein.

Allein seine astronomischen Beobachtungen, die er mit seinen Fernrohren machte, hätten Huygens bleibende Anerkennung gesichert. Er entdeckte den „Ring" des Saturn (1659), einen Mond des Saturn (1655), einen Jupitermond und Oberflächenstrukturen auf dem Mars und dem Jupiter.

Huygenssches Prinzip, in Räumen ungerader Dimension (und nur in diesen) auftretendes Prinzip im Zusammenhang mit der Wellenausbreitung.

Es besagt in mathematisch präzisierter Form, daß die Lösung $u(x,t)$ ($x \in \mathbb{R}^n$, n ungerade) der Wellengleichung zum Zeitpunkt $t > 0$ durch die Werte der Anfangsfunktion ψ auf der *Oberfläche* der n-dimensionalen Kugel mit Mittelpunkt x und Radius t bereits vollständig beschrieben ist; die Welle hängt also sozusagen nur von einer Momentaufnahme dieser Funktion ab.

Für $n = 1$ ist beispielsweise die Lösung des Problems

$$u_{tt} = u_{xx}\,, \quad u(x,0) = \psi(x)\,, \quad u_t(x,0) = 0$$

für $t > 0$ in geschlossener Form gegeben durch

$$u(x,t) = \frac{1}{2}\left(\psi(x+t) + \psi(x-t)\right)\,.$$

Hydrodynamik, Lehre von den strömenden Flüssigkeiten.

Ist Reibung der Flüssigkeitsteilchen untereinander und an umströmten Gegenständen zu vernachlässigen, dann können die Eulerschen Gleichungen (↗ Euler-Darstellung der Hydrodynamik) zusammen mit der Kontinuitätsgleichung (↗ ideale Flüssigkeit) herangezogen werden. Im anderen Fall treten an die Stelle der Eulerschen Gleichungen die Navier-Stokes-Gleichungen. In beiden Fällen handelt es sich um ein gekoppeltes System nichtlinearer partieller Differentialgleichungen, und es gibt nur in wenigen Fällen analytische Lösungen.

Für den Fall, daß nur Reibung zwischen Flüssigkeit und umströmtem Gegenstand eine Rolle spielt, hat die von Prandl eingeführte Vorstellung, daß die Flüssigkeit als aus zwei Schichten bestehend betrachtet werden kann, für die mathematische Behandlung eine Vereinfachung gebracht. Nach Prandl gibt es in solchen Fällen eine Grenzschicht um den umströmten Körper, in der Reibung eine Rolle spielt. Außerhalb dieser Schicht kann Reibung vernachlässigt werden, und Ergebnisse, die bei der Behandlung der Eulerschen Gleichungen gewonnen wurden, können verwendet werden.

Vereinfachungen für die mathematische Behandlung ergeben sich auch, wenn das betrachtete Problem zweidimensional ist. Hierzu gehört die Umströmung von Tragflächenprofilen (↗ Kutta-Joukowski-Auftriebsformel, ↗ Joukowski-Bedingung). Mit Erfolg sind in diesem Gebiet ↗ konforme Abbildungen zur Herleitung neuer Strömungsbilder aus bekannten Lösungen herangezogen worden (↗ Joukowski-Transformation).

Strömungen kann man auch dadurch unterscheiden, ob sie wirbelfrei sind (laminar) oder nicht (turbulent). Laminare Strömung ist jedoch instabil und schlägt in turbulente Bewegung bei hohen Reynoldszahlen (Verhältnis von Trägheit zu Zähigkeit) um.

Hypatia von Alexandria, Philosophin und Mathematikerin, geb. um 370 Alexandria, gest. März 415 Alexandria.

Hypatia beschäftigte sich mit Fragestellungen aus der Mathematik und der Astronomie. Dazu verfaßte sie auch eigene Schriften.

Sie studierte auch Philosophie und lehrte am Museion, dem sie auch selbst vorstand. Sie hielt Vorlesungen über Platon vor einer begeisterten Schülerschar. Damit erlangte sie auch großen politischen Einfluß.

Dieser Einfluß brachte ihr die Feindschaft der christlichen Führungsschicht der Stadt ein. 415 wurde sie von christlichen Fanatikern grausam ermordet.

Hyperbel, unendlich ausgedehnte ↗ Kurve zweiten Grades mit Mittelpunkt.

I. Hyperbel als Kegelschnitt: Eine Hyperbel ist Schnittfigur einer Ebene ε und eines ↗ Doppelkegels K, falls ε nicht durch die Spitze von K verläuft und der Winkel β zwischen ε und der Kegelachse kleiner ist als der halbe Öffnungswinkel α des Kegels (↗Kegelschnitt).

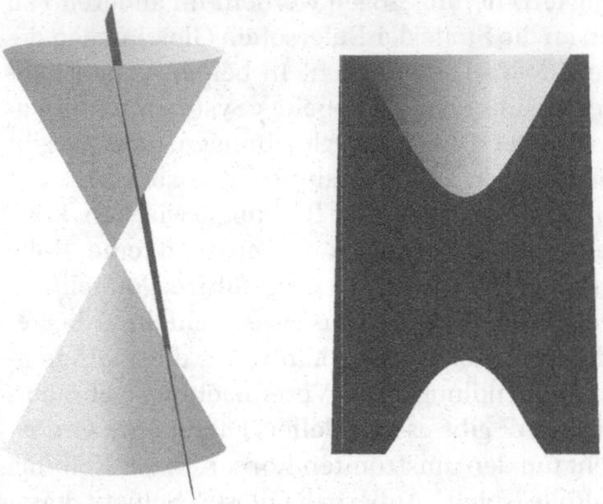

II. Ortsdefinition der Hyperbel: Eine Hyperbel ist die Menge (der geometrische Ort) aller Punkte einer Ebene, für welche die Differenz der Abstände zu zwei festen Punkten F_1 und F_2 gleich einer Konstanten $2a$ ist (wobei $a > 0$ sein muß).

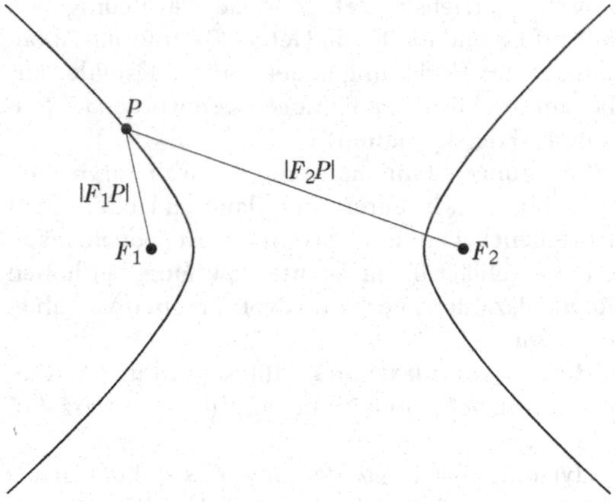

Dabei heißen F_1 und F_2 Brennpunkte, ihr Abstand $|F_1F_2|$ (lineare) Exzentrizität $2e$, und der Mittelpunkt der Strecke $\overline{F_1F_2}$ Mittelpunkt der Hyperbel.

Die längere Achse der Hyperbel (die durch die Brennpunkte verläuft) wird als Hauptachse und die dazu senkrechte Achse als Nebenachse bezeichnet. Die Schnittpunkte der Hyperbel mit der Hauptachse sind ihre Scheitel.

Die Hauptachse einer Hyperbel hat die Länge $2a$, die Länge $2b$ der Nebenachse ergibt sich aus der Hauptachsenlänge und der linearen Exzentrizität durch $b = \sqrt{a^2 - e^2}$.

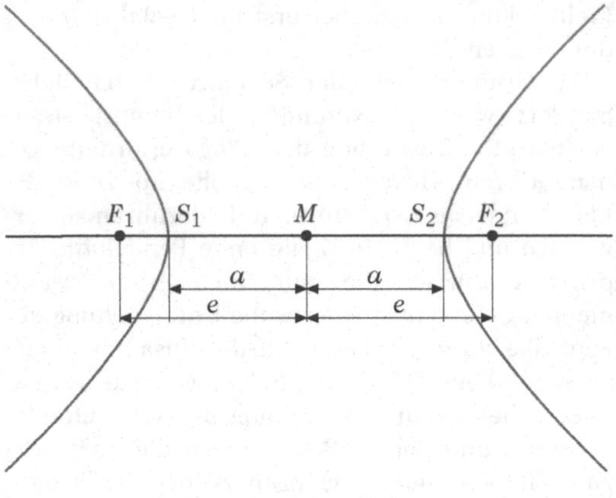

III. Gleichungen der Hyperbel: Wählt man ein kartesisches Koordinatensystem so, daß die x-Achse mit der Hauptachse und die y-Achse mit der Nebenachse der zu beschreibenden Hyperbel zusammenfällt, dann läßt sich eine Hyperbel bezüglich dieses Koordinatensystems durch die Mittelpunktsgleichung

$$\frac{x^2}{a^2} - \frac{y^2}{b^2} = 1$$

darstellen. Verläuft die x-Achse parallel zur Hauptachse und die y-Achse parallel zur Nebenachse einer Hyperbel und hat der Mittelpunkt dieser Hyperbel die Koordinaten $M(x_M; y_M)$, so wird sie durch eine Gleichung in achsenparalleler Lage beschrieben:

$$\frac{(x - x_M)^2}{a^2} - \frac{(y - y_M)^2}{b^2} = 1\,.$$

Legt man die ↗Asymptoten einer gegebenen Hyperbel (d. h. die Geraden a_1 und a_2, denen sich die Hyperbel für sehr weit vom Mittelpunkt entfernte Punkte beliebig weit annähert) als Achsen eines Koordinatensystems fest, so läßt sich eine besonders einfache Hyperbelgleichung angeben, die Asymptotengleichung der Hyperbel:

$$x \cdot y = \frac{a^2 + b^2}{4} = \frac{e^2}{4}\,.$$

Für den Spezialfall $\frac{e^2}{4} = 1$ entspricht diese Gleichung gerade der bekannten Gleichung der reziproken Funktion f mit $y = f(x) = \frac{1}{x}$, deren Graph eine Hyperbel mit den Koordinatenachsen als Asymptoten ist.

Weiterhin gilt, falls die x-Achse mit der Hauptachse und der Koordinatenursprung mit einem Hauptscheitel der Hyperbel zusammenfällt, die Scheitelgleichung der Hyperbel:

$$y^2 = 2px + \frac{p}{a} \cdot x^2 \qquad \text{mit} \qquad p = \frac{b^2}{a}\,.$$

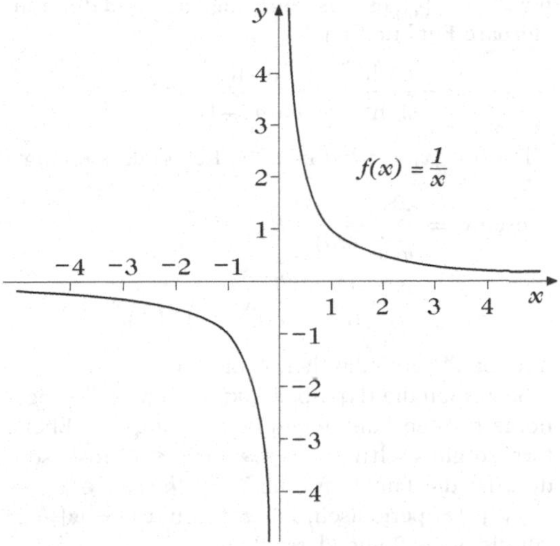

Dabei heißt p Halbparameter der Hyperbel und ist gleich der Hälfte der Länge der auf der Hauptachse in einem der Brennpunkte senkrecht stehenden Sehne der Hyperbel.

Schließlich lassen sich die folgenden Hyperbelgleichungen in Polarkoordinaten (r, ϕ) angeben:

$$r^2 = \frac{b^2}{\varepsilon^2 \cos^2 \phi - 1} \quad \text{und} \quad r = \frac{p}{1 + \varepsilon \cos \phi},$$

wobei der Koordinatenursprung (Pol) bei der ersten Gleichung dem Mittelpunkt der Hyperbel entspricht und bei der zweiten Gleichung in einen der Brennpunkte gelegt wird. Dabei ist

$$\varepsilon := \frac{e}{a}$$

mit $\varepsilon > 1$ die numerische Exzentrizität der Hyperbel.

Hyperbelfunktionen, *hyperbolische Funktionen*, zusammenfassende Bezeichnung für die ↗hyperbolische Sinusfunktion sinh, die ↗hyperbolische Cosinusfunktion cosh, die ↗hyperbolische Tangensfunktion tanh und ihre Kehrwertfunktionen, die ↗hyperbolische Cosekansfunktion csch, die ↗hyperbolische Sekansfunktion sech und die ↗hyperbolische Cotangensfunktion coth.

Die zugehörigen Umkehrfunktionen sind die ↗Areasinusfunktion arsinh, die ↗Areacosinusfunktion arcosh, die ↗Areatangensfunktion artanh, die ↗Areacosekansfunktion arcsch, die ↗Areasekansfunktion arsech und die ↗Areacotangensfunktion arcoth.

Die Bezeichnung „Hyperbelfunktionen" kommt daher, daß mit $a, b > 0$ durch $x = a \cosh t$, $y = b \sinh t$ für $t \in \mathbb{R}$ der rechte Ast der durch

$$x^2/a^2 - y^2/b^2 = 1$$

gegebenen Hyperbel beschrieben wird. Dies erkennt man etwa an der aus den Additionstheoremen

$$\cosh(w + z) = \cosh w \cosh z + \sinh w \sinh z,$$
$$\sinh(w + z) = \sinh w \cosh z + \cosh w \sinh z$$

folgenden Beziehung

$$\cosh^2 z - \sinh^2 z = 1.$$

Die Hyperbelfunktionen sind eng verwandt mit den ↗trigonometrischen Funktionen, wie man bei Betrachtung der in die komplexe Ebene fortgesetzten Funktionen sieht. Es gilt z. B. $\sinh iz = i \sin z$ und $\cosh iz = \cos z$ für $z \in \mathbb{C}$. Mit den Hyperbelfunktionen läßt sich die Zerlegung der trigonometrischen Funktionen in Real- und Imaginärteil bequem angeben. So gilt für $x, y \in \mathbb{R}$:

$$\sin(x + iy) = \sin x \cosh y + i \cos x \sinh y,$$
$$\cos(x + iy) = \cos x \cosh y - i \sin x \sinh y.$$

Die (ins Komplexe fortgesetzten) Funktionen cosh und sinh sind ↗ganz transzendente Funktionen und haben die Periode $2\pi i$. Sie haben einfache Nullstellen, und zwar $z = z_k = \left(k + \frac{1}{2}\right)\pi i$ bzw. $z = w_k = k\pi i$, $k \in \mathbb{Z}$.

Die Funktionen tanh und coth sind in $\mathbb{C}$ ↗meromorphe Funktionen mit einfachen Nullstellen an $z = w_k$ bzw. $z = z_k$ und einfachen ↗Polstellen an $z = z_k$ bzw. $z = w_k$, $k \in \mathbb{Z}$. Für die ↗Residuen gilt $\text{Res}(\tanh, z_k) = \text{Res}(\coth, w_k) = 1$, und für die Ableitungen erhält man

$$\tanh' z = \frac{1}{\cosh^2 z} = 1 - \tanh^2 z,$$
$$\coth' z = -\frac{1}{\sinh^2 z} = 1 - \coth^2 z.$$

Beide Funktionen sind periodisch mit der Periode πi.

Die Funktionen sinh, cosh und tanh hängen wie folgt zusammen:

$$\sinh^2 = \cosh^2 - 1 = \frac{\tanh^2}{1 - \tanh^2},$$
$$\cosh^2 = 1 + \sinh^2 = \frac{1}{1 - \tanh^2},$$
$$\tanh^2 = \frac{\sinh^2}{1 + \sinh^2} = \frac{\cosh^2 - 1}{\cosh^2}.$$

Hieraus erhält man auch entsprechende Formeln für die Kehrwertfunktionen.

Hyperbelsektor, durch den Hyperbelbogen zwischen zwei Punkten P_1 und P_2 einer ↗Hyperbel und die beiden „Radien" dieser Hyperbel (Verbindungsstrecken des Hyperbelmittelpunktes M mit P_1 bzw. P_2) begrenzte Fläche.

Hyperbelzeichner, mechanisches Gerät zur Konstruktion einer Hyperbel.

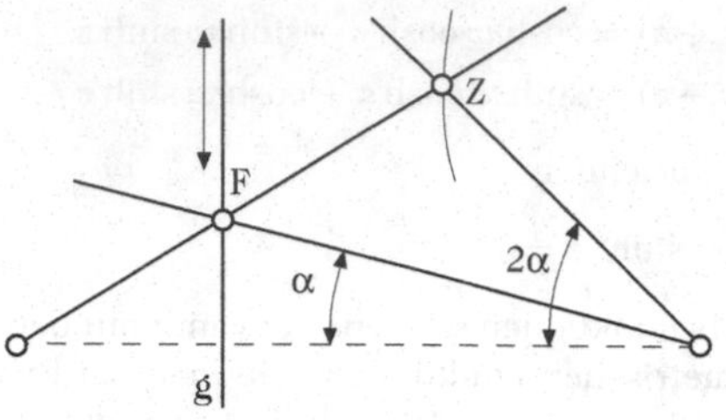

Der Hyperbelzeichner von Wrchovszky arbeitet mit je zwei Schiebern (bei F und Z), die auf drei Schienen gleiten, von denen zwei über Zahnräder so gekoppelt sind, daß die eine Schiene sich um den doppelten Drehwinkel der anderen dreht, wenn sich der Fahrstift F auf einer Geraden g bewegt wird. Der Zeichenstift Z zeichnet dabei die Hyperbel (↗ Kurvenzeichner).

hyperbolische Cosekansfunktion, *Cosekans hyperbolicus*, der Kehrwert der ↗hyperbolischen Sinusfunktion, also die Funktion

$$\operatorname{csch} = \frac{1}{\sinh} : \mathbb{R} \setminus \{0\} \to \mathbb{R} \setminus \{0\}$$

mit

$$\operatorname{csch} x = \frac{2}{e^x - e^{-x}}$$

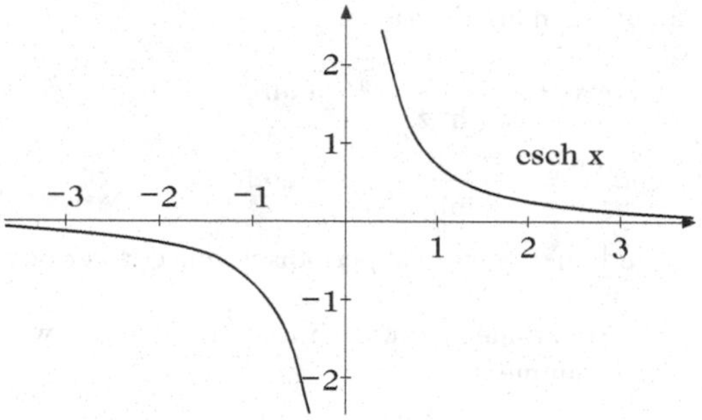

Hyperbolische Cosekansfunktion

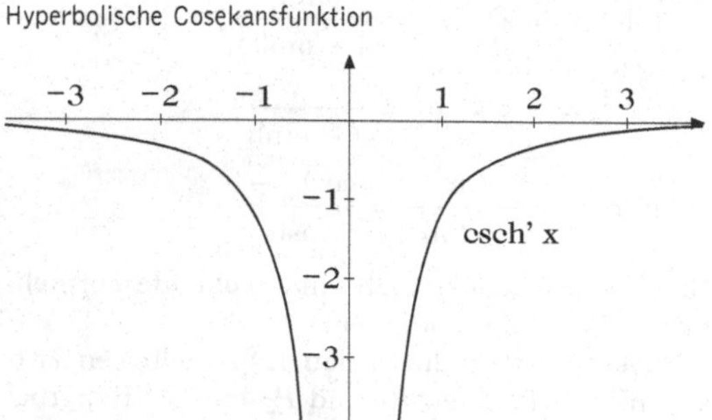

Ableitung der hyperbolischen Cosekansfunktion

für $x \in \mathbb{R} \setminus \{0\}$. csch ist eine ungerade und differenzierbare Funktion mit

$$\operatorname{csch}' = -\frac{\cosh}{\sinh^2} = -\frac{\cosh}{\cosh^2 - 1}.$$

Für $0 < |x| < \pi$ hat man die Reihendarstellung

$$\begin{aligned}\operatorname{csch} x &= \sum_{n=0}^{\infty} \frac{2 - 2^{2n}}{(2n)!} B_{2n} x^{2n-1} \\ &= \frac{1}{x} - \frac{1}{6}x + \frac{7}{360}x^3 - \frac{31}{15120}x^5 \pm \cdots\end{aligned}$$

mit den ↗Bernoullischen Zahlen B_{2n}.

Setzt man die Hyperbelfunktionen und die trigonometrischen Funktionen in die komplexe Ebene fort, so gilt $\operatorname{csch} iz = -i \csc z$ für $z \in \mathbb{C}$. Insbesondere ist die Funktion $\operatorname{csch} : \mathbb{C} \setminus \{k\pi i \mid k \in \mathbb{Z}\} \to \mathbb{C} \setminus \{0\}$ $2\pi i$-periodisch. Für $z \in \mathbb{C}$ mit $0 < |z| < \pi$ gilt die obige Reihendarstellung.

hyperbolische Cosinusfunktion, *Cosinus hyperbolicus*, eine der ↗Hyperbelfunktionen, nämlich die durch

$$\cosh x = \frac{e^x + e^{-x}}{2}$$

für $x \in \mathbb{R}$ definierte gerade und differenzierbare Funktion

$$\cosh : \mathbb{R} \to [1, \infty).$$

Es gilt $\cosh' = \sinh$. cosh erfüllt für $x, y \in \mathbb{R}$ die Additions- und Summentheoreme

$$\begin{aligned}\cosh(x \pm y) &= \cosh x \cosh y \pm \sinh x \sinh y \\ \cosh x + \cosh y &= 2 \cosh \frac{x+y}{2} \cosh \frac{x-y}{2} \\ \cosh x - \cosh y &= 2 \sinh \frac{x+y}{2} \sinh \frac{x-y}{2}\end{aligned}$$

und die Multiplikationsformeln

$$\begin{aligned}2 \cosh x \cosh y &= \cosh(x+y) + \cosh(x-y) \\ 2 \cosh x \sinh y &= \sinh(x+y) - \sinh(x-y)\end{aligned}$$

sowie die Verdopplungs- und Halbierungsformeln:

$$\begin{aligned}\cosh 2x &= \sinh^2 x + \cosh^2 x \\ \cosh^2 \frac{x}{2} &= \frac{\cosh x + 1}{2}\end{aligned}$$

Die Funktion cosh spielt in der Praxis eine wichtige Rolle. Eine an zwei Punkten in gleicher Höhe befestigte freihängende Kette hat unter dem Einfluß der Schwerkraft die Form einer sog. Kettenlinie

$$y = a \cdot \cosh \tfrac{x}{a}, \quad a > 0.$$

Daher bezeichnet man oft auch den Graph der hyperbolischen Cosinusfunktion als Kettenlinie.

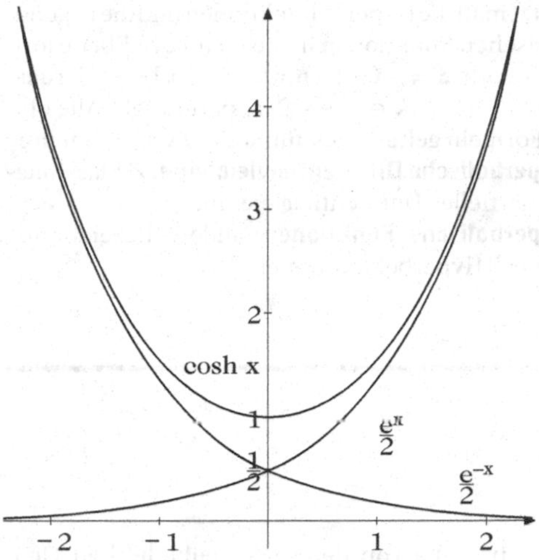

Hyperbolische Cosinusfunktion

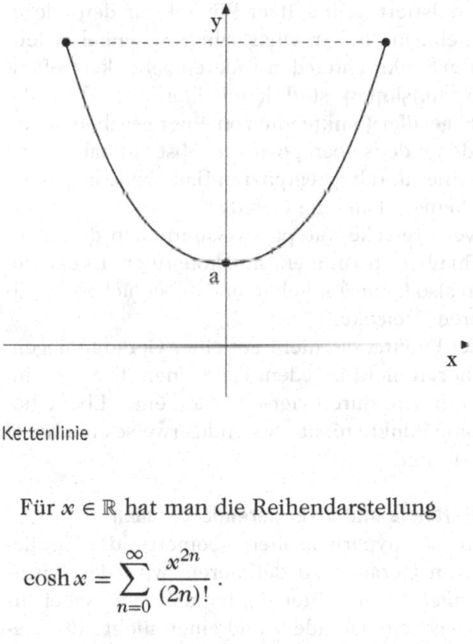

Kettenlinie

Für $x \in \mathbb{R}$ hat man die Reihendarstellung

$$\cosh x = \sum_{n=0}^{\infty} \frac{x^{2n}}{(2n)!}.$$

Es ist $\cosh^2 x = \sinh^2 x + 1$ für $x \in \mathbb{R}$, und für $n \in \mathbb{N}$ gilt die der ↗ de Moivreschen Formel entsprechende Identität

$$(\cosh x \pm \sinh x)^n = \cosh nx \pm \sinh nx.$$

Setzt man die Hyperbelfunktionen und die trigonometrischen Funktionen in die komplexe Ebene fort, so gilt $\cosh iz = \cos z$ für $z \in \mathbb{C}$. Insbesondere ist $\cosh : \mathbb{C} \to \mathbb{C}$ $2\pi i$-periodisch. Alle obigen Formeln gelten auch für komplexe Argumente.

hyperbolische Cotangensfunktion, *Cotangens hyperbolicus*, der Kehrwert der ↗ hyperbolischen Tangensfunktion bzw. die Funktion

$$\coth = \frac{\cosh}{\sinh} : \mathbb{R} \setminus \{0\} \to \mathbb{R} \setminus [-1, 1].$$

mit

$$\coth x = \frac{e^x + e^{-x}}{e^x - e^{-x}}$$

für $x \in \mathbb{R} \setminus [-1, 1]$.

coth ist eine ungerade und differenzierbare Funktion mit

$$\coth' = -\frac{1}{\sinh^2} = 1 - \coth^2$$

und erfüllt für $x, y \in \mathbb{R} \setminus \{0\}$ die Additions- und Summentheoreme

$$\coth(x \pm y) = \frac{1 \pm \coth x \coth y}{\coth x \pm \coth y}$$

$$\coth x \pm \coth y = \frac{\sinh(x \pm y)}{\sinh x \sinh y}$$

sowie die Verdopplungs- und Halbierungsformeln:

$$\coth 2x = \frac{\coth^2 x + 1}{2 \coth x}$$

$$\coth^2 \frac{x}{2} = \frac{\cosh x + 1}{\cosh x - 1}$$

$$\coth \frac{x}{2} = \frac{\sinh x}{\cosh x - 1}$$

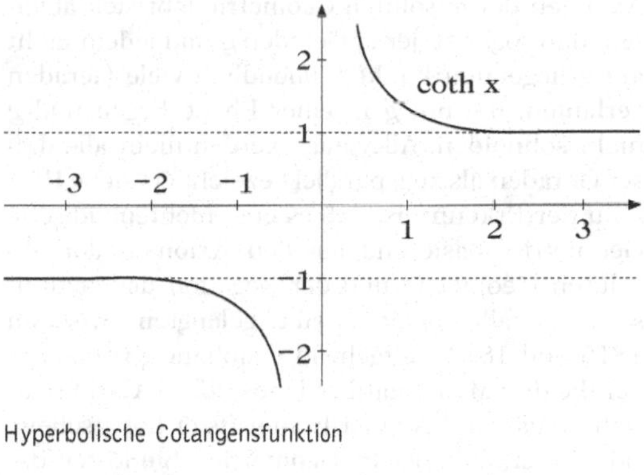

Hyperbolische Cotangensfunktion

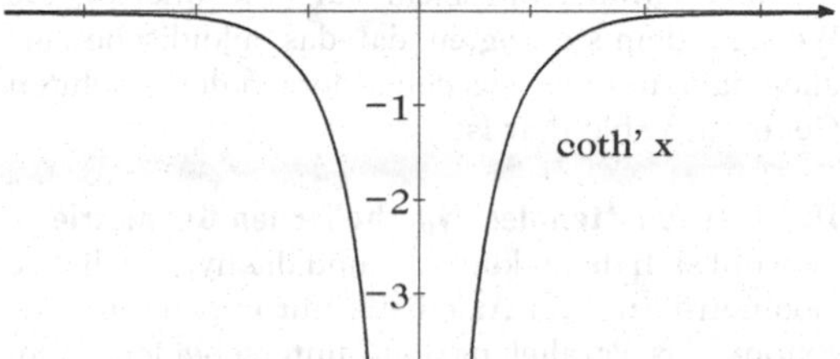

Ableitung der hyperbolischen Cotangensfunktion

Für $0 < |x| < \pi$ hat man die Reihendarstellung

$$\begin{aligned}\coth x &= \sum_{n=0}^{\infty} \frac{2^{2n}}{(2n)!} B_{2n}\, x^{2n-1} \\ &= \frac{1}{x} + \frac{1}{3}x - \frac{1}{45}x^3 + \frac{2}{945}x^5 \mp \cdots\end{aligned}$$

mit den ↗Bernoullischen Zahlen B_{2n}.

Setzt man die Hyperbelfunktionen und die trigonometrischen Funktionen in die komplexe Ebene fort, so gilt $\coth iz = -i \cot z$ für $z \in \mathbb{C}$. Insbesondere ist $\coth : \mathbb{C} \setminus \{k\pi i \mid k \in \mathbb{Z}\} \to \mathbb{C}$ πi-periodisch. Alle obigen Formeln gelten auch für komplexe Argumente.

hyperbolische Differentialgleichung, ↗Klassifikation partieller Differentialgleichungen.

hyperbolische Funktionen, andere Bezeichnung für die ↗Hyperbelfunktionen.

Hyperbolische Geometrie

A. Filler

I. Als hyperbolische Geometrie oder Lobatschewski-Geometrie wird eine ↗nichteuklidische Geometrie bezeichnet, in der alle Axiome der ↗absoluten Geometrie, also die Axiome der Inzidenz, der Anordnung, der Kongruenz und der Stetigkeit (siehe ↗Axiome der Geometrie), sowie die Verneinung des ↗Parallelenaxioms des Euklid gelten:

Es existiert eine Gerade g und ein nicht auf g liegender Punkt P, durch den mindestens zwei Geraden verlaufen, die mit g in einer Ebene liegen und g nicht schneiden.

Aus diesem Axiom, das auch als *Lobatschewskisches Parallelenaxiom* bezeichnet wird, und den Axiomen der absoluten Geometrie läßt sich ableiten, daß sogar zu jeder Geraden g und jedem nicht auf g liegenden Punkt P unendlich viele Geraden verlaufen, die mit g in einer Ebene liegen und g nicht schneiden. Allerdings werden nicht alle dieser Geraden als zu g parallel bezeichnet (siehe III.).

Zu der Erkenntnis, daß es eine nichteuklidische Geometrie, basierend auf den Axiomen der absoluten Geometrie und der Negation des euklidischen Parallelenaxioms gibt, gelangten zwischen 1816 und 1832 weitgehend unabhängig voneinander die drei Mathematiker Janos Bolyai, Carl Friedrich Gauss und Nikolai Iwanowitsch Lobatschewski (↗nichteuklidische Geometrie). Sie lösten damit das seit mehr als zweitausend Jahren bestehende ↗Parallelenproblem auf eine unerwartete Weise, indem sie zeigten, daß das euklidische Parallelenaxiom nicht aus den Axiomen der absoluten Geometrie ableitbar ist.

II. Eigenschaften der hyperbolischen Geometrie

Obwohl sich die euklidische und die hyperbolische Geometrie in ihrer Axiomatik nur um ein einziges Axiom, das Parallelenaxiom, unterscheiden, ergeben sich daraus gravierende Unterschiede beider Geometrien in wichtigen Eigenschaften. Zu den interessantesten Eigenschaften der hyperbolischen Geometrie, die von denen der euklidischen Geometrie abweichen, gehören die folgenden:

- Die Innenwinkelsumme eines jeden Dreiecks ist kleiner als 180°.
- Es existiert kein spitzer Winkel, für den alle in beliebigen Punken eines seiner Schenkel errichteten Senkrechten den anderen Schenkel treffen.
- Abstandslinien sind keine Geraden, d. h. die Menge aller Punkte, die von einer gegebenen Geraden g denselben positiven Abstand haben und in einer durch g begrenzten Halbebene liegen, ist in keinem Fall eine Gerade.
- Zwei Dreiecke, die paarweise in allen drei Winkeln übereinstimmen, sind kongruent. Es existieren also keine ähnlichen und dabei nicht kongruenten Dreiecke.
- Drei Punkte, die nicht auf einer Geraden liegen, gehören nicht in jedem Falle einem Kreis an; im Raum wird durch vier nicht auf einer Ebene liegende Punkte nicht notwendigerweise eine Kugel bestimmt.

III. Parallele und divergierende Geraden

Um in der hyperbolischen Geometrie die Parallelität von Geraden zu definieren, wird der *Parallelwinkel* ϕ betrachtet. Es handelt sich dabei für eine gegebene Gerade a und einen nicht auf a liegenden Punkt P um den kleinsten Winkel zwischen einer Geraden b durch P, die mit a in einer Ebene liegt und a nicht schneidet, und dem Lot von P auf a. Dieser Parallelwinkel (oder Grenzwinkel) ist auf beiden Seiten des Lotes gleich groß.

Die Halbgeraden b_1^+ und b_2^+ mit dem Anfangspunkt P, für die

$$\angle(PA^+, b_1^+) = \angle(PA^+, b_2^+) = \phi$$

gilt (wobei ϕ Parallelwinkel in P in Bezug auf a und A Fußpunkt des Lotes von P auf a ist), haben mit der Geraden a keinen Punkt gemeinsam.

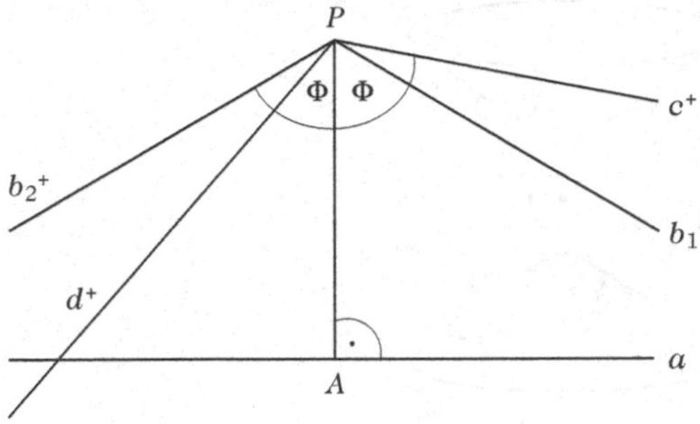

Parallelwinkel

Gleiches gilt für jede Halbgerade c^+ mit dem Anfangspunkt P und $\angle(PA^+, c^+) > \phi$. Ist dagegen d^+ eine Halbgerade mit $\angle(PA^+, d^+) < \phi$, so schneidet d^+ die Gerade a. Die Geraden b_1 und b_2, denen die Halbgeraden b_1^+ und b_2^+ angehören, sind *Grenzgeraden in der Gesamtheit aller Geraden, die durch P verlaufen und a nicht schneiden* und werden als zu *a parallele Geraden* bezeichnet. Die so definierte Parallelität ist symmetrisch und transitiv.

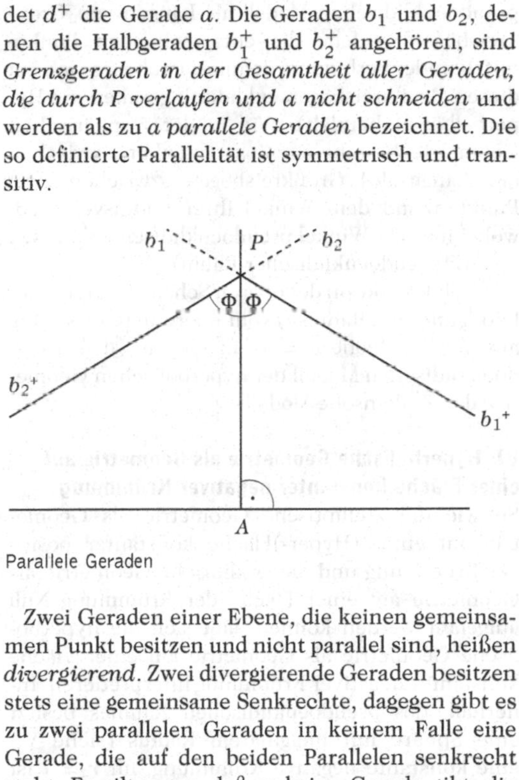

Parallele Geraden

Zwei Geraden einer Ebene, die keinen gemeinsamen Punkt besitzen und nicht parallel sind, heißen *divergierend*. Zwei divergierende Geraden besitzen stets eine gemeinsame Senkrechte, dagegen gibt es zu zwei parallelen Geraden in keinem Falle eine Gerade, die auf den beiden Parallelen senkrecht steht. Es gilt sogar, daß es keine Gerade gibt, die mit zwei parallelen Geraden gleiche Stufen- oder Wechselwinkel bildet.

IV. Die Lobatschewskische Funktion Π

Eine fundamentale Eigenschaft der hyperbolischen Geometrie besteht darin, daß der Parallelwinkel in einem Punkt P in Bezug auf eine Gerade g nur vom Abstand x des Punktes P von der Geraden g abhängt. Der Parallelwinkel läßt sich somit als Funktion des Abstandes x auffassen:

$$\phi = \Pi(x)\,,$$

wobei Π als Lobatschewskische Funktion bezeichnet wird.

Der Definitionsbereich dieser Funktion ist $(0, \infty)$, ihr Wertebereich $(0, \frac{\pi}{2})$. Π ist auf ihrem gesamten Definitionsbereich stetig sowie streng monoton fallend und besitzt folgende uneigentliche Grenzwerte:

$$\lim_{x\to\infty} \Pi(x) = 0 \quad , \quad \lim_{x\to 0^+} \Pi(x) = \frac{\pi}{2}\,.$$

Aus dem zweiten dieser Grenzwerte ergibt sich, daß für sehr gering ausgedehnte Bereiche der Parallelwinkel nahezu gleich $\frac{\pi}{2}$ ist, damit sind die beiden Parallelen zu einer Geraden durch einen Punkt kaum voneinander zu unterscheiden. Alle Eigenschaften der hyperbolischen Geometrie nähern sich deshalb in sehr kleinen Bereichen denen der euklidischen Geometrie an, da die Unterschiede beider Geometrien nur auf den verschiedenen Parallelenaxiomen beruhen. Das bedeutet, daß sich aus der Kenntnis „sehr kleiner Teile" eines Raumes nicht genau bestimmen läßt, ob es sich um einen euklidischen oder einen nichteuklidischen Raum handelt.

Analytisch läßt sich die Lobatschewskische Funktion durch die Gleichung

$$\Pi(x) = 2 \cdot \arctan\exp\left(-\frac{x}{R}\right)$$

darstellen, die u. a. benötigt wird, um die Formeln der ↗ hyperbolischen Trigonometrie herzuleiten.

Eine sehr wichtige Schlußfolgerung aus der Existenz der Lobatschewskischen Funktion Π besteht darin, daß es in der hyperbolischen Geometrie eine *absolute Länge* gibt. Durch einen gestreckten Winkel (bzw. Teile eines solchen, die beispielsweise durch Halbierung gewonnen werden können) sind in der euklidischen Geometrie *absolute Winkelgrößen* gegeben, die sich durch eine abstrakte Vorschrift beschreiben lassen. So ist die Größe eines rechten Winkels durch die Konstruktionsbeschreibung „Errichtung der Senkrechten" gegeben und bedarf keiner willkürlich festgelegten Eichhilfen, wie des Einheitsmeters. Im Gegensatz dazu gibt es in der euklidischen Geometrie keine absoluten Streckengrößen. In der hyperbolischen Geometrie existieren derartige absolute Längen. Sie lassen sich aus absoluten Winkeln mittels der Umkehrfunktion der Funktion Π ermitteln. Beispielsweise wird durch

$$l := \Pi^{-1}\left(\frac{\pi}{4}\right)$$

eine Länge l ausgezeichnet, die keinerlei Willkür unterliegt.

Die Existenz einer absoluten Länge ist mit der Nichtexistenz ähnlicher Figuren verbunden. Das

Vorhandensein ähnlicher Figuren (die nur in der euklidischen Geometrie existieren) schließt die Möglichkeit der Bestimmung absoluter Längen aus.

V. Modelle der hyperbolischen Geometrie

Um die Widerspruchsfreiheit der hyperbolischen Geometrie (und gleichbedeutend damit die Unabhängigkeit des Parallelenaxioms des Euklid von den Axiomen der ↗absoluten Geometrie) nachzuweisen sowie eine anschauliche Interpretation der hyperbolischen Geometrie zu geben, werden die Grundbegriffe der hyperbolischen Geometrie durch bekannte Objekte der euklidischen (oder projektiven) Geometrie interpretiert. Dabei sind sehr unterschiedliche Interpretationen (Modelle) möglich. Zu den bekanntesten zählen die ↗Poincaré-Halbebene, die ↗Poincaré-Kreisscheibe sowie das ↗Kleinsche Modell, bei denen die zweidimensionale hyperbolische Geometrie innerhalb einer offenen Halbebene bzw. einer offenen Kreisscheibe der euklidischen Ebene aufgebaut wird.

Eines der interessantesten Modelle der hyperbolischen Geometrie ist das *pseudoeuklidische Modell*, bei dem die Analogie zur ↗sphärischen Geometrie (die ihrerseits ein Modell der ↗elliptischen Geometrie ist) gut sichtbar wird. Die hyperbolische Ebene wird hierbei als Sphäre H mit imaginärem Radius innerhalb eines dreidimensionalen ↗pseudoeuklidischen Raumes modelliert. (Aus euklidischer Sicht ist diese Sphäre ein zweischaliges Rotationshyperboloid, aus der Sicht der hyperbolischen Geometrie eine Ebene.) Hyperbolische Punkte sind bei diesem Modell alle diametralen Punktepaare auf H, also Paare von Punkten, die auf einer Geraden durch den Koordinatenursprung liegen (siehe Abbildung – die euklidischen Punkte P_1 und P_2 werden als ein H-Punkt identifiziert).

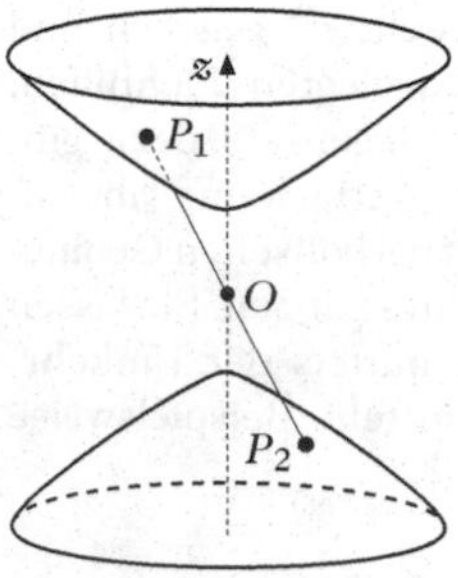

Hyperbolische Geraden sind alle Schnittkurven der hyperbolischen Ebene H mit (euklidischen) Ebenen, die durch den Mittelpunkt bzw. Koordinatenursprung verlaufen. Pseudoeuklidisch gesehen

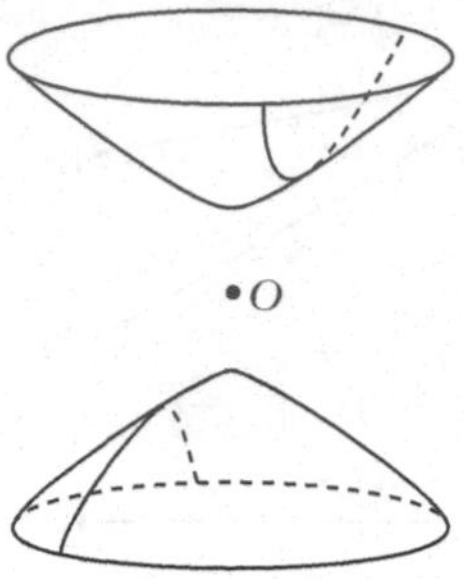

Geraden im pseudoeuklidischen Modell

handelt es sich bei diesen Geraden also um Großkreise und euklidisch um Hyperbeln.

Hyperbolische Abstände von Punkten werden im pseudoeuklidischen Modell als Längen von Großkreisbögen, welche die entsprechenden Punkte miteinander verbinden, definiert (wobei es sich bei diesen Großkreisbögen euklidisch gesehen um Hyperbelbögen handelt). Wie in der ↗sphärischen Geometrie besteht ein Zusammenhang zwischen der Länge des Großkreisbogens zwischen zwei Punkten und dem Winkel ihrer Radiusvektoren, wobei hier die Winkel pseudoeuklidisch zu messen sind (↗pseudoeuklidischer Raum).

Durch Projektion der oberen Schale des Hyperboloids (mit dem Radius i) vom Koordinatenursprung aus auf die Ebene $z = 1$ entsteht aus dem pseudoeuklidischen Modell der hyperbolischen Geometrie das ↗Kleinsche Modell.

VI. Hyperbolische Geometrie als Geometrie auf einer Fläche konstanter negativer Krümmung

So wie die ↗elliptische Geometrie als Geometrie auf einer (Hyper-)Fläche konstanter positiver Krümmung und die euklidische Geometrie als Geometrie auf einer Fläche der Krümmung Null aufgefaßt werden können, läßt sich die hyperbolische Geometrie als Geometrie auf einer Fläche konstanter negativer Krümmung interpretieren. Innerhalb des pseudoeuklidischen Raumes besitzt eine Sphäre mit imaginärem Radius (siehe V.) eine konstante negative Krümmung, für $r = i$ ist z. B.

$$k = \frac{1}{r^2} = -1 .$$

Innerhalb des euklidischen Raumes ist die Pseudosphäre eine Fläche konstanter negativer Krümmung (der Name weist auf die Verwandtschaft mit der Sphäre als Fläche konstanter positiver Krümmung hin). Es handelt sich dabei um die Rotationsfläche der Traktrix (auch als Schleppkurve bekannt). Diese Pseudosphäre wird durch folgende Parameterdarstellung (mit den Parametern ϱ und λ sowie einer Konstante R) beschrieben:

$$x = \varrho \cdot \cos\lambda ,$$
$$y = \varrho \cdot \sin\lambda ,$$
$$z = R \cdot \ln \frac{R+\sqrt{R^2-\varrho 2}}{\varrho} - \sqrt{R^2-\varrho 2} .$$

Die Krümmung der Pseudosphäre ist in jedem ihrer Punkte $k = -\frac{1}{R^2}$.

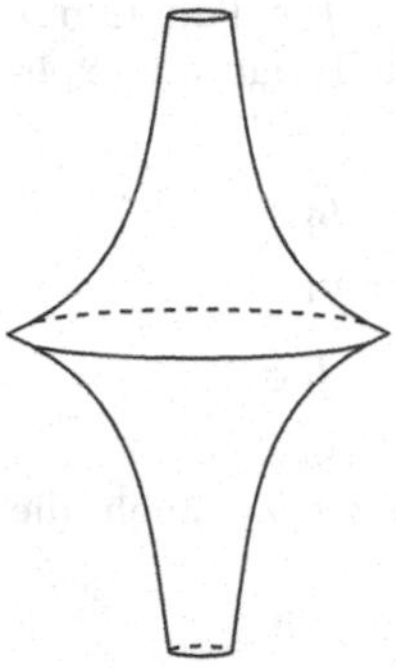

Pseudosphäre

Die Geometrie auf der Pseudosphäre wurde um 1840 durch Minding eingehend untersucht, ohne daß dieser jedoch einen Bezug zu den Erkenntnissen von Bolyai, Gauss und Lobatschewski hergestellte.

Beltrami schuf 1868 auf Grundlage der Untersuchungen Mindings das erste Modell der hyperbolischen Geometrie und trug damit maßgeblich zu deren Akzeptanz bei.

Literatur

[1] Efimov N. W.: Höhere Geometrie. Deutscher Verlag der Wissenschaften Berlin, 1960.

[2] Filler A.: Euklidische und nichteuklidische Geometrie. B.I. Wissenschaftsverlag Mannheim, 1993.

[3] Gans D.: An Introduction to Non-Euclidean Geometry. Academic Press Inc. San Diego, 1973.

[4] Reichardt H.: Gauß und die Anfänge der nichteuklidischen Geometrie, mit Originalarbeiten von J. Bolyai, N. I. Lobatschewski und Felix Klein. Teubner Leipzig, 1985.

[5] Riemann B.: „Über die Hypothesen, welche der Geometrie zugrunde liegen", in: Das Kontinuum und andere Monographien (Reprint). Chelsea, 1973.

hyperbolische Kettenlinie, eine spezielle Rollkurve (↗Delaunaysche Kurve).

hyperbolische Lernregel, eine spezielle ↗Lernregel für dreischichtige ↗Neuronale Netze, deren ↗formale Neuronen in der verborgenen Schicht hyperbolische Aktivierungsfunktionen besitzen; die Lernregel ist nur anwendbar, wenn die vorgegebenen Trainingswerte auf einem mehrdimensionalen regulären Gitter erklärt sind, und generiert dann Netze, die diese Trainingswerte approximieren oder interpolieren.

Im folgenden wird die prinzipielle Idee der hyperbolischen Lernregel kurz im zweidimensionalen Fall erläutert: Wenn man einem dreischichtigen Feed-Forward-Netz mit hyperbolisch aktivierten Neuronen in der verborgenen Schicht eine Menge von P^2 ($P \in \mathbb{N}$, $P \geq 2$) zweidimensionalen Gitter-Trainingswerten $(x^{(k,l)}, y^{(k,l)}) \in [0,1]^2 \times \mathbb{R}$, $1 \leq k, l \leq P$, präsentiert, wobei

$$x^{(k,l)} = (x_1^{(k,l)}, x_2^{(k,l)}) := \left(\tfrac{k-1}{P-1}, \tfrac{l-1}{P-1}\right),$$

dann sollten die Gewichte $g_{kl} \in \mathbb{R}$, $0 \leq k, l \leq P$, die Differenzgewichte $d_{1kl}, d_{2kl} \in \mathbb{R}$, $0 \leq k, l \leq P$, sowie die Dilatationsparameter $\varrho_{kl} \in \mathbb{R}$, $0 \leq k, l \leq P$, so gewählt werden, daß für alle $\tilde{k}, \tilde{l} \in \{1, \ldots, P\}$ die quadrierten Fehler

$$\left(y^{(\tilde{k},\tilde{l})} - \sum_{k=0}^{P} \sum_{l=0}^{P} g_{kl} T(\varrho_{kl} \prod_{j=1}^{2} (x_j^{(\tilde{k},\tilde{l})} - d_{jkl})) \right)^2$$

möglichst klein werden. Dabei möge T zunächst eine beliebige, fest vorgegebene sigmoidale Transferfunktion sein.

Setzt man nun formal $y^{(k,l)} := 0$, falls $k = 0$, $k = P+1$, $l = 0$ oder $l = P+1$ gilt, dann berechnet die hyperbolische Lernregel die zu bestimmenden Netzparameter für alle Indizes $k, l \in \{0, \ldots, P\}$ wie folgt:

$$\varrho_{kl} := (P-1)^2 , \quad d_{1kl} := \tfrac{k-0.5}{P-1} , \quad d_{2kl} := \tfrac{l-0.5}{P-1} ,$$

$$g_{kl} := \tfrac{1}{2}(y^{(k,l)} - y^{(k+1,l)} - y^{(k,l+1)} + y^{(k+1,l+1)}) .$$

Die Lernregel ist also nicht-iterativ, d. h. in Echtzeit ausführbar, und fixiert die Parameter z. B. im Fall einer sigmoidalen Transferfunktion $T : \mathbb{R} \to \mathbb{R}$ mit der Eigenschaft $T(\xi) = 0$ für $\xi \leq -1/4$ und $T(\xi) = 1$ für $\xi \geq 1/4$ so, daß alle Fehler Null werden (Interpolation). Für allgemeinere sigmoidale Transferfunktionen mit lediglich asymptotischen Verhalten $\lim_{\xi \to -\infty} T(\xi) = 0$ und $\lim_{\xi \to \infty} T(\xi) = 1$ geht die Interpolation i. allg. verloren und man hat nur noch eine Approximation des Datensatzes.

hyperbolische lineare Abbildung, eine lineare Abbildung $A : \mathbb{R}^n \to \mathbb{R}^n$, die keine Eigenwerte λ mit $|\lambda| = 1$ besitzt.

Für eine lineare Abbildung $B : \mathbb{R}^n \to \mathbb{R}^n$, die nicht 0 als Eigenwert besitzt, ist e^B hyperbolisch

(↗Matrix-Exponentialfunktion). Für ein solches B hat die Lösung der gewöhnlichen Differentialgleichung $\dot{x} = Bx$ bei 0 einen ↗hyperbolischen Fixpunkt.

Für Eigenwerte $\lambda \in \mathbb{R}$ von A bezeichne E_λ den zugehörigen (verallgemeinerten) Eigenraum bzw. für Eigenwerte $\lambda \in \mathbb{C}$ bezeichne $E_{\lambda,\bar{\lambda}} := (E_\lambda \oplus E_{\bar{\lambda}}) \cap \mathbb{R}^n$, wobei dann E_λ bzw. $E_{\bar{\lambda}}$ die verallgemeinerten Eigenräume der ↗Komplexifizierung von A seien. Man nennt die unter A invarianten Teilräume

$E^- := \bigoplus_{|\lambda|<1} E_\Lambda \oplus \bigoplus_{|\lambda|<1} E_{\lambda,\bar{\lambda}}$,
$E^+ := \bigoplus_{|\lambda|>1} E_\Lambda \oplus \bigoplus_{|\lambda|>1} E_{\lambda,\bar{\lambda}}$,
$E^0 := E_{-1} \oplus E_{+1} \oplus \bigoplus_{|\lambda|=1} E_{\lambda,\bar{\lambda}}$

den stabilen, instabilen, bzw. Zentrumsraum von $\mathbb{R}^n$ bzgl. A. Damit hat man die direkte Zerlegung

$$\mathbb{R}^n = E^0 \oplus E^+ \oplus E^- . \qquad (1)$$

Die Räume E^+ und E^- heißen expandierender bzw. kontrahierender Unterraum. Es gilt:

Sei $A : \mathbb{R}^n \to \mathbb{R}^n$ hyperbolische lineare Abbildung mit der zugehörigen direkten Zerlegung in invariante Teilräume (1). *Dann gilt:*

1. *Für $x \in E^+$ ist $\lim\limits_{k\to\infty} A^k x = \infty$. Ist zusätzlich A invertierbar, so gilt $\lim\limits_{k\to-\infty} A^k x = 0$.*
2. *Für $x \in E^-$ ist $\lim\limits_{k\to\infty} A^k x = 0$. Ist zusätzlich A invertierbar, so ist $\lim\limits_{k\to-\infty} A^k x = \infty$.*
3. *Für $x \in \mathbb{R}^n \setminus (E^+ \oplus E^-)$ ist $\lim\limits_{k\to\infty} A^k x = \infty$. Ist zusätzlich A invertierbar, so ist $\lim\limits_{k\to-\infty} A^k x = \infty$.*

hyperbolische Menge, kompakte Teilmenge Λ einer Mannigfaltigkeit M, die folgenden Bedingungen genügt. Sei $f : U \to M$ ein auf einer offenen Teilmenge $U \subset M$ der Mannigfaltigkeit M definierter C^1-Diffeomorphismus. Es sei $\Lambda \subset U$ kompakt und invariant unter f. Weiter existiere auf U eine Riemannsche Metrik und Zahlen $\lambda < 1 < \mu$ so, daß für jedes $x \in U$ gilt: Zu

$$\{(Df)_{f_x^n} : T_{f_x^n}M \to T_{f_x^{n+1}}M\}_{n\in\mathbb{N}}$$

existiert eine Zerlegung

$$T_{f_x^n}M = E_n^+ \oplus E_n^-$$

mit $T_{f_x^n}E_n^\pm = E_{n+1}^\pm$ und

$$\|(Df)_{f_x^n} \,|\, E_n^-\| \le \lambda\,, \qquad \|(Df)_{f_x^n}^{-1} \,|\, E_{n+1}^+\| \le \frac{1}{\mu}\,.$$

hyperbolische Metrik, eine Metrik der offenen Einheitskreisscheibe $\mathbb{E}$, definiert durch

$$[a,b]_{\mathbb{E}} := \inf_\gamma \int_\gamma \lambda_{\mathbb{E}}(z)\,|dz|\,, \quad a,b \in \mathbb{E}\,.$$

Dabei ist

$$\lambda_{\mathbb{E}}(z) := \frac{1}{1-|z|^2}\,, \quad z \in \mathbb{E}\,,$$

und das Infimum wird über alle rektifizierbaren Wege γ in $\mathbb{E}$, die a und b verbinden, genommen. Man bezeichnet diese Metrik auch als nichteuklidische Metrik oder Poincarésche Metrik.

Die hyperbolische Metrik auf $\mathbb{E}$ ist tatsächlich eine Metrik im üblichen Sinne. Die Funktion λ heißt auch Poincarésche Dichte. Es gilt die explizite Formel

$$\begin{aligned}[a,b]_{\mathbb{E}} &= \frac{1}{2}\log\frac{|1-\bar{a}b|+|a-b|}{|1-\bar{a}b|-|a-b|}\\ &= \operatorname{artanh}\left|\frac{a-b}{1-\bar{a}b}\right|, \quad a,b \in \mathbb{E}\,.\end{aligned}$$

Manche Autoren verwenden statt $\lambda_{\mathbb{E}}$ auch die Dichte

$$\lambda(z) := \frac{2}{1-|z|^2}\,, \quad z \in \mathbb{E}\,.$$

Allgemeiner kann man die hyperbolische Metrik für ein beliebiges ↗Gebiet $G \subset \mathbb{C}$ mit mindestens zwei Randpunkten in $\mathbb{C}$ definieren. Nach dem sog. Uniformisierungssatz existiert eine universelle Überlagerungsabbildung f von $\mathbb{E}$ auf G. Dann definiert man eine Funktion $\lambda_G : G \to (0,\infty)$ durch

$$\lambda_G(z)|f'(w)| = \lambda_{\mathbb{E}}(w)\,,$$

wobei $z = f(w)$. Schließlich setzt man

$$[a,b]_G := \inf_\gamma \int_\gamma \lambda_G(z)\,|dz|\,, \quad a,b \in G\,,$$

wobei das Infimum wieder über alle rektifizierbaren Wege γ in G, die a und b verbinden, genommen wird.

Diese Definition ist unabhängig von der speziellen Wahl der universellen Überlagerungsabbildung f. Ist G ein einfach zusammenhängendes Gebiet, so ist f eine ↗konforme Abbildung von $\mathbb{E}$ auf G. Die hyperbolische Metrik ist eine spezielle konforme Metrik.

Einige Beispiele:

1. Für die obere Halbebene $\mathbb{H} = \{z \in \mathbb{C} : \operatorname{Im} z > 0\}$ gilt
$$\lambda_{\mathbb{H}}(z) = \frac{1}{2\operatorname{Im} z}\,.$$
2. Für den Horizontalstreifen $S = \{z \in \mathbb{C} : |\operatorname{Im} z| < \frac{\pi}{2}\}$ gilt
$$\lambda_S(z) = \frac{1}{2\cos\operatorname{Im} z}\,.$$

3. Für den Kreisring $A = \{z \in \mathbb{C} : 0 < r < |z| < 1\}$ gilt

$$\lambda_A(z) = \frac{\pi}{2\log r} \cdot \frac{1}{|z| \sin\left(\pi \frac{\log|z|}{\log r}\right)}.$$

Durch Grenzübergang $r \to 0$ ergibt sich für den punktierten Einheitskreis $\dot{\mathbb{E}} = \mathbb{E} \setminus \{0\}$

$$\lambda_{\dot{\mathbb{E}}}(z) = -\frac{1}{2|z| \log|z|}.$$

Die hyperbolische Metrik spiegelt die geometrischen Eigenschaften des Gebietes G wieder.

Eine wichtige Eigenschaft ist ihre konforme Invarianz. Ist nämlich g eine konforme Abbildung von G auf sich, so gilt

$$[g(a), g(b)]_G = [a, b]_G, \quad a, b \in G.$$

Die Dichtefunktion λ_G erfüllt die partielle Differentialgleichung $\Delta \log \lambda_G = 4\lambda_G^2$.

Weiter gilt die Monotonieeigenschaft $\lambda_H(z) \leq \lambda_G(z)$ für alle Gebiete G, H mit $G \subset H$ und alle $z \in G$. Schließlich gilt

$$\lambda_G(z) \leq \frac{1}{\operatorname{dist}(z, \partial G)}$$

für alle $z \in G$, wobei hier

$$\operatorname{dist}(z, \partial G) = \inf\{|z - w| : w \in \partial G\}$$

der Abstand von z zum Rand ∂G von G ist.

Ist G einfach zusammenhängend, so gilt noch

$$\lambda_G(z) \geq \frac{1}{4\operatorname{dist}(z, \partial G)}$$

für alle $z \in G$.

hyperbolische Quadrik, die ↗Quadrik vom Index $\frac{d+1}{2}$ im projektiven Raum der ungeraden Dimension d.

Die Punkte einer hyperbolischen Quadrik lassen sich in homogenen Koordinaten beschreiben durch die Gleichung

$$x_0x_1 + x_2x_3 + x_4x_5 + \cdots + x_{d-1}x_d = 0.$$

Die hyperbolische Quadrik hat die Eigenschaft, daß die Menge der maximalen in ihr enthaltenen Unterräume (der Dimension $\frac{d-1}{2}$) in zwei Klassen zerfällt, wobei zwei Unterräume U_1, U_2 genau dann in der gleichen Klasse liegen, wenn

$$\dim(U_1 \cap U_2) \equiv \dim U_1 \pmod 2$$

gilt. Im Falle $d = 3$ erhält man zwei Klassen aus Geraden derart, daß die Geraden jeder Klasse paarweise windschief sind, während sich Geraden verschiedener Klassen schneiden. Die Menge der Geraden einer Klasse heißt Regulus.

Im dreidimensionalen ↗euklidischen Raum entsprechen der hyperbolischen Quadrik das einschalige Hyperboloid und das hyperbolische Paraboloid.

Hyperbolische Quadriken sind ↗Gebäude vom Typ D_n, wenn man den beiden Klassen von Unterräumen der Dimension $\frac{d-1}{2}$ verschiedene Typen zuordnet.

hyperbolische Sekansfunktion, *Sekans hyperbolicus*, der Kehrwert der ↗hyperbolischen Cosinusfunktion, also die Funktion

$$\operatorname{sech} = \frac{1}{\cosh x} : \mathbb{R} \to \mathbb{R}$$

mit

$$\operatorname{sech} x = \frac{2}{e^x + e^{-x}}$$

für $x \in \mathbb{R}$. sech ist eine gerade und differenzierbare Funktion mit

$$\operatorname{sech}' = -\frac{\sinh}{\cosh^2} = -\frac{\sinh}{\sinh^2 + 1}.$$

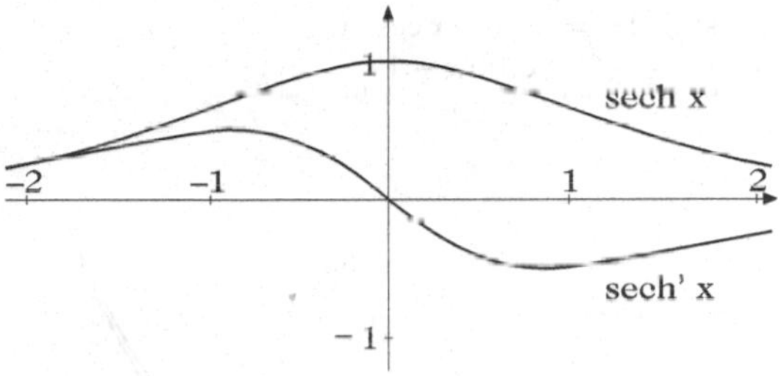

Hyperbolische Sekansfunktion

Für $|x| < \frac{\pi}{2}$ hat man die Reihendarstellung

$$\operatorname{sech} x = \sum_{n=0}^{\infty} \frac{1}{(2n)!} E_{2n} x^{2n} = 1 - \frac{1}{2}x^2 + \frac{5}{24}x^4 - \frac{61}{720}x^6 \pm \cdots$$

mit den ↗Eulerschen Zahlen E_{2n}. Setzt man die Hyperbelfunktionen und die trigonometrischen Funktionen in die komplexe Ebene fort, so gilt $\operatorname{sech} iz = \sec z$ für $z \in \mathbb{C}$. Insbesondere ist $\operatorname{sech} : \mathbb{C} \setminus \{(k + \frac{1}{2})\pi i \,|\, k \in \mathbb{Z}\} \to \mathbb{C}$ $2\pi i$-periodisch. Für $z \in \mathbb{C}$ mit $|z| < \frac{\pi}{2}$ gilt die obige Reihendarstellung.

hyperbolische (Sigma-Pi-Typ-)Aktivierung, bezeichnet im Kontext ↗Neuronale Netze eine spezielle Aktivierungsfunktion $A_{d,\varrho} : \mathbb{R}^n \to \mathbb{R}$ eines ↗formalen Neurons, die von einem Translationsvektor $d \in \mathbb{R}^n$ und einem Dilatationsparameter $\varrho \in \mathbb{R}$ abhängt und definiert ist als

$$A_{d,\varrho} : x \mapsto \varrho \prod_{i=1}^{n} (x_i - d_i).$$

hyperbolische Sinusfunktion, *Sinus hyperbolicus*, eine der ↗Hyperbelfunktionen, nämlich die durch

$$\sinh x = \frac{e^x - e^{-x}}{2}$$

für $x \in \mathbb{R}$ definierte ungerade und differenzierbare Funktion

$$\sinh : \mathbb{R} \to \mathbb{R}.$$

Es gilt $\sinh' = \cosh$. sinh erfüllt für $x, y \in \mathbb{R}$ die Additions- und Summentheoreme

$$\begin{aligned} \sinh(x \pm y) &= \sinh x \cosh y \pm \cosh x \sinh y \\ \sinh x + \sinh y &= 2 \sinh \frac{x+y}{2} \cosh \frac{x-y}{2} \\ \sinh x - \sinh y &= 2 \cosh \frac{x+y}{2} \sinh \frac{x-y}{2} \end{aligned}$$

und die Multiplikationsformeln

$$\begin{aligned} 2 \sinh x \sinh y &= \cosh(x+y) - \cosh(x-y) \\ 2 \sinh x \cosh y &= \sinh(x+y) + \sinh(x-y) \end{aligned}$$

sowie die Verdopplungs- und Halbierungsformeln:

$$\begin{aligned} \sinh 2x &= 2 \sinh x \cosh x \\ \sinh^2 \frac{x}{2} &= \frac{\cosh x - 1}{2} \end{aligned}$$

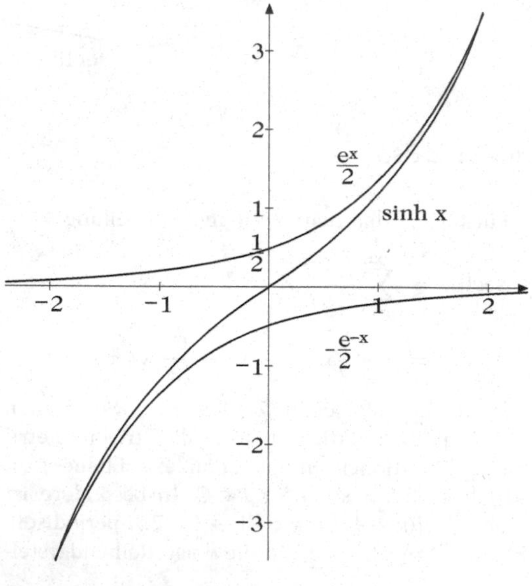

Hyperbolische Sinusfunktion

Für $x \in \mathbb{R}$ hat man die Reihendarstellung

$$\sinh x = \sum_{n=0}^{\infty} \frac{x^{2n+1}}{(2n+1)!}.$$

Es ist $\sinh^2 x = \cosh^2 x - 1$ für $x \in \mathbb{R}$, und für $n \in \mathbb{N}$ gilt die der ↗de Moivreschen Formel entsprechende Identität

$$(\cosh x \pm \sinh x)^n = \cosh nx \pm \sinh nx.$$

Setzt man die Hyperbelfunktionen und die trigonometrischen Funktionen in die komplexe Ebene fort, so gilt $\sinh iz = i \sin z$ für $z \in \mathbb{C}$. Insbesondere ist $\sinh : \mathbb{C} \to \mathbb{C}$ $2\pi i$-periodisch. Alle obigen Formeln gelten auch für komplexe Argumente.

hyperbolische Spirale, ebene Kurve mit der Parametergleichung $\alpha(\varphi) = \frac{a}{\varphi}(\cos \varphi, \sin \varphi)$, in Polarkoordinaten, $\varrho(\varphi) = a/\varphi$, wobei a eine beliebige Konstante ist.

Wenn ein vom Ursprung O der Koordinatenebene ausgehender Strahl sich mit konstanter Geschwindigkeit 1 um O dreht, beschreibt ein Punkt, der sich auf diesem Strahl so bewegt, daß sein Abstand von O den Wert $v = a/\varphi$ hat (φ = Drehwinkel), eine hyperbolische Spirale. Ihre Krümmungsfunktion ist

$$k(\varphi) = \frac{\varphi^4}{a\sqrt{(1+\varphi^2))^3}}.$$

Bei der Spiegelung am Einheitskreis geht sie in die ↗archimedische Spirale über.

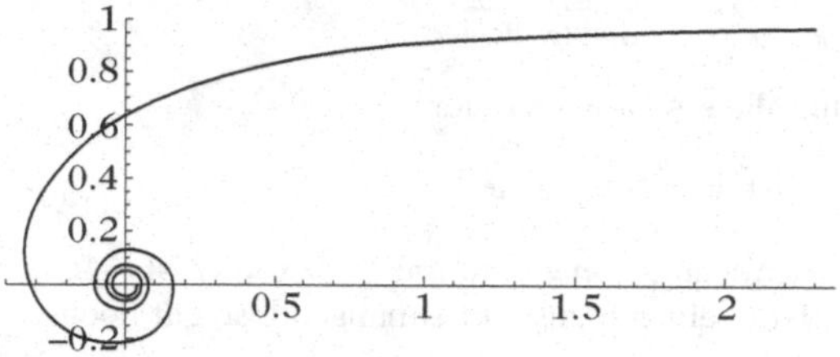

Hyperbolische Spirale mit der Parametergleichung $\alpha(t) = \left(\frac{\cos t}{t}, \frac{\sin t}{t}\right)$.

hyperbolische Tangensfunktion, *Tangens hyperbolicus*, eine der ↗Hyperbelfunktionen, nämlich die durch

$$\tanh x = \frac{\sinh x}{\cosh x} = \frac{e^x - e^{-x}}{e^x + e^{-x}}$$

für $x \in \mathbb{R}$ definierte ungerade und differenzierbare Funktion

$$\tanh : \mathbb{R} \to (-1, 1).$$

Es gilt

$$\tanh' = \frac{1}{\cosh^2} = 1 - \tanh^2.$$

tanh erfüllt für $x, y \in \mathbb{R}$ die Additions- und Summentheoreme

$$\begin{aligned} \tanh(x \pm y) &= \frac{\tanh x \pm \tanh y}{1 \pm \tanh x \tanh y} \\ \tanh x \pm \tanh y &= \frac{\sinh(x \pm y)}{\cosh x \cosh y} \end{aligned}$$

sowie die Verdopplungs- und Halbierungsformeln:

$$\tanh 2x = \frac{2\tanh x}{\tanh^2 x + 1}$$

$$\tanh^2 \frac{x}{2} = \frac{\cosh x - 1}{\cosh x + 1}$$

$$\tanh \frac{x}{2} = \frac{\sinh x}{\cosh x + 1}$$

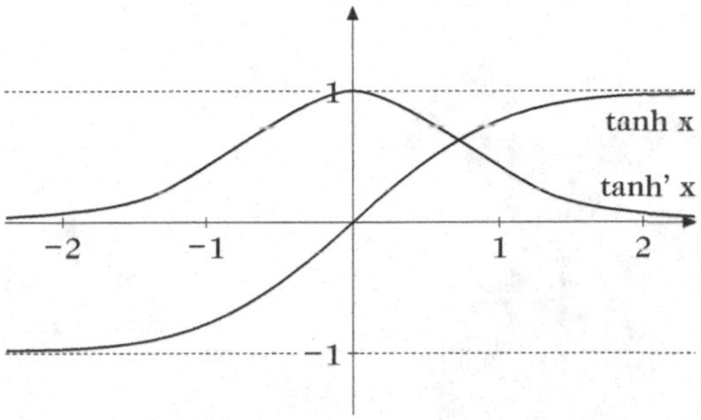

Hyperbolische Tangensfunktion

Für $|x| < \frac{\pi}{2}$ hat man die Reihendarstellung

$$\tanh x = \sum_{n=1}^{\infty} \frac{2^{2n}(2^{2n}-1)}{(2n)!} B_{2n} x^{2n-1}$$

$$= x - \frac{1}{3}x^3 + \frac{2}{15}x^5 - \frac{17}{315}x^7 \pm \cdots$$

mit den ↗ Bernoullischen Zahlen B_{2n}.

Setzt man die Hyperbelfunktionen und die trigonometrischen Funktionen in die komplexe Ebene fort, so gilt $\tanh iz = i \tan z$ für $z \in \mathbb{C}$. Insbesondere ist $\tanh : \mathbb{C} \setminus \{(k + \frac{1}{2})\pi i \mid k \in \mathbb{Z}\} \to \mathbb{C}$ πi-periodisch. Alle obigen Formeln gelten auch für komplexe Argumente.

hyperbolische Trigonometrie, Lehre der Berechnungen an Dreiecken in der ↗ hyperbolischen Geometrie.

Wie in der „gewöhnlichen" (ebenen) ↗ Trigonometrie unterscheidet man auch in der hyperbolischen Trigonometrie bei den Dreiecksberechnungen zwischen rechtwinkligen und schiefwinkligen (d. h. nicht rechtwinkligen) Dreiecken.

Für rechtwinklige Dreiecke (mit dem rechten Winkel bei C und den üblichen Bezeichnungen a, b und c sowie α, β und γ für die Seiten und Winkel) gelten die folgenden trigonometrischen Formeln:

$$\cosh c = \cot\alpha \cdot \cot\beta, \quad \cos\alpha = \sin\beta \cdot \cosh a,$$

$$\sinh b = \tanh a \cdot \cot\alpha, \quad \cos\beta = \sin\alpha \cdot \cosh b,$$

$$\sinh a = \tanh b \cdot \cot\beta, \quad \cos\beta = \tanh a \cdot \coth c,$$

$$\cosh c = \cosh a \cdot \cosh b, \quad \cos\alpha = \tanh b \cdot \coth c,$$

$$\sin\beta = \sinh b / \sinh c, \quad \sin\alpha = \sinh a / \sinh c\,.$$

Berechnungen an beliebigen (schiefwinkligen) Dreiecken der hyperbolischen Ebene lassen sich mit Hilfe des Sinussatzes sowie des Seitencosinussatzes und des Winkelcosinussatzes der ↗ hyperbolischen Geometrie durchführen.

Bekanntlich ist die Innenwinkelsumme von Dreiecken in der hyperbolischen Geometrie stets kleiner als π und nicht konstant, sodaß die Berechnung eines Winkels aus den beiden anderen (wie in der „gewöhnlichen", ebenen Trigonometrie) nicht möglich ist.

hyperbolischer Fixpunkt, Fixpunkt $x_0 \in W$ eines C^1–Vektorfeldes $f : W \to \mathbb{R}^n$ auf einer offenen Teilmenge $W \subset \mathbb{R}^n$, für den die Linearisierung (↗ Linearisierung eines Vektorfeldes) $Df(x_0)$ von f bei x_0 keine Eigenwerte mit Realteil 0 besitzt.

Ein hyperbolischer Fixpunkt verhält sich lokal wie der Fixpunkt 0 eines linearen Vektorfeldes f, dessen Eigenwerte alle Realteil ungleich 0 haben.

Die Bedeutung hyperbolischer Fixpunkte liegt darin, daß in ihrer Nähe das ursprüngliche dynamische System und das aus seiner Linearisierung entstehende dynamische System topologisch äquivalent sind (↗ Äquivalenz von Flüssen, ↗ Hartman-Grobman Theorem). Diese beiden dynamischen Systeme verhalten sich also qualitativ gleich, insbesondere hat ein hyperbolischer Fixpunkt eines dynamischen Systems das gleiche Stabilitätsverhalten wie der seiner Linearisierung. Daher sind hyperbolische Fixpunkte isoliert (↗ isolierter Fixpunkt).

Sei $f \in C^2(W, \mathbb{R}^2)$ mit einer offenen Menge $0 \in W \subset \mathbb{R}^2$. Falls 0 hyperbolischer Fixpunkt von f ist, gilt:

1. *0 ist genau dann (in)stabiler Knotenpunkt von f, falls 0 (in)stabiler Knotenpunkt von $Df(0)$ ist.*
2. *0 ist genau dann (in)stabiler Strudelpunkt von f, wenn 0 (in)stabiler Strudelpunkt von $Df(0)$ ist.*

hyperbolischer periodischer Punkt, Punkt $x \in M$ eines ↗ dynamischen Systems (M, G, Φ), der entweder ↗ hyperbolischer Fixpunkt ist, oder auf einem hyperbolischen geschlossenen Orbit liegt.

hyperbolischer Punkt, ein Punkt $P \in \mathcal{F}$ einer regulären Fläche $\mathcal{F} \subset \mathbb{R}^3$, in dem die ↗ Gaußsche Krümmung von $\mathcal{F}$ negativ ist.

Die ↗ Dupinsche Indikatrix der Fläche in einem hyperbolischen Punkt ist eine Hyperbel, woher sich der Name erklärt.

hyperbolischer Raum, ein Raum, in dem das Parallelenaxiom nicht gilt.

Unter einem hyperbolischen Raum versteht man einen Raum, in dem das Parallelenaxiom der euklidischen Geometrie nicht gilt, während alle übrigen Axiomgruppen der Geometrie erfüllt sind (↗ hyperbolische Geometrie).

hyperbolischer Sattelpunkt, Flächenpunkt mit negativer Gaußscher Krümmung.

Es seien F eine Fläche, P ein Flächenpunkt und λ_1, λ_2 die ↗Hauptkrümmungen in P. Dann definiert man die Gaußsche Krümmung durch $K(P) = \lambda_1 \cdot \lambda_2$. Ist $K(P) < 0$, so spricht man von einem hyperbolischen Sattelpunkt P.

hyperbolischer Zylinder, die Regelfläche, deren Basiskurve eine Hyperbel, und deren Erzeugenden untereinander parallele und zur Ebene der Hyperbel orthogonale Geraden sind.

Die implizite Gleichung des hyperbolischen Zylinders in Normallage lautet

$$\frac{x^2}{a^2} - \frac{y^2}{b^2} = 1,$$

eine Parameterdarstellung ist durch

$$\Phi(u, v) = (a \cosh(u), b \sinh(u), v)$$

gegeben.

hyperbolisches Approximations- und Interpolationsnetz, ein ↗Neuronales Netz, welches mit der ↗hyperbolischen Lernregel konfiguriert wird.

Das dreischichtige Feed-Forward-Netz mit hyperbolischen Aktivierungsfunktionen in den verborgenen Neuronen kann je nach vorgegebener Transferfunktion Trainingswerte, die auf einem mehrdimensionalen regulären Gitter erklärt sind, approximieren oder interpolieren.

hyperbolisches Paraboloid, eine Fläche, die in Normallage durch eine implizite Gleichung zweiter Ordnung der Gestalt $x^2/a^2 - y^2/b^2 + 2cz = 0$ definiert ist.

Das hyperbolische Paraboloid ist eine doppelt bestimmte ↗Regelfläche. Zwei verschiedene geradlinige Koordinatennetze, die diese Tatsache augenscheinlich demonstrieren, sind folgende:

$$\Phi_{\pm}(u, v) = \begin{pmatrix} a\,t \\ v \pm b\,t \\ \dfrac{v^2 \pm 2\,b\,t\,v}{2\,b^2\,c} \end{pmatrix}.$$

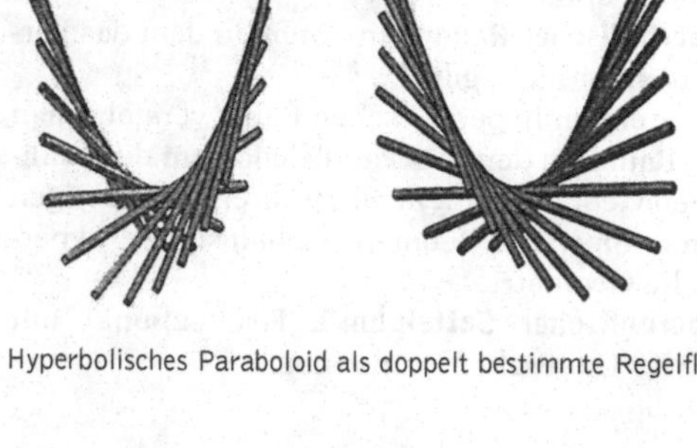

Hyperbolisches Paraboloid als doppelt bestimmte Regelfläche.

hyperbolisches Polynom, reelles Polynom im $\mathbb{R}^n$, dessen Einschränkung auf jede durch den Nullpunkt gehende Gerade nur reelle Nullstellen besitzt.

Im $\mathbb{R}^2$ ist z. B. $1 - x^2 - y^2$ hyperbolisch, aber $1 + x^2 + y^2$ nicht.

Hyperboloid, unendlich ausgedehnte ↗Fläche zweiter Ordnung mit Mittelpunkt.

Es existieren zwei Arten von Hyperboloiden: Einschalige und zweischalige Hyperboloide.

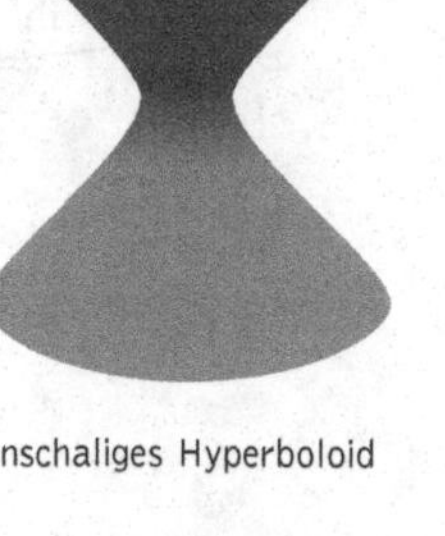

Einschaliges Hyperboloid

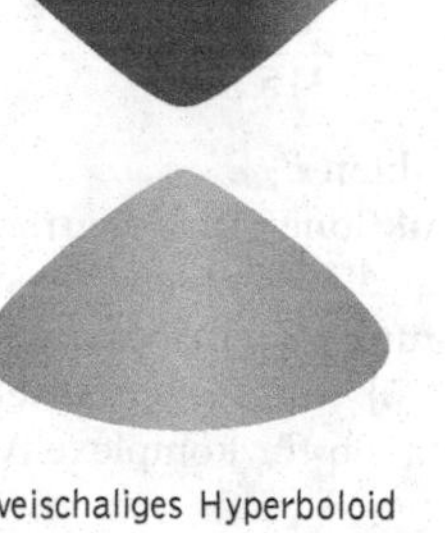

Zweischaliges Hyperboloid

In einem geeigneten (z. B. durch eine ↗Hauptachsentransformation zu bestimmenden) Koordinatensystem wird ein einschaliges Hyperboloid durch eine Gleichung der Form

$$\frac{x^2}{a^2} + \frac{y^2}{b^2} - \frac{z^2}{c^2} = 1, \tag{1}$$

ein zweischaliges Hyperboloid durch eine Gleichung der Form

$$-\frac{x^2}{a^2} - \frac{y^2}{b^2} + \frac{z^2}{c^2} = 1 \tag{2}$$

beschrieben.

Die Schnittkurven eines beliebigen Hyperboloids mit Ebenen, welche die z-Achse enthalten, sind ↗Hyperbeln, Schnittkurven mit auf der z-Achse senkrecht stehenden Ebenen sind (falls existent)

↗Ellipsen und für den Spezialfall $a = b$ Kreise. In letzterem Fall handelt es sich um ein Rotationshyperboloid, für den noch spezielleren Fall $a = b = c$ spricht man von einem regulären Hyperboloid.

Für sehr weit vom Mittelpunkt entfernte Punkte nähern sich die Punkte eines Hyperboloids beliebig weit einem Kegel, dem Asymptotenkegel des Hyperboloids, an. Der Asymptotenkegel eines Hyperboloids mit einer der beiden Gleichungen (1) und (2) hat die Gleichung

$$\frac{x^2}{a^2} + \frac{y^2}{b^2} - \frac{z^2}{c^2} = 0\,.$$

Hypercube-Netz, bezeichnet ein ↗Neuronales Netz, dessen Topologie im wesentlichen dadurch entsteht, daß man sich in den 2^n Ecken des n-dimensionalen Einheitswürfels $[0,1]^n$ ↗formale Neuronen plaziert denkt und die Kanten des Würfels als ↗formale Synapsen interpretiert.

Jedes formale Neuron eines solchen Hypercube-Netzes ist also eindeutig über einen binären Vektor aus $\{0,1\}^n$ identifizierbar und hat genau n Nachbar-Neuronen, mit denen es über (mindestens) n formale Synapsen zum Informationsaustausch verbunden ist.

Hyperebene, ein $(n-1)$-dimensionaler Unterraum eines n-dimensionalen Raumes, wobei der Begriff „Raum" hier sehr weit gefaßt ist; er kann beispielsweise einen Vektorraum oder auch einen projektiven Raum bezeichnen.

Ist H eine Hyperebene in einem euklidischen oder unitären Vektorraum $(V, \langle\cdot,\cdot\rangle)$, so bildet die Menge

$$H^{\perp} := \{v \in V \mid \langle v, h\rangle = 0 \text{ für alle } h \in H\}$$

eine Gerade. Ein $h \in H^{\perp}$ mit $\|h\| = 1$ wird als Normalenvektor von H bezeichnet.

Im Falle unendlich-dimensionaler Räume kann man Hyperebenen definieren als Kerne linearer Funktionale.

Hyperebenenbündel, ↗ holomorphes Vektorbündel.

Hyperebenenfeld, ordnet jedem Punkt einer differenzierbaren Mannigfaltigkeit M einen Unterraum der Kodimension 1 des Tangentialraums an diesem Punkt in glatter Weise zu, gleichbedeutend mit Unterbündel der Kodimension 1 des Tangentialbündels von M.

Jedes Hyperebenenfeld kann auch als nichtverschwindender C^∞-Schnitt der Mannigfaltigkeit der Kontaktelemente (des projektivierten Kotangentialbündels) angesehen werden, wobei obige Unterräume als Kerne des Schnitts hervorgehen. Ein Hyperebenenfeld wird nichtentartet genannt, falls M ungerade Dimension $2n+1$ hat, und für jeden Punkt m von M folgende Bedingung erfüllt ist: Man wähle in einer geeigneten offenen Umgebung von m eine 1-Form ϑ, deren Kern genau das Hyperebenenfeld ergibt; dann soll $(\vartheta \wedge (d\vartheta)^{\wedge n})(m)$ nicht verschwinden (die Bedingung hängt von der Wahl von ϑ nicht ab). Die äußere Ableitung jeder solchen 1-Form ϑ induziert auf jedem Unterraum der Kodimension 1 des Hyperebenenfelds eine symplektische 2-Form, die sich für unterschiedliche Wahlen von ϑ nur durch einen nichtverschwindenden Vorfaktor ändert.

hyperelliptisches Integral, ein unbestimmtes Integral der Gestalt

$$\int R\big(x, \sqrt{p(x)}\big)\, dx\,,$$

wobei $R(x,y)$ eine rationale Funktion in x und y und p ein Polynom mindestens fünften Grades mit lauter verschiedenen Nullstellen ist.

Hyperfläche, $(n-1)$-dimensionale Punktmenge eines n-dimensionalen Raumes. Es sei V_n ein n-dimensionaler Raum. Dann heißt eine $(n-1)$-dimensionale Teilmenge von V_n, die einer Gleichung $P(x_1, \dots, x_n) = 0$ mit einem Polynom P in n Unbekannten genügt, eine Hyperfläche. Man nennt den Grad des Polynoms auch die Ordnung der Hyperfläche.

In etwas größerer Allgemeinheit kann man auch sagen, eine Hyperfläche ist eine Untermannigfaltigkeit der Kodimension 1 einer ↗differenzierbaren Mannigfaltigkeit.

Ist $n = 2$, dann sind die Hyperflächen Kurven in der Ebene, für $n = 3$ sind die Hyperflächen Flächen im Raum.

hypergeometrische Differentialgleichung, ↗ hypergeometrische Funktion.

hypergeometrische Funktion, Lösung der hypergeometrischen Differentialgleichung

$$z(z-1)\frac{d^2w}{dz^2} + \big(c - (a+b+1)z\big)\frac{dw}{dz} - abw = 0$$

mit $a, b, c \in \mathbb{C}$. Eine Lösung dieser Differentialgleichung ist für $c \notin -\mathbb{N}_0$ formal durch die hypergeometrische Reihe gegeben:

$$F(a,b;c;z) := \sum_{s=0}^{\infty} \frac{(a)_s(b)_s}{(c)_s}\frac{z^s}{s!} \quad (c \notin \mathbb{Z}),$$

dabei bezeichnet $(a)_n$ das Pochhammer-Symbol, definiert durch

$$(a)_n := a\cdot(a+1)(a+2)\cdots(a+n-1).$$
$$(a)_0 := 1.$$

Die hypergeometrische Reihe konvergiert zwar im allgemeinen nur für $|z| < 1$, definiert dann aber durch meromorphe Fortsetzung auf ganz $\mathbb{C}$ eine Funktion, die hypergeometrische (Basis-)Funktion $F(a, b; c; \cdot)$. Ist a oder b gleich Null oder einer negativen ganzen Zahl, so bricht die Reihe ab, und $F(a, b; c; z)$ ist einfach ein Polynom in z; nur in diesem Falle gilt die Konvergenz der hypergeometrischen Reihe auch außerhalb des Einheitskreises.

In der Notation der verallgemeinerten hypergeometrischen Funktion schreibt man dann für $F(a, b; c; z)$ auch ${}_2F_1(a, b; c; z)$.

Will man die Lösungen der hypergeometrischen Differentialgleichung diskutieren, so ist es praktisch, diese Definition etwas zu verallgemeinern und stattdessen Funktionen vom Typ

$$w(z) = Cz^\alpha(1-z)^\gamma F(a, b; c; z)$$

zu betrachten, wobei α und γ zwei reelle Zahlen sind, und C eine beliebige komplexe Konstante ist. Diese so definierte Funktion erfüllt dann eine ähnliche Differentialgleichung, die sich mit den Definitionen

$$\begin{aligned} \alpha' &:= 1 - c + \alpha \qquad \beta' := b - \alpha - \gamma, \\ \beta &:= a - \alpha - \gamma \qquad \gamma' := c - a - b + \gamma, \\ \alpha + \alpha' &+ \beta + \beta' + \gamma + \gamma' = 1 \end{aligned}$$

noch symmetrischer schreiben läßt, nämlich als

$$\frac{d^2w}{dz^2} + \left(\frac{1-\alpha-\alpha'}{z} + \frac{1-\gamma-\gamma'}{z-1}\right)\frac{dw}{dz} + \left(\frac{-\alpha\alpha'}{z} + \beta\beta' + \frac{\gamma\gamma'}{z-1}\right)\frac{w}{z(z-1)} = 0.$$

Durch die Möbius-Transformation

$$z = \frac{z'-A}{z'-B} \cdot \frac{C-B}{C-A}$$

kann man nun die Singularitäten 0, 1 und ∞ dieser Differentialgleichung auf drei allgemeine Punkte A, B und C abbilden und erhält auf diese Weise die allgemeine hypergeometrische Differentialgleichung.

Die Zahlen α, α', usw. in der hypergeometrischen Differentialgleichung heißen hierbei die „Exponenten". Bis auf Ausnahmefälle, bei denen jeweils die Differenz der Exponenten eine ganze nichtnegative Zahl ist, also etwa $\alpha' - \alpha \in \mathbb{N}_0$, bestimmen diese Zahlen nun im wesentlichen das Verhalten zweier linear unabhängiger Lösungen der Differentialgleichungen. So gibt es z. B. zwei linear unabhängige Lösungen w_1 und w_2, für die in einer Umgebung der Null

$$w_1(z) = z^\alpha f_1(z) \quad w_2(z) = z^{\alpha'} f_2(z)$$

mit holomorphen Funktionen f_1, f_2 gilt. f_1 und f_2 sind dann durch die hypergeometrische Basisfunktion F ausdrückbar, siehe dazu unten für die konkreten Formeln.

Ist $\alpha = \alpha'$, so spricht man von einem „Ausnahmefall erster Ordnung". In diesem Falle sehen die Lösungen wie folgt aus:

$$\begin{aligned} w_1(z) &= z^\alpha f_1(z) + z^{\alpha'} f_2(z) \cdot \ln z, \\ w_2(z) &= z^{\alpha'} f_2(z). \end{aligned}$$

Man erhält also eine Lösung mit einem logarithmischen Pol. Man kann dieses Ergebnis auch aus einem Grenzwertübergang $\alpha \to \alpha'$ heraus verstehen.

Ist $\alpha' - \alpha \in \mathbb{N}$, so bezeichnet man dies als einen „Ausnahmefall zweiter Ordnung". Auch in diesem Falle erhält man eine gewöhnliche Lösung mit dem jeweils größeren Exponenten und eine weitere Lösung mit einem logarithmischen Pol.

Bis auf Ausnahmefälle erster und zweiter Ordnung sind nun die Lösungen der hypergeometrischen Differentialgleichung gegeben durch:

$$\begin{aligned} w_1(z) &= z^\alpha(1-z)^\gamma \\ &\quad F(\alpha+\beta+\gamma, \alpha+\beta'+\gamma; 1+\alpha-\alpha'; z) \\ &= z^\alpha(1-z)^{\gamma'} \cdot \\ &\quad F(\alpha+\beta+\gamma', \alpha+\beta'+\gamma'; 1+\alpha-\alpha'; z), \\ w_2(z) &= z^{\alpha'}(1-z)^\gamma \\ &\quad F(\alpha'+\beta+\gamma, \alpha'+\beta'+\gamma; 1+\alpha'-\alpha; z) \\ &= z^{\alpha'}(1-z)^{\gamma'} \cdot \\ &\quad F(\alpha'+\beta+\gamma'; \alpha'+\beta'+\gamma'; 1+\alpha'-\alpha; z). \end{aligned}$$

Wie man hier gut erkennt, kontrolliert γ das Verhalten bei der singulären Stelle $z = 1$.

Betrachtet man von den oben erwähnten Möbius-Transformationen nur die sechs Spezialfälle, die die Punkte 0, 1 und ∞ permutieren, so erhält man hiermit aus jeder der vier oben formulierten Lösungen der hypergeometrischen Differentialgleichung jeweils sechs weitere Lösungen der gleichen Differentialgleichung, also insgesamt 24 Funktionen. Jeweils acht dieser Lösungen stellen im oben formulierten Sinne Entwicklungen um den Punkt $z = 0$, den Punkt $z = \infty$ und den Punkt $z = 1$ dar. Von diesen acht Lösungen für einen gegebenen Punkt gehören weiterhin jeweils vier zu dem ungestrichenen Exponenten, vier weitere zu dem gestrichenen Exponenten. Man erhält auf diese Weise jeweils vier Gleichungen pro Exponent und pro Entwicklungspunkt. Von diesen Gleichungen, die zuerst von Kummer systematisch untersucht worden sind, lauten z. B. die Gleichungen für den Exponenten α und den Ursprung als Entwicklungspunkt:

Tabelle: Beziehungen der hypergeometrischen Funktion zu anderen speziellen Funktionen.

a	b	c	z	Relation	Funktion
1	1	2	z	$z^{-1}\ln(1-z)$	Logarithmus
$\frac{1}{2}$	1	$\frac{3}{2}$	z^2	$z^{-1}\ln\left(\frac{1+z}{1-z}\right)/2$	
$\frac{1}{2}$	1	$\frac{3}{2}$	$-z^2$	$z^{-1}\arctan z$	Arcustangens
$\frac{1}{2}$	$\frac{1}{2}$	$\frac{3}{2}$	$-z^2$	$z^{-1}\arcsin z$	Arcussinus
1	1	$\frac{3}{2}$	z^2	$z^{-1}(1-z^2)^{-1/2}\arcsin z$	
$\frac{1}{2}$	$\frac{1}{2}$	$\frac{3}{2}$	$-z^2$	$z^{-1}\ln(z+(1+z^2)^{1/2})$	Logarithmus
1	1	$\frac{3}{2}$	$-z^2$	$z^{-1}(1+z^2)^{-1/2}\ln(z+(1+z^2)^{1/2})$	
a	b	b	z	$(1-z)^{-a}$	Potenzfunktion
a	$\frac{1}{2}+a$	$\frac{1}{2}$	z^2	$\frac{1}{2}\left((1+z)^{-2a}+(1-z)^{-2a}\right)$	
a	$\frac{1}{2}+a$	$\frac{3}{2}$	z^2	$(2z)^{-1}(1-2a)^{-1}(1+z)^{1-2a}-(1-z)^{1-2a}$	
$-a$	a	$\frac{1}{2}$	$-z^2$	$(1+z^2)^{-1/2}/2\cdot$ $\cdot\left(\left((1+z^2)^{1/2}+z\right)^{2a-1}+\left((1+z^2)^{1/2}-z\right)^{2a-1}\right)$	
a	$\frac{1}{2}+a$	$2a$	z	$2^{2a}(1+(1-z)^{1/2})^{-2a}$	
$1+a$	$\frac{1}{2}+a$	$1+2a$	z	$2^{2a}(1-z)^{-1/2}2^{2a}(1+(1-z)^{1/2})^{-2a}$	
a	$\frac{1}{2}+a$	$2a$	z	$2^{2a-1}(1-z)^{-1/2}(1+(1-z)^{1/2})^{1-2a}$	
a	$1-a$	$\frac{3}{2}$	$\sin^2 z$	$\sin\left((2a-1)z\right)/\left((2a-1)\sin z\right)$	Trig. Funkt.
a	$2-a$	$\frac{3}{2}$	$\sin^2 z$	$\sin\left((2a-2)z\right)/\left((a-1)\sin 2z\right)$	
$-a$	a	$\frac{1}{2}$	$\sin^2 z$	$\cos 2az$	
a	$1-a$	$\frac{1}{2}$	$\sin^2 z$	$\cos\left((2a-1)z\right)/\cos z$	
a	$\frac{1}{2}+a$	$\frac{1}{2}$	$-\tan^2 z$	$\cos^{2a} z\cdot\cos 2az$	
$-m$	b	c	z	$\sum_{n=0}^{m}\frac{(-m)_n\,(b)_n}{(c)_n}\frac{z^n}{n!}$	
$-n$	n	$\frac{1}{2}$	x	$T_n(1-2x)$	Tschebyschew
$-n$	$n+1$	1	x	$P_n(1-2x)$	Legendre
$-n$	$n+2\alpha$	$\alpha+\frac{1}{2}$	x	$\frac{n!}{(2\alpha)_n}C_n^{(a)}(1-2x)$	Gegenbauer
$-n$	$\alpha+1+\beta+n$	$\alpha+1$	x	$\frac{n!}{\alpha+1}P_n^{(\alpha,\beta)}(1-2x)$	Jacobi

$$
\begin{aligned}
&z^\alpha(1-z)^\gamma \\
&\quad F(\alpha+\beta+\gamma,\alpha+\beta'+\gamma;1+\alpha-\alpha';z) \\
&= z^\alpha(1-z)^{\gamma'} \\
&\quad F(\alpha+\beta+\gamma',\alpha+\beta'+\gamma';1+\alpha-\alpha';z) \\
&= \left(\frac{z}{z-1}\right)^\alpha\left(1-\frac{z}{z-1}\right)^\beta \\
&\quad F\left(\alpha+\beta+\gamma,\alpha+\beta+\gamma';1+\alpha-\alpha';\frac{z}{z-1}\right) \\
&= \left(\frac{z}{z-1}\right)^\alpha\left(1-\frac{z}{z-1}\right)^{\beta'} \\
&\quad F\left(\alpha+\beta'+\gamma,\alpha+\beta'+\gamma';1+\alpha-\alpha';\frac{z}{z-1}\right).
\end{aligned}
$$

Die für die Lösung mit dem Exponenten α' geltenden Gleichungen findet man hieraus durch Vertauschen von α mit α', die Entwicklungen für die Exponenten β, β' um 1, bzw. γ, γ' um ∞ durch Substitution von z durch $\frac{1}{z}$, bzw. durch $1-z$ usw.

Da die Reihendarstellungen der hypergeometrischen Basisfunktion F selbst im Inneren des Einheitskreises konvergieren, wird dieses Konvergenzgebiet durch die sechs vorgenommenen Möbiustransformationen auf sechs Gebiete in der komplexen Zahlenebene abgebildet, nämlich auf das Innere des Einheitskreises selbst, das Äußere des Einheitskreises, das Innere des Einheitskreises um den Punkt 1, das Äußere dieses Kreises, sowie die Halbebenen $\mathrm{Re}(z) < \frac{1}{2}$ und $\mathrm{Re}(z) > \frac{1}{2}$.

Da um jeden der Punkte 0, ∞ und 1 mindestens zwei linear unabhängige Lösungen der hypergeometrischen Differentialgleichung existieren, die hypergeometrische Differentialgleichung jedoch von zweiter Ordung ist und diese beiden Lösungen damit schon die Gesamtheit der Lösungen aufspannen, müssen lineare Relationen zwischen den Entwicklungen um die verschiedenen Punkte existieren. Dies sind die sog. „Zusammenhangsformeln", die zuerst von Euler und Gauß gefunden wurden. Sie verknüpfen jeweils zueinander „benachbarte" hypergeometrische Funktionen in Form einer in der Basisfunktion F linearen Gleichung mit rationalen Koeffizienten. Dabei sind die zu $F(a, b; c; z)$ benachbarten Funktionen gerade $F(a \pm 1, b; c; z)$, $F(a, b \pm 1; c; z)$ und $F(a, b; c \pm 1; z)$, unterscheiden sich also nur in einem Parameter um plus oder minus Eins. Durch rekursive Anwendung dieser Formeln erhält man dann Beziehungen zwischen „verwandten" Funktionen, also Funktionen, deren Parameter sich nur um ganze Zahlen unterscheiden. Es gibt damit zu je drei beliebigen verwandten hypergeometrische Funktionen F_1, F_2, F_3 rationale Funktionen A_1, A_2, A_3 so, daß

$$A_1F_1 + A_2F_2 + A_3F_3 = 0.$$

Eine vollständige Liste dieser Relationen findet sich z. B. in [1].

Eine hypergeometrische Funktion läßt sich auch für $\operatorname{Re} c > \operatorname{Re} b > 0$ durch das hypergeometrische Integral darstellen:

$$F(a, b; c; z) = \frac{\Gamma(c)}{\Gamma(b)\Gamma(c-b)} \int_0^1 t^{b-1}(1-t)^{c-b-1}(1-tz)^{-a}\, dt,$$

weitere Integraldarstellungen findet man z. B. in [1].

Untersucht man die Abhängigkeit der hypergeometrischen Basisfunktion von den Parametern a, b und c, so findet man, daß

$$\mathrm{F}(a, b; c; z) := \frac{F(a, b; c; z)}{\Gamma(c)}$$

in allen drei Parametern a, b und c eine ganze Funktion ist.

Die Wichtigkeit der hypergeometrischen Funktion bzw. der hypergeometrischen Differentialgleichung liegt darin begründet, daß sich jede homogene lineare Differentialgleichung zweiter Ordnung mit nicht mehr als drei regulären Singularitäten – einschließlich ∞ – in die hypergeometrische Differentialgleichung transformieren läßt. Damit lassen sich viele spezielle Funktionen, die solche Differentialgleichungen erfüllen, als Sonderfälle der hypergeometrischen Funktion schreiben. Einige elementare Beispiele finden sich in der Tabelle.

[1] Abramowitz, M.; Stegun, I.A.: Handbook of Mathematical Functions. Dover Publications, 1972.

[2] Olver, F.W.J.: Asymptotics and Special Functions. Academic Press, 1974.

hypergeometrische Reihe, ↗ hypergeometrische Funktion.

hypergeometrische Verteilung, das für die Zahlen $N, M, n \in \mathbb{N}$ mit $M, n \leq N$ durch die diskrete Wahrscheinlichkeitsdichte

$$h_{N,M,n} : \{0, \dots, n\} \ni m \to \frac{\binom{M}{m}\binom{N-M}{n-m}}{\binom{N}{n}} \in [0, 1]$$

auf der Potenzmenge $\mathfrak{P}(\{0, \dots, n\})$ definierte diskrete Wahrscheinlichkeitsmaß.

Genauer wird dieses als hypergeometrische Verteilung mit den Parametern N, M und n bezeichnet. Die hypergeometrische Verteilung mit den Parametern N, M und n gibt für jedes $m \in \{0, \dots, n\}$ die Wahrscheinlichkeit dafür an, daß beim Ziehen ohne Zurücklegen von n Kugeln aus einer Urne mit N Kugeln, von denen M schwarz und $N - M$ weiß sind, genau m schwarze Kugeln gezogen werden. Ist die Verteilung einer Zufallsvariable X hypergeometrisch mit den Parametern M, N und n, so gilt für den Erwartungswert $E(X) = \frac{Mn}{N}$, und für die Varianz

$$Var(X) = \frac{M(N-M)n(N-n)}{N^2(N-1)}.$$

Ein bekanntes Beispiel einer Zufallsvariablen X auf einem Wahrscheinlichkeitsraum $(\Omega, \mathfrak{A}, P)$, die eine hypergeometrische Verteilung besitzt, ist die Anzahl der richtig getippten Zahlen beim Zahlenlotto „6 aus 49". Die Parameter der Verteilung sind hier $N = 49$, $M = 6$ und $n = 6$. Als Wahrscheinlichkeit für sechs richtig getippte Zahlen ergibt sich somit $P(X = 6) = 1/13983816$.

hypergeometrisches Integral, ↗ hypergeometrische Funktion.

Hyperkohomologie, Ausdehnung der Kohomologie auf Komplexe.

Für die Kategorie der Kokettenkomplexe einer abelschen Kategorie $\mathcal{A}$ und einen linksexakten Funktor $F : \mathcal{A} \to \mathcal{B}$ in eine abelsche Kategorie $\mathcal{B}$ ist die Hyperkohomologie wie folgt definiert:

F läßt sich fortsetzen zu einem Funktor $F^* : \mathcal{C}^\bullet(\mathcal{A}) \to \mathcal{C}^\bullet(\mathcal{B})$ auf die Kategorie der Kokettenkomplexe (komponentenweise) und zu einem linksexakten Funktor

$$\begin{aligned} F \circ H^0 \quad &: \quad \mathcal{C}^0(A) \to B \\ A^* \quad &\mapsto \quad F(H^0(A^*)) = F(\operatorname{Ker}(A^0 \xrightarrow{d} A^1)) . \end{aligned}$$

Die Hyperkohomologie $\mathbb{R}^*(F)$ ist der links-abgeleitete Funktor dieses Funktors $F \circ H^0$. Wegen der Linksexaktheit von F ist $F \circ H^0 = H^0 \circ F^\bullet$, und daraus resultieren unter geeigneten technischen Bedingungen an die Kategorie $\mathcal{A}$ und den Funktor F die entsprechenden Cartan-Leray-Spektralfolgen mit den Anfangstermen

$$E_1^{pq}(A^*) = R^qF(A^p)$$

(zur Zerlegung $H^0 \circ F^\bullet$) und

$${}'E_2^{pq}(A^*) = R^pF(H^q(A^*))$$

(zur Zerlegung $F \circ H^0$).

Erstere heißt auch Hodge-Spektralfolge (in Analogie zur Hodge-Filtration) auf der ↗de Rham-Kohomologie. Wenn $H^q(A^*) = 0$ für $q > 0$ ist, heißt A^* eine Auflösung von $B = H^0(A^*)$, und die zweite Spektralfolge liefert dann einen Isomorphismus

$$R^*F(B) = \mathbb{R}^*F(A^*) .$$

Für allgemeinere Komplexe ist der Formalismus derivierter Kategorien und Funktoren der angemessene Rahmen.

hyperkomplexe Zahl, ist ein früher gebräuchlicher Ausdruck für ein Element einer assoziativen Algebra.

hypernatürliche Zahl, ↗ Nichtstandard-Analysis.

Hyperoval, eine Menge von $(q+2)$ Punkten einer ↗projektiven Ebene der Ordnung q, von denen keine drei ↗kollinear sind.

Hyperovale existieren nur, wenn q gerade ist.

Hyperwürfel, ein Gebilde Q_n, das sich mit Hilfe des ↗kartesischen Produktes von Graphen rekursiv aus dem vollständigen Graphen K_2 wie folgt definieren läßt.

Es sei $Q_1 = K_2$ und $Q_n = Q_{n-1} \times K_2$ für eine natürliche Zahl $n \geq 2$.

Damit ergibt sich

$$|E(Q_n)| = 2^n \quad \text{und} \quad |K(Q_n)| = n2^{n-1} .$$

Da das kartesische Produkt von ↗bipartiten Graphen einen bipartiten Graphen ergibt, ist auch der Hyperwürfel bipartit.

Hypotenuse, die dem rechten Winkel gegenüberliegende Seite eines rechtwinkligen Dreiecks.

In der Abbildung ist c die Hypotenuse des rechtwinkligen Dreiecks ΔABC.

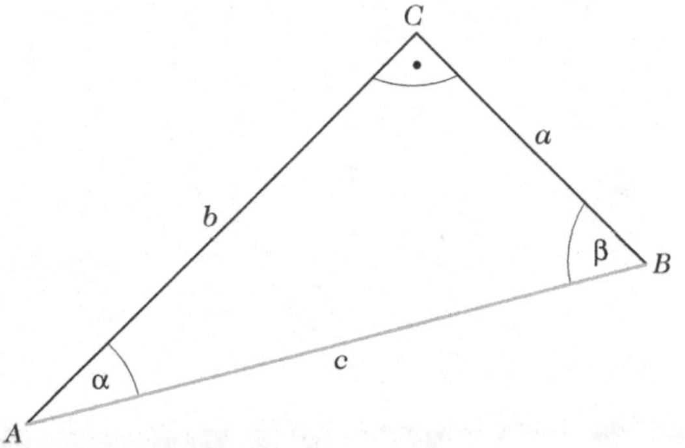

Hypotenuse

Hypothesentest, ↗Testtheorie.

Hypotrochoide, ↗Hypozykloide.

Hypozykloide, *Hypotrochoide*, Kurve, die ein mit einem Kreis fest verbundener Punkt P beschreibt, der ohne zu gleiten innen auf einem anderen festen Kreis rollt.

Hypozykloiden sind spezielle Rollkurven. Ist r der Radius des rollenden Kreises, a der Abstand des Punktes P zu dessen Mittelpunkt, und R der Radius des festen Kreises, so ist eine Parametergleichung der Hypozykloide durch

$$\alpha(t) = \begin{pmatrix} (R-r)\cos(t) + a\cos\left(t - \frac{Rt}{r}\right) \\ (R-r)\sin(t) + a\sin\left(t - \frac{Rt}{r}\right) \end{pmatrix}$$

gegeben.

Man unterscheidet gemeine, verlängerte (verschlungene) und verkürzte (gestreckte) Hypozykloiden. Die gemeine Hypozykloide ergibt sich für $r = a$, die verlängerte für $r < a$, und die verkürzte für $r > a$.

Ist das Verhältnis R/r eine rationale Zahl, so ist die Hypozykloide eine periodische Kurve, d. h., es gibt eine Zahl $T > 0$ derart, daß $\alpha(t+T) = \alpha(t)$ gilt. Verkürzte Hypozykloiden sind glatte Kurven, gemeine und verlängerte Hypozykloiden haben singuläre Punkte.

Hysterese, oder Hysteresis, liegt in einem ↗dynamischen System vor, wenn zwei in ihm auftretende zeitabhängige Größen in einer Beziehung zueinander stehen, welche bei der Verknüpfung ihrer Momentanwerte auch den zeitlich davor liegenden Funktionsverlauf berücksichtigt.

Bei skalaren Größen $v = v(t)$, $z = z(t)$ ist die Ausbildung von Hystereseschleifen beim Durchlaufen der durch $(v(t), z(t))$ gegebenen Kurve ein typisches Anzeichen für das Auftreten von Hysteresis.

Man spricht von ratenunabhängiger Hysteresis, wenn die Hystereseschleifen invariant sind hinsichtlich Zeittransformationen. Wird der hysteretische Zusammenhang zweier zeitabhängiger Funktionen v und z durch einen Hystereseoperator $z = H[v]$ im Funktionenraum beschrieben, so bedeutet Ratenunabhängigkeit, daß $H[v\circ\varphi] = H[v]\circ\varphi$ gilt für alle Zeittransformationen φ und alle Funktionen v.

Ein grundlegendes Beispiel eines ratenunabhängigen Operators stellt der Stop-Operator dar, welcher durch die Evolutionsvariationsungleichung

$$\langle \dot{z}(t) - \dot{v}(t), z(t) - x \rangle \leq 0, \quad \forall x \in K, \quad z(t) \in K,$$

für alle $t \geq t_0$ mit einem Anfangswert $z(t_0) = z_0$ beschrieben wird. Hierbei ist K eine konvexe abgeschlossene Teilmenge eines Hilbertraums V, in dem die Funktionen v und z ihre Werte annehmen. Eine äquivalente Beschreibung wird gegeben durch die Differentialinklusion

$$\dot{z}(t) \in \dot{v}(t) - N_{z(t)}(K) ,$$

wobei $N_{z(t)}(K)$ den Normalenkegel an K im Punkt $z(t)$ bezeichnet.

Ein weiteres Beispiel stellt der Input-Output-Operator eines durch

$$\dot{x} = Ax|\dot{v}| + B\dot{v}\,, \quad z = Cx\,,$$

beschriebenen ratenunabhängigen Kontrollsystems dar.

Weit verbreitet ist auch das ↗Preisach-Modell, welches ursprünglich zur phänomenologischen Beschreibung des konstitutiven Zusammenhangs zwischen Magnetisierung und magnetischer Feldstärke entwickelt worden ist.

Die auf dem Stop-Operator aufbauenden Hystereseoperatoren finden Anwendung bei unilateralen Problemen der Mechanik, etwa bei der Modellierung elastoplastischer Materialgesetze und der Beschreibung von Kollisionen und Reibungsphänomenen.

I

i, Standardbezeichnung für die ↗imaginäre Einheit.

IBM-Methode zur Division, Methode zur Berechung des Kehrwertes $\frac{1}{z}$ einer Zahl $z \in \mathbb{Q}$ mit $\frac{1}{2} \leq z < 1$.

Sie beruht auf der Überlegung, daß

$$\frac{1}{z} = \frac{1}{1-x} \cdot \frac{1+x_0}{1+x_0} \cdot \frac{1+x_1}{1+x_1} \cdot \ldots \cdot \frac{1+x_k}{1+x_k}$$

für $x = 1 - z$ gilt, und mit der Wahl $x_j = x^{2^j}$ für $j = 0, \ldots, k$, auch die Gleichung

$$(1-x)\cdot(1+x_0)\cdot(1+x_1)\cdot\ldots\cdot(1+x_k) = 1 - x_{k+1}$$

erfüllt ist. Hieraus folgt für

$$P_k(x) = \prod_{i=0}^{k}(1+x_i),$$

daß

$$\lim_{k\to+\infty} P_k(x) = \frac{1}{z}$$

gilt. Soll der Kehrwert bis zu einer Genauigkeit von 2^{-n} berechnet werden, so kann für die Zwischenrechnungen eine binäre Zahlendarstellung mit

$$n + 4 + \lceil\log(\lceil\log(n+2)\rceil - 1)\rceil$$

Stellen benutzt werden. Das Verfahren wird nach

$$k = \lceil\log(n+2)\rceil - 1$$

Iterationen abgebrochen.

[1] Omondi, R.: Computer Arithmetic Systems: Algorithms, Architecture, and Implementations. Prentice Hall New York London, 1994.

[2] Wegener, I.: Effiziente Algorithmen für grundlegende Funktionen. B.G. Teubner Verlag Stuttgart, 1989.

Ibn al-Lait̲, Abu'l-Ǧūd, Muḥammad, arabischer Mathematiker, lebte im 10./11. Jahrhundert.

Über das Leben von Ibn al-Lait̲ ist wenig bekannt. In seinen Schriften befaßte er sich mit geometrischen Konstruktionsaufgaben und Berechnungen, so z. B. mit der Konstruktion eines regulären Siebenecks oder der Bestimmung des Flächeninhalts eines Dreiecks.

Ibn al-Lait̲ bemühte sich, die kubischen Gleichungen in sechs Normalformen einzuteilen und für jede einen Lösungsweg mit Hilfe von Kegelschnitten anzugeben, ohne jedoch das Ziel vollständig zu erreichen.

Ibn Sīnā, Abū Alī Husain Abdallāh, ↗Avicenna.

IBNER, („incurred but not enough reserved"), Methode der ↗Versicherungsmathematik zur Bestimmung der Reserve für Spätschäden.

Bei IBNER-Schäden sind die Schadenereignisse bekannt, nicht aber deren exakte Kosten (z. B. wegen juristischer Verfahren). Grundlage für die Berechnung ist ein Schema, welches alle Zahlungen nach dem Abwicklungsjahr (Zeitdifferenz zwischen Schaden und Auszahlung der Versicherungsleistung) und dem Jahr des Schadeneintritts darstellt. Bei Verfahren mit „anfalljahrunabhängigen Schadenquotenzuwächsen" wird der durchschnittliche relative Zuwachs der Vergangenheit zur Fortschreibung verwendet. Die ↗chain-ladder-Verfahren betrachten das Abwicklungsschema als Ganzes und schätzen aus den Daten der Vergangenheit ein typisches Profil. Die gleichen Berechnungsverfahren werden auch für IBNR Schäden verwendet.

IBNR, („incurred but not reported"), Methode der ↗Versicherungsmathematik zur Bestimmung von Reserven für noch nicht gemeldete Spätschaden, vgl. ↗IBNER.

IDEA, *International Data Encryption Algorithm*, moderne und als sicher geltende Blockchiffre (Blocklänge 64 Bit) mit 128-Bit-Schlüssel. Sie

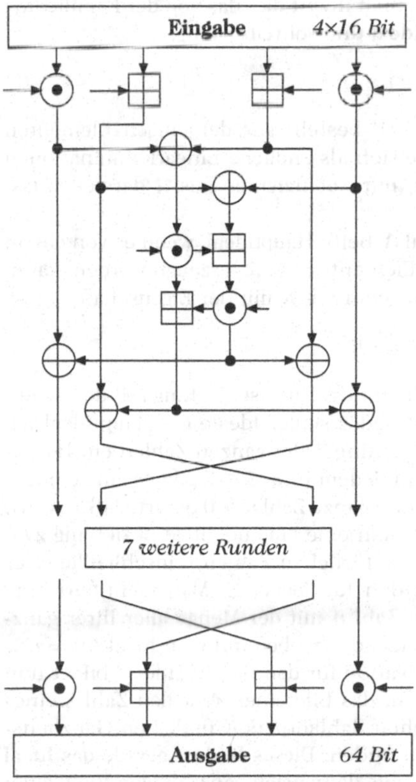

Schematische Darstellung des IDEA

wurde von Xuejia Lai und James L. Massey 1992 veröffentlicht.

Hauptoperationen auf 16-Bit-Wörtern der Eingabe sind bitweises ↗XOR, die Addition modulo 2^{16} und die Multiplikation im Restklassenkörper $\mathbb{Z}_{2^{16}+1}$, bei der der 16-Bit-Zahl Null die Restklasse von 2^{16} zugeordnet wird.

Schon nach 8 Runden wird eine ausreichende Durchmischung von Klartext- und Schlüsselbits erreicht. Die 52 in den einzelnen Runden verwendeten 16-Bit-Teilschlüssel werden aus dem 128-Bit-Schlüssel k jeweils durch Zerlegung und nachfolgender Rotation des Schlüssels k um 25 Bit erzeugt.

Bisher sind keine ernsthaften Schwächen des Algorithmus bekannt, er wird daher oft als Ersatz für den unsicheren ↗DES verwendet. Durch die Entwicklung des ↗AES wird der wegen eines Patents nur für den privaten Gebrauch lizenzfreie Algorithmus IDEA wohl an Bedeutung verlieren.

Ideal, ein Teilmenge $\mathcal{I}$ eines kommutativen Rings $\mathcal{R}$, für die gilt:

1. Für $x, y \in \mathcal{I}$ ist $x + y \in \mathcal{I}$.
2. Für $x \in \mathcal{I}$ und beliebiges $r \in \mathcal{R}$ ist $rx \in \mathcal{I}$.

Zum Beispiel ist die Menge aller geraden Zahlen ein Ideal in $\mathbb{Z}$.

Ist eine Familie $(x_i)_{i \in I}$ von Elementen $x_i \in \mathcal{R}$ gegeben, so gibt ein kleinstes Ideal $\mathcal{X} \subset \mathcal{R}$, das alle x_i enthält; man nennt dies das von der Familie (x_i) erzeugte Ideal und schreibt

$$\mathcal{X} = \langle x_i : i \in I \rangle.$$

Die Menge $\mathcal{X}$ besteht aus denjenigen Elementen von $\mathcal{R}$, die sich als endliche Linearkombinationen aus den x_i mit Koeffizienten aus $\mathcal{R}$ darstellen lassen.

Ein Ideal $\mathcal{X}$ heißt Hauptideal, wenn es von einem einzigen Element $x \in \mathcal{R}$ erzeugt werden kann, wenn es also ein $x \in \mathcal{R}$ mit der Eigenschaft

$$\mathcal{X} = \langle x \rangle = x\mathcal{R}$$

gibt. Ein Hauptidealring ist ein Ring mit der Eigenschaft, daß jedes seiner Ideale ein Hauptideal ist. Z. B. ist der Ring $\mathbb{Z}$ der ganzen Zahlen ein Hauptidealring: Zu jedem Ideal $\mathcal{I} \subset \mathbb{Z}$ gibt es eine eindeutig bestimmte ganze Zahl $a \geq 0$ derart, daß $\mathcal{I} = \langle a \rangle$. Damit hat man eine eineindeutige Beziehung zwischen den natürlichen Zahlen (einschließlich der Null) und den Idealen in $\mathbb{Z}$: Man identifiert eine natürliche Zahl n mit der Menge aller ihrer ganzzahligen Vielfachen, eben mit dem Ideal $\langle n \rangle = n\mathbb{Z}$.

Die Motivation für den Begriff „Ideal" bildet nun der Wunsch, das Bild einer ↗idealen Zahl λ eines algebraischen Zahlkörpers K in dessen Ganzheitsring $\mathcal{O}_K$ zu finden: Dieses Bild ist gerade das Ideal in $\mathcal{O}_K$, das aus denjenigen ganzzahligen Vielfachen von λ besteht, die in $\mathcal{O}_K$ liegen.

Der Begriff „Ideal" hat sich auch außerhalb der algebraischen Zahlentheorie als sehr fruchtbar erwiesen, beispielsweise werden Ideale auch in allgemeinen (auch nicht kommutativen) Ringen, etwa in Funktionenringen oder Operatoralgebren, studiert.

Ist der Ring nicht kommutativ, hängt die Definition davon ab, von welcher Seite man das Ringelement heranmultipliziert. Wenn man nur fordert $ra \in I$, erhält man linksseitige Ideale, analog rechtsseitige Ideale, falls man $ar \in I$ fordert. Ideale, die beide Eigenschaften haben, heißen zweiseitige Ideale.

Ideal eines Vektorverbands, ein Untervektorraum I eines Vektorverbands X mit

$$x \in X,\ y \in I,\ |x| \leq |y| \quad \Rightarrow \quad x \in I.$$

Der Quotientenraum X/I nach einem Ideal wird mit der Ordnung

$$x + I \leq y + I \quad \Leftrightarrow \quad \exists x_1 \in x + I,\ \exists y_1 \in y + I:\ x_1 \leq y_1$$

selbst zu einem Vektorverband.

Idealbasis, Basis eines endlich erzeugten ↗Ideals.

Ist I ein von endlich vielen Elementen $V = \{v_1, \dots, v_n\}$ erzeugtes Ideal, so nennt man V eine Idealbasis von I.

ideale Flüssigkeit, Flüssigkeit, bei der an Flächenelementen in der Flüssigkeit keine tangentialen Kraftkomponenten angreifen.

Dagegen sind die orthogonalen Komponenten pro Flächeneinheit an jeder Stelle in der Flüssigkeit von der Richtung des Flächenelements unabhängig (↗Druck).

Spezialfall einer idealen Flüssigkeit ist eine inkohärente Flüssigkeit, auch einfach Staub genannt. Sie ist durch das Verschwinden des Drucks definiert.

Ideale Flüssigkeit und Staub sind die einfachsten Quellen in den geometrischen Gravitationstheorien, um eine Beschreibung des Kosmos zu liefern. Dabei werden für späte Phasen der kosmischen Entwicklung die Galaxien als Staubteilchen betrachtet.

ideale Zahlen, ein von Kummer benutzter Begriff zur Bezeichnung gewisser ganzalgebraischer Zahlen, die als größter gemeinsamer Teiler von Zahlen aus einem algebraischen Zahlkörper K auftreten, aber nicht in K liegen.

Betrachtet man z. B. den imaginär-quadratischen Zahlkörper $K = \mathbb{Q}(\sqrt{-5})$, so besitzt etwa die Zahl 21 zwei verschiedene Zerlegungen im Ganzheitsring $\mathcal{O}_K$ von K:

$$(1 + 2\sqrt{-5}) \cdot (1 - 2\sqrt{-5}) = 3 \cdot 7 = 21.$$

Man kann nun zeigen, daß die beiden ganzalgebraischen Zahlen

$$\alpha = 1 + 2\sqrt{-5}, \qquad \beta = 3,$$

in $\mathcal{O}_K$ nicht weiter zerlegbar sind. D.h., die eindeutige Primfaktorenzerlegung ist in $\mathcal{O}_K$ verletzt. Versucht man, dies tiefer zu verstehen, so stellt man fest, daß wegen den Zerlegungen

$$\alpha^2 = -19 + 4\sqrt{-5} = (2 + \sqrt{-5})(-2 + 3\sqrt{-5}),$$
$$\beta^2 = 9 = (2 + \sqrt{-5})(2 - \sqrt{-5})$$

ein gemeinsamer Teiler von α und β durch die Zahl

$$\lambda = \sqrt{2 + \sqrt{-5}} = \frac{1}{2}\sqrt{10} + \frac{i}{2}\sqrt{2}$$

gegeben ist (die letzte Gleichung entsteht dadurch, daß man mit i die imaginäre Einheit bezeichnet und jeweils für $\sqrt{\cdot}$ die in der oberen Halbebene gelegene Wurzel einsetzt, also z. B. $\sqrt{-5} = i\sqrt{5}$). Es gilt nun $\lambda \notin K$; wegen der Gleichung

$$\lambda^4 - 4\lambda^2 + 9 = 0$$

ist λ jedoch ganzalgebraisch. Man kann weiter zeigen, daß λ jede ganzalgebraische Zahl teilt, die von α oder β geteilt wird, und daß andererseits jede ganzalgebraische Zahl, die sowohl α als auch β teilt, auch ein Teiler von λ ist. In diesem Sinne entsteht λ als größter gemeinsamen Teiler von Zahlen aus $\mathcal{O}_K$, liegt aber selbst nicht in $\mathcal{O}_K$.

Nach Kummer ist also dieses λ eine ideale Zahl des Ganzheitsrings $\mathcal{O}_K$ (oder des Zahlkörpers K). Der Wunsch, ideale Zahlen allein durch Operationen in $\mathcal{O}_K$ ohne Rückgriff auf andere ganzalgebraische Zahlen zu charakterisieren, führte Dedekind auf den Begriff des ↗Ideals eines (zunächst kommutativen) Rings.

ideales Bose-Gas, Gas aus ↗Bosonen, die nicht über Stöße wechselwirken. Aufgrund der Überlappung von Wellenfunktionen findet dennoch eine gegenseitige Beeinflussung der Teilchen statt.

Die Überlappung von Wellenfunktionen ist um so geringer, je verdünnter das Gas ist. In diesem Fall nähern sich die Eigenschaften eines idealen Bose-Gases denjenigen eines idealen Gases nach der klassischen Statistik. Effektiv machen sich die quantenhaften Phänomene durch einen geringeren Druck (verglichen mit einem idealen Gas nach der klassischen Statistik) bemerkbar. Das kann man als eine Anziehung zwischen den Teilchen deuten (↗entartetes Bose-Gas).

ideales Fermi-Gas, Gas aus Fermionen (↗Bosonen), die nicht über Stöße wechselwirken. Aufgrund der Überlappung von Wellenfunktionen findet dennoch eine gegenseitige Beeinflussung der Teilchen statt. Ausdruck dieser gegenseitigen Beeinflussung ist das ↗Pauli-Verbot.

Die Überlappung von Wellenfunktionen ist um so geringer, je verdünnter das Gas ist. In diesem Fall nähern sich die Eigenschaften eines idealen Fermi-Gases denjenigen eines idealen Gases nach der klassischen Statistik. Effektiv machen sich die quantenhaften Phänomene durch einen höheren Druck (verglichen mit einem idealen Gas nach der klassischen Statistik) bemerkbar. Das kann man als eine Abstoßung zwischen den Teilchen deuten (↗entartetes Fermi-Gas).

Idealgarbe, ↗ Untergarbe.

Idealgarbe von holomorphen Funktionen, wichtiges Beispiel einer Idealgarbe (↗Untergarbe).

Sei $B \subset \mathbb{C}^n$ ein Bereich und $\mathcal{O}$ die Garbe der konvergenten Potenzreihen. $\mathcal{S}$ sei eine analytische Garbe über B, d. h. eine Garbe von $\mathcal{O}$-Moduln über B. $\mathcal{I} \subset \mathcal{O}$ sei eine analytische Untergarbe (wenn für eine analytische Garbe $\mathcal{S}$ über B und eine Untergarbe $\mathcal{S}^* \subset \mathcal{S}$, $\mathcal{S}^*_\zeta \subset \mathcal{S}_\zeta$ für jedes $\zeta \in B$ ein $\mathcal{O}_\zeta$-Untermodul ist, dann ist $\mathcal{S}^*$ ebenfalls analytisch), dann ist $\mathcal{I}_\zeta \subset \mathcal{O}_\zeta$ stets ein Ideal. Man nennt $\mathcal{I}$ daher auch eine Idealgarbe.

Idealklassengruppe, ↗Klassengruppe.

Idealquotient, aus zwei gegebenen ↗Idealen auf folgende Art und Weise gebildetes Ideal.

Es seien $I, J \subseteq R$ zwei Ideale im Ring R. Die Menge

$$I : J = \{r \in R \mid r \cdot j \in I \text{ für alle } j \in J\}$$

ist ein Ideal und heißt Idealquotient von I durch J.

Idealverband, die Menge aller Ideale einer Ordnung.

Zusammen mit der leeren Menge ist der Idealverband einer Ordnung bezgl. der Enthaltensrelation wiederum ein Verband.

idempotenter Operator, eine lineare Abbildung $P : X \to X$ auf einem Vektorraum mit der Eigenschaft $P^2 = P$.

P ist also eine Projektion von X auf $\mathrm{Im}(P)$.

idempotentes Element, ein Element einer Menge, meist eines Rings, das bei Verknüpfung mit sich selbst nicht geändert wird.

Es seien M eine Menge und $\cdot : M \times M \to M$ eine Verknüpfung auf M. Dann heißt ein Element $a \in M$ idempotent bezüglich $\cdot$, falls $a \cdot a = a$ gilt.

identisch verteilte Zufallsvariablen, Menge von Zufallsvariablen, die alle dieselbe Verteilung besitzen.

Die Elemente X_i einer Familie $(X_i)_{i \in I}$ von Zufallsvariablen, welche alle in den gleichen meßbaren Raum $(B, \mathfrak{B})$ abbilden, mit den zugehörigen Verteilungen $(\mu_i)_{i \in I}$ heißen identisch verteilt, wenn ein Wahrscheinlichkeismaß μ auf der σ-Algebra $\mathfrak{B}$ des Bildraumes mit $\mu_i = \mu$ für alle $i \in I$ existiert, d. h. wenn die X_i alle dieselbe Verteilung besitzen. Die Indexmenge I kann dabei beliebig sein.

identische Abbildung, *Identität*, die ↗Abbildung, die jedes Element des Definitionsbereichs auf sich selbst abbildet, für die also gilt:

$$f(x) = x \quad \text{für alle } x.$$

identische Transferfunktion, bezeichnet im Kontext ↗Neuronale Netze die spezielle Transferfunktion $T : \mathbb{R} \to \mathbb{R}$ eines ↗formalen Neurons mit $T(\xi) := \xi$.

identischer Operator, Operator, der jedes Element auf sich selbst abbildet. Es sei M eine Menge. Dann heißt die Abbildung $T : M \to M$, definiert durch $T(x) = x$ für alle $x \in M$, der identische Operator.

Identität, ↗Eins-Abbildung, ↗ identische Abbildung, ↗identischer Operator.

Identitätsfunktor, ↗Funktor.

Identitätsgraph, Graph, dessen Ecken-Automorphismengruppe nur aus der Identität besteht.

Identitätssatz, fundamentaler Satz der Funktionentheorie, der wie folgt lautet:

Es sei $G \subset \mathbb{C}$ ein ↗Gebiet und f, g ↗holomorphe Funktionen in G. Dann sind die folgenden Aussagen äquivalent:

(a) *Es gilt $f(z) = g(z)$ für alle $z \in G$.*

(b) *Die Menge $\{ w \in G : f(w) = g(w) \}$ besitzt einen Häufungspunkt in G.*

(c) *Es existiert ein $z_0 \in G$ derart, daß $f^{(n)}(z_0) = g^{(n)}(z_0)$ für alle $n \in \mathbb{N}_0$.*

Identitätssatz für Polynome, ein Spezialfall des ↗Identitätssatzes für Potenzreihen.

Identitätssatz für Potenzreihen, Grundlage für die Methode des Koeffizientenvergleichs bei Potenzreihen:

Es seien

$$\sum_{\nu=0}^{\infty} a_\nu (x - x_0)^\nu \quad \textit{und} \quad \sum_{\nu=0}^{\infty} b_\nu (x - x_0)^\nu$$

zwei Potenzreihen um den gleichen Entwicklungspunkt x_0 mit reellen oder komplexen Koeffizienten a_ν bzw. b_ν und einem gemeinsamen nichttrivialen Konvergenzbereich I. Stimmen die Werte für alle x_n einer Folge (x_n) mit $I \ni x_n \neq x_0$ und $x_n \to x_0$ überein, so sind die Reihen identisch, d. h.

$$a_\nu = b_\nu \qquad (\nu \in \mathbb{N}).$$

Der Beweis ergibt sich recht einfach induktiv über die Tatsache, daß die durch eine Potenzreihe definierte Funktion auf dem Konvergenzintervall stetig ist, oder – etwas abgeschwächt (Gleichheit in einer geeigneten Umgebung von x_0 gefordert) – über ↗gliedweise Differentiation einer Potenzreihe, unter Zuhilfenahme des ↗Identitätssatzes.

identitive Relation, ↗ antisymmetrische Relation.

IEEE, abkürzende Bezeichnung für das „Institute of Electrical and Electronics Engineers Inc. New York".

Das IEEE hat sich die Schaffung, Entwicklung, Verbreitung und Anwendung wissenschaftlicher Erkenntnisse über Elektro- und Informationstechnologien zur Aufgabe gemacht. Es wurde 1961 durch Zusammenschluß des American Institute of Electrical Engineers (AIEE) und des Institute of Radio Engineers (IRE) gegründet und nahm am 1.1.1963 seine Arbeit auf. Durch die Vereinigung wurde die Arbeit beider Institute effektiver gestaltet, da es durch den Aufschwung der Elektronik nach dem zweiten Weltkrieg zu mehreren Überschneidungen in den Aufgaben und Tätigkeiten der Institute gekommen war. Das AIEE entstand 1884 und war wesentlich an der Förderung der Elektrotechnik und der damit verbundenen Wissenschaften in den USA beteiligt. Der große Aufschwung der drahtlosen Telegraphie nach der Jahrhundertwende führte 1912 zur Gründung des IRE als einer internationalen Vereinigung von auf diesem Gebiet arbeitenden Ingenieuren und Wissenschaftlern.

Das IEEE arbeitet insbesondere mit der Rutgers State University, New Brunswick zusammen. Es ist in 10 Regionen, davon 6 USA-Regionen, untergliedert, die die ganze Erde umspannen. Zum Institut gehören u. a. 36 technische Gesellschaften und 1400 Untergruppen von Gesellschaften. Seit dem Bestehen hat das IEEE das erfolgreiche Wirken der Vorgängerinstitutionen für eine Stimulierung der Forschungen auf dem Gebiet der Informationstechnologien sowie deren praktische Umsetzung und für die Interessen der auf diesem Gebiet Tätigen kontinuierlich fortgesetzt.

IEEE-Arithmetik, durch den ↗IEEE-754-Standard (1985) festgelegtes Format zur Darstellung der ↗Maschinenzahlen zur Basis 2 und genaue Spezifikation der arithmetischen Operationen und der Ein/Ausgabe.

Die arithmetischen Operationen $+, -, \cdot, /$, sowie die Quadratwurzel $\surd$ sind für die vier verschiedenen Rundungen (zur nächsten Maschinenzahl, nach unten, nach oben, durch Abschneiden nach innen) definiert. Dabei wird jedesmal das exakte u. U. unendlich lange Ergebnis korrekt in das betrachtete Gleitkommasystem gerundet. Bei der Rundung zur nächsten Maschinenzahl wird, falls das exakte Ergebnis genau in der Mitte liegt, zu der geraden Maschinenzahl, d. h. letztes Bit = 0, gerundet. Als Operanden können auch die Sonderzahlen $-\infty$, $+\infty$ sowie `NaN` (engl. not a Number) auftreten. So kann der Benutzer durch Setzen und Abfragen von Flags eine detaillierte Ausnahmebehandlung vornehmen.

IEEE-754-Standard, Standard von ↗IEEE zur Darstellung normierter Gleitkommazahlen

(↗Gleitkommadarstellung, ↗Maschinenzahlen) und verschiedener Ausnahmebedingungen, wie zum Beispiel Division durch Null oder Quadratwurzel einer negativen Zahl.

Der Standard unterscheidet im wesentlichen zwischen zwei Formaten: Das 32-bit Format `single` R(2,24,-126,127) entsprechend etwa 7 Dezimalstellen (einfache Genauigkeit, single precision), und das 64-bit Format `double` R(2,53,-1022,1023) entsprechend etwa 16 Dezimalstellen (doppelte Genauigkeit, double precision). Jedes dieser Formate wird durch ein internes `extended` Format zum Abspeichern von Zwischenresultaten unterstützt.

Die Darstellung einfacher Genauigkeit ist gegeben durch

$$(s, e_7, \ldots, e_0, m_{-1}, \ldots, m_{-23}) \in \{0,1\}^{32}$$

und stellt für $(e_7, \ldots, e_0) \notin \{(0, \ldots, 0), (1, \ldots, 1)\}$ die Zahl

$$(-1)^s \cdot (1 + \sum_{i=-23}^{-1} m_i \cdot 2^i) \cdot 2^{(-127+\sum_{i=0}^{7} e_i \cdot 2^i)}$$

dar, die Darstellung doppelter Genauigkeit ist gegeben durch

$$(s, e_{10}, \ldots, e_0, m_{-1}, \ldots, m_{-52}) \in \{0,1\}^{64}$$

und stellt für $(e_{10}, \ldots, e_0) \notin \{(0, \ldots, 0), (1, \ldots, 1)\}$ die Zahl

$$(-1)^s \cdot (1 + \sum_{i=-52}^{-1} m_i \cdot 2^i) \cdot 2^{(-1023+\sum_{i=0}^{10} e_i \cdot 2^i)}$$

dar. Die Darstellung, bei der sowohl der Exponent e als auch die Mantisse m gleich dem Nullvektor ist, stellt die Zahl 0 dar.

Die vom Standard bereitgestellten Unbestimmtheiten sind `NaN` (engl. not a Number), die dargestellt wird, indem der Exponent e auf $(1, \ldots, 1)$ und die Mantisse m ungleich $(0, \ldots, 0)$ gesetzt wird, und `infinity`, die dargestellt wird, indem der Exponent e auf $(1, \ldots, 1)$ und die Mantisse m auf $(0, \ldots, 0)$ gesetzt wird.

Für die Ein- und Ausgabe stehen genaue Konversionen vom und ins Dezimalsystem zur Verfügung (↗IEEE-Arithmetik).

Ikosaeder, *Zwanzigflach*, von 20 kongruenten gleichseitigen Dreiecken begrenztes reguläres Polyeder.

Das Ikosaeder besitzt 12 Ecken und 30 Kanten, in jeder seiner Ecken begegnen sich 5 Seitenflächen. Ist a die Kantenlänge eines Ikosaeders, so beträgt sein Volumen

$$V = \frac{5}{12} a^3 \left(3 + \sqrt{5}\right)$$

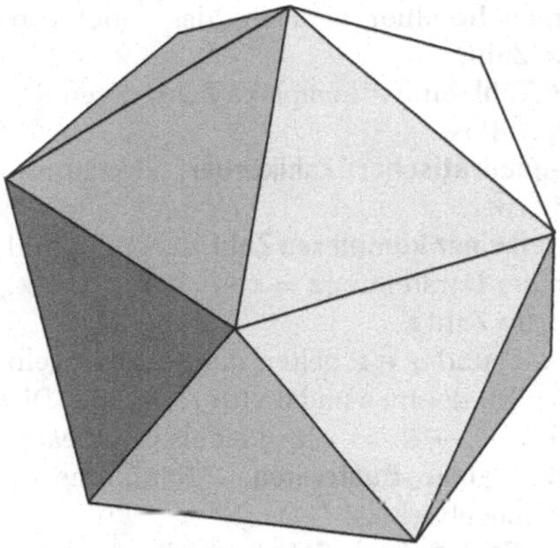

Ikosaeder

und sein Oberflächeninhalt

$$O = 5a^2\sqrt{3}.$$

Das Ikosaeder ist einer der fünf Platonischen Körper.

Ikosaedergruppe, Drehgruppe des ↗Ikosaeders. Sie besteht aus 60 Elementen.

Die Drehgruppe eines beschränkten Körpers im euklidischen Raum ist die Menge derjenigen orientierungserhaltenden Bewegungen des Raums, die diesen Körper in sich selbst überführen.

Bei den Platonischen Körpern ist jedes Element der Drehgruppe eine Drehung, deren Drehachse durch den Schwerpunkt des Körpers geht. Eine Drehung um 120^0 um eine Achse, die durch den Mittelpunkt des Ikosaeders und den Schwerpunkt eines dieser 20 Dreiecke definiert ist, überführt das Ikosaeder in sich selbst.

Die Anzahl 60 der Gruppenelemente läßt sich wie folgt herleiten: Ein anfangs ausgewähltes Dreieck läßt sich durch eine Drehung in jedes der 20 Dreiecke überführen, und zwar jedes auf 3 verschiedene Arten, je nachdem, welche Ecke in welche Ecke gedreht wird.

Da das Ikosaeder zum (Pentagon-)Dodekaeder, einem Platonischen Körper, der durch 12 Fünfecke begrenzt wird, dual ist, ist die Ikosaeder-Gruppe zugleich die Drehgruppe des (Pentagon-)Dodekaeders.

[1] Klemm, S.: Symmetrien von Ornamenten und Kristallen. Springer-Verlag Berlin, 1982.

im wesentlichen inhaltstreue Abbildung, ↗Abbildung zwischen Flächen.

im wesentlichen isometrische Abbildung, *Ähnlichkeitsabbildung*, eine Abbildung $f : \mathcal{F}_1 \to \mathcal{F}_2$ zweier Flächen im $\mathbb{R}^3$, die bis auf einen konstanten positiven Faktor eine isometrische Abbildung ist.

imaginäre Einheit, das stets mit i bezeichnete Element des Körpers ↗$\mathbb{C}$, für das gilt $i^2 = -1$.

Man vergleiche hierzu auch das Stichwort ↗ komplexe Zahl.

imaginäre Zahl, eine ↗ komplexe Zahl, deren Realteil gleich Null ist.

imaginär-quadratischer Zahlkörper, ↗ quadratischer Zahlkörper.

Imaginärteil einer komplexen Zahl, die reelle Zahl $\operatorname{Im} z := y$ in der Darstellung $z = x+iy \in \mathbb{C}, x, y \in \mathbb{R}$, der komplexen Zahl z.

Für $w, z \in \mathbb{C}$ und $\alpha \in \mathbb{R}$ gelten die Rechenregeln $\operatorname{Im}(w+z) = \operatorname{Im} w + \operatorname{Im} z$ und $\operatorname{Im}(\alpha z) = \alpha \operatorname{Im} z$. Die Abbildung $\operatorname{Im} : \mathbb{C} \to \mathbb{R}, z \mapsto \operatorname{Im} z$ ist also $\mathbb{R}$-linear.

Imaginärteil einer Quaternion, ↗ Hamiltonsche Quaternionenalgebra.

Immerman-Szelepcényi, Satz von, die Aussage, daß unter schwachen Voraussetzungen an die Funktion $s(n) \geq \operatorname{ld}(n)$ die Komplexitätsklasse NSPACE($s(n)$) (↗ NSPACE) unter Komplementbildung abgeschlossen ist, d. h. mit einer Sprache L gehört auch ihr Komplement zu NSPACE($s(n)$).

Im Beweis besteht die Schwierigkeit darin, einen nichtdeterministischen Algorithmus für den Nachweis, daß ein Wort zu einer Sprache gehört, ohne mehr Speicherplatz zu benötigen, in einem nichtdeterministischen Algorithmus für den Nachweis, daß ein Wort nicht zu der Sprache gehört, zu verwandeln.

Als Beweismethode wird ↗ induktives Zählen verwendet.

Immersion, Abbildung $f : M \to N$ zwischen Mannigfaltigkeiten, für welche das Differential $T_x f$ für alle $x \in X$ injektiv ist.

immune Menge, eine unendliche Menge $A \subseteq \mathbb{N}_0$, welche keine unendliche ↗ rekursiv aufzählbare Teilmenge besitzt.

Immunisierung, Technik aus der Finanzmathematik zur Reduktion der Abhängigkeit eines Portfolios von Kapitalanlagen gegen Schwankungen am Kapitalmarkt.

Bei statischen Verfahren – Matching-Methoden – wird versucht, die Aktiv- und die Passivpositionen unmittelbar aufeinander abzustimmen. Das Cash-Flow-Matching bringt die jeweiligen Zahlungsströme zur Deckung. Das Matching via ↗ Duration vergleicht die Sensitivität gegenüber instanten Zinssprüngen.

Dynamische Immunisierungen werden Hedging genannt. Diesen liegen (stochastische) Kapitalmarktmodelle zugrunde. Über eine Nutzenfunktion (z. B. Wert des Portfolios zu einem zukünftigen Zeitpunkt) ist die ökonomische Zielerreichung einer Strategie zu messen. Die Immunisierung wird damit auf ein Optimierungsproblem zurückgeführt, häufig auf die Lösung einer partiellen Differentialgleichung.

Immunologie, Teilgebiet der Biologie.

Der Fortschritt in der Aufklärung der Funktion des Immunsystems wurde von intensiver mathematischer Modellbildung begleitet, zumeist in Form von Systemen gewöhnlicher Differentialgleichungen und von Optimierungsproblemen. Seit kurzem werden auch die molekularbiologischen Aspekte (Proteinerkennung) berücksichtigt.

Impact-Parameter, *Stoßparameter*, bei der Beschreibung von Stößen der Abstand, mit dem ein Teilchen an einem Kraftzentrum vorbeifliegen würde, wenn das Zentrum auf das Teilchen keine Wirkung ausüben würde.

Ist der Streuwinkel eine monoton abnehmende Funktion des Impact-Parameters, dann kann der ↗ differentielle Wirkungsquerschnitt (eine meßbare Größe) eines Strahlenbündels, dessen Teilchen in großer Entfernung vom Streuzentrum die gleiche Geschwindigkeit (eine meßbare Größe) haben, durch den Impact-Parameter und sein Differential (meßbare Größen) ausgedrückt werden. Damit kann man auf weitere Eigenschaften des Streuzentrums schließen.

Impedanz, Absolutbetrag des komplexen Widerstands beim Wechselstrom, auch Scheinwiderstand genannt (↗ Kontinuitätsgleichung der Elektrodynamik).

Implikant, ein ↗ Boolesches Monom der im folgenden beschriebenen Art.

Der Implikant einer ↗ Booleschen Funktion $f : D \to \{0,1\}$ mit $D \subseteq \{0,1\}^n$ ist ein Boolesches Monom m, das die Boolesche Funktion $\phi(m) : \{0,1\}^n \to \{0,1\}$ darstellt (↗ Boolescher Ausdruck) mit

(a) $\forall \alpha \in D$: $\phi(m)(\alpha) \leq f(\alpha)$,

(b) $\exists \alpha \in D$: $\phi(m)(\alpha) = 1$.

Implikanten spielen eine ausgezeichnete Rolle im Rahmen der zweistufigen ↗ Logiksynthese. Die in einem ↗ Booleschen Polynom einer Booleschen Funktion enthaltenen Booleschen Monome sind Implikanten dieser Booleschen Funktion. Die Implikanten einer Booleschen Funktion können mit der Methode von Quine-McCluskey berechnet werden.

Implikation, zweistellige extensionale Aussagenoperation, die mit „*wenn – so*" gekennzeichnet wird (↗ Aussagenlogik).

Durch Anwendung der Implikation auf die Aussagen A, B entsteht die Aussage „*wenn A, so B*", die häufig ebenfalls als Implikation bezeichnet und mit $A \to B$ oder $A \Rightarrow B$ abgekürzt wird. In dieser Implikation $A \to B$ heißen A Prämisse oder Voraussetzung und B Konklusion oder Behauptung. Anstatt „*wenn A, so B*" sagt man auch häufig: „*aus A folgt B*" oder „*A impliziert B*".

In der klassischen Logik ist die Implikation $A \to B$ nur dann falsch, wenn A wahr und B falsch ist; in allen anderen Fällen ist $A \to B$ wahr. Da die ↗ Abtrennungsregel eine zulässige Beweisregel ist, ergibt sich hieraus, daß aus einer falschen Voraussetzung alles bewiesen werden kann.

Die Implikation ist weder kommutativ noch assoziativ, d. h., i. allg. gelten die Aussagen

$$(A \to B) \leftrightarrow (B \to A) \quad \text{und}$$
$$((A \to B) \to C) \leftrightarrow (A \to (B \to C))$$

nicht.

implizite Berechnung der Primimplikanten, Methode zur Berechnung der Menge der ↗Primimplikanten einer vollständig spezifizierten ↗Booleschen Funktion, die auf dem folgenden Lemma beruht:

Es sei $f : \{0,1\}^n \to \{0,1\}$ eine über den ↗Booleschen Variablen $x_1, \ldots, x_n$ definierte Boolesche Funktion. Dann ergibt sich die Menge $P(f)$ der Primimplikanten von f durch

$$\begin{aligned} P(f) \;=\; & x_i \otimes (P(f_{x_i}) \setminus P(f_{x_i} \wedge f_{\overline{x_i}})) \\ & \cup\, \overline{x_i} \otimes (P(f_{\overline{x_i}}) \setminus P(f_{x_i} \wedge f_{\overline{x_i}})) \\ & \cup\, P(f_{x_i} \wedge f_{\overline{x_i}}) \end{aligned}$$

aus der Menge $P(f_{x_i})$ der Primimplikanten des positiven Kofaktors f_{x_i}, der Menge $P(f_{\overline{x_i}})$ der Primimplikanten des negativen Kofaktors $f_{\overline{x_i}}$, und der Menge $P(f_{x_i} \wedge f_{\overline{x_i}})$ der Primimplikanten der Konjunktion dieser beiden Kofaktoren.

Hierbei beschreibt der Ausdruck $l \otimes M$ für ein ↗Boolesches Literal l und eine Menge M von ↗Booleschen Monomen die Menge $\{l \wedge m;\ m \in M\}$.

Die Methode wird im Rahmen der zweistufigen ↗Logiksynthese eingesetzt. Die jeweiligen Primimplikantenmengen werden implizit (↗implizite Darstellung einer endlichen Menge) durch BDDs dargestellt, sodaß die Laufzeit der Berechnung der Menge der Primimplikanten einer Booleschen Funktion f nicht mehr direkt von der Anzahl der ↗Implikanten von f, sondern nur noch von der Größe dieser impliziten Darstellungen abhängt.

implizite Darstellung einer endlichen Menge, Darstellung einer endlichen Menge M mit Hilfe ihrer charakteristischen Funktion.

Hierbei wird das endliche Universum $\mathfrak{U}$, aus dem die Elemente aus M gewählt werden können, für ein geeignetes $n \in \mathbb{N}$ mittels einer injektiven Abbildung $\gamma : \mathfrak{U} \to \{0,1\}^n$ binär codiert. Die Teilmenge M wird dargestellt durch die charakteristische Funktion χ_M mit

$$\chi_M : \{0,1\}^n \to \{0,1\}$$
$$\chi_M(\alpha) = 1 \iff \exists x \in M : \gamma(x) = \alpha$$

für alle $\alpha \in \{0,1\}^n$. Die Abbildung χ_M wird durch einen ↗binären Entscheidungsgraphen dargestellt.

implizite Datenstruktur, eine Datenstruktur, die implizit definiert ist.

Bei der Definition einer Datenstruktur ist es sinnvoll, neben der Menge, aus der die Datenelemente stammen, auch die Operationen anzugeben, die auf diesen Elementen möglich sind. Das kann explizit geschehen, indem man eine algorithmische Beschreibung der Operationen gibt, oder implizit, indem man die Axiome angibt, die von den Operationen erfüllt werden sollen. Im Falle einer impliziten Beschreibung spricht man von einer impliziten Datenstruktur.

Soll beispielsweise eine Datenstruktur bool implizit definiert werden, so versieht man die Struktur mit den Konstanten w und f sowie den Operationen not, and und or. Mit Hilfe abstrakter Axiome, die das Zusammenspiel der Operationen beschreiben, kann dann die Datenstruktur definiert werden. So sind zum Beispiel not(w)=f, not(f)=w, and(x,w)=x, or(x,w)=w, or(x,and(x,y))=x Axiome dieser Datenstruktur.

implizite Differentialgleichung, eine Differentialgleichung, die i. allg. nicht nach der höchsten auftretenden Ableitung aufgelöst werden kann.

Sei $G \subset \mathbb{R}^{n+1}$ offen, $G \neq \emptyset$ und $f : G \to \mathbb{R}$ stetig. Dann heißt die Aussageform

$$0 = f(x, y, y', y'', \ldots, y^{(n-1)}, y^{(n)})$$

implizite Differentialgleichung n-ter Ordnung. Es ist i. allg. nicht möglich, eine implizite Differentialgleichung in eine explizite Differentialgleichung zu überführen. Für implizite Differentialgleichungen existieren weit weniger Sätze über Existenz und Eindeutigkeit der Lösungen.

Man kann auch für eine implizite Differentialgleichung erster Ordnung $f(x, y, y' = p) = 0$ ein ↗Richtungsfeld zeichnen, um daraus eventuell Näherungslösungen zu erhalten. Im Gegensatz zur expliziten Differentialgleichung $y' = f(x, y)$ kann hier jedoch ein Punkt $(\tilde{x}, \tilde{y})$ mehrere Linienelemente $(\tilde{x}, \tilde{y}, p)$ „tragen".

implizite Flächengleichung, Darstellung einer Fläche $\mathcal{F} \subset \mathbb{R}^3$ durch eine Gleichung der Gestalt $F(x, y, z) = 0$.

Als Beispiel nennen wir die Gleichung

$$(x - x_0)^2 + (y - y_0)^2 + (z - z_0)^2 - r^2 = 0$$

für die Oberfläche einer Kugel mit dem Radius r und Mittelpunkt (x_0, y_0, z_0).

Dafür, daß die durch $F(x, y, z) = 0$ definerte Fläche frei von singulären Punkten ist, ist hinreichend, daß die partiellen Ableitungen von F in den Punkten von $\mathcal{F}$ nicht geichzeitig Null werden.

implizite Funktion, durch eine Gleichung der Form

$$F(x, f(x)) = 0$$

definierte Funktion f.

Der Satz über implizite Funktionen nennt hinreichende Bedingungen für die Existenz von f:

Seien $X \subset \mathbb{R}^p$ und $Y \subset \mathbb{R}^q$ nicht-leere offene Mengen, $x_0 \in X$, $y_0 \in Y$, und sei $F : X \times Y \to \mathbb{R}^q$ stetig differenzierbar mit $F(x_0, y_0) = 0$. Ist dann die Matrix

$$\frac{\partial F}{\partial y}(x_0, y_0) = \begin{pmatrix} \frac{\partial F_1}{\partial y_1}(x_0, y_0) & \cdots & \frac{\partial F_1}{\partial y_q}(x_0, y_0) \\ \vdots & & \vdots \\ \frac{\partial F_q}{\partial y_1}(x_0, y_0) & \cdots & \frac{\partial F_q}{\partial y_q}(x_0, y_0) \end{pmatrix}$$

invertierbar, so gibt es offene Umgebungen $U \subset X$ von x_0 und $V \subset Y$ von y_0 und eine differenzierbare Funktion $f : U \to V$ mit

$$f(x_0) = y_0 \text{ und } F(x, f(x)) = 0 \text{ für } x \in U .$$

Für $x \in U$ ist $y = f(x)$ die einzige in V liegende Lösung von $F(x, y) = 0$. Für $x \in U$ und $y \in V$ gilt

$$f'(x) = -\left(\frac{\partial F}{\partial y}(x, y)\right)^{-1} \frac{\partial F}{\partial x}(x, y) .$$

$\frac{\partial F}{\partial y}(x_0, y_0)$ ist gerade die ↗Jacobi-Matrix $J_{F_0}(y_0)$ der durch $F_0(y) = F(x_0, y)$ für $y \in Y$ definierten Funktion $F_0 : Y \to \mathbb{R}^q$ an der Stelle y_0. Um die Invertierbarkeit dieser Matrix zu untersuchen, kann man ihre Determinante $\det J_{F_0}(y_0)$ berechnen.

Die ↗Differentiation impliziter Funktionen ist auch unter etwas schwächeren als den obigen Voraussetzungen noch möglich.

In starker Verallgemeinerung kennt man auch den folgenden Satz über implizite Funktionen: Sind $f_1, \dots, f_k \in \mathcal{O}_{\mathbb{C}^n,0}$ analytische Funktionskeime mit

$$\det\left(\partial f_i / \partial z_j(0)\right)_{j \le k} \neq 0 ,$$

so gibt es Funktionskeime $w_1, \dots, w_k \in \mathcal{O}_{\mathbb{C}^{n-k},0}$ so, daß in einer Umgebung von $0 \in \mathbb{C}^n$ gilt $f_1(z) = \dots = f_k(z) = 0 \iff z_i = w_i\left(z_{k+1}, \dots, z_n\right)$, $i = 1, \dots, k$.

implizite Kurvengleichung, Darstellung einer ebenen Kurve durch eine Gleichung der Gestalt $F(x, y) = 0$.

Ein Beispiel ist die Gleichung

$$(x - x_0)^2 + (y - y_0)^2 - r^2 = 0$$

für den Kreis mit dem Radius r und Mittelpunkt (x_0, y_0).

Dafür, daß die durch $F(x, y) = 0$ definierte Kurve frei von singulären Punkten ist, ist hinreichend, daß die partiellen Ableitungen $\partial F/\partial x$ und $\partial F/\partial y$ in den Punkten der Kurve nicht geichzeitig Null werden.

Impulsabbildung, eine C^∞-Abbildung J von einer ↗symplektischen Mannigfaltigkeit M in den Dualraum $\mathfrak{g}^*$ einer endlich-dimensionalen reellen Lie-Algebra $\mathfrak{g}$, die folgenden Bedingungen genügt:

1) Es existiert eine Lie-Gruppe G mit Lie-algebra $\mathfrak{g}$, die auf M symplektisch operiert.
2) Für jedes Element ξ von $\mathfrak{g}$ ist das ↗Hamilton-Feld der reellwertigen Funktion $\langle J, \xi \rangle$ identisch mit dem Fundamentalvektorfeld $m \mapsto \xi_M(m) := (d/dt)(exp(t\xi)m)|_{t=0}$ der G-Wirkung auf M.
3) J ist äquivariant, d. h. $J(gm) = Ad^*(g)(J(m))$ für alle $g \in G$ und $m \in M$, wobei Ad^* die koadjungierte Darstellung von G bezeichnet.

Impulsabbildungen verallgemeinern die aus der Mechanik bekannten Begriffe des Impulses und des Drehimpulses und bilden eine wichtige Grundlage für die Konstruktion reduzierter Phasenräume. Im wichtigen Spezialfall des ↗Kotangentialbündels T^*Q einer Mannigfaltigkeit Q und des Kotangentiallifts einer Gruppenwirkung von G auf Q gibt es eine kanonische Impulsabbildung $\langle J, \xi \rangle(\alpha) := \alpha(\xi_Q(q))$ für alle $q \in Q$ und α im Kotangentialraum an q.

Impulsdarstellung, für den ↗Hilbertraum $L^2(\mathbb{R}^n)$ der auf dem $\mathbb{R}^n$ quadratintegrablen komplexwertigen Funktionen eine Realisierung der ↗kanonischen Kommutatorrelationen: Die Wirkung der ↗Impulsoperatoren $\hat{p}_k$ $(k = 1, \dots, n)$ auf die Elemente $f \in L^2(\mathbb{R}^n)$ ist durch

$$(\hat{p}_k f)(p) = p_k f(p)$$

gegeben, wobei $p \in \mathbb{R}^n$ ist, und p_k Standardkoordinaten von p sind. Die Wirkung der Ortsoperatoren $\hat{x}^k$ ist durch

$$\hat{x}^k f = \frac{\hbar}{i} \frac{\partial f}{\partial p_k}$$

gegeben.

Der Hilbertraum $L^2(\mathbb{R}^n)$ ist also auf dem Spektrum der Impulsoperatoren definiert.

Impulserhaltungssatz, besagt, daß in einem abgeschlossenen System der Gesamtimpuls stets gleich bleibt.

Unter einem abgeschlossenen System versteht man hierbei ein solches, das keine Wechselwirkung mit seiner Umgebung hat.

Impulsoperator, der Operator

$$\frac{1}{i} \frac{d}{dx}$$

auf einem geeigneten Teilraum von $L^2(\mathbb{R})$.

Dieser Operator repräsentiert den Impuls eines Teilchens der klassischen Mechanik in der Quantenmechanik; er ist wesentlich selbstadjungiert auf $\mathcal{S}(\mathbb{R})$.

Allgemeiner betrachtet man $\frac{1}{i}\partial/\partial x_j$ auf $\mathcal{S}(\mathbb{R}^d)$ oder noch allgemeineren Räumen.

Impulssatz der Elektrodynamik, Anwendung des Impulserhaltungssatzes auf ein elektromagnetisches System.

Der elektromagnetische Feldimpuls stellt die Komponenten F^{01}, F^{02} und F^{03} des Feldstärketensors dar. In dreidimensionaler Schreibweise handelt es sich hierbei um den Poynting-Vektor, der das Vektorprodukt aus den Vektoren E und H, also der elektrischen und der magnetischen Feldstärke ist.

indefinite Matrix, eine ↗Matrix, die weder positiv noch negativ definit ist. Man vergleiche auch ↗indefinites Skalarprodukt.

indefinite Metrik, ein differenzierbares Feld von nicht ausgearteten indefiniten Bilinearformen auf einer differenzierbaren Mannigfaltigkeit M.

Die Bezeichnung ‚Metrik' ist ein wenig irreführend, da es sich nicht um eine Metrik im Sinne der Theorie der metrischen Räume handelt. Die Verbindung besteht nur im Fall eines Feldes von positiv definiten Bilinearformen M. Dieses definiert auf M eine ↗innere Metrik.

indefinites Skalarprodukt, ein Skalarprodukt, das weder positiv noch negativ definit ist.

Es sei V ein reeller Vektorraum mit einem Skalarprodukt $\langle \cdot, \cdot \rangle$. Dann heißt das Skalarprodukt positiv definit, falls für $x \neq 0$ stets $\langle x, x \rangle > 0$ gilt. Es heißt negativ definit, falls für $x \neq 0$ stets $\langle x, x \rangle < 0$ gilt. Läßt man in den jeweiligen Ungleichungen noch das Gleichheitszeichen zu, so heißt das Skalarprodukt positiv semidefinit bzw. negativ semidefinit.

Erfüllt das Skalarprodukt keine dieser Definitheitseigenschaften, so heißt es indefinit.

Eine analoge Begriffsbildung gilt für Matrizen.

Index einer Jordan-Kurve, ganze Zahl, die für ein C^1Vektorfeld $f : W \to \mathbb{R}^2$ mit einer offenen Menge $W \subset \mathbb{R}^2$ und eine Jordan-Kurve C anschaulich gesehen die Anzahl der Drehungen (unter Beachtung des Umlaufsinns) des Feldvektors von f entlang C angibt, wobei C im mathematisch positiven Umlaufsinn durchlaufen wird und kein Fixpunkt von f auf C liegen darf.

Schreibt man das Vektorfeld in der Form $f = (f_1, f_2)$, so bildet an einem Punkt $(x_1, x_2) = x \in W$, der nicht Fixpunkt von f ist, der Feldvektor $f(x)$ mit der x_1-Achse den Winkel

$$\varphi(x) = \arctan\left(\frac{f_2(x)}{f_1(x)}\right).$$

Daher läßt sich der Index von C bezüglich f formal definieren als

$$\begin{aligned} \mathrm{ind}_f(C) &:= \frac{1}{2\pi} \int_C d \arctan\left(\frac{f_2(x)}{f_1(x)}\right) \\ &= \frac{1}{2\pi} \int_C \frac{f_1\, df_2 - f_2\, df_1}{f_1^2 + f_2^2}. \end{aligned}$$

Analog ist der Index für Vektorfelder auf 2-dimensionalen Mannigfaltigkeiten unter Verwendung von Karten definiert.

Diese Definition wurde von Poincaré in seiner Dissertation eingeführt. Es gilt:

Sei f ein auf einer Mannigfaltigkeit M bzw. auf einer offenen Menge $M \subset \mathbb{R}^2$ definiertes C^1-Vektorfeld. Im folgenden seien C, C_1, C_2 Jordan-Kurven, auf denen keine Fixpunkte von f liegen. Dann gilt:

1. *Ist C ein ↗geschlossener Orbit, dann ist $\mathrm{ind}_f(C) = +1$.*
2. *Befindet sich im Inneren von C kein Fixpunkt von f, so ist $\mathrm{ind}_f(C) = 0$.*
3. *Ist $x_0 \in M$ der einzige Fixpunkt von f im Inneren von C_1 und C_2, so ist $\mathrm{ind}_f(C_1) = \mathrm{ind}_f(C_2)$.*

Es sei noch erwähnt, daß man für den Index (die Indexfunktion) einer Kurve in der komplexen Ebene $\mathbb{C}$ den Begriff ↗Umlaufzahl verwendet. Man vergleiche dort für weitere Information.

Index einer Untergruppe, Kennzahl einer Untergruppe.

Seien $(G, \cdot)$ eine Gruppe und H eine Untergruppe von G. Ist G endlich, so ist der Index $I(G, H)$ von H in G definiert durch

$$I(G, H) = |G| \,/\, |H|\,.$$

Dabei bezeichnet $|H|$ die Anzahl der Elemente der Gruppe H.

Es gilt: Der Index von H in G ist eine natürliche Zahl, und zwar ist er gleich der Anzahl der Linksnebenklassen von H in G. Eine Linksnebenklasse ist eine Menge der Art $gH = \{g \cdot h \mid h \in H\}$.

Der Indexbegriff läßt sich jedoch auch dann sinnvoll definieren, wenn sowohl G als auch H unendlich viele Elemente enthalten. Dann ist zwar der Quotient $|G| / |H|$ nicht mehr definiert, aber es kommt vor, daß es trotzdem nur endlich viele Linksnebenklassen von H in G gibt. In solchen Fällen wird $I(G, H)$ als diese Anzahl definiert.

Index einer Zahl, ein von Gauß in seinen „Disquisitiones Arithmeticae" eingeführter Begriff zur Untersuchung der multiplikativen Struktur von Restklassenringen modulo einer Primzahl.

Heute benutzt man diesen Begriff für alle diejenigen Moduln m, die eine Primitivwurzel besitzen. Ist m eine natürliche Zahl, und ist a eine Primitivwurzel modulo m, so gibt es zu jeder primen Restklasse $x \bmod m$ einen eindeutig bestimmten „Index" $j \in \{0, \dots, \phi(m) - 1\}$ mit der Eigenschaft $a^j \equiv x \bmod m$ (hier bezeichnet ϕ die ↗Eulersche ϕ-Funktion). Diese Zahl wird als $\mathrm{ind}_a(x)$ notiert und heißt Index modulo m von x bzgl. der Primitivwurzel a.

Beispielsweise gibt es zur (Prim-)Zahl $m = 7$ die beiden Primitivwurzeln $a = 3$ und $a = 5$; die Indizes zu den primen Restklassen x mod 7 findet man in der folgenden kleinen Indextafel:

x mod 7	1	2	3	4	5	6
$\mathrm{ind}_3(x)$	0	2	1	4	5	3
$\mathrm{ind}_5(x)$	0	5	4	2	1	3

Im „Canon Arithmeticus" von Jacobi (1839) findet sich eine solche Indextafel für alle Primzahlpotenzen < 1000.

Index eines Fixpunktes, auch Poincaré-Index genannt, ganze Zahl, die für einen isolierten Fixpunkt $x_0 \in M$ eines C^1-Vektorfeldes f im $\mathbb{R}^2$ bzw. auf einer zweidimensionalen Mannigfaltigkeit M definiert ist als der ↗Index einer Jordan-Kurve $\mathcal{C}$, in deren Innerem nur der Fixpunkt x_0 liegt.

Da der Index $\text{ind}_f(\mathcal{C})$ unabhängig von $\mathcal{C}$ ist, solange nur genau x_0 im Innern liegt, ist damit der Index wohldefiniert, er wird mit $\text{ind}_f(x_0)$ bezeichnet.

Indexfunktion, ↗ Umlaufzahl.

Indexmenge, ↗ Familie von Mengen.

Indexsatz für das Schnittprodukt auf Flächen, besagt folgendes:

Wenn X eine glatte projektive Fläche (oder kompakte komplexe Fläche) ist und $\lambda \in \text{Pic}(X)$ (Picardgruppe) positive Selbstschnittzahl hat, so ist das Schnittprodukt auf dem orthogonalen Komplement negativ. Genauer:

Für alle $\alpha \in Pic(X)$ gilt

$$(\alpha^2)(\lambda^2) \geq (\alpha \cdot \lambda)^2 ,$$

und im Falle der Gleichheit ist α numerisch äquivalent zu Null.

Indextafel, ↗Index einer Zahl.

Indikator eines Polynomoperators, spezielle formale Reihe für translationsinvariante Operatoren auf $\mathbb{R}[x]$.

Sei $\mathcal{T}$ die Algebra (über $\mathbb{R}$) aller translationsinvarianten Operatoren auf $\mathbb{R}[x]$ und $\mathcal{F}$ der Ring der formalen Reihen über $\mathbb{R}$ in der Variablen t. Dann ist die Abbildung

$$\phi : \sum_{k \geq 0} \frac{a_k}{k!} t^k \longrightarrow \sum_{k \geq 0} \frac{a_k}{k!} D^k$$

ein Isomorphismus zwischen $\mathcal{F}$ und $\mathcal{T}$, wobei D der Standardoperator ist. Ist P ein transitivinvarianter Operator auf $\mathbb{R}[x]$, so heißt die formale Reihe $p(t) := \phi^{-1}(P)$ der Indikator von P.

Indikatorfunktion einer Menge, Funktion, die die Zugehörigkeit von Elementen zu einer Menge angibt.

Ist Ω eine Menge und A eine Teilmenge von Ω, so wird die Abbildung

$$\mathbf{1}_A : \Omega \ni \omega \to \begin{cases} 1, & \omega \in A \\ 0, & \omega \notin A \end{cases} \in \{0, 1\}$$

als Indikatorfunktion von A oder auch als Indikator der Menge A bezeichnet. Die Indikatorfunktion $\mathbf{1}_A$ gibt also für jedes $\omega \in \Omega$ an, ob es zu A gehört oder nicht. Gelegentlich wird für $\mathbf{1}_A$ auch die Bezeichnung ↗charakteristische Funktion von A und das Symbol χ_A statt $\mathbf{1}_A$ verwendet. Da in der Wahrscheinlichkeitstheorie die Fourier-Transformierte der Verteilung P_X einer Zufallsvariable X aber ebenfalls als charakteristische Funktion bezeichnet wird, zieht man i. allg. die Bezeichnung Indikatorfunktion für $\mathbf{1}_A$ vor.

Indikatorvariable, Interpretation der ↗Indikatorfunktion als Zufallsvariable.

In einem Wahrscheinlichkeitsraum $(\Omega, \mathfrak{A}, P)$ ist die Indikatorfunktion $\mathbf{1}_A$ für jedes $A \in \mathfrak{A}$ eine Zufallsvariable, die man als Indikatorvariable von A bezeichnet. Da $\mathbf{1}_A$ nur die Werte Eins oder Null annimmt, handelt es sich um eine ↗Bernoulli-Variable. Umgekehrt kann jede Bernoulli-Variable X als Indikatorvariable der Menge

$$\{X = 1\} = \{\omega \in \Omega : X(\omega) = 1\}$$

dargestellt werden.

Indikatrix, ↗Dupinsche Indikatrix.

indirekter Beweis, ↗Beweismethoden.

indisch-arabisches Zahlensystem, das im alten Indien benutzte Zahlensystem.

Das dezimale Positionssystem mit der Ziffernschreibweise kann als eine der größten kulturellen Leistungen des alten Indiens angesehen werden. Für die Schaffung des dezimalen Positionssystems waren folgende Tatsachen wesentlich:

a) Die indische Zählweise war, soweit wir wissen, stets dezimal angelegt. Funde aus dem Nordwesten Indiens, den sogenannten Induskulturen (Amri-Kultur, Harappa-Kultur) belegen das. Die Ziffern wurden durch einzelne horizontale Kerben oder Kerbengruppen dargestellt. Im Sanskrit gab es feste Worte für die Ziffern 1 bis 9 und die Zehnerpotenzen.

b) Die indischen Gelehrten hatten, z. T. aus religiösen Gründen, eine Vorliebe für große Zahlen. Die Zahlenreihe wurde deshalb dezimal sehr weit fortgeführt.

c) Seit dem 7. Jahrhundert war der Gebrauch der Null allgemein.

Trotz dieser nachgewiesenen Tatsachen ist noch weitgegend unbekannt, wann und wie es zur Herausbildung des dezimalen Positionssystems kam. In weiten Teilen Indiens waren die Brahmi-Ziffern in Gebrauch. Es gab Individualziffern für die neun „Einer", für die neun „Zehner" usw.. Daneben wurden vor allem in Westindien seit dem 4. Jahrhundert v.Chr. die Kharosti-Ziffern verwendet, die auf einer Kombination von Zehnersystem und Vierersystem beruhten. Das dezimale Positionssystem drang überaus schnell nach Osten und Westen vor. In China mit seinem z. T. dezimalen Zahlensystem (Stäbchenziffern) findet man die Null seit dem 8. Jahrhundert, in Syrien war die Zahlenschreibweise der Inder seit der 2. Hälfte des 7. Jahrhunderts bekannt, im Jahre 773 wurde die indische Mathematik mit ihrem Zahlensystem in Bagdad bekannt. Al-Hwarizmi beschrieb als erster arabischer Mathematiker das dezimale Stellenwertsystem mit den indischen Ziffern. Aus den indischen Brahmi-Ziffern entstanden etwa im 10.Jahrhundert die ostarabischen Ziffern mit einem speziellen Zeichen für die Null. Bis auf kleinere Modifikationen werden diese Ziffern noch heute in der arabischen Welt verwendet. Die westarabischen Ziffern, die noch in der Gegenwart in Marokko benutzt werden, waren seit etwa 950 auf der iberischen Halbinsel bekannt. Sie sind aber wohl nicht dort entstanden, sondern auch aus dem Osten importiert worden. Aus den westarabischen Ziffern sind wahrscheinlich unsere heutigen Ziffern entstanden (vgl. auch ↗Arabische Mathematik). Die Schriftbilder der westarabischen Ziffern sind in den verschiedenen Handschriften aber sehr unterschiedlich. Es besteht noch erheblicher Forschungsbedarf.

Seit dem 10./11. Jahrhundert wurden die indisch-arabischen Ziffern im lateinischen Mittelalter bekannt. Gerbert von Aurillac (um 940–1003) beschriftete mit ihnen Rechensteine. Aber erst seit dem 12. Jahrhundert wurden durch Übersetzungen, hauptsächlich durch die Gelehrten der Übersetzerschule von Toledo, wichtige antike (in arabischer Übersetzung) und arabische mathematische Schriften und damit die indisch-arabischen Ziffern allgemein zugänglich. Durch Leonardo von Pisa (↗Fibonacci) und sein „Liber abbaci" (1202) begann der Siegeszug der indisch-arabischen Ziffern und des dezimalen Stellenwertsystems in Europa.

indische Mathematik, Bezeichnung für die im alten Indien entwickelte Mathematik.

Die sehr lückenhafte Überlieferung mathematischer Kenntnisse reicht zurück bis in das 2. Jahrtausend v.Chr. Es handelt sich bei den ältesten Quellen um geometrische Vorschriften zum Bau von Altären. Die Hauptwerke der indischen Mathematik sind zwischen dem 2. (oder 5.) Jahrhundert und dem 16. Jahrhundert entstanden. Bis in das 2. Jahrtausend v. Chr. sind die Inhaltsbestimmung einfacher Flächen, die Kenntnis des Satzes des Pythagoras, die Berechnung des Volumens eines Pyramidenstumpfs und die (näherungsweise) Berechnung von Volumen und Oberfläche einer Kugel zurückdatierbar. Indien war das Geburtsland der Trigonometrie. Um 500 oder etwas früher kannte man Sinus, Cosinus und Sinus versus, um 1000 betrachtete man $\cos x$, $\sin x$ und $1 - \cos x$ in allen vier Quadranten. Da die frühe indische Mathematik stets nur Einzelprobleme behandelte, niemals zu einer geschlossenen Theorie eines mathematischen Gebietes vordrang, kann man nur aus Einzelaufgaben auf die Kenntnis des Sinussatzes der ebenen Trigonometrie und des Cosinussatzes der sphärischen Trigometrie schließen. Tafeln für Sinus und Sinus versus sind seit dem 4. oder 5. Jahrhundert bekannt. Auf Wegen, die wir nicht kennen, war die Trigonometrie (und die Reihenlehre) bis zum 16. Jahrhundert soweit entwickelt worden, daß Nilakantha Somasutvan die Potenzreihe für den Arcustangens angeben und π bis auf neun Dezimalen genau berechnen konnte.

Die Kenntnis der Eigenschaften der Null war naturgemäß fester Bestandteil der indischen Mathematik mit ihrem dezimalen Positionssystem. Man konnte mit positiven und negativen rationalen Zahlen rechnen, irrationale Zahlen näherungsweise numerisch bestimmen, lineare und quadratische Gleichungen ebenso wie lineare Gleichungssysteme lösen. Sogar verschiedenartige Typen unbestimmter Gleichungen wurden nach ganzzahligen Lösungen untersucht. Dazu wurden u. a. auch Kettenbruchentwicklungen benutzt. Die eigenständige Entwicklung der indischen Mathematik brach etwa mit dem 16. Jahrhundert, der Zeit des Eindringens der Europäer in Indien, zusammen.

Individuelles Modell der Risikotheorie, Konzept aus der Versicherungsmathematik zur Bestimmung einer Verteilungsfunktion für den Gesamtschaden. Grundlage ist die Kenntnis der individuellen Schadenverteilung aller Risiken eines Kollektivs. Für die Menge $\{R_j\}_{j=1,..J}$ von Zufallsvariablen, welche die Gesamtheit aller Einzelrisiken beschreiben, seien die Verteilungsfunktionen $F(R_j)$ bekannt. Ziel ist es, die Verteilungsfunktion $F(R)$ für den Gesamtschaden $R = \sum_{j=1}^{J} R_j$ abzuleiten.

Formal berechnet sich diese – wechselseitige Unabhängigkeit der R_j vorausgesetzt – als Faltung

$$F(R) = F(R_1) * F(R_2) * \cdots * F(R_J) .$$

Für größere Kollektive ist es in der Praxis schwierig, dieses Faltungsprodukt numerisch auszuwerten. Daher verwendet die Schadenversicherung i. d. R. ein ↗Kollektives Modell der Risikotheorie zur approximativen Berechnung der Gesamtschadenverteilung.

Individuenbereich, nichtleere Menge von Elementen, die als Wertebereich der Individuenvariablen einer ↗elementaren Sprache (↗Prädikatenkalkül) dienen.

Ist L eine elementare Sprache und $\mathcal{A} = \langle A, F^{\mathcal{A}}, R^{\mathcal{A}}, C^{\mathcal{A}} \rangle$ eine ↗algebraische Struktur gleicher Signatur wie L, dann dient die Trägermenge A der Struktur $\mathcal{A}$ als Individuenbereich für die ↗Interpretation von L in $\mathcal{A}$, d. h., die Individuenvariablen von L dürfen genau die Elemente aus A als Werte annehmen, und den Relations- und Funktionszeichen aus L werden entsprechende Relationen und Funktionen über A zugeordnet.

Induktion einer Metrik, Erzeugung einer Metrik durch eine abzählbare Familie von Halbnormen.

Es sei V ein separierter lokalkonvexer topologischer Vektorraum. Dann gibt es genau dann eine Metrik, deren Topologie mit der auf V gegebenen Topologie übereinstimmt, wenn die Topologie auf V von einer abzählbaren Familie von Halbnormen auf V induziert wird.

Ist $\{p_n | n \in \mathbb{N}\}$ eine solche abzählbare Familie von Halbnormen, so kann man sogar mit

$$d(x,y) = \sum_{n=1}^{\infty} \frac{1}{2^n} \frac{p_n(x-y)}{1+p_n(x-y)}$$

eine translationsinvariante Metrik d angeben, die die Vektorraumtopolopgie auf V induziert. Man sagt, daß die Familie von Halbnormen die Metrik d induziert.

Genau dann existiert eine durch eine Familie von Halbnormen induzierte Metrik, deren Topologie mit der Vektorraumtopologie von V übereinstimmt, wenn V eine abzählbare Nullumgebungsbasis besitzt.

Induktionsanfang, ↗Beweismethoden, ↗Kardinalzahlen und Ordinalzahlen.

Induktionsannahme, ↗Beweismethoden, ↗Kardinalzahlen und Ordinalzahlen.

Induktionsaxiom, das dem ↗Induktionsprinzip zugrundeliegende Axiom bei einer axiomatischen Definition der natürlichen Zahlen, also das Axiom

$$\forall M \subset \mathbb{N} \; \left[1 \in M \wedge N(M) \subset M \implies M = \mathbb{N} \right]$$

bei einer Definition von $\mathbb{N}$ als Menge mit einem ausgezeichneten Element $1 \in \mathbb{N}$ und einer Nachfolgerfunktion $N : \mathbb{N} \to \mathbb{N}$.

Induktionsbeweis, ↗Beweismethoden.

Induktionsprinzip, Benutzung des ↗Induktionsaxioms für Beweise durch vollständige Induktion (↗Beweismethoden).

Induktionsverankerung, ↗Beweismethoden, ↗Kardinalzahlen und Ordinalzahlen.

Induktionsvoraussetzung, ↗Beweismethoden, ↗Kardinalzahlen und Ordinalzahlen.

induktiv geordnete Menge, geordnete Menge mit Zusatzeigenschaft.

Eine mit einer ↗Ordnungsrelation „$\leq$" versehene Menge M heißt induktiv geordnet genau dann, wenn jede durch „$\leq$" konnex geordnete Teilmenge von M eine obere Grenze hat.

induktive Logik, Modifikation der (traditionellen) Logik in Hinführung auf die mehrwertige Logik.

Im Verlauf ihrer Entwicklung hat die Logik verschiedenartige Modifikationen erfahren. Das Anwachsen der menschlichen Produktion und der damit verbundenen empirischen Wissenschaften zu Beginn des 17. Jahrhunderts ging einher mit der Vervollkommnung der Erkenntnismethoden. In diesem Zusammenhang veröffentlichte F. Bacon (1620) seine Schrift „Novum Organon", die er den Arbeiten von Aristoteles mit dem Namen „Organon" gegenüberstellte.

Die traditionelle Logik sah in der Logik ein Mittel zur Überprüfung und Begründung der Wahrheit. Demgegenüber betrachtete Bacon die Logik zusätzlich als ein Instrument zur Erlangung neuer Erkenntnisse. Die von ihm vorgeschlagene induktive Logik stellt eine Gesamtheit von Methoden und Stützmitteln des Verstandes dar, mit deren Hilfe neue Wahrheiten aufzuspüren sind. Hierbei lenkte Bacon sein Hauptaugenmerk auf die Induktion (insbesondere auf die sog. unvollständige Induktion), d. h., auf die logischen Prozesse des Schließens vom Besonderen auf das Allgemeine. Die so gewonnenen Informationen müssen nicht zwingend korrekt sein, sie sind nur mit einer gewissen Wahrscheinlichkeit zutreffend. Dieser logische Ansatz kommt nicht mit zwei Wahrheitswerten aus, er mündete später in die ↗mehrwertige Logik und die sog. Wahrscheinlichkeitslogik.

induktive Menge, Menge, welche die leere Menge zum Element hat, und die mit einer Menge M auch die Menge $M \cup \{M\}$ zum Element hat (↗axiomatische Mengenlehre).

induktiver Limes von Banachräumen, ↗LB-Raum.

induktiver Limes von Räumen, Struktur auf einem Quotientenraum.

Es seien J eine gerichtete Menge und $\{V_j \mid j \in J\}$ eine Familie von Vektorräumen über dem gleichen Körper K. Weiterhin sei für je zwei Paare (i,j) mit $i < j$ eine lineare Abbildung $f_{ji} : V_i \to V_j$ gegeben mit $f_{kj} \circ f_{ji} = f_{ki}$ für $i < j < k$. Ist dann $V = \oplus V_j$ die direkte Summe der V_j, so kann man den Teilraum W_0 von V bilden, der durch alle Elemente der Form $x - f_{ji}(x), x \in V_i$ erzeugt wird. Der Quotientenraum $W = V/W_0$ heißt dann der induktive Limes der V_j bezüglich der f_{ji}.

Siehe auch ↗LB-Raum.

induktives Zählen, Beweismethode, die im Beweis des Satzes von Immerman-Szelepcényi (↗Immerman-Szelepcényi, Satz von) benutzt wird.

Ziel ist es, die Anzahl der (bei einer gegebenen Anzahl von Zellen auf dem Arbeitsband) erreichbaren Konfigurationen einer nichtdeterministischen Turing-Maschine so nichtdeterministisch zu berechnen, daß die Turing-Maschine entweder die Rechnung abbricht oder aber (und das auf mindestens einem Rechenweg) die gesuchte Anzahl berechnet. Dabei werden induktiv die in t Schritten erreichbaren Konfigurationen gezählt. Im Induktionsschritt $t \to t+1$ wird das Ergebnis für t verwendet, um sicherzustellen, daß alle in t Schritten erreichbaren Konfigurationen nichtdeterministisch erzeugt werden. Eine Konfiguration ist in $t+1$ Schritten genau dann erreichbar, wenn sie in t Schritten erreichbar oder eine direkte Nachfolgekonfiguration einer in t Schritten erreichbaren Konfiguration ist.

induzierte Darstellung, Darstellung einer Gruppe, die aus der Darstellung einer ihrer Untergruppen abgeleitet wird.

Wenn eine Darstellung für eine Untergruppe H der Gruppe G bekannt ist, läßt sich daraus auch eine Darstellung für die Gruppe G ermitteln, diese heißt dann induzierte Darstellung.

Die indizierte Darstellung wird vor allem in den Fällen benutzt, in denen H in G einen endlichen Index besitzt (↗Index einer Untergruppe).

induzierte Metrik, ↗Induktion einer Metrik.

induzierte Verknüpfung, gängige Bezeichnung für eine Verknüpfung, die man durch Einschränken des Definitionsbereiches einer gegebenen Verknüpfung erhält.

Ist $*$ eine Verknüpfung auf der Menge M, d. h. eine Abbildung von $M \times M$ in M, und liegt für zwei Elemente $m_1, m_2 \in M'$ aus einer nicht-leeren Teilmenge $M' \subseteq M$ auch stets das Element $m_1 * m_2$ in M', d. h. ist M' abgeschlossen bzgl. $*$, so induziert $*$ eine Verknüpfung auf M'. Diese induzierte Verknüpfung wird dann meist mit demselben Symbol bezeichnet.

Ist beispielsweise U eine Teilmenge des $\mathbb{K}$-Vektorraumes $(V, +, \cdot)$, induziert $+$ eine Verknüpfung auf der nicht-leeren Teilmenge $U \subset V$, und liegt mit $u \in U$ und $\alpha \in \mathbb{K}$ auch stets αu in U, so bildet $(U, +, \cdot)$ einen Unterraum von V.

induzierter Graph, Untergraph $G(E, K)$ (mit der Menge E der Ecken und der Menge K der Kanten) eines Graphen $G'(E', K')$, falls K alle Kanten von G' zwischen Ecken aus E enthält.

induzierter Homomorphismus, ein Homomorphismus, der durch eine gegebene Abbildung induziert wird.

Es seien V und W Mengen, auf denen eine algebraische Struktur gleichen Typs definiert ist. Weiter seien $B \subseteq V$ eine Teilmenge von V und $f : B \to W$ eine Abbildung. Gibt es dann genau einen Homomorphismus $\varphi : V \to W$, der auf der Menge B mit f übereinstimmt, so sagt man, daß die Abbildung f den Homomorphismus φ induziert.

Sind zum Beispiel V und W zwei Vektorräume über dem gleichen Körper K, B eine Basis von V und $f : B \to W$ eine beliebige Abbildung, so induziert f einen Vektorraumhomomorphismus $\varphi : V \to W$.

induzierter Teilgraph, ↗ Teilgraph.

induzierter Widerstand der Aerodynamik, Kraftkomponente in Richtung des anströmenden Gases auf eine Auftrieb erzeugende Tragfläche, also eine Kraftkomponente, gegen die eine Maschine Arbeit leisten muß, wenn sie den Tragflügel gegen das Strömungsmedium bewegen soll.

Aufgrund des sich an der Tragfläche bildenden Wirbelsystems entsteht eine Geschwindigkeitskomponente des anströmenden Mediums, die senkrecht (nach unten) zur Anströmrichtung steht. Die resultierende Geschwindigkeit ist also gegenüber der Anströmrichtung etwas nach unten geneigt. Die resultierende Kraft steht senkrecht nach oben auf der Richtung der resultierenden Geschwindigkeit. Aus der Zerlegung dieser Kraft ergibt sich der induzierte Widerstand.

ineinander verbiegbare Flächen, zwei Flächen $\mathcal{F}_1, \mathcal{F}_2 \subset \mathbb{R}^3$, die aus sehr dünnem, vollkommen biegbarem Material modelliert sind, das keine inneren Verzerrungen zuläßt, und die sich ineinander deformieren lassen.

Die exakte Definition lautet wie folgt: Es gibt eine stetige einparametrige Schar F_t $(t \in \mathbb{R})$ von aufeinander abwickelbaren Flächen, der $\mathcal{F}_1$ und $\mathcal{F}_2$ angehören. Die Verbiegbarkeit zweier Flächen ineinander ist somit ein Spezialfall ↗aufeinander abwickelbarer Flächen.

Inertialsystem, spezielles ↗ Bezugssystem.

Die Bezeichnung bezieht sich darauf, daß sich ein Körper durch seine Trägheit geradlinig gleichförmig bewegt, sofern keine anderen Kräfte wirken, und das Bezugssystem dieser Bewegung angepaßt ist.

Infimum, *untere Grenze*, *größte untere Schranke*, Element $m \in M$ einer Teilmenge A einer totalen Ordnung oder Halbordnung $(M, \leq)$, das untere Schranke zu A ist, d. h.

$$m \leq A, \text{ also } m \leq a \text{ für alle } a \in A,$$

und das maximal mit dieser Eigenschaft ist, d. h.

$$\forall x \in M \quad (x \leq A \implies x \leq m).$$

Das Infimum ist demnach die größte untere Schranke der Teilmenge A, vorausgesetzt, eine solche größte untere Schranke existiert.

Eine Menge besitzt höchstens ein Infimum. Falls A ein Infimum besitzt, bezeichnet man dieses mit $\inf A$. Es gibt Mengen ohne Infimum, z. B. das Intervall $(\sqrt{2}, 3]$ in $\mathbb{Q}$ oder das Intervall $(-\infty, 0]$ in $\mathbb{R}$. Hat A keine untere Schranke, so schreibt man häufig $\inf A = -\infty$, und meist vereinbart man $\inf \emptyset = \infty$. Falls A ein Infimum besitzt und $\inf A \in A$ gilt, nennt man $\min A := \inf A$ das Minimum von A.

Jede nicht-leere endliche Teilmenge von M besitzt ein Minimum. In vollständigen Ordnungen hat jede nicht-leere, nach unten beschränkte Teilmenge ein Infimum.

(Siehe auch ↗Ordnungsrelation).

Infimum einer Halbordnung, ↗Infimum.

infimum-irreduzibles Element, Element a eines Verbandes L, für welches aus $a = x \wedge y$ stets $a = x$ oder $a = y$ folgt.

infinitäre Logik, auch Logik der infinitären Sprachen genannt.

Eine infinitäre Sprache $L_{\alpha,\beta}$ ist eine Erweiterung der ↗elementaren Sprache L, wobei α, β unendliche Kardinalzahlen sind, $L_{\alpha,\beta}$ die gleichen Grundzeichen wie L enthält, jedoch ist die Anzahl der in $L_{\alpha,\beta}$ vorkommenden Individuenvariablen gleich $\max\{\alpha, \beta\}$.

Die Regeln der Ausdrucksbildung werden wie folgt erweitert:

1. Alle Ausdrücke aus L sind auch Ausdrücke in $L_{\alpha,\beta}$.
2. Ist I eine Indexmenge mit einer Mächtigkeit $|I| < \alpha$, und ist $\{\varphi_\nu : \nu \in I\}$ eine Menge von Ausdrücken in $L_{\alpha,\beta}$, dann sind auch $\bigwedge_{\nu \in I} \varphi_\nu$ und $\bigvee_{\nu \in I} \varphi_\nu$ Ausdrücke. (Nicht nur endliche Konjunktionen bzw. Alternativen sind zugelassen, sondern auch solche mit einer Mächtigkeit $< \alpha$.)
3. Ist J eine Indexmenge mit $|J| < \beta$, und ist φ ein Ausdruck in $L_{\alpha,\beta}$, in dem die Variablen $\{x_\nu : \nu \in J\}$ vorkommen, aber nicht quantifiziert auftreten, dann sind auch $\forall_{\nu \in J} x_\nu \varphi$ und $\exists_{\nu \in J} x_\nu \varphi$ Ausdrücke. (Quantifizierungen über Mengen von Variablen mit einer Mächtigkeit $< \beta$ sind zugelassen.)
4. Keine weiteren Zeichenreihen sind Ausdrücke.

Für $\alpha = \beta = \omega$ (ω = Mächtigkeit der Menge der natürlichen Zahlen) erhält man L als Spezialfall: $L = L_{\omega,\omega}$.

Diese infinitären Sprachen besitzen eine stärkere Ausdrucksfähigkeit als elementare Sprachen. Dadurch lassen sich weitere Eigenschaften von ↗algebraischen Strukturen beschreiben, die in L nicht ausdrückbar sind (z. B. endlich bzw. unendlich zu sein oder als Struktur eine archimedische bzw. nichtarchimedische Ordnung zu besitzen). Für die erweiterten Sprachen $L_{\alpha,\beta}$ gelten aber grundlegende Sätze der klassischen Logik nicht mehr, falls $\max\{\alpha, \beta\} > \omega$, insbesondere gilt der ↗Kompaktheitssatz der Modelltheorie nicht. Damit stehen wichtige Hilfsmittel zur Untersuchung algebraischer Strukturen nicht zur Verfügung, wodurch die Bedeutung dieser Logiken begrenzt bleibt.

infinitesimale Isometrie, *Killingsches Vektorfeld*, ein Vektorfeld X auf einer Riemannschen Mannigfaltigkeit M derart, daß die Lie-Ableitung $\mathcal{L}_X(g)$ der Riemannschen Metrik g von M Null ist.

Die Lie-Ableitung $\mathcal{L}_X$ ist wie folgt definiert. Zu jedem Vektorfeld X existiert eine lokale einparametrige Gruppe φ_t von differenzierbaren Transformationen von M mit $d\varphi_t(x)/dt = X(\varphi_t(x))$. Dabei ist φ eine Abbildung $\varphi : (t, x) \in U \subset \mathbb{R} \times M \to \varphi_t(x) \in M$ einer offenen Umgebung U von $\{0\} \times M \subset \mathbb{R} \times M$ mit $\varphi_0(x) = x$ für alle $x \in M$. Die Gruppeneigenschaft wird durch die Gleichung $\varphi_t \circ \varphi_s(x) = \varphi_{t+s}(x)$ ausgedrückt, die erfüllt ist, sofern die Terme auf beiden Seiten dieser Gleichung definiert sind.

Die Lie-Ableitung $\mathcal{L}_X(g)$ ist das durch

$$\mathcal{L}_X(g)(\mathfrak{t}, \mathfrak{s}) = \left. \frac{d\ (g(\varphi_{t*}(\mathfrak{t}), \varphi_{t*}(\mathfrak{s})))}{t} \right|_{t=0}$$

definierte symmetrische Tensorfeld, wobei $\mathfrak{t}$ und $\mathfrak{s}$ Tangentialvektoren in einem Punkt $x \in M$ sind und φ_{t*} die den Abbildungen φ_t entsprechenden Abbildungen der Tangentialvektoren. Es gilt der Satz:

X ist genau dann eine infinitesimale Isometrie, wenn die Abbildungen φ_t für festes $t \in \mathbb{R}$ lokale Isometrien von M sind (↗Abbildungen zwischen Riemannschen Mannigfaltigkeiten).

Die Menge aller infinitesimalen Isometrien ist eine Lie-Unteralgebra $\mathfrak{i}(M)$ der Lie-Algebra aller Vektorfelder auf M. Überdies hat $\mathfrak{i}(M)$ endliche Dimension d mit $d \leq n(n+1)/2$, wobei n die Dimension von M ist. Im Fall $d = n(n+1)/2$ ist M ein Raum konstanter Krümmung.

infinitesimale Zahl, ↗ Nichtstandard-Analysis.

infinitesimaler Flächeninhalt, ↗innere Geometrie.

Infinitesimalrechnung, ein wichtiges Teilgebiet der ↗Analysis, siehe hierzu auch ↗Geschichte der Infinitesimalrechnung.

inflationäre Kosmologie, Teilgebiet der ↗ Kosmologie, das die inflationäre Phase der kosmischen Entwicklung behandelt.

Wenn $a(t)$ den kosmischen Skalenfaktor (Weltradius) in Abhängigkeit von der Weltzeit t bezeichnet, so ist die inflationäre Phase durch einen exponentiellen Anstieg, also durch die konkave Funktion $a(t) = a_0 \cdot e^{Ht}$ mit $H > 0$ gekennzeichnet. Das räumlich ebene Friedmann-Modell, d. h. die Metrik

$$ds^2 = dt^2 - a^2(t)(dx^2 + dy^2 + dz^2)$$

mit diesem Skalenfaktor $a(t)$ ist eine Lösung der Einsteinschen Gleichung mit positiver kosmologischer Konstante.

Ist dagegen $a(t)$ irgendeine andere konvexe Funktion, so spricht man von quasiinflationärer Phase. (Zum Vergleich: Zum heutigen Zeitpunkt wird die Expansion des beobachtbaren Universums durch die konkave Funktion $a(t) = a_0 \cdot t^{2/3}$ sehr gut beschrieben, während in der heißen Phase nahe des Urknalls $a(t) = a_1 \cdot t^{1/2}$ aus den Einsteinschen Gleichungen ermittelt wird. Es kann hier natürlich nur der Bereich $t > 0$ seriös betrachtet werden.)

In kosmologischen Modellen mit quasiinflationärer Phase lassen sich eine ganze Reihe von Beobachtungstatsachen sehr viel besser erklären als im sogenannten reinen Urknallmodell (d. h. einem Modell, in dem $a(t)$ stets eine konkave Funktion ist).

Beispiele: 1. Das Flachheitsproblem: Im reinen Urknallmodell benötigt man ein fine-tuning in den Anfangswerten, um zu erreichen, daß das Universum (so wie beobachtet) räumlich annähernd flach ist; dagegen ist dies bei Auftreten einer (quasi-)inflationären Phase gerade der typische Fall, da eine anfangs vorhandene wesentliche räumliche Krümmung exponentiell schnell geglättet und damit unbeobachtbar wird.

2. Das Isotropieproblem: Im reinen Urknallmodell gibt es räumliche Gebiete, die kausal nicht zusammenhängen, da das Weltalter noch zu gering ist, um Informationen von einem Teil zum anderen zu übermitteln; die beobachtete Isotropie der kosmischen Hintergrundstrahlung bliebe dann ein Rätsel; im inflationären Modell läßt sich diese Isotropie dagegen gut erklären.

Information, Nachricht (oder Datum), die zu einer Entscheidungsfindung beiträgt.

Im Sinne der ↗ Informationstheorie sind Entropie und Information in dem Sinne duale Begriffe, daß die durch einen ausgeführten Versuch gewonnene Informationsmenge durch den Verlust der Entropie, d. h. der Unsicherheit über den Ausgang des Experimentes, gemessen werden kann.

Informationsabruf, Abruf einer Information. Ein Informationsabruf liegt dann vor, wenn Informationen, die in Form von Zeichen abgelegt wurden, um sie später wieder zu verwenden, wieder aufgefunden werden sollen. Wesentliches Hilfsmittel sind dabei moderne Datenbanksysteme, die die effiziente Speicherung und Wiedergewinnung von Daten erlauben. Informationen werden hier in Form von Datensätzen abgelegt, die meist anhand eines Schlüssels identifiziert und somit schnell wieder zur Verfügung gestellt werden können.

Informationsdimension, Beispiel einer ↗ fraktalen Dimension.

Für $n \in \mathbb{N}$ sei μ ein Maß im $\mathbb{R}^n$ mit $\mu(\mathbb{R}^n) = 1$ und beschränktem Träger S. $\{B_i^\delta\}_{i\in\mathbb{N}}$ seien diejenigen Gitterwürfel, die nach Einteilung von $\mathbb{R}^n$ in n-dimensionale Würfel der Seitenlänge $\delta > 0$ den Träger S schneiden. Die Informationsdimension ist dann definiert als

$$\dim_I S := \lim_{\delta\to 0} \frac{H(\delta)}{\log \delta^{-1}}$$

mit der Entropie

$$H(\delta) = -\sum_i \mu(B_i^\delta) \log \mu(B_i^\delta) .$$

Informationsmaß, ↗ Entropie, informationstheoretische.

Informationsquelle, ↗ Informationstheorie.

Informationsspeicherung, das Aufbewahren von Informationen.

Informationen zu speichern heißt, sie in einer Weise aufzubewahren, daß sie über die Zeit hinweg sicher und verlustfrei abgelegt bleiben bis zu dem Zeitpunkt, zu dem sie wieder abgerufen werden. In der Regel verwendet man hierfür Datenbanksysteme, bei denen eine strukturierte Abspeicherung von Informationen möglich ist. Entscheidend sind dabei die Vemeidung von Redundanz und von Inkonsistenz.

Informationstheorie, Theorie, die sich mit den mathematischen Regeln beschäftigt, welche in Systemen zur Übertragung oder Manipulation von Information gelten.

Sie beschäftigt sich im wesentlichen mit den Fragestellungen, wie Nachrichten übertragen bzw. manipuliert werden können, jedoch nicht mit den physikalischen Bausteinen, die die Übertragung und Manipulation von Nachrichten realisieren. Im Mittelpunkt der Informationstheorie stehen somit Überlegungen, wie Information mathematisch gemessen werden kann (↗ Entropie, informationstheoretische), d. h. wie hoch der Informationsgehalt einer übermittelten Nachricht ist, und wie während der Übertragung gestörte Informationen erkannt (↗ fehlererkennender Code) und restauriert (↗ fehlerkorrigierender Code) werden können.

Bei letzterem wird in der Regel ein Szenario betrachtet, das von einer Informationsquelle ausgeht, die eine Nachricht erzeugt, welche zu einem Empfänger über einen Kanal übertragen werden soll. Vor der Versendung wird die Nachricht durch einen Sender (transmitter) in eine übertragbare Form codiert. Die so transformierte Nachricht wird Signal genannt. Ein Empfänger (receiver) empfängt das Signal und decodiert es in seine ursprüngliche Gestalt zurück. Der Kanal kann in dem Sinne gestört sein, daß während der Übertragung das Signal verändert werden kann.

Die grundlegende Idee der Informationstheorie, wie sie von Claude E. Shannon begründet wurde, ist, daß Information quantifiziert werden kann, wie dies zum Beispiel auch bei Masse der Fall ist. Dies hat zur Folge, daß es durch die Informationstheorie möglich ist, zu bestimmen, wie groß der Informationsgewinn der durch eine gegebene Informationsquelle erzeugten Nachrichten ist, und wieviel Information ein gegebener Kanal zwischen Sender und Empfänger übertragen kann.

[1] Sloane, N.J.A., Wyner, A.D.: Claude Elwood Shannon – Collected Papers. IEEE Press, 1993.

[2] Topsoe, F.: Informationstheorie. Teubner Stuttgart, 1974.

Inhalt, eine auf einem Ring definierte Abbildung, die additiv und nicht-negativ ist.

Es sei $\mathfrak{R} \subseteq \mathfrak{P}(M)$ ein Ring auf einer Menge M, das heißt ein Mengensystem mit der Eigenschaft, daß aus $M_1, M_2 \in \mathfrak{R}$ stets auch $M_1 \cup M_2 \in \mathfrak{R}$ und $M_1 \setminus M_2 \in \mathfrak{R}$ folgt. Dann heißt eine Abbildung $\mu : \mathfrak{R} \to \mathbb{R} \cup \{\infty\}$ ein Inhalt, wenn sie folgende Eigenschaften besitzt:

(i) $\mu(A) \geq 0$ für alle $A \in \mathfrak{R}$;

(ii) $\mu(\emptyset) = 0$;

(iii) $\mu(A_1 \cup ... \cup A_n) = \mu(A_1) + \cdots + \mu(A_n)$ für paarweise disjunkte Mengen $A_1, ..., A_n \in \mathfrak{R}$.

Sind $A_1, ..., A_n \in \mathfrak{R}$, so gilt stets

$$\mu(A_1 \cup ... \cup A_n) \leq \mu(A_1) + \cdots + \mu(A_n) .$$

Sind weiterhin abzählbar viele paarweise disjunkte Mengen $A_\nu \in \mathfrak{R}$ so gegeben, daß $\bigcup_{\nu=1}^{\infty} A_\nu \in \mathfrak{R}$ ist, so gilt

$$\sum_{\nu=1}^{\infty} \mu(A_\nu) \leq \mu\left(\bigcup_{\nu=1}^{\infty} A_\nu\right).$$

Man vergleiche hierzu auch das Stichwort ↗Jordan-meßbare Menge.

Inhaltsproblem, ↗Banach-Hausdorff-Tarski-Paradoxon, ↗endlich-additives Inhaltsproblem.

inhaltstreue Abbildungen, ↗Abbildung zwischen Flächen.

Inhibition, laterale, (mathematische Biologie), die Vorstellung, daß in einem Feld erregbarer Einheiten (Zellen) jede Einheit von ihren Nachbarn inhibiert wird. Sie spielt eine Rolle in der visuellen Kognition (Kontrastverschärfung) und in der Musterbildung.

inhomogene Differentialgleichung, ↗inhomogene Gleichung, ↗ lineare Differentialgleichung.

inhomogene Differenzengleichung, ↗ lineare Differenzengleichung.

inhomogene Gleichung, Gleichung, meist lineare Gleichung, deren rechter Seite nicht Null ist.

Es seien V und W Vektorräume über dem gleichen Körper K und $T : V \to W$ eine lineare Abbildung. Dann heißt die Gleichung $T(x) = b$ mit gegebenem $b \in W$ und der Unbekannten $x \in V$ inhomogen, falls $b \neq 0$ gilt, anderfalls homogen.

Ist beispielsweise $V = C^n[a, b]$ der Raum aller n-mal stetig differenzierbaren reellwertigen Abbildungen und $W = C[a, b]$, so wird durch

$$T(y) = a_n y^{(n)} + a_{n-1} y^{(n-1)} + \cdots + a_1 y' + a_0 y$$

eine lineare Abbildung $T : V \to W$ definiert. Die inhomogene Gleichung $T(y) = b$ ist dann eine inhomogene lineare Differentialgleichung n-ter Ordnung.

inhomogene Maxwell-Gleichung, Form der Maxwell-Gleichungen, in der Ladungen berücksichtigt werden.

inhomogenes lineares Gleichungssystem, ein ↗lineares Gleichungssystem $Ax = b$, bei dem der Vektor b verschieden vom Nullvektor ist.

initiales Objekt, ↗Nullobjekt.

Initial-σ-Algebra, Begriff aus der Maßtheorie.

Es sei Ω eine Menge, $((\Omega_i, \mathcal{A}_i)|i \in I)$ eine Familie von Meßräumen und $(f_i : \Omega \to \Omega_i|i \in I)$ eine Familie von Abbildungen.

Dann heißt die von dieser Familie von Abbildungen erzeugte ↗σ-Algebra

$$\mathcal{A} := \sigma\left(\bigcup_{i \in I} f_i^{-1}(\mathcal{A}_i)\right)$$

die Initial-σ-Algebra in Ω.

Injektion, ↗ injektive Abbildung.

injektive Abbildung, *Injektion*, eine ↗Abbildung $f : A \to B$, so daß für alle $y \in B$ gilt, daß $\#f^{-1}(\{y\}) \in \{0, 1\}$.

Anschaulich heißt das, daß jedes Element des Bildbereiches von f das Bild höchstens eines Elementes des Urbildbereiches von f ist. Man schreibt dann auch $f : A \hookrightarrow B$.

Die injektiven Abbildungen sind genau die linkstotalen eineindeutigen ↗Relationen.

injektive Auflösung, Auflösung eines Objekts A einer ↗abelschen Kategorie in eine exakte Sequenz von Morphismen

$$0 \to A \to I_0 \to I_1 \to I_2 \to \cdots,$$

in der alle I_i, $i \in \mathbb{N}_0$ ↗injektive Objekte in der Kategorie sind.

injektiver Modul, ein R-Modul I mit der Eigenschaft, daß für jeden injektiven Homomorphismus von R-Moduln $\alpha : N \to M$ und jeden Homomorphismus $\beta : N \to I$ ein Homomorphismus $\gamma : M \to I$ existiert, so daß $\gamma \circ \alpha = \beta$.

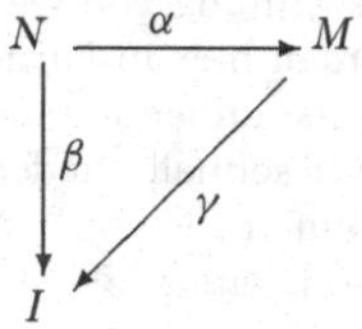

injektives Objekt, ein Objekt $I \in Ob(\mathcal{C})$, wobei $\mathcal{C}$ eine ↗Kategorie ist, für das zu jedem Morphismus $h \in Mor(A, I)$ mit $A \in Ob(\mathcal{C})$ und zu jedem Monomorphismus $g \in Mor(A, B)$ ein Morphismus $h' \in Mor(B, I)$ existiert mit $h' \circ g = h$. Anschaulich sagt man auch: Jeder Morphismus nach einem injektiven Objekt kann über jeden Monomorphismus fortgesetzt werden.

Eine Kategorie besitzt „genügend injektive Objekte", falls jedes Objekt eine ↗injektive Auflösung besitzt.

Inklinationslemma, λ-*Lemma*, folgende Aussage über die Schnitte höherdimensionaler Scheiben.

Seien f ein auf einer offenen Menge $W \subset \mathbb{R}^n$ definierter C^1-Diffeomorphismus und $x_0 \in W$ ein ↗hyperbolischer Fixpunkt von f mit s-dimensionaler stabiler bzw. u-dimensionaler instabiler Mannigfaltigkeit W^s bzw. W^u mit $s+u = n$. Weiter seien eine u-dimensionale Scheibe $D_u \subset W^u(p)$ sowie eine u-dimensionale Scheibe D_s gegeben, die für ein $x \in W$ die instabile Mannigfaltigkeit $W_u(x)$ transversal schneidet.

Dann enthält

$$\bigcup_{n \in \mathbb{N}} f^n(D_s)$$

eine u-dimensionale Scheibe, die in der C^1-Topologie beliebig nahe an D_u ist.

Inklusion, ↗ Einbettungsabbildung.

Inklusion von Fuzzy-Mengen, eine Teilmengenbeziehung zwischen Fuzzy-Mengen.

Eine ↗ Fuzzy-Menge $\widetilde{A}$ über X ist genau dann in der unscharfen Menge $\widetilde{B}$ über X enthalten, geschrieben $\widetilde{A} \subseteq \widetilde{B}$, wenn für die ↗ Zugehörigkeitsfunktion gilt:

$$\mu_A(x) \ \leq\ \mu_B(x) \quad \text{für alle } x \in X .$$

Gilt für alle $x \in X$ das strenge Ungleichheitszeichen, so heißt $\widetilde{A}$ echt enthalten in $\widetilde{B}$:

$$\widetilde{A} \subset \widetilde{B} \quad \Leftrightarrow \quad \mu_A(x) < \mu_B(x) \quad \text{für alle } x \in X.$$

Inklusionen von Fuzzy-Mengen weisen die folgenden Eigenschaften auf:

$$\widetilde{\emptyset} \subseteq \widetilde{A} \qquad \text{für alle } \widetilde{A} \in \mathfrak{P}(X),$$

$$(\widetilde{A} \subseteq \widetilde{B} \text{ und } \widetilde{B} \subseteq \widetilde{A}) \quad \Rightarrow \quad \widetilde{A} = \widetilde{B},$$

$$\widetilde{A} \subseteq \widetilde{B} \quad \Rightarrow \quad \operatorname{supp}(\widetilde{A}) \subseteq \operatorname{supp}(\widetilde{B}),$$

und die Transitivität

$$(\widetilde{A} \subseteq \widetilde{B} \text{ und } \widetilde{B} \subseteq \widetilde{D}) \quad \Rightarrow \quad \widetilde{A} \subseteq \widetilde{D}.$$

Aus der Transitivität folgt, daß die Inklusion „$\subseteq$" eine Halbordnung auf der Menge $\widetilde{\mathfrak{P}}(X)$ aller Fuzzy-Teilmengen von X bildet.

Inklusion von Mengen, liegt vor, wenn für zwei Mengen A und B gilt: $A \subseteq B$, d. h., aus $a \in A$ folgt $a \in B$.

Man spricht dann von einer Inklusion der Menge A in der Menge B (↗ Verknüpfungsoperationen für Mengen).

Inklusionsabbildung, ↗ Einbettungsabbildung.

Inklusions-Exklusionsprinzip, Berechnungsmethode zur Lösung folgendes Problems:

Sei S eine endliche Menge und $E_1, \dots, E_m$ Eigenschaften der Elemente von S. Wieviele Elemente aus S besitzen keine der angegebenen Eigenschaften?

Anders ausgedrückt: Sei $A_i := \{a \in S : a$ erfüllt $E_i\}$, $i = 1, \dots, m$. Wieviele Elemente hat die Menge

$$S \setminus \bigcup_{i=1}^{m} A_i \,?$$

Das Problem wird auf folgende Weise gelöst: Wir nehmen alle Elemente von S, subtrahieren von $|S|$ die Zahl jener Elemente, die mindestens eine Eigenschaft besitzen, addieren die Zahl jener, die mindestens zwei Eigenschaften besitzen usw. – daher der Name. Es ergibt sich so die folgende Lösung:

$$\begin{aligned} |S - \cup_{i=1}^{m}| &= |S| \\ &- \textstyle\sum_{i=1}^{m} |A_i| \\ &+ \textstyle\sum_{i<j} |A_i \cap A_j| \\ &\pm \dots \\ &+(-1)^m |A_i \cap \dots \cap A_m| . \end{aligned}$$

Inklusionsmonotonie, manchmal auch als Teilmengeneigenschaft bezeichnet, für die Intervallauswertung einer stetigen Funktion f (↗ Intervallauswertung einer Funktion) geltende Eigenschaft

$$\mathbf{y} \subseteq \mathbf{x} \ \Rightarrow\ \mathbf{f}(\mathbf{y}) \subseteq \mathbf{f}(\mathbf{x}) .$$

Dabei sind die Intervalle $\mathbf{x}$ und $\mathbf{y}$ Teilmengen des Definitionsbereichs $D(f)$ von f.

inklusive ODER-Funktion, ↗ OR-Funktion.

inkommensurabel, Verhältnis zweier Zahlen oder allgemeinerer Größen.

Zwei Größen heißen inkommensurabel, wenn beide nicht ganzzahliges Vielfaches der gleichen Einheit sind, mit anderen Worten wenn sie in keinem rationalen Verhältnis zueinander stehen. Anderenfalls heißen die Größen kommensurabel.

Die Entdeckung inkommensurabler Größen etwa Mitte des 5. Jahrhunderts v.Chr. war ein wichtiges Ereignis in der griechischen Mathematik und wurde im geometrischen Bereich gemacht. Bereits die Pythagoräer erkannten, daß die Seite und die Diagonale eines Quadrates und ebenso die Seite und Diogonale eines regelmäßigen Fünfecks kein gemeinsames Maß besitzen. Das Auftreten inkommensurabler Größen warf große Probleme in der griechischen Mathematik auf, wurde doch dadurch verdeutlicht, daß die bis dahin vertretene Grundanschauung, alles in der realen Welt sei meßbar, nicht mit dem vorliegenden System der rationalen Zahlen realisiert werden kann. Einige Mathematikhistoriker sprechen sogar von einer Krise der griechischen Mathematik. Die Lösung des Problems hat die weitere Entwicklung deutlich stimuliert und führte u. a. zur Erweiterung der Proportionenlehre.

inkompressible Flüssigkeit, Flüssigkeit, für die die Divergenz der im allgemeinen ortsabhängigen Strömungsgeschwindigkeit $\mathfrak{v}$ verschwindet, also $\operatorname{div} \mathfrak{v} = 0$ gilt.

Das heißt, daß aus einem raumfesten Volumenelement die gleiche Flüssigkeitsmenge ein- und ausströmt. Für eine homogene inkompressible Flüssigkeit ist die Massendichte ϱ räumlich und zeitlich konstant.

Flüssigkeitsströmung unterliegt der Kontinuitätsgleichung. In der Newtonschen Physik lautet sie

$$\frac{\partial \varrho}{\partial t} + \operatorname{div}(\varrho \mathfrak{v}) = 0 .$$

Ist die inkompressible Flüssigkeit inhomogen, folgt aus der Kontinuitätsgleichung mit der obigen Divergenzbedingung

$$\frac{\partial \varrho}{\partial t} = -(\mathfrak{v}, \operatorname{grad} \varrho)$$

(inneres Produkt). An einem festen Ort ändert sich also in diesem Fall die Dichte zeitlich.

inkonsistente Vielheiten, ↗ naive Mengenlehre.

inkorrekt gestelltes Problem, ↗ korrekt gestelltes Problem.

Inkreis, Kreis, der jede Seite eines gegebenen Dreiecks (oder allgemeiner Polygongebietes) in genau einem Punkt berührt.

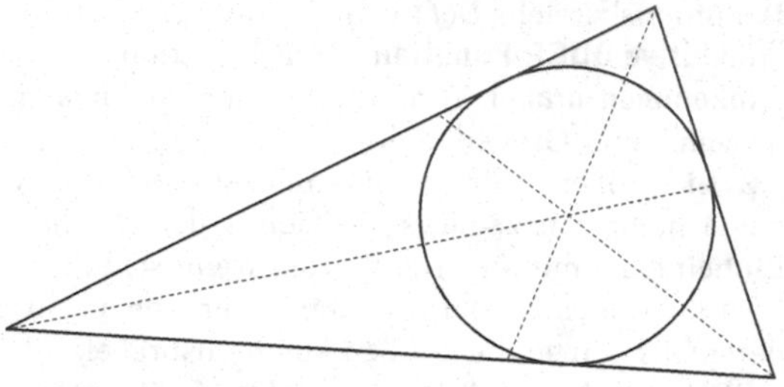

Der Mittelpunkt des Inkreises eines Dreiecks ist der Schnittpunkt seiner Winkelhalbierenden, denn jeder Punkt auf einer Winkelhalbierenden hat von zwei Dreieckseiten gleiche Abstände. Der Schnittpunkt der Winkelhalbierenden hat deshalb von allen drei Seiten des gegebenen Dreiecks gleiche Abstände. Für den Radius r des Inkreises eines Dreiecks mit den Seitenlängen a, b und c und $p = \frac{1}{2}(a+b+c)$ gilt

$$r = \sqrt{\frac{(p-a)(p-b)(p-c)}{p}}\,.$$

Inneneinschließung, ein ↗ Intervallvektor, der die Lösungsmenge S eines ↗ Intervall-Gleichungssystems $\mathbf{A}x = \mathbf{b}$ ($\mathbf{A}$ reelle $(n \times n)$-↗ Intervallmatrix, $\mathbf{b}$ reeller n-komponentiger Intervallvektor) einschließt.

Der Intervallvektor

$$\mathbf{x} = (\mathbf{x}_i) = ([\underline{x}_i, \overline{x}_i])$$

heißt Inneneinschließung der Lösungsmenge des Gleichungssystems, wenn $\inf S_k \le \underline{x}_k$ und $\overline{x}_k \le \sup S_k$ für $k = 1, \ldots, n$ gilt. Dabei ist

$$S_k = \{z_k | z = (z_i) \in S\}$$

die Projektion von S auf die k-te Koordinatenachse.

Aufgrund der komponentenweisen Definition ist $\mathbf{x} \subseteq S$ im allgemeinen falsch. Kennt man neben $\mathbf{x}$ auch eine Intervalleinschließung $\mathbf{y} = (\mathbf{y}_i)$ von S (zur Unterscheidung nennt man $\mathbf{y}$ manchmal auch Außeneinschließung), so kann man durch Vergleich von $\mathbf{x}$ und $\mathbf{y}$ auf die Güte der Einschließung $\mathbf{y}$ schließen: Ein Wert $d(\mathbf{x}_k)/d(\mathbf{y}_k)$ nahe bei 1 deutet z. B. auf eine gute Einschließung von S_k durch $\mathbf{y}_k$ hin, wobei $d(\mathbf{a})$ den Durchmesser des Intervalls $\mathbf{a}$ bezeichnet.

Inneneinschließungen für die symmetrische Lösungsmenge S_{sym} eines ↗ Intervall-Gleichungssystems werden auf analoge Weise definiert.

Innengrad, ↗ gerichteter Graph.

Innenwinkel, ↗ Dreieck.

innere Abbildung, eine in einem ↗ Gebiet $G \subset \mathbb{C}$ ↗ holomorphe Funktion mit $f(G) \subset G$. Die Menge aller inneren Abbildungen von G wird mit $\operatorname{Hol} G$ bezeichnet und ist bezüglich der Komposition von Abbildungen eine Halbgruppe. Sie enthält die ↗ Automorphismengruppe des Gebietes G.

Für konvergente Folgen innerer Abbildungen gilt folgender Satz.

Es sei $G \subset \mathbb{C}$ ein Gebiet und (f_n) bzw. (g_n) Folgen von in G holomorphen Funktionen, die in G ↗ kompakt konvergent gegen f bzw. g sind. Dann gelten folgende Aussagen:

(a) *Ist $f_n \in \operatorname{Hol} G$ für alle $n \in \mathbb{N}$ und f nicht konstant, so ist $f \in \operatorname{Hol} G$.*

(b) *Ist $f_n \in \operatorname{Hol} G$ für alle $n \in \mathbb{N}$ und $f \in \operatorname{Hol} G$, so ist $(g_n \circ f_n)$ kompakt konvergent gegen $g \circ f$.*

(c) *Ist $f_n \in \operatorname{Aut} G$ für alle $n \in \mathbb{N}$ und $f \in \operatorname{Aut} G$, so ist (f_n^{-1}) kompakt konvergent gegen $f^{-1} \in \operatorname{Aut} G$.*

(d) *Ist G beschränkt und $f_n \in \operatorname{Aut} G$ für alle $n \in \mathbb{N}$, so ist entweder $f \in \operatorname{Aut} G$, oder f ist konstant und $f(G) \subset \partial G$.*

innere Automorphismen einer Lie-Gruppe, die Gruppe derjenigen Automorphismen, die durch Multiplikation mit einem Gruppenelement erzeugt werden.

Seien G eine Lie-Gruppe und $a, g \in G$. Die durch $\phi_a(g) = a^{-1} \cdot g \cdot a$ definierte Abbildung $\phi_a : G \to G$ stellt den durch das Element $a \in G$ erzeugten Gruppenautomorphismus von G dar. Wenn a alle Elemente aus G durchläuft, so durchläuft ϕ_a alle Elemente der Gruppe $I(G)$ der inneren Automorphismen von G. Ist G abelsch, so ist $I(G)$ einelementig. Bei nichtabelschen Gruppen ist die Frage, ob es Automorphismen gibt, die keine inneren Automorphismen sind, im allgemeinen schwierig zu beantworten.

innere Energie, Zustandsfunktion eines Systems. Nach dem ersten Hauptsatz der Thermodynamik steht bei einem thermodynamischen Prozeß, der von einem Zustand (1) zu einem Zustand (2) führt, die vom System aufgenommene Wärme in einem konstanten Verhältnis zur abgegebenen Arbeit, das heißt:

$$\frac{A_{[(1)\to(2)]}}{Q_{[(1)\to(2)]}} = \text{const} = -J.$$

Daher ist das Integral

$$\int_1^2 \delta A + J\delta Q = U_1 - U_2$$

wegunabhängig und läßt sich auffassen als Differenz zweier Werte einer Zustandsfunktion U. Man nennt U die innere Energie des Systems.

innere Geometrie, in der Flächentheorie die Gesamtheit aller geometrischen Begriffe, Größen und Beziehungen, die sich allein aus der ↗ ersten Gaußschen Fundamentalform ableiten lassen.

Dazu gehören u. a. der innere Abstand, die Winkel- und die Flächeninhaltsberechnung. Der innere Abstand zweier Punkte wird wie der natürliche Abstand in einer Riemannschen Mannigfaltigkeit als unterer Limes der Längen aller Verbindungskurven definiert.

Zum Berechnen der Inhalte von Teilstücken der Fläche dient die durch die erste Gaußsche Fundamentalform bestimmte Flächeninhaltsform

$$\sqrt{EG - F^2}dx\,dy$$

auch infinitesimaler Flächeninhalt genannt. Ihr entspricht in allgemeinen Riemannschen Mannigfaltigkeiten die Volumenform.

Die Gaußsche Krümmung einer Fläche ist nach dem ↗ theorema egregium ebenfalls eine Größe der inneren Geometrie.

Nicht zur inneren Geometrie gehören z. B. die ↗ zweite Gaußsche Fundamentalform und die mittlere Krümmung.

innere Komposition, ↗ innere Verknüpfung.

innere Metrik, in zusammenhängenden Riemannschen Mannigfaltigkeiten M die Abstandsfunktion, die zwei Punkten $x, y \in M$ das Infimum der Längen ihrer Verbindungskurven zuordnet.

Den Begriff der inneren Metrik gibt es auch in allgemeineren metrischen Räumen, vergleiche ↗ Bogenlänge in metrischen Räumen.

innere Topologie einer Lie-Untergruppe, eine der beiden im folgenden Sinne „möglichen" Topologien auf einer Lie-Untergruppe.

Es seien G eine ↗ Lie-Gruppe und H eine Untergruppe von G, die ihrerseits wieder eine Lie-Gruppe ist. Dann gibt es in H zunächst zwei verschiedene Topologien: Die lokal euklidische Topologie von H, die aus ihrer Eigenschaft als Lie-Gruppe definiert wird, und zum anderen die innere Topologie von H, die aus ihrer Eigenschaft als Teilraum der als topologischer Raum aufgefaßten Gruppe G induziert wird. In vielen Fällen stimmen beide Topologien überein.

Beispiel: Die Lie-Gruppe $U(1)$ ist die additive Gruppe der reellen Zahlen modulo 1. Sei $G = U(1) \times U(1)$. Die Untergruppe H werde durch das Element $(\frac{1}{2}, \lambda)$ mit $0 < \lambda < 1$ erzeugt. Dann stimmen die beiden genannten Topologien genau dann überein, wenn λ eine rationale Zahl ist.

innere Verknüpfung, *innere Komposition*, eine Abbildung $X \times X \to X$, die jedem geordneten Paar von Elementen einer nicht-leeren Menge X ein Element aus X zuordnet (↗ äußere Verknüpfung).

Innere-Punkte Methoden

H. Th. Jongen und K. Meer

Die Innere-Punkte Methoden sind eine Klasse von Verfahren zur Lösung linearer und konvexer Optimierungsprobleme. Seit ihrer erstmaligen Verwendung für die lineare Programmierung 1984 durch Karmarkar [3] stellt ihre Untersuchung sicher einen der wesentlichen Forschungsbereiche innerhalb der mathematischen Optimierung der letzten 15 Jahre dar. Hinsichtlich der Bedeutung bei der Behandlung linearer Probleme sind sie mittlerweile konkurrenzfähig zur Simplexmethode.

Die Grundidee besteht darin, im Inneren der zulässigen Menge eines linearen Programmierungsproblems eine bestimmte Kurve zu definieren, die in eine optimale Ecke des Problems läuft. Dieser Kurve versucht man dann mittels numerischer Methoden (etwa mit dem Newtonverfahren) zu folgen. Es soll im folgenden ein Prototyp eines solchen Verfahrens zusammen mit den mathematischen Grundlagen dargestellt werden. Die einzelnen zitierten mathematischen Sätze finden sich z. B. in [7].

1. Grundlagen

Wir gehen von einem primalen Problem (P) der Gestalt $\min c^T \cdot x$ unter den Nebenbedingungen $A \cdot x = b, x \geq 0$ aus. Das zugehörige duale Problem (D) ist durch $\max b^T \cdot y$ unter den Nebenbedingungen $A^T \cdot y + s = c$, $s \geq 0$ gegeben. Dabei seien $A \in \mathbb{R}^{m \times n}$ vom Rang m, $b, y \in \mathbb{R}^m$ und $c, x, s \in \mathbb{R}^n$. Der Vektor s entspricht Schlupfvariablen. Die jeweils zulässigen Mengen bezeichnen wir mit

$$M := \{x \in \mathbb{R}^n | A \cdot x = b, x \geq 0\}$$

sowie

$$N := \{(y, s) \in \mathbb{R}^m \times \mathbb{R}^n) | A^T \cdot y + s = c, s \geq 0\}.$$

Zu beachten ist, daß die Rangbedingung an A eine eineindeutige Beziehung zwischen den y- und den s-Komponenten eines Punkts in N liefert; es gilt nämlich

$$y = (A \cdot A^T)^{-1} \cdot A \cdot (c - s).$$

Im folgenden sind Punkte in den beiden Mengen $\tilde{M} := \{x \in M | x > 0\}$ und $\tilde{N} := \{s \in \mathbb{R}^n | \exists y \in \mathbb{R}^m$ mit $(y, s) \in N, s > 0\}$ von wesentlicher Bedeutung. Eine vorläufige Generalvoraussetzung an das vorliegende Problem ist, daß es zulässige Punkte $\tilde{x} \in \tilde{M}$ und $(\tilde{y}, \tilde{s}) \in N$ mit $\tilde{s} \in \tilde{N}$ gibt. Diese Annahme ist äquivalent zur Beschränktheit der Mengen der optimalen Punkte von (P) und (D). Wir werden uns später wieder von ihr lösen.

Betrachtet werde die Abbildung $\psi : \tilde{M} \times \tilde{N} \to \mathbb{R}^n_+$, die durch komponentenweise Multiplikation definiert ist, d. h. $\psi(x, s) := (x_1 \cdot s_1, \dots, x_n \cdot s_n)$. Die grundlegende Eigenschaft von ψ liefert der folgende Satz:

Die Abbildung ψ ist eine Bijektion zwischen $\tilde{M} \times \tilde{N}$ und $\mathbb{R}^n_+$.

2. Der zentrale Pfad

Der vorangehende Satz bildet die Grundlage für die Definition der eingangs erwähnten Kurve, des sogenannten zentralen Pfades (wobei man prinzipiell auch andere Kurven untersuchen kann). Dazu betrachtet man im Bildbereich $\mathbb{R}^n_+$ der Abbildung ψ eine spezielle Kurve, nämlich $\mu \to \mu \cdot e$, wobei $e := (1, \dots, 1)^T$ und $\mu > 0$ seien. Die Bijektivität von ψ liefert zu jedem $\mu > 0$ eine eindeutige Lösung $(x(\mu), s(\mu)) \in \tilde{M} \times \tilde{N}$. Der zentrale Pfad zu (P) und (D) ist die Menge $\{(x(\mu), s(\mu)) | \mu > 0\}$ dieser Urbilder. Man beachte, daß zu $s(\mu)$ ein eindeutiges $y(\mu)$ mit $(y(\mu), s(\mu)) \in N$ gehört.

Es sei noch eine weitere gebräuchliche Art erwähnt, wie man den zentralen Pfad auch definieren kann. Dazu betrachtet man eine logarithmische Barrierefunktion und verändert das primale Problem (P) zu

$$\min\{c^T \cdot x - \mu \cdot \sum_{i=1}^{n} \ln(x_i), A \cdot x = b, x \geq 0\}$$

mit einem festen Parameter $\mu > 0$. Unter der Generalvoraussetzung $\tilde{M} \neq 0$ existiert zu jedem $\mu > 0$ ein eindeutiger Minimalpunkt $x(\mu)$ des obigen Problems. Die sich aus den Optimalitätsbedingungen erster Ordnung ergebenden Lagrangeparameter $y(\mu)$ zusammen mit den zugehörigen Schlupfvariablen $s(\mu)$ liefern dann wiederum den zentralen Pfad. Die obige Formulierung zeigt zudem, daß der Wert der Zielfunktion $x \to c^T \cdot x$ entlang des zentralen Pfades für $\mu \to 0$ monoton abnimmt.

Die Bedeutung des zentralen Pfades wird natürlich durch seine Eigenschaften bestimmt. Ist $(x(\mu), s(\mu))$ ein Punkt darauf mit zugehöriger dualer Lösung $y(\mu)$, so ergibt sich als Dualitätslücke

$$c^T \cdot x(\mu) - b^T \cdot y(\mu) = x^T(\mu) \cdot s(\mu) = n \cdot \mu \,.$$

Da Extremalpunkte von (P) und (D) durch eine verschwindende Dualitätslücke gekennzeichnet sind, interessiert nun insbesondere, wie sich $(x(\mu), s(\mu))$ beim Grenzübergang $\mu \to 0$, $\mu > 0$ verhält. Es gilt: *Unter den obigen Voraussetzungen konvergiert der zentrale Pfad für $\mu \to 0$ gegen eine optimale Lösung (x^*, s^*) des linearen Programmierungsproblems. Diese ist strikt komplementär, d. h. es gilt $x^* + s^* > 0$ (komponentenweise).*

Dieses Ergebnis ist der Ausgangspunkt der innere-Punkte Methoden.

Zunächst sei noch kurz erwähnt, wie man sich von der Voraussetzung der Existenz innerer Punkte befreien kann. Dies geschieht i. allg. durch eine Einbettung des ursprünglichen Problems in ein neues derart, daß

i) das neue Problem innere Punkte besitzt, und
ii) seine Lösung ebenfalls die Lösung des Ausgangsproblems impliziert.

Beides kann zum Beispiel durch Einbettung in ein selbst-duales Problem erreicht werden (das ist ein lineares Programmierungsproblem, bei dem primales und duales Problem identische zulässige Mengen besitzen und sich die Zielfunktionen nur um den Faktor -1 unterscheiden). Hinsichtlich der Einzelheiten einer derartigen Einbettung sei auf [12] verwiesen.

3. Verfolgen des zentralen Pfades

Aufgrund der Eigenschaften des zentralen Pfades ist es die Idee innerer-Punkte Methoden, diesen möglichst genau numerisch zu verfolgen, um so in die Nähe einer optimalen Lösung zu gelangen. Da eine solche Pfadverfolgung i. allg. nur näherungsweise durchgeführt werden kann, muß man ein Abbruchkriterium angeben, bei dessen Gültigkeit es möglich ist, Aussagen über die Güte der Approximation zu finden. Ähnlich wie bei der Argumentation für ↗Ellipsoidmethoden lassen sich im Falle rationaler Eingabedaten derartige Kriterien benennen, so daß man schließlich nach der Pfadverfolgung auch noch algorithmisch zur richtigen Ecke „springen“ kann (s. unter 4.)

Die numerische Verfolgung des zentralen Pfades kann auf zahlreiche verschiedene Weisen ausgeführt werden. Normalerweise wird man sich mit den Rechnungen nicht exakt bei Punkten $(x(\mu), s(\mu))$ des Pfades befinden. Generell wird es aber das Ziel sein, nahe genug an solchen Punkten entlang zu laufen, um zu garantieren, daß man mit zusätzlichem Aufwand (etwa mit einem Newtonverfahren) immer wieder beliebig nahe an den Pfad gelangen kann. Solche Schritte nennt man Zentrierung.

Daneben ist es ein weiteres Ziel, die aktuelle Dualitätslücke möglichst weit zu verringern, um schnell in Richtung eines Extremalpunkts zu gelangen. All dies kann auf unterschiedliche Weise realisiert werden. So läßt sich etwa nur im primalen Problem arbeiten, indem lediglich $x(\mu)$ betrachtet wird; oder man kann bei gleichzeitiger Betrachtung von (P) und (D) unterschiedliche Schrittweiten im primalen und im dualen Raum wählen usw.

Wir beschreiben zunächst die theoretischen Grundlagen dieser Pfadverfolgung. Sei (x, y, s) ein während des Verfahrens berechneter zulässiger Punkt mit $x \in \tilde{M}$ und $s \in \tilde{N}$, der nicht (zwingend) auf dem zentralen Pfad liegt, d. h. $\psi(x, s) =: w$ mit $w \neq \mu \cdot e \; \forall \mu > 0$. Bei einem Iterationsschritt möchte man einem neuen Punkt $(\tilde{x}, \tilde{y}, \tilde{s})$ mit $\psi(\tilde{x}, \tilde{s}) = \tilde{w} = \tilde{\mu} \cdot e$ möglichst nahekommen. Hierzu läßt sich eine Newtoniteration für die Funktion

$$F(x,y,s) := \begin{pmatrix} A \cdot x - b \\ A^T \cdot y + s - c \\ \psi(x,s) - \tilde{w} \end{pmatrix}$$

verwenden. Man beachte, daß das Verschwinden der ersten beiden Komponenten gerade die Gültigkeit von $A \cdot x = b$ und $A^T \cdot y \leq c$ impliziert. Ausgehend von (x, y, s) heißt die Lösung $(\Delta x, \Delta y, \Delta s)$ des Systems

$$DF(x, y, s) \cdot (\Delta x, \Delta y, \Delta s) = -F(x, y, s)$$

primal-duale Newtonrichtung. Der folgende Satz rechtfertigt dieses Vorgehen:

Liegt der Punkt $\psi(x, s) = w$ nahe genug an $\tilde{w}$ (bezüglich einer geeignet definierten Metrik), so gilt für den nach einer Newtoniteration erhaltenen Punkt (x^*, s^*) folgendes:

a) (x^*, s^*) liegt in $\tilde{M} \times \tilde{N}$, d. h. ist zulässig;

b) der Vektor $w^* := \psi(x^*, s^*)$ liegt wiederum nahe genug an $\tilde{w}$;

c) es ist $(x^*)^T \cdot s^* = e^T \cdot \tilde{w}$, d. h. die Dualitätslücke des neuen Punkts ist bereits so klein wie diejenige von $(\tilde{x}, \tilde{s})$.

Sofern man also nahe genug am zentralen Pfad startet, kann man diesem folgen. Bei der Reduzierung des Wertes μ – und das heißt: bei der Auswahl des neuen Zielpunkts $\tilde{w}$ – muß dann darauf geachtet werden, daß er nicht zu weit vom aktuellen Iterationspunkt entfernt liegt. Eine genauere Analyse obigen Satzes zeigt zudem, daß die Konvergenz des Newtonverfahrens gegen $\tilde{w}$ lokal quadratisch ist.

Eine Familie von Verfahren, die auf obige Weise vorgehen, sind sogenannte short-step Methoden (vgl. [6]). Hier berechnet man, ausgehend von einem Startwert (x_0, s_0) nahe einem $w_0 := \mu_0 \cdot e$, eine Folge von Punkten (x_k, s_k) nahe einem $w_k = \mu_k \cdot e$. Dabei ist μ_k gemäß der Vorschrift

$$\mu_k := (1 - \Theta) \cdot \mu_{k-1}$$

mit fester Konstante $\Theta \in (0, 1)$ gewählt. Eine übliche Festlegung für Θ ist beispielsweise $\Theta := \frac{1}{\sqrt{n}}$ ($n \geq 4$ sei die Variablenzahl des Problems). Sind die (x_k, s_k) gemäß des Newtonverfahrens bezüglich w_k mit Startpunkt (x_{k-1}, s_{k-1}) berechnet, dann gilt:

Bei vorgegebener oberer Schranke $\varepsilon > 0$ für die Dualitätslücke einer näherungsweise optimalen Lösung genügen

$$K := O(\sqrt{n} \cdot ln(\frac{x^T \cdot s_0}{\varepsilon}))$$

viele Iterationen, um einen zulässigen Punkt (x_k, s_k) zu erreichen, dessen Dualitätslücke das vorgegebene ε unterschreitet.

4. Rationale Eingabedaten

Sind alle Eingaben eines linearen Programmierungsproblems rational, so gilt dasselbe auch für die Komponenten einer optimalen Ecke. Diese kann dann exakt berechnet werden. Dazu folgt man zunächst wie oben beschrieben dem zentralen Pfad, bis man nahe genug an einer optimalen Ecke angelangt ist. Kriterium dafür ist der Wert der aktuellen Dualitätslücke. Ist diese genügend klein, dann kann man mit einem zusätzlichen Verfahren vom aktuellen Iterationspunkt aus zu einer optimalen Ecke springen. Genauer läßt sich beweisen:

a) Sei $\bar{x}$ ein zulässiger Punkt für das primale Problem (P). Ist $\bar{x}$ keine zulässige Basislösung, so läßt sich entweder aus $\bar{x}$ eine solche, etwa x^*, mit $c^T \cdot x^* \leq c^T \cdot \bar{x}$ algorithmisch konstruieren, oder aber man kann folgern, daß die primale Zielfunktion $x \to c^T \cdot x$ auf M nach unten unbeschränkt ist.

b) Ist das gegebene lineare Optimierungsproblem ganzzahlig mit Bitgröße L, und hat ein zulässiger primal-dualer Punkt (x, y, s) eine Dualitätslücke $\leq 2^{-\mathrm{const} \cdot L}$ (mit fester Konstante const ≤ 5), dann ist die aus (x, y, s) in a) konstruierte zulässige Basislösung optimal.

Die oben beschriebenen Ergebnisse liefern im Falle rationaler Eingabedaten eine polynomiale Laufzeit der innere-Punkte Methoden im Modell der Turingmaschine (d. h. unter der Verwendung der Bitgröße als Eingabegröße der einzelnen linearen Optimierungsprobleme). Damit sind diese Methoden in ihrem worst case-Verhalten theoretisch besser als das Simplexverfahren. Im Gegensatz zu den Ellipsoidverfahren zeigen die innere-Punkte Methoden aber auch in der Praxis ein effizientes Verhalten.

Der erste innere-Punkte Algorithmus zur Lösung linearer Programmierungsaufgaben wurde 1984 von Karmarkar ([3]) vorgestellt. Sein Zugang war eine sogenannte Potential-Reduktionsmethode (potential-reduction method), bei der man schrittweise versucht, den Wert einer Potentialfunktion

$$f(x, y, s) := q \cdot \ln(c^T \cdot x - b^T \cdot y) - \sum_{j=1}^{n} \ln(x_j)$$

unter den Nebenbedingungen $x \in \tilde{M}$, $(y, s) \in N$ zu verringern. Dabei ist q ein geeignet gewählter Parameter. Eine Übersicht über derartige Ansätze liefert zum Beispiel [1].

Eine weitere Klasse von Verfahren bilden die affinen Skalierungsmethoden. Dort beschreibt man um einen inneren Punkt $\bar{x}$ ein „einfaches" Ellipsoid $E(\bar{x})$, das ganz in M liegt, und minimiert $c^T \cdot x$ auf $E(\bar{x})$. In Richtung des Minimums wählt man den neuen Iterationspunkt. Einzelheiten findet man etwa in [8].

Schließlich erwähnt seien noch Ansätze, bei denen man die Komplexitätsuntersuchungen von anderen Daten als der Bitgröße oder der algebraischen Größe eines Problems abhängig macht. In [9] werden innere-Punkte Methoden angewandt, um einen Algorithmus zur Lösung linearer Optimierungsprobleme zu entwerfen, dessen Laufzeit polynomial in der Variablenzahl n sowie einer gewissen, der Systemmatrix A zugeordneten Konditionszahl ist.

Dies mag als Beschreibung innerer-Punkte Methode genügen. In den letzten 15 Jahren sind über 1500 Arbeiten zu diesem Themenkreis publiziert worden, und entsprechend groß ist die Anzahl weiterer Ansätze und Varianten. Allgemeine Darstellungen finden sich in [2], [10], [11] einen Übersichtsartikel stellt [7] dar. Eine umfangreiche Literaturliste im Internet über innere-Punkte Methoden findet man unter [4].

In [5] werden ebenfalls Verallgemeinerungen auf konvexe Programmierungsprobleme behandelt. Theoretisch bedeutsam ist dabei die Frage, für welche Art von Problemen und Barrierefunktionen man noch einen zentralen Pfad geeignet definieren kann. Speziell wichtig sind hier die Eigenschaften der Selbstkonkordanz und der Selbstbeschränktheit von Barrierefunktionen.

Literatur

[1] Anstreicher, K.: Potential reduction methods in mathematical programming. T. Terlaky, Hrg., Kluwer Academic Publishers, 1996.

[2] den Hertog, D.: Interior point approach to linear, quadratic and convex programming, algorithms, and complexity. Kluwer publishers, Dordrecht, 1994.

[3] Karmarkar, N.: A new polynomial-time algorithm for linear programming. Combinatorica 4, 1984.

[4] Kranich, E.: Bibliography on interior point methods for mathematical programming. http://liinwww.ira.uka.de/bibliography/Math/intbib.html, 1999.

[5] Nemirovskiĭ, A.S.; Nesterov, Y.: Interior-point polynomial algorithms in convex programming. SIAM Publications, Philadelphia, 1994.

[6] Renegar, J.: A polynomial–time algorithm, based on Newton's method, for linear programming. Mathematical Programming, 40, 1988.

[7] Roos, C; Vial, J.P.: Interior point methods. Beasley, J.E. (Hrg.): Advances in linear and integer programming; Oxford Science Publication, 1996.

[8] Saigal, R.: Linear Programming: A modern integrated analysis. Kluwer Academic Publishers, Boston, 1995.

[9] Vavasis, S; Ye, Y.: A primal-dual interior point method whose running time depends only on the constraint matrix. Mathematical Programming 74, 1996.

[10] Wright, S.: Primal-Dual Interior Point Algorithms. SIAM Publications, Philadelphia, 1997.

[11] Ye, Y.: Interior Pont Algorithms: Theory and Analysis. John Wiley and Sons, New York, 1997.

[12] Ye, Y.; Todd, M.; Mizuno, S.: An $O(\sqrt{n} \cdot L)$-iteration homogeneous and self-dual linear programming algorithm. Mathematics of Operations Research 19, 1994.

---

innerer Automorphismus, spezieller Gruppenautomorphismus.

Es seien G eine Gruppe und $a \in G$ ein beliebiges fest gewähltes Element der Gruppe. Dann ist die Abbildung $f : G \to G$, definiert durch $f(x) = a^{-1} \cdot x \cdot a$, ein Automorphismus der Gruppe G, den man inneren Automorphismus nennt.

innerer Knoten, ein Knoten einer Zerlegung, der im Inneren der zerlegten Menge, meist eines Intervalls liegt.

Es seien $[a, b]$ ein abgeschlossenes Intervall und $a = x_0 < x_1 < \cdots < x_{n-1} < x_n = b$ eine Zerlegung von $[a, b]$. Dann heißen die Punkte $x_0, x_1, ..., x_n$ Knoten der Zerlegung, während die Punkte $x_1, ..., x_{n-1}$ innere Knoten heißen.

innerer Knoten eines BDD ↗binärer Entscheidungsgraph.

innerer Punkt eines Intervalls, ein Element eines ↗Intervalls, das nicht Randpunkt des Intervalls ist. Ist ℓ der linke und r der rechte Randpunkt des Intervalls I, so sind die inneren Punkte von I also gerade die Punkte des offenen Intervalls (ℓ, r). Dies ist auch das Innere der Menge I bzgl. der ↗Intervalltopologie.

innerer Radius eines Gebietes, die zu einem Gebiet $G \subset \mathbb{C}$ bezüglich eines Punktes $z_0 \in G$ definierte Zahl

$$r(G, z_0) \ := \ \sup\{\varrho > 0 : B_\varrho(z_0) \subset G\}.$$

Dabei ist $B_\varrho(z_0)$ die offene Kreisscheibe mit Mittelpunkt z_0 und Radius ϱ. Für $G = \mathbb{C}$ ist $r(G, z_0) = \infty$. Ist $G \neq \mathbb{C}$, so gilt $0 < r(G, z_0) < \infty$, und es gibt ein $\zeta \in \partial G$ mit $r(G, z_0) = |\zeta - z_0|$.

Der innere Radius besitzt die folgende Monotonieeigenschaft.

Es sei $G \subset \mathbb{C}$ ein Gebiet, f, g ↗holomorphe Funktionen in G und g injektiv. Weiter sei $z_0 \in G$,

$w_0 := f(z_0)$ *und*

$$|f(z) - w_0| \geq |g(z) - w_0|$$

für alle $z \in G$.

Dann gilt

$$r(f(G), w_0) \geq r(g(G), w_0) .$$

Inneres eines geschlossenen Weges, die Menge

$$\operatorname{Int}\gamma := \{ z \in \mathbb{C} \setminus \gamma : \operatorname{ind}_\gamma(z) \neq 0 \} ,$$

wobei γ den Weg und $\operatorname{ind}_\gamma(z)$ die ↗ Umlaufzahl von γ bezüglich z bezeichnet.

Die Menge $\operatorname{Int}\gamma$ ist nicht leer, offen und beschränkt. Ist z. B. B eine offene Kreisscheibe, so ist $\operatorname{Int}\partial B = B$.

inneres Maß, spezielle ↗ Mengenfunktion.

Es sei Ω eine Menge und $\mathcal{P}(\Omega)$ die Menge aller Untermengen von Ω. Eine Mengenfunktion $\underline{\mu} : \mathcal{P}(\Omega) \to \overline{\mathbb{R}}_+$ heißt inneres Maß, wenn gilt:

(a) $\underline{\mu}(\emptyset) = 0$,

(b) mit $A \subseteq B \subseteq \Omega$ ist $\underline{\mu}(A) \leq \underline{\mu}(B)$ (Isotonie),

(c) für jede disjunkte Folge $(A_n | n \in \mathbb{N}) \subseteq \mathcal{P}(\Omega)$ gilt $\underline{\mu}(\bigcup_{n\in\mathbb{N}} A_n) \geq \sum_{n\in\mathbb{N}} \underline{\mu}(A_n)$ (Superadditivität).

Ist μ ein Maß auf einer Teilmenge $\mathcal{M} \subseteq \mathcal{P}(\Omega)$ mit $\emptyset \in \mathcal{M}$, so ist $\underline{\mu}$, definiert durch

$$\underline{\mu}(A) := \sup\{\mu(M) | M \subseteq A\} \ \forall A \in \mathcal{P}(\Omega),$$

ein inneres Maß auf $\mathcal{P}(\Omega)$.

inneres Produkt, ↗ Skalarprodukt.

innergeometrische Größe, eine Größe, die zur ↗ inneren Geometrie einer Fläche im $\mathbb{R}^3$ gehört.

Auch bei der Untersuchung von ↗ konvexen Flächen oder von Riemannschen Mannigfaltigkeiten werden innergeometrische Größen in analoger Weise definiert.